U0269169

建设工程设计、施工安全规范汇编

本社　编

中国计划出版社

北　京

图书在版编目（CIP）数据

建设工程设计、施工安全规范汇编/中国计划出版社编. —北京：中国计划出版社，2015.12

ISBN 978-7-5182-0312-3

Ⅰ. ①建… Ⅱ. ①中… Ⅲ. ①建筑设计-建筑规范-汇编-中国②建筑工程-工程施工-安全规程-汇编-中国 Ⅳ. ①TU202-65②TU714-65

中国版本图书馆 CIP 数据核字（2015）第 272799 号

建设工程设计、施工安全规范汇编

本社　编

中国计划出版社出版

网址：www.jhpress.com

地址：北京市西城区木樨地北里甲 11 号国宏大厦 C 座 3 层

邮政编码：100038　电话：（010）63906433（发行部）

新华书店北京发行所发行

北京中科印刷有限公司印刷

880mm×1230mm　1/16　38 印张　1936 千字

2015 年 12 月第 1 版　2015 年 12 月第 1 次印刷

印数 1—3000 册

ISBN 978-7-5182-0312-3

定价：168.00 元

前　言

安全是人类生存和发展最重要、最基本的要求，安全生产既是人们生命健康的保障，也是企业生存与发展的基础，更是社会稳定和经济发展的前提条件。在建设工程领域，相应的设计和施工安全尤为重要。

本书根据国家工程建设标准的最新发布信息，收录了建设工程设计、施工安全方面的20个规范，其中现行国家标准12个，现行行业标准8个。为方便读者使用，本书同时收录了相应规范的条文说明。

本书具有较强的实用性，适用于建筑业各级安全管理人员和施工技术人员使用，也可供建设工程设计人员和科研人员参考。

目　录

中华人民共和国国家标准

建筑设计防火规范

Code for fire protection design of buildings

GB 50016-2014

主编部门:中 华 人 民 共 和 国 公 安 部
批准部门:中华人民共和国住房和城乡建设部
施行日期:2 0 1 5 年 5 月 1 日

中华人民共和国住房和城乡建设部公告

第517号

住房城乡建设部关于发布国家标准《建筑设计防火规范》的公告

现批准《建筑设计防火规范》为国家标准，编号为GB 50016—2014，自2015年5月1日起实施。其中，第3.2.2、3.2.3、3.2.4、3.2.7、3.2.9、3.2.15、3.3.1、3.3.2、3.3.4、3.3.5、3.3.6(2)、3.3.8、3.3.9、3.4.1、3.4.2、3.4.4、3.4.9、3.5.1、3.5.2、3.6.2、3.6.6、3.6.8、3.6.11、3.6.12、3.7.2、3.7.3、3.7.6、3.8.2、3.8.3、3.8.7、4.1.2、4.1.3、4.2.1、4.2.2、4.2.3、4.2.5(3、4、5、6)、4.3.1、4.3.2、4.3.3、4.3.8、4.4.1、4.4.2、4.4.5、5.1.3、5.1.4、5.2.2、5.2.6、5.3.1、5.3.2、5.3.4、5.3.5、5.4.2、5.4.3、5.4.4(1、2、3、4)、5.4.5、5.4.6、5.4.9(1、4、5、6)、5.4.10(1、2)、5.4.11、5.4.12、5.4.13(2、3、4、5、6)、5.4.15(1、2)、5.4.17(1、2、3、4、5)、5.5.8、5.5.12、5.5.13、5.5.15、5.5.16(1)、5.5.17、5.5.18、5.5.21(1、2、3、4)、5.5.23、5.5.24、5.5.25、5.5.26、5.5.29、5.5.30、5.5.31、6.1.1、6.1.2、6.1.5、6.1.7、6.2.2、6.2.4、6.2.5、6.2.6、6.2.7、6.2.9(1、2、3)、6.3.5、6.4.1(2、3、4、5、6)、6.4.2、6.4.3(1、3、4、5、6)、6.4.4、6.4.5、6.4.10、6.4.11、6.6.2、6.7.2、6.7.4、6.7.5、6.7.6、7.1.2、7.1.3、7.1.8(1、2、3)、7.2.1、7.2.2(1、2、3)、7.2.3、7.2.4、7.3.1、7.3.2、7.3.5(2、3、4)、7.3.6、8.1.2、8.1.3、8.1.6、8.1.7(1、3、4)、8.1.8、8.2.1、8.3.1、8.3.2、8.3.3、8.3.4、8.3.5、8.3.7、8.3.8、8.3.9、8.3.10、8.4.1、8.4.3、8.5.1、8.5.2、8.5.3、8.5.4、9.1.2、9.1.3、9.1.4、9.2.2、9.2.3、9.3.2、9.3.5、9.3.8、9.3.9、9.3.11、9.3.16、10.1.1、10.1.2、10.1.5、10.1.6、10.1.8、10.1.10(1、2)、10.2.1、10.2.4、10.3.1、10.3.2、10.3.3、11.0.3、11.0.4、11.0.7(2、3、4)、11.0.9、11.0.10、12.1.3、12.1.4、12.3.1、12.5.1、12.5.4条(款)为强制性条文，必须严格执行。原《建筑设计防火规范》GB 50016—2006和《高层民用建筑设计防火规范》GB 50045—95同时废止。

本规范由我部标准定额研究所组织中国计划出版社出版发行。

中华人民共和国住房和城乡建设部
2014年8月27日

前　言

本规范是根据住房城乡建设部《关于印发〈2007年工程建设标准规范制订、修订计划(第一批)〉的通知》(建标〔2007〕125号)和《关于调整〈建筑设计防火规范〉、〈高层民用建筑设计防火规范〉修订项目计划的函》(建标〔2009〕94号)，由公安部天津消防研究所、四川消防研究所会同有关单位，在《建筑设计防火规范》GB 50016—2006和《高层民用建筑设计防火规范》GB 50045—95(2005年版)的基础上，经整合修订而成。

本规范在修订过程中，遵循国家有关基本建设的方针政策，贯彻“预防为主，防消结合”的消防工作方针，深刻吸取近年来我国重特大火灾事故教训，认真总结国内外建筑防火设计实践经验和消防科技成果，深入调研工程建设发展中出现的新情况、新问题和规范执行过程中遇到的疑难问题，认真研究借鉴发达国家经验，开展了大量课题研究、技术研讨和必要的试验，广泛征求了有关设计、生产、建设、科研、教学和消防监督等单位意见，最后经审查定稿。

本规范共分12章和3个附录，主要内容有：生产和储存的火灾危险性分类、高层建筑的分类要求，厂房、仓库、住宅建筑和公共建筑等工业与民用建筑的建筑耐火等级分级及其建筑构件的耐火极限、平面布置、防火分区、防火分隔、建筑防火构造、防火间距和消防设施设置的基本要求，工业建筑防爆的基本措施与要求；工业与民用建筑的疏散距离、疏散宽度、疏散楼梯设置形式、应急照明和疏散指示标志以及安全出口和疏散门设置的基本要求；甲、乙、丙类液体、气体储罐(区)和可燃材料堆场的防火间距、成组布置和储量的基本要求；木结构建筑和城市交通隧道工程防火设计的基本要求；满足灭火救援要求设置的救援场地、消防车道、消防电梯等设施的基本要求；建筑供暖、通风、空气调节和电气等方面的防火要求以及消防用电设备的电源与配电线路等基本要求。

与《建筑设计防火规范》GB 50016—2006和《高层民用建筑设计防火规范》GB 50045—95(2005年版)相比，本规范主要有以下变化：

1. 合并了《建筑设计防火规范》和《高层民用建筑设计防火规范》，调整了两项标准间不协调的要求。将住宅建筑统一按照建筑高度进行分类。

2. 增加了灭火救援设施和木结构建筑两章，完善了有关灭火救援的要求，系统规定了木结构建筑的防火要求。

3. 补充了建筑保温系统的防火要求。

4. 对消防设施的设置作出明确规定并完善了有关内容；有关消防给水系统、室内外消火栓系统和防烟排烟系统设计的要求分别由相应的国家标准作出规定。

5. 适当提高了高层住宅建筑和建筑高度大于100m的高层民用建筑的防火要求。

6. 补充了有顶商业步行街两侧的建筑利用该步行街进行安全疏散时的防火要求；调整、补充了建材、家具、灯饰商店营业厅和展览厅的设计疏散人员密度。

7. 补充了地下仓库、物流建筑、大型可燃气体储罐(区)、液氨储罐、液化天然气储罐的防火要求，调整了液氧储罐等的防火间距。

8. 完善了防止建筑火灾竖向或水平蔓延的相关要求。

本规范中以黑体字标志的条文为强制性条文，必须严格执行。

本规范由住房城乡建设部负责管理和对强制性条文的解释，公安部负责日常管理，公安部消防局组织天津消防研究所、四川消防研究所负责具体技术内容的解释。

鉴于本规范是一项综合性的防火技术标准，政策性和技术性强，涉及面广，希望各单位结合工程实践和科学研究认真总结经验，注意积累资料，在执行过程中如有意见、建议和问题，请径寄公安部消防局（地址：北京市西城区广安门南街70号，邮政编码：100054），以便今后修订时参考和组织公安部天津消防研究所、四川消防研究所作出解释。

本规范主编单位、参编单位、主要起草人和主要审查人：

主编单位：公安部天津消防研究所
公安部四川消防研究所

参编单位：中国建筑科学研究院
中国建筑东北设计研究院有限公司
中国中元国际工程有限公司
中国市政工程华北设计研究院
中国中轻国际工程有限公司
中国寰球化学工程公司
中国建筑设计研究院
公安部沈阳消防研究所
北京市建筑设计研究院
天津市建筑设计院
清华大学建筑设计研究院
东北电力设计院
华东建筑设计研究院有限公司
上海隧道工程轨道交通设计研究院
北京市公安消防总队
上海市公安消防总队
天津市公安消防总队
四川省公安消防总队
陕西省公安消防总队
辽宁省公安消防总队
福建省公安消防总队

主要起草人：杜兰萍 马恒 倪照鹏 卢国建 沈纹
王宗存 黄德祥 邱培芳 张磊 王炯
杜霞 王金元 高建民 郑晋丽 周详
宋晓勇 赵克伟 晁海鸥 李引擎 曾杰
刘祖玲 郭树林 丁宏军 沈友弟 陈云玉
谢树俊 郑实 刘建华 黄晓家 李向东
张凤新 宋孝春 寇九贵 郑铁一

主要审查人：方汝清 张耀泽 赵锂 刘跃红 张树平
张福麟 何任飞 金鸿祥 王庆生 吴华
潘一平 苏丹 夏卫平 江刚 党杰
郭景 范珑 杨西伟 胡小媛 朱冬青
龙卫国 黄小坤

目　次

Contents

1 总　　则

1.0.1 为了预防建筑火灾，减少火灾危害，保护人身和财产安全，制定本规范。

1.0.2 本规范适用于下列新建、扩建和改建的建筑：

1 厂房；

2 仓库；

3 民用建筑；

4 甲、乙、丙类液体储罐(区)；

5 可燃、助燃气体储罐(区)；

6 可燃材料堆场；

7 城市交通隧道。

人民防空工程、石油和天然气工程、石油化工工程和火力发电厂与变电站等的建筑防火设计，当有专门的国家标准时，宜从其规定。

1.0.3 本规范不适用于火药、炸药及其制品厂房(仓库)、花炮厂房(仓库)的建筑防火设计。

1.0.4 同一建筑内设置多种使用功能场所时，不同使用功能场所之间应进行防火分隔，该建筑及其各功能场所的防火设计应根据本规范的相关规定确定。

1.0.5 建筑防火设计应遵循国家的有关方针政策，针对建筑及其火灾特点，从全局出发，统筹兼顾，做到安全适用、技术先进、经济合理。

1.0.6 建筑高度大于250m的建筑，除应符合本规范的要求外，尚应结合实际情况采取更加严格的防火措施，其防火设计应提交国家消防主管部门组织专题研究、论证。

1.0.7 建筑防火设计除应符合本规范的规定外，尚应符合国家现行有关标准的规定。

2 术语、符号

2.1 术　　语

2.1.1 高层建筑　high-rise building

建筑高度大于27m的住宅建筑和建筑高度大于24m的非单层厂房、仓库和其他民用建筑。

注：建筑高度的计算应符合本规范附录A的规定。

2.1.2 裙房　podium

在高层建筑主体投影范围外，与建筑主体相连且建筑高度不大于24m的附属建筑。

2.1.3 重要公共建筑　important public building

发生火灾可能造成重大人员伤亡、财产损失和严重社会影响的公共建筑。

2.1.4 商业服务网点　commercial facilities

设置在住宅建筑的首层或首层及二层，每个分隔单元建筑面积不大于300m²的商店、邮政所、储蓄所、理发店等小型营业性用房。

2.1.5 高架仓库　high rack storage

货架高度大于7m且采用机械化操作或自动化控制的货架仓库。

2.1.6 半地下室　semi-basement

房间地面低于室外设计地面的平均高度大于该房间平均净高1/3，且不大于1/2者。

2.1.7 地下室　basement

房间地面低于室外设计地面的平均高度大于该房间平均净高1/2者。

2.1.8 明火地点　open flame location

室内外有外露火焰或赤热表面的固定地点(民用建筑内的灶具、电磁炉等除外)。

2.1.9 散发火花地点　sparking site

有飞火的烟囱或进行室外砂轮、电焊、气焊、气割等作业的固定地点。

2.1.10 耐火极限　fire resistance rating

在标准耐火试验条件下，建筑构件、配件或结构从受到火的作用时起，至失去承载能力、完整性或隔热性时止所用时间，用小时表示。

2.1.11 防火隔墙　fire partition wall

建筑内防止火灾蔓延至相邻区域且耐火极限不低于规定要求的不燃性墙体。

2.1.12 防火墙　fire wall

防止火灾蔓延至相邻建筑或相邻水平防火分区且耐火极限不低于3.00h的不燃性墙体。

2.1.13 避难层(间)　refuge floor(room)

建筑内用于人员暂时躲避火灾及其烟气危害的楼层(房间)。

2.1.14 安全出口　safety exit

供人员安全疏散用的楼梯间和室外楼梯的出入口或直通室内外安全区域的出口。

2.1.15 封闭楼梯间　enclosed staircase

在楼梯间入口处设置门，以防止火灾的烟和热气进入的楼梯间。

2.1.16 防烟楼梯间　smoke-proof staircase

在楼梯间入口处设置防烟的前室、开敞式阳台或凹廊(统称前室）等设施，且通向前室和楼梯间的门均为防火门，以防止火灾的烟和热气进入的楼梯间。

2.1.17 避难走道 exit passageway

采取防烟措施且两侧设置耐火极限不低于3.00h的防火隔墙，用于人员安全通行至室外的走道。

2.1.18 闪点 flash point

在规定的试验条件下，可燃性液体或固体表面产生的蒸气与空气形成的混合物，遇火源能够闪燃的液体或固体的最低温度（采用闭杯法测定）。

2.1.19 爆炸下限 lower explosion limit

可燃的蒸气、气体或粉尘与空气组成的混合物，遇火源即能发生爆炸的最低浓度。

2.1.20 沸溢性油品 boil-over oil

含水并在燃烧时可产生热波作用的油品。

2.1.21 防火间距 fire separation distance

防止着火建筑在一定时间内引燃相邻建筑，便于消防扑救的间隔距离。

注：防火间距的计算方法应符合本规范附录B的规定。

2.1.22 防火分区 fire compartment

在建筑内部采用防火墙、楼板及其他防火分隔设施分隔而成，能在一定时间内防止火灾向同一建筑的其余部分蔓延的局部空间。

2.1.23 充实水柱 full water spout

从水枪喷嘴起至射流90%的水柱水量穿过直径380mm圆孔处的一段射流长度。

2.2 符 号

A——泄压面积；

C——泄压比；

D——储罐的直径；

DN——管道的公称直径；

ΔH——建筑高差；

L——隧道的封闭段长度；

N——人数；

n——座位数；

K——爆炸特征指数；

V——建筑物、堆场的体积，储罐、瓶组的容积或容量；

W——可燃材料堆场或粮食筒仓、席穴囤、土圆仓的储量。

3 厂房和仓库

3.1 火灾危险性分类

3.1.1 生产的火灾危险性应根据生产中使用或产生的物质性质及其数量等因素划分，可分为甲、乙、丙、丁、戊类，并应符合表3.1.1的规定。

表3.1.1 生产的火灾危险性分类

生产的火灾危险性类别	使用或产生下列物质生产的火灾危险性特征
甲	1.闪点小于28℃的液体； 2.爆炸下限小于10%的气体； 3.常温下能自行分解或在空气中氧化能导致迅速自燃或爆炸的物质； 4.常温下受到水或空气中水蒸气的作用，能产生可燃气体并引起燃烧或爆炸的物质； 5.遇酸、受热、撞击、摩擦、催化以及遇有机物或硫黄等易燃的无机物，极易引起燃烧或爆炸的强氧化剂； 6.受撞击、摩擦或与氧化剂、有机物接触时能引起燃烧或爆炸的物质； 7.在密闭设备内操作温度不小于物质本身自燃点的生产

续表3.1.1

生产的火灾危险性类别	使用或产生下列物质生产的火灾危险性特征
乙	1.闪点不小于28℃，但小于60℃的液体； 2.爆炸下限不小于10%的气体； 3.不属于甲类的氧化剂； 4.不属于甲类的易燃固体； 5.助燃气体； 6.能与空气形成爆炸性混合物的浮游状态的粉尘、纤维、闪点不小于60℃的液体雾滴
丙	1.闪点不小于60℃的液体； 2.可燃固体
丁	1.对不燃烧物质进行加工，并在高温或熔化状态下经常产生强辐射热、火花或火焰的生产； 2.利用气体、液体、固体作为燃料或将气体、液体进行燃烧作其他用的各种生产； 3.常温下使用或加工难燃烧物质的生产
戊	常温下使用或加工不燃烧物质的生产

3.1.2 同一座厂房或厂房的任一防火分区内有不同火灾危险性生产时，厂房或防火分区内的生产火灾危险性类别应按火灾危险性较大的部分确定；当生产过程中使用或产生易燃、可燃物的量较少，不足以构成爆炸或火灾危险时，可按实际情况确定；当符合下述条件之一时，可按火灾危险性较小的部分确定：

1 火灾危险性较大的生产部分占本层或本防火分区建筑

面积的比例小于5%或丁、戊类厂房内的油漆工段小于10%，且发生火灾事故时不足以蔓延至其他部位或火灾危险性较大的生产部分采取了有效的防火措施；

2 丁、戊类厂房内的油漆工段，当采用封闭喷漆工艺，封闭喷漆空间内保持负压、油漆工段设置可燃气体探测报警系统或自动抑爆系统，且油漆工段占所在防火分区建筑面积的比例不大于20%。

3.1.3 储存物品的火灾危险性应根据储存物品的性质和储存物品中的可燃物数量等因素划分，可分为甲、乙、丙、丁、戊类，并应符合表3.1.3的规定。

表3.1.3 储存物品的火灾危险性分类

储存物品的火灾危险性类别	储存物品的火灾危险性特征
甲	1.闪点小于28℃的液体； 2.爆炸下限小于10%的气体，受到水或空气中水蒸气的作用能产生爆炸下限小于10%气体的固体物质； 3.常温下能自行分解或在空气中氧化能导致迅速自燃或爆炸的物质； 4.常温下受到水或空气中水蒸气的作用，能产生可燃气体并引起燃烧或爆炸的物质； 5.遇酸、受热、撞击、摩擦以及遇有机物或硫黄等易燃的无机物，极易引起燃烧或爆炸的强氧化剂； 6.受撞击、摩擦或与氧化剂、有机物接触时能引起燃烧或爆炸的物质
乙	1.闪点不小于28℃，但小于60℃的液体； 2.爆炸下限不小于10%的气体； 3.不属于甲类的氧化剂； 4.不属于甲类的易燃固体； 5.助燃气体； 6.常温下与空气接触能缓慢氧化，积热不散引起自燃的物品
丙	1.闪点不小于60℃的液体； 2.可燃固体
丁	难燃烧物品
戊	不燃烧物品

3.1.4 同一座仓库或仓库的任一防火分区内储存不同火灾危险性物品时，仓库或防火分区的火灾危险性应按火灾危险性最大的物品确定。

3.1.5 丁、戊类储存物品仓库的火灾危险性，当可燃包装重量大于物品本身重量1/4或可燃包装体积大于物品本身体积的1/2时，应按丙类确定。

3.2 厂房和仓库的耐火等级

3.2.1 厂房和仓库的耐火等级可分为一、二、三、四级，相应建筑构件的燃烧性能和耐火极限，除本规范另有规定外，不应低于表3.2.1的规定。

表3.2.1 不同耐火等级厂房和仓库建筑构件的燃烧性能和耐火极限(h)

构件名称		耐火等级			
		一级	二级	三级	四级
墙	防火墙	不燃性 3.00	不燃性 3.00	不燃性 3.00	不燃性 3.00
	承重墙	不燃性 3.00	不燃性 2.50	不燃性 2.00	难燃性 0.50
	楼梯间和前室的墙 电梯井的墙	不燃性 2.00	不燃性 2.00	不燃性 1.50	难燃性 0.50
	疏散走道 两侧的隔墙	不燃性 1.00	不燃性 1.00	不燃性 0.50	难燃性 0.25
	非承重外墙 房间隔墙	不燃性 0.75	不燃性 0.50	难燃性 0.50	难燃性 0.25
柱		不燃性 3.00	不燃性 2.50	不燃性 2.00	难燃性 0.50
梁		不燃性 2.00	不燃性 1.50	不燃性 1.00	难燃性 0.50
楼板		不燃性 1.50	不燃性 1.00	不燃性 0.75	难燃性 0.50
屋顶承重构件		不燃性 1.50	不燃性 1.00	难燃性 0.50	可燃性
疏散楼梯		不燃性 1.50	不燃性 1.00	不燃性 0.75	可燃性
吊顶(包括吊顶搁栅)		不燃性 0.25	难燃性 0.25	难燃性 0.15	可燃性

注：二级耐火等级建筑内采用不燃材料的吊顶，其耐火极限不限。

3.2.2 高层厂房，甲、乙类厂房的耐火等级不应低于二级，建筑面积不大于300m²的独立甲、乙类单层厂房可采用三级耐火等级的建筑。

3.2.3 单、多层丙类厂房和多层丁、戊类厂房的耐火等级不应低于三级。

使用或产生丙类液体的厂房和有火花、赤热表面、明火的丁类厂房，其耐火等级均不应低于二级，当为建筑面积不大于500m²的单层丙类厂房或建筑面积不大于1000m²的单层丁类厂房时，可采用三级耐火等级的建筑。

3.2.4 使用或储存特殊贵重的机器、仪表、仪器等设备或物品的建筑，其耐火等级不应低于二级。

3.2.5 锅炉房的耐火等级不应低于二级，当为燃煤锅炉房且锅炉的总蒸发量不大于4t/h时，可采用三级耐火等级的建筑。

3.2.6 油浸变压器室、高压配电装置室的耐火等级不应低于二级，其他防火设计应符合现行国家标准《火力发电厂与变电站设计防火规范》GB 50229等标准的规定。

3.2.7 高架仓库、高层仓库、甲类仓库、多层乙类仓库和储存可燃液体的多层丙类仓库，其耐火等级不应低于二级。

单层乙类仓库，单层丙类仓库，储存可燃固体的多层丙类仓库和多层丁、戊类仓库，其耐火等级不应低于三级。

3.2.8 粮食筒仓的耐火等级不应低于二级；二级耐火等级的粮食筒仓可采用钢板仓。

粮食平房仓的耐火等级不应低于三级；二级耐火等级的散装粮食平房仓可采用无防火保护的金属承重构件。

3.2.9 甲、乙类厂房和甲、乙、丙类仓库内的防火墙，其耐火极限不应低于4.00h。

3.2.10 一、二级耐火等级单层厂房（仓库）的柱，其耐火极限分别不应低于2.50h和2.00h。

3.2.11 采用自动喷水灭火系统全保护的一级耐火等级单、多层厂房（仓库）的屋顶承重构件，其耐火极限不应低于1.00h。

3.2.12 除甲、乙类仓库和高层仓库外，一、二级耐火等级建筑的非承重外墙，当采用不燃性墙体时，其耐火极限不应低于0.25h；当采用难燃性墙体时，不应低于0.50h。

4层及4层以下的一、二级耐火等级丁、戊类地上厂房（仓库）的非承重外墙，当采用不燃性墙体时，其耐火极限不限。

3.2.13 二级耐火等级厂房（仓库）内的房间隔墙，当采用难燃性墙体时，其耐火极限应提高0.25h。

3.2.14 二级耐火等级多层厂房和多层仓库内采用预应力钢筋混凝土的楼板，其耐火极限不应低于0.75h。

3.2.15 一、二级耐火等级厂房（仓库）的上人平屋顶，其屋面板的耐火极限分别不应低于1.50h和1.00h。

3.2.16 一、二级耐火等级厂房（仓库）的屋面板应采用不燃材料。

屋面防水层宜采用不燃、难燃材料，当采用可燃防水材料且铺设在可燃、难燃保温材料上时，防水材料或可燃、难燃保温材料应采用不燃材料作防护层。

3.2.17 建筑中的非承重外墙、房间隔墙和屋面板，当确需采用金属夹芯板材时，其芯材应为不燃材料，且耐火极限应符合本规范有关规定。

3.2.18 除本规范另有规定外，以木柱承重且墙体采用不燃材料的厂房（仓库），其耐火等级可按四级确定。

3.2.19 预制钢筋混凝土构件的节点外露部位，应采取防火保护措施，且节点的耐火极限不应低于相应构件的耐火极限。

3.3 厂房和仓库的层数、面积和平面布置

3.3.1 除本规范另有规定外，厂房的层数和每个防火分区的最大允许建筑面积应符合表3.3.1的规定。

表3.3.1 厂房的层数和每个防火分区的最大允许建筑面积

生产的火灾危险性类别	厂房的耐火等级	最多允许层数	每个防火分区的最大允许建筑面积（m²）			
			单层厂房	多层厂房	高层厂房	地下或半地下厂房（包括地下或半地下室）
甲	一级 二级	宜采用单层	4000 3000	3000 2000	— —	— —
乙	一级 二级	不限 6	5000 4000	4000 3000	2000 1500	— —
丙	一级 二级 三级	不限 不限 2	不限 8000 3000	6000 4000 2000	3000 2000 —	500 500 —
丁	一、二级 三级 四级	不限 3 1	不限 4000 1000	不限 2000 —	4000 — —	1000 — —
戊	一、二级 三级 四级	不限 3 1	不限 5000 1500	不限 3000 —	6000 — —	1000 — —

注：1 防火分区之间应采用防火墙分隔。除甲类厂房外的一、二级耐火等级厂房，当其防火分区的建筑面积大于本表规定，且设置防火墙确有困难时，可采用防火卷帘或防火分隔水幕分隔。采用防火卷帘时，应符合本规范第6.5.3条的规定；采用防火分隔水幕时，应符合现行国家标准《自动喷水灭火系统设计规范》GB 50084的规定。

2 除麻纺厂房外，一级耐火等级的多层纺织厂房和二级耐火等级的单、多层纺织厂房，其每个防火分区的最大允许建筑面积可按本表的规定增加0.5倍，但厂房内的原棉开包、清花车间与厂房内其他部位之间均应采用耐火极限不低于2.50h的防火隔墙分隔，需要开设门、窗、洞口时，应设置甲级防火门、窗。

3 一、二级耐火等级的单、多层造纸生产联合厂房，其每个防火分区的最大允许建筑面积可按本表的规定增加1.5倍。一、二级耐火等级的湿式造纸联合厂房，当纸机烘缸罩内设置自动灭火系统，完成工段设置有效灭火设施保护时，其每个防火分区的最大允许建筑面积可按工艺要求确定。

4 一、二级耐火等级的谷物筒仓工作塔，当每层工作人数不超过2人时，其层数不限。

5 一、二级耐火等级卷烟生产联合厂房内的原料、备料及成组配方、制丝、储丝和卷接包、辅料周转、成品暂存、二氧化碳膨胀烟丝等生产用房应划分独立的防火分隔单元，当工艺条件许可时，应采用防火墙进行分隔。其中制丝、储丝和卷接包车间可划分为一个防火分区，且每个防火分区的最大允许建筑面积可按工艺要求确定，但制丝、储丝及卷接包车间之间应采用耐火极限不低于2.00h的防火隔墙和1.00h的楼板进行分隔。厂房内各水平和竖向防火分隔之间的开口应采取防止火灾蔓延的措施。

6 厂房内的操作平台、检修平台，当使用人数少于10人时，平台的面积可不计入所在防火分区的建筑面积内。

7 “—”表示不允许。

3.3.2 除本规范另有规定外，仓库的层数和面积应符合表3.3.2的规定。

表 3.3.2 仓库的层数和面积

储存物品的火灾危险性类别		仓库的耐火等级	最多允许层数	每座仓库的最大允许占地面积和每个防火分区的最大允许建筑面积(m^2)						
				单层仓库		多层仓库		高层仓库		地下或半地下仓库(包括地下或半地下室)
				每座仓库	防火分区	每座仓库	防火分区	每座仓库	防火分区	防火分区
甲	3,4 项	一级	1	180	60	—	—	—	—	—
	1,2,5,6 项	一、二级	1	750	250	—	—	—	—	—
乙	1,3,4 项	一、二级	3	2000	500	900	300	—	—	—
		三级	1	500	250	—	—	—	—	—
	2,5,6 项	一、二级	5	2800	700	1500	500	—	—	—
		三级	1	900	300	—	—	—	—	—
丙	1 项	一、二级	5	4000	1000	2800	700	—	—	150
		三级	1	1200	400	—	—	—	—	—
	2 项	一、二级	不限	6000	1500	4800	1200	4000	1000	300
		三级	3	2100	700	1200	400	—	—	—

续表 3.3.2

储存物品的火灾危险性类别	仓库的耐火等级	最多允许层数	每座仓库的最大允许占地面积和每个防火分区的最大允许建筑面积(m^2)						
			单层仓库		多层仓库		高层仓库		地下或半地下仓库(包括地下或半地下室)
			每座仓库	防火分区	每座仓库	防火分区	每座仓库	防火分区	防火分区
丁	一、二级	不限	不限	3000	不限	1500	4800	1200	500
	三级	3	3000	1000	1500	500	—	—	—
	四级	1	2100	700	—	—	—	—	—
戊	一、二级	不限	不限	不限	不限	2000	6000	1500	1000
	三级	3	3000	1000	2100	700	—	—	—
	四级	1	2100	700	—	—	—	—	—

注:1 仓库内的防火分区之间必须采用防火墙分隔,甲、乙类仓库内防火分区之间的防火墙不应开设门、窗、洞口;地下或半地下仓库(包括地下或半地下室)的最大允许占地面积,不应大于相应类别地上仓库的最大允许占地面积。

2 石油库区内的桶装油品仓库应符合现行国家标准《石油库设计规范》GB 50074 的规定。

3 一、二级耐火等级的煤均化库,每个防火分区的最大允许建筑面积不应大于 12000m²。

4 独立建造的硝酸铵仓库、电石仓库、聚乙烯等高分子制品仓库、尿素仓库、配煤仓库、造纸厂的独立成品仓库,当建筑的耐火等级不低于二级时,每座仓库的最大允许占地面积和每个防火分区的最大允许建筑面积可按本表的规定增加 1.0 倍。

5 一、二级耐火等级粮食平房仓的最大允许占地面积不应大于 12000m²,每个防火分区的最大允许建筑面积不应大于 3000m²;三级耐火等级粮食平房仓的最大允许占地面积不应大于 3000m²,每个防火分区的最大允许建筑面积不应大于 1000m²。

6 一、二级耐火等级且占地面积不大于 2000m² 的单层棉花库房,其防火分区的最大允许建筑面积不应大于 2000m²。

7 一、二级耐火等级冷库的最大允许占地面积和防火分区的最大允许建筑面积,应符合现行国家标准《冷库设计规范》GB 50072 的规定。

8 "—"表示不允许。

3.3.3 厂房内设置自动灭火系统时,每个防火分区的最大允许建筑面积可按本规范第 3.3.1 条的规定增加 1.0 倍。当丁、戊类的地上厂房内设置自动灭火系统时,每个防火分区的最大允许建筑面积不限。厂房内局部设置自动灭火系统时,其防火分区的增加面积可按该局部面积的 1.0 倍计算。

仓库内设置自动灭火系统时,除冷库的防火分区外,每座仓库的最大允许占地面积和每个防火分区的最大允许建筑面积可按本规范第 3.3.2 条的规定增加 1.0 倍。

3.3.4 甲、乙类生产场所(仓库)不应设置在地下或半地下。

3.3.5 员工宿舍严禁设置在厂房内。

办公室、休息室等不应设置在甲、乙类厂房内,确需贴邻本厂房时,其耐火等级不应低于二级,并应采用耐火极限不低于 3.00h 的防爆墙与厂房分隔,且应设置独立的安全出口。

办公室、休息室设置在丙类厂房内时,应采用耐火极限不低于 2.50h 的防火隔墙和 1.00h 的楼板与其他部位分隔,并应至少设置 1 个独立的安全出口。如隔墙上需开设相互连通的门时,应采用乙级防火门。

3.3.6 厂房内设置中间仓库时,应符合下列规定:

1 甲、乙类中间仓库应靠外墙布置,其储量不宜超过 1 昼夜的需要量;

2 甲、乙、丙类中间仓库应采用防火墙和耐火极限不低于 1.50h 的不燃性楼板与其他部位分隔;

3 丁、戊类中间仓库应采用耐火极限不低于 2.00h 的防火隔墙和 1.00h 的楼板与其他部位分隔;

4 仓库的耐火等级和面积应符合本规范第 3.3.2 条和第 3.3.3 条的规定。

3.3.7 厂房内的丙类液体中间储罐应设置在单独房间内,其容量不应大于 5m³。设置中间储罐的房间,应采用耐火极限不低于 3.00h 的防火隔墙和 1.50h 的楼板与其他部位分隔,房间门应采用甲级防火门。

3.3.8 变、配电站不应设置在甲、乙类厂房内或贴邻,且不应设置在爆炸性气体、粉尘环境的危险区域内。供甲、乙类厂房专用的 10kV 及以下的变、配电站,当采用无门、窗、洞口的防火墙分隔时,可一面贴邻,并应符合现行国家标准《爆炸危险环境电力装置设计规范》GB 50058 等标准的规定。

乙类厂房的配电站确需在防火墙上开窗时,应采用甲级防火窗。

3.3.9 员工宿舍严禁设置在仓库内。

办公室、休息室等严禁设置在甲、乙类仓库内,也不应贴邻。

办公室、休息室设置在丙、丁类仓库内时,应采用耐火极限不低于 2.50h 的防火隔墙和 1.00h 的楼板与其他部位分隔,并

应设置独立的安全出口。隔墙上需开设相互连通的门时，应采用乙级防火门。

3.3.10 物流建筑的防火设计应符合下列规定：

1 当建筑功能以分拣、加工等作业为主时，应按本规范有关厂房的规定确定，其中仓储部分应按中间仓库确定。

2 当建筑功能以仓储为主或建筑难以区分主要功能时，应按本规范有关仓库的规定确定，但当分拣等作业区采用防火墙与储存区完全分隔时，作业区和储存区的防火要求可分别按本规范有关厂房和仓库的规定确定。其中，当分拣等作业区采用防火墙与储存区完全分隔且符合下列条件时，除自动化控制的丙类高架仓库外，储存区的防火分区最大允许建筑面积和储存区部分建筑的最大允许占地面积，可按本规范表 3.3.2(不含注)的规定增加 3.0 倍：

1)储存除可燃液体、棉、麻、丝、毛及其他纺织品、泡沫塑料等物品外的丙类物品且建筑的耐火等级不低于一级；

2)储存丁、戊类物品且建筑的耐火等级不低于二级；

3)建筑内全部设置自动水灭火系统和火灾自动报警系统。

3.3.11 甲、乙类厂房(仓库)内不应设置铁路线。

需要出入蒸汽机车和内燃机车的丙、丁、戊类厂房(仓库)，其屋顶应采用不燃材料或采取其他防火措施。

3.4 厂房的防火间距

3.4.1 除本规范另有规定外，厂房之间及与乙、丙、丁、戊类仓库、民用建筑等的防火间距不应小于表 3.4.1 的规定，与甲类仓库的防火间距应符合本规范第 3.5.1 条的规定。

表 3.4.1 厂房之间及与乙、丙、丁、戊类仓库、民用建筑等的防火间距(m)

<table>
<tr><th colspan="3" rowspan="3">名 称</th><th>甲类厂房</th><th colspan="3">乙类厂房(仓库)</th><th colspan="4">丙、丁、戊类厂房(仓库)</th><th colspan="5">民用建筑</th></tr>
<tr><th>单、多层</th><th colspan="2">单、多层</th><th>高层</th><th colspan="3">单、多层</th><th>高层</th><th colspan="3">裙房，单、多层</th><th colspan="2">高层</th></tr>
<tr><th>一、二级</th><th>一、二级</th><th>三级</th><th>一、二级</th><th>一、二级</th><th>三级</th><th>四级</th><th>一、二级</th><th>一、二级</th><th>三级</th><th>四级</th><th>一类</th><th>二类</th></tr>
<tr><td>甲类厂房</td><td>单、多层</td><td>一、二级</td><td>12</td><td>12</td><td>14</td><td>13</td><td>12</td><td>14</td><td>16</td><td>13</td><td colspan="3" rowspan="4">25</td><td colspan="2" rowspan="4">50</td></tr>
<tr><td rowspan="3">乙类厂房</td><td rowspan="2">单、多层</td><td>一、二级</td><td>12</td><td>10</td><td>12</td><td>13</td><td>10</td><td>12</td><td>14</td><td>13</td></tr>
<tr><td>三级</td><td>14</td><td>12</td><td>14</td><td>15</td><td>12</td><td>14</td><td>16</td><td>15</td></tr>
<tr><td>高层</td><td>一、二级</td><td>13</td><td>13</td><td>15</td><td>13</td><td>13</td><td>15</td><td>17</td><td>13</td></tr>
<tr><td rowspan="4">丙类厂房</td><td rowspan="3">单、多层</td><td>一、二级</td><td>12</td><td>10</td><td>12</td><td>13</td><td>10</td><td>12</td><td>14</td><td>13</td><td>10</td><td>12</td><td>14</td><td>20</td><td>15</td></tr>
<tr><td>三级</td><td>14</td><td>12</td><td>14</td><td>15</td><td>12</td><td>14</td><td>16</td><td>15</td><td>12</td><td>14</td><td>16</td><td rowspan="2">25</td><td rowspan="2">20</td></tr>
<tr><td>四级</td><td>16</td><td>14</td><td>16</td><td>17</td><td>14</td><td>16</td><td>18</td><td>17</td><td>14</td><td>16</td><td>18</td></tr>
<tr><td>高层</td><td>一、二级</td><td>13</td><td>13</td><td>15</td><td>13</td><td>13</td><td>15</td><td>17</td><td>13</td><td>13</td><td>15</td><td>17</td><td>20</td><td>15</td></tr>
<tr><td rowspan="4">丁、戊类厂房</td><td rowspan="3">单、多层</td><td>一、二级</td><td>12</td><td>10</td><td>12</td><td>13</td><td>10</td><td>12</td><td>14</td><td>13</td><td>10</td><td>12</td><td>14</td><td>15</td><td>13</td></tr>
<tr><td>三级</td><td>14</td><td>12</td><td>14</td><td>15</td><td>12</td><td>14</td><td>16</td><td>15</td><td>12</td><td>14</td><td>16</td><td rowspan="2">18</td><td rowspan="2">15</td></tr>
<tr><td>四级</td><td>16</td><td>14</td><td>16</td><td>17</td><td>14</td><td>16</td><td>18</td><td>17</td><td>14</td><td>16</td><td>18</td></tr>
<tr><td>高层</td><td>一、二级</td><td>13</td><td>13</td><td>15</td><td>13</td><td>13</td><td>15</td><td>17</td><td>13</td><td>13</td><td>15</td><td>17</td><td>15</td><td>13</td></tr>
<tr><td rowspan="3">室外变、配电站</td><td rowspan="3">变压器总油量(t)</td><td>≥5，≤10</td><td rowspan="3">25</td><td rowspan="3">25</td><td rowspan="3">25</td><td rowspan="3">25</td><td>12</td><td>15</td><td>20</td><td>12</td><td>15</td><td>20</td><td>25</td><td colspan="2">20</td></tr>
<tr><td>>10，≤50</td><td>15</td><td>20</td><td>25</td><td>15</td><td>20</td><td>25</td><td>30</td><td colspan="2">25</td></tr>
<tr><td>>50</td><td>20</td><td>25</td><td>30</td><td>20</td><td>25</td><td>30</td><td>35</td><td colspan="2">30</td></tr>
</table>

注：1 乙类厂房与重要公共建筑的防火间距不宜小于 50m；与明火或散发火花地点，不宜小于 30m。单、多层戊类厂房之间及与戊类仓库的防火间距可按本表的规定减少 2m，与民用建筑的防火间距可将戊类厂房等同民用建筑按本规范第 5.2.2 条的规定执行。为丙、丁、戊类厂房服务而单独设置的生活用房应按民用建筑确定，与所属厂房的防火间距不应小于 6m。确需相邻布置时，应符合本表注 2、3 的规定。

2 两座厂房相邻较高一面外墙为防火墙，或相邻两座高度相同的一、二级耐火等级建筑中相邻任一侧外墙为防火墙且屋顶的耐火极限不低于 1.00h 时，其防火间距不限，但甲类厂房之间不应小于 4m。两座丙、丁、戊类厂房相邻两面外墙均为不燃性墙体，当无外露的可燃性屋檐，每面外墙上的门、窗、洞口面积之和各不大于外墙面积的 5%，且门、窗、洞口不正对开设时，其防火间距可按本表的规定减少 25%。甲、乙类厂房(仓库)不应与本规范第 3.3.5 条规定外的其他建筑贴邻。

3 两座一、二级耐火等级的厂房，当相邻较低一面外墙为防火墙且较低一座厂房的屋顶无天窗，屋顶的耐火极限不低于 1.00h，或相邻较高一面外墙的门、窗等开口部位设置甲级防火门、窗或防火分隔水幕或按本规范第 6.5.3 条的规定设置防火卷帘时，甲、乙类厂房之间的防火间距不应小于 6m；丙、丁、戊类厂房之间的防火间距不应小于 4m。

4 发电厂内的主变压器，其油量可按单台确定。

5 耐火等级低于四级的既有厂房，其耐火等级可按四级确定。

6 当丙、丁、戊类厂房与丙、丁、戊类仓库相邻时，应符合本表注 2、3 的规定。

3.4.2 甲类厂房与重要公共建筑的防火间距不应小于50m，与明火或散发火花地点的防火间距不应小于30m。

3.4.3 散发可燃气体、可燃蒸气的甲类厂房与铁路、道路等的防火间距不应小于表3.4.3的规定，但甲类厂房所属厂内铁路装卸线当有安全措施时，防火间距不受表3.4.3规定的限制。

表3.4.3 散发可燃气体、可燃蒸气的甲类厂房与铁路、道路等的防火间距(m)

名称	厂外铁路线中心线	厂内铁路线中心线	厂外道路路边	厂内道路路边	
				主要	次要
甲类厂房	30	20	15	10	5

3.4.4 高层厂房与甲、乙、丙类液体储罐，可燃、助燃气体储罐，液化石油气储罐，可燃材料堆场(除煤和焦炭场外)的防火间距，应符合本规范第4章的规定，且不应小于13m。

3.4.5 丙、丁、戊类厂房与民用建筑的耐火等级均为一、二级时，丙、丁、戊类厂房与民用建筑的防火间距可适当减小，但应符合下列规定：

1 当较高一面外墙为无门、窗、洞口的防火墙，或比相邻较低一座建筑屋面高15m及以下范围内的外墙为无门、窗、洞口的防火墙时，其防火间距不限；

2 相邻较低一面外墙为防火墙，且屋顶无天窗或洞口、屋顶的耐火极限不低于1.00h，或相邻较高一面外墙为防火墙，且墙上开口部位采取了防火措施，其防火间距可适当减小，但不应小于4m。

3.4.6 厂房外附设化学易燃物品的设备，其外壁与相邻厂房室外附设设备的外壁或相邻厂房外墙的防火间距，不应小于本规范第3.4.1条的规定。用不燃材料制作的室外设备，可按一、二级耐火等级建筑确定。

总容量不大于15m³的丙类液体储罐，当直埋于厂房外墙外，且面向储罐一面4.0m范围内的外墙为防火墙时，其防火间距不限。

3.4.7 同一座"U"形或"山"形厂房中相邻两翼之间的防火间距，不宜小于本规范第3.4.1条的规定，但当厂房的占地面积小于本规范第3.3.1条规定的每个防火分区最大允许建筑面积时，其防火间距可为6m。

3.4.8 除高层厂房和甲类厂房外，其他类别的数座厂房占地面积之和小于本规范第3.3.1条规定的防火分区最大允许建筑面积(按其中较小者确定，但防火分区的最大允许建筑面积不限者，不应大于10000m²)时，可成组布置。当厂房建筑高度不大于7m时，组内厂房之间的防火间距不应小于4m；当厂房建筑高度大于7m时，组内厂房之间的防火间距不应小于6m。

组与组或组与相邻建筑的防火间距，应根据相邻两座中耐火等级较低的建筑，按本规范第3.4.1条的规定确定。

3.4.9 一级汽车加油站、一级汽车加气站和一级汽车加油加气合建站不应布置在城市建成区内。

3.4.10 汽车加油、加气站和加油加气合建站的分级，汽车加油、加气站和加油加气合建站及其加油(气)机、储油(气)罐等与站外明火或散发火花地点、建筑、铁路、道路的防火间距以及站内各建筑或设施之间的防火间距，应符合现行国家标准《汽车加油加气站设计与施工规范》GB 50156的规定。

3.4.11 电力系统电压为35kV～500kV且每台变压器容量不小于10MV·A的室外变、配电站以及工业企业的变压器总油量大于5t的室外降压变电站，与其他建筑的防火间距不应小于本规范第3.4.1条和第3.5.1条的规定。

3.4.12 厂区围墙与厂区内建筑的间距不宜小于5m，围墙两侧建筑的间距应满足相应建筑的防火间距要求。

3.5 仓库的防火间距

3.5.1 甲类仓库之间及与其他建筑、明火或散发火花地点、铁路、道路等的防火间距不应小于表3.5.1的规定。

表3.5.1 甲类仓库之间及与其他建筑、明火或散发火花地点、铁路、道路等的防火间距(m)

名称		甲类仓库(储量,t)			
		甲类储存物品第3、4项		甲类储存物品第1、2、5、6项	
		≤5	>5	≤10	>10
高层民用建筑、重要公共建筑		50			
裙房、其他民用建筑、明火或散发火花地点		30	40	25	30
甲类仓库		20	20	20	20
厂房和乙、丙、丁、戊类仓库	一、二级	15	20	12	15
	三级	20	25	15	20
	四级	25	30	20	25

续表3.5.1

名称		甲类仓库(储量,t)			
		甲类储存物品第3、4项		甲类储存物品第1、2、5、6项	
		≤5	>5	≤10	>10
电力系统电压为35kV～500kV且每台变压器容量不小于10MV·A的室外变、配电站，工业企业的变压器总油量大于5t的室外降压变电站		30	40	25	30
厂外铁路线中心线		40			
厂内铁路线中心线		30			
厂外道路路边		20			
厂内道路路边	主要	10			
	次要	5			

注：甲类仓库之间的防火间距，当第3、4项物品储量不大于2t，第1、2、5、6项物品储量不大于5t时，不应小于12m。甲类仓库与高层仓库的防火间距不应小于13m。

3.5.2 除本规范另有规定外，乙、丙、丁、戊类仓库之间及与民用建筑的防火间距，不应小于表3.5.2的规定。

表 3.5.2 乙、丙、丁、戊类仓库之间及与民用建筑的防火间距(m)

名称			乙类仓库			丙类仓库				丁、戊类仓库			
			单、多层		高层	单、多层			高层	单、多层			高层
			一、二级	三级	一、二级	一、二级	三级	四级	一、二级	一、二级	三级	四级	一、二级
乙、丙、丁、戊类仓库	单、多层	一、二级	10	12	13	10	12	14	13	10	12	14	13
		三级	12	14	15	12	14	16	15	12	14	16	15
		四级	14	16	17	14	16	18	17	14	16	18	17
	高层	一、二级	13	15	13	13	15	17	13	13	15	17	13
民用建筑	裙房，单、多层	一、二级	25			10	12	14	13	10	12	14	13
		三级				12	14	16	15	12	14	16	15
		四级				14	16	18	17	14	16	18	17
	高层	一类	50			20	25	25	20	15	18	18	15
		二类				15	20	20	15	13	15	15	13

注：1 单、多层戊类仓库之间的防火间距，可按本表的规定减少 2m。

2 两座仓库的相邻外墙均为防火墙时，防火间距可以减小，但丙类仓库，不应小于 6m；丁、戊类仓库，不应小于 4m。两座仓库相邻较高一面外墙为防火墙，或相邻两座高度相同的一、二级耐火等级建筑中相邻任一侧外墙为防火墙且屋顶的耐火极限不低于 1.00h，且总占地面积不大于本规范第 3.3.2 条一座仓库的最大允许占地面积规定时，其防火间距不限。

3 除乙类第 6 项物品外的乙类仓库，与民用建筑的防火间距不宜小于 25m，与重要公共建筑的防火间距不应小于 50m，与铁路、道路等的防火间距不宜小于表 3.5.1 中甲类仓库与铁路、道路等的防火间距。

3.5.3 丁、戊类仓库与民用建筑的耐火等级均为一、二级时，仓库与民用建筑的防火间距可适当减小，但应符合下列规定：

1 当较高一面外墙为无门、窗、洞口的防火墙，或比相邻较低一座建筑屋面高 15m 及以下范围内的外墙为无门、窗、洞口的防火墙时，其防火间距不限；

2 相邻较低一面外墙为防火墙，且屋顶无天窗或洞口、屋顶耐火极限不低于 1.00h，或相邻较高一面外墙为防火墙，且墙上开口部位采取了防火措施，其防火间距可适当减小，但不应小于 4m。

3.5.4 粮食筒仓与其他建筑、粮食筒仓组之间的防火间距，不应小于表 3.5.4 的规定。

表 3.5.4 粮食筒仓与其他建筑、粮食筒仓组之间的防火间距(m)

名称	粮食总储量 W(t)	粮食立筒仓			粮食浅圆仓		其他建筑		
		$W\leqslant 40000$	$40000<W\leqslant 50000$	$W>50000$	$W\leqslant 50000$	$W>50000$	一、二级	三级	四级
粮食立筒仓	$500<W\leqslant 10000$	15	20	25	20	25	10	15	20
	$10000<W\leqslant 40000$						15	20	25
	$40000<W\leqslant 50000$	20					20	25	30
	$W>50000$	25					25	30	—
粮食浅圆仓	$W\leqslant 50000$	20	20	25	20	25	20	25	—
	$W>50000$	25					25	30	—

注：1 当粮食立筒仓、粮食浅圆仓与工作塔、接收塔、发放站为一个完整工艺单元的组群时，组内各建筑之间的防火间距不受本表限制。

2 粮食浅圆仓组内每个独立仓的储量不应大于 10000t。

3.5.5 库区围墙与库区内建筑的间距不宜小于 5m，围墙两侧建筑的间距应满足相应建筑的防火间距要求。

3.6 厂房和仓库的防爆

3.6.1 有爆炸危险的甲、乙类厂房宜独立设置，并宜采用敞开或半敞开式。其承重结构宜采用钢筋混凝土或钢框架、排架结构。

3.6.2 有爆炸危险的厂房或厂房内有爆炸危险的部位应设置泄压设施。

3.6.3 泄压设施宜采用轻质屋面板、轻质墙体和易于泄压的门、窗等，应采用安全玻璃等在爆炸时不产生尖锐碎片的材料。

泄压设施的设置应避开人员密集场所和主要交通道路，并宜靠近有爆炸危险的部位。

作为泄压设施的轻质屋面板和墙体的质量不宜大于 60kg/m²。

屋顶上的泄压设施应采取防冰雪积聚措施。

3.6.4 厂房的泄压面积宜按下式计算，但当厂房的长径比大于 3 时，宜将建筑划分为长径比不大于 3 的多个计算段，各计算段中的公共截面不得作为泄压面积：

$$A=10CV^{\frac{2}{3}} \qquad (3.6.4)$$

式中：A——泄压面积(m^2)；

V——厂房的容积(m^3)；

C——泄压比，可按表 3.6.4 选取(m^2/m^3)。

表 3.6.4 厂房内爆炸性危险物质的类别与泄压比规定值(m^2/m^3)

厂房内爆炸性危险物质的类别	C 值
氨、粮食、纸、皮革、铅、铬、铜等 $K_{尘}<10MPa\cdot m\cdot s^{-1}$ 的粉尘	≥0.030
木屑、炭屑、煤粉、锑、锡等 $10MPa\cdot m\cdot s^{-1}\leqslant K_{尘}\leqslant 30MPa\cdot m\cdot s^{-1}$ 的粉尘	≥0.055
丙酮、汽油、甲醇、液化石油气、甲烷、喷漆间或干燥室，苯酚树脂、铝、镁、锆等 $K_{尘}>30MPa\cdot m\cdot s^{-1}$ 的粉尘	≥0.110
乙烯	≥0.160
乙炔	≥0.200
氢	≥0.250

注：1 长径比为建筑平面几何外形尺寸中的最长尺寸与其横截面周长的积和 4.0 倍的建筑横截面积之比。

2 $K_{尘}$是指粉尘爆炸指数。

3.6.5 散发较空气轻的可燃气体、可燃蒸气的甲类厂房，宜采用轻质屋面板作为泄压面积。顶棚应尽量平整、无死角，厂房上部空间应通风良好。

3.6.6 散发较空气重的可燃气体、可燃蒸气的甲类厂房和有粉尘、纤维爆炸危险的乙类厂房，应符合下列规定：

1 应采用不发火花的地面。采用绝缘材料作整体面层时，应采取防静电措施。

2 散发可燃粉尘、纤维的厂房，其内表面应平整、光滑，并易于清扫。

3 厂房内不宜设置地沟，确需设置时，其盖板应严密，地沟应采取防止可燃气体、可燃蒸气和粉尘、纤维在地沟积聚的有效措施，且应在与相邻厂房连通处采用防火材料密封。

3.6.7 有爆炸危险的甲、乙类生产部位，宜布置在单层厂房靠外墙的泄压设施或多层厂房顶层靠外墙的泄压设施附近。

有爆炸危险的设备宜避开厂房的梁、柱等主要承重构件布置。

3.6.8 有爆炸危险的甲、乙类厂房的总控制室应独立设置。

3.6.9 有爆炸危险的甲、乙类厂房的分控制室宜独立设置，当贴邻外墙设置时，应采用耐火极限不低于3.00h的防火隔墙与其他部位分隔。

3.6.10 有爆炸危险区域内的楼梯间、室外楼梯或有爆炸危险的区域与相邻区域连通处，应设置门斗等防护措施。门斗的隔墙应为耐火极限不应低于2.00h的防火隔墙，门应采用甲级防火门并应与楼梯间的门错位设置。

3.6.11 使用和生产甲、乙、丙类液体的厂房，其管、沟不应与相邻厂房的管、沟相通，下水道应设置隔油设施。

3.6.12 甲、乙、丙类液体仓库应设置防止液体流散的设施。遇湿会发生燃烧爆炸的物品仓库应采取防止水浸渍的措施。

3.6.13 有粉尘爆炸危险的筒仓，其顶部盖板应设置必要的泄压设施。

粮食筒仓工作塔和上通廊的泄压面积应按本规范第3.6.4条的规定计算确定。有粉尘爆炸危险的其他粮食储存设施应采取防爆措施。

3.6.14 有爆炸危险的仓库或仓库内有爆炸危险的部位，宜按本节规定采取防爆措施、设置泄压设施。

3.7 厂房的安全疏散

3.7.1 厂房的安全出口应分散布置。每个防火分区或一个防火分区的每个楼层，其相邻2个安全出口最近边缘之间的水平距离不应小于5m。

3.7.2 厂房内每个防火分区或一个防火分区内的每个楼层，其安全出口的数量应经计算确定，且不应少于2个；当符合下列条件时，可设置1个安全出口：

1 甲类厂房，每层建筑面积不大于100m², 且同一时间的作业人数不超过5人；

2 乙类厂房，每层建筑面积不大于150m², 且同一时间的作业人数不超过10人；

3 丙类厂房，每层建筑面积不大于250m², 且同一时间的作业人数不超过20人；

4 丁、戊类厂房，每层建筑面积不大于400m², 且同一时间的作业人数不超过30人；

5 地下或半地下厂房(包括地下或半地下室)，每层建筑面积不大于50m², 且同一时间的作业人数不超过15人。

3.7.3 地下或半地下厂房(包括地下或半地下室)，当有多个防火分区相邻布置，并采用防火墙分隔时，每个防火分区可利用防火墙上通向相邻防火分区的甲级防火门作为第二安全出口，但每个防火分区必须至少有1个直通室外的独立安全出口。

3.7.4 厂房内任一点至最近安全出口的直线距离不应大于表3.7.4的规定。

表3.7.4 厂房内任一点至最近安全出口的直线距离(m)

生产的火灾危险性类别	耐火等级	单层厂房	多层厂房	高层厂房	地下或半地下厂房(包括地下或半地下室)
甲	一、二级	30	25	—	—
乙	一、二级	75	50	30	—
丙	一、二级	80	60	40	30
	三级	60	40	—	—
丁	一、二级	不限	不限	50	45
	三级	60	50	—	—
	四级	50	—	—	—
戊	一、二级	不限	不限	75	60
	三级	100	75	—	—
	四级	60	—	—	—

3.7.5 厂房内疏散楼梯、走道、门的各自总净宽度，应根据疏散人数按每100人的最小疏散净宽度不小于表3.7.5的规定计算确定。但疏散楼梯的最小净宽度不宜小于1.10m，疏散走道的最小净宽度不宜小于1.40m，门的最小净宽度不宜小于0.90m。当每层疏散人数不相等时，疏散楼梯的总净宽度应分层计算，下层楼梯总净宽度应按该层及以上疏散人数最多一层的疏散人数计算。

表3.7.5 厂房内疏散楼梯、走道和门的每100人最小疏散净宽度

厂房层数(层)	1～2	3	≥4
最小疏散净宽度(m/百人)	0.60	0.80	1.00

首层外门的总净宽度应按该层及以上疏散人数最多一层的疏散人数计算，且该门的最小净宽度不应小于1.20m。

3.7.6 高层厂房和甲、乙、丙类多层厂房的疏散楼梯应采用封闭楼梯间或室外楼梯。建筑高度大于32m且任一层人数超过10人的厂房，应采用防烟楼梯间或室外楼梯。

3.8 仓库的安全疏散

3.8.1 仓库的安全出口应分散布置。每个防火分区或一个防火分区的每个楼层，其相邻2个安全出口最近边缘之间的水平距离不应小于5m。

3.8.2 每座仓库的安全出口不应少于2个，当一座仓库的占地面积不大于300m²时，可设置1个安全出口。仓库内每个防火分区通向疏散走道、楼梯或室外的出口不宜少于2个，当防火分区的建筑面积不大于100m²时，可设置1个出口。通向疏散走道或楼梯的门应为乙级防火门。

3.8.3 地下或半地下仓库(包括地下或半地下室)的安全出口不应少于2个；当建筑面积不大于100m²时，可设置1个安全出口。

地下或半地下仓库(包括地下或半地下室)，当有多个防火分区相邻布置并采用防火墙分隔时，每个防火分区可利用防火墙上通向相邻防火分区的甲级防火门作为第二安全出口，但每个防火分区必须至少有1个直通室外的安全出口。

3.8.4 冷库、粮食筒仓、金库的安全疏散设计应分别符合现行国家标准《冷库设计规范》GB 50072和《粮食钢板筒仓设计规范》GB 50322等标准的规定。

3.8.5 粮食筒仓上层面积小于1000m²，且作业人数不超过2人时，可设置1个安全出口。

3.8.6 仓库、筒仓中符合本规范第6.4.5条规定的室外金属梯，可作为疏散楼梯，但筒仓室外楼梯平台的耐火极限不应低于0.25h。

3.8.7 高层仓库的疏散楼梯应采用封闭楼梯间。

3.8.8 除一、二级耐火等级的多层戊类仓库外，其他仓库内供垂直运输物品的提升设施宜设置在仓库外，确需设置在仓库内时，应设置在井壁的耐火极限不低于2.00h的井筒内。室内外提升设施通向仓库的入口应设置乙级防火门或符合本规范第6.5.3条规定的防火卷帘。

4 甲、乙、丙类液体、气体储罐(区)和可燃材料堆场

4.1 一般规定

4.1.1 甲、乙、丙类液体储罐区，液化石油气储罐区，可燃、助燃气体储罐区和可燃材料堆场等，应布置在城市(区域)的边缘或相对独立的安全地带，并宜布置在城市(区域)全年最小频率风向的上风侧。

甲、乙、丙类液体储罐(区)宜布置在地势较低的地带。当布置在地势较高的地带时，应采取安全防护设施。

液化石油气储罐(区)宜布置在地势平坦、开阔等不易积存液化石油气的地带。

4.1.2 桶装、瓶装甲类液体不应露天存放。

4.1.3 液化石油气储罐组或储罐区的四周应设置高度不小于1.0m的不燃性实体防护墙。

4.1.4 甲、乙、丙类液体储罐区，液化石油气储罐区，可燃、助燃气体储罐区和可燃材料堆场，应与装卸区、辅助生产区及办公区分开布置。

4.1.5 甲、乙、丙类液体储罐，液化石油气储罐，可燃、助燃气体储罐和可燃材料堆垛，与架空电力线的最近水平距离应符合本规范第10.2.1条的规定。

4.2 甲、乙、丙类液体储罐(区)的防火间距

4.2.1 甲、乙、丙类液体储罐(区)和乙、丙类液体桶装堆场与其他建筑的防火间距，不应小于表4.2.1的规定。

表4.2.1 甲、乙、丙类液体储罐(区)和乙、丙类液体桶装堆场与其他建筑的防火间距(m)

类别	一个罐区或堆场的总容量 $V(m^3)$	建筑物				室外变、配电站
		一、二级		三级	四级	
		高层民用建筑	裙房，其他建筑			
甲、乙类液体储罐(区)	$1 \leqslant V < 50$	40	12	15	20	30
	$50 \leqslant V < 200$	50	15	20	25	35
	$200 \leqslant V < 1000$	60	20	25	30	40
	$1000 \leqslant V < 5000$	70	25	30	40	50
丙类液体储罐(区)	$5 \leqslant V < 250$	40	12	15	20	24
	$250 \leqslant V < 1000$	50	15	20	25	28
	$1000 \leqslant V < 5000$	60	20	25	30	32
	$5000 \leqslant V < 25000$	70	25	30	40	40

注：1 当甲、乙类液体储罐和丙类液体储罐布置在同一储罐区时，罐区的总容量可按 $1m^3$ 甲、乙类液体相当于 $5m^3$ 丙类液体折算。

2 储罐防火堤外侧基脚线至相邻建筑的距离不应小于10m。

3 甲、乙、丙类液体的固定顶储罐区或半露天堆场，乙、丙类液体桶装堆场与甲类厂房(仓库)、民用建筑的防火间距，应按本表的规定增加25%，且甲、乙类液体的固定顶储罐区或半露天堆场，乙、丙类液体桶装堆场与甲类厂房(仓库)、裙房、单、多层民用建筑的防火间距不应小于25m，与明火或散发火花地点的防火间距应按本表有关四级耐火等级建筑物的规定增加25%。

4 浮顶储罐区或闪点大于120℃的液体储罐区与其他建筑的防火间距，可按本表的规定减少25%。

5 当数个储罐区布置在同一库区内时，储罐区之间的防火间距不应小于本表相应容量的储罐区与四级耐火等级建筑物防火间距的较大值。

6 直埋地下的甲、乙、丙类液体卧式罐，当单罐容量不大于 $50m^3$，总容量不大于 $200m^3$ 时，与建筑物的防火间距可按本表规定减少50%。

7 室外变、配电站指电力系统电压为35kV～500kV且每台变压器容量不小于10MV·A的室外变、配电站和工业企业的变压器总油量大于5t的室外降压变电站。

4.2.2 甲、乙、丙类液体储罐之间的防火间距不应小于表4.2.2的规定。

表4.2.2 甲、乙、丙类液体储罐之间的防火间距(m)

类别			固定顶储罐			浮顶储罐或设置充氮保护设备的储罐	卧式储罐
			地上式	半地下式	地下式		
甲、乙类液体储罐	单罐容量 $V(m^3)$	$V \leqslant 1000$	0.75D	0.5D	0.4D	0.4D	≥0.8m
		$V > 1000$	0.6D				
丙类液体储罐		不限	0.4D	不限	不限	—	

注：1 D 为相邻较大立式储罐的直径(m)，矩形储罐的直径为长边与短边之和的一半。

2 不同液体、不同形式储罐之间的防火间距不应小于本表规定的较大值。

3 两排卧式储罐之间的防火间距不应小于3m。

4 当单罐容量不大于 $1000m^3$ 且采用固定冷却系统时，甲、乙类液体的地上式固定顶储罐之间的防火间距不应小于0.6D。

5 地上式储罐同时设置液下喷射泡沫灭火系统、固定冷却水系统和扑救防火堤内液体火灾的泡沫灭火设施时，储罐之间的防火间距可适当减小，但不宜小于0.4D。

6 闪点大于120℃的液体，当单罐容量大于 $1000m^3$ 时，储罐之间的防火间距不应小于5m；当单罐容量不大于 $1000m^3$ 时，储罐之间的防火间距不应小于2m。

4.2.3 甲、乙、丙类液体储罐成组布置时，应符合下列规定：

1 组内储罐的单罐容量和总容量不应大于表 4.2.3 的规定。

表 4.2.3 甲、乙、丙类液体储罐分组布置的最大容量

类 别	单罐最大容量(m^3)	一组罐最大容量(m^3)
甲、乙类液体	200	1000
丙类液体	500	3000

2 组内储罐的布置不应超过两排。甲、乙类液体立式储罐之间的防火间距不应小于 2m，卧式储罐之间的防火间距不应小于 0.8m；丙类液体储罐之间的防火间距不限。

3 储罐组之间的防火间距应根据组内储罐的形式和总容量折算为相同类别的标准单罐，按本规范第 4.2.2 条的规定确定。

4.2.4 甲、乙、丙类液体的地上式、半地下式储罐区，其每个防火堤内宜布置火灾危险性类别相同或相近的储罐。沸溢性油品储罐不应与非沸溢性油品储罐布置在同一防火堤内。地上式、半地下式储罐不应与地下式储罐布置在同一防火堤内。

4.2.5 甲、乙、丙类液体的地上式、半地下式储罐或储罐组，其四周应设置不燃性防火堤。防火堤的设置应符合下列规定：

1 防火堤内的储罐布置不宜超过 2 排，单罐容量不大于 1000m³ 且闪点大于 120℃ 的液体储罐不宜超过 4 排。

2 防火堤的有效容量不应小于其中最大储罐的容量。对于浮顶罐，防火堤的有效容量可为其中最大储罐容量的一半。

3 防火堤内侧基脚线至立式储罐外壁的水平距离不应小于罐壁高度的一半。防火堤内侧基脚线至卧式储罐的水平距离不应小于 3m。

4 防火堤的设计高度应比计算高度高出 0.2m，且应为 1.0m～2.2m，在防火堤的适当位置应设置便于灭火救援人员进出防火堤的踏步。

5 沸溢性油品的地上式、半地下式储罐，每个储罐均应设置一个防火堤或防火隔堤。

6 含油污水排水管应在防火堤的出口处设置水封设施，雨水排水管应设置阀门等封闭、隔离装置。

4.2.6 甲类液体半露天堆场，乙、丙类液体桶装堆场和闪点大于 120℃ 的液体储罐(区)，当采取了防止液体流散的设施时，可不设置防火堤。

4.2.7 甲、乙、丙类液体储罐与其泵房、装卸鹤管的防火间距不应小于表 4.2.7 的规定。

表 4.2.7 甲、乙、丙类液体储罐与其泵房、装卸鹤管的防火间距(m)

液体类别和储罐形式		泵房	铁路或汽车装卸鹤管
甲、乙类液体储罐	拱顶罐	15	20
	浮顶罐	12	15
丙类液体储罐		10	12

注：1 总容量不大于 1000m³ 的甲、乙类液体储罐和总容量不大于 5000m³ 的丙类液体储罐，其防火间距可按本表的规定减少 25%。

2 泵房、装卸鹤管与储罐防火堤外侧基脚线的距离不应小于 5m。

4.2.8 甲、乙、丙类液体装卸鹤管与建筑物、厂内铁路线的防火间距不应小于表 4.2.8 的规定。

表 4.2.8 甲、乙、丙类液体装卸鹤管与建筑物、厂内铁路线的防火间距(m)

名 称	建筑物			厂内铁路线	泵房
	一、二级	三级	四级		
甲、乙类液体装卸鹤管	14	16	18	20	8
丙类液体装卸鹤管	10	12	14	10	

注：装卸鹤管与其直接装卸用的甲、乙、丙类液体装卸铁路线的防火间距不限。

4.2.9 甲、乙、丙类液体储罐与铁路、道路的防火间距不应小于表 4.2.9 的规定。

表 4.2.9 甲、乙、丙类液体储罐与铁路、道路的防火间距(m)

名 称	厂外铁路线中心线	厂内铁路线中心线	厂外道路路边	厂内道路路边	
				主要	次要
甲、乙类液体储罐	35	25	20	15	10
丙类液体储罐	30	20	15	10	5

4.2.10 零位罐与所属铁路装卸线的距离不应小于 6m。

4.2.11 石油库的储罐(区)与建筑的防火间距，石油库内的储罐布置和防火间距以及储罐与泵房、装卸鹤管等库内建筑的防火间距，应符合现行国家标准《石油库设计规范》GB 50074 的规定。

4.3 可燃、助燃气体储罐(区)的防火间距

4.3.1 可燃气体储罐与建筑物、储罐、堆场等的防火间距应符合下列规定：

1 湿式可燃气体储罐与建筑物、储罐、堆场等的防火间距不应小于表 4.3.1 的规定。

表 4.3.1 湿式可燃气体储罐与建筑物、储罐、堆场等的防火间距(m)

名 称		湿式可燃气体储罐(总容积 V，m³)				
		$V<1000$	$1000\leq V<10000$	$10000\leq V<50000$	$50000\leq V<100000$	$100000\leq V<300000$
甲类仓库 甲、乙、丙类液体储罐 可燃材料堆场 室外变、配电站 明火或散发火花的地点		20	25	30	35	40
高层民用建筑		25	30	35	40	45
裙房，单、多层民用建筑		18	20	25	30	35
其他建筑	一、二级	12	15	20	25	30
	三级	15	20	25	30	35
	四级	20	25	30	35	40

注：固定容积可燃气体储罐的总容积按储罐几何容积(m³)和设计储存压力(绝对压力，10^5Pa)的乘积计算。

2 固定容积的可燃气体储罐与建筑物、储罐、堆场等的防火间距不应小于表 4.3.1 的规定。

3 干式可燃气体储罐与建筑物、储罐、堆场等的防火间距：当可燃气体的密度比空气大时，应按表 4.3.1 的规定增加 25%；当可燃气体的密度比空气小时，可按表 4.3.1 的规定确定。

4 湿式或干式可燃气体储罐的水封井、油泵房和电梯间等附属设施与该储罐的防火间距,可按工艺要求布置。

5 容积不大于 $20m^3$ 的可燃气体储罐与其使用厂房的防火间距不限。

4.3.2 可燃气体储罐(区)之间的防火间距应符合下列规定:

1 湿式可燃气体储罐或干式可燃气体储罐之间及湿式与干式可燃气体储罐的防火间距,不应小于相邻较大罐直径的1/2。

2 固定容积的可燃气体储罐之间的防火间距不应小于相邻较大罐直径的2/3。

3 固定容积的可燃气体储罐与湿式或干式可燃气体储罐的防火间距,不应小于相邻较大罐直径的1/2。

4 数个固定容积的可燃气体储罐的总容积大于 $200000m^3$ 时,应分组布置。卧式储罐组之间的防火间距不应小于相邻较大罐长度的一半;球形储罐组之间的防火间距不应小于相邻较大罐直径,且不应小于20m。

4.3.3 氧气储罐与建筑物、储罐、堆场等的防火间距应符合下列规定:

1 湿式氧气储罐与建筑物、储罐、堆场等的防火间距不应小于表4.3.3的规定。

表4.3.3 湿式氧气储罐与建筑物、储罐、堆场等的防火间距(m)

名称		湿式氧气储罐(总容积 V,m^3)		
		$V\leqslant1000$	$1000<V\leqslant50000$	$V>50000$
明火或散发火花地点		25	30	35
甲、乙、丙类液体储罐,可燃材料堆场,甲类仓库,室外变、配电站		20	25	30
民用建筑		18	20	25
其他建筑	一、二级	10	12	14
	三级	12	14	16
	四级	14	16	18

注:固定容积氧气储罐的总容积按储罐几何容积(m^3)和设计储存压力(绝对压力,10^5Pa)的乘积计算。

2 氧气储罐之间的防火间距不应小于相邻较大罐直径的1/2。

3 氧气储罐与可燃气体储罐的防火间距不应小于相邻较大罐的直径。

4 固定容积的氧气储罐与建筑物、储罐、堆场等的防火间距不应小于表4.3.3的规定。

5 氧气储罐与其制氧厂房的防火间距可按工艺布置要求确定。

6 容积不大于 $50m^3$ 的氧气储罐与其使用厂房的防火间距不限。

注:$1m^3$ 液氧折合标准状态下 $800m^3$ 气态氧。

4.3.4 液氧储罐与建筑物、储罐、堆场等的防火间距应符合本规范第4.3.3条相应容积湿式氧气储罐防火间距的规定。液氧储罐与其泵房的间距不宜小于3m。总容积小于或等于 $3m^3$ 的液氧储罐与其使用建筑的防火间距应符合下列规定:

1 当设置在独立的一、二级耐火等级的专用建筑物内时,其防火间距不应小于10m;

2 当设置在独立的一、二级耐火等级的专用建筑物内,且面向使用建筑物一侧采用无门窗洞口的防火墙隔开时,其防火间距不限;

3 当低温储存的液氧储罐采取了防火措施时,其防火间距不应小于5m。

医疗卫生机构中的医用液氧储罐气源站的液氧储罐应符合下列规定:

1 单罐容积不应大于 $5m^3$,总容积不宜大于 $20m^3$;

2 相邻储罐之间的距离不应小于最大储罐直径的0.75倍;

3 医用液氧储罐与医疗卫生机构外建筑的防火间距应符合本规范第4.3.3条的规定,与医疗卫生机构内建筑的防火间距应符合现行国家标准《医用气体工程技术规范》GB 50751的规定。

4.3.5 液氧储罐周围5m范围内不应有可燃物和沥青路面。

4.3.6 可燃、助燃气体储罐与铁路、道路的防火间距不应小于表4.3.6的规定。

表4.3.6 可燃、助燃气体储罐与铁路、道路的防火间距(m)

名称	厂外铁路线中心线	厂内铁路线中心线	厂外道路路边	厂内道路路边	
				主要	次要
可燃、助燃气体储罐	25	20	15	10	5

4.3.7 液氢、液氨储罐与建筑物、储罐、堆场等的防火间距可按本规范第4.4.1条相应容积液化石油气储罐防火间距的规定减少25%确定。

4.3.8 液化天然气气化站的液化天然气储罐(区)与站外建筑等的防火间距不应小于表4.3.8的规定,与表4.3.8未规定的其他建筑的防火间距,应符合现行国家标准《城镇燃气设计规范》GB 50028的规定。

表4.3.8 液化天然气气化站的液化天然气储罐(区)与站外建筑等的防火间距(m)

名称	液化天然气储罐(区)(总容积 V,m^3)							集中放散装置的天然气放散总管
	$V\leqslant10$	$10<V\leqslant30$	$30<V\leqslant50$	$50<V\leqslant200$	$200<V\leqslant500$	$500<V\leqslant1000$	$1000<V\leqslant2000$	
单罐容积 $V(m^3)$	$V\leqslant10$	$V\leqslant30$	$V\leqslant50$	$V\leqslant200$	$V\leqslant500$	$V\leqslant1000$	$V\leqslant2000$	
居住区、村镇和重要公共建筑(最外侧建筑物的外墙)	30	35	45	50	70	90	110	45
工业企业(最外侧建筑物的外墙)	22	25	27	30	35	40	50	20
明火或散发火花地点,室外变、配电站	30	35	45	50	55	60	70	30

续表 4.3.8

名称	液化天然气储罐(区)(总容积 V, m^3)							集中放散装置的天然气放散总管
	$V \leqslant 10$	$10 < V \leqslant 30$	$30 < V \leqslant 50$	$50 < V \leqslant 200$	$200 < V \leqslant 500$	$500 < V \leqslant 1000$	$1000 < V \leqslant 2000$	
单罐容积 V(m^3)	$V \leqslant 10$	$V \leqslant 30$	$V \leqslant 50$	$V \leqslant 200$	$V \leqslant 500$	$V \leqslant 1000$	$V \leqslant 2000$	
其他民用建筑，甲、乙类液体储罐，甲、乙类仓库，甲、乙类厂房，秸秆、芦苇、打包废纸等材料堆场	27	32	40	45	50	55	65	25
丙类液体储罐，可燃气体储罐，丙、丁类厂房，丙、丁类仓库	25	27	32	35	40	45	55	20
公路(路边) 高速，Ⅰ、Ⅱ级，城市快速	20			25				15
公路(路边) 其他	15			20				10

续表 4.3.8

名称	液化天然气储罐(区)(总容积 V, m^3)							集中放散装置的天然气放散总管
	$V \leqslant 10$	$10 < V \leqslant 30$	$30 < V \leqslant 50$	$50 < V \leqslant 200$	$200 < V \leqslant 500$	$500 < V \leqslant 1000$	$1000 < V \leqslant 2000$	
单罐容积 V(m^3)	$V \leqslant 10$	$V \leqslant 30$	$V \leqslant 50$	$V \leqslant 200$	$V \leqslant 500$	$V \leqslant 1000$	$V \leqslant 2000$	
架空电力线(中心线)	1.5倍杆高					1.5倍杆高，但35kV及以上架空电力线不应小于40m		2.0倍杆高
架空通信线(中心线) Ⅰ、Ⅱ级	1.5倍杆高		30		40			1.5倍杆高
架空通信线(中心线) 其他	1.5倍杆高							
铁路(中心线) 国家线	40	50	60	70		80		40
铁路(中心线) 企业专用线	25			30		35		30

注：居住区、村镇指1000人或300户及以上者；当少于1000人或300户时，相应防火间距应按本表有关其他民用建筑的要求确定。

4.4 液化石油气储罐(区)的防火间距

4.4.1 液化石油气供应基地的全压式和半冷冻式储罐(区)，与明火或散发火花地点和基地外建筑等的防火间距不应小于表4.4.1的规定，与表4.4.1未规定的其他建筑的防火间距应符合现行国家标准《城镇燃气设计规范》GB 50028的规定。

表 4.4.1 液化石油气供应基地的全压式和半冷冻式储罐(区)与明火或散发火花地点和基地外建筑等的防火间距(m)

名称	液化石油气储罐(区)(总容积 V, m^3)						
	$30 < V \leqslant 50$	$50 < V \leqslant 200$	$200 < V \leqslant 500$	$500 < V \leqslant 1000$	$1000 < V \leqslant 2500$	$2500 < V \leqslant 5000$	$5000 < V \leqslant 10000$
单罐容积 V(m^3)	$V \leqslant 20$	$V \leqslant 50$	$V \leqslant 100$	$V \leqslant 200$	$V \leqslant 400$	$V \leqslant 1000$	$V > 1000$
居住区、村镇和重要公共建筑(最外侧建筑物的外墙)	45	50	70	90	110	130	150
工业企业(最外侧建筑物的外墙)	27	30	35	40	50	60	75
明火或散发火花地点，室外变、配电站	45	50	55	60	70	80	120
其他民用建筑，甲、乙类液体储罐，甲、乙类仓库，甲、乙类厂房，秸秆、芦苇、打包废纸等材料堆场	40	45	50	55	65	75	100
丙类液体储罐，可燃气体储罐，丙、丁类厂房，丙、丁类仓库	32	35	40	45	55	65	80
助燃气体储罐，木材等材料堆场	27	30	35	40	50	60	75
其他建筑 一、二级	18	20	22	25	30	40	50
其他建筑 三级	22	25	27	30	40	50	60
其他建筑 四级	27	30	35	40	50	60	75
公路(路边) 高速，Ⅰ、Ⅱ级	20	25					30
公路(路边) Ⅲ、Ⅳ级	15	20					25
架空电力线(中心线)	应符合本规范第10.2.1条的规定						
架空通信线(中心线) Ⅰ、Ⅱ级	30		40				
架空通信线(中心线) Ⅲ、Ⅳ级	1.5倍杆高						
铁路(中心线) 国家线	60	70		80		100	
铁路(中心线) 企业专用线	25	30		35		40	

注：1　防火间距应按本表储罐区的总容积或单罐容积的较大者确定。

2　当地下液化石油气储罐的单罐容积不大于 $50m^3$，总容积不大于 $400m^3$ 时，其防火间距可按本表的规定减少50%。

3　居住区、村镇指1000人或300户及以上者；当少于1000人或300户时，相应防火间距应按本表有关其他民用建筑的要求确定。

4.4.2　液化石油气储罐之间的防火间距不应小于相邻较大罐的直径。

数个储罐的总容积大于 $3000m^3$ 时，应分组布置，组内储罐宜采用单排布置。组与组相邻储罐之间的防火间距不应小于20m。

4.4.3　液化石油气储罐与所属泵房的防火间距不应小于15m。当泵房面向储罐一侧的外墙采用无门、窗、洞口的防火墙时，防火间距可减至6m。液化石油气泵露天设置在储罐区内时，储罐与泵的防火间距不限。

4.4.4　全冷冻式液化石油气储罐、液化石油气气化站、混气站的储罐与周围建筑的防火间距，应符合现行国家标准《城镇燃气设计规范》GB 50028的规定。

工业企业内总容积不大于 $10m^3$ 的液化石油气气化站、混气站的储罐，当设置在专用的独立建筑内时，建筑外墙与相邻厂房及其附属设备的防火间距可按甲类厂房有关防火间距的规定确定。当露天设置时，与建筑物、储罐、堆场等的防火间距应符合现行国家标准《城镇燃气设计规范》GB 50028的规定。

4.4.5　Ⅰ、Ⅱ级瓶装液化石油气供应站瓶库与站外建筑等的防火间距不应小于表4.4.5的规定。瓶装液化石油气供应站的分级及总存瓶容积不大于 $1m^3$ 的瓶装供应站瓶库的设置，应符合现行国家标准《城镇燃气设计规范》GB 50028的规定。

表4.4.5　Ⅰ、Ⅱ级瓶装液化石油气供应站瓶库与站外建筑等的防火间距(m)

名　称	Ⅰ级		Ⅱ级	
瓶库的总存瓶容积 $V(m^3)$	$6<V\leqslant10$	$10<V\leqslant20$	$1<V\leqslant3$	$3<V\leqslant6$
明火或散发火花地点	30	35	20	25
重要公共建筑	20	25	12	15
其他民用建筑	10	15	6	8
主要道路路边	10	10	8	8
次要道路路边	5	5	5	5

注：总存瓶容积应按实瓶个数与单瓶几何容积的乘积计算。

4.4.6　Ⅰ级瓶装液化石油气供应站的四周宜设置不燃性实体围墙，但面向出入口一侧可设置不燃性非实体围墙。

Ⅱ级瓶装液化石油气供应站的四周宜设置不燃性实体围墙，或下部实体部分高度不低于0.6m的围墙。

4.5　可燃材料堆场的防火间距

4.5.1　露天、半露天可燃材料堆场与建筑物的防火间距不应小于表4.5.1的规定。

表4.5.1　露天、半露天可燃材料堆场与建筑物的防火间距(m)

名　称	一个堆场的总储量	建筑物		
		一、二级	三级	四级
粮食席穴囤 W(t)	$10\leqslant W<5000$	15	20	25
	$5000\leqslant W<20000$	20	25	30
粮食土圆仓 W(t)	$500\leqslant W<10000$	10	15	20
	$10000\leqslant W<20000$	15	20	25
棉、麻、毛、化纤、百货 W(t)	$10\leqslant W<500$	10	15	20
	$500\leqslant W<1000$	15	20	25
	$1000\leqslant W<5000$	20	25	30
秸秆、芦苇、打包废纸等 W(t)	$10\leqslant W<5000$	15	20	25
	$5000\leqslant W<10000$	20	25	30
	$W\geqslant10000$	25	30	40
木材等 $V(m^3)$	$50\leqslant V<1000$	10	15	20
	$1000\leqslant V<10000$	15	20	25
	$V\geqslant10000$	20	25	30
煤和焦炭 W(t)	$100\leqslant W<5000$	6	8	10
	$W\geqslant5000$	8	10	12

注：露天、半露天秸秆、芦苇、打包废纸等材料堆场，与甲类厂房(仓库)、民用建筑的防火间距应根据建筑物的耐火等级分别按本表的规定增加25%且不应小于25m，与室外变、配电站的防火间距不应小于50m，与明火或散发火花地点的防火间距应按本表四级耐火等级建筑物的相应规定增加25%。

当一个木材堆场的总储量大于 $25000m^3$ 或一个秸秆、芦苇、打包废纸等材料堆场的总储量大于20000t时，宜分设堆场。各堆场之间的防火间距不应小于相邻较大堆场与四级耐火等级建筑物的防火间距。

不同性质物品堆场之间的防火间距，不应小于本表相应储量堆场与四级耐火等级建筑物防火间距的较大值。

4.5.2　露天、半露天可燃材料堆场与甲、乙、丙类液体储罐的防火间距，不应小于本规范表4.2.1和表4.5.1中相应储量堆场与四级耐火等级建筑物防火间距的较大值。

4.5.3　露天、半露天秸秆、芦苇、打包废纸等材料堆场与铁路、道路的防火间距不应小于表4.5.3的规定，其他可燃材料堆场与铁路、道路的防火间距可根据材料的火灾危险性按类比原则确定。

表4.5.3　露天、半露天可燃材料堆场与铁路、道路的防火间距(m)

名称	厂外铁路线中心线	厂内铁路线中心线	厂外道路路边	厂内道路路边	
				主要	次要
秸秆、芦苇、打包废纸等材料堆场	30	20	15	10	5

5 民用建筑

5.1 建筑分类和耐火等级

5.1.1 民用建筑根据其建筑高度和层数可分为单、多层民用建筑和高层民用建筑。高层民用建筑根据其建筑高度、使用功能和楼层的建筑面积可分为一类和二类。民用建筑的分类应符合表5.1.1的规定。

表5.1.1 民用建筑的分类

名称	高层民用建筑		单、多层民用建筑
	一类	二类	
住宅建筑	建筑高度大于54m的住宅建筑(包括设置商业服务网点的住宅建筑)	建筑高度大于27m,但不大于54m的住宅建筑(包括设置商业服务网点的住宅建筑)	建筑高度不大于27m的住宅建筑(包括设置商业服务网点的住宅建筑)
公共建筑	1.建筑高度大于50m的公共建筑; 2.建筑高度24m以上部分任一楼层建筑面积大于1000m²的商店、展览、电信、邮政、财贸金融建筑和其他多种功能组合的建筑; 3.医疗建筑、重要公共建筑; 4.省级及以上的广播电视和防灾指挥调度建筑、网局级和省级电力调度建筑; 5.藏书超过100万册的图书馆、书库	除一类高层公共建筑外的其他高层公共建筑	1.建筑高度大于24m的单层公共建筑; 2.建筑高度不大于24m的其他公共建筑

注:1 表中未列入的建筑,其类别应根据本表类比确定。
2 除本规范另有规定外,宿舍、公寓等非住宅类居住建筑的防火要求,应符合本规范有关公共建筑的规定。
3 除本规范另有规定外,裙房的防火要求应符合本规范有关高层民用建筑的规定。

5.1.2 民用建筑的耐火等级可分为一、二、三、四级。除本规范另有规定外,不同耐火等级建筑相应构件的燃烧性能和耐火极限不应低于表5.1.2的规定。

表5.1.2 不同耐火等级建筑相应构件的燃烧性能和耐火极限(h)

构件名称		耐火等级			
		一级	二级	三级	四级
墙	防火墙	不燃性 3.00	不燃性 3.00	不燃性 3.00	不燃性 3.00
墙	承重墙	不燃性 3.00	不燃性 2.50	不燃性 2.00	难燃性 0.50
墙	非承重外墙	不燃性 1.00	不燃性 1.00	不燃性 0.50	可燃性
墙	楼梯间和前室的墙 电梯井的墙 住宅建筑单元之间的墙和分户墙	不燃性 2.00	不燃性 2.00	不燃性 1.50	难燃性 0.50
墙	疏散走道两侧的隔墙	不燃性 1.00	不燃性 1.00	不燃性 0.50	难燃性 0.25
墙	房间隔墙	不燃性 0.75	不燃性 0.50	难燃性 0.50	难燃性 0.25
柱		不燃性 3.00	不燃性 2.50	不燃性 2.00	难燃性 0.50
梁		不燃性 2.00	不燃性 1.50	不燃性 1.00	难燃性 0.50
楼板		不燃性 1.50	不燃性 1.00	不燃性 0.50	可燃性
屋顶承重构件		不燃性 1.50	不燃性 1.00	可燃性 0.50	可燃性
疏散楼梯		不燃性 1.50	不燃性 1.00	不燃性 0.50	可燃性
吊顶(包括吊顶搁栅)		不燃性 0.25	难燃性 0.25	难燃性 0.15	可燃性

注:1 除本规范另有规定外,以木柱承重且墙体采用不燃材料的建筑,其耐火等级应按四级确定。
2 住宅建筑构件的耐火极限和燃烧性能可按现行国家标准《住宅建筑规范》GB 50368的规定执行。

5.1.3 民用建筑的耐火等级应根据其建筑高度、使用功能、重要性和火灾扑救难度等确定,并应符合下列规定:

1 地下或半地下建筑(室)和一类高层建筑的耐火等级不应低于一级;

2 单、多层重要公共建筑和二类高层建筑的耐火等级不应低于二级。

5.1.4 建筑高度大于100m的民用建筑,其楼板的耐火极限不应低于2.00h。

一、二级耐火等级建筑的上人平屋顶,其屋面板的耐火极限分别不应低于1.50h和1.00h。

5.1.5 一、二级耐火等级建筑的屋面板应采用不燃材料。

屋面防水层宜采用不燃、难燃材料,当采用可燃防水材料且铺设在可燃、难燃保温材料上时,防水材料或可燃、难燃保温材料应采用不燃材料作防护层。

5.1.6 二级耐火等级建筑内采用难燃性墙体的房间隔墙,其耐火极限不应低于 0.75h；当房间的建筑面积不大于 100m²时，房间隔墙可采用耐火极限不低于 0.50h 的难燃性墙体或耐火极限不低于 0.30h 的不燃性墙体。

二级耐火等级多层住宅建筑内采用预应力钢筋混凝土的楼板，其耐火极限不应低于 0.75h。

5.1.7 建筑中的非承重外墙、房间隔墙和屋面板，当确需采用金属夹芯板材时，其芯材应为不燃材料，且耐火极限应符合本规范有关规定。

5.1.8 二级耐火等级建筑内采用不燃材料的吊顶，其耐火极限不限。

三级耐火等级的医疗建筑、中小学校的教学建筑、老年人建筑及托儿所、幼儿园的儿童用房和儿童游乐厅等儿童活动场所的吊顶，应采用不燃材料；当采用难燃材料时，其耐火极限不应低于 0.25h。

二、三级耐火等级建筑内门厅、走道的吊顶应采用不燃材料。

5.1.9 建筑内预制钢筋混凝土构件的节点外露部位，应采取防火保护措施，且节点的耐火极限不应低于相应构件的耐火极限。

5.2 总平面布局

5.2.1 在总平面布局中，应合理确定建筑的位置、防火间距、消防车道和消防水源等，不宜将民用建筑布置在甲、乙类厂(库)房，甲、乙、丙类液体储罐，可燃气体储罐和可燃材料堆场的附近。

5.2.2 民用建筑之间的防火间距不应小于表 5.2.2 的规定，与其他建筑的防火间距，除应符合本节规定外，尚应符合本规范其他章的有关规定。

表 5.2.2 民用建筑之间的防火间距(m)

建筑类别		高层民用建筑	裙房和其他民用建筑		
		一、二级	一、二级	三级	四级
高层民用建筑	一、二级	13	9	11	14
裙房和其他民用建筑	一、二级	9	6	7	9
	三级	11	7	8	10
	四级	14	9	10	12

注：1 相邻两座单、多层建筑，当相邻外墙为不燃性墙体且无外露的可燃性屋檐，每面外墙上无防火保护的门、窗、洞口不正对开设且该门、窗、洞口的面积之和不大于外墙面积的 5%时，其防火间距可按本表的规定减少 25%。

2 两座建筑相邻较高一面外墙为防火墙，或高出相邻较低一座一、二级耐火等级建筑的屋面 15m 及以下范围内的外墙为防火墙时，其防火间距不限。

3 相邻两座高度相同的一、二级耐火等级建筑中相邻任一侧外墙为防火墙，屋顶的耐火极限不低于 1.00h 时，其防火间距不限。

4 相邻两座建筑中较低一座建筑的耐火等级不低于二级，相邻较低一面外墙为防火墙且屋顶无天窗，屋顶的耐火极限不低于 1.00h 时，其防火间距不应小于 3.5m；对于高层建筑，不应小于 4m。

5 相邻两座建筑中较低一座建筑的耐火等级不低于二级且屋顶无天窗，相邻较高一面外墙高出较低一座建筑的屋面 15m 及以下范围内的开口部位设置甲级防火门、窗，或设置符合现行国家标准《自动喷水灭火系统设计规范》GB 50084 规定的防火分隔水幕或本规范第 6.5.3 条规定的防火卷帘时，其防火间距不应小于 3.5m；对于高层建筑，不应小于 4m。

6 相邻建筑通过连廊、天桥或底部的建筑物等连接时，其间距不应小于本表的规定。

7 耐火等级低于四级的既有建筑，其耐火等级可按四级确定。

5.2.3 民用建筑与单独建造的变电站的防火间距应符合本规范第 3.4.1 条有关室外变、配电站的规定，但与单独建造的终端变电站的防火间距，可根据变电站的耐火等级按本规范第 5.2.2 条有关民用建筑的规定确定。

民用建筑与 10kV 及以下的预装式变电站的防火间距不应小于 3m。

民用建筑与燃油、燃气或燃煤锅炉房的防火间距应符合本规范第 3.4.1 条有关丁类厂房的规定，但与单台蒸汽锅炉的蒸发量不大于 4t/h 或单台热水锅炉的额定热功率不大于 2.8MW 的燃煤锅炉房的防火间距，可根据锅炉房的耐火等级按本规范第 5.2.2 条有关民用建筑的规定确定。

5.2.4 除高层民用建筑外，数座一、二级耐火等级的住宅建筑或办公建筑，当建筑物的占地面积总和不大于 2500m²时，可成组布置，但组内建筑物之间的间距不宜小于 4m。组与组或组与相邻建筑物的防火间距不应小于本规范第 5.2.2 条的规定。

5.2.5 民用建筑与燃气调压站、液化石油气气化站或混气站、城市液化石油气供应站瓶库等的防火间距，应符合现行国家标准《城镇燃气设计规范》GB 50028 的规定。

5.2.6 建筑高度大于 100m 的民用建筑与相邻建筑的防火间距，当符合本规范第 3.4.5 条、第 3.5.3 条、第 4.2.1 条和第 5.2.2 条允许减小的条件时，仍不应减小。

5.3 防火分区和层数

5.3.1 除本规范另有规定外，不同耐火等级建筑的允许建筑高度或层数、防火分区最大允许建筑面积应符合表 5.3.1 的规定。

表 5.3.1 不同耐火等级建筑的允许建筑高度或层数、防火分区最大允许建筑面积

名称	耐火等级	允许建筑高度或层数	防火分区的最大允许建筑面积(m²)	备注
高层民用建筑	一、二级	按本规范第 5.1.1 条确定	1500	对于体育馆、剧场的观众厅，防火分区的最大允许建筑面积可适当增加
单、多层民用建筑	一、二级	按本规范第 5.1.1 条确定	2500	
	三级	5 层	1200	
	四级	2 层	600	
地下或半地下建筑(室)	一级	—	500	设备用房的防火分区最大允许建筑面积不应大于 1000m²

注：1 表中规定的防火分区最大允许建筑面积，当建筑内设置自动灭火系统时，可按本表的规定增加 1.0 倍；局部设置时，防火分区的增加面积可按该局部面积的 1.0 倍计算。

2 裙房与高层建筑主体之间设置防火墙时，裙房的防火分区可按单、多层建筑的要求确定。

5.3.2 建筑内设置自动扶梯、敞开楼梯等上、下层相连通的开口时，其防火分区的建筑面积应按上、下层相连通的建筑面积叠加计算；当叠加计算后的建筑面积大于本规范第 5.3.1 条的规定时，应划分防火分区。

建筑内设置中庭时，其防火分区的建筑面积应按上、下层相连通的建筑面积叠加计算；当叠加计算后的建筑面积大于本规范第 5.3.1 条的规定时，应符合下列规定：

1　与周围连通空间应进行防火分隔：采用防火隔墙时，其耐火极限不应低于1.00h；采用防火玻璃墙时，其耐火隔热性和耐火完整性不应低于1.00h，采用耐火完整性不低于1.00h的非隔热性防火玻璃墙时，应设置自动喷水灭火系统进行保护；采用防火卷帘时，其耐火极限不应低于3.00h，并应符合本规范第6.5.3条的规定；与中庭相连通的门、窗，应采用火灾时能自行关闭的甲级防火门、窗；

2　高层建筑内的中庭回廊应设置自动喷水灭火系统和火灾自动报警系统；

3　中庭应设置排烟设施；

4　中庭内不应布置可燃物。

5.3.3　防火分区之间应采用防火墙分隔，确有困难时，可采用防火卷帘等防火分隔设施分隔。采用防火卷帘分隔时，应符合本规范第6.5.3条的规定。

5.3.4　一、二级耐火等级建筑内的商店营业厅、展览厅，当设置自动灭火系统和火灾自动报警系统并采用不燃或难燃装修材料时，其每个防火分区的最大允许建筑面积应符合下列规定：

1　设置在高层建筑内时，不应大于4000m²；

2　设置在单层建筑或仅设置在多层建筑的首层内时，不应大于10000m²；

3　设置在地下或半地下时，不应大于2000m²。

5.3.5　总建筑面积大于20000m²的地下或半地下商店，应采用无门、窗、洞口的防火墙、耐火极限不低于2.00h的楼板分隔为多个建筑面积不大于20000m²的区域。相邻区域确需局部连通时，应采用下沉式广场等室外开敞空间、防火隔间、避难走道、防烟楼梯间等方式进行连通，并应符合下列规定：

1　下沉式广场等室外开敞空间应能防止相邻区域的火灾蔓延和便于安全疏散，并应符合本规范第6.4.12条的规定；

2　防火隔间的墙应为耐火极限不低于3.00h的防火隔墙，并应符合本规范第6.4.13条的规定；

3　避难走道应符合本规范第6.4.14条的规定；

4　防烟楼梯间的门应采用甲级防火门。

5.3.6　餐饮、商店等商业设施通过有顶棚的步行街连接，且步行街两侧的建筑需利用步行街进行安全疏散时，应符合下列规定：

1　步行街两侧建筑的耐火等级不应低于二级。

2　步行街两侧建筑相对面的最近距离均不应小于本规范对相应高度建筑的防火间距要求且不应小于9m。步行街的端部在各层均不宜封闭，确需封闭时，应在外墙上设置可开启的门窗，且可开启门窗的面积不应小于该部位外墙面积的一半。步行街的长度不宜大于300m。

3　步行街两侧建筑的商铺之间应设置耐火极限不低于2.00h的防火隔墙，每间商铺的建筑面积不宜大于300m²。

4　步行街两侧建筑的商铺，其面向步行街一侧的围护构件的耐火极限不应低于1.00h，并宜采用实体墙，其门、窗应采用乙级防火门、窗；当采用防火玻璃墙（包括门、窗）时，其耐火隔热性和耐火完整性不应低于1.00h；当采用耐火完整性不低于1.00h的非隔热性防火玻璃墙（包括门、窗）时，应设置闭式自动喷水灭火系统进行保护。相邻商铺之间面向步行街一侧应设置宽度不小于1.0m、耐火极限不低于1.00h的实体墙。

当步行街两侧的建筑为多个楼层时，每层面向步行街一侧的商铺均应设置防止火灾竖向蔓延的措施，并应符合本规范第6.2.5条的规定；设置回廊或挑檐时，其出挑宽度不应小于1.2m；步行街两侧的商铺在上部各层需设置回廊和连接天桥时，应保证步行街上部各层楼板的开口面积不应小于步行街地面面积的37%，且开口宜均匀布置。

5　步行街两侧建筑内的疏散楼梯应靠外墙设置并宜直通室外，确有困难时，可在首层直接通至步行街；首层商铺的疏散门可直接通至步行街，步行街内任一点到达最近室外安全地点的步行距离不应大于60m。步行街两侧建筑二层及以上各层商铺的疏散门至该层最近疏散楼梯口或其他安全出口的直线距离不应大于37.5m。

6　步行街的顶棚材料应采用不燃或难燃材料，其承重结构的耐火极限不应低于1.00h。步行街内不应布置可燃物。

7　步行街的顶棚下檐距地面的高度不应小于6.0m，顶棚应设置自然排烟设施并宜采用常开式的排烟口，且自然排烟口的有效面积不应小于步行街地面面积的25%。常闭式自然排烟设施应能在火灾时手动和自动开启。

8　步行街两侧建筑的商铺外应每隔30m设置*DN*65的消火栓，并应配备消防软管卷盘或消防水龙，商铺内应设置自动喷水灭火系统和火灾自动报警系统；每层回廊均应设置自动喷水灭火系统。步行街内宜设置自动跟踪定位射流灭火系统。

9　步行街两侧建筑的商铺内外均应设置疏散照明、灯光疏散指示标志和消防应急广播系统。

5.4　平面布置

5.4.1　民用建筑的平面布置应结合建筑的耐火等级、火灾危险性、使用功能和安全疏散等因素合理布置。

5.4.2　除为满足民用建筑使用功能所设置的附属库房外，民用建筑内不应设置生产车间和其他库房。

经营、存放和使用甲、乙类火灾危险性物品的商店、作坊和储藏间，严禁附设在民用建筑内。

5.4.3　商店建筑、展览建筑采用三级耐火等级建筑时，不应超过2层；采用四级耐火等级建筑时，应为单层。营业厅、展览厅设置在三级耐火等级的建筑内时，应布置在首层或二层；设置在四级耐火等级的建筑内时，应布置在首层。

营业厅、展览厅不应设置在地下三层及以下楼层。地下或半地下营业厅、展览厅不应经营、储存和展示甲、乙类火灾危险性物品。

5.4.4　托儿所、幼儿园的儿童用房，老年人活动场所和儿童游乐厅等儿童活动场所宜设置在独立的建筑内，且不应设置在地下或半地下；当采用一、二级耐火等级的建筑时，不应超过3层；采用三级耐火等级的建筑时，不应超过2层；采用四级耐火等级的建筑时，应为单层；确需设置在其他民用建筑内时，应符合下列规定：

1　设置在一、二级耐火等级的建筑内时，应布置在首层、二层或三层；

2　设置在三级耐火等级的建筑内时，应布置在首层或二层；

3　设置在四级耐火等级的建筑内时，应布置在首层；

4　设置在高层建筑内时，应设置独立的安全出口和疏散楼梯；

5　设置在单、多层建筑内时，宜设置独立的安全出口和疏散楼梯。

5.4.5　医院和疗养院的住院部分不应设置在地下或半地下。

医院和疗养院的住院部分采用三级耐火等级建筑时，不应超过2层；采用四级耐火等级建筑时，应为单层；设置在三级耐火等级的建筑内时，应布置在首层或二层；设置在四级耐火等级的建筑内时，应布置在首层。

医院和疗养院的病房楼内相邻护理单元之间应采用耐火极限不低于2.00h的防火隔墙分隔，隔墙上的门应采用乙级防火门，设置在走道上的防火门应采用常开防火门。

5.4.6 教学建筑、食堂、菜市场采用三级耐火等级建筑时，不应超过2层；采用四级耐火等级建筑时，应为单层；设置在三级耐火等级的建筑内时，应布置在首层或二层；设置在四级耐火等级的建筑内时，应布置在首层。

5.4.7 剧场、电影院、礼堂宜设置在独立的建筑内；采用三级耐火等级建筑时，不应超过2层；确需设置在其他民用建筑内时，至少应设置1个独立的安全出口和疏散楼梯，并应符合下列规定：

1 应采用耐火极限不低于2.00h的防火隔墙和甲级防火门与其他区域分隔。

2 设置在一、二级耐火等级的建筑内时，观众厅宜布置在首层、二层或三层；确需布置在四层及以上楼层时，一个厅、室的疏散门不应少于2个，且每个观众厅的建筑面积不宜大于400m²。

3 设置在三级耐火等级的建筑内时，不应布置在三层及以上楼层。

4 设置在地下或半地下时，宜设置在地下一层，不应设置在地下三层及以下楼层。

5 设置在高层建筑内时，应设置火灾自动报警系统及自动喷水灭火系统等自动灭火系统。

5.4.8 建筑内的会议厅、多功能厅等人员密集的场所，宜布置在首层、二层或三层。设置在三级耐火等级的建筑内时，不应布置在三层及以上楼层。确需布置在一、二级耐火等级建筑的其他楼层时，应符合下列规定：

1 一个厅、室的疏散门不应少于2个，且建筑面积不宜大于400m²；

2 设置在地下或半地下时，宜设置在地下一层，不应设置在地下三层及以下楼层；

3 设置在高层建筑内时，应设置火灾自动报警系统和自动喷水灭火系统等自动灭火系统。

5.4.9 歌舞厅、录像厅、夜总会、卡拉OK厅(含具有卡拉OK功能的餐厅)、游艺厅(含电子游艺厅)、桑拿浴室(不包括洗浴部分)、网吧等歌舞娱乐放映游艺场所(不含剧场、电影院)的布置应符合下列规定：

1 不应布置在地下二层及以下楼层；

2 宜布置在一、二级耐火等级建筑内的首层、二层或三层的靠外墙部位；

3 不宜布置在袋形走道的两侧或尽端；

4 确需布置在地下一层时，地下一层的地面与室外出入口地坪的高差不应大于10m；

5 确需布置在地下或四层及以上楼层时，一个厅、室的建筑面积不应大于200m²；

6 厅、室之间及与建筑的其他部位之间，应采用耐火极限不低于2.00h的防火隔墙和1.00h的不燃性楼板分隔，设置在厅、室墙上的门和该场所与建筑内其他部位相通的门均应采用乙级防火门。

5.4.10 除商业服务网点外，住宅建筑与其他使用功能的建筑合建时，应符合下列规定：

1 住宅部分与非住宅部分之间，应采用耐火极限不低于2.00h且无门、窗、洞口的防火隔墙和1.50h的不燃性楼板完全分隔；当为高层建筑时，应采用无门、窗、洞口的防火墙和耐火极限不低于2.00h的不燃性楼板完全分隔。建筑外墙上、下层开口之间的防火措施应符合本规范第6.2.5条的规定。

2 住宅部分与非住宅部分的安全出口和疏散楼梯应分别独立设置；为住宅部分服务的地上车库应设置独立的疏散楼梯或安全出口，地下车库的疏散楼梯应按本规范第6.4.4条的规定进行分隔。

3 住宅部分和非住宅部分的安全疏散、防火分区和室内消防设施配置，可根据各自的建筑高度分别按照本规范有关住宅建筑和公共建筑的规定执行；该建筑的其他防火设计应根据建筑的总高度和建筑规模按本规范有关公共建筑的规定执行。

5.4.11 设置商业服务网点的住宅建筑，其居住部分与商业服务网点之间应采用耐火极限不低于2.00h且无门、窗、洞口的防火隔墙和1.50h的不燃性楼板完全分隔，住宅部分和商业服务网点部分的安全出口和疏散楼梯应分别独立设置。

商业服务网点中每个分隔单元之间应采用耐火极限不低于2.00h且无门、窗、洞口的防火隔墙相互分隔，当每个分隔单元任一层建筑面积大于200m²时，该层应设置2个安全出口或疏散门。每个分隔单元内的任一点至最近直通室外的出口的直线距离不应大于本规范表5.5.17中有关多层其他建筑位于袋形走道两侧或尽端的疏散门至最近安全出口的最大直线距离。

注：室内楼梯的距离可按其水平投影长度的1.50倍计算。

5.4.12 燃油或燃气锅炉、油浸变压器、充有可燃油的高压电容器和多油开关等，宜设置在建筑外的专用房间内；确需贴邻民用建筑布置时，应采用防火墙与所贴邻的建筑分隔，且不应贴邻人员密集场所，该专用房间的耐火等级不应低于二级；确需布置在民用建筑内时，不应布置在人员密集场所的上一层、下一层或贴邻，并应符合下列规定：

1 燃油或燃气锅炉房、变压器室应设置在首层或地下一层的靠外墙部位，但常(负)压燃油或燃气锅炉可设置在地下二层或屋顶上。设置在屋顶上的常(负)压燃气锅炉，距离通向屋面的安全出口不应小于6m。

采用相对密度(与空气密度的比值)不小于0.75的可燃气体为燃料的锅炉，不得设置在地下或半地下。

2 锅炉房、变压器室的疏散门均应直通室外或安全出口。

3 锅炉房、变压器室等与其他部位之间应采用耐火极限不低于2.00h的防火隔墙和1.50h的不燃性楼板分隔。在隔墙和楼板上不应开设洞口，确需在隔墙上设置门、窗时，应采用甲级防火门、窗。

4 锅炉房内设置储油间时，其总储存量不应大于1m³，且储油间应采用耐火极限不低于3.00h的防火隔墙与锅炉间分隔；确需在防火隔墙上设置门时，应采用甲级防火门。

5 变压器室之间、变压器室与配电室之间，应设置耐火极限不低于2.00h的防火隔墙。

6 油浸变压器、多油开关室、高压电容器室，应设置防止油品流散的设施。油浸变压器下面应设置能储存变压器全部油量的事故储油设施。

7 应设置火灾报警装置。

8 应设置与锅炉、变压器、电容器和多油开关等的容量及建筑规模相适应的灭火设施，当建筑内其他部位设置自动喷水灭火系统时，应设置自动喷水灭火系统。

9 锅炉的容量应符合现行国家标准《锅炉房设计规范》GB 50041的规定。油浸变压器的总容量不应大于1260kV·A，单台容量不应大于630kV·A。

10 燃气锅炉房应设置爆炸泄压设施。燃油或燃气锅炉房应设置独立的通风系统，并应符合本规范第9章的规定。

5.4.13 布置在民用建筑内的柴油发电机房应符合下列规定：

1 宜布置在首层或地下一、二层。

2 不应布置在人员密集场所的上一层、下一层或贴邻。

3 应采用耐火极限不低于2.00h的防火隔墙和1.50h的不燃性楼板与其他部位分隔，门应采用甲级防火门。

4 机房内设置储油间时，其总储存量不应大于1m³，储油间应采用耐火极限不低于3.00h的防火隔墙与发电机间分隔；确需在防火隔墙上开门时，应设置甲级防火门。

5 应设置火灾报警装置。

6 应设置与柴油发电机容量和建筑规模相适应的灭火设施，当建筑内其他部位设置自动喷水灭火系统时，机房内应设置自动喷水灭火系统。

5.4.14 供建筑内使用的丙类液体燃料，其储罐应布置在建筑外，并应符合下列规定：

1 当总容量不大于15 m³，且直埋于建筑附近、面向油罐一面4.0 m范围内的建筑外墙为防火墙时，储罐与建筑的防火间距不限；

2 当总容量大于15m³时，储罐的布置应符合本规范第4.2节的规定；

3 当设置中间罐时，中间罐的容量不应大于1m³，并应设置在一、二级耐火等级的单独房间内，房间门应采用甲级防火门。

5.4.15 设置在建筑内的锅炉、柴油发电机，其燃料供给管道应符合下列规定：

1 在进入建筑物前和设备间内的管道上均应设置自动和手动切断阀；

2 储油间的油箱应密闭且应设置通向室外的通气管，通气管应设置带阻火器的呼吸阀，油箱的下部应设置防止油品流散的设施；

3 燃气供给管道的敷设应符合现行国家标准《城镇燃气设计规范》GB 50028的规定。

5.4.16 高层民用建筑内使用可燃气体燃料时，应采用管道供气。使用可燃气体的房间或部位宜靠外墙设置，并应符合现行国家标准《城镇燃气设计规范》GB 50028的规定。

5.4.17 建筑采用瓶装液化石油气瓶组供气时，应符合下列规定：

1 应设置独立的瓶组间；

2 瓶组间不应与住宅建筑、重要公共建筑和其他高层公共建筑贴邻，液化石油气气瓶的总容积不大于1m³的瓶组间与所服务的其他建筑贴邻时，应采用自然气化方式供气；

3 液化石油气气瓶的总容积大于1m³、不大于4m³的独立瓶组间，与所服务建筑的防火间距应符合本规范表5.4.17的规定；

表5.4.17 液化石油气气瓶的独立瓶组间与所服务建筑的防火间距(m)

名称		液化石油气气瓶的独立瓶组间的总容积 V(m³)	
		$V \leq 2$	$2 < V \leq 4$
明火或散发火花地点		25	30
重要公共建筑、一类高层民用建筑		15	20
裙房和其他民用建筑		8	10
道路(路边)	主要	10	
	次要	5	

注：气瓶总容积应按配置气瓶个数与单瓶几何容积的乘积计算。

4 在瓶组间的总出气管道上应设置紧急事故自动切断阀；

5 瓶组间应设置可燃气体浓度报警装置；

6 其他防火要求应符合现行国家标准《城镇燃气设计规范》GB 50028的规定。

5.5 安全疏散和避难

Ⅰ 一般要求

5.5.1 民用建筑应根据其建筑高度、规模、使用功能和耐火等级等因素合理设置安全疏散和避难设施。安全出口和疏散门的位置、数量、宽度及疏散楼梯间的形式，应满足人员安全疏散的要求。

5.5.2 建筑内的安全出口和疏散门应分散布置，且建筑内每个防火分区或一个防火分区的每个楼层、每个住宅单元每层相邻两个安全出口以及每个房间相邻两个疏散门最近边缘之间的水平距离不应小于5m。

5.5.3 建筑的楼梯间宜通至屋面，通向屋面的门或窗应向外开启。

5.5.4 自动扶梯和电梯不应计作安全疏散设施。

5.5.5 除人员密集场所外，建筑面积不大于500m²、使用人数不超过30人且埋深不大于10m的地下或半地下建筑(室)，当需要设置2个安全出口时，其中一个安全出口可利用直通室外的金属竖向梯。

除歌舞娱乐放映游艺场所外，防火分区建筑面积不大于200m²的地下或半地下设备间、防火分区建筑面积不大于50m²且经常停留人数不超过15人的其他地下或半地下建筑(室)，可设置1个安全出口或1部疏散楼梯。

除本规范另有规定外，建筑面积不大于200m²的地下或半地下设备间、建筑面积不大于50m²且经常停留人数不超过15人的其他地下或半地下房间，可设置1个疏散门。

5.5.6 直通建筑内附设汽车库的电梯，应在汽车库部分设置电梯候梯厅，并应采用耐火极限不低于2.00h的防火隔墙和乙级防火门与汽车库分隔。

5.5.7 高层建筑直通室外的安全出口上方，应设置挑出宽度不小于1.0m的防护挑檐。

Ⅱ 公共建筑

5.5.8 公共建筑内每个防火分区或一个防火分区的每个楼层，其安全出口的数量应经计算确定，且不应少于2个。符合下列条件之一的公共建筑，可设置1个安全出口或1部疏散楼梯：

1 除托儿所、幼儿园外，建筑面积不大于200m²且人数不超过50人的单层公共建筑或多层公共建筑的首层；

2 除医疗建筑，老年人建筑，托儿所、幼儿园的儿童用房，儿童游乐厅等儿童活动场所和歌舞娱乐放映游艺场所等外，符合表5.5.8规定的公共建筑。

表5.5.8 可设置1部疏散楼梯的公共建筑

耐火等级	最多层数	每层最大建筑面积(m²)	人数
一、二级	3层	200	第二、三层的人数之和不超过50人
三级	3层	200	第二、三层的人数之和不超过25人
四级	2层	200	第二层人数不超过15人

5.5.9 一、二级耐火等级公共建筑内的安全出口全部直通室外确有困难的防火分区，可利用通向相邻防火分区的甲级防火门作为安全出口，但应符合下列要求：

1 利用通向相邻防火分区的甲级防火门作为安全出口

时，应采用防火墙与相邻防火分区进行分隔；

2 建筑面积大于1000m²的防火分区，直通室外的安全出口不应少于2个；建筑面积不大于1000m²的防火分区，直通室外的安全出口不应少于1个；

3 该防火分区通向相邻防火分区的疏散净宽度不应大于其按本规范第5.5.21条规定计算所需疏散总净宽度的30%，建筑各层直通室外的安全出口总净宽度不应小于按照本规范第5.5.21条规定计算所需疏散总净宽度。

5.5.10 高层公共建筑的疏散楼梯，当分散设置确有困难且从任一疏散门至最近疏散楼梯间入口的距离不大于10m时，可采用剪刀楼梯间，但应符合下列规定：

1 楼梯间应为防烟楼梯间；

2 梯段之间应设置耐火极限不低于1.00h的防火隔墙；

3 楼梯间的前室应分别设置。

5.5.11 设置不少于2部疏散楼梯的一、二级耐火等级多层公共建筑，如顶层局部升高，当高出部分的层数不超过2层、人数之和不超过50人且每层建筑面积不大于200m²时，高出部分可设置1部疏散楼梯，但至少应另外设置1个直通建筑主体上人平屋面的安全出口，且上人屋面应符合人员安全疏散的要求。

5.5.12 一类高层公共建筑和建筑高度大于32m的二类高层公共建筑，其疏散楼梯应采用防烟楼梯间。

裙房和建筑高度不大于32m的二类高层公共建筑，其疏散楼梯应采用封闭楼梯间。

注：当裙房与高层建筑主体之间设置防火墙时，裙房的疏散楼梯可按本规范有关单、多层建筑的要求确定。

5.5.13 下列多层公共建筑的疏散楼梯，除与敞开式外廊直接相连的楼梯间外，均应采用封闭楼梯间：

1 医疗建筑、旅馆、老年人建筑及类似使用功能的建筑；

2 设置歌舞娱乐放映游艺场所的建筑；

3 商店、图书馆、展览建筑、会议中心及类似使用功能的建筑；

4 6层及以上的其他建筑。

5.5.14 公共建筑内的客、货电梯宜设置电梯候梯厅，不宜直接设置在营业厅、展览厅、多功能厅等场所内。

5.5.15 公共建筑内房间的疏散门数量应经计算确定且不应少于2个。除托儿所、幼儿园、老年人建筑、医疗建筑、教学建筑内位于走道尽端的房间外，符合下列条件之一的房间可设置1个疏散门：

1 位于两个安全出口之间或袋形走道两侧的房间，对于托儿所、幼儿园、老年人建筑，建筑面积不大于50m²；对于医疗建筑、教学建筑，建筑面积不大于75m²；对于其他建筑或场所，建筑面积不大于120m²。

2 位于走道尽端的房间，建筑面积小于50m²且疏散门的净宽度不小于0.90m，或由房间内任一点至疏散门的直线距离不大于15m、建筑面积不大于200m²且疏散门的净宽度不小于1.40m。

3 歌舞娱乐放映游艺场所内建筑面积不大于50m²且经常停留人数不超过15人的厅、室。

5.5.16 剧场、电影院、礼堂和体育馆的观众厅或多功能厅，其疏散门的数量应经计算确定且不应少于2个，并应符合下列规定：

1 对于剧场、电影院、礼堂的观众厅或多功能厅，每个疏散门的平均疏散人数不应超过250人；当容纳人数超过2000人时，其超过2000人的部分，每个疏散门的平均疏散人数不应超过400人。

2 对于体育馆的观众厅，每个疏散门的平均疏散人数不宜超过400人～700人。

5.5.17 公共建筑的安全疏散距离应符合下列规定：

1 直通疏散走道的房间疏散门至最近安全出口的直线距离不应大于表5.5.17的规定。

表5.5.17 直通疏散走道的房间疏散门至最近安全出口的直线距离(m)

名称			位于两个安全出口之间的疏散门			位于袋形走道两侧或尽端的疏散门		
			一、二级	三级	四级	一、二级	三级	四级
托儿所、幼儿园 老年人建筑			25	20	15	20	15	10
歌舞娱乐放映游艺场所			25	20	15	9	—	—
医疗建筑	单、多层		35	30	25	20	15	10
	高层	病房部分	24	—	—	12	—	—
		其他部分	30	—	—	15	—	—
教学建筑	单、多层		35	30	25	22	20	10
	高层		30	—	—	15	—	—
高层旅馆、展览建筑			30	—	—	15	—	—
其他建筑	单、多层		40	35	25	22	20	15
	高层		40	—	—	20	—	—

注：1 建筑内开向敞开式外廊的房间疏散门至最近安全出口的直线距离可按本表的规定增加5m。

2 直通疏散走道的房间疏散门至最近敞开楼梯间的直线距离，当房间位于两个楼梯间之间时，应按本表的规定减少5m；当房间位于袋形走道两侧或尽端时，应按本表的规定减少2m。

3 建筑物内全部设置自动喷水灭火系统时，其安全疏散距离可按本表的规定增加25%。

2 楼梯间应在首层直通室外，确有困难时，可在首层采用扩大的封闭楼梯间或防烟楼梯间前室。当层数不超过4层且未采用扩大的封闭楼梯间或防烟楼梯间前室时，可将直通室外的门设置在离楼梯间不大于15m处。

3 房间内任一点至房间直通疏散走道的疏散门的直线距离，不应大于表5.5.17规定的袋形走道两侧或尽端的疏散门至最近安全出口的直线距离。

4 一、二级耐火等级建筑内疏散门或安全出口不少于2个的观众厅、展览厅、多功能厅、餐厅、营业厅等，其室内任一点至最近疏散门或安全出口的直线距离不应大于30m；当疏散门不能直通室外地面或疏散楼梯间时，应采用长度不大于10m的疏散走道通至最近的安全出口。当该场所设置自动喷水灭火系统时，室内任一点至最近安全出口的安全疏散距离可分别增加25%。

5.5.18 除本规范另有规定外，公共建筑内疏散门和安全出口的净宽度不应小于0.90m，疏散走道和疏散楼梯的净宽度不应小于1.10m。

高层公共建筑内楼梯间的首层疏散门、首层疏散外门、疏散走道和疏散楼梯的最小净宽度应符合表5.5.18的规定。

表5.5.18 高层公共建筑内楼梯间的首层疏散门、首层疏散外门、疏散走道和疏散楼梯的最小净宽度(m)

建筑类别	楼梯间的首层疏散门、首层疏散外门	走道		疏散楼梯
		单面布房	双面布房	
高层医疗建筑	1.30	1.40	1.50	1.30
其他高层公共建筑	1.20	1.30	1.40	1.20

5.5.19 人员密集的公共场所、观众厅的疏散门不应设置门槛，其净宽度不应小于1.40m，且紧靠门口内外各1.40m范围内不应设置踏步。

人员密集的公共场所的室外疏散通道的净宽度不应小于3.00m，并应直接通向宽敞地带。

5.5.20 剧场、电影院、礼堂、体育馆等场所的疏散走道、疏散楼梯、疏散门、安全出口的各自总净宽度，应符合下列规定：

1 观众厅内疏散走道的净宽度应按每100人不小于0.60m计算，且不应小于1.00m；边走道的净宽度不宜小于0.80m。

布置疏散走道时，横走道之间的座位排数不宜超过20排；纵走道之间的座位数：剧场、电影院、礼堂等，每排不宜超过22个；体育馆，每排不宜超过26个；前后排座椅的排距不小于0.90m时，可增加1.0倍，但不得超过50个；仅一侧有纵走道时，座位数应减少一半。

2 剧场、电影院、礼堂等场所供观众疏散的所有内门、外门、楼梯和走道的各自总净宽度，应根据疏散人数按每100人的最小疏散净宽度不小于表5.5.20-1的规定计算确定。

表5.5.20-1 剧场、电影院、礼堂等场所每100人所需最小疏散净宽度(m/百人)

观众厅座位数(座)			≤2500	≤1200
耐火等级			一、二级	三级
疏散部位	门和走道	平坡地面	0.65	0.85
		阶梯地面	0.75	1.00
	楼梯		0.75	1.00

3 体育馆供观众疏散的所有内门、外门、楼梯和走道的各自总净宽度，应根据疏散人数按每100人的最小疏散净宽度不小于表5.5.20-2的规定计算确定。

表5.5.20-2 体育馆每100人所需最小疏散净宽度(m/百人)

观众厅座位数范围(座)			3000～5000	5001～10000	10001～20000
疏散部位	门和走道	平坡地面	0.43	0.37	0.32
		阶梯地面	0.50	0.43	0.37
	楼梯		0.50	0.43	0.37

注：本表中对应较大座位数范围按规定计算的疏散总净宽度，不应小于对应相邻较小座位数范围按其最多座位数计算的疏散总净宽度。对于观众厅座位数少于3000个的体育馆，计算供观众疏散的所有内门、外门、楼梯和走道的各自总净宽度时，每100人的最小疏散净宽度不应小于表5.5.20-1的规定。

4 有等场需要的入场门不应作为观众厅的疏散门。

5.5.21 除剧场、电影院、礼堂、体育馆外的其他公共建筑，其房间疏散门、安全出口、疏散走道和疏散楼梯的各自总净宽度，应符合下列规定：

1 每层的房间疏散门、安全出口、疏散走道和疏散楼梯的各自总净宽度，应根据疏散人数按每100人的最小疏散净宽度不小于表5.5.21-1的规定计算确定。当每层疏散人数不等时，疏散楼梯的总净宽度可分层计算，地上建筑内下层楼梯的总净宽度应按该层及以上疏散人数最多一层的人数计算；地下建筑内上层楼梯的总净宽度应按该层及以下疏散人数最多一层的人数计算。

表5.5.21-1 每层的房间疏散门、安全出口、疏散走道和疏散楼梯的每100人最小疏散净宽度(m/百人)

建筑层数		建筑的耐火等级		
		一、二级	三级	四级
地上楼层	1～2层	0.65	0.75	1.00
	3层	0.75	1.00	—
	≥4层	1.00	1.25	—
地下楼层	与地面出入口地面的高差$\Delta H\leqslant 10m$	0.75	—	—
	与地面出入口地面的高差$\Delta H>10m$	1.00	—	—

2 地下或半地下人员密集的厅、室和歌舞娱乐放映游艺场所，其房间疏散门、安全出口、疏散走道和疏散楼梯的各自总净宽度，应根据疏散人数按每100人不小于1.00m计算确定。

3 首层外门的总净宽度应按该建筑疏散人数最多一层的人数计算确定，不供其他楼层人员疏散的外门，可按本层的疏散人数计算确定。

4 歌舞娱乐放映游艺场所中录像厅的疏散人数，应根据厅、室的建筑面积按不小于1.0人/m²计算；其他歌舞娱乐放映游艺场所的疏散人数，应根据厅、室的建筑面积按不小于0.5人/m²计算。

5 有固定座位的场所，其疏散人数可按实际座位数的1.1倍计算。

6 展览厅的疏散人数应根据展览厅的建筑面积和人员密度计算，展览厅内的人员密度不宜小于0.75人/m²。

7 商店的疏散人数应按每层营业厅的建筑面积乘以表5.5.21-2规定的人员密度计算。对于建材商店、家具和灯饰展示建筑，其人员密度可按表5.5.21-2规定值的30%确定。

表5.5.21-2 商店营业厅内的人员密度(人/m²)

楼层位置	地下第二层	地下第一层	地上第一、二层	地上第三层	地上第四层及以上各层
人员密度	0.56	0.60	0.43～0.60	0.39～0.54	0.30～0.42

5.5.22 人员密集的公共建筑不宜在窗口、阳台等部位设置封闭的金属栅栏，确需设置时，应能从内部易于开启；窗口、阳台等部位宜根据其高度设置适用的辅助疏散逃生设施。

5.5.23 建筑高度大于100m的公共建筑，应设置避难层(间)。避难层(间)应符合下列规定：

1 第一个避难层(间)的楼地面至灭火救援场地地面的高度不应大于50m，两个避难层(间)之间的高度不宜大于50m。

2 通向避难层(间)的疏散楼梯应在避难层分隔、同层错位或上下层断开。

3 避难层(间)的净面积应能满足设计避难人数避难的要求，并宜按5.0人/m²计算。

4 避难层可兼作设备层。设备管道宜集中布置，其中的易燃、可燃液体或气体管道应集中布置，设备管道区应采用耐火极限不低于3.00h的防火隔墙与避难区分隔。管道井和设备间应采用耐火极限不低于2.00h的防火隔墙与避难区分隔，管道井和设备间的门不应直接开向避难区；确需直接开向避难区时，与避难层区出入口的距离不应小于5m，且应采用甲级防火门。

避难间内不应设置易燃、可燃液体或气体管道，不应开设除外窗、疏散门之外的其他开口。

5 避难层应设置消防电梯出口。

6　应设置消火栓和消防软管卷盘。

7　应设置消防专线电话和应急广播。

8　在避难层(间)进入楼梯间的入口处和疏散楼梯通向避难层(间)的出口处,应设置明显的指示标志。

9　应设置直接对外的可开启窗口或独立的机械防烟设施,外窗应采用乙级防火窗。

5.5.24　高层病房楼应在二层及以上的病房楼层和洁净手术部设置避难间。避难间应符合下列规定:

1　避难间服务的护理单元不应超过2个,其净面积应按每个护理单元不小于25.0m²确定。

2　避难间兼作其他用途时,应保证人员的避难安全,且不得减少可供避难的净面积。

3　应靠近楼梯间,并应采用耐火极限不低于2.00h的防火隔墙和甲级防火门与其他部位分隔。

4　应设置消防专线电话和消防应急广播。

5　避难间的入口处应设置明显的指示标志。

6　应设置直接对外的可开启窗口或独立的机械防烟设施,外窗应采用乙级防火窗。

Ⅲ　住宅建筑

5.5.25　住宅建筑安全出口的设置应符合下列规定:

1　建筑高度不大于27m的建筑,当每个单元任一层的建筑面积大于650m²,或任一户门至最近安全出口的距离大于15m时,每个单元每层的安全出口不应少于2个;

2　建筑高度大于27m、不大于54m的建筑,当每个单元任一层的建筑面积大于650m²,或任一户门至最近安全出口的距离大于10m时,每个单元每层的安全出口不应少于2个;

3　建筑高度大于54m的建筑,每个单元每层的安全出口不应少于2个。

5.5.26　建筑高度大于27m,但不大于54m的住宅建筑,每个单元设置一座疏散楼梯时,疏散楼梯应通至屋面,且单元之间的疏散楼梯应能通过屋面连通,户门应采用乙级防火门。当不能通至屋面或不能通过屋面连通时,应设置2个安全出口。

5.5.27　住宅建筑的疏散楼梯设置应符合下列规定:

1　建筑高度不大于21m的住宅建筑可采用敞开楼梯间;与电梯井相邻布置的疏散楼梯应采用封闭楼梯间,当户门采用乙级防火门时,仍可采用敞开楼梯间。

2　建筑高度大于21m、不大于33m的住宅建筑应采用封闭楼梯间;当户门采用乙级防火门时,可采用敞开楼梯间。

3　建筑高度大于33m的住宅建筑应采用防烟楼梯间。户门不宜直接开向前室,确有困难时,每层开向同一前室的户门不应大于3樘且应采用乙级防火门。

5.5.28　住宅单元的疏散楼梯,当分散设置确有困难且任一户门至最近疏散楼梯间入口的距离不大于10m时,可采用剪刀楼梯间,但应符合下列规定:

1　应采用防烟楼梯间。

2　梯段之间应设置耐火极限不低于1.00h的防火隔墙。

3　楼梯间的前室不宜共用;共用时,前室的使用面积不应小于6.0m²。

4　楼梯间的前室或共用前室不宜与消防电梯的前室合用;楼梯间的共用前室与消防电梯的前室合用时,合用前室的使用面积不应小于12.0m²,且短边不应小于2.4m。

5.5.29　住宅建筑的安全疏散距离应符合下列规定:

1　直通疏散走道的户门至最近安全出口的直线距离不应大于表5.5.29的规定。

表5.5.29　住宅建筑直通疏散走道的户门至最近安全出口的直线距离(m)

住宅建筑类别	位于两个安全出口之间的户门			位于袋形走道两侧或尽端的户门		
	一、二级	三级	四级	一、二级	三级	四级
单、多层	40	35	25	22	20	15
高层	40	—	—	20	—	—

注:1　开向敞开式外廊的户门至最近安全出口的最大直线距离可按本表的规定增加5m。

2　直通疏散走道的户门至最近敞开楼梯间的直线距离,当户门位于两个楼梯间之间时,应按本表的规定减少5m;当户门位于袋形走道两侧或尽端时,应按本表的规定减少2m。

3　住宅建筑内全部设置自动喷水灭火系统时,其安全疏散距离可按本表的规定增加25%。

4　跃廊式住宅的户门至最近安全出口的距离,应从户门算起,小楼梯的一段距离可按其水平投影长度的1.50倍计算。

2　楼梯间应在首层直通室外,或在首层采用扩大的封闭楼梯间或防烟楼梯间前室。层数不超过4层时,可将直通室外的门设置在离楼梯间不大于15m处。

3　户内任一点至直通疏散走道的户门的直线距离不应大于表5.5.29规定的袋形走道两侧或尽端的疏散门至最近安全出口的最大直线距离。

注:跃层式住宅,户内楼梯的距离可按其梯段水平投影长度的1.50倍计算。

5.5.30　住宅建筑的户门、安全出口、疏散走道和疏散楼梯的各自总净宽度应经计算确定,且户门和安全出口的净宽度不应小于0.90m,疏散走道、疏散楼梯和首层疏散外门的净宽度不应小于1.10m。建筑高度不大于18m的住宅中一边设置栏杆的疏散楼梯,其净宽度不应小于1.0m。

5.5.31　建筑高度大于100m的住宅建筑应设置避难层,避难层的设置应符合本规范第5.5.23条有关避难层的要求。

5.5.32　建筑高度大于54m的住宅建筑,每户应有一间房间符合下列规定:

1　应靠外墙设置,并应设置可开启外窗;

2　内、外墙体的耐火极限不应低于1.00h,该房间的门宜采用乙级防火门,外窗的耐火完整性不宜低于1.00h。

6 建筑构造

6.1 防火墙

6.1.1 防火墙应直接设置在建筑的基础或框架、梁等承重结构上，框架、梁等承重结构的耐火极限不应低于防火墙的耐火极限。

防火墙应从楼地面基层隔断至梁、楼板或屋面板的底面基层。当高层厂房(仓库)屋顶承重结构和屋面板的耐火极限低于1.00h，其他建筑屋顶承重结构和屋面板的耐火极限低于0.50h时，防火墙应高出屋面0.5m以上。

6.1.2 防火墙横截面中心线水平距离天窗端面小于4.0m，且天窗端面为可燃性墙体时，应采取防止火势蔓延的措施。

6.1.3 建筑外墙为难燃性或可燃性墙体时，防火墙应凸出墙的外表面0.4m以上，且防火墙两侧的外墙均应为宽度均不小于2.0m的不燃性墙体，其耐火极限不应低于外墙的耐火极限。

建筑外墙为不燃性墙体时，防火墙可不凸出墙的外表面，紧靠防火墙两侧的门、窗、洞口之间最近边缘的水平距离不应小于2.0m；采取设置乙级防火窗等防止火灾水平蔓延的措施时，该距离不限。

6.1.4 建筑内的防火墙不宜设置在转角处，确需设置时，内转角两侧墙上的门、窗、洞口之间最近边缘的水平距离不应小于4.0m；采取设置乙级防火窗等防止火灾水平蔓延的措施时，该距离不限。

6.1.5 防火墙上不应开设门、窗、洞口，确需开设时，应设置不可开启或火灾时能自动关闭的甲级防火门、窗。

可燃气体和甲、乙、丙类液体的管道严禁穿过防火墙。防火墙内不应设置排气道。

6.1.6 除本规范第6.1.5条规定外的其他管道不宜穿过防火墙，确需穿过时，应采用防火封堵材料将墙与管道之间的空隙紧密填实，穿过防火墙处的管道保温材料，应采用不燃材料；当管道为难燃及可燃材料时，应在防火墙两侧的管道上采取防火措施。

6.1.7 防火墙的构造应能在防火墙任意一侧的屋架、梁、楼板等受到火灾的影响而破坏时，不会导致防火墙倒塌。

6.2 建筑构件和管道井

6.2.1 剧场等建筑的舞台与观众厅之间的隔墙应采用耐火极限不低于3.00h的防火隔墙。

舞台上部与观众厅闷顶之间的隔墙可采用耐火极限不低于1.50h的防火隔墙，隔墙上的门应采用乙级防火门。

舞台下部的灯光操作室和可燃物储藏室应采用耐火极限不低于2.00h的防火隔墙与其他部位分隔。

电影放映室、卷片室应采用耐火极限不低于1.50h的防火隔墙与其他部位分隔，观察孔和放映孔应采取防火分隔措施。

6.2.2 医疗建筑内的手术室或手术部、产房、重症监护室、贵重精密医疗装备用房、储藏间、实验室、胶片室等，附设在建筑内的托儿所、幼儿园的儿童用房和儿童游乐厅等儿童活动场所、老年人活动场所，应采用耐火极限不低于2.00h的防火隔墙和1.00h的楼板与其他场所或部位分隔，墙上必须设置的门、窗应采用乙级防火门、窗。

6.2.3 建筑内的下列部位应采用耐火极限不低于2.00h的防火隔墙与其他部位分隔，墙上的门、窗应采用乙级防火门、窗，确有困难时，可采用防火卷帘，但应符合本规范第6.5.3条的规定：

1 甲、乙类生产部位和建筑内使用丙类液体的部位；

2 厂房内有明火和高温的部位；

3 甲、乙、丙类厂房(仓库)内布置有不同火灾危险性类别的房间；

4 民用建筑内的附属库房，剧场后台的辅助用房；

5 除居住建筑中套内的厨房外，宿舍、公寓建筑中的公共厨房和其他建筑内的厨房；

6 附设在住宅建筑内的机动车库。

6.2.4 建筑内的防火隔墙应从楼地面基层隔断至梁、楼板或屋面板的底面基层。住宅分户墙和单元之间的墙应隔断至梁、楼板或屋面板的底面基层，屋面板的耐火极限不应低于0.50h。

6.2.5 除本规范另有规定外，建筑外墙上、下层开口之间应设置高度不小于1.2m的实体墙或挑出宽度不小于1.0m、长度不小于开口宽度的防火挑檐；当室内设置自动喷水灭火系统时，上、下层开口之间的实体墙高度不应小于0.8m。当上、下层开口之间设置实体墙确有困难时，可设置防火玻璃墙，但高层建筑的防火玻璃墙的耐火完整性不应低于1.00h，多层建筑的防火玻璃墙的耐火完整性不应低于0.50h。外窗的耐火完整性不应低于防火玻璃墙的耐火完整性要求。

住宅建筑外墙上相邻户开口之间的墙体宽度不应小于1.0m；小于1.0m时，应在开口之间设置突出外墙不小于0.6m的隔板。

实体墙、防火挑檐和隔板的耐火极限和燃烧性能，均不应低于相应耐火等级建筑外墙的要求。

6.2.6 建筑幕墙应在每层楼板外沿处采取符合本规范第6.2.5条规定的防火措施，幕墙与每层楼板、隔墙处的缝隙应采用防火封堵材料封堵。

6.2.7 附设在建筑内的消防控制室、灭火设备室、消防水泵房和通风空气调节机房、变配电室等，应采用耐火极限不低于2.00h的防火隔墙和1.50h的楼板与其他部位分隔。

设置在丁、戊类厂房内的通风机房，应采用耐火极限不低于1.00h的防火隔墙和0.50h的楼板与其他部位分隔。

通风、空气调节机房和变配电室开向建筑内的门应采用甲级防火门，消防控制室和其他设备房开向建筑内的门应采用乙级防火门。

6.2.8 冷库、低温环境生产场所采用泡沫塑料等可燃材料作墙体内的绝热层时，宜采用不燃绝热材料在每层楼板处做水平防火分隔。防火分隔部位的耐火极限不应低于楼板的耐火极限。冷库阁楼层和墙体的可燃绝热层宜采用不燃性墙体分隔。

冷库、低温环境生产场所采用泡沫塑料作内绝热层时，绝热层的燃烧性能不应低于B_1级，且绝热层的表面应采用不燃材料做防护层。

冷库的库房与加工车间贴邻建造时，应采用防火墙分隔，当确需开设相互连通的开口时，应采取防火隔间等措施进行分隔，隔间两侧的门应为甲级防火门。当冷库的氨压缩机房与加工车间贴邻时，应采用不开门窗洞口的防火墙分隔。

6.2.9 建筑内的电梯井等竖井应符合下列规定：

1 电梯井应独立设置，井内严禁敷设可燃气体和甲、乙、丙类液体管道，不应敷设与电梯无关的电缆、电线等。电梯井的井壁除设置电梯门、安全逃生门和通气孔洞外，不应设置其

他开口。

2　电缆井、管道井、排烟道、排气道、垃圾道等竖向井道，应分别独立设置。井壁的耐火极限不应低于1.00h，井壁上的检查门应采用丙级防火门。

3　建筑内的电缆井、管道井应在每层楼板处采用不低于楼板耐火极限的不燃材料或防火封堵材料封堵。

建筑内的电缆井、管道井与房间、走道等相连通的孔隙应采用防火封堵材料封堵。

4　建筑内的垃圾道宜靠外墙设置，垃圾道的排气口应直接开向室外，垃圾斗应采用不燃材料制作，并应能自行关闭。

5　电梯层门的耐火极限不应低于1.00h，并应符合现行国家标准《电梯层门耐火试验　完整性、隔热性和热通量测定法》GB/T 27903规定的完整性和隔热性要求。

6.2.10　户外电致发光广告牌不应直接设置在有可燃、难燃材料的墙体上。

户外广告牌的设置不应遮挡建筑的外窗，不应影响外部灭火救援行动。

6.3　屋顶、闷顶和建筑缝隙

6.3.1　在三、四级耐火等级建筑的闷顶内采用可燃材料作绝热层时，屋顶不应采用冷摊瓦。

闷顶内的非金属烟囱周围0.5m、金属烟囱0.7m范围内，应采用不燃材料作绝热层。

6.3.2　层数超过2层的三级耐火等级建筑内的闷顶，应在每个防火隔断范围内设置老虎窗，且老虎窗的间距不宜大于50m。

6.3.3　内有可燃物的闷顶，应在每个防火隔断范围内设置净宽度和净高度均不小于0.7m的闷顶入口；对于公共建筑，每个防火隔断范围内的闷顶入口不宜少于2个。闷顶入口宜布置在走廊中靠近楼梯间的部位。

6.3.4　变形缝内的填充材料和变形缝的构造基层应采用不燃材料。

电线、电缆、可燃气体和甲、乙、丙类液体的管道不宜穿过建筑内的变形缝，确需穿过时，应在穿过处加设不燃材料制作的套管或采取其他防变形措施，并应采用防火封堵材料封堵。

6.3.5　防烟、排烟、供暖、通风和空气调节系统中的管道及建筑内的其他管道，在穿越防火隔墙、楼板和防火墙处的孔隙应采用防火封堵材料封堵。

风管穿过防火隔墙、楼板和防火墙时，穿越处风管上的防火阀、排烟防火阀两侧各2.0m范围内的风管应采用耐火风管或风管外壁应采取防火保护措施，且耐火极限不应低于该防火分隔体的耐火极限。

6.3.6　建筑内受高温或火焰作用易变形的管道，在贯穿楼板部位和穿越防火隔墙的两侧宜采取阻火措施。

6.3.7　建筑屋顶上的开口与邻近建筑或设施之间，应采取防止火灾蔓延的措施。

6.4　疏散楼梯间和疏散楼梯等

6.4.1　疏散楼梯间应符合下列规定：

1　楼梯间应能天然采光和自然通风，并宜靠外墙设置。靠外墙设置时，楼梯间、前室及合用前室外墙上的窗口与两侧门、窗、洞口最近边缘的水平距离不应小于1.0m。

2　楼梯间内不应设置烧水间、可燃材料储藏室、垃圾道。

3　楼梯间内不应有影响疏散的凸出物或其他障碍物。

4　封闭楼梯间、防烟楼梯间及其前室，不应设置卷帘。

5　楼梯间内不应设置甲、乙、丙类液体管道。

6　封闭楼梯间、防烟楼梯间及其前室内禁止穿过或设置可燃气体管道。敞开楼梯间内不应设置可燃气体管道，当住宅建筑的敞开楼梯间内确需设置可燃气体管道和可燃气体计量表时，应采用金属管和设置切断气源的阀门。

6.4.2　封闭楼梯间除应符合本规范第6.4.1条的规定外，尚应符合下列规定：

1　不能自然通风或自然通风不能满足要求时，应设置机械加压送风系统或采用防烟楼梯间。

2　除楼梯间的出入口和外窗外，楼梯间的墙上不应开设其他门、窗、洞口。

3　高层建筑、人员密集的公共建筑、人员密集的多层丙类厂房、甲、乙类厂房，其封闭楼梯间的门应采用乙级防火门，并应向疏散方向开启；其他建筑，可采用双向弹簧门。

4　楼梯间的首层可将走道和门厅等包括在楼梯间内形成扩大的封闭楼梯间，但应采用乙级防火门等与其他走道和房间分隔。

6.4.3　防烟楼梯间除应符合本规范第6.4.1条的规定外，尚应符合下列规定：

1　应设置防烟设施。

2　前室可与消防电梯间前室合用。

3　前室的使用面积：公共建筑、高层厂房(仓库)，不应小于6.0m²；住宅建筑，不应小于4.5m²。

与消防电梯间前室合用时，合用前室的使用面积：公共建筑、高层厂房(仓库)，不应小于10.0m²；住宅建筑，不应小于6.0m²。

4　疏散走道通向前室以及前室通向楼梯间的门应采用乙级防火门。

5　除住宅建筑的楼梯间前室外，防烟楼梯间和前室内的墙上不应开设除疏散门和送风口外的其他门、窗、洞口。

6　楼梯间的首层可将走道和门厅等包括在楼梯间前室内形成扩大的前室，但应采用乙级防火门等与其他走道和房间分隔。

6.4.4　除通向避难层错位的疏散楼梯外，建筑内的疏散楼梯间在各层的平面位置不应改变。

除住宅建筑套内的自用楼梯外，地下或半地下建筑(室)的疏散楼梯间，应符合下列规定：

1　室内地面与室外出入口地坪高差大于10m或3层及以上的地下、半地下建筑(室)，其疏散楼梯应采用防烟楼梯间；其他地下或半地下建筑(室)，其疏散楼梯应采用封闭楼梯间。

2　应在首层采用耐火极限不低于2.00h的防火隔墙与其他部位分隔并应直通室外，确需在隔墙上开门时，应采用乙级防火门。

3　建筑的地下或半地下部分与地上部分不应共用楼梯间，确需共用楼梯间时，应在首层采用耐火极限不低于2.00h的防火隔墙和乙级防火门将地下或半地下部分与地上部分的连通部位完全分隔，并应设置明显的标志。

6.4.5　室外疏散楼梯应符合下列规定：

1　栏杆扶手的高度不应小于1.10m，楼梯的净宽度不应小于0.90m。

2　倾斜角度不应大于45°。

3　梯段和平台均应采用不燃材料制作。平台的耐火极限不应低于1.00h，梯段的耐火极限不应低于0.25h。

4　通向室外楼梯的门应采用乙级防火门，并应向外开启。

5 除疏散门外，楼梯周围2m内的墙面上不应设置门、窗、洞口。疏散门不应正对梯段。

6.4.6 用作丁、戊类厂房内第二安全出口的楼梯可采用金属梯，但其净宽度不应小于0.90m，倾斜角度不应大于45°。

丁、戊类高层厂房，当每层工作平台上的人数不超过2人且各层工作平台上同时工作的人数总和不超过10人时，其疏散楼梯可采用敞开楼梯或利用净宽度不小于0.90m、倾斜角度不大于60°的金属梯。

6.4.7 疏散用楼梯和疏散通道上的阶梯不宜采用螺旋楼梯和扇形踏步；确需采用时，踏步上、下两级所形成的平面角度不应大于10°，且每级离扶手250mm处的踏步深度不应小于220mm。

6.4.8 建筑内的公共疏散楼梯，其两梯段及扶手间的水平净距不宜小于150mm。

6.4.9 高度大于10m的三级耐火等级建筑应设置通至屋顶的室外消防梯。室外消防梯不应面对老虎窗，宽度不应小于0.6m，且宜从离地面3.0m高处设置。

6.4.10 疏散走道在防火分区处应设置常开甲级防火门。

6.4.11 建筑内的疏散门应符合下列规定：

1 民用建筑和厂房的疏散门，应采用向疏散方向开启的平开门，不应采用推拉门、卷帘门、吊门、转门和折叠门。除甲、乙类生产车间外，人数不超过60人且每樘门的平均疏散人数不超过30人的房间，其疏散门的开启方向不限。

2 仓库的疏散门应采用向疏散方向开启的平开门，但丙、丁、戊类仓库首层靠墙的外侧可采用推拉门或卷帘门。

3 开向疏散楼梯或疏散楼梯间的门，当其完全开启时，不应减少楼梯平台的有效宽度。

4 人员密集场所内平时需要控制人员随意出入的疏散门和设置门禁系统的住宅、宿舍、公寓建筑的外门，应保证火灾时不需使用钥匙等任何工具即能从内部易于打开，并应在显著位置设置具有使用提示的标识。

6.4.12 用于防火分隔的下沉式广场等室外开敞空间，应符合下列规定：

1 分隔后的不同区域通向下沉式广场等室外开敞空间的开口最近边缘之间的水平距离不应小于13m。室外开敞空间除用于人员疏散外不得用于其他商业或可能导致火灾蔓延的用途，其中用于疏散的净面积不应小于169m²。

2 下沉式广场等室外开敞空间内应设置不少于1部直通地面的疏散楼梯。当连接下沉广场的防火分区需利用下沉广场进行疏散时，疏散楼梯的总净宽度不应小于任一防火分区通向室外开敞空间的设计疏散总净宽度。

3 确需设置防风雨篷时，防风雨篷不应完全封闭，四周开口部位应均匀布置，开口的面积不应小于该空间地面面积的25%，开口高度不应小于1.0m；开口设置百叶时，百叶的有效排烟面积可按百叶通风口面积的60%计算。

6.4.13 防火隔间的设置应符合下列规定：

1 防火隔间的建筑面积不应小于6.0m²；

2 防火隔间的门应采用甲级防火门；

3 不同防火分区通向防火隔间的门不应计入安全出口，门的最小间距不应小于4m；

4 防火隔间内部装修材料的燃烧性能应为A级；

5 不应用于除人员通行外的其他用途。

6.4.14 避难走道的设置应符合下列规定：

1 避难走道防火隔墙的耐火极限不应低于3.00h，楼板的耐火极限不应低于1.50h。

2 避难走道直通地面的出口不应少于2个，并应设置在不同方向；当避难走道仅与一个防火分区相通且该防火分区至少有1个直通室外的安全出口时，可设置1个直通地面的出口。任一防火分区通向避难走道的门至该避难走道最近直通地面的出口的距离不应大于60m。

3 避难走道的净宽度不应小于任一防火分区通向该避难走道的设计疏散总净宽度。

4 避难走道内部装修材料的燃烧性能应为A级。

5 防火分区至避难走道入口处应设置防烟前室，前室的使用面积不应小于6.0m²，开向前室的门应采用甲级防火门，前室开向避难走道的门应采用乙级防火门。

6 避难走道内应设置消火栓、消防应急照明、应急广播和消防专线电话。

6.5 防火门、窗和防火卷帘

6.5.1 防火门的设置应符合下列规定：

1 设置在建筑内经常有人通行处的防火门宜采用常开防火门。常开防火门应能在火灾时自行关闭，并应具有信号反馈的功能。

2 除允许设置常开防火门的位置外，其他位置的防火门均应采用常闭防火门。常闭防火门应在其明显位置设置“保持防火门关闭”等提示标识。

3 除管井检修门和住宅的户门外，防火门应具有自行关闭功能。双扇防火门应具有按顺序自行关闭的功能。

4 除本规范第6.4.11条第4款的规定外，防火门应能在其内外两侧手动开启。

5 设置在建筑变形缝附近时，防火门应设置在楼层较多的一侧，并应保证防火门开启时门扇不跨越变形缝。

6 防火门关闭后应具有防烟性能。

7 甲、乙、丙级防火门应符合现行国家标准《防火门》GB 12955的规定。

6.5.2 设置在防火墙、防火隔墙上的防火窗，应采用不可开启的窗扇或具有火灾时能自行关闭的功能。

防火窗应符合现行国家标准《防火窗》GB 16809的有关规定。

6.5.3 防火分隔部位设置防火卷帘时，应符合下列规定：

1 除中庭外，当防火分隔部位的宽度不大于30m时，防火卷帘的宽度不应大于10m；当防火分隔部位的宽度大于30m时，防火卷帘的宽度不应大于该部位宽度的1/3，且不应大于20m。

2 防火卷帘应具有火灾时靠自重自动关闭功能。

3 除本规范另有规定外，防火卷帘的耐火极限不应低于本规范对所设置部位墙体的耐火极限要求。

当防火卷帘的耐火极限符合现行国家标准《门和卷帘的耐火试验方法》GB/T 7633有关耐火完整性和耐火隔热性的判定条件时，可不设置自动喷水灭火系统保护。

当防火卷帘的耐火极限仅符合现行国家标准《门和卷帘的耐火试验方法》GB/T 7633有关耐火完整性的判定条件时，应设置自动喷水灭火系统保护。自动喷水灭火系统的设计应符合现行国家标准《自动喷水灭火系统设计规范》GB 50084的规定，但火灾延续时间不应小于该防火卷帘的耐火极限。

4 防火卷帘应具有防烟性能，与楼板、梁、墙、柱之间的空隙应采用防火封堵材料封堵。

5 需在火灾时自动降落的防火卷帘，应具有信号反馈的功能。

6 其他要求，应符合现行国家标准《防火卷帘》GB 14102

的规定。

6.6 天桥、栈桥和管沟

6.6.1 天桥、跨越房屋的栈桥以及供输送可燃材料、可燃气体和甲、乙、丙类液体的栈桥，均应采用不燃材料。

6.6.2 输送有火灾、爆炸危险物质的栈桥不应兼作疏散通道。

6.6.3 封闭天桥、栈桥与建筑物连接处的门洞以及敷设甲、乙、丙类液体管道的封闭管沟(廊)，均宜采取防止火灾蔓延的措施。

6.6.4 连接两座建筑物的天桥、连廊，应采取防止火灾在两座建筑间蔓延的措施。当仅供通行的天桥、连廊采用不燃材料，且建筑物通向天桥、连廊的出口符合安全出口的要求时，该出口可作为安全出口。

6.7 建筑保温和外墙装饰

6.7.1 建筑的内、外保温系统，宜采用燃烧性能为A级的保温材料，不宜采用B_2级保温材料，严禁采用B_3级保温材料；设置保温系统的基层墙体或屋面板的耐火极限应符合本规范的有关规定。

6.7.2 建筑外墙采用内保温系统时，保温系统应符合下列规定：

1 对于人员密集场所，用火、燃油、燃气等具有火灾危险性的场所以及各类建筑内的疏散楼梯间、避难走道、避难间、避难层等场所或部位，应采用燃烧性能为A级的保温材料。

2 对于其他场所，应采用低烟、低毒且燃烧性能不低于B_1级的保温材料。

3 保温系统应采用不燃材料做防护层。采用燃烧性能为B_1级的保温材料时，防护层的厚度不应小于10mm。

6.7.3 建筑外墙采用保温材料与两侧墙体构成无空腔复合保温结构体时，该结构体的耐火极限应符合本规范的有关规定；当保温材料的燃烧性能为B_1、B_2级时，保温材料两侧的墙体应采用不燃材料且厚度均不应小于50mm。

6.7.4 设置人员密集场所的建筑，其外墙外保温材料的燃烧性能应为A级。

6.7.5 与基层墙体、装饰层之间无空腔的建筑外墙外保温系统，其保温材料应符合下列规定：

1 住宅建筑：

1)建筑高度大于100m时，保温材料的燃烧性能应为A级；

2)建筑高度大于27m，但不大于100m时，保温材料的燃烧性能不应低于B_1级；

3)建筑高度不大于27m时，保温材料的燃烧性能不应低于B_2级。

2 除住宅建筑和设置人员密集场所的建筑外，其他建筑：

1)建筑高度大于50m时，保温材料的燃烧性能应为A级；

2)建筑高度大于24m，但不大于50m时，保温材料的燃烧性能不应低于B_1级；

3)建筑高度不大于24m时，保温材料的燃烧性能不应低于B_2级。

6.7.6 除设置人员密集场所的建筑外，与基层墙体、装饰层之间有空腔的建筑外墙外保温系统，其保温材料应符合下列规定：

1 建筑高度大于24m时，保温材料的燃烧性能应为A级；

2 建筑高度不大于24m时，保温材料的燃烧性能不应低于B_1级。

6.7.7 除本规范第6.7.3条规定的情况外，当建筑的外墙外保温系统按本节规定采用燃烧性能为B_1、B_2级的保温材料时，应符合下列规定：

1 除采用B_1级保温材料且建筑高度不大于24m的公共建筑或采用B_1级保温材料且建筑高度不大于27m的住宅建筑外，建筑外墙上门、窗的耐火完整性不应低于0.50h。

2 应在保温系统中每层设置水平防火隔离带。防火隔离带应采用燃烧性能为A级的材料，防火隔离带的高度不应小于300mm。

6.7.8 建筑的外墙外保温系统应采用不燃材料在其表面设置防护层，防护层应将保温材料完全包覆。除本规范第6.7.3条规定的情况外，当按本节规定采用B_1、B_2级保温材料时，防护层厚度首层不应小于15mm，其他层不应小于5mm。

6.7.9 建筑外墙外保温系统与基层墙体、装饰层之间的空腔，应在每层楼板处采用防火封堵材料封堵。

6.7.10 建筑的屋面外保温系统，当屋面板的耐火极限不低于1.00h时，保温材料的燃烧性能不应低于B_2级；当屋面板的耐火极限低于1.00h时，不应低于B_1级。采用B_1、B_2级保温材料的外保温系统应采用不燃材料作防护层，防护层的厚度不应小于10mm。

当建筑的屋面和外墙外保温系统均采用B_1、B_2级保温材料时，屋面与外墙之间应采用宽度不小于500mm的不燃材料设置防火隔离带进行分隔。

6.7.11 电气线路不应穿越或敷设在燃烧性能为B_1或B_2级的保温材料中；确需穿越或敷设时，应采取穿金属管并在金属管周围采用不燃隔热材料进行防火隔离等防火保护措施。设置开关、插座等电器配件的部位周围应采取不燃隔热材料进行防火隔离等防火保护措施。

6.7.12 建筑外墙的装饰层应采用燃烧性能为A级的材料，但建筑高度不大于50m时，可采用B_1级材料。

7 灭火救援设施

7.1 消防车道

7.1.1 街区内的道路应考虑消防车的通行，道路中心线间的距离不宜大于160m。

当建筑物沿街道部分的长度大于150m或总长度大于220m时，应设置穿过建筑物的消防车道。确有困难时，应设置环形消防车道。

7.1.2 高层民用建筑，超过3000个座位的体育馆，超过2000个座位的会堂，占地面积大于3000m² 的商店建筑、展览建筑等单、多层公共建筑应设置环形消防车道，确有困难时，可沿建筑的两个长边设置消防车道；对于高层住宅建筑和山坡地或河道边临空建造的高层民用建筑，可沿建筑的一个长边设置消防车道，但该长边所在建筑立面应为消防车登高操作面。

7.1.3 工厂、仓库区内应设置消防车道。

高层厂房，占地面积大于3000m²的甲、乙、丙类厂房和占地面积大于1500m²的乙、丙类仓库，应设置环形消防车道，确有困难时，应沿建筑物的两个长边设置消防车道。

7.1.4 有封闭内院或天井的建筑物，当内院或天井的短边长度大于24m时，宜设置进入内院或天井的消防车道；当该建筑物沿街时，应设置连通街道和内院的人行通道（可利用楼梯间），其间距不宜大于80m。

7.1.5 在穿过建筑物或进入建筑物内院的消防车道两侧，不应设置影响消防车通行或人员安全疏散的设施。

7.1.6 可燃材料露天堆场区，液化石油气储罐区，甲、乙、丙类液体储罐区和可燃气体储罐区，应设置消防车道。消防车道的设置应符合下列规定：

1 储量大于表7.1.6规定的堆场、储罐区，宜设置环形消防车道。

表7.1.6 堆场或储罐区的储量

名称	棉、麻、毛、化纤（t）	秸秆、芦苇（t）	木材（m³）	甲、乙、丙类液体储罐（m³）	液化石油气储罐（m³）	可燃气体储罐（m³）
储量	1000	5000	5000	1500	500	30000

2 占地面积大于30000m² 的可燃材料堆场，应设置与环形消防车道相通的中间消防车道，消防车道的间距不宜大于150m。液化石油气储罐区，甲、乙、丙类液体储罐区和可燃气体储罐区内的环形消防车道之间宜设置连通的消防车道。

3 消防车道的边缘距离可燃材料堆垛不应小于5m。

7.1.7 供消防车取水的天然水源和消防水池应设置消防车道。消防车道的边缘距离取水点不宜大于2m。

7.1.8 消防车道应符合下列要求：

1 车道的净宽度和净空高度均不应小于4.0m；

2 转弯半径应满足消防车转弯的要求；

3 消防车道与建筑之间不应设置妨碍消防车操作的树木、架空管线等障碍物；

4 消防车道靠建筑外墙一侧的边缘距离建筑外墙不宜小于5m；

5 消防车道的坡度不宜大于8%。

7.1.9 环形消防车道至少应有两处与其他车道连通。尽头式消防车道应设置回车道或回车场，回车场的面积不应小于12m×12m；对于高层建筑，不宜小于15m×15m；供重型消防车使用时，不宜小于18m×18m。

消防车道的路面、救援操作场地、消防车道和救援操作场地下面的管道和暗沟等，应能承受重型消防车的压力。

消防车道可利用城乡、厂区道路等，但该道路应满足消防车通行、转弯和停靠的要求。

7.1.10 消防车道不宜与铁路正线平交，确需平交时，应设置备用车道，且两车道的间距不应小于一列火车的长度。

7.2 救援场地和入口

7.2.1 高层建筑应至少沿一个长边或周边长度的1/4且不小于一个长边长度的底边连续布置消防车登高操作场地，该范围内的裙房进深不应大于4m。

建筑高度不大于50m的建筑，连续布置消防车登高操作场地确有困难时，可间隔布置，但间隔距离不宜大于30m，且消防车登高操作场地的总长度仍应符合上述规定。

7.2.2 消防车登高操作场地应符合下列规定：

1 场地与厂房、仓库、民用建筑之间不应设置妨碍消防车操作的树木、架空管线等障碍物和车库出入口。

2 场地的长度和宽度分别不应小于15m和10m。对于建筑高度大于50m的建筑，场地的长度和宽度分别不应小于20m和10m。

3 场地及其下面的建筑结构、管道和暗沟等，应能承受重型消防车的压力。

4 场地应与消防车道连通，场地靠建筑外墙一侧的边缘距离建筑外墙不宜小于5m，且不应大于10m，场地的坡度不宜大于3%。

7.2.3 建筑物与消防车登高操作场地相对应的范围内，应设置直通室外的楼梯或直通楼梯间的入口。

7.2.4 厂房、仓库、公共建筑的外墙应在每层的适当位置设置可供消防救援人员进入的窗口。

7.2.5 供消防救援人员进入的窗口的净高度和净宽度均不应小于1.0m，下沿距室内地面不宜大于1.2m，间距不宜大于20m且每个防火分区不应少于2个，设置位置应与消防车登高操作场地相对应。窗口的玻璃应易于破碎，并应设置可在室外易于识别的明显标志。

7.3 消防电梯

7.3.1 下列建筑应设置消防电梯：

1 建筑高度大于33m的住宅建筑；

2 一类高层公共建筑和建筑高度大于32m的二类高层公共建筑；

3 设置消防电梯的建筑的地下或半地下室，埋深大于10m且总建筑面积大于3000m²的其他地下或半地下建筑（室）。

7.3.2 消防电梯应分别设置在不同防火分区内，且每个防火分区不应少于1台。

7.3.3 建筑高度大于32m且设置电梯的高层厂房（仓库），每个防火分区内宜设置1台消防电梯，但符合下列条件的建筑可不设置消防电梯：

1 建筑高度大于32m且设置电梯，任一层工作平台上的人数不超过2人的高层塔架；

2 局部建筑高度大于32m，且局部高出部分的每层建筑面积不大于50m²的丁、戊类厂房。

7.3.4 符合消防电梯要求的客梯或货梯可兼作消防电梯。

7.3.5 除设置在仓库连廊、冷库穿堂或谷物筒仓工作塔内的消防电梯外，消防电梯应设置前室，并应符合下列规定：

1　前室宜靠外墙设置，并应在首层直通室外或经过长度不大于30m的通道通向室外；

2　前室的使用面积不应小于6.0m²；与防烟楼梯间合用的前室，应符合本规范第5.5.28条和第6.4.3条的规定；

3　除前室的出入口、前室内设置的正压送风口和本规范第5.5.27条规定的户门外，前室内不应开设其他门、窗、洞口；

4　前室或合用前室的门应采用乙级防火门，不应设置卷帘。

7.3.6　消防电梯井、机房与相邻电梯井、机房之间应设置耐火极限不低于2.00h的防火隔墙，隔墙上的门应采用甲级防火门。

7.3.7　消防电梯的井底应设置排水设施，排水井的容量不应小于2m³，排水泵的排水量不应小于10L/s。消防电梯间前室的门口宜设置挡水设施。

7.3.8　消防电梯应符合下列规定：

1　应能每层停靠；

2　电梯的载重量不应小于800kg；

3　电梯从首层至顶层的运行时间不宜大于60s；

4　电梯的动力与控制电缆、电线、控制面板应采取防水措施；

5　在首层的消防电梯入口处应设置供消防队员专用的操作按钮；

6　电梯轿厢的内部装修应采用不燃材料；

7　电梯轿厢内部应设置专用消防对讲电话。

7.4　直升机停机坪

7.4.1　建筑高度大于100m且标准层建筑面积大于2000m²的公共建筑，宜在屋顶设置直升机停机坪或供直升机救助的设施。

7.4.2　直升机停机坪应符合下列规定：

1　设置在屋顶平台上时，距离设备机房、电梯机房、水箱间、共用天线等突出物不应小于5m；

2　建筑通向停机坪的出口不应少于2个，每个出口的宽度不宜小于0.90m；

3　四周应设置航空障碍灯，并应设置应急照明；

4　在停机坪的适当位置应设置消火栓；

5　其他要求应符合国家现行航空管理有关标准的规定。

8　消防设施的设置

8.1　一般规定

8.1.1　消防给水和消防设施的设置应根据建筑的用途及其重要性、火灾危险性、火灾特性和环境条件等因素综合确定。

8.1.2　城镇(包括居住区、商业区、开发区、工业区等)应沿可通行消防车的街道设置市政消火栓系统。

民用建筑、厂房、仓库、储罐(区)和堆场周围应设置室外消火栓系统。

用于消防救援和消防车停靠的屋面上，应设置室外消火栓系统。

注：耐火等级不低于二级且建筑体积不大于3000m³的戊类厂房，居住区人数不超过500人且建筑层数不超过两层的居住区，可不设置室外消火栓系统。

8.1.3　自动喷水灭火系统、水喷雾灭火系统、泡沫灭火系统和固定消防炮灭火系统等系统以及下列建筑的室内消火栓给水系统应设置消防水泵接合器：

1　超过5层的公共建筑；

2　超过4层的厂房或仓库；

3　其他高层建筑；

4　超过2层或建筑面积大于10000m²的地下建筑(室)。

8.1.4　甲、乙、丙类液体储罐(区)内的储罐应设置移动水枪或固定水冷却设施。高度大于15m或单罐容积大于2000m³的甲、乙、丙类液体地上储罐，宜采用固定水冷却设施。

8.1.5　总容积大于50m³或单罐容积大于20m³的液化石油气储罐(区)应设置固定水冷却设施，埋地的液化石油气储罐可不设置固定喷水冷却装置。总容积不大于50m³或单罐容积不大于20m³的液化石油气储罐(区)，应设置移动式水枪。

8.1.6　消防水泵房的设置应符合下列规定：

1　单独建造的消防水泵房，其耐火等级不应低于二级；

2　附设在建筑内的消防水泵房，不应设置在地下三层及以下或室内地面与室外出入口地坪高差大于10m的地下楼层；

3　疏散门应直通室外或安全出口。

8.1.7　设置火灾自动报警系统和需要联动控制的消防设备的建筑(群)应设置消防控制室。消防控制室的设置应符合下列规定：

1　单独建造的消防控制室，其耐火等级不应低于二级；

2　附设在建筑内的消防控制室，宜设置在建筑内首层或地下一层，并宜布置在靠外墙部位；

3　不应设置在电磁场干扰较强及其他可能影响消防控制设备正常工作的房间附近；

4　疏散门应直通室外或安全出口。

5　消防控制室内的设备构成及其对建筑消防设施的控制与显示功能以及向远程监控系统传输相关信息的功能，应符合现行国家标准《火灾自动报警系统设计规范》GB 50116和《消防控制室通用技术要求》GB 25506的规定。

8.1.8　消防水泵房和消防控制室应采取防水淹的技术措施。

8.1.9　设置在建筑内的防排烟风机应设置在不同的专用机房内，有关防火分隔措施应符合本规范第6.2.7条的规定。

8.1.10　高层住宅建筑的公共部位和公共建筑内应设置灭火器，其他住宅建筑的公共部位宜设置灭火器。

厂房、仓库、储罐(区)和堆场,应设置灭火器。

8.1.11 建筑外墙设置有玻璃幕墙或采用火灾时可能脱落的墙体装饰材料或构造时,供灭火救援用的水泵接合器、室外消火栓等室外消防设施,应设置在距离建筑外墙相对安全的位置或采取安全防护措施。

8.1.12 设置在建筑室内外供人员操作或使用的消防设施,均应设置区别于环境的明显标志。

8.1.13 有关消防系统及设施的设计,应符合现行国家标准《消防给水及消火栓系统技术规范》GB 50974、《自动喷水灭火系统设计规范》GB 50084、《火灾自动报警系统设计规范》GB 50116 等标准的规定。

8.2 室内消火栓系统

8.2.1 下列建筑或场所应设置室内消火栓系统:

1 建筑占地面积大于 300m² 的厂房和仓库;

2 高层公共建筑和建筑高度大于 21m 的住宅建筑;

注:建筑高度不大于 27m 的住宅建筑,设置室内消火栓系统确有困难时,可只设置干式消防竖管和不带消火栓箱的 *DN*65 的室内消火栓。

3 体积大于 5000m³ 的车站、码头、机场的候车(船、机)建筑、展览建筑、商店建筑、旅馆建筑、医疗建筑和图书馆建筑等单、多层建筑;

4 特等、甲等剧场,超过 800 个座位的其他等级的剧场和电影院等以及超过 1200 个座位的礼堂、体育馆等单、多层建筑;

5 建筑高度大于 15m 或体积大于 10000m³ 的办公建筑、教学建筑和其他单、多层民用建筑。

8.2.2 本规范第 8.2.1 条未规定的建筑或场所和符合本规范第 8.2.1 条规定的下列建筑或场所,可不设置室内消火栓系统,但宜设置消防软管卷盘或轻便消防水龙:

1 耐火等级为一、二级且可燃物较少的单、多层丁、戊类厂房(仓库)。

2 耐火等级为三、四级且建筑体积不大于 3000m³ 的丁类厂房;耐火等级为三、四级且建筑体积不大于 5000m³ 的戊类厂房(仓库)。

3 粮食仓库、金库、远离城镇且无人值班的独立建筑。

4 存有与水接触能引起燃烧爆炸的物品的建筑。

5 室内无生产、生活给水管道,室外消防用水取自储水池且建筑体积不大于 5000m³ 的其他建筑。

8.2.3 国家级文物保护单位的重点砖木或木结构的古建筑,宜设置室内消火栓系统。

8.2.4 人员密集的公共建筑、建筑高度大于 100m 的建筑和建筑面积大于 200m² 的商业服务网点内应设置消防软管卷盘或轻便消防水龙。高层住宅建筑的户内宜配置轻便消防水龙。

8.3 自动灭火系统

8.3.1 除本规范另有规定和不宜用水保护或灭火的场所外,下列厂房或生产部位应设置自动灭火系统,并宜采用自动喷水灭火系统:

1 不小于 50000 纱锭的棉纺厂的开包、清花车间,不小于 5000 锭的麻纺厂的分级、梳麻车间,火柴厂的烤梗、筛选部位;

2 占地面积大于 1500m² 或总建筑面积大于 3000m² 的单、多层制鞋、制衣、玩具及电子等类似生产的厂房;

3 占地面积大于 1500m² 的木器厂房;

4 泡沫塑料厂的预发、成型、切片、压花部位;

5 高层乙、丙类厂房;

6 建筑面积大于 500m² 的地下或半地下丙类厂房。

8.3.2 除本规范另有规定和不宜用水保护或灭火的仓库外,下列仓库应设置自动灭火系统,并宜采用自动喷水灭火系统:

1 每座占地面积大于 1000m² 的棉、毛、丝、麻、化纤、毛皮及其制品的仓库;

注:单层占地面积不大于 2000m² 的棉花库房,可不设置自动喷水灭火系统。

2 每座占地面积大于 600m² 的火柴仓库;

3 邮政建筑内建筑面积大于 500m² 的空邮袋库;

4 可燃、难燃物品的高架仓库和高层仓库;

5 设计温度高于 0℃ 的高架冷库,设计温度高于 0℃ 且每个防火分区建筑面积大于 1500m² 的非高架冷库;

6 总建筑面积大于 500m² 的可燃物品地下仓库;

7 每座占地面积大于 1500m² 或总建筑面积大于 3000m² 的其他单层或多层丙类物品仓库。

8.3.3 除本规范另有规定和不宜用水保护或灭火的场所外,下列高层民用建筑或场所应设置自动灭火系统,并宜采用自动喷水灭火系统:

1 一类高层公共建筑(除游泳池、溜冰场外)及其地下、半地下室;

2 二类高层公共建筑及其地下、半地下室的公共活动用房、走道、办公室和旅馆的客房、可燃物品库房、自动扶梯底部;

3 高层民用建筑内的歌舞娱乐放映游艺场所;

4 建筑高度大于 100m 的住宅建筑。

8.3.4 除本规范另有规定和不宜用水保护或灭火的场所外,下列单、多层民用建筑或场所应设置自动灭火系统,并宜采用自动喷水灭火系统:

1 特等、甲等剧场,超过 1500 个座位的其他等级的剧场,超过 2000 个座位的会堂或礼堂,超过 3000 个座位的体育馆,超过 5000 人的体育场的室内人员休息室与器材间等;

2 任一层建筑面积大于 1500m² 或总建筑面积大于 3000m² 的展览、商店、餐饮和旅馆建筑以及医院中同样建筑规模的病房楼、门诊楼和手术部;

3 设置送回风道(管)的集中空气调节系统且总建筑面积大于 3000m² 的办公建筑等;

4 藏书量超过 50 万册的图书馆;

5 大、中型幼儿园,总建筑面积大于 500m² 的老年人建筑;

6 总建筑面积大于 500m² 的地下或半地下商店;

7 设置在地下或半地下或地上四层及以上楼层的歌舞娱乐放映游艺场所(除游泳场所外),设置在首层、二层和三层且任一层建筑面积大于 300m² 的地上歌舞娱乐放映游艺场所(除游泳场所外)。

8.3.5 根据本规范要求难以设置自动喷水灭火系统的展览厅、观众厅等人员密集的场所和丙类生产车间、库房等高大空间场所,应设置其他自动灭火系统,并宜采用固定消防炮等灭火系统。

8.3.6 下列部位宜设置水幕系统:

1 特等、甲等剧场、超过 1500 个座位的其他等级的剧场、超过 2000 个座位的会堂或礼堂和高层民用建筑内超过 800 个座位的剧场或礼堂的舞台口及上述场所内与舞台相连的侧台、后台的洞口;

2 应设置防火墙等防火分隔物而无法设置的局部开口

部位；

3　需要防护冷却的防火卷帘或防火幕的上部。

注：舞台口也可采用防火幕进行分隔，侧台、后台的较小洞口宜设置乙级防火门、窗。

8.3.7　下列建筑或部位应设置雨淋自动喷水灭火系统：

1　火柴厂的氯酸钾压碾厂房，建筑面积大于 100m² 且生产或使用硝化棉、喷漆棉、火胶棉、赛璐珞胶片、硝化纤维的厂房；

2　乒乓球厂的轧坯、切片、磨球、分球检验部位；

3　建筑面积大于 60m² 或储存量大于 2t 的硝化棉、喷漆棉、火胶棉、赛璐珞胶片、硝化纤维的仓库；

4　日装瓶数量大于 3000 瓶的液化石油气储配站的灌瓶间、实瓶库；

5　特等、甲等剧场、超过 1500 个座位的其他等级剧场和超过 2000 个座位的会堂或礼堂的舞台葡萄架下部；

6　建筑面积不小于 400m² 的演播室，建筑面积不小于 500m² 的电影摄影棚。

8.3.8　下列场所应设置自动灭火系统，并宜采用水喷雾灭火系统：

1　单台容量在 40MV·A 及以上的厂矿企业油浸变压器，单台容量在 90MV·A 及以上的电厂油浸变压器，单台容量在 125MV·A 及以上的独立变电站油浸变压器；

2　飞机发动机试验台的试车部位；

3　充可燃油并设置在高层民用建筑内的高压电容器和多油开关室。

注：设置在室内的油浸变压器、充可燃油的高压电容器和多油开关室，可采用细水雾灭火系统。

8.3.9　下列场所应设置自动灭火系统，并宜采用气体灭火系统：

1　国家、省级或人口超过 100 万的城市广播电视发射塔内的微波机房、分米波机房、米波机房、变配电室和不间断电源（UPS）室；

2　国际电信局、大区中心、省中心和一万路以上的地区中心内的长途程控交换机房、控制室和信令转接点室；

3　两万线以上的市话汇接局和六万门以上的市话端局内的程控交换机房、控制室和信令转接点室；

4　中央及省级公安、防灾和网局级及以上的电力等调度指挥中心内的通信机房和控制室；

5　A、B 级电子信息系统机房内的主机房和基本工作间的已记录磁（纸）介质库；

6　中央和省级广播电视中心内建筑面积不小于 120m² 的音像制品库房；

7　国家、省级或藏书量超过 100 万册的图书馆内的特藏库；中央和省级档案馆内的珍藏库和非纸质档案库；大、中型博物馆内的珍品库房；一级纸绢质文物的陈列室；

8　其他特殊重要设备室。

注：1　本条第 1、4、5、8 款规定的部位，可采用细水雾灭火系统。

2　当有备用主机和备用已记录磁（纸）介质，且设置在不同建筑内或同一建筑内的不同防火分区内时，本条第 5 款规定的部位可采用预作用自动喷水灭火系统。

8.3.10　甲、乙、丙类液体储罐的灭火系统设置应符合下列规定：

1　单罐容量大于 1000m³ 的固定顶罐应设置固定式泡沫灭火系统；

2　罐壁高度小于 7m 或容量不大于 200m³ 的储罐可采用移动式泡沫灭火系统；

3　其他储罐宜采用半固定式泡沫灭火系统；

4　石油库、石油化工、石油天然气工程中甲、乙、丙类液体储罐的灭火系统设置，应符合现行国家标准《石油库设计规范》GB 50074 等标准的规定。

8.3.11　餐厅建筑面积大于 1000m² 的餐馆或食堂，其烹饪操作间的排油烟罩及烹饪部位应设置自动灭火装置，并应在燃气或燃油管道上设置与自动灭火装置联动的自动切断装置。

食品工业加工场所内有明火作业或高温食用油的食品加工部位宜设置自动灭火装置。

8.4　火灾自动报警系统

8.4.1　下列建筑或场所应设置火灾自动报警系统：

1　任一层建筑面积大于 1500m² 或总建筑面积大于 3000m² 的制鞋、制衣、玩具、电子等类似用途的厂房；

2　每座占地面积大于 1000m² 的棉、毛、丝、麻、化纤及其制品的仓库，占地面积大于 500m² 或总建筑面积大于 1000m² 的卷烟仓库；

3　任一层建筑面积大于 1500m² 或总建筑面积大于 3000m² 的商店、展览、财贸金融、客运和货运等类似用途的建筑，总建筑面积大于 500m² 的地下或半地下商店；

4　图书或文物的珍藏库，每座藏书超过 50 万册的图书馆，重要的档案馆；

5　地市级及以上广播电视建筑、邮政建筑、电信建筑，城市或区域性电力、交通和防灾等指挥调度建筑；

6　特等、甲等剧场，座位数超过 1500 个的其他等级的剧场或电影院，座位数超过 2000 个的会堂或礼堂，座位数超过 3000 个的体育馆；

7　大、中型幼儿园的儿童用房等场所，老年人建筑，任一层建筑面积大于 1500m² 或总建筑面积大于 3000m² 的疗养院的病房楼、旅馆建筑和其他儿童活动场所，不少于 200 床位的医院门诊楼、病房楼和手术部等；

8　歌舞娱乐放映游艺场所；

9　净高大于 2.6m 且可燃物较多的技术夹层，净高大于 0.8m 且有可燃物的闷顶或吊顶内；

10　电子信息系统的主机房及其控制室、记录介质库，特殊贵重或火灾危险性大的机器、仪表、仪器设备室、贵重物品库房；

11　二类高层公共建筑内建筑面积大于 50m² 的可燃物品库房和建筑面积大于 500m² 的营业厅；

12　其他一类高层公共建筑；

13　设置机械排烟、防烟系统，雨淋或预作用自动喷水灭火系统，固定消防水炮灭火系统、气体灭火系统等需与火灾自动报警系统联锁动作的场所或部位。

8.4.2　建筑高度大于 100m 的住宅建筑，应设置火灾自动报警系统。

建筑高度大于 54m 但不大于 100m 的住宅建筑，其公共部位应设置火灾自动报警系统，套内宜设置火灾探测器。

建筑高度不大于 54m 的高层住宅建筑，其公共部位宜设置火灾自动报警系统。当设置需联动控制的消防设施时，公共部位应设置火灾自动报警系统。

高层住宅建筑的公共部位应设置具有语音功能的火灾声警报装置或应急广播。

8.4.3　建筑内可能散发可燃气体、可燃蒸气的场所应设置可燃气体报警装置。

8.5 防烟和排烟设施

8.5.1 建筑的下列场所或部位应设置防烟设施：

1 防烟楼梯间及其前室；

2 消防电梯间前室或合用前室；

3 避难走道的前室、避难层(间)。

建筑高度不大于50m的公共建筑、厂房、仓库和建筑高度不大于100m的住宅建筑，当其防烟楼梯间的前室或合用前室符合下列条件之一时，楼梯间可不设置防烟系统：

1 前室或合用前室采用敞开的阳台、凹廊；

2 前室或合用前室具有不同朝向的可开启外窗，且可开启外窗的面积满足自然排烟口的面积要求。

8.5.2 厂房或仓库的下列场所或部位应设置排烟设施：

1 人员或可燃物较多的丙类生产场所，丙类厂房内建筑面积大于300m² 且经常有人停留或可燃物较多的地上房间；

2 建筑面积大于5000m² 的丁类生产车间；

3 占地面积大于1000m² 的丙类仓库；

4 高度大于32m的高层厂房(仓库)内长度大于20m的疏散走道，其他厂房(仓库)内长度大于40m的疏散走道。

8.5.3 民用建筑的下列场所或部位应设置排烟设施：

1 设置在一、二、三层且房间建筑面积大于100m² 的歌舞娱乐放映游艺场所，设置在四层及以上楼层、地下或半地下的歌舞娱乐放映游艺场所；

2 中庭；

3 公共建筑内建筑面积大于100m² 且经常有人停留的地上房间；

4 公共建筑内建筑面积大于300m² 且可燃物较多的地上房间；

5 建筑内长度大于20m的疏散走道。

8.5.4 地下或半地下建筑(室)、地上建筑内的无窗房间，当总建筑面积大于200m² 或一个房间建筑面积大于50m²，且经常有人停留或可燃物较多时，应设置排烟设施。

9 供暖、通风和空气调节

9.1 一 般 规 定

9.1.1 供暖、通风和空气调节系统应采取防火措施。

9.1.2 甲、乙类厂房内的空气不应循环使用。

丙类厂房内含有燃烧或爆炸危险粉尘、纤维的空气，在循环使用前应经净化处理，并应使空气中的含尘浓度低于其爆炸下限的25%。

9.1.3 为甲、乙类厂房服务的送风设备与排风设备应分别布置在不同通风机房内，且排风设备不应和其他房间的送、排风设备布置在同一通风机房内。

9.1.4 民用建筑内空气中含有容易起火或爆炸危险物质的房间，应设置自然通风或独立的机械通风设施，且其空气不应循环使用。

9.1.5 当空气中含有比空气轻的可燃气体时，水平排风管全长应顺气流方向向上坡度敷设。

9.1.6 可燃气体管道和甲、乙、丙类液体管道不应穿过通风机房和通风管道，且不应紧贴通风管道的外壁敷设。

9.2 供　　暖

9.2.1 在散发可燃粉尘、纤维的厂房内，散热器表面平均温度不应超过82.5℃。输煤廊的散热器表面平均温度不应超过130℃。

9.2.2 甲、乙类厂房(仓库)内严禁采用明火和电热散热器供暖。

9.2.3 下列厂房应采用不循环使用的热风供暖：

1 生产过程中散发的可燃气体、蒸气、粉尘或纤维与供暖管道、散热器表面接触能引起燃烧的厂房；

2 生产过程中散发的粉尘受到水、水蒸气的作用能引起自燃、爆炸或产生爆炸性气体的厂房。

9.2.4 供暖管道不应穿过存在与供暖管道接触能引起燃烧或爆炸的气体、蒸气或粉尘的房间，确需穿过时，应采用不燃材料隔热。

9.2.5 供暖管道与可燃物之间应保持一定距离，并应符合下列规定：

1 当供暖管道的表面温度大于100℃时，不应小于100mm或采用不燃材料隔热；

2 当供暖管道的表面温度不大于100℃时，不应小于50mm或采用不燃材料隔热。

9.2.6 建筑内供暖管道和设备的绝热材料应符合下列规定：

1 对于甲、乙类厂房(仓库)，应采用不燃材料；

2 对于其他建筑，宜采用不燃材料，不得采用可燃材料。

9.3 通风和空气调节

9.3.1 通风和空气调节系统，横向宜按防火分区设置，竖向不宜超过5层。当管道设置防止回流设施或防火阀时，管道布置可不受此限制。竖向风管应设置在管井内。

9.3.2 厂房内有爆炸危险场所的排风管道，严禁穿过防火墙和有爆炸危险的房间隔墙。

9.3.3 甲、乙、丙类厂房内的送、排风管道宜分层设置。当水平或竖向送风管在进入生产车间处设置防火阀时，各层的水平或竖向送风管可合用一个送风系统。

9.3.4 空气中含有易燃、易爆危险物质的房间，其送、排风系统应采用防爆型的通风设备。当送风机布置在单独分隔的通风机房内且送风干管上设置防止回流设施时，可采用普通型的通风设备。

9.3.5 含有燃烧和爆炸危险粉尘的空气，在进入排风机前应采用不产生火花的除尘器进行处理。对于遇水可能形成爆炸的粉尘，严禁采用湿式除尘器。

9.3.6 处理有爆炸危险粉尘的除尘器、排风机的设置应与其他普通型的风机、除尘器分开设置，并宜按单一粉尘分组布置。

9.3.7 净化有爆炸危险粉尘的干式除尘器和过滤器宜布置在厂房外的独立建筑内，建筑外墙与所属厂房的防火间距不应小于10m。

具备连续清灰功能，或具有定期清灰功能且风量不大于15000m^3/h、集尘斗的储尘量小于60kg的干式除尘器和过滤器，可布置在厂房内的单独房间内，但应采用耐火极限不低于3.00h的防火隔墙和1.50h的楼板与其他部位分隔。

9.3.8 净化或输送有爆炸危险粉尘和碎屑的除尘器、过滤器或管道，均应设置泄压装置。

净化有爆炸危险粉尘的干式除尘器和过滤器应布置在系统的负压段上。

9.3.9 排除有燃烧或爆炸危险气体、蒸气和粉尘的排风系统，应符合下列规定：

1 排风系统应设置导除静电的接地装置；

2 排风设备不应布置在地下或半地下建筑(室)内；

3 排风管应采用金属管道，并应直接通向室外安全地点，不应暗设。

9.3.10 排除和输送温度超过80℃的空气或其他气体以及易燃碎屑的管道，与可燃或难燃物体之间的间隙不应小于150mm，或采用厚度不小于50mm的不燃材料隔热；当管道上下布置时，表面温度较高者应布置在上面。

9.3.11 通风、空气调节系统的风管在下列部位应设置公称动作温度为70℃的防火阀：

1 穿越防火分区处；

2 穿越通风、空气调节机房的房间隔墙和楼板处；

3 穿越重要或火灾危险性大的场所的房间隔墙和楼板处；

4 穿越防火分隔处的变形缝两侧；

5 竖向风管与每层水平风管交接处的水平管段上。

注：当建筑内每个防火分区的通风、空气调节系统均独立设置时，水平风管与竖向总管的交接处可不设置防火阀。

9.3.12 公共建筑的浴室、卫生间和厨房的竖向排风管，应采取防止回流措施并宜在支管上设置公称动作温度为70℃的防火阀。

公共建筑内厨房的排油烟管道宜按防火分区设置，且在与竖向排风管连接的支管处应设置公称动作温度为150℃的防火阀。

9.3.13 防火阀的设置应符合下列规定：

1 防火阀宜靠近防火分隔处设置；

2 防火阀暗装时，应在安装部位设置方便维护的检修口；

3 在防火阀两侧各2.0m范围内的风管及其绝热材料应采用不燃材料；

4 防火阀应符合现行国家标准《建筑通风和排烟系统用防火阀门》GB 15930的规定。

9.3.14 除下列情况外，通风、空气调节系统的风管应采用不燃材料：

1 接触腐蚀性介质的风管和柔性接头可采用难燃材料；

2 体育馆、展览馆、候机(车、船)建筑(厅)等大空间建筑，单、多层办公建筑和丙、丁、戊类厂房内通风、空气调节系统的风管，当不跨越防火分区且在穿越房间隔墙处设置防火阀时，可采用难燃材料。

9.3.15 设备和风管的绝热材料、用于加湿器的加湿材料、消声材料及其粘结剂，宜采用不燃材料，确有困难时，可采用难燃材料。

风管内设置电加热器时，电加热器的开关应与风机的启停联锁控制。电加热器前后各0.8m范围内的风管和穿过有高温、火源等容易起火房间的风管，均应采用不燃材料。

9.3.16 燃油或燃气锅炉房应设置自然通风或机械通风设施。燃气锅炉房应选用防爆型的事故排风机。当采取机械通风时，机械通风设施应设置导除静电的接地装置，通风量应符合下列规定：

1 燃油锅炉房的正常通风量应按换气次数不少于3次/h确定，事故排风量应按换气次数不少于6次/h确定；

2 燃气锅炉房的正常通风量应按换气次数不少于6次/h确定，事故排风量应按换气次数不少于12次/h确定。

10 电　　气

10.1 消防电源及其配电

10.1.1 下列建筑物的消防用电应按一级负荷供电：

1 建筑高度大于50m的乙、丙类厂房和丙类仓库；

2 一类高层民用建筑。

10.1.2 下列建筑物、储罐(区)和堆场的消防用电应按二级负荷供电：

1 室外消防用水量大于30L/s的厂房(仓库)；

2 室外消防用水量大于35L/s的可燃材料堆场、可燃气体储罐(区)和甲、乙类液体储罐(区)；

3 粮食仓库及粮食筒仓；

4 二类高层民用建筑；

5 座位数超过1500个的电影院、剧场，座位数超过3000个的体育馆，任一层建筑面积大于3000m^2的商店和展览建筑，省(市)级及以上的广播电视、电信和财贸金融建筑，室外消防用水量大于25L/s的其他公共建筑。

10.1.3 除本规范第10.1.1条和第10.1.2条外的建筑物、储罐(区)和堆场等的消防用电，可按三级负荷供电。

10.1.4 消防用电按一、二级负荷供电的建筑，当采用自备发电设备作备用电源时，自备发电设备应设置自动和手动启动装置。当采用自动启动方式时，应能保证在30s内供电。

不同级别负荷的供电电源应符合现行国家标准《供配电系统设计规范》GB 50052的规定。

10.1.5 建筑内消防应急照明和灯光疏散指示标志的备用电源的连续供电时间应符合下列规定：

1 建筑高度大于100m的民用建筑，不应小于1.5h；

2 医疗建筑、老年人建筑、总建筑面积大于100000m²的公共建筑和总建筑面积大于20000m²的地下、半地下建筑，不应少于1.0h；

3 其他建筑，不应少于0.5h。

10.1.6 消防用电设备应采用专用的供电回路，当建筑内的生产、生活用电被切断时，应仍能保证消防用电。

备用消防电源的供电时间和容量，应满足该建筑火灾延续时间内各消防用电设备的要求。

10.1.7 消防配电干线宜按防火分区划分，消防配电支线不宜穿越防火分区。

10.1.8 消防控制室、消防水泵房、防烟和排烟风机房的消防用电设备及消防电梯等的供电，应在其配电线路的最末一级配电箱处设置自动切换装置。

10.1.9 按一、二级负荷供电的消防设备，其配电箱应独立设置；按三级负荷供电的消防设备，其配电箱宜独立设置。

消防配电设备应设置明显标志。

10.1.10 消防配电线路应满足火灾时连续供电的需要，其敷设应符合下列规定：

1 明敷时（包括敷设在吊顶内），应穿金属导管或采用封闭式金属槽盒保护，金属导管或封闭式金属槽盒应采取防火保护措施；当采用阻燃或耐火电缆并敷设在电缆井、沟内时，可不穿金属导管或采用封闭式金属槽盒保护；当采用矿物绝缘类不燃性电缆时，可直接明敷。

2 暗敷时，应穿管并应敷设在不燃性结构内且保护层厚度不应小于30mm。

3 消防配电线路宜与其他配电线路分开敷设在不同的电缆井、沟内；确有困难需敷设在同一电缆井、沟内时，应分别布置在电缆井、沟的两侧，且消防配电线路应采用矿物绝缘类不燃性电缆。

10.2 电力线路及电器装置

10.2.1 架空电力线与甲、乙类厂房（仓库），可燃材料堆垛，甲、乙、丙类液体储罐，液化石油气储罐，可燃、助燃气体储罐的最近水平距离应符合表10.2.1的规定。

35kV及以上架空电力线与单罐容积大于200m³或总容积大于1000m³液化石油气储罐（区）的最近水平距离不应小于40m。

表10.2.1 架空电力线与甲、乙类厂房（仓库）、可燃材料堆垛等的最近水平距离（m）

名 称	架空电力线
甲、乙类厂房（仓库），可燃材料堆垛，甲、乙类液体储罐，液化石油气储罐，可燃、助燃气体储罐	电杆（塔）高度的1.5倍
直埋地下的甲、乙类液体储罐和可燃气体储罐	电杆（塔）高度的0.75倍
丙类液体储罐	电杆（塔）高度的1.2倍
直埋地下的丙类液体储罐	电杆（塔）高度的0.6倍

10.2.2 电力电缆不应和输送甲、乙、丙类液体管道、可燃气体管道、热力管道敷设在同一管沟内。

10.2.3 配电线路不得穿越通风管道内腔或直接敷设在通风管道外壁上，穿金属导管保护的配电线路可紧贴通风管道外壁敷设。

配电线路敷设在有可燃物的闷顶、吊顶内时，应采取穿金属导管、采用封闭式金属槽盒等防火保护措施。

10.2.4 开关、插座和照明灯具靠近可燃物时，应采取隔热、散热等防火措施。

卤钨灯和额定功率不小于100W的白炽灯泡的吸顶灯、槽灯、嵌入式灯，其引入线应采用瓷管、矿棉等不燃材料作隔热保护。

额定功率不小于60W的白炽灯、卤钨灯、高压钠灯、金属卤化物灯、荧光高压汞灯（包括电感镇流器）等，不应直接安装在可燃物体上或采取其他防火措施。

10.2.5 可燃材料仓库内宜使用低温照明灯具，并应对灯具的发热部件采取隔热等防火措施，不应使用卤钨灯等高温照明灯具。

配电箱及开关应设置在仓库外。

10.2.6 爆炸危险环境电力装置的设计应符合现行国家标准《爆炸危险环境电力装置设计规范》GB 50058的规定。

10.2.7 下列建筑或场所的非消防用电负荷宜设置电气火灾监控系统：

1 建筑高度大于50m的乙、丙类厂房和丙类仓库，室外消防用水量大于30L/s的厂房（仓库）；

2 一类高层民用建筑；

3 座位数超过1500个的电影院、剧场，座位数超过3000个的体育馆，任一层建筑面积大于3000m²的商店和展览建筑，省（市）级及以上的广播电视、电信和财贸金融建筑，室外消防用水量大于25L/s的其他公共建筑；

4 国家级文物保护单位的重点砖木或木结构的古建筑。

10.3 消防应急照明和疏散指示标志

10.3.1 除建筑高度小于27m的住宅建筑外，民用建筑、厂房和丙类仓库的下列部位应设置疏散照明：

1 封闭楼梯间、防烟楼梯间及其前室、消防电梯间的前室或合用前室、避难走道、避难层（间）；

2 观众厅、展览厅、多功能厅和建筑面积大于200m²的营业厅、餐厅、演播室等人员密集的场所；

3 建筑面积大于100m²的地下或半地下公共活动场所；

4 公共建筑内的疏散走道；

5 人员密集的厂房内的生产场所及疏散走道。

10.3.2 建筑内疏散照明的地面最低水平照度应符合下列规定：

1 对于疏散走道，不应低于1.0lx。

2 对于人员密集场所、避难层（间），不应低于3.0lx；对于病房楼或手术部的避难间，不应低于10.0lx。

3 对于楼梯间、前室或合用前室、避难走道，不应低于5.0lx。

10.3.3 消防控制室、消防水泵房、自备发电机房、配电室、防排烟机房以及发生火灾时仍需正常工作的消防设备房应设置备用照明，其作业面的最低照度不应低于正常照明的照度。

10.3.4 疏散照明灯具应设置在出口的顶部、墙面的上部或顶棚上；备用照明灯具应设置在墙面的上部或顶棚上。

10.3.5 公共建筑、建筑高度大于54m的住宅建筑、高层厂房（库房）和甲、乙、丙类单、多层厂房，应设置灯光疏散指示标志，并应符合下列规定：

1 应设置在安全出口和人员密集的场所的疏散门的正上方。

2 应设置在疏散走道及其转角处距地面高度1.0m以下的墙面或地面上。灯光疏散指示标志的间距不应大于20m；对于袋形走道，不应大于10m；在走道转角区，不应大于1.0m。

10.3.6 下列建筑或场所应在疏散走道和主要疏散路径的地面上增设能保持视觉连续的灯光疏散指示标志或蓄光疏散指示标志：

1 总建筑面积大于8000m²的展览建筑；

2 总建筑面积大于5000m²的地上商店；

3 总建筑面积大于500m²的地下或半地下商店；

4 歌舞娱乐放映游艺场所；

5 座位数超过1500个的电影院、剧场，座位数超过3000个的体育馆、会堂或礼堂；

6 车站、码头建筑和民用机场航站楼中建筑面积大于3000m²的候车、候船厅和航站楼的公共区。

10.3.7 建筑内设置的消防疏散指示标志和消防应急照明灯具，除应符合本规范的规定外，还应符合现行国家标准《消防安全标志》GB 13495和《消防应急照明和疏散指示系统》GB 17945的规定。

11 木结构建筑

11.0.1 木结构建筑的防火设计可按本章的规定执行。建筑构件的燃烧性能和耐火极限应符合表11.0.1的规定。

表11.0.1 木结构建筑构件的燃烧性能和耐火极限

构件名称	燃烧性能和耐火极限(h)
防火墙	不燃性 3.00
承重墙，住宅建筑单元之间的墙和分户墙，楼梯间的墙	难燃性 1.00
电梯井的墙	不燃性 1.00
非承重外墙，疏散走道两侧的隔墙	难燃性 0.75
房间隔墙	难燃性 0.50
承重柱	可燃性 1.00
梁	可燃性 1.00
楼板	难燃性 0.75
屋顶承重构件	可燃性 0.50
疏散楼梯	难燃性 0.50
吊顶	难燃性 0.15

注：1 除本规范另有规定外，当同一座木结构建筑存在不同高度的屋顶时，较低部分的屋顶承重构件和屋面不应采用可燃性构件，采用难燃性屋顶承重构件时，其耐火极限不应低于0.75h。

2 轻型木结构建筑的屋顶，除防水层、保温层及屋面板外，其他部分均应视为屋顶承重构件，且不应采用可燃性构件，耐火极限不应低于0.50h。

3 当建筑的层数不超过2层、防火墙间的建筑面积小于600m²且防火墙间的建筑长度小于60m时，建筑构件的燃烧性能和耐火极限可按本规范有关四级耐火等级建筑的要求确定。

11.0.2 建筑采用木骨架组合墙体时，应符合下列规定：

1 建筑高度不大于18m的住宅建筑、建筑高度不大于24m的办公建筑和丁、戊类厂房（库房）的房间隔墙和非承重外墙可采用木骨架组合墙体，其他建筑的非承重外墙不得采用木骨架组合墙体；

2 墙体填充材料的燃烧性能应为A级；

3 木骨架组合墙体的燃烧性能和耐火极限应符合表11.0.2的规定，其他要求应符合现行国家标准《木骨架组合墙体技术规范》GB/T 50361的规定。

表11.0.2 木骨架组合墙体的燃烧性能和耐火极限(h)

构件名称	建筑物的耐火等级或类型				
	一级	二级	三级	木结构建筑	四级
非承重外墙	不允许	难燃性1.25	难燃性0.75	难燃性0.75	无要求
房间隔墙	难燃性1.00	难燃性0.75	难燃性0.50	难燃性0.50	难燃性0.25

11.0.3 甲、乙、丙类厂房（库房）不应采用木结构建筑或木结构组合建筑。丁、戊类厂房（库房）和民用建筑，当采用木结构建筑或木结构组合建筑时，其允许层数和允许建筑高度应符合表11.0.3-1的规定，木结构建筑中防火墙间的允许建筑长度和每层最大允许建筑面积应符合表11.0.3-2的规定。

表11.0.3-1 木结构建筑或木结构组合建筑的允许层数和允许建筑高度

木结构建筑的形式	普通木结构建筑	轻型木结构建筑	胶合木结构建筑		木结构组合建筑
允许层数(层)	2	3	1	3	7
允许建筑高度(m)	10	10	不限	15	24

表11.0.3-2 木结构建筑中防火墙间的允许建筑长度和每层最大允许建筑面积

层数(层)	防火墙间的允许建筑长度(m)	防火墙间的每层最大允许建筑面积(m²)
1	100	1800
2	80	900
3	60	600

注：1 当设置自动喷水灭火系统时，防火墙间的允许建筑长度和每层最大允许建筑面积可按本表的规定增加1.0倍，对于丁、戊类地上厂房，防火墙间的每层最大允许建筑面积不限。

2 体育场馆等高大空间建筑，其建筑高度和建筑面积可适当增加。

11.0.4 老年人建筑的住宿部分，托儿所、幼儿园的儿童用房和活动场所设置在木结构建筑内时，应布置在首层或二层。

商店、体育馆和丁、戊类厂房（库房）应采用单层木结构建筑。

11.0.5 除住宅建筑外，建筑内发电机间、配电间、锅炉间的设置及其防火要求，应符合本规范第5.4.12条～第5.4.15条和第6.2.3条～第6.2.6条的规定。

11.0.6 设置在木结构住宅建筑内的机动车库、发电机间、配电间、锅炉间，应采用耐火极限不低于2.00h的防火隔墙和1.00h的不燃性楼板与其他部位分隔，不宜开设与室内相通的门、窗、洞口，确需开设时，可开设一樘不直通卧室的单扇乙级防火门。机动车库的建筑面积不宜大于60m²。

11.0.7 民用木结构建筑的安全疏散设计应符合下列规定：

1 建筑的安全出口和房间疏散门的设置，应符合本规范第5.5节的规定。当木结构建筑的每层建筑面积小于200m²且第二层和第三层的人数之和不超过25人时，可设置1部疏散楼梯。

2 房间直通疏散走道的疏散门至最近安全出口的直线距离不应大于表 11.0.7-1 的规定。

表 11.0.7-1 房间直通疏散走道的疏散门至最近安全出口的直线距离(m)

名 称	位于两个安全出口之间的疏散门	位于袋形走道两侧或尽端的疏散门
托儿所、幼儿园、老年人建筑	15	10
歌舞娱乐放映游艺场所	15	6
医院和疗养院建筑、教学建筑	25	12
其他民用建筑	30	15

3 房间内任一点至该房间直通疏散走道的疏散门的直线距离，不应大于表 11.0.7-1 中有关袋形走道两侧或尽端的疏散门至最近安全出口的直线距离。

4 建筑内疏散走道、安全出口、疏散楼梯和房间疏散门的净宽度，应根据疏散人数按每 100 人的最小疏散净宽度不小于表 11.0.7-2 的规定计算确定。

表 11.0.7-2 疏散走道、安全出口、疏散楼梯和房间疏散门每 100 人的最小疏散净宽度(m/百人)

层 数	地上 1～2 层	地上 3 层
每 100 人的疏散净宽度	0.75	1.00

11.0.8 丁、戊类木结构厂房内任意一点至最近安全出口的疏散距离分别不应大于 50m 和 60m，其他安全疏散要求应符合本规范第 3.7 节的规定。

11.0.9 管道、电气线路敷设在墙体内或穿过楼板、墙体时，应采取防火保护措施，与墙体、楼板之间的缝隙应采用防火封堵材料填塞密实。

住宅建筑内厨房的明火或高温部位及排油烟管道等，应采用防火隔热措施。

11.0.10 民用木结构建筑之间及其与其他民用建筑的防火间距不应小于表 11.0.10 的规定。

民用木结构建筑与厂房(仓库)等建筑的防火间距、木结构厂房(仓库)之间及其与其他民用建筑的防火间距，应符合本规范第 3、4 章有关四级耐火等级建筑的规定。

表 11.0.10 民用木结构建筑之间及其与其他民用建筑的防火间距(m)

建筑耐火等级或类别	一、二级	三级	木结构建筑	四级
木结构建筑	8	9	10	11

注：1 两座木结构建筑之间或木结构建筑与其他民用建筑之间，外墙均无任何门、窗、洞口时，防火间距可为 4m；外墙上的门、窗、洞口不正对且开口面积之和不大于外墙面积的 10%时，防火间距可按本表的规定减少 25%。

2 当相邻建筑外墙有一面为防火墙，或建筑物之间设置防火墙且墙体截断不燃性屋面或高出难燃性、可燃性屋面不低于 0.5m 时，防火间距不限。

11.0.11 木结构墙体、楼板及封闭吊顶或屋顶下的密闭空间内应采取防火分隔措施，且水平分隔长度或宽度均不应大于 20m，建筑面积不应大于 300m²，墙体的竖向分隔高度不应大于 3m。

轻型木结构建筑的每层楼梯梁处应采取防火分隔措施。

11.0.12 木结构建筑与钢结构、钢筋混凝土结构或砌体结构等其他结构类型组合建造时，应符合下列规定：

1 竖向组合建造时，木结构部分的层数不应超过 3 层并应设置在建筑的上部，木结构部分与其他结构部分宜采用耐火极限不低于 1.00h 的不燃性楼板分隔。

水平组合建造时，木结构部分与其他结构部分宜采用防火墙分隔。

2 当木结构部分与其他结构部分之间按上款规定进行了防火分隔时，木结构部分和其他部分的防火设计，可分别执行本规范对木结构建筑和其他结构建筑的规定；其他情况，建筑的防火设计应执行本规范有关木结构建筑的规定。

3 室内消防给水应根据建筑的总高度、体积或层数和用途按本规范第 8 章和国家现行有关标准的规定确定，室外消防给水应按本规范有关四级耐火等级建筑的规定确定。

11.0.13 总建筑面积大于 1500m² 的木结构公共建筑应设置火灾自动报警系统，木结构住宅建筑内应设置火灾探测与报警装置。

11.0.14 木结构建筑的其他防火设计应执行本规范有关四级耐火等级建筑的规定，防火构造要求除应符合本规范的规定外，尚应符合现行国家标准《木结构设计规范》GB 50005 等标准的规定。

12 城市交通隧道

12.1 一 般 规 定

12.1.1 城市交通隧道(以下简称隧道)的防火设计应综合考虑隧道内的交通组成、隧道的用途、自然条件、长度等因素。

12.1.2 单孔和双孔隧道应按其封闭段长度和交通情况分为一、二、三、四类，并应符合表 12.1.2 的规定。

表 12.1.2 单孔和双孔隧道分类

用途	一类	二类	三类	四类
	隧道封闭段长度 L(m)			
可通行危险化学品等机动车	$L>1500$	$500<L\leqslant1500$	$L\leqslant500$	—
仅限通行非危险化学品等机动车	$L>3000$	$1500<L\leqslant3000$	$500<L\leqslant1500$	$L\leqslant500$
仅限人行或通行非机动车	—	—	$L>1500$	$L\leqslant1500$

12.1.3 隧道承重结构体的耐火极限应符合下列规定：

1 一、二类隧道和通行机动车的三类隧道，其承重结构体耐火极限的测定应符合本规范附录 C 的规定；对于一、二类隧道，火灾升温曲线应采用本规范附录 C 第 C.0.1 条规定的 RABT 标准升温曲线，耐火极限分别不应低于 2.00h 和 1.50h；对于通行机动车的三类隧道，火灾升温曲线应采用本规范附录 C 第 C.0.1 条规定的 HC 标准升温曲线，耐火极限不应低于 2.00h。

2 其他类别隧道承重结构体耐火极限的测定应符合现行国

家标准《建筑构件耐火试验方法　第1部分:通用要求》GB/T 9978.1的规定;对于三类隧道,耐火极限不应低于2.00h;对于四类隧道,耐火极限不限。

12.1.4　隧道内的地下设备用房、风井和消防救援出入口的耐火等级应为一级,地面的重要设备用房、运营管理中心及其他地面附属用房的耐火等级不应低于二级。

12.1.5　除嵌缝材料外,隧道的内部装修应采用不燃材料。

12.1.6　通行机动车的双孔隧道,其车行横通道或车行疏散通道的设置应符合下列规定:

1　水底隧道宜设置车行横通道或车行疏散通道。车行横通道的间隔和隧道通向车行疏散通道入口的间隔宜为1000m～1500m。

2　非水底隧道应设置车行横通道或车行疏散通道。车行横通道的间隔和隧道通向车行疏散通道入口的间隔不宜大于1000m。

3　车行横通道应沿垂直隧道长度方向布置,并应通向相邻隧道;车行疏散通道应沿隧道长度方向布置在双孔中间,并应直通隧道外。

4　车行横通道和车行疏散通道的净宽度不应小于4.0m,净高度不应小于4.5m。

5　隧道与车行横通道或车行疏散通道的连通处,应采取防火分隔措施。

12.1.7　双孔隧道应设置人行横通道或人行疏散通道,并应符合下列规定:

1　人行横通道的间隔和隧道通向人行疏散通道入口的间隔,宜为250m～300m。

2　人行疏散横通道应沿垂直双孔隧道长度方向布置,并应通向相邻隧道。人行疏散通道应沿隧道长度方向布置在双孔中间,并应直通隧道外。

3　人行横通道可利用车行横通道。

4　人行横通道或人行疏散通道的净宽度不应小于1.2m,净高度不应小于2.1m。

5　隧道与人行横通道或人行疏散通道的连通处,应采取防火分隔措施,门应采用乙级防火门。

12.1.8　单孔隧道宜设置直通室外的人员疏散出口或独立避难所等避难设施。

12.1.9　隧道内的变电站、管廊、专用疏散通道、通风机房及其他辅助用房等,应采取耐火极限不低于2.00h的防火隔墙和乙级防火门等分隔措施与车行隧道分隔。

12.1.10　隧道内地下设备用房的每个防火分区的最大允许建筑面积不应大于1500m^2,每个防火分区的安全出口数量不应少于2个,与车道或其他防火分区相通的出口可作为第二安全出口,但必须至少设置1个直通室外的安全出口;建筑面积不大于500m^2且无人值守的设备用房可设置1个直通室外的安全出口。

12.2　消防给水和灭火设施

12.2.1　在进行城市交通的规划和设计时,应同时设计消防给水系统。四类隧道和行人或通行非机动车辆的三类隧道,可不设置消防给水系统。

12.2.2　消防给水系统的设置应符合下列规定:

1　消防水源和供水管网应符合国家现行有关标准的规定。

2　消防用水量应按隧道的火灾延续时间和隧道全线同一时间发生一次火灾计算确定。一、二类隧道的火灾延续时间不应小于3.0h;三类隧道,不应小于2.0h。

3　隧道内的消防用水量应按同时开启所有灭火设施的用水量之和计算。

4　隧道内宜设置独立的消防给水系统。严寒和寒冷地区的消防给水管道及室外消火栓应采取防冻措施;当采用干式给水系统时,应在管网的最高部位设置自动排气阀,管道的充水时间不宜大于90s。

5　隧道内的消火栓用水量不应小于20L/s,隧道外的消火栓用水量不应小于30L/s。对于长度小于1000m的三类隧道,隧道内、外的消火栓用水量可分别为10L/s和20L/s。

6　管道内的消防供水压力应保证用水量达到最大时,最不利点处的水枪充实水柱不小于10.0m。消火栓栓口处的出水压力大于0.5MPa时,应设置减压设施。

7　在隧道出入口处应设置消防水泵接合器和室外消火栓。

8　隧道内消火栓的间距不应大于50m,消火栓的栓口距地面高度宜为1.1m。

9　设置消防水泵供水设施的隧道,应在消火栓箱内设置消防水泵启动按钮。

10　应在隧道单侧设置室内消火栓箱,消火栓箱内应配置1支喷嘴口径19mm的水枪、1盘长25m、直径65mm的水带,并宜配置消防软管卷盘。

12.2.3　隧道内应设置排水设施。排水设施应考虑排除渗水、雨水、隧道清洗等水量和灭火时的消防用水量,并应采取防止事故时可燃液体或有害液体沿隧道漫流的措施。

12.2.4　隧道内应设置ABC类灭火器,并应符合下列规定:

1　通行机动车的一、二类隧道和通行机动车并设置3条及以上车道的三类隧道,在隧道两侧均应设置灭火器,每个设置点不应少于4具;

2　其他隧道,可在隧道一侧设置灭火器,每个设置点不应少于2具;

3　灭火器设置点的间距不应大于100m。

12.3　通风和排烟系统

12.3.1　通行机动车的一、二、三类隧道应设置排烟设施。

12.3.2　隧道内机械排烟系统的设置应符合下列规定:

1　长度大于3000m的隧道,宜采用纵向分段排烟方式或重点排烟方式;

2　长度不大于3000m的单洞单向交通隧道,宜采用纵向排烟方式;

3　单洞双向交通隧道,宜采用重点排烟方式。

12.3.3　机械排烟系统与隧道的通风系统宜分开设置。合用时,合用的通风系统应具备在火灾时快速转换的功能,并应符合机械排烟系统的要求。

12.3.4　隧道内设置的机械排烟系统应符合下列规定:

1　采用全横向和半横向通风方式时,可通过排风管道排烟。

2　采用纵向排烟方式时,应能迅速组织气流、有效排烟,其排烟风速应根据隧道内的最不利火灾规模确定,且纵向气流的速度不应小于2m/s,并应大于临界风速。

3　排烟风机和烟气流经的风阀、消声器、软接等辅助设备,应能承受设计的隧道火灾烟气排放温度,并应能在250℃下连续正常运行不小于1.0h。排烟管道的耐火极限不应低于1.00h。

12.3.5　隧道的避难设施内应设置独立的机械加压送风系统,其送风的余压值应为30Pa～50Pa。

12.3.6　隧道内用于火灾排烟的射流风机,应至少备用一组。

12.4 火灾自动报警系统

12.4.1 隧道入口外100m～150m处，应设置隧道内发生火灾时能提示车辆禁入隧道的警报信号装置。

12.4.2 一、二类隧道应设置火灾自动报警系统，通行机动车的三类隧道宜设置火灾自动报警系统。火灾自动报警系统的设置应符合下列规定：

1 应设置火灾自动探测装置；

2 隧道出入口和隧道内每隔100m～150m处，应设置报警电话和报警按钮；

3 应设置火灾应急广播或应每隔100m～150m处设置发光警报装置。

12.4.3 隧道用电缆通道和主要设备用房内应设置火灾自动报警系统。

12.4.4 对于可能产生屏蔽的隧道，应设置无线通信等保证灭火时通信联络畅通的设施。

12.4.5 封闭段长度超过1000m的隧道宜设置消防控制室，消防控制室的建筑防火要求应符合本规范第8.1.7条和第8.1.8条的规定。

隧道内火灾自动报警系统的设计应符合现行国家标准《火灾自动报警系统设计规范》GB 50116的规定。

12.5 供电及其他

12.5.1 一、二类隧道的消防用电应按一级负荷要求供电；三类隧道的消防用电应按二级负荷要求供电。

12.5.2 隧道的消防电源及其供电、配电线路等的其他要求应符合本规范第10.1节的规定。

12.5.3 隧道两侧、人行横通道和人行疏散通道上应设置疏散照明和疏散指示标志，其设置高度不宜大于1.5m。

一、二类隧道内疏散照明和疏散指示标志的连续供电时间不应小于1.5h；其他隧道，不应小于1.0h。其他要求可按本规范第10章的规定确定。

12.5.4 隧道内严禁设置可燃气体管道；电缆线槽应与其他管道分开敷设。当设置10kV及以上的高压电缆时，应采用耐火极限不低于2.00h的防火分隔体与其他区域分隔。

12.5.5 隧道内设置的各类消防设施均应采取与隧道内环境条件相适应的保护措施，并应设置明显的发光指示标志。

附录A 建筑高度和建筑层数的计算方法

A.0.1 建筑高度的计算应符合下列规定：

1 建筑屋面为坡屋面时，建筑高度应为建筑室外设计地面至其檐口与屋脊的平均高度。

2 建筑屋面为平屋面（包括有女儿墙的平屋面）时，建筑高度应为建筑室外设计地面至其屋面面层的高度。

3 同一座建筑有多种形式的屋面时，建筑高度应按上述方法分别计算后，取其中最大值。

4 对于台阶式地坪，当位于不同高程地坪上的同一建筑之间有防火墙分隔，各自有符合规范规定的安全出口，且可沿建筑的两个长边设置贯通式或尽头式消防车道时，可分别计算各自的建筑高度。否则，应按其中建筑高度最大者确定该建筑的建筑高度。

5 局部突出屋顶的瞭望塔、冷却塔、水箱间、微波天线间或设施、电梯机房、排风和排烟机房以及楼梯出口小间等辅助用房占屋面面积不大于1/4者，可不计入建筑高度。

6 对于住宅建筑，设置在底部且室内高度不大于2.2m的自行车库、储藏室、敞开空间，室内外高差或建筑的地下或半地下室的顶板面高出室外设计地面的高度不大于1.5m的部分，可不计入建筑高度。

A.0.2 建筑层数应按建筑的自然层数计算，下列空间可不计入建筑层数：

1 室内顶板面高出室外设计地面的高度不大于1.5m的地下或半地下室；

2 设置在建筑底部且室内高度不大于2.2m的自行车库、储藏室、敞开空间；

3 建筑屋顶上突出的局部设备用房、出屋面的楼梯间等。

附录B　防火间距的计算方法

B.0.1　建筑物之间的防火间距应按相邻建筑外墙的最近水平距离计算，当外墙有凸出的可燃或难燃构件时，应从其凸出部分外缘算起。

建筑物与储罐、堆场的防火间距，应为建筑外墙至储罐外壁或堆场中相邻堆垛外缘的最近水平距离。

B.0.2　储罐之间的防火间距应为相邻两储罐外壁的最近水平距离。

储罐与堆场的防火间距应为储罐外壁至堆场中相邻堆垛外缘的最近水平距离。

B.0.3　堆场之间的防火间距应为两堆场中相邻堆垛外缘的最近水平距离。

B.0.4　变压器之间的防火间距应为相邻变压器外壁的最近水平距离。

变压器与建筑物、储罐或堆场的防火间距，应为变压器外壁至建筑外墙、储罐外壁或相邻堆垛外缘的最近水平距离。

B.0.5　建筑物、储罐或堆场与道路、铁路的防火间距，应为建筑外墙、储罐外壁或相邻堆垛外缘距道路最近一侧路边或铁路中心线的最小水平距离。

附录C　隧道内承重结构体的耐火极限试验升温曲线和相应的判定标准

C.0.1　RABT和HC标准升温曲线应符合现行国家标准《建筑构件耐火试验可供选择和附加的试验程序》GB/T 26784的规定。

C.0.2　耐火极限判定标准应符合下列规定：

1　当采用HC标准升温曲线测试时，耐火极限的判定标准为：受火后，当距离混凝土底表面25mm处钢筋的温度超过250℃，或者混凝土表面的温度超过380℃时，则判定为达到耐火极限。

2　当采用RABT标准升温曲线测试时，耐火极限的判定标准为：受火后，当距离混凝土底表面25mm处钢筋的温度超过300℃，或者混凝土表面的温度超过380℃时，则判定为达到耐火极限。

本规范用词说明

1　为便于在执行本规范条文时区别对待，对要求严格程度不同的用词说明如下：

1)表示很严格，非这样做不可的：

正面词采用“必须”，反面词采用“严禁”；

2)表示严格，在正常情况下均应这样做的：

正面词采用“应”，反面词采用“不应”或“不得”；

3)表示允许稍有选择，在条件许可时首先应这样做的：

正面词采用“宜”，反面词采用“不宜”；

4)表示有选择，在一定条件下可以这样做的，采用“可”。

2　条文中指明应按其他有关标准执行的写法为：“应符合……的规定”或“应按……执行”。

引用标准名录

《木结构设计规范》GB 50005

《城镇燃气设计规范》GB 50028

《锅炉房设计规范》GB 50041

《供配电系统设计规范》GB 50052

《爆炸危险环境电力装置设计规范》GB 50058

《冷库设计规范》GB 50072

《石油库设计规范》GB 50074

《自动喷水灭火系统设计规范》GB 50084

《火灾自动报警系统设计规范》GB 50116

《汽车加油加气站设计与施工规范》GB 50156

《火力发电厂与变电站设计防火规范》GB 50229

《粮食钢板筒仓设计规范》GB 50322

《木骨架组合墙体技术规范》GB/T 50361

《住宅建筑规范》GB 50368

《医用气体工程技术规范》GB 50751

《消防给水及消火栓系统技术规范》GB 50974

《门和卷帘的耐火试验方法》GB/T 7633

《建筑构件耐火试验方法　第1部分：通用要求》GB/T 9978.1

《防火门》GB 12955

《消防安全标志》GB 13495

《防火卷帘》GB 14102

《建筑通风和排烟系统用防火阀门》GB 15930

《防火窗》GB 16809

《消防应急照明和疏散指示系统》GB 17945

《消防控制室通用技术要求》GB 25506

《建筑构件耐火试验可供选择和附加的试验程序》GB/T 26784

《电梯层门耐火试验　完整性、隔热性和热通量测定法》GB/T 27903

中华人民共和国国家标准

建筑设计防火规范

GB 50016-2014

条 文 说 明

1

修 订 说 明

《建筑设计防火规范》50016—2014，经住房城乡建设部2014年8月27日以第517号公告批准发布。

此前，我国建筑防火设计主要执行《建筑设计防火规范》GB 50016—2006和《高层民用建筑设计防火规范》GB 50045—95(2005年版)。随着我国经济建设快速发展以及近年来我国重特大火灾暴露出的突出问题，这两项规范中的部分内容已不适应发展需要，且《高层民用建筑设计防火规范》与《建筑设计防火规范》规定相同或相近的条文，约占总条文的80%，还有些规定相互不够协调，急需修订完善。为深刻吸取近年来我国重特大火灾教训，适应工程建设发展需要，便于管理和使用，根据住房城乡建设部《关于印发〈2007年工程建设标准规范制订、修订计划(第一批)〉的通知》(建标〔2007〕125号)要求以及住房城乡建设部标准定额司《关于同意调整〈建筑设计防火规范〉、〈高层民用建筑设计防火规范〉修订计划的函》(建标〔2009〕94号)的要求，此次修订将这两项规范合并，并定名为《建筑设计防火规范》。

此次修订的原则为：认真吸取火灾教训，积极借鉴发达国家标准和消防科研成果，重点解决两项标准相互间不一致、不协调以及工程建设和消防工作中反映的突出问题。

修订后的《建筑设计防火规范》规定了厂房、仓库、堆场、储罐、民用建筑、城市交通隧道，以及建筑构造、消防救援、消防设施等的防火设计要求，在附录中明确了建筑高度、层数、防火间距的计算方法。主要修订内容为：

1.为便于建筑分类，将原来按层数将住宅建筑划分为多层和高层住宅建筑，修改为按建筑高度划分，并与原规范规定相衔接；修改、完善了住宅建筑的防火要求，主要包括：

1)住宅建筑与其他使用功能的建筑合建时，高层建筑中的住宅部分与非住宅部分防火分隔处的楼板耐火极限，从1.50h修改为2.00h；

2)建筑高度大于54m小于或等于100m的高层住宅建筑套内宜设置火灾自动报警系统，并对公共部位火灾自动报警系统的设置提出了要求；

3)规定建筑高度大于54m的住宅建筑应设置可兼具使用功能与避难要求的房间，建筑高度大于100m的住宅建筑应设置避难层；

4)明确了住宅建筑剪刀式疏散楼梯间的前室与消防电梯前室合用的要求；

5)规定高层住宅建筑的公共部位应设置灭火器。

2.适当提高了高层公共建筑的防火要求：

1)建筑高度大于100m的建筑楼板的耐火极限，从1.50h修改为2.00h；

2)建筑高度大于100m的建筑与相邻建筑的防火间距，当符合本规范有关允许减小的条件时，仍不能减小；

3)完善了公共建筑避难层(间)的防火要求，高层病房楼从第二层起，每层应设置避难间；

4)规定建筑高度大于100m的建筑应设置消防软管卷盘或轻便消防水龙；

5)建筑高度大于100m的建筑中消防应急照明和疏散指示标志的备用电源的连续供电时间，从30min修改为90min。

3.补充、完善了幼儿园、托儿所和老年人建筑有关防火安全疏散距离的要求；对于医疗建筑，要求按照护理单元进行防火分隔；增加了大、中型幼儿园和总建筑面积大于500m²的老年人建筑应设置自动喷水灭火系统，大、中型幼儿园和老年人建筑应设置火灾自动报警系统的规定；医疗建筑、老年人建筑的消防应急照明和疏散指示标志的备用电源的连续供电时间，从20min和30min修改为60min。

4.为满足各地商业步行街建设快速发展的需要，系统提出了利用有顶商业步行街进行疏散时有顶商业步行街及其两侧建筑的排烟设施、防火分隔、安全疏散和消防救援等防火设计要求；针对商店建筑疏散设计反映的问题，调整、补充了建材、家具、灯饰商店营业厅和展览厅的设计疏散人数计算依据。

5.在“建筑构造”一章中补充了建筑保温系统的防火要求。

6.增加“灭火救援设施”一章，补充和完善了有关消防车登高操作场地、救援入口等的设置要求；规定消防设施应设置明显的标识，消防水泵接合器和室外消火栓等消防设施的设置，应考虑灭火救援时对消防救援人员的安全防护；用于消防救援和消防车停靠的屋面上，应设置室外消火栓系统；建筑室外广告牌的设置，不应影响灭火救援行动。

7.对消防设施的设置作出明确规定并完善了有关内容；有关消防给水系统、室内外消火栓系统和防烟排烟系统设计的内容分别由相应的国家标准作出规定。

8.补充了地下仓库与物流建筑的防火要求，如要求物流建筑应按生产和储存功能划分不同的防火分区，储存区应采用防火墙与其他功能空间进行分隔；补充了$1\times10^5m^3\sim3\times10^5m^3$的大型可燃气体储罐(区)、液氨、液氧储罐和液化天然气气化站及其储罐的防火间距。

9.完善了公共建筑上下层之间防止火灾蔓延的基本防火设计要求，补充了地下商店的总建筑面积大于20000m²时有关防火分隔方式的具体要求。

10.适当扩大了火灾自动报警系统的设置范围：如高层公共建筑、歌舞娱乐放映游艺场所、商店、展览建筑、财贸金融建筑、客运和货运等建筑；明确了甲、乙、丙类液体储罐应设置灭火系统和公共建筑中餐饮场所应设置厨房自动灭火装置的范围；增加了冷库设置自动喷水灭火系统的范围。

11.在比较研究国内外有关木结构建筑防火标准，开展木结构建筑的火灾危险性和木结构构件的耐火性能试验，并与《木结构设计规范》GB 50005和《木骨架组合墙体技术规范》GB/T 50361等标准协调的基础上，系统地规定了木结构建筑的防火设计要求。

12.对原《建筑设计防火规范》、《高层民用建筑设计防火规范》及与其他标准之间不协调的内容进行了调整，补充了高层民用建筑与工业建筑和甲、乙、丙类液体储罐之间的防火间距、柴油机房等的平面布置要求、有关防火门等级和电梯层门的防火要求等；统一了一类、二类高层民用建筑有关防火分区划分的建筑面积要求，统一了设置在高层民用建筑或裙房内商店营业厅的疏散人数计算要求。

13.进一步明确了剪刀楼梯间的设置及其合用前室的要求、住宅建筑户门开向前室的要求及高层民用建筑与裙房、防烟楼梯间与前室、住宅与公寓等的关系；完善了建筑高度大于27m，但小于或等于54m的住宅建筑设置一座疏散楼梯间的要求。

根据住房城乡建设部有关工程建设强制性条文的规定，在确定本规范的强制性条文时，对直接涉及工程质量、安全、卫生及环境保护等方面的条文进行了认真分析和研究，共确定了165条强制性条文，约占全部条文的39%。尽管在编写条文和确定强制性条文时注意将强制性要求与非强制性要求区别开来，但为保持条文及相关要求完整、清晰和宽严适度，使其不会因强制某一事项而忽视了其中有条件可以调整的要求，导致个别强制性条文仍包含了一些非强制性的要求。对此，在执行时，要注意区别对待。如果某一强制性条文中含有允许调整的非强制性要求时，仍可根据工程实际情况和条件进行确定，如本规范第4.4.2条强制要求进行分组布置和组与组之间应设置防火间距，但组内储罐是否要单排布置则不是强制性的要求，而可以视储罐数量、大小和场地情况进行确定。

本规范是在《建筑设计防火规范》GB 50016—2006和《高层民用建筑设计防火规范》GB 50045—95(2005年版)及其局部修订工作的基础上进行的，凝聚了这两项标准原编制组前辈、局部修订工作组各位专家的心血。在此次修订过程中，浙江、吉林、广东省公安消防总队和吉林市、东莞市、深圳市公安消防局等公安消防部门，吉林市城乡规划设计研究院、欧文斯科宁(中国)投资有限公司、欧洲木业协会、加拿大木业协会、美国林业及纸业协会等单位以及有关设计、研究、生产单位和专家给予了多方面的大力支持。在此，谨表示衷心的感谢。

国家标准《建筑设计防火规范》GBJ 16—87的主编单位、参编单位和主要起草人：

主编单位：中华人民共和国公安部消防局

参编单位：机械委设计研究院
纺织工业部纺织设计院
中国人民武装警察部队技术学院
杭州市公安局消防支队
北京市建筑设计院
天津市建筑设计院
中国市政工程华北设计院
北京市公安局消防总队
化工部寰球化学工程公司

主要起草人：张永胜　蒋永琨　潘　丽　沈章焰　朱嘉福
朱吕通　潘左阳　冯民基　庄敬仪　冯长海
赵克伟　郑铁一

国家标准《建筑设计防火规范》GB 50016—2006的主编单位、参编单位和主要起草人：

主编单位：公安部天津消防研究所

参编单位：天津市建筑设计院
北京市建筑设计研究院
清华大学建筑设计研究院
中国中元兴华工程公司
上海市公安消防总队
四川省公安消防总队
辽宁省公安消防总队
公安部四川消防研究所
建设部建筑设计研究院
中国市政工程华北设计研究院
东北电力设计院
中国轻工业北京设计院
中国寰球化学工程公司
上海隧道工程轨道交通设计研究院
Johns Manville中国有限公司
Huntsman聚氨酯中国有限公司
Hilti有限公司

主要起草人：经建生　倪照鹏　马　恒　沈　纹　杜　霞
庄敬仪　陈孝华　王诗萃　王万钢　张菊良
黄晓家　李娥飞　金石坚　王宗存　王国辉
黄德祥　苏慧英　李向东　宋晓勇　郭树林
郑铁一　刘栋权　冯长海　丁瑞元　陈景霞
宋燕燕　贺　琳　王　稚

国家标准《高层民用建筑设计防火规范》GB 50045—95的主编单位、参编单位和主要起草人：

主编单位：中华人民共和国公安部消防局

参编单位：中国建筑科学研究院
北京市建筑设计研究院
上海市民用建筑设计院
天津市建筑设计院
中国建筑东北设计院
华东建筑设计院
北京市消防局
公安部天津消防科学研究所
公安部四川消防科学研究所

主要起草人：蒋永琨　马　恒　吴礼龙　李贵文　孙东远
姜文源　潘渊清　房家声　贺新年　黄天德
马玉杰　饶文德　纪祥安　黄德祥　李春镐

为便于建筑设计、施工、验收和监督等部门的有关人员在使用本规范时能正确理解和执行条文规定，《建筑设计防火规范》修订组按章、节、条顺序编制了本规范的条文说明，对条文规定的目的、依据及执行中需要注意的有关事项进行了说明，还着重对强制性条文的强制性理由作了解释。但是，本条文说明不具备与规范正文同等的法律效力，仅供使用者作为理解和把握规范规定的参考。

目　次

1 总　　则

1.0.1 本条规定了制定本规范的目的。

在建筑设计中，采用必要的技术措施和方法来预防建筑火灾和减少建筑火灾危害、保护人身和财产安全，是建筑设计的基本消防安全目标。在设计中，设计师既要根据建筑物的使用功能、空间与平面特征和使用人员的特点，采取提高本质安全的工艺防火措施和控制火源的措施，防止发生火灾，也要合理确定建筑物的平面布局、耐火等级和构件的耐火极限，进行必要的防火分隔，设置合理的安全疏散设施与有效的灭火、报警与防排烟等设施，以控制和扑灭火灾，实现保护人身安全，减少火灾危害的目的。

1.0.2 本规范所规定的建筑设计的防火技术要求，适用于各类厂房、仓库及其辅助设施等工业建筑，公共建筑、居住建筑等民用建筑，储罐或储罐区、各类可燃材料堆场和城市交通隧道工程。

其中，城市交通隧道工程是指在城市建成区内建设的机动车和非机动车交通隧道及其辅助建筑。根据国家标准《城市规划基本术语标准》GB/T 50280—1998，城市建成区简称"建成区"，是指城市行政区内实际已成片开发建设、市政公用设施和公共设施基本具备的地区。

对于人民防空、石油和天然气、石油化工、酒厂、纺织、钢铁、冶金、煤化工和电力等工程，专业性较强、有些要求比较特殊，特别是其中的工艺防火和生产过程中的本质安全要求部分与一般工业或民用建筑有所不同。本规范只对上述建筑或工程的普遍性防火设计作了原则要求，但难以更详尽地确定这些工程的某些特殊防火要求，因此设计中的相关防火要求可以按照这些工程的专项防火规范执行。

1.0.3 对于火药、炸药及其制品厂房（仓库）、花炮厂房（仓库），由于这些建筑内的物质可以引起剧烈的化学爆炸，防火要求特殊，有关建筑设计中的防火要求在现行国家标准《民用爆破器材工程设计安全规范》GB 50089、《烟花爆竹工厂设计安全规范》GB 50161 等规范中有专门规定，本规范的适用范围不包括这些建筑或工程。

1.0.4 本条规定了在同一建筑内设置多种使用功能场所时的防火设计原则。

当在同一建筑物内设置两种或两种以上使用功能的场所时，如住宅与商店的上下组合建造，幼儿园、托儿所与办公建筑或电影院、剧场与商业设施合建等，不同使用功能区或场所之间需要进行防火分隔，以保证火灾不会相互蔓延，相关防火分隔要求要符合本规范及国家其他有关标准的规定。当同一建筑内，可能会存在多种用途的房间或场所，如办公建筑内设置的会议室、餐厅、锅炉房等，属于同一使用功能。

1.0.5 本条规定要求设计师在确定建筑设计的防火要求时，须遵循国家有关安全、环保、节能、节地、节水、节材等经济技术政策和工程建设的基本要求，贯彻"预防为主，防消结合"的消防工作方针，从全局出发，针对不同建筑及其使用功能的特点和防火、灭火需要，结合具体工程及当地的地理环境等自然条件、人文背景、经济技术发展水平和消防救援力量等实际情况进行综合考虑。在设计中，不仅要积极采用先进、成熟的防火技术和措施，更要正确处理好生产或建筑功能要求与消防安全的关系。

1.0.6 高层建筑火灾具有火势蔓延快、疏散困难、扑救难度大的特点，高层建筑的设计，在防火上应立足于自防、自救，建筑高度超过 250m 的建筑更是如此。我国近年来建筑高度超过 250m 的建筑越来越多，尽管本规范对高层建筑以及超高层建筑作了相关规定，但为了进一步增强建筑高度超过 250m 的高层建筑的防火性能，本条规定要通过专题论证的方式，在本规范现有规定的基础上提出更严格的防火措施，有关论证的程序和组织要符合国家有关规定。有关更严格的防火措施，可以考虑提高建筑主要构件的耐火性能、加强防火分隔、增加疏散设施、提高消防设施的可靠性和有效性、配置适应超高层建筑的消防救援装备，设置适用于满足超高层建筑的灭火救援场地、消防站等。

1.0.7 本规范虽涉及面广，但也很难把各类建筑、设备的防火内容和性能要求、试验方法等全部包括其中，仅对普遍性的建筑防火问题和建筑的基本消防安全需求作了规定。设计采用的产品、材料要符合国家有关产品和材料标准的规定，采取的防火技术和措施还要符合国家其他有关工程建设技术标准的规定。

2 术语、符号

2.1 术　　语

2.1.1 明确了高层建筑的含义，确定了高层民用建筑和高层工业建筑的划分标准。建筑的高度、体积和占地面积等直接影响到建筑内的人员疏散、灭火救援的难易程度和火灾的后果。本规范在确定高层及单、多层建筑的高度划分标准时，既考虑到上述因素和实际工程情况，也与现行国家标准保持一致。

本规范以建筑高度为 27m 作为划分单、多层住宅建筑与高层住宅建筑的标准，便于对不同建筑高度的住宅建筑区别对待，有利于处理好消防安全和消防投入的关系。

对于除住宅外的其他民用建筑（包括宿舍、公寓、公共建筑）以及厂房、仓库等工业建筑，高层与单、多层建筑的划分标准是 24m。但对于有些单层建筑，如体育馆、高大的单层厂房等，由于具有相对方便的疏散和扑救条件，虽建筑高度大于 24m，仍不划分为高层建筑。

有关建筑高度的确定方法，本规范附录 A 作了详细规定，涉及本规范有关建筑高度的计算，应按照该附录的规定进行。

2.1.2 裙房的特点是其结构与高层建筑主体直接相连，作为高层建筑主体的附属建筑而构成同一座建筑。为便于规定，本规范规定裙房为建筑中建筑高度小于或等于 24m 且位于与其相连的高层建筑主体对地面的正投影之外的这部分建筑；其他情况的高层建筑的附属建筑，不能按裙房考虑。

2.1.3 对于重要公共建筑，不同地区的情况不尽相同，难以定量规定。本条根据我国的国情和多年的火灾情况，从发生火灾可能产生的后果和影响作了定性规定。一般包括党政机关办公楼，人员密集的大型公共建筑或集会场所，较大规模的中小学校教学楼、宿舍楼，重要的通信、调度和指挥建筑，广播电视建筑，医院等以及城市集中供水设施、主要的电力设施等涉及城市或区域生命线的支持性建筑或工程。

2.1.4 本条术语解释中的"建筑面积"是指设置在住宅建筑首层或一层及二层，且相互完全分隔后的每个小型商业用房的总建筑面积。比如，一个上、下两层室内直接相通的商业服务网点，该"建筑面积"为该商业服务网点一层和二层商业用房的建筑面积之和。

商业服务网点包括百货店、副食店、粮店、邮政所、储蓄所、理发店、洗衣店、药店、洗车店、餐饮店等小型营业性用房。

2.1.8 本条术语解释中将民用建筑内的灶具、电磁炉等与其他室内外外露火焰或赤热表面区别对待，主要是因其使用时间相对集中、短暂，并具有间隔性，同时又易于封闭或切断。

2.1.10 本条术语解释中的"标准耐火试验条件"是指符合国家标准规定的耐火试验条件。对于升温条件，不同使用性质和功能的建筑，火灾类型可能不同，因而在建筑构配件的标准耐火性能测定过程中，受火条件也有所不同，需要根据实际的火灾类型确定不同标准的升温条件。目前，我国对于以纤维类火灾为主的建筑构件耐火试验主要参照 ISO 834 标准规定的时间-温度标准曲线进行试验；对于石油化工建筑、通行大型车辆的隧道等以烃类为主的场所，结构的耐火极限需采用碳氢时间-温度曲线等相适应的升温曲线进行试验测定。对于不同类型的建筑构件，耐火极限的判定标准也不一样，比如非承重墙体，其耐火极限测定主要考察该墙体在试验条件下的完整性能和隔热性能；而柱的耐火极限测定则主要考察其在试验条件下的承载力和稳定性能。因此，对于不同的建筑结构或构、配件，耐火极限的判定标准和所代表的含义也不完全一致，详见现行国家标准《建筑构件耐火试验方法》系列 GB/T 9978.1～GB/T 9978.9。

2.1.14 本条术语解释中的"室内安全区域"包括符合规范规定的避难层、避难走道等，"室外安全区域"包括室外地面、符合疏散要求并具有直接到达地面设施的上人屋面、平台以及符合本规范第 6.6.4 条要求的天桥、连廊等。尽管本规范将避难走道视为室内安全区，但其安全性能仍有别于室外地面，因此设计的安全出口要直接通向室外，尽量避免通过避难走道再疏散到室外地面。

2.1.18 本条术语解释中的"规定的试验条件"为按照现行国家有关闪点测试方法标准，如现行国家标准《闪点的测定　宾斯基-马丁闭口杯法》GB/T 261 等标准中规定的试验条件。

2.1.19 可燃蒸气和可燃气体的爆炸下限为可燃蒸气或可燃气体与其和空气混合气体的体积百分比。

2.1.20 对于沸溢性油品，不仅油品要具有一定含水率，且必须具有热波作用，才能使油品液面燃烧产生的热量从液面逐渐向液下传递。当液下的温度高于 100℃时，热量传递过程中遇油品所含水后便可引起水的汽化，使水的体积膨胀，从而引起油品沸溢。常见的沸溢性油品有原油、渣油和重油等。

2.1.21 防火间距是不同建筑间的空间间隔，既是防止火灾在建筑之间发生蔓延的间隔，也是保证灭火救援行动既方便又安全的空间。有关防火间距的计算方法，见本规范附录 B。

3 厂房和仓库

3.1 火灾危险性分类

本规范根据物质的火灾危险特性，定性或定量地规定了生产和储存建筑的火灾危险性分类原则，石油化工、石油天然气、医药等有关行业还可根据实际情况进一步细化。

3.1.1 本条规定了生产的火灾危险性分类原则。

(1)表 3.1.1 中生产中使用的物质主要指所用物质为生产的主要组成部分或原材料，用量相对较多或需对其进行加工等。

(2)划分甲、乙、丙类液体闪点的基准。

为了比较切合实际地确定划分液体物质的闪点标准，本规范 1987 年版编制组曾对 596 种易燃、可燃液体的闪点进行了统计和分析，情况如下：

1)常见易燃液体的闪点多数小于 28℃；

2)国产煤油的闪点在 28℃～40℃之间；

3)国产 16 种规格的柴油闪点大多数为 60℃～90℃(其中仅"－35#"柴油为 50℃)；

4)闪点在 60℃～120℃的 73 个品种的可燃液体，绝大多数火灾危险性不大；

5)常见的煤焦油闪点为 65℃～100℃。

据此认为：凡是在常温环境下遇火源能引起闪燃的液体属于易燃液体，可列入甲类火灾危险性范围。我国南方城市的最热月平均气温在 28℃左右，而厂房的设计温度在冬季一般采用 12℃～25℃。

根据上述情况，将甲类火灾危险性的液体闪点标准确定为小于 28℃；乙类，为大于或等于 28℃至小于 60℃；丙类，为大于或等于 60℃。

(3)火灾危险性分类中可燃气体爆炸下限的确定基准。

由于绝大多数可燃气体的爆炸下限均小于 10%，一旦设备泄漏，在空气中很容易达到爆炸浓度，所以将爆炸下限小于 10%的气体划为甲类；少数气体的爆炸下限大于 10%，在空气中较难达到爆炸浓度，所以将爆炸下限大于或等于 10%的气体划为乙类。但任何一种可燃气体的火灾危险性，不仅与其爆炸下限有关，而且与其爆炸极限范围值、点火能量、混合气体的相对湿度等有关，在实际设计时要加注意。

(4)火灾危险性分类中应注意的几个问题。

1)生产的火灾危险性分类，一般要分析整个生产过程中的每个环节是否有引起火灾的可能性。生产的火灾危险性分类一般要按其中最危险的物质确定，通常可根据生产中使用的全部原材料的性质、生产中操作条件的变化是否会改变物质的性质、生产中产生的全部中间产物的性质、生产的最终产品及其副产品的性质和生产过程中的自然通风、气温、湿度等环境条件等因素分析确定。当然，要同时兼顾生产的实际使用量或产出量。

在实际中，一些产品可能有若干种不同工艺的生产方法，其中使用的原材料和生产条件也可能不尽相同，因而不同生产方法所具有的火灾危险性也可能有所差异，分类时要注意区别对待。

2)甲类火灾危险性的生产特性。

"甲类"第 1 项和第 2 项参见前述说明。

"甲类"第 3 项：生产中的物质在常温下可以逐渐分解，释放出大量的可燃气体并且迅速放热引起燃烧，或者物质与空气接触后能发生猛烈的氧化作用，同时放出大量的热。温度越高，氧化反应速度越快，产生的热越多，使温度升高越快，如此互为因果而引起燃烧或爆炸，如硝化棉、赛璐珞、黄磷等的生产。

“甲类”第4项：生产中的物质遇水或空气中的水蒸气会发生剧烈的反应，产生氢气或其他可燃气体，同时产生热量引起燃烧或爆炸。该类物质遇酸或氧化剂也能发生剧烈反应，发生燃烧爆炸的火灾危险性比遇水或水蒸气时更大，如金属钾、钠、氧化钠、氢化钙、碳化钙、磷化钙等的生产。

“甲类”第5项：生产中的物质有较强的氧化性。有些过氧化物中含有过氧基(—O—O—)，性质极不稳定，易放出氧原子，具有强烈的氧化性，促使其他物质迅速氧化，放出大量的热量而发生燃烧爆炸。该类物质对于酸、碱、热，撞击、摩擦、催化或与易燃品、还原剂等接触后能迅速分解，极易发生燃烧或爆炸，如氯酸钠、氯酸钾、过氧化氢、过氧化钠等的生产。

“甲类”第6项：生产中的物质燃点较低、易燃烧，受热、撞击、摩擦或与氧化剂接触能引起剧烈燃烧或爆炸，燃烧速度快，燃烧产物毒性大，如赤磷、三硫化二磷等的生产。

“甲类”第7项：生产中操作温度较高，物质被加热到自燃点以上。此类生产必须是在密闭设备内进行，因设备内没有助燃气体，所以设备内的物质不能燃烧。但是，一旦设备或管道泄漏，即使没有其他火源，该类物质也会在空气中立即着火燃烧。这类生产在化工、炼油、生物制药等企业中常见，火灾的事故也不少，应引起重视。

3)乙类火灾危险性的生产特性。

“乙类”第1项和第2项参见前述说明。

“乙类”第3项中所指的不属于甲类的氧化剂是二级氧化剂，即非强氧化剂。特性是：比甲类第5项的性质稳定些，生产过程中的物质遇热、还原剂、酸、碱等也能分解产生高热，遇其他氧化剂也能分解发生燃烧甚至爆炸，如过二硫酸钠、高碘酸、重铬酸钠、过醋酸等的生产。

“乙类”第4项：生产中的物质燃点较低、较易燃烧或爆炸，燃烧性能比甲类易燃固体差，燃烧速度较慢，但可能放出有毒气体，如硫黄、樟脑或松香等的生产。

“乙类”第5项：生产中的助燃气体本身不能燃烧(如氧气)，但在有火源的情况下，如遇可燃物会加速燃烧，甚至有些含碳的难燃或不燃固体也会迅速燃烧。

“乙类”第6项：生产中可燃物质的粉尘、纤维、雾滴悬浮在空气中与空气混合，当达到一定浓度时，遇火源立即引起爆炸。这些细小的可燃物质表面吸附包围了氧气，当温度升高时，便加速了它的氧化反应，反应中放出的热促使其燃烧。这些细小的可燃物质比原来块状固体或较大量的液体具有较低的自燃点，在适当的条件下，着火后以爆炸的速度燃烧。另外，铝、锌等有些金属在块状时并不燃烧，但在粉尘状态时则能够爆炸燃烧。

研究表明，可燃液体的雾滴也可以引起爆炸。因而，将“丙类液体的雾滴”的火灾危险性列入乙类。有关信息可参见《石油化工生产防火手册》、《可燃性气体和蒸汽的安全技术参数手册》和《爆炸事故分析》等资料。

4)丙类火灾危险性的生产特性。

“丙类”第1项参见前述说明。可熔化的可燃固体应视为丙类液体，如石蜡、沥青等。

“丙类”第2项：生产中物质的燃点较高，在空气中受到火焰或高温作用时能够着火或微燃，当火源移走后仍能持续燃烧或微燃，如对木料、棉花加工、橡胶等的加工和生产。

5)丁类火灾危险性的生产特性。

“丁类”第1项：生产中被加工的物质不燃烧，且建筑物内可燃物很少，或生产中虽有赤热表面、火花、火焰也不易引起火灾，如炼钢、炼铁、热轧或制造玻璃制品等的生产。

“丁类”第2项：虽然利用气体、液体或固体为原料进行燃烧，是明火生产，但均在固定设备内燃烧，不易造成事故。虽然也有一些爆炸事故，但一般多属于物理性爆炸，如锅炉、石灰焙烧、高炉车间等的生产。

“丁类”第3项：生产中使用或加工的物质(原料、成品)在空气中受到火焰或高温作用时难着火、难微燃、难碳化，当火源移走后燃烧或微燃立即停止。厂房内为常温环境，设备通常处于敞开状态。这类生产一般为热压成型的生产，如难燃的铝塑材料、酚醛泡沫塑料加工等的生产。

6)戊类火灾危险性的生产特性。

生产中使用或加工的液体或固体物质在空气中受到火烧时，不着火、不微燃、不碳化，不会因使用的原料或成品引起火灾，且厂房内为常温环境，如制砖、石棉加工、机械装配等的生产。

(5)生产的火灾危险性分类受众多因素的影响，设计还需要根据生产工艺、生产过程中使用的原材料以及产品及其副产品的火灾危险性以及生产时的实际环境条件等情况确定。为便于使用，表1列举了部分常见生产的火灾危险性分类。

表1　生产的火灾危险性分类举例

生产的火灾危险性类别	举　　例
甲类	1.闪点小于28℃的油品和有机溶剂的提炼、回收或洗涤部位及其泵房，橡胶制品的涂胶和胶浆部位，二硫化碳的粗馏、精馏工段及其应用部位，青霉素提炼部位，原料药厂的非纳西汀车间的烃化、回收及电感

续表1

生产的火灾危险性类别	举　　例
甲类	精馏部位，皂素车间的抽提、结晶及过滤部位，冰片精制部位，农药厂乐果厂房，敌敌畏的合成厂房、磺化法糖精厂房，氯乙醇厂房，环氧乙烷、环氧丙烷工段，苯酚厂房的磺化、蒸馏部位，焦化厂吡啶工段，胶片厂片基车间，汽油加铅室，甲醇、乙醇、丙酮、丁酮异丙醇、醋酸乙酯、苯等的合成或精制厂房，集成电路工厂的化学清洗间(使用闪点小于28℃的液体)，植物油加工厂的浸出车间；白酒液态法酿酒车间、酒精蒸馏塔，酒精度为38度及以上的勾兑车间、灌装车间、酒泵房；白兰地蒸馏车间、勾兑车间、灌装车间、酒泵房； 2.乙炔站，氢气站，石油气体分馏(或分离)厂房，氯乙烯厂房，乙烯聚合厂房，天然气、石油伴生气、矿井气、水煤气或焦炉煤气的净化(如脱硫)厂房压缩机室及鼓风机室，液化石油气灌瓶间，丁二烯及其聚合厂房，醋酸乙烯厂房，电解水或电解食盐厂房，环己酮厂房，乙基苯和苯乙烯厂房，化肥厂的氢氮气压缩厂房，半导体材料厂使用氢气的拉晶间，硅烷热分解室； 3.硝化棉厂房及其应用部位，赛璐珞厂房，黄磷制备厂房及其应用部位，三乙基铝厂房，染化厂某些能自行分解的重氮化合物生产，甲胺厂房，丙烯腈厂房； 4.金属钠、钾加工厂房及其应用部位，聚乙烯厂房的一氧二乙基铝部位，三氯化磷厂房，多晶硅车间三氯氢硅部位，五氧化二磷厂房； 5.氯酸钠、氯酸钾厂房及其应用部位，过氧化氢厂房，过氧化钠、过氧化钾厂房，次氯酸钙厂房； 6.赤磷制备厂房及其应用部位，五硫化二磷厂房及其应用部位； 7.洗涤剂厂房石蜡裂解部位，冰醋酸裂解厂房

续表 1

生产的火灾危险性类别	举例
乙类	1. 闪点大于或等于28℃至小于60℃的油品和有机溶剂的提炼、回收、洗涤部位及其泵房，松节油或松香蒸馏厂房及其应用部位，醋酸酐精馏厂房，己内酰胺厂房，甲酚厂房，氯丙醇厂房，樟脑油提取部位，环氧氯丙烷厂房，松针油精制部位，煤油灌桶间； 2. 一氧化碳压缩机室及净化部位，发生炉煤气或鼓风炉煤气净化部位，氨压缩机房； 3. 发烟硫酸或发烟硝酸浓缩部位，高锰酸钾厂房，重铬酸钠（红钒钠）厂房； 4. 樟脑或松香提炼厂房，硫黄回收厂房，焦化厂精萘厂房； 5. 氧气站，空分厂房； 6. 铝粉或镁粉厂房，金属制品抛光部位，煤粉厂房、面粉厂的碾磨部位、活性炭制造及再生厂房，谷物筒仓的工作塔，亚麻厂的除尘器和过滤器室
丙类	1. 闪点大于或等于60℃的油品和有机液体的提炼、回收工段及其抽送泵房，香料厂的松油醇部位和乙酸松油脂部位，苯甲酸厂房，苯乙酮厂房，焦化厂焦油厂房，甘油、桐油的制备厂房，油浸变压器室，机器油或变压油灌桶间，润滑油再生部位，配电室（每台装油量大于60kg的设备），沥青加工厂房，植物油加工厂的精炼部位； 2. 煤、焦炭、油母页岩的筛分、转运工段和栈桥或储仓，木工厂房，竹、藤加工厂房，橡胶制品的压延、成型和硫化厂房，针织品厂房，纺织、印染、化纤生产的干燥部位，服装加工厂房，棉花加工和打包厂房，造纸厂备料、干燥车间，印染厂成品厂房，麻纺厂粗加工车间，谷物加工房，卷烟厂的切丝、卷制、包装车间，印刷厂的印刷车间，毛涤厂选毛车间，电视机、收音机装配厂房，显像管厂装配工段烧枪间，磁带装配厂房，集成电路工厂的氧化扩散间、光刻间，泡沫塑料厂的发泡、成型、印片压花部位，饲料加工厂房，畜（禽）屠宰、分割及加工车间、鱼加工车间

续表 1

生产的火灾危险性类别	举例
丁类	1. 金属冶炼、锻造、铆焊、热轧、铸造、热处理厂房； 2. 锅炉房，玻璃原料熔化厂房，灯丝烧拉部位，保温瓶胆厂房，陶瓷制品的烘干、烧成厂房，蒸汽机车库，石灰焙烧厂房，电石炉部位，耐火材料烧成部位，转炉厂房，硫酸车间焙烧部位，电极煅烧工段，配电室（每台装油量小于等于60kg的设备）； 3. 难燃铝塑料材料的加工厂房，酚醛泡沫塑料的加工厂房，印染厂的漂炼部位，化纤厂后加工润湿部位
戊类	制砖车间，石棉加工车间，卷扬机室，不燃液体的泵房和阀门室，不燃液体的净化处理工段，除镁合金外的金属冷加工车间，电动车库，钙镁磷肥车间（焙烧炉除外），造纸厂或化学纤维厂的浆粕蒸煮工段，仪表、器械或车辆装配车间，氟利昂厂房，水泥厂的轮窑厂房，加气混凝土厂的材料准备、构件制作厂房

3.1.2 本条规定了同一座厂房或厂房中同一个防火分区内存在不同火灾危险性的生产时，该建筑或区域火灾危险性的确定原则。

(1)在一座厂房中或一个防火分区内存在甲、乙类等多种火灾危险性生产时，如果甲类生产着火后，可燃物质足以构成爆炸或燃烧危险，则该建筑物中的生产类别应按甲类划分；如果该厂房面积很大，其中甲类生产所占用的面积比例小，并采取了相应的工艺保护和防火防爆分隔措施将甲类生产部位与其他区域完全隔开，即使发生火灾也不会蔓延到其他区域时，该厂房可按火灾危险性较小者确定。如：在一座汽车总装厂房中，喷漆工段占总装厂房的面积比例不足10%，并将喷漆工段采用防火分隔和自动灭火设施保护时，厂房的生产火灾危险性仍可划分为戊类。近年来，喷漆工艺有了很大的改进和提高，并采取了一些行之有效的防护措施，生产过程中的火灾危害减少。本条同时考虑了国内现有工业建筑中同类厂房喷漆工段所占面积的比例，规定了在同时满足本文规定的三个条件时，其面积比例最大可为20%。

另外，有的生产过程中虽然使用或产生易燃、可燃物质，但是数量少，当气体全部逸出或可燃液体全部气化也不会在同一时间内使厂房内任何部位的混合气体处于爆炸极限范围内，或即使局部存在爆炸危险、可燃物全部燃烧也不可能使建筑物着火而造成灾害。如：机械修配厂或修理车间，虽然使用少量的汽油等甲类溶剂清洗零件，但不会因此而发生爆炸。所以，该厂房的火灾危险性仍可划分为戊类。又如，某场所内同时具有甲、乙类和丙、丁类火灾危险性的生产或物质，当其中产生或使用的甲、乙类物质的量很小，不足以导致爆炸时，该场所的火灾危险性类别可以按照其他占主要部分的丙类或丁类火灾危险性确定。

(2)一般情况下可不按物质危险特性确定生产火灾危险性类别的最大允许量，参见表2。

表 2 可不按物质危险特性确定生产火灾危险性类别的最大允许量

火灾危险性类别		火灾危险性的特性	物质名称举例	最大允许量	
				与房间容积的比值	总量
甲类	1	闪点小于28℃的液体	汽油、丙酮、乙醚	0.004L/m³	100L
	2	爆炸下限小于10%的气体	乙炔、氢、甲烷、乙烯、硫化氢	1L/m³（标准状态）	25m³（标准状态）
	3	常温下能自行分解导致迅速自燃爆炸的物质	硝化棉、硝化纤维胶片、喷漆棉、火胶棉、赛璐珞棉	0.003kg/m³	10kg
		在空气中氧化即导致迅速自燃的物质	黄磷	0.006kg/m³	20kg

续表 2

火灾危险性类别		火灾危险性的特性	物质名称举例	最大允许量	
				与房间容积的比值	总量
甲类	4	常温下受到水和空气中水蒸气的作用能产生可燃气体并能燃烧或爆炸的物质	金属钾、钠、锂	0.002kg/m³	5kg
	5	遇酸、受热、撞击、摩擦、催化以及遇有机物或硫黄等易燃的无机物能引起爆炸的强氧化剂	硝酸胍、高氯酸铵	0.006kg/m³	20kg
		遇酸、受热、撞击、摩擦、催化以及遇有机物或硫黄等极易分解引起燃烧的强氧化剂	氯酸钾、氯酸钠、过氧化钠	0.015kg/m³	50kg
	6	与氧化剂、有机物接触时能引起燃烧或爆炸的物质	赤磷、五硫化磷	0.015kg/m³	50kg
	7	受到水或空气中水蒸气的作用能产生爆炸下限小于10%的气体的固体物质	电石	0.075kg/m³	100kg

续表 2

火灾危险性类别		火灾危险性的特性	物质名称举例	最大允许量	
				与房间容积的比值	总量
乙类	1	闪点大于等于 28℃至 60℃的液体	煤油、松节油	0.02L/m³	200L
	2	爆炸下限大于等于 10%的气体	氨	5L/m³（标准状态）	50m³（标准状态）
	3	助燃气体	氧、氟	5L/m³（标准状态）	50m³（标准状态）
		不属于甲类的氧化剂	硝酸、硝酸铜、铬酸、发烟硫酸、铬酸钾	0.025kg/m³	80kg
	4	不属于甲类的化学易燃危险固体	赛璐珞板、硝化纤维色片、镁粉、铝粉	0.015kg/m³	50kg
			硫黄、生松香	0.075kg/m³	100kg

表 2 列出了部分生产中常见的甲、乙类火灾危险性物品的最大允许量。本表仅供使用本条文时参考。现将其计算方法和数值确定的原则及应用本表应注意的事项说明如下：

1）厂房或实验室内单位容积的最大允许量。

单位容积的最大允许量是实验室或非甲、乙类厂房内使用甲、乙类火灾危险性物品的两个控制指标之一。实验室或非甲、乙类厂房内使用甲、乙类火灾危险性物品的总量同其室内容积之比应小于此值。即：

$$\frac{\text{甲、乙类物品的总量(kg)}}{\text{厂房或实验室的容积}(m^3)} < \text{单位容积的最大允许量} \quad (1)$$

下面按气、液、固态甲、乙类危险物品分别说明该数值的确定。

①气态甲、乙类火灾危险性物品。

一般，可燃气体浓度探测报警装置的报警控制值采用该可燃气体爆炸下限的 25%。因此，当室内使用的可燃气体同空气所形成的混合性气体不大于爆炸下限的 5%时，可不按甲、乙类火灾危险性划分。本条采用 5%这个数值还考虑到，在一个面积或容积较大的场所内，可能存在可燃气体扩散不均匀，会形成局部高浓度而引发爆炸的危险。

由于实际生产中使用或产生的甲、乙类可燃气体的种类较多，在本表中不可能一一列出。对于爆炸下限小于 10%的甲类可燃气体，空间内单位容积的最大允许量采用几种甲类可燃气体计算结果的平均值（如乙炔的计算结果是 0.75L/m³，甲烷的计算结果为 2.5L/m³），取 1L/m³。对于爆炸下限大于或等于 10%的乙类可燃气体，空间内单位容积的最大允许量取 5L/m³。

②液态甲、乙类火灾危险性物品。

在室内少量使用易燃、易爆甲、乙类火灾危险性物品，要考虑这些物品全部挥发并弥漫在整个室内空间后，同空气的混合比是否低于其爆炸下限的 5%。如低于该值，可以不确定为甲、乙类火灾危险性。某种甲、乙类火灾危险性液体单位体积（L）全部挥发后的气体体积，参考美国消防协会《美国防火手册》（Fire Protection Handbook，NFPA），可以按下式进行计算：

$$V = 830.93 \frac{B}{M} \quad (2)$$

式中：V——气体体积（L）；

B——液体的相对密度；

M——挥发性气体的相对密度。

③固态（包括粉状）甲、乙类火灾危险性物品。

对于金属钾、金属钠，黄磷、赤磷、赛璐珞板等固态甲、乙类火灾危险性物品和镁粉、铝粉等乙类火灾危险性物品的单位容积的最大允许量，参照了国外有关消防法规的规定。

2）厂房或实验室等室内空间最多允许存放的总量。

对于容积较大的空间，单凭空间内“单位容积的最大允许量”一个指标来控制是不够的。有时，尽管这些空间内单位容积的最大允许量不大于规定，也可能会相对集中放置较大量的甲、乙类火灾危险性物品，而这些物品着火后常难以控制。

3）在应用本条进行计算时，如空间内存在两种或两种以上火灾危险性的物品，原则上要以其中火灾危险性较大、两项控制指标要求较严格的物品为基础进行计算。

3.1.3 本条规定了储存物品的火灾危险性分类原则。

（1）本规范将生产和储存物品的火灾危险性分类分别列出，是因为生产和储存物品的火灾危险性既有相同之处，又有所区别。如甲、乙、丙类液体在高温、高压生产过程中，实际使用时的温度往往高于液体本身的自燃点，当设备或管道损坏时，液体喷出就会着火。有些生产的原料、成品的火灾危险性较低，但当生产条件发生变化或经化学反应后产生了中间产物，则可能增加火灾危险性。例如，可燃粉尘静止时的火灾危险性较小，但在生产过程中，粉尘悬浮在空气中并与空气形成爆炸性混合物，遇火源则可能爆炸着火，而这类物品在储存时就不存在这种情况。与此相反，桐油织物及其制品，如堆放在通风不良地点，受到一定温度作用时，则会缓慢氧化、积热不散而自燃着火，因而在储存时其火灾危险性较大，而在生产过程中则不存在此种情形。

储存物品的分类方法主要依据物品本身的火灾危险性，参照本规范生产的火灾危险性分类，并吸取仓库储存管理经验和参考我国的《危险货物运输规则》。

1）甲类储存物品的划分，主要依据我国《危险货物运输规则》中确定的Ⅰ级易燃固体、Ⅰ级易燃液体、Ⅰ级氧化剂、Ⅰ级自燃物品、Ⅰ级遇水燃烧物品和可燃气体的特性。这类物品易燃、易爆，燃烧时会产生大量有害气体。有的遇水发生剧烈反应，产生氢气或其他可燃气体，遇火燃烧爆炸；有的具有强烈的氧化性能，遇有机物或无机物极易燃烧爆炸；有的因受热、撞击、催化或气体膨胀而可能发生爆炸，或与空气混合容易达到爆炸浓度，遇火而发生爆炸。

2）乙类储存物品的划分，主要依据我国《危险货物运输规则》中确定的Ⅱ级易燃固体、Ⅱ级易燃烧物质、Ⅱ级氧化剂、助燃气体、Ⅱ级自燃物品的特性。

3）丙、丁、戊类储存物品的划分，主要依据有关仓库调查和储存管理情况。

丙类储存物品包括可燃固体物质和闪点大于或等于 60℃的可燃液体，特性是液体闪点较高、不易挥发。可燃固体在空气中受到火焰和高温作用时能发生燃烧，即使移走火源，仍能继续燃烧。

对于粒径大于或等于 2mm 的工业成型硫黄（如球状、颗粒状、团状、锭状或片状），根据公安部天津消防研究所与中国石化工程建设公司等单位共同开展的“散装硫黄储存与消防关键技术研究"成果,其火灾危险性为丙类固体。

丁类储存物品指难燃烧物品,其特性是在空气中受到火焰或高温作用时,难着火、难燃或微燃,移走火源,燃烧即可停止。

戊类储存物品指不会燃烧的物品,其特性是在空气中受到火焰或高温作用时,不着火、不微燃、不碳化。

(2)表 3 列举了一些常见储存物品的火灾危险性分类,供设计参考。

表 3　储存物品的火灾危险性分类举例

火灾危险性类别	举　例
甲类	1. 己烷,戊烷,环戊烷,石脑油,二硫化碳,苯,甲苯,甲醇,乙醇,乙醚,蚁酸甲酯,醋酸甲酯,硝酸乙酯,汽油,丙酮,丙烯,酒精度为38度及以上的白酒; 2. 乙炔,氢,甲烷,环氧乙烷,水煤气,液化石油气,乙烯、丙烯、丁二烯,硫化氢,氯乙烯,电石,碳化铝; 3. 硝化棉,硝化纤维胶片,喷漆棉,火胶棉,赛璐珞棉,黄磷; 4. 金属钾、钠、锂、钙、锶,氢化锂、氢化钠,四氢化锂铝; 5. 氯酸钾、氯酸钠,过氧化钾、过氧化钠,硝酸铵; 6. 赤磷,五硫化二磷,三硫化二磷
乙类	1. 煤油,松节油,丁烯醇、异戊醇,丁醚,醋酸丁酯,硝酸戊酯,乙酰丙酮,环己胺,溶剂油,冰醋酸,樟脑油,蚁酸; 2. 氨气、一氧化碳; 3. 硝酸铜,铬酸,亚硝酸钾,重铬酸钠,铬酸钾,硝酸,硝酸汞、硝酸钴,发烟硫酸,漂白粉; 4. 硫黄,镁粉,铝粉,赛璐珞板(片),樟脑,萘,生松香,硝化纤维漆布,硝化纤维色片; 5. 氧气,氟气,液氯; 6. 漆布及其制品,油布及其制品,油纸及其制品,油绸及其制品

续表 3

火灾危险性类别	举　例
丙类	1. 动物油、植物油,沥青,蜡,润滑油、机油、重油,闪点大于等于60℃的柴油,糖醛,白兰地成品库; 2. 化学、人造纤维及其织物,纸张,棉、毛、丝、麻及其织物,谷物,面粉,粒径大于等于 2mm 的工业成型硫黄,天然橡胶及其制品,竹、木及其制品,中药材,电视机、收录机等电子产品,计算机房已录数据的磁盘储存间,冷库中的鱼、肉间
丁类	自熄性塑料及其制品,酚醛泡沫塑料及其制品,水泥刨花板
戊类	钢材、铝材、玻璃及其制品,搪瓷制品、陶瓷制品,不燃气体,玻璃棉、岩棉、陶瓷棉、硅酸铝纤维、矿棉,石膏及其无纸制品,水泥、石、膨胀珍珠岩

3.1.4　本条规定了同一座仓库或其中同一防火分区内存在多种火灾危险性的物质时,确定该建筑或区域火灾危险性的原则。

一个防火分区内存放多种可燃物时,火灾危险性分类原则应按其中火灾危险性大的确定。当数种火灾危险性不同的物品存放在一起时,建筑的耐火等级、允许层数和允许面积均要求按最危险者的要求确定。如:同一座仓库存放有甲、乙、丙三类物品,仓库就需要按甲类储存物品仓库的要求设计。

此外,甲、乙类物品和一般物品以及容易相互发生化学反应或者灭火方法不同的物品,必须分间、分库储存,并在醒目处标明储存物品的名称,性质和灭火方法。因此,为了有利于安全和便于管理,同一座仓库或其中同一个防火分区内,要尽量储存一种物品。如有困难需将数种物品存放在一座仓库或同一个防火分区内时,存储过程中要采取分区域布置,但性质相互抵触或灭火方法不同的物品不允许存放在一起。

3.1.5　丁、戊类物品本身虽属难燃烧或不燃烧物质,但有很多物品的包装是可燃的木箱、纸盒、泡沫塑料等。据调查,有些仓库内的可燃包装物,多者在 100kg/m^2～300kg/m^2,少者也有 30kg/m^2～50kg/m^2。因此,这两类仓库,除考虑物品本身的燃烧性能外,还要考虑可燃包装的数量,在防火要求上应较丁、戊类仓库严格。

在执行本条时,要注意有些包装物与被包装物品的重量比虽然小于 1/4,但包装物(如泡沫塑料等)的单位体积重量较小,极易燃烧且初期燃烧速率较快、释热量大,如果仍然按照丁、戊类仓库来确定则可能出现与实际火灾危险性不符的情况。因此,针对这种情况,当可燃包装体积大于物品本身体积的 1/2 时,要相应提高该库房的火灾危险性类别。

3.2　厂房和仓库的耐火等级

3.2.1　本条规定了厂房和仓库的耐火等级分级及相应建筑构件的燃烧性能和耐火极限。

(1)本规范第 3.2.1 条表 3.2.1 中有关建筑构件的燃烧性能和耐火极限的确定,参考了美国、加拿大、澳大利亚等国建筑规范和相关消防标准的规定,详见表 4～表 6。

表 4　前苏联建筑物的耐火等级分类及其构件的燃烧性能和耐火极限

建筑的耐火等级	建筑构件耐火极限(h)和沿该构件火焰传播的最大极限(h/cm)								
	墙壁				支柱	楼梯平台、楼梯梁、踏步、梁和梯段	平板、铺面(其中包括有保温层的)和其他楼板自承重结构	屋顶构件	
	自承重楼梯间	自承重	外部非承重的(其中包括由悬吊板构成)	内部非承重的(隔离的)				平板、铺面(其中包括有保温层的)和大梁	梁、门式刚架、横梁、框架
Ⅰ	$\frac{2.5}{0}$	$\frac{1.25}{0}$	$\frac{0.5}{0}$	$\frac{0.5}{0}$	$\frac{2.5}{0}$	$\frac{1}{0}$	$\frac{1}{0}$	$\frac{0.5}{0}$	$\frac{0.5}{0}$
Ⅱ	$\frac{2}{0}$	$\frac{1}{0}$	$\frac{0.25}{0}$	$\frac{0.25}{0}$	$\frac{2}{0}$	$\frac{1}{0}$	$\frac{0.75}{0}$	$\frac{0.25}{0}$	$\frac{0.25}{0}$
Ⅲ	$\frac{2}{0}$	$\frac{1}{0}$	$\frac{0.25}{0};\frac{0.5}{40}$	$\frac{0.25}{40}$	$\frac{2}{0}$	$\frac{1}{0}$	$\frac{0.75}{25}$	$\frac{\text{H. H}}{\text{H. H}}$	$\frac{\text{H. H}}{\text{H. H}}$
Ⅲ$_a$	$\frac{1}{0}$	$\frac{0.5}{0}$	$\frac{0.25}{40}$	$\frac{0.25}{40}$	$\frac{0.25}{0}$	$\frac{1}{0}$	$\frac{0.25}{0}$	$\frac{0.25}{25}$	$\frac{0.25}{0}$
Ⅲ$_б$	$\frac{1}{40}$	$\frac{0.5}{40}$	$\frac{0.25}{0};\frac{0.5}{40}$	$\frac{0.25}{40}$	$\frac{1}{40}$	$\frac{0.25}{0}$	$\frac{0.75}{25}$	$\frac{0.25}{0};\frac{0.5}{25(40)}$	$\frac{0.75}{25(40)}$
Ⅳ	$\frac{0.5}{40}$	$\frac{0.25}{40}$	$\frac{0.25}{40}$	$\frac{0.25}{40}$	$\frac{0.5}{40}$	$\frac{0.25}{40}$	$\frac{0.25}{40}$	$\frac{\text{H. H}}{\text{H. H}}$	$\frac{\text{H. H}}{\text{H. H}}$
Ⅳ$_a$	$\frac{0.5}{40}$	$\frac{0.25}{40}$	$\frac{0.25}{\text{H. H}}$	$\frac{0.25}{40}$	$\frac{0.25}{0}$	$\frac{0.25}{0}$	$\frac{0.25}{0}$	$\frac{0.25}{\text{H. H}}$	$\frac{0.25}{0}$
Ⅴ	没有标准化								

注:1　译自 1985 年前苏联《防火标准》СНиП2.01.02。

2　在括号中给出了竖直结构段和倾斜结构段的火焰传播极限。

3　缩写"H. H"表示指标没有标准化。

表5 日本建筑标准法规中有关建筑构件耐火结构方面的规定(h)

建筑的层数(从上部层数开始)	房盖	梁	楼板	柱	承重外墙	承重间隔墙
(2～4)层以内	0.5	1	1	1	1	1
(5～14)层	0.5	2	2	2	2	2
15层以上	0.5	3	2	3	2	2

注:译自2001年版日本《建筑基准法施行令》第107条。

表6 美国消防协会标准《建筑结构类型标准》NFPA220 (1996年版)中关于Ⅰ型～Ⅴ型结构的耐火极限(h)

名　称	Ⅰ型		Ⅱ型			Ⅲ型		Ⅳ型	Ⅴ型	
	443	332	222	111	000	211	200	2HH	111	000
外承重墙:										
支撑多于一层、柱或其他承重墙	4	3	2	1	0	2	2	2	1	0
只支撑一层	4	3	2	1	0	2	2	2	1	0
只支撑一个屋顶	4	3	2	1	0	2	2	2	1	0
内承重墙										
支撑多于一层、柱或其他承重墙	4	3	2	1	0	1	0	2	1	0
只支撑一层	3	2	2	1	0	1	0	1	1	0
只支撑一个屋顶	3	2	1	1	0	1	0	1	1	0
柱										
支撑多于一层、柱或其他承重墙	4	3	2	1	0	1	0	H	1	0
只支撑一层	3	2	2	1	0	1	0	H	1	0
只支撑一个屋顶	3	2	1	1	0	1	0	H	1	0

续表6

名　称	Ⅰ型		Ⅱ型			Ⅲ型		Ⅳ型	Ⅴ型	
	443	332	222	111	000	211	200	2HH	111	000
梁、梁构桁架的腹杆、拱顶和桁架										
支撑多于一层、柱或其他承重墙	4	3	2	1	0	1	0	H	1	0
只支撑一层	3	2	2	1	0	1	0	H	1	0
只支撑屋顶	3	2	1	1	0	1	0	H	1	0
楼面结构	3	2	2	1	0	1	0	H	1	0
屋顶结构	2	1.5	1	1	0	1	0	H	1	0
非承重外墙	0	0	0	0	0	0	0	0	0	0

注:1 ▒表示这些构件允许采用经批准的可燃材料。

2 "H"表示大型木构件。

(2)柱的受力和受火条件更苛刻,耐火极限至少不应低于承重墙的要求。但这种规定未充分考虑设计区域内的火灾荷载情况和空间的通风条件等因素,设计需以此规定为最低要求,根据工程的具体情况确定合理的耐火极限,而不能仅为片面满足规范规定。

(3)由于同一类构件在不同施工工艺和不同截面、不同组分、不同受力条件以及不同升温曲线等情况下的耐火极限是不一样的。本条文说明附录中给出了一些构件的耐火极限试验数据,设计时,对于与表中所列情况完全一样的构件可以直接采用。但实际构件的构造、截面尺寸和构成材料等往往与附录中所列试验数据不同,对于该构件的耐火极限需要通过试验测定,当难以通过试验确定时,一般应根据理论计算和试验测试验证相结合的方法进行确定。

3.2.2 本条为强制性条文。由于高层厂房和甲、乙类厂房的火灾危险性大,火灾后果严重,应有较高的耐火等级,故确定为强制性条文。但是,发生火灾后对周围建筑的危害较小且建筑面积小于或等于300m²的甲、乙类厂房,可以采用三级耐火等级建筑。

3.2.3 本条为强制性条文。使用或产生丙类液体的厂房及丁类生产中的某些工段,如炼钢炉出钢水喷出钢火花,从加热炉内取出赤热的钢件进行锻打,钢件在热处理油池中进行淬火处理,使油池内油温升高,都容易发生火灾。对于三级耐火等级建筑,如屋顶承重构件采用木构件或钢构件,难以承受经常的高温烘烤。这些厂房虽属丙、丁类生产,也要严格控制,除建筑面积较小并采取了防火分隔措施外,均需采用一、二级耐火等级的建筑。

对于使用或产生丙类液体、建筑面积小于或等于500m²的单层丙类厂房和生产过程中有火花、赤热表面或明火,但建筑面积小于或等于1000m²的单层丁类厂房,仍可以采用三级耐火等级的建筑。

3.2.4 本条为强制性条文。特殊贵重的设备或物品,为价格昂贵、稀缺设备、物品或影响生产全局或正常生活秩序的重要设施、设备,其所在建筑应具有较高的耐火性能,故确定为强制性条文。特殊贵重的设备或物品主要有:

1 价格昂贵、损失大的设备。

2 影响工厂或地区生产全局或影响城市生命线供给的关键设施,如热电厂、燃气供给站、水厂、发电厂、化工厂等的主控室,失火后影响大、损失大、修复时间长,也应认为是"特殊贵重"的设备。

3 特殊贵重物品,如货币、金银、邮票、重要文物、资料、档案库以及价值较高的其他物品。

3.2.5 锅炉房属于使用明火的丁类厂房。燃油、燃气锅炉房的火灾危险性大于燃煤锅炉房,火灾事故也比燃煤的多,且损失严重的火灾中绝大多数是三级耐火等级的建筑,故本条规定锅炉房应采用一、二级耐火等级建筑。

每小时总蒸发量不大于4t的燃煤锅炉房,一般为规模不大的企业或非采暖地区的工厂,专为厂房生产用汽而设置的、规模较小的锅炉房,建筑面积一般为350m²～400m²,故这些建筑可采用三级耐火等级。

3.2.6 油浸变压器是一种多油电器设备。油浸变压器易因油温过高而着火或产生电弧使油剧烈气化,使变压器外壳爆裂酿成火灾事故。实际运行中的变压器存在燃烧或爆裂的可能,需提高其建筑的防火要求。对于干式或非燃液体的变压器,因其火灾危险性小,不易发生爆炸,故未作限制。

3.2.7 本条为强制性条文。高层仓库具有储存物资集中、价值高、火灾危险性大、灭火和物资抢救困难等特点。甲、乙类物品仓库起火后,燃速快、火势猛烈,其中有不少物品还会发生爆炸,危险性高、危害大。因此,对高层仓库、甲类仓库和乙类仓库的耐火等级要求高。

高架仓库是货架高度超过7m的机械化操作或自动化控制的货架仓库,其共同特点是货架密集、货架间距小、货物存放高度高、储存物品数量大和疏散扑救困难。为了保障火灾时不会很快倒塌,并为扑救赢得时间,尽量减少火灾损失,故要求其耐火等级不低于二级。

3.2.8 粮食库中储存的粮食属于丙类储存物品,火灾的表现以阴燃和产生大量热量为主。对于大型粮食储备库和筒仓,目前主要采用钢结构和钢筋混凝土结构,而粮食库的高度较低,粮食火灾对结构的危害作用与其他物质的作用有所区别,因此，规定二级耐火等级的粮食库可采用全钢或半钢结构。其他有关防火设计要求，除本规范规定外，更详细的要求执行现行国家标准《粮食平房仓设计规范》GB 50320 和《粮食钢板筒仓设计规范》GB 50322。

3.2.9 本条为强制性条文。甲、乙类厂房和甲、乙、丙类仓库，一旦着火，其燃烧时间较长和(或)燃烧过程中释放的热量巨大，有必要适当提高防火墙的耐火极限。

3.2.11 钢结构在高温条件下存在强度降低和蠕变现象。对建筑用钢而言，在 260℃以下强度不变，260℃～280℃开始下降；达到 400℃时，屈服现象消失，强度明显降低；达到 450℃～500℃时，钢材内部再结晶使强度快速下降；随着温度的进一步升高，钢结构的承载力将会丧失。蠕变在较低温度时也会发生，但温度越高蠕变越明显。近年来，未采取有效防火保护措施的钢结构建筑在火灾中，出现大面积垮塌，造成建筑使用人员和消防救援人员伤亡的事故时有发生。这些火灾事故教训表明，钢结构若不采取有效的防火保护措施，耐火性能较差，因此，在规范修订时取消了钢结构等金属结构构件可以不采取防火保护措施的有关规定。

钢结构或其他金属结构的防火保护措施，一般包括无机耐火材料包覆和防火涂料喷涂等方式，考虑到砖石、砂浆、防火板等无机耐火材料包覆的可靠性更好，应优先采用。对这些部位的金属结构的防火保护，要求能够达到本规范第 3.2.1 条规定的相应耐火等级建筑对该结构的耐火极限要求。

3.2.12 本条规定了非承重外墙采用不同燃烧性能材料时的要求。

近年来，采用聚苯乙烯、聚氨酯材料作为芯材的金属夹芯板材的建筑发生火灾时，极易蔓延且难以扑救，为了吸取火灾事故教训，此次修订了非承重外墙采用难燃性轻质复合墙体的要求，其中，金属夹芯板材的规定见第 3.2.17 条，其他难燃性轻质复合墙体，如砂浆面钢丝夹芯板、钢龙骨水泥刨花板、钢龙骨石棉水泥板等，仍按本条执行。

采用金属板、砂浆面钢丝夹芯板、钢龙骨水泥刨花板、钢龙骨石棉水泥板等板材作非承重外墙，具有投资较省、施工期限短的优点，工程应用较多。该类板材难以达到本规范第 3.2.1 条表 3.2.1 中相应构件的要求，如金属板的耐火极限约为 15min；夹芯材料为非泡沫塑料的难燃性墙体，耐火极限约为 30min，考虑到该类板材的耐火性能相对较高且多用于工业建筑中主要起保温隔热和防风、防雨作用，本条对该类板材的使用范围及燃烧性能分别作了规定。

3.2.13 目前，国内外均开发了大量新型建筑材料，且已用于各类建筑中。为规范这些材料的使用，同时又满足人员疏散与扑救的需要，本着燃烧性能与耐火极限协调平衡的原则，在降低构件燃烧性能的同时适当提高其耐火极限，但一级耐火等级的建筑，多为性质重要或火灾危险性较大或为了满足其他某些要求(如防火分区建筑面积)的建筑，因此本条仅允许适当调整二级耐火等级建筑的房间隔墙的耐火极限。

3.2.15 本条为强制性条文。建筑物的上人平屋顶，可用于火灾时的临时避难场所，符合要求的上人平屋面可作为建筑的室外安全地点。为确保安全，参照相应耐火等级楼板的耐火极限，对一、二级耐火等级建筑物上人平屋顶的屋面板耐火极限作了规定。在此情况下，相应屋顶承重构件的耐火极限也不能低于屋面板的耐火极限。

3.2.16 本条对一、二级耐火等级建筑的屋面板要求采用不燃材料，如钢筋混凝土屋面板或其他不燃屋面板；对于三、四级耐火等级建筑的屋面板的耐火性能未作规定，但要尽量采用不燃、难燃材料，以防止火灾通过屋顶蔓延。当采用金属夹芯板材时，有关要求见第 3.2.17 条。

为降低屋顶的火灾荷载，其防水材料要尽量采用不燃、难燃材料，但考虑到现有防水材料多为沥青、高分子等可燃材料，有必要根据防水材料铺设的构造做法采取相应的防火保护措施。该类防水材料厚度一般为 3mm～5mm，火灾荷载相对较小，如果铺设在不燃材料表面，可不做防护层。当铺设在难燃、可燃保温材料上时，需采用不燃材料作防护层，防护层可位于防水材料上部或防水材料与可燃、难燃保温材料之间，从而使得可燃、难燃保温材料不裸露。

3.2.17 近年来，采用聚苯乙烯、聚氨酯作为芯材的金属夹芯板材的建筑火灾多发，短时间内即造成大面积蔓延，产生大量有毒烟气，导致金属夹芯板材的垮塌和掉落，不仅影响人员安全疏散，不利于灭火救援，而且造成了使用人员及消防救援人员的伤亡。为了吸取火灾事故教训，此次修订提高了金属夹芯板材芯材燃烧性能的要求，即对于按本规范允许采用的难燃性和可燃性非承重外墙、房间隔墙及屋面板，当采用金属夹芯板材时，要采用不燃夹芯材料。

按本规范的有关规定，建筑构件需要满足相应的燃烧性能和耐火极限要求，因此，当采用金属夹芯板材时，要注意以下几点：

(1)建筑中的防火墙、承重墙、楼梯间的墙、疏散走道隔墙、电梯井的墙以及楼板等构件，本规范均要求具有较高的燃烧性能和耐火极限，而不燃金属夹芯板材的耐火极限受其夹芯材料的容重、填塞的密实度、金属板的厚度及其构造等影响，不同生产商的金属夹芯板材的耐火极限差异较大且通常均较低，难以满足相应建筑构件的耐火性能、结构承载力及其自身稳定性能的要求，因此不能采用金属夹芯板材。

(2)对于非承重外墙、房间隔墙，当建筑的耐火等级为一、二级时，按本规范要求，其燃烧性能为不燃，且耐火极限分别为不低于 0.75h 和 0.50h，因此也不宜采用金属夹芯板材。当确需采用时，夹芯材料应为 A 级，且要符合本规范对相应构件的耐火极限要求；当建筑的耐火等级为三、四级时，金属夹芯板材的芯材也要 A 级，并符合本规范对相应构件的耐火极限要求。

(3)对于屋面板，当确需采用金属夹芯板材时，其夹芯材料的燃烧性能等级也要为 A 级；对于上人屋面板，由于夹芯板材受其自身构造和承载力的限制，无法达到本规范相应耐火极限要求，因此，此类屋面也不能采用金属夹芯板材。

3.2.19 预制钢筋混凝土结构构件的节点和明露的钢支承构件部位，一般是构件的防火薄弱环节和结构的重要受力点，要求采取防火保护措施，使该节点的耐火极限不低于本规范第 3.2.1 条表 3.2.1 中相应构件的规定，如对于梁柱的节点，其耐火极限就要与柱的耐火极限一致。

3.3 厂房和仓库的层数、面积和平面布置

3.3.1 本条为强制性条文。根据不同的生产火灾危险性类别，正确选择厂房的耐火等级，合理确定厂房的层数和建筑面积，可以有效防止火灾蔓延扩大，减少损失。在设计厂房时，要综合考虑安全与节约的关系，合理确定其层数和建筑面积。

甲类生产具有易燃、易爆的特性，容易发生火灾和爆炸，疏散和救援困难，如层数多则更难扑救，严重者对结构有严重破坏。因此，本条对甲类厂房层数及防火分区面积提出了较严格的规定。

为适应生产发展需要建设大面积厂房和布置连续生产线

工艺时，防火分区采用防火墙分隔有时比较困难。对此，除甲类厂房外，规范允许采用防火分隔水幕或防火卷帘等进行分隔，有关要求参见本规范第6章和现行国家标准《自动喷水灭火系统设计规范》GB 50084的规定。

对于传统的干式造纸厂房，其火灾危险性较大，仍需符合本规范表3.3.1的规定，不能按本条表3.3.1注3的规定调整。

厂房内的操作平台、检修平台主要布置在高大的生产装置周围，在车间内多为局部或全部镂空，面积较小、操作人员或检修人员较少，且主要为生产服务的工艺设备而设置，这些平台可不计入防火分区的建筑面积。

3.3.2 本条为强制性条文。仓库物资储存比较集中，可燃物数量多，灭火救援难度大，一旦着火，往往整个仓库或防火分区就被全部烧毁，造成严重经济损失，因此要严格控制其防火分区的大小。本条根据不同储存物品的火灾危险性类别，确定了仓库的耐火等级、层数和建筑面积的相互关系。

本条强调仓库内防火分区之间的水平分隔必须采用防火墙进行分隔，不能用其他分隔方式替代，这是根据仓库内可能的火灾强度和火灾延续时间，为提高防火墙分隔的可靠性确定的。特别是甲、乙类物品，着火后蔓延快、火势猛烈，其中有不少物品还会发生爆炸，危害大。要求甲、乙类仓库内的防火分区之间采用不开设门窗洞口的防火墙分隔，且甲类仓库应采用单层结构。这样做有利于控制火势蔓延，便于扑救，减少灾害。对于丙、丁、戊类仓库，在实际使用中确因物流等使用需要开口的部位，需采用与防火墙等效的措施进行分隔，如甲级防火门、防火卷帘，开口部位的宽度一般控制在不大于6.0m，高度最好控制在4.0m以下，以保证该部位分隔的有效性。

设置在地下、半地下的仓库，火灾时室内气温高，烟气浓度比较高和热分解产物成分复杂、毒性大，而且威胁上部仓库的安全，所以要求相对较严。本条规定甲、乙类仓库不应附设在建筑物的地下室和半地下室内；对于单独建设的甲、乙类仓库，甲、乙类物品也不应储存在该建筑的地下、半地下。随着地下空间的开发利用，地下仓库的规模也越来越大，火灾危险性及灭火救援难度随之增加。针对该种情况，本次修订明确了地下、半地下仓库或仓库的地下、半地下室的占地面积要求。

根据国家建设粮食储备库的需要以及仓房式粮食仓库发生火灾的概率确实很小这一实际情况，对粮食平房仓的最大允许占地面积和防火分区的最大允许建筑面积及建筑的耐火等级确定均作了一定扩大。对于粮食中转库以及袋装粮库，由于操作频繁、可燃因素较多、火灾危险性较大等，仍应按规范第3.3.2条表3.3.2的规定执行。

对于冷库，根据现行国家标准《冷库设计规范》GB 50072—2010的规定，每座冷库面积要求见表7。

表7 冷库建筑的耐火等级、层数和面积(m^2)

冷藏间耐火等级	最多允许层数	冷藏间的最大允许占地面积和防火分区的最大允许建筑面积			
		单层、多层冷库		高层冷库	
		冷藏间占地	防火分区	冷藏间占地	防火分区
一、二级	不限	7000	3500	5000	2500
三级	3	1200	400	—	—

注：1 当设置地下室时，只允许设置一层地下室，且地下冷藏间占地面积不应大于地上冷藏间的最大允许占地面积，防火分区不应大于1500m^2。

2 本表中“—”表示不允许建高层建筑。

此次修订还根据公安部消防局和原建设部标准定额司针对中央直属棉花储备库库房建筑设计防火问题的有关论证会议纪要，补充了棉花库房防火分区建筑面积的有关要求。

3.3.3 自动灭火系统能及时控制和扑灭防火分区内的初起火，有效地控制火势蔓延。运行维护良好的自动灭火设施，能较大地提高厂房和仓库的消防安全性。因此，本条规定厂房和仓库内设置自动灭火系统后，防火分区的建筑面积及仓库的占地面积可以按表3.3.1和表3.3.2的规定增加。但对于冷库，由于冷库内每个防火分区的建筑面积已根据本规范的要求进行了较大调整，故在防火分区内设置了自动灭火系统后，其建筑面积不能再按本规范的有关要求增加。

一般，在防火分区内设置自动灭火系统时，需要整个防火分区全部设置。但有时在一个防火分区内，有些部位的火灾危险性较低，可以不需要设置自动灭火设施，而有些部位的火灾危险性较高，需要局部设置。对于这种情况，防火分区内所增加的面积只能按该设置自动灭火系统的局部区域建筑面积的一倍计入防火分区的总建筑面积内，但局部区域包括所增加的面积均要同时设置自动灭火系统。为防止系统失效导致火灾的蔓延，还需在该防火分区内采用防火隔墙与未设置自动灭火系统的部分分隔。

3.3.4 本条为强制性条文。本条规定的目的在于减少爆炸的危害和便于救援。

3.3.5 本条为强制性条文。住宿与生产、储存、经营合用场所(俗称“三合一”建筑)在我国造成过多起重特大火灾，教训深刻。甲、乙类生产过程中发生的爆炸，冲击波有很大的摧毁力，用普通的砖墙很难抗御，即使原来墙体耐火极限很高，也会因墙体破坏失去防护作用。为保证人身安全，要求有爆炸危险的厂房内不应设置休息室、办公室等，确因条件限制需要设置时，应采用能够抵御相应爆炸作用的墙体分隔。

防爆墙为在墙体任意一侧受到爆炸冲击波作用并达到设计压力时，能够保持设计所要求的防护性能的实体墙体。防爆墙的通常做法有：钢筋混凝土墙、砖墙配筋和夹砂钢木板。防爆墙的设计，应根据生产部位可能产生的爆炸超压值、泄压面积大小、爆炸的概率，结合工艺和建筑中采取的其他防爆措施与建造成本等情况综合考虑进行。

在丙类厂房内设置用于管理、控制或调度生产的办公房间以及工人的中间临时休息室，要采用规定的耐火构件与生产部分隔开，并设置不经过生产区域的疏散楼梯、疏散门等直通厂房外，为方便沟通而设置的、与生产区域相通的门要采用乙级防火门。

3.3.6 本条第2款为强制性条文。甲、乙、丙类仓库的火灾危险性和危害性大，故厂房内的这类中间仓库要采用防火墙进行分隔，甲、乙类仓库还需考虑墙体的防爆要求，保证发生火灾或爆炸时，不会危及生产区。

条文中的“中间仓库”是指为满足日常连续生产需要，在厂房内存放从仓库或上道工序的厂房(或车间)取得的原材料、半成品、辅助材料的场所。中间仓库不仅要求靠外墙设置，有条件时，中间仓库还要尽量设置直通室外的出口。

对于甲、乙类物品中间仓库，由于工厂规模、产品不同，一昼夜需用量的绝对值有大有小，难以规定一个具体的限量数据，本条规定中间仓库的储量要尽量控制在一昼夜的需用量内。当需用量较少的厂房，如有的手表厂用于清洗的汽油，每昼夜需用量只有20kg，可适当调整到存放(1～2)昼夜的用量；如一昼夜需用量较大，则要严格控制为一昼夜用量。

对于丙、丁、戊类物品中间仓库，为减小库房火灾对建筑的危害，火灾危险性较大的物品库房要尽量设置在建筑的上部。在厂房内设置的仓库，耐火等级和面积应符合本规范第3.3.2条表3.3.2的规定，且中间仓库与所服务车间的建筑面积之和不应大于该类厂房有关一个防火分区的最大允许建筑面积。例如：在一级耐火等级的丙类多层厂房内设置丙类2项物品库房，厂房每个防火分区的最大允许建筑面积为6000m²，每座仓库的最大允许占地面积为4800m²，每个防火分区的最大允许建筑面积为1200m²，则该中间仓库与所服务车间的防火分区最大允许建筑面积之和不应大于6000m²，但对厂房占地面积不作限制，其中，用于中间库房的最大允许建筑面积一般不能大于1200m²；当设置自动灭火系统时，仓库的占地面积和防火分区的建筑面积可按本规范第3.3.3条的规定增加。

在厂房内设置中间仓库时，生产车间和中间仓库的耐火等级应当一致，且该耐火等级要按仓库和厂房两者中要求较高者确定。对于丙类仓库，需要采用防火墙和耐火极限不低于1.50h的不燃性楼板与生产作业部位隔开。

3.3.7 本条要求主要为防止液体流散或储存丙类液体的储罐受外部火的影响。条文中的"容量不应大于5m³"是指每个设置丙类液体储罐的单独房间内储罐的容量。

3.3.8 本条为强制性条文。本条规定了变、配电站与甲、乙类厂房之间的防火分隔要求。

(1)运行中的变压器存在燃烧或爆裂的可能，易导致相邻的甲、乙类厂房发生更大的次生灾害，故需考虑采用独立的建筑并在相互间保持足够的防火间距。如果生产上确有需要，可以设置一个专为甲类或乙类厂房服务的10kV及10kV以下的变电站、配电站，在厂房的一面外墙贴邻建造，并用无门窗洞口的防火墙隔开。条文中的"专用"，是指该变电站、配电站仅向与其贴邻的厂房供电，而不向其他厂房供电。

对于乙类厂房的配电站，如氨压缩机房的配电站，为观察设备、仪表运转情况而需要设观察窗时，允许在配电站的防火墙上设置采用不燃材料制作并且不能开启的防火窗。

(2)除执行本条的规定外，其他防爆、防火要求，见本规范第3.6节、第9、10章和现行国家标准《爆炸危险环境电力装置设计规范》GB 50058的相关规定。

3.3.9 本条为强制性条文。从使用功能上，办公、休息等类似场所应属民用建筑范畴，但为生产和管理方便，直接为仓库服务的办公管理用房、工作人员临时休息用房、控制室等可以根据所服务场所的火灾危险性类别设置。相关说明参见第3.3.5条的条文说明。

3.3.10 本条规定了同一座建筑内同时具有物品储存与物品装卸、分拣、包装等生产性功能或其中某种功能为主时的防火技术要求。物流建筑的类型主要有作业型、存储型和综合型，不同类型物流建筑的防火要求也要有所区别。

对于作业型的物流建筑，由于其主要功能为分拣、加工等生产性质的活动，故其防火分区要根据其生产加工的火灾危险性按本规范对相应的火灾危险性类别厂房的规定进行划分。其中的仓储部分要根据本规范第3.3.6条有关中间仓库的要求确定其防火分区大小。

对于以仓储为主或分拣加工作业与仓储难以分清哪个功能为主的物流建筑，则可以将加工作业部分采用防火墙分隔后分别按照加工和仓储的要求确定。其中仓储部分可以按本条第2款的要求和条件确定其防火分区。由于这类建筑处理的货物主要为可燃、难燃固体，且因流转和功能需要，所需装卸、分拣、储存等作业面积大，且多为机械化操作，与传统的仓库相比，在存储周期、运行和管理等方面均存在一定差异，故对丙类2项可燃物品和丁、戊类物品储存区相关建筑面积进行了部分调整。但对于甲、乙类物品，棉、麻、丝、毛及其他纺织品、泡沫塑料和自动化控制的高架仓库等，考虑到其火灾危险性和灭火救援难度等，有关建筑面积仍应按照本规范第3.3.2条的规定执行。

本条中的"泡沫塑料"是指泡沫塑料制品或单纯的泡沫塑料成品，不包括用作包装的泡沫塑料。采用泡沫塑料包装时，仓库的火灾危险性按本规范第3.1.5条规定确定。

3.4 厂房的防火间距

本规范第3.4节和第3.5节中规定的有关防火间距均为建筑间的最小间距要求，有条件时，设计师要根据建筑的体量、火灾危险性和实际条件等因素，尽可能加大建筑间的防火间距。

影响防火间距的因素较多，条件各异。在确定建筑间的防火间距时，综合考虑了灭火救援需要、防止火势向邻近建筑蔓延扩大、节约用地等因素以及灭火救援力量、火灾实例和灭火救援的经验教训。

在确定防火间距时，主要考虑飞火、热对流和热辐射等的作用。其中，火灾的热辐射作用是主要方式。热辐射强度与灭火救援力量、火灾延续时间、可燃物的性质和数量、相对外墙开口面积的大小、建筑物的长度和高度以及气象条件等有关。对于周围存在露天可燃物堆放场所时，还应考虑飞火的影响。飞火与风力、火焰高度有关，在大风情况下，从火场飞出的"火团"可达数十米至数百米。

3.4.1 本条为强制性条文。建筑间的防火间距是重要的建筑防火措施，本条确定了厂房之间，厂房与乙、丙、丁、戊类仓库，厂房与民用建筑及其他建筑物的基本防火间距。各类火灾危险性的厂房与甲类仓库的防火间距，在本规范第3.5.1条中作了规定，本条不再重复。

(1)由于厂房生产类别、高度不同，不同火灾危险性类别的厂房之间的防火间距也有所区别。对于受用地限制，在执行本条有关防火间距的规定有困难时，允许采取可以有效防止火灾在建筑物之间蔓延的等效措施后减小其间距。

(2)本规范第3.4.1条及其注1中所指"民用建筑"，包括设置在厂区内独立建造的办公、实验研究、食堂、浴室等不具有生产或仓储功能的建筑。为厂房生产服务而专设的辅助生活用房，有的与厂房组合建造在同一座建筑内，有的为满足通风采光需要，将生活用房与厂房分开布置。为方便生产工作联系和节约用地，丙、丁、戊类厂房与所属的辅助生活用房的防火间距可减小为6m。生活用房是指车间办公室、工人更衣休息室、浴室(不包括锅炉房)、就餐室(不包括厨房)等。

考虑到戊类厂房的火灾危险性较小，对戊类厂房之间及其与戊类仓库的防火间距作了调整，但戊类厂房与其他生产类别的厂房或仓库的防火间距，仍需执行本规范第3.4.1条、第3.5.1条和第3.5.2条的规定。

(3)在本规范第3.4.1条表3.4.1中，按变压器总油量将防火间距分为三档。每台额定容量为5MV·A的35kV铝线电力变压器，存油量为2.52t，2台的总油量为5.04t；每台额定容量为10MV·A时，油量为4.3t，2台的总油量为8.6t。每台额定容量为10MV·A的110kV双卷铝线电力变压器，存油量为5.05t，两台的总油量为10.1t。表中第一档总油量定为5t～10t，基本相当于设置2台5MV·A～10MV·A变压器的规模。但由于变压器的电压、制造厂家、外形尺寸的不同，同样容量的变压器，油量也不尽相同，故分档仍以总油量多少来区分。

3.4.2 本条为强制性条文。甲类厂房的火灾危险性大，且以爆炸火灾为主，破坏性大，故将其与重要公共建筑和明火或散发火花地点的防火间距作为强制性要求。

尽管本条规定了甲类厂房与重要公共建筑、明火或散发火花地点的防火间距，但甲类厂房涉及行业较多，凡有专门规范且规定的间距大于本规定的，要按这些专项标准的规定执行，如乙炔站、氧气站和氢氧站等与其他建筑的防火间距，还应符合现行国家标准《氧气站设计规范》GB 50030、《乙炔站设计规范》GB 50031和《氢气站设计规范》GB 50177 等的规定。

有关甲类厂房与架空电力线的最小水平距离要求，执行本规范第 10.2.1 条的规定，与甲、乙、丙类液体储罐、可燃气体和助燃气体储罐、液化石油气储罐和可燃材料堆场的防火间距，执行本规范第 4 章的有关规定。

3.4.3 明火或散发火花地点以及会散发火星等火源的铁路、公路，位于散发可燃气体、可燃蒸气的甲类厂房附近时，均存在引发爆炸的危险，因此二者要保持足够的距离。综合各类明火或散发火花地点的火源情况，规定明火或散发火花地点与散发可燃气体、可燃蒸气的甲类厂房防火间距不小于30m。

甲类厂房与铁路的防火间距，主要考虑机车飞火对厂房的影响和发生火灾或爆炸时，对铁路正常运行的影响。内燃机车当燃油雾化不好时，排气管仍会喷火星，因此应与蒸汽机车一样要求，不能减小其间距。当厂外铁路与国家铁路干线相邻时，防火间距除执行本条规定外，尚应符合有关专业规范的规定，如《铁路工程设计防火规范》TB 10063 等。

专为某一甲类厂房运送物料而设计的铁路装卸线，当有安全措施时，此装卸线与厂房的间距可不受 20m 间距的限制。如机车进入装卸线时，关闭机车灰箱、设置阻火罩、车厢顶进并在装甲类物品的车辆之间停放隔离车辆等阻止机车火星散发和防止影响厂房安全的措施，均可认为是安全措施。

厂外道路，如道路已成型不会再扩宽，则按现有道路的最近路边算起；如有扩宽计划，则要按其规划路的路边算起。厂内主要道路，一般为连接厂内主要建筑或功能区的道路，车流量较大。次要道路，则反之。

3.4.4 本条为强制性条文。本条规定了高层厂房与各类储罐、堆场的防火间距。

高层厂房与甲、乙、丙类液体储罐的防火间距应按本规范第 4.2.1 条的规定执行，与甲、乙、丙类液体装卸鹤管的防火间距应按本规范第 4.2.8 条的规定执行，与湿式可燃气体储罐或罐区的防火间距应按本规范表 4.3.1 的规定执行，与湿式氧气储罐或罐区的防火间距应按本规范表 4.3.3 的规定执行，与液化天然气储罐的防火间距应按本规范表 4.3.8 的规定执行，与液化石油气储罐的间距按本规范表 4.4.1 的规定执行，与可燃材料堆场的防火间距应按本规范表 4.5.1 的规定执行。高层厂房、仓库与上述储罐、堆场的防火间距，凡小于 13m 者，仍应按 13m 确定。

3.4.5 本条根据上面几条说明的情况和本规范第 3.4.1 条、第 5.2.2 条规定的防火间距，考虑建筑及其灭火救援需要，规定了厂房与民用建筑物的防火间距可适当减小的条件。

3.4.6 本条主要规定了厂房外设置化学易燃物品的设备时，与相邻厂房、设备的防火间距确定方法，如图 1。装有化学易燃物品的室外设备，当采用不燃材料制作的设备时，设备本身可按相当于一、二级耐火等级的建筑考虑。室外设备的外壁与相邻厂房室外设备的防火间距，不应小于 10m；与相邻厂房外墙的防火间距，不应小于本规范第 3.4.1 条～第 3.4.4 条的规定，即室外设备内装有甲类物品时，与相邻厂房的间距不小于12m；装有乙类物品时，与相邻厂房的间距不小于 10m。

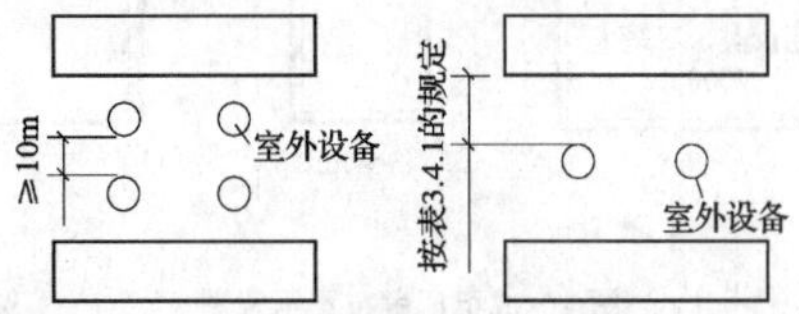

图 1 有室外设备时的防火间距

化学易燃物品的室外设备与所属厂房的间距，主要按工艺要求确定，本规范不作要求。

小型可燃液体中间罐常放在厂房外墙附近，为安全起见，要求可能受到火灾作用的部分外墙采用防火墙，并提倡将储罐直接埋地设置。条文"面向储罐一面 4.0m 范围内的外墙为防火墙"中"4.0m 范围"的含义是指储罐两端和上下部各 4m 范围，见图 2。

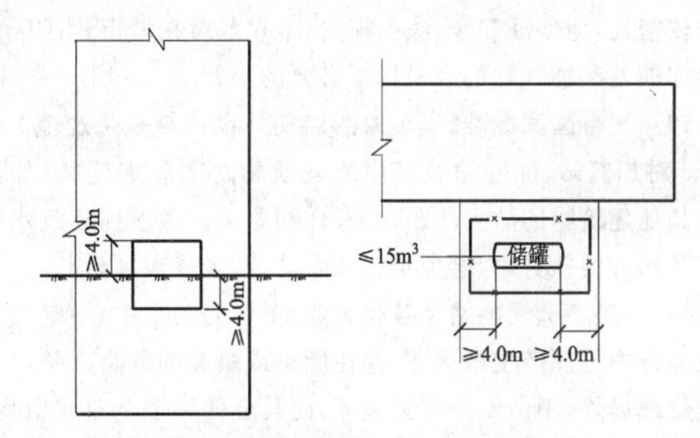

图 2 油罐面 4m 范围外墙设防火墙示意图

3.4.7 对于图 3 所示的"山形"、"凵形"等类似形状的厂房，建筑的两翼相当于两座厂房。本条规定了建筑两翼之间的防火间距(*L*)，主要为便于灭火救援和控制火势蔓延。但整个厂房的占地面积不大于本规范第 3.3.1 条规定的一个防火分区允许最大建筑面积时，该间距 *L* 可以减小到 6m。

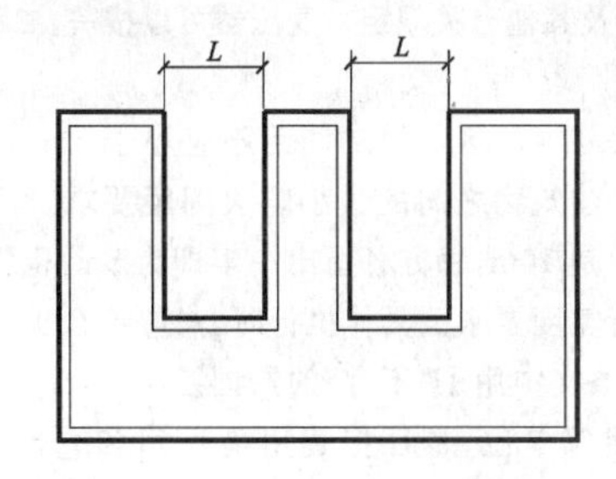

图 3 山形厂房

3.4.8 对于成组布置的厂房，组与组或组与相邻厂房的防火间距，应符合本规范第 3.4.1 条的有关规定。而高层厂房扑救困难，甲类厂房火灾危险性大，不允许成组布置。

(1)厂房建设过程中有时受场地限制或因建设用地紧张，当数座厂房占地面积之和不大于第 3.3.1 条规定的防火分区最大允许建筑面积时，可以成组布置；面积不限者，按不大于10000m² 考虑。

如图 4 所示：假设有 3 座二级耐火等级的单层丙、丁、戊厂房，其中丙类火灾危险性最高，二级耐火等级的单层丙类厂房的防火分区最大允许建筑面积为 8000m²，则 3 座厂房面积之和应控制在 8000m² 以内；若丁类厂房高度大于 7m，则丁类厂房与丙、戊类厂房间距不应小于 6m；若丙、戊类厂房高度均不大于 7m，则丙、戊类厂房间距不应小于 4m。

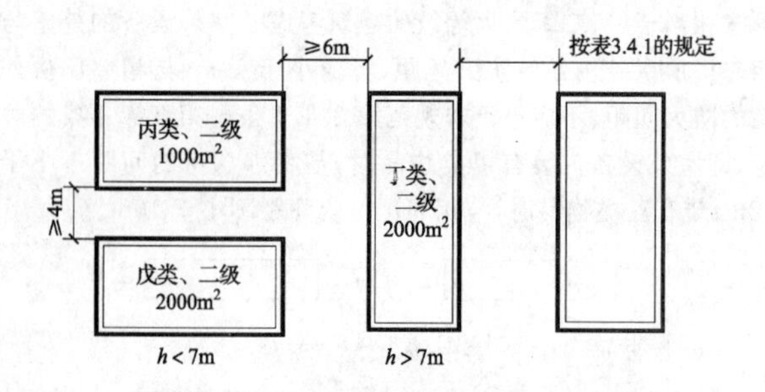

图4 成组厂房布置示意图

(2)组内厂房之间规定4m的最小间距，主要考虑消防车通行需要，也是考虑灭火救援的需要。当厂房高度为7m时，假定消防员手提水枪往上成60°角，就需要4m的水平间距才能喷射到7m的高度，故以高度7m为划分的界线，当大于7m时，则应至少需要6m的水平间距。

3.4.9 本条为强制性条文。汽油、液化石油气和天然气均属甲类物品，火灾或爆炸危险性较大，而城市建成区建筑物和人员均较密集，为保证安全，减少损失，本规范对在城市建成区建设的加油站和加气站的规模作了必要的限制。

3.4.10 现行国家标准《汽车加油加气站设计与施工规范》GB 50156对加气站、加油站及其附属建筑物之间和加气站、加油站与其他建筑物的防火间距，均有详细要求。考虑到规范本身的体系和方便执行，为避免重复和矛盾，本规范未再规定。

3.4.11 室外变、配电站是各类企业、工厂的动力中心，电气设备在运行中可能产生电火花，存在燃烧或爆裂的危险。一旦发生燃烧或爆炸，不但本身遭到破坏，而且会使一个企业或由变、配电站供电的所有企业、工厂的生产停顿。为保护保证生产的重点设施，室外变、配电站与其他建筑、堆场、储罐的防火间距要求比一般厂房严格些。

室外变、配电站区域内的变压器与主控室、配电室、值班室的防火间距主要根据工艺要求确定，与变、配电站内其他附属建筑(不包括产生明火或散发火花的建筑)的防火间距，执行本规范第3.4.1条及其他有关规定。变压器可以按一、二级耐火等级建筑考虑。

3.4.12 厂房与本厂区围墙的间距不宜小于5m，是考虑本厂区与相邻地块建筑物之间的最小防火间距要求。厂房之间的最小防火间距是10m，每方各留出一半即为5m，也符合一条消防车道的通行宽度要求。具体执行时，尚应结合工程实际情况合理确定，故条文中用了“不宜”的措词。

如靠近相邻单位，本厂拟建甲类厂房和仓库，甲、乙、丙类液体储罐，可燃气体储罐、液体石油气储罐等火灾危险性较大的建构筑物时，应使两相邻单位的建构筑物之间的防火间距符合本规范相关条文的规定。故本条文又规定了在不宜小于5m的前提下，还应满足围墙两侧建筑物之间的防火间距要求。

当围墙外是空地，相邻地块拟建建筑物类别尚不明了时，可按上述建构筑物与一、二级厂房应有防火间距的一半确定与本厂围墙的距离，其余部分由相邻地块的产权方考虑。例如，甲类厂房与一、二级厂房的防火间距为12m，则与本厂区围墙的间距需预先留足6m。

工厂建设如因用地紧张，在满足与相邻不同产权的建筑物之间的防火间距或设置了防火墙等防止火灾蔓延的措施时，丙、丁、戊类厂房可不受距围墙5m间距的限制。例如，厂区围墙外隔有城市道路，街区的建筑红线宽度已能满足防火间距的需要，厂房与本厂区围墙的间距可以不限。甲、乙类厂房和仓库及火灾危险性较大的储罐、堆场不能沿围墙建设，仍要执行5m间距的规定。

3.5 仓库的防火间距

3.5.1 本条为强制性条文。甲类仓库火灾危险性大，发生火灾后对周边建筑的影响范围广，有关防火间距要严格控制。本条规定除要考虑在确定厂房的防火间距时的因素外，还考虑了以下情况：

(1)硝化棉、硝化纤维胶片、喷漆棉、火胶棉、赛璐珞和金属钾、钠、锂、氢化锂、氢化钠等甲类物品，发生爆炸或火灾后，燃速快、燃烧猛烈、危害范围广。甲类物品仓库着火时的影响范围取决于所存放物品数量、性质和仓库规模等，其中储存量大小是决定其危害性的主要因素。如某座存放硝酸纤维废影片仓库，共存放影片约10t，爆炸着火后，周围30m～70m范围内的建筑物和其他可燃物均被引燃。

(2)对于高层民用建筑、重要公共建筑，由于建筑受到火灾或爆炸作用的后果较严重，相关要求应比对其他建筑的防火间距要求要严些。

(3)甲类仓库与铁路线的防火间距，主要考虑蒸汽机车飞火对仓库的影响。甲类仓库与道路的防火间距，主要考虑道路的通行情况、汽车和拖拉机排气管飞火的影响等因素。一般汽车和拖拉机的排气管飞火距离远者为8m～10m，近者为3m～4m。考虑到车辆流量大且不便管理等因素，与厂外道路的间距要求较厂内道路要大些。根据表3.5.1，储存甲类物品第1、2、5、6项的甲类仓库与一、二级耐火等级乙、丙、丁、戊类仓库的防火间距最小为12m。但考虑到高层仓库的火灾危险性较大，表3.5.1的注将该甲类仓库与乙、丙、丁、戊类高层仓库的防火间距从12m增加到13m。

3.5.2 本条为强制性条文。本条规定了除甲类仓库外的其他单层、多层和高层仓库之间的防火间距，明确了乙、丙、丁、戊类仓库与民用建筑的防火间距。主要考虑了满足灭火救援、防止初期火灾(一般为20min内)向邻近建筑蔓延扩大以及节约用地等因素：

(1)防止初期火灾蔓延扩大，主要考虑“热辐射”强度的影响。

(2)考虑在二、三级风情况下仓库火灾的影响。

(3)不少乙类物品不仅火灾危险性大，燃速快、燃烧猛烈，而且有爆炸危险，乙类储存物品的火灾危险性虽较甲类的低，但发生爆炸时的影响仍很大。为有所区别，故规定与民用建筑和重要公共建筑的防火间距分别不小于25m、50m。实际上，乙类火灾危险性的物品发生火灾后的危害与甲类物品相差不大，因此设计应尽可能与甲类仓库的要求一致，并在规范规定的基础上通过合理布局等来确保和增大相关间距。

乙类6项物品，主要是桐油漆布及其制品、油纸油绸及其制品、浸油的豆饼、浸油金属屑等。这些物品在常温下与空气接触能够缓慢氧化，如果积蓄的热量不能散发出来，就会引起自燃，但燃速不快，也不爆燃，故这些仓库与民用建筑的防火间距可不增大。

本条注2中的“总占地面积”为相邻两座仓库的占地面积之和。

3.5.3 本条为满足工程建设需要，除本规范第3.5.2条的注外，还规定了其他可以减少建筑间防火间距的条件，这些条件应能有效减小火灾的作用或防止火灾的相互蔓延。

3.5.4 本条规定的粮食筒仓与其他建筑的防火间距，为单个粮食筒仓与除表3.5.4注1以外的建筑的防火间距。粮食筒仓组与组的防火间距为粮食仓群与仓群，即多个且成组布置的筒仓群之间的防火间距。每个筒仓组应只共用一套粮食收发放系统或工作塔。

3.5.5 对于库区围墙与库区内各类建筑的间距，据调查，一些地方为了解决两个相邻不同业主用地合理留出空地问题，通常做到了仓库与本用地的围墙距离不小于5m，并且要满足围墙两侧建筑物之间的防火间距要求。后者的要求是，如相邻不同业主的用地上的建筑物距围墙为5m，而要求围墙两侧建筑物之间的防火间距为15m时，则另一侧建筑距围墙的距离还必须保证10m，其余类推。

3.6 厂房和仓库的防爆

3.6.1 有爆炸危险的厂房设置足够的泄压面积，可大大减轻爆炸时的破坏强度，避免因主体结构遭受破坏而造成人员重大伤亡和经济损失。因此，要求有爆炸危险的厂房的围护结构有相适应的泄压面积，厂房的承重结构和重要部位的分隔墙体应具备足够的抗爆性能。

采用框架或排架结构形式的建筑，便于在外墙面开设大面积的门窗洞口或采用轻质墙体作为泄压面积，能为厂房设计成敞开或半敞开式的建筑形式提供有利条件。此外，框架和排架的结构整体性强，较之砖墙承重结构的抗爆性能好。规定有爆炸危险的厂房尽量采用敞开、半敞开式厂房，并且采用钢筋混凝土柱、钢柱承重的框架和排架结构，能够起到良好的泄压和抗爆效果。

3.6.2 本条为强制性条文。一般，等量的同一爆炸介质在密闭的小空间内和在开敞的空间爆炸，爆炸压强差别较大。在密闭的空间内，爆炸破坏力将大很多，因此相对封闭的有爆炸危险性厂房需要考虑设置必要的泄压设施。

3.6.3 为在发生爆炸后快速泄压和避免爆炸产生二次危害，泄压设施的设计应考虑以下主要因素：

(1)泄压设施需采用轻质屋盖、轻质墙体和易于泄压的门窗，设计尽量采用轻质屋盖。

易于泄压的门窗、轻质墙体、轻质屋盖，是指门窗的单位质量轻、玻璃受压易破碎、墙体屋盖材料容重较小、门窗选用的小五金断面较小、构造节点连接受到爆炸力作用易断裂或脱落等。比如，用于泄压的门窗可采用楔形木块固定，门窗上用的金属百页、插销等的断面可稍小，门窗向外开启。这样，一旦发生爆炸，因室内压力大，原关着的门窗上的小五金可能因冲击波而被破坏，门窗则可自动打开或自行脱落，达到泄压的目的。

降低泄压面积构配件的单位质量，也可减小承重结构和不作为泄压面积的围护构件所承受的超压，从而减小爆炸所引起的破坏。本条参照美国消防协会《防爆泄压指南》NFPA68和德国工程师协会标准的要求，结合我国不同地区的气候条件差异较大等实际情况，规定泄压面积构配件的单位质量不应大于$60kg/m^2$，但这一规定仍比《防爆泄压指南》NFPA68要求的$12.5kg/m^2$，最大为$39.0kg/m^2$和德国工程师协会要求的$10.0kg/m^2$高很多。因此，设计要尽可能采用容重更轻的材料作为泄压面积的构配件。

(2)在选择泄压面积的构配件材料时，除要求容重轻外，最好具有在爆炸时易破裂成非尖锐碎片的特性，便于泄压和减少对人的危害。同时，泄压面设置最好靠近易发生爆炸的部位，保证迅速泄压。对于爆炸时易形成尖锐碎片而四面喷射的材料，不能布置在公共走道或贵重设备的正面或附近，以减小对人员和设备的伤害。

有爆炸危险的甲、乙类厂房爆炸后，用于泄压的门窗、轻质墙体、轻质屋盖将被摧毁，高压气流夹杂大量的爆炸物碎片从泄压面喷出，对周围的人员、车辆和设备等均具有一定破坏性，因此泄压面积应避免面向人员密集场所和主要交通道路。

(3)对于我国北方和西北、东北等严寒或寒冷地区，由于积雪和冰冻时间长，易增加屋面上泄压面积的单位面积荷载而使其产生较大静力惯性，导致泄压受到影响，因而设计要考虑采取适当措施防止积雪。

总之，设计应采取措施，尽量减少泄压面积的单位质量(即重力惯性)和连接强度。

3.6.4 本条规定参照了美国消防协会标准《爆炸泄压指南》NFPA 68的相关规定和公安部天津消防研究所的有关研究试验成果。在过去的工程设计中，存在依照规范设计并满足规范要求，而可能不能有效泄压的情况，本条规定的计算方法能在一定程度上解决该问题。有关爆炸危险等级的分级参照了美国和日本的相关规定，见表8和表9；表中未规定的，需通过试验测定。

表8 厂房爆炸危险等级与泄压比值表(美国)

厂房爆炸危险等级	泄压比值(m^2/m^3)
弱级(颗粒粉尘)	0.0332
中级(煤粉、合成树脂、锌粉)	0.0650
强级(在干燥室内漆料、溶剂的蒸气、铝粉、镁粉等)	0.2200
特级(丙酮、天然汽油、甲醇、乙炔、氢)	尽可能大

表9 厂房爆炸危险等级与泄压比值表(日本)

厂房爆炸危险等级	泄压比值(m^2/m^3)
弱级(谷物、纸、皮革、铅、铬、铜等粉末醋酸蒸气)	0.0334
中级(木屑，炭屑，煤粉，锑、锡等粉尘，乙烯树脂，尿素，合成树脂粉尘)	0.0667
强级(油漆干燥或热处理室，醋酸纤维，苯酚树脂粉尘，铝、镁、锆等粉尘)	0.2000
特级(丙酮、汽油、甲醇、乙炔、氢)	>0.2

长径比过大的空间，会因爆炸压力在传递过程中不断叠加而产生较高的压力。以粉尘为例，如空间过长，则在爆炸后期，未燃烧的粉尘一空气混合物受到压缩，初始压力上升，燃气泄放流动会产生紊流，使燃速增大，产生较高的爆炸压力。因此，有可燃气体或可燃粉尘爆炸危险性的建筑物的长径比要避免过大，以防止爆炸时产生较大超压，保证所设计的泄压面积能有效作用。

3.6.5 在生产过程中，散发比空气轻的可燃气体、可燃蒸气的甲类厂房上部容易积聚可燃气体，条件合适时可能引发爆炸，故在厂房上部采取泄压措施较合适，并以采用轻质屋盖效果较好。采用轻质屋盖泄压，具有爆炸时屋盖被掀掉而不影响房屋的梁、柱承重构件，可设置较大泄压面积等优点。

当爆炸介质比空气轻时，为防止气流向上在死角处积聚而不易排除，导致气体达到爆炸浓度，规定顶棚应尽量平整，避免死角，厂房上部空间要求通风良好。

3.6.6 本条为强制性条文。生产过程中，甲、乙类厂房内散发的较空气重的可燃气体、可燃蒸气、可燃粉尘或纤维等可燃物质，会在建筑的下部空间靠近地面或地沟、洼地等处积聚。为防止地面因摩擦打出火花引发爆炸，要避免车间地面、墙面因为凹凸不平积聚粉尘。本条规定主要为防止在建筑内形成引发爆炸的条件。

3.6.7 本条规定主要为尽量减小爆炸产生的破坏性作用。单层厂房中如某一部分为有爆炸危险的甲、乙类生产，为防止或减少爆炸对其他生产部分的破坏、减少人员伤亡，要求甲、乙类生产部位靠建筑的外墙布置，以便直接向外泄压。多层厂房中某一部分或某一层为有爆炸危险的甲、乙类生产时，为避免因该生产设置在建筑的下部及其中间楼层，爆炸时导致结构破坏严重而影响上层建筑结构的安全，要求这些甲、乙类生产部位尽量设置在建筑的最上一层靠外墙的部位。

3.6.8 本条为强制性条文。总控制室设备仪表较多、价值较高，是某一工厂或生产过程的重要指挥、控制、调度与数据交换、储存场所。为了保障人员、设备仪表的安全和生产的连续性，要求这些场所与有爆炸危险的甲、乙类厂房分开，单独建造。

3.6.9 本条规定基于工程实际，考虑有些分控制室常常和其厂房紧邻，甚至设在其中，有的要求能直接观察厂房中的设备运行情况，如分开设则要增加控制系统，增加建筑用地和造价，还给生产管理带来不便。因此，当分控制室在受条件限制需与厂房贴邻建造时，须靠外墙设置，以尽可能减少其所受危害。

对于不同生产工艺或不同生产车间，甲、乙类厂房内各部位的实际火灾危险性均可能存在较大差异。对于贴邻建造且可能受到爆炸作用的分控制室，除分隔墙体的耐火性能要求外，还需要考虑其抗爆要求，即墙体还需采用抗爆墙。

3.6.10 在有爆炸危险的甲、乙类厂房或场所中，有爆炸危险的区域与相邻的其他有爆炸危险或无爆炸危险的生产区域因生产工艺需要连通时，要尽量在外墙上开门，利用外廊或阳台联系或在防火墙上做门斗，门斗的两个门错开设置。考虑到对疏散楼梯的保护，设置在有爆炸危险场所内的疏散楼梯也要考虑设置门斗，以此缓冲爆炸冲击波的作用，降低爆炸对疏散楼梯间的影响。此外，门斗还可以限制爆炸性可燃气体、可燃蒸气混合物的扩散。

3.6.11 本条为强制性条文。使用和生产甲、乙、丙类液体的厂房，发生事故时易造成液体在地面流淌或滴漏至地下管沟里，若遇火源即会引起燃烧或爆炸，可能影响地下管沟行经的区域，危害范围大。甲、乙、丙类液体流入下水道也易造成火灾或爆炸。为避免殃及相邻厂房，规定管、沟不应与相邻厂房相通，下水道需设隔油设施。

但是，对于水溶性可燃、易燃液体，采用常规的隔油设施不能有效防止可燃液体蔓延与流散，而应根据具体生产情况采取相应的排放处理措施。

3.6.12 本条为强制性条文。甲、乙、丙类液体，如汽油、苯、甲苯、甲醇、乙醇、丙酮、煤油、柴油、重油等，一般采用桶装存放在仓库内。此类库房一旦着火，特别是上述桶装液体发生爆炸，容易在库内地面流淌，设置防止液体流散的设施，能防止其流散到仓库外，避免造成火势扩大蔓延。防止液体流散的基本做法有两种：一是在桶装仓库门洞处修筑漫坡，一般高为150mm～300mm；二是在仓库门口砌筑高度为150mm～300mm的门坎，再在门坎两边填沙土形成漫坡，便于装卸。

金属钾、钠、锂、钙、锶，氢化锂等遇水会发生燃烧爆炸的物品的仓库，要求设置防止水浸渍的设施，如使室内地面高出室外地面、仓库屋面严密遮盖，防止渗漏雨水，装卸这类物品的仓库栈台有防雨水的遮挡等措施。

3.6.13 谷物粉尘爆炸事故屡有发生，破坏严重，损失很大。谷物粉尘爆炸必须具备一定浓度、助燃剂（如氧气）和火源三个条件。表10列举了一些谷物粉尘的爆炸特性。

表10 粮食粉尘爆炸特性

物质名称	最低着火温度(℃)	最低爆炸浓度(g/m³)	最大爆炸压力(kg/cm²)
谷物粉尘	430	55	6.68
面粉粉尘	380	50	6.68
小麦粉尘	380	70	7.38
大豆粉尘	520	35	7.03
咖啡粉尘	360	85	2.66
麦芽粉尘	400	55	6.75
米粉尘	440	45	6.68

粮食筒仓在作业过程中，特别是在卸料期间易发生爆炸，由于筒壁设计通常较牢固，并且一旦受到破坏对周围建筑的危害也大，故在筒仓的顶部设置泄压面积，十分必要。本条未规定泄压面积与粮食筒仓容积比值的具体数值，主要由于国内这方面的试验研究尚不充分，还未获得成熟可靠的设计数据。根据筒仓爆炸案例分析和国内某些粮食筒仓设计的实例，推荐采用0.008～0.010。

3.6.14 在生产、运输和储存可燃气体的场所，经常由于泄漏和其他事故，在建筑物或装置中产生可燃气体或液体蒸气与空气的混合物。当场所内存在点火源且混合物的浓度合适时，则可能引发灾难性爆炸事故。为尽量减少事故的破坏程度，在建筑物或装置上预先开设具有一定面积且采用低强度材料做成的爆炸泄压设施是有效措施之一。在发生爆炸时，这些泄压设施可使建筑物或装置内由于可燃气体在密闭空间中燃烧而产生的压力能够迅速泄放，从而避免建筑物或储存装置受到严重损害。

在实际生产和储存过程中，还有许多因素影响到燃烧爆炸的发生与强度，这些很难在本规范中一一明确，特别是仓库的防爆与泄压，还有赖于专门标准进行专项研究确定。为此，本条对存在爆炸危险的仓库作了原则规定，设计需根据其实际情况考虑防爆措施和相应的泄压措施。

3.7 厂房的安全疏散

3.7.1 本条规定了厂房安全出口布置的原则要求。

建筑物内的任一楼层或任一防火分区着火时，其中一个或多个安全出口被烟火阻挡，仍要保证有其他出口可供安全疏散和救援使用。在有的国家还要求同一房间或防火分区内的出口布置的位置，应能使同一房间或同一防火分区内最远点与其相邻2个出口中心点连线的夹角不应小于45°，以确保相邻出口用于疏散时安全可靠。本条规定了5m这一最小水平间距，设计应根据具体情况和保证人员有不同方向的疏散路径这一原则合理布置。

3.7.2 本条为强制性条文。本条规定了厂房地上部分安全出口设置数量的一般要求，所规定的安全出口数量既是对一座厂房而言，也是对厂房内任一个防火分区或某一使用房间的安全出口数量要求。

要求厂房每个防火分区至少应有2个安全出口，可提高火灾时人员疏散通道和出口的可靠性。但对所有建筑，不论面积大小、人数多少均要求设置2个出口，有时会有一定困难，也不符合实际情况。因此，对面积小、人员少的厂房分别按其火灾危险性分档，规定了允许设置1个安全出口的条件：对火灾危险性大的厂房，可燃物多、火势蔓延较快，要求严格些；对火灾危险性小的，要求低些。

3.7.3 本条为强制性条文。本条规定的地下、半地下厂房为独立建造的地下、半地下厂房和布置在其他建筑的地下、半地下生产场所以及生产性建筑的地下、半地下室。

地下、半地下生产场所难以直接天然采光和自然通风，排烟困难，疏散只能通过楼梯间进行。为保证安全，避免出现出口被堵住无法疏散的情况，要求至少需设置2个安全出口。考虑到建筑面积较大的地下、半地下生产场所，如果要求每个防火分区均需设置至少2个直通室外的出口，可能有很大困难，所以规定至少要有1个直通室外的独立安全出口，另一个可通向相邻防火分区，但是该防火分区须采用防火墙与相邻防火分区分隔，以保证人员进入另一个防火分区内后有足够安全的条件进行疏散。

3.7.4 本条规定了不同火灾危险性类别厂房内的最大疏散距

离。本条规定的疏散距离均为直线距离，即室内最远点至最近安全出口的直线距离，未考虑因布置设备而产生的阻挡，但有通道连接或墙体遮挡时，要按其中的折线距离计算。

通常，在火灾条件下人员能安全走出安全出口，即可认为到达安全地点。考虑单层、多层、高层厂房的疏散难易程度不同，不同火灾危险性类别厂房发生火灾的可能性及火灾后的蔓延和危害不同，分别作了不同的规定。将甲类厂房的最大疏散距离定为30m、25m，是以人的正常水平疏散速度为1m/s确定的。乙、丙类厂房较甲类厂房火灾危险性小，火灾蔓延速度也慢些，故乙类厂房的最大疏散距离参照国外规范定为75m。丙类厂房中工作人员较多，人员密度一般为2人/m²，疏散速度取办公室内的水平疏散速度（60m/min）和学校教学楼的水平疏散速度（22m/min）的平均速度（60m/min＋22m/min）÷2＝41m/min。当疏散距离为80m时，疏散时间需要2min。丁、戊类厂房一般面积大、空间大，火灾危险性小，人员的可用安全疏散时间较长。因此，对一、二级耐火等级的丁、戊类厂房的安全疏散距离未作规定；三级耐火等级的戊类厂房，因建筑耐火等级低，安全疏散距离限在100m。四级耐火等级的戊类厂房耐火等级更低，可和丙、丁类生产的三级耐火等级厂房相同，将其安全疏散距离定在60m。

实际火灾环境往往比较复杂，厂房内的物品和设备布置以及人在火灾条件下的心理和生理因素都对疏散有直接影响，设计师应根据不同的生产工艺和环境，充分考虑人员的疏散需要来确定疏散距离以及厂房的布置与选型，尽量均匀布置安全出口，缩短疏散距离，特别是实际步行距离。

3.7.5 本条规定了厂房的百人疏散宽度计算指标、疏散总净宽度和最小净宽度要求。

厂房的疏散走道、楼梯、门的总净宽度计算，参照了国外有关规范的要求，结合我国有关门窗的模数规定，将门洞的最小宽度定为1.0m，则门的净宽在0.9m左右，故规定门的最小净宽度不小于0.9m。走道的最小净宽度与人员密集的场所疏散门的最小净宽度相同，取不小于1.4m。

为保证建筑中下部楼层的楼梯宽度不小于上部楼层的楼梯宽度，下层楼梯、楼梯出口和入口的宽度要按照这一层上部各层中设计疏散人数最多一层的人数计算；上层的楼梯和楼梯出入口的宽度可以分别计算。存在地下室时，则地下部分上一层楼梯、楼梯出口和入口的宽度要按照这一层下部各层中设计疏散人数最多一层的人数计算。

3.7.6 本条为强制性条文。本条规定了各类厂房疏散楼梯的设置形式。

高层厂房和甲、乙、丙类厂房火灾危险性较大，高层建筑发生火灾时，普通客（货）用电梯无防烟、防火等措施，火灾时不能用于人员疏散使用，楼梯是人员的主要疏散通道，要保证疏散楼梯在火灾时的安全，不能被烟或火侵袭。对于高度较高的建筑，敞开式楼梯间具有烟囱效应，会使烟气很快通过楼梯间向上扩散蔓延，危及人员的疏散安全。同时，高温烟气的流动也大大加快了火势蔓延，故作本条规定。

厂房与民用建筑相比，一般层高较高，四、五层的厂房，建筑高度即可达24m，而楼梯的习惯做法是敞开式。同时考虑到有的厂房虽高，但人员不多，厂房建筑可燃装修少，故对设置防烟楼梯间的条件作了调整，即如果厂房的建筑高度低于32m，人数不足10人或只有10人时，可以采用封闭楼梯间。

3.8 仓库的安全疏散

3.8.1 本条的有关说明见第3.7.1条条文说明。

3.8.2 本条为强制性条文。本条规定为地上仓库安全出口设置的基本要求，所规定的安全出口数量既是对一座仓库而言，也是对仓库内任一个防火分区或某一使用房间的安全出口数量要求。

要求仓库每个防火分区至少应有2个安全出口，可提高火灾时人员疏散通道和出口的可靠性。考虑到仓库本身人员数量较少，若不论面积大小均要求设置2个出口，有时会有一定困难，也不符合实际情况。因此，对面积小的仓库规定了允许设置1个安全出口的条件。

3.8.3 本条为强制性条文。本条规定为地下、半地下仓库安全出口设置的基本要求。本条规定的地下、半地下仓库，包括独立建造的地下、半地下仓库和布置在其他建筑的地下、半地下仓库。

地下、半地下仓库难以直接天然采光和自然通风，排烟困难，疏散只能通过楼梯间进行。为保证安全，避免出现出口被堵无法疏散的情况，要求至少需设置2个安全出口。考虑到建筑面积较大的地下、半地下仓库，如果要求每个防火分区均需设置至少2个直通室外的出口，可能有很大困难，所以规定至少要有1个直通室外的独立安全出口，另一个可通向相邻防火分区，但是该防火分区须采用防火墙与相邻防火分区分隔，以保证人员进入另一个防火分区内后有足够安全的条件进行疏散。

3.8.4 对于粮食钢板筒仓、冷库、金库等场所，平时库内无人，需要进人的人员也很少，且均为熟悉环境的工作人员，粮库、金库还有严格的保安管理措施与要求，因此这些场所可以按照国家相应标准或规定的要求设置安全出口。

3.8.7 本条为强制性条文。高层仓库内虽经常停留人数不多，但垂直疏散距离较长，如采用敞开式楼梯间不利于疏散和救援，也不利于控制烟火向上蔓延。

3.8.8 本条规定了垂直运输物品的提升设施的防火要求，以防止火势向上蔓延。

多层仓库内供垂直运输物品的升降机（包括货梯），有些紧贴仓库外墙设置在仓库外，这样设置既利于平时使用，又有利于安全疏散；也有些将升降机（货梯）设置在仓库内，但未设置在升降机竖井内，是敞开的。这样的设置很容易使火焰通过升降机的楼板孔洞向上蔓延，设计中应避免这样的不安全做法。但戊类仓库的可燃物少、火灾危险性小，升降机可以设在仓库内。

其他类别仓库内的火灾荷载相对较大，强度大、火灾延续时间可能较长，为避免因门的破坏而导致火灾蔓延扩大，井筒防火分隔处的洞口应采用乙级防火门或其他防火分隔物。

4 甲、乙、丙类液体、气体储罐(区)和可燃材料堆场

4.1 一 般 规 定

4.1.1 本条结合我国城市的发展需要,规定了甲、乙、丙类液体储罐区,液化石油气储罐区,可燃、助燃气体储罐区,可燃材料堆场等的平面布局要求,以有利于保障城市、居住区的安全。

本规范中的可燃材料露天堆场,包括秸秆、芦苇、烟叶、草药、麻、甘蔗渣、木材、纸浆原料、煤炭等的堆场。这些场所一旦发生火灾,灭火难度大、危害范围大。在实际选址时,应尽量将这些场所布置在城市全年最小频率风向的上风侧;确有困难时,也要尽量选择在本地区或本单位全年最小频率风向的上风侧,以便防止飞火殃及其他建筑物或可燃物堆垛等。

甲、乙、丙类液体储罐或储罐区要尽量布置在地势较低的地带,当受条件限制不得不布置在地势较高的地带时,需采取加强防火堤或另外增设防护墙等可靠的防护措施;液化石油气储罐区因液化石油气的相对密度较大、气化体积大、爆炸极限低等特性,要尽量远离居住区、工业企业和建有剧场、电影院、体育馆、学校、医院等重要公共建筑的区域,单独布置在通风良好的区域。

本条规定的这些场所,着火后燃烧速度快、辐射热强、难以扑救,火灾延续时间往往较长,有的还存在爆炸危险,危及范围较大,扑救和冷却用水量较大。因而,在选址时还要充分考虑消防水源的来源和保障程度。

4.1.2 本条为强制性条文。本条规定主要针对闪点较低的甲类液体,这类液体对温度敏感,特别要预防夏季高温炎热气候条件下因露天存放而发生超压爆炸、着火。

4.1.3 本条为强制性条文。液化石油气泄漏时的气化体积大、扩散范围大,并易积聚引发较严重的灾害。除在选址要综合考虑外,还需考虑采取尽量避免和减少储罐爆炸或泄漏对周围建筑物产生危害的措施。

设置防护墙可以防止储罐漏液外流危及其他建筑物。防护墙高度不大于1.0m,对通风影响较小,不会窝气。美国、前苏联的有关规范均对罐区设置防护墙有相应要求。日本各液化石油气罐区以及每个储罐也均设置防火堤。因此,本条要求液化石油气罐区设置不小于1.0m高的防护墙,但储罐距防护墙的距离,卧式储罐按其长度的一半,球形储罐按其直径的一半考虑为宜。

液化石油气储罐与周围建筑物的防火间距,应符合本规范第4.4节和现行国家标准《城镇燃气设计规范》GB 50028的有关规定。

4.1.4 装卸设施设置在储罐区内或距离储罐区较近,当储罐发生泄漏、有汽车出入或进行装卸作业时,存在爆燃引发火灾的危险。这些场所在设计时应首先考虑按功能进行分区,储罐与其装卸设施及辅助管理设施分开布置,以便采取隔离措施和实施管理。

4.2 甲、乙、丙类液体储罐(区)的防火间距

本节规定主要针对工业企业内以及独立建设的甲、乙、丙类液体储罐(区)。为便于规范执行和标准间的协调,有关专业石油库的储罐布置及储罐与库内外建筑物的防火间距,应执行现行国家标准《石油库设计规范》GB 50074的有关规定。

4.2.1 本条为强制性条文。本条规定了甲、乙、丙类液体储罐和乙、丙类液体桶装堆场与建筑物的防火间距。

(1)甲、乙、丙类液体储罐和乙、丙类液体桶装堆场的最大总容量,是根据工厂企业附属可燃液体库和其他甲、乙、丙类液体储罐及仓库等的容量确定的。

本规范中表4.2.1规定的防火间距主要根据火灾实例、基本满足灭火扑救要求和现行的一些实际做法提出的。一个30m³的地上卧式油罐爆炸着火,能震碎相距15m范围的门窗玻璃,辐射热可引燃相距12m的可燃物。根据扑救油罐实践经验,油罐(池)着火时燃烧猛烈、辐射热强,小罐着火至少应有12m～15m的距离,较大罐着火至少应有15m～20m的距离,才能满足灭火需要。

(2)对于可能同时存放甲、乙、丙类液体的一个储罐区,在确定储罐区之间的防火间距时,要先将不同类别的可燃液体折算成同一类液体的容量(可折算成甲、乙类液体,也可折算成丙类液体)后,按本规范表4.2.1的规定确定。

(3)关于表4.2.1注的说明。

注3:因甲、乙、丙类液体的固定顶储罐区、半露天堆场和乙、丙类液体桶装堆场与甲类厂房和仓库以及民用建筑发生火灾时,相互影响较大,相应的防火间距应分别按表4.2.1中规定的数值增加25%。上述储罐、堆场发生沸溢或破裂使油品外泄时,遇到点火源会引发火灾,故增加了与明火或散发火花地点的防火间距,即在本表对四级耐火等级建筑要求的基础上增加25%。

注4:浮顶储罐的罐区或闪点大于120℃的液体储罐区火灾危险性相对较小,故规定可按表4.2.1中规定的数值减少25%,对于高层建筑及其裙房尽量不减少。

注5:数个储罐区布置在同一库区内时,罐区与罐区应视为两座不同的建、构筑物,防火间距原则上应按两个不同库区对待。但为节约土地资源,并考虑到灭火救援需要及同一库区的管理等因素,规定按不小于表4.2.1中相应容量的储罐区与四级耐火等级建筑的防火间距之较大值考虑。

注6:直埋式地下甲、乙、丙类液体储罐较地上式储罐安全,故规定相应的防火间距可按表4.2.1中规定的数值减少50%。但为保证安全,单罐容积不应大于50m³,总容积不应大于200m³。

4.2.2 本条为强制性条文。甲、乙、丙类液体储罐之间的防火间距,除考虑安装、检修的间距外,还要考虑避免火灾相互蔓延和便于灭火救援。

目前国内大多数专业油库和工业企业内油库的地上储罐之间的距离多为相邻储罐的一个D(D—储罐的直径)或大于一个D,也有些小于一个D($0.7D$～$0.9D$)。当其中一个储罐着火时,该距离能在一定程度上减少对相邻储罐的威胁。当采用水枪冷却油罐时,水枪喷水的仰角通常为45°～60°,$0.60D$～$0.75D$的距离基本可行。当油罐上的固定或半固定泡沫管线被破坏时,消防员需向着火罐上挂泡沫钩管,该距离能满足其操作要求。考虑到设置充氮保护设备的液体储罐比较安全,故规定其间距与浮顶储罐一样。

关于表4.2.2注的说明:

注2:主要明确不同火灾危险性的液体(甲类、乙类、丙类)、不同形式的储罐(立式罐、卧式罐;地上罐、半地下罐、地下罐等)布置在一起时,防火间距应按其中较大者确定,以利安全。对于矩形储罐,其当量直径为长边A与短边B之和的一半。设当量直径为D,则:

$$D=\frac{A+B}{2} \tag{3}$$

注3:主要考虑一排卧式储罐中的某个罐着火,不会导致火灾很快蔓延到另一排卧式储罐,并为灭火操作创造条件。

注4:单罐容积小于1000m³的甲、乙类液体地上固定顶油罐,罐容相对较小,采用固定冷却水设备后,可有效地降低燃烧辐射热对相邻罐的影响;同时,消防员还在火场采用水枪进行冷却,故油罐之间的防火间距可适当减少。

注5:储罐设置液下喷射泡沫灭火设备后,不需用泡沫钩管(枪);如设置固定消防冷却水设备,通常不需用水枪进行冷却。在防火堤内如设置泡沫灭火设备(如固定泡沫产生器等),能及时扑灭流散液体火。故这些储罐间的防火间距可适当减小,但尽量不小于0.4D。

4.2.3 本条为强制性条文。本条是对小型甲、乙、丙类液体储罐成组布置时的规定,目的在于既保证一定消防安全,又节约用地、节约输油管线,方便操作管理。当容量大于本条规定时,应执行本规范的其他规定。

据调查,有的专业油库和企业内的小型甲、乙、丙类液体库,将容量较小油罐成组布置。实践证明,小容量的储罐发生火灾时,一般情况下易于控制和扑救,不像大罐那样需要较大的操作场地。

为防止火势蔓延扩大、有利灭火救援、减少火灾损失,组内储罐的布置不应多于两排。组内储罐之间的距离主要考虑安装、检修的需要。储罐组与组之间的距离可按储罐的形式(地上式、半地下式、地下式等)和总容量相同的标准单罐确定。如:一组甲、乙类液体固定顶地上式储罐总容量为950m³,其中100m³单罐2个,150m³单罐5个,则组与组的防火间距按小于或等于1000m³的单罐0.75D确定。

4.2.4 把火灾危险性相同或接近的甲、乙、丙类液体地上、半地下储罐布置在一个防火堤分隔范围内,既有利于统一考虑消防设计,储罐之间也能互相调配管线布置,又可节省输送管线和消防管线,便于管理。

将沸溢性油品与非沸溢性油品,地上液体储罐与地下、半地下液体储罐分别布置在不同防火堤内,可有效防止沸溢性油品储罐着火后因突沸现象导致火灾蔓延,或者地下储罐发生火灾威胁地上、半地下储罐,避免危及非沸溢性油品储罐,从而减小扑灭难度和损失。本条规定遵循了不同火灾危险性的储罐分别分区布置的原则。

4.2.5 本条第3、4、5、6款为强制性条文。实践证明,防火堤能将燃烧的流散液体限制在防火堤内,给灭火救援创造有利条件。在甲、乙、丙类液体储罐区设置防火堤,是防止储罐内的液体因罐体破坏或突沸导致外溢流散而使火灾蔓延扩大,减少火灾损失的有效措施。前苏联、美国、英国、日本等国家有关规范都明确规定,甲、乙、丙类液体储罐区应设置防火堤,并规定了防火堤内的储罐布置、总容量和具体做法。本条规定既总结了国内的成功经验,也参考了国外的类似规定与做法。有关防火堤的其他技术要求,还可参见国家标准《储罐区防火堤设计规范》GB 50351—2005。

1 防火堤内的储罐布置不宜大于两排,主要考虑储罐失火时便于扑救,如布置大于两排,当中间一排储罐发生火灾时,将对两边储罐造成威胁,必然会给扑救带来较大困难。

对于单罐容量不大于1000m³且闪点大于120℃的液体储罐,储罐体形较小、高度较低,若中间一行储罐发生火灾是可以进行扑救的,同时还可节省用地,故规定可不大于4排。

2 防火堤内的储罐发生爆炸时,储罐内的油品常不会全部流出,规定防火堤的有效容积不应小于其中较大储罐的容积。浮顶储罐发生爆炸的概率较低,故取其中最大储罐容量的一半。

3、4 这两款规定主要考虑储罐爆炸着火后,油品因罐体破裂而大量外流时,能防止流散到防火堤外,并要能避免液体静压力冲击防火堤。

5 沸溢性油品储罐要求每个储罐设置一个防火堤或防火隔堤,以防止发生因液体沸溢,四处流散而威胁相邻储罐。

6 含油污水管道应设置水封装置以防止油品流至污水管道而造成安全隐患。雨水管道应设置阀门等隔离装置,主要为防止储罐破裂时液体流向防火堤之外。

4.2.6 闪点大于120℃的液体储罐或储罐区以及桶装、瓶装的乙、丙类液体堆场,甲类液体半露天堆场(有盖无墙的棚房),由于液体储罐爆裂可能性小,或即使桶装液体爆裂,外溢的液体量也较少,因此当采取了有效防止液体流散的设施时,可以不设置防火堤。实际工程中,一般采用设置黏土、砖石等不燃材料的简易围堤和事故油池等方法来防止液体流散。

4.2.7 据调查,目前国内一些甲、乙类液体储罐与泵房的距离一般在14m～20m之间,与铁路装卸栈桥一般在18m～23m之间。

发生火灾时,储罐对泵房等的影响与罐容和所存可燃液体的量有关,泵房等对储罐的影响相对较小。但从引发的火灾情况看,往往是两者相互作用的结果。因此,从保障安全、便于灭火救援出发,储罐与泵房和铁路、汽车装卸设备要求保持一定的防火间距,前者宜为10m～15m。无论是铁路还是汽车的装卸鹤管,其火灾危险性基本一致,故将有关防火间距统一,将后者定为12m～20m。

4.2.8 本条规定主要为减小装卸鹤管与建筑物、铁路线之间的相互影响。根据对国内一些储罐区的调查,装卸鹤管与建筑物的距离一般为14m～18m。对丙类液体鹤管与建筑的距离,则据其火灾危险性作了一定调整。

4.2.9 甲、乙、丙类液体储罐与铁路走行线的距离,主要考虑蒸汽机车飞火对储罐的威胁,而飞火的控制距离难以准确确定,但机车的飞火通常能量较小,一定距离后即会快速衰减,故将最小间距控制在20m,对甲、乙类储罐与厂外铁路走行线的间距,考虑到这些物质的可燃蒸气的点火能相对较低,故规定大一些。

与道路的距离是据汽车和拖拉机排气管飞火对储罐的威胁确定的。据调查,机动车辆的飞火的影响范围远者为8m～10m,近者为3m～4m,故与厂内次要道路定为5m和10m,与主要道路和厂外道路的间距则需适当增大些。

4.2.10 零位储罐罐容较小,是铁路槽车向储罐卸油作业时的缓冲罐。零位罐置于低处,铁路槽车内的油品借助液位高程自流进零位罐,然后利用油泵送入储罐。

4.3 可燃、助燃气体储罐(区)的防火间距

4.3.1 本条为强制性条文。本条是对可燃气体储罐与其他建筑防火间距的基本规定。可燃气体储罐指盛装氢气、甲烷、乙烷、乙烯、氨气、天然气、油田伴生气、水煤气、半水煤气、发生炉煤气、高炉煤气、焦炉煤气、伍德炉煤气、矿井煤气等可燃气体的储罐。

可燃气体储罐分低压和高压两种。低压可燃气体储罐的几何容积是可变的，分湿式和干式两种。湿式可燃气体储罐的设计压力通常小于4kPa，干式可燃气体储罐的设计压力通常小于8kPa。高压可燃气体储罐的几何容积是固定的，外形有卧式圆筒形和球形两种。卧式储气罐容积较小，通常不大于120m^3。球型储气罐罐容积较大，最大容积可达10000m^3。这类储罐的设计压力通常为1.0MPa～1.6MPa。目前国内湿式可燃气储罐单罐容积档次有：小于1000m^3、1000m^3、5000m^3、10000m^3、20000m^3、30000m^3、50000m^3、100000m^3、150000m^3、200000m^3；干式可燃气体储罐单罐容积档次有：小于1000m^3、1000m^3、5000m^3、10000m^3、20000m^3、30000m^3、50000m^3、80000m^3、170000m^3、300000m^3。

表中储罐总容积小于或等于1000m^3者，一般为小氮肥厂、小化工厂和其他小型工业企业的可燃气体储罐。储罐总容积为1000m^3～10000m^3者，多是小城市的煤气储配站、中型氮肥厂、化工厂和其他中小型工业企业的可燃气体储罐。储罐总容积大于或等于10000m^3至小于50000m^3者，为中小城市的煤气储配站、大型氮肥厂、化工厂和其他大中型工业企业的可燃气体储罐。储罐总容积大于或等于50000m^3至小于100000m^3者，为大中城市的煤气储配站、焦化厂、钢铁厂和其他大型工业企业的可燃气体储罐。

近10年，国内各钢铁企业为节能减排，对钢厂产生的副产煤气进行了回收利用。为充分利用钢厂的副产煤气，调节煤气发生与消耗间的不平衡性，保证煤气的稳定供给，钢铁企业均设置了煤气储罐。由于产能增加，国内多家钢铁企业的煤气储罐容量已大于100000m^3，部分钢铁企业大型煤气储罐现状见表11。

表11 国内部分钢铁企业大型煤气储罐现状

序号	储存介质	柜型	容积（$\times10^4m^3$）	座数	规格（高×直径）（m×m）	储气压力（kPa）
宝山钢铁股份公司宝钢分公司						
1	高炉煤气	可隆型	15	2		8.0
2	焦炉煤气	POC型	30	1	121×64.6	6.3
3	焦炉煤气	POP型	12	1		6.3
4	转炉煤气	POC型	8	4	41×58	3.0
鞍山钢铁股份有限公司鞍山工厂						
1	高炉煤气	POC型	30	2	121×64.6	10
2	焦炉煤气	POP型	16.5	1		6.3
3	转炉煤气	POC型	8	2	41×58	3
武汉钢铁公司						
1	高炉煤气	POC型	15	2	99×51.2	9.5
2	高炉煤气	POC型	30			10
3	焦炉煤气	POP型	12	1		6.3
4	转炉煤气	PRC型	8	2	41×58	3
5	转炉煤气	PRC型	5	1		3

据调查，国内目前最大的煤气储罐容积为300000m^3，最高压力为10kPa。为适应我国储气罐单罐容积趋向大型化的需要，本次修订增加了第五档，即100000m^3～300000m^3，明确了该档储罐与建筑物、储罐、堆场的防火间距要求。

表4.3.1注：固定容积的可燃气体储罐设计压力较高，易漏气，火灾危险性较大，防火间距要先按其实际几何容积（m^3）与设计压力（绝对压力，10^5 Pa）乘积折算出总容积，再按表4.3.1的规定确定。

本条有关间距的主要确定依据：

（1）湿式储气罐内可燃气体的密度多数比空气轻，泄漏时易向上扩散，发生火灾时易扑救。根据有关分析，湿式可燃气体储罐一般不会发生爆炸，即使发生爆炸一般也不会发生二次或连续爆炸。爆炸原因大多为在检修时因处理不当或违章焊接引起。湿式储气罐或堆场等发生火灾爆炸时，相互危及范围一般在20m～40m，近者约10m，远者100m～200m，碎片飞出可能伤人或砸坏建筑物。

（2）考虑施工安装的需要，大、中型可燃气体储罐施工安装所需的距离一般为20m～25m。根据储气罐扑救实践，人员与罐体之间至少要保持15m～20m的间距。

（3）现行国家标准《城镇燃气设计规范》GB 50028、《钢铁冶金企业设计防火规范》GB 50414对不同容积可燃气体储罐与建筑物、储罐、堆场的防火间距也均有要求。《城镇燃气设计规范》中表格第五档为"大于200000m^3"，没有规定储罐容积上限，这主要是因为考虑到安全性、经济性等方面的因素，城镇中的燃气储罐容积不会太大，一般不大于200000m^3。大型的可燃气体储罐主要集中在钢铁等企业中。本规范在确定100000m^3～300000m^3可燃气体储罐与建筑物、储罐、堆场的防火间距要求时，主要是基于辐射热计算、国内部分钢铁企业现状与需求和此类储罐的实际火灾危险性。

（4）干式储气罐的活塞和罐体间靠油或橡胶夹布密封，当密封部分漏气时，可燃气体泄漏到活塞上部空间，经排气孔排至大气中。当可燃气体密度大于空气时，不易向罐顶外部扩散，比空气小时，则易扩散，故前者防火间距应按表4.3.1增加25%，后者可按表4.3.1的规定执行。

（5）小于20m^3的储罐，可燃气体总量及其火灾危险性较小，与其使用燃气厂房的防火间距可不限。

（6）湿式可燃气体储罐的燃气进出口阀门室、水封井和干式可燃气体储罐的阀门室、水封井、密封油循环泵和电梯间，均是储罐不宜分离的附属设施。为节省用地，便于运行管理，这些设施间可按工艺要求布置，防火间距不限。

4.3.2 本条为强制性条文。可燃气体储罐或储罐区之间的防火间距，是发生火灾时减少相互间的影响和便于灭火救援和施工、安装、检修所需的距离。鉴于干式可燃气体储罐与湿式可燃气体储罐火灾危险性基本相同且罐体高度均较高，故储罐之间的距离均规定不应小于相邻较大罐直径的一半。固定容积的可燃气体储罐设计压力较高、火灾危险性较湿式和干式可燃气体储罐大，卧式和球形储罐虽形式不同，但其火灾危险性基本相同，故均规定为不应小于相邻较大罐的2/3。

固定容积的可燃气体储罐与湿式或干式可燃气体储罐的防火间距，不应小于相邻较大罐的半径，主要考虑在一般情况下后者的直径大于前者，本条规定可以满足灭火救援和施工安装、检修需要。

我国在实施天然气"西气东输"工程中，已建成一批大型天然气球形储罐，当设计压力为1.0MPa～1.6MPa时，容积相当于50000m^3～80000m^3、100000m^3～160000m^3。据此，与燃气管理和燃气规范归口单位共同调研，并对其实际火灾危险性进行研究后，将储罐分组布置的规定调整为"数个固定容积的可燃气体储罐总容积大于200000m^3（相当于设计压力为1.0MPa

时的 10000m³球形储罐 2 台)时，应分组布置”。由于本规范只涉及储罐平面布置的规定，未全面、系统地规定其他相关消防安全技术要求。设计时，不能片面考虑储罐区的总容量与间距的关系，而需根据现行国家标准《城镇燃气设计规范》GB 50028 等标准的规定进行综合分析，确定合理和安全可靠的技术措施。

4.3.3 本条为强制性条文。氧气为助燃气体，其火灾危险性属乙类，通常储存于钢罐内。氧气储罐与民用建筑，甲、乙、丙类液体储罐，可燃材料堆场的防火间距，主要考虑这些建筑在火灾时的相互影响和灭火救援的需要；与制氧厂房的防火间距可按现行国家标准《氧气站设计规范》GB 50030 的有关规定，根据工艺要求确定。确定防火间距时，将氧气罐视为一、二级耐火等级建筑，与储罐外的其他建筑物的防火间距原则按厂房之间的防火间距考虑。

氧气储罐之间的防火间距不小于相邻较大储罐的半径，则是灭火救援和施工、检修的需要；与可燃气体储罐之间的防火间距不应小于相邻较大罐的直径，主要考虑可燃气体储罐发生爆炸时对相邻氧气储罐的影响和灭火救援的需要。

本条表 4.3.3 中总容积小于或等于 1000m³ 的湿式氧气储罐，一般为小型企业和一些使用氧气的事业单位的氧气储罐；总容积为 1000m³～50000m³ 者，主要为大型机械工厂和中、小型钢铁企业的氧气储罐；总容积大于 50000m³ 者，为大型钢铁企业的氧气储罐。

4.3.4 确定液氧储罐与其他建筑物、储罐或堆场的防火间距时，要将液氧的储罐容积按 1m³ 液氧折算成 800m³ 标准状态的氧气后进行。如某厂有 1 个 100m³ 的液氧储罐，则先将其折算成 800×100＝80000(m³)的氧气，再按本规范第 4.3.3 条第三档($V>50000m^3$)的规定确定液氧储罐的防火间距。

液氧储罐与泵房的间隔不宜小于 3m 的规定，与国外有关规范规定和国内有关工程的实际做法一致。根据分析医用液氧储罐的火灾危险性及其多年运行经验，为适应医用标准调整要求和医院建设需求，将医用液氧储罐的单罐容积和总容积分别调整为 5m³ 和 20m³。医用液氧储罐与医疗卫生机构内建筑的防火间距，国家标准《医用气体工程技术规范》GB 50751—2012 已有明确规定。医用液氧储罐与医疗卫生机构外建筑的防火间距，仍要符合本规范第 4.3.3 条的规定。

4.3.5 当液氧储罐泄漏的液氧气化后，与稻草、木材、刨花、纸屑等可燃物以及溶化的沥青接触时，遇到火源容易引起猛烈的燃烧，致使火势扩大和蔓延，故规定其周围一定范围内不应存在可燃物。

4.3.6 可燃、助燃气体储罐发生火灾时，对铁路、道路威胁较甲、乙、丙类液体储罐小，故防火间距的规定较本规范表 4.2.9 的要求小些。

4.3.7 液氢的闪点为－50℃，爆炸极限范围为 4.0%～75.0%，密度比水轻(沸点时 0.07g/cm³)。液氢发生泄漏后会因其密度比空气重(在－25℃时，相对密度 1.04)而使气化的气体沉积在地面上，当温度升高后才扩散，并在空气中形成爆炸性混合气体，遇到点火源即会发生爆炸而产生火球。氢气是最轻的气体，燃烧速度最快(测试管的管径 $D=25.4mm$，引燃温度 400℃，火焰传播速度为 4.85m/s，在化学反应浓度下着火能量为 1.5×10^{-5}J)。

液氢为甲类火灾危险性物质，燃烧、爆炸的猛烈程度和破坏力等均较气态氢大。参考国外规范，本条规定液氢储罐与建筑物及甲、乙、丙类液体储罐和堆场等的防火间距，按本规范对液化石油气储罐的有关防火间距，即表 4.4.1 规定的防火间距减小 25%。

液氨为乙类火灾危险性物质，与氟、氯等能发生剧烈反应。氨与空气混合到一定比例时，遇明火能引起爆炸，其爆炸极限范围为 15.5%～25%。氨具有较高的体积膨胀系数，超装的液氨气瓶极易发生爆炸。为适应工程建设需要，对比液氨和液氢的火灾危险性，参照液氢的有关规定，明确了液氨储罐与建筑物、储罐、堆场的防火间距。

4.3.8 本条为强制性条文。液化天然气是以甲烷为主要组分的烃类混合物，液化天然气的自燃点、爆炸极限均比液化石油气的高。当液化天然气的温度高于－112℃时，液化天然气的蒸气比空气轻，易向高处扩散，而液化石油气蒸气比空气重，易在低处聚集而引发火灾或爆炸，以上特点使液化天然气在运输、储存和使用上比液化石油气要安全。

表 4.3.8 中规定的液化天然气储罐和集中放散装置的天然气放散总管与站外建、构筑物的防火间距，总结了我国液化天然气气化站的建设与运行管理经验。

4.4 液化石油气储罐(区)的防火间距

4.4.1 本条为强制性条文。液化石油气是以丙烷、丙烯、丁烷、丁烯等低碳氢化合物为主要成分的混合物，闪点低于－45℃，爆炸极限范围为 2%～9%，为火灾和爆炸危险性高的甲类火灾危险性物质。液化石油气通常以液态形式常温储存，饱和蒸气压随环境温度变化而变化，一般在 0.2MPa～1.2MPa。1m³ 液态液化石油气可气化成 250m³～300m³ 的气态液化石油气，与空气混合形成 3000m³～15000m³ 的爆炸性混合气体。

液化石油气着火能量很低(3×10^{-4}J～4×10^{-4}J)，电话、步话机、手电筒开关时产生的火花即可成为爆炸、燃烧的点火源，火焰扑灭后易复燃。液态液化石油气的密度为水的一半(0.5t/m³～0.6t/m³)，发生火灾后用水难以扑灭；气态液化石油气的比重比空气重一倍(2.0kg/m³～2.5kg/m³)，泄漏后易在低洼或通风不良处窝存而形成爆炸性混合气体。此外，液化石油气储罐破裂时，罐内压力急剧下降，罐内液态液化石油气会立即气化成大量气体，并向上空喷出形成蘑菇云，继而降至地面向四周扩散，与空气混合形成爆炸性气体。一旦被引燃即发生爆炸，继之大火以火球形式返回罐区形成火海，致使储罐发生连续性爆炸。因此，一旦液化石油气储罐发生泄漏，危险性高，危害极大。

表 4.4.1 将液化石油气储罐和储罐区分为 7 档，按单罐和罐区不同容积规定了防火间距。第一档主要为工业企业、事业等单位和居住小区内的气化站、混气站和小型灌装站的容积规模。第二档为中小城市调峰气源厂和大中型工业企业的气化站和混气站的容积规模。第三、四、五档为大中型灌瓶站，大、中城市调峰气源厂的容积规模。第六、七档主要为特大型灌瓶站，大、中型储配站、储存站和石油化工厂的储罐区。为更好地控制液化石油气储罐的火灾危害，本次修订时，经与国家标准《液化石油气厂站设计规范》编制组协商，将其最大总容积限制在 10000m³。

表 4.4.1 注 2 的说明：埋地液化石油气储罐运行压力较低，且压力稳定，通常不大于 0.6MPa，比地上储罐安全，故参考国内外有关规范其防火间距减一半。为了安全起见，限制了单罐容积和储罐区的总容积。

有关防火间距规定的主要确定依据：

(1)根据液化石油气爆炸实例，当储罐发生液化石油气泄漏后，与空气混合并遇到点火源发生爆炸后，危及范围与单罐和罐区的总容积、破坏程度、泄漏量大小、地理位置、气象、风速以及消防设施和扑救情况等因素有关。当储罐和罐区容积较小，泄漏量不大时，爆炸和火灾的波及范围，近者20m～30m，远者50m～60m。当储罐和罐区容积较大，泄漏量很大时，爆炸和火灾的波及范围通常在100m～300m，有资料记载，最远可达1500m。

（2）参考了美国消防协会《国家燃气规范》NFPA 59—2008规定的非冷冻液化石油气储罐与建筑物的防火间距（见表12）、英国石油学会《液化石油气安全规范》规定的炼油厂及大型企业的压力储罐与其他建筑物的防火间距（见表13）和日本液化石油气设备协会《一般标准》JLPA 001：2002的规定（见表14）。

表12　非冷冻液化石油气储罐与建筑物的防火间距

储罐充水容积（美加仑）（m^3）	储罐距重要建筑物，或不与液化气体装置相连的建筑，或可用于建筑的相邻地界红线（ft）（m）
2001～30000（7.6～114）	50（15）
30001～70000（114～265）	75（23）
70001～90000（265～341）	100（30）
90001～120000（341～454）	125（38）
120001～200000（454～757）	200（61）
200001～1000000（747～3785）	300（91）
≥1000001（≥3785）	400（122）

注：储罐与用气厂房的间距可按上表减少50%，但不得低于50ft（15m）。表中数字后括号内的数值为按公制单位换算值。1美加仑=$3.79\times10^{-3}m^3$。

表13　炼油厂和大型企业压力储罐与其他建筑物的防火间距

名称（英加仑）（m^3）	间距（ft）（m）	备注
至其他企业的厂界或固定火源， 当储罐水容积＜30000（136.2） 30000～125000（136.2～567.50） ＞125000（＞567.5） 有火灾危险性的建筑物， 如灌装间、仓库等	 50（15.24） 75（22.86） 100（30.48） 50（15.24）	
甲、乙级储罐	50（15.24）	自甲、乙类油品的储罐的围堤顶部算起
至低温冷冻液化石油气储罐	最大低温罐直径，但不小于100（30.48）	
压力液化石油气储罐之间	相邻储罐直径之和的1/4	

注：1英加仑=$4.5\times10^{-3}m^3$。表中括号内的数值为按公制单位换算值。

表14　日本不同区域储罐储量的限制

用地区域	一般居住区	商业区	准工业区	工业区或工业专用区
储存量（t）	3.5	7.0	35	不限

日本液化石油气设备协会《一般标准》JLPA 001：2002的规定：第一种居住用地范围内，不允许设置液化石油气储罐；其他用地区域，设置储罐容量有严格限制。在此基础上，规定了地上储罐与第一种保护对象（学校、医院、托幼院、文物古迹、博物馆、车站候车室、百货大楼、酒店、旅馆等）的距离按下式计算确定：

$$L=0.12\sqrt{X+10000} \tag{4}$$

式中：L——储罐与保护对象的防火间距（m）；

X——液化石油气的总储量（kg）。

在日本，液化石油气站储罐的平均容积很小，当按上式计算大于30m时，可取不小于30m。当采用地下储罐或采取水喷淋、防火墙等安全措施时、其防火间距可以按该规范的有关规定减小距离。对于液化石油气储罐与站内建筑物的防火间距，日本的规定也很小：与明火、耐火等级较低的建筑物的间距不应小于8m，与非明火建筑、站内围墙的间距不应小于3.0m。

（3）总结了原规范执行情况，考虑了当前我国液化石油气行业设备制造安装、安全设施装备和管理的水平等现状。液化石油气单罐容积大于1000m^3和罐区总容积大于5000m^3的储存站，属特大型储存站，万一发生火灾或爆炸，其危及的范围也大，故有必要加大其防火间距要求。

4.4.2　本条为强制性条文。对于液化石油气储罐之间的防火间距，要考虑当一个储罐发生火灾时，能减少对相邻储罐的威胁，同时要便于施工安装、检修和运行管理。多个储罐的布置要求，主要考虑要减少发生火灾时的相互影响，并便于灭火救援，保证至少有一只消防水枪的充实水柱能达到任一储罐的任何部位。

4.4.3　对于液化石油气储罐与所属泵房的距离要求，主要考虑泵房的火灾不要引发储罐爆炸着火，也是扑灭泵房火灾所需的最小安全距离。为满足液化石油气泵房正常运行，当泵房面向储罐一侧的外墙采用无门窗洞口的防火墙时，防火间距可适当调整。液化石油气泵露天设置时，对防火是有利的，为更好地满足工艺需要，对其与储罐的距离可不限。

4.4.4　有关全冷冻式液化石油气储罐和液化石油气气化站、混气站的储罐与重要公共建筑和其他民用建筑、道路等的防火间距，为保证安全，便于使用，与现行国家标准《城镇燃气设计规范》GB 50028管理组协商后，将有关防火间距在《城镇燃气设计规范》中作详细规定，本规范不再规定。

总容积不大于10m^3的储罐，当设置在专用的独立建筑物内时，通常设置2个。单罐容积小，又设置在建筑物内，火灾危险性较小。故规定该建筑外墙与相邻厂房及其附属设备的防火间距，可以按甲类厂房的防火间距执行。

4.4.5　本条为强制性条文。本条规定了液化石油气瓶装供应站的基本防火间距。

目前，我国各城市液化石油气瓶装供应站的供应规模大都在5000户～7000户，少数在10000户左右，个别站也有大于10000户的。根据各地运行经验，考虑方便用户、维修服务等因素，供气规模以5000户～10000户为主。该供气规模日售瓶量按15kg钢瓶计，为170瓶～350瓶左右。瓶库通常应按1.5天～2天的售瓶量存瓶，才能保证正常供应，需储存250瓶～700瓶，相当于容积为4m^3～20m^3的液化石油气。

表4.4.5对液化石油气站的瓶库与站外建、构筑物的防火间距，按总存储容积分四档规定了不同的防火间距。与站外建、构筑物防火间距，考虑了液化石油气钢瓶单瓶容量较小，总存瓶量也严格限制最多不大于20m^3，火灾危险性较液化石油气储罐小等因素。

表4.4.5注中的总存瓶容积按实瓶个数与单瓶几何容积的乘积计算，具体计算可按下式进行：

$$V = N \cdot V \cdot 10^{-3} \tag{5}$$

式中：V——总存瓶容积(m^3)；

N——实瓶个数；

V——单瓶几何容积，15kg 钢瓶为 35.5L，50kg 钢瓶为 112L。

4.4.6 液化石油气瓶装供应站的四周，要尽量采用不燃材料构筑实体围墙，即无孔洞、花格的墙体。这不但有利于安全，而且可减少和防止瓶库发生爆炸时对周围区域的破坏。液化石油气瓶装供应站通常设置在居民区内，考虑与环境协调，面向出入口(一般为居民区道路)一侧可采用不燃材料构筑非实体的围墙，如装饰型花格围墙，但面向该侧的瓶装供应站建筑外墙不能设置泄压口。

4.5 可燃材料堆场的防火间距

4.5.1 据调查，粮食囤垛堆场目前仍在使用，总储量较大且多利用稻草、竹竿等可燃物材料建造，容易引发火灾。本条根据过去粮食囤垛的火灾情况，对粮食囤垛的防火间距作了规定，并将粮食囤垛堆场的最大储量定为 20000t。根据我国部分地区粮食收储情况和火灾形势，2013 年国家有关部门和单位也组织对粮食席穴囤、简易罩棚等粮食存放场所的防火，制定了更详细的规定。

对于棉花堆场，尽管国家近几年建设了大量棉花储备库，但仍有不少地区采用露天或半露天堆放的方式储存，且储量较大，每个棉花堆场储量大都在 5000t 左右。麻、毛、化纤和百货等火灾危险性类同，故将每个堆场最大储量限制在 5000t 以内。棉、麻、毛、百货等露天或半露天堆场与建筑物的防火间距，主要根据案例和现有堆场管理实际情况，并考虑避免和减少火灾时的损失。秸秆、芦苇、亚麻等的总储量较大，且在一些行业，如造纸厂或纸浆厂，储量更大。

从这些材料堆场发生火灾的情况看，火灾具有延续时间长、辐射热大、扑救难度较大、灭火时间长、用水量大的特点，往往损失巨大。根据以上情况，为了有效地防止火灾蔓延扩大，有利于灭火救援，将可燃材料堆场至建筑物的最小间距定为 15m～40m。

对于木材堆场，采用统堆方式较多，往往堆垛高、储量大，有必要对每个堆垛储量和防火间距加以限制。但为节约用地，规定当一个木材堆场的总储量如大于 25000m^3 或一个秸秆可燃材料堆场的总储量大于 20000t 时，宜分设堆场，且各堆场之间的防火间距按不小于相邻较大堆场与四级建筑的间距确定。

关于表 4.5.1 注的说明：

(1)甲类厂房、甲类仓库发生火灾时，较其他类别建筑的火灾对可燃材料堆场的威胁大，故规定其防火间距按表 4.5.1 的规定增加 25%且不应小于 25m。

电力系统电压为 35kV～500kV 且每台变压器容量在 10MV·A以上的室外变、配电站，以及工业企业的变压器总油量大于 5t 的室外总降压变电站对堆场威胁也较大，故规定有关防火间距不应小于 50m。

(2)为防止明火或散发火花地点的飞火引发可燃材料堆场火灾，露天、半露天可燃材料堆场与明火或散发火花地点的防火间距，应按本表四级建筑的规定增加 25%。

4.5.2 甲、乙、丙类液体储罐一旦发生火灾，威胁较大、辐射强度大，故规定有关防火间距不应小于表 4.2.1 和表 4.5.1 中相应储量与四级建筑防火间距的较大值。

4.5.3 可燃材料堆场着火时影响范围较大，一般在 20m～40m 之间。汽车和拖拉机的排气管飞火距离远者一般为 8m～10m，近者为 3m～4m。露天、半露天堆场与铁路线的防火间距，主要考虑蒸汽机车飞火对堆场的影响；与道路的防火间距，主要考虑道路的通行情况、汽车和拖拉机排气管飞火的影响以及堆场的火灾危险性。

5 民用建筑

5.1 建筑分类和耐火等级

5.1.1 本条对民用建筑根据其建筑高度、功能、火灾危险性和扑救难易程度等进行了分类。以该分类为基础，本规范分别在耐火等级、防火间距、防火分区、安全疏散、灭火设施等方面对民用建筑的防火设计提出了不同的要求，以实现保障建筑消防安全与保证工程建设和提高投资效益的统一。

(1)对民用建筑进行分类是一个较为复杂的问题，现行国家标准《民用建筑设计通则》GB 50352 将民用建筑分为居住建筑和公共建筑两大类，其中居住建筑包括住宅建筑、宿舍建筑等。在防火方面，除住宅建筑外，其他类型居住建筑的火灾危险性与公共建筑接近，其防火要求需按公共建筑的有关规定执行。因此，本规范将民用建筑分为住宅建筑和公共建筑两大类，并进一步按照建筑高度分为高层民用建筑和单层、多层民用建筑。

(2)对于住宅建筑，本规范以 27m 作为区分多层和高层住宅建筑的标准；对于高层住宅建筑，以 54m 划分为一类和二类。该划分方式主要为了与原国家标准《建筑设计防火规范》GB 50016—2006和《高层民用建筑设计防火规范》GB 50045—1995 中按 9 层及 18 层的划分标准相一致。

对于公共建筑，本规范以 24m 作为区分多层和高层公共建筑的标准。在高层建筑中将性质重要、火灾危险性大、疏散和扑救难度大的建筑定为一类。例如，将医疗建筑划为一类，主要考虑了建筑中有不少人员行动不便、疏散困难，建筑内发生火灾易致人员伤亡。

表中“一类”第2项中的“其他多种功能组合”，指公共建筑中具有两种或两种以上的公共使用功能，不包括住宅与公共建筑组合建造的情况。比如，住宅建筑的下部设置商业服务网点时，该建筑仍为住宅建筑；住宅建筑下部设置有商业或其他功能的裙房时，该建筑不同部分的防火设计可按本规范第5.4.10条的规定进行。条文中“建筑高度24m以上部分任一楼层建筑面积大于1000m²”的“建筑高度24m以上部分任一楼层”是指该层楼板的标高大于24m。

(3)本条中建筑高度大于24m的单层公共建筑，在实际工程中情况往往比较复杂，可能存在单层和多层组合建造的情况，难以确定是按单、多层建筑还是高层建筑进行防火设计。在防火设计时要根据建筑各使用功能的层数和建筑高度综合确定。如某体育馆建筑主体为单层，建筑高度30.6m，座位区下部设置4层辅助用房，第四层顶板标高22.7m，该体育馆可不按高层建筑进行防火设计。

(4)由于实际建筑的功能和用途千差万别，称呼也多种多样，在实际工作中，对于未明确列入表5.1.1中的建筑，可以比照其功能和火灾危险性进行分类。

(5)由于裙房与高层建筑主体是一个整体，为保证安全，除规范对裙房另有规定外，裙房的防火设计要求应与高层建筑主体的一致，如高层建筑主体的耐火等级为一级时，裙房的耐火等级也不应低于一级，防火分区划分、消防设施设置等也要与高层建筑主体一致等。表5.1.1注3“除本规范另有规定外”是指，当裙房与高层建筑主体之间采用防火墙分隔时，可以按本规范第5.3.1条、第5.5.12条的规定确定裙房的防火分区及安全疏散要求等。

宿舍、公寓不同于住宅建筑，其防火设计要按照公共建筑的要求确定。具体设计时，要根据建筑的实际用途来确定其是按照本规范有关公共建筑的一般要求，还是按照有关旅馆建筑的要求进行防火设计。比如，用作宿舍的学生公寓或职工公寓，就可以按照公共建筑的一般要求确定其防火设计要求；而酒店式公寓的用途及其火灾危险性与旅馆建筑类似，其防火要求就需要根据本规范有关旅馆建筑的要求确定。

5.1.2 民用建筑的耐火等级分级是为了便于根据建筑自身结构的防火性能来确定该建筑的其他防火要求。相反，根据这个分级及其对应建筑构件的耐火性能，也可以用于确定既有建筑的耐火等级。

(1)据统计，我国住宅建筑在全部建筑中所占比例较高，住宅内的火灾荷载及引发火灾的因素也在不断变化，并呈增加趋势。住宅建筑的公共消防设施管理比较困难，如能将火灾控制在住宅建筑中的套内，则可有效减少火灾的危害和损失。因此，本规范在适当提高住宅建筑的套与套之间或单元与单元之间的防火分隔性能基础上，确定了建筑内的消防设施配置等其他相关设防要求。表5.1.2有关住宅建筑单元之间和套之间墙体的耐火极限的规定，是在房间隔墙耐火极限要求的基础上提高到重要设备间隔墙的耐火极限。

(2)建筑整体的耐火性能是保证建筑结构在火灾时不发生较大破坏的根本，而单一建筑结构构件的燃烧性能和耐火极限是确定建筑整体耐火性能的基础。故表5.1.2规定了各构件的燃烧性能和耐火极限。

(3)表5.1.2中有关构件燃烧性能和耐火极限的规定是对构件耐火性能的基本要求。建筑的形式多样、功能不一，火灾荷载及其分布与火灾类型等在不同的建筑中均有较大差异。对此，本章有关条款作了一定调整，但仍不一定能完全满足某些特殊建筑的设计要求。因此，对一些特殊建筑，还需根据建筑的空间高度、室内的火灾荷载和火灾类型、结构承载情况和室内外灭火设施设置等，经理论分析和实验验证后按照国家有关规定经论证后确定。

(4)表5.1.2中的注2主要为与现行国家标准《住宅建筑规范》GB 50368有关三、四级耐火等级住宅建筑构件的耐火极限的规定协调。根据注2的规定，按照本规范和《住宅建筑规范》GB 50368进行防火设计均可。《住宅建筑规范》GB 50368规定：四级耐火等级的住宅建筑允许建造3层，三级耐火等级的住宅建筑允许建造9层，但其构件的燃烧性能和耐火极限比本规范的相应耐火等级的要求有所提高。

5.1.3 本条为强制性条文。本条规定了一些性质重要、火灾扑救难度大、火灾危险性大的民用建筑的最低耐火等级要求。

1 地下、半地下建筑(室)发生火灾后，热量不易散失，温度高、烟雾大，燃烧时间长，疏散和扑救难度大，故对其耐火等级要求高。一类高层民用建筑发生火灾，疏散和扑救都很困难，容易造成人员伤亡或财产损失。因此，要求达到一级耐火等级。

本条及本规范所指“地下、半地下建筑”，包括附建在建筑中的地下室、半地下室和单独建造的地下、半地下建筑。

2 重要公共建筑对某一地区的政治、经济和生产活动以及居民的正常生活有重大影响，需尽量减小火灾对建筑结构的危害，以便灾后尽快恢复使用功能，故规定重要公共建筑应采用一、二级耐火等级。

5.1.4 本条为强制性条文。近年来，高层民用建筑在我国呈快速发展之势，建筑高度大于100m的建筑越来越多，火灾也呈多发态势，火灾后果严重。各国对高层建筑的防火要求不同，建筑高度分段也不同，如我国规范按24m、32m、50m、100m和250m，新加坡规范按24m和60m，英国规范按18m、30m和60m，美国规范按23m、37m、49m和128m等分别进行规定。

构件耐火性能、安全疏散和消防救援等均与建筑高度有关，对于建筑高度大于100m的建筑，其主要承重构件的耐火极限要求对比情况见表15。从表15可以看出，我国规范中有关柱、梁、承重墙等承重构件的耐火极限要求与其他国家的规定比较接近，但楼板的耐火极限相对偏低。由于此类高层建筑火灾的扑救难度巨大，火灾延续时间可能较长，为保证超高层建筑的防火安全，将其楼板的耐火极限从1.50h提高到2.00h。

表15 各国对建筑高度大于100m的建筑主要承重构件耐火极限的要求(h)

名称	中国	美国	英国	法国
柱	3.00	3.00	2.00	2.00
承重墙	3.00	3.00	2.00	2.00
梁	2.00	2.00	2.00	2.00
楼板	1.50	2.00	2.00	2.00

上人屋面的耐火极限除应考虑其整体性外，还应考虑应急避难人员在屋面上停留时的实际需要。对于一、二级耐火等级建筑物的上人屋面板，耐火极限应与相应耐火等级建筑楼板的耐火极限一致。

5.1.5 对于屋顶要求一、二级耐火等级建筑的屋面板采用不燃材料，以防止火灾蔓延。考虑到防水层材料本身的性能和安全要求，结合防水层、保温层的构造情况，对防水层的燃烧性能及防火保护做法作了规定，有关说明见本规范第3.2.16条条文说明。

5.1.6 为使一些新材料、新型建筑构件能得到推广应用，同时又能不降低建筑的整体防火性能，保障人员疏散安全和控制火灾蔓延，本条规定当降低房间隔墙的燃烧性能要求时，耐火极限应相应提高。

设计应注意尽量采用发烟量低、烟气毒性低的材料，对于人员密集场所以及重要的公共建筑，需严格控制使用。

5.1.7 本条对民用建筑内采用金属夹芯板的芯材燃烧性能和耐火极限作了规定，有关说明见本规范第3.2.17条的条文说明。

5.1.8 本条规定主要为防止吊顶因受火作用塌落而影响人员疏散，同时避免火灾通过吊顶蔓延。

5.1.9 对于装配式钢筋混凝土结构，其节点缝隙和明露钢支承构件部位一般是构件的防火薄弱环节，容易被忽视，而这些部位却是保证结构整体承载力的关键部位，要求采取防火保护措施。在经过防火保护处理后，该节点的耐火极限要不低于本章对该节点部位连接构件中要求耐火极限最高者。

5.2 总平面布局

5.2.1 为确保建筑总平面布局的消防安全，本条提出了在建筑设计阶段要合理进行总平面布置，要避免在甲、乙类厂房和仓库，可燃液体和可燃气体储罐以及可燃材料堆场的附近布置民用建筑，以从根本上防止和减少火灾危险性大的建筑发生火灾时对民用建筑的影响。

5.2.2 本条为强制性条文。本条综合考虑灭火救援需要，防止火势向邻近建筑蔓延以及节约用地等因素，规定了民用建筑之间的防火间距要求。

(1)根据建筑的实际情形，将一、二级耐火等级多层建筑之间的防火间距定为6m。考虑到扑救高层建筑需要使用曲臂车、云梯登高消防车等车辆，为满足消防车辆通行、停靠、操作的需要，结合实践经验，规定一、二级耐火等级高层建筑之间的防火间距不应小于13m。其他三、四级耐火等级的民用建筑之间的防火间距，因耐火等级低，受热辐射作用易着火而致火势蔓延，其防火间距在一、二级耐火等级建筑的要求基础上有所增加。

(2)表5.2.2注1：主要考虑了有的建筑物防火间距不足，而全部不开设门窗洞口又有困难的情况。因此，允许每一面外墙开设门窗洞口面积之和不大于该外墙全部面积的5%时，防火间距可缩小25%。考虑到门窗洞口的面积仍然较大，故要求门窗洞口应错开、不应正对，以防止火灾通过开口蔓延至对面建筑。

(3)表5.2.2注2～注5：考虑到建筑在改建和扩建过程中，不可避免地会遇到一些诸如用地限制等具体困难，对两座建筑物之间的防火间距作了有条件的调整。当两座建筑，较高一面的外墙为防火墙，或超出高度较高时，应主要考虑较低一面对较高一面的影响。当两座建筑高度相同时，如果贴邻建造，防火墙的构造应符合本规范第6.1.1条的规定。当较低一座建筑的耐火等级不低于二级，较低一面的外墙为防火墙，且屋顶承重构件和屋面板的耐火极限不低于1.00h，防火间距允许减少到3.5m，但如果相邻建筑中有一座为高层建筑或两座均为高层建筑时，该间距允许减少到4m。火灾通常都是从下向上蔓延，考虑较低的建筑物着火时，火势容易蔓延到较高的建筑物，有必要采取防火墙和耐火屋盖，故规定屋顶承重构件和屋面板的耐火极限不应低于1.00h。

两座相邻建筑，当较高建筑高出较低建筑的部位着火时，对较低建筑的影响较小，而相邻建筑正对部位着火时，则容易相互影响。故要求较高建筑在一定高度范围内通过设置防火门、窗或卷帘和水幕等防火分隔设施，来满足防火间距调整的要求。有关防火分隔水幕和防护冷却水幕的设计要求应符合现行国家标准《自动喷水灭火系统设计规范》GB 50084的规定。

最小防火间距确定为3.5m，主要为保证消防车通行的最小宽度；对于相邻建筑中存在高层建筑的情况，则要增加到4m。

本条注4和注5中的"高层建筑"，是指在相邻的两座建筑中有一座为高层民用建筑或相邻两座建筑均为高层民用建筑。

(4)表5.2.2注6：对于通过裙房、连廊或天桥连接的建筑物，需将该相邻建筑视为不同的建筑来确定防火间距。对于回字形、U型、L型建筑等，两个不同防火分区的相对外墙之间也要有一定的间距，一般不小于6m，以防止火灾蔓延到不同分区内。本注中的"底部的建筑物"，主要指如高层建筑通过裙房连成一体的多座高层建筑主体的情形，在这种情况下，尽管在下部的建筑是一体的，但上部建筑之间的防火间距，仍需按两座不同建筑的要求确定。

(5)表5.2.2注7：当确定新建建筑与耐火等级低于四级的既有建筑的防火间距时，可将该既有建筑的耐火等级视为四级后确定防火间距。

5.2.3 民用建筑所属单独建造的终端变电站，通常是指10kV降压至380V的最末一级变电站。这些变电站的变压器大致在630kV·A～1000kV·A之间，可以按照民用建筑的有关防火间距执行。但单独建造的其他变电站，则应将其视为丙类厂房来确定有关防火间距。对于预装式变电站，有干式和湿式两种，其电压一般在10kV或10kV以下。这种装置内部结构紧凑、用金属外壳罩住，使用过程中的安全性能较高。因此，此类型的变压器与邻近建筑的防火间距，比照一、二级耐火等级建筑间的防火间距减少一半，确定为3m。规模较大的油浸式箱式变压器的火灾危险性较大，仍应按本规范第3.4节的有关规定执行。

锅炉房可视为丁类厂房。在民用建筑中使用的单台蒸发量在4t/h以下或额定功率小于或等于2.8MW的燃煤锅炉房，由于火灾危险性较小，将这样的锅炉房视为民用建筑确定相应的防火间距。大于上述规模时，与工业用锅炉基本相当，要求将锅炉房按照丁类厂房的有关防火间距执行。至于燃油、燃气锅炉房，因火灾危险性较燃煤锅炉房大，还涉及燃料储罐等问题，故也要提高要求，将其视为厂房来确定有关防火间距。

5.2.4 本条主要为了解决城市用地紧张，方便小型多层建筑的布局与建设问题。

除住宅建筑成组布置外，占地面积不大的其他类型的多层民用建筑，如办公楼、教学楼等成组布置的也不少。本条主要针对住宅建筑、办公楼等使用功能单一的建筑，当数座建筑占地面积总和不大于防火分区最大允许建筑面积时，可以把它视为一座建筑。允许占地面积在2500m^{2}内的建筑成组布置时，考虑到必要的消防车通行和防止火灾蔓延等，要求组内建筑之间的间距尽量不小于4m。组与组、组与周围相邻建筑的间距，仍应按本规范第5.2.2条等有关民用建筑防火间距的要求确定。

5.2.5 对于民用建筑与燃气调压站、液化石油气气化站、混气站和城市液化石油气供应站瓶库等的防火间距，经协商，在现行国家标准《城镇燃气设计规范》GB 50028中进行规定，本规范未再作要求。

5.2.6 本条为强制性条文。对于建筑高度大于100m的民用建筑，由于灭火救援和人员疏散均需要建筑周边有相对开阔的场地，因此，建筑高度大于100m的民用建筑与相邻建筑的防火间距，即使按照本规范有关要求可以减小，也不能减小。

5.3 防火分区和层数

5.3.1 本条为强制性条文。防火分区的作用在于发生火灾时，将火势控制在一定的范围内。建筑设计中应合理划分防火分区，以有利于灭火救援、减少火灾损失。

国外有关标准均对建筑的防火分区最大允许建筑面积有相应规定。例如法国高层建筑防火规范规定，I类高层办公建筑每个防火分区的最大允许建筑面积为750m²；德国标准规定高层住宅每隔30m应设置一道防火墙，其他高层建筑每隔40m应设置一道防火墙；日本建筑规范规定每个防火分区的最大允许建筑面积：十层以下部分1500m²，十一层以上部分，根据吊顶、墙体材料的燃烧性能及防火门情况，分别规定为100m²、200m²、500m²；美国规范规定每个防火分区的最大建筑面积为1400m²；前苏联的防火标准规定，非单元式住宅的每个防火分区的最大建筑面积为500m²（地下室与此相同）。虽然各国划定防火分区的建筑面积各异，但都是要求在设计中将建筑物的平面和空间以防火墙和防火门、窗等以及楼板分成若干防火区域，以便控制火灾蔓延。

(1)表5.3.1参照国外有关标准、规范资料，根据我国目前的经济水平以及灭火救援能力和建筑防火实际情况，规定了防火分区的最大允许建筑面积。

当裙房与高层建筑主体之间设置了防火墙，且相互间的疏散和灭火设施设置均相对独立时，裙房与高层建筑主体之间的火灾相互影响能受到较好的控制，故裙房的防火分区可以按照建筑高度不大于24m的建筑的要求确定。如果裙房与高层建筑主体间未采取上述措施时，裙房的防火分区要按照高层建筑主体的要求确定。

(2)对于住宅建筑，一般每个住宅单元每层的建筑面积不大于一个防火分区的允许建筑面积，当超过时，仍需要按照本规范要求划分防火分区。塔式和通廊式住宅建筑，当每层的建筑面积大于一个防火分区的允许建筑面积时，也需要按照本规范要求划分防火分区。

(3)设置在地下的设备用房主要为水、暖、电等保障用房，火灾危险性相对较小，且平时只有巡检人员，故将其防火分区允许建筑面积规定为1000m²。

(4)表5.3.1注1中有关设置自动灭火系统的防火分区建筑面积可以增加的规定，参考了美国、英国、澳大利亚、加拿大等国家的有关规范规定，也考虑了主动防火与被动防火之间的平衡。注1中所指局部设置自动灭火系统时，防火分区的增加面积可按该局部面积的一倍计算，应为建筑内某一局部位置与其他部位有防火分隔又需增加防火分区的面积时，可通过设置自动灭火系统的方式提高其消防安全水平的方式来实现，但局部区域包括所增加的面积，均要同时设置自动灭火系统。

(5)体育馆、剧场的观众厅等由于使用需要，往往要求较大面积和较高的空间，建筑也多以单层或2层为主，防火分区的建筑面积可适当增加。但这涉及建筑的综合防火设计问题，设计不能单纯考虑防火分区。因此，为确保这类建筑的防火安全最大限度地提高建筑的消防安全水平，当此类建筑内防火分区的建筑面积为满足功能要求而需要扩大时，要采取相关防火措施，按照国家相关规定和程序进行充分论证。

(6)表5.3.1中"防火分区的最大允许建筑面积"，为每个楼层采用防火墙和楼板分隔的建筑面积，当有未封闭的开口连接多个楼层时，防火分区的建筑面积需将这些相连通的面积叠加计算。防火分区的建筑面积包括各类楼梯间的建筑面积。

5.3.2 本条为强制性条文。建筑内连通上下楼层的开口破坏了防火分区的完整性，会导致火灾在多个区域和楼层蔓延发展。这样的开口主要有：自动扶梯、中庭、敞开楼梯等。中庭等共享空间，贯通数个楼层，甚至从首层直通到顶层，四周与建筑物各楼层的廊道、营业厅、展览厅或窗口直接连通；自动扶梯、敞开楼梯也是连通上下两层或数个楼层。火灾时，这些开口是火势竖向蔓延的主要通道，火势和烟气会从开口部位侵入上下楼层，对人员疏散和火灾控制带来困难。因此，应对这些相连通的空间采取可靠的防火分隔措施，以防止火灾通过连通空间迅速向上蔓延。

对于本规范允许采用敞开楼梯间的建筑，如5层或5层以下的教学建筑、普通办公建筑等，该敞开楼梯间可以不按上、下层相连通的开口考虑。

对于中庭，考虑到建筑内部形态多样，结合建筑功能需求和防火安全要求，本条对几种不同的防火分隔物提出了一些具体要求。在采取了能防止火灾和烟气蔓延的措施后，一般将中庭单独作为一个独立的防火单元。对于中庭部分的防火分隔物，推荐采用实体墙，有困难时可采用防火玻璃墙，但防火玻璃墙的耐火完整性和耐火隔热性要达到1.00h。当仅采用耐火完整性达到要求的防火玻璃墙时，要设置自动喷水灭火系统对防火玻璃进行保护。自动喷水灭火系统可采用闭式系统，也可采用冷却水幕系统。尽管规范未排除采取防火卷帘的方式，但考虑到防火卷帘在实际应用中存在可靠性不够高等问题，故规范对其耐火极限提出了更高要求。

本条同时要求有耐火完整性和耐火隔热性的防火玻璃墙，其耐火性能采用国家标准《镶玻璃构件耐火试验方法》GB/T 12513中对隔热性镶玻璃构件的试验方法和判定标准进行测定。只有耐火完整性要求的防火玻璃墙，其耐火性能可采用国家标准《镶玻璃构件耐火试验方法》GB/T 12513中对非隔热性镶玻璃构件的试验方法和判定标准进行测定。

设计时应注意，与中庭相通的过厅、通道等处应设置防火门，对于平时需保持开启状态的防火门，应设置自动释放装置使门在火灾时可自行关闭。

本条中，中庭与周围相连通空间的分隔方式，可以多样，部位也可以根据实际情况确定，但要确保能防止中庭周围空间的火灾和烟气通过中庭迅速蔓延。

5.3.3 防火分区之间的分隔是建筑内防止火灾在分区之间蔓延的关键防线，因此要采用防火墙进行分隔。如果因使用功能需要不能采用防火墙分隔时，可以采用防火卷帘、防火分隔水幕、防火玻璃或防火门进行分隔，但要认真研究其与防火墙的等效性。因此，要严格控制采用非防火墙进行分隔的开口大小。对此，加拿大建筑规范规定不应大于20m²。我国目前在建筑中大量采用大面积、大跨度的防火卷帘替代防火墙进行水平防火分隔的做法，存在较大消防安全隐患，需引起重视。有关采用防火卷帘进行分隔时的开口宽度要求，见本规范第6.5.3条。

5.3.4 本条为强制性条文。本条本身是根据现实情况对商店营业厅、展览建筑的展览厅的防火分区大小所作调整。

当营业厅、展览厅仅设置在多层建筑（包括与高层建筑主体采用防火墙分隔的裙房）的首层，其他楼层用于火灾危险性较营业厅或展览厅小的其他用途，或所在建筑本身为单层建筑时，考虑到人员安全疏散和灭火救援均具有较好的条件，且营业厅和展览厅需与其他功能区域划分为不同的防火分区，分开设置各自的疏散设施，将防火分区的建筑面积调整为10000m²。需要注意的是，这些场所的防火分区的面积尽管增大了，但疏散距离仍应满足本规范第5.5.17条的规定。

当营业厅、展览厅同时设置在多层建筑的首层及其他楼层时，考虑到涉及多个楼层的疏散和火灾蔓延危险，防火分区仍应按照本规范第5.3.1条的规定确定。

当营业厅内设置餐饮场所时，防火分区的建筑面积需要按照民用建筑的其他功能的防火分区要求划分，并要与其他商业营业厅进行防火分隔。

本条规定了允许营业厅、展览厅防火分区可以扩大的条件，即设置自动灭火系统、火灾自动报警系统，采用不燃或难燃装修材料。该条件与本规范第8章的规定和国家标准《建筑内部装修设计防火规范》GB 50222有关降低装修材料燃烧性能的要求无关，即当按本条要求进行设计时，这些场所不仅要设置自动灭火系统和火灾自动报警系统，装修材料要求采用不燃或难燃材料，且不能低于《建筑内部装修设计防火规范》GB 50222的要求，而且不能再按照该规范的规定降低材料的燃烧性能。

5.3.5 本条为强制性条文。为最大限度地减少火灾的危害，并参照国外有关标准，结合我国商场内的人员密度和管理等多方面实际情况，对地下商店总建筑面积大于20000m²时，提出了比较严格的防火分隔规定，以解决目前实际工程中存在地下商店规模越建越大，并大量采用防火卷帘作防火分隔，以致数万平方米的地下商店连成一片，不利于安全疏散和扑救的问题。本条所指的总建筑面积包括营业面积、储存面积及其他配套服务面积。

同时，考虑到使用的需要，可以采取规范提出的措施进行局部连通。当然，实际中不限于这些措施，也可采用其他等效方式。

5.3.6 本条确定的有顶棚的商业步行街，其主要特征为：零售、餐饮和娱乐等中小型商业设施或商铺通过有顶棚的步行街连接，步行街两端均有开放的出入口并具有良好的自然通风或排烟条件，步行街两侧均为建筑面积较小的商铺，一般不大于300m²。有顶棚的商业步行街与商业建筑内中庭的主要区别在于，步行街如果没有顶棚，则步行街两侧的建筑就成为相对独立的多座不同建筑，而中庭则不能。此外，步行街两侧的建筑不会因步行街上部设置了顶棚而明显增大火灾蔓延的危险，也不会导致火灾烟气在该空间内明显积聚。因此，其防火设计有别于建筑内的中庭。

为阻止步行街两侧商铺发生的火灾在步行街内沿水平方向或竖直方向蔓延，预防步行街自身空间内发生火灾，确保步行街的顶棚在人员疏散过程中不会垮塌，本条参照两座相邻建筑的要求规定了步行街两侧建筑的耐火等级、两侧商铺之间的距离和商铺围护结构的耐火极限、步行街端部的开口宽度、步行街顶棚材料的燃烧性能以及防止火灾竖向蔓延的要求等。

规范要求步行街的端部各层要尽量不封闭；如需要封闭，则每层均要设置开口或窗口与外界直接连通，不能设置商铺或采用其他方式封闭。因此，要使在端部外墙上开设的门窗洞口的开口面积不小于这一楼层外墙面积的一半，确保其具有良好的自然通风条件。至于要求步行街的长度尽量控制在300m以内，主要为防止火灾一旦失控导致过火面积过大；另外，灭火救援时，消防人员必须进入建筑内，但火灾中的烟气大、能见度低，敷设水带距离长也不利于有效供水和消防人员安全进出，故控制这一长度有利于火灾扑救和保证救援人员安全。

与步行街相连的商业设施内一旦发生火灾，要采取措施尽量把火灾控制在着火房间内，限制火势向步行街蔓延。主要措施有：商业设施面向步行街一侧的墙体和门要具有一定的耐火极限，商业设施相互之间采用防火隔墙或防火墙分隔，设置火灾自动报警系统和自动喷水灭火系统。

本条规定的同时要求有耐火完整性和耐火隔热性的防火玻璃墙（包括门、窗），其耐火性能采用国家标准《镶玻璃构件耐火试验方法》GB/T 12513中对隔热性镶玻璃构件的试验方法和判定标准进行测定。只有耐火完整性要求的防火玻璃墙（包括门、窗），其耐火性能可采用国家标准《镶玻璃构件耐火试验方法》GB/T 12513中对非隔热性镶玻璃构件的试验方法和判定标准进行测定。

为确保室内步行街可以作为安全疏散区，该区域内的排烟十分重要。这首先要确保步行街各层楼板上的开口要尽量大，除设置必要的廊道和步行街两侧的连接天桥外，不可以设置其他设施或楼板。本规范总结实际工程建设情况，并为满足防止烟气在各层积聚蔓延的需要，确定了步行街上部各层楼板上的开口率不小于37%。此外，为确保排烟的可靠性，要求该步行街上部采用自然排烟方式进行排烟；为保证有效排烟，要求在顶棚上设置的自然排烟设施，要尽量采用常开的排烟口，当采用平时需要关闭的常闭式排烟口时，既要设置能在火灾时与火灾自动报警系统联动自动开启的装置，还要设置能人工手动开启的装置。本条确定的自然排烟口的有效开口面积与本规范第6.4.12条的规定是一致的。当顶棚上采用自然排烟，而回廊区域采用机械排烟时，要合理设计排烟设施的控制顺序，以保证排烟效果。同时，要尽量加大步行街上部可开启的自然排烟口的面积，如高侧窗或自动开启排烟窗等。

尽管步行街满足规定条件时，步行街两侧商业设施内的人员可以通至步行街进行疏散，但步行街毕竟不是室外的安全区域。因此，比照位于两个安全出口之间的房间的疏散距离，并考虑步行街的空间高度相对较高的特点，规定了通过步行街到达室外安全区域的步行距离。同时，设计时要尽可能将两侧建筑中的安全出口设置在靠外墙部位，使人员不必经过步行街而直接疏散至室外。

5.4 平面布置

5.4.1 民用建筑的功能多样，往往有多种用途或功能的空间布置在同一座建筑内。不同使用功能空间的火灾危险性及人员疏散要求也各不相同，通常要按照本规范第1.0.4条的原则进行分隔；当相互间的火灾危险性差别较大时，各自的疏散设施也需尽量分开设置，如商业经营与居住部分。即使一座单一功能的建筑内也可能存在多种用途的场所，这些用途间的火灾危险性也可能各不一样。通过合理组合布置建筑内不同用途的房间以及疏散走道、疏散楼梯间等，可以将火灾危险性大的空间相对集中并方便划分为不同的防火分区，或将这样的空间布置在对建筑结构、人员疏散影响较小的部位等，以尽量降低火灾的危害。设计需结合本规范的防火要求、建筑的功能需要等因素，科学布置不同功能或用途的空间。

5.4.2 本条为强制性条文。民用建筑功能复杂，人员密集，如果内部布置生产车间及库房，一旦发生火灾，极易造成重大人员伤亡和财产损失。因此，本条规定不应在民用建筑内布置生产车间、库房。

民用建筑由于使用功能要求，可以布置部分附属库房。此类附属库房是指直接为民用建筑使用功能服务，在整座建筑中所占面积比例较小，且内部采取了一定防火分隔措施的库房，如建筑中的自用物品暂存库房、档案室和资料室等。

如在民用建筑中存放或销售易燃、易爆物品，发生火灾或爆炸时，后果较严重。因此，对存放或销售这些物品的建筑的设置位置要严格控制，一般要采用独立的单层建筑。本条主要规定这些用途的场所不应与其他用途的民用建筑合建，如设置在商业服务网点内、办公楼的下部等，不包括独立设置并经营、存放或使用此类物品的建筑。

5.4.3 本条为强制性条文。本条规定主要为保证人员疏散安全和便于火灾扑救。甲、乙类火灾危险性物品，极易燃烧、难以扑救，故严格规定营业厅、展览厅不得经营、展示，仓库不得储存此类物品。

5.4.4 本条第1～4款为强制性条文。

儿童和老年人的行为能力均较弱，需要其他人协助进行疏散，故将本条规定作为强制性条文。本条中有关布置楼层和安全出口或疏散楼梯的设置要求，均为便于火灾时快速疏散人员。

有关老年人活动场所的防火设计要求，还应符合现行行业标准《老年人建筑设计规范》JGJ 122的规定。有关儿童活动场所的防火设计在我国现行行业标准《托儿所、幼儿园建筑设计规范》JGJ 39中也有部分规定。

本条规定中的“儿童活动场所”主要指设置在建筑内的儿童游乐厅、儿童乐园、儿童培训班、早教中心等类似用途的场所。这些场所与其他功能的场所混合建造时，不利于火灾时儿童疏散和灭火救援，应严格控制。托儿所、幼儿园或老年人活动场所等设置在高层建筑内时，一旦发生火灾，疏散更加困难，要进一步提高疏散的可靠性，避免与其他楼层和场所的疏散人员混合，故规范要求这些场所的安全出口和疏散楼梯要完全独立于其他场所，不与其他场所内的疏散人员共用，而仅供托儿所、幼儿园或老年人活动场所等的人员疏散用。

这里的“老年人活动场所”主要指老年公寓、养老院、托老所等中的老年人公共活动场所。

5.4.5 本条为强制性条文。病房楼内的大多数人员行为能力受限，比办公楼等公共建筑的火灾危险性高。根据近些年的医院火灾情况，在按照规范要求划分防火分区后，病房楼的每个防火分区还需结合护理单元根据面积大小和疏散路线做进一步的防火分隔，以便将火灾控制在更小的区域内，并有效地减小烟气的危害，为人员疏散与灭火救援提供更好的条件。

病房楼内每个护理单元的建筑面积，不同地区、不同类型的医院差别较大，一般每个护理单元的护理床位数为40床～60床，建筑面积约1200m^2～1500m^2，个别达2000m^2，包括护士站、重症监护室和活动间等。因此，本条要求按护理单元再做防火分隔，没有按建筑面积进行规定。

5.4.6 本条为强制性条文。学校、食堂、菜市场等建筑，均系人员密集场所、人员组成复杂，故建筑耐火等级较低时，其层数不宜过多，以利人员安全疏散。这些建筑原则上不应采用四级耐火等级的建筑，但我国地域广大，部分经济欠发达地区以及建筑面积小的此类建筑，允许采用四级耐火等级的单层建筑。

5.4.7 剧院、电影院和礼堂均为人员密集的场所，人群组成复杂，安全疏散需要重点考虑。当设置在其他建筑内时，考虑到这些场所在使用时，人员通常集中精力于观演等某件事情中，对周围火灾可能难以及时知情，在疏散时与其他场所的人员也可能混合。因此，要采用防火隔墙将这些场所与其他场所分隔，疏散楼梯尽量独立设置，不能完全独立设置时，也至少要保证一部疏散楼梯，仅供该场所使用，不与其他用途的场所或楼层共用。

5.4.8 在民用建筑内设置的会议厅(包括宴会厅)等人员密集的厅、室，有的设在接近建筑的首层或较低的楼层，有的设在建筑的上部或顶层。设置在上部或顶层的，会给灭火救援和人员安全疏散带来很大困难。因此，本条规定会议厅等人员密集的厅、室尽可能布置在建筑的首层、二层或三层，使人员能在短时间内安全疏散完毕，尽量不与其他疏散人群交叉。

5.4.9 本条第1、4、5、6款为强制性条文。本规范所指歌舞娱乐放映游艺场所为歌厅、舞厅、录像厅、夜总会、卡拉OK厅和具有卡拉OK功能的餐厅或包房、各类游艺厅、桑拿浴室的休息室和具有桑拿服务功能的客房、网吧等场所，不包括电影院和剧场的观众厅。

本条中的“厅、室”，是指歌舞娱乐放映游艺场所中相互分隔的独立房间，如卡拉OK的每间包房、桑拿浴的每间按摩房或休息室，这些房间是独立的防火分隔单元，即需采用耐火极限不低于2.00h的墙体和1.00h的楼板与其他单元或场所分隔，疏散门为耐火极限不低于乙级的防火门。单元之间或与其他场所之间的分隔构件上无任何门窗洞口，每个厅室的最大建筑面积限定在200m^2，即使设置自动喷水灭火系统，面积也不能增加，以便将火灾限制在该房间内。

当前，有些采用上述分隔方式将多个小面积房间组合在一起且建筑面积小于200m^2，并看作一个厅室的做法，不符合本条规定的要求。

5.4.10 本条第1、2款为强制性条文。本条规定为防止其他部分的火灾和烟气蔓延至住宅部分。

住宅建筑的火灾危险性与其他功能的建筑有较大差别，一般需独立建造。当将住宅与其他功能场所空间组合在同一座建筑内时，需在水平与竖向采取防火分隔措施与住宅部分分隔，并使各自的疏散设施相互独立，互不连通。在水平方向，一般应采用无门窗洞口的防火墙分隔；在竖向，一般采用楼板分隔并在建筑立面开口位置的上下楼层分隔处采用防火挑檐、窗间墙等防止火灾蔓延。

防火挑檐是防止火灾通过建筑外部在建筑的上、下层间蔓延的构造，需要满足一定的耐火性能要求。有关建筑的防火挑檐和上下层窗间墙的要求，见本规范第6.2.5条。

本条中的“建筑的总高度”，为建筑中住宅部分与住宅外的其他使用功能部分组合后的最大高度。“各自的建筑高度”，对于建筑中其他使用功能部分，其高度为室外设计地面至其最上一层顶板或屋面面层的高度；住宅部分的高度为可供住宅部分的人员疏散和满足消防车停靠与灭火救援的室外设计地面(包括屋面、平台)至住宅部分屋面面层的高度。有关建筑高度的具体计算方法见本规范的附录A。

本条第3款确定的设计原则为：住宅部分的安全疏散楼梯、安全出口和疏散门的布置与设置要求，室内消火栓系统、火灾自动报警系统等的设置，可以根据住宅部分的建筑高度，按照本规范有关住宅建筑的要求确定，但住宅部分疏散楼梯间内防烟与排烟系统的设置应根据该建筑的总高度确定；非住宅部分的安全疏散楼梯、安全出口和疏散门的布置与设置要求，防火分区划分，室内消火栓系统、自动灭火系统、火灾自动报警系统和防排烟系统等的设置，可以根据非住宅部分的建筑高度，按照本规范有关公共建筑的要求确定。该建筑与邻近建筑的防火间距、消防车道和救援场地的布置、室外消防给水系统设置、室外消防用水量计算、消防电源的负荷等级确定等，需要根据该建筑的总高度和本规范第5.1.1条有关建筑的分类要求，按照公共建筑的要求确定。

5.4.11 本条为强制性条文。本条结合商业服务网点的火灾危险性，确定了设置商业服务网点的住宅建筑中各自部分的防火要求，有关防火分隔的做法参见第5.4.10条的说明。设有商业服务网点的住宅建筑仍可按照住宅建筑定性来进行防火设计，住宅部分的设计要求要根据该建筑的总高度来确定。

对于单层的商业服务网点，当建筑面积大于200m^{2}时，需设置2个安全出口。对于2层的商业服务网点，当首层的建筑面积大于200m^{2}时，首层需设置2个安全出口，二层可通过1部楼梯到达首层。当二层的建筑面积大于200m^{2}时，二层需设置2部楼梯，首层需设置2个安全出口；当二层设置1部楼梯时，二层需增设1个通向公共疏散走道的疏散门且疏散走道可通过公共楼梯到达室外，首层可设置1个安全出口。

商业服务网点每个分隔单元的建筑面积不大于300m^2，为避免进深过大，不利于人员安全疏散，本条规定了单元内的疏散距离，如对于一、二级耐火等级的情况，单元内的疏散距离不大于22m。当商业服务网点为2层时，该疏散距离为二层任一点到达室内楼梯，经楼梯到达首层，然后到室外的距离之和，其中室内楼梯的距离按其水平投影长度的1.50倍计算。

5.4.12 本条为强制性条文。本条规定了民用燃油、燃气锅炉房，油浸变压器室，充有可燃油的高压电容器，多油开关等的平面布置要求。

（1）我国目前生产的锅炉，其工作压力较高（一般为 $1kg/cm^2$～$13kg/cm^2$），蒸发量较大（1t/h～30t/h），如安全保护设备失灵或操作不慎等原因都有导致发生爆炸的可能，特别是燃油、燃气的锅炉，容易发生燃烧爆炸，设计要尽量单独设置。

由于建筑所需锅炉的蒸发量越来越大，而锅炉在运行过程中又存在较大火灾危险、发生火灾后的危害也较大，因而应严格控制。对此，原国家劳动部制定的《蒸汽锅炉安全技术监察规程》和《热水锅炉安全技术监察规程》对锅炉的蒸发量和蒸汽压力规定：设在多层或高层建筑的半地下室或首层的锅炉房，每台蒸汽锅炉的额定蒸发量必须小于10t/h，额定蒸汽压力必须小于1.6MPa；设在多层或高层建筑的地下室、中间楼层或顶层的锅炉房，每台蒸汽锅炉的额定蒸发量不应大于4t/h，额定蒸汽压力不应大于1.6MPa，必须采用油或气体做燃料或电加热的锅炉；设在多层或高层建筑的地下室、半地下室、首层或顶层的锅炉房，热水锅炉的额定出口热水温度不应大于95℃并有超温报警装置，用时必须装设可靠的点火程序控制和熄火保护装置。在现行国家标准《锅炉房设计规范》GB 50041中也有较详细的规定。

充有可燃油的高压电容器、多油开关等，具有较大的火灾危险性，但干式或其他无可燃液体的变压器火灾危险性小，不易发生爆炸，故本条文未作限制。但干式变压器工作时易升温，温度升高易着火，故应在专用房间内做好室内通风排烟，并应有可靠的降温散热措施。

（2）燃油、燃气锅炉房、油浸变压器室，充有可燃油的高压电容器、多油开关等受条件限制不得不布置在其他建筑内时，需采取相应的防火安全措施。锅炉具有爆炸危险，不允许设置在居住建筑和公共建筑中人员密集场所的上面、下面或相邻。

目前，多数手烧锅炉已被快装锅炉代替，并且逐步被燃气锅炉替代。在实际中，快装锅炉的火灾后果更严重，不应布置在地下室、半地下室等对建筑危害严重且不易扑救的部位。对于燃气锅炉，由于燃气的火灾危险性大，为防止燃气积聚在室内而产生火灾或爆炸隐患，故规定相对密度（与空气密度的比值）大于或等于0.75的燃气不得设置在地下及半地下建筑（室）内。

油浸变压器由于存有大量可燃油品，发生故障产生电弧时，将使变压器内的绝缘油迅速发生热分解，析出氢气、甲烷、乙烯等可燃气体，压力骤增，造成外壳爆裂而大量喷油，或者析出的可燃气体与空气混合形成爆炸性混合物，在电弧或火花的作用下极易引起燃烧爆炸。变压器爆裂后，火势将随高温变压器油的流淌而蔓延，容易形成大范围的火灾。

（3）本条第8款规定了锅炉、变压器、电容器和多油开关等房间设置灭火设施的要求，对于容量大、规模大的多层建筑以及高层建筑，需设置自动灭火系统。对于按照规范要求设置自动喷水灭火系统的建筑，建筑内设置的燃油、燃气锅炉房等房间也要相应地设置自动喷水灭火系统。对于未设置自动喷水灭火系统的建筑，可以设置推车式ABC干粉灭火器或气体灭火器，如规模较大，则可设置水喷雾、细水雾或气体灭火系统等。

本条中的"直通室外"，是指疏散门不经过其他用途的房间或空间直接开向室外或疏散门靠近室外出口，只经过一条距离较短的疏散走道直接到达室外。

（4）本条中的"人员密集场所"，既包括我国《消防法》定义的人员密集场所，也包括会议厅等人员密集的场所。

5.4.13 本条第2、3、4、5、6款为强制性条文。柴油发电机是建筑内的备用电源，柴油发电机房需要具有较高的防火性能，使之能在应急情况下保证发电。同时，柴油发电机本身及其储油设施也具有一定的火灾危险性。因此，应将柴油发电机房与其他部位进行良好的防火分隔，还要设置必要的灭火和报警设施。对于柴油发电机房内的灭火设施，应根据发电机组的大小、数量、用途等实际情况确定，有关灭火设施选型参见第5.4.12条的说明。

柴油储油间和室外储油罐的进出油路管道的防火设计应符合本规范第5.4.14条、第5.4.15条的规定。由于部分柴油的闪点可能低于60°，因此，需要设置在建筑内的柴油设备或柴油储罐，柴油的闪点不应低于60°。

5.4.14 目前，民用建筑中使用柴油等可燃液体的用量越来越大，且设置此类燃料的锅炉、直燃机、发电机的建筑也越来越多。因此，有必要在规范中予以明确。为满足使用需要，规定允许储存量小于或等于 $15m^3$ 的储罐靠建筑外墙就近布置。否则，应按照本规范第4.2节的有关规定进行设计。

5.4.15 本条第1、2款为强制性条文。建筑内的可燃液体、可燃气体发生火灾时应首先切断其燃料供给，才能有效防止火势扩大，控制油品流散和可燃气体扩散。

5.4.16 鉴于可燃气体的火灾危险性大和高层建筑运输不便，运输中也会导致危险因素增加，如用电梯运输气瓶，一旦可燃气体漏入电梯井，容易发生爆炸等事故，故要求高层民用建筑内使用可燃气体作燃料的部位，应采用管道集中供气。

燃气灶、开水器等燃气设备或其他使用可燃气体的房间，当设备管道损坏或操作有误时，往往漏出大量可燃气体，达到爆炸浓度时，遇到明火就会引起燃烧爆炸，为了便于泄压和降低爆炸对建筑其他部位的影响，这些房间宜靠外墙设置。

燃气供给管道的敷设及应急切断阀的设置，在国家标准《城镇燃气设计规范》GB 50028中已有规定，设计应执行该规范的要求。

5.4.17 本条第1、2、3、4、5款为强制性条文。本条规定主要针对建筑或单位自用，如宾馆、饭店等建筑设置的集中瓶装液化石油气储瓶间，其容量一般在10瓶以上，有的达30瓶～40瓶（50kg/瓶）。本条是在总结各地实践经验和参考国外资料、规定的基础上，与现行国家标准《城镇燃气设计规范》GB 50028协商后确定的。对于本条未作规定的其他要求，应符合现行国家标准《城镇燃气设计规范》GB 50028的规定。

在总出气管上设置紧急事故自动切断阀，有利于防止发生更大的事故。在液化石油气储瓶间内设置可燃气体浓度报警装置，采用防爆型电器，可有效预防因接头或阀门密封不严漏气而发生爆炸。

5.5 安全疏散和避难

Ⅰ 一般要求

5.5.1 建筑的安全疏散和避难设施主要包括疏散门、疏散走道、安全出口或疏散楼梯（包括室外楼梯）、避难走道、避难间或避难层、疏散指示标志和应急照明，有时还要考虑疏散诱导广播等。

安全出口和疏散门的位置、数量、宽度，疏散楼梯的形式和疏散距离，避难区域的防火保护措施，对于满足人员安全疏散至关重要。而这些与建筑的高度、楼层或一个防火分区、房间的大小及内部布置、室内空间高度和可燃物的数量、类型等关系密切。设计时应区别对待，充分考虑区域内使用人员的特性，结合上述因素合理确定相应的疏散和避难设施，为人员疏散和避难提供安全的条件。

5.5.2 对于安全出口和疏散门的布置，一般要使人员在建筑着火后能有多个不同方向的疏散路线可供选择和疏散，要尽量将疏散出口均匀分散布置在平面上的不同方位。如果两个疏散出口之间距离太近，在火灾中实际上只能起到1个出口的作用，因此，国外有关标准还规定同一房间最近2个疏散出口与室内最远点的夹角不应小于45°。这在工程设计时要注意把握。对于面积较小的房间或防火分区，符合一定条件时，可以设置1个出口，有关要求见本规范第5.5.8条和5.5.15条等条文的规定。

相邻出口的间距是根据我国实际情况并参考国外有关标准确定的。目前，在一些建筑设计中存在安全出口不合理的现象，降低了火灾时出口的有效疏散能力。英国、新加坡、澳大利亚等国家的建筑规范对相邻出口的间距均有较严格的规定。如法国《公共建筑物安全防火规范》规定：2个疏散门之间相距不应小于5m；澳大利亚《澳大利亚建筑规范》规定：公众聚集场所内2个疏散门之间的距离不应小于9m。

5.5.3 将建筑的疏散楼梯通至屋顶，可使人员多一条疏散路径，有利于人员及时避难和逃生。因此，有条件时，如屋面为平屋面或具有连通相邻两楼梯间的屋面通道，均要尽量将楼梯间通至屋面。楼梯间通屋面的门要易于开启，同时门也要向外开启，以利于人员的安全疏散。特别是住宅建筑，当只有1部疏散楼梯时，如楼梯间未通至屋面，人员在火灾时一般就只有竖向一个方向的疏散路径，这会对人员的疏散安全造成较大危害。

5.5.4 本条规定要求在计算民用建筑的安全出口数量和疏散宽度时，不能将建筑中设置的自动扶梯和电梯的数量和宽度计算在内。

建筑内的自动扶梯处于敞开空间，火灾时容易受到烟气的侵袭，且梯段坡度和踏步高度与疏散楼梯的要求有较大差异，难以满足人员安全疏散的需要，故设计不能考虑其疏散能力。对此，美国《生命安全规范》NFPA 101也规定：自动扶梯与自动人行道不应视作规范中规定的安全疏散通道。

对于普通电梯，火灾时动力将被切断，且普通电梯不防烟、不防火、不防水，若火灾时作为人员的安全疏散设施是不安全的。世界上大多数国家，在电梯的警示牌中几乎都规定电梯在火灾情况下不能使用，火灾时人员疏散只能使用楼梯，电梯不能用作疏散设施。另外，从国内外已有的研究成果看，利用电梯进行应急疏散是一个十分复杂的问题，不仅涉及建筑和设备本身的设计问题，而且涉及火灾时的应急管理和电梯的安全使用问题，不同应用场所之间有很大差异，必须分别进行专门考虑和处理。

消防电梯在火灾时如供人员疏散使用，需要配套多种管理措施，目前只能由专业消防救援人员控制使用，且一旦进入应急控制程序，电梯的楼层呼唤按钮将不起作用，因此消防电梯也不能计入建筑的安全出口。

5.5.5 本条是对地下、半地下建筑或建筑内的地下、半地下室可设置一个安全出口或疏散门的通用条文。除本条规定外的其他情况，地下、半地下建筑或地下、半地下室的安全出口或疏散楼梯、其中一个防火分区的安全出口以及一个房间的疏散门，均不应少于2个。

考虑到设置在地下、半地下的设备间使用人员较少，平常只有检修、巡查人员，因此本条规定，当其建筑面积不大于200m²时，可设置1个安全出口或疏散门。

5.5.6 受用地限制，在建筑内布置汽车库的情况越来越普遍，但设置在汽车库内与建筑其他部分相连通的电梯、楼梯间等竖井也为火灾和烟气的竖向蔓延提供了条件。因此，需采取设置带防火门的电梯候梯厅、封闭楼梯间或防烟楼梯间等措施将汽车库与楼梯间和电梯竖井进行分隔，以阻止火灾和烟气蔓延。对于地下部分疏散楼梯间的形式，本规范第6.4.4条已有规定，但设置在建筑的地上或地下汽车库内、与其他部分相通且不用作疏散用的楼梯间，也要按照防止火灾上下蔓延的要求，采用封闭楼梯间或防烟楼梯间。

5.5.7 本条规定的防护挑檐，主要为防止建筑上部坠落物对人体产生伤害，保护从首层出口疏散出来的人员安全。防护挑檐可利用防火挑檐，与防火挑檐不同的是，防护挑檐只需满足人员在疏散和灭火救援过程中的人身防护要求，一般设置在建筑首层出入口门的上方，不需具备与防火挑檐一样的耐火性能。

Ⅱ 公 共 建 筑

5.5.8 本条为强制性条文。本条规定了公共建筑设置安全出口的基本要求，包括地下建筑和半地下建筑或建筑的地下室。

由于在实际执行规范时，普遍认为安全出口和疏散门不易分清楚。为此，本规范在不同条文作了区分。疏散门是房间直接通向疏散走道的房门、直接开向疏散楼梯间的门（如住宅的户门）或室外的门，不包括套间内的隔间门或住宅套内的房间门；安全出口是直接通向室外的房门或直接通向室外疏散楼梯、室内的疏散楼梯间及其他安全区的出口，是疏散门的一个特例。

本条中的医疗建筑不包括无治疗功能的休养性质的疗养院，这类疗养院要按照旅馆建筑的要求确定。

根据原规范在执行过程中的反馈意见，此次修订将可设置一部疏散楼梯的公共建筑的每层最大建筑面积和第二、三层的人数之和，比照可设置一个安全出口的单层建筑和可设置一个疏散门的房间的条件进行了调整。

5.5.9 本条规定了建筑内的防火分区利用相邻防火分区进行疏散时的基本要求。

(1)建筑内划分防火分区后，提高了建筑的防火性能。当其中一个防火分区发生火灾时，不致快速蔓延至更大的区域，使得非着火的防火分区在某种程度上能起到临时安全区的作用。因此，当人员需要通过相邻防火分区疏散时，相邻两个防火分区之间要严格采用防火墙分隔，不能采用防火卷帘、防火分隔水幕等措施替代。

(2)本条要求是针对某一楼层内中少数防火分区内的部分安全出口，因平面布置受限不能直接通向室外的情形。某一楼层内个别防火分区直通室外的安全出口的疏散宽度不足或其中局部区域的安全疏散距离过长时，可将通向相邻防火分区的甲级防火门作为安全出口，但不能大于该防火分区所需总疏散净宽度的30%。显然，当人员从着火区进入非着火的防火分区后，将会增加该区域的人员疏散时间，因此，设计除需保证相邻防火分区的疏散宽度符合规范要求外，还需要增加该防火分区的疏散宽度以满足增加人员的安全疏散需要，使整个楼层的总疏散宽度不减少。

此外，为保证安全出口的布置和疏散宽度的分布更加合理，规定了一定面积的防火分区最少应具备的直通室外的安全出口数量。计算时，不能将利用通向相邻防火分区的安全出口宽度计算在楼层的总疏散宽度内。

(3)考虑到三、四级耐火等级的建筑，不仅建筑规模小、建筑耐火性能低，而且火灾蔓延更快，故本规范不允许三、四级耐火等级的建筑借用相邻防火分区进行疏散。

5.5.10 本条规定是对于楼层面积比较小的高层公共建筑，在难以按本规范要求间隔5m设置2个安全出口时的变通措施。本条规定房间疏散门到安全出口的距离小于10m，主要为限制楼层的面积。

由于剪刀楼梯是垂直方向的两个疏散通道，两梯段之间如没有隔墙，则两条通道处在同一空间内。如果其中一个楼梯间进烟，会使这两个楼梯间的安全都受到影响。为此，不同楼梯之间应设置分隔墙，且分别设置前室，使之成为各自独立的空间。

5.5.11 本条规定是参照公共建筑设置一个疏散楼梯的条件确定的。据调查，有些办公、教学或科研等公共建筑，往往要在屋顶部分局部高出1层～2层，用作会议室、报告厅等。

5.5.12 本条为强制性条文。本规定是要保障人员疏散的安全，使疏散楼梯能在火灾时防火，不积聚烟气。高层建筑中的疏散楼梯如果不能可靠封闭，火灾时存在烟囱效应，使烟气在短时间里就能经过楼梯向上部扩散，并蔓延至整幢建筑物，威胁疏散人员的安全。随着烟气的流动也大大地加快了火势的蔓延。因此，高层建筑内疏散楼梯间的安全性要求较多层建筑高。

5.5.13 本条为强制性条文。对于多层建筑，在我国华东、华南和西南部分地区，采用敞开式外廊的集体宿舍、教学、办公等建筑，其中与敞开式外廊相连通的楼梯间，由于具有较好的防止烟气进入的条件，可以不设置封闭楼梯间。

本条规定需要设置封闭楼梯间的建筑，无论其楼层面积多大均要考虑采用封闭楼梯间，而与该建筑通过楼梯间连通的楼层的总建筑面积是否大于一个防火分区的最大允许建筑面积无关。

对应设置封闭楼梯间的建筑，其底层楼梯间可以适当扩大封闭范围。所谓扩大封闭楼梯间，就是将楼梯间的封闭范围扩大，如图5所示。因为一般公共建筑首层入口处的楼梯往往比较宽大开敞，而且和门厅的空间合为一体，使得楼梯间的封闭范围变大。对于不需采用封闭楼梯间的公共建筑，其首层门厅内的主楼梯如不计入疏散设计需要总宽度之内，可不设置楼梯间。

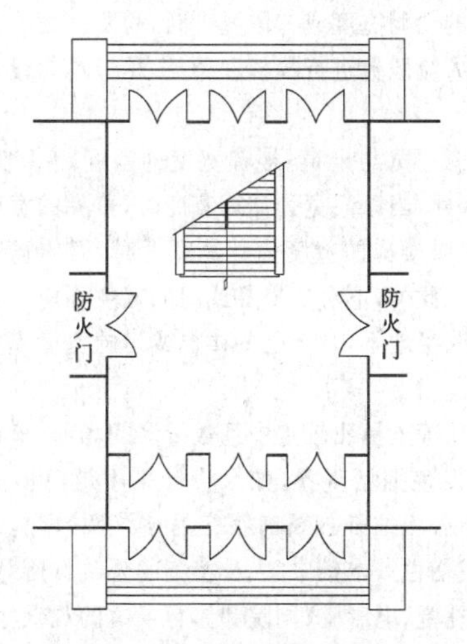

图5 扩大封闭楼梯间示意图

由于剧场、电影院、礼堂、体育馆属于人员密集场所，楼梯间的人流量较大，使用者大都不熟悉内部环境，且这类建筑多为单层，因此规定中未规定剧场、电影院、礼堂、体育馆的室内疏散楼梯应采用封闭楼梯间。但当这些场所与其他功能空间组合在同一座建筑内时，则其疏散楼梯的设置形式应按其中要求最高者确定，或按该建筑的主要功能确定。如电影院设置在多层商店建筑内，则需要按多层商店建筑的要求设置封闭楼梯间。

本条第1、3款中的"类似使用功能的建筑"是指设置有本款前述用途场所的建筑或建筑的使用功能与前述建筑或场所类似。

5.5.14 建筑内的客货电梯一般不具备防烟、防火、防水性能，电梯井在火灾时可能会成为加速火势蔓延扩大的通道，而营业厅、展览厅、多功能厅等场所是人员密集、可燃物质较多的空间，火势蔓延、烟气填充速度较快。因此，应尽量避免将电梯井直接设置在这些空间内，要尽量设置电梯间或设置在公共走道内，并设置候梯厅，以减小火灾和烟气的影响。

5.5.15 本条为强制性条文。疏散门的设置原则与安全出口的设置原则基本一致，但由于房间大小与防火分区的大小差别较大，因而具体的设置要求有所区别。

本条第1款规定可设置1个疏散门的房间的建筑面积，是根据托儿所、幼儿园的活动室和中小学校的教室的面积要求确定的。袋形走道，是只有一个疏散方向的走道，因而位于袋形走道两侧的房间，不利于人员的安全疏散，但与位于走道尽端的房间仍有所区别。

对于歌舞娱乐放映游艺场所，无论位于袋形走道或两个安全出口之间还是位于走道尽端，不符合本条规定条件的房间均需设置2个及以上的疏散门。对于托儿所、幼儿园、老年人建筑、医疗建筑、教学建筑内位于走道尽端的房间，需要设置2个及以上的疏散门；当不能满足此要求时，不能将此类用途的房间布置在走道的尽端。

5.5.16 本条第1款为强制性条文。

本条有关疏散门数量的规定，是以人员从一、二级耐火等级建筑的观众厅疏散出去的时间不大于2min，从三级耐火等级建筑的观众厅疏散出去的时间不大于1.5min为原则确定的。根据这一原则，规范规定了每个疏散门的疏散人数。据调查，剧场、电影院等观众厅的疏散门宽度多在1.65m以上，即可通过3股疏散人流。这样，一座容纳人数不大于2000人的剧场或电影院，如果池座和楼座的每股人流通过能力按40人/min计算(池座平坡地面按43人/min，楼座阶梯地面按37人/min)，则250人需要的疏散时间为250/(3×40)＝2.08(min)，与规定的控制疏散时间基本吻合。同理，如果剧场或电影院的容纳人数大于2000人，则大于2000人的部分，每个疏散门的平均人数按不大于400人考虑。这样，对于整个观众厅，每个疏散门的平均疏散人数就会大于250人，此时如果按照疏散门的通行能力，计算出的疏散时间超过2min，则要增加每个疏散门的宽度。在这里，设计仍要注意掌握和合理确定每个疏散门的人流通行股数和控制疏散时间的协调关系。如一座容纳人数为2400人的剧场，按规定需要的疏散门数量为：2000/250＋400/400＝9(个)，则每个疏散门的平均疏散人数为：2400/9≈267(人)，按2min控制疏散时间计算出每个疏散门所需通过的人流股数为：267/(2×40)≈3.3(股)。此时，一般宜按4股通行能力来考虑设计疏散门的宽度，即采用4×0.55＝2.2(m)较为合适。

实际工程设计可根据每个疏散门平均负担的疏散人数，按上述办法对每个疏散门的宽度进行必要的校核和调整。

体育馆建筑的耐火等级均为一、二级，观众厅内人员的疏散时间依据不同容量按3min～4min控制，观众厅每个疏散门的平均疏散人数要求一般不能大于400人～700人。如一座一、二级耐火等级、容量为8600人的体育馆，如果观众厅设计14个疏散门，则每个疏散门的平均疏散人数为8600/14≈614(人)。假设每个疏散门的宽度为2.2m(即4股人流所需宽度),则通过每个疏散门需要的疏散时间为614/(4×37)≈4.15(min),大于3.5min,不符合规范要求。因此,应考虑增加疏散门的数量或加大疏散门的宽度。如果采取增加出口的数量的办法,将疏散门增加到18个,则每个疏散门的平均疏散人数为8600/18≈478(人)。通过每个疏散门需要的疏散时间则缩短为478/(4×37)≈3.23(min),不大于3.5min,符合要求。

体育馆的疏散设计,要注意将观众厅疏散门的数量与观众席位的连续排数和每排的连续座位数联系起来综合考虑。如图6所示,一个观众席位区,观众通过两侧的2个出口进行疏散,其中共有可供4股人流通行的疏散走道。若规定出观众厅的疏散时间为3.5min,则该席位区最多容纳的观众席位数为4×37×3.5=518(人)。在这种情况下,疏散门的宽度就不应小于2.2m;而观众席位区的连续排数如定为20排,则每一排的连续座位就不宜大于518/20≈26(个)。如果一定要增加连续座位数,就必须相应加大疏散走道和疏散门的宽度。否则,就会违反"来去相等"的设计原则。

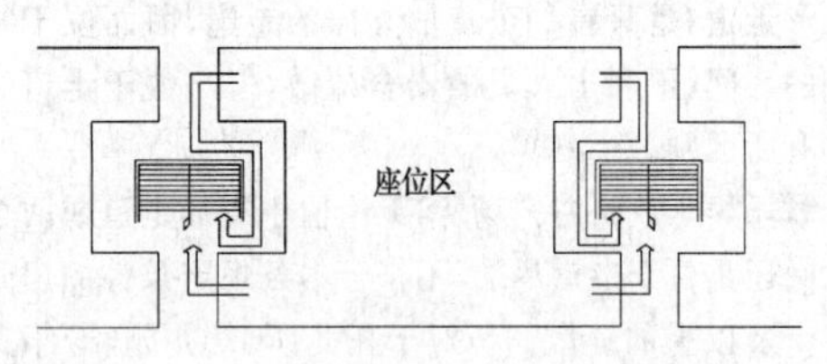

图6 席位区示意图

体育馆的室内空间体积比较大,火灾时的火场温度上升速度和烟雾浓度增加速度,要比在剧场、电影院、礼堂等的观众厅内的发展速度慢。因此,可供人员安全疏散的时间也较长。此外,体育馆观众厅内部装修用的可燃材料较剧场、电影院、礼堂的观众厅少,其火灾危险性也较这些场所小。但体育馆观众厅内的容纳人数较剧场、电影院、礼堂的观众厅要多很多,往往是后者的几倍,甚至十几倍。在疏散设计上,由于受座位排列和走道布置等技术和经济因素的制约,使得体育馆观众厅每个疏散门平均负担的疏散人数要比剧场和电影院的多。此外,体育馆观众厅的面积比较大,观众厅内最远处的座位至最近疏散门的距离,一般也都比剧场、电影院的要大。体育馆观众厅的地面形式多为阶梯地面,导致人员行走速度也较慢,这些必然会增加人员所需的安全疏散时间。因此,体育馆如果按剧场、电影院、礼堂的规定进行设计,困难会比较大,并且容纳人数越多、规模越大越困难,这在本规范确定相应的疏散设计要求时,作了区别。其他防火要求还应符合国家现行行业标准《体育建筑设计规范》JGJ 31的规定。

5.5.17 本条为强制性条文。本条规定了公共建筑内安全疏散距离的基本要求。安全疏散距离是控制安全疏散设计的基本要素,疏散距离越短,人员的疏散过程越安全。该距离的确定既要考虑人员疏散的安全,也要兼顾建筑功能和平面布置的要求,对不同火灾危险性场所和不同耐火等级建筑有所区别。

(1)建筑的外廊敞开时,其通风排烟、采光、降温等方面的情况较好,对安全疏散有利。本条表5.5.17注1对设有敞开式外廊的建筑的有关疏散距离要求作了调整。

注3考虑到设置自动喷水灭火系统的建筑,其安全性能有所提高,也对这些建筑或场所内的疏散距离作了调整,可按规定增加25%。

本表的注是针对各种情况对表中规定值的调整,对于一座全部设置自动喷水灭火系统的建筑,且符合注1或注2的要求时,其疏散距离是按照注3的规定增加后,再进行增减。如一设有敞开式外廊的多层办公楼,当未设置自动喷水灭火系统时,其位于两个安全出口之间的房间疏散门至最近安全出口的疏散距离为40+5=45(m);当设有自动喷水灭火系统时,该疏散距离可为40×(1+25%)+5=55(m)。

(2)对于建筑首层为火灾危险性小的大厅,该大厅与周围办公、辅助商业等其他区域进行了防火分隔时,可以在首层将该大厅扩大为楼梯间的一部分。考虑到建筑层数不大于4层的建筑内部垂直疏散距离相对较短,当楼层数不大于4层时,楼梯间到达首层后可通过15m的疏散走道到达直通室外的安全出口。

(3)有关建筑内观众厅、营业厅、展览厅等的内部最大疏散距离要求,参照了国外有关标准规定,并考虑了我国的实际情况。如美国相关建筑规范规定,在集会场所的大空间中从房间最远点至安全出口的步行距离为61m,设置自动喷水灭火系统后可增加25%。英国建筑规范规定,在开敞办公室、商店和商业用房中,如有多个疏散方向时,从最远点至安全出口的直线距离不应大于30m,直线行走距离不应大于45m。我国台湾地区的建筑技术规则规定:戏院、电影院、演艺场、歌厅、集会堂、观览场以及其他类似用途的建筑物,自楼面居室之任一点至楼梯口之步行距离不应大于30m。

本条中的"观众厅、展览厅、多功能厅、餐厅、营业厅等"场所,包括开敞式办公区、会议报告厅、宴会厅、观演建筑的序厅、体育建筑的入场等候与休息厅等,不包括用作舞厅和娱乐场所的多功能厅。

本条第4款中有关设置自动灭火系统时的疏散距离,当需采用疏散走道连接营业厅等场所的安全出口时,可以按室内最远点至最近疏散门的距离、该疏散走道的长度分别增加25%。条文中的"该场所"包括连接的疏散走道。如:当某营业厅需采用疏散走道连接至安全出口,且该疏散走道的长度为10m时,该场所内任一点至最近安全出口的疏散距离可为30×(1+25%)+10×(1+25%)=50(m),即营业厅内任一点至其最近出口的距离可为37.5m,连接走道的长度可以为12.5m,但不可以将连接走道上增加的长度用到营业厅内。

5.5.18 本条为强制性条文。本条根据人员疏散的基本需要,确定了民用建筑中疏散门、安全出口与疏散走道和疏散楼梯的最小净宽度。按本规范其他条文规定计算出的总疏散宽度,在确定不同位置的门洞宽度或梯段宽度时,需要仔细分配其宽度并根据通过的人流股数进行校核和调整,尽量均匀设置并满足本条的要求。

设计应注意门宽与走道、楼梯宽度的匹配。一般,走道的宽度均较宽,因此,当以门宽为计算宽度时,楼梯的宽度不应小于门的宽度;当以楼梯的宽度为计算宽度时,门的宽度不应小于楼梯的宽度。此外,下层的楼梯或门的宽度不应小于上层的宽度;对于地下、半地下,则上层的楼梯或门的宽度不应小于下层的宽度。

5.5.19 观众厅等人员比较集中且数量多的场所,疏散时在门口附近往往会发生拥堵现象,如果设计采用带门槛的疏散门等,紧急情况下人流往外拥挤时很容易被绊倒,影响人员安全疏散,甚至造成伤亡。本条中"人员密集的公共场所"主要指营业厅、观众厅,礼堂、电影院、剧院和体育场馆的观众厅,公共娱乐场所中出入大厅、舞厅,候机(车、船)厅及医院的门诊大厅等面积较大、同一时间聚集人数较多的场所。本条规定的疏散门为进出上述这些场所的门,包括直接对外的安全出口或通向楼梯间的门。

本条规定的紧靠门口内外各1.40m范围内不应设置踏步,主要指正对门的内外1.40m范围,门两侧1.40m范围内尽量不要设置台阶,对于剧场、电影院等的观众厅,尽量采用坡道。

人员密集的公共场所的室外疏散小巷，主要针对礼堂、体育馆、电影院、剧场、学校教学楼、大中型商场等同一时间有大量人员需要疏散的建筑或场所。一旦大量人员离开建筑物后，如没有一个较开阔的地带，人员还是不能尽快疏散，可能会导致后续人流更加集中和恐慌而发生意外。因此，规定该小巷的宽度不应小于3.00m，但这是规定的最小宽度，设计要因地制宜地，尽量加大。为保证人流快速疏散、不发生阻滞现象，该疏散小巷应直接通向更宽阔的地带。对于那些主要出入口临街的剧场、电影院和体育馆等公共建筑，其主体建筑应后退红线一定的距离，以保证有较大的疏散缓冲及消防救援场地。

5.5.20 为便于人员快速疏散，不会在走道上发生拥挤，本条规定了剧场、电影院、礼堂、体育馆等观众厅内座位的布置和疏散通道、疏散门的布置基本要求。

(1)关于剧场、电影院、礼堂、体育馆等观众厅内疏散走道及座位的布置。

观众厅内疏散走道的宽度按疏散1股人流需要0.55m考虑，同时并排行走2股人流需要1.1m的宽度，但观众厅内座椅的高度均在行人的身体下部，座椅不妨碍人体最宽处的通过，故1.00m宽度基本能保证2股人流通行需要。观众厅内设置边走道不但对疏散有利，并且还能起到协调安全出口或疏散门和疏散走道通行能力的作用，从而充分发挥安全出口或疏散门的作用。

对于剧场、电影院、礼堂等观众厅中两条纵走道之间的最大连续排数和连续座位数，在工程设计中应与疏散走道和安全出口或疏散门的设计宽度联系起来考虑，合理确定。

对于体育馆观众厅中纵走道之间的座位数可增加到26个，主要是因为体育馆观众厅内的总容纳人数和每个席位分区内所包容的座位数都比剧场、电影院的多，发生火灾后的危险性也较影剧院的观众厅要小些，采用与剧场等相同的规定数据既不现实也不客观，但也不能因此而任意加大每个席位分区中的连续排数、连续座位数，而要与观众厅内的疏散走道和安全出口或疏散门的设计相呼应、相协调。

本条规定的连续20排和每排连续26个座位，是基于人员出观众厅的控制疏散时间按不大于3.5min和每个安全出口或疏散门的宽度按2.2m考虑的。疏散走道之间布置座位连续20排、每排连续26个作为一个席位分区的包容座位数为20×26＝520(人)，通过能容4股人流宽度的走道和2.20m宽的安全(疏散)出口出去所需要的时间为520/(4×37)≈3.51(min)，基本符合规范的要求。对于体育馆观众厅平面中呈梯形或扇形布置的席位区，其纵走道之间的座位数，按最多一排和最少一排的平均座位数计算。

另外，在本条中“前后排座椅的排距不小于0.9m时，可增加1.0倍，但不得大于50个”的规定，设计也应按上述原理妥善处理。本条限制观众席位仅一侧布置有纵走道时的座位数，是为防止延误疏散时间。

(2)关于剧场、电影院、礼堂等公共建筑的安全疏散宽度。

本条第2款规定的疏散宽度指标是根据人员疏散出观众厅的疏散时间，按一、二级耐火等级建筑控制为2min、三级耐火等级建筑控制为1.5min这一原则确定的。

$$百人指标=\frac{单股人流宽度\times 100}{疏散时间\times 每分钟每股人流通过人数} \quad (6)$$

据此，按照疏散净宽度指标公式计算出一、二级耐火等级建筑的观众厅中每100人所需疏散宽度为：

门和平坡地面：$B=100\times0.55/(2\times43)\approx0.64(m)$

取0.65m；

阶梯地面和楼梯：$B=100\times0.55/(2\times37)\approx0.74(m)$

取0.75m。

三级耐火等级建筑的观众厅中每100人所需要的疏散宽度为：

门和平坡地面：$B=100\times0.55/(1.5\times43)\approx0.85(m)$

取0.85m；

阶梯地面和楼梯：$B=100\times0.55/(1.5\times37)\approx0.99(m)$

取1.00m。

根据本条第2款规定的疏散宽度指标计算所得安全出口或疏散门的总宽度，为实际需要设计的最小宽度。在确定安全出口或疏散门的设计宽度时，还应按每个安全出口或疏散门的疏散时间进行校核和调整，其理由参见第5.5.16条的条文说明。本款的适用规模为：对于一、二级耐火等级的建筑，容纳人数不大于2500人；对于三级耐火等级的建筑，容纳人数不大于1200人。

此外，对于容量较大的会堂等，其观众厅内部会设置多层楼座，且楼座部分的观众人数往往占整个观众厅容纳总人数的一半多，这和一般剧场、电影院、礼堂的池座人数比例相反，而楼座部分又都以阶梯式地面为主，其疏散情况与体育馆的情况有些类似。尽管本条对此没有明确规定，设计也可以根据工程的具体情况，按照体育馆的相应规定确定。

(3)关于体育馆的安全疏散宽度。

国内各大、中城市已建成的体育馆，其容量多在3000人以上。考虑到剧场、电影院的观众厅与体育馆的观众厅之间在容量和室内空间方面的差异，在规范中分别规定了其疏散宽度指标，并在规定容量的适用范围时拉开档次，防止出现交叉或不一致现象，故将体育馆观众厅的最小人数容量定为3000人。

对于体育馆观众厅的人数容量，表5.5.20-2中规定的疏散宽度指标，按照观众厅容量的大小分为三档：(3000～5000)人、(5001～10000)人和(10001～20000)人。每个档次中所规定的百人疏散宽度指标(m)，是根据人员出观众厅的疏散时间分别控制在3min、3.5min、4min来确定的。根据计算公式：

计算出一、二级耐火等级建筑观众厅中每100人所需要的疏散宽度分别为：

平坡地面：$B_1=0.55\times100/(3\times43)\approx0.426(m)$

取0.43m；

$B_2=0.55\times100/(3.5\times43)\approx0.365(m)$

取0.37m；

$B_3=0.55\times100/(4\times43)\approx0.320(m)$

取0.32m。

阶梯地面：$B_1=0.55\times100/(3\times37)\approx0.495(m)$

取0.50m；

$B_2=0.55\times100/(3.5\times37)\approx0.425(m)$

取0.43m；

$B_3=0.55\times100/(4\times37)\approx0.372(m)$

取0.37m。

本款将观众厅的最高容纳人数规定为20000人，当实际工程大于该规模时，需要按照疏散时间确定其座位数、疏散门和走道宽度的布置，但每个座位区的座位数仍应符合本规范要求。根据规定的疏散宽度指标计算得到的安全出口或疏散门总宽度，为实际需要设计的概算宽度，确定安全出口或疏散门的设计宽度时，还需对每个安全出口或疏散门的宽度进行核算和调整。如，一座二级耐火等级、容量为10000人的体育馆，按上述规定疏散宽度指标计算的安全出口或疏散门总宽度为10000×0.43/100=43(m)。如果设计16个安全出口或疏散门，则每个出口的平均疏散人数为625人，每个出口的平均宽度为43/16≈2.68(m)。如果每个出口的宽度采用2.68m，则能通过4股人流，核算其疏散时间为625/(4×37)≈4.22(min)>3.5min，不符合规范要求。如果将每个出口的设计宽度调整为2.75m，则能够通过5股人流，疏散时间为：625/(5×37)≈3.38(min)<3.5min，符合规范要求。但推算出的每百人宽度指标为16×2.75×100/10000=0.44(m)，比原百人疏散宽度指标高2%。

本条表5.5.20-2的"注"，明确了采用指标进行计算和选定疏散宽度时的原则：即容量大的观众厅，计算出的需要宽度不应小于根据容量小的观众厅计算出的需要宽度。否则，应采用较大宽度。如：一座容量为5400人的体育馆，按规定指标计算出来的疏散宽度为54×0.43=23.22(m)，而一座容量为5000人的体育馆，按规定指标计算出来的疏散宽度则为50×0.50=25(m)，在这种情况下就应采用25m作为疏散宽度。另外，考虑到容量小于3000人的体育馆，其疏散宽度计算方法原规范未在条文中明确，此次修订时在表5.5.20-2中作了补充。

(4)体育馆观众厅内纵横走道的布置是疏散设计中的一个重要内容，在工程设计中应注意：

1)观众席位中的纵走道担负着把全部观众疏散到安全出口或疏散门的重要功能。在观众席位中不设置横走道时，观众厅内通向安全出口或疏散门的纵走道的设计总宽度应与观众厅安全出口或疏散门的设计总宽度相等。观众席位中的横走道可以起到调剂安全出口或疏散门人流密度和加大出口疏散流通能力的作用。一般容量大于6000人或每个安全出口或疏散门设计的通过人流股数大于4股时，在观众席位中要尽量设置横走道。

2)经过观众席中的纵、横走道通向安全出口或疏散门的设计人流股数与安全出口或疏散门设计的通行股数，应符合"来去相等"的原则。如安全出口或疏散门设计的宽度为2.2m，则经过纵、横走道通向安全出口或疏散门的人流股数不能大于4股；否则，就会造成出口处堵塞，延误疏散时间。反之，如果经纵、横走道通向安全出口或疏散门的人流股数少于安全出口或疏散门的设计通行人流股数，则不能充分发挥安全出口或疏散门的作用，在一定程度上造成浪费。

(5)设计还要注意以下两个方面：

1)安全出口或疏散门的数量应密切联系控制疏散时间。

疏散设计确定的安全出口或疏散门的总宽度，要大于根据控制疏散时间而规定出的宽度指标，即计算得到的所需疏散总宽度。同时，安全出口或疏散门的数量，要满足每个安全出口或疏散门平均疏散人数的规定要求，并且根据此疏散人数计算得到的疏散时间要小于控制疏散时间(建筑中可用的疏散时间)的规定要求。

2)安全出口或疏散门的数量应与安全出口或疏散门的设计宽度协调。

安全出口或疏散门的数量与安全出口或疏散门的宽度之间有着相互协调、相互配合的密切关系，并且也是严格控制疏散时间，合理执行疏散宽度指标需充分注意和精心设计的一个重要环节。在确定观众厅安全出口或疏散门的宽度时，要认真考虑通过人流股数的多少，如单股人流的宽度为0.55m，2股人流的宽度为1.1m，3股人流的宽度为1.65m，以更好地发挥安全出口或疏散门的疏散功能。

5.5.21 本条第1、2、3、4款为强制性条文。疏散人数的确定是建筑疏散设计的基础参数之一，不能准确计算建筑内的疏散人数，就无法合理确定建筑中各区域疏散门或安全出口和建筑内疏散楼梯所需要的有效宽度，更不能确定设计的疏散设施是否满足建筑内的人员安全疏散需要。

1 在实际中，建筑各层的用途可能各不相同，即使相同用途在每层上的使用人数也可能有所差异。如果整栋建筑物的楼梯按人数最多的一层计算，除非人数最多的一层是在顶层，否则不尽合理，也不经济。对此，各层楼梯的总宽度可按该层或该层以上人数最多的一层分段计算确定，下层楼梯的总宽度按该层以上各层疏散人数最多一层的疏散人数计算。如：一座二级耐火等级的6层民用建筑，第四层的使用人数最多为400人，第五层、第六层每层的人数均为200人。计算该建筑的疏散楼梯总宽度时，根据楼梯宽度指标1.00m/百人的规定，第四层和第四层以下每层楼梯的总宽度为4.0m；第五层和第六层每层楼梯的总宽度可为2.0m。

2 本款中的人员密集的厅、室和歌舞娱乐放映游艺场所，由于设置在地下、半地下，考虑到其疏散条件较差，火灾烟气发展较快的特点，提高了百人疏散宽度指标要求。本款中"人员密集的厅、室"，包括商店营业厅、证券营业厅等。

4 对于歌舞娱乐放映游艺场所，在计算疏散人数时，可以不计算该场所内疏散走道、卫生间等辅助用房的建筑面积，而可以只根据该场所内具有娱乐功能的各厅、室的建筑面积确定，内部服务和管理人员的数量可根据核定人数确定。

6 对于展览厅内的疏散人数，本规定为最小人员密度设计值，设计要根据当地实际情况，采用更大的密度。

7 对于商店建筑的疏散人数，国家行业标准《商店建筑设计规范》JGJ 48中有关条文的规定还不甚明确，导致出现多种计算方法，有的甚至是错误的。本规范在研究国内外有关资料和规范，并广泛征求意见的基础上，明确了确定商店营业厅疏散人数时的计算面积与其建筑面积的定量关系为(0.5～0.7)：1，据此确定了商店营业厅的人员密度设计值。从国内大量建筑工程实例的计算统计看，均在该比例范围内。但商店建筑内经营的商品类别差异较大，且不同地区或同一地区的不同地段，地上与地下商店等在实际使用过程中的人流和人员密度相差较大，因此执行过程中应对工程所处位置的情况作充分分析，再依据本条规定选取合理的数值进行设计。

本条所指"营业厅的建筑面积"，既包括营业厅内展示货架、柜台、走道等顾客参与购物的场所，也包括营业厅内的卫生间、楼梯间、自动扶梯等的建筑面积。对于进行了严格的防火分隔，并且疏散时无需进入营业厅内的仓储、设备房、工具间、办公室等，可不计入营业厅的建筑面积。

有关家具、建材商店和灯饰展示建筑的人员密度调查表明，该类建筑与百货商店、超市等相比，人员密度较小，高峰时刻的人员密度在0.01人/m^2～0.034人/m^{2}之间。考虑到地区差异及开业庆典和节假日等因素，确定家具、建材商店和灯饰展示建筑的人员密度为表5.5.21-2规定值的30%。

据表5.5.21-2确定人员密度值时，应考虑商店的建筑规模，当建筑规模较小(比如营业厅的建筑面积小于3000m^2)时宜取上限值，当建筑规模较大时，可取下限值。当一座商店建筑内设置有多种商业用途时，考虑到不同用途区域可能会随经营状况或经营者的变化而变化，尽管部分区域可能用于家具、建材经销等类似用途，但人员密度仍需要按照该建筑的主要商业用途来确定，不能再按照上述方法折减。

5.5.22 本条规定是在吸取有关火灾教训的基础上，为方便灭火救援和人员逃生的要求确定的，主要针对多层建筑或高层建筑的下部楼层。

本条要求设置的辅助疏散设施包括逃生袋、救生绳、缓降绳、折叠式人孔梯、滑梯等，设置位置要便于人员使用且安全可靠，但并不一定要在每一个窗口或阳台设置。

5.5.23 本条为强制性条文。建筑高度大于100m的建筑，使用人员多、竖向疏散距离长，因而人员的疏散时间长。

根据目前国内主战举高消防车——50m高云梯车的操作要求，规定从首层到第一个避难层之间的高度不应大于50m，以便火灾时不能经楼梯疏散而要停留在避难层的人员可采用云梯车救援下来。根据普通人爬楼梯的体力消耗情况，结合各种机电设备及管道等的布置和使用管理要求，将两个避难层之间的高度确定为不大于50m较为适宜。

火灾时需要集聚在避难层的人员密度较大，为不至于过分拥挤，结合我国的人体特征，规定避难层的使用面积按平均每平方米容纳不大于5人确定。

第2款对通向避难层楼梯间的设置方式作出了规定，"疏散楼梯应在避难层分隔、同层错位或上下层断开"的做法，是为了使需要避难的人员不错过避难层（间）。其中，"同层错位和上下层断开"的方式是强制避难的做法，此时人员均须经避难层方能上下；"疏散楼梯在避难层分隔"的方式，可以使人员选择继续通过疏散楼梯疏散还是前往避难区域避难。当建筑内的避难人数较少而不需将整个楼层用作避难层时，除火灾危险性小的设备用房外，不能用于其他使用功能，并应采用防火墙将该楼层分隔成不同的区域。从非避难区进入避难区的部位，要采取措施防止非避难区的火灾和烟气进入避难区，如设置防烟前室。

一座建筑是设置避难层还是避难间，主要根据该建筑的不同高度段内需要避难的人数及其所需避难面积确定，避难间的分隔及疏散等要求同避难层。

5.5.24 本条为强制性条文。本条规定是为了满足高层病房楼和手术室中难以在火灾时及时疏散的人员的避难需要和保证其避难安全。本条是参考美国、英国等国对医疗建筑避难区域或使用轮椅等行动不便人员避难的规定，结合我国相关实际情况确定的。

每个护理单元的床位数一般是40床～60床，建筑面积为$1200m^2$～$1500m^2$，按3人间病房、疏散着火房间和相邻房间的患者共9人，每个床位按$2m^2$计算，共需要$18m^2$，加上消防员和医护人员、家属所占用面积，规定避难间面积不小于$25m^2$。

避难间可以利用平时使用的房间，如每层的监护室，也可以利用电梯前室。病房楼按最少3部病床梯对面布置，其电梯前室面积一般为$24m^2$～$30m^2$。但合用前室不适合用作避难间，以防止病床影响人员通过楼梯疏散。

Ⅲ 住宅建筑

5.5.25 本条为强制性条文。本条规定为住宅建筑安全出口设置的基本要求。考虑到当前住宅建筑形式趋于多样化，条文未明确住宅建筑的具体类型，只根据住宅建筑单元每层的建筑面积和户门到安全出口的距离，分别规定了不同建筑高度住宅建筑安全出口的设置要求。

54m以上的住宅建筑，由于建筑高度高，人员相对较多，一旦发生火灾，烟和火易竖向蔓延，且蔓延速度快，而人员疏散路径长，疏散困难。故同时要求此类建筑每个单元每层设置不少于两个安全出口，以利人员安全疏散。

5.5.26 本条为强制性条文。将建筑的疏散楼梯通至屋顶，可使人员通过相邻单元的楼梯进行疏散，使之多一条疏散路径，以利于人员能及时逃生。由于本规范已强制要求建筑高度大于54m的住宅建筑，每个单元应设置2个安全出口，而建筑高度大于27m，但小于等于54m的住宅建筑，当每个单元任一层的建筑面积不大于$650m^2$，且任一户门至最近安全出口的距离不大于10m，每个单元可以设置1个安全出口时，可以通过将楼梯间通至屋面并在屋面将各单元连通来满足2个不同疏散方向的要求，便于人员疏散；对于只有1个单元的住宅建筑，可将疏散楼梯仅通至屋顶。此外，由于此类建筑高度较高，即使疏散楼梯能通至屋顶，也不等同于2部疏散楼梯。为提高疏散楼梯的安全性，本条还对户门的防火性能提出了要求。

5.5.27 电梯井是烟火竖向蔓延的通道，火灾和高温烟气可借助该竖井蔓延到建筑中的其他楼层，会给人员安全疏散和火灾的控制与扑救带来更大困难。因此，疏散楼梯的位置要尽量远离电梯井或将疏散楼梯设置为封闭楼梯间。

对于建筑高度低于33m的住宅建筑，考虑到其竖向疏散距离较短，如每层每户通向楼梯间的门具有一定的耐火性能，能一定程度降低烟火进入楼梯间的危险，因此，可以不设封闭楼梯间。

楼梯间是火灾时人员在建筑内竖向疏散的唯一通道，不具备防火性能的户门不应直接开向楼梯间，特别是高层住宅建筑的户门不应直接开向楼梯间的前室。

5.5.28 有关说明参见本规范第5.5.10条的说明。楼梯间的防烟前室，要尽可能分别设置，以提高其防火安全性。

防烟前室不共用时，其面积等要求还需符合本规范第6.4.3条的规定。当两部剪刀楼梯间共用前室时，进入剪刀楼梯间前室的入口应该位于不同方位，不能通过同一个入口进入共用前室，入口之间的距离仍要不小于5m；在首层的对外出口，要尽量分开设置在不同方向。当首层的公共区无可燃物且首层的户门不直接开向前室时，剪刀梯在首层的对外出口可以共用，但宽度需满足人员疏散的要求。

5.5.29 本条为强制性条文。本条规定了住宅建筑安全疏散距离的基本要求，有关说明参见本规范第5.5.17条的条文说明。

跃廊式住宅用与楼梯、电梯连接的户外走廊将多个住户组合在一起，而跃层式住宅则在套内有多个楼层，户与户之间主要通过本单元的楼梯或电梯组合在一起。跃层式住宅建筑的户外疏散路径较跃廊式住宅短，但套内的疏散距离则要长。因此，在考虑疏散距离时，跃廊式住宅要将人员在此楼梯上的行走时间折算到水平走道上的时间，故采用小楼梯水平投影的1.5倍计算。为简化规定，对于跃层式住宅户内的小楼梯，户内楼梯的距离由原来规定按楼梯梯段总长度的水平投影尺寸计算修改为按其梯段水平投影长度的1.5倍计算。

5.5.30 本条为强制性条文。本条说明参见本规范第5.5.18条的条文说明。住宅建筑相对于公共建筑，同一空间内或楼层的使用人数较少，一般情况下1.1m的最小净宽可以满足大多数住宅建筑的使用功能需要，但在设计疏散走道、安全出口和疏散楼梯以及户门时仍应进行核算。

5.5.31 本条为强制性条文。有关说明参见本规范第5.5.23条的条文说明。

5.5.32 对于大于54m但不大于100m的住宅建筑，尽管规范不强制要求设置避难层（间），但此类建筑较高，为增强此类建筑户内的安全性能，规范对户内的一个房间提出了要求。

本条规定有耐火完整性要求的外窗，其耐火性能可按照现行国家标准《镶玻璃构件耐火试验方法》GB/T 12513 中对非隔热性镶玻璃构件的试验方法和判定标准进行测定。

6 建筑构造

6.1 防火墙

6.1.1 本条为强制性条文。防火墙是分隔水平防火分区或防止建筑间火灾蔓延的重要分隔构件，对于减少火灾损失发挥着重要作用。

防火墙能在火灾初期和灭火过程中，将火灾有效地限制在一定空间内，阻断火灾在防火墙一侧而不蔓延到另一侧。国外相关建筑规范对于建筑内部及建筑物之间的防火墙设置十分重视，均有较严格的规定。如美国消防协会标准《防火墙与防火隔墙标准》NFPA 221 对此有专门规定，并被美国有关建筑规范引用为强制性要求。

实际上，防火墙应从建筑基础部分就应与建筑物完全断开，独立建造。但目前在各类建筑物中设置的防火墙，大部分是建造在建筑框架上或与建筑框架相连接。要保证防火墙在火灾时真正发挥作用，就应保证防火墙的结构安全且从上至下均应处在同一轴线位置，相应框架的耐火极限要与防火墙的耐火极限相适应。由于过去没有明确设置防火墙的框架或承重结构的耐火极限要求，使得实际工程中建筑框架的耐火极限可能低于防火墙的耐火极限，从而难以很好地实现防止火灾蔓延扩大的目标。

为阻止火势通过屋面蔓延，要求防火墙截断屋顶承重结构，并根据实际情况确定突出屋面与否。对于不同用途、建筑高度以及建筑的屋顶耐火极限的建筑，应有所区别。当高层厂房和高层仓库屋顶承重结构和屋面板的耐火极限大于或等于1.00h，其他建筑屋顶承重结构和屋面板的耐火极限大于或等于0.50h时，由于屋顶具有较好的耐火性能，其防火墙可不高出屋面。

本条中的数值是根据我国有关火灾的实际调查和参考国外有关标准确定的。不同国家有关防火墙高出屋面高度的要求，见表16。设计应结合工程具体情况，尽可能采用比本规范规定较大的数值。

表16 不同国家有关防火墙高出屋面高度的要求

屋面构造	防火墙高出屋面的尺寸(mm)			
	中国	日本	美国	前苏联
不燃性屋面	500	500	450～900	300
可燃性屋面	500	500	450～900	600

6.1.2 本条为强制性条文。设置防火墙就是为了防止火灾不能从防火墙任意一侧蔓延至另外一侧。通常屋顶是不开口的，一旦开口则有可能成为火灾蔓延的通道，因而也需要进行有效的防护。否则，防火墙的作用将被削弱，甚至失效。防火墙横截面中心线水平距离天窗端面不小于4.0m，能在一定程度上阻止火势蔓延，但设计还是要尽可能加大该距离，或设置不可开启窗扇的乙级防火窗或火灾时可自动关闭的乙级防火窗等，以防止火灾蔓延。

6.1.3 对于难燃或可燃外墙，为阻止火势通过外墙横向蔓延，要求防火墙凸出外墙一定宽度，且应在防火墙两侧每侧各不小于2.0m范围内的外墙和屋面采用不燃性的墙体，并不得开设孔洞。不燃性外墙具有一定耐火极限且不会被引燃，允许防火墙不凸出外墙。

防火墙两侧的门窗洞口最近的水平距离规定不应小于2.0m。根据火场调查，2.0m的间距能在一定程度上阻止火势蔓延，但也存在个别蔓延现象。

6.1.4 火灾事故表明，防火墙设在建筑物的转角处且防火墙两侧开设门窗等洞口时，如门窗洞口采取防火措施，则能有效防止火势蔓延。设置不可开启窗扇的乙级防火窗、火灾时可自动关闭的乙级防火窗、防火卷帘或防火分隔水幕等，均可视为能防止火灾水平蔓延的措施。

6.1.5 本条为强制性条文。

(1)对于因防火间距不足而需设置的防火墙，不应开设门窗洞口。必须设置的开口要符合本规范有关防火间距的规定。用于防火分区或建筑内其他防火分隔用途的防火墙，如因工艺或使用等要求必须在防火墙上开口时，须严格控制开口大小并采取在开口部位设置防火门窗等能有效防止火灾蔓延的防火措施。根据国外有关标准，在防火墙上设置的防火门，耐火极限一般都应与相应防火墙的耐火极限一致，但各国有关防火门的标准略有差异，因此我国要求采用甲级防火门。其他洞口，包括观察窗、工艺口等，由于大小不一，所设置的防火设施也各异，如防火窗、防火卷帘、防火阀、防火分隔水幕等。但无论何种设施，均应能在火灾时封闭开口，有效阻止火势蔓延。

(2)本条规定在于保证防火墙防火分隔的可靠性。可燃气体和可燃液体管道穿越防火墙，很容易将火灾从防火墙的一侧引到另外一侧。排气管道内的气体一般为燃烧的余气，温度较高，将排气管道设置在防火墙内不仅对防火墙本身的稳定性有影响，而且排气时长时间聚集的热量有可能引燃防火墙两侧的可燃物。此外，在布置输送氧气、煤气、乙炔等可燃气体和汽油、苯、甲醇、乙醇、煤油、柴油等甲、乙、丙类液体的管道时，还要充分考虑这些管道发生可燃气体或蒸气逸漏对防火墙本身安全以及防火墙两侧空间的危害。

6.1.6 本条规定在于防止建筑物内的高温烟气和火势穿过防火墙上的开口和孔隙等蔓延扩散，以保证防火分区的防火安全。如水管、输送无火灾危险的液体管道等因条件限制必须穿过防火墙时，要用弹性较好的不燃材料或防火封堵材料将管道周围的缝隙紧密填塞。对于采用塑料等遇高温或火焰易收缩变形或烧蚀的材质的管道，要采取措施使该类管道在受火后能被封闭，如设置热膨胀型阻火圈或者设置在具有耐火性能的管道井内等，以防止火势和烟气穿过防火分隔体。有关防火封堵措施，在中国工程建设标准化协会标准《建筑防火封堵应用技术规程》CECS 154：2003 中有详细要求。

6.1.7 本条为强制性条文。本条规定了防火墙构造的本质要求，是确保防火墙自身结构安全的基本规定。防火墙的构造应该使其能在火灾中保持足够的稳定性能，以发挥隔烟阻火作用，不会因高温或邻近结构破坏而引起防火墙的倒塌，致使火势蔓延。耐火等级较低一侧的建筑结构或其中燃烧性能和耐火极限较低的结构，在火灾中易发生垮塌，从而可能以侧向力或下拉力作用于防火墙，设计应考虑这一因素。此外，在建筑物室内外建造的独立防火墙，也要考虑其高度与厚度的关系以及墙体的内部加固构造，使防火墙具有足够的稳固性与抗力。

6.2 建筑构件和管道井

6.2.1 本条规定了剧场、影院等建筑的舞台与观众厅的防火分隔要求。

剧场等建筑的舞台及后台部分，常使用或存放着大量幕布、布景、道具，可燃装修和用电设备多。另外，由于演出需要，人为着火因素也较多，如烟火效果及演员在台上吸烟表演等，也容易引发火灾。着火后，舞台部位的火势往往发展迅速，难以及时控制。剧场等建筑舞台下面的灯光操纵室和存放道具、布景的储藏室，可燃物较多，也是该场所防火设计的重点控制部位。

电影放映室主要放映以硝酸纤维片等易燃材料的影片，极易发生燃烧，或断片时使用易燃液体丙酮接片子而导致火灾，且室内电气设备又比较多。因此，该部位要与其他部位进行有效分隔。对于放映数字电影的放映室，当室内可燃物较少时，其观察孔和放映孔也可不采取防火分隔措施。

剧场、电影院内的其他建筑防火构造措施与规定，还应符合国家现行标准《剧场建筑设计规范》JGJ 57 和《电影院建筑设计规范》JGJ 58 的要求。

6.2.2 本条为强制性条文。本条规定为对建筑内一些需要重点防火保护的特殊场所的防火分隔要求。本条中规定的防火分隔墙体和楼板的耐火极限是根据二级耐火等级建筑的相应要求确定的。

(1)医疗建筑内存在一些性质重要或发生火灾时不能马上撤离的部位，如产房、手术室、重症病房、贵重的精密医疗装备用房等，以及可燃物多或火灾危险性较大，容易发生火灾的场所，如药房、储藏间、实验室、胶片室等。因此，需要加强对这些房间的防火分隔，以减小火灾危害。对于医院洁净手术部，还应符合国家现行有关标准《医院洁净手术部建筑技术规范》GB 50333 和《综合医院建筑设计规范》JGJ 49 的有关要求。

(2)托儿所、幼儿园的婴幼儿、老年人建筑内的老弱者等人员行为能力较弱，容易在火灾时造成伤亡，当设置在其他建筑内时，要与其他部位分隔。其他防火要求还应符合国家现行有关标准《托儿所、幼儿园建筑设计规范》JGJ 39、《老年人建筑设计规范》JGJ 122 和《老年人居住建筑设计标准》GB/T 50340 等标准的要求。

6.2.3 本条规定了属于易燃、易爆且容易发生火灾或高温、明火生产部位的防火分隔要求。

厨房火灾危险性较大，主要原因有电气设备过载老化、燃气泄漏或油烟机、排油烟管道着火等。因此，本条对厨房的防火分隔提出了要求。本条中的“厨房”包括公共建筑和工厂中的厨房、宿舍和公寓等居住建筑中的公共厨房，不包括住宅、宿舍、公寓等居住建筑中套内设置的供家庭或住宿人员自用的厨房。

当厂房或仓库内有工艺要求必须将不同火灾危险性的生产布置在一起时，除属丁、戊类火灾危险性的生产与储存场所外，厂房或仓库中甲、乙、丙类火灾危险性的生产或储存物品一般要分开设置，并应采用具有一定耐火极限的墙体分隔，以降低不同火灾危险性场所之间的相互影响。如车间内的变电所、变压器、可燃或易燃液体或气体储存房间、人员休息室或车间管理与调度室、仓库内不同火灾危险性的物品存放区等，有的在本规范第 3.3.5 条～第 3.3.8 条和第 6.2.7 条等条文中也有规定。

6.2.4 本条为强制性条文。本条为保证防火隔墙的有效性，对其构造做法作了规定。为有效控制火势和烟气蔓延，特别是烟气对人员安全的威胁，旅馆、公共娱乐场所等人员密集场所内的防火隔墙，应注意将隔墙从地面或楼面砌至上一层楼板或屋面板底部。楼板与隔墙之间的缝隙、穿越墙体的管道及其缝隙、开口等应按照本规范有关规定采取防火措施。

在单元式住宅中，分户墙是主要的防火分隔墙体，户与户之间进行较严格的分隔，保证火灾不相互蔓延，也是确保住宅建筑防火安全的重要措施。要求单元之间的墙应无门窗洞口，单元之间的墙砌至屋面板底部，可使该隔墙真正起到防火隔断作用，从而把火灾限制在着火的一户内或一个单元之内。

6.2.5 本条为强制性条文。建筑外立面开口之间如未采取必要的防火分隔措施，易导致火灾通过开口部位相互蔓延，为此，本条规定了外立面开口之间的防火措施。

目前，建筑中采用落地窗，上、下层之间不设置实体墙的现象比较普遍，一旦发生火灾，易导致火灾通过外墙上的开口在水平和竖直方向上蔓延。本条结合有关火灾案例，规定了建筑外墙上在上、下层开口之间的墙体高度或防火挑檐的挑出宽度，以及住宅建筑相邻套在外墙上的开口之间的墙体的水平宽度，以防止火势通过建筑外窗蔓延。关于上下层开口之间实体墙的高度计算，当下部外窗的上沿以上为上一层的梁时，该梁的高度可计入上、下层开口间的墙体高度。

当上、下层开口之间的墙体采用实体墙确有困难时，允许采用防火玻璃墙，但防火玻璃墙和外窗的耐火完整性都要能达到规范规定的耐火完整性要求，其耐火完整性按照现行国家标准《镶玻璃构件耐火试验方法》GB/T 12513 中对非隔热性镶玻璃构件的试验方法和判定标准进行测定。

国家标准《建筑用安全玻璃　第 1 部分：防火玻璃》GB 15763.1—2009 将防火玻璃按照耐火性能分为 A、C 两类，其中 A 类防火玻璃能够同时满足标准有关耐火完整性和耐火隔热性的要求，C 类防火玻璃仅能满足耐火完整性的要求。火势通过窗口蔓延时需经过外部卷吸后作用到窗玻璃上，且火焰需突破着火房间的窗户经室外再蔓延到其他房间，满足耐火完整性的 C 类防火玻璃，可基本防止火势通过窗口蔓延。

住宅内着火后，在窗户开启或窗户玻璃破碎的情况下，火焰将从窗户蔓出并向上卷吸，因此着火房间的同层相邻房间受火的影响要小于着火房间的上一层房间。此外，当火焰在环境风的作用下偏向一侧时，住宅户与户之间突出外墙的隔板可以起到很好的阻火隔热作用，效果要优于外窗之间设置的墙体。

根据火灾模拟分析，当住宅户与户之间设置突出外墙不小于0.6m的隔板或在外窗之间设置宽度不小于1.0m的不燃性墙体时，能够阻止火势向相邻住户蔓延。

6.2.6 本条为强制性条文。采用幕墙的建筑，主要因大部分幕墙存在空腔结构，这些空腔上下贯通，在火灾时会产生烟囱效应，如不采取一定分隔措施，会加剧火势在水平和竖向的迅速蔓延，导致建筑整体着火，难以实施扑救。幕墙与周边防火分隔构件之间的缝隙、与楼板或者隔墙外沿之间的缝隙、与相邻的实体墙洞口之间的缝隙等的填充材料常用玻璃棉、硅酸铝棉等不燃材料。实际工程中，存在受震动和温差影响易脱落、开裂等问题，故规定幕墙与每层楼板、隔墙处的缝隙，要采用具有一定弹性和防火性能的材料填塞密实。这种材料可以是不燃材料，也可以是难燃材料。如采用难燃材料，应保证其在火焰或高温作用下能发生膨胀变形，并具有一定的耐火性能。

设置幕墙的建筑，其上、下层外墙上开口之间的墙体或防火挑檐仍要符合本规范第6.2.5条的要求。

6.2.7 本条为强制性条文。本条规定了建筑内设置的消防控制室、消防设备房等重要设备房的防火分隔要求。

设置在其他建筑内的消防控制室、固定灭火系统的设备室等要保证该建筑发生火灾时，不会受到火灾的威胁，确保消防设施正常工作。通风、空调机房是通风管道汇集的地方，是火势蔓延的主要部位之一。基于上述考虑，本条规定这些房间要与其他部位进行防火分隔，但考虑到丁、戊类生产的火灾危险性较小，对这两类厂房中的通风机房分隔构件的耐火极限要求有所降低。

6.2.8 冷库的墙体保温采用难燃或可燃材料较多，面积大、数量多，且冷库内所存物品有些还是可燃的，包装材料也多是可燃的。冷库火灾主要由聚苯乙烯硬泡沫、软木易燃物质等隔热材料和可燃制冷剂等引起。因此，有些国家对冷库采用可燃塑料作隔热材料有较严格的限制，在规范中确定小于150m²的冷库才允许用可燃材料隔热层。为了防止隔热层造成火势蔓延扩大，规定应作水平防火分隔，且该水平分隔体应具备与分隔部位相应构件相当的耐火极限。其他有关分隔和构造要求还应符合现行国家标准《冷库设计规范》GB 50072的规定。

近年来冷库及低温环境生产场所已发生多起火灾，火灾案例表明，当建筑采用泡沫塑料作内绝热层时，裸露的泡沫材料易被引燃，火灾时蔓延速度快且产生大量的有毒烟气，因此，吸取火灾事故教训，加强冷库及人工制冷降温厂房的防火措施很有必要。本条不仅对泡沫材料的燃烧性能作了限制，而且要求采用不燃材料做防护层。

氨压缩机房属于乙类火灾危险性场所，当冷库的氨压缩机房确需与加工车间贴邻时，要采用不开门窗洞口的防火墙分隔，以降低氨压缩机房发生事故时对加工车间的影响。同时，冷库也要与加工车间采取可靠的防火分隔措施。

6.2.9 本条第1、2、3款为强制性条文。由于建筑内的竖井上下贯通一旦发生火灾，易沿竖井竖向蔓延，因此，要求采取防火措施。

电梯井的耐火极限要求，见本规范第3.2.1条和第5.1.2条的规定。电梯层门是设置在电梯层站入口的封闭门，即梯井门。电梯层门的耐火极限应按照现行国家标准《电梯层门耐火试验》GB/T 27903的规定进行测试，并符合相应的判定标准。

建筑中的管道井、电缆井等竖向管井是烟火竖向蔓延的通道，需采取在每层楼板处用相当于楼板耐火极限的不燃材料等防火措施分隔。实际工程中，每层分隔对于检修影响不大，却能提高建筑的消防安全性。因此，要求这些竖井要在每层进行防火分隔。

本条中的"安全逃生门"是指根据电梯相关标准要求，对于电梯不停靠的楼层，每隔11m需要设置的可开启的电梯安全逃生门。

6.2.10 直接设置在有可燃、难燃材料的墙体上的户外电致发光广告牌，容易因供电线路和电器原因使墙体或可燃广告牌着火而引发火灾，并能导致火势沿建筑外立面蔓延。户外广告牌遮挡建筑外窗，也不利于火灾时建筑的排烟和人员的应急逃生以及外部灭火救援。

本条中的"可燃、难燃材料的墙体"，主要指设置广告牌所在部位的墙体本身是由可燃或难燃材料构成，或该部位的墙体表面设置有由难燃或可燃的保温材料构成的外保温层或外装饰层。

6.3 屋顶、闷顶和建筑缝隙

6.3.1～6.3.3 冷摊瓦屋顶具有较好的透气性，瓦片间相互重叠而有缝隙，可直接铺在挂瓦条上，也可铺在处理后的屋面上起装饰作用，我国南方和西南地区的坡屋顶建筑应用较多。第6.3.1条规定主要为防止火星通过冷摊瓦的缝隙落在闷顶内引燃可燃物而酿成火灾。

闷顶着火后，闷顶内温度比较高、烟气弥漫，消防员进入闷顶侦察火情、灭火救援相当困难。为尽早发现火情、避免发展成为较大火灾，有必要设置老虎窗。设置老虎窗的闷顶着火后，火焰、烟和热空气可以从老虎窗排出，不至于向两旁扩散到整个闷顶，有助于把火势局限在老虎窗附近范围内，并便于消防员侦察火情和灭火。楼梯是消防员进入建筑进行灭火的主要通道，闷顶入口设在楼梯间附近，便于消防员快速侦察火情和灭火。

闷顶为屋盖与吊顶之间的封闭空间，一般起隔热作用，常见于坡屋顶建筑。闷顶火灾一般阴燃时间较长，因空间相对封闭且不上人，火灾不易被发现，待发现之后火已着大，难以扑救。阴燃开始后，由于闷顶内空气供应不充足，燃烧不完全，如果让未完全燃烧的气体积热、积聚在闷顶内，一旦吊顶突然局部塌落，氧气充分供应就会引起局部轰燃。因此，这些建筑要设置必要的闷顶入口。但有的建筑物，其屋架、吊顶和其他屋顶构件为不燃材料，闷顶内又无可燃物，像这样的闷顶，可以不设置闷顶入口。

第6.3.3条中的"每个防火隔断范围"，主要指住宅单元或其他采用防火隔墙分隔成较小空间（墙体隔断闷顶）的建筑区域。教学、办公、旅馆等公共建筑，每个防火隔断范围面积较大，一般为1000m²，最大可达2000m²以上，因此要求设置不小于2个闷顶入口。

6.3.4 建筑变形缝是在建筑长度较长的建筑中或建筑中有较大高差部分之间，为防止温度变化、沉降不均匀或地震等引起的建筑变形而影响建筑结构安全和使用功能，将建筑结构断开为若干部分所形成的缝隙。特别是高层建筑的变形缝，因抗震等需要留得较宽，在火灾中具有很强的拔火作用，会使火灾通过变形缝内的可燃填充材料蔓延，烟气也会通过变形缝等竖向结构缝隙扩散到全楼。因此，要求变形缝内的填充材料、变形缝在外墙上的连接与封堵构造处理和在楼层位置的连接与封盖的构造基层采用不燃烧材料。有关构造参见图7。该构造由铝合金型材、铝合金板（或不锈钢板）、橡胶嵌条及各种专用胶条组成。配合止水带、阻火带，还可以满足防水、防火、保温等要求。

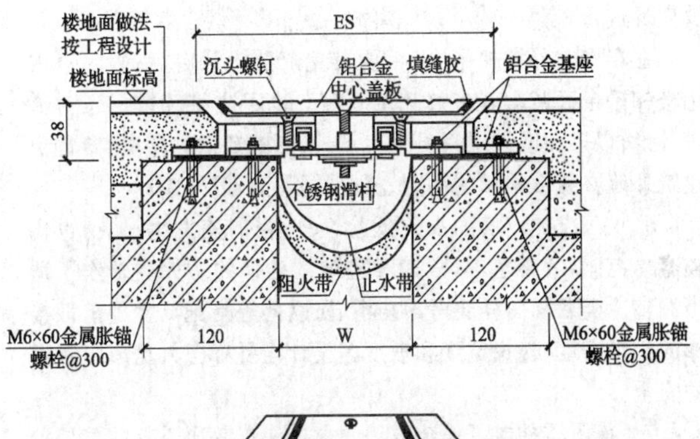

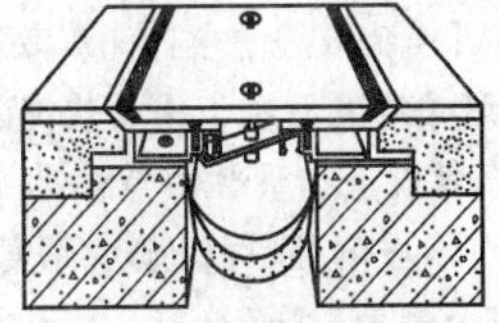

图7　变形缝构造示意图

据调查，有些高层建筑的变形缝内还敷设电缆或填充泡沫塑料等，这是不妥当的。为了消除变形缝的火灾危险因素，保证建筑物的安全，本条规定变形缝内不应敷设电缆、可燃气体管道和甲、乙、丙类液体管道等。在建筑使用过程中，变形缝两侧的建筑可能发生位移等现象，故应避免将一些易引发火灾或爆炸的管线布置其中。当需要穿越变形缝时，应采用穿刚性管等方法，管线与套管之间的缝隙应采用不燃材料、防火材料或耐火材料紧密填塞。本条规定主要为防止因建筑变形破坏管线而引发火灾并使烟气通过变形缝扩散。

因建筑内的孔洞或防火分隔处的缝隙未封堵或封堵不当导致人员死亡的火灾，在国内外均发生过。国际标准化组织标准及欧美等国家的建筑规范均对此有明确的要求。这方面的防火处理容易被忽视，但却是建筑消防安全体系中的有机组成部分，设计中应予重视。

6.3.5　本条为强制性条文。穿越墙体、楼板的风管或排烟管道设置防火阀、排烟防火阀，就是要防止烟气和火势蔓延到不同的区域。在阀门之间的管道采取防火保护措施，可保证管道不会因受热变形而破坏整个分隔的有效性和完整性。

6.3.6　目前，在一些建筑，特别是民用建筑中，越来越多地采用硬聚氯乙烯管道。这类管道遇高温和火焰容易导致楼板或墙体出现孔洞。为防止烟气或火势蔓延，要求采取一定的防火措施，如在管道的贯穿部位采用防火套箍和防火封堵等。本条和本规范第6.1.6条、第6.2.6条、第6.2.9条所述防火封堵材料，均要符合国家现行标准《防火膨胀密封件》GB 16807和《防火封堵材料》GB 23864等的要求。

6.3.7　本条规定主要是为防止通过屋顶开口造成火灾蔓延。当建筑的辅助建筑屋顶有开口时，如果该开口与主体之间距离过小，火灾就能通过该开口蔓延至上部建筑。因此，要采取一定的防火保护措施，如将开口布置在距离建筑高度较高部分较远的地方，一般不宜小于6m，或采取设置防火采光顶、邻近开口一侧的建筑外墙采用防火墙等措施。

6.4　疏散楼梯间和疏散楼梯等

6.4.1　本条第2～6款为强制性条文。本条规定为疏散楼梯间的通用防火要求。

1　疏散楼梯间是人员竖向疏散的安全通道，也是消防员进入建筑进行灭火救援的主要路径。因此，疏散楼梯间应保证人员在楼梯间内疏散时能有较好的光线，有天然采光条件的要首先采用天然采光，以尽量提高楼梯间内照明的可靠性。当然，即使采用天然采光的楼梯间，仍需要设置疏散照明。

建筑发生火灾后，楼梯间任一侧的火灾及其烟气可能会通过楼梯间外墙上的开口蔓延至楼梯间内。本款要求楼梯间窗口（包括楼梯间的前室或合用前室外墙上的开口）与两侧的门窗洞口之间要保持必要的距离，主要为确保疏散楼梯间内不被烟火侵袭。无论楼梯间与门窗洞口是处于同一立面位置还是处于转角处等不同立面位置，该距离都是外墙上的开口与楼梯间开口之间的最近距离，含折线距离。

疏散楼梯间要尽量采用自然通风，以提高排除进入楼梯间内烟气的可靠性，确保楼梯间的安全。楼梯间靠外墙设置，有利于楼梯间直接天然采光和自然通风。不能利用天然采光和自然通风的疏散楼梯间，需按本规范第6.4.2条、第6.4.3条的要求设置封闭楼梯间或防烟楼梯间，并采取防烟措施。

2　为避免楼梯间内发生火灾或防止火灾通过楼梯间蔓延，规定楼梯间内不应附设烧水间、可燃材料储藏室、非封闭的电梯井、可燃气体管道，甲、乙、丙类液体管道等。

3　人员在紧急疏散时容易在楼梯出入口及楼梯间内发生拥挤现象，楼梯间的设计要尽量减少布置凸出墙体的物体，以保证不会减少楼梯间的有效疏散宽度。楼梯间的宽度设计还需考虑采取措施，以保证人行宽度不宜过宽，防止人群疏散时失稳跌倒而导致踩踏等意外。澳大利亚建筑规范规定：当阶梯式走道的宽度大于4m时，应在每2m宽度处设置栏杆扶手。

4　虽然防火卷帘在耐火极限上可达到防火要求，但卷帘密闭性不好，防烟效果不理想，加之联动设施、固定槽或卷轴电机等部件如果不能正常发挥作用，防烟楼梯间或封闭楼梯间的防烟措施将形同虚设。此外，卷帘在关闭时也不利于人员逃生。因此，封闭楼梯间、防烟楼梯间及其前室不应设置卷帘。

5　楼梯间是保证人员安全疏散的重要通道，输送甲、乙、丙液体等物质的管道不应设置在楼梯间内。

6　布置在楼梯间内的天然气、液化石油气等燃气管道，因楼梯间相对封闭，容易因管道维护管理不到位或碰撞等其他原因发生泄漏而导致严重后果。因此，燃气管道及其相关控制阀门等不能布置在楼梯间内。但为方便管理，各地正在推行住宅建筑中的水表、电表、气表等出户设置。为适应这一要求，本条规定允许可燃气体管道进入住宅建筑未封闭的楼梯间，但为防止管道意外损伤发生泄漏，要求采用金属管。为防止燃气因该部分管道破坏而引发较大火灾，应在计量表前或管道进入建筑物前安装紧急切断阀，并且该阀门应具备可手动操作关断气源的装置，有条件时可设置自动切断管路的装置。另外，管道的布置与安装位置，应注意避免人员通过楼梯间时与管道发生碰撞。有关设计还应符合现行国家标准《城镇燃气设计规范》GB 50028的规定。其他建筑的楼梯间内，不允许敷设可燃气体管道或设置可燃气体计量表。

6.4.2　本条为强制性条文。本条规定为封闭楼梯间的专门防火要求，除本条规定外的其他要求，要符合本规范第6.4.1条的通用要求。

通向封闭楼梯间的门，正常情况下需采用乙级防火门。在实际使用过程中，楼梯间出入口的门常因采用常闭防火门而致闭门器经常损坏，使门无法在火灾时自动关闭。因此，对于有人员经常出入的楼梯间门，要尽量采用常开防火门。对于自然通风或自然排烟口不能符合现行国家相关防排烟系统设计标准的封闭楼梯间，可以采用设置防烟前室或直接在楼梯间内加压送风的方式实现防烟目的。

有些建筑，在首层设置有大堂，楼梯间在首层的出口难以直接对外，往往需要将大堂或首层的一部分包括在楼梯间内而形成扩大的封闭楼梯间。在采用扩大封闭楼梯间时，要注意扩大区域与周围空间采取防火措施分隔。垃圾道、管道井等的检查门等，不能直接开向楼梯间内。

6.4.3 本条第1、3、4、5、6款为强制性条文。本条规定为防烟楼梯间的专门防火要求，除本条规定外的其他要求，要符合本规范第6.4.1条的通用要求。

防烟楼梯间是具有防烟前室等防烟设施的楼梯间。前室应具有可靠的防烟性能，使防烟楼梯间具有比封闭楼梯间更好的防烟、防火能力，防火可靠性更高。前室不仅起防烟作用，而且可作为疏散人群进入楼梯间的缓冲空间，同时也可以供灭火救援人员进行进攻前的整装和灭火准备工作。设计要注意使前室的大小与楼层中疏散进入楼梯间的人数相适应。条文中的前室或合用前室的面积，为可供人员使用的净面积。

本条及本规范中的"前室"，包括开敞式的阳台、凹廊等类似空间。当采用开敞式阳台或凹廊等防烟空间作为前室时，阳台或凹廊等的使用面积也要满足前室的有关要求。防烟楼梯间在首层直通室外时，其首层可不设置前室。对于防烟楼梯间在首层难以直通室外，可以采用在首层将火灾危险性低的门厅扩大到楼梯间的前室内，形成扩大的防烟楼梯间前室。对于住宅建筑，由于平面布置难以将电缆井和管道井的检查门开设在其他位置时，可以设置在前室或合用前室内，但检查门应采用丙级防火门。其他建筑的防烟楼梯间的前室或合用前室内，不允许开设除疏散门以外的其他开口和管道井的检查门。

6.4.4 本条为强制性条文。为保证人员疏散畅通、快捷、安全，除通向避难层且需错位的疏散楼梯和建筑的地下室与地上楼层的疏散楼梯外，其他疏散楼梯在各层不能改变平面位置或断开。相应的规定在国外有关标准中也有类似要求，如美国《统一建筑规范》规定：地下室的出口楼梯应直通建筑外部，不应经过首层；法国《公共建筑物安全防火规范》规定：地上与地下疏散楼梯应断开。

对于楼梯间在地下层与地上层连接处，如不进行有效分隔，容易造成地下楼层的火灾蔓延到建筑的地上部分。因此，为防止烟气和火焰蔓延到建筑的上部楼层，同时避免建筑上部的疏散人员误入地下楼层，要求在首层楼梯间通向地下室、半地下室的入口处采用防火分隔构件将地上部分的疏散楼梯与地下、半地下部分的疏散楼梯分隔开，并设置明显的疏散指示标志。当地上、地下楼梯间确因条件限制难以直通室外时，可以在首层通过与地上疏散楼梯共用的门厅直通室外。

对于地上建筑，当疏散设施不能使用时，紧急情况下还可以通过阳台以及其他的外墙开口逃生，而地下建筑只能通过疏散楼梯垂直向上疏散。因此，设计要确保人员进入疏散楼梯间后的安全，要采用封闭楼梯间或防烟楼梯间。

根据执行规范过程中出现的问题和火灾时的照明条件，设计要采用灯光疏散指示标志。

6.4.5 本条为强制性条文。本条规定主要为防止因楼梯倾斜度过大、楼梯过窄或栏杆扶手过低导致不安全，同时防止火焰从门内窜出而将楼梯烧坏，影响人员疏散。室外楼梯可作为防烟楼梯间或封闭楼梯间使用，但主要还是辅助用于人员的应急逃生和消防员直接从室外进入建筑物，到达着火层进行灭火救援。对于某些建筑，由于楼层使用面积紧张，也可采用室外疏散楼梯进行疏散。

在布置室外楼梯平台时，要避免疏散门开启后，因门扇占用楼梯平台而减少其有效疏散宽度。也不应将疏散门正对梯段开设，以避免疏散时人员发生意外，影响疏散。同时，要避免建筑外墙在疏散楼梯的平台、梯段的附近开设外窗。

6.4.6 丁、戊类厂房的火灾危险性较小，即使发生火灾，也比较容易控制，危害也小，故对相应疏散楼梯的防火要求作了适当调整。金属梯同样要考虑防滑、防跌落等措施。室外疏散楼梯的栏杆高度、楼梯宽度和坡度等设计均要考虑人员应急疏散的安全。

6.4.7 疏散楼梯或可作疏散用的楼梯和疏散通道上的阶梯踏步，其深度、高度和形式均要有利于人员快速、安全疏散，能较好地防止人员在紧急情况下出现摔倒等意外。弧形楼梯、螺旋梯及楼梯斜踏步在内侧坡度陡、每级扇步深度小，不利于快速疏散。美国《生命安全规范》NFPA 101 对于采用螺旋梯进行疏散有较严格的规定：使用人数不大于5人，楼梯宽度不小于660mm，阶梯高度不大于241mm，最小净空高度为1980mm，距最窄边305mm处的踏步深度不小于191mm且所有踏步均一致。

6.4.8 本条规定主要考虑火灾时消防员进入建筑后，能利用楼梯间内两梯段及扶手之间的空隙向上吊挂水带，快速展开救援作业，减少水头损失。根据实际操作和平时使用安全需要，规定公共疏散楼梯梯段之间空隙的宽度不小于150mm。对于住宅建筑，也要尽可能满足此要求。

6.4.9 由于三、四级耐火等级的建筑屋顶可采用难燃性或可燃性屋顶承重构件和屋面，设置室外消防梯可方便消防员直接上到屋顶采取截断火势、开展有效灭火等行动。本条主要是根据这些建筑的特性及其灭火需要确定的。实际上，建筑设计要尽可能为方便消防员灭火救援提供一些设施，如室外消防梯、进入建筑的专门通道或路径，特别是地下、半地下建筑(室)和一些消防装备还相对落后的地区。

为尽量减小消防员进入建筑时与建筑内疏散人群的冲突，设计应充分考虑消防员进入建筑物内的需要。室外消防梯可以方便消防员登上屋顶或由窗口进入楼层，以接近火源、控制火势、及时灭火。在英国和我国香港地区的相关建筑规范中，要求为消防员进入建筑物设置有防火保护的专门通道或入口。

消防员赴火场进行灭火救援时均会配备单杠梯或挂钩梯。本条规定主要为避免闷顶着火时因老虎窗向外喷烟火而妨碍消防员登上屋顶，同时防止闲杂人员攀爬，又能满足灭火救援需要。

6.4.10 本条为强制性条文。在火灾时，建筑内可供人员安全进入楼梯间的时间比较短，一般为几分钟。而疏散走道是人员在楼层疏散过程中的一个重要环节，且也是人员汇集的场所，要尽量使人员的疏散行动通畅不受阻。因此，在疏散走道上不应设置卷帘、门等其他设施，但在防火分区处设置的防火门，则需要采用常开的方式以满足人员快速疏散、火灾时自动关闭起到阻火挡烟的作用。

6.4.11 本条为强制性条文。本条规定了安全出口和疏散出口上的门的设置形式、开启方向等基本要求，要求在人员疏散过程中不会因为疏散门而出现阻滞或无法疏散的情况。

疏散楼梯间、电梯间或防烟楼梯间的前室或合用前室的门，应采用平开门。侧拉门、卷帘门、旋转门或电动门，包括帘中门，在人群紧急疏散情况下无法保证安全、快速疏散，不允许作为疏散门。防火分区处的疏散门要求能够防火、防烟并能便于人员疏散通行，满足较高的防火性能，要采用甲级防火门。

疏散门为设置在建筑内各房间直接通向疏散走道的门或安全出口上的门。为避免在着火时由于人群惊慌、拥挤而压紧内开门扇，使门无法开启，要求疏散门应向疏散方向开启。对于使用人员较少且人员对环境及门的开启形式熟悉的场所，疏散门的开启方向可以不限。公共建筑中一些平时很少使用的疏散门，可能需要处于锁闭状态，但无论如何，设计均要考虑采取措施使疏散门能在火灾时从内部方便打开，且在打开后能自行关闭。

本条规定参照了美、英等国的相关规定，如美国消防协会标准《生命安全规范》NFPA 101 规定：距楼梯或电动扶梯的底部或顶部 3m 范围内不应设置旋转门。设置旋转门的墙上应设侧铰式双向弹簧门，且两扇门的间距应小于 3m。通向室外的电控门和感应门均应设计成一旦断电，即能自动开启或手动开启。英国建筑规范规定：门厅或出口处的门，如果着火时使用该门疏散的人数大于 60 人，则疏散门合理、实用、可行的开启方向应朝向疏散方向。对火灾危险性高的工业建筑，人数低于 60 人时，也应要求门朝疏散方向开启。

考虑到仓库内的人员一般较少且门洞较大，故规定门设置在墙体的外侧时允许采用推拉门或卷帘门，但不允许设置在仓库外墙的内侧，以防止因货物翻倒等原因压住或阻碍而无法开启。对于甲、乙类仓库，因火灾时的火焰温度高、火灾蔓延迅速，甚至会引起爆炸，故强调甲、乙类仓库不应采用侧拉门或卷帘门。

6.4.12～6.4.14 这 3 条规定了本规范第 5.3.5 条规定的防火分隔方式的技术要求。

(1)下沉式广场等室外开敞空间能有效防止烟气积聚；足够宽度的室外空间，可以有效阻止火灾的蔓延。根据本规范第 5.3.5 条的规定，下沉式广场主要用于将大型地下商店分隔为多个相互相对独立的区域，一旦某个区域着火且不能有效控制时，该空间要能防止火灾蔓延至采用该下沉式广场分隔的其他区域。故该区域内不能布置任何经营性商业设施或其他可能导致火灾蔓延的设施或物体。在下沉式广场等开敞空间上部设置防风雨篷等设施，不利于烟气迅速排出。但考虑到国内不同地区的气候差异，确需设置防风雨篷时，应能保证火灾烟气快速地自然排放，有条件时要尽可能根据本规定加大雨篷的敞口面积或自动排烟窗的开口面积，并均匀布置开口或排烟窗。

为保证人员逃生需要，下沉广场等区域内需设置至少 1 部疏散楼梯直达地面。当该开敞空间兼作人员疏散用途时，该区域通向地面的疏散楼梯要均匀布置，使人员的疏散距离尽量短，疏散楼梯的总净宽度，原则上不能小于各防火分区通向该区域的所有安全出口的净宽度之和。但考虑到该区域内可用于人员停留的面积较大，具有较好的人员缓冲条件，故规定疏散楼梯的总净宽度不应小于通向该区域的疏散总净宽度最大一个防火分区的疏散宽度。条文规定的“169m²”，是有效分隔火灾的开敞区域的最小面积，即最小长度×宽度，13m×13m。对于兼作人员疏散用的开敞空间，是该区域内可用于人员行走、停留并直接通向地面的面积，不包括水池等景观所占用的面积。

按本规范第 5.3.5 条要求设置的下沉式广场等室外开敞空间，为确保 20000m² 防火分隔的安全性，不大于 20000m² 的不同区域通向该开敞空间的开口之间的最小水平间距不能小于 13m；不大于 20000m² 的同一区域中不同防火分区外墙上开口之间的最小水平间距，可以按照本规范第 6.1.3 条、第 6.1.4 条的有关规定确定。

(2)防火隔间只能用于相邻两个独立使用场所的人员相互通行，内部不应布置任何经营性商业设施。防火隔间的面积参照防烟楼梯间前室的面积作了规定。该防火隔间上设置的甲级防火门，在计算防火分区的安全出口数量和疏散宽度时，不能计入数量和宽度。

(3)避难走道主要用于解决大型建筑中疏散距离过长，或难以按照规范要求设置直通室外的安全出口等问题。避难走道和防烟楼梯间的作用类似，疏散时人员只要进入避难走道，就可视为进入相对安全的区域。为确保人员疏散的安全，当避难走道服务于多个防火分区时，规定避难走道直通地面的出口不少于 2 个，并设置在不同的方向；当避难走道只与一个防火分区相连时，直通地面的出口虽然不强制要求设置 2 个，但有条件时应尽量在不同方向设置出口。避难走道的宽度要求，参见本条下沉式广场的有关说明。

6.5 防火门、窗和防火卷帘

6.5.1 本条为对建筑内防火门的通用设置要求，其他要求见本规范的有关条文的规定，有关防火门的性能要求还应符合国家标准《防火门》GB 12955 的要求。

(1)为便于针对不同情况采取不同的防火措施，规定了防火门的耐火极限和开启方式等。建筑内设置的防火门，既要能保持建筑防火分隔的完整性，又要能方便人员疏散和开启，应保证门的防火、防烟性能符合现行国家标准《防火门》GB 12955 的有关规定和人员的疏散需要。

建筑内设置防火门的部位，一般为火灾危险性大或性质重要房间的门以及防火墙、楼梯间及前室上的门等。因此，防火门的开启方式、开启方向等均要保证在紧急情况下人员能快捷开启，不会导致阻塞。

(2)为避免烟气或火势通过门洞窜入疏散通道内，保证疏散通道在一定时间内的相对安全，防火门在平时要尽量保持关闭状态；为方便平时经常有人通行而需要保持常开的防火门，要采取措施使之能在着火时以及人员疏散后能自行关闭，如设置与报警系统联动的控制装置和闭门器等。

(3)建筑变形缝处防火门的设置要求，主要为保证分区间的相互独立。

(4)在现实中，防火门因密封条在未达到规定的温度时不会膨胀，不能有效阻止烟气侵入，这对宾馆、住宅、公寓、医院住院部等场所在发生火灾后的人员安全带来隐患。故本条要求防火门在正常使用状态下关闭后具备防烟性能。

6.5.2 防火窗一般均设置在防火间距不足部位的建筑外墙上的开口处或屋顶天窗部位、建筑内的防火墙或防火隔墙上需要进行观察和监控活动等的开口部位、需要防止火灾竖向蔓延的外墙开口部位。因此，应将防火窗的窗扇设计成不能开启的窗扇，否则，防火窗应在火灾时能自行关闭。

6.5.3 本条为对设置在防火墙、防火隔墙以及建筑外墙开口上的防火卷帘的通用要求。

(1)防火卷帘主要用于需要进行防火分隔的墙体，特别是防火墙、防火隔墙上因生产、使用等需要开设较大开口而又无法设置防火门时的防火分隔。在实际使用过程中，防火卷帘存在着防烟效果差、可靠性低等问题以及在部分工程中存在大面积使用防火卷帘的现象，导致建筑内的防火分隔可靠性差，易造成火灾蔓延扩大。因此，设计中不仅要尽量减少防火卷帘的使用，而且要仔细研究不同类型防火卷帘在工程中运行的可靠性。本条所指防火分隔部位的宽度是指某一防火分隔区域与相邻防火分隔区域两两之间需要进行分隔的部位的总宽度。如某防火分隔区域为 B，与相邻的防火分隔区域 A 有 1 条边

L1相邻，则B区的防火分隔部位的总宽度为L1；与相邻的防火分隔区域A有2条边L1、L2相邻，则B区的防火分隔部位的总宽度为L1与L2之和；与相邻的防火分隔区域A和C分别有1条边L1、L2相邻，则B区的防火分隔部位的总宽度可以分别按L1和L2计算，而不需要叠加。

(2)根据国家标准《门和卷帘的耐火试验方法》GB 7633的规定，防火卷帘的耐火极限判定条件有按卷帘的背火面温升和背火面辐射热两种。为避免使用混乱，按不同试验测试判定条件，规定了卷帘在用于防火分隔时的不同耐火要求。在采用防火卷帘进行防火分隔时，应认真考虑分隔空间的宽度、高度及其在火灾情况下高温烟气对卷帘面、卷轴及电机的影响。采用多樘防火卷帘分隔一处开口时，还要考虑采取必要的控制措施，保证这些卷帘能同时动作和同步下落。

(3)由于有关标准未规定防火卷帘的烟密闭性能，故根据防火卷帘在实际建筑中的使用情况，本条还规定了防火卷帘周围的缝隙应做好严格的防火防烟封堵，防止烟气和火势通过卷帘周围的空隙传播蔓延。

(4)有关防火卷帘的耐火时间，由于设置部位不同，所处防火分隔部位的耐火极限要求不同，如在防火墙上设置或需设置防火墙的部位设置防火卷帘，则卷帘的耐火极限就需要至少达到3.00h；如是在耐火极限要求为2.00h的防火隔墙处设置，则卷帘的耐火极限就不能低于2.00h。如采用防火冷却水幕保护防火卷帘时，水幕系统的火灾延续时间也需按上述方法确定。

6.6 天桥、栈桥和管沟

6.6.1 天桥系指连接不同建筑物、主要供人员通行的架空桥。栈桥系指主要供输送物料的架空桥。天桥、越过建筑物的栈桥以及供输送煤粉、粮食、石油、各种可燃气体(如煤气、氢气、乙炔气、甲烷气、天然气等)的栈桥，应考虑采用钢筋混凝土结构、钢结构或其他不燃材料制作的结构，栈桥不允许采用木质结构等可燃、难燃结构。

6.6.2 本条为强制性条文。栈桥一般距地面较高，长度较长，如本身就具有较大火灾危险，人员利用栈桥进行疏散，一旦遇险很难避险和施救，存在很大安全隐患。

6.6.3 要求在天桥、栈桥与建筑物的连接处设置防火隔断的措施，主要为防止火势经由建筑物之间的天桥、栈桥蔓延。特别是甲、乙、丙类液体管道的封闭管沟(廊)，如果没有防止液体流散的设施，一旦管道破裂着火，可能造成严重后果。这些管沟要尽量采用干净的沙子填塞或分段封堵等措施。

6.6.4 实际工程中，有些建筑采用天桥、连廊将几座建筑物连接起来，以方便使用。采用这种方式连接的建筑，一般仍需分别按独立的建筑考虑，有关要求见本规范表5.2.2注6。这种连接方式虽方便了相邻建筑间的联系和交通，但也可能成为火灾蔓延的通道，因此需要采取必要的防火措施，以防止火灾蔓延和保证用于疏散时的安全。此外，用于安全疏散的天桥、连廊等，不应用于其他使用用途，也不应设置可燃物，只能用于人员通行等。

设计需注意研究天桥、连廊周围是否有危及其安全的情况，如位于天桥、连廊下方相邻部位开设的门窗洞口，应积极采取相应的防护措施，同时应考虑天桥两端门的开启方向和能够计入疏散总宽度的门宽。

6.7 建筑保温和外墙装饰

6.7.1 本条规定了建筑内外保温系统中保温材料的燃烧性能的基本要求。不同建筑，其燃烧性能要求有所差别。

A级材料属于不燃材料，火灾危险性很低，不会导致火焰蔓延。因此，在建筑的内、外保温系统中，要尽量选用A级保温材料。

B_2级保温材料属于普通可燃材料，在点火源功率较大或有较强热辐射时，容易燃烧且火焰传播速度较快，有较大的火灾危险。如果必须要采用B_2级保温材料，需采取严格的构造措施进行保护。同时，在施工过程中也要注意采取相应的防火措施，如分别堆放、远离焊接区域、上墙后立即做构造保护等。

B_3级保温材料属于易燃材料，很容易被低能量的火源或电焊渣等点燃，而且火焰传播速度极为迅速，无论是在施工，还是在使用过程中，其火灾危险性都非常高。因此，在建筑的内、外保温系统中严禁采用B_3级保温材料。

具有必要耐火性能的建筑外围护结构，是防止火势蔓延的重要屏障。耐火性能差的屋顶和墙体，容易被外部高温作用而受到破坏或引燃建筑内部的可燃物，导致火势扩大。本条规定的基层墙体或屋面板的耐火极限，即为本规范第3.2节和第5.1节对建筑外墙和屋面板的耐火极限要求，不考虑外保温系统的影响。

6.7.2 本条为强制性条文。对于建筑外墙的内保温系统，保温材料设置在建筑外墙的室内侧，如果采用可燃、难燃保温材料，遇热或燃烧分解产生的烟气和毒性较大，对于人员安全带来较大威胁。因此，本规范规定在人员密集场所，不能采用这种材料做保温材料；其他场所，要严格控制使用，要尽量采用低烟、低毒的材料。

6.7.3 建筑外墙采用保温材料与两侧墙体无空腔的复合保温结构体系时，由两侧保护层和中间保温层共同组成的墙体的耐火极限应符合本规范的有关规定。当采用B_1、B_2级保温材料时，保温材料两侧的保护层需采用不燃材料，保护层厚度要等于或大于50mm。

本条所规定的保温体系主要指夹芯保温等系统，保温层处于结构构件内部，与保温层两侧的墙体和结构受力体系共同作为建筑外墙使用，但要求保温层与两侧的墙体及结构受力体系之间不存在空隙或空腔。该类保温体系的墙体同时兼有墙体保温和建筑外墙体的功能。

本条中的"结构体"，指保温层及其两侧的保护层和结构受力体系一体所构成的外墙。

6.7.4 本条为强制性条文。有机保温材料在我国建筑外保温应用中占据主导地位，但由于有机保温材料的可燃性，使得外墙外保温系统火灾屡屡发生，并造成了严重后果。国外一些国家对外保温系统使用的有机保温材料的燃烧性能进行了较严格的规定。对于人员密集场所，火灾容易导致人员群死群伤，故本条要求设有人员密集场所的建筑，其外墙外保温材料应采用A级材料。

6.7.5 本条为强制性条文。本条规定的外墙外保温系统，主要指类似薄抹灰外保温系统，即保温材料与基层墙体及保护层、装饰层之间均无空腔的保温系统，该空腔不包括采用粘贴方式施工时在保温材料与墙体找平层之间形成的空隙。结合我国现状，本规范对此保温系统的保温材料进行了必要的限制。

与住宅建筑相比，公共建筑等往往具有更高的火灾危险性，因此结合我国现状，对于除人员密集场所外的其他非住宅类建筑或场所，根据其建筑高度，对外墙外保温系统保温材料的燃烧性能等级做出了更为严格的限制和要求。

6.7.6 本条为强制性条文。本条规定的保温体系，主要指在类似建筑幕墙与建筑基层墙体间存在空腔的外墙外保温系统。这类系统一旦被引燃，因烟囱效应而造成火势快速发展，迅速蔓延，且难以从外部进行扑救。因此要严格限制其保温材料的燃烧性能，同时，在空腔处要采取相应的防火封堵措施。

6.7.7～6.7.9 这三条主要针对采用难燃或可燃保温材料的外保温系统以及有保温材料的幕墙系统，对其防火构造措施提出相应要求，以增强外保温系统整体的防火性能。

第6.7.7条第1款是指采用B_2级保温材料的建筑，以及采用B_1级保温材料且建筑高度大于24m的公共建筑或采用B_1级保温材料且建筑高度大于27m的住宅建筑。有耐火完整性要求的窗，其耐火完整性按照现行国家标准《镶玻璃构件耐火试验方法》GB/T 12513中对非隔热性镶玻璃构件的试验方法和判定标准进行测定。有耐火完整性要求的门，其耐火完整性按照国家标准《门和卷帘的耐火试验方法》GB/T 7633的有关规定进行测定。

6.7.10 由于屋面保温材料的火灾危害较建筑外墙的要小，且当保温层覆盖在具有较高耐火极限的屋面板上时，对建筑内部的影响不大，故对其保温材料的燃烧性能要求较外墙的要求要低些。但为限制火势通过外墙向下蔓延，要求屋面与建筑外墙的交接部位应做好防火隔离处理，具体分隔位置可以根据实际情况确定。

6.7.11 电线因使用年限长、绝缘老化或过负荷运行发热等均能引发火灾，因此不应在可燃保温材料中直接敷设，而需采取穿金属导管保护等防火措施。同时，开关、插座等电器配件也可能会因为过载、短路等发热引发火灾，因此，规定安装开关、插座等电器配件的周围应采取可靠的防火措施，不应直接安装在难燃或可燃的保温材料中。

6.7.12 近些年，由于在建筑外墙上采用可燃性装饰材料导致外墙面发生火灾的事故屡次发生，这类火灾往往会从外立面蔓延至多个楼层，造成了严重的火灾危害。因此，本条根据不同的建筑高度及外墙外保温系统的构造情况，对建筑外墙使用的装饰材料的燃烧性能作了必要限制，但该装饰材料不包括建筑外墙表面的饰面涂料。

7 灭火救援设施

7.1 消防车道

7.1.1 对于总长度和沿街的长度过长的沿街建筑，特别是U形或L形的建筑，如果不对其长度进行限制，会给灭火救援和内部人员的疏散带来不便，延误灭火时机。为满足灭火救援和人员疏散要求，本条对这些建筑的总长度作了必要的限制，而未限制U形、L形建筑物的两翼长度。由于我国市政消火栓的保护半径在150m左右，按规定一般设在城市道路两旁，故将消防车道的间距定为160m。本条规定对于区域规划也具有一定指导作用。

在住宅小区的建设和管理中，存在小区内道路宽度、承载能力或净空不能满足消防车通行需要的情况，给灭火救援带来不便。为此，小区的道路设计要考虑消防车的通行需要。

计算建筑长度时，其内折线或内凹曲线，可按突出点间的直线距离确定；外折线或突出曲线，应按实际长度确定。

7.1.2 本条为强制性条文。沿建筑物设置环形消防车道或沿建筑物的两个长边设置消防车道，有利于在不同风向条件下快速调整灭火救援场地和实施灭火。对于大型建筑，更有利于众多消防车辆到场后展开救援行动和调度。本条规定要求建筑物周围具有能满足基本灭火需要的消防车道。

对于一些超大体量或超长建筑物，一般均有较大的间距和开阔地带。这些建筑只要在平面布局上能保证灭火救援需要，在设置穿过建筑物的消防车道的确困难时，也可设置环行消防车道。但根据灭火救援实际，建筑物的进深最好控制在50m以内。少数高层建筑，受山地或河道等地理条件限制时，允许沿建筑的一个长边设置消防车道，但需结合消防车登高操作场地设置。

7.1.3 本条为强制性条文。工厂或仓库区内不同功能的建筑通常采用道路连接，但有些道路并不能满足消防车的通行和停靠要求，故要求设置专门的消防车道以便灭火救援。这些消防车道可以结合厂区或库区内的其他道路设置，或利用厂区、库区内的机动车通行道路。

高层建筑、较大型的工厂和仓库往往一次火灾延续时间较长，在实际灭火中用水量大、消防车辆投入多，如果没有环形车道或平坦空地等，会造成消防车辆堵塞，难以靠近灭火救援现场。因此，该类建筑的平面布局和消防车道设计要考虑保证消防车通行、灭火展开和调度的需要。

7.1.4 本条规定主要为满足消防车在火灾时方便进入内院展开救援操作及回车需要。

本条所指"街道"为城市中可通行机动车、行人和非机动车，一般设置有路灯、供水和供气、供电管网等其他市政公用设施的道路，在道路两侧一般建有建筑物。天井为由建筑或围墙四面围合的露天空地，与内院类似，只是面积大小有所区别。

7.1.5 本条规定旨在保证消防车快速通行和疏散人员的安全，防止建筑物在通道两侧的外墙上设置影响消防车通行的设施或开设出口，导致人员在火灾时大量进入该通道，影响消防车通行。在穿过建筑物或进入建筑物内院的消防车道两侧，影响人员安全疏散或消防车通行的设施主要有：与车道连接的车辆进出口、栅栏、开向车道的窗扇、疏散门、货物装卸口等。

7.1.6 在甲、乙、丙类液体储罐区和可燃气体储罐区内设置的消防车道，如设置位置合理、道路宽阔、路面坡度小，具有足够的车辆转弯或回转场地，则可大大方便消防车的通行和灭火救援行动。

将露天、半露天可燃物堆场通过设置道路进行分区并使车道与堆垛间保持一定距离，既可较好地防止火灾蔓延，又可较好地减小高强辐射热对消防车和消防员的作用，便于车辆调度，有利于展开灭火行动。

7.1.7 由于消防车的吸水高度一般不大于6m，吸水管长度也有一定限制，而多数天然水源与市政道路的距离难以满足消防车快速就近取水的要求，消防水池的设置有时也受地形限制难以在建筑物附近就近设置或难以设置在可通行消防车的道路附近。因此，对于这些情况，均要设置可接近水源的专门消防车道，方便消防车应急取水供应火场。

7.1.8 本条第1、2、3款为强制性条文。本条为保证消防车道满足消防车通行和扑救建筑火灾的需要，根据目前国内在役各种消防车辆的外形尺寸，按照单车道并考虑消防车快速通行的需要，确定了消防车道的最小净宽度、净空高度，并对转弯半径提出了要求。对于需要通行特种消防车辆的建筑物、道路桥梁，还应根据消防车的实际情况增加消防车道的净宽度与净空高度。由于当前在城市或某些区域内的消防车道，大多数需要利用城市道路或居住小区内的公共道路，而消防车的转弯半径一般均较大，通常为9m～12m。因此，无论是专用消防车道还是兼作消防车道的其他道路或公路，均应满足消防车的转弯半径要求，该转弯半径可以结合当地消防车的配置情况和区域内的建筑物建设与规划情况综合考虑确定。

本条确定的道路坡度是满足消防车安全行驶的坡度，不是供消防车停靠和展开灭火行动的场地坡度。

根据实际灭火情况，除高层建筑需要设置灭火救援操作场地外，一般建筑均可直接利用消防车道展开灭火救援行动，因此，消防车道与建筑间要保持足够的距离和净空，避免高大树木、架空高压电力线、架空管廊等影响灭火救援作业。

7.1.9 目前，我国普通消防车的转弯半径为9m，登高车的转弯半径为12m，一些特种车辆的转弯半径为16m～20m。本条规定回车场地不应小于12m×12m，是根据一般消防车的最小转弯半径而确定的，对于重型消防车的回车场则还要根据实际情况增大。如，有些重型消防车和特种消防车，由于车身长度和最小转弯半径已有12m左右，就需设置更大面积的回车场才能满足使用要求；少数消防车的车身全长为15.7m，而15m×15m的回车场可能也满足不了使用要求。因此，设计还需根据当地的具体建设情况确定回车场的大小，但最小不应小于12m×12m，供重型消防车使用时不宜小于18m×18m。

在设置消防车道和灭火救援操作场地时，如果考虑不周，也会发生路面或场地的设计承受荷载过小，道路下面管道埋深过浅，沟渠选用轻型盖板等情况，从而不能承受重型消防车的通行荷载。特别是，有些情况需要利用裙房屋顶或高架桥等作为灭火救援场地或消防车通行时，更要认真核算相应的设计承载力。表17为各种消防车的满载（不包括消防员）总重，可供设计消防车道时参考。

表17 各种消防车的满载总重量(kg)

名称	型号	满载重量	名称	型号	满载重量
水罐车	SG65、SG65A	17286	泡沫车	CPP181	2900
	SHX5350、GXFSG160	35300		PM35GD	11000
	CG60	17000		PM50ZD	12500
	SG120	26000	供水车	GS140ZP	26325
	SG40	13320		GS150ZP	31500

续表17

名称	型号	满载重量	名称	型号	满载重量
水罐车	SG55	14500	供水车	GS150P	14100
	SG60	14100		东风144	5500
	SG170	31200		GS70	13315
	SG35ZP	9365	干粉车	GF30	1800
	SG80	19000		GF60	2600
	SG85	18525	干粉-泡沫联用消防车	PF45	17286
	SG70	13260		PF110	2600
	SP30	9210	登高平台车举高喷射消防车抢险救援车	CDZ53	33000
	EQ144	5000		CDZ40	2630
	SG36	9700		CDZ32	2700
	EQ153A-F	5500		CDZ20	9600
	SG110	26450		CJQ25	11095
	SG35GD	11000		SHX5110TTXFQJ73	14500
	SH5140GXFSG55GD	4000	消防通讯指挥车	CX10	3230
泡沫车	PM40ZP	11500		FXZ25	2160
	PM55	14100	火场供给消防车	FXZ25A	2470
	PM60ZP	1900		FXZ10	2200
	PM80、PM85	18525		XXFZM10	3864
	PM120	26000		XXFZM12	5300
	PM35ZP	9210		TQXZ20	5020
	PM55GD	14500		QXZ16	4095
	PP30	9410	供水车	GS1802P	31500
	EQ140	3000			

7.1.10 建筑灭火有效与否，与报警时间、专业消防队的第一出动和到场时间关系较大。本条规定主要为避免延误消防车奔赴火场的时间。据成都铁路局提供的数据，目前一列火车的长度一般不大于900m，新型16车编组的和谐号动车，长度不超过402m。对于存在通行特殊超长火车的地方，需根据铁路部门提供的数据确定。

7.2 救援场地和入口

7.2.1 本条为强制性条文。本条规定是为满足扑救建筑火灾和救助高层建筑中遇困人员需要的基本要求。对于高层建筑，特别是布置有裙房的高层建筑，要认真考虑合理布置，确保登高消防车能够靠近高层建筑主体，便于登高消防车开展灭火救援。

由于建筑场地受多方面因素限制，设计要在本条确定的基本要求的基础上，尽量利用建筑周围地面，使建筑周边具有更多的救援场地，特别是在建筑物的长边方向。

7.2.2 本条第1、2、3款为强制性条文。本条总结和吸取了相关实战的经验、教训，根据实战需要规定了消防车登高操作场地的基本要求。实践中，有的建筑没有设计供消防车停靠、消防员登高操作和灭火救援的场地，从而延误战机。

对于建筑高度超过100m的建筑，需考虑大型消防车辆灭火救援作业的需求。如对于举升高度112m、车长19m、展开支腿跨度8m、车重75t的消防车，一般情况下，灭火救援场地的平面尺寸不小于20m×10m，场地的承载力不小于10kg/cm²，转弯半径不小于18m。

一般举高消防车停留、展开操作的场地的坡度不宜大于3%，坡地等特殊情况，允许采用5%的坡度。当建筑屋顶或高架桥等兼做消防车登高操作场地时，屋顶或高架桥等的承载能力要符合消防车满载时的停靠要求。

7.2.3 本条为强制性条文。为使消防员能尽快安全到达着火层，在建筑与消防车登高操作场地相对应的范围内设置直通室外的楼梯或直通楼梯间的入口十分必要，特别是高层建筑和地下建筑。

灭火救援时，消防员一般要通过建筑物直通室外的楼梯间或出入口，从楼梯间进入着火层对该层及其上、下部楼层进行内攻灭火和搜索救人。对于埋深较深或地下面积大的地下建筑，还有必要结合消防电梯的设置，在设计中考虑设置供专业消防人员出入火场的专用出入口。

7.2.4 本条为强制性条文。本条是根据近些年我国建筑发展和实际灭火中总结的经验教训确定的。

过去，绝大部分建筑均开设有外窗。而现在，不仅仓库、洁净厂房无外窗或外窗开设少，而且一些大型公共建筑，如商场、商业综合体、设置玻璃幕墙或金属幕墙的建筑等，在外墙上均很少设置可直接开向室外并可供人员进入的外窗。而在实际火灾事故中，大部分建筑的火灾在消防队到达时均已发展到比较大的规模，从楼梯间进入有时难以直接接近火源，但灭火时只有将灭火剂直接作用于火源或燃烧的可燃物，才能有效灭火。因此，在建筑的外墙设置可供专业消防人员使用的入口，对于方便消防员灭火救援十分必要。救援窗口的设置既要结合楼层走道在外墙上的开口、还要结合避难层、避难间以及救援场地，在外墙上选择合适的位置进行设置。

7.2.5 本条确定的救援口大小是满足一个消防员背负基本救援装备进入建筑的基本尺寸。为方便实际使用，不仅该开口的大小要在本条规定的基础上适当增大，而且其位置、标识设置也要便于消防员快速识别和利用。

7.3 消 防 电 梯

7.3.1 本条为强制性条文。本条确定了应设置消防电梯的建筑范围。

对于高层建筑，消防电梯能节省消防员的体力，使消防员能快速接近着火区域，提高战斗力和灭火效果。根据在正常情况下对消防员的测试结果，消防员从楼梯攀登的有利登高高度一般不大于23m，否则，人体的体力消耗很大。对于地下建筑，由于排烟、通风条件很差，受当前装备的限制，消防员通过楼梯进入地下的困难较大，设置消防电梯，有利于满足灭火作战和火场救援的需要。

本条第3款中"设置消防电梯的建筑的地下或半地下室"应设置消防电梯，主要指当建筑的上部设置了消防电梯且建筑有地下室时，该消防电梯应延伸到地下部分；除此之外，地下部分是否设置消防电梯应根据其埋深和总建筑面积来确定。

7.3.2 本条为强制性条文。建筑内的防火分区具有较高的防火性能。一般，在火灾初期，较易将火灾控制在着火的一个防火分区内，消防员利用着火区内的消防电梯就可以进入着火区直接接近火源实施灭火和搜索等其他行动。对于有多个防火分区的楼层，即使一个防火分区的消防电梯受阻难以安全使用时，还可利用相邻防火分区的消防电梯。因此，每个防火分区应至少设置一部消防电梯。

7.3.3 本条规定建筑高度大于32m且设置电梯的高层厂房（仓库）应设消防电梯，且尽量每个防火分区均设置。对于高层塔架或局部区域较高的厂房，由于面积和火灾危险性小，也可以考虑不设置消防电梯。

7.3.5 本条第2～4款为强制性条文。在消防电梯间（井）前设置具有防烟性能的前室，对于保证消防电梯的安全运行和消防员的行动安全十分重要。

消防电梯为火灾时相对安全的竖向通道，其前室靠外墙设置既安全，又便于天然采光和自然排烟，电梯出口在首层也可直接通向室外。一些受平面布置限制不能直接通向室外的电梯出口，可以采用受防火保护的通道，不经过任何其他房间通向室外。该通道要具有防烟性能。

7.3.6 本条为强制性条文。本条规定为确保消防电梯的可靠运行和防火安全。

在实际工程中，为有效利用建筑面积，方便建筑布置及电梯的管理和维护，往往多台电梯设置在同一部位，电梯梯井相互毗邻。一旦其中某部电梯或电梯井出现火情，可能因相互间的分隔不充分而影响其他电梯特别是消防电梯的安全使用。因此，参照本规范对消防电梯井井壁的耐火性能要求，规定消防电梯的梯井、机房要采用耐火极限不低于2.00h的防火隔墙与其他电梯的梯井、机房进行分隔。在机房上必须开设的开口部位应设置甲级防火门。

7.3.7 火灾时，应确保消防电梯能够可靠、正常运行。建筑内发生火灾后，一旦自动喷水灭火系统动作或消防队进入建筑展开灭火行动，均会有大量水在楼层上积聚、流散。因此，要确保消防电梯在灭火过程中能保持正常运行，消防电梯井内外就要考虑设置排水和挡水设施，并设置可靠的电源和供电线路。

7.3.8 本条是为满足一个消防战斗班配备装备后使用电梯的需要所作的规定。消防电梯每层停靠，包括地下室各层，着火时，要首先停靠在首层，以便于展开消防救援。对于医院建筑等类似功能的建筑，消防电梯轿厢内的净面积尚需考虑病人、残障人员等的救援以及方便对外联络的需要。

7.4 直升机停机坪

7.4.1 对于高层建筑，特别是建筑高度超过100m的高层建筑，人员疏散及消防救援难度大，设置屋顶直升机停机坪，可为消防救援提供条件。屋顶直升机停机坪的设置要尽量结合城市消防站建设和规划布局。当设置屋顶直升机停机坪确有困难时，可设置能保证直升机安全悬停与救援的设施。

7.4.2 为确保直升机安全起降，本条规定了设置屋顶停机坪时对屋顶的基本要求。有关直升机停机坪和屋顶承重等其他技术要求，见行业标准《民用直升机场飞行场地技术标准》MH 5013—2008和《军用永备直升机机场场道工程建设标准》GJB 3502—1998。

8 消防设施的设置

本章规定了建筑设置消防给水、灭火、火灾自动报警、防烟与排烟系统和配置灭火器的基本范围。由于我国幅员辽阔、各地经济发展水平差异较大,气候、地理、人文等自然环境和文化背景各异、建筑的用途也千差万别,难以在本章中一一规定相应的设施配置要求。因此,除本规范规定外,设计还应从保障建筑及其使用人员的安全、减少火灾损失出发,根据有关专业建筑设计标准或专项防火标准的规定以及建筑的实际火灾危险性,综合确定配置适用的灭火、火灾报警和防排烟设施等消防设施与灭火器材。

8.1 一 般 规 定

8.1.1 本条规定为建筑消防给水设计和消防设施配置设计的基本原则。

建筑的消防给水和其他主动消防设施设计,应充分考虑建筑的类型及火灾危险性、建筑高度、使用人员的数量与特性、发生火灾可能产生的危害和影响、建筑的周边环境条件和需配置的消防设施的适用性,使之早报警、快速灭火,及时排烟,从而保障人员及建筑的消防安全。本规范对有些场所设置主动消防设施的类别虽有规定,但并不限制应用更好、更有效或更经济合理的其他消防设施。对于某些新技术、新设备的应用,应根据国家有关规定在使用前提出相应的使用和设计方案与报告、并进行必要的论证或试验,以切实保证这些技术、方法、设备或材料在消防安全方面的可行性与应用的可靠性。

8.1.2 本条为强制性条文。建筑室外消火栓系统包括水源、水泵接合器、室外消火栓、供水管网和相应的控制阀门等。室外消火栓是设置在建筑物外消防给水管网上的供水设施,也是消防队到场后需要使用的基本消防设施之一,主要供消防车从市政给水管网或室外消防给水管网取水向建筑室内消防给水系统供水,也可以经加压后直接连接水带、水枪出水灭火。本条规定了应设置室外消火栓系统的建筑。当建筑物的耐火等级为一、二级且建筑体积较小,或建筑物内无可燃物或可燃物较少时,灭火用水量较小,可直接依靠消防车所带水量实施灭火,而不需设置室外消火栓系统。

为保证消防车在灭火时能便于从市政管网中取水,要沿城镇中可供消防车通行的街道设置市政消火栓系统,以保证市政基础消防设施能满足灭火需要。这里的街道是在城市或镇范围内,全路或大部分地段两侧建有或规划有建筑物,一般设有人行道和各种市政公用设施的道路,不包括城市快速路、高架路、隧道等。

8.1.3 本条为强制性条文。水泵接合器是建筑室外消防给水系统的组成部分,主要用于连接消防车,向室内消火栓给水系统、自动喷水或水喷雾等水灭火系统或设施供水。在建筑外墙上或建筑外墙附近设置水泵接合器,能更有效地利用建筑内的消防设施,节省消防员登高扑救、铺设水带的时间。因此,原则上,设置室内消防给水系统或设置自动喷水、水喷雾灭火系统、泡沫雨淋灭火系统等系统的建筑,都需要设置水泵接合器。但考虑到一些层数不多的建筑,如小型公共建筑和多层住宅建筑,也可在灭火时在建筑内铺设水带采用消防车直接供水,而不需设置水泵接合器。

8.1.4、8.1.5 这两条规定了可燃液体储罐或罐区和可燃气体储罐或罐区设置冷却水系统的范围,有关要求还要符合相应专项标准的规定。

8.1.6 本条为强制性条文。消防水泵房需保证泵房内部设备在火灾情况下仍能正常工作,设备和需进入房间进行操作的人员不会受到火灾的威胁。本条规定是为了便于操作人员在火灾时进入泵房,并保证泵房不会受到外部火灾的影响。

本条规定中"疏散门应直通室外",要求进出泵房的人员不需要经过其他房间或使用空间而可以直接到达建筑外,开设在建筑首层门厅大门附近的疏散门可以视为直通室外;"疏散门应直通安全出口",要求泵房的门通过疏散走道直接连通到进入疏散楼梯(间)或直通室外的门,不需要经过其他空间。

有关消防水泵房的防火分隔要求,见本规范第6.2.7条。

8.1.7 本条第1、3、4款为强制性条文。消防控制室是建筑物内防火、灭火设施的显示、控制中心,必须确保控制室具有足够的防火性能,设置的位置能便于安全进出。

对于自动消防设施设置较多的建筑,设置消防控制室可以方便采用集中控制方式管理、监视和控制建筑内自动消防设施的运行状况,确保建筑消防设施的可靠运行。消防控制室的疏散门设置说明,见本规范第8.1.6条的条文说明。有关消防控制室内应具备的显示、控制和远程监控功能,在国家标准《消防控制室通用技术要求》GB 25506中有详细规定,有关消防控制室内相关消防控制设备的构成和功能、电源要求、联动控制功能等的要求,在国家标准《火灾自动报警系统设计规范》GB 50116中也有详细规定,设计应符合这些标准的相应要求。

8.1.8 本条为强制性条文。本条是根据近年来一些重特大火灾事故的教训确定的。在实际火灾中,有不少消防水泵房和消防控制室因被淹或进水而无法使用,严重影响自动消防设施的灭火、控火效果,影响灭火救援行动。因此,既要通过合理确定这些房间的布置楼层和位置,也要采取门槛、排水措施等方法防止灭火或自动喷水等灭火设施动作后的水积聚而致消防控制设备或消防水泵、消防电源与配电装置等被淹。

8.1.9 设置在建筑内的防烟风机和排烟风机的机房要与通风空气调节系统风机的机房分别设置,且防烟风机和排烟风机的机房应独立设置。当确有困难时,排烟风机可与其他通风空气调节系统风机的机房合用,但用于排烟补风的送风风机不应与排烟风机机房合用,并应符合相关国家标准的要求。防烟风机和排烟风机的机房均需采用耐火极限不小于2.00h的隔墙和耐火极限不小于1.50h的楼板与其他部位隔开。

8.1.10 灭火器是扑救建筑初起火较方便、经济、有效的消防器材。人员发现火情后,首先应考虑采用灭火器等器材进行处置与扑救。灭火器的配置要根据建筑物内可燃物的燃烧特性和火灾危险性、不同场所中工作人员的特点、建筑的内外环境条件等因素,按照现行国家标准《建筑灭火器配置设计规范》GB 50140和其他有关专项标准的规定进行设计。

8.1.11 本条是根据近年来的一些火灾事故,特别是高层建筑火灾的教训确定的。本条规定主要为防止建筑幕墙在火灾时可能因墙体材料脱落而危及消防员的安全。

建筑幕墙常采用玻璃、石材和金属等材料。当幕墙受到火烧或受热时,易破碎或变形、爆裂,甚至造成大面积的破碎、脱落。供消防员使用的水泵接合器、消火栓等室外消防设施的设置位置，要根据建筑幕墙的位置、高度确定。当需离开建筑外墙一定距离时，一般不小于5m，当受平面布置条件限制时，可采取设置防护挑檐、防护棚等其他防坠落物砸伤的防护措施。

8.1.12 本条规定的消防设施包括室外消火栓、阀门和消防水泵接合器等室外消防设施、室内消火栓箱、消防设施中的操作与控制阀门、灭火器配置箱、消防给水管道、自动灭火系统的手动按钮、报警按钮、排烟设施的手动按钮、消防设备室、消防控制室等。

8.1.13 本章对于建筑室内外消火栓系统、自动喷水灭火系统、水喷雾灭火系统、气体灭火系统、泡沫灭火系统、细水雾灭火系统、火灾自动报警系统和防烟与排烟系统以及建筑灭火器等系统、设施的设置场所和部位作了规定，这些消防系统及设施的具体设计，还要按照国家现行有关标准的要求进行，有关系统标准主要包括《消防给水及消火栓系统技术规范》GB 50974、《自动喷水灭火系统设计规范》GB 50084、《气体灭火系统设计规范》GB 50370、《泡沫灭火系统设计规范》GB 50151、《水喷雾灭火系统设计规范》GB 50219、《细水雾灭火系统设计规范》GB 50898、《火灾自动报警系统设计规范》GB 50116、《建筑灭火器配置设计规范》GB 50140等。

8.2 室内消火栓系统

8.2.1 本条为强制性条文。室内消火栓是控制建筑内初期火灾的主要灭火、控火设备，一般需要专业人员或受过训练的人员才能较好地使用和发挥作用。

本条所规定的室内消火栓系统的设置范围，在实际设计中不应仅限于这些建筑或场所，还应按照有关专项标准的要求确定。对于在本条规定规模以下的建筑或场所，可根据各地实际情况确定设置与否。

对于27m以下的住宅建筑，主要通过加强被动防火措施和依靠外部扑救来防止火势扩大和灭火。住宅建筑的室内消火栓可以根据地区气候、水源等情况设置干式消防竖管或湿式室内消火栓系统。干式消防竖管平时无水，着火后由消防车通过设置在首层外墙上的接口向室内干式消防竖管输水，消防员自带水龙带驳接室内消防给水竖管的消火栓口进行取水灭火。如能设置湿式室内消火栓系统，则要尽量采用湿式系统。当住宅建筑中的楼梯间位置不靠外墙时，应采用管道与干式消防竖管连接。干式竖管的管径宜采用80mm，消火栓口径应采用65mm。

8.2.2 一、二级耐火等级的单层、多层丁、戊类厂房（仓库）内，可燃物较少，即使着火，发展蔓延较慢，不易造成较大面积的火灾，一般可以依靠灭火器、消防软管卷盘等灭火器材或外部消防救援进行灭火。但由于丁、戊类厂房的范围较大，有些丁类厂房内也可能有较多可燃物，例如有淬火槽；丁、戊类仓库内也可能有较多可燃物，例如有较多的可燃包装材料，木箱包装机器、纸箱包装灯泡等，这些场所需要设置室内消火栓系统。

对于粮食仓库，库房内通常被粮食充满，将室内消火栓系统设置在建筑内往往难以发挥作用，一般需设置在建筑外。因此，其室内消火栓系统可与建筑的室外消火栓系统合用，而不设置室内消火栓系统。

建筑物内存有与水接触能引起爆炸的物质，即与水能起强烈化学反应发生爆炸燃烧的物质（例如：电石、钾、钠等物质）时，不应在该部位设置消防给水设备，而应采取其他灭火设施或防火保护措施。但实验楼、科研楼内存有少数该类物质时，仍应设置室内消火栓。

远离城镇且无人值班的独立建筑，如卫星接收基站、变电站等可不设置室内消火栓系统。

8.2.3 国家级文物保护单位的重点砖木或木结构古建筑，可以根据具体情况尽量考虑设置室内消火栓系统。对于不能设置室内消火栓的，可采取防火喷涂保护，严格控制用电、用火等其他防火措施。

8.2.4 消防软管卷盘和轻便消防水龙是控制建筑物内固体可燃物初起火的有效器材，用水量小、配备方便。本条结合建筑的规模和使用功能，确定了设置消防软管卷盘和轻便消防水龙的范围，以方便建筑内的人员扑灭初起火时使用。

轻便消防水龙为在自来水供水管路上使用的由专用消防接口、水带及水枪组成的一种小型简便的喷水灭火设备，有关要求见公共安全标准《轻便消防水龙》GA 180。

8.3 自动灭火系统

自动喷水、水喷雾、七氟丙烷、二氧化碳、泡沫、干粉、细水雾、固定水炮灭火系统等及其他自动灭火装置，对于扑救和控制建筑物内的初起火，减少损失、保障人身安全，具有十分明显的作用，在各类建筑内应用广泛。但由于建筑功能及其内部空间用途千差万别，本规范难以对各类建筑及其内部的各类场所一一作出规定。设计应按照有关专项标准的要求，或根据不同灭火系统的特点及其适用范围、系统选型和设置场所的相关要求，经技术、经济等多方面比较后确定。

本节中各条的规定均有三个层次，一是这些场所应设置自动灭火系统；二是推荐了一种较适合该类场所的灭火系统类型，正常情况下应采用该类系统，但并不排斥采用其他适用的系统类型或灭火装置。如在有的场所空间很大，只有部分设备是主要的火灾危险源并需要灭火保护，或建筑内只有少数面积较小的场所内的设备需要保护时，可对该局部火灾危险性大的设备采用火探管、气溶胶、超细干粉等小型自动灭火装置进行局部保护，而不必采用大型自动灭火系统保护整个空间的方法；三是在选用某一系统的何种灭火方式时，应根据该场所的特点和条件、系统的特性以及国家相关政策确定。在选择灭火系统时，应考虑在一座建筑物内尽量采用同一种或同一类型的灭火系统，以便维护管理，简化系统设计。

此外，本规范未规定设置自动灭火系统的场所，并不排斥或限制根据工程实际情况以及建筑的整体消防安全需要而设置相应的自动灭火系统或设施。

8.3.1～8.3.4 这四条均为强制性条文。自动喷水灭火系统适用于扑救绝大多数建筑内的初起火，应用广泛。根据我国当前的条件，条文规定了应设置自动灭火系统，并宜采用自动喷水灭火系统的建筑或场所，规定中有的明确了具体的设置部位，有的是规定了建筑。对于按建筑规定的，要求该建筑内凡具有可燃物且适用设置自动喷水灭火系统的部位或场所，均需设置自动喷水灭火系统。

这四条所规定的这些建筑或场所具有火灾危险性大、发生火灾可能导致经济损失大、社会影响大或人员伤亡大的特点。自动灭火系统的设置原则是重点部位、重点场所，重点防护；不同分区，措施可以不同；总体上要能保证整座建筑物的消防安全，特别要考虑所设置的部位或场所在设置灭火系统后应能防止一个防火分区内的火灾蔓延到另一个防火分区中去。

（1）邮政建筑既有办公，也有邮件处理和邮袋存放功能，在设计中一般按丙类厂房考虑，并按照不同功能实行较严格的防火分区或分隔。对于邮件处理车间，可在处理好竖向连通部位的防火分隔条件下，不设置自动喷水灭火系统，但其中的重要部位仍要尽量采用其他对邮件及邮件处理设备无较大损害的灭火剂及其灭火系统保护。

(2)木器厂房主要指以木材为原料生产、加工各类木质板材、家具、构配件、工艺品、模具等成品、半成品的车间。

(3)高层建筑的火灾危险性较高、扑救难度大，设置自动灭火系统可提高其自防、自救能力。

对于建筑高度大于100m的住宅建筑，需要在住宅建筑的公共部位、套内各房间设置自动喷水灭火系统。

对于医院内手术部的自动喷水灭火系统设置，可以根据国家标准《医院洁净手术部建筑技术规范》GB 50333的规定，不在手术室内设置洒水喷头。

(4)建筑内采用送回风管道的集中空气调节系统具有较大的火灾蔓延传播危险。旅馆、商店、展览建筑使用人员较多、有的室内装修还采用了较多难燃或可燃材料、大多设置有集中空气调节系统。这些场所人员的流动性大、对环境不太熟悉且功能复杂，有的建筑内的使用人员还可能较长时间处于休息、睡眠状态。可燃装修材料的烟生成量及其毒性分解物较多、火源控制较复杂或易传播火灾及其烟气。有固定座位的场所，人员疏散相对较困难，所需疏散时间可能较长。

(5)第8.3.4条第7款中的“建筑面积”是指歌舞娱乐放映游艺场所任一层的建筑面积。每个厅、室的防火要求应符合本规范第5章的有关规定。

8.3.5 本条为强制性条文。对于以可燃固体燃烧物为主的高大空间，根据本规范第8.3.1条～第8.3.4条的规定需要设置自动灭火系统，但采用自动喷水灭火系统、气体灭火系统、泡沫灭火系统等都不合适，此类场所可以采用固定消防炮或自动跟踪定位射流等类型的灭火系统进行保护。

固定消防炮灭火系统可以远程控制并自动搜索火源、对准着火点、自动喷洒水或其他灭火剂进行灭火，可与火灾自动报警系统联动，既可手动控制，也可实现自动操作，适用于扑救大空间内的早期火灾。对于设置自动喷水灭火系统不能有效发挥早期响应和灭火作用的场所，采用与火灾探测器联动的固定消防炮或自动跟踪定位射流灭火系统比快速响应喷头更能及时扑救早期火灾。

消防炮水量集中，流速快、冲量大，水流可以直接接触燃烧物而作用到火焰根部，将火焰剥离燃烧物使燃烧中止，能有效扑救高大空间内蔓延较快或火灾荷载大的火灾。固定消防炮灭火系统的设计应符合现行国家标准《固定消防炮灭火系统设计规范》GB 50338的有关规定。

8.3.6 水幕系统是现行国家标准《自动喷水灭火系统设计规范》GB 50084规定的系统之一。根据水幕系统的工作特性，该系统可以用于防止火灾通过建筑开口部位蔓延，或辅助其他防火分隔物实施有效分隔。水幕系统主要用于因生产工艺需要或使用功能需要而无法设置防火墙等的开口部位，也可用于辅助防火卷帘和防火幕作防火分隔。

本条第1、2款规定的开口部位所设置的水幕系统主要用于防火分隔，第3款规定部位设置的水幕系统主要用于防护冷却。水幕系统的火灾延续时间需要根据不同部位设置防火隔墙或防火墙时所需耐火极限确定，系统设计应符合现行国家标准《自动喷水灭火系统设计规范》GB 50084的规定。

8.3.7 本条为强制性条文。雨淋系统是自动喷水灭火系统之一，主要用于扑救燃烧猛烈、蔓延快的大面积火灾。雨淋系统应有足够的供水速度，保证灭火效果，其设计应符合现行国家标准《自动喷水灭火系统设计规范》GB 50084的规定。

本条规定应设置雨淋系统的场所均为发生火灾蔓延快，需尽快控制的高火灾危险场所：

(1)火灾危险性大、着火后燃烧速度快或可能发生爆炸性燃烧的厂房或部位。

(2)易燃物品仓库，当面积较大或储存量较大时，发生火灾后影响面较大，如面积大于60m²硝化棉等仓库。

(3)可燃物较多且空间较大、火灾易迅速蔓延扩大的演播室、电影摄影棚等场所。

(4)乒乓球的主要原料是赛璐珞，在生产过程中还采用甲类液体溶剂，乒乓球厂的轧坯、切片、磨球、分球检验部位具有火灾危险性大且着火后燃烧强烈、蔓延快等特点。

8.3.8 本条为强制性条文。水喷雾灭火系统喷出的水滴粒径一般在1mm以下，喷出的水雾能吸收大量的热量，具有良好的降温作用，同时水在热作用下会迅速变成水蒸气，并包裹保护对象，起到部分窒息灭火的作用。水喷雾灭火系统对于重质油品具有良好的灭火效果。

1 变压器油的闪点一般都在120℃以上，适用采用水喷雾灭火系统保护。对于缺水或严寒、寒冷地区、无法采用水喷雾灭火系统的电力变压器和设置在室内的电力变压器，可以采用二氧化碳等气体灭火系统。另外，对于变压器，目前还有一些有效的其他灭火系统可以采用，如自动喷水－泡沫联用系统、细水雾灭火系统等。

2 飞机发动机试验台的火灾危险源为燃料油和润滑油，设置自动灭火系统主要用于保护飞机发动机和试车台架。该部位的灭火系统设计应全面考虑，一般可采用水喷雾灭火系统，也可以采用气体灭火系统、泡沫灭火系统、细水雾灭火系统等。

8.3.9 本条为强制性条文。本条规定的气体灭火系统主要包括高低压二氧化碳、七氟丙烷、三氟甲烷、氮气、IG541、IG55等灭火系统。气体灭火剂不导电、一般不造成二次污染，是扑救电子设备、精密仪器设备、贵重仪器和档案图书等纸质、绢质或磁介质材料信息载体的良好灭火剂。气体灭火系统在密闭的空间里有良好的灭火效果，但系统投资较高，故本规范只要求在一些重要的机房、贵重设备室、珍藏室、档案库内设置。

(1)电子信息系统机房的主机房，按照现行国家标准《电子信息系统机房设计规范》GB 50174的规定确定。根据《电子信息系统机房设计规范》GB 50174—2008的规定，A、B级电子信息系统机房的分级为：电子信息系统运行中断将造成重大的经济损失或公共场所秩序严重混乱的机房为A级机房，电子信息系统运行中断将造成较大的经济损失或公共场所秩序混乱的机房为B级机房。图书馆的特藏库，按照国家现行标准《图书馆建筑设计规范》JGJ 38的规定确定。档案馆的珍藏库，按照国家现行标准《档案馆建筑设计规范》JGJ 25的规定确定。大、中型博物馆按照国家现行标准《博物馆建筑设计规范》JGJ 66的规定确定。

(2)特殊重要设备，主要指设置在重要部位和场所中，发生火灾后将严重影响生产和生活的关键设备。如化工厂中的中央控制室和单台容量300MW机组及以上容量的发电厂的电子设备间、控制室、计算机房及继电器室等。高层民用建筑内火灾危险性大，发生火灾后对生产、生活产生严重影响的配电室等，也属于特殊重要设备室。

(3)从近几年二氧化碳灭火系统的使用情况看，该系统应设置在不经常有人停留的场所。

8.3.10 本条为强制性条文。可燃液体储罐火灾事故较多，且一旦初起火未得到有效控制，往往后期灭火效果不佳。设置固定或半固定式灭火系统，可对储罐火灾起到较好的控火和灭火作用。

低倍数泡沫主要通过泡沫的遮断作用，将燃烧液体与空气隔离实现灭火。中倍数泡沫灭火取决于泡沫的发泡倍数和使用方式，当以较低的倍数用于扑救甲、乙、丙类液体流淌火时，灭火机理与低倍数泡沫相同；当以较高的倍数用于全淹没方式灭火时，其灭火机理与高倍数泡沫相同。高倍数泡沫主要通过密集状态的大量高倍数泡沫封闭区域，阻断新空气的流入实现窒息灭火。

低倍数泡沫灭火系统被广泛用于生产、加工、储存、运输和使用甲、乙、丙类液体的场所。甲、乙、丙类可燃液体储罐主要采用泡沫灭火系统保护。中倍数泡沫灭火系统可用于保护小型油罐和其他一些类似场所。高倍数泡沫可用于大空间和人员进入有危险以及用水难以灭火或灭火后水渍损失大的场所，如大型易燃液体仓库、橡胶轮胎库、纸张和卷烟仓库、电缆沟及地下建筑（汽车库）等。有关泡沫灭火系统的设计与选型应执行现行国家标准《泡沫灭火系统设计规范》GB 50151 等的有关规定。

8.3.11 据统计，厨房火灾是常见的建筑火灾之一。厨房火灾主要发生在灶台操作部位及其排烟道。从试验情况看，厨房的炉灶或排烟道部位一旦着火，发展迅速且常规灭火设施扑救易发生复燃；烟道内的火扑救又比较困难。根据国外近40年的应用历史，在该部位采用自动灭火装置灭火，效果理想。

目前，国内外相关产品在国内市场均有销售，不同产品之间的性能差异较大。因此，设计应注意选用能自动探测与自动灭火动作且灭火前能自动切断燃料供应、具有防复燃功能且灭火效能（一般应以保护面积为参考指标）较高的产品，且必须在排烟管道内设置喷头。有关装置的设计、安装可执行中国工程建设标准化协会标准《厨房设备灭火装置技术规程》CECS 233的规定。

本条规定的餐馆根据国家现行标准《饮食建筑设计规范》JGJ 64的规定确定，餐厅为餐馆、食堂中的就餐部分，“建筑面积大于1000m²”为餐厅总的营业面积。

8.4 火灾自动报警系统

8.4.1 本条为强制性条文。火灾自动报警系统能起到早期发现和通报火警信息，及时通知人员进行疏散、灭火的作用，应用广泛。本条规定的设置范围，主要为同一时间停留人数较多，发生火灾容易造成人员伤亡需及时疏散的场所或建筑；可燃物较多，火灾蔓延迅速，扑救困难的场所或建筑；以及不易及时发现火灾且性质重要的场所或建筑。该规定是对国内火灾自动报警系统工程实践经验的总结，并考虑了我国经济发展水平。本条所规定的场所，如未明确具体部位的，除个别火灾危险性小的部位，如卫生间、泳池、水泵房等外，需要在该建筑内全部设置火灾自动报警系统。

1 制鞋、制衣、玩具、电子等类似火灾危险性的厂房主要考虑了该类建筑面积大、同一时间内人员密度较大、可燃物多。

3 商店和展览建筑中的营业、展览厅和娱乐场所等场所，为人员较密集、可燃物较多、容易发生火灾，需要早报警、早疏散、早扑救的场所。

4 重要的档案馆，主要指国家现行标准《档案馆设计规范》JGJ 25 规定的国家档案馆。其他专业档案馆，可视具体情况比照本规定确定。

5 对于地市级以下的电力、交通和防灾调度指挥、广播电视、电信和邮政建筑，可视建筑的规模、高度和重要性等具体情况确定。

6 剧场和电影院的级别，按国家现行标准《剧场建筑设计规范》JGJ 57 和《电影院建筑设计规范》JGJ 58 确定。

10 根据现行国家标准《电子信息系统机房设计规范》GB 50174 的规定，电子信息系统的主机房为主要用于电子信息处理、存储、交换和传输设备的安装和运行的建筑空间，包括服务器机房、网络机房、存储机房等功能区域。

13 建筑中有需要与火灾自动报警系统联动的设施主要有：机械排烟系统、机械防烟系统、水幕系统、雨淋系统、预作用系统、水喷雾灭火系统、气体灭火系统、防火卷帘、常开防火门、自动排烟窗等。

8.4.2 为使住宅建筑中的住户能够尽早知晓火灾发生情况，及时疏散，按照安全可靠、经济适用的原则，本条对不同建筑高度的住宅建筑如何设置火灾自动报警系统作出了具体规定。

8.4.3 本条为强制性条文。本条规定应设置可燃气体探测报警装置的场所，包括工业生产、储存，公共建筑中可能散发可燃蒸气或气体，并存在爆炸危险的场所与部位，也包括丙、丁类厂房、仓库中存储或使用燃气加工的部位，以及公共建筑中的燃气锅炉房等场所，不包括住宅建筑内的厨房。

8.5 防烟和排烟设施

火灾烟气中所含一氧化碳、二氧化碳、氟化氢、氯化氢等多种有毒成分，以及高温缺氧等都会对人体造成极大的危害。及时排除烟气，对保证人员安全疏散，控制烟气蔓延，便于扑救火灾具有重要作用。对于一座建筑，当其中某部位着火时，应采取有效的排烟措施排除可燃物燃烧产生的烟气和热量，使该局部空间形成相对负压区；对非着火部位及疏散通道等应采取防烟措施，以阻止烟气侵入，以利人员的疏散和灭火救援。因此，在建筑内设置排烟设施十分必要。

8.5.1 本条为强制性条文。建筑物内的防烟楼梯间、消防电梯间前室或合用前室、避难区域等，都是建筑物着火时的安全疏散、救援通道。火灾时，可通过开启外窗等自然排烟设施将烟气排出，亦可采用机械加压送风的防烟设施，使烟气不致侵入疏散通道或疏散安全区内。

对于建筑高度小于或等于 50m 的公共建筑、工业建筑和建筑高度小于或等于 100m 的住宅建筑，由于这些建筑受风压作用影响较小，可利用建筑本身的采光通风，基本起到防止烟气进一步进入安全区域的作用。

当采用凹廊、阳台作为防烟楼梯间的前室或合用前室，或者防烟楼梯间前室或合用前室具有两个不同朝向的可开启外窗且有满足需要的可开启窗面积时，可以认为该前室或合用前室的自然通风能及时排出漏入前室或合用前室的烟气，并可防止烟气进入防烟楼梯间。

8.5.2 本条为强制性条文。事实证明，丙类仓库和丙类厂房的火灾往往会产生大量浓烟，不仅加速了火灾的蔓延，而且增加了灭火救援和人员疏散的难度。在建筑内采取排烟措施，尽快排除火灾过程中产生的烟气和热量，对于提高灭火救援的效果、保证人员疏散安全具有十分重要的作用。

厂房和仓库内的排烟设施可结合自然通风、天然采光等要求设置，并在车间内火灾危险性相对较高部位局部考虑加强排烟措施。尽管丁类生产车间的火灾危险性较小，但建筑面积较大的车间仍可能存在火灾危险性大的局部区域，如空调生产与组装车间、汽车部件加工和组装车间等，且车间进深大、烟气难以依靠外墙的开口进行排除，因此应考虑设置机械排烟设施或在厂房中间适当部位设置自然排烟口。

有爆炸危险的甲、乙类厂房(仓库)，主要考虑加强正常通风和事故通风等预防发生爆炸的技术措施。因此，本规范未明确要求该类建筑设置排烟设施。

8.5.3 本条为强制性条文。为吸取娱乐场所的火灾教训，本条规定建筑中的歌舞娱乐放映游艺场所应当设置排烟设施。

中庭在建筑中往往贯通数层，在火灾时会产生一定的烟囱效应，能使火势和烟气迅速蔓延，易在较短时间内使烟气充填或弥散到整个中庭，并通过中庭扩散到相连通的邻近空间。设计需结合中庭和相连通空间的特点、火灾荷载的大小和火灾的燃烧特性等，采取有效的防烟、排烟措施。中庭烟控的基本方法包括减少烟气产生和控制烟气运动两方面。设置机械排烟设施，能使烟气有序运动和排出建筑物，使各楼层的烟气层维持在一定的高度以上，为人员赢得必要的逃生时间。

根据试验观测，人在浓烟中低头掩鼻的最大行走距离为20m～30m。为此，本条规定建筑内长度大于20m的疏散走道应设排烟设施。

8.5.4 本条为强制性条文。地下、半地下建筑(室)不同于地上建筑，地下空间的对流条件、自然采光和自然通风条件差，可燃物在燃烧过程中缺乏充足的空气补充，可燃物燃烧慢、产烟量大、温升快、能见度降低很快，不仅增加人员的恐慌心理，而且对安全疏散和灭火救援十分不利。因此，地下空间的防排烟设置要求比地上空间严格。

地上建筑中无窗房间的通风与自然排烟条件与地下建筑类似，因此其相关要求也与地下建筑的要求一致。

9 供暖、通风和空气调节

9.1 一般规定

9.1.1 本条规定为采暖、通风和空气调节系统应考虑防火安全措施的原则要求，相关专项标准可根据具体情况确定更详细的相应技术措施。

9.1.2 本条为强制性条文。甲、乙类厂房，有的存在甲、乙类挥发性可燃蒸气，有的在生产使用过程中会产生可燃气体，在特定条件下易积聚而与空气混合形成具有爆炸危险的混合气体。甲、乙类厂房内的空气如循环使用，尽管可减少一定能耗，但火灾危险性可能持续增大。因此，甲、乙类厂房要具备良好的通风条件，将室内空气及时排出到室外，而不循环使用。同时，需向车间内送入新鲜空气，但排风设备在通风机房内存在泄漏可燃气体的可能，因此应符合本规范第9.1.3条的规定。

丙类厂房中有的工段存在可燃纤维(如纺织厂、亚麻厂)和粉尘，易造成火灾的蔓延，除及时清扫外，若要循环使用空气，要在通风机前设滤尘器对空气进行净化后才能循环使用。某些火灾危险性相对较低的场所，正常条件下不具有火灾与爆炸危险，但只要条件适宜仍可能发生火灾。因此，规定空气的含尘浓度要求低于含燃烧或爆炸危险粉尘、纤维的爆炸下限的25%。此规定参考了国内外有关标准对类似场所的要求。

9.1.3 本条为强制性条文。本条规定主要为防止空气中的可燃气体再被送入甲、乙类厂房内或将可燃气体送到其他生产类别的车间内形成爆炸气氛而导致爆炸事故。因此，为甲、乙类车间服务的排风设备，不能与送风设备布置在同一通风机房内，也不能与为其他车间服务的送、排风设备布置在同一通风机房内。

9.1.4 本条为强制性条文。本条要求民用建筑内存放容易着火或爆炸物质(例如，容易放出氢气的蓄电池、使用甲类液体的小型零配件等)的房间所设置的排风设备要采用独立的排风系统，主要为避免将这些容易着火或爆炸的物质通过通风系统送入该建筑内的其他房间。因此，将这些房间的排风系统所排出的气体直接排到室外安全地点，是经济、有效的安全方法。

此外，在有爆炸危险场所使用的通风设备，要根据该场所的防爆等级和国家有关标准要求选用相应防爆性能的防爆设备。

9.1.5 本条规定主要为排除比空气轻的可燃气体混合物。将水平排风管沿着排风气流向上设置坡度，有利于比空气轻的气体混合物顺气流方向自然排出，特别是在通风机停机时，能更好地防止在管道内局部积存而形成有爆炸危险的高浓度混合气体。

9.1.6 火灾事故表明，通风系统中的通风管道可能成为建筑火灾和烟气蔓延的通道。本条规定主要为避免这两类管道相互影响，防止火灾和烟气经由通风管道蔓延。

9.2 供 暖

9.2.1 本条规定主要为防止散发可燃粉尘、纤维的厂房和输煤廊内的供暖散热器表面温度过高，导致可燃粉尘、纤维与采暖设备接触引起自燃。

目前，我国供暖的热媒温度范围一般为：130℃～70℃、

110℃～70℃和95℃～70℃，散热器表面的平均温度分别为：100℃、90℃和82.5℃。若热媒温度为130℃或110℃，对于有些易燃物质，例如，赛璐珞(自燃点为125℃)、三硫化二磷(自燃点为100℃)、松香(自燃点为130℃)，有可能与采暖的设备和管道的热表面接触引起自燃，还有部分粉尘积聚厚度大于5mm时，也会因融化或焦化而引发火灾，如树脂、小麦、淀粉、糊精粉等。本条规定散热器表面的平均温度不应高于82.5℃，相当于供水温度95℃、回水温度70℃，这时散热器入口处的最高温度为95℃，与自燃点最低的100℃相差5℃，具有一定的安全余量。

对于输煤廊，如果热煤温度低，容易发生供暖系统冻结事故，考虑到输煤廊内煤粉在稍高温度时不易引起自燃，故将该场所内散热器的表面温度放宽到130℃。

9.2.2 本条为强制性条文。甲、乙类生产厂房内遇明火发生的火灾，后果十分严重。为吸取教训，规定甲、乙类厂房(仓库)内严禁采用明火和电热散热器供暖。

9.2.3 本条为强制性条文。本条规定应采用不循环使用热风供暖的场所，均为具有爆炸危险性的厂房，主要有：

(1)生产过程中散发的可燃气体、蒸气、粉尘、纤维与采暖管道、散热器表面接触，虽然供暖温度不高，也可能引起燃烧的厂房，如二硫化碳气体、黄磷蒸气及其粉尘等。

(2)生产过程中散发的粉尘受到水、水蒸气的作用，能引起自燃和爆炸的厂房，如生产和加工钾、钠、钙等物质的厂房。

(3)生产过程中散发的粉尘受到水、水蒸气的作用，能产生爆炸性气体的厂房，如电石、碳化铝、氢化钾、氢化钠、硼氢化钠等放出的可燃气体等。

9.2.4、9.2.5 供暖管道长期与可燃物体接触，在特定条件下会引起可燃物体蓄热、分解或炭化而着火，需采取必要的隔热防火措施。一般，可将供暖管道与可燃物保持一定的距离。

本条规定的距离，在有条件时应尽可能加大。若保持一定距离有困难时，可采用不燃材料对供暖管道进行隔热处理，如外包覆绝热性能好的不燃烧材料等。

9.2.6 本条规定旨在防止火势沿着管道的绝热材料蔓延到相邻房间或整个防火区域。在设计中，除首先考虑采用不燃材料外，当采用难燃材料时，还要注意选用热分解毒性小的绝热材料。

9.3 通风和空气调节

9.3.1 由于火灾中的热烟气扩散速度较快，在布置通风和空气调节系统的管道时，要采取措施阻止火灾的横向蔓延，防止和控制火灾的竖向蔓延，使建筑的防火体系完整。本条结合工程设计实际和建筑布置需要，规定通风和空气调节系统的布置，横向尽量按每个防火分区设置，竖向一般不大于5层。通风管道在穿越防火分隔处设置防火阀，可以有效地控制火灾蔓延，在此条件下，通风管道横向或竖向均可以不分区或按楼层分段布置。在住宅建筑中的厨房、厕所的垂直排风管道上，多见用防止回流设施防止火势蔓延，在公共建筑的卫生间和多个排风系统的排风机房里需同时设防火阀和防止回流设施。

本规范要求建筑内管道井的井壁应采用耐火极限不低于1.00h的防火隔墙，故穿过楼层的竖向风管也要求设在管井内或者采用耐火极限不低于1.00h的耐火管道。

住宅建筑中的排风管道内采取的防止回流方法，可参见图8所示的做法。具体做法有：

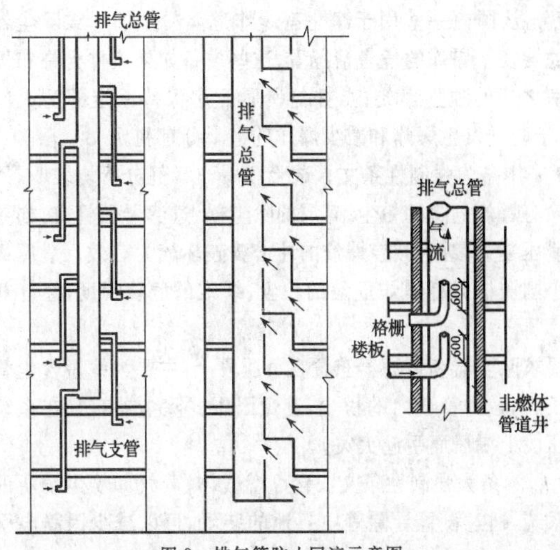

图8 排气管防止回流示意图

(1)增加各层垂直排风支管的高度，使各层排风支管穿越2层楼板；

(2)把排风竖管分成大小两个管道，竖向干管直通屋面，排风支管分层与竖向干管连通；

(3)将排风支管顺气流方向插入竖向风道，且支管到支管出口的高度不小于600mm；

(4)在支管上安装止回阀。

9.3.2 本条为强制性条文。对于有爆炸危险的车间或厂房，容易通过通风管道蔓延到建筑的其他部分，本条对排风管道穿越防火墙和有爆炸危险的部位作了严格限制，以保证防火墙等防火分隔物的完整性，并防止通过排风管道将有爆炸危险场所的火灾或爆炸波引入其他场所。

9.3.3 在火灾危险性较大的甲、乙、丙类厂房内，送排风管要尽量考虑分层设置。当进入生产车间或厂房的水平或垂直风管设置了防火阀时，可以阻止火灾从着火层向相邻层蔓延，因而各层的水平或垂直送风管可以共用一个系统。

9.3.4 在风机停机时，一般会出现空气从风管倒流到风机的现象。当空气中含有易燃或易爆炸物质且风机未做防爆处理时，这些物质会随之被带到风机内，并因风机产生的火花而引起爆炸，故风机要采取防爆措施。一般可采用有色金属制造的风机叶片和防爆的电动机。

若通风机设置在单独隔开的通风机房内，在送风干管内设置止回阀，即顺气流方向开启的单向阀，能防止危险物质倒流到风机内，且通风机房发生火灾后也不致蔓延至其他房间，因此可采用普通的通风设备。

9.3.5 本条为强制性条文。含有燃烧和爆炸危险粉尘的空气不能进入排风机或在进入排风机前对其进行净化。采用不产生火花的除尘器，主要为防止除尘器工作过程中产生火花引起粉尘、碎屑燃烧或爆炸。

空气中可燃粉尘的含量控制在爆炸下限的25%以下，通常是可防止可燃粉尘形成局部高浓度、满足安全要求的数值。美国消防协会(NFPA)《防火手册》指出：可燃蒸气和气体的警告响应浓度为其爆炸下限的20%；当浓度达到爆炸下限的50%时，要停止操作并进行惰化。国内大部分文献和标准也均采用物质爆炸下限的25%为警告值。

9.3.6 根据火灾爆炸案例，有爆炸危险粉尘的排风机、除尘器采取分区、分组布置是必要的。一个系统对应一种粉尘，便于粉尘回收；不同性质的粉尘在一个系统中，有引起化学反应的可能。如硫黄与过氧化铅、氯酸盐混合物能发生爆炸，碳黑混入氧化剂自燃点会降低到100℃。因此，本条强调在布置除尘器和排风机时，要尽量按单一粉尘分组布置。

9.3.7 从国内一些用于净化有爆炸危险粉尘的干式除尘器和过滤器发生爆炸的危害情况看，这些设备如果条件允许布置在厂房之外的独立建筑内，并与所属厂房保持一定的防火间距，对于防止发生爆炸和减少爆炸危害十分有利。

9.3.8 本条为强制性条文。试验和爆炸案例分析均表明，用于排除有爆炸危险的粉尘、碎屑的除尘器、过滤器和管道，如果设置泄压装置，对于减轻爆炸的冲击波破坏较为有效。泄压面积大小则需根据有爆炸危险的粉尘、纤维的危险程度，经计算确定。

要求除尘器和过滤器布置在负压段上，主要为缩短含尘管道的长度，减少管道内的积尘，避免因干式除尘器布置在系统的正压段上漏风而引起火灾。

9.3.9 本条为强制性条文。含可燃气体、蒸气和粉尘场所的排风系统，通过设置导除静电接地的装置，可以减少因静电引发爆炸的可能性。地下、半地下场所易积聚有爆炸危险的蒸气和粉尘等物质，因此对上述场所进行排风的设备不能设置在地下、半地下。

本条第3款规定主要为便于检查维修和排除危险，消除安全隐患。为安全考虑，排气口要尽量远离明火和人员通过或停留的地方。

9.3.10 温度超过80℃的气体管道与可燃或难燃物体长期接触，易引起火灾；容易起火的碎屑也可能在管道内发生火灾，并易引燃邻近的可燃、难燃物体。因此，要求与可燃、难燃物体之间保持一定间隙或应用导热性差的不燃隔热材料进行隔热。

9.3.11 本条为强制性条文。通风和空气调节系统的风管是建筑内部火灾蔓延的途径之一，要采取措施防止火势穿过防火墙和不燃性防火分隔物等位置蔓延。通风、空气调节系统的风管上应设防火阀的部位主要有：

1 防火分区等防火分隔处，主要防止火灾在防火分区或不同防火单元之间蔓延。在某些情况下，必须穿过防火墙或防火隔墙时，需在穿越处设置防火阀，此防火阀一般依靠感烟火灾探测器控制动作，用电讯号通过电磁铁等装置关闭，同时它还具有温度熔断器自动关闭以及手动关闭的功能。

2、3 风管穿越通风、空气调节机房或其他防火隔墙和楼板处。主要防止机房的火灾通过风管蔓延到建筑内的其他房间，或者防止建筑内的火灾通过风管蔓延到机房。此外，为防止火灾蔓延至重要的会议室、贵宾休息室、多功能厅等性质重要的房间或有贵重物品、设备的房间以及易燃物品实验室或易燃物品库房等火灾危险性大的房间，规定风管穿越这些房间的隔墙和楼板处应设置防火阀。

4 在穿越变形缝的两侧风管上。在该部位两侧风管上各设一个防火阀，主要为使防火阀在一定时间里达到耐火完整性和耐火稳定性要求，有效地起到隔烟阻火作用，参见图9。

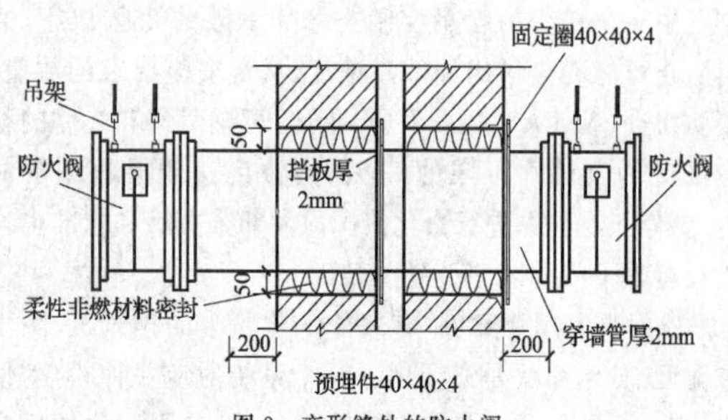

图9 变形缝处的防火阀

5 竖向风管与每层水平风管交接处的水平管段上。主要为防止火势竖向蔓延。

有关防火阀的分类，参见表18。

表18 防火阀、排烟防火阀的基本分类

类别	名称	性能及用途
防火类	防火阀	采用70℃温度熔断器自动关闭(防火)，可输出联动讯号。用于通风空调系统风管内，防止火势沿风管蔓延
	防烟防火阀	靠感烟火灾探测器控制动作，用电讯号通过电磁铁关闭(防烟)，还可采用70℃温度熔断器自动关闭(防火)。用于通风空调系统风管内，防止烟火蔓延
	防火调节阀	70℃时自动关闭，手动复位，0°～90°无级调节，可以输出关闭电讯号
防烟类	加压送风口	靠感烟火灾探测器控制，电讯号开启，也可手动(或远距离缆绳)开启，可设70℃温度熔断器重新关闭装置，输出电讯号联动送风机开启。用于加压送风系统的风口，防止外部烟气进入
排烟类	排烟阀	电讯号开启或手动开启，输出开启电讯号联动排烟机开启，用于排烟系统风管上
	排烟防火阀	电讯号开启，手动开启，输出动作电讯号，用于排烟风机吸入口管道或排烟支管上。采用280℃温度熔断器重新关闭
	排烟口	电讯号开启，手动(或远距离缆绳)开启，输出电讯号联动排烟机，用于排烟房间的顶棚或墙壁上。采用280℃重新关闭装置

9.3.12 为防止火势通过建筑内的浴室、卫生间、厨房的垂直排风管道(自然排风或机械排风)蔓延，要求这些部位的垂直排风管采取防回流措施并尽量在其支管上设置防火阀。

由于厨房中平时操作排出的废气温度较高，若在垂直排风管上设置70℃时动作的防火阀，将会影响平时厨房操作中的排风。根据厨房操作需要和厨房常见火灾发生时的温度，本条规定公共建筑厨房的排油烟管道的支管与垂直排风管连接处要设150℃时动作的防火阀，同时，排油烟管道尽量按防火分区设置。

9.3.13 本条规定了防火阀的主要性能和具体设置要求。

(1)为使防火阀能自行严密关闭，防火阀关闭的方向应与通风和空调的管道内气流方向相一致。采用感温元件控制的防火阀，其动作温度高于通风系统在正常工作的最高温度(45℃)时，宜取70℃。现行国家标准《建筑通风和排烟系统用防火阀门》GB 15930规定防火阀的公称动作温度应为70℃。

(2)为使防火阀能及时关闭，控制防火阀关闭的易熔片或其他感温元件应设在容易感温的部位。设置防火阀的通风管要求具备一定强度，设置防火阀处要设置单独的支吊架，以防止管段变形。在暗装时，需在安装部位设置方便检修的检修口，参见图10。

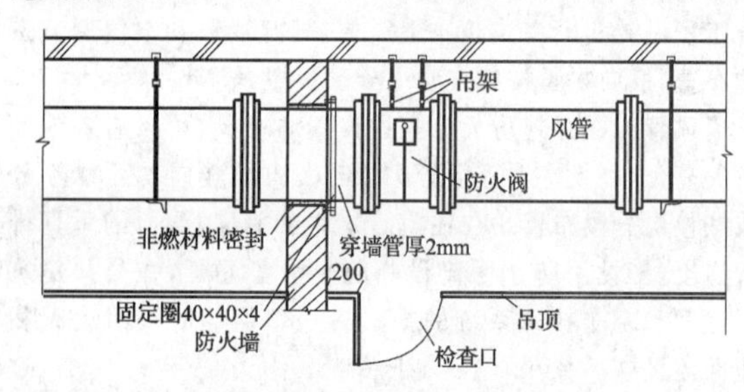

图10 防火阀检修口设置示意图

(3)为保证防火阀能在火灾条件下发挥预期作用，穿过防火墙两侧各2.0m范围内的风管绝热材料需采用不燃材料且具备足够的刚性和抗变形能力，穿越处的空隙要用不燃材料或防火封堵材料严密填实。

9.3.14 国内外均有不少因通风、空调系统风管可燃而致火灾蔓延，造成重大的人员和财产损失的案例，故本条规定通风、空调系统的风管应采用不燃材料制作。

本条规定参考了国外有关标准，考虑了我国有关防火分隔的具体要求及应用实例，如一些大空间民用或工业生产场所。设计要注意控制材料的燃烧性能及其发烟性能和热解产物的毒性。

9.3.15 加湿器的加湿材料常为可燃材料，这给类似设备留下了一定火灾隐患。因此，风管和设备的绝热材料、用于加湿器的加湿材料、消声材料及其粘结剂，应采用不燃材料。在采用不燃材料确有困难时，允许有条件地采用难燃材料。

为防止通风机已停而电加热器继续加热引起过热而着火，电加热器的开关与风机的开关应进行联锁，风机停止运转，电加热器的电源亦应自动切断。同时，电加热器前后各800mm的风管采用不燃材料进行绝热，穿过有火源及容易着火的房间的风管也应采用不燃绝热材料。

目前，不燃绝热材料、消声材料有超细玻璃棉、玻璃纤维、岩棉、矿渣棉等。难燃材料有自熄性聚氨酯泡沫塑料、自熄性聚苯乙烯泡沫塑料等。

9.3.16 本条为强制性条文。本条所指锅炉房包括燃油、燃气的热水、蒸汽锅炉房和直燃型溴化锂冷（热）水机组的机房。

燃油、燃气锅炉房在使用过程中存在逸漏或挥发的可燃性气体，要在这些房间内通过自然通风或机械通风方式保持良好的通风条件，使逸漏或挥发的可燃性气体与空气混合气体的浓度不能达到其爆炸下限值的25%。

燃油锅炉所用油的闪点温度一般高于60℃，油泵房内的温度一般不会高于60℃，不存在爆炸危险。机房的通风量可按泄漏量计算或按换气次数计算，具体设计要求参见现行国家标准《锅炉房设计规范》GB 50041—2008第15.3节有关燃油、燃气锅炉房的通风要求。

10 电　　气

10.1 消防电源及其配电

10.1.1 本条为强制性条文。消防用电的可靠性是保证建筑消防设施可靠运行的基本保证。本条根据建筑扑救难度和建筑的功能及其重要性以及建筑发生火灾后可能的危害与损失、消防设施的用电情况，确定了建筑中的消防用电设备要求按一级负荷进行供电的建筑范围。

本规范中的“消防用电”包括消防控制室照明、消防水泵、消防电梯、防烟排烟设施、火灾探测与报警系统、自动灭火系统或装置、疏散照明、疏散指示标志和电动的防火门窗、卷帘、阀门等设施、设备在正常和应急情况下的用电。

10.1.2 本条为强制性条文。本条规定了需按二级负荷要求对消防用电设备供电的建筑范围，有关说明参见第10.1.1条的条文说明。

10.1.4 消防用电设备的用电负荷分级可参见现行国家标准《供配电系统设计规范》GB 50052的规定。此外，为尽快让自备发电设备发挥作用，对备用电源的设置及其启动作了要求。根据目前我国的供电技术条件，规定其采用自动启动方式时，启动时间不应大于30s。

(1)根据国家标准《供配电系统设计规范》GB 50052的要求，一级负荷供电应由两个电源供电，且应满足下述条件：

1)当一个电源发生故障时，另一个电源不应同时受到破坏；

2)一级负荷中特别重要的负荷，除由两个电源供电外，尚应增设应急电源，并严禁将其他负荷接入应急供电系统。应急电源可以是独立于正常电源的发电机组、供电网中独立于正常电源的专用的馈电线路、蓄电池或干电池。

(2)结合目前我国经济和技术条件、不同地区的供电状况以及消防用电设备的具体情况，具备下列条件之一的供电，可视为一级负荷：

1)电源来自两个不同发电厂；

2)电源来自两个区域变电站(电压一般在35kV及以上)；

3)电源来自一个区域变电站，另一个设置自备发电设备。

建筑的电源分正常电源和备用电源两种。正常电源一般是直接取自城市低压输电网，电压等级为380V/220V。当城市有两路高压(10kV级)供电时，其中一路可作为备用电源；当城市只有一路供电时，可采用自备柴油发电机作为备用电源。国外一般使用自备发电机设备和蓄电池作消防备用电源。

(3)二级负荷的供电系统，要尽可能采用两回线路供电。在负荷较小或地区供电条件困难时，二级负荷可以采用一回6kV及以上专用的架空线路或电缆供电。当采用架空线时，可为一回架空线供电；当采用电缆线路，应采用两根电缆组成的线路供电，其每根电缆应能承受100%的二级负荷。

(4)三级负荷供电是建筑供电的最基本要求，有条件的建筑要尽量通过设置两台终端变压器来保证建筑的消防用电。

10.1.5 本条为强制性条文。疏散照明和疏散指示标志是保证建筑中人员疏散安全的重要保障条件，应急备用照明主要用于建筑中消防控制室、重要控制室等一些特别重要岗位的照明。在火灾时，在一定时间内持续保障这些照明，十分必要和重要。

本规范中的“消防应急照明”是指火灾时的疏散照明和备用照明。对于疏散照明备用电源的连续供电时间，试验和火灾证明，单、多层建筑和部分高层建筑着火时，人员一般能在10min以内疏散完毕。本条规定的连续供电时间，考虑了一定安全系数以及实际人员疏散状况和个别人员疏散困难等情况。对于建筑高度大于100m的民用建筑、医院等场所和大型公共建筑等，由于疏散人员体质弱、人员较多或疏散距离较长等，会出现疏散时间较长的情况，故对这些场所的连续供电时间要求有所提高。

为保证应急照明和疏散指示标志用电的安全可靠，设计要尽可能采用集中供电方式。应急备用电源无论采用何种方式，均需在主电源断电后能立即自动投入，并保持持续供电，功率能满足所有应急用电照明和疏散指示标志在设计供电时间内连续供电的要求。

10.1.6 本条为强制性条文。本条旨在保证消防用电设备供电的可靠性。实践中，尽管电源可靠，但如果消防设备的配电线路不可靠，仍不能保证消防用电设备供电可靠性，因此要求消防用电设备采用专用的供电回路，确保生产、生活用电被切断时，仍能保证消防供电。

如果生产、生活用电与消防用电的配电线路采用同一回路，火灾时，可能因电气线路短路或切断生产、生活用电，导致消防用电设备不能运行，因此，消防用电设备均应采用专用的供电回路。同时，消防电源宜直接取自建筑内设置的配电室的母线或低压电缆进线，且低压配电系统主接线方案应合理，以保证当切断生产、生活电源时，消防电源不受影响。

对于建筑的低压配电系统主接线方案，目前在国内建筑电气工程中采用的设计方案有不分组设计和分组设计两种。对于不分组方案，常见消防负荷采用专用母线段，但消防负荷与非消防负荷共用同一进线断路器或消防负荷与非消防负荷共用同一进线断路器和同一低压母线段。这种方案主接线简单、造价较低，但这种方案使消防负荷受非消防负荷故障的影响较大；对于分组设计方案，消防供电电源是从建筑的变电站低压侧封闭母线处将消防电源分出，形成各自独立的系统，这种方案主接线相对复杂，造价较高，但这种方案使消防负荷受非消防负荷故障的影响较小。图11给出了几种接线方案的示意做法。

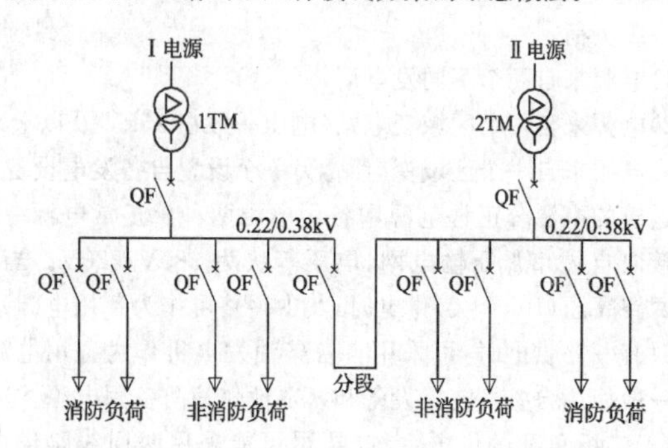

负荷不分组设计方案（一）

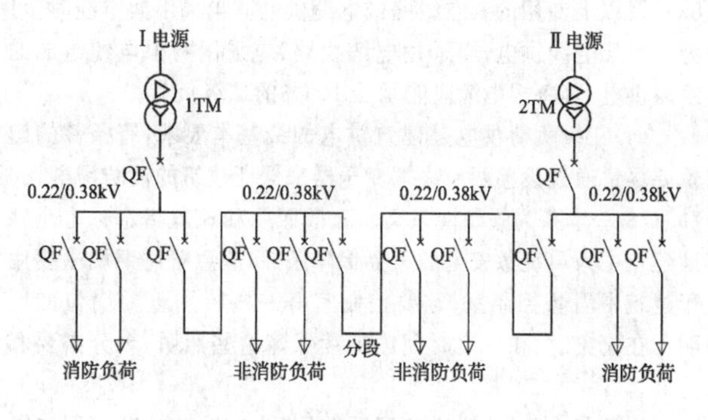

负荷不分组设计方案（二）

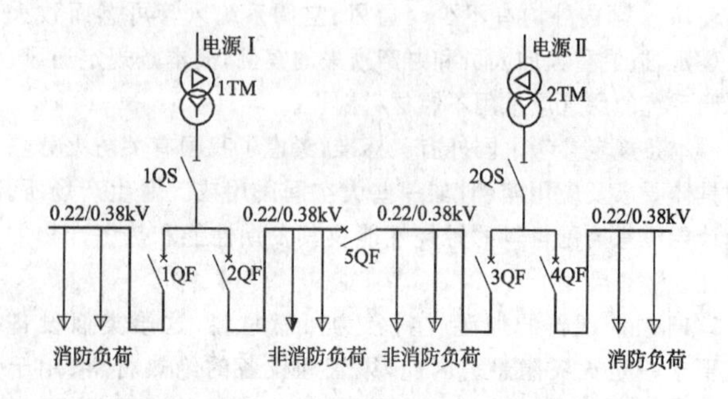

负荷分组设计方案（一）

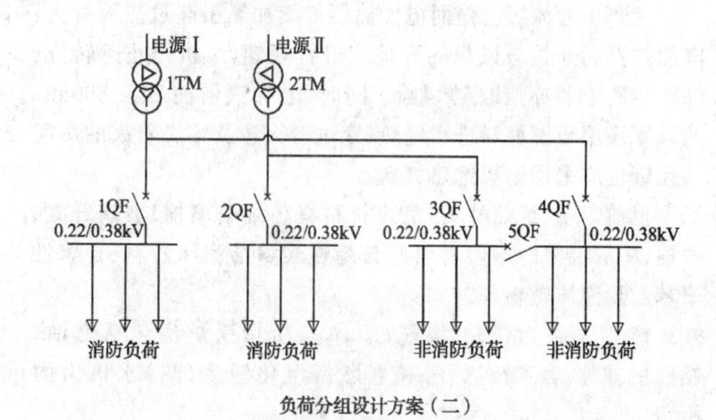

负荷分组设计方案（二）

图11 消防用电设备电源在变压器低压出线端设置单独主断路器示意

当采用柴油发电机作为消防设备的备用电源时，要尽量设计独立的供电回路，使电源能直接与消防用电设备连接，参见图12。

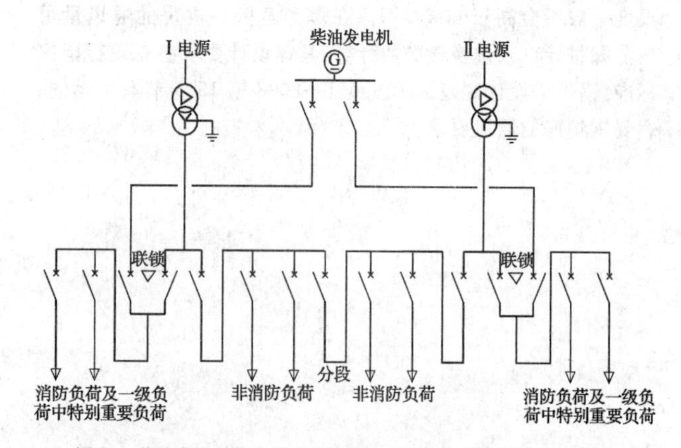

图12 柴油发电机作为消防设备的备用电源的配电系统分组方案

本条规定的"供电回路"，是指从低压总配电室或分配电室至消防设备或消防设备室（如消防水泵房、消防控制室、消防电梯机房等）最末级配电箱的配电线路。

对于消防设备的备用电源，通常有三种：①独立于工作电源的市电回路，②柴油发电机，③应急供电电源（EPS）。这些备用电源的供电时间和容量，均要求满足各消防用电设备设计持续运行时间最长者的要求。

10.1.8 本条为强制性条文。本条要求也是保证消防用电供电可靠性的一项重要措施。

本条规定的最末一级配电箱：对于消防控制室、消防水泵房、防烟和排烟风机房的消防用电设备及消防电梯等，为上述消防设备或消防设备室处的最末级配电箱；对于其他消防设备用电，如消防应急照明和疏散指示标志等，为这些用电设备所在防火分区的配电箱。

10.1.9 本条规定旨在保证消防用电设备配电箱的防火安全

和使用的可靠性。

火场的温度往往很高，如果安装在建筑中的消防设备的配电箱和控制箱无防火保护措施，当箱体内温度达到200℃及以上时，箱内电器元件的外壳就会变形跳闸，不能保证消防供电。对消防设备的配电箱和控制箱应采取防火隔离措施，可以较好地确保火灾时配电箱和控制箱不会因为自身防护不好而影响消防设备正常运行。

通常的防火保护措施有：将配电箱和控制箱安装在符合防火要求的配电间或控制间内；采用内衬岩棉对箱体进行防火保护。

10.1.10 本条第1、2款为强制性条文。消防配电线路的敷设是否安全，直接关系到消防用电设备在火灾时能否正常运行，因此，本条对消防配电线路的敷设提出了强制性要求。

工程中，电气线路的敷设方式主要有明敷和暗敷两种方式。对于明敷方式，由于线路暴露在外，火灾时容易受火焰或高温的作用而损毁，因此，规范要求线路明敷时要穿金属导管或金属线槽并采取保护措施。保护措施一般可采取包覆防火材料或涂刷防火涂料。

对于阻燃或耐火电缆，由于其具有较好的阻燃和耐火性能，故当敷设在电缆井、沟内时，可不穿金属导管或封闭式金属槽盒。"阻燃电缆"和"耐火电缆"为符合国家现行标准《阻燃及耐火电缆：塑料绝缘阻燃及耐火电缆分级和要求》GA 306.1～2的电缆。

矿物绝缘类不燃性电缆由铜芯、矿物质绝缘材料、铜等金属护套组成，除具有良好的导电性能、机械物理性能、耐火性能外，还具有良好的不燃性，这种电缆在火灾条件下不仅能够保证火灾延续时间内的消防供电，还不会延燃、不产生烟雾，故规范允许这类电缆可以直接明敷。

暗敷设时，配电线路穿金属导管并敷设在保护层厚度达到30mm以上的结构内，是考虑到这种敷设方式比较安全、经济，且试验表明，这种敷设能保证线路在火灾中继续供电，故规范对暗敷时的厚度作出相关规定。

10.2 电力线路及电器装置

10.2.1 本条为强制性条文。本条规定的甲、乙类厂房，甲、乙类仓库，可燃材料堆垛，甲、乙、丙类液体储罐，液化石油气储罐和可燃、助燃气体储罐，均为容易引发火灾且难以扑救的场所和建筑。本条确定的这些场所或建筑与电力架空线的最近水平距离，主要考虑了架空电力线在倒杆断线时的危害范围。

据调查，架空电力线倒杆断线现象多发生在刮大风特别是刮台风时。据21起倒杆、断线事故统计，倒杆后偏移距离在1m以内的6起，2m～4m的4起，半杆高的4起，一杆高的4起，1.5倍杆高的2起，2倍杆高的1起。对于采用塔架方式架设电线时，由于顶部用于稳定部分较高，该杆高可按最高一路调设线路的吊杆距地高度计算。

储存丙类液体的储罐，液体的闪点不低于60℃，在常温下挥发可燃蒸气少，蒸气扩散达到燃烧爆炸范围的可能性更小。对此，可按不少于1.2倍电杆(塔)高的距离确定。

对于容积大的液化石油气单罐，实践证明，保持与高压架空电力线1.5倍杆(塔)高的水平距离，难以保障安全。因此，本条规定35kV以上的高压电力架空线与单罐容积大于200m³液化石油气储罐或总容积大于1000 m³的液化石油气储罐区的最小水平间距，当根据表10.2.1的规定按电杆或电塔高度的1.5倍计算后，距离小于40m时，仍需要按照40m确定。

对于地下直埋的储罐，无论储存的可燃液体或可燃气体的物性如何，均因这种储存方式有较高的安全性、不易大面积散发可燃蒸气或气体，该储罐与架空电力线路的距离可在相应规定距离的基础上减小一半。

10.2.2 在厂矿企业特别是大、中型工厂中，将电力电缆与输送原油、苯、甲醇、乙醇、液化石油气、天然气、乙炔气、煤气等各类可燃气体、液体管道敷设在同一管沟内的现象较常见。由于上述液体或气体管道渗漏、电缆绝缘老化、线路出现破损、产生短路等原因，可能引发火灾或爆炸事故。

对于架空的开敞管廊，电力电缆的敷设应按相关专业规范的规定执行。一般可布置同一管廊中，但要根据甲、乙、丙类液体或可燃气体的性质，尽量与输送管道分开布置在管廊的两侧或不同标高层中。

10.2.3 低压配电线路因使用时间长绝缘老化，产生短路着火或因接触电阻大而发热不散。因此，规定了配电线路不应敷设在金属风管内，但采用穿金属导管保护的配电线路，可以紧贴风管外壁敷设。过去发生在有可燃物的闷顶(吊顶与屋盖或上部楼板之间的空间)或吊顶内的电气火灾，大多因未采取穿金属导管保护，电线使用年限长、绝缘老化，产生漏电着火或电线过负荷运行发热着火等情况而引起。

10.2.4 本条为强制性条文。本条规定主要为预防和减少因照明器表面的高温部位靠近可燃物所引发的火灾。卤钨灯(包括碘钨灯和溴钨灯)的石英玻璃表面温度很高，如1000W的灯管温度高达500℃～800℃，很容易烤燃与其靠近的纸、布、木构件等可燃物。吸顶灯、槽灯、嵌入式灯等采用功率不小于100W的白炽灯泡的照明灯具和不小于60W的白炽灯、卤钨灯、荧光高压汞灯、高压钠灯、金属卤灯光源等灯具，使用时间较长时，引入线及灯泡的温度会上升，甚至到100℃以上。本条规定旨在防止高温灯泡引燃可燃物，而要求采用瓷管、石棉、玻璃丝等不燃烧材料将这些灯具的引入线与可燃物隔开。根据试验，不同功率的白炽灯的表面温度及其烤燃可燃物的时间、温度，见表19。

表19 白炽灯泡将可燃物烤至着火的时间、温度

灯泡功率(W)	摆放形式	可燃物	烤至着火的时间(min)	烤至着火的温度(℃)	备注
75	卧式	稻草	2	360～367	埋入
100	卧式	稻草	12	342～360	紧贴
100	垂式	稻草	50	炭化	紧贴
100	卧式	稻草	2	360	埋入
100	垂式	棉絮被套	13	360～367	紧贴
100	卧式	乱纸	8	333～360	埋入
200	卧式	稻草	8	367	紧贴
200	卧式	乱稻草	4	342	紧贴
200	卧式	稻草	1	360	埋入
200	垂式	玉米秸	15	365	埋入
200	垂式	纸张	12	333	紧贴
200	垂式	多层报纸	125	333～360	紧贴
200	垂式	松木箱	57	398	紧贴
200	垂式	棉被	5	367	紧贴

10.2.5 本条是根据仓库防火安全管理的需要而作的规定。

10.2.7 本条规定了有条件时需要设置电气火灾监控系统的建筑范围，电气火灾监控系统的设计要求见现行国家标准《火灾自动报警系统设计规范》GB 50116。

电气过载、短路等一直是我国建筑火灾的主要原因。电气

火灾隐患形成和存留时间长，且不易发现，一旦引发火灾往往造成很大损失。根据有关统计资料，我国的电气火灾大部分是由电气线路直接或间接引起的。

电气火灾监控系统类型较多，本条规定主要指剩余电流电气火灾监控系统，一般由电流互感器、漏电探测器、漏电报警器组成。该系统能监控电气线路的故障和异常状态，发现电气火灾隐患，及时报警以消除这些隐患。由于我国存在不同的接地系统，在设置剩余电流电气火灾监控系统时，应注意区别对待。如在接地型式为TN－C的系统中，就要将其改造为TN－C－S、TN－S或局部TT系统后，才可以安装使用报警式剩余电流保护装置。

10.3 消防应急照明和疏散指示标志

10.3.1 本条为强制性条文。设置疏散照明可以使人们在正常照明电源被切断后，仍能以较快的速度逃生，是保证和有效引导人员疏散的设施。本条规定了建筑内应设置疏散照明的部位，这些部位主要为人员安全疏散必须经过的重要节点部位和建筑内人员相对集中、人员疏散时易出现拥堵情况的场所。

对于本规范未明确规定的场所或部位，设计师应根据实际情况，从有利于人员安全疏散需要出发考虑设置疏散照明，如生产车间、仓库、重要办公楼中的会议室等。

10.3.2 本条为强制性条文。本条规定的区域均为疏散过程中的重要过渡区或视作室内的安全区，适当提高疏散应急照明的照度值，可以大大提高人员的疏散速度和安全疏散条件，有效减少人员伤亡。

本条规定设置消防疏散照明场所的照度值，考虑了我国各类建筑中暴露出来的一些影响人员疏散的问题，参考了美国、英国等国家的相关标准，但仍较这些国家的标准要求低。因此，有条件的，要尽量增加该照明的照度，从而提高疏散的安全性。

10.3.3 本条为强制性条文。消防控制室、消防水泵房、自备发电机房等是要在建筑发生火灾时继续保持正常工作的部位，故消防应急照明的照度值仍应保证正常照明的照度要求。这些场所一般照明标准值参见现行国家标准《建筑照明设计标准》GB 50034的有关规定。

10.3.4、10.3.5 应急照明的设置位置一般有：设在楼梯间的墙面或休息平台板下，设在走道的墙面或顶棚的下面，设在厅、堂的顶棚或墙面上，设在楼梯口、太平门的门口上部。

对于疏散指示标志的安装位置，是根据国内外的建筑实践和火灾中人的行为习惯提出的。具体设计还可结合实际情况，在规范规定的范围内合理选定安装位置，比如也可设置在地面上等。总之，所设置的标志要便于人们辨认，并符合一般人行走时目视前方的习惯，能起诱导作用，但要防止被烟气遮挡，如设在顶棚下的疏散标志应考虑距离顶棚一定高度。

目前，在一些场所设置的标志存在不符合现行国家标准《消防安全标志》GB 13495规定的现象，如将“疏散门”标成“安全出口”，“安全出口”标成“非常口”或“疏散口”等，还有的疏散指示方向混乱等。因此，有必要明确建筑中这些标志的设置要求。

对于疏散指示标志的间距，设计还要根据标志的大小和发光方式以及便于人员在较低照度条件清楚识别的原则进一步缩小。

10.3.6 本条要求展览建筑、商店、歌舞娱乐放映游艺场所、电影院、剧场和体育馆等大空间或人员密集场所的建筑设计，应在这些场所内部疏散走道和主要疏散路线的地面上增设能保持视觉连续的疏散指示标志。该标志是辅助疏散指示标志，不能作为主要的疏散指示标志。

合理设置疏散指示标志，能更好地帮助人员快速、安全地进行疏散。对于空间较大的场所，人们在火灾时依靠疏散照明的照度难以看清较大范围的情况，依靠行走路线上的疏散指示标志，可以及时识别疏散位置和方向，缩短到达安全出口的时间。

11 木结构建筑

11.0.1 本条规定木结构建筑可以按本章进行防火设计，其构件燃烧性能和耐火极限、层数和防火分区面积，以及防火间距等都要满足要求，否则应按本规范相应耐火等级建筑的要求进行防火设计。

(1)表11.0.1中有关电梯井的墙、非承重外墙、疏散走道两侧的隔墙、承重柱、梁、楼板、屋顶承重构件及吊顶的燃烧性能和耐火极限的要求，主要依据我国对承重柱、梁、楼板等主要木结构构件的耐火试验数据，并参考国外建筑规范的有关规定，结合我国对材料燃烧性能和构件耐火极限的试验要求而确定。在确定木结构构件的燃烧性能和耐火极限时，考虑了现代木结构建筑的特点、我国建筑耐火等级分级、不同耐火等级建筑构件的燃烧性能和耐火极限及与现行国家相关标准的协调，力求做到科学、合理、可行。

(2)电梯井内一般敷设有电线电缆，同时也可能成为火灾竖向蔓延的通道，具有较大的火灾危险性，但木结构建筑的楼层通常较低，即使与其他结构类型组合建造的木结构建筑，其建筑高度也不大于24m。因此，在表11.0.1中，将电梯井的墙体确定为不燃性墙体，并比照本规范对木结构建筑中承重墙的耐火极限要求确定了其耐火极限，即不应低于1.00h。

(3)木结构建筑中的梁和柱，主要采用胶合木或重型木构件，属于可燃材料。国内外进行的大量相关耐火试验表明，胶合木或重型木构件受火作用时，会在木材表面形成一定厚度的炭化层,并可因此降低木材内部的烧蚀速度,且炭化速率在标准耐火试验条件下基本保持不变。因此,设计可以根据不同种木材的炭化速率、构件的设计耐火极限和设计荷载来确定梁和柱的设计截面尺寸,只要该截面尺寸预留了在实际火灾时间内可能被烧蚀的部分,承载力就可满足设计要求。此外,为便于在工程中尽可能地体现胶合木或原木的美感,本条规定允许梁和柱采用不经防火处理的木构件。

(4)当同一座木结构建筑由不同高度部分的结构组成时,考虑到较低部分的结构发生火灾时,火焰会向较高部分的外墙蔓延;或者较高部分的结构发生火灾时,飞火可能掉落到较低部分的屋顶,存在火灾从外向内蔓延的可能,故要求较低部分的屋顶承重构件和屋面不能采用可燃材料。

(5)轻型木结构屋顶承重构件的截面尺寸一般较小,耐火时间较短。为了确保轻型木结构建筑屋顶承重构件的防火安全,本条要求将屋顶承重构件的燃烧性能提高到难燃。在工程中,一般采用在结构外包覆耐火石膏板等防火保护方法来实现。

(6)为便于设计,在本条文说明附录中列出了木结构建筑主要构件达到规定燃烧性能和耐火极限的构造方法,这些数据源自公安部天津消防研究所对木结构墙体、楼板、吊顶和胶合木梁、柱的耐火试验结果。需要说明的是,本条文说明附录中所列楼板中的定向刨花板和外墙外侧的定向刨花板(胶合板)的厚度,可根据实际结构受力经计算确定。设计时,对于与附录中所列情况完全一样的构件可以直接采用;如果存在较大变化,则需按照理论计算和试验测试验证相结合的方法确定所设计木构件的耐火极限。

(7)表注3的规定主要为与本规范第5.1.2条和第5.3.1条的要求协调一致。

11.0.2 本条在国家标准《木骨架组合墙体技术规范》GB/T 50361—2005第4.5.3条、第5.6.1条、第5.6.2条规定的基础上作了调整。木骨架组合墙体由木骨架外覆石膏板或其他耐火板材、内填充岩棉等隔音、绝热材料构成。根据试验结果,木骨架组合墙体只能满足难燃性墙体的相关性能,所以本条限制了采用该类墙体的建筑的使用功能和建筑高度。

具有一定耐火性能的非承重外墙可有效防止火灾在建筑间的相互蔓延或通过外墙上下蔓延。为防止火势通过木骨架组合墙体内部进行蔓延,本条要求其墙体填充材料的燃烧性能要不能低于A级,即采用不燃性绝热和隔音材料。

对于木骨架墙体应用中的更详细要求,见现行国家标准《木骨架组合墙体技术规范》GB/T 50361。

11.0.3 本条为强制性条文。控制木结构建筑的应用范围、高度、层数和防火分区大小,是控制其火灾危害的重要手段。本条参考国外相关标准规定,根据我国实际情况规定丁、戊类厂房(库房)和民用建筑可采用木结构建筑或木结构组合建筑,而甲、乙、丙类厂房(库房)则不允许。

(1)从木结构建筑构件的耐火性能看,木结构建筑的耐火等级介于三级和四级之间。本规范规定四级耐火等级的建筑只允许建造2层。在本章规定的木结构建筑中,构件的耐火性能优于四级耐火等级的建筑,因此规定木结构建筑的最多允许层数为3层。此外,本规范第11.0.4条对商店、体育馆以及丁、戊类厂房(库房)还规定其层数只能为单层。表11.0.3-1、表11.0.3-2规定的数值是在消化吸收国外有关规范和协调我国相关标准规定的基础上确定的。

表11.0.3-2中"防火墙间的每层最大允许建筑面积",指位于两道防火墙之间的一个楼层的建筑面积。如果建筑只有1层,则该防火墙间的建筑面积可允许1800m²;如果建筑需要建造3层,则两道防火墙之间的每个楼层的建筑面积最大只允许600m²,使3个楼层的建筑面积之和不能大于单层时的最大允许建筑面积,即1800m²。这一规定主要考虑到支撑楼板的柱、梁和竖向的分隔构件——楼板的燃烧性能较低,不能达到不燃的要求,因而,某一层着火后有可能导致位于两座防火墙之间的这3层楼均被烧毁。

(2)由于体育场馆等高大空间建筑,室内空间高度高、建筑面积大,一般难以全部采用木结构构件,主要为大跨度的梁和高大的柱可能采用胶合木结构,其他部分还需采用混凝土结构等具有较好耐火性能的传统建筑结构,故对此类建筑做了调整。为确保建筑的防火安全,建筑的高度和面积的扩大的程度以及因扩大后需要采取的防火措施等,应该按照国家规定程序进行论证和评审来确定。

11.0.4 本条为强制性条文。本条规定是比照本规范第5.4.3条和第5.4.4条有关三级和四级耐火等级建筑的要求确定的。

本条对于木结构的商店、体育馆和丁、戊类厂房(仓库),要求其只能采用单层的建筑,并宜采用胶合木结构,同时,建筑高度仍要符合第11.0.3条的要求。商店、体育馆和丁、戊类厂(库)房等,因使用功能需要,往往要求较大的面积和较高的空间,胶合木具有较好的耐火承载力,用作柱和梁具有一定优势,无论外观与日常维护,还是实际防火性能均较钢材要好。

11.0.5、11.0.6 这两条规定了建筑内火灾危险性较大部位的防火分隔要求,对因使用需要等而开设的门、窗或洞口,要求采取相应的防火保护措施,以限制火灾在建筑内蔓延。

条文中规定的车库,为小型住宅建筑中的自用车库。根据我国的实际情况,没有限制停放机动车的数量,而是通过限制建筑面积来控制附属车库的大小和可能带来的火灾危险。

11.0.7 本条第2、3、4款为强制性条文。本条是结合木结构建筑的整体耐火性能及其楼层的允许建筑面积,按照民用建筑安全疏散设计的原则,比照本规范第5章的有关规定确定的。表11.0.7-1中的数据取值略小于三级耐火等级建筑的对应值。

11.0.8 根据本规范第11.0.4条的规定,丁、戊类木结构厂房建筑只能建造一层,根据本规范第3.7节的规定,四级耐火等级的单层丁、戊类厂房内任一点到最近安全出口的疏散距离分别不应大于50m和60m。因此,尽管木结构建筑的耐火等级要稍高于四级耐火等级,但鉴于该距离较大,为保证人员安全,本条仍采用与本规范第3.7.4条规定相同的疏散距离。

11.0.9 本条为强制性条文。木结构建筑,特别是轻型木结构体系的建筑,其墙体、楼板和木骨架组合墙体内的龙骨均为木材。在其中敷设或穿过电线、电缆时,因电气原因导致发热或火灾时不易被发现,存在较大安全隐患,因此规定相关电线、电缆均需采取如穿金属导管保护。建筑内的明火部位或厨房内的灶台、热加工部位、烟道或排油烟管道等高温作业或温度较高的排气管道、易着火的油烟管道,均需避免与这些墙体直接接触,要在其周围采用导热性差的不燃材料隔热等防火保护或隔热措施,以降低其火灾危险性。

有关防火封堵要求,见本规范第6.3.4条和第6.3.5条的条文说明。

11.0.10 本条为强制性条文。木结构建筑之间及木结构建筑与其他结构类型建筑的防火间距，是在分析了国内外相关建筑规范基础上，根据木结构和其他结构类型建筑的耐火性能确定的。

试验证明，发生火灾的建筑对相邻建筑的影响与该建筑物外墙的耐火极限和外墙上的门、窗或洞口的开口比例有直接关系。美国《国际建筑规范》(2012 年版)对建筑物类型及其耐火性能和防火间距的规定见表 20，对外墙上不同开口比例的建筑间的防火间距的规定见表 21。

表 20　建筑物类型及其耐火极限和防火间距的规定

防火间距(m)	耐火极限(h)		
	高危险性：H类建筑	中等危险性：F－1类厂房、M类商业建筑、S－1类仓库	低危险性的建筑：其他厂房、仓库、居住建筑和商业建筑
0～3	3	2	1
3～9	2 或 3	1 或 2	1
9～18	1 或 2	0 或 1	0 或 1
18 以上	0	0	0

表 21　外墙上不同开口比例的建筑间的防火间距

开口分类	防火间距 L(m)							
	$0<L\leqslant2$	$2<L\leqslant3$	$3<L\leqslant6$	$6<L\leqslant9$	$9<L\leqslant12$	$12<L\leqslant15$	$15<L\leqslant18$	$18<L$
无防火保护，无自动喷水灭火系统	不允许	不允许	10%	15%	25%	45%	70%	不限制

续表 21

开口分类	防火间距 L(m)							
	$0<L\leqslant2$	$2<L\leqslant3$	$3<L\leqslant6$	$6<L\leqslant9$	$9<L\leqslant12$	$12<L\leqslant15$	$15<L\leqslant18$	$18<L$
无防火保护，有自动喷水灭火系统	不允许	15%	25%	45%	75%	不限制	不限制	不限制
有防火保护	不允许	15%	25%	45%	75%	不限制	不限制	不限制

目前，木结构建筑的允许建造规模均较小。根据加拿大国家建筑研究院的相关试验结果，如果相邻两建筑的外墙均无洞口，并且外墙的耐火极限均不低于 1.00h 时，防火间距减少至 4m 后仍能够在足够时间内有效阻止火灾的相互蔓延。考虑到有些建筑完全不开门、窗比较困难，比照本规范第 5 章的规定，当每一面外墙开孔不大于 10% 时，允许防火间距按照表 11.0.10 的规定减少 25%。

11.0.11　木结构建筑，特别是轻型木结构建筑中的框架构件和面板之间存在许多空腔。对墙体、楼板及封闭吊顶或屋顶下的密闭空间采取防火分隔措施，可阻止因构件内某处着火所产生的火焰、高温气体以及烟气在这些空腔内蔓延。根据加拿大《国家建筑规范》(2010 年版)，常采用厚度不小于 38mm 的实木锯材、厚度不小于 12mm 的石膏板或厚度不小于 0.38mm 的钢挡板进行防火分隔。

在轻型木结构建筑中设置水平防火分隔，主要用于限制火焰和烟气在水平构件内蔓延。水平防火构造的设置，一般要根据空间的长度、宽度和面积来确定。常见的做法是，将这些空间按照每一空间的面积不大于 300m²，长度或宽度不大于 20m 的要求划分为较小的防火分隔空间。

当顶棚材料安装在龙骨上时，一般需在双向龙骨形成的空间内增加水平防火分隔构件。采用实木锯材或工字搁栅的楼板和屋顶盖，搁栅之间的支撑通常可用作水平防火分隔构件，但当空间的长度或宽度大于 20m 时，沿搁栅平行方向还需要增加防火分隔构件。

墙体竖向的防火分隔，主要用于阻挡火焰和烟气通过构件上的开孔或墙体内的空腔在不同构件之间蔓延。多数轻型木结构墙体的防火分隔，主要采用墙体的顶梁板和底梁板来实现。

对于弧型转角吊顶、下沉式吊顶和局部下沉式吊顶，在构件的竖向空腔与横向空腔的交汇处，需要采取防火分隔构造措施。在其他大多数情况下，这种防火分隔可采用墙体的顶梁板、楼板中的端部桁架以及端部支撑来实现。

水平密闭空腔与竖向密闭空腔的连接交汇处、轻型木结构建筑的梁与楼板交接的最后一级踏步处，一般也需要采取类似的防火分隔措施。

11.0.12　本条规定了木结构与钢结构、钢筋混凝土结构或砌体结构等其他结构类型组合建造时的防火设计要求。

对于竖向组合建造的形式，火灾通常都是从下往上蔓延，当建筑物下部着火时，火焰会蔓延到上层的木结构部分；但有时火灾也能从上部蔓延到下部，故有必要在木结构与其他结构之间采取竖向防火分隔措施。本条规定要求：当下部建筑为钢筋混凝土结构或其他不燃性结构时，建筑的总楼层数可大于 3 层，但无论与哪种不燃性结构竖向组合建造，木结构部分的层数均不能多于 3 层。

对于水平组合建造的形式，采用防火墙将木结构部分与其他结构部分分隔开，能更好地防止火势从建筑物的一侧蔓延至另一侧。如果未做分隔，就要将组合建筑整体按照木结构建筑的要求确定相关防火要求。

11.0.13　木结构建筑内可燃材料较多，且空间一般较小，火灾发展相对较快。为能及早报警，通知人员尽早疏散和采取灭火行动，特别是有人住宿的场所和用于儿童或老年人活动的场所，要求一定规模的此类建筑设置火灾自动报警系统。木结构住宅建筑的火灾自动报警系统，一般采用家用火灾报警装置。

12 城市交通隧道

国内外发生的隧道火灾均表明，隧道特殊的火灾环境对人员逃生和灭火救援是一个严重的挑战，而且火灾在短时间内就能对隧道设施造成很大的破坏。由于隧道设置逃生出口困难，救援条件恶劣，要求对隧道采取与地面建筑不同的防火措施。

由于国家对地下铁道的防火设计要求已有标准，而管线隧道、电缆隧道的情况与城市交通隧道有一定差异，本章主要根据国内外隧道情况和相关标准，确定了城市交通隧道的通用防火技术要求。

12.1 一 般 规 定

12.1.1 隧道的用途及交通组成、通风情况决定了隧道可燃物数量与种类、火灾的可能规模及其增长过程和火灾延续时间，影响隧道发生火灾时可能逃生的人员数量及其疏散设施的布置；隧道的环境条件和隧道长度等决定了消防救援和人员的逃生难易程度及隧道的防烟、排烟和通风方案；隧道的通风与排烟等因素又对隧道中的人员逃生和灭火救援影响很大。因此，隧道设计应综合考虑各种因素和条件后，合理确定防火要求。

12.1.2 交通隧道的火灾危险性主要在于：①现代隧道的长度日益增加，导致排烟和逃生、救援困难；②不仅车载量更大，而且需通行运输危险材料的车辆，有时受条件限制还需采用单孔双向行车道，导致火灾规模增大，对隧道结构的破坏作用大；③车流量日益增长，导致发生火灾的可能性增加。本规范在进行隧道分类时，参考了日本《道路隧道紧急情况用设施设置基准及说明》和我国行业标准《公路隧道交通工程设计规范》JTG/T D71等标准，并适当做了简化，考虑的主要因素为隧道长度和通行车辆类型。

12.1.3 本条为强制性条文。隧道结构一旦受到破坏，特别是发生坍塌时，其修复难度非常大，花费也大。同时，火灾条件下的隧道结构安全，是保证火灾时灭火救援和火灾后隧道尽快修复使用的重要条件。不同隧道可能的火灾规模与持续时间有所差异。目前，各国以建筑构件为对象的标准耐火试验，均以《建筑构件耐火试验》ISO 834的标准升温曲线（纤维质类）为基础，如《建筑材料及构件耐火试验　第20部分 建筑构件耐火性能试验方法一般规定》BS 476：Part 20、《建筑材料及构件耐火性能》DIN 4102、《建筑材料及构件耐火试验方法》AS 1530和《建筑构件耐火试验方法》GB 9978等。该标准升温曲线以常规工业与民用建筑物内可燃物的燃烧特性为基础，模拟了地面开放空间火灾的发展状况，但这一模型不适用于石油化工工程中的有些火灾，也不适用于常见的隧道火灾。

隧道火灾是以碳氢火灾为主的混合火灾。碳氢（HC）标准升温曲线的特点是所模拟的火灾在发展初期带有爆燃—热冲击现象，温度在最初5min之内可达到930℃左右，20min后稳定在1080℃左右。这种升温曲线模拟了火灾在特定环境或高潜热值燃料燃烧的发展过程，在国际石化工业领域和隧道工程防火中得到了普遍应用。过去，国内外开展了大量研究来确定可能发生在隧道以及其他地下建筑中的火灾类型，特别是1990年前后欧洲开展的Eureka研究计划。根据这些研究的成果，发展了一系列不同火灾类型的升温曲线。其中，法国提出了改进的碳氢标准升温曲线、德国提出了RABT曲线、荷兰交通部与TNO实验室提出了RWS标准升温曲线，我国则以碳氢升温曲线为主。在RABT曲线中，温度在5min之内就能快速升高到1200℃，在1200℃处持续90min，随后的30min内温度快速下降。这种升温曲线能比较真实地模拟隧道内大型车辆火灾的发展过程：在相对封闭的隧道空间内因热量难以扩散而导致火灾初期升温快、有较强的热冲击，随后由于缺氧状态和灭火作用而快速降温。

此外，试验研究表明，混凝土结构受热后会由于内部产生高压水蒸气而导致表层受压，使混凝土发生爆裂。结构荷载压力和混凝土含水率越高，发生爆裂的可能性也越大。当混凝土的质量含水率大于3%时，受高温作用后肯定会发生爆裂现象。当充分干燥的混凝土长时间暴露在高温下时，混凝土内各种材料的结合水将会蒸发，从而使混凝土失去结合力而发生爆裂，最终会一层一层地穿透整个隧道的混凝土拱顶结构。这种爆裂破坏会影响人员逃生，使增强钢筋因暴露于高温中失去强度而致结构破坏，甚至导致结构垮塌。

为满足隧道防火设计需要，在本规范附录C中增加了有关隧道结构耐火试验方法的有关要求。

12.1.4 本条为强制性条文。服务于隧道的重要设备用房，主要包括隧道的通风与排烟机房、变电站、消防设备房。其他地面附属用房，主要包括收费站、道口检查亭、管理用房等。隧道内及地面保障隧道日常运行的各类设备用房、管理用房等基础设施以及消防救援专用口、临时避难间，在火灾情况下担负着灭火救援的重要作用，需确保这些用房的防火安全。

12.1.5 隧道内发生火灾时的烟气控制和减小火灾烟气对人的毒性作用是隧道防火面临的主要问题，要严格控制装修材料的燃烧性能及其发烟量，特别是可能产生大量毒性气体的材料。

12.1.6 本条主要规定了不同隧道车行横通道或车行疏散通道的设置要求。

（1）当隧道发生火灾时，下风向的车辆可继续向前方出口行驶，上风向的车辆则需要利用隧道辅助设施进行疏散。隧道内的车辆疏散一般可采用两种方式，一是在双孔隧道之间设置车行横通道，另一种是在双孔中间设置专用车行疏散通道。前者工程量小、造价较低，在工程中得到普遍应用；后者可靠性更好、安全性高，但因造价高，在工程中应用不多。双孔隧道之间的车行横通道、专用车行疏散通道不仅可用于隧道内车辆疏散，还可用于巡查、维修、救援及车辆转换行驶方向。

车行横通道间隔及隧道通向车行疏散通道的入口间隔，在本次修订时进行了适当调整，水底隧道由原规定的500m～1500m调整为1000m～1500m，非水底隧道由原规定的200m～500m调整为不宜大于1000m。主要考虑到两方面因素：一方面，受地质条件多样性的影响，城市隧道的施工方法较多，而穿越江、河、湖泊等水底隧道常采用盾构法、沉管法施工，在隧道两管间设置车行横通道的工程风险非常大，可实施性不强；另一方面，城市隧道灭火救援响应快、隧道内消防设施齐全，而且越来越多的城市隧道设计有多处进、出口匝道，事故时，车辆可利用匝道进行疏散。

此外，本条规定还参考了国内、外相关规范，如国家行业标准《公路隧道设计规范》JTG D70—2004和《欧洲道路隧道安全》（European Commission Directorate General for Energy and Transport)等标准或技术文件。《公路隧道设计规范》JTG D70—2004规定，山岭公路隧道的车行横通道间隔：车行横通道的设置间距可取750m，并不得大于1000m；长1000m～1500m的隧道宜设置1处，中、短隧道可不设；《欧洲道路隧道安全》规定，双管隧道之间车行横通道的间距为1500m；奥地利RVS9.281/9.282规定，车行横向连接通道的间距为1000m。综上所述，本次修订适当加大了车行横通道的间隔。

(2)《公路隧道设计规范》JTG D70—2004对山岭公路隧道车行横通道的断面建筑限界规定，如图13所示。城市交通隧道对通行车辆种类有严格的规定，如有些隧道只允许通行小型机动车、有些隧道禁止通行大、中型货车、有些是客货混用隧道。横通道的断面建筑限界应与隧道通行车辆种类相适应，仅通行小型机动车或禁止通行大型货车的隧道横通道的断面建筑限界可适当降低。

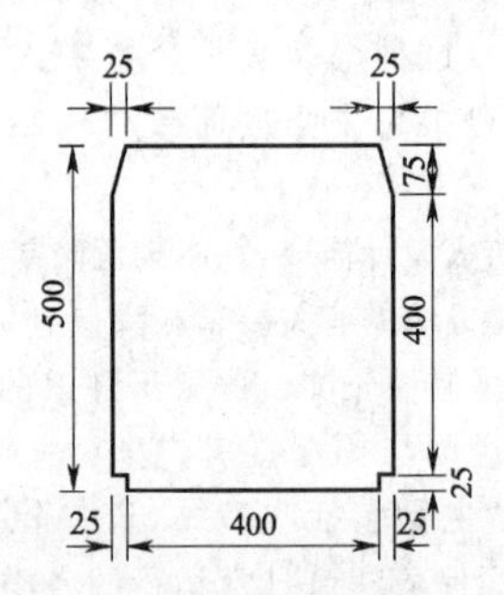

图13 车行横通道的断面建筑限界(单位：cm)

(3)隧道与车行横通道或车行疏散通道的连通处采取防火分隔措施，是为防止火灾向相邻隧道或车行疏散通道蔓延。防火分隔措施可采用耐火极限与相应结构耐火极限一致的防火门，防火门还要具有良好的密闭防烟性能。

12.1.7 本条规定了双孔隧道设置人行横通道或人行疏散通道的要求。

在隧道设计中，可以采用多种逃生避难形式，如横通道、地下管廊、疏散专用道等。采用人行横通道和人行疏散通道进行疏散与逃生，是目前隧道中应用较为普遍的形式。人行横通道是垂直于两孔隧道长度方向设置、连接相邻两孔隧道的通道，当两孔隧道中某一条隧道发生火灾时，该隧道内的人员可以通过人行横通道疏散至相邻隧道。人行疏散通道是设在两孔隧道中间或隧道路面下方、直通隧道外的通道，当隧道发生火灾时，隧道内的人员进入该通道进行逃生。人行横通道与人行疏散通道相比，造价相对较低，且可以利用隧道内车行横通道。设置人行横通道和人行疏散通道时，需符合以下原则：

(1)人行横通道的间隔和隧道通向人行疏散通道的入口间隔，要能有效保证隧道内的人员在较短时间内进入人行横通道或人行疏散通道。

根据荷兰及欧洲的一系列模拟实验，250m为隧道内的人员在初期火灾烟雾浓度未造成更大影响情况下的最大逃生距离。行业标准《公路隧道设计规范》JTG D70—2004规定了山岭公路隧道的人行横通道间隔：人行横通道的设置间距可取250m，并不大于500m。美国消防协会《公路隧道、桥梁及其他限行公路标准》NFPA 502(2011年版)规定：隧道应有应急出口，且间距不应大于300m；当隧道采用耐火极限为2.00h以上的结构分隔，或隧道为双孔时，两孔间的横通道可以替代应急出口，且间距不应大于200m。其他一些国家对人行横通道的规定如表22。

表22 国外有关设计准则中道路隧道横向人行通道间距推荐值

国家	出版物/号	年份	横向人行通道间距(m)	备注
奥地利	RVS 9.281/9.282	1989	500	通道间距最大允许至1km 未设通风的隧道或隧道纵坡大于3%的隧道内，通道间距250m
德国	RABT	1984	350	根据最新的RABT曲线，通道间距将调整至300m
挪威	Road Tunnels		250	—
瑞士	Tunnel Task Force	2000	300	—

(2)人行横通道或人行疏散通道的尺寸要能保证人员的应急通行。

本次修订对人行横通道的净尺寸进行了适当调整，由原来的净宽度不应小于2.0m、净高度不应小于2.2m分别调整为净宽度不应小于1.2m、净高度不应小于2.1m。原规定主要参照行业标准《公路隧道设计规范》JTG D70—2004对山岭公路人行隧道横通道的断面建筑限界规定。城市隧道由于地质条件的复杂性和施工方法的多样性，相当多的城市隧道采用盾构法施工，设置宽度不小于2.0m的人行横通道难度很大、工程风险高。本次修订的人行横通道宽度，参考了美国消防协会《公路隧道、桥梁及其他限行公路标准》NFPA 502(2011年版)的相关规定(人行横通道的净宽不小于1.12m)，同时，结合我国人体特征，考虑了满足2股人流通行及消防员带装备通行的需求。

另外，人行横通道的宽度加大后也不利于对疏散通道实施正压送风。

综合以上因素，本次修订时适当调整了人行横通道的尺寸，使之既满足人员疏散和消防员通行的要求，又能降低施工风险。

(3)隧道与人行横通道或人行疏散通道的连通处所进行的防火分隔，应能防止火灾和烟气影响人员安全疏散。

目前较为普遍的做法是，在隧道与人行横通道或人行疏散通道的连通处设置防火门。美国消防协会《公路隧道、桥梁及其他限行公路标准》NFPA 502(2011年版)规定，人行横通道与隧道连通处门的耐火极限应达到1.5h。

12.1.8 避难设施不仅可为逃生人员提供保护，还可用作消防员暂时躲避烟雾和热气的场所。在中、长隧道设计中，设置人员的安全避难场所是一项重要内容。避难场所的设置要充分考虑通道的设置、隔间及空间的分配以及相应的辅助设施的要求。对于较长的单孔隧道和水底隧道，采用人行疏散通道或人行横通道存在一定难度时，可以考虑其他形式的人员疏散或避难，如设置直通室外的疏散出口、独立的避难场所、路面下的专用疏散通道等。

12.1.9 隧道内的变电站、管廊、专用疏散通道、通风机房等是保障隧道日常运行和应急救援的重要设施，有的本身还具有一定的火灾危险性。因此，在设计中要采取一定的防火分隔措施与车行隧道分隔。其分隔要求可参照本规范第6章有关建筑物内重要房间的分隔要求确定。

12.1.10 本条规定了地下设备用房的防火分区划分和安全出口设置要求。考虑到隧道的一些专用设备，如风机房、风道等占地面积较大、安全出口难以开设，且机房无人值守，只有少数人员巡检的实际情况，规定了单个防火分区的最大允许建筑面积不大于1500m²，以及无人值守的设备用房可设1个安全出口的条件。

12.2 消防给水和灭火设施

12.2.1、12.2.2 这两条条文参照国内外相关标准的要求，规定了隧道的消防给水及其管道、设备等的一般设计要求。四类隧道和通行人员或非机动车辆的三类隧道，通常隧道长度较短或火灾危险性较小，可以利用城市公共消防系统或者灭火器进行灭火、控火，而不需单独设置消防给水系统。

隧道的火灾延续时间，与隧道内的通风情况和实际的交通状况关系密切，有时延续较长时间。本条尽管规定了一个基本的火灾延续时间，但有条件的，还是要根据隧道通行车辆及其长度，特别是一类隧道，尽量采用更长的设计火灾延续时间，以保证有较充分的灭火用水储备量。

在洞口附近设置的水泵接合器，对于城市隧道的灭火救援而言，十分重要。水泵接合器的设置位置，既要便于消防车向隧道内的管网供水，还要不影响附近的其他救援行动。

12.2.3 本条规定的隧道排水，其目的在于排除灭火过程中产生的大量积水，避免隧道内因积聚雨水、渗水、灭火产生的废水而导致可燃液体流散、增加疏散与救援的困难，防止运输可燃液体或有害液体车辆逸漏但未燃烧的液体，因缺乏有组织的排水措施而漫流进入其他设备沟、疏散通道、重要设备房等区域内而引发火灾事故。

12.2.4 引发隧道内火灾的主要部位有：行驶车辆的油箱、驾驶室、行李或货物和客车的旅客座位等，火灾类型一般为A、B类混合，部分火灾可能因隧道内的电器设备、配电线路引起。因此，在隧道内要合理配置能扑灭ABC类火灾的灭火器。

本条有关数值的确定，参考了国家标准《建筑灭火器配置设计规范》GB 50140—2005，美国消防协会、日本建设省的有关标准和国外有关隧道的研究报告。对于交通量大或者车道较多的隧道，为保证人身安全和快速处置初起火，有必要在隧道两侧设置灭火器。四类隧道一般为火灾危险性较小或长度较短的隧道，即使发生火灾，人员疏散和扑救也较容易。因此，消防设施的设置以配备适用的灭火器为主。

12.3 通风和排烟系统

根据对隧道的火灾事故分析，由一氧化碳导致的人员死亡和因直接烧伤、爆炸及其他有毒气体引起的人员死亡约各占一半。通常，采用通风、防排烟措施控制烟气产物及烟气运动可以改善火灾环境，并降低火场温度以及热烟气和热分解产物的浓度，改善视线。但是，机械通风会通过不同途径对不同类型和规模的火灾产生影响，在某些情况下反而会加剧火势发展和蔓延。实验表明：在低速通风时，对小轿车的火灾影响不大；可以降低小型油池（约10m²）火的热释放速率，但会加强通风控制型的大型油池（约100m²）火的热释放速率；在纵向机械通风条件下，载重货车火的热释放速率可以达到自然通风条件下的数倍。因此，隧道内的通风排烟系统设计，要针对不同隧道环境确定合适的通风排烟方式和排烟量。

12.3.1 本条为强制性条文。隧道的空间特性，导致其一旦发生火灾，热烟排除非常困难，往往会因高温而使结构发生破坏，烟气积聚而导致灭火、疏散困难且火灾延续时间很长。因此，隧道内发生火灾时的排烟是隧道防火设计的重要内容。本条规定了需设置排烟设施的隧道，四类隧道因长度较短、发生火灾的概率较低或火灾危险性较小，可不设置排烟设施。

12.3.2～12.3.5 隧道排烟方式分为自然排烟和机械排烟。自然排烟，是利用短隧道的洞口或在隧道沿途顶部开设的通风口（例如，隧道敷设在路中绿化带下的情形）以及烟气自身浮力进行排烟的方式。采用自然排烟时，应注意错位布置上、下行隧道开设的自然排烟口或上、下行隧道的洞口，防止非着火隧道汽车行驶形成的活塞风将邻近隧道排出的烟气“倒吸”入非着火隧道，造成烟气蔓延。

（1）隧道的机械排烟模式分为纵向排烟和横向排烟方式以及由这两种基本排烟模式派生的各种组合排烟模式。排烟模式应根据隧道种类、疏散方式，并结合隧道正常工况的通风方式确定，并将烟气控制在较小范围之内，以保证人员疏散路径满足逃生环境要求，同时为灭火救援创造条件。

（2）火灾时，迫使隧道内的烟气沿隧道纵深方向流动的排烟形式为纵向排烟模式，是适用于单向交通隧道的一种最常用烟气控制方式。该模式可通过悬挂在隧道内的射流风机或其他射流装置、风井送排风设施等及其组合方式实现。纵向通风排烟，且气流方向与车行方向一致时，以火源点为界，火源点下游为烟气区、上游为非烟气区，人员往气流上游方向疏散。由于高温烟气沿坡度向上扩散速度很快，当在坡道上发生火灾，并采用纵向排烟控制烟流，排烟气流逆坡向时，必须使纵向气流的流速高于临界风速。试验证明，纵向排烟控制烟气的效果较好。国际道路协会（PIARC）的相关报告以及美国纪念隧道试验（1993年～1995年）均表明，对于火灾功率低于100MW的火灾、隧道坡度不高于4%时，3m/s的气流速度可以控制烟气回流。

近年来，大于3km的长大城市隧道越来越多，若整个隧道长度不进行分段通风，会造成火灾及烟气在隧道中的影响范围非常大，不利于消防救援以及灾后的修复。因此，本规范规定大于3km的长大隧道宜采用纵向分段排烟或重点排烟方式，以控制烟气的影响范围。

纵向排烟方式不适用于双向交通的隧道，因在此情况下采用纵向排烟方式会使火源一侧、不能驶离隧道的车辆处于烟气中。

（3）重点排烟是横向排烟方式的一种特殊情况，即在隧道纵向设置专用排烟风道，并设置一定数量的排烟口，火灾时只开启火源附近或火源所在设计排烟区的排烟口，直接从火源附近将烟气快速有效地排出行车道空间，并从两端洞口自然补风，隧道内可形成一定的纵向风速。该排烟方式适用于双向交通隧道或经常发生交通阻塞的隧道。

隧道试验表明，全横向或半横向排烟系统对发生火灾的位置比较敏感，控烟效果不很理想。因此，对于双向通行的隧道，尽量采用重点排烟方式。重点排烟的排烟量应根据火灾规模、隧道空间形状等确定，排烟量不应小于火灾的产烟量。隧道中重点排烟的排烟量目前还没有公认的数值，表23是国际道路协会（PIARC）推荐的排烟量。

表23 国际道路协会推荐的排烟量

车辆类型	等同燃烧汽油盘面积（m²）	火灾规模（MW）	排烟量（m³/s）
小客车	2	5	20
公交/货车	8	20	60
油罐车	30～100	100	100～200

（4）流经风机的烟气温度与隧道的火灾规模和风机距火源点的距离有关，火源小、距离远，隧道结构的冷却作用大，烟气温度也相应较低。通常位于排风道末端的排烟风机，排出的气体为位于火源附近的高温烟气与周围冷空气的混合气体，该气

体在沿隧道和土建风道流动过程中得到了进一步冷却。澳大利亚某隧道、美国纪念隧道以及我国在上海进行的隧道试验均表明：即使火源距排烟风机较近，由于隧道的冷却作用，在排烟风机位置的烟气温度仍然低于250℃。因此，规定排烟风机要能耐受250℃的高温基本可以满足隧道排烟的要求。当设计火灾规模很大、风机离火源点很近时，排烟风机的耐高温设计要求可根据工程实际情况确定。本条的相关温度规定值为最低要求。

(5)排烟设备的有效工作时间，是保证隧道内人员逃生和灭火救援环境的基本时间。人员撤离时间与隧道内的实际人数、逃生路径及环境有关。目前，已经有多种计算机模拟软件可以对建筑物中的人员疏散时间进行预测，设备的耐高温时间可在此基础上确定。本规范规定的排烟风机的耐高温时间还参考了欧洲有关隧道的设计要求和试验研究成果。

(6)第12.3.5条中避难场所内有关防烟的要求，参照了建筑内防烟楼梯间和避难走道的有关规定。

12.3.6 隧道内用于通风和排烟的射流风机悬挂于隧道车行道的上部，火灾时可能直接暴露于高温下。此外，隧道内的排烟风机设置是要根据其有效作用范围来确定，风机间有一定的间隔。采用射流风机进行排烟的隧道，设计需考虑到正好在火源附近的射流风机由于温度过高而导致失效的情况，保证有一定的冗余配置。

12.4 火灾自动报警系统

12.4.1 隧道内发生火灾时，隧道外行驶的车辆往往还按正常速度驶入隧道，对隧道内的情况多处于不知情的状态，故规定本条要求，以警示并阻止后续车辆进入隧道。

12.4.2 为早期发现、及早通知隧道内的人员与车辆进行疏散和避让，向相关管理人员报警以采取救援行动，尽可能在初期将火扑灭，要求在隧道内设置合适的火灾报警系统。火灾报警装置的设置需根据隧道类别分别考虑，并至少要具备手动或自动报警功能。对于长大隧道，应设置火灾自动报警系统，并要求具备报警联络电话、声光显示报警功能。由于隧道内的环境特殊，较工业与民用建筑物内的条件恶劣，如风速大、空气污染程度高等，因此火灾探测与报警装置的选择要充分考虑这些不利因素。

12.4.3 隧道内的主要设备用房和电缆通道，因平时无人值守，着火后人员很难及时发现，因此也需设置必要的探测与报警系统，并使其火警信号能传送到监控室。

12.4.4 隧道内一般均具有一定的电磁屏蔽效应，可能导致通信中断或无法进行无线联络。为保障灭火救援的通信联络畅通，在可能出现屏蔽的隧道内需采取措施使无线通信信号，特别是要保证城市公安消防机构的无线通信网络信号能进入隧道。

12.4.5 为保证能及时处理火警，要求长大隧道均应设置消防控制室。消防控制室的设置可以与其他监控室合用，其他要求应符合本规范第8章及现行国家标准《火灾自动报警系统设计规范》GB 50116有关消防控制室的要求。隧道内的火灾自动报警系统及其控制设备组成、功能、设备布置以及火灾探测器、应急广播、消防专用电话等的设计要求，均需符合现行国家标准《火灾自动报警系统设计规范》GB 50116的规定。

12.5 供电及其他

12.5.1 本条为强制性条文。消防用电的可靠性是保证消防设施可靠运行的基本保证。本条根据不同隧道火灾的扑救难度和发生火灾后可能的危害与损失、消防设施的用电情况，确定了隧道中消防用电的供电负荷要求。

12.5.2、12.5.3 隧道火灾的延续时间一般较长，火场环境条件恶劣、温度高，对消防用电设备、电源、供电、配电及其配电线路等的设计，要求较一般工业与民用建筑高。本条所规定的消防应急照明的延续供电时间，较一般工业与民用建筑的要求长，设计要采取有效的防火保护措施，确保消防配电线路不受高温作用而中断供电。

一、二类隧道和三类隧道内消防应急照明灯具和疏散指示标志的连续供电时间，由原来的3.0h和1.5h分别调整为1.5h和1.0 h。这主要基于两方面的原因：一方面，根据隧道建设和运营经验，火灾时隧道内司乘人员的疏散时间多为15min～60min，如应急照明灯具和疏散指示标志的时间过长，会造成UPS电源设备数量庞大、维护成本高；另一方面，欧洲一些国家对隧道防火的研究时间长，经验丰富，这些国家的隧道规范和地铁隧道技术文件对应急照明时间的相关要求多数在1.0h之内。因此，本次修订缩短了隧道内消防应急照明灯具和疏散指示标志的连续供电时间。

12.5.4 本条为强制性条文。本条规定目的在于控制隧道内的灾害源，降低火灾危险，防止隧道着火时因高压线路、燃气管线等加剧火势的发展而影响安全疏散与抢险救援等行动。考虑到城市空间资源紧张，少数情况下不可避免存在高压电缆敷设需搭载隧道穿越江、河、湖泊等的情况，要求采取一定防火措施后允许借道敷设，以保障输电线路和隧道的安全。

12.5.5 隧道内的环境较恶劣，风速高、空气污染程度高，隧道内所设置的相关消防设施要能耐受隧道内的恶劣环境影响，防止发生霉变、腐蚀、短路、变质等情况，确保设施有效。此外，也要在消防设施上或旁边设置可发光的标志，便于人员在火灾条件下快速识别和寻找。

附录　各类建筑构件的燃烧性能和耐火极限

附表1　各类非木结构构件的燃烧性能和耐火极限

序号	构件名称		构件厚度或截面最小尺寸(mm)	耐火极限(h)	燃烧性能
一	承重墙				
1	普通黏土砖、硅酸盐砖，混凝土、钢筋混凝土实体墙		120	2.50	不燃性
			180	3.50	不燃性
			240	5.50	不燃性
			370	10.50	不燃性
2	加气混凝土砌块墙		100	2.00	不燃性
3	轻质混凝土砌块、天然石料的墙		120	1.50	不燃性
			240	3.50	不燃性
			370	5.50	不燃性
二	非承重墙				
1	普通黏土砖墙	1. 不包括双面抹灰	60	1.50	不燃性
			120	3.00	不燃性
		2. 包括双面抹灰(15mm厚)	150	4.50	不燃性
			180	5.00	不燃性
			240	8.00	不燃性

续附表1

序号	构件名称		构件厚度或截面最小尺寸(mm)	耐火极限(h)	燃烧性能
2	七孔黏土砖墙(不包括墙中空120mm)	1. 不包括双面抹灰	120	8.00	不燃性
		2. 包括双面抹灰	140	9.00	不燃性
3	粉煤灰硅酸盐砌块墙		200	4.00	不燃性
4	轻质混凝土墙	1. 加气混凝土砌块墙	75	2.50	不燃性
			100	6.00	不燃性
			200	8.00	不燃性
		2. 钢筋加气混凝土垂直墙板墙	150	3.00	不燃性
		3. 粉煤灰加气混凝土砌块墙	100	3.40	不燃性
		4. 充气混凝土砌块墙	150	7.50	不燃性
5	空心条板隔墙	1. 菱苦土珍珠岩圆孔	80	1.30	不燃性
		2. 炭化石灰圆孔	90	1.75	不燃性
6	钢筋混凝土大板墙(C20)		60	1.00	不燃性
			120	2.60	不燃性

续附表1

序号	构件名称		构件厚度或截面最小尺寸(mm)	耐火极限(h)	燃烧性能
7	轻质复合隔墙	1. 菱苦土板夹纸蜂窝隔墙，构造(mm)：2.5+50(纸蜂窝)+25	77.5	0.33	难燃性
		2. 水泥刨花复合板隔墙(内空层60mm)	80	0.75	难燃性
		3. 水泥刨花板龙骨水泥板隔墙，构造(mm)：12+86(空)+12	110	0.50	难燃性
		4. 石棉水泥龙骨石棉水泥板隔墙，构造(mm)：5+80(空)+60	145	0.45	不燃性
8	石膏空心条板隔墙	1. 石膏珍珠岩空心条板，膨胀珍珠岩的容重为(50～80)kg/m³	60	1.50	不燃性
		2. 石膏珍珠岩空心条板，膨胀珍珠岩的容重为(60～120)kg/m³	60	1.20	不燃性
		3. 石膏珍珠岩塑料网空心条板，膨胀珍珠岩的容重为(60～120)kg/m³	60	1.30	不燃性
		4. 石膏珍珠岩双层空心条板，构造(mm)：60+50(空)+60	170	3.75	不燃性
		膨胀珍珠岩的容重为(50～80)kg/m³	170	3.75	不燃性
		膨胀珍珠岩的容重为(60～120)kg/m³	60	1.50	不燃性

续附表1

序号	构件名称		构件厚度或截面最小尺寸(mm)	耐火极限(h)	燃烧性能
8	石膏空心条板隔墙	5. 石膏硅酸盐空心条板	90	2.25	不燃性
		6. 石膏粉煤灰空心条板	60	1.28	不燃性
		7. 增强石膏空心墙板	90	2.50	不燃性
9	石膏龙骨两面钉表右侧材料的隔墙	1. 纤维石膏板，构造(mm)：10+64(空)+10	84	1.35	不燃性
		8.5+103(填矿棉，容重为100kg/m³)+8.5	120	1.00	不燃性
		10+90(填矿棉，容重为100kg/m³)+10	110	1.00	不燃性
		2. 纸面石膏板，构造(mm)：11+68(填矿棉，容重为100kg/m³)+11	90	0.75	不燃性
		12+80(空)+12	104	0.33	不燃性
		11+28(空)+11+65(空)+11+28(空)+11	165	1.50	不燃性
		9+12+128(空)+12+9	170	1.20	不燃性
		25+134(空)+12+9	180	1.50	不燃性
		12+80(空)+12+12+80(空)+12	208	1.00	不燃性

续附表 1

序号	构件名称		构件厚度或截面最小尺寸(mm)	耐火极限(h)	燃烧性能
10	木龙骨两面钉表右侧材料的隔墙	1. 石膏板，构造(mm)：12+50(空)+12	74	0.30	难燃性
		2. 纸面玻璃纤维石膏板，构造(mm)：10+55(空)+10	75	0.60	难燃性
		3. 纸面纤维石膏板，构造(mm)：10+55(空)+10	75	0.60	难燃性
		4. 钢丝网(板)抹灰，构造(mm)：15+50(空)+15	80	0.85	难燃性
		5. 板条抹灰，构造(mm)：15+50(空)+15	80	0.85	难燃性
		6. 水泥刨花板，构造(mm)：15+50(空)+15	80	0.30	难燃性
		7. 板条抹 1∶4 石棉水泥隔热灰浆，构造(mm)：20+50(空)+20	90	1.25	难燃性
		8. 苇箔抹灰，构造(mm)：15+70+15	100	0.85	难燃性

续附表 1

序号	构件名称		构件厚度或截面最小尺寸(mm)	耐火极限(h)	燃烧性能
11	钢龙骨两面钉表右侧材料的隔墙	1. 纸面石膏板，构造：			
		20mm+46mm(空)+12mm	78	0.33	不燃性
		2×12mm+70mm(空)+2×12mm	118	1.20	不燃性
		2×12mm+70mm(空)+3×12mm	130	1.25	不燃性
		2×12mm+75mm(填岩棉，容重为 100kg/m³)+2×12mm	123	1.50	不燃性
		12mm+75mm(填 50mm 玻璃棉)+12mm	99	0.50	不燃性
		2×12mm+75mm(填 50mm 玻璃棉)+2×12mm	123	1.00	不燃性
		3×12mm+75mm(填 50mm 玻璃棉)+3×12mm	147	1.50	不燃性
		12mm+75mm(空)+12mm	99	0.52	不燃性
		12mm+75mm(其中 5.0%厚岩棉)+12mm	99	0.90	不燃性
		15mm+9.5mm+75mm+15mm	123	1.50	不燃性
		2. 复合纸面石膏板，构造(mm)：			
		10+55(空)+10	75	0.60	不燃性
		15+75(空)+1.5+9.5(双层板受火)	101	1.10	不燃性

续附表 1

序号	构件名称		构件厚度或截面最小尺寸(mm)	耐火极限(h)	燃烧性能
11	钢龙骨两面钉表右侧材料的隔墙	3. 耐火纸面石膏板，构造：			
		12mm+75mm(其中 5.0%厚岩棉)+12mm	99	1.05	不燃性
		2×12mm+75mm+2×12mm	123	1.10	不燃性
		2×15mm+100mm(其中 8.0%厚岩棉)+15mm	145	1.50	不燃性
		4. 双层石膏板，板内掺纸纤维，构造：			
		2×12mm+75mm(空)+2×12mm	123	1.10	不燃性
		5. 单层石膏板，构造(mm)：			
		12+75(空)+12	99	0.50	不燃性
		12+75(填 50mm 厚岩棉，容重 100kg/m³)+12	99	1.20	不燃性
		6. 双层石膏板，构造：			
		18mm+70mm(空)+18mm	106	1.35	不燃性
		2×12mm+75mm(空)+2×12mm	123	1.35	不燃性
		2×12mm+75mm(填岩棉，容重 100kg/m³)+2×12mm	123	2.10	不燃性

续附表 1

序号	构件名称		构件厚度或截面最小尺寸(mm)	耐火极限(h)	燃烧性能
11	钢龙骨两面钉表右侧材料的隔墙	7. 防火石膏板，板内掺玻璃纤维，岩棉容重为 60kg/m³，构造：			
		2×12mm+75mm(空)+2×12mm	123	1.35	不燃性
		2×12mm+75mm(填 40mm 岩棉)+2×12mm	123	1.60	不燃性
		12mm+75mm(填 50mm 岩棉)+12mm	99	1.20	不燃性
		3×12mm+75mm(填 50mm 岩棉)+3×12mm	147	2.00	不燃性
		4×12mm+75mm(填 50mm 岩棉)+4×12mm	171	3.00	不燃性
		8. 单层玻镁砂光防火板，硅酸铝纤维棉容重为 180kg/m³，构造：			
		8mm+75mm(填硅酸铝纤维棉)+8mm	91	1.50	不燃性
		10mm+75mm(填硅酸铝纤维棉)+10mm	95	2.00	不燃性

续附表 1

序号	构件名称		构件厚度或截面最小尺寸(mm)	耐火极限(h)	燃烧性能
11	钢龙骨两面钉表右侧材料的隔墙	9.布面石膏板，构造：			
		12mm＋75mm(空)＋12mm	99	0.40	难燃性
		12mm＋75mm(填玻璃棉)＋12mm	99	0.50	难燃性
		2×12mm＋75mm(空)＋2×12mm	123	1.00	难燃性
		2×12mm＋75mm(填玻璃棉)＋2×12mm	123	1.20	难燃性
		10.矽酸钙板(氧化镁板)填岩棉，岩棉容重为 180 kg/m^3，构造：			
		8mm＋75mm＋8mm	91	1.50	不燃性
		10mm＋75mm＋10mm	95	2.00	不燃性
		11.硅酸钙板填岩棉，岩棉容重为 100 kg/m^3，构造：			
		8mm＋75mm＋8mm	91	1.00	不燃性
		2×8mm＋75mm＋2×8mm	107	2.00	不燃性
		9mm＋100mm＋9mm	118	1.75	不燃性
		10mm＋100mm＋10mm	120	2.00	不燃性

续附表 1

序号	构件名称		构件厚度或截面最小尺寸(mm)	耐火极限(h)	燃烧性能
12	轻钢龙骨两面钉表右侧材料的隔墙	1.耐火纸面石膏板，构造：			
		3×12mm＋100mm(岩棉)＋2×12mm	160	2.00	不燃性
		3×15mm＋100mm(50mm 厚岩棉)＋2×12mm	169	2.95	不燃性
		3×15mm＋100mm(80mm 厚岩棉)＋2×15mm	175	2.82	不燃性
		3×15mm＋150mm(100mm 厚岩棉)＋3×15mm	240	4.00	不燃性
		9.5mm＋3×12mm＋100mm(空)＋100mm(80mm 厚岩棉)＋2×12mm＋9.5mm＋12mm	291	3.00	不燃性
		2.水泥纤维复合硅酸钙板，构造(mm)：			
		4(水泥纤维板)＋52(水泥聚苯乙烯粒)＋4(水泥纤维板)	60	1.20	不燃性
		20(水泥纤维板)＋60(岩棉)＋20(水泥纤维板)	100	2.10	不燃性
		4(水泥纤维板)＋92(岩棉)＋4(水泥纤维板)	100	2.00	不燃性

续附表 1

序号	构件名称		构件厚度或截面最小尺寸(mm)	耐火极限(h)	燃烧性能
12	轻钢龙骨两面钉表右侧材料的隔墙	3.单层双面夹矿棉硅酸钙板	100 90 140	1.50 1.00 2.00	不燃性 不燃性 不燃性
		4.双层双面夹矿棉硅酸钙板			
		钢龙骨水泥刨花板，构造(mm)：12＋76(空)＋12	100	0.45	难燃性
		钢龙骨石棉水泥板，构造(mm)：12＋75(空)＋6	93	0.30	难燃性
13	两面用强度等级32.5#硅酸盐水泥，1∶3水泥砂浆的抹面的隔墙	1.钢丝网架矿棉或聚苯乙烯夹芯板隔墙，构造(mm)：			
		25(砂浆)＋50(矿棉)＋25(砂浆)	100	2.00	不燃性
		25(砂浆)＋50(聚苯乙烯)＋25(砂浆)	100	1.07	难燃性
		2.钢丝网聚苯乙烯泡沫塑料复合板隔墙，构造(mm)：23(砂浆)＋54(聚苯乙烯)＋23(砂浆)	100	1.30	难燃性
		3.钢丝网塑夹芯板(内填自熄性聚苯乙烯泡沫)隔墙	76	1.20	难燃性

续附表 1

序号	构件名称		构件厚度或截面最小尺寸(mm)	耐火极限(h)	燃烧性能
13	两面用强度等级32.5#硅酸盐水泥，1∶3水泥砂浆的抹面的隔墙	4.钢丝网架石膏复合墙板，构造(mm)：15(石膏板)＋50(硅酸盐水泥)＋50(岩棉)＋50(硅酸盐水泥)＋15(石膏板)	180	4.00	不燃性
		5.钢丝网岩棉夹芯复合板	110	2.00	不燃性
		6.钢丝网架水泥聚苯乙烯夹芯板隔墙，构造(mm)：35(砂浆)＋50(聚苯乙烯)＋35(砂浆)	120	1.00	难燃性
14	增强石膏轻质板墙 增强石膏轻质内墙板(带孔)		60 90	1.28 2.50	不燃性 不燃性
15	空心轻质板墙	1.孔径 38，表面为 10mm 水泥砂浆	100	2.00	不燃性
		2.62mm 孔空心板拼装，两侧抹灰 19mm(砂∶碳∶水泥比为 5∶1∶1)	100	2.00	不燃性

续附表 1

序号	构件名称		构件厚度或截面最小尺寸(mm)	耐火极限(h)	燃烧性能
16	混凝土砌块墙	1.轻集料小型空心砌块	330×140 330×190	1.98 1.25	不燃性 不燃性
		2.轻集料(陶粒)混凝土砌块	330×240 330×290	2.92 4.00	不燃性 不燃性
		3.轻集料小型空心砌块(实体墙体)	330×190	4.00	不燃性
		4.普通混凝土承重空心砌块	330×140 330×190 330×290	1.65 1.93 4.00	不燃性 不燃性 不燃性
17	纤维增强硅酸钙板轻质复合隔墙		50～100	2.00	不燃性
18	纤维增强水泥加压平板墙		50～100	2.00	不燃性
19	1.水泥聚苯乙烯粒子复合板(纤维复合)墙		60	1.20	不燃性
	2.水泥纤维加压板墙		100	2.00	不燃性
20	采用纤维水泥加轻质粗细填充骨料混合浇注,振动滚压成型玻璃纤维增强水泥空心板隔墙		60	1.50	不燃性

续附表 1

序号	构件名称		构件厚度或截面最小尺寸(mm)	耐火极限(h)	燃烧性能
21	金属岩棉夹芯板隔墙,构造: 双面单层彩钢板,中间填充岩棉(容重为 100kg/ m^3)		50 80 100 120 150 200	0.30 0.50 0.80 1.00 1.50 2.00	不燃性 不燃性 不燃性 不燃性 不燃性 不燃性
22	轻质条板隔墙,构造: 双面单层 4mm 硅钙板,中间填充聚苯混凝土		90 100 120	1.00 1.20 1.50	不燃性 不燃性 不燃性
23	轻集料混凝土条板隔墙		90 120	1.50 2.00	不燃性 不燃性
24	灌浆水泥板隔墙,构造(mm)	6+75(中灌聚苯混凝土)+6 9+75(中灌聚苯混凝土)+9 9+100(中灌聚苯混凝土)+9 12+150(中灌聚苯混凝土)+12	87 93 118 174	2.00 2.50 3.00 4.00	不燃性 不燃性 不燃性 不燃性

续附表 1

序号	构件名称		构件厚度或截面最小尺寸(mm)	耐火极限(h)	燃烧性能
25	双面单层彩钢面玻镁夹芯板隔墙	1.内衬一层 5mm 玻镁板,中空	50	0.30	不燃性
		2.内衬一层 10mm 玻镁板,中空	50	0.50	不燃性
		3.内衬一层 12mm 玻镁板,中空	50	0.60	不燃性
		4.内衬一层 5mm 玻镁板,中填容重为 100kg/m^3 的岩棉	50	0.90	不燃性
		5.内衬一层 10mm 玻镁板,中填铝蜂窝	50	0.60	不燃性
		6.内衬一层 12mm 玻镁板,中填铝蜂窝	50	0.70	不燃性
26	双面单层彩钢面石膏复合板隔墙	1.内衬一层 12mm 石膏板,中填纸蜂窝	50	0.70	难燃性
		2.内衬一层 12mm 石膏板,中填岩棉(120kg/m^3)	50 100	1.00 1.50	不燃性 不燃性
		3.内衬一层 12mm 石膏板,中空	75 100	0.70 0.90	不燃性 不燃性

续附表 1

序号	构件名称		构件厚度或截面最小尺寸(mm)	耐火极限(h)	燃烧性能
27	钢框架间填充墙、混凝土墙,当钢框架为	1.用金属网抹灰保护,其厚度为:25mm	—	0.75	不燃性
		2.用砖砌面或混凝土保护,其厚度为:60mm 120mm	— —	2.00 4.00	不燃性 不燃性
三	柱				
1	钢筋混凝土柱		180×240 200×200 200×300 240×240 300×300 200×400 200×500 300×500 370×370	1.20 1.40 2.50 2.00 3.00 2.70 3.00 3.50 5.00	不燃性 不燃性 不燃性 不燃性 不燃性 不燃性 不燃性 不燃性 不燃性
2	普通黏土砖柱		370×370	5.00	不燃性
3	钢筋混凝土圆柱		直径 300 直径 450	3.00 4.00	不燃性 不燃性

续附表 1

序号	构件名称		构件厚度或截面最小尺寸(mm)	耐火极限(h)	燃烧性能
4	有保护层的钢柱，保护层	1. 金属网抹 M5 砂浆，厚度(mm)：25	—	0.80	不燃性
		50	—	1.30	不燃性
		2. 加气混凝土，厚度(mm)：40	—	1.00	不燃性
		50	—	1.40	不燃性
		70	—	2.00	不燃性
		80	—	2.33	不燃性
		3. C20 混凝土，厚度(mm)：25	—	0.80	不燃性
		50	—	2.00	不燃性
		100	—	2.85	不燃性
		4. 普通黏土砖，厚度(mm)：120	—	2.85	不燃性
		5. 陶粒混凝土，厚度(mm)：80	—	3.00	不燃性
		6. 薄涂型钢结构防火涂料，厚度(mm)：5.5	—	1.00	不燃性
		7.0	—	1.50	不燃性

续附表 1

序号	构件名称		构件厚度或截面最小尺寸(mm)	耐火极限(h)	燃烧性能
4	有保护层的钢柱，保护层	7. 厚涂型钢结构防火涂料，厚度(mm)：15	—	1.00	不燃性
		20	—	1.50	不燃性
		30	—	2.00	不燃性
		40	—	2.50	不燃性
		50	—	3.00	不燃性
5	有保护层的钢管混凝土圆柱(λ≤60)，保护层	金属网抹 M5 砂浆，厚度(mm)：25	$D=200$	1.00	不燃性
		35		1.50	不燃性
		45		2.00	不燃性
		60		2.50	不燃性
		70		3.00	不燃性
		金属网抹 M5 砂浆，厚度(mm)：20	$D=600$	1.00	不燃性
		30		1.50	不燃性
		35		2.00	不燃性
		45		2.50	不燃性
		50		3.00	不燃性
		金属网抹 M5 砂浆，厚度(mm)：18	$D=1000$	1.00	不燃性
		26		1.50	不燃性
		32		2.00	不燃性
		40		2.50	不燃性
		45		3.00	不燃性

续附表 1

序号	构件名称		构件厚度或截面最小尺寸(mm)	耐火极限(h)	燃烧性能
5	有保护层的钢管混凝土圆柱(λ≤60)，保护层	金属网抹 M5 砂浆，厚度(mm)：15	$D\geqslant1400$	1.00	不燃性
		25		1.50	不燃性
		30		2.00	不燃性
		36		2.50	不燃性
		40		3.00	不燃性
		厚涂型钢结构防火涂料，厚度(mm)：8	$D=200$	1.00	不燃性
		10		1.50	不燃性
		14		2.00	不燃性
		16		2.50	不燃性
		20		3.00	不燃性
		厚涂型钢结构防火涂料，厚度(mm)：7	$D=600$	1.00	不燃性
		9		1.50	不燃性
		12		2.00	不燃性
		14		2.50	不燃性
		16		3.00	不燃性
		厚涂型钢结构防火涂料，厚度(mm)：6	$D=1000$	1.00	不燃性
		8		1.50	不燃性
		10		2.00	不燃性
		12		2.50	不燃性
		14		3.00	不燃性

续附表 1

序号	构件名称		构件厚度或截面最小尺寸(mm)	耐火极限(h)	燃烧性能
5	有保护层的钢管混凝土圆柱(λ≤60)，保护层	厚涂型钢结构防火涂料，厚度(mm)：5	$D\geqslant1400$	1.00	不燃性
		7		1.50	不燃性
		9		2.00	不燃性
		10		2.50	不燃性
		12		3.00	不燃性
6	有保护层的钢管混凝土方柱、矩形柱(λ≤60)，保护层	金属网抹 M5 砂浆，厚度(mm)：40	$B=200$	1.00	不燃性
		55		1.50	不燃性
		70		2.00	不燃性
		80		2.50	不燃性
		90		3.00	不燃性
		金属网抹 M5 砂浆，厚度(mm)：30	$B=600$	1.00	不燃性
		40		1.50	不燃性
		55		2.00	不燃性
		65		2.50	不燃性
		70		3.00	不燃性

续附表 1

序号	构件名称		构件厚度或截面最小尺寸(mm)	耐火极限(h)	燃烧性能
6	有保护层的钢管混凝土方柱、矩形柱(λ≤60),保护层	金属网抹 M5 砂浆,厚度(mm):25	B =1000	1.00	不燃性
		35		1.50	不燃性
		45		2.00	不燃性
		55		2.50	不燃性
		65		3.00	不燃性
		金属网抹 M5 砂浆,厚度(mm):20	B≥1400	1.00	不燃性
		30		1.50	不燃性
		40		2.00	不燃性
		45		2.50	不燃性
		55		3.00	不燃性
		厚涂型钢结构防火涂料,厚度(mm):8	B=200	1.00	不燃性
		10		1.50	不燃性
		14		2.00	不燃性
		18		2.50	不燃性
		25		3.00	不燃性
		厚涂型钢结构防火涂料,厚度(mm):6	B=600	1.00	不燃性
		8		1.50	不燃性
		10		2.00	不燃性
		12		2.50	不燃性
		15		3.00	不燃性

续附表 1

序号	构件名称		构件厚度或截面最小尺寸(mm)	耐火极限(h)	燃烧性能
6	有保护层的钢管混凝土方柱、矩形柱(λ≤60),保护层	厚涂型钢结构防火涂料,厚度(mm):5	B =1000	1.00	不燃性
		6		1.50	不燃性
		8		2.00	不燃性
		10		2.50	不燃性
		12		3.00	不燃性
		厚涂型钢结构防火涂料,厚度(mm):4	B=1400	1.00	不燃性
		5		1.50	不燃性
		6		2.00	不燃性
		8		2.50	不燃性
		10		3.00	不燃性
四	梁				
	简支的钢筋混凝土梁	1.非预应力钢筋,保护层厚度(mm):10	—	1.20	不燃性
		20	—	1.75	不燃性
		25	—	2.00	不燃性
		30	—	2.30	不燃性
		40	—	2.90	不燃性
		50	—	3.50	不燃性

续附表 1

序号	构件名称		构件厚度或截面最小尺寸(mm)	耐火极限(h)	燃烧性能
	简支的钢筋混凝土梁	2.预应力钢筋或高强度钢丝,保护层厚度(mm):25	—	1.00	不燃性
		30	—	1.20	不燃性
		40	—	1.50	不燃性
		50	—	2.00	不燃性
		3.有保护层的钢梁:15mm 厚 LG 防火隔热涂料保护层	—	1.50	不燃性
		20mm 厚 LY 防火隔热涂料保护层	—	2.30	不燃性
五	楼板和屋顶承重构件				
1	非预应力简支钢筋混凝土圆孔空心楼板,保护层厚度(mm):10		—	0.90	不燃性
	20		—	1.25	不燃性
	30		—	1.50	不燃性
2	预应力简支钢筋混凝土圆孔空心楼板,保护层厚度(mm):10		—	0.40	不燃性
	20		—	0.70	不燃性
	30		—	0.85	不燃性

续附表 1

序号	构件名称	构件厚度或截面最小尺寸(mm)	耐火极限(h)	燃烧性能
3	四边简支的钢筋混凝土楼板,保护层厚度(mm):10	70	1.40	不燃性
	15	80	1.45	不燃性
	20	80	1.50	不燃性
	30	90	1.85	不燃性
4	现浇的整体式梁板,保护层厚度(mm):10	80	1.40	不燃性
	15	80	1.45	不燃性
	20	80	1.50	不燃性
	现浇的整体式梁板,保护层厚度(mm):10	90	1.75	不燃性
	20	90	1.85	不燃性
	现浇的整体式梁板,保护层厚度(mm):10	100	2.00	不燃性
	15	100	2.00	不燃性
	20	100	2.10	不燃性
	30	100	2.15	不燃性
	现浇的整体式梁板,保护层厚度(mm):10	110	2.25	不燃性
	15	110	2.30	不燃性
	20	110	2.30	不燃性
	30	110	2.40	不燃性

续附表 1

序号	构件名称		构件厚度或截面最小尺寸(mm)	耐火极限(h)	燃烧性能
4	现浇的整体式梁板,保护层厚度(mm):10 20		120 120	2.50 2.65	不燃性 不燃性
5	钢丝网抹灰粉刷的钢梁,保护层厚度(mm):10 20 30		— — —	0.50 1.00 1.25	不燃性 不燃性 不燃性
6	屋面板	1.钢筋加气混凝土屋面板,保护层厚度 10mm	—	1.25	不燃性
		2.钢筋充气混凝土屋面板,保护层厚度 10mm	—	1.60	不燃性
		3.钢筋混凝土方孔屋面板,保护层厚度 10mm	—	1.20	不燃性
		4.预应力钢筋混凝土槽形屋面板,保护层厚度 10mm	—	0.50	不燃性
		5.预应力钢筋混凝土槽瓦,保护层厚度 10mm	—	0.50	不燃性
		6.轻型纤维石膏板屋面板	—	0.60	不燃性

续附表 1

序号	构件名称		构件厚度或截面最小尺寸(mm)	耐火极限(h)	燃烧性能
六	吊顶				
1	木吊顶搁栅	1.钢丝网抹灰	15	0.25	难燃性
		2.板条抹灰	15	0.25	难燃性
		3.1∶4水泥石棉浆钢丝网抹灰	20	0.50	难燃性
		4.1∶4水泥石棉浆板条抹灰	20	0.50	难燃性
		5.钉氧化镁锯末复合板	13	0.25	难燃性
		6.钉石膏装饰板	10	0.25	难燃性
		7.钉平面石膏板	12	0.30	难燃性
		8.钉纸面石膏板	9.5	0.25	难燃性
		9.钉双层石膏板(各厚 8mm)	16	0.45	难燃性
		10.钉珍珠岩复合石膏板(穿孔板和吸音板各厚 15mm)	30	0.30	难燃性
		11.钉矿棉吸音板	—	0.15	难燃性
		12.钉硬质木屑板	10	0.20	难燃性
2	钢吊顶搁栅	1.钢丝网(板)抹灰	15	0.25	不燃性
		2.钉石棉板	10	0.85	不燃性
		3.钉双层石膏板	10	0.30	不燃性
		4.挂石棉型硅酸钙板	10	0.30	不燃性

续附表 1

序号	构件名称		构件厚度或截面最小尺寸(mm)	耐火极限(h)	燃烧性能
2	钢吊顶搁栅	5.两侧挂 0.5mm 厚薄钢板,内填容重为 100kg/m³ 的陶瓷棉复合板	40	0.40	不燃性
3	双面单层彩钢面岩棉夹芯板吊顶,中间填容重为 120kg/m³ 的岩棉		50 100	0.30 0.50	不燃性 不燃性
4	钢龙骨单面钉表右侧材料	1.防火板,填容重为 100kg/m³ 的岩棉,构造: 9mm+75mm(岩棉) 12mm+100mm(岩棉) 2×9mm+100mm(岩棉)	 84 112 118	 0.50 0.75 0.90	 不燃性 不燃性 不燃性
		2.纸面石膏板,构造: 12mm+2mm 填缝料+60mm(空) 12mm+1mm 填缝料+12mm+1mm 填缝料+60mm(空)	 74 86	 0.10 0.40	 不燃性 不燃性
		3.防火纸面石膏板,构造: 12mm+50mm(填 60kg/m³ 的岩棉) 15mm+1mm 填缝料+15mm+1mm 填缝料+60mm(空)	 62 92	 0.20 0.50	 不燃性 不燃性

续附表 1

序号	构件名称		构件厚度或截面最小尺寸(mm)	耐火极限(h)	燃烧性能
七	防火门				
1	木质防火门:木质面板或木质面板内设防火板	1.门扇内填充珍珠岩 2.门扇内填充氯化镁、氧化镁 丙级 乙级 甲级	 40~50 45~50 50~90	 0.50 1.00 1.50	 难燃性 难燃性 难燃性
2	钢木质防火门	1.木质面板 1)钢质或钢木质复合门框、木质骨架,迎/背火面一面或两面设防火板,或不设防火板。门扇内填充珍珠岩,或氯化镁、氧化镁 2)木质门框、木质骨架,迎/背火面一面或两面设防火板或钢板。门扇内填充珍珠岩,或氯化镁、氧化镁 2.钢质面板 钢质或钢木质复合门框、钢质或木质骨架,迎/背火面一面或两面设防火板,或不设防火板。门扇内填充珍珠岩,或氯化镁、氧化镁 丙级 乙级 甲级	40~50 45~50 50~90	0.50 1.00 1.50	难燃性 难燃性 难燃性

续附表1

序号	构件名称		构件厚度或截面最小尺寸(mm)	耐火极限(h)	燃烧性能
3	钢质防火门	钢质门框、钢质面板、钢质骨架。迎/背火面一面或两面设防火板，或不设防火板。门扇内填充珍珠岩或氧化镁、氧化镁			
		丙级	40～50	0.50	不燃性
		乙级	45～70	1.00	不燃性
		甲级	50～90	1.50	不燃性
八	防火窗				
1	钢质防火窗	窗框钢质，窗扇钢质，窗框填充水泥砂浆，窗扇内填充珍珠岩，或氧化镁、氯化镁，或防火板。复合防火玻璃	25～30 30～38	1.00 1.50	不燃性 不燃性
2	木质防火窗	窗框、窗扇均为木质，或均为防火板和木质复合。窗框无填充材料，窗扇迎/背火面外设防火板和木质面板，或为阻燃实木。复合防火玻璃	25～30 30～38	1.00 1.50	难燃性 难燃性
3	钢木复合防火窗	窗框钢质，窗扇木质，窗框填充采用水泥砂浆，窗扇迎背火面外设防火板和木质面板，或为阻燃实木。复合防火玻璃	25～30 30～38	1.00 1.50	难燃性 难燃性

续附表1

序号	构件名称	构件厚度或截面最小尺寸(mm)	耐火极限(h)	燃烧性能
九	防火卷帘			
	1.钢质普通型防火卷帘(帘板为单层)		1.50～3.00	不燃性
	2.钢质复合型防火卷帘(帘板为双层)		2.00～4.00	不燃性
	3.无机复合防火卷帘(采用多种无机材料复合而成)		3.00～4.00	不燃性
	4.无机复合轻质防火卷帘(双层，不需水幕保护)		4.00	不燃性

注:1 λ为钢管混凝土构件长细比，对于圆钢管混凝土，$\lambda=4L/D$；对于方、矩形钢管混凝土，$\lambda=2\sqrt{3}L/B$；L为构件的计算长度。

2 对于矩形钢管混凝土柱，B为截面短边边长。

3 钢管混凝土柱的耐火极限为根据福州大学土木建筑工程学院提供的理论计算值，未经逐个试验验证。

4 确定墙的耐火极限不考虑墙上有无洞孔。

5 墙的总厚度包括抹灰粉刷层。

6 中间尺寸的构件，其耐火极限建议经试验确定，亦可按插入法计算。

7 计算保护层时，应包括抹灰粉刷层在内。

8 现浇的无梁楼板按简支板的数据采用。

9 无防火保护层的钢梁、钢柱、钢楼板和钢屋架，其耐火极限可按0.25h确定。

10 人孔盖板的耐火极限可参照防火门确定。

11 防火门和防火窗中的"木质"均为经阻燃处理。

附表2 各类木结构构件的燃烧性能和耐火极限

构件名称			截面图和结构厚度或截面最小尺寸(mm)	耐火极限(h)	燃烧性能
承重墙	木龙骨两侧钉石膏板的承重内墙	1. 15mm耐火石膏板 2.木龙骨:截面尺寸40mm×90mm 3.填充岩棉或玻璃棉 4. 15mm耐火石膏板 木龙骨的间距为400mm或600mm	厚度120	1.00	难燃性
		1. 15mm耐火石膏板 2.木龙骨:截面尺寸40mm×140mm 3.填充岩棉或玻璃棉 4. 15mm耐火石膏板 木龙骨的间距为400mm或600mm	厚度170	1.00	难燃性

续附表2

构件名称			截面图和结构厚度或截面最小尺寸(mm)	耐火极限(h)	燃烧性能
承重墙	木龙骨两侧钉石膏板+定向刨花板的承重外墙	1. 15mm耐火石膏板 2.木龙骨:截面尺寸40mm×90mm 3.填充岩棉或玻璃棉 4. 15mm定向刨花板 木龙骨的间距为400mm或600mm	厚度120 曝火面	1.00	难燃性
		1. 15mm耐火石膏板 2.木龙骨:截面尺寸40mm×140mm 3.填充岩棉或玻璃棉 4. 15mm定向刨花板 木龙骨的间距为400mm或600mm	厚度170 曝火面	1.00	难燃性

续附表 2

构件名称			截面图和结构厚度或截面最小尺寸(mm)	耐火极限(h)	燃烧性能
非承重墙	木龙骨两侧钉石膏板的非承重内墙	1. 双层 15mm 耐火石膏板 2. 双排木龙骨,木龙骨截面尺寸 40mm×90mm 3. 填充岩棉或玻璃棉 4. 双层 15mm 耐火石膏板 木龙骨的间距为 400mm 或 600mm	厚度 245	2.00	难燃性
		1. 双层 15mm 耐火石膏板 2. 双排木龙骨交错放置在 40mm×140mm 的底梁板上,木龙骨截面尺寸 40mm×90mm 3. 填充岩棉或玻璃棉 4. 双层 15mm 耐火石膏板 木龙骨的间距为 400mm 或 600mm	厚度 200	2.00	难燃性

续附表 2

构件名称			截面图和结构厚度或截面最小尺寸(mm)	耐火极限(h)	燃烧性能
非承重墙	木龙骨两侧钉石膏板的非承重内墙	1. 15mm 普通石膏板 2. 木龙骨:截面尺寸 40mm×90mm 3. 填充岩棉或玻璃棉 4. 15mm 普通石膏板 木龙骨的间距为 400mm 或 600mm	厚度 120	0.50	难燃性
	木龙骨两侧钉石膏板或定向刨花板的非承重外墙	1. 12mm 耐火石膏板 2. 木龙骨:截面尺寸 40mm×90mm 3. 填充岩棉或玻璃棉 4. 12mm 定向刨花板 木龙骨的间距为 400mm 或 600mm	厚度 114 曝火面	0.75	难燃性

续附表 2

构件名称			截面图和结构厚度或截面最小尺寸(mm)	耐火极限(h)	燃烧性能
非承重墙	木龙骨两侧钉石膏板的非承重内墙	1. 双层 12mm 耐火石膏板 2. 木龙骨:截面尺寸 40mm×90mm 3. 填充岩棉或玻璃棉 4. 双层 12mm 耐火石膏板 木龙骨的间距为 400mm 或 600mm	厚度 138	1.00	难燃性
		1. 12mm 耐火石膏板 2. 木龙骨:截面尺寸 40mm×90mm 3. 填充岩棉或玻璃棉 4. 12mm 耐火石膏板 木龙骨的间距为 400mm 或 600mm	厚度 114	0.75	难燃性

续附表 2

构件名称			截面图和结构厚度或截面最小尺寸(mm)	耐火极限(h)	燃烧性能
非承重墙	木龙骨两侧钉石膏板或定向刨花板的非承重外墙	1. 15mm 耐火石膏板 2. 木龙骨:截面尺寸 40mm×90mm 3. 填充岩棉或玻璃棉 4. 15mm 耐火石膏板 木龙骨的间距为 400mm 或 600mm	厚度 120 曝火面	1.25	难燃性
		1. 12mm 耐火石膏板 2. 木龙骨:截面尺寸 40mm×140mm 3. 填充岩棉或玻璃棉 4. 12mm 定向刨花板 木龙骨的间距为 400mm 或 600mm	厚度 164 曝火面	0.75	难燃性
		1. 15mm 耐火石膏板 2. 木龙骨:截面尺寸 40mm×140mm 3. 填充岩棉或玻璃棉 4. 15mm 耐火石膏板 木龙骨的间距为 400mm 或 600mm	厚度 170 曝火面	1.25	难燃性

续附表 2

构件名称		截面图和结构厚度或截面最小尺寸(mm)	耐火极限(h)	燃烧性能
柱	支持屋顶和楼板的胶合木柱(四面曝火)： 1. 横截面尺寸：200mm×280mm	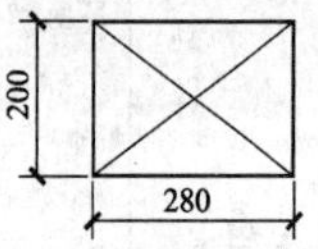 200 280	1.00	可燃性
	支持屋顶和楼板的胶合木柱(四面曝火)： 2. 横截面尺寸：272mm×352mm 横截面尺寸在200mm×280mm的基础上每个曝火面厚度各增加36mm	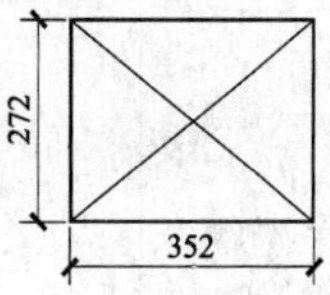 272 352	1.00	可燃性
梁	支持屋顶和楼板的胶合木梁(三面曝火)： 1. 横截面尺寸：200mm×400mm	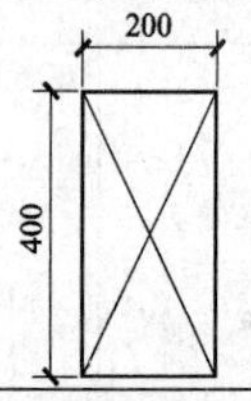 200 400	1.00	可燃性
	支持屋顶和楼板的胶合木梁(三面曝火)： 2. 横截面尺寸：272mm×436mm 截面尺寸在200mm×400mm的基础上每个曝火面厚度各增加36mm	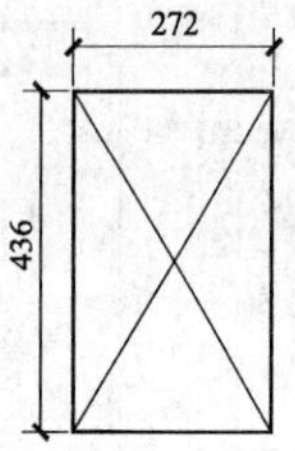 272 436	1.00	可燃性

续附表 2

构件名称		截面图和结构厚度或截面最小尺寸(mm)	耐火极限(h)	燃烧性能
楼板	1. 楼面板为18mm定向刨花板或胶合板 2. 楼板搁栅40mm×235mm 3. 填充岩棉或玻璃棉 4. 顶棚为双层12mm耐火石膏板 采用实木搁栅或工字木搁栅，间距400mm或600mm	厚度 277 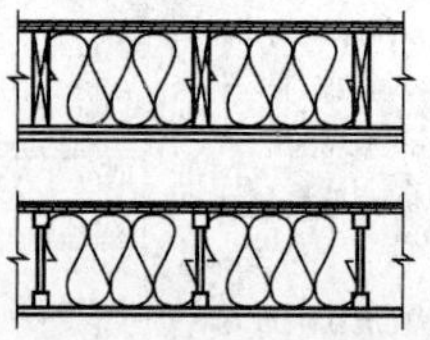	1.00	难燃性
屋顶承重构件	1. 屋顶椽条或轻型木桁架 2. 填充保温材料 3. 顶棚为12mm耐火石膏板 木桁架的间距为400mm或600mm	椽檩屋顶截面 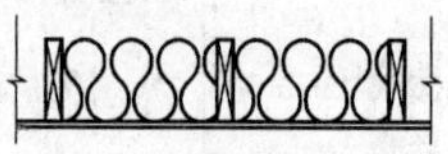 轻型木桁架屋顶截面 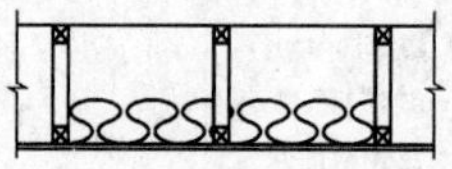	0.50	难燃性
吊顶	1. 实木楼盖结构40mm×235mm 2. 木板条30mm×50mm(间距为400mm) 3. 顶棚为12mm耐火石膏板	独立吊顶，厚度42mm。总厚度277mm 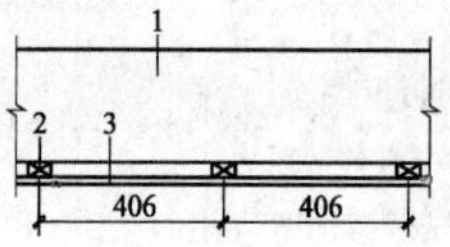 1 2 3 406 406	0.25	难燃性

中华人民共和国国家标准

建设工程施工现场供用电安全规范

Code for safety of power supply and consumption
for construction site

GB 50194-2014

主编部门:中 国 电 力 企 业 联 合 会
批准部门:中华人民共和国住房城乡建设部
施行日期:2 0 1 5 年 1 月 1 日

2

中华人民共和国住房和城乡建设部公告

第406号

住房城乡建设部关于发布国家标准《建设工程施工现场供用电安全规范》的公告

现批准《建设工程施工现场供用电安全规范》为国家标准，编号为GB 50194—2014，自2015年1月1日起实施。其中，第4.0.4、8.1.10、8.1.12、10.2.4、10.2.7、11.2.3、11.4.2条为强制性条文，必须严格执行。原《建设工程施工现场供用电安全规范》GB 50194—93同时废止。

本规范由我部标准定额研究所组织中国计划出版社出版发行。

中华人民共和国住房和城乡建设部

2014年4月15日

前　言

本规范是根据住房城乡建设部《关于印发〈2009年工程建设标准规范制订、修订计划〉的通知》(建标〔2009〕88号)的要求，由中国电力企业联合会和河南省第二建设集团有限公司会同各有关单位在国家标准《建设工程施工现场供用电安全规范》GB 50194—93的基础上修订而成。

在本规范修订过程中，编制组进行了广泛调查研究和专题研讨，认真总结了施工现场供用电安全实践经验，参考了有关国际标准和国外先进经验，并广泛征求意见。

本规范共分13章和1个附录，主要技术内容包括：总则，术语，供用电设施的设计、施工、验收，发电设施，变电设施，配电设施，配电线路，接地与防雷，电动施工机具，办公、生活用电及现场照明，特殊环境，供用电设施的管理、运行及维护，供用电设施的拆除等。

本次修订的主要技术内容包括：

1.增加了“术语”、“供用电设施的设计、施工、验收”、“供用电设施的拆除”三章内容；

2.增加了外电线路防护方面的要求；

3.提出了施工现场低压配电系统可以采用的接地型式；

4.更正了“零线”、“接零保护”、“保护零线”等习惯用语在标准中的使用；

5.提出了对使用工业连接器的要求以及配电箱防护等级的要求。

本规范中以黑体字标志的条文为强制性条文，必须严格执行。

本规范由住房城乡建设部负责管理和对强制性条文的解释，由中国电力企业联合会负责日常管理，由中国电力企业联合会负责具体技术内容的解释。执行过程中如有意见或建议，请寄送中国电力企业联合会(地址：北京市西城区白广路二条1号，邮政编码：100761)，以便今后修订时参考。

本规范主编单位、参编单位、主要起草人和主要审查人：

主 编 单 位：中国电力企业联合会
河南省第二建设集团有限公司

参 编 单 位：中国电力科学研究院
北京双圆工程咨询监理有限公司
中国葛洲坝集团国际工程有限公司
山东送变电工程公司
天津电力建设公司
浙江省火电建设公司
三峡电力职业学院
江苏省送变电工程公司
中国核工业第五建设有限公司

主要起草人：柴雪峰　周卫新　王益民　王进弘　刘光武
赵　军　盛国林　刘忠声　白　永　田　晓
潘远东　荆　津　刘利强　陈建中

主要审查人：王金元　陈发宇　王厚余　刘国红　刘叶语
刘文山　任　红　刘世华　姚宏民　苏　勇
王振生　许建军　余常政

目　次

Contents

2

1 总　　则

1.0.1 为在建设工程施工现场供用电中贯彻执行“安全第一、预防为主、综合治理”的方针，确保在施工现场供用电过程中的人身安全和设备安全，并使施工现场供用电设施的设计、施工、运行、维护及拆除做到安全可靠，确保质量，经济合理，制定本规范。

1.0.2 本规范适用于一般工业与民用建设工程，施工现场电压在10kV及以下的供用电设施的设计、施工、运行、维护及拆除，不适用于水下、井下和矿井等工程。

1.0.3 施工现场供用电应符合下列原则：

1　对危及施工现场人员的电击危险应进行防护；

2　施工现场供用电设施和电动机具应符合国家现行有关标准的规定，线路绝缘应良好。

1.0.4 建设工程施工现场供用电设施的设计、施工、运行、维护及拆除，除应符合本规范的规定外，尚应符合国家现行有关标准的规定。

2 术　　语

2.0.1 电击　　electric shock

电流通过人体或动物躯体而引起的生理效应。

2.0.2 直接接触　　direct contact

人或动物与带电部分的接触。

2.0.3 间接接触　　indirect contact

人或动物与故障情况下变为带电的外露导电部分的接触。

2.0.4 预装箱式变电站　　prefabricated cubical substation

由高压开关设备、电力变压器、低压开关设备、电能计量设备、无功补偿设备、辅助设备和联结件等元件组成的成套配电设备，这些元件在工厂内被预先组装在一个或几个箱壳内，用来从高压系统向低压系统输送电能。

2.0.5 防护等级　　degree of protection

按标准规定的检验方法，外壳对接近危险部件、防止固体异物进入或水进入所提供的保护程度。

2.0.6 IP代码　　IP code

表明外壳对人接近危险部位、防止固体异物进入或水进入的防护等级以及与这些防护有关的附加信息的代码系统。

2.0.7 中性导体(N)　　neutral conductor

电气上与中性点连接并能用于配电的导体。

2.0.8 保护导体(PE)　　protective conductor

为了安全目的，用于电击防护所设置的导体。

2.0.9 保护接地中性导体(PEN)　　PEN conductor

兼有保护导体(PE)和中性导体(N)功能的导体。

2.0.10 外电线路　　external line

施工现场供用电线路以外的电力线路。

2.0.11 外露可导电部分　　exposed conductive part

设备上能触及的可导电部分，它在正常状况下不带电，但在基本绝缘损坏时会带电。

2.0.12 接地装置　　earth-termination system

接地体和接地线的总和。

2.0.13 保护接地　　protective earthing

为了电气安全，将系统、装置或设备的一点或多点接地。

2.0.14 接地电阻　　earth resistance

接地体或自然接地体的对地电阻和接地线电阻的总和。接地电阻的数值等于接地装置对地电压与通过接地体流入地中电流的比值。

2.0.15 接地极　　earth electrode

埋入土壤或特定的导电介质中、与大地有电接触的可导电部分。

2.0.16 自然接地体　　natural earthing electrode

可作为接地用的直接与大地接触的各种金属构件、金属井管、钢筋混凝土建筑的基础、金属管道和设备等。

2.0.17 安全隔离变压器　　safety isolation transformer

设计成提供SELV(安全特低电压)的隔离变压器。

2.0.18 特低电压　　extra-low voltage

不超过现行国家标准《建筑物电气装置的电压区段》GB/T 18379(IEC 60449)规定的有关Ⅰ类电压限值的电压。

2.0.19 安全特低电压系统　　SELV system

由隔离变压器或发电机、蓄电池等隔离电源供电的交流或直流特低电压回路。其回路导体不接地，电气设备外壳不有意连接保护导体(PE)接地，但可与地接触。

2.0.20 特殊环境　　special environment

本规范中将高原，易燃、易爆，腐蚀性和潮湿环境列为特殊环境。

2.0.21 高原　　plateau

按照地理学概念，海拔超过1000m的地域。

2.0.22 腐蚀环境　　corrosive environment

由于化学腐蚀性物质和大气中水分的存在而使得设备或材料产生破坏或变质的地点或处所，称为化学腐蚀环境，可简称为腐蚀环境。

2.0.23 潮湿环境　　damp environment

本规范仅指相对湿度大于95%的空气环境、场地积水环境、泥泞的环境。

3 供用电设施的设计、施工、验收

3.1 供用电设施的设计

3.1.1 供用电设计应按照工程规模、场地特点、负荷性质、用电容量、地区供用电条件，合理确定设计方案。

3.1.2 供用电设计应经审核、批准后实施。

3.1.3 供用电设计至少应包括下列内容：

1 设计说明；

2 施工现场用电容量统计；

3 负荷计算；

4 变压器选择；

5 配电线路；

6 配电装置；

7 接地装置及防雷装置；

8 供用电系统图、平面布置图。

3.2 供用电设施的施工

3.2.1 供用电施工方案或施工组织设计应经审核、批准后实施。

3.2.2 供用电施工方案或施工组织设计应包括下列内容：

1 工程概况；

2 编制依据；

3 供用电施工管理组织机构；

4 配电装置安装、防雷接地装置安装、线路敷设等施工内容的技术要求；

5 安全用电及防火措施。

3.2.3 供用电设施的施工应按照已批准的供用电施工方案进行施工。

3.3 供用电设施的验收

3.3.1 供用电工程施工完毕，电气设备应按现行国家标准《电气装置安装工程　电气设备交接试验标准》GB 50150 的规定试验合格。

3.3.2 供用电工程施工完毕后，应有完整的平面布置图、系统图、隐蔽工程记录、试验记录，经验收合格后方可投入使用。

4 发 电 设 施

4.0.1 施工现场发电设施的选址应根据负荷位置、交通运输、线路布置、污染源频率风向、周边环境等因素综合考虑。发电设施不应设在地势低洼和可能积水的场所。

4.0.2 发电机组的安装和使用应符合下列规定：

1 供电系统接地型式和接地电阻应与施工现场原有供用电系统保持一致。

2 发电机组应设置短路保护、过负荷保护。

3 当两台或两台以上发电机组并列运行时，应采取限制中性点环流的措施。

4 发电机组周围不得有明火，不得存放易燃、易爆物。发电场所应设置可在带电场所使用的消防设施，并应标识清晰、醒目，便于取用。

4.0.3 移动式发电机的使用应符合下列规定：

1 发电机停放的地点应平坦，发电机底部距地面不应小于0.3m；

2 发电机金属外壳和拖车应有可靠的接地措施；

3 发电机应固定牢固；

4 发电机应随车配备消防灭火器材；

5 发电机上部应设防雨棚，防雨棚应牢固、可靠。

4.0.4 发电机组电源必须与其他电源互相闭锁，严禁并列运行。

5 变 电 设 施

5.0.1 变电所的设计应符合现行国家标准《10kV 及以下变电所设计规范》GB 50053 的有关规定。

5.0.2 变电所位置的选择应符合下列规定：

1 应方便日常巡检和维护；

2 不应设在易受施工干扰、地势低洼易积水的场所。

5.0.3 变电所对于其他专业的要求应符合下列规定：

1 面积与高度应满足变配电装置的维护与操作所需的安全距离；

2 变配电室内应配置适用于电气火灾的灭火器材；

3 变配电室应设置应急照明；

4 变电所外醒目位置应标识维护运行机构、人员、联系方式等信息；

5 变电所应设置排水设施。

5.0.4 变电所变配电装置的选择和布置应符合下列规定：

1 当采用箱式变电站时，其外壳防护等级不应低于本规范附录 A 外壳防护等级(IP 代码)IP23D，且应满足施工现场环境状况要求；

2 户外安装的箱式变电站，其底部距地面的高度不应小于0.5m；

3 露天或半露天布置的变压器应设置不低于 1.7m 高的固定围栏或围墙，并应在明显位置悬挂警示标识；

4 变压器或箱式变电站外廓与围栏或围墙周围应留有不小于1m 的巡视或检修通道。

5.0.5 变电所变配电装置的安装应符合下列规定：

1 油浸电力变压器的现场安装及验收应符合现行国家标准《电气装置安装工程 电力变压器、油浸电抗器、互感器施工及验收规范》GB 50148 的有关规定。

2 箱式变电站外壳应有可靠的保护接地。装有成套仪表和继电器的屏柜、箱门，应与壳体进行可靠电气连接。

3 户外箱式变电站的进出线应采用电缆，所有的进出线电缆孔应封堵。

4 箱式变电站基础所留设通风孔应能防止小动物进入。

5.0.6 变电所变配电装置的投运应符合下列规定：

1 变电所变配电装置安装完毕或检修后，投入运行前应对其内部的电气设备进行检查和电气试验，合格后方可投入运行。

2 变压器第一次投运时，应进行 5 次空载全电压冲击合闸，并应无异常情况；第一次受电后持续时间不应少于 10min。

6 配电设施

6.1 一般规定

6.1.1 低压配电系统宜采用三级配电，宜设置总配电箱、分配电箱、末级配电箱。

6.1.2 低压配电系统不宜采用链式配电。当部分用电设备距离供电点较远，而彼此相距很近、容量小的次要用电设备，可采用链式配电，但每一回路环链设备不宜超过 5 台，其总容量不宜超过 10kW。

6.1.3 消防等重要负荷应由总配电箱专用回路直接供电，并不得接入过负荷保护和剩余电流保护器。

6.1.4 消防泵、施工升降机、塔式起重机、混凝土输送泵等大型设备应设专用配电箱。

6.1.5 低压配电系统的三相负荷宜保持平衡，最大相负荷不宜超过三相负荷平均值的 115%，最小相负荷不宜小于三相负荷平均值的 85%。

6.1.6 用电设备端的电压偏差允许值宜符合下列规定：

1 一般照明：宜为$^{+5}_{-10}$%额定电压；

2 一般用途电机：宜为±5%额定电压；

3 其他用电设备：当无特殊规定时宜为±5%额定电压。

6.2 配电室

6.2.1 配电室的选址及对其他专业的要求应符合本规范第 5.0.1 条、第 5.0.2 条的有关规定。

6.2.2 配电室配电装置的布置应符合下列规定：

1 成排布置的配电柜，其柜前、柜后的操作和维护通道净宽不宜小于表 6.2.2 的规定；

表 6.2.2 成排布置配电柜的柜前、柜后的操作和维护通道净宽(m)

布置方式	单排布置		双排对面布置		双排背对背布置	
	柜前	柜后	柜前	柜后	柜前	柜后
配电柜	1.5	1.0	2.0	1.0	1.5	1.5

2 当成排布置的配电柜长度大于 6m 时，柜后的通道应设置两个出口；

3 配电装置的上端距棚顶距离不宜小于 0.5m；

4 配电装置的正上方不应安装照明灯具。

6.2.3 配电柜电源进线回路应装设具有电源隔离、短路保护和过负荷保护功能的电器。

6.2.4 配电柜的安装应符合下列规定：

1 配电柜应安装在高于地面的型钢或混凝土基础上，且应平正、牢固。

2 配电柜的金属框架及基础型钢应可靠接地。门和框架的接地端子间应采用软铜线进行跨接，配电柜门和框架间跨接接地线的最小截面积应符合表 6.2.4 的规定。

表 6.2.4 配电柜门和框架间跨接接地线的最小截面积(mm^2)

额定工作电流 I_e(A)	接地线的最小截面积
$I_e \leqslant 25$	2.5
$25 < I_e \leqslant 32$	4
$32 < I_e \leqslant 63$	6
$63 < I_e$	10

注：I_e为配电柜(箱)内主断路器的额定电流。

3 配电柜内应分别设置中性导体(N)和保护导体(PE)汇流排，并有标识。保护导体(PE)汇流排上的端子数量不应少于进线和出线回路的数量。

4 导线压接应可靠，且防松垫圈等零件应齐全，不伤线芯，不断股。

6.3 配电箱

6.3.1 总配电箱以下可设若干分配电箱；分配电箱以下可设若干末级配电箱。分配电箱以下可根据需要，再设分配电箱。总配电箱应设在靠近电源的区域，分配电箱应设在用电设备或负荷相对集中的区域，分配电箱与末级配电箱的距离不宜超过 30m。

6.3.2 动力配电箱与照明配电箱宜分别设置。当合并设置为同一配电箱时，动力和照明应分路供电；动力末级配电箱与照明末级配电箱应分别设置。

6.3.3 用电设备或插座的电源宜引自末级配电箱，当一个末级配电箱直接控制多台用电设备或插座时，每台用电设备或插座应有各自独立的保护电器。

6.3.4 当分配电箱直接控制用电设备或插座时，每台用电设备或插座应有各自独立的保护电器。

6.3.5 户外安装的配电箱应使用户外型，其防护等级不应低于本规范附录 A 外壳防护等级(IP 代码)IP44，门内操作面的防护等级不应低于 IP21。

6.3.6 固定式配电箱的中心与地面的垂直距离宜为 1.4m～1.6m，安装应平正、牢固。户外落地安装的配电箱、柜，其底部离地面不应小于 0.2m。

6.3.7 总配电箱、分配电箱内应分别设置中性导体(N)、保护导体(PE)汇流排，并有标识；保护导体(PE)汇流排上的端子数量不应少于进线和出线回路的数量。

6.3.8 配电箱内断路器相间绝缘隔板应配置齐全；防电击护板应阻燃且安装牢固。

6.3.9 配电箱内连接线绝缘层的标识色应符合下列规定：

1 相导体 L_1、L_2、L_3应依次为黄色、绿色、红色；

2 中性导体(N)应为淡蓝色；

3 保护导体(PE)应为绿-黄双色；

4 上述标识色不应混用。

6.3.10 配电箱内的连接线应采用铜排或铜芯绝缘导线，当采用铜排时应有防护措施；连接导线不应有接头、线芯损伤及断股。

6.3.11 配电箱内的导线与电器元件的连接应牢固、可靠。导线端子规格与芯线截面适配，接线端子应完整，不应减小截面积。

6.3.12 配电箱的金属箱体、金属电器安装板以及电器正常不带电的金属底座、外壳等应通过保护导体(PE)汇流排可靠接地。金属箱门与金属箱体间的跨接接地线应符合本规范表6.2.4的有关规定。

6.3.13 配电箱电缆的进线口和出线口应设在箱体的底面，当采用工业连接器时可在箱体侧面设置。工业连接器配套的插头插座、电缆耦合器、器具耦合器等应符合现行国家标准《工业用插头插座和耦合器　第1部分:通用要求》GB/T 11918及《工业用插头插座和耦合器　第2部分:带插销和插套的电器附件的尺寸互换性要求》GB/T 11919的有关规定。

6.3.14 当分配电箱直接供电给末级配电箱时，可采用分配电箱设置插座方式供电，并应采用工业用插座，且每个插座应有各自独立的保护电器。

6.3.15 移动式配电箱的进线和出线应采用橡套软电缆。

6.3.16 配电箱的进线和出线不应承受外力，与金属尖锐断口接触时应有保护措施。

6.3.17 配电箱应按下列顺序操作：

1 送电操作顺序为:总配电箱→分配电箱→末级配电箱；

2 停电操作顺序为:末级配电箱→分配电箱→总配电箱。

6.3.18 配电箱应有名称、编号、系统图及分路标记。

6.4 开关电器的选择

6.4.1 配电箱内的电器应完好，不应使用破损及不合格的电器。

6.4.2 总配电箱、分配电箱的电器应具备正常接通与分断电路，以及短路、过负荷、接地故障保护功能。电器设置应符合下列规定：

1 总配电箱、分配电箱进线应设置隔离开关、总断路器，当采用带隔离功能的断路器时，可不设置隔离开关。各分支回路应设置具有短路、过负荷、接地故障保护功能的电器。

2 总断路器的额定值应与分路断路器的额定值相匹配。

6.4.3 总配电箱宜装设电压表、总电流表、电度表。

6.4.4 末级配电箱进线应设置总断路器，各分支回路应设置具有短路、过负荷、剩余电流动作保护功能的电器。

6.4.5 末级配电箱中各种开关电器的额定值和动作整定值应与其控制用电设备的额定值和特性相适应。

6.4.6 剩余电流保护器的选择、安装和运行应符合现行国家标准《剩余电流动作保护电器的一般要求》GB/Z 6829和《剩余电流动作保护装置安装和运行》GB 13955的有关规定。

6.4.7 当配电系统设置多级剩余电流动作保护时，每两级之间应有保护性配合，并应符合下列规定：

1 末级配电箱中的剩余电流保护器的额定动作电流不应大于30mA，分断时间不应大于0.1s；

2 当分配电箱中装设剩余电流保护器时，其额定动作电流不应小于末级配电箱剩余电流保护值的3倍，分断时间不应大于0.3s；

3 当总配电箱中装设剩余电流保护器时，其额定动作电流不应小于分配电箱中剩余电流保护值的3倍，分断时间不应大于0.5s。

6.4.8 剩余电流保护器应用专用仪器检测其特性，且每月不应少于1次，发现问题应及时修理或更换。

6.4.9 剩余电流保护器每天使用前应启动试验按钮试跳一次，试跳不正常时不得继续使用。

7 配电线路

7.1 一般规定

7.1.1 施工现场配电线路路径选择应符合下列规定：

1 应结合施工现场规划及布局，在满足安全要求的条件下，方便线路敷设、接引及维护；

2 应避开过热、腐蚀以及储存易燃、易爆物的仓库等影响线路安全运行的区域；

3 宜避开易遭受机械性外力的交通、吊装、挖掘作业频繁场所，以及河道、低洼、易受雨水冲刷的地段；

4 不应跨越在建工程、脚手架、临时建筑物。

7.1.2 配电线路的敷设方式应符合下列规定：

1 应根据施工现场环境特点，以满足线路安全运行、便于维护和拆除的原则来选择，敷设方式应能够避免受到机械性损伤或其他损伤；

2 供用电电缆可采用架空、直埋、沿支架等方式进行敷设；

3 不应敷设在树木上或直接绑挂在金属构架和金属脚手架上；

4 不应接触潮湿地面或接近热源。

7.1.3 电缆选型应符合下列规定：

1 应根据敷设方式、施工现场环境条件、用电设备负荷功率及距离等因素进行选择；

2 低压配电系统的接地型式采用TN-S系统时，单根电缆应包含全部工作芯线和用作中性导体(N)或保护导体(PE)的芯线；

3 低压配电系统的接地型式采用TT系统时，单根电缆应包含全部工作芯线和用作中性导体(N)的芯线。

7.1.4 低压配电线路截面的选择和保护应符合现行国家标准《低压配电设计规范》GB 50054的有关规定。

7.2 架空线路

7.2.1 架空线路采用的器材应符合下列规定：

1 施工现场架空线路宜采用绝缘导线，架空绝缘导线应符合现行国家标准《额定电压1kV及以下架空绝缘电缆》GB/T 12527、《额定电压10kV架空绝缘电缆》GB/T 14049的有关规定；

2 架空线路宜采用钢筋混凝土杆，钢筋混凝土杆不得有露筋、掉块等明显缺陷。

7.2.2 电杆埋设应符合下列规定：

1 当电杆埋设在土质松软、流砂、地下水位较高的地带时，应采取加固杆基措施，遇有水流冲刷地带宜加围桩或围台；

2 电杆组立后，回填土时应将土块打碎，每回填500mm应夯实一次，水坑回填前，应将坑内积水淘净；回填土后的电杆基坑应有防沉土台，培土高度应超出地面300mm。

7.2.3 施工现场架空线路的档距不宜大于40m，空旷区域可根据现场情况适当加大档距，但最大不应大于50m。

7.2.4 拉线的设置应符合下列规定：

1 拉线应采用镀锌钢绞线，最小规格不应小于35mm^2；

2 拉线坑的深度不应小于1.2m，拉线坑的拉线侧应有斜坡；

3 拉线应根据电杆的受力情况装设，拉线与电杆的夹角不宜小于45°，当受到地形限制时不得小于30°；

4 拉线从导线之间穿过时应装设拉线绝缘子，在拉线断开时，绝缘子对地距离不得小于2.5m。

7.2.5 架空线路导线相序排列应符合下列规定：

1 1kV～10kV线路：面向负荷从左侧起，导线排列相序应为L_1、L_2、L_3。

2 1kV以下线路：面向负荷从左侧起，导线排列相序应为

L_1、N、L_2、L_3、PE。

3 电杆上的中性导体(N)应靠近电杆。若导线垂直排列时，中性导体(N)应在下方。中性导体(N)的位置不应高于同一回路的相导体。在同一地区内，中性导体(N)的排列应统一。

7.2.6 施工现场供用电架空线路与道路等设施的最小距离应符合表7.2.6的规定，否则应采取防护措施。

表7.2.6 施工现场供用电架空线路与道路等设施的最小距离(m)

类别	距离		供用电绝缘线路电压等级	
			1kV及以下	10kV及以下
与施工现场道路	沿道路边敷设时距离道路边沿最小水平距离		0.5	1.0
与施工现场道路	跨越道路时距路面最小垂直距离		6.0	7.0
与在建工程，包含脚手架工程	最小水平距离		7.0	8.0
与临时建(构)筑物	最小水平距离		1.0	2.0
与外电电力线路	最小垂直距离	与10kV及以下	2.0	
与外电电力线路	最小垂直距离	与220kV及以下	4.0	
与外电电力线路	最小垂直距离	与500kV及以下	6.0	
与外电电力线路	最小水平距离	与10kV及以下	3.0	
与外电电力线路	最小水平距离	与220kV及以下	7.0	
与外电电力线路	最小水平距离	与500kV及以下	13.0	

7.2.7 架空线路穿越道路处应在醒目位置设置最大允许通过高度警示标识。

7.2.8 架空线路在跨越道路、河流、电力线路档距内不应有接头。

7.3 直埋线路

7.3.1 直埋线路宜采用有外护层的铠装电缆，芯线绝缘层标识应符合本规范第6.3.9条规定。

7.3.2 直埋敷设的电缆线路应符合下列规定：

1 在地下管网较多、有较频繁开挖的地段不宜直埋。

2 直埋电缆应沿道路或建筑物边缘埋设，并宜沿直线敷设，直线段每隔20m处、转弯处和中间接头处应设电缆走向标识桩。

3 电缆直埋时，其表面距地面的距离不宜小于0.7m；电缆上、下、左、右侧应铺以软土或砂土，其厚度及宽度不得小于100mm，上部应覆盖硬质保护层。直埋敷设于冻土地区时，电缆宜埋入冻土层以下，当无法深埋时可在土壤排水性好的干燥冻土层或回填土中埋设。

4 直埋电缆的中间接头宜采用热缩或冷缩工艺，接头处应采取防水措施，并应绝缘良好。中间接头不得浸泡在水中。

5 直埋电缆在穿越建筑物、构筑物、道路，易受机械损伤、腐蚀介质场所及引出地面2.0m高至地下0.2m处，应加设防护套管。防护套管应固定牢固，端口应有防止电缆损伤的措施，其内径不应小于电缆外径的1.5倍。

6 直埋电缆与外电线路电缆、其他管道、道路、建筑物等之间平行和交叉时的最小距离应符合表7.3.2的规定，当距离不能满足表7.3.2的要求时，应采取穿管、隔离等防护措施。

表7.3.2 电缆之间，电缆与管道、道路、建筑物之间平行和交叉时的最小距离(m)

电缆直埋敷设时的配置情况		平行	交叉
施工现场电缆与外电线路电缆		0.5	0.5
电缆与地下管沟	热力管沟	2.0	0.5
电缆与地下管沟	油管或易(可)燃气管道	1.0	0.5
电缆与地下管沟	其他管道	0.5	0.5
电缆与建筑物基础		躲开散水宽度	—
电缆与道路边、树木主干、1kV以下架空线电杆		1.0	—
电缆与1kV以上架空线杆塔基础		4.0	—

7 直埋电缆回填土应分层夯实。

7.4 其他方式敷设线路

7.4.1 以支架方式敷设的电缆线路应符合下列规定：

1 当电缆敷设在金属支架上时，金属支架应可靠接地；

2 固定点间距应保证电缆能承受自重及风雪等带来的荷载；

3 电缆线路应固定牢固，绑扎线应使用绝缘材料；

4 沿构、建筑物水平敷设的电缆线路，距地面高度不宜小于2.5m；

5 垂直引上敷设的电缆线路，固定点每楼层不得少于1处。

7.4.2 沿墙面或地面敷设电缆线路应符合下列规定：

1 电缆线路宜敷设在人不易触及的地方；

2 电缆线路敷设路径应有醒目的警告标识；

3 沿地面明敷的电缆线路应沿建筑物墙体根部敷设，穿越道路或其他易受机械损伤的区域，应采取防机械损伤的措施，周围环境应保持干燥；

4 在电缆敷设路径附近，当有产生明火的作业时，应采取防止火花损伤电缆的措施。

7.4.3 电缆沟内敷设电缆线路应符合下列规定：

1 电缆沟沟壁、盖板及其材质构成，应满足承受荷载和适合现场环境耐久的要求；

2 电缆沟应有排水措施。

7.4.4 临时设施的室内配线应符合下列规定：

1 室内配线在穿过楼板或墙壁时应用绝缘保护管保护；

2 明敷线路应采用护套绝缘电缆或导线，且应固定牢固，塑料护套线不应直接埋入抹灰层内敷设；

3 当采用无护套绝缘导线时应穿管或线槽敷设。

7.5 外电线路的防护

7.5.1 在建工程不得在外电架空线路保护区内搭设生产、生活等临时设施或堆放构件、架具、材料及其他杂物等。

7.5.2 当需在外电架空线路保护区内施工或作业时，应在采取安全措施后进行。

7.5.3 施工现场道路设施等与外电架空线路的最小距离应符合表7.5.3的规定。

表7.5.3 施工现场道路设施等与外电架空线路的最小距离(m)

类别	距离	外电线路电压等级		
		10kV及以下	220kV及以下	500kV及以下
施工道路与外电架空线路	跨越道路时距路面最小垂直距离	7.0	8.0	14.0
施工道路与外电架空线路	沿道路边敷设时距离路沿最小水平距离	0.5	5.0	8.0
临时建筑物与外电架空线路	最小垂直距离	5.0	8.0	14.0
临时建筑物与外电架空线路	最小水平距离	4.0	5.0	8.0
在建工程脚手架与外电架空线路	最小水平距离	7.0	10.0	15.0
各类施工机械外缘与外电架空线路最小距离		2.0	6.0	8.5

7.5.4 当施工现场道路设施等与外电架空线路的最小距离达不到本规范第7.5.3条中的规定时，应采取隔离防护措施，防护设施的搭设和拆除应符合下列规定：

1 架设防护设施时，应采用线路暂时停电或其他可靠的安全技术措施，并应有电气专业技术人员和专职安全人员监护；

2 防护设施与外电架空线路之间的安全距离不应小于表7.5.4所列数值；

表7.5.4 防护设施与外电架空线路之间的最小安全距离(m)

外电架空线路电压等级(kV)	≤10	35	110	220	330	500
防护设施与外电架空线路之间的最小安全距离	2.0	3.5	4.0	5.0	6.0	7.0

3　防护设施应坚固、稳定，且对外电架空线路的隔离防护等级不应低于本规范附录A外壳防护等级(IP代码)IP2X；

4　应悬挂醒目的警告标识。

7.5.5　当本规范第7.5.4条规定的防护措施无法实现时，应采取停电、迁移外电架空线路或改变工程位置等措施，未采取上述措施的不得施工。

7.5.6　在外电架空线路附近开挖沟槽时，应采取加固措施，防止外电架空线路电杆倾斜、悬倒。

8　接地与防雷

8.1　接　　地

8.1.1　当施工现场设有专供施工用的低压侧为220/380V中性点直接接地的变压器时，其低压配电系统的接地型式宜采用TN-S系统(图8.1.1-1)或TN-C-S系统(图8.1.1-2)、TT系统(图8.1.1-3)。符号说明应符合表8.1.1的规定。

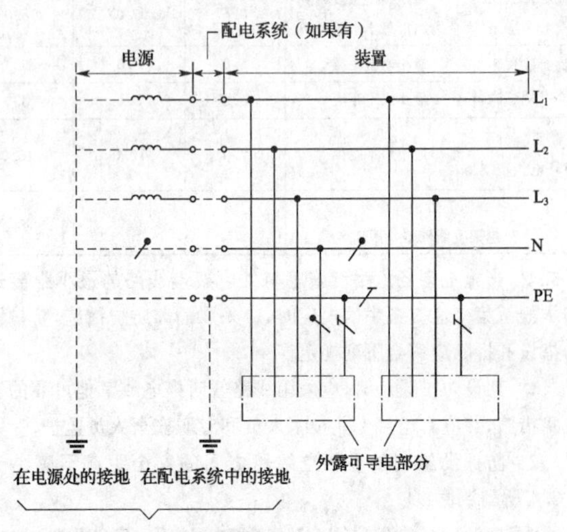

图8.1.1-1　全系统将中性导体(N)与保护导体(PE)分开的TN-S系统

注：对装置的保护导体(PE)可另外增设接地。

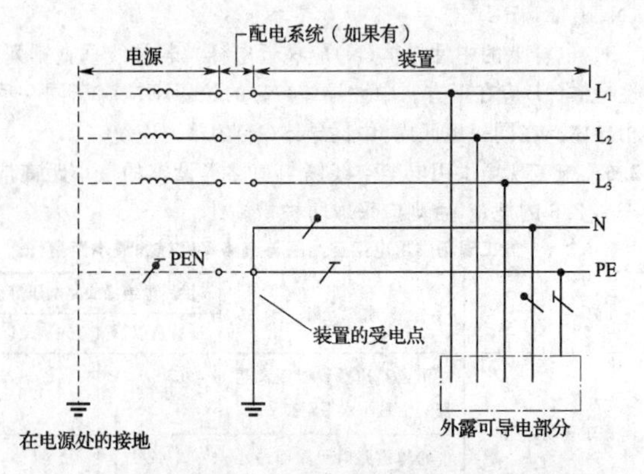

图8.1.1-2　在装置的受电点将保护接地中性导体(PEN)分离成保护导体(PE)和中性导体(N)的三相四线制的TN-C-S系统

注：对配电系统的保护接地中性导体(PEN)和装置的保护导体(PE)可另外增设接地。

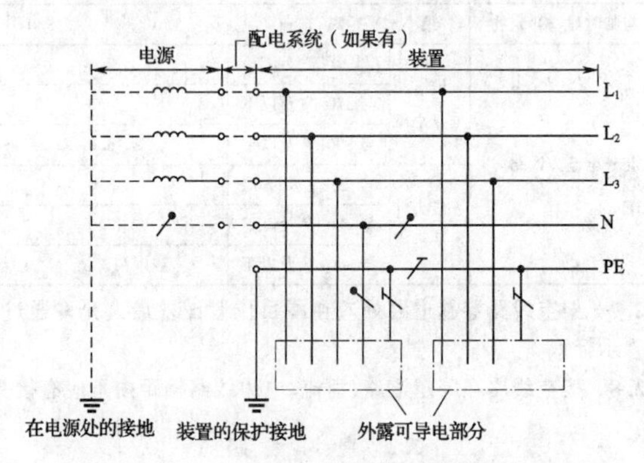

图8.1.1-3　全部装置都采用分开的中性导体(N)和保护导体(PE)的TT系统

注：对装置的保护导体(PE)可提供附加的接地。

表8.1.1　符号说明

符号	说明
（符号）	中性导体(N)
（符号）	保护导体(PE)
（符号）	合并的保护和中性导体(PEN)

8.1.2　TN-S系统应符合下列规定：

1　总配电箱、分配电箱及架空线路终端，其保护导体(PE)应做重复接地，接地电阻不宜大于10Ω；

2　保护导体(PE)和相导体的材质应相同，保护导体(PE)的最小截面积应符合表8.1.2的规定。

表8.1.2　保护导体(PE)的最小截面积(mm^2)

相导体截面积	保护导体(PE)最小截面积
$S \leqslant 16$	S
$16 < S \leqslant 35$	16
$S > 35$	$S/2$

8.1.3　TN-C-S系统应符合下列规定：

1　在总配电箱处应将保护接地中性导体(PEN)分离成中性导体(N)和保护导体(PE)；

2　在总配电箱处保护导体(PE)汇流排应与接地装置直接连接；保护接地中性导体(PEN)应先接至保护导体(PE)汇流排，保护导体(PE)汇流排和中性线汇流排应跨接；跨接线的截面积不应小于保护导体(PE)汇流排的截面积。

8.1.4　TT系统应符合下列规定：

1　电气设备外露可导电部分应单独设置接地极，且不应与变压器中性点的接地极相连接；

2　每一回路应装设剩余电流保护器；

3　中性线不得做重复接地；

4　接地电阻值应符合下式的规定：

$$I_a \times R_A \leqslant 25V \qquad (8.1.4)$$

式中：I_a——使保护电器自动动作的电流（A）；

R_A——接地极和外露可导电部分的保护导体（PE）电阻值和（Ω）。

8.1.5 当高压设备的保护接地与变压器的中性点接地分开设置时，变压器中性点接地的接地电阻不应大于4Ω；当受条件限制高压设备的保护接地与变压器的中性点接地无法分开设置时，变压器中性点的接地电阻不应大于1Ω。

8.1.6 下列电气装置的外露可导电部分和装置外可导电部分均应接地：

1 电机、变压器、照明灯具等Ⅰ类电气设备的金属外壳、基础型钢、与该电气设备连接的金属构架及靠近带电部分的金属围栏；

2 电缆的金属外皮和电力线路的金属保护管、接线盒。

8.1.7 当采用隔离变压器供电时，二次回路不得接地。

8.1.8 接地装置的敷设应符合下列要求：

1 人工接地体的顶面埋设深不宜小于0.6m。

2 人工垂直接地体宜采用热浸镀锌圆钢、角钢、钢管，长度宜为2.5m；人工水平接地体宜采用热浸镀锌的扁钢或圆钢；圆钢直径不应小于12mm；扁钢、角钢等型钢截面不应小于90mm^2，其厚度不应小于3mm；钢管壁厚不应小于2mm；人工接地体不得采用螺纹钢筋。

3 人工垂直接地体的埋设间距不宜小于5m。

4 接地装置的焊接应采用搭接焊接，搭接长度等应符合下列要求：

1）扁钢与扁钢搭接为其宽度的2倍，不应少于三面施焊；

2）圆钢与圆钢搭接为其直径的6倍，应双面施焊；

3）圆钢与扁钢搭接为圆钢直径的6倍，应双面施焊；

4）扁钢与钢管，扁钢与角钢焊接，应紧贴3/4钢管表面或角钢外侧两面，上下两侧施焊；

5）除埋设在混凝土中的焊接接头以外，焊接部位应做防腐处理。

5 当利用自然接地体接地时，应保证其有完好的电气通路。

6 接地线应直接接至配电箱保护导体（PE）汇流排；接地线的截面应与水平接地体的截面相同。

8.1.9 接地装置的设置应考虑土壤受干燥、冻结等季节因素的影响，并应使接地电阻在各季节均能保证达到所要求的值。

8.1.10 保护导体（PE）上严禁装设开关或熔断器。

8.1.11 用电设备的保护导体（PE）不应串联连接，应采用焊接、压接、螺栓连接或其他可靠方法连接。

8.1.12 严禁利用输送可燃液体、可燃气体或爆炸性气体的金属管道作为电气设备的接地保护导体（PE）。

8.1.13 发电机中性点应接地，且接地电阻不应大于4Ω；发电机组的金属外壳及部件应可靠接地。

8.2 防 雷

8.2.1 位于山区或多雷地区的变电所、箱式变电站、配电室应装设防雷装置；高压架空线路及变压器高压侧应装设避雷器；自室外引入有重要电气设备的办公室的低压线路宜装设电涌保护器。

8.2.2 施工现场和临时生活区的高度在20m及以上的钢脚手架、幕墙金属龙骨、正在施工的建筑物以及塔式起重机、井子架、施工升降机、机具、烟囱、水塔等设施，均应设有防雷保护措施；当以上设施在其他建筑物或设施的防雷保护范围之内时，可不再设置。

8.2.3 设有防雷保护措施的机械设备，其上的金属管路应与设备的金属结构体做电气连接；机械设备的防雷接地与电气设备的保护接地可共用同一接地体。

9 电动施工机具

9.1 一 般 规 定

9.1.1 施工现场所使用的电动施工机具应符合国家强制认证标准规定。

9.1.2 施工现场所使用的电动施工机具的防护等级应与施工现场的环境相适应。

9.1.3 施工现场所使用的电动施工机具应根据其类别设置相应的间接接触电击防护措施。

9.1.4 应对电动施工机具的使用、保管、维修人员进行安全技术教育和培训。

9.1.5 应根据电动施工机具产品的要求及实际使用条件，制订相应的安全操作规程。

9.2 可移式和手持式电动工具

9.2.1 施工现场使用手持式电动工具应符合现行国家标准《手持式电动工具的管理、使用、检查和维修安全技术规程》GB/T 3787的有关规定。

9.2.2 施工现场电动工具的选用应符合下列规定：

1 一般施工场所可选用Ⅰ类或Ⅱ类电动工具。

2 潮湿、泥泞、导电良好的地面，狭窄的导电场所应选用Ⅱ类或Ⅲ类电动工具。

3 当选用Ⅰ类或Ⅱ类电动工具时，Ⅰ类电动工具金属外壳与保护导体（PE）应可靠连接；为其供电的末级配电箱中剩余电流保护器的额定剩余电流动作值不应大于30mA，额定剩余电流动作时间不应大于0.1s。

4 导电良好的地面、狭窄的导电场所使用的Ⅱ类电动工具的剩余电流动作保护器、Ⅲ类电动工具的安全隔离变压器及其配电箱应设置在作业场所外面。

5 在狭窄的导电场所作业时应有人在外面监护。

9.2.3 1台剩余电流动作保护器不得控制2台及以上电动工具。

9.2.4 电动工具的电源线，应采用橡皮绝缘橡皮护套铜芯软电缆。电缆应避开热源，并应采取防止机械损伤的措施。

9.2.5 电动工具需要移动时，不得手提电源线或工具的可旋转部分。

9.2.6 电动工具使用完毕、暂停工作、遇突然停电时应及时切断电源。

9.3 起 重 机 械

9.3.1 起重机械电气设备的安装，应符合现行国家标准《电气装置安装工程　起重机电气装置施工及验收规范》GB 50256的有关规定。

9.3.2 起重机械的电源电缆应经常检查，定期维护。轨道式起重机电源电缆收放通道附近不得堆放其他设备、材料和杂物。

9.3.3 塔式起重机电源进线的保护导体（PE）应做重复接地，塔身应做防雷接地。轨道式塔式起重机接地装置的设置应符合下列规定：

1 轨道两端头应各设置一组接地装置；

2 轨道的接头处做电气搭接，两头轨道端部应做环形电气连接；

3 较长轨道每隔20m应加一组接地装置。

9.3.4 在强电磁场源附近工作的塔式起重机，操作人员应戴绝缘手套和穿绝缘鞋，并应在吊钩与吊物间采取绝缘隔离措施，或在吊钩吊装地面物体时，应在吊钩上挂接临时接地线。

9.3.5 起重机上的电气设备和接线方式不得随意改动。

9.3.6 起重机上的电气设备应定期检查，发现缺陷应及时处理。

在运行过程中不得进行电气检修工作。

9.4 焊接机械

9.4.1 电焊机应放置在防雨、干燥和通风良好的地方。焊接现场不得有易燃、易爆物品。

9.4.2 电焊机的外壳应可靠接地，不得串联接地。

9.4.3 电焊机的裸露导电部分应装设安全保护罩。

9.4.4 电焊机的电源开关应单独设置。发电机式直流电焊机械的电源应采用启动器控制。

9.4.5 电焊把钳绝缘应良好。

9.4.6 施工现场使用交流电焊机时宜装配防触电保护器。

9.4.7 电焊机一次侧的电源电缆应绝缘良好，其长度不宜大于5m。

9.4.8 电焊机的二次线应采用橡皮绝缘橡皮护套铜芯软电缆，电缆长度不宜大于30m，不得采用金属构件或结构钢筋代替二次线的地线。

9.4.9 使用电焊机焊接时应穿戴防护用品。不得冒雨从事电焊作业。

9.5 其他电动施工机具

9.5.1 夯土机械的电源线应采用橡皮绝缘橡皮护套铜芯软电缆。

9.5.2 使用夯土机械应按规定穿戴绝缘用品，使用过程应有专人调整电缆，电缆长度不宜超过50m。电缆不应缠绕、扭结和被夯土机械跨越。

9.5.3 夯土机械的操作扶手应绝缘可靠。

9.5.4 潜水泵电机的电源线应采用具有防水性能的橡皮绝缘橡皮护套铜芯软电缆，且不得承受外力。电缆在水中不得有中间接头。

9.5.5 混凝土搅拌机、插入式振动器、平板振动器、地面抹光机、水磨石机、钢筋加工机械、木工机械等设备的电源线应采用耐气候型橡皮护套铜芯软电缆，并不得有任何破损和接头。

10 办公、生活用电及现场照明

10.1 办公、生活用电

10.1.1 办公、生活用电器具应符合国家产品认证标准。

10.1.2 办公、生活设施用水的水泵电源宜采用单独回路供电。

10.1.3 生活、办公场所不得使用电炉等产生明火的电气装置。

10.1.4 自建浴室的供用电设施应符合现行行业标准《民用建筑电气设计规范》JGJ 16 关于特殊场所的安全防护的有关规定。

10.1.5 办公、生活场所供用电系统应装设剩余电流动作保护器。

10.2 现场照明

10.2.1 照明方式的选择应符合下列规定：

1 需要夜间施工、无自然采光或自然采光差的场所，办公、生活、生产辅助设施，道路等应设置一般照明；

2 同一工作场所内的不同区域有不同照度要求时，应分区采用一般照明或混合照明，不应只采用局部照明。

10.2.2 照明种类的选择应符合下列规定：

1 工作场所均应设置正常照明；

2 在坑井、沟道、沉箱内及高层构筑物内的走道、拐弯处、安全出入口、楼梯间、操作区域等部位，应设置应急照明；

3 在危及航行安全的建筑物、构筑物上，应根据航行要求设置障碍照明。

10.2.3 照明灯具的选择应符合下列规定：

1 照明灯具应根据施工现场环境条件设计并应选用防水型、防尘型、防爆型灯具；

2 行灯应采用Ⅲ类灯具，采用安全特低电压系统（SELV），其额定电压值不应超过24V；

3 行灯灯体及手柄绝缘应良好、坚固、耐热、耐潮湿，灯头与灯体应结合紧固，灯泡外部应有金属保护网、反光罩及悬吊挂钩，挂钩应固定在灯具的绝缘手柄上。

10.2.4 严禁利用额定电压220V的临时照明灯具作为行灯使用。

10.2.5 下列特殊场所应使用安全特低电压系统（SELV）供电的照明装置，且电源电压应符合下列规定：

1 下列特殊场所的安全特低电压系统照明电源电压不应大于24V：

1)金属结构构架场所；

2)隧道、人防等地下空间；

3)有导电粉尘、腐蚀介质、蒸汽及高温炎热的场所。

2 下列特殊场所的特低电压系统照明电源电压不应大于12V：

1)相对湿度长期处于95%以上的潮湿场所；

2)导电良好的地面、狭窄的导电场所。

10.2.6 为特低电压照明装置供电的变压器应符合下列规定：

1 应采用双绕组型安全隔离变压器；不得使用自耦变压器。

2 安全隔离变压器二次回路不应接地。

10.2.7 行灯变压器严禁带入金属容器或金属管道内使用。

10.2.8 照明灯具的使用应符合下列规定：

1 照明开关应控制相导体。当采用螺口灯头时，相导体应接在中心触头上。

2 照明灯具与易燃物之间，应保持一定的安全距离，普通灯具不宜小于300mm；聚光灯、碘钨灯等高热灯具不宜小于500mm，且不得直接照射易燃物。当间距不够时，应采取隔热措施。

11 特殊环境

11.1 高原环境

11.1.1 在高原地区施工现场使用的供配电设备的防护等级及性能应能满足高原环境特点。

11.1.2 架空线路的设计应综合考虑海拔、气压、雪、冰、风、温差变化大等因素的影响。

11.1.3 电缆的选用及敷设应符合下列规定：

1 应根据使用环境的温度情况，选用耐热型或耐低温型电缆；

2 电缆直埋敷设于冻土地区时应符合本规范第7.3.2条的规定；

3 除架空绝缘型电缆外的非户外型电缆在户外使用时，应采取罩、盖等遮阳措施。

11.2 易燃、易爆环境

11.2.1 在易燃、易爆环境中使用的电气设备应采用隔爆型，其电气控制设备应安装在安全的隔离墙外或与该区域有一定安全距离的配电箱中。

11.2.2 在易燃、易爆区域内，应采用阻燃电缆。

11.2.3 在易燃、易爆区域内进行用电设备检修或更换工作时，必须断开电源，严禁带电作业。

11.2.4 易燃、易爆区域内的金属构件应可靠接地。当区域内装有用电设备时，接地电阻不应大于4Ω；当区域内无用电设备时，接地电阻不应大于30Ω。活动的金属门应和门框用铜质软导线进行可靠电气连接。

11.2.5 施工现场配置的施工用氧气、乙炔管道，应在其始端、末端、分支处以及直线段每隔50m处安装防静电接地装置，相邻平行管道之间，应每隔20m用金属线相互连接。管道接地电阻不得大于30Ω。

11.2.6 易燃、易爆环境施工现场的电气设施除应符合本规范外，尚应符合现行国家标准《爆炸和火灾危险环境电力装置设计规范》GB 50058以及《电气装置安装工程 爆炸和火灾危险环境电气装置施工及验收规范》GB 50257的有关规定。

11.3 腐蚀环境

11.3.1 在腐蚀环境中使用的电工产品应采用防腐型产品。

11.3.2 在腐蚀环境中户内使用的配电线路宜采用全塑电缆明敷。

11.3.3 在腐蚀环境中户外使用的电缆采用直埋时，宜采用塑料护套电缆在土沟内埋设，土沟内应回填中性土壤，敷设时应避开可能遭受化学液体侵蚀的地带。

11.3.4 在有积水、有腐蚀性液体的地方，在腐蚀性气体比重大于空气的地方，不宜采用穿钢管埋地或电缆沟敷设方式。

11.3.5 腐蚀环境的电缆线路应尽量避免中间接头。电缆端部裸露部分宜采用塑套管保护。

11.3.6 腐蚀环境的密封式动力配电箱、照明配电箱、控制箱、电动机接线盒等电缆进出口处应采用金属或塑料的带橡胶密封圈的密封防腐措施，电缆管口应封堵。

11.4 潮湿环境

11.4.1 户外安装使用的电气设备均应有良好的防雨性能，其安装位置地面处应能防止积水。在潮湿环境下使用的配电箱宜采取防潮措施。

11.4.2 在潮湿环境中严禁带电进行设备检修工作。

11.4.3 在潮湿环境中使用电气设备时，操作人员应按规定穿戴绝缘防护用品和站在绝缘台上，所操作的电气设备的绝缘水平应符合要求，设备的金属外壳、环境中的金属构架和管道均应良好接地，电源回路中应有可靠的防电击保护装置，连接的导线或电缆不应有接头和破损。

11.4.4 在潮湿环境中不应使用0类和Ⅰ类手持式电动工具，应选用Ⅱ类或由安全隔离变压器供电的Ⅲ类手持式电动工具。

11.4.5 在潮湿环境中所使用的照明设备应选用密闭式防水防潮型，其防护等级应满足潮湿环境的安全使用要求。

11.4.6 潮湿环境中使用的行灯电压不应超过12V。其电源线应使用橡皮绝缘橡皮护套铜芯软电缆。

12 供用电设施的管理、运行及维护

12.0.1 供用电设施的管理应符合下列规定：

1 供用电设施投入运行前，应建立、健全供用电管理机构，设立运行、维修专业班组并明确职责及管理范围。

2 应根据用电情况制订用电、运行、维修等管理制度以及安全操作规程。运行、维护专业人员应熟悉有关规章制度。

3 应建立用电安全岗位责任制，明确各级用电安全负责人。

12.0.2 供用电设施的运行、维护工器具配置应符合下列规定：

1 变配电所内应配备合格的安全工具及防护设施。

2 供用电设施的运行及维护，应按有关规定配备安全工器具及防护设施，并定期检验。电气绝缘工具不得挪作他用。

12.0.3 供用电设施的日常运行、维护应符合下列规定：

1 变配电所运行人员单独值班时，不得从事检修工作。

2 应建立供用电设施巡视制度及巡视记录台账。

3 配电装置和变压器，每班应巡视检查1次。

4 配电线路的巡视和检查，每周不应少于1次。

5 配电设施的接地装置应每半年检测1次。

6 剩余电流动作保护器应每月检测1次。

7 保护导体(PE)的导通情况应每月检测1次。

8 根据线路负荷情况进行调整，宜使线路三相保持平衡。

9 施工现场室外供用电设施除经常维护外，遇大风、暴雨、冰雹、雪、霜、雾等恶劣天气时，应加强巡视和检查；巡视和检查时，应穿绝缘靴且不得靠近避雷器和避雷针。

10 新投入运行或大修后投入运行的电气设备，在72h内应加强巡视，无异常情况后，方可按正常周期进行巡视。

11 供用电设施的清扫和检修，每年不宜少于2次，其时间应安排在雨季和冬季到来之前。

12 施工现场大型用电设备应有专人进行维护和管理。

12.0.4 在全部停电和部分停电的电气设备上工作时，应完成下列技术措施且符合相关规定：

1 一次设备应完全停电，并应切断变压器和电压互感器二次侧开关或熔断器；

2 应在设备或线路切断电源，并经验电确无电压后装设接地线，进行工作；

3 工作地点应悬挂“在此工作”标示牌，并应采取安全措施。

12.0.5 在靠近带电部分工作时，应设专人监护。工作人员在工作中正常活动范围与设备带电部位的最小安全距离不得小于0.7m。

12.0.6 接引、拆除电源工作，应由维护电工进行，并应设专人进行监护。

12.0.7 配电箱柜的箱柜门上应设警示标识。

12.0.8 施工现场供用电文件资料在施工期间应由专人妥善保管。

13 供用电设施的拆除

13.0.1 施工现场供用电设施的拆除应按已批准的拆除方案进行。

13.0.2 在拆除前,被拆除部分应与带电部分在电气上进行可靠断开、隔离,应悬挂警示牌,并应在被拆除侧挂临时接地线或投接地刀闸。

13.0.3 拆除前应确保电容器已进行有效放电。

13.0.4 在拆除临近带电部分的供用电设施时,应有专人监护,并应设隔离防护设施。

13.0.5 拆除工作应从电源侧开始。

13.0.6 在临近带电部分的应拆除设备拆除后,应立即对拆除处带电设备外露的带电部分进行电气安全防护。

13.0.7 在拆除容易与运行线路混淆的电力线路时,应在转弯处和直线段分段进行标识。

13.0.8 拆除过程中,应避免对设备造成损伤。

附录A 外壳防护等级(IP代码)

A.0.1 外壳防护等级第一位数字所表示的对防止固体异物进入的要求应符合表A.0.1的规定。

表A.0.1 第一位数字所表示的对防止固体异物进入的要求

数字	防护范围	说明
0	无防护	对外界的人或物无特殊的防护
1	防止大于50mm的固体外物侵入	防止手掌等因意外而接触到电器内部的零件,防止直径大于50mm尺寸的外物侵入
2	防止大于12.5mm的固体外物侵入	防止人的手指接触到电器内部的零件,防止直径大于12.5mm尺寸的外物侵入
3	防止大于2.5mm的固体外物侵入	防止直径或厚度大于2.5mm的工具、电线及类似的小型外物侵入而接触到电器内部的零件
4	防止大于1.0mm的固体外物侵入	防止直径或厚度大于1.0mm的工具、电线及类似的小型外物侵入而接触到电器内部的零件
5	防止外物及灰尘	完全防止外物侵入,虽不能完全防止灰尘侵入,但灰尘的侵入量不会影响电器的正常运作
6	防止外物及灰尘	完全防止外物及灰尘侵入

A.0.2 第二位数字所表示的对防止水进入的要求应符合表A.0.2的规定。

表A.0.2 第二位数字所表示的对防止水进入的要求

数字	防护范围	说明
0	无防护	对水或湿气无特殊的防护
1	防止水滴侵入	垂直落下的水滴不会对电器造成损坏
2	倾斜15°时,仍可防止水滴侵入	当电器由垂直倾斜至15°时,滴水不会对电器造成损坏
3	防止喷洒的水侵入	防雨或防止与垂直方向的夹角小于60°方向所喷洒的水侵入电器而造成损坏
4	防止飞溅的水侵入	防止各个方向飞溅而来的水侵入电器而造成损坏
5	防止喷射的水侵入	防止来自各个方向由喷嘴射出的水侵入电器而造成损坏
6	防止大浪侵入	装设于甲板上的电器,可防止因大浪的侵袭而造成的损坏
7	防止浸水时水的侵入	电器浸在水中一定时间或水压在一定的标准以下,可确保不因浸水而造成损坏
8	防止沉没时水的侵入	电器无限期沉没在指定的水压下,可确保不因浸水而造成损坏

A.0.3 附加和补充字母所表示的含义应符合表A.0.3的规定。

表A.0.3 附加和补充字母所表示的含义

附加字母		补充字母	
字母	对人身保护的含义 防止人体直接或间接触及带电部分	字母	对设备保护的含义 专门补充的信息
A	手背	H	高压设备
B	手指	M	做防水试验时试样运行
C	工具	S	做防水试验时试样静止
D	金属线	W	气候条件

本规范用词说明

1 为便于在执行本规范条文时区别对待,对要求严格程度不同的用词说明如下:

1)表示很严格,非这样做不可的:

正面词采用"必须",反面词采用"严禁";

2)表示严格,在正常情况下均应这样做的:

正面词采用"应",反面词采用"不应"或"不得";

3)表示允许稍有选择,在条件许可时首先应这样做的:

正面词采用"宜",反面词采用"不宜";

4)表示有选择,在一定条件下可以这样做的,采用"可"。

2 条文中指明应按其他有关标准执行的写法为:"应符合……的规定"或"应按……执行"。

引用标准名录

《10kV及以下变电所设计规范》GB 50053
《低压配电设计规范》GB 50054
《爆炸和火灾危险环境电力装置设计规范》GB 50058
《电气装置安装工程　电力变压器、油浸电抗器、互感器施工及验收规范》GB 50148
《电气装置安装工程　电气设备交接试验标准》GB 50150
《电气装置安装工程　起重机电气装置施工及验收规范》GB 50256
《电气装置安装工程　爆炸和火灾危险环境电气装置施工及验收规范》GB 50257
《手持式电动工具的管理、使用、检查和维修安全技术规程》GB/T 3787
《剩余电流动作保护电器的一般要求》GB/Z 6829
《工业用插头插座和耦合器　第1部分：通用要求》GB/T 11918
《工业用插头插座和耦合器　第2部分：带插销和插套的电器附件的尺寸互换性要求》GB/T 11919
《额定电压1kV及以下架空绝缘电缆》GB/T 12527
《剩余电流动作保护装置安装和运行》GB 13955
《额定电压10kV架空绝缘电缆》GB/T 14049
《建筑物电气装置的电压区段》GB/T 18379
《民用建筑电气设计规范》JGJ 16

中华人民共和国国家标准

建设工程施工现场供用电安全规范

GB 50194-2014

条文说明

2

制 订 说 明

《建设工程施工现场供用电安全规范》GB 50194—2014，经住房城乡建设部2014年4月15日以第406号公告批准发布。

本规范是在《建设工程施工现场供用电安全规范》GB 50194—93的基础上修订而成，上一版的主编单位是电力部电力建设研究所（现中国电力科学研究院），参编单位是电力部建设协调司、北京电力建设公司、冶金部自动化研究院、铁道部专业设计院、北京建工集团总公司，主要起草人员是李岗、易开森、李志耕、刘寄平、马长瀛等。本次修订后的主要技术内容包括：总则，术语，供用电设施的设计、施工、验收，发电设施，变电设施，配电设施，配电线路，接地与防雷，电动施工机具，办公、生活用电及现场照明，特殊环境，供用电设施的管理、运行及维护，以及供用电设施的拆除等。

标准编制组经过多次讨论修改形成征求意见稿，2011年1月24日将征求意见稿发全国各有关设计、制造、施工、监理、生产运行等企业征求意见。

2011年6月及10月召开两次标准修订编写组工作会，会上专家对本规范经汇总后的征求意见稿反馈意见逐条进行了讨论，并发表了意见和建议，对反馈意见不采纳的原因进行了明确，邀请相关专家对标准进行了初审。

2012年3月15日中电联标准化中心邀请了13名专家组成审查委员会，在建设部标准定额司的指导下，审查通过了本规范报批稿。

为了方便广大设计、生产、施工、科研、学校等单位有关人员在使用本规范时能正确理解和执行条文规定，《建设工程施工现场供用电安全规范》编制组按章、节、条顺序编制了本规范的条文说明，对条文规定的目的、依据以及执行中需注意的有关事项进行了说明，还着重对强制性条文的强制性理由作了解释。但是，本条文说明不具备与规范正文同等的法律效力，仅供使用者作为理解和把握规范规定的参考。

目　次

1 总 则

1.0.1 建设工程施工现场电气环境较为恶劣，属于电击危险大的特殊场所，为了确保施工现场供用电过程中的人身安全和设备安全，根据国家有关规定，结合施工现场的实际情况和特点，制定本规范。由于供用电设施使用结束后进行拆除同样涉及安全问题，增加了"拆除"内容。

1.0.2 通过调研，建设工程施工现场供用电所涉及的电压等级多为10kV及以下，且施工现场发生的电击事故也主要集中在该电压区间，因此本规范将适用范围规定为电压等级在10kV及以下的施工现场供用电。由于对水下、井下、坑道的施工用电有特殊要求，本规范不适用。

1.0.3 通过调研，施工现场没有采取必要的电击防护措施，线路绝缘故障或用电设备故障等原因是造成施工现场电击事故的主要原因，因此本规范将必要防护、设施合格作为确保施工现场供用电安全的基本原则。本条系根据现行国家标准《用电安全导则》GB/T 13869关于用电安全的一般原则要求制订。

3 供用电设施的设计、施工、验收

3.1 供用电设施的设计

3.1.1 为避免投入使用后频繁修改，供配电系统应有全面的规划。

3.1.2 施工现场供用电系统根据工程规模的大小而不尽相同。施工现场供用电设计是否合理关系到施工现场供用电系统能否安全、可靠运行，因此施工现场的供用电设计应履行规定的审核、批准程序。

4 发电设施

4.0.2 对本条第3款说明如下：当两台或两台以上发电机组并列运行时，机组的中性点应经刀开关接地或经限流电抗器接地。当机组的中性导体(N)经刀开关接地，存在环流时，可根据发电机允许的不对称负荷电流及中性导体(N)上可能出现的零序电流选择刀开关状态。

4.0.3 移动式发电机运行时会产生一定的振动，因此要求其置于地势平坦处，并加以固定。为防止发电机绝缘损坏导致电击事故，故采取发电机金属外壳和拖车接地措施。接地可单独设临时接地极，也可接到自然接地体上。

4.0.4 发电机组电源必须与其他电源互相闭锁，才能保证发电机组不致因与其他电源并列运行而发生安全事故。因此，该条列为强制性条文，必须严格执行。

5 变电设施

5.0.2 本条是根据现行国家标准《10kV及以下变电所设计规范》GB 50053结合施工现场的实际情况作出的变电所选址规定。

5.0.4 对本条说明如下：

1 箱式变电站具有安装简便、占地面积小、拆除周转方便等特点，目前在施工现场使用较为广泛，但由于施工现场环境较为恶劣，因此在选用箱式变电站时应根据环境状况选择不低于现行国家标准《高压/低压预装式变电站》GB 17467所规定的IP23D外壳防护等级，以保证变电站安全、稳定运行。

2 调研发现，施工现场箱式变电站的安装位置周边大多缺乏市政基础排水设施，易造成基础内进水，导致变电站电气绝缘水平下降，带来事故隐患。因此，为防止箱式变电站基础受水冲刷、浸泡，规定户外安装的箱式变电站底部距地面的高度不应小于0.5m。

5.0.6 对本条第2款说明如下：变压器在投入运行前，使其低压侧开路，由系统供电侧(高压侧)对变压器进行5次冲击合闸试验，是为了检查在这种情况下变压器的受电情况以及变压器保护在冲击合闸时是否会因激磁涌流而动作，跳开合闸开关。

6 配电设施

6.1 一般规定

6.1.1 一般施工现场的低压配电系统宜采用三级配电，因为配电级数过多将给开关的选择性整定带来困难，但在很多情况下施工现场配电系统中不超过三级很难做到。因此，当向非重要负荷供电时，可适当增加配电级数，但不宜过多。对于小型施工现场采用二级配电也是允许的。本规范所指的三级配电是：总配电箱、分配电箱、末级配电箱。

配电箱中电源进线保护电器和出线回路保护电器，由于在一个箱体内，按一级配电处理。变配电室、箱式变电站中，电源直接引自变压器的低压进线柜及馈出柜，统称为总配电箱；如施工现场为低压供电，第一个配电柜或配电箱，亦称为总配电箱。

6.1.2 本条符合现行国家标准《供配电系统设计规范》GB 50052的有关规定。链式配电是指将供电线路分为若干段，前后段电缆均接在配电箱总断路器的上口端子处，依此至最后一级配电箱。

6.1.3 在建设工程施工现场往往会有一些非常重要的负荷，如：消防水泵等，由于对供电可靠性要求比较高，因此，要求由总配电箱的专用回路直接供电。消防负荷不能接入过负荷保护和剩余电流保护器是因为一旦出现火灾等危及人员生命的事故，保证消防设备能够继续供电、正常运转是至关重要的。如果剩余电流动作保护器仅仅用于报警，是可以接入的。

6.1.4 设专用配电箱的目的是为了保证其用电的可靠性。

6.1.5 为降低三相低压配电系统的不对称度，故规定最大相负荷不宜超过三相负荷平均值的115%，最小相负荷不宜小于三相负荷平均值的85%。

6.1.6 本条是依据现行国家标准《供配电设计规范》GB 50052及施工现场实际情况作出的规定，目的是为保证用电设备能够安全、正常运行。

6.2 配电室

6.2.2 本条是依据现行国家标准《低压配电设计规范》GB 50054及施工现场的实际情况对操作、维护通道的宽度作出的规定，目的是为保证操作和维护时人员、设备的安全。配电装置的正上方不允许安装灯具，主要是为了防止工作人员维护灯具时发生电击事故。

6.2.3 当采用带隔离功能的断路器时，可不另设电源隔离电器。

6.3 配电箱

6.3.1 有的施工现场较大或楼层较高，如果只设一级分配电箱不能满足电源分配的需要，可根据情况适当增加分配电箱级数，例如：一级分配电箱、二级分配电箱。

6.3.2 动力配电箱与照明配电箱分设，主要是为了减少动力设备启动、运行对照明设施的影响；如不便分设时，动力和照明回路应分开。

6.3.3 一个保护电器控制多台设备，当用电设备或线路发生故障时，保护电器动作后会影响其他设备的使用。

6.3.4 保护电器除有其他相应功能外，还应具有剩余电流动作保护功能。

6.3.5 现行国家标准《低压成套开关设备和控制设备 第4部分：对建筑工地用成套设备(ACS)特殊要求》GB 7251.4规定，当所有的门闭合且所有的活动面板及盖板就位后，ACS的所有部位的防护等级至少应为IP44，门内操作面的防护等级不应低于IP21。本条就是据此制订的。

6.3.8 塑壳断路器安装配套的绝缘隔板，可有效防止断路器上、下端相间短路事故的发生。

6.3.11 导线端子规格与芯线截面适配是为保证连接的可靠性，如果使用大端子、小截面导线或小端子、大截面导线的连接方式，将可能出现压接不实或导线断股的现象，存在安全隐患。在有的施工现场供用电工程中发现，由于导线截面大，接续端子后，不能直接在电器端子上压接，采取了将端子两侧各切掉一部分的不妥方式，减小了端子的载流量，故要求接线端子应完整。

6.3.13 工业连接器的防护等级不低于IP44，有的可达到IP67，适合户外配电箱的进出线。工业连接器适用于户内和户外使用的额定工作电压不超过690V d.c.或a.c.和500Hz a.c.，额定电流不超过250A的情况。目前优选额定电流系列为：16A、32A、63A、125A、250A。

6.3.14 在分配电箱设置插座直接给末级配电箱供电，省去了接线的工作，提高了工作效率，为保证供电的安全可靠性，应采用工业用插座。但应注意每个插座应有各自独立的保护电器，且与所接末级配电箱的保护电器相匹配。

6.3.15 橡套软电缆适宜经常移动的配电箱使用。本条依据现行国家标准《低压电气装置 第7-704部分 特殊装置或场所的要求 施工和拆除场所的电气装置》GB 16895.7的有关规定制订。

6.3.18 配电箱应有名称、编号、系统图及分路标记，主要是为便于维护、管理及防止误操作。

6.4 开关电器的选择

6.4.2 根据施工现场的实际情况，为保证电气维修安全，宜采用可同时断开相导体和中性导体(N)的隔离开关。

6.4.4 由于末级配电箱直接接用电设备、手持电动工具等，最易发生人身电击事故，因此，末级配电箱应在装设具有短路保护、过负荷保护功能电器的基础上装设具有剩余电流动作保护功能的电器。

6.4.7 《全国民用建筑工程设计技术措施 电气》(2009年版)规定，分级安装的剩余电流保护电器的动作特性应有选择性，上下级的电流比值一般可取3：1；末端线路剩余电流保护器的动作电流值不大于30mA，上一级不宜大于300mA，配电干线不大于500mA。现行国家标准《剩余电流动作保护装置安装和运行》GB 13955—2005规定，三级保护的最大分断时间为：一级保护0.5s，二级保护0.3s，末级保护小于或等于0.1s。综合以上情况，特作出本条的相关规定。本条规定了额定动作电流的范围，在实际选取时，应根据配电级数合理确定。当配电系统设置多级剩余电流保护时，每两级之间应有保护性配合，如：当设置为三级时，可为30mA，0.1s；100mA，0.2s；300mA，0.3s。

对于配电箱给变频设备等特殊类别的装置供电时，应根据其技术资料，合理设置剩余电流保护器的额定动作电流，既保证设备正常运行，又能使剩余电流保护器发挥其应有的保护功能。

6.4.8 剩余电流保护器是保护人身安全的重要电器，只有通过专用检测仪器对其特性进行定量检测，即在设定电流值时，测试分断时间，才能确认其是否合格，是否能够起到保护人身安全的作用。

7 配电线路

7.1 一般规定

7.1.1 配电线路路径的选择对施工现场供用电的安全性、可靠性至关重要，由于施工现场供用电环境的特殊性，在选择施工现场供用电路径时应把保证安全放在首要位置。

7.1.2 施工现场配电线路的敷设方式主要为架空和直埋，本章重点对施工现场架空线路和直埋线路的材料、隔离、防护等进行了规定。调研发现，由机械性损伤引起的电缆绝缘故障导致的施工现场电击事故机率较高，因此本规范对敷设方式应避免受到机械性损伤进行了重点强调。本条依据现行国家标准《用电安全导则》GB/T 13869 对于电气线路绝缘的原则要求制订。

7.2 架空线路

7.2.1 本条第1款针对目前施工现场将非架空线用于架空线路带来的绝缘、强度等方面的安全隐患，强调了施工现场架空线路采用的绝缘导线应符合的有关的国家标准。

架空绝缘导线与普通架空裸导线相比，具有许多优点，可解决常规裸导线在运行过程中遇到的一些难题，投资上比地埋电缆经济。施工现场配电线路面临环境恶劣、各种交叉跨越较多、规范化管理难度大等困难，采用绝缘导线有利于提高供用电的安全性和可靠性，防止外力破坏。

本节所指的架空线路是指用绝缘子和杆塔将导线架设于地面上的电力线路。

7.2.2 本条第2款所说的防沉土台是指电杆组立后，在坑基周围堆积一定厚度的土，目的是为了防止回填土下沉，造成电杆周围土壤下陷，影响电杆基础的稳定性。

7.2.3 对于施工现场架空线路档距的确定主要依据以下运行经验确定：施工现场受周围环境影响，耐张杆和转角杆打拉线时受到限制，需要减小档距，保证导线张力不致过大，有利于线路的安全运行；施工现场的路灯线路、通信线路多与架空线路同杆架设，需要按照低压线路特点设置档距。

7.2.4 对本条第4款说明如下：本条是为保证施工现场线路、人身安全，防止拉线碰撞导线后导致电击事故而作出的绝缘子装设规定。在拉线断开情况下绝缘子高度应超过人手可能达到的高度，故规定为2.5m。

7.2.5 对本条第3款说明如下：调研发现施工现场由于中性导体(N)位置变化而接错中性导体(N)或中断中性导体(N)，易烧毁低压设备。为保证供用电系统安全运行、方便检修，在施工现场供电维护地区范围内，应做到中性导体(N)位置尽量统一。中性导体(N)架在靠近电杆侧，运行、检修人员登杆作业较安全。

7.2.6 考虑到施工现场照明线路与架空线路同杆架设的情况，本规范规定电杆中心至线路边缘的最小距离为0.5m。由于施工现场可能涉及超过正常车辆宽度的设备的运输，在照明线路与架空线路分设的情况下，电杆中心至线路边缘的距离应尽可能加大以保证安全。

施工现场配电线路与道路路面的最小距离主要考虑施工期间大型施工机械、车辆通过时应保证一定的安全通行高度。通过对施工机械、车辆高度参数的调研，跨越道路时距路面最小垂直距离在符合现行行业标准《架空绝缘配电线路设计技术规程》DL/T 601—1996 关于至路面最小垂直距离规定的情况下，低压及中压分别为6m和7m，已能够满足绝大多数情况下的安全通行高度。对于有超高机械、运输车辆通过的情况，应采取线路落地或线路架设时增加架设高度等方法解决。

调研发现，在建工程(含脚手架)与外电线路发生电击事故多是由于在脚手架上施工人员与危险电压距离过小，在传递物件(例如钢管)的过程中触碰配电线路导致事故。结合施工现场实际情况，施工现场供用电绝缘线路与在建工程脚手架的最小水平距离应大于脚手架最大杆长。根据现行行业标准《建筑施工扣件式钢管脚手架安全技术规范》JGJ 130—2011 的规定，为确保施工安全，运输方便，脚手架杆长在一般情况下不超过6.5m。本规范规定与在建工程(含脚手架)最小水平距离为7m。如果无法达到该距离，应采取电缆入地或更改线路的措施予以保证。

与临时建筑物的最小水平距离主要参照现行行业标准《架空绝缘配电线路设计技术规程》DL/T 601 的有关规定，本规范在数值上进行了适当的增加。

施工现场供用电绝缘线路与外电线路的距离符合国家现行标准《110kV～750kV 架空输电线路设计规范》GB 50545、《10kV 及以下架空配电线路设计技术规程》DL/T 5220 以及《架空绝缘配电线路设计技术规程》DL/T 601 的有关规定。

7.2.7 本条是按照《电力设施保护条例》结合施工现场实际作出的规定。

7.3 直埋线路

7.3.1 本条规定是从防止外力破坏考虑的。调研发现施工现场直埋电缆的绝缘故障主要是由开挖、碾压导致的绝缘层机械损伤引起的，因此施工现场的直埋线路宜采用铠装电缆。

7.3.2 对本条说明如下：

2 施工现场供用电线路直埋敷设应首先满足供用电线路的安全要求。考虑到施工现场的场地经常开挖和回填，为防止电缆被挖断或碰伤，电缆宜沿路边、建筑物边缘埋设。为便于电缆的查找、维修和保护，应沿线路走向设电缆走向标识。

4 电缆的中间接头是指在布置电缆线路时电缆的长度不能满足现场要求，或电缆受到机械损伤需要进行电缆串接使用的接头。中间接头应能保证原电缆的电气特性，并能防水且绝缘可靠。

7.4 其他方式敷设线路

7.4.2 在建筑物内或其他环境中无法埋地或架空的情况下，例如施工现场室内装饰、装修工程等阶段频繁敷设、回收的临时电缆线路，如无电缆沟、支架、桥架、井架等设施可以利用，可选择沿墙面或地面方式敷设，但应按照规定采取防止机械损伤和火花损伤措施。本条依据现行国家标准《低压电气装置　第7-704部分：特殊装置或场所的要求　施工和拆除场所的电气装置》GB 16895.7 关于防止线路受到机械损伤的原则要求制订。

7.4.3 对本条第2款说明如下：为防止电缆沟积水浸泡电缆，导致绝缘损坏，电缆沟应采取设置排水坡度等排水措施。

7.4.4 对本条第1款说明如下：施工现场临时设施采用轻钢活动房屋时，易发生配线绝缘破损的部位多为配线在穿过楼板或墙壁处，因此应在上述部位用绝缘保护管保护。

7.5 外电线路的防护

7.5.1 本条依据《电力设施保护条例》的有关规定制订。其中架空电力线路保护区是指导线边线向外侧水平延伸并垂直于地面所形成的两平行面内的区域，在一般地区1kV～10kV 电压导线的边线延伸距离为5m。

7.5.2 本条依据《电力设施保护条例》的有关规定制订。

7.5.3 施工道路、临时建筑物与外电架空线路的最小距离是根据国家现行标准《110kV～750kV 架空输电线路设计规范》GB 50545 和《10kV 及以下架空配电线路设计技术规程》DL/T 5220，并结合施工现场实际作出的规定。

为防止在建工程(含脚手架)与外电架空线路距离过近，脚手架上施工人员与危险电压距离过小，在传递物件(例如钢管)的过程中触碰外电线路导致事故，按照现行国家标准《电击防护　装置和设备的通用部分》GB/T 17045 的有关规定，并结合施工现场实际情况，规定了施工现场道路设施与外电架空线路的最小距离，其中考虑了人员可能使用或手持物件，从而使接近危险电压的距离缩小等因素。

各类施工机械外缘与外电架空线路距离是根据现行行业标准《电力建设安全工作规程（架空电力线路部分）》DL 5009.2 有关规定，结合施工现场情况作出的规定。

7.5.4 本条第 2 款关于防护设施与外电架空线路之间的最小安全距离的规定是根据现行行业标准《电力建设安全工作规程（架空电力线路部分）》DL 5009.2 关于高处作业与带电体的最小安全距离作出的。

本条第 3 款是依据现行国家标准《电击防护　装置和设备的通用部分》GB/T 17045 关于防止触及低压装置和设备危险的带电部分，以及防止进入高压装置和设备危险区域，应采用不低于 IP2X 防护等级的规定制订的。

8　接地与防雷

8.1　接　　地

8.1.1 TN-S 系统为电力系统有一点直接接地，电气装置的外露可导电部分通过保护导体（PE）与该接地点相连接，整个系统的中性导体（N）和保护导体（PE）是分开的。TN-C-S 系统中一部分的中性导体（N）和保护导体（PE）的功能是合并在一根导体中的。TT 系统为电力系统有一点直接接地，电气设备的外露可导电部分通过保护导体（PE）接至与电力系统接地点无关的接地装置。

TN-S 系统的保护导体（PE）在正常情况下不通过负荷电流，所以保护导体（PE）和设备外壳正常不带电，只有在发生接地故障时才有电压，因此，在施工现场采用较为安全；TN-S 系统发生接地故障时故障电流较大，可用断路器或熔断器来切除故障。

TN-C-S 系统在装置的受电点以前中性导体（N）和保护导体（PE）是合一的，即保护接地中性导体（PEN），在装置的受电点以后，中性导体（N）和保护导体（PE）是分开的。因此，采用 TN-C-S 系统同样是可行的。

有些施工现场供电范围较大，较分散，采用 TT 系统在场地内可分设几个互不关联的接地极引出其保护导体（PE），可避免故障电压在场地范围内传导，减少电击事故的发生；因 TT 系统接地故障电流小，应在每一回路上装设剩余电流保护器。

8.1.2 对本条说明如下：

1　重复接地的目的：①当保护导体（PE）断线时，如果断线处在重复接地的前侧，系统则处于接地保护状态，相当于由 TN-S 系统转换成了 TT 系统；②可以降低相导体碰壳时，设备外壳的对地电压。架空线路终端包括分支终端及线路终端。

2　根据热稳定度的要求确定的保护导体（PE）截面。

8.1.3 对本条说明如下：

1　在总配电线处将保护接地中性导体（PEN）分离成中性导体（N）和保护导体（PE）相当于将 TN-C 系统转换成了 TN-S 系统。

2　本款所述是将 TN-C 系统转换成 TN-S 系统的具体做法要求。

8.1.4 对本条说明如下：

1　本款所述是对 TT 系统的基本要求。

2　因 TT 系统接地故障电流小，不足以使断路器或熔断器有效动作，而应采用动作灵敏度高的剩余电流保护器来切断电源。

3　如中性导体（N）做重复接地，部分中性导体（N）上的负载电流将经大地返回电源，将会造成前端的剩余电流保护器误动作。

4　根据现行国家标准《建筑物电气装置　第 4-41 部分：安全防护　电击防护》GB 16895.21 及《低压电气装置　第 7-704 部分：特殊装置或场所的要求　施工和拆除场所的电气装置》GB 16895.7 的规定，施工现场的接触电压限值应为 25V。当保护电器为剩余电流保护器时，I_a为额定剩余动作电流 $I_{\triangle n}$。

8.1.5 高压设备外露导电部分的保护接地与变压器中性点的系统接地分开设置，可以避免高压系统故障时将高电位传至低压系统内部引起电击事故，两组接地极的间距不应小于 10m。

变压器中性点接地属于系统接地，系统接地的实施是为了保证系统的正常和安全运行。系统接地的接地电阻越小，对系统的安全运行越有利。

8.1.6 Ⅰ类电气设备的金属外壳及与该外壳连接的金属构架等，应与保护导体（PE）可靠连接，以防电气设备绝缘损坏时外壳带电，威胁人身安全，故应采取接地措施。

8.1.7 隔离变压器是输入绕组与输出绕组在电气上彼此隔离的变压器，用以避免同时触及带电体和地所带来的危险。隔离变压器二次回路不和地相连，次级任一根线发生碰壳故障时，人触及外壳，由于故障电流没有返回电源的通路，流经人体的电流会很小，不会造成危及生命的后果。

8.1.8 对本条说明如下：

2　关于接地体截面的规定主要是考虑接地体应具有一定的耐腐蚀能力并结合实际材料的情况提出的。材料热浸镀锌后能够进一步提高耐腐蚀能力。由于螺纹钢筋难以与土壤接触紧密，会造成接地电阻不稳定，因此人工接地体不得采用螺纹钢筋。

4　采用搭接焊接是为了保证连接的可靠性。

5　当利用自然接地体接地时，其接地电阻值应符合要求。

8.1.10 为提高保护导体（PE）的可靠性，防止保护导体（PE）断线，所以保护导体（PE）上严禁装设开关或熔断器。因此，该条列为强制性条文，必须严格执行。

8.1.11 为了不因某一设备保护导体（PE）接触不良或断线而使以下所有设备失去保护，故规定不应串联连接。

8.1.12 本条规定是为保证安全，避免出现燃烧、爆炸等事故。该条为强制性条文，必须严格执行。

8.2　防　　雷

8.2.1 在雷电活动频繁的区域施工时，自室外引入有重要电气设备（比如电脑、网络设备等）办公室内的低压线路，如果不是经过较长埋地电缆引入时宜装设电涌保护器。

8.2.2 根据现行国家标准《建筑物防雷设计规范》GB 50057 和《塔式起重机安全规程》GB 5144 的要求及施工现场施工机械等设施的实际情况而作出的规定。

9 电动施工机具

9.1 一 般 规 定

9.1.1～9.1.5 这几条是根据现行国家标准《用电安全导则》GB/T 13869对施工现场电动施工机具使用、管理所作出的共性安全技术规定。

间接接触电击防护措施中的一部分在电气设备的产品设计和制造中予以配置，另一部分则应在施工现场电气装置的设计安装中予以补充，即间接接触电击的防护措施是由电气设备设计和电气装置设计组合来实现的。施工现场电气专业人员应了解电气设备本身的间接接触电击防护措施，再在现场供用电设施中补充必要的措施，使施工现场防间接接触电击的措施更加完善。

9.2 可移式和手持式电动工具

9.2.2 IEC产品标准将电气设备按防间接接触电击的不同要求进行了分类：

(1)Ⅰ类用电设备(class Ⅰ equipment)。Ⅰ类用电设备不仅依靠基本绝缘进行防电击保护，而且还包括一个附加的安全措施，即把易电击的导电部分连接到设备固定布线中的保护导体上，使易触及的导电部分在基本绝缘失效时，也不会成为带电部分。

(2)Ⅱ类用电设备(class Ⅱ equipment)。Ⅱ类用电设备不仅依靠基本绝缘进行防电击保护，而且还包括附加的双重绝缘或加强绝缘安全措施，但对保护接地或依赖设备条件未作规定。

(3)Ⅲ类用电设备(class Ⅲ equipment)。Ⅲ类用电设备依靠安全特低电压供电进行防电击保护，而且在其中产生的电压不会高于安全特低电压。

9.3 起 重 机 械

9.3.2 通道附近堆放设备、杂物影响电缆的收放，且易损坏电缆，从而导致事故的发生。本条依据现行国家标准《用电安全导则》GB/T 13869 的规定制订。

9.3.3 本条依据国家现行标准《电气装置安装工程 起重机电气装置施工及验收规范》GB 50256、《塔式起重机安全规程》GB 5144和《电力建设安全工作规程》DL 5009 的相关规定制订。

9.3.4 本条依据现行国家标准《塔式起重机安全规程》GB 5144有关规定制订。其中对防电磁波感应的绝缘和接地措施的规定主要是为防止电击事故发生。

9.4 焊 接 机 械

9.4.6 交流电焊机装设防触电保护器的目的是为了防止交流电焊机未施焊时，其二次侧空载电压过高，导致电击事故的发生。

9.5 其他电动施工机具

9.5.1 本条规定是依据现行国家标准《额定电压 450/750V 及以下橡皮绝缘电缆 第1部分：一般要求》GB 5013.1 附录C相关规定制订的，以适应施工现场工作环境要求。

9.5.2 夯土机械工作状态振动强烈，为防止电缆随之移动，发生砸伤、扭断电缆导致漏电事故发生而作出本条规定。

9.5.4 本条规定是依据现行国家标准《额定电压 450/750V 及以下橡皮绝缘电缆 第1部分：一般要求》GB 5013.1 附录C相关规定制订的，以适应潜水电机工作环境条件。

10 办公、生活用电及现场照明

10.1 办公、生活用电

10.1.4 浴室是电击事故多发的特殊潮湿场所，人在沐浴时，人体表皮湿透，人体阻抗很低，如发生电击事故，电击致死的危险大大增加，因此施工现场自建浴室的供用电设施应符合国家有关规范规定。

10.2 现 场 照 明

10.2.1、10.2.2 符合现行国家标准《建筑照明设计标准》GB 50034 的有关规定，并根据施工现场照明设置的需要进行了具体规定。

10.2.4 行灯在使用中经常需要手持移动，而 220V 的临时照明灯具无法提供必要的电击防护措施，易导致电击事故发生，不能作为行灯使用。因此，将该条列为强制性条文，必须严格执行。

10.2.5 由于 SELV 系统由隔离变压器等隔离电源供电，其回路导体不接地，电气设备外壳连接保护导体(PE)，但可与地接触。发生单一接地故障时，即使其他回路已经发生接地故障，例如隔离变压器一次侧已发生接地故障，此回路由于具有完全的电气分隔，不会出现大于其回路标称特低电压的对地故障电压，因此不需要其他措施就可保证人身安全。考虑到施工现场为无等电位联接的场所，因此规定其特低电压回路应采用不接地的 SELV 系统。

施工场地属于电击危险大的特殊场所，电气环境比较恶劣，作业人员常因水溅雨淋、高温出汗而导致皮肤潮湿，人体阻抗下降。鉴于施工场地特殊的电气环境，根据现行国家标准《特低电压(ELV) 限值》GB/T 3805，规定了采用安全特低电压系统供电的照明装置其电源额定电压不应大于 24V。

狭窄的导电场所内大都是带地电位(零电位)的金属可导电部分，人体接触较大的电位差的可能性较大，在此场所内使用电气设备时如果绝缘损坏，其金属外壳所带故障电压与场所地电位间的故障电压的电位差(即接触电压)为最大值，而在此狭窄导电场所内人体难以避免与故障设备及大片带地电位的金属可导电部分的同时接触，电击危险很大，因此规定了特低电压系统照明电源电压不应大于 12V，以便获得更好的防电击效果。

10.2.7 为防止行灯变压器一次侧绝缘损坏后，造成金属容器或管道带电而引发电击事故作出的规定。因此，将该条列为强制性条文，必须严格执行。

11 特殊环境

11.1 高原环境

11.1.1 高原地区的特点是海拔高（我国高原有33%的面积处于海拔2000m以上）、气压低、气温低、干热高温、极大的温差、绝对湿度低、大风和沙尘暴、太阳辐射强，尤其是紫外线辐射强度较强。因此，在高原地区安装使用的供配电设备，应采用为适应使用环境而专门设计的电气产品。

11.2 易燃、易爆环境

11.2.1、11.2.2 这两条对在易燃、易爆环境中使用的照明灯具和通风设备，电气控制设备，电缆的选用和安装位置提出了具体要求，系依据现行国家标准《爆炸和火灾危险环境电力装置设计规范》GB 50058和《电力工程电缆设计规范》GB 50217的有关规定制订。

11.2.3 带电进行用电设备检修或更换设备时，可能出现火花，如果环境中易燃、易爆气体达到一定浓度，就会被引燃而发生燃烧或爆炸，造成人身和设备损害。因此，将该条列为强制性条文，必须严格执行。

11.2.4 施工现场如将某种易燃、易爆类物质存放在集装箱类金属外壳房屋的室内，当装有照明或通风机时，应按电气接地要求进行接地，如未安装任何电气设备时，应按防静电和等电位要求接地。

11.3 腐蚀环境

11.3.1～11.3.6 这几条是按照现行行业标准《化工企业腐蚀环境电力设计规程》HG/T 20666结合施工现场实际情况作出的规定。

11.4 潮湿环境

11.4.2 在潮湿环境下，设备、工具的绝缘水平严重降低，易发生电击事故。因此，将该条列为强制性条文，必须严格执行。

11.4.3 在潮湿环境中使用和操作电气设备时，应满足本条中各项基本要求。

11.4.4 在潮湿环境下，手持式电动工具的绝缘性能会降低，易发生电击事故。0类电气设备依靠基本绝缘进行防电击保护，只能在对地绝缘的环境中使用，或用隔离变压器等分隔电源供电。Ⅰ类电气设备不仅依靠基本绝缘，还将易电击的导电部分连接到设备固定布线中的保护（接地）导体上。Ⅰ类电气设备虽然带有保护导线，但该导线与接地体的连接及导通情况，在实际操作中，无法做到经常性的、很方便的检测。为在施工现场潮湿环境下获得更为可靠的防电击保护效果，应选用Ⅱ类或Ⅲ类手持式电动工具。

12 供用电设施的管理、运行及维护

12.0.1 本条是为加强供用电的管理，保证安全供用电应采取的组织措施，系依据现行国家标准《用电安全导则》GB/T 13869有关用电安全管理的基本原则制订。

12.0.2 为保证值班人员在操作及维护、运行时的人身安全和设备安全，应配备诸如绝缘手套、绝缘靴、绝缘杆、绝缘垫、绝缘台等一些必要的安全工具及防护设施。本条系依据现行国家标准《用电安全导则》GB/T 13869有关用电安全管理的基本原则制订。

12.0.3 对本条说明如下：

3 原规范规定有人值班时，每班应巡视检查1次。无人值班时，至少应每周巡视1次。由于施工现场配电设施维修、移动、更换频繁，为保证用电安全，按照本规范第12.0.1条供用电设施投入运行前，应设立运行、维修专业班组的要求，规定每班应巡视检查1次。

9 恶劣天气易发生倒杆、断线、电气设备损坏、绝缘能力降低等事故，故应加强巡视和检查。为了巡视人员的安全，在巡视时应做好防护。

12.0.5 本规范适用于电压在10kV及以下电压等级，工作人员在工作中正常活动范围与10kV及以下电压等级设备带电部位的最小安全距离不得小于0.7m。

12.0.8 施工现场供用电设施文件资料的管理内容应包括方案、技术交底记录、电气设备试验调试记录、接地电阻测试记录、供用电设备质量证明文件及说明书、电工操作证、供用电图纸等。

13 供用电设施的拆除

13.0.1 供用电设施的拆除危险性比较大，因此应首先编制拆除方案，并履行审批程序。

13.0.2 供用电设施的拆除工作只有在可靠切断被拆除部分电源后方可进行。拆除前使被拆除部分与带电部分在电气上可靠断开、隔离，是指应跳开断路器、打开负荷开关等电气设备。在跳开断路器、打开负荷开关后，为进一步确保拆除工作的安全，还应将隔离开关等隔离设备打开。挂警示牌，并在被拆除侧挂接地线或投接地刀闸，是为了防止拆除过程中由于误操作或误动作而使被拆除设备带电，造成人员和财产损害而作的规定。

13.0.3 电容器是一种储能设备，在拆除前确保电容器已进行有效放电，是为了防止电击事故的发生。

13.0.4 拆除临近带电设备的供用电设施相对比较危险，为确保安全，应有人监护，并应设隔离防护设施。

13.0.5 先拆除电源侧的设备，是为了保证后续设备拆除时的安全。

13.0.6 本条系依据现行国家标准《用电安全导则》GB 13869的有关规定制订。

13.0.7 本条规定是为了防止在拆除长距离输电线路和在拆除过程中容易与带电运行电力电缆混淆的电力线路时，错拆其他带电线路而引发安全事故。

附录A　外壳防护等级(IP代码)

本附录系根据现行国家标准《外壳防护等级(IP代码)》GB 4208的有关规定制订。

中华人民共和国国家标准

城市消防远程监控系统技术规范

Technical code for remote-monitoring system of urban fire protection

GB 50440 - 2007

主编部门：中华人民共和国公安部
批准部门：中华人民共和国建设部
施行日期：2 0 0 8 年 1 月 1 日

3

中华人民共和国建设部公告

第728号

建设部关于发布国家标准《城市消防远程监控系统技术规范》的公告

现批准《城市消防远程监控系统技术规范》为国家标准，编号为GB 50440—2007，自2008年1月1日起实施。其中，第7.1.1条为强制性条文，必须严格执行。

本规范由建设部标准定额研究所组织中国计划出版社出版发行。

中华人民共和国建设部
二〇〇七年十月二十三日

前　言

根据建设部《关于印发"二〇〇六年工程建设标准制订、修订计划(第一批)"的通知》(建标〔2006〕77号)文件的要求，本规范由公安部沈阳消防研究所会同有关单位共同编制。

本规范在编制过程中，总结了我国城市消防远程监控系统建设方面的实践经验，参考了国内外有关标准规范，吸取了先进的科研成果，广泛征求了全国有关单位和专家的意见，经专家和有关部门审查定稿。

本规范共分8章及5个附录，主要包括：总则，术语，基本规定，系统设计，系统配置和设备功能要求，系统施工，系统验收，系统的运行及维护等。

本规范以黑体字标识的条文为强制性条文，必须严格执行。

本规范由建设部负责管理和对强制性条文的解释，公安部负责日常管理，公安部沈阳消防研究所负责具体技术内容的解释。请各单位在执行本规范过程中，注意总结经验、积累资料，并及时把修改意见和相关资料寄至规范管理组(地址：沈阳市皇姑区文大路218—20号甲，公安部沈阳消防研究所，邮编：110034)，以供今后修订时参考。

本规范主编单位、参编单位和主要起草人：

主编单位：公安部沈阳消防研究所

参编单位：上海市公安消防总队
无锡市公安消防支队
中国建筑科学研究院防火所
京移通信设计院有限公司
武警学院
海湾消防网络有限公司
万盛(中国)科技有限公司
福建盛安城市安全信息发展有限公司
北京利达集团利达安信数码科技有限公司
北京网迅青鸟科技发展有限公司
同方股份有限公司

主要起草人：郭铁男　朱力平　吕欣驰　潘　刚　马　恒
沈　纹　王　军　马青波　严志明　贾根莲
沈友弟　陈　韵　张春华　丁宏军　黄军团
顾全元　李宏文　吕一鸣　卜素俊　魏　玲
王京欣　陈　南　高　宏

目　次

3

1 总　　则

1.0.1 为了合理设计和建设城市消防远程监控系统(以下简称远程监控系统),保障远程监控系统的设计和施工质量,实现火灾的早期报警和建筑消防设施运行状态的集中监控,提高单位消防安全管理水平,制定本规范。

1.0.2 本规范适用于远程监控系统的设计、施工、验收及运行维护。

1.0.3 远程监控系统的设计和施工,应与城市消防通信指挥系统及公用通信网络系统等相适应,做到安全可靠、技术先进、经济合理。

1.0.4 远程监控系统的设计、施工、验收及运行维护除应执行本规范外,尚应符合国家现行有关标准的规定。

2 术　　语

2.0.1 城市消防远程监控系统　remote-monitoring system for urban fire protection

对联网用户的火灾报警信息、建筑消防设施运行状态信息、消防安全管理信息进行接收、处理和管理,向城市消防通信指挥中心或其他接处警中心发送经确认的火灾报警信息,为公安消防部门提供查询,并为联网用户提供信息服务的系统。

2.0.2 监控中心　monitoring centre

对远程监控系统的信息进行集中管理的节点。

2.0.3 联网用户　network users

将火灾报警信息、建筑消防设施运行状态信息和消防安全管理信息传送到监控中心,并能接收监控中心发送的相关信息的单位。

2.0.4 报警传输网络　alarm transmission network

利用公用通信网或专用通信网传输联网用户的火灾报警信息、建筑消防设施运行状态信息的网络。

2.0.5 用户信息传输装置　user information transmission device

设置在联网用户端,通过报警传输网络与监控中心进行信息传输的装置。

2.0.6 报警受理系统　alarm receiving and handling system

设置在监控中心,接收、处理联网用户按规定协议发送的火灾报警信息、建筑消防设施运行状态信息,并能向城市消防通信指挥中心或其他接处警中心发送火灾报警信息的系统。

2.0.7 信息查询系统　information inquiry system

为公安消防部门提供信息查询的系统。

2.0.8 用户服务系统　user service system

为联网用户提供信息服务的系统。

3 基本规定

3.0.1 远程监控系统的设置应符合下列要求:

1 地级及以上城市应设置一个或多个远程监控系统,单个远程监控系统的联网用户数量不宜大于5000个。

2 县级城市宜设置远程监控系统,或与地级及以上城市远程监控系统合用。

3.0.2 远程监控系统的监控中心应符合下列要求:

1 为城市消防通信指挥中心或其他接处警中心的火警信息终端提供确认的火灾报警信息。

2 为公安消防部门提供火灾报警信息、建筑消防设施运行状态信息及消防安全管理信息查询。

3 为联网用户提供自身的火灾报警信息、建筑消防设施运行状态信息查询和消防安全管理信息等服务。

3.0.3 远程监控系统的联网用户应符合下列要求:

1 设置火灾自动报警系统的单位,应列为系统的联网用户;未设置火灾自动报警系统的单位,宜列为系统的联网用户。

2 联网用户应按附录A的内容将建筑消防设施运行状态信息实时发送至监控中心。

3 联网用户应按附录B的内容将消防安全管理信息发送至监控中心。其中,日常防火巡查信息和消防设施定期检查信息应在检查完毕后的当日内发送至监控中心,其他发生变化的消防安全管理信息应在3日内发送至监控中心。

4 系统设计

4.1 一般规定

4.1.1 监控中心应设置在耐火等级为一、二级的建筑中，并宜设置在火灾危险性较小的部位；监控中心周围不应设置电磁场干扰较强或其他影响监控中心正常工作的设备。

4.1.2 用户信息传输装置应设置在联网用户的消防控制室内。联网用户未设置消防控制室时，用户信息传输装置宜设置在有人值班的部位。

4.1.3 远程监控系统的联网用户容量和监控中心的通信传输信道容量、信息存储能力等，应留有一定的余量。

4.1.4 远程监控系统使用的设备、材料及配件应选用符合国家有关标准和市场准入制度的产品。

4.1.5 远程监控系统的通信协议和数据格式等应符合国家的有关标准要求。

4.2 系统功能和性能要求

4.2.1 远程监控系统应具有下列功能：

1 接收联网用户的火灾报警信息，向城市消防通信指挥中心或其他接处警中心传送经确认的火灾报警信息。

2 接收联网用户发送的建筑消防设施运行状态信息。

3 为公安消防部门提供查询联网用户的火灾报警信息、建筑消防设施运行状态信息及消防安全管理信息。

4 为联网用户提供自身的火灾报警信息、建筑消防设施运行状态信息查询和消防安全管理信息。

5 对联网用户发送的建筑消防设施运行状态和消防安全管理信息进行数据实时更新。

4.2.2 远程监控系统的性能指标应符合下列要求：

1 监控中心应能同时接收和处理不少于3个联网用户的火灾报警信息。

2 从用户信息传输装置获取火灾报警信息到监控中心接收显示的响应时间不应大于20s。

3 监控中心向城市消防通信指挥中心或其他接处警中心转发经确认的火灾报警信息的时间不应大于3s。

4 监控中心与用户信息传输装置之间通信巡检周期不应大于2h，并能动态设置巡检方式和时间。

5 监控中心的火灾报警信息、建筑消防设施运行状态信息等记录应备份，其保存周期不应小于1年。当按年度进行统计处理时，应保存至光盘、磁带等存储介质中。

6 录音文件的保存周期不应少于6个月。

7 远程监控系统应有统一的时钟管理，累计误差不应大于5s。

4.3 系统构成

4.3.1 远程监控系统应由用户信息传输装置、报警传输网络、报警受理系统、信息查询系统、用户服务系统及相关终端和接口构成(图4.3.1)。

4.3.2 报警受理系统、信息查询系统、用户服务系统应设置在监控中心。

4.4 报警传输网络

4.4.1 信息传输可采用有线通信或无线通信方式。

4.4.2 报警传输网络可采用公用通信网或专用通信网构建。

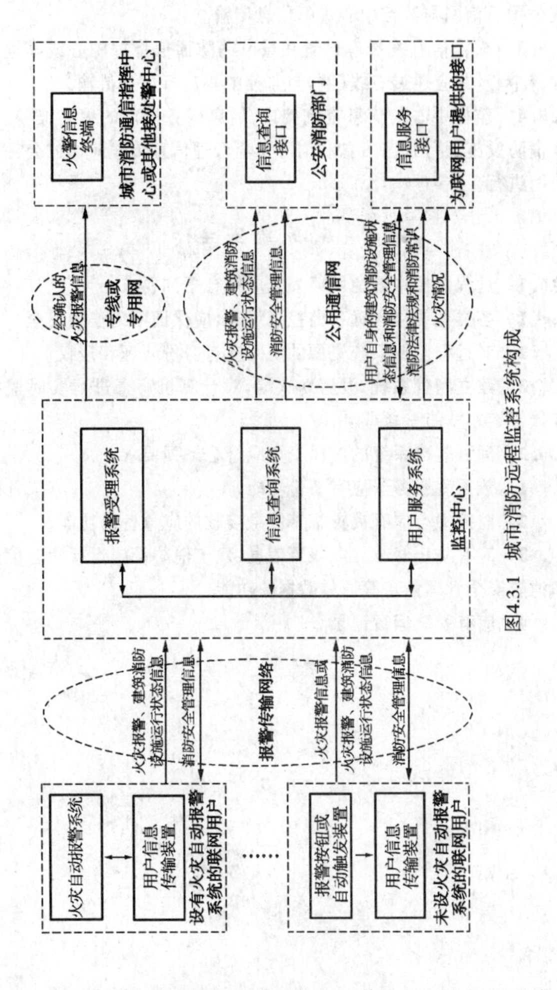

图4.3.1 城市消防远程监控系统构成

4.4.3 远程监控系统采用有线通信方式传输时可选择下列接入方式：

1 用户信息传输装置和报警受理系统通过电话用户线或电话中继线接入公用电话网。

2 用户信息传输装置和报警受理系统通过电话用户线或光纤接入公用宽带网。

3 用户信息传输装置和报警受理系统通过模拟专线或数据专线接入专用通信网。

4.4.4 远程监控系统采用无线通信方式传输时可选择下列接入方式：

1 用户信息传输装置和报警受理系统通过移动通信模块接入公用移动网。

2 用户信息传输装置和报警受理系统通过无线电收发设备接入无线专用通信网络。

3 用户信息传输装置和报警受理系统通过集群语音通路或数据通路接入无线电集群专用通信网络。

4.5 系统连接与信息传输

4.5.1 联网用户的火灾报警和建筑消防设施运行状态信息的传输应符合下列要求：

1 设有火灾自动报警系统的联网用户应采用火灾自动报警系统向用户信息传输装置提供火灾报警和建筑消防设施运行状态信息。

2 未设火灾自动报警系统的联网用户应采用报警按钮向用户信息传输装置提供火灾报警信息，或通过自动触发装置向用户信息传输装置提供火灾报警和建筑消防设施运行状态信息。

3 用户信息传输装置与监控中心的信息传输应通过报警监控传输网络进行。

4.5.2 联网用户的消防安全管理信息宜通过报警监控传输网络

或公用通信网与监控中心进行信息传输。

4.5.3 火警信息终端应设置在城市消防通信指挥中心或其他接处警中心，并应通过专线(网)与监控中心进行信息传输。

4.5.4 监控中心与信息查询接口、信息服务接口的火灾报警、建筑消防设施运行状态信息和消防安全管理信息传输应通过公用通信网进行。

4.6 系统安全

4.6.1 远程监控系统的网络安全应符合下列要求：

1 各类系统接入远程监控系统时，应保证网络连接安全。

2 对远程监控系统资源的访问应有身份认证和授权。

3 建立网管系统，设置防火墙，对计算机病毒进行实时监控和报警。

4.6.2 远程监控系统的应用安全应符合下列要求：

1 数据库服务器应有备份功能。

2 监控中心应有火灾报警信息接收的应急备份功能。

3 应有防止修改火灾报警信息、建筑消防设施运行状态信息和消防安全管理信息等原始数据的功能。

4 应有系统运行记录。

5 系统配置和设备功能要求

5.1 系统配置

5.1.1 远程监控系统配置应符合表5.1.1的要求。

表5.1.1 远程监控系统配置表

序号	名称	配置地点	单位	配置数量
1	用户信息传输装置	联网用户	台	≥1
2	系统的联网用户	—	个	≥5
3	报警受理系统	监控中心	套	≥1
4	受理坐席	监控中心	个	≥3
5	信息查询系统	监控中心	套	≥1
6	用户服务系统	监控中心	套	≥1
7	火警信息终端	消防通信指挥中心、其他接处警中心	台	≥1
8	信息查询接口	公安消防部门	个	≥1
9	信息服务接口	—	个	≥5
10	网络设备	监控中心	台/套	≥1
11	电源设备	监控中心	台/套	≥1
12	数据库服务器	监控中心	台	≥1

5.2 主要设备功能要求

5.2.1 用户信息传输装置应具有下列功能：

1 接收联网用户的火灾报警信息，并将信息通过报警传输网络发送给监控中心。

2 接收建筑消防设施运行状态信息，并将信息通过报警传输网络发送给监控中心。

3 优先传送火灾报警信息和手动报警信息。

4 具有设备自检和故障报警功能。

5 具有主、备用电源自动转换功能，备用电源的容量应能保证用户信息传输装置连续正常工作时间不小于8h。

5.2.2 报警受理系统应具有下列功能：

1 接收、处理用户信息传输装置发送的火灾报警信息。

2 显示报警联网用户的报警时间、名称、地址、联系电话、内部报警点位置、地理信息等。

3 对火灾报警信息进行核实和确认，确认后应将报警联网用户的名称、地址、联系电话、内部报警点位置、监控中心接警员等信息向城市消防通信指挥中心或其他接处警中心的火警信息终端传送，并显示火警信息终端的应答信息。

4 接收、存储用户信息传输装置发送的建筑消防设施运行状态信息，对建筑消防设施的故障信息进行跟踪、记录、查询和统计，并发送至相应联网用户。

5 自动或人工对用户信息传输装置进行巡检测试，并显示巡检测试结果。

6 显示、查询报警信息的历史记录和相关信息。

7 与联网用户进行语音、数据或图像通信。

8 实时记录报警受理的语音及相应时间，且原始记录信息不能被修改。

9 具有系统自检及故障报警功能。

10 具有系统启、停时间的记录和查询功能。

11 具有消防地理信息系统基本功能。

5.2.3 信息查询系统应具有下列功能：

1 查询联网用户的火灾报警信息。

2 按附录A所列内容查询联网用户的建筑消防设施运行状态信息。

3 按附录B所列内容查询联网用户的消防安全管理信息。

4 查询联网用户的日常值班、在岗等信息。

5 对本条第1～4款的信息，能按日期、单位名称、单位类型、建筑物类型、建筑消防设施类型、信息类型等检索项进行检索和统计。

5.2.4 用户服务系统应具有下列功能：

1 为联网用户提供查询其自身的火灾报警、建筑消防设施运行状态信息及消防安全管理信息的服务平台。

2 对联网用户的建筑消防设施日常维护保养情况进行管理。

3 为联网用户提供消防安全管理信息的数据录入、编辑服务。

4 通过随机查岗，实现联网用户的消防安全负责人对值班人员日常值班工作的远程监督。

5 为联网用户提供使用权限。

6 为联网用户提供消防法律法规、消防常识和火灾情况等信息。

5.2.5 火警信息终端应具有下列功能：

1 接收监控中心发送的联网用户火灾报警信息，向其反馈接收确认信号，并发出明显的声、光提示信号。

2 显示报警联网用户的名称、地址、联系电话、内部报警点位置、监控中心接警员、火警信息终端警情接收时间等信息。

3 具有设备自检及故障报警功能。

5.3 系统电源要求

5.3.1 监控中心的电源应按所在建筑物的最高等级配置，且不应低于二级负荷，并应保证不间断供电。

5.3.2 用户信息传输装置的主电源应有明显标识，并应直接与消防电源连接，不应使用电源插头；用户信息传输装置与其外接备用电源之间应直接连接。

6 系统施工

6.1 一般规定

6.1.1 远程监控系统的施工单位应有消防、计算机网络、通信、机房安装等相应技术人员。

6.1.2 远程监控系统施工应按照工程设计文件和施工技术标准进行。

6.1.3 远程监控系统施工前，应具备系统图、设备布置平面图、网络拓扑图、网络布线连接图、防雷接地与防静电接地布线连接图及火灾自动报警系统等建筑消防设施的对外输出接口技术参数、通信协议、系统调试方案等必要的技术文件。

6.1.4 远程监控系统施工前，应对设备、材料及配件进行进场检查，检查不合格者不得使用。设备、材料及配件进入施工现场应有清单、使用说明书、产品合格证书、国家法定检验机构的检验报告等文件，且规格、型号应符合设计要求。

6.1.5 远程监控系统施工过程中，施工单位应做好设计变更、安装调试等相关记录。

6.1.6 远程监控系统的施工过程质量控制应符合下列要求：

1 各工序应按施工技术标准进行质量控制，每道工序完成并检查合格后，方可进行下道工序。检查不合格，应进行整改。

2 隐蔽工程在隐蔽前应进行验收，并形成验收文件。

3 相关各专业工种之间应进行交接检验，并经监理工程师签字确认后方可进行下道工序。

4 安装完成后，施工单位应对远程监控系统的安装质量进行全数检查，并按有关专业调试规定进行调试。

5 施工过程质量检查记录应按附录C填写“城市消防远程监控系统施工过程质量检查记录”。

6.2 安 装

6.2.1 远程监控系统安装环境应符合下列要求：

1 远程监控系统的室内布线应符合现行国家标准《建筑电气工程施工质量验收规范》GB 50303 的有关要求。

2 远程监控系统的防雷接地应符合现行国家标准《建筑物电子信息系统防雷技术规范》GB 50343 的有关要求。

6.2.2 远程监控系统设备的安装应符合下列要求：

1 远程监控系统设备应根据实际工作环境合理摆放，安装牢固，便于人员操作，并留有检查、维护的空间。

2 远程监控系统设备和线缆应设永久性标识，且标识应正确、清晰。

3 远程监控系统设备连线应连接可靠、捆扎固定、排列整齐，不得有扭绞、压扁和保护层断裂等现象。

4 远程监控系统的用户信息传输装置采用壁挂方式安装时，应符合现行国家标准《火灾自动报警系统设计规范》GB 50116 对火灾报警控制器类设备的安装要求。

6.2.3 远程监控系统使用的操作系统、数据库系统等平台软件应具有软件使用(授权)许可证，并宜采用技术成熟的商业化软件产品。

6.3 调 试

6.3.1 远程监控系统正式投入使用前应对系统进行调试。

6.3.2 远程监控系统调试前应具备下列条件：

1 各设备和平台软件按设计要求安装完毕。

2 远程监控系统的安装环境符合本规范第 6.2.1 条的有关要求。

3 对系统中的各用电设备分别进行单机通电检查。

4 制定调试和试运行方案。

5 备齐本规范第 6.1.3 条和第 6.1.4 条规定的技术文件。

6.3.3 用户信息传输装置的调试应符合下列要求：

1 模拟一起火灾报警，检查用户信息传输装置接收火灾报警信息的完整性，用户信息传输装置应按照规定的通信协议和数据格式将信息通过报警传输网络传送到监控中心。

2 模拟建筑消防设施的各种状态，检查用户信息传输装置接收信息的完整性，用户信息传输装置应按照规定的通信协议和数据格式将信息通过报警传输网络传送到监控中心。

3 同时模拟一起火灾报警和建筑消防设施运行状态，检查监控中心接收信息的顺序是否体现火警优先原则。

4 模拟手动报警，检查监控中心接收火灾报警信息的完整性。

5 进行自检操作，检查自检情况。

6 模拟用户信息传输装置故障，检查故障声、光信号提示情况。

7 模拟主电断电，检查主、备电源自动转换功能。

6.3.4 报警受理系统的调试应符合下列要求：

1 模拟一起火灾报警，检查报警受理系统接收用户信息传输装置发送的火灾报警信息的正确性，检查报警受理系统接收并显示火灾报警信息的完整性，检查报警受理系统与发出模拟火灾报警信息的联网用户进行警情核实和确认的功能，并检查城市消防通信指挥中心接收经确认的火灾报警信息的内容完整性。

2 模拟各种建筑消防设施的运行状态变化，检查报警受理系统接收并存储建筑消防设施运行状态信息的完整性，检查对建筑消防设施故障的信息跟踪、记录和查询功能，并检查故障报警信息是否能够发送到联网用户的相关人员。

3 向用户信息传输装置发送巡检测试指令，检查用户信息传输装置接收巡检测试指令的完整性。

4 检查报警信息的历史记录查询功能。

5 检查报警受理系统与联网用户进行语音、数据或图像通信功能。

6 检查报警受理系统报警受理的语音和相应时间记录功能。

7 模拟报警受理系统故障，检查声、光提示功能。

8 检查报警受理系统启、停时间记录和查询功能。

9 检查消防地理信息系统是否具有显示城市行政区域、道路、建筑、水源、联网用户、消防站及责任区等地理信息及其属性信息，并对信息提供编辑、修改、放大、缩小、移动、导航、全屏显示、图层管理等功能。

6.3.5 信息查询系统的调试应符合下列要求：

1 选择联网用户，查询该用户的火灾报警信息。

2 选择联网用户，查询该用户的建筑消防设施运行状态信息。

3 选择联网用户，查询该用户的消防安全管理信息。

4 选择联网用户，查询该用户的日常值班、在岗等信息。

5 按照日期、单位名称、单位类型、建筑物类型、建筑消防设施类型、信息类型等检索项查询、统计本条第1～4款的信息。

6.3.6 用户管理服务系统的调试应符合下列要求：

1 选择联网用户，检查该用户登录系统使用权限的正确性。

2 模拟一起火灾报警，查询该用户火灾报警、建筑消防设施运行状态等信息是否与报警受理系统的报警信息相同。

3 检查建筑消防设施日常管理功能，检查对消防设施日常维护保养情况执行录入、修改、删除、查看等操作是否正常。

4 检查联网用户的消防安全重点单位信息系统数据录入、编辑功能。

5 检查随机查岗功能，检查联网用户值班人员是否在岗，并检查是否收到在岗应答。

6.3.7 火警信息终端的调试应符合下列要求：

1　模拟一起火灾报警，由报警受理系统向火警信息终端发送联网用户火灾报警信息，检查火警信息终端的声、光提示情况。

2　检查火警信息终端显示的火灾报警信息完整性。

3　进行自检操作，检查自检情况。

4　模拟火警信息终端故障，检查声、光报警情况。

6.3.8　远程监控系统在各项功能调试后应进行试运行，试运行时间不应少于1个月。

6.3.9　远程监控系统的设计文件和调试记录等文件应形成技术文档，存储备查。

7　系统验收

7.1　一般规定

7.1.1　远程监控系统竣工后必须进行工程验收。工程验收前接入的测试联网用户数量不应少于5个，验收不合格不得投入使用。

7.1.2　远程监控系统应由建设单位组织设计、施工、监理等单位进行验收。

7.1.3　远程监控系统验收应包括主要设备的验收和系统集成验收，并应符合下列要求：

1　远程监控系统中各设备功能均应检查、试验1次，并应满足要求。

2　远程监控系统中各软件功能均应检查、试验1次，并应满足要求。

3　远程监控系统各项通信功能均应进行3次通信试验，每次试验均应正常。

4　远程监控系统集成功能应检查、试验2次，并应满足要求。

7.1.4　远程监控系统验收时，施工单位应提供下列技术文件：

1　竣工验收申请报告；

2　系统设计文件、施工技术标准、工程合同、设计变更通知书、竣工图、隐蔽工程验收文件；

3　施工现场质量管理检查记录；

4　系统施工过程质量检查记录；

5　系统的检验报告、合格证及相关材料；

6　系统设备清单。

7.1.5　系统验收应按附录D填写“城市消防远程监控系统验收记录”，验收记录应由建设单位填写，验收结论由参加验收的各方共同商定并签章。

7.2　主要设备和系统集成验收

7.2.1　应对远程监控系统中下列主要设备的功能进行验收：

1　用户信息传输装置应符合本规范第5.2.1条的要求。

2　报警受理系统应符合本规范第5.2.2条的要求。

3　信息查询系统应符合本规范第5.2.3条的要求。

4　用户服务系统应符合本规范第5.2.4条的要求。

5　火警信息终端应符合本规范第5.2.5条的要求。

7.2.2　远程监控系统集成验收应包括：

1　远程监控系统主要功能应符合本规范第4.2.1条的要求。

2　远程监控系统主要性能指标应符合本规范第4.2.2条的要求。

3　远程监控系统网络安全性应符合本规范第4.6.1条的要求。

4　远程监控系统应用安全性应符合本规范第4.6.2条的要求。

5　远程监控系统安装环境应符合本规范第6.2.1条的要求。

6　远程监控系统验收技术文件应符合本规范第7.1.4条的要求。

7.3　系统验收判定条件

7.3.1　远程监控系统验收合格判定条件应为：本规范第4.2.1条的第1、2、3、5款、第4.2.2、4.6.1、4.6.2、5.2.1、5.2.2、5.2.3、5.2.5、5.3.1、5.3.2、6.2.1、7.1.4条中的所有款项不合格数量为0项，否则为不合格。

7.3.2　远程监控系统验收不合格的，应进行整改。整改完毕后应进行试运行，试运行时间不应少于1个月，复验合格后，方可通过验收。

8　系统的运行及维护

8.1　一般规定

8.1.1　远程监控系统的运行及维护应由具有独立法人资格的单位承担，该单位的主要技术人员应由从事火灾报警、消防设备、计算机软件、网络通信等专业5年以上（含5年）经历的人员构成。

8.1.2　远程监控系统的运行操作人员上岗前应具备熟练操作设备的能力。

8.1.3　远程监控系统的检查应按本章相关规定进行，并应按附录E表E.0.1填写。

8.2　监控中心的运行及维护

8.2.1　监控中心应有下列技术文档：

1　机房管理制度；

2　操作人员管理制度；

3　值班日志；

4　交接班登记表；

5　接处警登记表；

6　值班人员工作通话录音录时电子文档；

7　设备运行、巡检及故障记录；

8　系统操作与运行安全制度；

9　应急管理制度；

10　网络安全管理制度；

11　数据备份与恢复方案。

8.2.2　监控中心应按下列要求定期进行检查和测试：

1　每日进行1次与设置在城市消防通信指挥中心或其他接

处警中心的火警信息终端之间的通信测试。

2 每日检查1次各设备的时钟。

3 定期进行系统运行日志整理。

4 定期检查数据库使用情况，必要时对硬盘进行扩充。

5 每半年应按照本规范第7.2.2条的要求进行系统集成功能检查、测试。

6 定期向联网用户采集消防安全管理信息。

8.2.3 远程监控系统的城市消防地理信息应及时更新。

8.3 用户信息传输装置的运行及维护

8.3.1 用户信息传输装置应按下列要求定期进行检查和测试：

1 每日进行1次自检功能检查。

2 每半年现场断开设备电源，进行设备检查与除尘。

3 由火灾自动报警系统等建筑消防设施模拟生成火警，进行火灾报警信息发送试验，每个月试验次数不应少于2次。

4 对用户信息传输装置的主电源和备用电源进行切换试验，每半年的试验次数不应少于1次。

8.3.2 监控中心通过用户服务系统向远程监控系统的联网用户提供该单位火灾报警和建筑消防设施故障情况统计月报表。

8.3.3 联网用户人为停止火灾自动报警系统等建筑消防设施运行时，应提前通知监控中心；联网用户的建筑消防设施故障造成误报警超过5次/日，且不能及时修复时，应与监控中心协商处理办法。

附录A 建筑消防设施运行状态信息

A.0.1 联网用户的建筑消防设施运行状态信息内容应符合表A.0.1的要求。

表A.0.1 建筑消防设施运行状态信息

设施名称		内容
火灾探测报警系统		火灾报警信息、可燃气体探测报警信息、电气火灾监控报警信息、屏蔽信息、故障信息
消防联动控制系统	消防联动控制器	动作状态、屏蔽信息、故障信息
	消火栓系统	消防水泵电源的工作状态，消防水泵的启、停状态和故障状态，消防水箱(池)水位、管网压力报警信息及消火栓按钮的报警信息
	自动喷水灭火系统、水喷雾(细水雾)灭火系统(泵供水方式)	喷淋泵电源工作状态，喷淋泵的启、停状态和故障状态，水流指示器、信号阀、报警阀、压力开关的正常工作状态和动作状态
	气体灭火系统、细水雾灭火系统(压力容器供水方式)	系统的手动、自动工作状态及故障状态，阀驱动装置的正常工作状态和动作状态，防护区域中的防火门(窗)、防火阀、通风空调等设备的正常工作状态和动作状态，系统的启、停信息，紧急停止信号和管网压力信号
	泡沫灭火系统	消防水泵、泡沫液泵电源的工作状态，系统的手动、自动工作状态及故障状态，消防水泵、泡沫液泵的正常工作状态和动作状态
	干粉灭火系统	系统的手动、自动工作状态及故障状态，阀驱动装置的正常工作状态和动作状态，系统的启、停信息，紧急停止信号和管网压力信号
	防烟排烟系统	系统的手动、自动工作状态，防烟排烟风机电源的工作状态，风机、电动防火阀、电动排烟防火阀、常闭送风口、排烟阀(口)、电动排烟窗、电动挡烟垂壁的正常工作状态和动作状态

续表A.0.1

设施名称		内容
消防联动控制系统	防火门及卷帘系统	防火卷帘控制器、防火门控制器的工作状态和故障状态，卷帘门的工作状态，具有反馈信号的各类防火门、疏散门的工作状态和故障状态等动态信息
	消防电梯	消防电梯的停用和故障状态
	消防应急广播	消防应急广播的启动、停止和故障状态
	消防应急照明和疏散指示系统	消防应急照明和疏散指示系统的故障状态和应急工作状态信息
	消防电源	系统内各消防用电设备的供电电源和备用电源工作状态信息、欠压报警信息

附录B 消防安全管理信息

B.0.1 联网用户的消防安全管理信息的内容应符合表B.0.1的要求。

表B.0.1 消防安全管理信息表

序号	名称		内容
1	基本情况		单位名称、编号、类别、地址、联系电话、邮政编码，消防控制室电话；单位职工人数、成立时间、上级主管(或管辖)单位名称、占地面积、总建筑面积、单位总平面图(含消防车道、毗邻建筑等)； 单位法人代表、消防安全责任人、消防安全管理人及专兼职消防管理人的姓名、身份证号码、电话
2	主要建(构)筑物等信息	建(构)筑物	建(构)筑物名称、编号、使用性质、耐火等级、结构类型、建筑高度、地上层数及建筑面积、地下层数及建筑面积、隧道高度及长度等，建造日期、主要储存物名称及数量、建筑物内最大容纳人数、建筑立面图及消防设施平面布置图； 消防控制室位置，安全出口的数量、位置及形式(指疏散楼梯)； 毗邻建筑的使用性质、结构类型、建筑高度、与本建筑的间距
		堆场	堆场名称、主要堆放物品名称、总储量、最大堆高、堆场平面图(含消防车道、防火间距)
		储罐	储罐区名称、储罐类型(指地上、地下、立式、卧式、浮顶、固定顶等)、总容积、最大单罐容积及高度、储存物名称、性质和形态、储罐区平面图(含消防车道、防火间距)
		装置	装置区名称、占地面积、最大高度、设计日产量、主要原料、主要产品、装置区平面图(含消防车道、防火间距)
3	单位(场所)内消防安全重点部位信息		重点部位名称、所在位置、使用性质、建筑面积、耐火等级、有无消防设施、责任人姓名、身份证号码及电话
4	室内外消防设施信息	火灾自动报警系统	设置部位、系统形式、维保单位名称、联系电话； 控制器(含火灾报警、消防联动、可燃气体报警、电气火灾监控等)、探测器(含火灾探测、可燃气体探测、电气火灾探测等)、手动报警按钮、消防电气控制装置等的类型、型号、数量、制造商； 火灾自动报警系统图

续表 B.0.1

序号	名　称		内　容
4	室内外消防设施信息	消防水源	市政给水管网形式（指环状、支状）及管径、市政管网向建（构）筑物供水的进水管数量及管径、消防水池位置及容量、屋顶水箱位置及容量、其他水源形式及供水量、消防泵房设置位置及水泵数量、消防给水系统平面布置图
		室外消火栓	室外消火栓管网形式（指环状、支状）及管径、消火栓数量、室外消火栓平面布置图
		室内消火栓系统	室内消火栓管网形式（指环状、支状）及管径、消火栓数量、水泵接合器位置及数量、有无与本系统相连的屋顶消防水箱
		自动喷水灭火系统（含雨淋、水幕）	设置部位、系统形式（指湿式、干式、预作用、开式、闭式等）、报警阀位置及数量、水泵接合器位置及数量、有无与本系统相连的屋顶消防水箱、自动喷水灭火系统图
		水喷雾（细水雾）灭火系统	设置部位、报警阀位置及数量、水喷雾（细水雾）灭火系统图
		气体灭火系统	系统形式（指有管网、无管网，组合分配、独立式，高压、低压等）、系统保护的防护区数量及位置、手动控制装置的位置、钢瓶间位置、灭火剂类型、气体灭火系统图
		泡沫灭火系统	设置部位、泡沫种类（指低倍、中倍、高倍，抗溶、氟蛋白等）、系统形式（指液上、液下，固定、半固定等）、泡沫灭火系统图
		干粉灭火系统	设置部位、干粉储罐位置、干粉灭火系统图
		防烟排烟系统	设置部位、风机安装位置、风机数量、风机类型、防烟排烟系统图
		防火门及卷帘	设置部位、数量
		消防应急广播	设置部位、数量、消防应急广播系统图
		应急照明及疏散指示系统	设置部位、数量、应急照明及疏散指示系统图
		消防电源	设置部位、消防主电源在配电室是否有独立配电柜供电、备用电源形式（市电、发电机、EPS 等）
		灭火器	设置部位、配置类型（指手提式、推车式等）、数量、生产日期、更换药剂日期
5	消防设施定期检查及维护保养信息		检查人姓名、检查日期、检查类别（指日检、月检、季检、年检等）、检查内容（指各类消防设施相关技术规范规定的内容）及处理结果，维护保养日期、内容

续表 B.0.1

序号	名　称		内　容
6	日常防火巡查记录	基本信息	值班人员姓名、每日巡查次数、巡查时间、巡查部位
		用火用电	用火、用电、用气有无违章情况
		疏散通道	安全出口、疏散通道、疏散楼梯是否畅通，是否堆放可燃物； 疏散走道、疏散楼梯、顶棚装修材料是否合格
		防火门、防火卷帘	常闭防火门是否处于正常状态，是否被锁闭； 防火卷帘是否处于正常状态，防火卷帘下方是否堆放物品影响使用
		消防设施	疏散指示标志、应急照明是否处于正常完好状态； 火灾自动报警系统探测器是否处于正常完好状态； 自动喷水灭火系统喷头、末端放（试）水装置、报警阀是否处于正常完好状态； 室内、室外消火栓系统是否处于正常完好状态； 灭火器是否处于正常完好状态
7	火灾信息		起火时间、起火部位、起火原因、报警方式（指自动、人工等）、灭火方式（指气体、喷水、水喷雾、泡沫、干粉灭火系统，灭火器，消防队等）

附录 C　城市消防远程监控系统施工过程质量检查记录

C.0.1　城市消防远程监控系统施工过程质量检查记录应由施工单位质量检查员按表 C.0.1 填写，监理工程师进行检查，并作出检查结论。

表 C.0.1　城市消防远程监控系统施工过程质量检查记录

工程名称		施工单位	
施工执行规范名称及编号		监理单位	
项　目	《规范》章节条款	施工单位检查评定记录	监理单位验收记录
结论	施工单位项目负责人： （签章） 年　月　日	监理工程师（建设单位项目负责人）： （签章） 年　月　日	

附录 D　城市消防远程监控系统验收记录

D.0.1　城市消防远程监控系统验收记录应由建设单位按表 D.0.1填写，综合验收结论由参加验收的各方共同商定并签章。

表 D.0.1　城市消防远程监控系统验收记录

工程名称			
施工单位		项目负责人	
监理单位		监理工程师	
序号	检查项目名称	检查内容记录	检查评定结果
1			
2			
3			
4			
5			
6			
综合验收结论			
验收单位	施工单位：（单位印章）	项目负责人：（签章） 年　月　日	
	监理单位：（单位印章）	监理工程师：（签章） 年　月　日	
	设计单位：（单位印章）	项目负责人：（签章） 年　月　日	
	建设单位：（单位印章）	项目负责人：（签章） 年　月　日	

附录E　城市消防远程监控系统检查测试记录

E.0.1　城市消防远程监控系统的检查和测试记录应按表E.0.1填写。

表E.0.1　城市消防远程监控系统检查测试记录

日　期	检查类别（日检、月检、半年检）	检查测试内容	结　论	操作人员
审批人： 审批日期：				

本规范用词说明

1　为便于在执行本规范条文时区别对待，对要求严格程度不同的用词说明如下：

1）表示很严格，非这样做不可的用词：

正面词采用“必须”，反面词采用“严禁”。

2）表示严格，在正常情况下均应这样做的用词：

正面词采用“应”，反面词采用“不应”或“不得”。

3）表示允许稍有选择，在条件许可时首先应这样做的用词：

正面词采用“宜”，反面词采用“不宜”；

表示有选择，在一定条件下可以这样做的用词，采用“可”。

2　本规范中指明应按其他有关标准、规范执行的写法为“应符合……的规定”或“应按……执行”。

中华人民共和国国家标准

城市消防远程监控系统技术规范

GB 50440-2007

条 文 说 明

目　次

3

1 总　　则

1.0.1　本条说明了制定本规范的目的。随着经济社会和城市建设的迅速发展，我国城市中的大中型建筑及公共场所建筑消防设施已经普及。据统计，全国有近20万栋建筑物安装了火灾自动报警系统、自动灭火系统等建筑消防设施，在防控火灾中发挥了十分重要的作用。但在实际运行过程中也暴露出一些突出的问题，不少地方建筑消防设施完好率在较低的水准上徘徊，相当一部分群死群伤火灾都留下了建筑消防设施失效的惨痛教训。城市消防远程监控系统是提高消防部队快速反应能力、提高建筑消防设施完好率、提高城市预防和抗御火灾综合能力的重要技术手段，但是，目前我国还没有一个可供遵循的、全国统一的、科学合理的城市消防远程监控系统设计、施工、验收的国家标准。本规范的制定对于合理设计城市消防远程监控系统，保证系统设计、工程施工、竣工验收、维护管理等关键环节的质量，推进消防监督执法工作的深入、细化，完善社会单位自身消防安全管理，减少火灾危害，保护公民生命、财产和社会公共安全，提升社会防控火灾能力和消防安全管理水平是十分必要的。

1.0.2　本条明确了本规范制定的主要技术内容，包括系统设计要求、施工要求、验收内容及系统运行维护工作要求。

1.0.3　本条规定了城市消防远程监控系统与其他系统集成或连接的适应性要求。远程监控系统利用公共通信网络和专用通信网络作为报警传输网络，所以系统设计应遵循公共通信网络系统标准。远程监控系统确认的真实火警信息要及时传输到城市消防通信指挥系统，所以系统设计应与城市消防通信指挥系统标准保持一致。本条还规定了远程监控系统设计和施工的共性要求，即做到安全实用、技术先进、经济合理。

1.0.4　本条说明按本规范进行远程监控系统设计、施工、验收及运行维护时应与配套执行的相关标准、规范，如有关建筑电气设计、建筑防火设计等国家现行标准协调一致，不得相矛盾。

2 术　　语

本章所列术语是在理解和执行本规范过程中应予解释明确的基本术语，着重从系统组成及功能方面定义。其他术语在现行有关国家标准、行业标准中已有定义或解释，本规范不再重复。

2.0.1～2.0.5　这五条术语对城市消防远程监控系统的系统、设置地点、用户装置以及传输网络等给出了定义。

2.0.6～2.0.8　这三条术语对城市消防远程监控系统技术构成中的三个子系统给出了定义。其中报警受理系统为监控中心使用，信息查询系统为公安消防部门提供信息查询功能，用户服务系统为联网用户提供信息服务。

3 基本规定

本章规定了城市消防远程监控系统的系统设置、监控中心和系统联网用户方面的基本要求。

3.0.1　本条规定了需要设置远程监控系统的城市类型。

1　规定了地级及以上城市设置远程监控系统的要求，考虑到远程监控系统的运行和管理的可靠性，建议单个系统的联网用户接入数量不宜大于5000个。

2　规定了县一级城市远程监控系统的设置要求，建议县级城市设置远程监控系统，或者与地级及以上城市的远程监控系统合并使用，即设置在地级及以上城市的监控中心，管理范围可以覆盖相关县级城市的联网用户，从而减少系统建设和维护成本。

3.0.2　本条规定远程监控系统监控中心的基本功能，即提供火灾报警信息、信息查询和用户信息服务。

3.0.3　本条规定了对远程监控系统中的联网用户的基本要求。

1　规定了需要接入远程监控系统的联网用户要求。

2　规定了联网用户建筑消防设施运行状态信息的实时传送要求。联网用户通过用户信息传输装置采集建筑消防设施的运行状态信息，并通过报警传输网络发送至监控中心。具体传送信息内容按照附录A的要求。

3　规定了联网用户传送消防安全管理信息的要求。联网用户可以通过监控中心用户服务系统提供的接口传送相关信息，也可采取人工报送的方式。当联网用户的建筑消防设施情况发生变化时，应在3日内通过上述方式报送变化信息。其中附录B中的消防设施定期检查信息和防火巡查信息应在当日内传送，以便监控中心能够及时掌握联网用户的消防安全管理情况。

4 系统设计

4.1 一般规定

4.1.1 本条规定了监控中心的设置地点要求，以保证监控中心的安全运行和系统可靠性。

4.1.2 本条规定了用户信息传输装置的设置地点要求，以便于进行用户信息传输装置的操作。

4.1.3 由于联网用户以及用户信息传输装置接入远程监控中心系统是一个逐渐发展的过程，系统能够容纳的联网用户数量直接关系到监控中心的实际运行效果。本条说明系统设计要考虑未来接入系统的用户容量和监控中心通信信道容量、信息存储能力，保证系统具有一定的扩展性。

4.1.4 本条规定是保证系统可靠工作的首要条件。如果系统主要设备未经国家有关产品质量监督检验机构检验合格，系统可靠性就无从谈起。

4.1.5 本条规定按本规范进行系统设计时，系统的通信协议和信息数据格式应与配套执行的相关标准、规范协调一致，不得相矛盾。

4.2 系统功能和性能要求

4.2.1 本条规定了城市消防远程监控系统应具有的基本功能。

1 规定了系统报警功能。系统能够接收火灾自动报警系统等自动消防设施发出的信号，为了屏蔽误报和错报火灾报警信号，远程监控系统首先对接收到的火灾报警信息进行确认，再转发至城市消防通信指挥中心或其他接处警中心。

2 规定了系统对建筑消防设施的运行状态进行实时监控的功能。

3 规定了系统为公安消防部门提供的信息查询功能。公安消防部门能够通过授权系统接口查询火灾报警信息、建筑消防设施运行状态信息及消防安全管理信息。

4 规定了系统为联网用户提供的用户服务管理功能。联网用户能够通过系统平台检索和查询自身的火灾报警信息、建筑消防设施运行状态信息及消防安全管理信息，并能录入消防安全重点单位信息系统的内容。

5 规定了远程监控系统建筑消防设施运行状态和消防安全管理信息的数据能够根据联网用户具体情况变化进行实时更新，保证数据的准确性和有效性。

4.2.2 本条规定了城市消防远程监控系统整体性能要求。主要包括系统相关的数量和时间技术指标。

1 规定了监控中心同一时刻的接警能力，保证当远程监控系统的联网用户数量较大时，能够并行接收处理来自不同联网用户的报警信息，保证火灾报警信息接收和处理的快捷迅速。

2 规定了从用户信息传输装置接收到报警信息到监控中心接收并显示的最长时间，该款强调系统的火灾报警信息传输和接收的快捷。

3 规定了监控中心确认的真实火警到达城市消防通信指挥中心或其他接处警中心的时间，保证消防部队收到火灾报警信息，能够及时到达现场。

4 规定了监控中心对用户信息传输装置巡检周期的要求及检查方式，保证各联网用户的用户信息传输装置的可靠运行。

5 规定了火灾报警信息、建筑消防设施运行状态信息等备份存储的时间及保存方式。

6 规定了录音录时文件的保存时间。

7 规定了远程监控系统的时钟校验误差。由于火灾报警信息的处理需要在最短的时间内完成，如果监控中心系统时间和用户信息传输装置的时间不一致，会影响火灾报警信息的处理和责任追查。

4.3 系统构成

本节主要说明远程监控系统的基本构成以及各部分之间的关系。

设有火灾自动报警系统的联网用户通过用户信息传输装置实时监控火灾自动报警系统的运行状态，并将报警信息通过报警传输网络传送到监控中心；对于未设火灾自动报警系统的联网用户，通过对报警按钮或者自动触发装置的操作、动作的监控，将触发信息通过报警传输网络传送到监控中心。

报警传输网络实现联网用户信息传输装置与监控中心之间的通信。用户信息传输装置能够接收监控中心下发的指令信息。

监控中心由三个主要子系统组成，即报警受理系统、信息查询系统、用户服务系统。

监控中心通过专线，将经确认的火灾报警信息传送到设在城市消防通信指挥中心或者其他接处警中心的火警信息终端。

监控中心通过网络为公安消防部门提供信息查询接口，公安消防部门可以查询联网用户的火灾报警信息、建筑消防设施运行状态信息以及消防安全管理信息。

监控中心通过网络为联网用户提供信息服务平台，联网用户可以查询本单位火灾报警信息、建筑消防设施运行状态信息以及消防安全管理信息。联网用户能对本单位日常消防安全管理信息进行录入或维护。

4.4 报警传输网络

4.4.1 本条说明信息传输可以采用的通信方式。

4.4.2 本条说明报警传输网络构建的基础网络形式。

4.4.3 本条规定了采用有线通信方式传输时的三种接入方式：

1 规定了电话线接入方式。

2 规定了公用宽带网接入方式。

3 规定了模拟专线或者数据专线接入专用通信网方式。

4.4.4 本条规定了采用无线通信方式传输时的三种接入方式：

1 规定了使用移动通信模块接入公用移动通信网的方式。

2 规定了通过无线电接收设备接入无线专用通信网的方式。

3 规定了集群语音通路或数据通路接入无线电集群专用通信网络传输的方式。

4.5 系统连接与信息传输

4.5.1 本条规定了联网用户的火灾报警和建筑消防设施运行状态信息的传输要求。

1 规定了设有火灾自动报警系统的联网用户的信息提供方式。

2 规定了未设火灾自动报警系统的联网用户的信息提供方式。

3 明确规定联网用户的用户信息传输装置与监控中心之间的信息传输方式，信息必须通过报警监控传输网络传输。

4.5.2 本条规定了联网用户的消防安全管理信息的传输方式。

4.5.3 本条规定了远程监控系统与设置在城市消防通信指挥中心或其他接处警中心的火警信息终端之间的通信方式，应通过专线或专用网的方式。

4.5.4 本条规定了远程监控系统需要为公安消防部门设置信息查询接口，为联网用户提供信息服务接口。监控中心同这些接口的信息传输应通过公用通信网进行，而不应该通过报警传输网络进行。

4.6 系统安全

4.6.1 本条规定了远程监控系统的网络安全要求。

1 规定了远程监控系统设计过程中，各类系统或设备的连接和接入首先要保证网络安全。远程监控系统的连接和接入主要指建筑消防设施与用户信息传输装置、用户信息装置与报警传输网络、报警传输网络与监控中心、监控中心与城市消防通信指挥中心、监控中心与公安消防机构接口、监控中心与联网用户接口。

2 规定了访问系统要有身份认证和授权。

3 规定了系统网络管理方面的要求，即应设置防火墙，对计算机病毒实时监控和报警。

4.6.2 本条规定了远程监控系统的应用安全要求。

1 规定了存储远程监控系统各种数据的服务器应有数据备份能力。

2 监控中心应有突发事件应急处理机制，保证在任何情况下能够正常接收、处理报警信息。

3 规定了系统应具有对数据安全管理的措施，保证监控中心已接收并存储的火灾报警信息、建筑消防设施运行状态信息和消防安全管理信息原始数据记录不被修改。

4 规定了系统应具有运行记录功能，保证系统的运行过程都有详细的日志记录。

5 系统配置和设备功能要求

5.1 系统配置

5.1.1 本条列出远程监控系统中的主要设备的配置方式和数量要求。各类设备的配置数量是根据监控中心建设规模以及联网用户数量决定的。表5.1.1内数量均为下限。

"用户信息传输装置"与本规范第2.0.5条所指相同。用户信息传输装置详细的性能要求及试验方法应由相关标准作出具体规定。

"报警受理系统"与本规范第2.0.6条所指相同。每个监控中心使用一套报警受理系统，报警受理系统至少配置3个坐席。

"信息查询系统"与本规范第2.0.7条所指相同。

"用户服务系统"与本规范第2.0.8条所指相同。

"火警信息终端"是设置在城市消防通信指挥中心或其他接处警中心的信息显示终端，显示经由监控中心确认的真实火警信息。

"信息查询接口"由监控中心为公安消防部门提供，公安消防部门可通过此接口登陆监控中心的信息查询系统，检索、查询联网用户相关信息。

"信息服务接口"由监控中心为各联网用户提供，联网用户通过身份认证和授权后，登陆监控中心的用户服务系统，进行信息查询、录入、维护等。

"网络设备"即保证监控中心网络正常运行所需要的设备，其性能要求应符合相关标准。

"电源设备"即保证监控中心正常供电的设备，其性能要求应符合相关标准。

"数据库服务器"即系统正常运行过程中数据的存储设备，其性能要求应符合相关标准。

5.2 主要设备功能要求

5.2.1 本条规定了用户信息传输装置的基本功能。

用户信息传输装置的设计、使用应符合相关产品标准。用户信息传输装置是安装在联网用户的终端设备，设备的安装要在保证现有火灾自动报警系统正常运行的情况下进行接入。

1 规定了用户信息传输装置具有的主要功能是接收火灾自动报警系统的火灾报警信息，并传送到监控中心。

2 规定了用户信息传输装置除了接收火灾报警信息外，还接收建筑消防设施的运行状态信息，并传送到监控中心。

3 规定了用户信息传输装置按照火警优先原则向监控中心传输信息。

4 规定了用户信息传输装置具有对自身故障自动告警的能力。

5 规定了用户信息传输装置的供电要求和备用电源容量要求。

5.2.2 本条规定了报警受理系统的基本功能。

1 规定了报警受理系统接收、处理火灾报警信息的功能。

2 规定了报警受理系统应能显示的报警信息内容。

3 规定了报警受理系统对接收到的报警信息的处理方式，并规定了向城市消防通信指挥中心或其他接处警中心发送的报警信息内容。

4 规定了报警受理系统接收、处理建筑消防设施运行状态信息的功能，并规定了对故障类信息的处理方式。

5 规定了监控中心对用户信息传输装置的运行状况进行远程检测的功能，保证设备能够正常运行。

6 规定了报警受理系统具有显示、查询历史报警信息及相关信息的功能。

7 规定了报警受理系统与联网用户之间的通信方式。

8 规定了报警受理系统具有录音录时功能。录音录时装置可以作为独立装置使用，也可以集成在报警受理系统的一个单元中使用。录音录时装置必须设置故障报警和违规操作报警，并且不能修改记录信息，以保证记录信息的客观性和公正性。

9 规定了报警受理系统具有对运行过程中的故障进行提示的功能。由于报警受理系统要保证长时间不间断运行，系统能够定期进行自动检测，发现问题及时提醒。

10 规定了报警受理系统运行状态的记录功能，为了保证系统的可靠性，应对操作过程具有详细的时间记录和查询功能。

11 规定了报警受理系统应具有消防地理信息系统的基本功能，保证监控中心能够及时了解联网用户的周围地理情况，为警情确认和灭火救援提供辅助信息。

5.2.3 本条规定了信息查询系统的基本功能，该系统的主要使用对象是公安消防部门。一是各级公安消防部门可以充分利用远程监控系统加强对联网社会单位消防安全管理状况的监督，扩大监管视角，延长监管视线，及时开展有针对性的监督执法，把隐患消除在萌芽状态，切实做到消防工作重心转移、隐患整治关口前移；二是各级公安消防部门可以充分利用远程监控系统强化对联网用户的指导和服务，提高公安消防部门服务经济社会发展的能力和水平。

1 规定了信息查询系统能够查询火灾报警信息。

2 规定了信息查询系统能够查询建筑消防设施实时运行状态信息。通过系统的监控功能提高建筑消防设施完好率。

3 规定了信息查询系统能够查询联网用户的消防安全管理信息。

4 规定了信息查询系统具有日常值班情况监督功能。消防监督人员通过该功能可以随机查询联网用户值班人员在岗情况，并对历史值班信息进行查询分析。

5 规定了信息查询系统通过不同的检索条件来查询、统计联网用户的信息。通过这些数据信息可以真实地反映本地区重点单位消防安全管理现状，对问题严重的单位及时提出整改措施，从而从根本上提高建筑消防设施完好率以及单位自身消防安全管理工作。

5.2.4 本条规定了用户服务系统的基本功能，该系统的使用对象是联网单位用户。联网用户通过系统提供的信息服务接口，可以填写日常消防安全管理信息，使得本单位的消防安全管理工作的执行能够制度化。联网用户录入的数据信息，公安消防机构可以通过信息查询接口进行查询。

1 规定了联网用户可以查询的内容。通过查询了解本单位建筑消防设施运行情况以及火灾隐患，从而提高建筑消防设施的完好率。

2 规定了联网用户通过该功能将手工填写的建筑消防设施日常维护保养工作实现电子化。电子化工作既方便了日常工作人员，又方便了历史数据的查询。

3 本款功能在于提高联网用户的消防安全管理水平。通过该功能联网用户能够录入和编辑消防安全管理信息数据。

4 说明了日常值班管理功能。联网用户的消防负责人只要能够登陆该系统就可以对值班人员随时进行远程监督。

5 规定了系统操作权限要求。为了保证数据的安全性，联网用户只能查询自身的信息。

6 规定了系统为联网用户提供的相关消防信息服务内容。

5.2.5 本条规定了火警信息终端的基本功能。

1 规定了火警信息终端接收并显示联网用户火灾报警信息的功能。为保证信息传输的可靠性，火警信息终端在接收到信息后应向监控中心反馈接收确认信号。

2 规定了火警信息终端显示的火灾报警信息的内容。

3 规定了火警信息终端具有对运行过程中的故障进行提示和自检的功能，保证设备的正常运行。

5.3 系统电源要求

5.3.1 本条规定了监控中心的电源配置要求。

5.3.2 本条对用户信息传输装置的电源标识以及连接情况作出了规定。

6 系统施工

6.1 一般规定

6.1.1 远程监控系统建设是提升单位消防安全管理水平和社会防控火灾能力的系统工程，为了控制工程质量，系统施工应由具有相应专业技术人员的施工单位承担。

6.1.2 本条规定了系统施工时应按照设计文件进行。远程监控系统是综合应用计算机、通信、网络等技术并与消防工程相结合的专业系统，所以在施工前，设计单位应向施工、监理和建设单位详细说明工程实施方案、施工图、技术要求、质量标准，明确工程部位、工序等。

6.1.3 本条规定了远程监控系统施工前应具备的技术文件。监控中心的建设需要符合计算机机房建设标准，以保证监控中心未来的安全。远程监控系统对外输出接口需要制定安全接入标准和系统之间通信标准。另外，对于安装完成的系统需要有详细的集成测试方案、功能测试方案。系统配套的综合布线工程、配套的接地及防雷工程应执行国家现行的有关标准。

设备用房、综合布线、供配电、接地及防雷等基础环境与系统施工和系统正常运行密切相关。因此，本条提出系统施工前准备好相关图纸，不列入本系统施工范围，但与系统施工和系统正常运行配套的基础环境应达到国家现行标准的有关要求。

6.1.4 远程监控系统包含各种不同的通用设备、配件、软件运行平台及专业应用软件产品等，在施工前必须对其质量进行现场检查。本条规定了系统设备及配件等产品进场时需要检查的技术文件。这些文件由供货商作为随机附件提供。

6.1.5 系统工程施工过程中涉及许多环节，做好设计变更、安装调试等相关记录是实施工程质量控制和工程验收的必要条件。

6.1.6 施工过程的质量控制是非常必要的。本条对施工过程质量控制的程序、方法和执行责任人等作出原则性规定。

1 规定的目的是通过各道工序的质量控制，保证工程的顺利实施。

2 规定了特殊工程施工验收方式。

3 说明远程监控系统施工是一个综合应用各种技术的工程过程，各环节施工顺序、交接验收是保证施工过程的质量的重要保障。

4 说明远程监控系统相关设备安装完成后，施工单位对安装质量进行全数检查是保证安装过程质量控制和工程验收的必要条件，也是系统调试过程正常进行的前提条件。

5 规定的目的在于通过"城市消防远程监控系统施工过程质量检查记录"，避免在施工过程中出现因随意修改设计导致无法保证工程质量和无法验收的情况。

6.2 安　装

6.2.1 本条规定了远程监控系统的安装环境。

1 规定了室内布线执行的标准。

2 规定了远程监控系统的防雷接地应执行的标准以及检查方式。

6.2.2 本条规定了远程监控系统设备的安装要求和检查方法。

1 规定了设备布置要求。

2 规定了设备和线缆标识要求。

3 规定了设备连线安装布置要求。

4 规定了用户信息传输装置的安装方式以及遵循的标准。

6.2.3 远程监控系统各类功能大部分是由软件来完成和体现的。为保证系统工程质量，本条规定了远程监控系统使用的操作系统、数据库管理系统、地理信息系统、安全管理系统（信息安全、网络安全等)和网络管理系统等平台软件,宜尽量采用先进成熟的商业化软件产品,这些软件产品只要求检查软件使用(授权)许可证,不再做重复检测。

6.3 调　试

6.3.1 远程监控系统正式投入使用之前,必须保证系统功能和技术性能已经达到设计要求。系统可能存在的缺陷、漏洞和潜在的故障隐患都需要在调试和试运行过程中排除解决。所以本条规定远程监控系统必须完成调试和试运行后,方可正式投入使用。

6.3.2 本条规定了远程监控系统调试前的准备工作内容,要求各系统的功能达到设计要求,具备系统调试环境、有调试方案和相关的技术标准文件。系统调试按照各系统的基本调试内容、方法等调试要点进行。

1 规定了远程监控系统调试的前提条件。

2 规定了远程监控系统安装环境。

3 规定了系统中各设备检查的方法。

4 说明为了保证远程监控系统调试工作的正常进行,调试之前应制定调试和试运行方案。

5 说明为了保证调试过程的全面、完善,调试之前需要准备的技术资料。

6.3.3 本条规定了用户信息传输装置基本功能的调试内容和方法。

1 规定了用户信息传输装置接收火灾报警并上传监控中心的调试方法。

2 规定了用户信息传输装置接收建筑消防设施各种状态信息的调试方法。

3 规定了当用户信息传输装置同时接收到火灾报警和建筑消防设施运行状态信息时,应该按照火警优先的顺序进行处理并上传到监控中心的调试方法。

4 规定了当用户信息传输装置接收到手动报警设备的报警信息时,能将报警信息实时上传到监控中心。

5 规定了用户信息传输装置自检功能的调试方法。

6 规定了用户信息传输装置故障情况下的调试方法。

7 规定了用户信息传输装置供电情况的调试方法。

6.3.4 本条规定了报警受理系统基本功能的调试内容和方法。

1 规定了用户信息传输装置实时接收信息,并上传到报警受理系统的调试方法,对报警受理系统接收和显示信息的完整性进行检查,并规定了报警受理系统核实、确认上传火灾报警信息的调试方法。

2 规定了检查报警受理系统接收并处理联网用户建筑消防设施运行状态信息功能的调试方法。

3 规定了对用户信息传输装置的巡检调试方法。

4 规定了查询历史信息的调试方法。

5 规定了报警受理系统同联网用户进行语音、数据或图像通信功能的调试方法。

6 规定了报警受理系统录音录时功能的调试方法。

7 规定了报警受理系统故障告警功能的调试方法。

8 规定了对系统运行过程详细记录、信息查询的调试方法。

9 规定了消防地理信息系统的调试方法。

6.3.5 本条规定了信息查询系统基本功能的调试方法。

1 规定了查询用户火灾报警信息的调试方法。

2 规定了查询用户建筑消防设施运行状态信息的调试方法。

3 规定了查询用户消防安全管理信息的调试方法。

4 规定了查询用户日常值班、在岗情况的调试方法。

5 规定了信息检索查询的调试方法。

6.3.6 本条规定了用户服务系统基本功能的调试方法。

1 规定了用户权限调试方法。

2 规定了实时显示本单位的火灾报警信息及建筑消防设施运行状态信息的调试方法。

3 规定了联网用户建筑消防设施日常管理功能使用的调试方法。

4 规定了联网用户消防安全管理功能的调试方法。

5 规定了随机查岗功能的调试方法。

6.3.7 本条规定了火警信息终端基本功能的调试方法。

1 规定了火警信息终端接收报警受理系统发送火灾报警信息的调试方法。

2 规定了检查火警信息终端显示信息内容的要求。

3 规定了火警信息终端自检功能的调试方法。

4 规定了火警信息终端故障告警功能的调试方法。

6.3.8 本条规定了用户服务系统调试通过后的试运行时间。系统功能调试完成后,系统正式运行之前还需要进行试运行,检查这段时间各功能运行情况,及时解决出现的问题,保证系统未来正常运行。

6.3.9 本条规定了远程监控系统技术文档保存情况。系统的维护工作是保证系统未来正常运行的前提,要想保证系统维护工作的正常进行,系统的技术文档、调试记录是基础资料。

7 系统验收

7.1 一般规定

7.1.1 本条为强制性条文。工程验收是系统交付使用前的一项重要技术工作。由于以前没有验收统一标准和具体要求,造成对系统是否达到设计功能要求,能否投入正常使用等重大问题心中无数。鉴于这种情况,为确保系统发挥其作用,本条规定了远程监控系统竣工后必须进行工程验收,并建议在工程验收合格前应接入一定数量的联网用户进行测试,强调验收不合格不得投入使用。

7.1.2 本条规定了远程监控系统工程验收的单位主体,应由建设单位组织设计、施工、监理等单位进行。

7.1.3 本条规定了远程监控系统工程验收的主要内容。施工产品进场质量检查验收和施工过程质量检查验收是各子系统功能测试验收和系统集成验收的基础,应在各子系统功能测试验收和系统集成验收前完成。

1 规定了远程监控系统中各设备功能验收方法。

2 规定了远程监控系统中各软件功能验收方法。

3 规定了远程监控系统中各项通信功能验收方法。

4 规定了远程监控系统集成功能验收方法。

7.1.4 为保证系统工程验收能顺利进行,本条规定了远程监控系统工程验收时应具备的6种技术文件。

1 规定了系统竣工后应提出验收申请报告。

2 规定了工程验收时需要准备的技术文档。这些文档对系统维护有重要的作用。

3、4款规定了工程验收需要提供施工现场质量管理检查记录和系统施工过程质量检查记录，能够详细了解施工过程质量。

5、6款规定了系统验收时需要提供的相关设备清单及检验报告等产品合格证明材料。

7.1.5 “城市消防远程监控系统验收记录”包括了施工产品进场质量检查验收、施工过程质量检查验收、各子系统功能测试验收、系统集成验收的结论。具体检查、测试报告作为附录归档，供系统验收时查验。参加验收的各方根据这些阶段验收结论，判定远程监控系统整体工程是否合格，联合出具书面结论。

7.2 主要设备和系统集成验收

7.2.1 本条规定了远程监控系统主要设备功能验收内容，这些验收内容是保证系统正常运行的基本功能项目。具有较高级或辅助的功能验收内容，建设单位可以根据系统建设的功能定位、系统规模、系统环境等灵活选择。

本条文中的各款规定的用户信息传输装置、报警受理系统、信息查询系统、用户服务系统、火警信息终端的验收内容应分别符合本规范第5.2.1条、第5.2.2条、第5.2.3条、第5.2.4条、第5.2.5条的要求。

7.2.2 本条规定了系统集成验收的主要内容。

远程监控系统的主要功能、主要性能指标、网络安全性、应用安全性、系统安装环境、系统技术文件应分别符合本规范第4.2.1条、第4.2.2条、第4.6.1条、第4.6.2条、第6.2.1条、第7.1.4条的要求。

7.3 系统验收判定条件

7.3.1 本条规定了远程监控系统工程验收是否合格的判定条件，使远程监控系统工程质量验收有统一的评价标准，操作上简便易行。本条明确了施工和质量验收的规定条文中所有款项必须全部合格，否则为系统验收不合格。

7.3.2 本条规定了验收不合格应进行整改，直至验收合格。整改完毕重新进入试运行和系统验收程序。复验时，“城市消防远程监控系统验收记录”中已经有验收合格结论的，不再重复验收。

8 系统的运行及维护

8.1 一般规定

8.1.1 为保证远程监控系统的正常运行，本条规定了远程监控系统投入使用时，应由具有相关资质的、独立法人单位的社会中介机构承担，并应配备相关专业技术人员。

8.1.2 为保证远程监控系统的正常运行，本条规定了远程监控系统投入使用时，应由经过培训的专人负责系统的使用操作和维护管理。

8.1.3 为保证远程监控系统的正常运行，本条规定了远程监控系统投入使用时日常需要做的工作。

8.2 监控中心的运行及维护

8.2.1 本条规定了监控中心日常运行需要具备的技术文档。机房管理制度是保证机房日常工作秩序的前提条件；操作人员管理制度保证联网用户火警能够得到及时接收处理，在最短的时间内处理报警信息，并保证联网用户的信息安全；值班日志是对监控中心值班人员日常值班工作的详细描述；交接班登记表是对监控中心日常值班人员值班时间的详细记录；接处警登记表详细记录日常接收到的联网用户的火灾报警信息和对报警信息所做的处理过程；值班人员在对报警信息与现场值班人员进行语音确认的时候，做好录音录时记录文档，保证交流信息的准确；通过监控中心以及联网用户信息传输装置日常运行过程中的设备运行情况、日常设备巡检及故障记录情况及时发现设备隐患，及早进行维修；为了保证系统运行的安全，监控中心需要制定相关的系统操作与运行安全制度，保证值班人员对系统的正确操作；为了应对突发事件，监控中心需要建立应急管理制度、网络安全管理制度以及数据备份与恢复方案。

8.2.2 除了建立相关的系统技术档案外，本条规定了应对系统进行定期检查和测试。定期检查测试系统与外部系统接口之间的通信、系统时间、系统数据库，定期进行系统集成功能检查、测试。

1 规定了监控中心与城市消防通信指挥中心或其他接处警中心的火警信息终端之间的通信测试次数。

2 规定了远程监控系统各设备时钟日检查次数。

3 规定了定期进行系统运行日志整理。系统运行一段时间后，系统的运行日志会逐渐递增，因此，为了保证硬盘空间的合理应用，运行日志需要定期整理。

4 规定了定期检查数据库使用情况。系统运行一段时间后，系统的数据库会逐渐递增，因此，为了保证硬盘空间的合理应用，需要定期进行整理。

5 规定了系统集成功能检查、测试的方法以及时间。

6 规定了定期向联网用户采集消防安全管理信息。为了保证联网用户信息变更的实时性，远程监控系统需要定期向联网用户采集消防安全管理信息，保证远程监控系统中用户信息与实际信息的一致性。

8.2.3 为了保证远程监控系统能够及时、准确地反映联网用户以及城市消防地理信息，系统涉及的外部数据的变更要在系统中及时反映出来。

8.3 用户信息传输装置的运行及维护

8.3.1 为了保证用户信息传输装置的正常运行，本条规定了用户信息传输装置日常保养方法。

1 规定了设备自检的时间。

2 规定了用户信息传输装置需要定期清洁、除尘、检查。

3 规定了火灾报警信息发送的检测方法和时间。

4 规定了主电源和备用电源工作检测方法和时间。为了保证用户信息传输装置在交流电停电的情况下能正常工作，需要定期检查用户信息传输装置备电是否正常工作。

8.3.2 为了能够及时地让联网用户了解本单位建筑消防设施故障情况，本条规定了监控中心接收的报警信息能够及时发送到用户服务系统，生成相应的统计表。

8.3.3 本条规定了联网用户人为停止火灾自动报警系统运行时应与监控中心联系的要求，并规定了建筑消防设施故障的处理方法。

中华人民共和国国家标准

矿井通风安全装备标准

Standard for the equipment of ventilative safety of coal colliery

GB/T 50518-2010

主编部门：中　国　煤　炭　建　设　协　会
批准部门：中华人民共和国住房和城乡建设部
施行日期：2　0　1　0　年　1　2　月　1　日

4

中华人民共和国住房和城乡建设部公告

第 603 号

关于发布国家标准《矿井通风安全装备标准》的公告

现批准《矿井通风安全装备标准》为国家标准，编号为 GB/T 50518—2010，自 2010 年 12 月 1 日起实施。

本标准由我部标准定额研究所组织中国计划出版社出版发行。

中华人民共和国住房和城乡建设部

二〇一〇年五月三十一日

前　言

本标准是根据原建设部《关于印发〈2005 年工程建设标准规范制订、修订计划(第二批)〉的通知》(建标〔2005〕124 号)的要求，由中煤国际工程集团重庆设计研究院会同有关单位共同编制完成的。

本标准在编制过程中，编制组进行了大量的调查研究，广泛征求意见，参考国内外有关资料，反复修改，最后经审查定稿。

本标准共分 4 章和 6 个附录，主要内容包括总则，矿井通风、气体检测及救护类装备，火灾检测和防灭火装备，矿井防尘及隔爆装备等。

本标准由住房和城乡建设部负责管理，中国煤炭建设协会负责日常管理工作，中煤国际工程集团重庆设计研究院负责具体技术内容的解释。本标准在执行过程中，请各单位结合工程实践，认真总结经验，注意积累资料，如发现需要修改或补充之处，请将意见及有关资料寄交中煤国际工程集团重庆设计研究院《矿井通风安全装备标准》管理组(地址：重庆市渝中区长江二路 177-8 号；邮政编码：400016；传真电话：023－68811613)，以供今后修订时参考。

本标准主编单位、参编单位、主要起草人和主要审查人员：

主 编 单 位： 中煤国际工程集团重庆设计研究院

参 编 单 位： 煤炭科学研究总院重庆分院
煤炭科学研究总院抚顺分院

主要起草人： 卢溢洪　卿恩东　张　刚　王学太　李秀琴　龙伍见　万祥富　胡仕俸　肖代兵　刘　林　杜子健　何大忠　罗海珠　王魁军

主要审查人： 毕孔耜　陈建平　刘　毅　鲍巍超　杨晓峰　陈德跃　郑厚发　吴文彬　孟　融　李庚午　康忠佳　龙祖根　蒋晓飞　李明武　陆中原　杨纯东　范立新　郭钧生　阮国强　张爱科　冯志强

目　次

Contents

4

1 总 则

1.0.1 为了适应科学技术发展，煤炭开发技术和设备不断进步的需要，提高煤矿安全技术和装备水平，提高设计水平，制定本标准。

1.0.2 本标准适用于新建、改建、扩建的煤炭矿井通风安全装备的配备。

1.0.3 通风安全装备应从国情及矿井具体条件出发，因地制宜地采用新设备、新材料。

1.0.4 本标准规定了煤炭矿井通风安全装备配备的基本要求，当本标准与国家法律、行政法规的规定相抵触时，应按国家法律、行政法规的规定执行。

1.0.5 矿井通风安全装备配备除应符合本标准外，尚应符合国家现行有关标准的规定。

2 矿井通风、气体检测及救护类装备

2.1 低瓦斯矿井

2.1.1 矿井局部通风机装备应符合下列要求：

1 除全风压通风掘进工作面外，每个掘进工作面应安设1台局部通风机，采用混合式通风方式时应安设2台。

2 使用局部通风机供风的地点应实行风、电、瓦斯闭锁，使用2台局部通风机供风时，2台局部通风机都应同时实现风电闭锁。

3 有瓦斯涌出的掘进工作面的局部通风机应配备同等能力的备用局部通风机，正常工作局部通风机必须采用三专（专用开关、专用电缆、专用变压器）供电，备用局部通风机电源必须取自同时带电的另一电源。

2.1.2 矿井应配备风速、温度、压力等通风安全检测仪器、仪表。其数量应能满足日常通风管理和瓦斯管理需要。仪表应经国家授权的安全仪表计量检验单位进行检验。

2.1.3 矿井气体检测应符合下列要求：

1 矿井应配备光学瓦斯检定器、便携式甲烷检测仪、便携式甲烷检测报警仪、便携式光学甲烷检测仪，并应配有适量的高浓度瓦斯检定器，其配备范围和数量应符合下列规定：

1)便携式甲烷检测仪、便携式甲烷检测报警仪、便携式光学甲烷检测仪的配备，应符合现行《煤矿安全规程》的有关规定。

2)矿井通风、安全管理人员应配备便携式甲烷检测仪，瓦斯检查工应配备便携式光学甲烷检测仪，安全监测工应配备便携式甲烷检测报警仪或便携式光学甲烷检测仪。

3)高浓度瓦斯检定器的数量应按矿井采区数目配备。

2 矿井应配备必要的甲烷、氧气检测仪和一氧化碳检定器，并应符合下列规定：

1)甲烷、氧气检测仪可按中、小型矿井5台～15台，大型矿井20台～45台配备。

2)一氧化碳检定器的数量通常应按矿井的采区数目配备，也可按矿井同时开采的自然发火煤层工作面个数的2倍配备。

3 光干涉式甲烷测定器的数量应根据矿井采掘工作面数量配置。

4 矿井应配备瓦斯检测仪校正仪，其数量应根据光干涉式甲烷测定器的数量确定，矿井宜配备1台～3台。

5 矿井应配备甲烷、氧气、一氧化碳等气体的仪表校验装置，其数量应根据矿井气体仪表的数量配备，可按中、小型矿井2台～4台，大型矿井3台～8台配备。

2.1.4 低瓦斯矿井通风、气体检测基本装备应符合本标准附录A的规定。

2.2 高瓦斯矿井

2.2.1 高瓦斯矿井的基本装备除应符合本标准第2.1节的规定外，还应符合下列规定：

1 应配备适量的风动钻机，每个采区应配备1台～2台。

2 应配备煤层瓦斯压力测定装置，每个矿井应配备1台～2台。

3 应配备钻孔瓦斯流量测定装置，每个采区应配备1台～2台。

4 应配备井下煤层瓦斯含量测定仪，每个矿井应配备1套。

5 应配备煤层气测定装置，大、中型矿井应配备1套。

6 每个掘进工作面应安设2台局部通风机，并应采用专用变压器、专用开关、专用线路供电。

2.2.2 高瓦斯矿井需增加的装备应符合本标准附录B的规定。

2.3 煤与瓦斯突出矿井

2.3.1 煤与瓦斯突出矿井的基本装备除应符合本标准第2.1节和第2.2节的规定外，还应符合下列规定：

1 应配备防突钻机，每个采、掘工作面应配备1台～2台。

2 应配备用于预测区域性突出的仪器，每个矿井应配备1台～2台。

3 应配备用于预测采、掘工作面突出的仪器，每个采区应配备2套～3套。

4 有突出煤层的采区必须设置采区避难所。突出煤层的采、掘工作面应设置工作面避难所或压风自救系统。

2.3.2 煤与瓦斯突出矿井需增加的装备应符合本标准附录C的规定。

2.4 矿井救护类装备

2.4.1 矿井应配备自救器，高瓦斯矿井和煤与瓦斯突出矿井应配备隔离式自救器，低瓦斯矿井可配备过滤式自救器。自救器数量应按矿井下井总人数配备，备用量应按总量的5%～10%计。

2.4.2 隔离式自救器应配备自救器气密检查仪，其数量宜为每200个自救器配1台。过滤式自救器应增配自救器专用称重仪，可配备1台～4台。

2.4.3 矿井救护类装备应符合本标准附录A的规定。

3 火灾检测和防灭火装备

3.1 火灾检测

3.1.1 开采容易自燃和自燃煤层的大、中型矿井，应设置配备有一氧化碳、氧气等各种气体测定管和便携式检测仪表及成套气体分析化验装备的地面试验室。

3.1.2 开采容易自燃或自燃煤层的矿井应配备1套气相色谱仪，大型矿井宜配备1套煤自燃性测定仪。

3.1.3 开采容易自燃和自燃煤层的矿井应建立矿井火灾检测系统。

3.1.4 矿井火灾检测装备应符合本标准附录D的规定。

3.2 防灭火装备

3.2.1 采用灌浆防灭火的矿井应符合下列规定：

1 取土、制浆、输送和灌浆等设备设施应配套。

2 注浆站可采用集中式或分区式布置，条件适合也可设立井下移动式注浆站。

3.2.2 采用氮气防灭火的矿井，除应有稳定可靠的气源外，还应配备下列装备：

1 配备1套专用管路系统及其附属安全设施。

2 能监测采空区气体成分变化的监测系统。

3 固定或移动的温度观测站和温度监测手段。

3.2.3 采用阻化剂防灭火的矿井，易自燃和自燃矿井每个采煤工作面应配置1台阻化剂喷射泵。

3.2.4 带式输送机硐室应配置1套火灾报警装备和1套自动灭火系统。主带式输送机除应在机头硐室配1套自动灭火系统外，机尾处也应配置1套。矿井主要机电硐室也应配置自动灭火系统，其他机电硐室应配置灭火器材。

3.2.5 矿井防灭火基本装备应符合本标准附录D的规定。

3.3 矿井消防

3.3.1 矿井井上、下应设置消防材料库，井下消防材料库应设在井下各生产水平井底车场或主要运输大巷。消防材料库内应装备消防列车、水泵、泡沫灭火器和其他灭火器材。

3.4 防火门

3.4.1 开采容易自燃和自燃煤层的矿井，应设置防火门，并应配备封闭防火门的材料。

3.4.2 进风井口应装设防火铁门，防火铁门应严密并易于关闭。打开时不应妨碍提升、运输和人员通行，并应定期维修。不设防火铁门时，应有防止烟火进入矿井的安全措施。

3.4.3 矿井暖风道和压入式通风的风硐应用不燃性材料砌筑，并应至少装设两道防火门。

4 矿井防尘及隔爆装备

4.1 矿井粉尘检测

4.1.1 矿井粉尘检测应符合下列规定：

1 应采取粉尘浓度测定、粉尘粒度分布测定及粉尘中游离二氧化硅含量测定的粉尘检测措施。

2 应配备总粉尘和呼吸性粉尘的采样器和测定仪，其数量应根据矿井井型及防尘专业人员数量配备，并应根据矿井采掘工作面数量配备个体采样器。

3 矿井应建立专门的粉尘化验室，并应配备分析天平、干燥器及其他配套仪表1套。

4.1.2 矿井应装备测定粉尘浓度、粉尘粒度分布的仪器及配套器材各1套，每个采掘工作面应装备至少1台粉尘浓度传感器。

4.2 矿井防尘

4.2.1 掘进井巷和硐室时，应采取湿式钻眼、冲洗井壁巷帮、水炮泥、爆破喷雾、装岩（煤）洒水和净化风流等综合防尘措施。

4.2.2 井下接尘人员应配备个体防尘用具。

4.2.3 矿井的锚喷支护工作面应采取机械除尘，每个锚喷工作面应配备1台混凝土喷射机除尘器，并应配有50%的备用量。

4.2.4 每个锚喷工作面应配备1型、2型压风呼吸器各1台。

4.2.5 3.0Mt/a及其以上的矿井，可配备1台～2台呼吸性粉尘连续测定仪。

4.2.6 矿井粉尘检测基本装备应符合本标准附录E的规定。

4.3 煤层注水

4.3.1 需要进行煤层注水防尘的回采工作面应配备煤层注水钻机，其数量应按每个工作面配备1台。采用动压注水方式的工作面还应根据日注水量和注水压力配备1台～2台煤层注水泵。

4.3.2 每个注水工作面应根据所确定的动压或静压注水系统配足注水配套器材。其数量可根据煤层的实际情况酌量调整。

4.3.3 煤层注水孔宜采用机械封孔，每个钻孔应配备1个封孔器。采用人工封孔时，每个注水工作面应配备2台矿用注浆封孔泵，1台工作、1台备用。

4.3.4 注水工作面应配备便携式快速水分测定仪，可按每个工作面1台配备。

4.3.5 煤层注水装备应符合本标准附录F的规定。

4.4 矿井隔爆

4.4.1 有煤尘爆炸危险的矿井两翼、相邻采区、相邻煤层、相邻采面之间，以及《煤矿安全规程》规定的其他地方，都应采用水棚或岩粉棚隔开。设有岩粉棚或水棚区段的巷道高度应符合行人通风及隔爆要求。高瓦斯矿井煤巷掘进工作面应安设隔（抑）爆设施。

4.4.2 井下隔爆措施宜选择隔爆水槽（袋）棚。

4.4.3 设置集中式水棚的用水量应按巷道断面积计算，主要水棚不得小于400L/m²，辅助水棚不得小于200L/m²。主要水棚的棚区长度不得小于30m，辅助水棚的棚区长度不得小于20m。

附录A 低瓦斯矿井通风、气体检测及救护类基本装备

表A 低瓦斯矿井通风、气体检测及救护类基本装备

序号	名称	型号举例	单位	各类矿井设备器材配备数量												备注
			井型	小型矿井				中型矿井				大型矿井				
			采面数（个）	1	2	3	≥4	1	2	3	≥4	1	2	3	≥4	
一	矿井通风检测															
1	高速风表	DFA-4、EY11	只	1	1	2	2	2	3	3	4	4	4	5	5	—
2	高中速风表	CFJD25、AFC-121	只	1	1	2	3	3	4	4	5	5	6	7	8	—
3	微速风表	DFA-3	只	1	1	2	2	2	3	3	4	4	4	5	5	—
4	秒表	—	只	2	2	3	4	4	5	5	6	6	7	8	8	—
5	通风干湿表	DHM2	只	1	1	1	1	2	2	2	2	3	3	3	3	自动记录
6	手摇干湿表	DHM1	只	3	3	4	4	5	5	6	6	7	7	8	8	—
7	空盒气压计	DYM3	只	3	3	4	4	5	5	6	6	7	7	8	8	—
8	双管水银气压表	DYB3	只	1	1	1	1	1	1	2	2	2	2	3	3	—
9	U型压差计	U型	只	3	3	3	4	4	4	5	5	5	6	6	6	—
10	补偿式微压计	YJB-2500	只	1	1	1	2	2	2	2	3	3	3	4	4	—
11	皮托管	AFP	只	5	5	6	6	6	7	7	8	8	10	12	12	—

续表A

序号	名称	型号举例	单位	各类矿井设备器材配备数量												备注
			井型	小型矿井				中型矿井				大型矿井				
			采面数（个）	1	2	3	≥4	1	2	3	≥4	1	2	3	≥4	
二	矿井气体检测															
1	光干涉式甲烷测定器	AQG-1、CJG10Z	台	4	6	8	10	6	8	10	12	8	10	12	14	测定范围：0～10% CH_4
		CJG100、GWJ-2	台	2				3～4				≥6				测定范围：0～100% CH_4
2	瓦斯检测仪校正仪	AWJ-2A、GJX-2、JZC-1	台	1～2				2				2～3				—
3	便携式甲烷检测仪	JCB-4J1	台	30	45	65	80	45	60	75	90	55	70	85	100	—
4	便携式甲烷检测报警仪	JCB-C55、AZJ-2000、CJB100(A)	台	10～30				20～40				30～60				—
5	甲烷、氧气两参数检测仪	CZ4/25(A)	台	5				10～15				20～45				—
6	一氧化碳检测仪	MYJ-1、CTH600	台	3～5				6～9				10～12				有自燃发火危险矿井配备
7	气体仪表校准仪	BGQ-1	套	2～4				2～4				3～8				含甲烷、氧气、一氧化碳检测仪和传感器校验
三	救护类设备															
1	自救器	ZH30、ZH15、ZL-60、ZY30、ZH20、ZY15	台	按下井人员每人1台配备，备用量按总量的5%～10%计												—
2	自救器气密检查仪	ZJ-1	台	每200个过滤式自救器配1台												低瓦斯矿井配备
3	自救器矿灯气密检查仪	ZJ-1A	台	供选用过滤式自救器-矿灯的矿井配备，每200个配一台												—
4	自救器专用称重仪	TD-2000	台	1～2				2～3				3～4				选用过滤式自救器的矿井配备
5	自救器气密检查仪	ZJ-2	台	每200个化学氧自救器配1台												高突矿井配备

附录B　高瓦斯矿井需增装备

表B　高瓦斯矿井需增装备

序号	名　　称	型号举例	各类矿井设备器材配备数量												
			井型	小型矿井				中型矿井				大型矿井			
			采面数(个) 单位	1	2	3	≥4	1	2	3	≥4	1	2	3	≥4
1	风动钻机	QHFZ-25	台	每个采区配备1台～2台											
2	煤层瓦斯压力测定仪	ACW-1、FWY-1	台	每个矿井配备1台～2台											
3	钻孔瓦斯流量仪	DMF	台	每个采区配备1台～2台											
4	井下煤层瓦斯含量快速测定仪	WP-1	套	每个矿井配备1套											
5	煤层气测定装置	AMG	套	大、中型矿井配备1套											

附录C　煤与瓦斯突出矿井需增装备

表C　煤与瓦斯突出矿井需增装备

序号	名　　称	型号举例	各类矿井设备器材配备数量													备注
			井型	小型矿井				中型矿井				大型矿井				
			采面数(个) 单位	1	2	3	≥4	1	2	3	≥4	1	2	3	≥4	
1	防突钻机	MKF-2、ZDJ-41/30、ZDK-280	台	采、掘工作面配1台～2台												—
2	瓦斯突出参数仪	WTC、TWY、ZWC-2	套	每个有突出危险的采、掘工作面配1套～2套												—
3	瓦斯放散初速度指标测定仪	WT-1	台	每个矿井配备1台～2台												—
4	煤坚固性系数测定仪	FMJ-1	台	每个矿井配备1台～2台												—
5	煤钻屑瓦斯解吸仪	MD-2	台	每个采区配备2台～3台												—
6	钻孔瓦斯涌出初速度测定仪及配套胶囊封孔器	ZLD-2及JN-2	套	每个采区配备2套～3套												—
7	避难硐室集体供氧救护装置	HJG-1	套	设在采掘工作面附近和放炮地点，数量及其距工作面的距离，根据具体情况确定												可设置其中之一或混合设置
8	压风自救器	ZY-J	组	设置在距采掘工作面25m～40m处；长距离掘进巷道中，每隔50m设1组												

附录D　火灾检测及防灭火基本装备

表D　火灾检测及防灭火基本装备

序号	名　　称	型号举例	装备数量及要求		备　　注
			不易自燃矿井	容易自燃和自燃矿井	
一	火灾检测				
1	煤矿专用气相色谱仪	SP-3430	—	≤1.8Mt/a矿井配1套 >1.8Mt/a矿井配2套	—
2	煤自燃性测定仪	ZRJ-1	—	大型矿井配1台	—
3	矿用红外测温仪	WD-1	1台	2台	—
4	便携式爆炸三角形测定仪	BMK-Ⅱ型	—	1台	—
5	矿井火灾预报束管监测系统	ASZ-Ⅱ、JSG-8	—	1套	—
二	矿井防灭火				
1	预防性注浆系统	ZY-340(矿用压力注浆机)	—	按矿井防灭火需要设置	系统可设地面或井下
2	惰性气体防灭火装置	PSA系列、KG(Y)ZD系列、DM系列(地面)、JXZD系列、DM系列(井下移动式)	—	1套	采用综采或综采放顶煤开采矿井配置
3	阻化剂喷射泵	WJ-24、KBJ系列、BH-40/2.5	每个采区配1台	每个采煤工作面配1台	采用阻化剂防灭火矿井配置
4	井下注浆堵漏设备	ZHJ型矿用移动注浆站	—	1套～2套	煤柱、密封、高冒顶注浆堵漏
5	自动灭火系统	DMH、SAG	主要机电硐室配1套		主胶带机机头机尾应各设1套
6	火灾报警装备	—	胶带运输机硐室设1套		—

4

附录E 矿井粉尘检测基本装备

表E 矿井粉尘检测基本装备

序号	名称	型号举例	井型 / 采面数(个) / 单位	各类矿井设备器材配备数量											
				小型矿井				中型矿井				大型矿井			
				1	2	3	≥4	1	2	3	≥4	1	2	3	≥4
1	呼吸性粉尘采样器	AZF-01、AZF-02	台	每个矿井配备2台～4台											
2	矿用粉尘采样器	AZF-02、CCZ-20A	台	每个矿井配备2台～4台											
3	直读式粉尘测定仪	CCGZ-1000	台	每个矿井配备1台～2台											
4	矿用个体粉尘采样器	AKFC-92G	台	每个矿井配备2台～4台											
5	电光分析天平	TG-328A	台	1											
6	电热恒温干燥器	QZ77-104	台	1											
7	掘进机除尘器	KCS-250	台	每台掘进机配1台											
8	掘进通风除尘器	KCS-250、KCS-550	台	每个钻爆法掘进面配1台，备用量20%											
9	混凝土喷射机除尘器	MPC-1	台	每个锚喷掘进面配1台，备用量50%											

续表E

序号	名称	型号举例	井型 / 采面数(个) / 单位	各类矿井设备器材配备数量											
				小型矿井				中型矿井				大型矿井			
				1	2	3	≥4	1	2	3	≥4	1	2	3	≥4
10	压风呼吸器	AYH-1A、AYH-2	台	每个锚喷工作面1型、2型各配1台											
11	呼吸性粉尘连续监测仪	AJLH-1	台	3.0Mt/a及其以上矿井配1台～2台											
12	粉尘化验室：①天平，感量不低于0.0001g；②干燥器；③其他配套仪表及器材：气体流量计、采样器、滤膜及秒表等	TG328AQZ77-104	套	大型矿井应配备1套											
13	粉尘中游离二氧化硅(SiO_2)含量的测定：①红外线光度计；②微量分析天平，感量为0.00001g；③其他配套器材：可调式高温电炉、压模盘、压片机、玛瑙乳钵、振荡器、瓷坩埚、两级粉尘采样器等	TJ 270-30	套	大型矿井应配备1套											
14	粉尘分散度测定：①显微镜，600倍～675倍；②目镜测微尺、物镜测微尺；③其他配套器材：瓷坩埚、玻璃滴管或吸管及乙酸丁酯等	—	套	大型矿井应配备1套											

附录F 煤层注水配套装备

表F 煤层注水配套装备

序号	名称	型号举例	单位	装备数量及要求	备注
一	动压注水				
1	煤层注水钻机	MYZ-100、MYZ-150、ZY-100、ZY-650、ZY-750	台	每个工作面配1台	可与探水钻机共用
2	煤层注水泵	BP75/12、5D-2/150、7BG-4.5/160	台	每个工作面配1台～2台，综采面可采用KBZ-100/150注水喷雾泵站，中压注水时用5BZ-1.5/80型	根据工作面注水量和压力确定型号及台数，每个采区备用1台
3	夹布压力胶管	与泵配套	m	每台泵配20m	—
4	冷拔无缝钢管	与泵配套	m	每台泵配120m	—
5	高压钢丝编织胶管	与泵配套	m	每台泵配100m	长度有3m、5m两种
6	快速接头	K型	只	每100m配20只	与高压钢丝编织胶管配套
7	安全阀	单向阀	只	每台泵配1只	—

续表 F

序号	名称	型号举例	单位	装备数量及要求	备　注
8	内螺纹升降止回阀	H_{41}H-160	只	每台泵配 1 只	—
9	弹簧式压力表	—	只	若注水泵自带压力表，每台泵配 4 只～5 只；否则每台泵需配 5 只～6 只	—
10	叶轮湿式水表	—	只	每台泵配 1 只	安设于注水泵进水口低压侧
11	高压注水水表	DC-4.5/200	只	每台泵配 2 只	—
12	等量分流器	DF-3	只	每个钻孔 1 只，每台泵 4 只～5 只	—
13	高压闸阀	J13H-160Ⅲ	只	每个钻孔 1 只，每台泵 4 只～5 只	—
14	封孔器	YPA-120	只	每个钻孔 1 只，每台泵 4 只～5 只	机械封孔配备
15	矿用注浆封孔泵	BFZ-10/1.2(2.4)	台	每个工作面配 1 台	人工封孔配备
16	钢制三通	K 型	只	每台泵 4 只～5 只	—
17	便携式快速水分测定仪	WM-A、WM-B	台	每个工作面配 1 台	—
18	水池	$5m^3$～$10m^3$	座	每个分阶段设 1 座（或每个工作面配 2 个矿车）	—
二	静压注水				
1	煤层注水钻机	MYZ-150、ZY-100、ZY-650、ZY-750	台	每个工作面配 1 台	可与探水钻机共用
2	冷拔无缝钢管	—	m	每个工作面配 120m	根据水量和压力配备
3	中压钢丝编织胶管	—	m	每个钻孔配 30m	根据水量和压力配备，长度有 3m、5m 两种规格
4	注水水表	SGS、DC-4.5/200	只	每个工作面配 2 只	—
5	快速接头	CDU	只	每个钻孔配 6 只	与中压钢丝胶管配套
6	钢制三通	CDU	只	每个钻孔配 1 只	—
7	等量分流器	ZF-Ⅲ	只	每个钻孔配 1 只	—
8	中压闸阀	Z80X-2.5Q	只	每个钻孔配 1 只	—
9	弹簧式压力表	Y-150	只	每个工作面配 2 只	—
10	封孔器	YDA-25、YPA-120	只	每个钻孔配 1 只	机械封孔时配备
11	矿用注浆封孔泵	BFZ-10/1.2(2.4)	台	每个工作面配 1 台	人工封孔时配备
12	便携式快速水分测定仪	WM-A、WM-B	台	每个工作面配 1 台	—

本标准用词说明

1　为便于在执行本标准条文时区别对待，对要求严格程度不同的用词说明如下：

1）表示很严格，非这样做不可的：

正面词采用“必须”，反面词采用“严禁”；

2）表示严格，在正常情况下均应这样做的：

正面词采用“应”，反面词采用“不应”或“不得”；

3）表示允许稍有选择，在条件许可时首先应这样做的：

正面词采用“宜”，反面词采用“不宜”；

4）表示有选择，在一定条件下可以这样做的，采用“可”。

2　条文中指明应按其他有关标准、规范执行的写法为：“应符合……的规定”或“应按……执行”。

中华人民共和国国家标准

矿井通风安全装备标准

GB/T 50518-2010

条 文 说 明

4

制 订 说 明

《矿井通风安全装备标准》GB/T 50518—2010，经住房和城乡建设部2010年5月31日以第603号公告批准发布。

近十多年来，煤矿安全事故频发，煤矿安全生产愈来愈受到关注，新设备、新技术、新产品在煤矿的应用得到了飞速的发展，技术落后、安全可靠性差的设备产品逐步淘汰，从设计到使用也积累了大量的经验，为《矿井通风安全装备标准》的制定及其重点内容的确定提供了可靠的基础。首先，广泛收集国内主要煤炭企业的通风安全仪器仪表及装置的配备情况；其次，广泛征求了设计院、矿务局、科研院校和设备制造厂家的意见，对反馈的意见和建议进行了分析、整理，以现行的《煤矿安全规程》和《煤炭工业矿井设计规范》GB 50215等规范规程为依据。本标准重点内容的确定具有针对性、广泛性和成熟性，符合我国国情和煤矿井下安全生产的实际情况，体现了确保安全、技术先进、经济合理的特点。

由于我国幅员辽阔，南北方矿井井型、井下工作面数目和灾害条件相差较大，各矿井配备安全装备也不一致。因此，本标准根据大多数矿井的实际生产需要，提出煤矿通风安全装备的推荐性标准，无强制性条款。

为便于广大设计、施工、科研、学校等单位有关人员在使用本标准时能正确理解和执行条文规定，《矿井通风安全装备标准》编制组按章、节、条顺序编制了本标准的条文说明，对条文规定的目的、依据以及执行中需注意的有关事项进行了说明。但是，本条文说明不具备与标准正文同等的法律效力，仅供使用者作为理解和把握标准规定的参考。

目　次

2 矿井通风、气体检测及救护类装备

2.1 低瓦斯矿井

2.1.1 第1款是根据《煤矿安全规程》(2010)第128条(九)款规定制定的。每个掘进工作面应配备1台～2台局部通风机,一般掘进工作面配1台局部通风机,混合式通风时配置2台,其中1台压入、1台抽出。而3台局部通风机向一个掘进工作面供风,将造成正常掘进管理混乱,容易诱发事故。由一台局部通风机向两个掘进工作面供风,由于两个通风路长短不一,容易造成一台供风富余,而另一台掘进工作面风量不足,并因此引发重大事故。所以一个掘进工作面既不能配置3台(含3台)以上的局部通风机,也不能和其他掘进工作面共用一台局部通风机。

第2款、第3款均是根据《煤矿安全规程》(2010)第128条(三)、(七)两款制定的,以保障掘进工作面的安全。

抽出式掘进通风的风筒内为负压,故应采用金属风筒或以螺旋弹簧钢丝为骨架的塑料布风筒。

2.1.2 本条是根据《煤矿安全规程》(2010)第106条结合对矿井实际调查结果制定的。这些仪表出厂前,每台仪表的性能指标都应进行严格检验,并符合该类仪表的质量标准。由于各矿井井型和灾害程度差异较大,各种基本通风和瓦斯管理所需的仪器仪表数量不易给出定量意见,各矿井以实际情况酌定。

2.1.3 本条是根据《煤矿安全规程》(2010)及有关文件并结合煤矿安全技术发展而制定的。

第1款第1项　根据《煤矿安全规程》(2010)及《关于推广使用四项通风安全装备的决定》(煤安字〔1994〕第425号)(以下简称《四推》)的有关规定制定的。

第1款第2项　便携式光学甲烷检测仪或便携式甲烷检测报警仪的配用人员,是参照《煤矿安全规程》(2010)第149条有关规定并经调查确定的。矿井通风主管部门应全面准确掌握矿井瓦斯情况,因此规定矿井通风、安全管理人员应配用便携式甲烷检测仪。

第1款第3项　低瓦斯矿井也可能存在高瓦斯区,因此不论高突矿井还是低瓦斯矿井,应配备有一定数量的高浓度(CH_4浓度0～100%)瓦斯检定器。

第2款　根据《煤矿安全规程》(2010),并参照《煤矿安全装备基本要求(试行)》[(83)煤技字第1029号](以下简称《基本要求》)的规定制定的。

参照《基本要求》的有关规定,所有矿井都应配备必要数量的便携式一氧化碳、甲烷、氧气检测仪等。其数量根据调查,按矿井采区数目配备较为适当。一氧化碳检定器的数量也可按矿井同时开采的自燃发火煤层工作面个数的2倍配备。

第5款　是根据《四推》有关每个矿井都要建立仪器设备的维修校正室的规定制定的。鉴于各矿井的气体测量仪表数量,少的数十台,多则几百台,为使气体测量仪表能及时校准并有利于生产,因此各矿均应配备气体仪表校验装置。其数量应根据矿井气体测量仪表的数量,按中、小型矿井2台～4台,大型矿井3台～8台配备。

2.2 高瓦斯矿井

2.2.1 高瓦斯矿井除应配备本标准第2.1节规定的设备外,还应配备本节规定的设备。

第1款　根据《煤矿安全规程》(2010)第138条的有关规定制定的。按规定在采掘工作面及其他作业地点风流中瓦斯浓度达到1%时,应停止用电钻打眼,在此情况下,使用轻型风动钻机(重仅15kg)打排放钻孔、抽放孔、采样孔、浅注水孔等最为适合。根据调查,每个采区配备1台～2台较为合适。

第2款～第4款　是按照《国务院关于预防煤矿生产安全事故的特别规定》(中华人民共和国国务院令第446号)的要求,高瓦斯矿井应建立瓦斯抽采系统,同时根据《矿井瓦斯抽放管理规范》第14条的有关规定,要求掌握煤层瓦斯压力、含量及其他等参数,因此本标准要求高瓦斯矿井配备煤层瓦斯压力测定仪、瓦斯含量测定仪及钻孔瓦斯流量仪。

2.3 煤与瓦斯突出矿井

2.3.1 煤与瓦斯突出矿井除瓦斯灾害严重外,还需进行突出防治,因此除应配备本标准第2.1节、第2.2节规定的设备外,还应配备本节规定的设备。

第2款、第3款　根据《防治煤与瓦斯突出规定》的有关规定制定。

第4款　根据《防治煤与瓦斯突出规定》中"安全防护措施"的规定制定。

2.4 矿山救护类设备

2.4.1 本条是参照《煤矿自救器使用管理办法》(煤安字〔1996〕第266号)和《基本要求》的有关规定制定的,其数量应按下井人数每人一台计算,并根据矿井灾害程度保持5%～10%的备用量。

2.4.2 根据《基本要求》的有关规定及其附录的要求,所有矿井都应配备自救器气密检查仪、天平等检验装置。

自救器气密检查仪的配备数量,应与自救器的数量相适应。《煤矿安全仪器产品技术数据简明手册》(1991年版)意见认为,每200个自救器配备1台检查仪,本标准予以采纳。

3 火灾检测和防灭火装备

3.1 火灾检测

3.1.1 根据《基本要求》第三条(二)第1款和第9款要求,每个矿井都要建地面试验室,对井下气体进行经常性检测和分析化验。

3.1.2 本条是根据下列文件精神结合矿井生产实践制定的。

根据《矿井防灭火规范(试行)》[(88)煤安字第237号]第32条的规定,开采自燃煤层的矿井,应装备分析CO、CO_2、沼气可燃气体和氧气的气相色谱仪,本标准予以采用。

考虑到该仪器既可检测火灾标志等气体,又能标定配气站标准气样,用途广泛,故本标准确定每个自燃矿井至少配备1套。

3.1.3 本条根据《煤矿安全规程》(2010)第241条和《矿井防灭火规范(试行)》[(88)煤安字第237号]第30条的规定制定的。通过对容易自燃和自燃矿井井下空气、温度及其他火灾征兆的连续监测,可以预测预报出矿井发生井下火灾的可能性和危险性,从而达到预防和消除火灾的目的,因此本标准规定,开采容易自燃和自燃煤层的矿井应建立矿井火灾检测系统。

3.2 防灭火装备

3.2.1 预防性灌浆是防止自然发火最有效、应用最广泛的一项措施。本条是根据《煤矿安全规程》(2010)第232条、第233条和《国务院关于促进煤炭工业健康发展的若干意见》第三部分重点任务第二条(三)意见制定的。条件合适的矿井应优先采用。

3.2.2 本条是根据《煤矿安全规程》(2010)第238条的规定制定的。采用氮气防灭火应有稳定可靠的气源,否则由于注氮量过小、浓度过低而达不到预期的防灭火效果。同时若没有完善的输氮管

道和监测系统，则可能发生氮气泄漏伤人事故。

3.2.3 喷洒阻化剂是《煤矿安全规程》(2010)第235条规定的应采用的基本防火措施之一，本标准予以采用。其阻化剂喷射泵的配置数量是根据调查确定的。

3.2.4 本条是根据《矿井防灭火规范(试行)》[(88)煤安字第237号]第26条和《基本要求》第三条(二)第3款和第4款的规定制定的。

3.3 矿井消防

3.3.1 本条是根据《煤矿安全规程》(2010)第225条和《基本要求》第三条(二)第5款制定的。消防列车能迅速地将消防设备、设施、材料及工具运至火灾区域，及时进行灭火，防止火灾蔓延。故每个消防材料库均应装备消防列车等。

3.4 防火门

3.4.1 本条是根据《煤矿安全规程》(2010)第240条要求制定的。本条规定在开采容易自燃和自燃煤层时，在采煤工作面投产和通风系统形成后按采区开采设计选定的位置构筑防火门，以便在防灭火过程中进行风流调节、调度(增减风量、短路通风、反风等)以控制火灾蔓延发展，必要时进行火区封闭。

3.4.2 本条是根据《煤矿安全规程》(2010)第219条要求制定的。主要为防止进风井口及附近发生外因火灾时，产生的烟雾及有害气体在矿井通风压力作用下，进入井下而威胁矿井安全和对人员造成伤害。

3.4.3 本条是根据《煤矿安全规程》(2010)第220条制定的。

4 矿井防尘及隔爆装备

4.1 矿井粉尘检测

4.1.1 本条是根据《煤矿安全规程》(2010)相关条款，并参照《综合防尘标准和检查评定办法(试行)》有关测尘人员和测尘仪器配备的规定制定的。

为对矿井高浓度粉尘作业环境下作业人员(日或1个作业班)的吸尘量进行测定，以便为劳动卫生部门研究和卫生监督及生产矿井制订并采取有效防尘措施提供基础数据，确定在每个矿井均应配备一定数量的个体粉尘采样器。根据调查，按采掘工作面数目配备较为适当。

4.1.2 本条是根据《作业场所空气中粉尘测定方法》GB 5748—85的有关规定制定的。

4.2 矿井防尘

4.2.1 本条是根据《煤矿安全规程》(2010)第17条制定的。

4.2.2 本条是根据《煤矿井下粉尘综合防治技术规范》AQ 1020—2006第3.6条要求制定的。

4.2.3 本条是参照《基本要求》有关锚喷支护巷道要采用除尘器等设备的规定，结合生产实际制定的。

4.2.4 本条是参照《基本要求》有关锚喷工作面的锚喷队和打眼工要配备1型、2型压风呼吸器的规定制定的。

4.2.5 本条是参照《基本要求》有关在粉尘大的矿井要逐步装备连续式粉尘测定仪的规定制定的。

AJLH-1型呼吸性粉尘连续监测仪为引进英国SIMSLINⅡ型而研制的产品，是目前我国最先进的连续快速测尘仪。该产品价格较高，鉴于目前我国国情和矿井财力，尚无普遍推广使用的能力，因此本标准确定只在3.0Mt/a及其以上矿井配备1台～2台。

4.3 煤层注水

4.3.3 封孔方式分机械封孔和人工封孔两类。封孔器封孔具有操作简便、工艺简单、可以重复使用、省工省料等优点，但当煤质较软时，容易跑水，注水压力高时，封孔器有时被抛出，在煤层较软易碎的煤层中，封孔器有从钻孔中取不出来的情况。人工封孔操作困难，劳动强度大，适用于封孔长度较短、倾角不太大的煤层注水。

4.3.5 本标准附录F煤层注水配套装备表中所推荐的注水配套器材数量，系根据多个矿井实际调查所得，可供参照选用。

4.4 矿井隔爆

4.4.1 本条是根据《煤矿安全规程》(2010)第155条要求制定的。

4.4.2 由于水棚与岩粉棚相比，具有吸热量大、水在接触高温火焰时形成的水蒸气有利于扑灭火焰、在冲击波作用下飞洒时间短、供给方便等优点，近年来水棚已逐渐取代岩粉棚成为隔爆的主要形式。

4.4.3 本条是根据《煤矿井下粉尘综合防治技术规范》AQ 1020—2006第6.5.2条要求制定的。

中华人民共和国国家标准

岩土工程勘察安全规范

Occupational safety code for geotechnical investigation

GB 50585-2010

主编部门：福 建 省 住 房 和 城 乡 建 设 厅

批准部门：中华人民共和国住房和城乡建设部

施行日期：2 0 1 0 年 1 2 月 1 日

5

中华人民共和国住房和城乡建设部公告

第585号

关于发布国家标准《岩土工程勘察安全规范》的公告

现批准《岩土工程勘察安全规范》为国家标准，编号为GB 50585—2010，自2010年12月1日起实施。其中，第3.0.4、3.0.10、4.1.1、6.1.9、6.3.2、8.1.5、8.1.7、9.1.5、10.2.1、11.1.3、11.2.5、12.1.1、12.2.7、12.3.5、12.5.2、12.6.5、12.8.5、13.2.1条为强制性条文，必须严格执行。

本规范由我部标准定额研究所组织中国计划出版社出版发行。

中华人民共和国住房和城乡建设部
二〇一〇年五月三十一日

前　言

本规范根据住房和城乡建设部《关于印发〈2008年工程建设标准规范制定、修订计划(第一批)〉的通知》(建标〔2008〕102号)的要求，由福建省建筑设计研究院和福建省九龙建设集团有限公司会同有关单位共同编制而成。

本规范在编制过程中，编制组开展了多项专题研究，进行了广泛的调查分析，依据国家有关法律法规要求，充分考虑岩土工程勘察主要作业工序和作业环境中可能存在涉及人身安全和健康的危害因素，而规定采取的防范和应急措施，并广泛征求了全国有关勘察、安全监督单位的意见，对各章节进行反复修改，最后经审查定稿。

本规范共13章和3个附录，主要内容包括：总则，术语和符号，基本规定，工程地质测绘和调查，勘探作业，特殊作业条件勘察，室内试验，原位测试与检测，工程物探，勘察设备，勘察用电和用电设备，防火、防雷、防爆、防毒、防尘和作业环境保护，勘察现场临时用房等。

本规范中以黑体字标志的条文为强制性条文，必须严格执行。

本规范由住房和城乡建设部负责管理和对强制性条文的解释，福建省建筑设计研究院负责具体技术内容的解释。本规范在执行过程中，请各单位注意总结经验，积累资料，随时将有关意见和建议反馈给福建省建筑设计研究院国家标准《岩土工程勘察安全规范》管理组(地址：福建省福州市通湖路188号，邮政编码：350001)，以供今后修订时参考。

本规范主编单位、参编单位、主要起草人和主要审查人：

主编单位：福建省建筑设计研究院
福建省九龙建设集团有限公司

参编单位：北京市勘察设计研究院有限公司
西北综合勘察设计研究院
上海岩土工程勘察研究院有限公司
福建省工程建设质量安全监督总站
福建省交通规划设计研究院
福建省勘察设计协会工程勘察与岩土分会
福建泉州岩土工程勘测设计研究院
深圳市岩土综合勘察设计有限公司

主要起草人：戴一鸣　黄升平　徐张建　韩　明　高文明
龚　渊　柯国生　郑也平　陈加才　赵治海
刁呈城　刘珠雄　蔡永明　林增忠　陈北溪

主要审查人：沈小克　张　炜　赵跃平　张海东　化建新
刘金光　董忠级　蒋建良　赖树钦

目　次

Contents

1 总　　则

1.0.1 为了贯彻执行国家安全生产方针、政策、法律、法规，保障勘察从业人员在生产过程中的安全和职业健康，保护国家和勘察单位的财产不受损失，促进建设工程勘察工作顺利进行，制定本规范。

1.0.2 本规范适用于土木工程、建筑工程、线路管道工程的岩土工程勘察安全生产管理。

1.0.3 勘察单位应加强安全生产管理，坚持安全第一、预防为主、综合治理的方针，建立健全勘察安全生产责任制。

1.0.4 岩土工程勘察安全生产管理，除应符合本规范外，尚应符合国家现行有关标准的规定。

2 术语和符号

2.1 术　　语

2.1.1 危险品　　dangerous goods

易燃易爆物品、危险化学品、放射性物品等能够危及人身安全和财产安全的产品。

2.1.2 危险源　　hazard source

可能造成人员伤害、疾病、财产损失、破坏环境等其他损失的根源或状态。

2.1.3 安全生产操作规程　　safe operation regulation

在生产活动中，为消除可能造成作业人员伤亡、职业危害、设备损毁、财产损失和破坏环境等危险源而制定的具体技术要求和实施程序的统一规定。

2.1.4 安全生产防护设施　　safety protection facilities

用于预防作业场所的不安全因素或职业有害因素，避免安全生产事故或职业病发生的装置。

2.1.5 安全生产防护措施　　security measures for safe work

为保护生产活动中可能导致人员伤亡、设备损坏、职业危害和环境破坏而采取的一系列包含防护用品、防护装置以及人的行为规定。

2.1.6 安全标志　　safety signs

由图形符号、安全色、几何形状（边框）或文字构成的用于表达特定安全信息的标志。

2.1.7 高原作业区　　jobsite in plateau region

海拔 2000m 以上的岩土工程勘察作业区。

2.1.8 高寒作业区　　jobsite in alpine-cold region

日平均气温低于－10℃的岩土工程勘察作业区。

2.1.9 工程物探　　engineering geophysical exploration

应用物理探测技术对所获得的探测资料进行分析研究，推断、解释工程建设场地岩土工程条件，解决岩土工程问题的勘探方法。

2.1.10 接地　　ground connection

将电力系统或建筑物中危及人身安全的电气装置、设施的某些导电部分，经接地线连接至接地极。

2.1.11 工作接地　　working ground connection

在电力系统电气装置中，为安全运行需要所设的接地。

2.1.12 重复接地　　iterative ground connection

设备接地线上一处或多处通过接地装置与大地再次连接的接地。

2.1.13 接地装置　　grounding device

接地线和接地极的总和。

2.2 符　　号

2.2.1 电参数

N——中性点，中性线，工作零线；

PE——保护线。

2.2.2 接地保护系统

TN——电源端有一点直接接地，电气装置的外露导电部分通过保护中性导体或保护导体连接到此接地点；

TN－S——整个系统的中性导体和保护导体是分开的一种 *TN* 系统接地形式。

3 基本规定

3.0.1 勘察单位主要负责人应对本单位安全生产工作全面负责。勘察单位主要负责人、分管安全生产工作负责人、安全生产管理人员和项目负责人应具备相应的勘察安全生产知识和管理能力，并应经安全生产培训考核合格。

3.0.2 勘察单位应建立健全安全生产责任制等安全生产规章制度，制定并实施安全生产事故应急救援预案，定期进行安全生产检查，及时消除安全生产隐患。从业人员每两年应进行不少于一次的自救互救技能训练。

3.0.3 勘察单位应设置安全生产管理机构，并应配备安全生产管理人员，同时应与部门、项目、岗位签订安全生产目标责任书。

3.0.4 勘察单位应对从业人员定期进行安全生产教育和安全生产操作技能培训，未经培训考核合格的作业人员，严禁上岗作业。

3.0.5 勘察单位应对勘察作业过程的危险源进行辨识和评价，并应根据评价结果采取相应的安全生产防护措施，对重大危险源应进行评估、监控、登记建档。危险源辨识和评价可按本规范附录 A 执行。

3.0.6 勘察单位应如实告知作业人员作业场所和工作岗位存在的危险源、安全生产防护措施和安全生产事故应急救援预案。作业人员在生产过程中应严格遵守安全生产法规、标准和操作规程。

3.0.7 勘察单位应对分包单位实施安全生产管理，并应签订安全生产协议，分包合同应明确分包单位安全生产管理责任人和各自在安全生产方面的权利、义务，并应对分包单位的安全生产承担连带责任。

3.0.8 勘察项目安全生产管理应符合下列规定：

1 应明确项目安全生产管理负责人；

2 勘察纲要应包含安全生产方面的内容；

3 项目安全生产负责人应对作业人员进行安全技术交底；

4 作业人员应熟悉和掌握当地生存、避险和相关应急技能；

5 存在危及安全生产因素的勘察作业场地和设备，应设置隔离带和安全标志；

6 进入建设工程施工现场的作业人员应遵守施工现场各项安全生产管理规定；

7 应保留安全生产保证体系运行必需的安全生产记录。

3.0.9 作业人员应配备符合国家标准的劳动防护用品，作业现场应设置安全生产防护设施。

3.0.10 未按规定佩戴和使用劳动防护用品的勘察作业人员，严禁上岗作业。

3.0.11 勘察单位对有职业病危害的工作岗位或作业场所，应采取符合国家职业卫生标准的防护措施，并应定期对从事有职业病危害的作业人员进行健康检查。

3.0.12 勘察单位每年度应安排用于配备劳动防护用品、安全生产防护措施、安全生产教育和培训等安全生产费用。用于配备劳动防护用品和安全防护措施的专项经费，不得以货币或者其他物品替代。

3.0.13 勘察单位应对从业人员在作业过程中发生的伤亡事故和职业病状况进行统计、报告和处理。

4 工程地质测绘与调查

4.1 一般规定

4.1.1 勘察作业组成员不应少于2人，作业时两人之间距离不应超出视线范围，并应配备通信设备或定位仪器，严禁单人进行作业。

4.1.2 在有狩猎设施、废井、洞穴和有害动植物等分布区域进行作业时，应采取安全生产防护措施，并应配备和携带急救用品和药品。

4.1.3 作业需要砍伐树木时应预测树倒方向，被砍伐树木与架空输电线路边线之间最小安全距离应符合本规范表5.1.4的有关规定，树倒时不得损毁其他设施。

4.1.4 未经检验和消毒处理的地下水和地表水不得饮用。

4.2 工程地质测绘与调查

4.2.1 在高寒、高原作业区，作业人员之间距离不得大于15m，每个作业小组不应少于3人，应配备防寒用品、用具，并应采取防紫外线、防缺氧等措施。

4.2.2 在崩塌区作业不宜用力敲击岩石，作业过程中应有专人监测危岩的稳定状态。

4.2.3 在乱石堆、陡坡区，同一垂直线上下不得同时作业。

4.2.4 在沼泽地区作业，应随身携带探测棒和救生用品、用具，探测棒长度宜为1.5m。植被覆盖的沼泽地段宜绕道而行，对已知危险区应予以标识。

4.2.5 水域作业使用的船舶等交通工具应符合本规范第6章的有关规定；徒步涉水水深不得大于0.6m，流速应小于3m/s。

4.2.6 在矿区、井、坑、洞内作业，应先进行有毒、有害气体检测并采取通风措施，井口、洞口应有人值守；较深的井、洞应设置安全升降平台或采取其他安全升降措施。

4.2.7 进行水文点地质测绘和调查作业量测水位时，应采取相应的安全防护措施。

4.3 地质点和勘探点测放

4.3.1 仪器脚架或标尺应选择安全地点架设。仪器设备安装完毕后，操作人员不得离开作业岗位。

4.3.2 在铁路、公路和城市道路作业时，应制定安全生产方案，并应在作业区四周设立安全标志。作业人员应穿戴反光工作服等安全生产防护用品，并应有专人指挥作业和协助维持交通秩序。

4.3.3 在架空输电线路附近作业时，应选用绝缘性能好的标尺等辅助测量设备；测量设备与架空线路之间的安全距离应符合本规范表5.1.4有关规定。

4.3.4 造标埋石应避开地下管线和其他地下设施。

4.3.5 在高楼、基坑、边坡、悬崖等区域作业时，应佩带攀登工具和安全带等安全防护用品，并应指定专人负责作业现场的安全瞭望工作。

4.3.6 在军事重地、民航机场及周边使用GPS、RTK、对讲机和电台等无线电设备时，应事先与有关部门联系，并应采取防止无线电波干扰等安全生产防护措施。

4.3.7 雷雨季节不宜使用金属对中杆，确需使用时应采取绝缘防护措施。

5 勘探作业

5.1 一般规定

5.1.1 编制岩土工程勘察纲要前，勘察项目负责人应组织有关专业负责人到现场踏勘。除应了解勘察现场作业条件外，尚应搜集勘察作业场地与勘探安全生产有关的各类地下管线资料，并应搜集与勘探安全生产有关的气象和水文等资料。

5.1.2 勘察纲要中的安全防护措施应包括下列内容：

1 勘探作业现场危险源辨识和危险源安全防护措施；

2 作业人员和勘察设备安全防护措施；

3 需经评审或专题论证的勘探作业安全防护措施。

5.1.3 勘探作业时，应对各类管线、设施、周边建筑物和构筑物采取安全生产防护措施。

5.1.4 在架空输电线路附近勘察作业时，导电物体外侧边缘与架空输电线路边线之间的最小安全距离应符合表5.1.4的有关规定，并应设置醒目的安全标志。

表5.1.4 勘察作业导电物体外侧边缘与架空输电线路边线之间的最小安全距离

电压(kV)	<1	1～10	35～110	154～330	550
最小安全距离(m)	4	5	10	15	20

注：当电压大于550kV时，最小安全距离应按有关部门规定执行。

5.1.5 当安全距离不符合本规范第5.1.4条规定时，应采取停电、绝缘隔离、迁移外电线路或改变勘察手段等安全生产防护措施。当采取的安全生产防护措施无法实施时，严禁进行勘察作业。

5.1.6 勘探点与地下管线、设施的水平安全距离应符合下列规定：

1 与地下通信电缆、给排水管道及其地下设施边线的水平距离不应小于2m；

2 与地下广播电视线路、电力管线、石油天然气管道和供热管线及其地下设施边线的水平距离不应小于5m；

3 当勘探点与地下管线、设施的水平安全距离无法满足要求时，应先在勘探点周边采用其他方法探明地下管线、设施，并应采取相应安全防护措施后再进行勘探作业。

5.1.7 单班单机钻探作业人员不应少于3人。每个探井、探槽单班作业人员不应少于2人。

5.1.8 进入勘探作业区，作业人员应穿戴工作服、工作鞋和安全帽等安全生产和劳动防护用品。高处作业应系安全带。

5.1.9 泥浆池周边应设置安全标志，当泥浆池深度大于0.8m时周边应设置防护栏。

5.2 钻探作业

5.2.1 钻探机组安全生产防护设施应符合下列规定：

1 钻机水龙头与主动钻杆连接应牢固，高压胶管应采取防缠绕措施；

2 钻塔上工作平台应设置高度大于0.9m的防护栏，木质踏板厚度不应小于0.05m；

3 基台内不得存放易燃、易爆和有毒或有腐蚀性的危险品；

4 高度10m以上的钻塔应设置安全绷绳。

5.2.2 钻塔上作业使用的工具应及时放入工具袋，不得从钻塔上向下抛掷物品。

5.2.3 升降作业应符合下列规定：

1 卷扬机提升力不得超过钻塔额定负荷；

2 升降作业时，作业人员不得触摸、拉拽卷扬机上的钢丝绳；

3 卷扬机操作人员应按孔口或钻塔上作业人员发出的信号进行操作；

4 普通提引器应设置安全联锁装置，起落钻具或钻杆时，提引器缺口应朝下；

5 起落钻具时，作业人员不得站在钻具升降范围内，不得在钻塔上进行与升降钻具无关的作业；

6 使用垫叉或摘、挂提引器时，不得用手扶托垫叉或提引器底部；

7 钻具或取土器处于悬吊状态时，不得探视或用手触摸钻具和取土器内的岩、土芯样；

8 钻杆不得竖立靠在"A"字型钻塔或三脚钻塔上；

9 跑钻时，严禁抢插垫叉或强行抓抱钻具；

10 不得使用卷扬机升降人员。

5.2.4 钢丝绳使用应符合下列规定：

1 钢丝绳端部与卷扬机卷筒固定应符合钻机说明书的规定；

2 提升作业时，保留在卷筒上的钢丝绳不应少于3圈；

3 钢丝绳与提引装置的连接绳卡不应少于3个。最后一个绳卡距绳头的长度应大于0.14m；

4 钢丝绳检验、更换和报废应符合现行国家标准《起重机械用钢丝绳检验和报废实用规范》GB 5972的有关规定。

5.2.5 提放螺旋钻时，不得直接用手扶托钻头的刃口，不得悬吊钻具清土，不得用金属锤敲击钻头的切削刃口。

5.2.6 钻进作业应符合下列规定：

1 钻探作业前，应对钻探机组安装质量、管材质量和安全防护设施等进行检查，并应在符合规定后再进行作业；

2 维修、安装和拆卸高压胶管、水龙头及调整回转器时，应关停钻机动力装置；

3 扩孔、扫孔或在岩溶地层钻进时，非油压钻机提引器应挂住主动钻杆控制钻具下行速度；

4 在岩溶发育区、采空区和地下空洞区钻探宜使用油压钻机。立轴钻机倒杆前应将提引器吊住钻具；

5 斜孔钻进应设置提引器导向装置，钻塔应安装安全绷绳；

6 钻探机械出现故障时，应将钻具提出钻孔或提升到孔壁稳定的孔段。

5.2.7 使用吊锤或穿心锤作业应符合下列规定：

1 不得使用锤体或构件有缺陷的吊锤、穿心锤。卷扬机系统的构件、连接件和打箍应连接牢固；

2 使用穿杆移动吊锤或穿心锤时，锤体应固定；

3 锤击时，锤垫或打箍应系好导正绳，应有专人负责检查、观察锤垫、打箍和钻杆的连接状况，发现松动时应停止作业并拧紧丝扣，不得边锤击边拧紧丝扣；

4 锤击过程中，不得用手扶持锤垫、钻杆和打箍；

5 人力打吊锤时，应有专人统一指挥。吊锤活动范围以下的钻杆应安装冲击把手或其他限位装置；打箍上部应与钻杆接头连接，并应挂牢提引器。

5.2.8 处理孔内事故应符合下列规定：

1 非操作人员应撤离基台；

2 不得使用卷扬机、千斤顶、吊锤等同步处理孔内事故；

3 使用钻机油压系统和卷扬机联合顶拔孔内事故钻具，且立轴倒杆或卸荷时，应先卸去卷扬机负荷后再卸去油压系统负荷；

4 采用卷扬机或吊锤处理孔内事故时，钻杆不得靠在钻塔上；

5 处理复杂的孔内事故应编制事故处理方案，并应采取相应的安全生产防护措施。

5.2.9 反回孔内事故钻具时，作业人员身体不得处于扳钳扳杆或背钳扳杆回转范围内，不得使用链钳或管钳反回孔内事故钻具。

5.2.10 使用千斤顶处理钻探孔内事故应符合下列规定：

1 置于基台梁上的千斤顶应放平、垫实，不得用金属物件做垫块；

2 打紧卡瓦后，卡瓦应拴绑牢固，上部宜用冲击把手贴紧卡住；

3 应将提引器挂牢在事故钻具的顶部；

4 千斤顶回杆时，不得使用卷扬机吊紧被顶起的事故钻具。

5.2.11 孔内事故处理结束后，应对作业现场的勘探设备、安全生产防护设施和基台进行检查，并应在消除安全事故隐患后再恢复钻探作业。

5.2.12 钻孔经验收合格后，应与泥浆池一并予以回填。

5.3 槽探和井探

5.3.1 探井、探槽的断面规格、支护方案和掘进方法，应根据勘探目的、掘进深度、工程地质和水文地质条件、作业条件等影响槽探、井探安全生产的因素确定。

5.3.2 探井、探槽断面规格和深度应符合下列规定：

1 探井深度不宜超过地下水位；

2 圆形探井直径和矩形探井的宽度不应小于0.8m，并应满足掘进作业要求；

3 人工掘进的探槽，槽壁最高一侧深度不宜大于3m。当槽壁最高一侧深度大于3m时，应采取支护措施或改用其他勘探方法。

5.3.3 探井和探槽作业应符合下列规定：

1 进入探槽和探井作业时，应经常检查槽、井侧壁和槽底土层的稳定和渗水状况，发现有不稳定或渗水迹象时，应立即采取支护或排水措施；

2 同一探槽内有2人或2人以上同时作业时，应保持适当的安全距离；位于陡坡的槽探作业应自上而下，严禁在同一探槽内上下同时作业；

3 作业人员应熟悉并注意观察爆破、升降等作业联络信号；

4 不得在探井四周或探槽两侧1.5m范围内堆放弃土或工具；

5 探槽采用人工掘进方法时，不得采用挖空槽壁底部的作业方式；严禁在悬石下方作业；

6 井壁、槽壁为松散、破碎岩土层时，应采取先支护后掘进的作业方式。

5.3.4 探井井口安全防护应符合下列规定：

1 井口锁口应高于自然地面0.2m；

2 井口段为土质松软或较破碎地层时，应采取支护措施；

3 井口应设置安全标志，夜间应设置警示灯；

4 停工期间或夜间，井口四周应设置高度不小于1.1m的防护栏，并应盖好井口盖板。

5.3.5 井下作业时，井口应有人监护，井口和井下应保持有效联络，联络信号应明确。

5.3.6 探井提升作业应符合下列规定：

1 提升设备应安装制动装置和过卷扬装置，并宜装设深度指示器或在绳索上设置深度标记；

2 提升渣土的容器与绳索应使用安全挂钩连接，安全挂钩和提升用绳的拉力安全系数应大于6；

3 升降作业人员的提升设备应装设安全锁，升降速度应小于0.5m/s；

4 提升作业时不得撒、漏渣土、水，提升设备的提升速度应小于1.0m/s；

5 井下应设置厚度不小于0.05m的安全护板，护板距离井底不得大于3m，升降作业时井下人员应位于护板下方。

5.3.7 探井掘进深度大于7m时，应采用压入式机械通风方式，探井工作面通风速度不应低于0.2m/s或风量不宜少于1.5m³/min。

5.3.8 作业人员上下探井应符合下列规定：

1 上下井应系有带安全锁的安全带；

2 不得使用手摇绞车上下井；

3 探井深度超过5m时，不得使用绳梯上下井。

5.3.9 探井用电作业除应符合本规范第11章的有关规定外，尚应符合下列规定：

1 电缆应采取防磨损、防潮湿、防断裂等安全防护措施；

2 工作面照明电压应小于24V；

3 掘进期间，应采取保证通风系统供电连续不间断措施。

5.3.10 探槽和探井竣工验收后应及时回填。拆除支护结构应由下而上，并应边拆除边回填。

5.4 洞　　探

5.4.1 洞探作业应编制专项安全生产方案。安全生产防护措施应符合现行国家标准《缺氧危险作业安全规程》GB 8958的有关规定。

5.4.2 探洞断面规格、支护方案和掘进方法，应根据勘探目的、掘进深度、工程地质和水文地质条件、作业条件等洞探安全生产影响因素确定。

5.4.3 探洞断面规格应符合下列规定：

1 平洞高度应大于1.8m，斜井高度应大于1.7m；

2 运输设备最大宽度与平洞侧壁安全距离应大于0.25m；

3 人行道宽度应大于0.5m；

4 有含水地层的平洞应设置排水沟或集水井。

5.4.4 探洞洞口应符合下列规定：

1 洞口标高应高于当地作业期间预计最高洪水位1.0m以上；

2 洞口周围和上方应无碎石、块石和不稳定岩石；

3 洞口位置宜选择在岩土体完整、坚固和稳定的部位；洞口顶板应采取支护措施，支框伸出洞外不得小于1.0m；洞口处于破碎岩层时，应采取加强支护或超前支护等安全生产防护措施；

4 洞口上方应设置排水沟或修建防水坝；

5 洞口处于道路或陡坡附近时，应设置安全生产防护设施和安全标志。

5.4.5 洞探作业遇破碎、松软或者不稳定地层时应及时进行支护。架设、维修或更换支架时应停止其他作业。

5.4.6 洞探作业应根据设计要求配备排水设备。掘进工作面或洞壁有透水征兆时应立即停止作业，并应采取安全生产防护措施或撤离作业人员。

5.4.7 凿岩作业应符合下列规定：

1 凿岩作业前应先检查作业面附近顶板和两帮有无松动岩石、岩块，当存在松动岩石、岩块时，应清除处理后再进行凿岩作业；

2 应采用湿式凿岩方式，并应采取降低噪声、振动等安全生产防护措施；

3 扶钎杆的作业人员不得佩戴手套；

4 严禁打残眼和掏瞎炮；

5 在含有瓦斯或煤尘的探洞内凿岩时，应选用防爆型电动凿岩机，并应采取安全防护措施。

5.4.8 洞探作业风筒口与工作面的距离，应符合下列规定：

1 压入式通风不得大于10m；

2 抽出式通风不得大于5m；

3 混合式通风的压入风筒不得大于10m，抽出风筒应滞后压入风筒5m以上。

5.4.9 洞探作业应设置通风设施，风源空气含尘量应小于0.5mg/m³，工作面空气中含有10%以上游离二氧化硅的矽尘含量应小于2mg/m³；洞探长度大于20m时应采用机械通风，通风速度应大于0.2m/s；氧气应大于20%，二氧化碳应小于0.5%。

5.4.10 洞探爆破作业应符合现行国家标准《爆破安全规程》GB 6722的有关规定。

5.4.11 洞探作业用电与照明除应符合本规范第11章的有关规定外，尚应符合下列规定：

1 存在瓦斯、煤尘爆炸危险的探洞作业应使用防爆型照明用具，并不得在洞内拆卸照明用具；

2 配电箱或开关箱应设置在无渗水、无塌方危险的地点，开关箱与作业面的安全距离不宜大于3m；

3 悬挂电缆应设置在通风、给排水管线另一侧，电缆接地芯线不得兼作其他用途；

4 通信线路与照明线路不得设置在同一侧，照明线路与动力线路之间距离应大于0.2m。

5.4.12 停止作业期间，探洞洞口栅门应关闭加锁，并应设置“不得入内”的安全标志。

5.4.13 探洞竣工验收后，应及时封闭洞口。拆除支护结构应由内向外进行。

6　特殊作业条件勘察

6.1　水域勘察

6.1.1　水域勘察作业前，应进行现场踏勘，并应搜集与水域勘察安全生产有关的资料。踏勘和搜集资料应包括下列内容：

1　作业水域水下地形、地质条件；

2　勘察期间作业水域的水文、气象资料；

3　水下电缆、管道的敷设情况；

4　人工养殖及航运等与勘察作业有关的资料。

6.1.2　水域勘察纲要应包括下列内容：

1　水域勘察设备和作业船舶选择；

2　锚泊定位要求；

3　水域作业技术方法；

4　水下电缆、管道、养殖、航运、设备和勘察作业人员安全生产防护措施。

6.1.3　作业期间应悬挂锚泊信号、作业信号和安全标志。

6.1.4　水域勘察过程中应保证有效通讯联络。作业期间应指定专人收集每天的海况、天气和水情资讯，并应采取相应的安全生产防护措施。

6.1.5　勘察作业船舶、勘探平台或交通船应配备救生、消防、通讯联络等水上救护安全生产防护设施，并应规定联络信号。作业人员应穿戴水上救生器具。

6.1.6　勘察作业船舶行驶、拖运、抛锚定位、调整锚绳和停泊等应统一指挥、有序进行，并应由持证船员操作。无证人员严禁驾驶勘察作业船舶。

6.1.7　水域钻场应符合下列规定：

1　宜避开水下电缆、管道保护区；

2　应根据作业水域的海况、水情、勘探深度、勘探设备类型和负荷等选择勘探作业船舶或勘探平台的类型、结构强度和总载荷量，勘探作业船舶或勘探平台的载重安全系数应大于5；

3　采用双船拼装作为水域钻场宜选用木质船舶，两船的几何尺寸、形状、高度、运载能力应基本相同，并应联结牢固；

4　作业平台宽度不应小于5m；作业平台四周应设置高度不小于0.9m的防护栏，钻场周边应设置防撞设施；

5　水域漂浮钻场安装勘探设备与堆放勘探材料应均衡，可采用堆放重物或注水压舱方式保持漂浮钻场稳定；

6　勘探作业船舶抛锚定位应遵守先抛主锚、后抛次锚的作业顺序，在通航水域，每个定位锚应设置锚漂和安全标志；

7　勘探设备与勘探作业船舶或勘探平台之间应连接牢固，钻塔高度不宜大于9m，且不得使用塔布或遮阳布。

6.1.8　水域勘探作业应符合下列规定：

1　作业人员安装勘探孔导向管应系安全带；在涨落潮水域作业应根据潮水涨落及时调整导向管的高度；

2　水域固定式勘探平台的锚绳应均匀绞紧，定位应准确稳固；

3　漂浮钻场应有专人检查锚泊系统，应根据水情变化及时调整锚绳，并应及时清除锚绳、导向管上的漂浮物和排除船舱内的积水；

4　严禁在漂浮钻场上使用千斤顶处理孔内事故；

5　在钻场上游的主锚、边锚范围内严禁进行水上或水下爆破作业；

6　停工、停钻时，勘探船舶应由持证船员值班；

7　勘探船舶横摆角度大于3°时，应停止勘探作业；

8　能见度不足100m时，交通船舶不得靠近漂浮钻场接送作业人员。

6.1.9　水域勘察作业完毕，应及时清除埋设的套管、井口管和留置在水域的其他障碍物。

6.1.10　水深大于20m的内海勘探作业应符合下列规定：

1　不使用专用勘探作业船舶进行勘探作业时，应采用自航式、船体宽度大于6m、载重安全系数大于10的单体船舶；

2　应根据作业海域水下地形、海底堆积物厚度、水文、气象等条件进行抛锚定位作业；锚绳宜使用耐腐蚀的尼龙绳；

3　钻孔导向管不得紧贴船身，不得与漂浮钻场固定连接；

4　移动式勘探平台应有足够的强度，平台底面应高出作业期间最高潮位与最大浪高的1.5倍之和；

5　单机单班钻探作业人员不得少于4人。

6.1.11　潮间带勘探作业尚应符合下列规定：

1　勘探平台的类型和勘探作业时段应根据涨落潮时间、水流方向、水流速度、勘探点露出水面时段等水文条件、气象资讯确定；

2　筏式勘探平台结构设计应稳定牢固，载重安全系数应大于5；

3　筏式勘探平台装载勘探设备、器材应保持均衡，不得将多余器材放置在勘探平台上；

4　筏式勘探平台遇4级以上风力、大雾或浪高大于1.0m时，应停止勘探作业；

5　固定式勘探平台的基础、结构和定位应稳定牢固。

6.1.12　漂浮钻场暂时离开孔位时，应在孔位或孔口管上设置浮标和明显的安全标志。

6.2　特殊场地和特殊地质条件勘察

6.2.1　特殊地质条件和不良地质作用发育区勘察作业应符合下列规定：

1　在滑坡体、崩塌区、泥石流堆积区等进行勘察作业时，应设置监测点对不良地质体的动态变化进行监测；

2　作业过程中发现异常时应立即停止作业，并应将作业人员撤至安全区域；

3　在岩体破碎的峡谷中作业时应避免产生较大振动；

4　进入岩溶洞穴勘察作业时应携带照明用具、指南针、绳索等，行进途中应沿途做好标记；应随时观察洞壁稳定状况，发现异常应停止作业。

6.2.2　山区勘察作业应符合下列规定：

1　作业人员应配备和掌握登山装备的使用方法，并应采取相应的安全生产防护措施；

2　在大于30°的陡坡、悬崖峭壁上作业时，应使用带有保险绳的安全带，保险绳一端应固定牢固；

3　雨季不宜在峭壁、陡坡或崩塌地段进行勘探作业；

4　应及时清除作业场地上方不稳定块石，不得在山坡的上下同时作业；

5　靠近峭壁、陡坡、崖脚或崩塌地段一侧的勘察场地应设置排水沟。

6.2.3　低洼地带勘察作业应符合下列规定：

1　应加高勘探设备基台，并应选择作业人员撤退的安全路线；

2　勘察物资应放置在作业期间预计的洪水位警戒线以上；

3　大雨、暴雨、洪水或泄洪来临前，应将作业人员和设备转移至安全地带。

6.2.4　沙漠、荒漠地区勘察作业应符合下列规定：

1　作业人员应备足饮用水；

2　作业人员应佩戴护目镜、指南针、遮阳帽等安全防护用品和通讯、定位设备；

3　作业人员应掌握沙尘暴来临时的防护措施；

4　作业过程中应经常利用地形、地物等标志确定自己的位置。

6.2.5 高原作业区勘察作业应符合下列规定：

1 初入高原者应逐级登高、减小劳动强度、逐步适应高原环境；

2 作业现场应配足氧气袋(瓶)、防寒用品、用具等；

3 作业人员应配备遮光、防太阳辐射用品；

4 应携带能满足通信和定位需要的设备。

6.2.6 雪地勘察作业应符合下列规定：

1 作业人员应佩带雪镜、防寒服装、冰镐、手杖等雪地装备；

2 两人之间行进距离不应超出视线范围；

3 遇积雪较深或易发生雪崩等危险地带应绕道而行。

6.2.7 冰上勘察作业应符合下列规定：

1 冰上勘察作业前应搜集勘察区域的封冻期、结冰期、冰层厚度、凌汛时间、冰块的体积和流速，以及气象变化规律等资料；勘察冰冻厚度的作业人员数量不得少于2人，并应采取安全生产防护措施；

2 勘探作业应在封冻期进行，勘探区域冰层厚度不得小于0.4m；

3 勘察期间，应掌握作业区域水文、气象动态变化情况，应有专人定时观测冰层厚度变化情况，发现异常应立即停止作业，并应撤离人员和设备；

4 应预先确定勘察设备迁移路线和作业人员活动范围，对冰洞、明流、薄弱冰带应设置安全标志和防护范围；

5 除勘探作业所需的设备器材外，其他设备器材不得堆放在作业场地内；

6 不得随意在作业场地内开凿冰洞，抽水和回水需开凿冰洞应选择远离勘探作业基台、塔腿的位置。

6.2.8 坑道内勘察作业除应符合本规范第5章的有关规定外，尚应符合下列规定：

1 勘探点应选择在洞顶和洞壁稳定位置，钻探基台周边应设置排水沟；

2 不宜使用内燃机作动力设备；

3 坑道内通风和防毒应符合本规范第12章的有关规定；

4 作业场地照明应符合本规范第11章的有关规定；

5 滑轮支承点应牢固，结构应可靠，强度和附着力应满足卷扬机最大提升力的要求；

6 作业过程发生涌水时，应立即采取止水或降排水措施；止水或降排水措施不到位时，不得将钻具提出钻孔。

6.2.9 存在危及作业人员人身安全危险因素的勘察作业区，应设置隔离带和安全标志，夜间应设置安全警示灯。作业人员应穿反光背心。

6.3 特殊气象条件勘察

6.3.1 遇台风、暴雨、雷电、冰雹、浓雾、沙尘暴、暴雪等气象灾害时，应停止现场勘察作业，并应做好勘探设备和作业人员的安全生产防护工作。

6.3.2 特殊气象、水文条件时，水域勘察应符合下列规定：

1 大雾或浪高大于1.5m时，勘探作业船舶和水上勘探平台等严禁抛锚、起锚、迁移和定位作业，交通船舶不得靠近漂浮钻场接送作业人员；

2 浪高大于2.0m时，勘探作业船舶和水上勘探平台等漂浮钻场严禁勘探作业；

3 5级以上大风时，严禁勘察作业；6级以上大风或接到台风预警信号时，应立即撤船回港；

4 在江、河、溪、谷等水域勘察作业时，接到上游洪峰警报后应停止作业，并应撤离作业现场靠岸度汛。

6.3.3 遭遇台风、沙尘暴、暴雨、雷阵雨、暴雪、冰雹等气象灾害后，应对钻塔、机械、用电设备、仪器和供水管路等进行检查，发现异常应进行检修，并应在确认无安全事故隐患后再恢复勘探作业。

6.3.4 在江、河、溪、河滩、山沟和谷地等水域或低洼地带勘察作业时，宜避开洪汛期和台风季节。

6.3.5 高温季节勘察作业应避开高温时段，作业现场应配备防暑降温用品和急救药品。日最高气温高于40℃时，应停止勘察作业。

6.3.6 下雨时应停止槽探和井探作业，雨后应检查槽壁和井壁的稳定状况，并应在确认无安全事故隐患后再恢复作业。

6.3.7 雨季不宜在易发生滑坡、崩塌、泥石流等地质灾害的危险地带进行勘察作业。下雨时应停止勘察作业，并应将作业人员撤至安全区域；雨后应对滑坡体、崩塌体和泥石流堆积区进行观测，并应在确认无安全事故隐患后再恢复作业。

6.3.8 冬季勘察作业应符合下列规定：

1 作业人员应穿戴防寒劳动保护用品，不得徒手作业；

2 作业现场应采取防冻措施，并应设置取暖设施；

3 作业现场应采取防滑措施，上钻塔作业前应先清除梯子、台板和鞋底上的冰雪，并应及时清除作业场地内和塔套上的冰雪；

4 日最低气温低于5℃时，给水设施应采取防冻措施；

5 勘探机械设备防冻措施应符合本规范附录B的有关规定；

6 日最低气温低于－20℃时宜停止现场勘察作业。

7 室内试验

7.1 一般规定

7.1.1 试验室水、电设施应配备齐全。临时中断供电、供水时应将电源和水源全部关闭。

7.1.2 试验室应设置通风、除尘、防火和防爆设施，并应采取废水、废气和废弃物处理措施。

7.1.3 作业人员从事有可能烫伤、烧伤、损伤眼睛或发生其他危险试验项目时，应佩戴防烫手套、防腐蚀乳胶手套、防护眼镜等相应的安全防护用品。

7.1.4 试验室采光与照明应满足作业人员安全生产作业要求。作业位置和潮湿工作场所的地面应设置绝缘和防滑等安全生产防护设施。

7.2 试验室用电

7.2.1 试验室用电设备应由固定式电源插座供电，电源插座回路应设置带短路、过载和剩余电流动作保护装置的断路器。

7.2.2 潮湿、有腐蚀性气体、蒸汽、火灾危险和爆炸危险等作业场所，应选用具有相应安全防护性能的配电设施。

7.2.3 高温炉、烘箱、微波炉、电砂浴和电蒸馏器等电热设备应置于不可燃基座上，使用时应有专人值守。

7.2.4 从用电设备中取放样品时应先切断电源。

7.3 土、水试验

7.3.1 压力试验等相关试验设备应配置过压和故障保护装置。

7.3.2 空气压缩机等试验辅助设备应采取降低噪音的安全生产

防护措施。

7.3.3 使用环刀人工压切取样时，环刀上应垫承压物，不得用手直接加压。

7.3.4 溶蜡容器不得加蜡过满，应为投入样品或搅拌时不外溢。

7.3.5 移动接近沸点的水或溶液时，应先用烧杯夹将其轻轻摇动。

7.3.6 中和浓酸、强碱时应先进行稀释；稀释时不得将水直接加入浓酸中。

7.3.7 开启装有易挥发的液体试剂和其他苛性溶液容器时，应先用水冷却并在通风环境下进行，不得将瓶口朝向作业人员或他人。

7.3.8 使用会产生爆炸、溅洒热液或腐蚀性液体的玻璃仪器试验时，首次试验应使用最小试剂量，作业人员应佩戴防护眼镜和使用防护挡板进行作业。

7.3.9 采取或吸取酸、碱、有毒、放射性试剂和有机溶剂时应使用专用工具或专用器械。

7.3.10 经常使用强酸、强碱或其他腐蚀性药品的实验室应设置安全标志，并宜在出入口就近处设置应急喷淋器和应急眼睛冲洗器。

7.3.11 放射源使用应由专人负责，并应限量领用；作业人员应穿戴符合规定的放射性防护用品；试验过程产生的废水、废弃物处置应符合本规范第12章的有关规定。

7.3.12 试验室储存易燃、易爆物品和其他有害物品应符合本规范第12章有关规定。

7.4 岩石试验

7.4.1 试验前应先检查仪器和设备性能，发现异常时应进行维修，并应经检测合格后再投入使用。

7.4.2 制备试样时应将试件夹持牢固，并应在刀口注上冷却水。

7.4.3 岩石抗压试验试样应置于上下承压板中心，试样与上下承压板应保持均匀接触。

7.4.4 压力机周边应设置保护网或防护罩。

8 原位测试与检测

8.1 一般规定

8.1.1 测试点与检测点应选择在不会危及作业安全又能满足作业需要的位置。

8.1.2 采用堆载配重方式进行原位测试与检测时，宜在试验前一次加足堆载重量，堆载物应均匀稳固地放置于堆载平台上。堆载平台重心应与试验点中心重合，堆载平台支座不得置于泥浆池或地基承载力差异较大处，试验过程中应经常检查堆载物稳定状况。

8.1.3 用于原位测试与检测加载装置的反力不得小于最大加载量的1.2倍，承压板及反力装置构件强度和刚度应满足最大加载量的安全度要求。

8.1.4 处理检测桩桩头时，非作业人员应远离作业区，作业现场宜设置安全生产防护设施或采取其他安全生产防护措施。

8.1.5 堆载平台加载、卸载和试验期间，堆载高度1.5倍范围内严禁非作业人员进入。

8.1.6 当测试与检测试验加载至临近破坏值时，作业人员应远离试验装置，并应对加载反力装置的稳定性进行实时监测。

8.1.7 起重吊装作业时，必须由持上岗证的人员指挥和操作，人员严禁滞留在起重臂和起重物下。起重机严禁载运人员。

8.1.8 在架空输电线路附近作业时，起重设备与架空输电线路之间的最小安全距离应符合本规范表5.1.4的规定。

8.1.9 原位测试与检测工作涉及勘探作业时应符合本规范第5、6、10章的规定。

8.2 原位测试

8.2.1 标准贯入试验和圆锥动力触探试验应符合下列规定：

1 穿心锤起吊前应检查销钉是否锁紧；

2 穿心锤作业应符合本规范第5章的规定；

3 测试过程中应随时观察钻杆的连接状况，钻杆应紧密连接；

4 测试过程中严禁用手扶持穿心锤、导向杆、锤垫和自动脱钩装置等；

5 测试结束后应立即拆除试验设备并平稳放置。

8.2.2 静力触探试验应符合下列规定：

1 静力触探设备安装应平稳、牢固、可靠；

2 采用地锚提供反力时，应合理确定地锚数量和排列形式；作业过程中应经常检查地锚的稳固状况，发现松动应及时进行调整；

3 作业过程中，贯入速度和压力出现异常时应停止试验；

4 静力触探加压系统宜设置安全生产防护装置。

8.2.3 手动十字板剪切试验时，杆件、旋转装置和卡瓦的连接、固定应牢固可靠。

8.2.4 旁压试验用的氮气瓶应使用合格气瓶，搬运和运输过程中应轻拿轻放、放置稳固，并应由专人操作。

8.2.5 扁铲侧胀试验应符合本规范第8.2.2条的有关规定。

8.2.6 抽水试验、压水试验和注水试验应符合下列规定：

1 孔口周围应设置防护栏；

2 试验过程中应观测和记录抽水试验点附近地面塌陷和毗邻建筑物变形情况，发现异常应停止试验，并应及时报告、处理；

3 应对受影响的坑、井、孔、泉以及水流沿裂隙渗出地表等现象进行观测和记录。

8.3 岩土工程检测

8.3.1 天然(复合)地基静载试验应符合下列规定：

1 试坑平面尺寸不得小于承压板宽度的3倍，坑壁不稳的松散土层、软土层或深度大于3m的试坑应采取支护措施；

2 反力梁长度每端宜超出试坑边缘2m；

3 拆卸试验设备时，应遵守"先坑内后坑外，先仪器后其他"的拆卸顺序；

4 装卸钢梁等重物时，试坑内严禁有人员滞留。

8.3.2 单桩抗压静载试验应符合下列规定：

1 当采用两台或两台以上千斤顶加载时，应采用并联同步工作方式，并应使用同型号、同规格千斤顶，千斤顶的合力应与桩轴线重合；

2 利用工程桩做锚桩时，应对锚桩的钢筋强度进行复核，周边宜设置防护网，同时应监测锚桩上拔量，必要时应对锚桩钢筋受力情况进行监测；

3 当试验加载至临近破坏值时，所有人员应撤至安全区域。

8.3.3 单桩抗拔静载试验应符合下列规定：

1 采用反力桩或工程桩提供支座反力时，桩顶应进行整平加固，其强度应满足试验最大加载量的需要；

2 采用天然地基提供反力时，施加于地基的压应力不宜超过地基承载力特征值的1.5倍，反力梁的支点重心应与支座中心重合；

3 抗拔试验桩的钢筋强度应进行复核。

8.3.4 单桩水平静载试验应符合下列规定：

1 水平加载宜采用千斤顶，千斤顶与试验桩接触面的强度应满足试验最大加载量的需要；

2 水平加载的反力可由相邻桩基提供，专门设置的反力装置其承载力和刚度应大于试验桩的1.2倍；

3 千斤顶作用力方向应通过并垂直于桩身轴线。

8.3.5 锚杆拉拔试验应符合下列规定：

1 加载装置安装应牢固、可靠；

2 高压油泵等试验仪器和设备应按就近、方便、安全的原则置放；

3 试验点锚头台座的承压面应整平，并应与锚杆轴线方向垂直；

4 锚杆拉拔试验位置较高时应搭设脚手架，并应设置防护栏或防护网；

5 试验加载过程中，应对试验锚杆及坡体变形情况进行观测，发现异常应停止试验。

8.3.6 高应变动力测桩试验应符合下列规定：

1 锤击装置支架安装应平稳、牢固，负荷安全系数不得小于5，钢丝绳安全系数不得小于6；

2 试验前，桩锤应放置在桩头或地面上，严禁将桩锤悬吊在起吊设备上；

3 锤击时，非操作人员应远离试验桩；桩锤悬空时，锤下及锤落点周围严禁有人员滞留；

4 当试验桩的桩头低于地面时，严禁非作业人员进入试坑内。

8.3.7 采用钻芯法检测桩身质量时，钻进作业应符合本规范第5章的规定。

9 工程物探

9.1 一般规定

9.1.1 工程物探作业人员应掌握安全用电和触电急救知识。

9.1.2 外接电源的电压、频率等应符合仪器和设备的有关要求。仪器和设备接通电源后，作业人员不得离开作业岗位。

9.1.3 选择水域工程物探震源时，应评价所选震源对作业环境和水中生物的影响程度以及存在的危险源。

9.1.4 采用爆炸震源时应进行安全性评价，勘察方案应提供安全性验算结果。

9.1.5 采用爆炸震源作业前，应确定爆炸危险边界，并应设置安全隔离带和安全标志，同时应部署警戒人员或警戒船。非作业人员严禁进入作业区。

9.2 陆域作业

9.2.1 仪器外壳、面板旋钮、插孔等的绝缘电阻应大于100MΩ/500V；工作电流、电压不得超过仪器额定值，进行电压换挡时应先关闭高压开关。

9.2.2 电路与设备外壳间的绝缘电阻应大于5MΩ/500V；电路应配有可调平衡负载，严禁空载和超载运行。

9.2.3 作业前应检查仪器、电路和通信工具的工作性状；未断开电源时，作业人员不得触摸测试设备探头、电极等元器件。

9.2.4 仪器工作不正常时，应先排除电源、接触不良和电路短路等外部原因，再使用仪器自检程序检查。仪器检修时应关机并切断电源。

9.2.5 选择和使用电缆、导线应符合下列规定：

1 电缆绝缘电阻值应大于5MΩ/500V，导线绝缘电阻值应大于2MΩ/500V；

2 各类导线应分类置放，布设导线时宜避开高压输电线路，无法避开时应采取安全保护措施；

3 车载收放电缆时，车辆行驶速度应小于5km/h；

4 井中作业时，电缆抗拉和抗磨强度应满足技术指标要求，不得超负荷使用；电缆高速升降时，严禁用手抓提电缆；

5 当导线、电缆通过水田、池塘、河沟等地表水体时，应采用架空方式跨越水体；当导线、电缆通过公路时，可采用架空跨越或深埋地下方式；

6 作业现场使用的电缆、导线应定期检查其绝缘性，绝缘电阻应满足使用要求。

9.2.6 电法勘探作业应符合下列规定：

1 测站与跑极人员应建立可靠的联系方式，供电过程中不得接触电极和电缆；

2 测站应采用橡胶垫板与大地绝缘，绝缘电阻不得小于10MΩ；

3 供电作业人员应使用和佩戴绝缘防护用品，接地电极附近应设置安全标志，并应安排专人负责安全警戒；

4 井中作业时，绞车、井口滑轮和刹车装置等应固定牢靠，绞车与井口滑轮的安全距离不应小于2m；

5 易燃、易爆管道上严禁采用直接供电法和充电法勘探作业。

9.2.7 进行地下管线探测作业应符合下列规定：

1 作业人员应穿反光工作服，佩戴防护帽、安全灯、通信器材等安全防护设施；

2 管道口应设置安全防护栏和安全标志，并有专人负责安全警戒，夜间应设置安全警示灯；

3 作业前，应测定有害、有毒及可燃气体浓度；严禁进入情况不明的地下管道作业；

4　井下管线探测作业不得使用明火。

9.2.8　地震法勘探作业应符合下列规定：

1　仪器设备应放置在震源安全距离以外；

2　震源作业安全防护措施应符合本规范第9.4节的规定；

3　爆炸物品存放应符合本规范第12、13章的规定。

9.2.9　电磁法勘探作业应符合下列规定：

1　控制器和发送机开机前应先置于低压档位，变压开关不得连续扳动；关机时应先将开关返回低压档位后再切断电源；

2　发送机的最大供电电压、最大供电电流、最大输出功率及连续供电时间，严禁大于仪器说明书上规定的额定值；

3　发电机组的使用应符合本规范第11章的有关规定；

4　接收站不应布置在靠近强干扰源和金属干扰物的位置；

5　10kV以上高压线下不得布设发送站和接收站；

6　当供电电压大于500V时，供电作业人员应使用和佩戴绝缘防护用品，供电设备应有接地装置，其附近应设置安全标志，并应安排专人负责看管；

7　未经确认停止供电时，不得触及导线接头，并不得进行放线、收线和处理供电事故。

9.3　水域作业

9.3.1　水域工程物探作业应符合下列规定：

1　作业前，应对设备、电缆、钢缆、保险绳、绞车、吊机等进行检查，并应在确认安装牢固且符合作业要求后再开始作业；

2　作业过程中，水下拖曳设备、吊放设备不应超过钢缆额定拉力；

3　遇危及作业安全的障碍物时，应停止作业并收回水下拖曳设备；

4　作业过程中，收、放电缆尾标应将船速控制在3节以下。

9.3.2　采用爆炸式震源时，爆炸作业船与其他作业船之间应保持通信畅通，爆炸作业船与爆炸点的安全距离不得小于50m。海上作业时，爆炸作业船与其他作业船之间的安全距离不得小于100m。

9.3.3　采用电火花震源时，船上作业设备和作业人员应配备防漏电保护设施和装备。

9.3.4　采用机械式震源船时，震源船应无破损和漏水，严禁带故障作业。

9.3.5　电法勘探作业时，跑极船、测站船、漂浮电缆应设置醒目的安全标志。

9.3.6　在浅水区或水坑内进行爆炸作业时，装药点距水面不应小于1.5m。

9.4　人工震源

9.4.1　爆炸震源作业除应符合现行国家标准《爆破安全规程》GB 6722和《地震勘探爆炸安全规程》GB 12950的有关规定外，尚应符合下列规定：

1　实施爆炸作业前，作业人员应撤离至爆炸作业影响范围外；

2　爆炸工作站应设置在通视条件和安全性好，并对爆炸作业无影响的上风地带；

3　爆炸作业时，作业人员的移动通信设备应处于关闭状态；

4　起爆作业应使用经检验合格的爆炸机，严禁使用干电池、蓄电池或其他电源起爆；

5　雷管在使用前应进行通断检查，通断检查严禁使用万用表；检查时的电流强度不得超过15mA，接通时间不得超过2s，被测定雷管与测定人之间的安全距离不得小于20m。

9.4.2　起爆前应同时使用音响和视觉联络信号，并应在确认完成警戒后再发布起爆命令。

9.4.3　出现拒爆时，应先将爆炸线从爆炸机上拆除并将其短路10min后再检查拒爆原因。

9.4.4　瞎炮处理应符合下列规定：

1　坑炮应在距原药包0.3m处放置一小药包进行殉爆，不得将原药包挖出处理；

2　放水炮或井炮时应将药包小心收回或提出井外，并应置于安全处用小药包销毁。

9.4.5　当作业现场或气象条件等存在下列情形之一时，不得采用爆炸震源作业：

1　遇四级以上风浪的水域或大风、大雾、雪和雷雨天气；

2　作业场地有冒顶或者顶帮滑落危险；

3　作业场地疏散通道不安全或者通道阻塞；

4　爆炸参数或者作业质量不符合设计要求；

5　爆炸地点20m范围内，空气中易燃易爆气体含量大于或等于1%，或有易燃易爆气体突出征兆；

6　拟进行爆炸作业的工作面有涌水危险或者炮眼温度异常；

7　爆炸作业可能危及设备或者建筑物安全；

8　危险区边界上未设警戒；

9　黄昏、夜间或作业场地光线不足或者无照明条件；

10　爆炸地点在高压线和通信线路下方。

9.4.6　非爆炸冲击震源作业应符合下列规定：

1　起重冲击震源的起吊设备应完好可靠，起吊高度1.5倍范围内严禁有人滞留；

2　使用敲击震源作业时，重锤与锤把连接应牢固，敲击方向严禁有人员滞留。

9.4.7　电火花震源作业应符合下列规定：

1　仪器、设备应有良好接地和剩余电流动作保护装置；

2　采用高压蓄能器与控制器、放电开关分离装置时，高压蓄能器周围1m以内不得有人员滞留；

3　不得在高压蓄能器上控制放电。

9.4.8　气枪震源作业应符合下列规定：

1　作业前应根据场地条件和技术要求编制专项作业方案；

2　作业时严禁枪口对人；

3　气枪充气时，附近不得有人，不得在大气中放炮；

4　作业完成后，应打开气枪排气开关缓慢排气；

5　对气枪系统进行检查或维修前，应先排除气枪系统内的气体；

6　使用泥枪或水枪系统前，应将通向另一系统的气源切断，并打开另一系统的排气开关；

7　不得将空气枪放入水中充气。

10 勘察设备

10.1 一般规定

10.1.1 勘察作业人员应按使用说明书要求正确安装、使用、维护和保养勘察设备。

10.1.2 勘察设备的各种安全防护装置、报警装置和监测仪表应完好，不得使用安全防护装置不完整或有故障的勘察设备。

10.1.3 勘察设备地基应根据设备的安全使用要求修筑或加固，钻塔基础应坚实牢固。

10.1.4 勘察设备搬迁、安装和拆卸应由专人统一指挥。

10.1.5 勘察设备安装应符合下列规定：

1 基台构件的规格、数量和形式应符合勘察设备使用说明书的要求；

2 勘察设备机架与基台应使用螺栓牢固连接，设备安装应稳固、周正、水平；

3 车装设备安装时，机体应固定在基台或支撑液压千斤顶上，车轮应离地并固定。

10.1.6 勘察设备拆卸和迁移应符合下列规定：

1 应符合勘察设备拆卸程序和迁移要求；不得将设备或部件从高处滚落或抛掷；

2 汽车运输勘察设备时应装稳绑牢，不得人货混装；

3 无驾驶执照人员不得移动、驾驶车装勘察设备；

4 使用人力装卸设备时，起落跳板应有足够强度，坡度不得超过30°，下端应有防滑装置；

5 使用葫芦装卸设备时，三脚架架腿间应安装平拉手，架腿应定位稳固，并应进行试吊确认无安全事故隐患后再进行起吊作业；

6 起重机械装卸设备应符合现行国家标准《起重机械安全规程》GB 6067 的有关规定。

10.1.7 机械设备外露运转部位应设置防护罩或防护栏杆。作业人员不得跨越设备运转部位，不得对运转中的设备进行维护或检修。

10.1.8 勘察设备运行时应有人值守。运行过程中出现异常情况时应及时停机检查，并应在排除故障后再重新启用。

10.1.9 有多档速度的机械设备变速时，应先断开离合器再换档变速。

10.2 钻探设备

10.2.1 钻探机组迁移时，钻塔必须落下，非车装钻探机组严禁整体迁移。

10.2.2 钻塔安装和拆卸应符合下列规定：

1 钻塔额定负荷量应大于配套钻机卷扬机最大提升力；

2 钻塔天车应有过卷扬防护装置；

3 钻塔天车轮前缘切点、立轴或转盘中心与钻孔中心应在同一轴线上；

4 钻塔起落范围内不得放置设备和材料，起落过程中作业人员不得停留或通过；

5 钻塔塔腿应置于基台上，与基台构件应牢固连接；

6 钻塔构件应安装齐全，不得随意改装；

7 作业人员不得在钻塔上、下同时作业；

8 钻塔整体起落时，应控制起落速度，严禁将钻塔自由摔落。

10.2.3 冲击钻进的钻具连接应符合下列规定：

1 钻具应连接牢固；

2 钻具的起落重量不得超过钻机使用说明书的额定重量；

3 活芯应灵活，锁具应紧固；

4 钢丝绳与活套的轴线应保持一致。

10.2.4 泥浆泵使用与维护应符合下列规定：

1 机架应安装在基台上，各连接部位和管路应连接牢固；

2 启动前，吸水管、底阀和泵体内应注满清水，压力表缓冲器上端应注满机油，出水阀或分水阀门应打开；

3 不得超过额定压力运转。

10.2.5 柴油机使用与维护应符合下列规定：

1 使用摇把启动时，应紧握摇把，不得中途松手，启动后应立即抽出摇把；使用手拉绳启动时，启动绳一端不得缠绕在手上；

2 水箱冷却水的温度过高时，应停止勘探作业，并应继续怠速运转降温，不应立即停机；严禁用冷水注入水箱或泼洒内燃机机体；

3 需开启冷却水沸腾的水箱盖时，作业人员应佩戴防护手套，面部应避开水箱盖口；

4 柴油机"飞车"时，应迅速切断进气通路和高压油路作紧急停车。

10.3 勘察辅助设备

10.3.1 离心水泵安装应牢固平稳。高压胶管接头密封应牢固可靠，放置宜平直，转弯处固定应牢靠。

10.3.2 潜水泵使用与维护应符合下列规定：

1 使用前，应用500V摇表检测绝缘电阻，绝缘电阻值应符合产品说明书的规定；

2 潜水泵的负荷线应使用无破损和接头的防水橡皮护套铜芯软电缆；

3 放入水中前，应检查电路和开关，接通电源进行试运转，并应在经检查确认旋转方向正确后再放入水中；脱水运转时间不得超过5min；

4 提泵、下泵前应先切断电源，严禁拉拽电缆或出水软管；

5 潜水泵下到预定深度后，电缆和出水软管应处于不受力悬空状态；

6 潜水泵运行时，泵体周围30m以内水体不得有人、畜进入。

10.3.3 空气压缩机使用与维护应符合下列规定：

1 作业现场应搭设防护棚，严禁储气罐暴晒或高温烘烤；

2 移动式空气压缩机的拖车应采取接地措施；

3 输气管路应连接牢固、密封、畅通，不得扭曲；

4 打开送气阀前，应告知作业地点有关人员，出气口处不得有人作业；

5 储气罐体应定期检定，运转时储气罐内压力不得超过额定压力。

10.3.4 焊接与切割设备使用除应符合现行国家标准《焊接与切割安全》GB 9448 的有关规定外，尚应符合下列规定：

1 放置焊接和切割设备的位置应通风、干燥，并应无高温和无易燃物品，应采取防雨、防暴晒、防潮和防沙尘措施；

2 焊接设备导线的绝缘电阻不得小于1MΩ，地线接地电阻值不得大于4Ω；当长时间停用的电焊机恢复使用时，绝缘电阻值不得小于0.5MΩ；

3 焊接设备一次侧电源线不得随地拖拉，其长度不宜大于5m；电源进线处应设置防护罩；二次侧应采用防水橡皮护套铜芯软电缆，其长度不宜大于30m，不得采用金属构件代替二次侧的地线。

11 勘察用电和用电设备

11.1 一般规定

11.1.1 勘察现场临时用电应根据现场条件编制临时用电方案。临时用电设施应经验收合格后再投入使用。

11.1.2 勘察现场临时用电宜采用电源中性点直接接地的220/380V三相四线制低压配电系统，并应符合下列规定：

1 系统配电级数不宜大于三级；

2 配电线路应装设短路保护、过载保护和接地故障保护；

3 上下级保护装置的动作应具有选择性，各级之间应协调配合。

11.1.3 接驳供电线路、拆装和维修用电设备必须由持证电工完成，严禁带电作业。

11.1.4 用电设备及用电安全装置应符合国家现行有关标准的规定，并应具有产品合格证和使用说明书。

11.1.5 用电系统跳闸后，应先查明原因，并应在排除故障后再送电。严禁强行送电。

11.1.6 停工、待工时，配电箱或总配电箱电源应关闭并上锁。停用1h以上的用电设备开关箱应断电并上锁。

11.1.7 发生触电事故应立即切断电源，严禁未切断电源直接接触触电者。

11.2 勘察现场临时用电

11.2.1 勘察作业现场宜采用电缆线路，电缆类型应根据敷设方式、作业环境选用，电缆中应包含全部工作芯线和用作保护线的芯线。需要三相四线配线的电缆线路应采用五芯电缆，架空线应采用绝缘导线。

11.2.2 电缆线路和架空线路敷设，除应符合现行国家标准《建设工程施工现场供用电安全规范》GB 50194的有关规定外，尚应符合下列规定：

1 电缆线路应采用埋地或架空敷设，应避免机械损伤和介质腐蚀，埋地电缆路径应设置方位标志，严禁沿地面明设；

2 架空线路应架设在专用电杆上，严禁架设在树木、临时设施或其他设施上；

3 架空敷设的低压电缆应沿建筑物、构筑物架设，架设高度不应低于2m；

4 电缆直埋时，电缆与地表的距离不得小于0.2m；电缆上下均应铺垫厚度不小于0.1m的软土或砂土，并应铺设盖板保护；

5 勘察作业现场临时用房的室内配线应采用绝缘导线或电缆，室内明敷主干线距地面高度不得小于2.5m。

11.2.3 接地保护应符合下列规定：

1 当勘察作业现场采用TN系统时，保护地线应由总配电箱（或电柜）电源侧接地母排处引出，电气设备的金属外壳应与保护地线连接；

2 当采用TN－S系统时，工作零线应通过总剩余电流动作保护装置，保护地线在电源进线总配电箱处应做重复接地，严禁工作零线与保护地线有电气连接；

3 勘察作业现场临时用电系统严禁利用大地或动力设备金属构件做相线或零线；

4 保护地线应使用绝缘导线，导线的最小截面应符合现行国家标准《低压配电设计规范》GB 50054的有关规定；保护地线上严禁装设开关或熔断器；

5 在TN系统中，重复接地装置的接地电阻值不应大于10Ω；在工作接地电阻值允许达到10Ω的电力系统中，所有重复接地的等效电阻值不应大于10Ω；单独敷设的工作零线严禁做重复接地；

6 保护地线或保护零线应采用焊接、压接、螺栓连接或其他可靠方法连接，严禁缠绕或钩挂；

7 低压用电设备的保护地线可利用金属构件等自然接地体，严禁利用输送可燃液体、可燃或爆炸性气体的金属管道作为保护地线。

11.2.4 勘察作业现场配电系统应设置总配电箱、分配电箱、开关箱；动力和照明配电系统应分设。

11.2.5 每台用电设备必须有单独的剩余电流动作保护装置和开关箱，一个开关箱严禁直接控制2台及以上用电设备。

11.2.6 配电箱、开关箱应设置在干燥、通风、防潮、无易燃易爆有害介质、不易受撞击和便于操作的位置。开关箱与受控制的固定式用电设备水平距离不宜大于3m。

11.2.7 固定式配电箱和开关箱的中心点与地面的垂直距离应为1.4m～1.6m；移动式开关箱应装设在坚固、稳定的支架上，中心点与地面的垂直距离宜为0.8m～1.6m。

11.2.8 配电箱、开关箱的进、出线应采用橡皮护套绝缘电缆，进、出线口宜设置在箱体下底面，箱内的连接线应采用铜芯绝缘导线，严禁改动箱内电器配置和接线；开关箱出线不得有接头。

11.2.9 配电箱、开关箱的电源进线端严禁采用插头和插座做活动连接。

11.2.10 配电箱和开关箱进行维修、检查时，应将前一级电源隔离开关分闸断电，并应悬挂"禁止合闸、有人工作"停电安全标志。

11.2.11 开关箱中应装设隔离开关、短路器（或熔断器）和剩余电流动作保护装置。各种开关电器的额定值和动作整定值应与其控制用电设备的额定值和特性相适应。

11.2.12 剩余电流动作保护装置应符合下列规定：

1 开关箱使用的剩余电流动作保护装置应选用额定漏电动作电流小于30mA的瞬动型产品；

2 剩余电流动作保护装置应装设在各配电箱靠近负荷的一侧，且不得用于启动电气设备的操作；

3 勘察现场使用的剩余电流动作保护装置宜选择无辅助电源型产品。

11.2.13 勘察作业现场照明器具选型应符合下列规定：

1 露天作业现场照明宜选用防水型照明灯具；

2 作业现场临时用房照明宜选用防尘型照明灯具、密闭型防水照明灯具或配有防水灯头的开启式照明灯具；

3 有爆炸和火灾危险的井探、洞探作业照明，应按危险场所等级选用防爆型照明灯具，照明灯具的金属外壳应与保护线连接。

11.2.14 勘察作业现场照明电压应符合下列规定：

1 距离地面高度低于2.5m时，电压不应大于36V；

2 潮湿和易触及带电体场所的照明，电源电压不得大于24V；特别潮湿场所和导电良好的地面照明，电源电压不得大于12V；

3 移动式和手提式灯具应采用三类灯具，并应使用安全特低电压供电。

11.2.15 遭遇台风、雷雨、冰雹和沙尘暴等气象灾害天气后，恢复作业前应对现场临时用电设施和用电设备进行巡视和检查。

11.2.16 临时用电使用完毕后，应及时组织拆除用电设施。

11.3 用电设备维护与使用

11.3.1 新投入运行或检修后的用电设备应进行试运行，并应在无异常情况后再转入正常运行。

11.3.2 用电设备的电源线应按其计算负荷选用无接头耐气候型橡皮护套铜芯软电缆。电缆芯线数应根据用电设备及其控制电器的相数和线数选择。

11.3.3 电动机使用与维护应符合下列规定：

1 绝缘电阻不得小于0.5MΩ，应装设过载和短路保护装置，并应根据设备需要装设缺相和失压保护装置；

2 应空载启动，严禁电压过高或过低时启动，严禁三相电动机两相运转；

3 运行中的电动机遭遇突然停电时，应立即切断电源，并将启动开关置于停止位置；

4 单台交流电动机宜采用熔断器或低压断路器的瞬动过电流脱扣器；

5 正常运转时，不得突然进行反向运转；

6 运行时应无异响、无漏电、轴承温度正常，且电刷与滑环接触良好；

7 额定电压在－5％～＋5％变化范围时，可按额定功率连续运行；当超过允许变化范围时应控制负荷。

11.3.4 发电机组安装与使用应符合下列规定：

1 发电机房应配置扑灭电气火灾的消防设施，室内不得存储易燃易爆物；

2 发电机房的排烟管道应伸出房外，管道口应至少高出屋檐1m，周围4m范围内不得使用明火或喷灯；

3 发电机供电系统应安装电源隔离开关及短路、过载、剩余电流动作保护装置和低电压保护装置等；电源隔离开关分断时应有明显可见分断点；

4 移动式发电机拖车应有可靠接地；

5 移动式发电机供电的用电设备，其外露可导电部分和底座应与发电机电源的接地装置连接；移动式发电机系统接地应按有关规定执行。

11.3.5 发电机组电源应与外电线路电源连锁，严禁与外电线路电源并列运行。

11.3.6 手持式电动工具使用与维护应符合下列规定：

1 勘察作业现场严禁使用Ⅰ类手持式电动工具；使用金属外壳的Ⅱ类手持式电动工具时，绝缘电阻不得小于7MΩ；

2 手持式电动工具的外壳、手柄、插头、开关、负荷线等不得有破损，使用前应进行绝缘检查，并应经检查合格、空载运转正常后再使用；

3 负荷线插头应有专用保护触头，所用插座和插头的结构应一致，不得将导电触头和保护触头混用；

4 手持式电动工具作业时间不宜过长，当温度超过60℃时应停机待自然冷却后再继续使用；

5 运转中的手持式电动工具不得离手，因故离开或遭遇停电时应关闭开关箱电源；

6 作业过程中，不得用手触摸运转中的刃具和砂轮，发现刃具或砂轮有破损应立即停机更换后再继续作业。

11.3.7 手持砂轮机不得使用受潮、变形、裂纹、破碎、磕边缺口或接触过油、碱类的砂轮片，不得使用自行烘干的受潮砂轮片。

12 防火、防雷、防爆、防毒、防尘和作业环境保护

12.1 一般规定

12.1.1 采购、运输、保管和使用危险品的从业人员必须接受相关专业安全教育、职业卫生防护和应急救援知识培训，并应经考核合格后上岗作业。

12.1.2 存放易燃、易爆、剧毒、腐蚀性等危险品的地方应设立安全标志，安全标志应符合现行国家标准《安全标志》GB 2894的有关规定。

12.1.3 有毒、腐蚀性物品的领取和使用应严格管理，对剩余、废弃物的数量及处置应有详细记录。

12.2 危险品储存和使用

12.2.1 危险品应按其不同的物理、化学性质分别采用相应的包装容器和储存方法，储存量不得超过规定限额。理化性质相抵触、灭火方法不同的物品应分库储存并定期测温和检查。储存危险品的仓库应符合防火、防爆、防潮、防盗要求。

12.2.2 危险品入库前应进行检查登记，领用时应按最小使用量发放，应定期检查库存，并建立和保存危险品使用记录。

12.2.3 易燃物品应放置在阴凉通风处，严禁用明火加热。易爆物品移动时不得剧烈震动，不得存放在操作室。

12.2.4 遇水易燃物品残渣严禁直接倒入废液桶内。易挥发的易燃物品或有毒物品应存放在密闭容器内。

12.2.5 搬运、使用腐蚀性物品应穿戴相应的劳动防护用品，高氯酸和过氧化物等强氧化剂使用时不得与有机物接触。

12.2.6 测试汞的试验室应安装排风罩，排风罩应安装在接近地面处，测试汞的试验台应有捕收废汞装置。

12.2.7 放射性试剂和放射源必须存放在铅室中。

12.3 防　火

12.3.1 勘察作业现场临时用房消防器材的配备，应符合现行国家标准《建筑灭火器配置设计规范》GB 50140的有关规定，每幢不得少于2具，消防器材应合理摆放、标志明显，并应有专人负责保管。

12.3.2 作业现场和临时用房内严禁使用明火照明，严禁使用无保护罩电炉取暖，无人值守时严禁使用电热毯取暖。

12.3.3 作业现场取暖装置的烟囱和内燃机排气管穿过塔布和机房壁板处应安装隔热板或防火罩。排气口距可燃物不得小于2.5m。

12.3.4 柴油机或其他设备油底壳不得使用明火烘烤。

12.3.5 在林区、草原、化工厂、燃料厂及其他对防火有特别要求的场地内作业时，必须严格遵守当地有关部门的防火规定。

12.3.6 油料着火时，应使用砂土、泡沫灭火器或干粉灭火器灭火，严禁用水扑救。用电设备着火时，应先切断电源然后再实施扑救。

12.3.7 含沼气地层勘探作业防火措施应符合下列规定：

1 勘察作业现场不得使用明火或存放易燃、易爆物品；

2 勘探时应注意观察勘探孔内泥浆气泡和异常声音，发现返浆异常或勘探孔内有爆炸声时应立即停止作业，并测量孔口可燃气体浓度，应在确认无危险后再复工；

3 当勘探孔内有气体溢出或燃烧时，应立即关停所有机械和电器设备、设立警戒线和疏散附近人员，并应立即报警。

12.3.8 在油气管道附近勘探作业时，应先查明管道的具体位置。发生钻穿管道事故时应立即关停所有机械电器设备、熄灭明火、设立警戒线和疏散附近人员，并应立即报警。

12.3.9 焊接与切割作业除应按现行国家标准《焊接与切割安全》GB 9448 的有关规定执行外，尚应符合下列规定：

1 电、气焊作业区 10m 范围内不得存放易燃、易爆物品，并应配备相应的消防器材；

2 高压气瓶不应放置在易遭受物理打击、阳光暴晒、热源辐射的位置；

3 作业现场氧气瓶与乙炔瓶、明火或热源的安全距离应大于 5m；乙炔瓶及其他易燃物品与焊炬或明火的安全距离应大于 10m；氧气瓶不得沾染油脂，乙炔发生器应有防回火安全装置；

4 焊割炬点火时不得指向人或易燃物，正在燃烧的焊割炬不得放在工件或地面上，不得手持焊割炬爬梯、登高；

5 焊割作业结束后，作业人员应检查确认作业现场无火灾隐患后再离开。

12.4 防 雷

12.4.1 雷雨季节，在易受雷击的空旷场地勘探作业时，钻塔应安装防雷装置。机械、电气设备防雷接地所连接的保护地线应同时做重复接地，同一台机械电气设备的重复接地和机械的防雷接地可共用同一接地体，但接地电阻应符合重复接地电阻值的要求。

12.4.2 接闪器安装高度应高于钻塔 1.5m 以上，接闪器和引下线与钻塔间应采取绝缘措施。

12.4.3 勘察作业现场防雷装置冲击接地电阻值不得大于 30Ω。

12.4.4 遇雷雨天气时，应停止现场勘察作业。严禁在树下、山顶和易引雷场所躲避雷雨。

12.5 防 爆

12.5.1 易燃、易爆物品应分类、分专库存储。

12.5.2 爆炸、爆破作业人员必须经过专业技术培训，并应取得相应类别的安全作业证书。

12.5.3 爆炸、爆破作业前，作业负责人应组织现场踏勘，了解和收集与爆炸、爆破作业安全有关的环境、气象、水文等资料，编制爆炸、爆破作业方案，制定防护措施和应急预案。

12.5.4 在地质条件复杂场地和水域进行爆炸、爆破作业，应进行专项爆炸、爆破设计。

12.5.5 在城镇进行爆炸、爆破作业，应对勘察场地周边公共设施、住宅区等产生的影响进行安全论证，必要时应采取相应的安全防护措施。

12.5.6 爆炸、爆破作业应由专人负责指挥，并应做好安全警戒。各种车辆、人员严禁进入爆炸、爆破作业影响范围。

12.5.7 在有地面塌陷或山体崩塌、岩块滚落等场地进行爆炸、爆破作业时，除应采取安全警戒措施外，尚应在通往作业区的道路上设置安全标志。

12.5.8 爆破作业结束后，应先对作业场地进行通风、检查和处理后再进行其他工序作业。出现瞎炮时应按本规范第 9 章的规定执行。

12.5.9 在有矿尘、煤尘、易燃、易爆气体爆炸危险的作业场地进行爆炸、爆破作业时，应使用专用电雷管和专用炸药。

12.5.10 探井、探槽爆破作业应符合下列规定：

1 同一爆破对象，一次应只装放一炮；

2 埋藏深度 2m 以下的孤石和漂石不得使用导火索起爆；炮孔在装药前应预先确定井底人员撤离路线、方式以及应急措施；

3 起爆后 5min 内，人员不得进入作业场地。

12.6 防 毒

12.6.1 作业过程中遇有害气体时应加强监测。当有害气体浓度超过表 12.6.1 的规定时，应停止作业撤离人员，并应采取通风、净化和安全防护措施。

表 12.6.1 有害气体最大允许浓度

有害气体名称	符号	允许体积浓度(%)	允许质量浓度(mg/m³)
一氧化碳	CO	0.00240	30
氮氧化物	[NO]	0.00025	5
二氧化硫	SO_2	0.00050	15
硫化氢	H_2S	0.00066	10
氨	NH_3	0.00400	30

12.6.2 含有害气体的探洞、探井、探槽内作业应符合下列规定：

1 作业过程中应保证有效通风，并应定期检测有害气体浓度；

2 瓦斯或沼气的体积浓度不应超过 1.0%；

3 氧气体积含量应大于 20%，二氧化碳体积含量应小于 0.5%；

4 应使用防爆电器设备；

5 严禁携带火种下井(洞)或在井(洞)内使用明火；

6 进入长时间停、待工的探洞、探井、旧矿井或洞穴作业，应先检测有害气体浓度，并应在确认有害气体浓度不超过表 12.6.1 的规定后再进入作业。

12.6.3 剧毒药品操作室应有良好的通风设施，严禁在通风设备不正常情况下作业。

12.6.4 使用剧毒、腐蚀性药品的作业人员应熟悉剧毒、腐蚀性药品的化学性质，作业时应严格执行操作规程及有关规定，并应佩戴相应的劳动防护用品。

12.6.5 使用剧毒药品必须实行双人双重责任制，使用时必须双人作业，作业中途不得擅离职守。

12.6.6 作业完成后，应对使用过剧毒药品的器皿和作业场所进行清理。剩余试剂应贴上警示标志，并应按规定进行存储和管理，严禁带出室外。

12.6.7 剧毒、腐蚀性药品的废弃物、废液应放置在专用存储罐内，不得随意丢弃或排入下水道。

12.7 防 尘

12.7.1 在粉尘环境中作业时，作业人员应按规定正确使用个人防尘用具，并应定期更换。

12.7.2 产生粉尘的作业场所，扬尘点应采取密闭尘源、通风除尘、湿法防尘等综合防尘措施，并应按本规范附录 C 的要求测定粉尘浓度，作业环境中空气粉尘含量应小于 2.0mg/m³。

12.7.3 在粉尘环境中工作的作业人员，应定期进行体检，患有粉尘禁忌症者不得从事产生粉尘的工作。

12.8 作业环境保护

12.8.1 在城镇绿地和自然保护区勘察作业时，应采取减少对作业现场植被破坏的措施。

12.8.2 勘察作业前，应对作业人员进行环境保护交底，并应对勘探设备进行检查、维护。作业过程中应按环境保护要求对设备添加和排放油液、钻探冲洗液排放、弃土弃渣处理、噪声等进行控制。

12.8.3 对机械使用、维修保养过程中产生的废弃物应集中收集存放、统一处理。

12.8.4 作业现场严禁焚烧各类废弃物，作业过程产生的弃土、弃渣应集中堆放，易产生扬尘的渣土应采取覆盖、洒水等防护措施。

12.8.5 有毒物质、易燃易爆物品、油类、酸碱类物质和有害气体严禁向城市下水道和地表水体排放。

12.8.6 在城镇作业时，应严格按国家或地方有关规定控制噪声污染，当噪声超标时应采取整改措施，并应在达到标准后再继续作业。

13 勘察现场临时用房

13.1 一般规定

13.1.1 勘察现场临时用房应分为住人临时用房和非住人临时用房。勘察现场的生活区与作业区应分开设置，生活区与作业点的安全距离应大于25m。

13.1.2 临时用房选址应符合下列规定：

1 严禁在洪水淹没区、沼泽地、潮汐影响滩涂区、风口、旋风区、雷击区、雪崩区、滚石区、悬崖和高切坡以及不良地质作用影响的场地内选址；

2 与公路、铁路和存放少量易燃易爆物品仓库的安全距离不应小于30m，与油罐及加油站的安全距离不应小于50m；

3 与架空输电线路边线的最小安全距离应符合本规范表5.1.4的有关规定；

4 与变配电室、锅炉房的安全距离不应小于15m；

5 离在建建(构)筑物的安全距离不宜小于20m；

6 不得设置在吊装机械回转半径区域内及作业设备倾覆影响区域内。

13.1.3 临时用房使用装配式活动房时，应具有产品合格证书，各构件间连接应可靠牢固。

13.1.4 临时用房应采用阻燃或难燃材料，并应符合环保、消防要求。安装电气设施应符合本规范第11章的有关规定。

13.1.5 临时用房应有防火、防雷设施和抗风雪能力，寒冷季节应有保温设施，并应符合本规范第12章的有关规定。

13.1.6 建设场地内搭建临时用房应采取预防高空坠物的安全防护措施。

13.2 住人临时用房

13.2.1 住人临时用房严禁存放柴油、汽油、氧气瓶、乙炔气瓶、煤气罐等易燃、易爆液体或气体容器。

13.2.2 住人临时用房内不得使用电炉、煤油炉、煤气(燃气)炉。

13.2.3 住人临时用房室内净高度不应小于2.5m，室内床铺搭设不得超过两层，应有良好的采光、排气和通风设施，门、窗不应向内开启。

13.2.4 配有吊顶的住人临时用房，吊顶及吊顶上的吊挂物安装应牢固。

13.2.5 每幢住人临时用房出口不得少于2个，应采取保障疏散通道、安全出口畅通的安全防护措施。

13.2.6 城镇内勘察临时用房之间的安全距离不应小于5m，城镇外勘察临时用房之间的安全距离不应小于7m。

13.2.7 房内采用煤、木炭等取暖的火炉与可燃物的安全距离不得小于1m。在木制地板上搭设火炉时应使用隔热或非可燃材料与地板隔离。

13.2.8 房内取暖火炉应指定专人负责管理，严禁使用各种油料引火或助燃，火炉周围不得存放易燃、易爆物，炉渣应随时清理并放置在室外安全地方。

13.3 非住人临时用房

13.3.1 非住人临时用房存放易燃、易爆和有毒物品时应分类和分专库存放，与住人临时用房的距离应大于30m。

13.3.2 存放易燃、易爆物品临时用房的用电开关插座等用电设施，应使用相应的防火、防爆型开关和安全照明灯具。

13.3.3 存放易燃、易爆物品的临时用房应保持通风并配备足够数量相应类型的灭火器材，且应悬挂安全标志，严禁烟火靠近。

13.3.4 勘察现场临时食堂应设置在远离厕所、垃圾站、有毒、有害场所等污染源的地方，并应有简易的排污处理设施。

附录A 勘察作业危险源辨识和评价

A.0.1 勘察作业前，应根据勘察项目特点、场地条件、勘察方案、勘察手段等对作业过程中的危险源进行辨识。危险源辨识应包括下列作业条件：

1 作业现场地形、水文、气象条件，不良地质作用发育情况；

2 场地内及周边影响作业安全的地下建(构)筑物、各种地下管线、地下空洞、架空输电线路等环境条件；

3 临时用电条件、临时用电方案；

4 高度超过2m的高处作业；

5 工程物探方法或其他爆炸作业，危险品的储存、运输和使用；

6 勘探设备安装、拆卸、搬迁和使用；

7 作业现场防火、防雷、防爆、防毒；

8 水域勘察作业、特殊场地条件；

9 其他专业性强、操作复杂，危险性大的作业环境和作业条件。

A.0.2 对辨识出的危险源进行危险性评价可采用直接判别和定量计算相结合的方法。评价结果应分为轻微危险、一般危险、较大危险、重大危险和特大危险，不同评价结果采取的安全生产防护措施应符合下列规定：

1 对评为轻微危险的作业条件，单位的安全生产责任制可达到控制目的时，可不采取专门控制措施；

2 对评为一般危险的作业条件，应认真履行单位安全生产责任制的各项有关规定，并应通过加强安全生产教育达到有效控制的目的；

3 对评为有较大危险的作业条件，应认真履行单位安全生产责任制的各项有关规定，并应采取对作业条件进行整改的措施；

4 对评为有重大危险的作业条件，除应采取改善作业条件的措施外，尚应根据所辨识的危险源，制定相应的危险性控制措施和相应的应急救援预案；

5 对评为特大危险的作业条件，不得进行勘察作业，应调整勘察方案。

A.0.3 凡具备下列条件的危险源应判定为重大危险：

1 曾经发生过人身安全事故，且无有效的安全生产防护措施；

2 直接观察到可能导致危险发生，且无有效的安全生产防护措施；

3 违反安全操作规程，会导致人身伤亡事故。

A.0.4 勘察作业危险源评价可采用危险性评价因子计算每一种潜在危险作业条件所带来的风险，可按下式评价：

$$D=LEC \tag{A.0.4}$$

式中：D——作业条件危险性评价值；

L——发生事故的可能性；

E——暴露于危险环境的频繁程度；

C——发生事故可能产生的后果。

A.0.5 发生事故的可能性、暴露于危险环境的频繁程度和发生事故可能产生的后果等评价因子，可按表A.0.5取值。

表A.0.5 勘察作业条件危险因素评分

评价因子	评价内容	分值
发生事故的可能性	完全可预料到	10
	相当可能	6
	可能，但不经常	3
	可能性小，完全意外	1
	可能性很小	0.5
	极不可能	0.1

续表 A.0.5

评价因子	评价内容	分值
暴露于危险环境的频繁程度	连续暴露	10
	每天工作时间内暴露	6
	每周一次或经常暴露	3
	每月暴露一次	2
	每年几次或偶然暴露	1
发生事故可能产生的后果	重大灾难,许多人死亡	100
	灾难,数人死亡	40
	非常严重,一人死亡或重伤三人	15
	严重,重伤	7
	比较严重,轻伤	3
	轻微,需要救护	1

A.0.6 勘察作业危险源评价应根据作业条件危险性评价值的大小,按表A.0.6确定每一种潜在危险作业条件的危险程度和危险等级。

表 A.0.6 勘察作业危险源评价

危险性评价值	危险程度	危险等级
$D \geqslant 320$	特大危险,不得作业,调整勘察方案	1
$160 \leqslant D < 320$	重大危险,需要整改并制定预案	2
$70 \leqslant D < 160$	较大危险,需要整改	3
$20 \leqslant D < 70$	一般危险,需要注意	4
$D < 20$	轻微危险,可以接受	5

附录B 勘察机械设备防冻措施

B.0.1 长期停用的机械设备,冬季应放尽储水部件中的存水,并应进行一次换季设备保养。

B.0.2 当室外气温低于5℃时,所有用水冷却的机械设备,停止使用后或作业过程发生故障停用待修时,均应立即放尽机内存水,各放水阀门应保持开启状态,并应挂上"无水"标志。

B.0.3 使用防冻剂的机械设备,在加入防冻剂前应对冷却系统先进行清洗。加入防冻剂后,应在明显处挂上"已加防冻剂"标志。

B.0.4 所有用水冷却的机械设备、车辆等,其水箱、内燃机等都应装上保温罩。

B.0.5 带水作业的机械设备,停用后应冲洗干净,并应放尽水箱及机体内的积水。

B.0.6 带有蓄电池的机械设备,蓄电池液的密度不得低于1.25,发电机电流应调整到15A以上,蓄电池应加装保温罩。

B.0.7 冬季无预热装置内燃机的启动可采用下列方法:

1 可在作业完毕后趁热将曲轴箱内润滑油放出并存入预先准备好的清洁容器内,启动前再将容器加温到70℃~80℃后注入曲轴箱;

2 将水加热到60℃~80℃时再注入内燃机冷却系统,严禁使用机械拖顶的方法启动内燃机。

B.0.8 燃油应根据气温高低按机械设备的出厂说明书的使用要求选择。柴油机燃油使用标准可按表B.0.8选用。

表 B.0.8 柴油机燃油使用标准

序号	气温条件(℃)	柴油标号(#)	备　注
1	高于4	0	在低温条件下无低凝度柴油时,应采用预热措施后再使用高凝度柴油
2	3~-5	-10	
3	-6~-14	-20	
4	-15~-29	-35	
5	低于-30	-50	

附录C 粉尘浓度测定技术要求

C.0.1 测定粉尘浓度应采用滤膜称量法。

C.0.2 粉尘采样应在正常作业环境、粉尘浓度达到稳定后进行。每一个试样的取样时间不得少于3min。

C.0.3 取样点布置及取样数量应根据作业场地、粉尘影响面积等因素确定,且不得少于3个样本。

C.0.4 占总数80%及以上的测点试样的粉尘浓度应小于2.0mg/m³,其他试样不得超过10mg/m³。

5

本规范用词说明

1 为便于在执行本规范条文时区别对待，对要求严格程度不同的用词说明如下：

1)表示很严格，非这样做不可的：

正面词采用“必须”，反面词采用“严禁”；

2)表示严格，在正常情况下均应这样做的：

正面词采用“应”，反面词采用“不应”或“不得”；

3)表示允许稍有选择，在条件许可时首先应这样做的：

正面词采用“宜”，反面词采用“不宜”；

4)表示有选择，在一定条件下可以这样做的，采用“可”。

2 条文中指明应按其他有关标准执行的写法为：“应符合……的规定”或“应按……执行”。

引用标准名录

《安全标志》GB 2894

《起重机械用钢丝绳检验和报废实用规范》GB 5972

《起重机械安全规程》GB 6067

《爆破安全规程》GB 6722

《缺氧危险作业安全规程》GB 8958

《焊接与切割安全》GB 9448

《地震勘探爆炸安全规程》GB 12950

《低压配电设计规范》GB 50054

《建筑灭火器配置设计规范》GB 50140

《建设工程施工现场供用电安全规范》GB 50194

中华人民共和国国家标准

岩土工程勘察安全规范

GB 50585-2010

条文说明

5

制订说明

随着国家有关安全生产方面的法律、法规不断完善和实施，加强建设工程勘察安全生产监督管理已刻不容缓。制定有关勘察安全生产技术规范是对勘察从业人员在勘察作业时人身安全和身体健康的技术保障，是规范建设行业岩土工程勘察作业安全生产条件和安全技术防护措施的主要依据，是安全文明生产的技术保障措施。由于建设行业从未制定过与岩土工程勘察有关的安全生产规范，从事岩土工程勘察的职工长期处于一种无章可循的状态，重大人身伤亡事故和财产损失时有发生，因此，编制一本针对性强并符合岩土工程勘察特点的安全生产规范，对保障勘察工作人员的作业安全和职业健康具有现实意义。

岩土工程勘察涉及各行各业，有关勘察安全生产方面的技术标准很少，更多是安全生产管理规定。由于分属不同的行业管理部门，所制定的一些勘察安全生产技术标准和管理规定在内容上交叉、重复和不完整的现象十分突出，相互不协调和互相矛盾的问题相当普遍，针对性和实用性差，难于满足实际生产需要。各类工程对岩土工程勘察的技术要求虽有所不同，但是采用的勘察方法、手段和勘察作业过程却基本相同。因此，编制一本适用于各行业岩土工程勘察安全生产规范是可行的。

为此我们根据住房和城乡建设部《2008年工程建设标准规范制定、修订计划（第一批）》（建标〔2008〕102号）的要求，编制了本规范。现就编制工作情况说明如下：

一、标准编制遵循的主要原则

1. 科学性原则。标准的技术规定应以行之有效的实际经验和可靠的科学研究成果为依据。对需要进行专题研究的项目，认真组织调研并写出专题调研报告；对已经实践证明是成熟的技术和科研成果均纳入本规范。

2. 先进性原则。标准内容以我为主，博采众长，重点突破。吸收和采纳了部分相关行业标准和有关规定，针对勘察行业安全生产特点，以及现阶段勘察行业存在的不安全生产因素，尽量寻找出各专业生产过程中可能存在的危险源。针对勘察作业特点，强调建立、健全勘察安全生产管理体系和劳动保护制度的重要性。重点解决了水域勘探、特殊地形和特殊气候条件下勘探的安全生产要求，有针对性地制定现场作业安全用电规定。同时提出在保证安全生产的同时，应兼顾作业范围内和周边的环境保护，使标准的技术内容达到国内领先、国际先进水平。

3. 实用性原则。标准内容应具有可操作性，便于勘察单位从业人员执行。在编制过程中，规范编制组向全国各行业400多家勘察、科研和质量安全监督等单位发出“岩土工程勘察安全事故案例调查表”，进行勘察安全生产案例问卷调研，通过问卷调查、统计、分析，了解和掌握了勘察各专业作业过程中存在和潜在的危险源，使规范编制内容更具有针对性和实用性，更符合岩土工程勘察安全生产特点。此外，还根据个别专业和工种的特殊性作业特点及可能存在的危险源进行专题调研。主要有：(1)国内外有关岩土工程勘察安全生产方面的管理规定和技术标准；(2)特殊作业条件下勘察安全生产技术措施；(3)勘察作业安全生产用电标准。准确地掌握勘察各专业作业过程中存在和潜在的危险源，并针对这些潜在的危险源，制定出相应的安全生产防护措施，减少安全生产事故的发生。使规范在编制过程中做到了针对性、实用性和先进性相统一。

4. 通用性原则。本规范作为全国各行业勘察单位共同执行的技术标准，是各类工程建设项目进行勘察工作时安全生产的共同准则。因此，在规定各行业的共性内容上贯彻了“通用性”原则外，还针对专门性和特殊性问题作了规定。

二、编制工作概况

编制工作按准备、征求意见、审查和批准四个阶段进行。

1. 准备阶段。主编单位在福建省工程建设地方标准《建筑工程工程勘察安全规程》DBJ 13—19—98基础上草拟了本规范编写大纲，收集、汇总了现行国家与安全生产相关的法律、法规100多种，并汇编成册，供编制组成员学习和参考，编写大纲经过了多次讨论和修改，最终经由沈小克勘察大师为组长的6人专家组审查通过，在经审查通过的编写大纲基础上，编制组对编写工作作了分工，制定了编写进度计划，编制组在案例调查和专题研究的基础上，于2008年12月按编写进度时间节点完成了规范初稿的编写工作。

2. 征求意见阶段。经过两次集中讨论和多次修改，于2009年4月上旬由主编单位形成征求意见稿，并用电子文件发至各参编单位进行校审。2009年4月中旬向全国各行业430个勘察、科研和质量安全监督单位发出征求意见稿和征求意见函，在征求意见阶段共收到对规范修改建议183条，编制组对征集到的意见进行了归纳和分析，采纳了70条修改建议，占38.3%。

3. 送审阶段。编制组根据征求意见稿反馈的修改建议对规范作了进一步完善和修改，最终形成了规范送审稿。2009年11月，由住房和城乡建设部标准定额司在福建省福州市组织召开国家标准《岩土工程勘察安全规范》（送审稿）以下简称规范（送审稿）审查会。会议组成由沈小克勘察大师为主任委员、张炜勘察大师为副主任委员的9人审查专家委员会，与会专家对规范编制工作和送审稿进行了认真的审查和评议，并通过了规范（送审稿）审查。与会专家一致认为该规范编制工作满足住房和城乡建设部相关编制计划和工程建设标准编写规定的要求。编制组提供的评审资料齐全、正确，符合评审要求；该规范充分考虑了岩土工程勘察行业的特点，认真总结和吸收了几十年来全国岩土工程勘察安全生产的实践经验和技术成果，从安全生产管理体系、各类主要安全风险的识别与预防、环境保护等综合角度，为政府安全监管、岩土工程勘察企业安全生产提供了新的技术法规依据；规范具有先进性、针对性、可操作性和适用性，是对国家标准体系的完善和补充，对有效解决岩土工程勘察安全实际问题、规范岩土工程勘察生产安全管理工作具有十分重要的意义，其颁布实施后将具有显著的社会效益。评审委员会认为该规范属于国内首创，总体达到国际先进水平。此外，建议规范编制组按照专家委员会的修改意见尽快修改完善，完成规范（报批稿）并上报。

4. 报批阶段。编制组根据规范（送审稿）审查专家委员会的审查意见，对规范（送审稿）和条文说明进行了修改，并先后于2009年11月和2010年2月上旬，分别在福建省厦门市和北京市召开了编制组第五、六次工作会议，于2010年3月完成了规范（报批稿）编写工作和其他报批文件。

三、重要技术问题说明

1. 勘察单位建立健全安全生产管理体系和管理制度是安全生产的保证。根据国家与安全生产相关的法律法规、条例和办法的要求，在基本规定中对勘察单位安全生产管理机构的建立、安全生产管理制度、上岗要求、检查制度、应急救援预案的建立与演练、劳动保护和经费保障等作出规定。强化了岩土工程勘察安全生产监督管理，保障各方生命和财产不受损失。

2. 由于岩土工程治理与施工密切相关，有关施工方面的安全生产规范、规定已很详细，因此本规范不再涵盖岩土工程治理安全生产方面的内容。

3. 征求意见过程中，有些单位希望规范涵盖的内容范围更广一些，更详细些。编制组对这些建议进行过多次的讨论，最后认为本规范作为国家标准内容不宜太详细，涵盖的内容还是以现行国家标准《岩土工程勘察规范》GB 50021所涵盖的技术范围为主。

4. 条文说明的编写目的是帮助工程建设勘察、施工、监督部门和建设单位的工程技术人员，能够正确理解和准确把握正文规定的意图。详细的条文说明是正确理解和执行条文的保证。根据《工程建设标准编写规定》的要求，为了便于理解和应用，编制组编写的本规范条文说明尽可能做到详细和具体，尽可能体现编写的背景和应用时应注意的事项，并对个别问题作了适当延伸和展开，但是条文说明不具备与正文同等的法律效力，其内容均为解释性内容，不应作为标准规定使用。本规范条文说明编写遵循以下几项原则：(1)正文条文简单明了、易于理解无需解释的不作说明；(2)本标准按章、节、条为基础进行说明，对术语和符号按节为基础进行说明，对内容相近的相邻条文采取合写说明；(3)条文说明主要说明正文规定的目的、理由、主要依据及注意事项等，对引用的重要数据和图表均说明出处；(4)条文说明的表述力求严谨、简洁易懂，具有较强的针对性。

5. 强制性条文是工程建设全过程的强制性技术规定，是参与建设活动各方执行工程建设强制性标准的依据，也是政府对执行工程建设强制性标准情况实施监督的依据，必须严格执行。本规范强制性条文编写遵循以下几项原则：(1)直接涉及人民生命财产安全、人身健康、环境保护、能源资源节约和其他公共利益；(2)在条文说明中表述作为强制性条文的理由。

四、有待进一步研究解决的问题

本规范基本上如实反映了我国勘察行业在安全生产管理和防护技术方面的发展现状和生产实践情况，但也存在一些问题，有待在规范执行过程中结合工程实践进一步研究，并在今后修编时加以完善。这些问题主要是：

1. 勘察安全事故案例问卷调研所收集案例的代表性和广泛性有一定的局限性，希望在规范执行过程中能有更多的勘察单位提供有关安全生产方面的案例。

2. 勘察安全生产用电主要是以现行国家标准《建设工程施工现场供用电安全》GB 50194 和《低压配电设计规范》GB 50054 等有关规定为基础，结合勘察作业特点和作业条件制定的，在征求意见阶段没有这方面的反馈意见。希望在规范实施过程中，勘察单位能够多积累和多反馈这方面的意见。

3. 有关水域勘察、工程物探爆炸震源和勘察用电最小安全距离方面的一些定量规定，编制组采取了调研与资料查询相结合的方法，通过对收集到的资料进行定性分析和统计，并参考了一些相关现行国家行业标准确定的，是否合理还有待规范执行过程中加以检验。

目　次

5

1 总　　则

1.0.1 随着国家安全生产法、劳动法、职业病防治法、消防法等一些与安全生产相关法律、法规和条例的实施，本条针对勘察各专业生产过程中存在的不安全生产因素，并结合勘察行业安全生产特点，力求既符合勘察安全生产需求，又能保障勘察企业和职工的生命财产不受损失。

1.0.2 岩土工程勘察涵盖的业务范围很广，涉及二十几个行业土木工程建设中与岩体和土体有关的工程技术问题，所以本规范同样适用于与一般土木工程有关的岩土工程勘察安全生产。由于岩土工程治理与施工密切相关，鉴于施工方面的安全生产管理规定、规范已很详细，限于篇幅，本规范未涵盖这方面的安全生产内容。

1.0.3 条文对勘察单位加强安全生产管理、保障勘察安全生产和从业人员职业健康的工作目标和方针作了原则性规定。

安全生产管理是指针对人们生产过程中的安全问题，运用有效的资源，发挥人们的智慧，通过人们的努力，进行有关决策、计划、组织和控制等活动，实现生产过程中人与机器设备、物料、环境的和谐，达到安全生产的目标。

"安全第一"是指在生产经营活动中，在处理保证安全与生产经营活动的关系上，应始终把安全放在首要位置，优先考虑从业人员和其他人员的人身安全，实现"安全优先"的原则。在确保安全的前提下，努力实现生产的其他目标。

"预防为主"是指对安全生产的管理，管理工作的重点不应是在发生事故后去组织抢救、调查、处理和分析，而是应事先有效地控制可能导致事故发生的危险，从而预防事故的发生。

"综合治理"是指对生产过程中存在的不安全生产因素和管理工作中的漏洞，不可采用走过场或头痛医头、脚痛医脚的方式处理，而应采取综合治理措施，用积极的态度，完善安全生产管理制度，加强从业人员的安全生产教育培训，完善安全防护设备和设施，从而杜绝安全生产事故发生。

要切实落实"安全第一、预防为主、综合治理"的安全生产方针，勘察单位应确立具有自己特色的安全生产管理原则，落实各种安全生产事故防范预案。加强对从业人员的安全培训，确立"不伤害自己、不伤害别人、不被别人伤害"的安全生产理念。结合实际建立和完善安全生产规章制度，将那些被实践证明切实可行的措施和办法上升为规章制度，真正做到有章可循，有章必循，违章必究，体现安全监管的严肃性和权威信。

1.0.4 国家《安全生产法》第十条规定："国务院有关部门应当按照保障安全生产的要求，依法及时制定有关的国家标准或者行业标准，并根据科技进步和经济发展适时修订。生产经营单位必须执行依法制定的保障安全生产的国家标准或者行业标准"，根据岩土工程勘察安全生产特点编制了本规范，要求从事岩土工程勘察作业除应遵守本规范外，尚应符合国家现行的有关标准、规范的要求。

2 术语和符号

2.1 术　　语

2.1.1 危险品包括爆炸品、压缩气体、液化气体、易燃液体、易燃固体、遇湿易燃物品、氧化剂、有机氧化物、有毒物质、腐蚀性物质和放射性物质等。

2.1.6 安全标志类型分为禁止标志、警告标志、指令标志和提示标志四大类型。

(1)禁止标志是禁止人们不安全行为的图形标志；

(2)警告标志是提醒人们对周围环境引起注意，以避免可能发生危险的图形标志；

(3)指令标志是强制人们必须做出某种动作或采用防范措施的图形标志；

(4)提示标志是向人们提供某种信息(如标明安全设施或场所等)的图形标志。

2.2 符　　号

根据现行行业标准《施工现场临时用电安全技术规范》JGJ 46 的有关规定，接地保护系统分为 TN 系统、TT 系统、IT 系统三种型式。常用的主要为 TN 系统，根据中性导体和保护导体的组合情况，TN 系统又分为以下三种：

(1)TN－S 系统：整个系统的中性导体和保护导体是分开的；

(2)TN－C 系统：整个系统的中性导体和保护导体是合一的；

(3)TN－C－S 系统：系统中一部分线路的中性导体和保护导体是合一的。

3 基本规定

3.0.1 安全生产管理要点是职责分明，条文规定了勘察单位主要负责人对安全生产工作全面负责，是安全生产的第一责任人，其职责是：

(1)建立健全本单位安全生产责任制；

(2)组织制定本单位安全生产规章制度和操作规程；

(3)保证本单位安全生产投入的有效实施；

(4)督促检查本单位的安全生产工作，及时消除生产安全隐患；

(5)组织制定、实施本单位生产安全事故应急预案；

(6)及时、如实报告生产安全事故。以及勘察单位工作人员在安全生产方面的权利和义务。

根据国家《安全生产法》第二十条有关规定，勘察单位主要负责人和安全生产管理人员必须具备与本单位所从事的生产经营活动相应的安全生产知识和管理能力。条文规定的安全生产培训考核工作系应由政府有关主管部门负责或由其指定的有关单位负责实施，勘察单位应对其作业人员的安全教育负责。

3.0.2 依法进行安全生产管理是生产单位的行为准则。勘察单位应根据国家有关安全生产方面的法律法规、本单位的生产经营范围和作业特点，以及作业过程中存在的危险源等，加强安全生产管理，建立、健全安全生产责任制，完善安全生产条件，确保安全生产资金的投入。勘察单位是安全生产管理的责任主体，法定代表人是安全生产的第一责任人。所以法定代表人应负起职责，制定和完善本单位安全生产方针和制度，层层落实安全生产责任制，完善规章制度，治理安全生产隐患。勘察单位制定的安全生产责任制应符合以下要求：

(1)符合国家安全生产法律、法规和政策、方针的要求；

(2)建立安全生产责任制体系要与生产经营单位管理体制协调一致；

(3)制定安全生产责任制体系要求根据本单位、部门、班组、岗位的实际情况；

(4)制定、落实安全生产责任制要有专人与机构来保障落实；

(5)在建立安全生产责任制的同时应建立监督、检查等制度，特别要求注意发挥群众的监督作用。

安全检查制度是落实安全生产责任制的一项具体措施，是防范和杜绝安全生产事故的一项有力保障。通过日常、专项和全面安全检查，可以及时发现可能危及生产的安全隐患，对检查中发现的安全问题及时进行处理。每次检查应将检查情况、安全隐患处理意见和处理结果记录在案，便于追溯。安全生产检查时间、检查内容、检查方法主要有以下几种：

(1)安全生产检查时间——定期检查、经常性检查、季节性和节假日前检查、不定期职工代表巡视检查；

(2)安全检查内容——专业或专项检查、综合性检查；主要查思想、查管理、查隐患、查整改、查事故报告、调查及处理；

(3)安全检查方法——常规检查法、安全检查表法、仪器检查法。

条文规定的定期检查是指每个项目勘察周期内应进行不少于一次的现场安全生产检查；对勘察周期较长的项目，每月应进行不少于一次的安全生产检查。对危险部位、生产过程、生产行为和存在隐患的安全设施，应落实监控人员、确定监控措施和方式、实施重点监控，必要时应连续监控，并采取纠正和预防措施。

在编制安全生产事故应急救援预案时，应尽可能有详细、实用、明确和有效的技术与组织措施，并应定期检验(演习)和评估应急救援预案的有效性，发现有缺陷时应及时进行修订。应急救援预案应包括以下主要内容：

(1)应急救援预案的适用范围；

(2)事故可能发生的地点和可能造成的后果；

(3)事故应急救援的组织机构及其组成单位、组成人员、职责分工；

(4)事故报告的程序、方式和内容；

(5)发现事故征兆或事故发生后应采取的行动和措施；

(6)事故应急救援(包括事故伤员救治)资源信息，包括队伍、装备、物资、专家等有关信息的情况；

(7)事故报告及应急救援有关的具体通信联系方式；

(8)相关的保障措施，如监测组织、交通管制组织、公共疏散组织、安全警戒组织等；

(9)与相关应急救援预案的衔接关系；

(10)应急演练的组织与实施；

(11)应急救援预案管理措施和要求。

3.0.3 要求勘察单位应建立健全安全生产管理机构，配备安全生产管理人员，是落实安全生产责任制、确保安全生产的必要条件。如果没有建立常设安全生产管理机构和配备安全生产管理人员，安全生产管理工作就可能流于形式。对于中小勘察单位，可以委托经政府有关主管部门批准的安全生产管理中介机构和国家执业注册安全生产管理工程师承担其安全生产管理工作。

3.0.4 国家《劳动法》第六十八条规定，用人单位应当建立职业培训制度，按照国家规定提取和使用职业培训经费，根据本单位实际情况有计划地对从业人员进行培训。一般要求对新从业人员的安全生产教育培训时间不得少于24学时，危险性较大的岗位不得少于48学时。

国家《安全生产法》第二十三条规定，“特种作业人员必须按照国家有关规定经专门的安全作业培训，取得特种作业操作资格证书，方可上岗作业”。一般取得《特种作业操作资格证书》的人员，每2年应进行一次复审，连续从事本工种10年以上的，经用人单位进行知识更新教育后，每4年复审一次，未按期复审或复审不合格者，其操作证自行失效。

鉴于该条文在勘察安全生产工作中的重要性，因此，将其定为强制性条文。

3.0.5 要求勘察单位根据勘察现场作业条件、拟采取的勘察方法、设备和作业人员素质等，对生产过程中可能存在的不安全生产因素(包括动物、植物、微生物伤害源，流行传染病种、疫情传染病，自然环境、人文地理、交通等)进行辨识，并评价其发生的概率及事件发生的后果(风险评价)，确定其风险值是否可接受，否则应采取措施降低危险水平。

勘察单位应针对每一个潜在的重大危险源制定相应的安全管理措施，通过技术措施和组织措施对重大危险源进行严格的控制和管理，并建立安全信息档案，便于制定作业现场安全生产防护措施和紧急情况下应采取的应急措施。

由于一个具有潜在危险性的勘察作业条件，其危险性大小主要由以下三个因素决定：

(1)发生安全事故或危险事件的可能性；

(2)暴露于这种危险环境的情况；

(3)事故一旦发生可能产生的后果。

因此，规范建议对勘察作业过程中危险源的危险性大小可根据附录A勘察作业危险源辨识和评价方法采用公式 $D=LEC$ 进行评价。这种评价方法简单易行，可以简单评价人们在某种具有潜在危险的作业环境中进行作业的危险程度，危险程度的级别划分也比较明了、易懂。但是，由于还是根据经验来确定3个影响因素即 L、E、C 的分值和划分危险程度等级，因此具有一定的局限性。

表A.0.5是根据评价方法中四个危险性评价因子制定的，制定该评价表的主要依据如下：

(1)发生事故的可能性 L：由于事故发生的可能性与其实际发生的概率相关，用概率表示，绝对不可能发生的概率为0，必然发生的事件概率为1。但在评价一个系统的危险性时，绝对不可能发生事故是不确切的，即概率为0的情况不可能存在。所以将实际上不可能发生的情况作为打分的参考点，将其分值定为0和1；

(2)暴露于危险环境的频繁程度 E：作业人员在危险作业条件中出现的次数越多，时间越长，则受到伤害的可能性越大。因此，规定连续出现在潜在危险环境的频率分值为10，一年中仅出现几次则其出现的频率分值为1。以10和1为参考点，再在其区间根据潜在危险作业条件中出现的频率情况进行划分，确定其对应的分值；

(3)发生事故可能产生的后果 C：发生事故造成人身伤害或物质损失程度可以在很大的范围内变化。因此，将需要救护的轻微伤害分值定为1，并以此为基点，将可造成数人死亡的重大灾难分值定为100，作为另一个最高参考点。在两个参考点1～100之间根据可能造成的伤亡程度划分相应的分值。

根据表A.0.6中，可以判断作业条件的危险性大小(危险程度和危险等级)。危险性分值在20以下的作业环境属低危险性，这种危险性比骑自行车过拥挤马路等日常生活的危险性还低，可以被人们接受；当危险性分值在20～70时，则需要加以注意；当危险性分值在70～160时，则危险性明显，需要采取措施对作业条件进行整改；当危险性分值在160～320时，则表明该作业条件属高度危险的作业条件，应立即采取措施进行整改，并应制定相应的危险性控制措施和应急救援预案；当危险性分值大于320时，则表明该作业条件极其危险不能作业，应该调整勘察方案。

3.0.6 国家《安全生产法》规定，“生产经营单位应当教育和督促从业人员严格执行本单位的安全生产规章制度和安全操作规程；并向从业人员如实告知作业场所和工作岗位存在的危险因素，防范措施及应急措施”。条文强调应向作业人员进行安全生产交底、安全技术措施交底和安全生产事故应采取的应急措施，做到作业人员人人心中有数，达到减少和防止生产过程发生人身伤亡和财产损失事故，消除和控制不安全生产因素的目的。勘察单位如果不能保证从业人员行使这项权利，就是侵犯了从业人员的权利，并应对由此产生的后果承担相应的法律责任。同时从业人员也应履行自己的安全生产义务，即遵守规章制度、服从管理，正确佩戴和使用劳动保护用品，接受安全生产教育培训，掌握安全生产技能，发现事故隐患或者其他不安全因素及时报告等。

3.0.7 国家《安全生产法》第四十一条规定，“生产经营项目、场所有多个承包单位、承租单位的，生产经营单位应当与承包单位、承租单位签订专门的安全生产管理协议，或者在承包合同、租赁合同中约定各自的安全生产管理职责；生产经营单位对承包单位、承租单位的安全生产工作统一协调、管理”。勘察作业分包是勘察安全生产事故频发的主要根源，而占勘察分包业务量最多的主要是勘察劳务，属于一种强体力技能作业工种。由于勘察劳务作业大部分是由非经过专业技能培训的从业人员承担，总包单位和分包单位经常从经济利益出发而疏于管理，缺乏对从业人员的技能培训和安全生产教育，往往采用以包代管的管理方式，所以是造成勘察质量和安全生产事故频发的主要原因。因此，明确勘察作业各方主体的安全生产监督管理职责就显得尤为重要，同时对维护勘察单位和从事勘察现场作业人员的切身权利是有益的，可提高总包方和分包方对勘察作业安全的重视，达到减少发生安全生产事故的目的。

3.0.8 本条说明如下：

1 由于岩土工程勘察项目较其他工程项目具有作业周期短、工程量小、现场作业条件差和流动性大等特点，勘察作业和技术管理基本是以项目组的方式展开，因此，由勘察项目工程负责人承担勘察项目的安全生产管理工作为宜，不易使作业现场的安全生产管理流于形式；

2 勘察单位应有专人、专门机构负责组织岩土工程勘察纲要的审批工作，安全生产职能部门应派人参加纲要审查工作。勘察纲要应包含项目安全生产条件等内容描述，即应有安全生产、职业健康要求，应有安全技术措施和施工现场临时用电方案，并应注明勘察安全的重点部位和环节，对防范勘察安全生产事故提出指导性意见；

3 当遇到如：坑探、井探、洞探和爆破作业，特殊场地、特殊地质和特殊气候条件下的勘察作业等时，勘察单位还应在勘察纲要中针对勘察项目作业场地的安全生产条件，提供有关勘察项目安全生产、职业健康防护措施等内容，并负责组织勘察纲要的安全评审，必要时应组织专家进行论证；

5 要求对可能危及作业人员和他人安全的作业区、设施和设备等应设置隔离带和安全标志的规定是一种安全防护措施，目的在于提醒大家的安全警觉性，避免或减少安全生产事故发生；

6 进入建筑工地作业，应先了解作业场地施工状况以及与作业点的关系，并应尽量避免在建筑物屋顶边缘或基坑边沿作业，无法避免时应采取安全防护措施后方可进行作业，即采取专人瞭望、短暂停止施工作业等办法。同时，应遵守建筑工地的安全管理规定。

3.0.9 根据国家《劳动法》第九十二条和国家《安全生产法》第三十七条的有关规定，为了保证劳动防护用品在劳动过程中真正对作业人员的人身起保护作用，使作业人员免遭或减轻各种人身伤害或职业危害，条文规定应按作业岗位配备符合国家标准的劳动防护用品和安全防护设施等要求。勘察单位对劳动防护用品的管理工作应满足以下要求：

(1)勘察单位应根据作业场所从事的工作范畴及其危害程度，按照法律、法规、标准的规定，为从业人员免费提供符合国家规定的防护用品；

(2)勘察单位购买的防护用品必须有“三证”，即生产许可证、产品合格证和安全鉴定证；

(3)勘察单位购买的防护用品应经本单位安全生产管理部门验收，并应按使用要求，在使用前应对其防护功能进行检查；

(4)勘察单位应按产品说明书的使用要求，及时更换、报废过期和失效的防护用品。

3.0.10 根据国家《安全生产法》第四十九条的有关规定，遵守规章制度，服从管理、正确佩戴和使用劳动防护用品是从业人员必须履行的法定义务，是保障从业人员人身安全、保障勘察单位安全生产的需要。

勘察单位应教育从业人员，按照劳动防护用品的使用规则和防护要求，使从业人员做到“三会”，即会检查劳动防护用品的可靠性，会正确使用劳动防护用品，会正确维护保养劳动防护用品。并应经常进行监督检查，劳动防护用品的使用必须在其性能范围内，不得超极限使用。劳动防护用品根据防护目的主要分为以下两大类：

(1)以防止伤亡事故为目的可分为防坠落用品、防冲击用品、防触电用品、防机械外伤用品、防酸碱用品、耐油用品、防水用品、防寒用品；

(2)以预防职业病为目的可分为防尘用品、防毒用品、防放射性用品、防热辐射用品、防噪声用品等。

鉴于该条文在勘察安全生产工作中的重要性，将其列为强制性条文。

3.0.11 根据国家《安全生产法》第五十四条和国家《职业病防治法》的有关规定，条文中的职业病危害系指对从事职业活动的劳动者可能导致职业病的各种危害。职业病危害因素包括：职业活动中存在的各种有害的化学、物理、生物因素以及在作业过程中产生的其他职业有害因素。

国家《职业病防治法》第三十二条规定，对从事接触职业病危害的作业人员，勘察单位应当按照国务院卫生行政部门的规定组织上岗前、在岗期间和离岗时的职业病健康检查，并应将检查结果如实告知作业人员。职业健康检查费用由勘察单位承担。勘察单位不得安排未经上岗前职业健康检查的从业人员从事接触性职业病危害的作业；不得安排有职业禁忌的劳动者从事其所禁忌的作业；对在职业健康检查中发现有与所从事职业相关的健康遭受危害的从业人员，应当调离原工作岗位，并妥善安置；对未进行离岗前职业健康检查的作业人员不得解除或者终止与其签订的劳动合同。职业健康检查应当由省级以上人民政府卫生行政部门批准的医疗卫生机构承担。职业禁忌是指劳动者从事特定职业或者接触特定职业病危害因素时，比一般职业人群更易于遭受职业病危害和罹患职业病或者可能导致原有自身疾病病情加重，或者在从事作业过程中诱发可能导致对他人生命健康构成危险的疾病的个人特殊生理或者病理状态。职业病防护措施主要有以下几种方法：

(1)应该在醒目位置设置公告栏，公布有关职业病防治的规章制度、操作规程、职业危害事故应急救援措施和作业场所职业病危害因素检测结果；

(2)应该在产生职业病危害作业岗位的醒目位置，设置安全标志和中文警示说明；

(3)对可能发生急性职业损伤的有毒、有害作业场所，应设置报警装置、配置现场急救用品、冲洗设备、应急撤离通道和泄险区；

(4)对可能产生放射性的作业场所和放射性同位素运输、储存，应配置防护设备和报警装置，保证接触放射性的作业人员佩戴个人剂量计。

3.0.12 为了保证从业人员能够配备必要的劳动防护用品以及接受有关的安全生产培训，保障从业人员的人身安全与健康，国家《安全生产法》第三十九条规定，“生产经营单位应当安排用于配备劳动用品、进行安全生产培训的经费”，条文要求勘察单位应制定、安排和保证安全生产资金的有效投入。

安全需要投入，需要付出成本。设备老化、安全设施缺失是安全生产的心腹之患，勘察单位应按规定从成本中列支安全生产专项资金，用于改善安全设施，更新技术装备以及其他安全生产投入，以保证达到法律、法规、标准规定的安全生产条件。同时应加强财务监管，确保专款专用。因此，国家《安全生产法》第十八条规定，"生产经营单位应当具备安全生产条件所必需的资金投入，由生产经营单位决策机构的主要负责人或者个人经营的投资人予以保证，并对由于安全生产所必需的资金投入不足而导致的后果承担责任"。法律还规定，对安全生产所必需的资金投入不足导致安全生产事故等后果的，上述保证人将承担法律责任。

3.0.13 根据国家《劳动法》第五十七条有关规定，勘察单位应对本单位的伤亡事故和职业病状况进行统计、报告和处理，目的是查明事故发生的原因和性质，通过科学分析找出事故的内外关系和发生规律，提出有针对性的防范措施，防止类似事故的再度发生。安全生产统计分析主要有以下几种方法：

(1)统计学分组：①数量标志分组——按事故、职业病发生的数量、死亡数量、伤亡数量分组等；②简单分组或复合分组——综合性事故率指标、行业事故相对指标等分类分析等；③平行分组体系或复合分组体系——行业分类统计、事故原因分类统计、伤害程度分类统计、经济损失程度分类统计、责任性质分类统计等；

(2)统计汇总：主要有按事故原因、事故后果、事故程度、事故频率、伤害程度、伤害频率等汇总形式，也可以按工种、岗位、工龄、伤害部位等汇总形式；

(3)统计表和统计图：这是一种最常用的统计表述方式，常见的主要有事故发生频率直方图、事故原因分析主次图、事故率控制图、事故频率趋势图等。常见的统计表主要有事故分类统计表、事故原因统计表、人员伤害程度统计表等。

4 工程地质测绘与调查

4.1 一 般 规 定

4.1.1 从安全生产角度出发，野外作业组成员应该由多少人组成才合理，征求意见时对该条文的反馈意见不少，经过走访和多方面听取意见，认为野外作业万一发生安全生产事故，如遇有人摔伤、碰伤等，最少需要2人以上才能进行有效救助。所以条文规定作业组应不少于2人，但如果是在作业条件复杂、人烟稀少的地区，则每个作业组的人数不得少于3人。不管作业条件多么简单，从保护作业人员人身安全和安全生产的角度出发，规定严禁单人从事野外作业。

鉴于该条文在勘察安全生产工作中的重要性，将其列为强制性条文。

4.1.2 在人烟稀少的山区、林区、草原作业时，着装要扎紧领口、袖口、衣摆和裤脚，防止蛇、虫叮咬。行进时应手持棍棒探路，注意狩猎设施伤人和防止跌落坑、洞中，并应佩带防止蛇、虫叮咬的面罩、防护服和药品。

4.1.3 勘察作业时，往往因树木茂密影响通视而需要砍伐树木，要求作业人员随身携带砍伐工具并注意保管，特别是登高、上树砍伐树木时，更应注意保管好作业工具，防止工具从高处掉下伤人。条文还要求伐木时应先预测树倒方向，砍伐时应注意观察树倒方向，防止树倒时触碰到电力设施、架空管线和人员等，造成安全生产事故。

4.1.4 由于勘察作业的劳动强度相对较大，当携带的饮用水不够饮用时，作业人员往往会直接饮用未经检验和消毒的地下水或地表水，危及作业人员的身体健康。条文从保护作业人员身体健康出发，防止肠胃病和传染病感染等出发，对饮用水标准作出规定。

4.2 工程地质测绘与调查

4.2.1 进入高原、高寒作业区前，作业人员应先进行气候和身体的适应性训练，掌握一些高原生活的基本知识。由于作业条件、生活条件、气象条件和医疗条件等相对恶劣，所以要求进入上述地区，应携带足够的防寒装备和给养，配置氧气袋(罐)和治疗高原反应的药物，并应注意防止感冒、冻伤和紫外线灼伤。

为防止发生安全生产事故或发生事故时互相有个照应，因此，要求在高海拔地区进行勘察作业时，作业人员应互相成对联结，行进时相互间的距离不得大于15m，即应保持在视线范围内，并要求作业组成员不得少于3人。

4.2.2、4.2.3 在不良地质作用地区作业时，特别是在崩塌区、乱石堆、陡坡地带，要求作业时不得用力敲击岩石，不得在同一垂直线上下同时作业，主要是防范作业过程中将高处的危岩、危石敲落或震落，使低处作业人员遭受人身伤害，导致人身伤亡的安全生产事故。而要求作业过程应有专人进行监测的规定主要是防范作业过程中可能发生再次崩塌。通过监测，当发现可能再次产生崩塌危险迹象时，应及时通知作业人员撤离，以免坡顶危岩、危石滚落伤及作业人员，保证作业人员的人身安全。

4.2.4 在沼泽地区勘察作业时，应携带绳索、木板和长约1.5m的探测棒。过沼泽地时应组成纵队行进，严禁单人涉险。遇有茂密绿草地带应绕道而行。当发生有人陷入沼泽时，应冷静、及时采取救援和自救措施，或者启动应急救援预案。

4.2.5 在水系勘察作业时，作业人员应穿戴水上救生用品，避免单人上船作业。租用的作业船舶应配备通信、导航和救生设备，船员应熟悉水性，并应持有政府有关部门规定的各种有效证件。水流急的地段应根据实地情况采取相应的安全生产防护措施后方可作业。海上作业应注意涨落潮时间，避免发生安全生产事故。

作业时需要徒步涉水渡河时，应事先观察好河道的宽度，探明水深、流速、河床淤积情况等，选择安全的涉水地点，做好涉水安全防护措施。水深在0.6m以内，流速应小于3m/s，或者流速虽然较大但水深在0.4m以内时允许徒步涉水。当水深过腰，流速超过4m/s时，应采取安全防护措施后方可徒步涉水。严禁单人独自涉水过河。遇水深、流速快的河流，应绕道寻找渡口或桥梁通行，如遇暴雨要注意山洪暴发的可能。严禁在无安全生产防护措施、无安全保障的条件下，在河流暴涨时渡河。

4.2.6 进入情况不明的井、坑、洞或旧矿区作业前，应先进行有毒、有害气体测试并采取通风措施，不要盲目进入，以免发生人身安全事故。当进入深度大、陡直的洞穴或矿井作业时，还应携带足够的照明器材、攀登工具和安全防护设备，并规定好联络信号和联系方式等，必要时应设置安全升降设施后方可进入作业。

4.2.7 对水文点进行地质测绘和调查时应注意以下事项：

(1)进行露天泉水调查作业时，应先确认泉源周边是否有沼泽地或泥泞地；遇悬崖、峭壁、峡谷等地形条件时，应采取安全防护措施；

(2)进行水井水位观察作业时，应注意井壁是否有坍塌危险，作为长期观察点的水井，必要时井口应设置防护栏。

4.3 地质点和勘探点测放

4.3.1 为了防止非作业人员、行人或车辆碰、触仪器脚架，导致摔坏仪器或影响测量成果精度，要求应选择安全地点架设仪器，并规定仪器架设后，作业人员不得擅自离开作业岗位。在人流、车流量大的地方作业，观测点周围应设置防护栏或派专人值守瞭望。

4.3.2 在铁路、公路和城市道路进行勘探点和地质点施放作业，应事先做好作业方案，必要时应按规定报告相关交通管理部门，获得批准后方可进行作业。作业时应在作业范围四周设立明显的安全标志，并应派专人指挥作业和协助维持交通秩序。作业人员应穿戴反光劳动服等安全生产防护用品，并应采取措施尽量缩短作业人员和作业仪器在路面停留的时间。

4.3.3 在电网密集地区作业应尽量避开架空输电线路、变压器等危险区域，测量设备离架空输电线路的安全距离应符合本规范表5.1.4的有关规定，并应使用非金属标尺，雷雨天气应停止测量作业，防止发生作业人员触电等安全生产事故。

4.3.4 为了防止造标埋石作业破坏浅埋在地表的地下管线、地下设施，发生油、气泄漏和中断通信等安全生产事故，本条规定造标埋石作业应避开地下管线和其他地下设施。为了避免发生上述安全生产事故，应在作业前先查明其分布范围。

4.3.5 条文中所列作业地点系指地形较险峻、需要登高或临边作业的场所。在这种作业地点作业危险性大，所以要求作业时应佩带攀登工具和安全带等安全防护用品，并规定作业现场应有专人监护，预防高处岩块松动崩落伤人，导致人身安全生产事故等。

4.3.6 无线电干扰民航和军事通讯的事件很多，也引发了很多的诉讼纠纷，特别是在机场周边使用GPS、对讲机、电台等作业对机场的通信和指挥影响很大，当使用的频率相同或相近以及功率太大等影响更大，有可能酿成重大民航安全事故。因此，作业前应事先与作业有关单位联系好，相互将使用频率、作业时间错开，防止因自己作业需要而导致他人发生安全生产事故。

4.3.7 要求野外作业采用金属对中杆时应有绝缘保护措施，主要是考虑防雷的需要。由于野外测量作业场地一般均较为开阔，遇雷雨天气使用金属对中杆很容易发生引雷伤人的安全生产事故。

5 勘探作业

5.1 一般规定

5.1.1 作业条件是指能满足勘察作业要求的基本环境条件，如勘察作业所需的用水、用电、道路和作业场地平整程度等。地下管线指地下电力线路、广播电视线路、通信线路、石油天然气管道、燃气管道、供热管道及其相关设施。地下工程主要指地下洞室、地下人防工程和市政设施。收集有关资料是为了保护各类管线、设施和周边建筑物、构筑物的安全，也是保证勘察作业人员安全的需要，建设单位有责任提供上述有关资料。

勘察项目负责人和有关专业负责人进行现场踏勘时，除应收集、了解拟建场地及周边毗邻区域与勘察安全生产有关的资料和作业条件外，还应了解和判断作业场地及毗邻区域内各类管线和设施（架空输电线，地下电缆，易燃、易爆、有毒、有腐蚀介质管道，自来水管道，地下硐室等）是否会构成危及勘察作业安全的危险源；并应判断勘察作业是否会危及周边建筑物、构筑物的安全。当有上述危险源存在时，应制定相应的安全防护措施，并要求业主排除危险源。在工程勘察纲要或在岩土工程检测方案中说明保证各类管线、设施和周边建筑物、构筑物安全的防护措施和安全生产应注意的事项。严禁在危险源未排除或安全防护技术措施未落实前进行勘察作业。

5.1.2 勘察纲要是实施安全生产的指导性文件，是保证勘探作业质量和安全生产控制的依据。因此，勘察纲要针对勘察项目特点提出的安全防护技术措施应是可靠、安全、有效的。安全防护技术措施应包括以下内容：

(1)明确勘察进度和安全的关系，体现安全第一；强调勘察纲要应针对项目的危险源制定相应的安全生产防范措施；

(2)岩土工程勘察纲要应有项目安全生产条件描述、安全生产和职业健康要求、安全技术措施和施工现场临时用电方案，还应注明勘察重点的安全生产部位和生产环节，并应对防范勘察安全生产事故提出指导性意见；

(3)强调特殊作业条件下勘察作业安全生产防护措施的重要性，特别是当岩土工程勘察涉及坑探作业、爆破作业、特殊场地、特殊地质、特殊气象条件时，应在勘察纲要中针对勘察项目作业场地的安全生产条件，提出保证安全生产、职业健康的防护措施，并组织安全评审；对特别复杂、重要工程应邀请专家进行专题论证。

5.1.3 国家有关法律、法规对电力线路、广播电视线路、通信线路、石油天然气管道、城区燃气管道及其相关设施的保护均有明确的规定，所以在其保护范围或安全控制范围内进行勘探或勘探爆炸作业，应经有关主管部门批准并应采取相应的安全保护措施，其目的是保护各类线路、管道、建筑物和构筑物及其设施的安全，同时也是为了保证勘察作业人员的人身安全。

5.1.4 条文中勘察作业系指勘探、测量、检测、原位测试，以及因作业需要搭设临时工棚和生活用房，堆放管材、机具、材料及其他杂物等。

表5.1.4系根据国务院《电力设施保护条例》第十条的有关规定编制的。该条例规定对"电力线路保护区"的定义如下：

(1)架空电力线路保护区：导线边线向外侧延伸所形成的两平行线内的区域，在一般地区各级电压导线的边线延伸距离如下：

当电压为1kV～10kV，导线的边线延伸距离为5m；

当电压为35kV～110kV，导线的边线延伸距离为10m；

当电压为154kV～330kV，导线的边线延伸距离为15m；

当电压为550kV，导线的边线延伸距离为20m。

在厂矿、城镇等人口密集地区，架空电力线路保护区的区域可略小于上述规定。但各级电压导线边线延伸的距离，不应小于导线边线在最大计算弧垂及最大计算风偏后的水平距离和风偏后距建筑物的安全距离之和。

(2)电力电缆线路保护区：地下电缆为线路两侧各0.75m所形成的两平行线内区域；海底电缆一般为线路两侧各2海里（港内为两侧各100m），江、河电缆一般应大于线路两侧各100m（中、小河流一般应大于线路两侧各50m）所形成的两平行线内水域。

5.1.5 条文中要求采取的绝缘隔离防护措施应符合现行国家行业标准《现场临时用电安全技术规范》JGJ 46的有关规定，即"架设防护设施时，必须经有关部门批准，采用线路暂时停电或其他可靠的安全技术措施，并应有电气工程技术人员和专职安全人员监护。防护设施与外电线路之间的安全距离不应小于表4.1.6所列数值。防护设施应坚固、稳定，且对外电线路的隔离防护应达到IP 30级"。

5.1.6 本条说明如下：

1、2 主要参照通讯、电力和广播电视线路保护条例、石油天然气管道保护条例等有关规定制定；

3 地下管线安全防护范围可参考上海市人民政府令第46号《上海市燃气管道设施保护办法》的有关规定。燃气管道安全保护范围如下：

(1)低压、中压、次高压管道的管壁外缘两侧0.7m范围内的区域；

(2)高压、超高压管道的管壁外缘两侧6m至50m范围内的区域。

沿河、跨河、穿河、穿堤的燃气管道设施安全保护范围和安全控制范围，由管道企业与河道、航道管理部门根据国家有关规定另行确定。

安全防护措施是指针对项目特点、现场环境、勘探手段、作业方法、使用的机械、动力设备、临时用电设施和各项安全防护设施等制定的保证勘探作业安全的相应安全技术措施。

5.1.7 根据征求意见稿和征求案例的反馈意见，许多勘察单位要求对钻探作业班组的人员数量作出规定，对保证钻探作业安全具有重要意义，因此编制组采纳该条建议。钻探作业人员定员数量与钻机类型和钻探深度有关，条文规定的钻探单班作业人员数量系指钻探深度小于100m的钻机。

鉴于井探和槽探作业空间相对窄小、能见度差和作业条件相对艰苦，再从保护作业人员的人身安全和安全生产的角度出发，特规定单班作业人员不得少于2人，便于发生紧急事情时可以互相关照和帮助。

5.1.8 条文中的高处作业系指符合现行国家标准《高处作业分级》GB 3608规定的"凡在坠落高度基准面2m以上(含2m)有可能坠落的高处进行的作业"。要求应正确使用合格的安全带系指安全带的使用、保管和储存应符合现行国家标准《安全带》GB 6095的有关规定，即安全带应高挂低用，安全带的部件不得任意拆卸，安全带的使用期一般为3至5年，如发现异常应提前报废，并应储存在干燥、通风的仓库内。

5.2 钻探作业

5.2.1 本条说明如下：

1 钻探机组系指钻机、泥浆泵、动力机以及钻塔等配套组合的钻探设备，安全防护设施系指作业现场用于保障安全生产的设施；

2 钻塔系指升降作业和钻进时悬挂钻具、管材用的构架。单腿构架称桅杆，桅杆需用绷绳稳定，往往可以整体起落或升降；

3 基台系指安装钻探设备的地面基础设施，踏板亦称台板。

5.2.2 上钻塔作业，应注意所携带的工具从高空坠落伤及钻塔下的作业人员。不得随意从高处向下抛掷物体，应采用传递或吊装方法向下输送物体。

5.2.3 本条说明如下：

1 要求操作人员不得盲目对钻塔和卷扬机实施超负荷作业，以免发生重大安全生产事故；

2 升降过程中操作人员触摸、拉拽游动的钢丝绳，易造成人身伤害事故；

3 卷扬机操作人员与塔上、孔口操作人员配合不好易造成人身伤害事故；

4 普通提引器是常用的提引工具，应有安全连锁装置。普通提引器提、下钻具时缺口应朝下，主要是防止提下钻时，钻具或钻杆脱出提引器砸伤作业人员或砸坏勘探设备；

5 规定钻具和钻杆起落范围内不得站人或留置物件，主要是防范钻具或钻杆发生脱落，可能伤及作业人员的安全生产事故发生；

6 目的是防止提引器或垫叉砸伤操作人员；

7 钻具悬吊对钻场作业人员是个安全隐患，除非作业需要，否则应予以避免；

8 钻杆竖立靠在"A"字型钻塔或三脚钻塔，使钻塔附加了水平力矩，容易使钻塔变形或倾覆，导致人身伤亡事故或设备损毁事故；

9 跑钻是指下降钻具过程中，钻具脱出提引器，随着重力作用而迅速下落。作业人员如采取抢插垫叉或强行抓抱钻具阻止钻具下落等方法时，可能会造成垫叉飞出或钻杆横摆振动，引发人身伤害事故；

10 利用钻机卷扬机升降作业人员是一种违规操作行为，易发生人身伤亡事故，应予以禁止。

5.2.4 本条规定是依据现行国家标准《起重机械用钢丝绳检验和报废实用规范》GB 5972的有关规定制定的。为了确保使用安全，要求使用的钢丝绳必须有制造厂签发的产品技术性能和质量证明文件。

5.2.5 螺旋钻是第四系地层钻探最常用的钻进工具之一，为了防止螺旋钻作业时螺旋钻头刃口损坏或螺旋钻刃口对人的伤害，规定了作业过程应注意的事项，以避免安全生产事故的发生。

5.2.6 钻探设备系指钻孔施工所使用的地面设备总称。钻进系指钻头钻入地层或其他介质形成钻孔的过程。

1 开钻前，技术、安全生产管理部门应对钻探设备安装和防护设施等进行全面检查验收，查找可能存在的事故隐患和缺陷，并监督整改，把安全生产隐患消除在开钻作业前。钻探设备安装和防护设施检查验收的主要内容如下：

(1)钻场周围不安全因素是否排除；

(2)钻探机组安装质量和管材质量是否符合要求；

(3)安全防护设施是否完整、可靠；

(4)钻探作业人员个人防护用品配备及使用情况；

(5)用电设备系统是否符合安全规定；

2 修配水龙头或调整回转器时，一旦作业人员身体靠回转器太近，当变速手把未置于空档位置发生机械跑档时，回转器转动会造成人身伤害事故。因此，规定维修、拆卸水龙头和调整回转器时，必须将动力机械关闭后才可作业；

3、4 规定扩孔、扫孔(扫脱落岩芯)或在岩溶孔段钻进，或在立轴倒杆松开卡盘前，提引器应挂住或吊住钻具，主要是为了防止钻具悬空脱落造成安全生产事故。条文中的倒杆系指钻进过程中，钻进给进装置下行至最下位置时，松开卡盘，将其上行至最上位置，卡紧卡盘，继续钻进；

6 当出现钻探机械故障时，为防止孔壁不稳定可能产生的埋钻事故，特规定应将钻具提出钻孔或提升到孔壁稳定的孔段。

5.2.7 穿心锤系指圆锥动力触探试验和标准贯入试验设备中的重锤，吊锤系指使用悬吊在钻探设备上的重锤向下冲击孔内钻具实现钻进的作业方式。不可用穿心锤处理孔内事故。

处理孔内事故时经常使用吊锤上、下冲击震动孔内事故钻具，使孔内被卡或被埋钻具事故得到排除。穿心锤则是作为圆锥动力触探和标准贯入试验设备的一部分，在圆锥动力触探试验和标准贯入试验时，穿心锤通过自动脱钩装置在规定的行程内自由向下冲击锤垫，使标准贯入器和圆锥动力触探头贯入地层一定长度，通过计算贯入的锤击数，判定岩土的力学性质。如果操作不当，则会使作业人员受到人身伤害。因此，有必要对安全使用吊锤或穿心锤作业作出规定。

1 要求作业前应检查吊锤系统或穿心锤构件是否存在锤体裂缝、构件不齐全或升降系统不灵活等现象；

2 通过穿杆移动吊锤或穿心锤时，要求应先固定锤体后方可移动，防止移动吊锤从杆件上滑动伤害到作业人员；

3 要求导正绳应由1至2位作业人员掌控，以防止孔口以上钻杆摆幅过大，发生安全生产事故；并要求应由专人负责检查打箍、锤垫与钻杆丝扣的连接状况，防止因丝扣脱扣发生伤人事故；

4 要求作业人员不得用手扶持吊锤或穿心锤行程内的钻杆，防止吊锤或穿心锤起落控制不当，造成作业人员人身伤害事故；

5 要求锤垫以下钻杆应安装限位装置是为了防止孔内钻杆脱扣或卡钻钻具解卡后，钻杆下行滑入钻孔内产生新的安全生产事故。

5.2.8 孔内事故系指造成孔内钻具正常工作中断的突然情况。

2 由于卷扬机与千斤顶同步处理事故易出现卷扬机超负荷、钢丝绳损坏和千斤顶卡瓦脱出伤人等现象；卷扬机强力提拔时，吊锤同步冲击易导致卷扬机卷筒损坏；千斤顶顶拔时，吊锤同步冲击易出现千斤顶卡瓦飞出伤人。因此，本条款禁止此类孔内事故处理作业方式；

3 油压系统短时间超载应由卸荷阀卸荷，以保证液压系统安全运行。否则，升降机或钻塔将因超负荷而损坏；

4 采用卷扬机或吊锤处理孔内事故时，钻塔会产生较大振动，如果将钻杆靠在钻塔上，会加大钻塔承受水平方向的倾覆作用力，降低钻塔的稳定性。

5 处理钻探孔内事故方法很多，本规范仅针对常规处理方法中存在的不安全生产因素作出基本规定。复杂的孔内事故是指难处理或需要多种方法处理的孔内事故。孔内事故直接影响到钻探作业进度和作业安全，复杂的孔内事故需要投入大量的人力物力，处理过程还会存在许多不定因素和不安全因素。所以处理钻探孔内事故前应根据实际情况，针对孔内事故具体情况和变化制定处理方案，减少和避免事故处理过程中可能发生的其他不安全生产事故。

5.2.9 反回孔内事故钻具是指用反丝扣钻杆和丝锥通过人力或机械力把孔内事故钻杆从孔内反出，而粗径钻具再用其他方法处理。用反丝钻杆反回孔内事故钻具是一项危险性大的强体力劳动，如作业方式不当易发生人身安全生产事故。特别是反回钻杆时，钻杆反力逐步增大，直至松扣瞬间反力急剧降低，所以当作业人员在扳杆回转范围内遇钻杆反弹时易遭受人身伤害。而使用链钳或管钳反回钻具，由于其反力大容易使链钳、管钳发生断裂损坏，也容易导致人身伤亡事故。因此，应使用扳钳反回孔内事故钻具，有条件时应尽可能使用刺轮反管器。刺轮反管器是用人力扳动反管器手把带动刺轮卡，再拨动刺轮，方型刺轮内孔与特制方形反丝钻杆套合在一起，从而使反丝钻杆回转，完成反脱孔内事故钻具丝扣。刺轮反管器是成对同时使用的，其中一个是限制反丝钻杆回转，另一个扳动反丝钻杆回转。

5.2.10 基台梁系指纵向铺设在基台枕上的基台构件，基台枕系指横向铺设在地盘上的基台构件，地盘系指钻场内外所占用的经过平整的地面。基台梁和基台枕是构成基台的构件。

5.2.11 在处理孔内事故过程中，经常会瞬时或短时间超负荷使用设备，有可能留下事故隐患。为防止钻探设备和设施进一步遭受损坏，特要求孔内事故处理后应对作业现场的设施、设备进行检查，消除安全生产事故隐患后方可恢复作业。

5.2.12 钻孔和泥浆池使用后必须进行回填。钻孔一般可采用原土回填，向孔内投土回填一次不得过多，应边回填边夯实。套管护壁的钻孔应边起拔套管边回填。对防水要求严格的钻孔，水下可用水泥砂浆或4：1水泥、膨润土浆液通过泥浆泵由钻孔底向上灌注回填。水上可采用干黏土球回填，黏土球直径以0.02m左右为宜，也可采用灰土回填。回填时应均匀投放，每回填1m应进行夯实。探井和泥浆池可用原土回填，也可用灰土回填，但每回填0.2m应进行夯实。回填土的密实度不应小于原土层。有特殊要求时可用低标号混凝土回填。

5.3 槽探和井探

5.3.1 确定探井、探槽技术参数应充分考虑工程地质条件、水文地质条件和作业条件等影响因素，并应满足井探、槽探作业的安全生产需要。

5.3.2 探井的断面形状和尺寸取决于挖掘深度范围内岩土的性状、支护方式、探井深度和提升设备。

1 如果探井深度超过地下水位，将会增加掘进难度，同时也会增加安全生产隐患，增大掘进成本；

2 探井直径太大，会增加安全生产隐患，增大掘进成本；探井直径太小，则会限制作业人员的活动空间，条文要求探井直径不应小于0.8m，主要是考虑作业人员安全操作空间需要所作出的规定；

3 探槽最高一侧深度不宜大于3m的规定是根据地质勘查系统多年的安全生产数据而制定的。当挖掘深度大于3m时，容易发生探槽塌方并造成人身伤亡事故。条文中的其他勘探方法主要指钻探、井探等其他勘探手段。

探槽掘进深度以最高一侧槽壁的高度计算，两壁坡度应根据探槽周边岩土层的安息角或内摩擦角和开挖深度确定。深度小于1m的浅槽，其坡度为85°；1m～3m的探槽，密实土层的坡度为75°～80°，松软土层的坡度为60°～70°，潮湿、松软土层的坡度应小于55°。当探槽深度大于1.2m时，槽壁坡度应小于或等于土质的安息角才是安全的。

安息角是指松散岩土层堆积成圆锥体或松散体，其侧面与水平面所形成的自然倾斜角，对完整岩层则为其内摩擦角。常见土层安息角详见表1。

表1 常见土层安息角(°)

土层名称	干燥	湿润	湿(含饱和水)
腐殖土	40	35	25
土壤	40～50	35～40	25～30
黏土	40～45	35	15～20
粗砂	30～35	32～40	25～27
中砂	28～30	35	25
细砂	25	30～35	15～20
砾石	35～40	35	25～30
无根泥煤	40	25	15

5.3.3 本条说明如下：

1 排水措施包括使用潜水泵明排和采用降水井降低地下水位两种排水方式；

2 一般情况下，同一探槽内如有2人以上同时作业的，相互间的作业间距应大于3m。由于井探、槽探作业空间窄小，能见度差，作业条件相对艰苦，2人同时作业发生事故时可以互相关照；

3 探槽和探井经常采用人工开挖作业方式，为提高效率，在地形条件允许时，常采用抛掷爆破、松动爆破、压缩爆破或无眼爆破。但是这些爆破方法都有其适用条件，使用时应慎重选择；

4 本款主要是从保护井、槽内作业人员的安全角度出发，防止挖掘出的渣土随便倾倒在井、槽四周，一旦不小心掉入井、槽内，将会对井、槽内作业人员的人身安全造成伤害；

5 挖空槽壁底部使之自然塌落的作业方法(俗称“挖神仙土”)，易对作业人员产生伤害事故，此类教训不少，所以予以禁止；

6 遇破碎、松软或者不稳定地层时，应及时采取支护措施，在硬塑的黏性土和密实的老填土中掘进时，如果井深小于10m且无地下水，井壁可不支护。

5.3.4 对探井井口作业安全作出规定，既是为了保证井下作业人员的人身安全，也是为了规避探井作业不安全生产行为可能给外界人员造成的人身伤害和财产损失。

5.3.6 本条说明如下：

3 要求升降作业人员的安全防护设备装设安全锁，主要是为了确保作业人员被升降时的安全；

5 要求升降作业时井下作业人员应置于防护板下，避免或降低升降作业发生安全生产事故时可能造成的人身伤害。

5.3.7、5.3.8 条文对探井作业时如何保护井下作业人员的人身安全，规定了应采取的通风和上下井等安全生产防护措施。

5.3.9 由于探井作业环境窄小，并且大部分作业是在潮湿环境中进行的，所以需要对探井作业的供电、照明等作出规定，以保护作业人员的人身安全。

5.4 洞 探

5.4.1 洞探作业难度和危险性较槽探、井探大而复杂，因此，洞探作业应根据设计要求，根据作业场地的工程地质、水文地质条件和其他有关资料，以及拟采取的作业方式和手段等，做好专项安全生产方案。专项安全生产方案应包括以下主要内容：

(1)有关的安全作业规程；

(2)安全爆破作业的组织与管理；

(3)安全技术措施(详见《缺氧危险作业安全规程》GB 8958第5、6章的有关规定)；

(4)作业人员岗前技术培训和安全生产教育(详见《缺氧危险作业安全规程》GB 8958第7章的有关规定)；

(5)安全技术交底(详见《缺氧危险作业安全规程》GB 8958 第8章的有关规定)。

5.4.2、5.4.3 洞探不同于其他施工导洞,它是岩土工程勘察的一种勘探手段。正确确定洞探断面规格、支护设计和掘进方法等,对于保证安全生产作业具有重要意义。

洞探设计一般是在取得初步勘察或详细勘察资料后,为了核实先期勘察作业所取得资料的可靠性或为了进一步取得有关资料而进行的。这些资料包括:工程地质测绘和调查、水文地质、工程物探和钻探等有关资料。由于先期获得的资料可靠性还有待进一步验证,因此,在洞探设计时应有充分的估计和应变措施。

5.4.4 确定洞口位置重要,洞口的稳定性也很重要,洞口安全与否关系到洞内作业人员的人身安全。因此,必须对洞口的选址和设计作出一些技术规定。

5.4.5 支护形式很多,如木支架支护、金属支架支护,锚杆支护等,但不管采用任何一种支护形式,平洞支护作业均应注意以下事项:

(1)应削平洞内突出的岩石;

(2)在底板上挖柱窝,木立柱应大头向上、小头向下;

(3)立柱倾角以 75°～80°为宜,支架间距以 0.5m～1.2m 为宜;

(4)支架以平洞的中心线和腰线为基线,每一支架高度和宽度应保持一致,所构成的平面与中心线应垂直;

(5)支架后顶帮间隙要填满背,紧梁柱与顶帮间应用木楔楔紧;

(6)靠近工作面的支架,应用拉条撑木等方式加固,以防放炮时震垮或崩坏;

(7)应制定安全生产措施和应急救援预案;

(8)平洞冒顶时应查明原因,并应由经验丰富的作业人员负责统一指挥和处理。

5.4.7 本条说明如下:

2 一般要求工作面噪音不超过 90dB(A)(分贝),超过时作业人员应带耳塞。

5.4.9 洞探、井探作业通风不仅是为了防尘,而且还是保证作业环境中有足够氧气以防作业人员因窒息而伤亡。条文中作业点空气中矽尘含量的规定引自《工业场所有害因素职业接触限值 第1部分:化学有害因素》GBZ 2.1—2007(工作面空气中含有 10%以上游离 SiO_2 的矽尘含量应小于 $2mg/m^3$。对于含有 50%～80%游离 SiO_2 的矽尘含量应小于 $1.5mg/m^3$;对于含有 80%以上游离 SiO_2 的矽尘含量应小于 $1.0mg/m^3$),风源空气含尘量系引自现行行业标准《地质勘探安全规程》AQ 2004 中第 11.8.2 条。

对通风速度和氧气量的规定系按照现行国家标准《缺氧危险作业安全规程》GB 8958,参照现行行业标准《地质勘查安全规程》AQ 2004 和现行行业标准《水利水电工程坑探规程》SL 166 的有关规定制定的。

5.4.10 本规范勘探爆破作业系指槽探和场地平整的地表爆破作业,以及井探和洞探的洞室爆破作业等,爆炸作业系指勘探孔内爆炸作业和工程物探震源所需的小药量爆炸作业等。

5.4.11 由于洞探作业大部分是在潮湿环境中进行,所以有必要对洞探作业的供电、照明等作出规定,以保证安全生产、保护作业人员的人身安全。

6 特殊作业条件勘察

6.1 水域勘察

6.1.1 勘察项目负责人和相关专业负责人应通过现场踏勘等手段搜集与水域作业有关的资料。收集资料的主要内容应包括:历史上相同作业期间的水深、风向、风力、波浪、水流和潮汐等变化情况;水底是否有铺设电缆、管道等,如有应了解其走向、分布情况;水生动、植物的分布情况和水上通航流量等。

不同水域对勘察作业的主要影响因素有所不同,海域的主要影响因素是水深、风浪和流向;江、河下游及入海口的主要影响因素是潮差、潮流、水深、风浪和流速;江、河主要影响因素是水深、风浪和流速;湖泊的主要影响因素是风浪。此外,水底沉积物类型和厚度也直接影响到锚泊稳定性和勘探孔孔口套管的稳定程度。

6.1.2 由于水域勘察作业存在诸多不安全生产因素,所以勘察纲要对指导安全生产具有重要的意义。编制勘察纲要应在现场踏勘、收集资料的基础上,通过分析研究作业期间的风向、风力、波浪、水流和潮汐等对勘探作业的影响程度,选择适宜的勘探手段和设备,确定水域钻场位置,制定水域勘察安全技术措施,保证勘察项目作业过程的安全生产。

6.1.3 如果水域勘探作业采用钻探手段,则一般采用固定式即每一勘探点作业完成后才搬迁,勘探作业船舶相对在水域中固定不动。因此,作业期间应按海事或交通管理等部门的有关规定悬挂相应的信号和安全标志,避免对过往船舶构成安全威胁,避免酿成重大安全生产事故。

6.1.4 水域作业危险性较大,海况、水文情况多变,所以要求作业期间应有专人负责收集天气和水情信息,保证通讯联系顺畅。

条文中的海况为海洋观测专门用语,指海面因风力引起的波动状况。我国于 1986 年 7 月 1 日正式采用国际标准海况等级,即"国际通用波级表",波级(即海况等级)共分为 10 级,对应波级有波高区间、波高中值、征状(也由风浪名和涌浪名表示)和风级,详见表 2。

表 2 国际通用波级表

波级	海面状况名称	浪高范围(m)	海面征状(海况)	风力等级
0	无浪	0	海面光滑如镜或仅有涌浪存在。船静止不动	0级
1	微浪	0～0.10	波纹或涌浪和小波纹同时存在,微小波浪呈鱼鳞状,没有浪花。寻常渔船略觉摇动,海风尚不足以把帆船推行	1级
2	小浪	0.10～0.50	波浪很小,波长尚短,但波形显著。浪峰不破裂,因而不是显白色的,而是仅呈玻璃色的。渔船有晃动,张帆可随风移行2海里～3海里每小时,波峰开始破裂,浪花呈玻璃色	2级
3	轻浪	0.5～1.25	波浪不大,但很触目,波长变长,波峰开始破裂。浪沫光亮,有时可有散见的白浪花,其中有些地方形成连片的白色浪花——白浪。渔船略觉簸动,渔船张帆时随风移行3海里～5海里每小时,满帆时,可使船身倾于一侧	3级～4级
4	中浪	1.25～2.50	波浪具有很明显的形状,许多波峰破裂,白浪成群出现,偶有飞沫,同时较明显的长波状开始出现。渔船明显簸动,需缩帆一部分(即收去帆之一部)	5级

续表 2

波级	海面状况名称	浪高范围(m)	海面征状(海况)	风力等级
5	大浪	2.50～4.00	高大波峰开始形成,到处都有更大的白沫峰,有时有些飞沫。浪花的峰顶占去了波峰上很大的面积,风开始削去波峰上的浪花,碎浪成白沫沿风向呈条状。渔船起伏加剧,要加倍缩帆至大部分,捕鱼需注意风险	6级
6	巨浪	4.00～6.00	海浪波长较长,高大波峰随处可见。波峰上被风削去的浪花开始沿波浪斜面伸长成带状,有时波峰出现风暴波的长波形状。波峰边缘开始破碎成飞沫片,白沫沿风向呈明显带状。渔船停息港中不再出航,在海者下锚	7级
7	狂浪	6.00～9.00	海面开始颠簸,波峰出现翻滚。风削去的浪花带布满了波浪的斜面,并且有的地方达到波谷,白沫能成片出现,沿风向白沫呈浓密的条带状。飞沫可使能见度受到影响,汽船航行困难。所有近港渔船都要靠港,停留不出	8级～9级
8	狂涛	9.00～14.00	海面颠簸加大,有震动感,波峰长而翻卷。稠密的浪花布满了波浪斜面。海面几乎完全被沿风向吹出的白沫片掩盖,因而变成白色,只在波底有些地方才没有浪花,海面能见度显著降低。汽船遇之相当危险	10级～17级
9	怒涛	>14.00	海浪滔天,奔腾咆哮,汹涌非凡。波峰猛烈翻卷,海面剧烈颠簸。波浪到处破成泡沫,整个海面完全变白,布满了稠密的浪花层。空气中充满了白色的浪花、水滴和飞沫,能见度严重地受到影响	>17级

注:浪高超过 20m 为暴涛,由于极其罕见,波级表中未予列入。

水情资讯包括:水深、流速、潮汐、动态水位、波浪状态、风浪和波高大小;天气情况主要指:雨、风向和风力。

与勘察有关的天气情况主要指风向、风力和雨。风力指风的强度,常用风级表示,共分为十八个等级,常用的是"蒲福风力等级表"详见表 3。13 级以上风力陆上少见,本表未列入。

表 3　蒲福风力等级

风级	风级名称	海岸船只征象	陆地地面物征象	风速(距地 10m 高处)	
				km/h	m/s
0	静风	静	静,烟直上	<1.0	0～0.2
1	软风	平常渔船略觉摇动	烟能表示方向,但风向标不能转动	1.0～5.0	0.3～1.5
2	轻风	渔船张帆时,可随风移行 2km/h～3km/h	人面感觉有风,树叶微响,风向标转动	6.0～11.0	1.6～3.3
3	微风	渔船渐觉簸动,可随风移行 5km/h～6km/h	树叶及微枝摇动不息,旌旗展开	12～19	3.4～5.4
4	和风	渔船满帆时,可使船身倾向一侧	能吹起地面灰尘和小纸张,树的小枝摇动	20～28	5.5～7.9
5	清劲风	渔船缩帆(即收去帆的一部分)	有叶的小树摇摆,内陆的水面起波	29～38	8.0～10.7
6	强风	渔船加倍缩帆,捕鱼须注意风险	大树枝摇动,电线呼呼有声,举伞困难	39～49	10.8～13.8
7	疾风	渔船停泊港中,在海者下锚	全树摇动,迎风步行感觉不便	50～61	13.9～17.1
8	大风	近港的渔船皆停留不出	微枝折毁,人向前行感觉阻力甚大	62～74	17.2～20.7
9	烈风	汽船航行困难	建筑物有小损(烟囱顶部及平屋摇动)	75～88	20.8～24.4

续表 3

风级	风级名称	海岸船只征象	陆地地面物征象	风速(距地 10m 高处)	
				km/h	m/s
10	狂风	汽船航行有危险	陆上少见,可使树木拔起或将建筑物严重损坏	89～102	24.5～28.4
11	暴风	汽船遇之极危险	陆上很少见,有则必有广泛损坏	103～117	28.5～32.6
12	飓风	海浪滔天	陆上绝少见,摧毁力极大	118～133	32.7～36.9

6.1.6　勘察作业船舶的行驶、拖运、停泊、抛锚定位、调整锚绳、起锚及移泊等必须根据水域情况和规定的作业程序确定,应能保证勘察作业过程的安全生产,如:钻探船舶水上停泊应采用船头顶流逆水停泊方式;海域勘探应考虑潮汐和风浪因素;高潮汛期间,水流加上退潮,海流急、速度大,则船头应逆水停泊;低潮汛期间,水流较平缓则应考虑风向、海浪因素,这时船头应迎风顶浪停泊。抛锚、起锚和调整锚绳应按规定的作业顺序进行,作业程序正确与否关系到勘察作业安全。

条文中持证船员系指应符合海事部门和水运管理部门等规定驾驶船舶应具备的条件。

6.1.7　水域钻场主要分为漂浮式和架空式两种类型。漂浮式钻场以船舶和筏为主,包括浮箱、竹筏、木筏和油桶等。架空式钻场主要为平台式和桁架式。平台式钻场除适应滨海作业外也可在大江大河作业,其缺点是体积庞大,搬迁不易。

1　水下电缆、管道主要指位于大潮、高潮线以下的军用和民用海底通信电缆(含光缆)和电力电缆及输水(含工业废水、城市污水等)、输气、输油和输送其他物质的管状输送设施。

海底电缆、管道保护范围,可按照国务院《海底电缆管道保护规定》的有关规定确定:

(1)沿海宽阔海域为海底电缆管道两侧各 500m;

(2)海湾等狭窄海域为海底电缆管道两侧各 100m;

(3)海港区内为海底电缆管道两侧各 50m。

电力线路保护范围可按国务院《电力设施保护条例》第十条的有关规定确定,详见本规范第 5.1.4 条的条文说明。

如无法避免时,应由建设单位与海底电缆所有者("所有者"系指对海底电缆、管道拥有产权和所有权的法人和其他经济实体。)协商,就相关的技术处理、保护措施和损害赔偿等事项达成协议后再确定钻孔位置;

2　钻场类型决定定位、移位及锚泊系统方式。

结构强度指双船拼装牢固程度、平台安装强度和桁架结构牢固程度。一般要求应具备抵抗 7 级以上大风的冲击和震动能力。

总载荷量即为实际承载量(包括钻机给进油缸的提升能力)、最大风力、波浪潮流冲击力、钻进中可能发生的最大阻力之和。总载荷量简易计算方法为实际承载量乘以载重安全系数;

3　采用双船拼装作为水上钻场时,要求安装联结应牢固系指两船拼装时,舱面应用不少于 4 根的枕木或钢管作底梁,用钢丝绳围箍船底,并用紧绳器拉紧,使两船底梁、船体紧紧联结成为一体;

4　要求漂浮钻场和平台两侧应设置防撞物,主要是为了避免交通船、抛锚船靠近时直接碰撞钻场;

5　船体重心过高对稳定性影响很大,有时在船体抛锚定位时还需要用泵向船舱注入压仓水或其他压重物体以增加船体的稳定性。此外,还可根据海况随时调节压仓水量或石块、铁块重量;

6　漂浮钻场在水中锚泊受水流冲击力、风力、水位变化等多种外力因素的影响,为了保证定位准确,要求应按规定的作业程序进行抛锚,锚泊定位要采取多方向锚固定。同时,应根据河床、海床的岩土性质选择锚型和锚重,并且应根据作业水域的水文情况选择适宜的锚绳。

6.1.8 本条说明如下：

3 搭建水上漂浮筏式钻场的材料一般多为浮筒、竹木、油桶或泡沫塑料浮标；

4 由于水域钻场或平台除载重安全系数有限外，还无法承受集中荷载，因此，严禁水域勘探使用千斤顶处理孔内事故，避免发生重大安全生产事故；

7 横摆亦称横摇，指船舶沿船头船尾的轴线垂直方向上的摇摆；

8 白天能见度系指视力正常的人在当时天气条件下能够从天气背景中看到和辨认的目标物(黑色、大小适度)的最大水平距离，实际上也是气象光学视程。本条是结合雾的能见度制定的，雾按能见度划分，1km 以下的雾又可分为普通雾和中雾、大雾：普通雾为能见度大于 100m，中雾为能见度 50m～100m，大雾为能见度小于等于 50m。

6.1.9 如果水底以上遗留有孔口管或保护套管，由于其隐蔽性强，会对过往船舶的航行安全构成威胁。严重时会与过往船只发生碰撞，酿成重大安全生产事故。

鉴于该条文对勘察安全生产的重要性，特将其列为强制性条文。

6.1.10 内海系指领海基线内侧的全部海域，包括海湾、海峡、海港、河口湾；领海基线与海岸之间的海域；被陆地包围或通过狭窄水道连接海洋的海域。

6.1.11 江、河、湖、海勘探作业宜选择在有利的作业季节。江、河、湖上勘探最佳作业季节是枯水季节和无风季节，海域勘探最佳作业期是每年的上半年。

6.1.12 要求漂浮钻场暂时离开孔位应在孔口位置或孔口管上设置浮标和明显的安全标志，主要是为了便于漂浮钻场再次就位，以及避免其他过往船舶破坏或撞上孔口管，酿成安全生产事故。

6.2 特殊场地和特殊地质条件勘察

6.2.1 特殊地质条件和不良地质作用发育区勘察系指在滑坡体、崩塌区、泥石流堆积区等危险地带的勘察作业。要求在勘察作业时应设置监测点，主要是考虑到这些地质灾害分布的区域均处于不稳定或相对稳定状态，特别是在外力作用下，很易诱发新的滑坡、崩塌、泥石流等地质灾害，如监测资料发现有异常，应立即停止勘察作业，将作业人员撤至安全区域。在通过监测确定无再次发生地质灾害的可能性时，方可恢复勘察作业。

6.2.2 山区勘察作业的主要危险来自于一些悬崖、峭壁、岩体破碎的陡坡、崩塌区。由于悬崖、峭壁、陡坡和崩塌区经常无路可行且难攀登，加之岩体破碎，坡顶、崖顶、山顶等常分布有不稳定岩块和危岩，在作业人员攀登过程中(外力作用下)容易发生块石滑落，危及作业人员的人身安全。因此，应及时清除对作业有影响的不稳定块石和危岩。同时作业人员在这种地质、地形条件作业时，应系好保险绳、安全带或使用作业云梯，特别是当作业高度超过 2m 时，更应注意提高自我安全防护能力。作业前，应认真检查攀登工具和安全防护用品，使用安全带应高挂低用，不能打结。

6.2.3 低洼地带一般指江、河、溪、谷等水域，以及河滩、山沟、谷地等地形低洼的地方。低洼地带勘察作业的主要危险来自于汛期大暴雨可能引发的泥石流和山洪暴发。汛期一天的降雨量可能高达数百毫米，短时间强降雨常造成泥石流和山洪暴发，所以雨季在低洼地带勘察作业应注意收听作业地区短期和当天的天气预报，预报可能有大雨或暴雨时，应提前做好撤离作业点的准备工作，以免因自然灾害导致人身伤亡和财产损失。

6.2.4 本条说明如下：

1 进入沙漠、荒漠地区作业前，应先了解作业区水井、泉水及其他饮用水源的分布情况。当作业场地距水源较远时，应制定供水计划，必要时应设立分段供水站；

2 沙漠、荒漠地区勘察作业，作业组应配备容水器、绳索、地图、导航定位仪器、睡袋、药品和个人防护用品；

3 应随时注意天气变化，防止受沙漠寒潮或沙尘暴的侵袭。作业人员应当掌握沙尘暴来临时的防护措施，发生沙尘暴时，作业人员应聚集在背风处坐下，蒙头、戴护目镜；

4 作业过程中，应随时利用路、井、泉等主要标志和居民点确定自己的位置。

6.2.5 从低海拔地区进入高原的作业人员，一定要先进行全面严格的身体检查，体检合格者方可进入高原作业。一般患有心、肾、肺疾病以及严重高血压、肝病、贫血患者不宜进入高原地区。

1 初入高原的作业人员应逐级登高，避免剧烈运动，减少体力消耗，逐步适应，日海拔升高一般不得超过 1000m；

2 高原作业应佩带防寒装备、充足的给养、氧气袋和防治高原反应药物。应注意防止感冒、冻伤、紫外线灼伤和高原反应，如有人发生上述疾病，应立即采取有效的治疗措施，并将病患者往低海拔地区转移。此外，高原作业严禁饮酒，以免增加耗氧量；

3 高原和雪地的太阳光线较强，一旦眼睛遭受长时间照射，可能发生雪盲而造成暂时性失明，所以作业人员应佩戴遮光眼镜和防太阳辐射用品。

6.2.6 在雪地作业时，应结对成行，穿戴好防护用品，遇无路可行时，应选择缓坡迂回行进；遇积雪较深或易发生雪崩等危险地带时应绕行，无安全保障不得强行通过，以免发生人身意外伤亡事故。雪崩一般发生在倾斜度为 20°～60°的悬崖处，特别是倾斜度为 30°～45°之间的平整悬崖。连续降雪 24 小时以上地区也极易发生雪崩。一旦发生雪崩不要往下跑，应向旁边跑较安全，也可向高处跑或是跑到坚固岩石的背后，以防被雪埋住。

6.2.7 本条仅适用于非车装轻型钻机(钻探深度小于 100m)。冰上勘探在接近解冻期最为危险，应事先注意开江和冰层发生碎裂的可能，防止发生安全生产事故。

6.2.8 本条主要针对坑道勘探作业特点，对易发生安全生产事故的主要危险源，规定应采取的安全生产防护措施。坑道勘探易引发安全生产事故的危险主要有：

(1)坑道顶板岩石掉块造成作业人员人身伤害；

(2)通风不良引发的作业人员中毒窒息；

(3)坑道照明条件不符合要求导致作业人员的人身受到伤害；

(4)含水层涌水淹没坑道等。

6.2.9 当勘察作业区位于人流多的地方或机动车通道时，或在孔、洞、口、坎、井和临边区域进行勘察作业时，对作业人员构成的不安全生产因素较其他类型作业场地多，并且勘察作业本身也会对他人构成不安全行为。所以规定在这些特殊区域进行勘察作业应加强安全防护措施。

6.3 特殊气象条件勘察

6.3.1 我国现行的气象灾害预警信号是由名称、图标、标准和防御指南组成，分为台风、暴雨、暴雪、寒潮、大风、沙尘暴、高温、干旱、雷电、冰雹、霜冻、大雾、道路结冰等。条文中的气象灾害预警信号系指勘察项目所在地气象主管部门所属气象台、站向社会公众发布的气象灾害预警信息。

预警信号的级别依据不同种类气象灾害特征、预警能力和可能造成的危害程度、紧急程度和发展势态，一般分为四级：Ⅳ级(一般)、Ⅲ级(较重)、Ⅱ级(严重)、Ⅰ级(特别严重)，依次用蓝色、黄色、橙色和红色表示，同时以中英文标识，用以通知当地居民及机构采取适当的防御或撤离措施。

对气象灾害的防御工作主要应根据勘察项目所在地政府有关部门发布的预警信息来开展。如接到台风预警时，应停止勘察作业，卸下塔布等；接到沙尘暴预警时，作业人员应遮盖好勘察设备，聚集在背风处坐下，蒙头、戴上护目镜等。

6.3.2 条文中风力 5 级时，浪高一般 1.25m，最高 2.5m，属于中浪;风力6级时,浪高一般2.50m,最高4.0m,属于大浪。根据航行情况,波高达2.5m～3m的海浪对于没有机械动力、仍借助于风力的帆船、小马力的机帆船、游艇等小型船只的安全已构成威胁;波高达4m～6m的巨浪对于1000t以上和万吨以下的中远程的运输作用船舶已构成威胁;水上勘察所用船舶载重量多在几十吨至近千吨不等,抗波浪能力有一定的局限性,为了勘察人员和勘察设备的安全,本条除了规定遇到灾害性气象条件时应作出限制外,还根据作业船舶条件,对水上作业条件作出限制。

鉴于该条文对勘察安全生产的重要性,将其列为强制性条文。

6.3.4 水域勘察作业受到较多不安全因素的影响,特别是受气象条件的限制较大,所以宜选择在气象条件有利的季节进行勘察作业。江、河、湖上水域勘察的最佳季节是枯水期和无大风、台风的季节,海域勘察作业最佳季节是每年的上半年。

6.3.5 一般日最高气温大于或等于35℃时称为高温季节,在高温季节应采取防暑降温措施,现场作业时间应进行调整,上午早出工早收工,下午晚出工晚收工,避免出现作业人员中暑生病的现象。夏季适度缩短现场作业时间,不宜加班加点,这个季节人容易疲劳困乏,易出现安全生产事故。此外,当日最高气温高于40℃时,已超过人体的正常体温,从保护作业人员的身体健康和保证安全生产的角度出发,规定应停止现场作业。高温作业分级可按现行国家标准《高温作业分级》GB 4200的有关规定执行。

6.3.8 按气候学的观点,当日气温下降到10℃以下时就算冬季,日最低气温低于5℃时为寒冷季节。寒冷季节的低温会给机械的启动、运转、停置保管等带来不少困难,需要采取相应的防冻措施,防止机械因低温运转而产生不正常损耗或冻裂气缸体等安全生产事故。低温作业分级可按现行国家标准《低温作业分级》GB 14440的有关规定执行。

4 供水管道防冻措施主要是采用水管掩埋或用保温材料包扎的方法,临时支管除采用包扎方法外,还可以采取安装放水阀门或采用停止供水放尽管道积水的办法防冻;

5 勘探机械设备主要指用水冷却或带水作业的柴油机和钻探用泵。气温低于油料凝固点时,机械设备在停用后放出油料,以防油料冻结在机体内造成设备安全事故。

7 室内试验

7.1 一般规定

7.1.1 水电设施是试验室必备的基本条件,也是保证安全生产的基本要素,在试验过程中如果中断水、电供应,除了正在进行的实验样品及试验成果会报废外,有时还会导致人身伤亡事故。所以要求试验室应有保证作业时不中断供水、供电的防护措施。

试验过程中如果因停水、停电造成试验中断,并且忘记关闭电源和水源,在未知情况下一旦恢复供水、供电后,试验设备可能会自动恢复运行,有可能导致安全生产事故发生。因此规定临时中断供电、供水时应将电源和水源全部关闭。

7.1.2 试验过程中产生的废水、废气和废弃物(以下简称"三废")对人的身体健康影响很大,特别是对长期接触到"三废"的试验室作业人员的身体健康影响尤甚。因此,试验室必须有"三废"处理设施和预防措施,保证作业人员的身体健康。

条文中的防爆设施主要指安全防护设施和个人安全防护用品两个方面,具体应视试验室从事的实验类别而定,并非每个试验室均需要按防爆要求配备个人防护用品和防护设施。一般有化学试验的试验室应按规定进行基本配备。此外,根据国家《消防法》的有关规定,试验室还应配备基本消防设备和设施。

7.1.3 根据国家《劳动保护法》的有关规定,作业人员在从事一些有可能导致人体受到伤害的试验项目时,应按规定佩戴劳动防护用品。从各单位反馈的安全生产案例中发现,这类安全生产事故发生的概率较大,主要原因是作业人员未按规定佩戴相应的劳动防护用品或未严格执行生产操作规程。所以在从事上述可能导致人体受到伤害的试验项目时,要求作业人员应按规定佩戴相应的劳动防护用品。

7.1.4 充足的采光和照明是保证作业人员安全生产的基本作业条件。在阴暗光线条件下作业,人很容易产生疲劳、出现精神不集中现象,易导致安全生产事故。作业照明这一基本作业条件很容易被忽略,从保护作业人员的身体健康和安全生产出发,条文对作业照明条件作出了具体的规定。

7.2 试验室用电

7.2.1 案例调查时,发现不少勘察单位对试验室安全用电工作重视不够,导致出现用电方面的安全生产事故。虽然这些安全生产事故并没有直接导致人员伤亡,但直接影响到正常的生产作业程序,并造成生产设备损毁事故。本规范第11章"勘察用电和用电设备"对勘察用电和勘察用电设备作了规定,由于勘察现场作业与室内试验用电尚有所区别,故本章专列一节试验室用电,对试验室供、用电设施的安全防护措施提出了具体要求。

条文中的剩余电流动作保护装置,要求其额定漏电动作电流不应大于30mA,额定漏电动作时间不应大于0.1s。

7.2.2 特殊作业条件的试验场所,应根据具体的作业条件和试验设备选用有相应防护性能的配电设备,如有爆炸危险的试验设备应选用防爆型的配电设备。

7.2.3 条文中的电热设备系指试验室用的加热设备,这些设备使用或放置不当很容易导致火灾。从防火的角度出发,规定放置这类电热设备的基座必须用阻燃或不可燃材料建造或制造,不得随意放置。使用时一定要有专人值守,防止因加热时间过长、设备老化失修或电线短路等导致火灾。

7.3 土、水试验

7.3.1～7.3.5 这些条款是针对室内土工试验存在的主要不安全生产因素而采取的安全生产防护措施。从试验设备安全防护装置的设置到作业过程对作业人员劳动防护用品的使用要求和安全防护措施，分别用不同的条款作出规定。

7.3.6～7.3.10 这些条款是针对土、水化学试验存在的不安全因素而制定的安全生产防护措施，在土、水化学试验过程中，一旦违规操作很容易发生安全生产事故。

7.3.11 条文中的放射源系指室内试验室所用的放射性同位素等，从事放射性同位素作业的人员，必须按照国家有关规定取得上岗作业资格，并应定期进行健康状况检查。具体放射防护工作应遵守国家《放射性同位素与射线装置放射防护条例》的有关规定。放射防护主要以外照射防护为主，防护方法主要有以下三种：

(1)时间防护：以限制作业时间来达到防护目的。由于人体累积照射剂量与接触放射源的时间成正比，所以，要求放射源作业人员在操作时动作要迅速、熟练，以减少照射时间；

(2)距离防护：由于距点状伽玛源 R 处的射线强度和距离的平方成反比，所以应在操作使用伽玛源时，尽量增大距离，如用源夹子夹放射源以减少接收剂量；

(3)屏蔽防护：放射源的运输和存储必须使用安全可靠的铅罐，室内分装应使用铅砖、铅玻璃、铅手套、铅围裙等。

7.4 岩石试验

岩石试验过程可能潜在的危险主要取决于设备的完好程度，以及岩石试样破坏时可能发生的碎块崩出伤人。根据这两个潜在的主要危险源，本节各条重点针对试验前仪器设备检查、安全防护、试样制备和试验过程应注意的各种安全生产防护事项作了相应规定。

8 原位测试与检测

8.1 一般规定

8.1.1 制定测试、检测方案时，试验点应尽量避开危险性较大的地段，例如：在建施工现场易发生高空坠物的地段、斜坡易坍塌的地方、突起的山嘴部位、沼泽区、架空输电线影响区、地下管道埋设地段、车流较大的地段等。

8.1.2 反力装置采用堆载配重时，堆载物应放置均匀、稳固，避免发生倾覆和堆载物滑落，造成人员伤亡或设备毁坏。

8.1.3 条文对加载反力装置提出了具体要求。在实际原位测试和检测试验中，出现过因反力装置提供的反力不足以及反力装置构件强度和刚度不足而导致的安全生产事故。

8.1.4 处理桩头时，易产生飞石伤人事故。因此，应通过设置安全防护网、设立安全标志等措施阻止非作业人员进入作业区，防止发生安全生产事故。

8.1.5 条文对堆载物倾覆可能造成人员伤亡的危险区域作了具体规定，即堆载平台四周外侧 1.5 倍堆载高度范围。

鉴于该条文对保护勘察作业人员的人身安全具有重要意义，因此，将其列为强制性条文。

8.1.6 测试或检测试验加载至临近破坏值时，将会伴随发生地基土的隆起破坏或桩基的脆性破坏等现象，容易导致安全生产事故发生。所以对其安全生产防护措施作出了具体规定。

8.1.7 条文参考了现行国家标准《塔式起重机安全规程》GB 5144 和现行行业标准《建筑机械使用安全技术规程》JGJ 33 有关规定，对吊装作业的基本安全生产要求作出了详细的规定。

鉴于该条文对保护勘察作业人员的人身安全具有重要意义，因此，将其列为强制性条文。

8.1.8 在架空输电线路附近起重作业时，主要应注意被吊物的摆幅以及起重机的吊臂、吊绳接近外电架空线路和吊装落物对外电架空线路的损伤等。

8.1.9 原位测试与检测涉及勘探作业、水域作业、用电作业，以及用电设备和勘察设备等的使用，应按本规范相关章节的有关规定执行。

8.2 原位测试

8.2.1 进行标准贯入试验和圆锥动力触探试验时，经常发生自动落锤装置与钻杆连接部位丝扣松动等现象，但作业人员经常未能按操作规程的要求停止试验，上紧连接部位丝扣，而是采用直接边作业边上紧丝扣的危险操作方式，导致经常发生作业人员手臂、手指受伤的安全生产事故。因此，条文针对作业过程中存在的不安全生产因素作出相应的规定。

8.2.2 静力触探试验过程中的危险，主要来自于试验过程中突遇地层阻力增大导致探杆发生脆性断裂造成作业人员受到伤害的安全生产事故，以及因地锚反力不足造成设备倾覆受损或伤人的安全生产事故。

8.2.3 手动式十字板剪切试验过程中，突遇地层阻力增大容易造成操作人员手把反弹伤及作业人员，酿成安全生产事故。

8.2.4 在勘察作业现场，旁压试验所使用的氮气瓶经常被置于阳光直接照射的高温作业环境中，导致瓶内气体膨胀、压力增高，成为重大危险源。所以规定氮气瓶应有足够的安全储备，并对氮气瓶的使用和操作作出明确规定。

8.2.5 由于扁铲侧胀试验的作业程序和操作方法与静力触探试验类似，作业过程中存在的不安全生产因素也基本相同。因此，不再另作具体规定，要求直接按照静力触探试验的有关规定执行。

8.3 岩土工程检测

8.3.1 当天然(复合)地基静载荷试验试坑的平面尺寸和深度较大、或是复合地基及大型原位原型试验的试坑应按基坑考虑其稳定性，并应按基坑采取有效的支护措施，防止坑壁坍塌发生安全生产事故。

8.3.2 单桩抗压静载荷试验的危险主要来自于堆载过程和试验过程加载体发生偏心倾覆倒塌而导致伤人的安全生产事故。当采用工程桩作锚桩时，锚桩的钢筋抗拉强度应有足够强度和安全储备，以免锚桩钢筋抗拉强度不足发生断裂，发生静载荷试验装置倾覆倒塌伤人的安全生产事故。

8.3.3 当单桩抗拔静载荷试验采用天然地基提供反力时，两侧支座的地基承载力应基本相同并有足够的安全储备，以免地基强度不足发生剪切破坏，导致载荷试验装置发生倾覆倒塌。两侧支座与地基的接触面积应相同，以免两侧支座地基受力不均产生不均匀沉降导致试验桩发生偏心现象。同时，还应对抗拔桩的钢筋抗拉强度进行复核，保证抗拔桩的钢筋有足够的抗拉强度和安全储备。

8.3.4 单桩水平静载荷试验反力装置应有足够的强度和刚度。试验桩与加载设备接触面应保证足够的强度，并且应通过安装球形支座保证所施加的水平作用力与桩轴线保持水平，不随桩的倾斜或扭转发生变化，从而保证水平静载荷试验装置不会发生垮塌伤人的安全生产事故。

8.3.5 锚杆拉拔试验的最大危险来自于锚杆与拉拔试验装置结合的紧密程度。为了保证锚杆拉拔试验装置各部位均处于一种紧密接触状态，在锚杆拉拔试验前应先对锚杆进行预张拉，减少锚杆拉拔试验过程中可能出现的试验装置垮塌等不安全生产因素。如果边坡锚杆拉拔试验的试验锚杆处于较高位置时，则拉拔试验的安全防护措施应按照现行行业标准《建筑施工高处作业安全技术规范》JGJ 80 的有关规定执行。

8.3.6 高应变动力测桩试验使用起重设备或桩工机械时，其作业安全防护措施应按现行行业标准《建筑机械使用安全技术规程》JGJ 33 的有关规定执行。

8.3.7 采用钻芯法检测桩身质量时，应选择机械性能好的液压钻机，不应使用立轴晃动大的非液压钻机，作业过程应保证基座稳固。具体作业过程中的安全防护措施和要求应按本规范第 5 章的有关规定执行。

9 工程物探

9.1 一般规定

9.1.1 由于工程物探野外作业的大部分工作都是由技术人员自己进行操作，因此，要求工程物探作业人员应熟练掌握安全用电知识就显得更有必要。编制组在调研过程中发现，实际工作中一些本来需要经过专业技能培训的特殊工种作业也经常由物探专业技术人员自己来完成，如爆破作业、用电作业等，存在着很大的安全生产隐患。所以要求作业现场设备安装与调试工作必须由经培训合格持证上岗的作业人员操作。

9.1.2 不少工程物探设备和用电设备的工作电压大于 36V，因此，要求仪器设备接通电源后，作业人员不得离开工作岗位，以免非作业人员进入作业区用手触摸仪器设备，发生漏电伤人或损伤仪器设备的安全生产事故。

9.1.3 当采用地震勘探方法进行水域勘察时，应从环境保护和安全生产角度出发选择适宜的震源，并应对所选震源可能对作业区水域生态及环境造成的影响程度，以及可能存在的不安全生产因素作出评价。特别是采用爆炸震源时，应评估勘探作业对作业水域生态和动植物的影响程度，并应采取有效防护措施，最大限度减少对水生动物的伤害。

9.1.4 爆炸震源使用过程中存在诸多不安全因素，使用炸药时不能靠经验决定用药量，更不能盲目使用未经专业技能培训的人员进行爆破作业。不规范作业容易酿成安全生产事故，因此，从安全生产角度出发规定勘察单位采用爆炸震源作业时，应在勘察纲要中附安全性验算结果和安全性评价结论。

9.1.5 条文对采用爆炸震源作业前应采取的安全防护措施、安全标志等作了规定，强调非作业人员不得进入作业影响范围，目的是避免发生安全生产事故。

鉴于该条文对工程物探安全生产的重要性，将其列为强制性条文。

9.2 陆域作业

9.2.1～9.2.4 条文强调操作程序的正确性，避免作业人员因误操作而导致仪器设备损毁和发生人员伤亡等安全生产事故。还考虑了配电设施及用电设备的安全使用和应采取的安全生产防护措施。一般情况下，仪器设备安全用电应符合下列要求：

(1)野外作业用电在保证观测精度的前提下，应采用低电压；

(2)遇雷电天气时，应停止作业并将仪器与供电电源断开；

(3)使用干电池供电电源时，应注意电池极性，严防接错损毁仪器设备；并应防止电解液溅出烧伤作业人员。

9.2.5 电缆和导线是工程物探作业主要辅助设备之一，电缆、导线的正确使用与否关系到生产安全，条文根据不同工作电压条件规定了电缆、导线的绝缘电阻值范围，并对作业过程中如何正确使用作了详细规定。

9.2.6 针对电法作业过程中可能存在的不安全因素，规定了应采取的安全生产防护措施。这些安全生产防护措施除条文规定之外，还应包括以下内容：

(1)应建立测站与跑极人员之间的可靠联系，严格执行呼唤应答制度；

(2)供电过程中任何人均不得接触电极和供电电缆；

(3)当高压导线穿过居民区或道路时，应采取高架线路或派专人看守的办法，并在明显位置设置安全标志；

(4)测站必须采用橡胶垫板与大地绝缘，绝缘电阻不得小于 10MΩ；

(5)测站与跑极员应严格遵守跑极、收线、漏电检查等安全规定，测站在未得到跑极员通知时不得供电；

(6)应保持导线、线架处于干燥状态，严禁作业人员将潮湿导线背在身上直接供电。

9.2.7 条文针对地下进行管线探测作业过程可能存在危及安全生产等不安全因素作了规定。管线探测作业的主要危险来自于地下管线探测，也可参考现行行业标准《测绘作业人员安全规范》CH 1016 有关地下管线探测方面的安全生产规定。

9.2.8 地震法勘探作业的不安全因素主要来自于震源，有关震源方面的安全生产要求在本章的第 4 节作了专门的规定。有关爆炸物品的存储和安全生产管理工作，除要求应遵守现行国家标准《爆破安全规程》GB 6722 的有关规定外，还应符合本规范第 12 章的有关规定。

9.2.9 电磁法勘探作业主要包括瞬变电磁和探地雷达等，瞬变电磁法在作业过程中存在较多的不安全生产因素，牵涉到电源、发送、接收、控制等步骤，中大能量的瞬变电磁设备在瞬间产生的电流和电压很高，因此，针对该法的安全生产要求作了较详细的规定。

对于探地雷达勘探，当作业人员长时间使用 300MHz 以上天线进行作业时，应与天线保持一定的安全距离，避免遭受电磁辐射的伤害。由于缺乏可靠资料，因此，无法对安全距离作出明确的规定。希望各勘察单位在使用本规范过程中，注意积累这方面资料，以便于规范修改时进行补充。

9.3 水域作业

9.3.1 水域工程物探是水域勘察的组成部分，因此，在水域进行工程物探作业应注意的安全生产问题除本章有规定外，尚应符合本规范第 6 章的有关规定。水域工程物探作业能否做到安全生产，除了作业人员的技术素质外，作业船舶和作业交通工具选择的合理性也是保证其安全生产的一个主要因素。如果作业船舶发生安全生产事故，将会造成重大人身伤亡。所以规范要求在实施水域勘察作业前，勘察单位应对作业船舶或作业工具(平台)的选择给予足够的重视。在海上或江上作业，一般作业船舶的长度不应小于12m，吨位不得小于15t，功率不小于24匹马力。

根据水域不同工程物探方法的作业程序，分别对作业前仪器设备的准备工作、作业过程中应注意的主要安全生产事项以及可能出现危及安全生产的事故处理方法，作业结束后收放电缆时应采取的安全生产措施等作出规定。

9.3.2 条文对爆炸作业船与其他作业船(量测船)之间的拖挂方式，位置及安全生产防护等作出规定。考虑海上安全生产作业的需要，要求爆炸作业船与其他作业船之间应保持一定的安全距离，并不得少于100m。因为海上作业经常会遇上大风、大浪天气，从安全生产角度出发，保证有一定的安全距离是必需的。如果作业区是位于江、河、湖、溪等地表水域，由于相对风平浪静，爆炸作业船与其他作业船之间的最小安全距离可根据具体情况而定。当水域作业的炸药量大于10kg时，爆炸作业船与爆炸点的安全距离可按以下公式估算：

$$R=15\sqrt{Q} \tag{1}$$

式中：Q——一次爆炸的炸药量(kg)；

R——最小安全距离(m)。

9.3.3 电火花震源会产生瞬间高电压，如发生漏电事故有可能导致机毁人亡的安全生产事故，因此，要求船上作业设备和作业人员应佩戴绝缘防护用品和配置绝缘防护设施。同时，要求在作业过程中应经常检查船上电缆的绝缘程度。

9.3.4 采用机械式震源船，应注意作业过程中不断经受连续冲击，船体可能造成破损、漏水等导致震源船沉没。所以，规定震源船严禁载人，并且不得带故障作业，以免因安全生产事故导致人身伤亡事故发生。

9.3.5 水域工程物探除了经常使用的地震勘探方法外，还有电法、电磁法等勘探手段。当采用电法进行勘探作业时，危及作业安全的危险主要来自于作业船上探测设备和导线的绝缘程度、作业船舶的完好性(不漏水)和作业人员绝缘防护用品的配备等。防止漏水、漏电是保证水域工程物探安全生产作业的基本任务。

9.3.6 该条文直接引用现行国家标准《爆破安全规程》GB 6722第5.7.9条。要求装药点距水面应有一定的安全距离，主要是防止起爆后被炸飞的砂石伤及作业人员。确定安全距离应根据装药量、水的深浅程度、目标层(目的物)的埋藏深度等综合考虑。

9.4 人工震源

9.4.1 现行国家标准《爆破安全规程》GB 6722对爆炸物品的运输、存放、管理、使用以及作业人员从业条件等均作了详细的规定，能够满足一般民用爆炸工程作业安全。条文除了规定工程物探采用爆炸震源作业应执行现行国家标准《爆破安全规程》GB 6722和现行国家标准《地震勘探爆炸安全规程》GB 12950的有关规定外，还针对其作业特点作了补充性规定。

1 爆炸安全范围(直径)大小一般与药量大小、炸药类型、爆炸点的地形、地质条件有关；

3 本款是为了防止电磁或射频电源干扰，可能导致提前起爆造成安全生产事故而作出的规定。

9.4.2 虽然工程物探采用爆炸震源的用药量和爆炸当量均较小，但由于其作业点大部分位于地表，稍有不慎就可能酿成安全生产事故。考虑到爆炸作业的危险性，从安全生产角度出发，条文强调了爆炸作业统一指挥的必要性，对统一指挥的具体方式作了规定。

9.4.3 对在作业过程中出现拒爆现象时应采取的安全防护措施，以及在检查拒爆原因时应注意的安全事项作了详细规定。要求进行拒爆原因检查时，负责爆炸作业的负责人必须在现场进行指导。检查拒爆原因时应注意以下要点：

(1)当爆炸回路是通路时，应检查雷管是否错接在计时线上，爆炸回路是否短路或漏电；

(2)当爆炸回路是断路时，应检查雷管与爆炸线连接是否脱落、爆炸线是否断路。

9.4.4 在作业过程中出现瞎炮是常见到的事，但在处理瞎炮时一定要谨慎小心、规范作业，不得凭经验随意处置，否则将很容易发生安全生产事故。条文对坑炮、水炮和井炮三种瞎炮形式的处理方法作出了规定。处理瞎炮时，负责爆炸作业的负责人必须在现场进行指导。坑炮、水炮和井炮系指炸药放置的环境(炮点)如土石坑中、水中或井中。

9.4.5 根据现行国家标准《爆破安全规程》GB 6722的有关规定，并参考了一些其他行业标准，结合生产实际情况，条文对采用爆炸作业方式的适用条件作出了明确规定。

9.4.6 采用非爆炸冲击震源作业时的不安全生产因素主要来自于机械设备方面，防范这一不安全生产因素主要取决于机械设备的完好程度和作业人员是否按规操作。条文还要求作业过程中非操作人员应与震源保持足够的安全距离，以免发生意外。

9.4.7 采用电火花震源作业时，瞬间会产生较高的电压和电流，所以作业仪器设备应有良好的接地和剩余电流动作保护装置。作业仪器设备和作业人员的绝缘防护措施应落实到位，并对控制放电作业安全作了具体规定。

9.4.8 使用气枪震源最大的不安全因素是作业时会产生很大的高压气流。气枪震源对设备的安全性能要求高，危险性也较大。因此，规定采用气枪震源时应编制专项作业方案，作业过程中不得将枪口朝着有人的地方，并应设定一定的安全距离，在安全距离内严禁人员进入，以防发生安全生产事故。有关气枪震源的使用可参照现行行业标准《气枪震源使用技术规范》SY/T 6156的有关规定执行。

10 勘察设备

10.1 一般规定

10.1.1 任何机械设备、仪器的使用范围都有一定限度，在其使用说明书中均有明确规定。超过限度或不按照说明书规定操作，会造成仪器、设备出现故障、损毁或人身伤亡的安全生产事故。

10.1.2 由于机械设备上的安全防护装置能够及时预报机械的安全状态、防止安全生产事故发生、保证设备安全运行和作业人员的人身安全，所以严禁使用安全装置有故障或不完整的勘察设备。

10.1.3 勘察设备中钻探机组的重量最大，它对地基承载力的要求与勘探深度有关。一般情况下，将勘探设备基台构件安装在经修整的勘察场地都能满足对地基承载力的要求。如果是软土地基可采用加宽基台构件，增加与场地的接触面来满足要求。条文强调的加固措施主要是指钻塔的任一脚腿置于局部填方或软弱土层时，应采用砌筑或混凝土构件进行加固。桅杆式或“A”字型钻塔着力点集中、塔基压应力也大，如场地软硬不均容易发生钻塔倒塌事故，因此，要求桅杆式或“A”字型钻塔的基础应坚实牢固。

10.1.4 采用人力搬运设备时，要求应由专人统一指挥主要是为了协调统一，达到人机配合协调，防止发生扭伤、压伤、碰伤等安全生产事故。

10.1.5 本条说明如下：

1 基台构件包括基台枕(指横向铺设在地盘上的基台构件)和基台梁(指纵向铺设在基台枕上的基台构件)。基台构件可以是木材或型钢，也可以用钢筋混凝土构件作地梁，但强度必须满足要求。

10.1.6 本条说明如下：

2 由于采用汽车运输勘察设备时经常出现人货混装的现象，容易发生人身伤害事故。因此，条文对此类装卸作业作出严格规定。除此之外，汽车运输还应遵守道路交通管理法规的有关规定；

3 移动勘察设备，使用起重机械吊装时应遵守下列规定：

(1)汽车运输、起重机械操作人员应持证上岗；

(2)起吊时应发出信号，起吊物下方严禁人员停留或穿引；严禁人员随起吊物件起吊或降落；

(3)起吊时，应先行试吊，确认物品重心稳定，绑扎牢靠后方可正式起吊；

(4)严禁用吊钩直接吊挂勘察设备；

(5)恶劣天气时段，如大雨、暴雨、大雪、大雾时，不得实施吊装作业。夜间作业应有足够照明。

10.1.7 机械外露转动部位主要指皮带传动系统、齿轮传动系统、联轴器传动系统和钻机回转器等部位。而皮带传动系统系指平皮带或三角皮带传动系统。

10.1.8 勘察设备出现异常情况系指冲击声、震动、晃动或位移等现象。变速箱轴承部位、齿轮箱转动部件、摩擦部件或机身温度有无超过60℃及冒火、冒浓烟或气味不正常等现象，仪表指示值、功率和排量等异常，安全装置失灵，冷却水中断或过热现象。不同设备反映的异常情况会有所差别，但都是反映设备发生故障，需要检查排除后才能继续使用，否则将会使小故障加剧最终酿成重大安全生产事故。

10.1.9 作业过程中如果不停机换档，不但换档困难而且容易造成齿轮损坏等安全生产事故。

10.2 钻探设备

10.2.1 钻探机组指钻机、泥浆泵、动力机以及钻塔等配套组合的钻探设备。

钻探机组整体迁移是指未将钻塔落下进行的钻探机组整体迁移，或是利用钻塔边迁移钻探设备、边用人力移动塔腿的方式进行的钻孔间迁移。条文规定严禁钻探机组进行整体迁移，主要是根据安全生产事故案例调查中发现因钻探机组进行整体迁移酿成的人身伤亡的安全生产事故不少，编制组认为钻探机组迁移作业应严格规范，才能保证安全生产。

鉴于该条文对保护勘察作业人员的人身安全具有重要意义，因此将其列为强制性条文。

10.2.2 钻塔系指升降作业和钻进时悬挂钻具、管材的构架。有桅杆式钻塔、“A”字型钻塔、三脚钻塔和四脚钻塔。

1 钻机卷扬机的最大起重量亦称最大提升力。条文要求钻塔的额定负荷量应大于钻机卷扬机的最大提升力，目的是防止钻塔超负荷作业可能导致的安全生产事故；

2 钻塔天车设置过卷扬防护装置的目的是防止提拉提引器时可能翻过天车导致人身伤亡事故；

3 如果升降系统带有游动滑轮，则“钻塔天车轮前缘切点”应为“钻塔天车轮轴中心”，“同一轴线”亦称“同一中心线”；

4 钻塔安装和拆卸(亦称钻塔起落)主要采用整体和分节建立法。钻塔起落范围系指整体安装和拆卸时钻塔塔腿的起落范围，或是采用分节建立法时钻塔构件的起落范围；

5 钻探设备通过机架用螺栓与基台牢固连接，钻塔塔腿压住基台构件(基石枕或基台梁，最好压住基台梁)并与基台构件连接。塔腿与基台连接方式主要有插销、栓钉插接和螺栓连接。这些连接方法除上述作用外，还可以防止塔腿在受力时移位可能产生的倒塌等安全生产事故；

6 钻塔、钻机通过基台构成一个完整的受力体系，从而使卷扬机实施升降作业。因此，不得随意在钻塔构件上打眼或进行改装，以免受力体系受到破坏而降低了钻探设备的整体强度。

8 人字钻塔和三脚钻塔一般多采用整体安装方法，即在地面上先把钻塔构件连接好，然后使用钻机卷扬机或人力将钻塔整体竖立起来并定位牢固；拆卸时则相反。不管是安装还是拆卸均应在地面作业，这样既安全又可减轻作业人员的劳动强度，有利于安全生产作业。钻塔起落时，作业人员应远离钻塔起落范围，并应有专人控制索引绳和观察钻塔起落动向，防止发生倒塔安全生产事故。

10.2.4 本条说明如下：

3 规定泥浆泵不得长时间超过规定压力下运转，主要是指泥浆泵的泵压不得超过铭牌规定的泵压值。此外，在钻进过程中，泵压表反映的泵压过大说明钻孔有异常，应及时进行处理，不得强行高泵压钻进，否则将会酿成安全生产事故。

10.2.5 本条说明如下：

1 启动柴油机最大的危险源来自摇把脱手或是未能将摇把及时抽出，以及拉绳缠绕在手上等伤及作业人员的安全生产事故。用手摇柄或拉绳启动柴油机，还很容易发生摇把反转伤及作业人员的安全生产事故，操作时应予以注意；

2 用冷水注入水箱或泼浇机体，会使高温的水箱和机体因骤冷产生破裂而损坏；

3 当柴油机温度过高使冷却水沸腾时，开盖时要戴上防烫手套等劳动防护用品，以避免被烫伤；

4 柴油机“飞车”是指柴油机正常运转时转速突然加快。发生这种事故最有效的排除方法是迅速堵塞进气通道，阻止空气进入燃油系统；而采用关闭输油管阀门的方法，无助于迅速排除飞车故障。

10.3 勘察辅助设备

10.3.1 当数台离心水泵并列安装时，扬程宜相同，每台之间应保持0.8m～1.0m的距离；串联安装时，流量应相同。

运转中发现漏水、漏气、填料发热、底阀滤网堵塞、运转声音异常、电动机温升过高、电流突然增大、机械零件松动或其他故障时，应立即停机检修。停止作业时，应先关闭压力表，再关闭出水阀，然后切断电源。冬季使用时，应将各放水阀打开，放净水泵和水管中的积水。

10.3.2 本条说明如下：

1 由于潜水泵是在水中工作，其电动机对绝缘程度要求较高，长时间使用需要定期测定其绝缘电阻值。如果绝缘电阻值低于0.5MΩ，说明电动机受潮，必须旋开放气封口塞，检查定子绕阻是否有水或油，若有水或油时，必须放尽并经烘干后方可使用；

为了保证潜水泵电动机的绝缘程度，除了应装设保护接零或剩余电流动作保护装置外，还应定期测定其绝缘电阻值；

3 潜水泵的电动机和泵都是安装在密封的泵体内，高速运转的热量需要水冷却。因此，不能在水外运转时间过长。

10.3.3 本条说明如下：

1 该条款主要是为了降低储气罐温度，提高储存压缩开启质量，远离热源和高温，保证压力容器安全；

2 要求移动式空气压缩机的拖车应有接地保护，目的是防止因电动机绝缘保护遭损坏而导致作业人员发生触电等安全生产事故；

3 要求输气管路应避免急弯，主要是为了减少输气的阻力，增加输气管路的安全系数；

4 规定输送压缩空气时不得将出气口对准有人的地方，主要是因为压缩空气的压强大，如果不小心直接吹向人体会容易造成人身伤害事故，所以应特别注意送气过程的安全操作程序，防止压缩空气外泄伤人；

5 储气罐安全阀是限制储气罐内压力不超过铭牌规定值的安全保护装置，要求灵敏有效且在检定期内。出气温度应在40℃～80℃之间。

10.3.4 本条说明如下：

3 焊接导线要有适当的长度，二次侧电缆一般以20m～30m

为宜，过短不利于操作，过长会增大供电动力线路压降；规定不得利用金属构件或钢筋混凝土中的钢筋搭接形成焊接回路代替二次侧的地线，主要是防止发生触电伤人事故。

11 勘察用电和用电设备

11.1 一般规定

11.1.1 由于勘察现场作业条件与供电条件受现场诸多因素制约，与规范要求的安全作业条件经常有一定的差距，因此，勘察现场作业临时用电必须根据现场条件编制临时用电方案。用电设备的数量、种类、分布和计算负荷大小与用电安全有关。当勘察现场用电设备数量达5台以上时，应根据作业程序、合同工期等进行合理地调配供用电，直到满足安全生产用电为止；当勘察现场用电设备少于5台时，由于用电量小，可以在编制勘察纲要时制定符合规范要求的临时用电安全技术措施，并与勘察纲要一起审批。

临时用电设施架设完毕后，应由供电部门或勘察单位负责安全生产的管理部门组织内部验收后方可投入使用。

11.1.2 条文参考了现行行业标准《施工现场临时用电安全技术规范》JGJ 46—2005的有关规定，并将施工现场用电系统三项基本安全技术原则作为勘察用电安全的技术依据，充分体现了勘察与施工露天作业安全用电的一致性和连续性。条文规定勘察作业现场不管采用何种接地系统，低压配电级数不宜超过三级，否则会给开关整定的选择性动作带来困难，并且也无法将故障的停电范围限定在最小的区域内。同时，也对配电线路需要装设安全保护装置的种类作了规定，要求各种安全保护装置的动作整定值均需要考虑级间的协调配合。条文中的中性点系指三相电源作Y(星形)连接时的公共连接端。

11.1.3 本条是根据现行国家标准《用电安全导则》GB/T 13869有关禁止非电工人员从事电工工作的有关规定制定的。电工作业是一种危险性较大的特殊工种，必须经培训考核合格后方可持证上岗作业。许多勘察单位由于对从业人员进行安全用电教育不够或未有效执行安全用电方面的规章制度，发生了许多因用电不慎造成的触电人身伤亡安全生产事故和电器火灾安全生产事故。为了保证供、用电作业安全，规定供、用电设备的安装和拆除，必须由持证上岗的电工进行作业，并且严禁带电作业。供、用电作业应符合以下要求：

(1)即使是持证电工也不得带电作业；

(2)供、用电设施使用完毕后或发生故障时，均应由持证上岗的电工切断电源后方可进行供、用电设施拆除作业或查找故障原因和排除故障。

鉴于该条文在勘察作业安全用电方面的重要性，因此，将其列为强制性条文。

11.1.4 用电设备系指将电能转化为其他形式非电能的电气设备，如电动机、电焊机、灯具、电动工具、电动机械等。用电安全装置也称保护装置，系指保护用电设备、线路及其人身安全的相关电气设施，如断路器、剩余电流动作保护装置(漏电保护器)等。根据现行国家标准《用电安全导则》GB/T 13869、《建设工程施工现场供用电安全规范》GB 50194和现行行业标准《施工现场临时用电安全技术规范》JGJ 46、《民用建筑电气设计规范》JGJ 16的有关规定，用电设备及其用电安全装置应符合上述标准的有关规定，凡国家规定需强制认证的电气产品应取得国家认证后方可使用。

11.1.5 从加强安全用电管理的角度出发，参照现行国家标准《建设工程施工现场供用电安全规范》GB 50194和现行行业标准《施工现场临时用电安全技术规范》JGJ 46的有关规定，并结合岩土工程勘察作用现场的实际情况，电气装置发生超载、短路和失压等故障时，会通过自动开关跳闸，切断电源，保护串接在其后的用电设备。如果在故障未排除之前强行供电，自动开关将失去保护作用而烧坏用电设备。

11.1.6 根据现行国家标准《用电安全导则》GB/T 13869和现行国家标准《建设工程施工现场供用电安全规范》GB 50194的有关规定，结合勘察现场作业实际情况制定了该条文。条文中规定的停用1h，系指包含午休、下班和局部停工1h以上。当出现这种情况时，应将动力开关箱断电并上锁，以防止设备被误启动。

11.2 勘察现场临时用电

11.2.1 由于勘察作业场地一般均未经整平、整理，经常有块石、碎砖、固体垃圾等堆放在场地内，而且还经常有多个施工单位、多个工种同时交叉作业，从作业安全防护的角度出发，建议尽可能使用电缆线路。有关电缆敷设、线路架设等方面的详细规定可参阅现行国家标准《建设工程施工现场供用电安全规范》GB 50194的有关内容。

电缆类型应符合现行国家标准《电力工程电缆设计规范》GB 50217及《额定电压450/750V及以下聚氯乙烯绝缘电缆　第1部分：一般要求》GB 5023.1和《额定电压450/750V及以下橡皮绝缘电缆　第1部分：一般要求》GB 5013.1中关于电缆芯线数的规定，即：

(1)电缆中必须包含全部工作芯线和用作保护零线或保护线的芯线；

(2)三相四线制配电的电缆线路必须采用五芯电缆；五芯电缆必须包含淡蓝、绿/黄二种颜色绝缘芯线。淡蓝色芯线必须用作N线；绿/黄双色芯线必须用作PE线，严禁混用。

(3)三相三线时，应选用四芯电缆；

(4)当三相用电设备中配置有单相用电器具时，应选用五芯电缆；

(5)单相二线时应选用三芯电缆。

要求供电电缆采用多芯电缆，避免多根电缆对同一用电设备供电，并要求多芯供电电缆的其中一芯为专用PE线，供用电设备作保护接地。

11.2.2 本条文主要参考了现行标准《建设工程施工现场供用电安全规范》GB 50194、《电力工程电缆设计规范》GB 50217 和《低压配电设计规范》GB 50054 的有关规定，结合岩土工程勘察现场实际作业环境制定。

由于勘察作业现场经常碰到其他施工单位进行开挖或回填作业，为防止电缆被挖断或碰伤，所以要求供电电缆应沿道路路边或建筑物边缘埋设，并宜沿直线敷设。为便于查找、维修和保护电缆，要求转弯处和直线段每隔 20m 应设置电缆走向标志。

为了不妨碍正常作业和人员行走，规定了电缆的架设高度，对直埋电缆规定了最小埋置深度。电缆直埋时，要求电缆之间、电缆与其他管道、道路、建筑物等之间平行和交叉时的最小安全距离应符合现行国家标准《建设工程施工现场供用电安全规范》GB 50194 中表 3.3.5 的规定。

11.2.3 本条主要参考了现行行业标准《施工现场临时用电安全技术规范》JGJ 46 的有关规定，结合勘察现场作业特点制定。

1 TN 系统为最常用的接地系统，该系统供电回路如发生故障，其故障电流较大，用断路器、熔断器、剩余电流动作保护装置等保护电气来切断故障回路，该系统容易设置与整定；

2 同一供电系统宜采用同一种接地方式。当现场供电条件为 TT 系统时，则勘察作业现场也宜采用 TT 系统。该系统的接地故障电流较小，必须在每一回路上装设瞬动型剩余电流动作保护装置。由于 TT 系统的接地极与外电线路供电系统的接地极无关，可防止别处设备的故障电压沿接地线传导至勘察现场的电气设备外壳上可能引发的电击安全生产事故；

此外，N 线与 PE 线单独敷设后如有电气连接，PE 导体可能会有电流通过，使 PE 导体的电位提高，危及人身安全，并可能使剩余电流动作保护装置误动作，因此要保证 N 线与 PE 线电气上的隔离；

供电回路正常时，N 线与火线均有电流通过，其总电流矢量和为零，因此，为了保证剩余电流动作保护装置可靠动作，工作零线(N 线)必须接入剩余电流动作保护装置；

3 利用大地或动力设备的金属结构体作相线或工作零线时，会使保护装置的相线回路阻抗增大，短路电流不够大，不能确保保护装置迅速灵敏的动作，加大了遭受触电的危险；并且使作业现场的剩余电流动作保护装置无法正常运行，无法实现三级配电两级漏电保护；

根据现行国家标准《用电安全导则》GB/T 13869 的有关规定，相线系指三相电源(发电机或变压器)的三个独立电源端引出的三条电源线，L_1、L_2、L_3 或 A、B、C 表示，又称端线，俗称火线；

4 供电系统装设 PE 导体起到预防人身遭受电击的作用，所以必须保证其畅通，不允许装设开关和熔断器。PE 线最小截面应符合现行国家标准《低压配电设计规范》GB 50054 和《建设工程施工现场供用电安全规范》GB 50194 的有关规定，目的是确保在发生接地故障时，能满足热稳定的要求；

一般情况下，配电装置和电动机械相联接的 PE 线应为截面不小于 2.5mm^2 的绝缘多股线；手持式电动工具的 PE 线应为截面不小于 1.5mm^2 的绝缘多股铜线；

5 根据现行国家标准《系统接地的型式及安全技术要求》GB 14050 的有关规定，本条款对 TN 系统保护零线重复接地、重复接地电阻值的规定是考虑到一旦 PE 线发生断线，而其后的电气设备和导体与保护导体(或设备外露可导电部分)又发生短路或漏电时，降低保护导体对地电压并保证系统所设的保护电器应在规定的时间内切断电源。重复接地的目的，在于减少设备外壳带电时的对地电压；

6 为了保证保护地线或保护零线不会因为接触不良或断线使之失去保护而作出的强制性规定。如果随意将保护线缠绕或钩挂，无法做到可靠连接，一旦电气设备绝缘损坏时，将会导致其外壳带电，威胁作业人员的人身安全；

每一接地装置的接地线应采用 2 根及以上导体，在不同点与接地体做电气连接。不得采用铝导体作接地体或地下接地线。垂直接地体宜采用角钢、钢管或光面圆钢，不得采用螺纹钢；

7 利用自然接地体具有施工方便、接地可靠和节约材料等优点，在土壤电阻率较低的地区，可利用自然接地体不需另作人工接地保护。利用自然接地体作保护地线时应符合下列要求：

(1)保证其全长为完好的电气通路；

(2)利用串联的金属构件作接地保护地线时，应在金属构件之间的串联部位焊接金属连接线，其截面不得小于 100mm^2。

11.2.4 为了降低三相低压配电系统的不对称性和电压偏差，保证用电的电能质量，配电系统应尽可能做到三相负荷平衡。当单相照明线路电流大于 30A 时，宜采用 220V/380V 三相四线制供电。

要求照明和动力开关箱应分别设置，主要是确保照明用电安全，不会因动力线路故障而影响照明，导致安全生产事故。

11.2.5 勘察作业现场开关箱应采用“一机、一闸、一漏、一箱”制原则，以防止发生误操作事故。条文中的用电设备包含插座。

鉴于该条文在勘察作业安全用电方面的重要性，将其列为强制性条文。

11.2.6 根据现行国家标准《用电安全导则》GB/T 13869 和《建设工程施工现场供用电安全规范》GB 50194 的有关规定，结合勘察现场作业实际情况，为保障配电箱、开关箱使用时的安全性和可靠性，对其装设位置的环境条件作出相应的限制性规定。

11.2.7 考虑便于操作维修，防止地面杂物、溅水危害，适应勘察现场作业环境，对配电箱和开关箱的设置高度作出规定。

11.2.8 条文内容是根据现行国家标准《用电安全导则》GB/T 13869 的有关规定并参考现行行业标准《施工现场临时用电安全技术规范》JGJ 46 的有关要求而制定的，目的是保障配电箱、开关箱正常的电器功能配置和保护配电箱、开关箱进出线及其接头不被破坏。

11.2.9 本条是根据现行国家标准《用电安全导则》GB/T 13869 关于“适应施工现场露天作业条件”的规定制定的，严禁电源进线采用插头和插座做活动连接，主要是防止插头被触碰带电脱落时可能造成的意外短路和人体触电遭受伤害的安全生产事故。

11.2.10 根据现行国家标准《用电安全导则》GB/T 13869 的有关规定，考虑到勘察现场作业实际环境条件，为保障配电箱、开关箱使用和维修安全所作的规定。其中，定期检查、维修周期不宜超过一个月。配电箱、开关箱操作程序应符合下列规定：

(1)送电操作顺序：总配电箱⇒分配电箱⇒开关箱；

(2)停电操作顺序：开关箱⇒分配电箱⇒总配电箱。

出现电气故障等紧急情况可以除外。

11.2.11 本条符合现行国家标准《低压配电设计规范》GB 50054、《通用用电设备配电设计规范》GB 50055 及《剩余电流动作保护装置安装和运行》GB 13955 的有关规定，适用于用电设备的电源隔离和短路、过载、漏电保护需要。当熔断器具有可见分断点时，可不另设隔离开关。开关箱中的隔离开关仅可以直接控制照明电路和容量不大于 3.0kW 的动力电路，但不可以频繁操作；容量大于 3.0kW 的动力电路采用断路器控制，操作频繁时还应附设接触器或其他启动控制装置。当剩余电流动作保护装置是同时具有短路、过载、漏电保护功能的漏电断路器时，可不装设断路器或熔断器。

常用电动机开关箱中的电器规格可按现行行业标准《施工现场临时用电安全技术规范》JGJ 46 附录 C 选用。

11.2.12 剩余电流动作保护装置简称剩余电流保护装置，亦称漏电保护器。剩余电流动作保护装置的选择、安装、运行和管理应符合现行国家标准《剩余电流动作保护器的一般要求》GB 6829 和《剩余电流动作保护装置安装和运行》GB 13955 的有关规定。

1 本款引自《施工现场临时用电安全技术规范》JGJ 46 的有关规定。安全界限值 30mA 主要引自于现行国家标准《电流通过

人体的效应　第一部分：常用部分》GB/T 13870.1 中图 1(15～100Hz 正弦交流电的时间/电流效应区域的划分)；

2　由于临时用电系统的剩余电流动作保护装置主要是为了防止人体间接触电可能造成伤害，根据现行国家标准《剩余电流动作保护器的一般要求》GB 6829 的有关要求，选择的剩余电流动作保护装置应是高速、高灵敏度、电流动作型产品；潮湿或腐蚀场所选用的剩余电流动作保护装置的结构应符合现行国家标准《外壳防护等级(IP 代码)》GB 4208 的防溅型电器；

3　剩余电流动作保护装置产品分为电子式和电磁式。当选用电子式剩余电流动作保护装置产品，根据电子元器件有效工作寿命要求，工作年限一般为 6 年；超过规定年限应进行全面检测，根据检测结果决定可否继续运行。同时，当选用辅助电源故障时不能自动断开的辅助电源型(电子式)产品，还要同时设置缺相保护；根据岩土工程勘察临时用电工程间断性特点作此选择性规定。

勘察现场根据实际情况装设二至三级剩余电流动作保护装置，构成二级或三级保护系统。各级剩余电流动作保护装置的主回路额定电流值、额定剩余动作值、电流值与动作时间应满足选择性的要求。

勘察现场电气线路易受损伤而发生接地故障，装设二至三级剩余电流动作保护装置可起到防止间接接触电击事故和电气火灾事故以及缩小事故范围的作用。

装于末端用于直接接触电击事故防护的剩余电流动作保护装置应选用无延时型产品，其额定漏电动作电流不应大于 30mA。剩余电流动作保护装置每天使用前应启动漏电试验按钮试跳一次，试跳不正常时严禁继续使用。

11.2.13　根据现行国家标准《建设工程施工现场供用电安全规范》GB 50194 和现行行业标准《施工现场临时用电安全技术规范》JGJ 46 的有关规定，照明器具的选择必须按下列环境条件确定：

(1)正常湿度一般场所，选用开启式照明器；

(2)潮湿或特别潮湿场所，选用密闭型防水照明器或配有防水灯头的开启式照明器；

(3)含有大量尘埃但无爆炸和火灾危险的场所，选用防尘型照明器；

(4)有爆炸和火灾危险的场所，按危险场所等级选用防爆型照明器；

(5)存在较强振动的场所，选用防振型照明器；

(6)有酸、碱等强腐蚀介质场所，选用耐酸碱型照明器。

11.2.14　由于岩土工程勘察经常是在一种较潮湿的环境中作业，所以条文规定其接触电压限值为 24V，因此，特低电压回路不应采用我国常用的 36V 电压，而应采用 24V 或 12V 电压。

参考现行国家标准《建设工程施工现场供用电安全规范》GB 50194 的有关规定，当环境相对湿度经常小于 75%时为一般场所，当环境相对湿度经常大于 75%时为潮湿环境，环境相对湿度接近 100%时为特别潮湿环境。

在特别潮湿环境，电气设备、电缆、导线等，应选用封闭型或防潮型；电气设备金属外壳、金属构架和管道均应接地良好；移动式和手提式电动工具，应加装剩余电流动作保护装置或选用双重绝缘设备；行灯电压不得超过 12V。

在潮湿环境，不应带电作业，一般作业应穿绝缘靴或站在绝缘台上。

一般场所，相关开关箱中剩余电流动作保护装置应采用防溅型产品，其规定漏电动作电流不应大于 30mA，额定漏电动作时间不应大于 0.1s。

11.2.15　由于恶劣天气易发生断线、电气设备损坏、绝缘度降低等事故，所以应加强作业现场临时用电设施的巡视和检查；为了保护巡视和检查人员的人身安全，防止发生触电等人身安全事故，要求巡视时应穿戴好个人安全防护用品。

11.2.16　要求及时拆除临时用电设施和设备，主要是从保护人身安全、防止设备和器材丢失的角度出发而作出的规定。

11.3　用电设备维护与使用

11.3.1　新购买或经过大修的用电设备，需要经过测试，验证其性能和适用性。由于新装配的零部件表面咬合程度较差，需要经过磨合，以达到各部件表面的良好接触，如果未达到磨合期满就满负荷使用，会引起黏附磨损而造成安全生产事故。

11.3.2　用电设备负荷线的性能应符合现行国家标准《额定电压 450/750V 及以下橡皮绝缘电缆》GB 5013 中第一部分(一般要求)和第四部分(软线和软电缆)的要求；其截面可参照现行行业标准《施工现场临时用电安全技术规范》JGJ 46 附录 C 的有关要求选配。

电缆芯线数应根据负荷及其控制电器的相数和线数确定：三相四线时，应选用五芯电缆；三相三线时，应选用四芯电缆；当三相用电设备中配置有单相用电器时，应选用五芯电缆；单相二线时，应选用三芯电缆。

11.3.3　本条说明如下：

6　本款引自《电气装置安装工程旋转电机施工及验收规范》GB 50170。

11.3.4　本条说明如下：

2　排烟管在机房外垂直敷设的管段，距机房墙小于 1m 或高出机房屋檐的管段低于 1m 时，高温的烟气容易飘进机房与油气混合产生易燃气体或污染机房的空气；

3　要求供电系统设置电源隔离开关及短路、过载、剩余电流动作保护装置，目的是强调勘察现场临时用电系统安全的一致性；

5　要求移动式发电机系统接地应按现行行业标准《民用建筑电气设计规范》JGJ 16 和《施工现场临时用电安全技术规范》JGJ 46 的有关规定执行。

11.3.5　规定发电机电源与外电线路的电气隔离措施，目的是为了保证发电机组不会因外电线路并列运行而发生倒送电，造成发电机组烧毁安全生产事故。

11.3.6　本条说明如下：

1　Ⅰ类工具的防止触电保护不仅依靠工具的基本绝缘，而且还包括一个保护接零或接地的安全预防措施，使外露可导电部分在基本绝缘损坏的事故中不能成为导电体；

Ⅱ类工具的防止触电保护不仅依靠基本绝缘，而且还提供附加的双重绝缘或加强绝缘，没有保护接零或接地或不依赖设备安装条件的措施，外壳的明显部位有Ⅱ类结构“回”标志。Ⅱ类工具分为绝缘材料外壳Ⅱ类工具和金属外壳Ⅱ类工具；绝缘材料外壳的手持式电动工具怕受压、受潮和腐蚀；

Ⅲ类工具防触电保护依靠安全特低电压供电，工具中不会产生比安全特低电压高的电压。

4　主要是为了防止机具长时间使用发生故障，同时也是为了延长机具使用寿命而要求采取的安全防护措施；

5　手持电动工具是依靠操作人员的手来控制，如果运行中的机具失去控制会损坏工件和机具，甚至危及人身安全。

11.3.7　手持砂轮机转速一般在 10000r/min 以上，所以必须对砂轮的质量和安装提出严格要求，以保证作业安全。

12　防火、防雷、防爆、防毒、防尘和作业环境保护

12.1　一般规定

12.1.1　国家《危险化学品安全管理条例》对危险品的采购、运输、存储、使用和处置均有明确规定。

采购、运输、存储、使用和处置危险品的人员必须经过相关专业安全教育培训，了解不同危险品的化学、物理性质，取得资格证书后方可从事本项工作。

鉴于该条文在勘察作业方面的重要性，将其列为强制性条文。

12.1.2　现行国家标准《安全标志》GB 2894 对不同的安全标志作了规定。安全标志分为禁止标志、警告标志、指令标志和提示标志四类。禁止标志的含义是禁止人们的不安全行为；警告标志的基本含义是提醒人们对周围环境引起注意，以避免可能发生危险；指令标志的含义是强制人们必须做出某种动作或采用防范措施；提示标志的含义是向人们提供某种信息。

12.2　危险品储存和使用

12.2.1　对产生碰撞、相互接触容易燃烧、爆炸、发生化学反应的危险品不得混放，危险品的使用应严格遵守相关安全操作规程的有关规定。

12.2.2　为防止危险品流失，建立严格的使用登记记录是非常必要的，便于核查危险品的数量和去向。

12.2.4　使用后的危险品，尤其是废弃的化学试剂不得随意倾倒，由于不同化学试剂混合一起可能会发生化学反应，产生有毒、有害物质或燃烧、爆炸等。所以要求应分别收集存放。

12.2.5　要求使用腐蚀性药品如强酸、强碱及氧化剂等进行水、土试验时，不仅作业过程中要遵守条文的有关规定，而且还要满足安全操作规程和危险化学品安全管理条例的有关规定。

12.2.7　个别特殊试验项目，需要使用放射性试剂或放射源，使用时应严格遵守国家《放射性同位素与射线装置放射防护条例》的有关规定。国家对放射性物品的运输、储存、使用、管理等均有严格的规定，放射源和放射性试剂应放置在铅罩或铅室内由专人保管，放射源应由计量部门进行更换，严禁将放射源密封外壳打开，严禁人体直接接触。

鉴于该条文在勘察作业方面的重要性，因此，将其列为强制性条文。

12.3　防　　火

12.3.1　勘察作业现场临时用房包括勘察作业中使用的临时工棚、仓库、办公场所、试验室等设施，应按有关规定配置合格的灭火器材。灭火器材应放在合适位置，便于发生火灾时取用。

现行国家标准《建筑灭火器配置设计规范》GB 50140 第3.1.2条将灭火器配置场所的火灾种类划分为以下五类：

(1)A类火灾：指固体物质火灾。如木材、棉、毛、麻、纸张及其制品等燃烧的火灾；

(2)B类火灾指液体火灾或可熔化固体物质火灾。如汽油、煤油、柴油、原油、甲醇、乙醇、沥青、石蜡等燃烧的火灾；

(3)C类火灾：指气体火灾。如煤气、天然气、甲烷、乙烷、丙烷、氢气等燃烧的火灾；

(4)D类火灾：指金属火灾。如钾、钠、镁、钛、锆、锂、铝镁合金等燃烧的火灾；

(5)E类(带电)火灾：指带电物体的火灾。

勘察作业场所可能发生火灾的类型主要为 A、B、C、E 类。

上述规范第3.2.2条将民用建筑灭火器配置场所的危险等级划分为以下三级：

(1)严重危险级：使用性质重要，人员密集，用电用火多，可燃物多，起火后蔓延迅速，扑救困难，容易造成重大财产损失或人员群死群伤的场所；

(2)中危险级：使用性质较重要，人员较密集，用电用火较多，可燃物较多，起火后蔓延较迅速，扑救较难的场所；

(3)轻危险级：使用性质一般，人员不密集，用电用火较少，可燃物较少，起火后蔓延较缓慢，扑救较易的场所。

勘察作业现场灭火器材的配置数量可根据配置场所危险等级、灭火器最大保护距离等按现行国家标准《建筑灭火器配置设计规范》GB 50140 有关规定确定。对储存易燃、易爆物品的场所应严格按有关规定配置足够数量的灭火器材，如灭火器、集水桶、沙土等。

12.3.2、12.3.3　北方地区，冬季勘察作业现场临时住人用房取暖引发的火灾事故较多。主要表现为：随意采用明火取暖，明火点与易燃、易爆物没有保持足够的安全距离，在无安全防护措施条件下使用电热毯取暖等，所以冬季勘察作业取暖是主要的不安全生产因素。

12.3.5　林区、草区、化工厂、燃料厂等场所的有关管理部门或建设单位均有严格的防火规定，勘察作业人员进入上述厂、区勘察作业时，应严格遵守当地有关防火规定，服从和接受有关方面的监督和管理。

鉴于该条文在勘察作业方面的重要性，将其列为强制性条文。

12.3.6　不同易燃物品着火时，灭火方法不尽相同。现行国家标准《建筑灭火器配置设计规范》GB 50140 规定：A 类火灾场所应选择水型灭火器、磷酸铵盐干粉灭火器、泡沫灭火器或卤代烷灭火器；B 类火灾场所应选择泡沫灭火器、碳酸氢钠干粉灭火器、磷酸铵盐干粉灭火器、二氧化碳灭火器、灭 B 类火灾的水型灭火器或卤代烷灭火器，极性溶剂的 B 类火灾场所应选择抗溶性灭火器；C 类火灾场所应选择磷酸铵盐干粉灭火器、碳酸氢钠干粉灭火器、二氧化碳灭火器或卤代烷灭火器；D 类火灾场所应选择扑灭金属火灾的专用灭火器；E 类火灾场所应选择磷酸铵盐干粉灭火器、碳酸氢钠干粉灭火器、卤代烷灭火器或二氧化碳灭火器，不得选用装有金属喇叭喷筒的二氧化碳灭火器。因此，勘察作业现场不仅要配备足够相应的灭火器材，而且要对员工进行防火安全教育和培训，以免火灾发生时，采取不当措施导致严重后果。

12.3.7　可能产生沼气的地层主要是富含有机质的淤泥和生活垃圾填埋层。在这类地层分布区域勘探作业，应先清理场地及附近的可燃物，勘探过程中应注意观察有无气体逸出，并应提前采取相应的安全生产防护措施。当场地比较空旷，有沼气溢出时，可采用点火燃烧的方法进行简单处理，待火苗熄灭，沼气浓度符合要求后再重新进行作业。

12.3.9　进行焊接、切割作业前，应先将作业场地 10m 范围内所有易燃、易爆物品清理干净，并应注意作业环境中的地沟、下水道内有无可燃液体或可燃气体，以免焊渣、金属火星溅入引发火灾或爆炸等安全生产事故。

进行高空焊接、切割作业时，不得将使用后剩余的焊条头乱扔，应集中存放，并应在焊接、切割作业下方采取隔离防护措施。

12.4　防　　雷

12.4.1　在雷雨季节或易受雷击地区，当勘察作业现场在邻近建筑物、构筑物等设施的接闪器的保护范围以外时，钻塔上应设置防雷装置。防雷装置接闪器的保护范围系指按滚球法确定的保护范围。

滚球法：选择一个半径为 R 的球体，沿需要防止雷击的部位滚动，当球体只触及接闪器(包括被利用作为接闪器的金属物)或只触及接闪器和地面(包括与大地接触并能承受雷击的金属物)而不触及需要保护的部位时，则该部分就得到接闪器的保护，单支接

闪器的保护范围就可以确定。

12.4.2 防雷装置由接闪器、引下线和接地装置三部分组成。接闪器、引下线和接地装置宜用焊接方式连接，如用金属板以螺丝连接时，金属板的接触面积不得小于10cm²，接地电阻不得大于10Ω。接闪器、引下线和接地装置应分别符合下列要求：

(1)接闪器(避雷针)应高出塔顶1.5m以上，宜采用直径不小于25mm的圆钢或直径不小于38mm的焊接钢管制作，要求钢管壁厚不小于2.5mm；

(2)引下线宜采用圆钢或扁钢，当采用圆钢时，直径不应小于8mm。当采用扁钢时，截面不应小于48mm²，厚度不应小于4mm。引下线应穿绝缘管，确保与钻塔间的绝缘；

(3)接地装置一般由接地体和接地线两部分组成。有条件时，接地体应充分利用直接与大地接触而又符合要求的金属管道和金属井管作为自然接地体，无条件时可设置垂直式人工接地体。材料以采用角钢或钢管为宜，角钢厚度不应小于4mm，边长不应小于40mm；钢管壁厚不应小于3.5mm，直径不应小于25mm。数量不宜少于2根，每根长度不应小于2m。极间距离宜为长度的2倍。顶端距地面宜为0.5m～0.8m，也可以部分外露，但入地部分长度不应小于2m。如土壤电阻率高，不能满足接地电阻要求时，可在接地体附近放置食盐、木炭并加水，以降低土壤电阻率。

12.4.3 本条文直接引自现行行业标准《施工现场临时用电安全技术规范》JGJ 46—2005中的第5.4.6条规定。

12.4.4 野外作业遇雷雨天气时，人们经常会跑到易引雷的大树下、岩石下或山顶的洞穴中避雨，而这些场所最容易遭受雷击。因此，有必要提醒勘察作业人员不要在孤立的大树、岩石或空旷场地上避雨，并应远离金属物，以免遭受雷击导致人身伤亡事故。

12.5 防 爆

12.5.1 国家《民用爆破物品安全管理条例》、《危险化学品安全管理条例》等法律、法规和现行国家标准《爆破安全规程》GB 6722对易燃、易爆物品的存储均有严格的规定。要求必须存储在按国家有关规定设置技术防范设施并符合安全、消防要求的专用仓库、专用场地或专用存储室内。存储方式、方法和存储数量必须符合国家有关标准规定，并由专人负责管理。特殊情况下，应经主管部门审核并报当地县(市)公安机关批准，方准在库外存放。

危险化学品存储专用仓库，应当设置明显的安全标志。危险化学品存储专用仓库的存储设备和安全设施应定期检测。

12.5.2 爆炸作业是一项危险性很高的职业，稍有不慎就会酿成重大人身伤亡事故，所以，作业人员必须经过专业技术培训，熟悉常用爆炸物的性能，以及运输、存储、使用等方面的安全知识，并应经设区市级人民政府公安机关考核合格，取得爆破作业人员许可证后，方可上岗从事爆炸作业。条文对爆炸作业人员的职业技能培训、考核持证上岗要求等作出了详细的规定。

鉴于该条文在勘察作业方面的重要性，因此，将其列为强制性条文。

12.5.3 爆炸作业前不仅要进行爆炸工程设计，而且要进行施工组织设计，制定保证作业安全的措施。因此，要求爆炸作业开始前必须进行踏勘，发现潜在的危险源，以便提前采取控制手段和措施，进而保证爆炸作业安全。现行国家标准《爆破安全规程》GB 6722规定，一般岩土爆破设计书或爆破说明书由单位领导人批准。A级、B级、C级、D级爆破工程设计应经有关部门审批，未经审批不准开工。

12.5.4 对地质条件复杂的场地，在进行爆炸设计前应对爆区周围人员、地面和地下建(构)筑物及各种设备、设施分布情况等进行详细的调查研究，然后进行爆炸设计。

12.5.5 在城镇进行爆炸作业时，当作业环境条件比较复杂，特别是炸点距重要建筑物、居民区和公共设施较近时，应进行安全论证。必要时，应制定应急预案，并经政府有关部门批准。

12.5.6 从安全生产的角度出发，考虑到爆炸作业的危险性，条文强调了爆炸作业统一指挥的必要性，对统一指挥和安全警戒措施作了规定。必要时作业现场还应指派专人进行监护，防止非作业人员进入爆炸作业影响范围。

12.5.7 当作业场地位于山区时，如山体岩土破碎、松散且地形条件陡峻，爆炸作业可能会引发山体崩塌、滑坡、危岩滚落等地质灾害现象发生。因此，应在影响区域的道路上设置安全标志，必要时还应派专人值守，以免非作业人员闯入作业影响范围内造成人身伤亡事故。

12.5.8 根据现行国家标准《爆破安全规程》GB 6722的有关规定，爆破作业完成5min后方准人员进入爆破区，在无机械通风的半封闭洞室内进行爆破作业，应等待不少于20min以上，待炮烟排除后，人员方可进入爆破区进行其他工序作业。

12.5.9 本条对特殊作业环境和特殊作业条件下进行爆炸作业时应使用专用爆炸器材作出规定。

12.5.10 遇到复杂岩土工程条件时，岩土工程勘察经常采用探井、探槽勘探手段，并对井、槽内遇到的孤石、块石进行爆破作业。这种情况下的不安全生产因素主要取决于能否认真执行安全生产操作规程，本规范仅对作业过程中应注意的主要事项予以规定。

12.6 防 毒

12.6.1 表12.6.1中数值引自现行国家标准《爆破安全规程》GB 6722中的表20。

12.6.2 探洞、探井、探槽作业除可能遇到表12.6.1中的有害气体外，还有可能遇到瓦斯和沼气等易燃气体。当探井挖掘到生活垃圾填埋层或淤泥土层时，应注意预防土层中的沼气溢出；地下洞室作业应特别注意预防含煤地层中的瓦斯溢出。因此，地下洞室、探井、探槽作业不仅应采取通风措施，还应做好检测工作。常用简易检测方法如下：

(1)有害气体检测——将动物(鸟、鼠等)装在笼内，放入探井测试；

(2)氧气含量检测——将点燃的蜡烛放到井下测试井底空气的含氧量。

有害气体通常易燃、易爆，所以洞、井、槽挖掘作业必须使用防爆型电器设备，并严禁在洞、井内使用明火。

如果探洞、探井、探槽中断作业时间较长，井下的有害气体集聚会使溶度升高，所以，当重新进入时应先检查有害气体溶度，符合要求后方可进入作业。

12.6.3 条文中的剧毒、腐蚀性药品系指勘察单位试验室中使用的氰化物、氯化物、砷化物、铬化物、浓酸和浓碱等。国家《危险化学品安全管理条例》中对有毒和腐蚀性药品的储存、使用均有明确规定。但良好的通风设施是剧毒药品操作室必须具备的最基本条件。

12.6.4 试验室发生剧毒、腐蚀性药品意外伤害事故多与违规操作有关，因此，要求作业人员使用剧毒、腐蚀性药品时应严格遵守技术操作规程的有关规定。同时，作业人员应熟悉药品的化学性质，并应按规定穿戴相应的劳动防护用品。一旦发生意外，应及时采取有效补救措施。当吸入有毒气体时，应首先切断毒气源，加强通风排毒；当腐蚀性药品试剂喷洒到皮肤上时，应及时用干燥棉纱擦除，并根据试剂的化学性质采用水或稀酸、稀碱中和处理。

12.6.5 条文对剧毒药品的使用作了严格规定，要求使用剧毒药品时应实行双人双重责任制，即两人应共同接收和使用剧毒药品，两人应分开保管储藏室钥匙。同时应做好剧毒药品接收和使用记录，记录应有日期、用途、用量、剩余量和剩余药品的处置情况，有关责任人应同时签字确认。不得一人单独接收和发放，严防有毒药品流出作业场所，对社会安定造成严重危害。

鉴于该条文在勘察作业方面的重要性，因此，将其列为强制性条文。

12.6.6 条文对剧毒药品使用后的后续管理作业程序作了严格规定，并且对使剩余试剂的处置和保管作出具体规定。

12.6.7 条文对剧毒、腐蚀性药品的废弃物和废液处置作出了相应的规定，规定废弃物和废液不得随意丢弃和排放，应放置在专用存储罐内，以免造成环境污染或对人体的伤害。

12.7 防　　尘

12.7.1 为保护劳动者身体健康，根据国家有关法律、法规，条文对在粉尘环境中工作的作业人员除要求应按规定穿戴相应的劳动保护用品外，并应定期更换，避免因劳动防护用品失效影响作业人员的身体健康。

12.7.2 在粉尘环境中工作的作业人员除应按规定穿戴相应的劳动保护用品外，更重要的是作业场所应采取防尘综合措施。防尘综合措施包括控制尘源、防尘排尘、含尘空气净化等三方面，实施时可以通过采取"水、密、风"等手段来达到预防粉尘危害的目的。此外，防尘工作尚应按照现行国家标准《作业场所空气中粉尘测定方法》GB 5748、《生产性粉尘作用危害程度分级》GB 5817 和其他国家工业卫生标准的有关规定执行。

12.7.3 坑探、井探、洞探进行的凿岩、爆破作业，土工试验的岩样加工、筛分和磨片作业等均会产生粉尘。生产性粉尘对人体的危害主要是引起矽肺病，粉尘还可引起上呼吸道炎症，锰尘与铍尘可引起肺炎，铬、镍、石棉粉尘易致肺癌。因此，条文根据国家安全生产法、劳动保护法和职业病防治法等法律、法规的规定，要求勘察单位应定期安排在粉尘环境中工作的作业人员进行体检。

12.8 作业环境保护

12.8.1 国家《环境保护法》和《水土保持法》对施工现场环境保护有严格要求，因此，勘察方案内容应有在现场踏勘的基础上，结合拟采用的勘察手段，对作业现场的环境保护包括植被保护等措施。必要时，应变更勘探手段，如采用轻便勘探手段——工程物探、坑探、井探，或在规范允许范围内调整勘探点位置，尽量减少对作业现场植被的破坏。

12.8.2 勘察作业前应进行环境保护措施交底，目的是让作业人员预先了解具体的环境保护措施和在作业时应注意的事项，并提前做好各种预防措施，有利于防止作业过程中油液泄漏、泥浆排放、弃土、弃渣和作业噪声等对环境的污染。

12.8.3 根据国家《危险废弃物名录》的规定："废机油、液压油、真空泵油、柴油、汽油、润滑油、冷却油，含铅废物，含氯化钡废物"等均列为危险废物。因此，条文对这类废弃物的处置作出了不得随意堆放和丢弃的规定。

12.8.4 为防止野蛮作业污染作业场地周边的环境和空气质量，条文对废弃物的堆放、处置等应采取的环保措施作出具体规定。

12.8.5 根据国家《水污染防治法》"禁止向水体排放油类、酸类、碱类和剧毒废液" 的有关规定，野外作业和室内作业产生的废水排放到城市污水管道内的水质必须符合国家标准，酸碱类物质必须经过中和处理，达到排放标准后方可排放；有毒物质、易燃易爆物品和油类应分类集中存放，回收处理。

鉴于该条文在勘察作业方面的重要性，因此，将其列为强制性条文。

12.8.6 岩土工程勘察作业噪声包括外业作业噪声和室内试验噪声，因此，勘察作业除了必须符合现行国家标准《建筑施工场界噪声限值》GB 12523 和《工业企业厂界噪声标准》GB 12348 的有关要求外，还应满足对职工职业健康安全的要求。

13 勘察现场临时用房

13.1 一 般 规 定

13.1.1 由于野外作业往往受客观条件限制，搭建临时用房存在一定困难。在这种情况下，可根据作业现场实际情况搭设帐篷或遮棚宿营。在保证最小安全距离的前提下，生活区和作业区应分开设置，为作业人员提供一个相对安全、无污染、环境好的临时住房。

野外宿营地一般指几天内的短期宿营，临时用房为各种帐篷，由于住宿时间相对需搭建的临时用房短很多，所以对住宿条件要求不高。但是宿营地的选址仍应给以足够的重视，如果选址不当，遇恶劣气候条件或地质灾害时，同样也可能发生安全生产事故，造成人身伤亡、财产损失。

13.1.2 规定临时用房应搭建在场地稳定、不易受水淹没、无不良地质作用、周边环境无污染的地方。严禁搭建在可能产生滑坡或受地质灾害影响的区域内。临时用房的主体结构应无安全隐患。

选择宿营地时，不应选择在靠近河床或峡谷等低洼处，有崩塌、危岩、块石掉落危险或雪崩可能的陡坡下或悬崖下，并应在保证最小安全距离的情况下，尽量选择靠近水源和燃料补给的地方。应注意避开风口、雨水通道，以及可能产生雪崩或滚石掉落等不良地形条件和不良地质作用影响区。

夏季，宿营地点应选择在干燥，地势较高，通风良好，蚊虫较少的地方。通常，湖泊附近和通风的山脊、山顶是夏天较为理想的设营地点。森林和灌木丛也是较理想的宿营地。

冬季，宿营地点应视避风以及距燃料、设营材料、水源的远近等情况而定。应避开易被积雪掩埋的地点，避开崖壁的背风处，在林区和雪地宿营时应先将雪扫净，在雪较厚的地方，应将雪筑实再在雪上铺一层厚 10m 以上的干草等措施，以防止雪受热融化。

条文第 4 款中的变配电室系指室外放置高压变电及配电设施的构筑物。

13.1.3 规定采用装配式临时用房必须是由经国家工商注册、建设主管部门颁发生产许可证的厂家生产的产品。不得随意自行制作或采购不合格产品。

13.1.4 对临时用房的建筑材料，安全用电等作了具体规定，从而保证临时用房的质量。为作业人员提供有质量保证的临时用房，避免因临时用房质量带来的不安全因素。

13.1.5 虽然临时用房仅供临时使用，但是要求其主体结构应具备一定的安全性和具备一定的抵御风雪的能力，并且应有一定的安全防护设施和一定的舒适度，最大限度地满足作业人员一般的生活需求。

13.1.6 规定在建设场地内进行勘察作业需要搭建临时用房时，临时用房的房顶应有防坠物伤人、毁物的安全防护措施。

13.2 住人临时用房

13.2.1 从安全角度出发，要求住人临时用房不得存放易燃、易爆物品。但由于是临时住房，作业人员往往不够重视，经常图方便省事把一些易燃、易爆物直接存放在住人临时用房内，稍不注意很容易引发安全生产事故。作出明确规定有利于提醒勘察单位和员工的重视。

鉴于该条文对保护勘察从业人员的人身安全具有重要意义，因此，将其定为强制性条文。

13.2.2 条文从防火、防毒和保护作业人员人身安全的角度出发，对使用"三炉"作出了限制。特别是北方地区冬季，勘察现场住人临时用房经常因作业人员违反安全生产管理规定在房内违规点火取暖等造成火灾或作业人员中毒的恶性安全生产事故。

13.2.3、13.2.4 从安全防护的角度出发，对住人临时用房的建筑标准，防火、劳动卫生等方面提出具体的要求，保证住人临时用房的安全性和适用性。

13.2.5、13.2.6 驻人临时用房必须满足消防安全距离和消防通道的有关要求，按规定配备灭火器材，并应放置在明显和便于取用的地点，且不得影响安全疏散。灭火器材应放置稳固，其铭牌必须朝外。手提式灭火器宜设置在挂钩、托架上或放置在灭火器材箱内，其顶部离地面高度应小于1.50m，底部离地面高度不宜小于0.15m。灭火器不得放置在超出其使用温度外范围的地点。

13.2.7、13.2.8 对住人临时用房使用火炉取暖时应注意的安全事项等提出了具体的要求，作出了明确的规定，最大限度防止安全生产事故发生。

13.3 非住人临时用房

13.3.1 规定非住人临时用房存放有毒、易燃、易爆物品时应分类、分专库存放，不得统放在一个库中以免产生安全隐患，并应与住人临时用房保持一定的安全距离。由于是非住人临时用房，其使用和管理往往无规章制度约束，存放材料、物品随意性很大，大部分无专人值守，当存放有毒、易燃、易爆物品时，如果管理不当很容易造成失窃，中毒、火灾和爆炸等安全生产事故。

13.3.2 对存放易燃、易爆物品临时用房的供、用电设备安全提出要求，严禁这些场所采用明火照明，防止发生火灾、爆炸等安全生产事故。

13.3.3 规定存放易燃、易爆物品的临时用房应与生活区保持一定的安全距离，并应采取相应的安全防护措施。从消防角度出发，即使是不住人的临时用房也应具备通风条件，并配备足够数量相应类型的灭火器材。相应类型的灭火器材系指灭火器材的类型应与存放的物品相对应。

13.3.4 条文要求野外作业现场设置临时食堂时，应选址在远离一些污染源的地方，并应设置简易的排污设施，以免造成作业场地的二次污染。使用液化燃气的食堂应将燃气罐放置在独立的存放间，不得与食堂作业区或用餐区混放，并且存放间应有良好的通风条件，以免因燃气泄漏造成火灾或爆炸安全生产事故。

中华人民共和国国家标准

电力系统安全自动装置设计规范

Code for design of automaticity equipment
for power system security

GB/T 50703 - 2011

主编部门：中 国 电 力 企 业 联 合 会
批准部门：中华人民共和国住房和城乡建设部
施行日期：2 0 1 2 年 6 月 1 日

6

中华人民共和国住房和城乡建设部公告

第1102号

关于发布国家标准《电力系统安全自动装置设计规范》的公告

现批准《电力系统安全自动装置设计规范》为国家标准，编号为GB/T 50703—2011，自2012年6月1日起实施。

本规范由我部标准定额研究所组织中国计划出版社出版发行。

中华人民共和国住房和城乡建设部
二〇一一年七月二十六日

前　言

本规范是根据原建设部《关于印发〈2007年工程建设标准规范制订、修订计划（第二批）〉的通知》（建标〔2007〕126号）的要求。由中国电力工程顾问集团东北电力设计院会同有关单位编制完成的。

本规范共分5章，主要内容包括：总则、术语、电力系统安全稳定计算分析原则、安全自动装置的主要控制措施和安全自动装置的配置。

本规范由住房和城乡建设部负责管理，由中国电力企业联合会负责日常管理，由中国电力工程顾问集团东北电力设计院负责具体技术内容的解释。本规范在执行过程中，如发现需要修改和补充之处，请将意见和建议寄送中国电力工程顾问集团东北电力设计院（地址：长春市人民大街4368号，邮政编码：130021），以供今后修订时参考。

本规范主编单位、参编单位、主要起草人和主要审查人：

主 编 单 位：中国电力工程顾问集团东北电力设计院

参 编 单 位：中国电力工程顾问集团中南电力设计院

主要起草人：吴晓蓉　王　颖　王建华　马进霞　谭永才　季月辉

主要审查人：陈志蓉　高　洵　徐　磊　刘汉伟　马怡晴　佘小平　梅　勇　张志鹏　赵　萌　杨立田　郑开琦　蔡小玲　韩　笠　朱洪波　孙光辉

目　次

Contents

1 总　　则

1.0.1 为在设计中贯彻国家技术经济政策，保证电力系统安全自动装置的设计达到安全可靠、技术先进和经济合理，制定本规范。

1.0.2 本规范适用于35kV及以上电压等级的电力系统安全自动装置设计，低电压等级(10kV及以下)的电力系统安全自动装置设计也可执行本规范。

1.0.3 电力系统安全自动装置设计除应符合本规范外，尚应符合国家现行有关标准的规定。

2 术　　语

2.0.1 安全自动装置　security automatic devices of power system

防止电力系统失去稳定性和避免电力系统发生大面积停电事故的自动保护装置。如输电线路自动重合闸装置、安全稳定控制装置、自动解列装置、自动低频减负荷装置和自动低电压减负荷装置等。

2.0.2 安全稳定控制装置　security and stability control devices of power system

为保证电力系统在遇到《电力系统安全稳定导则》DL 755规定的第二级安全稳定标准的大扰动时的稳定性而在电厂或变电站(换流站)内装设的自动控制设备，实现切机、切负荷、快速减出力、直流功率紧急提升或回降等功能，是确保电力系统安全稳定的第二道防线的重要设施。主要由输入、输出、通信、测量、故障判别、控制策略等部分组成。

2.0.3 安全稳定控制系统　security and stability control system

由两个及以上厂站的安全稳定控制装置通过通信设备联络构成的系统，实现区域或更大范围的电力系统的稳定控制，宜分为控制主站、子站、执行站。

2.0.4 自动解列装置　automatic splitting devices of power system

针对电力系统失步振荡、频率崩溃或电压崩溃的情况，在预先安排的适当地点有计划地自动将电力系统解开，或将电厂与连带的适当负荷自动与主系统断开，以平息振荡或防止事故扩大的自动装置。依系统发生的事故性质，按不同的使用条件和安装地点，自动解列装置可分为失步解列装置、频率解列装置和低电压解列装置。

2.0.5 低频低压减负荷装置　low-freqency or under-voltage shedding load devices

自动低频减负荷装置是指在电力系统发生事故出现功率缺额引起频率急剧大幅度下降时，自动切除部分用电负荷使频率迅速恢复到允许范围内，以避免频率崩溃的自动装置；自动低压减负荷装置是指为防止事故后或负荷上涨超过预测值，因无功缺额引发电压崩溃事故，自动切除部分负荷，使运行电压恢复到允许范围内的自动装置。同时具备自动低频减负荷和自动低压减负荷功能的装置称为低频低压减负荷装置。

2.0.6 在线稳定控制系统　on-line stability control system

由设置在调度端或枢纽控制站的在线稳控决策主站及厂站端的稳控装置通过通信通道构成的系统。系统可实时采集电力系统运行方式信息、在线跟踪电网变化、进行动态安全分析、实现在线暂态安全一体化定量评估并制定相应的预防控制措施和紧急控制措施。

2.0.7 自动重合闸　auto-reclose

架空线路或母线因故断开后，被断开的断路器经预定短时延而自动合闸，使断开的电力元件重新带电；如果故障未消除，则由保护装置动作将断路器再次断开的自动操作循环。主要分为三相重合闸、单相重合闸。

2.0.8 事故扰动　disturbance

电力系统由于短路或系统元件非计划切除而造成的突然巨大的和实质性的状态变化称为事故扰动。

2.0.9 连接和断面　connection and section

连接是联系电力系统两个部分的电网元件(输电线、变压器等)的组合。中间发电厂和负荷枢纽点也可包括在“连接”概念中。断面是一个或数个连接元件，将其断开后电力系统分为两个独立部分。

3 电力系统安全稳定计算分析原则

3.1 稳定计算水平年

3.1.1 安全稳定计算分析所选取的设计水平年主要应为工程投产年；若工程分期投产，则还应包括过渡年。

3.1.2 用于计算的电网结构应与设计水平年相对应。

3.1.3 计算负荷应与设计水平年相对应。当负荷增长对系统稳定影响显著时，宜进行负荷对系统稳定影响的敏感性分析。

3.2 稳定计算运行方式

3.2.1 稳定计算中应针对具体校验对象(线路、母线、主变等)，选择对安全稳定最不利的方式进行安全稳定校验。

3.2.2 稳定计算可选择下列运行方式：

1 正常运行方式：包括计划检修运行方式和按照负荷曲线以及季节变化出现的水电大发、火电大发、风电多发、最大或最小负荷、最小开机和抽水蓄能运行工况等可能出现的运行方式。

2 事故后运行方式：电力系统事故消除后，在恢复到正常运行方式前所出现的短期稳态运行方式。

3 特殊运行方式：大型发电机组、主干线路、大容量变压器、直流单极、串联补偿等设备检修、区域间交换功率变化等对系统安全稳定运行影响较为严重的方式。

3.3 稳定计算故障类型

3.3.1 稳定计算应考虑在对稳定最不利地点发生金属性短路故障。

3.3.2 故障属于电力系统遭受的大事故扰动，按严重程度和出现概率大扰动可分为表3.3.2所列的类型。

表3.3.2 事故扰动类型

类型	事故扰动	备注
Ⅰ类（单一轻微故障）	(1)任何线路发生单相瞬时接地故障重合闸成功； (2)同级电压的双回或多回线和环网，任一回线单相永久故障重合不成功及无故障三相断开不重合； (3)同级电压的双回或多回线和环网，任一回线三相故障断开不重合； (4)任一台发电机组跳闸或失磁； (5)受端系统任一台变压器故障退出运行； (6)任一大负荷突然变化； (7)任一回交流联络线故障或无故障断开不重合； (8)直流输电系统单极故障	正常运行方式下电力系统受到Ⅰ类扰动后，继电保护、断路器及重合闸正确动作，不应采取稳定控制措施，应保持电力系统稳定运行和电网的正常供电，其他元件不应超过规定的事故过负荷能力，不发生连锁跳闸。但对于发电厂的交流送出线路三相故障、发电厂的直流送出线路单极故障、两级电压的电磁环网中单回高一级电压线路故障或无故障断开，必要时可采用切机或快速降低发电机组出力的措施
Ⅱ类（单一严重故障）	(1)单回线路单相永久接地故障重合不成功及无故障三相断开不重合； (2)任一段母线故障； (3)同杆并架双回线的异名两相同时发生单相接地故障重合不成功，双回线三相同时跳开； (4)直流输电系统双极故障	正常运行方式下电力系统受到Ⅱ类扰动后，继电保护、断路器及重合闸正确动作，应能保持稳定运行，必要时可采取切机和切负荷等稳定控制措施
Ⅲ类（多重严重故障）	(1)故障时开关拒动； (2)故障时继电保护、自动装置误动或拒动； (3)自动调节装置失灵； (4)多重故障； (5)失去大容量发电厂； (6)其他偶然因素	当电力系统受到Ⅲ类事故扰动时，应采取措施，防止系统崩溃，避免造成长时间大面积停电和对最重要用户（包括厂用电）的灾害性停电，使负荷损失尽可能减少到最小，电力系统应尽快恢复正常运行
特殊故障类型	(1)同一走廊的双回及以上线路中的任意两回线同时无故障或者故障断开，导致两回线路退出运行	应采取措施保证电力系统稳定运行和对重要负荷的正常供电，其他线路不发生连锁跳闸

续表3.3.2

类型	事故扰动	备注
特殊故障类型	(2)线路（变压器）发生单相永久故障	在电力系统中出现高一级电压的初期，允许采取切机措施
	(3)线路（变压器）发生三相短路故障	在电力系统中出现高一级电压的初期，允许采取切机和切负荷措施，保证电力系统的稳定运行
	(4)任一线路、母线主保护停运时，发生单相永久接地故障	应采取措施保证电力系统的稳定运行

3.3.3 安全稳定分析计算的故障类型应选择表3.3.2所列的Ⅰ类和Ⅱ类故障，需要时可对表3.3.2所列的Ⅲ类故障进行分析。

3.4 稳定计算模型及参数

3.4.1 同步发电机及控制系统模型及参数应按下列规定进行选择：

1 同步发电机宜采用次暂态电势变化的详细模型；

2 对于能提供实测模型及参数的同步发电机，均应采用实测模型和实测参数；

3 对于不能提供实测模型及参数的同步发电机，可采用典型模型和典型参数；

4 原动机及调速系统的参数原则上应采用实测参数，不能提供时可采用制造厂家提供的参数；

5 在规划设计阶段或无完整参数时，较大容量同步发电机可参考已投运的相同厂家相同容量机组的模型及参数。

3.4.2 常用的风力机组模型有鼠笼异步风电机组、双反馈式异步风电机组和直接驱动式同步风电机组，应根据实际选择相应模型。

3.4.3 负荷模型和参数应根据地区电网实际负荷特性和所使用的程序确定，并应符合下列规定：

1 综合负荷的模型可用静态电压和频率的指数函数并选用恰当的指数代表。

2 比较集中的大容量电动机负荷的模型，可在相应的110kV(66kV)高压母线用一等价感应电动机负荷与并联的静态负荷表示。

3 在规划设计阶段，负荷可用与所在地区相同特性的负荷模型或者恒定阻抗模型。

4 进行动态稳定分析时，应采用详细模型。

3.4.4 其他设备参数应按下列规定进行选择：

1 现有设备应采用实际参数；

2 新建设备宜采用设计参数；

3 在规划设计阶段或无完整参数时，可按同类型设备典型参数考虑。

3.5 稳定计算故障切除时间及自动装置动作时间

3.5.1 稳定计算中的故障切除时间应包括断路器全断开和继电保护动作（故障开始到发出跳闸脉冲）的时间。线路、主变、母线、直流系统故障的切除时间宜按表3.5.1的规定执行。

表3.5.1 线路、主变、母线、直流系统故障切除时间

故障元件	电压等级及传输容量	故障切除时间
线路故障	500kV或750kV	近故障端0.09s，远故障端0.1s
	220kV或330kV	近故障端和远故障端均为0.12s
	1000kV	可采用与500kV线路相同
主变故障	高压侧、中压侧、低压侧	宜采用相同电压等级线路近端故障切除时间
母线故障	220kV～1000kV	宜采用相同电压等级线路近端故障切除时间
直流系统故障	传输容量750MW及以上	0.06s闭锁故障极，0.16s切除滤波器

3.5.2 重合闸时间为从故障切除后到断路器主断口重新合上的时间，应根据电网实际重合闸整定时间确定。

3.5.3 断路器失灵保护动作切除时间为元件保护或者母线保护动作时间、失灵保护整定延时和断路器跳闸时间的总和。元件保护或者母线保护动作时间与断路器跳闸时间的总和可参考表3.5.1所列的故障切除时间，失灵保护整定延时可按下列规定选择：

1 一个半断路器接线形式的失灵保护整定延时可取0.2s～0.3s；

2 双母线接线形式的失灵保护整定延时可取0.3s～0.5s。

3.5.4 安全稳定控制系统的执行时间为自动装置动作时间、通道传输时间、相关断路器跳闸时间（或直流动作时间）的总和，应根据系统实际情况确定。常用安全稳定控制系统的执行时间可按下列规定选择：

1 切机、切负荷可为0.2s～0.3s。

2 直流功率调制响应时间可取0.1s，直流功率提升和回降速度可根据直流系统动态特性和系统稳定特性整定确定。

3.6 稳定计算分析内容

3.6.1 过负荷和低电压分析应符合下列规定：

1 对于电源送端系统，在送电线路、升压联络变压器无故障或发生故障跳开、直流闭锁等情况下，应研究送电线路或升压变压器的过负荷问题。

2 对于受端系统，在供电线路、降压联络变压器或当地电源损失等情况下，应研究供电线路或降压变压器的过负荷问题。

3 对于功率传输的中间连接和断面，在功率传输的重要线路无故障或发生故障跳开情况下，应研究同一输电断面其他线路的过负荷问题。

4 重要元件（线路、变压器）断开后应校核电压水平是否满足稳定运行要求。

3.6.2 在本规范第3.2节规定的运行方式和第3.3节规定的故障类型下，对系统稳定性进行校核。暂定稳定分析应考虑在最不

利的地点发生金属性短路，计算时间可选择5s左右。

3.6.3 在电源与系统联系薄弱、电网经弱联系线路并列运行、有大功率周期性冲击负荷、采用快速励磁调节等自动调节措施或者系统事故有必要等情况下，应进行动态稳定分析。动态稳定分析的计算时间可选择20s及以上。

3.6.4 暂态和动态电压稳定性分析可用暂态稳定和动态稳定计算程序。

3.6.5 在电力系统故障后出现有功功率不平衡量较大情况下，应进行频率稳定分析。

3.7 稳定判据

3.7.1 变压器和线路的热稳定判据应符合下列规定：

1 变压器负载水平应限制在变压器规定的过载能力及持续时间内。

2 线路功率应限制在线路热稳定允许输送能力之内，可根据线路导线截面、类型、导线容许温升以及环境温度等确定线路热稳定极限。

3.7.2 暂态稳定判据应包括下述三方面内容：

1 功角稳定：系统故障后，在同一交流系统中的任意两台机组相对角度摇摆曲线呈同步减幅振荡。

2 电压稳定：故障清除后，电网枢纽变电站的母线电压能够恢复到0.8pu以上，母线电压持续低于0.75pu的时间不超过1.0s。

3 频率稳定：在采取切机、切负荷措施后，不发生系统频率崩溃，且能够恢复到正常范围及不影响大机组的正常运行值，正常运行的频率范围可取49.5Hz～50.5Hz。

3.7.3 动态稳定判据是在受到小的或大的事故扰动后，在动态摇摆过程中发电机相对功角和输电线路功率呈衰减状态，电压和频率能恢复到允许的范围内。

4 安全自动装置的主要控制措施

4.1 切除发电机

4.1.1 在满足控制要求前提下，切机应按水电机组、风电机组、火电机组的顺序选择控制对象。

4.1.2 核电机组原则上不作为控制对象，但在切除其他机组无法满足系统稳定要求且保证核反应堆安全的前提下，可切除核电机组。

4.1.3 在确定切机量时，应考虑必要的裕度。

4.2 集中切负荷

4.2.1 为保证电力系统安全稳定运行，可通过安全稳定控制装置实现集中切负荷。

4.2.2 切负荷装置可切除变电站低压供电线路实现切负荷。在选择被切除的负荷时，应综合考虑被切负荷的重要程度和有效性。

4.2.3 切负荷站的设置应根据需切除负荷量及负荷分配情况来确定，切负荷数量应考虑一定裕度（20%左右）。

4.2.4 应有避免被切除负荷自动投入的措施。

4.3 无功补偿装置的控制

4.3.1 输电线路的可控串补装置的强补功能是提高系统暂态稳定的有效手段，根据电网需要可作为同步稳定控制措施。

4.3.2 切除并联电抗器或投入并联电容器，用以防止电压降低；投入并联电抗器或切除并联电容器，用以限制电压过高。

4.4 电力系统解列及备用电源投入

4.4.1 电力系统解列应在事先设定的解列点有计划地进行解列，解列后的各部分系统应有限制频率过高或频率过低的控制措施。

4.4.2 在系统频率异常降低的情况下，可自动启动水电站和蓄能电站的备用机组，以恢复系统频率。

4.5 直流控制

4.5.1 根据电网需要，通过控制直流输电系统的输电功率以及闭锁直流极运行，可防止系统稳定破坏和设备过负荷、限制系统过电压和频率波动。

4.5.2 直流控制具体方式可包括下列内容：

1 系统频率限制；

2 功率或频率调制；

3 直流功率紧急提升或回降；

4 直流极闭锁。

4.5.3 直流控制可由直流控制系统检测执行，也可接收其他装置发送的命令。

5 安全自动装置的配置

5.1 安全自动装置的配置原则

5.1.1 安全自动装置包括：安全稳定控制装置、自动解列装置、过频率切机装置、低电压控制装置、低频低压减负荷装置、备用电源自动投入装置、自动重合闸装置。安全自动装置的配置应以安全稳定计算结论为基础，应依据电网结构、运行特点、通信通道情况等条件合理配置，配置方案应能对系统存在的各种稳定问题实现有效的控制且与稳定计算分析结论一致，并应进行配置方案的技术经济评价。

5.1.2 安全自动装置的配置及构成应根据国家现行标准《电力系统安全稳定导则》DL 755和《电力系统安全稳定技术导则》GB/T 26399的有关规定，按照电力系统安全稳定运行的三级标准确定，执行时应采用下列原则：

1 以保证电力系统安全稳定控制的可靠性要求为前提，同时应保证电力系统安全稳定控制的有效性。

2 可采用就地控制和分层分区控制。

3 重要厂站安全自动装置应双重化配置。

4 装置配置应简单、可靠、实用，应尽量减少与继电保护装置间的联系。

5.1.3 安全稳定控制措施包括直流调制、切机、切负荷、解列等，可根据工程情况确定以上措施的顺序。各种稳定控制措施及各控制系统之间应协调配合，安全自动装置的动作应有选择性。

5.1.4 安全自动装置应符合下列规定：

1 安全自动装置应采用微机型，宜采用通过国家级鉴定的、有成熟经验、简单、可靠、有效、技术先进的分散式装置。

2　应充分利用原有安全自动装置。

3　选用装置的硬件应具有一定的通用性，软件应做到模块化，并具有可扩展性和良好的系统适应性。

5.2　安全自动装置配置

5.2.1　当所研究的电力系统区域内发生表3.3.2所列的Ⅱ类事故扰动（特殊情况下考虑表3.3.2所列的Ⅰ类事故扰动）时，在电力系统失稳的情况下，应配置安全稳定控制装置。通过采取相应的提高电力系统稳定性的控制措施，防止电力系统稳定破坏事故发生，此时允许损失部分负荷。常用安全稳定控制装置的功能如下：

1　功率外送系统，通常可采用减少电源输出的控制措施。

2　受端系统，通常可采用减少负荷需求的控制措施。

3　直流输电系统或装设串联补偿装置的系统，安全稳定控制装置可向直流控制系统或串补控制系统发送控制命令，实现直流功率调制、串联补偿强补。直流及串联补偿控制应与其他控制措施综合使用。

5.2.2　在所研究的区域内，根据一次网架结构，对可能异步运行的连接断面，应配置失步解列装置。失步时将系统解列，防止事故扩大。

5.2.3　当系统有功突然出现过剩、频率快速升高时，应配置过频率切机装置。配置方案可按不同频率分轮次切除一定容量的机组。

5.2.4　当局部系统因无功不足而导致电压降低至允许值时，应配置低电压控制装置采取控制措施，防止系统电压崩溃、系统事故范围扩大。常用的低电压控制措施应包括下列内容：

1　增加发电机无功出力；

2　容性无功补偿装置的快速投入；

3　感性无功补偿装置的快速切除；

4　快速切除部分负荷。

5.2.5　在失去部分电源而引起频率降低和电压快速降低可能导致系统崩溃的区域，应配置低频低压减负荷装置。按整定值，装置分轮次切除一定量的负荷。

5.2.6　符合下列规定的厂、站母线应配置备用电源自动投入装置：

1　具有备用电源的发电厂厂用电母线和变电站站用电母线；

2　由双电源供电且其中一个电源经常断开作为备用电源的变电站母线；

3　具有备用变压器且经常处于断开状态的变电站母线。

5.2.7　3kV及以上的架空线路断路器应配置自动重合闸装置；3kV及以上的电缆与架空混合线路断路器，如电气设备允许可配置自动重合闸装置。

5.2.8　在线稳定控制系统主站宜设置在省级及以上的电网调度中心或枢纽站，执行系统即子站设置在厂、站端。在线稳定控制系统配置应符合下列规定：

1　执行系统包括区域综合安全稳定控制系统、低频低压减负荷装置、自动解列装置、高频切机、连锁切机（负荷）、过载切机（负荷）、大电流切机（负荷）、水电厂低频自启动、备用电源自动投入装置等安全自动装置。

2　主站通过EMS系统、实时动态监测系统、安全稳定控制系统获取全网信息，实时进行系统动态分析、评估、决策，并通过通信通道向子站执行系统传送控制命令，实现安全稳定控制系统的一体化综合协调控制。

5.3　安全自动装置对通道及二次回路的要求

5.3.1　通信通道应符合下列规定：

1　不同控制站安全自动装置之间的信息传送应优先采用光纤通信通道。

2　采用载波通道时，宜采用编码方式，且发信及收信回路均不应具有时间展宽环节。

3　双重化配置两套装置的通信通道应相互独立，两路安全自动装置通道应尽可能采用不同路由的独立通道，任一套装置或通信通道发生故障不应影响另一套装置正常运行。

5.3.2　安全自动装置与电气专业配合应符合下列规定：

1　接入安全自动装置的电流互感器、电压互感器二次线圈应满足继电保护的精度和负荷要求。

2　断路器应留有足够的反应线路元件投退状态的接点，可供安全自动装置使用。

3　当安全自动装置双重化配置时，应提供两组独立的直流电源分别供两套安全自动装置使用。双重化配置的两套装置的输入输出回路应相互独立。

5.3.3　安全自动装置与直流系统配合应符合下列规定：

1　与直流系统接口的安全自动装置应能有效地监测直流输电功率的改变。如果直流系统因某种原因，不能按安全自动装置提升（或回降）功率的要求实施直流功率提升（或回降），安全自动装置必须采取其他措施，以保持系统稳定。

2　直流极控系统应能接收安全自动装置以无源接点或报文型式向直流极控系统提供提升或回降直流功率的控制信号。

3　直流极控系统应向安全自动装置提供表5.3.3所列的信息。

表5.3.3　直流极控系统向安全自动装置提供的信息

信息内容	信息类型
直流极1、极2系统输送功率值	无源接点或模拟量
直流极1、极2投运和停运信号	无源接点
直流极1、极2 ESOF信号	无源接点
直流极1、极2闭锁信号	无源接点
直流极1、极2系统当前最大可输送功率值	模拟量

5.3.4　安全自动装置与串联补偿控制系统配合应符合下列规定：

1　当采用可控串补强补作为提高系统暂态稳定的控制措施时，安全自动装置应向串补控制系统提供空接点形式的强补信号，串补控制系统应留有接收外部开关信号进行强补的开入接口。

2　当安全自动装置及（或）串补控制系统为双套配置时，每套安全自动装置应分别向两套串补控制系统分别提供强补信号。

3　串补控制系统应向安全自动装置提供串补设备的运行状态信号。

本规范用词说明

1　为便于在执行本规范条文时区别对待，对要求严格程度不同的用词说明如下：

1）表示很严格，非这样做不可的：

正面词采用“必须”，反面词采用“严禁”；

2）表示严格，在正常情况下均应这样做的：

正面词采用“应”，反面词采用“不应”或“不得”；

3）表示允许稍有选择，在条件许可时首先应这样做的：

正面词采用“宜”，反面词采用“不宜”；

4）表示有选择，在一定条件下可以这样做的，采用“可”。

2　条文中指明应按其他有关标准执行的写法为：“应符合……的规定”或“应按……执行”。

引用标准名录

《继电保护及安全自动装置技术规程》GB/T 14285

《电力系统安全稳定控制技术导则》GB/T 26399

《电力系统安全稳定导则》DL 755

中华人民共和国国家标准

电力系统安全自动装置设计规范

GB/T 50703－2011

条 文 说 明

6

制 订 说 明

《电力系统安全自动装置设计规范》GB/T 50703—2011，经住房和城乡建设部 2011 年 7 月 26 日以第 1102 号公告批准发布。

为便于广大设计、施工、科研、学校等单位有关人员在使用本规范时能正确理解和执行条文规定，《电力系统安全自动装置设计规范》编制组按章、节、条顺序编制了本规范的条文说明，对条文规定的目的、依据以及执行中需注意的有关事项进行了说明。但是，本条文说明不具备与规范正文同等的法律效力，仅供使用者作为理解和把握标准规定的参考。

目　次

6

1 总　　则

1.0.1　制定本规范的目的，即在电力系统安全自动装置设计中，必须贯彻执行国家的技术经济政策和行业技术标准，做到安全可靠、技术先进、经济合理。

1.0.2　本规范的适用范围为35kV及以上电压等级，已经涵盖电力系统的发电、输电、变电、配电四个重要环节。对于低电压等级(10kV及以下)，为电力系统的用电环节，设计中可参照执行本规范。

2 术　　语

2.0.1　安全自动装置的作用为“防止电力系统失去稳定性和避免电力系统发生大面积停电事故”。安全自动装置为统称，包括输电线路自动重合闸装置、安全稳定控制装置、自动解列装置、低频低压减负荷装置等。

2.0.2　安全稳定控制装置主要用于在电力系统事故或者异常运行状态下，防止电力系统失去稳定性，避免电力系统发生大面积停电的系统事故或对重要用户的供电长时间中断。安全稳定控制装置是电力系统安全稳定的第二道防线的重要设施，当系统遭受《电力系统安全稳定导则》DL 755规定的第二级安全稳定标准的大事故扰动时，根据预先设置的控制策略实现切机、切负荷、直流功率紧急提升或回降等控制功能，以保证电力系统的稳定性。

2.0.3　安全稳定控制装置主要针对分散的厂站端作出定义，在安全稳定控制装置基础上定义了安全稳定控制系统，即由两个及以上厂站端的安全稳定控制装置通过通信设备联络而构成了安全稳定控制系统。与分散的控制装置相比较，控制系统的功能更为强大、控制区域范围更大。

2.0.4　当系统出现较为严重的事故时，为防止事故范围进一步扩大，保证对系统内的重要负荷继续供电，需要采取电力系统自动解列措施。在电力系统失步振荡、频率崩溃或电压崩溃的情况应实施自动解列措施，解列点应为预先选定的适当地点，必须是严格而有计划地实施。满足解列点的基本条件是，解列后各区各自同步运行和解列后的各区供需基本平衡。

2.0.5　当电力系统发生事故出现功率缺额引起频率急剧大幅度下降时，实施自动低频减负荷使频率迅速恢复到允许范围内；为防止事故后或负荷上涨超过预测值，因无功补偿不足引发电压崩溃事故，实施自动低压减负荷使运行电压恢复到允许范围内。目前设备厂家可将自动低频减负荷和自动低压减负荷功能集成在一起，称为低频低压减负荷装置。

2.0.6　在线稳定控制系统具有实时、在线、动态、一体化、定量评估等特点。在线稳定控制系统能解决非在线稳定控制系统反应系统运行方式和系统故障的局限性问题，通过调度运行人员调整运行方式或安全稳定控制系统实施紧急控制措施，提高调度运行人员精细化掌握电网运行的安全稳定程度，改善电网暂态安全运行水平，防止事故扩大，最大限度地减少事故损失，确保电网安全稳定运行。

2.0.7　如果架空线路或母线发生瞬时故障，实施自动重合闸后恢复供电有利于系统稳定。传统自动重合闸包括三相重合闸、单相重合闸和综合重合闸，但由于综合重合闸极少使用，因此本规范中仅提出三相重合闸、单相重合闸两种方式。

2.0.8　事故扰动是安全稳定分析的常用术语。事故扰动通常有短路故障、元件非计划断开、直流闭锁等。

2.0.9　连接和断面是安全稳定分析的常用术语。连接和断面通常针对电网结构中根据功率流向而作出的定义，两个相对独立系统之间的联络线构成断面。

3 电力系统安全稳定计算分析原则

3.1　稳定计算水平年

3.1.1　进行电力系统安全稳定计算分析时，首先应明确边界条件。计算水平年一般选择工程投产年，根据需要考虑工程分期投产的过渡年，或者对远景年进行适当展望。

3.1.2、3.1.3　计算的电网结构和计算负荷需与计算水平年相对应。如果计算电网结构中存在某些不确定因素且对系统稳定影响较为显著，如电磁环网解列或并列运行方式、大区域之间的联网方式等，则需要进行不确定因素对系统稳定的影响分析。

3.2　稳定计算运行方式

3.2.2　根据《电力系统安全稳定导则》DL 755的要求确定电力系统安全稳定计算分析的运行方式，并考虑新能源发展增加了“风电多发”的方式。

3.3　稳定计算故障类型

3.3.2　稳定计算故障类型的Ⅰ、Ⅱ、Ⅲ类分别与现行行业标准《电力系统安全稳定导则》DL 755中电力系统承受大事故扰动能力的三级安全稳定标准相对应。特殊故障类型的第2条和第3条与现行行业标准《电力系统安全稳定导则》DL 755的特殊情况相同，而第1条中强调了“同一走廊”电网结构中发生两回线路退出运行事故应采取措施保证电力系统稳定运行和对重要负荷的正常供电。

3.4　稳定计算模型及参数

3.4.1　计算分析应使用合理的模型及参数，以保证计算结果的精确度。计算中同步发电机及控制系统应尽可能地采用实测、详细模型和参数。在规划设计阶段或无完整参数时，较大容量同步发电机可参考已投运的相同厂家相同容量机组的模型参数。

3.5 稳定计算故障切除时间及自动装置动作时间

3.5.1 计算分析中对系统发生故障、故障切除、重合闸、执行控制措施的系列过程进行模拟，动作时间选择以实际为基础，并适当考虑裕度。故障切除时间由继电保护装置动作时间、断路器全断开时间，并考虑一定时间裕度组成。以下保护动作时间均根据微机保护设备厂家实测、动作时间统计而得。但是，对于现有线路保护、主变保护或母线保护，如果由于继电保护动作时间过长引起电力系统稳定问题，应采用快速动作的线路保护或母线保护动作时间计算，并更换原有继电保护设备。

1 线路故障切除时间。220kV及以上线路配置双重化的主保护(终端线路除外)，任何情况下均能保证至少有一套主保护运行，因此考虑主保护动作切除故障。

1)500kV(750kV)断路器全断开时间为40ms～50ms，220kV(330kV)断路器全断开时间为60ms～70ms。

2)220kV及以上线路主保护、主变主保护和母差保护的动作时间按30ms考虑；线路保护信号从一侧经通道传输至另一侧的延时按10ms考虑。

3)仿真计算故障切除时间在上述两部分时间之和基础上考虑一定裕度(10ms～20ms)。

4)由于1000kV系统为建设初期，根据厂家提供的设备参数，保护动作时间、断路器动作时间与500kV系统相同，因此1000kV线路故障切除时间可采用与500kV线路相同。

2 主变保护动作时间与各侧的线路保护相同，因此主变故障各侧切除时间宜与相同电压等级线路近端故障切除时间相同。

3 母线保护动作时间与相同电压等级线路保护相同，因此母线故障切除时间宜与相同电压等级线路近端故障切除时间相同。

4 直流系统的故障切除时间：由于直流关断闭锁为电力电子元件动作，响应速度极快(毫秒甚至微秒级)，因此计算模拟时间取0.06s；直流闭锁后切除滤波器需要跳开断路器，因此考虑100ms的延时。

3.5.2 重合闸时间。对于装设重合闸装置的线路及少数小容量变压器，当发生故障时保护动作跳开断路器且保护返回后启动重合闸计时，经过重合闸延时(预先整定)后由重合闸装置向断路器发出命令进行重合。重合闸延时由调度运行部门根据各地区电网实际进行整定，与系统条件、系统稳定的要求等因素相关，故障切除后的故障消弧及绝缘恢复时间制约的单相重合闸最短时间。

稳定计算模拟重合闸过程时，重合闸延时从故障切除开始，因此，计算中重合闸延时取值应考虑地区电网的重合闸整定延时、时间裕度。

对于一般存在稳定问题的线路，其重合闸时间可按重合于永久性故障时的系统稳定条件确定。即当线路传输最大功率时故障并切除后，送端机组对受端系统的相对角度经最大值，回摆到摇摆曲线的ds/dt为负的最大值附近时为重合闸最佳时间，进行重合。

3.5.3 断路器失灵保护动作切除故障时间。

元件(线路或变压器)保护或者母线保护动作后发出跳闸脉冲，同时启动断路器失灵保护。如果元件未能正常跳开，则经失灵保护整定延时后由失灵保护动作跳开其他元件以切除故障。失灵保护整定延时与主接线形式有关，通常一个半断路器接线形式为0.2s～0.3s，双母线接线形式为0.3s～0.5s。仿真计算时考虑一定裕度(10ms～20ms)。

3.5.4 安全稳定控制系统执行时间。安全稳定控制系统执行时间是从系统故障起，包括自动装置判别故障或者接收故障命令、控制决策出口、断路器执行操作(或者直流系统实施控制)的全过程；如果需要远方执行命令，还应考虑通信通道延时、接收装置的出口动作时间。常用控制措施执行时间计算如下：

1 切机和切负荷：包括安全稳定控制装置动作时间和断路器的跳闸时间，并考虑一定裕度。其中微机型安全稳定控制装置动作时间为50ms～180ms；220kV及以上断路器跳闸时间为50ms～70ms，220kV以下断路器跳闸时间相对较长，可考虑在220kV及以上断路器跳闸时间基础上增加50ms。

2 直流调制的响应时间较快，但是调节速度与直流系统动态特性和系统稳定特性相关，因此应根据实际特性来确定。

3 基于下述原因，本规范未明确其他控制措施的执行时间：

1)低频低压减负荷装置、失步解列装置的动作时间由装置的整定值确定。

2)当采用可控串补强补作为提高系统暂态稳定控制手段时，应在故障切除后立即向可控串补控制系统发出强补命令。可控串补控制系统自接收到外部强补命令至调整至最大补偿度一般可在几毫秒内完成。

3.6 稳定计算分析内容

本节内容包括：过负荷和低电压分析、暂态稳定分析、动态稳定分析和频率稳定分析，根据研究电网的特点来确定选择计算分析内容。

3.6.1 应分析研究静态(无故障断开)和大事故扰动引起的过负荷。电源送端系统、受端系统、功率传输中间断面的过负荷问题，因电网结构不同应有针对性研究。重要元件(线路、变压器等)断开后由于网架削弱，功率大规模转移等原因造成功率及电压损耗增大，应校核相关断面导线截面较小的线路是否过载、电压水平是否满足稳定运行要求。

3.6.2 系统受到扰动后的暂态过程较短，因此计算时间可选择5s左右。稳定分析强调应选择在最不利的地点发生金属性短路。

3.6.3 系统受到扰动后的动态过程较长，发电机和负荷的调节特性显现出来，因此计算时间可选择20s及以上。

3.6.4 本规范明确可利用暂态稳定和动态稳定计算程序来研究暂态和动态过程的电压稳定性。

3.6.5 当系统有功功率变动占系统负荷容量比例较小时，依靠负荷和发电机的调节特性可以保证频率波动在允许范围内。但是在系统有功功率不平衡额度较大情况下，事故扰动导致频率波动幅度大，本条明确应进行频率稳定分析，频率稳定分析应对负荷和发电机的调节特性模拟较为准确。

3.7 稳定判据

3.7.1 过负荷水平以热稳定极限作为判据。

3.7.2 暂态稳定判据包括三个方面：功角、电压和频率。稳定计算中，若三者都稳定时，则系统是稳定的；若有一个不能稳定，则判定系统失稳。

3.7.3 本规范中动态稳定判据与现行行业标准《电力系统安全稳定导则》DL 755相同。

4 安全自动装置的主要控制措施

4.1 切除发电机

4.1.1 采用切除发电机(简称切机)的控制措施,可以防止电力系统稳定破坏、消除异步运行状态、限制频率升高和限制设备过负荷。对于水电机组、火电机组、核电机组,一般采用断开发电机变压器组的断路器方式来实现切机;对于风电机组,一般采用断开升压站升压变压器高压侧断路器或断开升压站与系统间的联络线路断路器实现切机。采取切机控制措施应从有效性、机组安全性、经济性选择切机对象和排序。

4.1.2 从核安全的角度出发,核电机组不宜作为控制对象,只有在切除其他机组无法满足稳定要求且保证核反应堆的前提下,可考虑切除核电机组。

4.2 集中切负荷

4.2.1 集中切负荷可以提高系统运行频率,可以减轻某些电源线路的过负荷,可以提高受端电压水平,用于防止稳定破坏、消除异步运行状态和限制设备过负荷。

4.2.2 综合考虑被切负荷的重要程度和有效性来选择切负荷对象。

4.2.3 设置切负荷站的数量,考虑一定裕度,本规范给出20%左右的裕度指标。

4.2.4 实施切除负荷的目的在于防止电力系统崩溃、缩小事故范围、牺牲局部保全整体、尽可能保证对重要负荷的供电。实施切负荷避免其自动投入的含义为:通常以跳开低压供电线路断路器方式来实现切负荷,因此实施切除负荷跳开线路时应同时采取闭锁线路重合闸、禁止备用电源自动投入等措施,避免被切负荷重新带电。

4.3 无功补偿装置的控制

4.3.1 在系统故障切除后,启动输电线路的可控串补装置的强补功能将可控串补装置补偿度提高到最大,并持续一段时间,对防止故障后系统失稳,尤其是首摆失稳效果明显。强补应在故障切除后立刻投入,持续时间应根据系统具体情况确定,一般应大于功角摇摆曲线首摆达到最大值的时间。

4.3.2 根据电压控制的需要投/切并联电抗器、并联电容器无功设备。

4.4 电力系统解列及备用电源投入

4.4.1 电力系统解列,即电力系统解列成各自可同步运行的、有功及无功平衡的工作部分,可以防止稳定破坏、消除异步运行状态、限制设备过负荷。

4.4.2 利用水电站和蓄能电站可快速投入的特点,作为备用电源投入措施。在系统出现有功功率缺额大导致系统频率异常降低情况下,自动启动备用电源的措施可实现系统频率快速回升。

4.5 直流控制

4.5.1 直流调制是利用直流输电系统的换流器转换有功功率及消耗无功功率的可控性对交流系统或者交直流混合电力系统给定的电压、相角或者系统频率等参数进行调节、控制,而达到提高电力系统稳定性的一种控制过程。

5 安全自动装置的配置

5.1 安全自动装置的配置原则

5.1.1 本规范强调安全自动装置应基于稳定计算分析结论而配置方案,系统地解决问题,稳定控制措施之间以及稳定控制措施与其他控制系统之间应协调配合。

5.1.2 国家现行标准《电力系统安全稳定导则》DL 755和《电力系统安全稳定控制技术导则》GB/T 26399是保证电力系统安全稳定运行的强制性标准,因此本条所述的装置配置是参照这两个标准的规定制定的。本条规定在无合适的稳定控制措施或者稳定控制措施控制量过大情况下,应调整系统运行方式,避免装置配置过于复杂,这样可保证安全稳定控制措施的可实施性。从以下几方面保证安全自动装置的有效性:

1 以快速恢复系统稳定为目的,在可选择的不同等级的安全自动装置控制措施中,应取其中最高等级者。

2 选择对电力系统安全稳定控制有效性高的控制对象,当控制对象有几台机组或几座电厂时,应寻求最有效果的机组或电厂加以控制。

3 安全控制装置动作时间应满足能使电力系统恢复稳定运行的要求。对于维持系统稳定的自动装置应尽快动作,对于限制事故扩大的自动装置应在保证选择性的前提下尽快动作。

4 强调重要厂站应双重化配置,110kV及以下低电压等级系统的安全稳定控制装置宜单重化配置。

5.1.3 本条对直流调制、切机、切负荷、解列等常用控制措施进行排序,并对如何使用这些控制措施详细说明。由于火电机组本身对快关措施的承受力不足、快关响应速度相对较慢等原因,机组快关措施目前在国内国外极少使用,因此本规范未考虑快关控制措施。采用直流调制、切机、切负荷、解列等安全稳定控制措施考虑以下原则:

1 切机应按就近原则考虑,优先考虑切除水电及风电机组;各切机点应保留一台机组(风电除外);若切机点设置在梯级电站,还应考虑切机容量的配合。若为过负荷问题,则可考虑减电厂出力和直流功率控制的措施。

2 切负荷按就近原则考虑,快速集中切负荷系统通常由主站和子站组成,子站设置在区域内能提供一定可切负荷量的、灵敏度较高的变电站,选择切除对象时应考虑有效性和被切负荷的重要程度。

3 系统解列作为防止整个系统稳定破坏的备用,不同地点的解列装置其动作应有选择性,确保一次特定的扰动仅解列一个断面。

4 实施低频、低压减负荷措施应根据相关标准,按系统负荷的一定比例、分不同轮次切负荷。

5 直流系统的双侧频率调制功能可作为提高系统的稳定运行裕度的稳定控制措施。频率限制器可用于调节系统频率变化。

5.1.4 本条是对安全自动装置提出的要求。

1 安全自动装置的安全可靠性要求等同于相同电压等级的继电保护装置。

2 强调了充分利用原有安全自动装置的原则。同时,为满足系统发展需要,新增装置应具有良好的系统适应性。

5.2 安全自动装置配置

5.2.1 本条强调安全稳定控制装置主要解决当电力系统发生Ⅱ类扰动、特殊情况下考虑Ⅰ类扰动时存在的问题。分别阐述功率外送、受端系统通常采用的控制措施,切机、减机组出力等减少电源输出;切负荷可减少功率需求。对于直流输电系统或者装设串联补偿装置的系统,提出直流调制、控制补偿装置与其他控制措施综合使用。

5.2.2 配置失步解列装置时，还应考虑实现再同期和保证解列后各自系统安全稳定运行。

5.2.3 对功率过剩的电力系统应采取切除发电机等措施。

5.2.5 对功率不足的电力系统，应采取切除负荷等措施。

5.2.6 使用备用电源自动投入装置时应考虑：当正常供电通道发生故障供电受阻时，装置自动将备用电源投入相应的供电母线，以保证电力系统供电的连续性和稳定性。但在实施切负荷方案时，应有措施保证安全自动装置所切负荷不被自动投入备用电源（见本规范第4.2.4条）。

5.2.7 配置自动重合闸装置的目的是减少故障对系统的影响范围，提高电力系统的稳定性。

5.2.8 本条针对在线稳定控制系统的配置、功能进行了描述，在线稳定控制系统与分散布置的装置接口，实现安全稳定控制系统的一体化综合协调控制。

5.3 安全自动装置对通道及二次回路的要求

5.3.1 根据现行国家标准《继电保护及安全自动装置技术规程》GB/T 14825，安全自动装置对通信通道的要求原则上等同于相同电压等级的继电保护装置。强调安全自动装置信息传输优先采用光纤通道。

5.3.2 根据现行国家标准《继电保护及安全自动装置技术规程》GB/T 14825，安全自动装置对互感器、电源的要求，原则上等同于相同电压等级的继电保护装置。安全自动装置可与线路保护（或断路器保护）共用同一组电流互感器、电压互感器的二次线圈。

5.3.3 对于直流输电系统，为满足安全稳定控制装置实现直流控制的要求，本条列出安全稳定控制装置与直流控制系统交换信息内容。

5.3.4 对于装设串联补偿装置的系统，为满足安全稳定控制装置实现对串补控制的要求，本条列出安全稳定控制装置与串补控制系统交换信息内容。

中华人民共和国国家标准

建设工程施工现场消防安全技术规范

Technical code for fire safety of construction site

GB 50720 - 2011

主编部门：中华人民共和国住房和城乡建设部
中 华 人 民 共 和 国 公 安 部
批准部门：中华人民共和国住房和城乡建设部
施行日期：2 0 1 1 年 8 月 1 日

7

中华人民共和国住房和城乡建设部公告

第 1042 号

关于发布国家标准《建设工程施工现场消防安全技术规范》的公告

现批准《建设工程施工现场消防安全技术规范》为国家标准，编号为 GB 50720—2011，自 2011 年 8 月 1 日起实施。其中，第 3.2.1、4.2.1(1)、4.2.2(1)、4.3.3、5.1.4、5.3.5、5.3.6、5.3.9、6.2.1、6.2.3、6.3.1(3、5、9)、6.3.3(1)条(款)为强制性条文，必须严格执行。

本规范由我部标准定额研究所组织中国计划出版社出版发行。

中华人民共和国住房和城乡建设部

二〇一一年六月六日

前　言

本规范是根据住房和城乡建设部《关于印发〈2009 年工程建设标准规范制订、修订计划〉的通知》(建标〔2009〕88 号)的要求，由中国建筑第五工程局有限公司和中国建筑股份有限公司会同有关单位共同编制完成的。

本规范在编制过程中，编制组依据国家有关法律、法规和技术标准，认真总结我国建设工程施工现场消防工作经验和火灾事故教训，充分考虑建设工程施工现场消防工作的实际需要，广泛听取有关部门和专家意见，最后经审查定稿。

本规范共分 6 章，主要内容有：总则、术语、总平面布局、建筑防火、临时消防设施、防火管理。

本规范中以黑体字标志的条文为强制性条文，必须严格执行。

本规范由住房和城乡建设部负责管理和对强制性条文的解释，由中国建筑第五工程局有限公司负责具体技术内容的解释。本规范在执行过程中，希望各单位注意经验的总结和积累，如发现需要修改或补充之处，请将意见和建议寄至中国建筑第五工程局有限公司(地址：湖南省长沙市中意一路 158 号，邮政编码：410004，邮箱：xfbz@cscec5b.com.cn)，以供今后修订时参考。

本规范主编单位、参编单位、主要起草人和主要审查人：

主 编 单 位： 中国建筑第五工程局有限公司
中国建筑股份有限公司

参 编 单 位： 公安部天津消防研究所
上海建工(集团)总公司
北京住总集团有限公司
中国建筑一局(集团)有限公司
中国建筑科学研究院建筑防火研究所
中铁建工集团有限公司
广东工程建设监理有限公司
重庆大学
陕西省公安消防总队
北京市公安消防总队
上海市公安消防总队
湖南省公安消防总队
甘肃省公安消防总队

主要起草人： 谭立新　肖绪文　倪照鹏　陈富仲　张　磊
杨建康　金光耀　刘激扬　卞建峰　申立新
马建民　朱　蕾　肖曙光　张　强　李宏文
孟庆彬　倪建国　谭　青　华建民　郭　伟

主要审查人： 许溶烈　郭树林　范庆国　王士川　陈火炎
曾　杰　丁余平　杨西伟　焦安亮　高俊岳

7

目　次

Contents

7

1 总　　则

1.0.1　为预防建设工程施工现场火灾，减少火灾危害，保护人身和财产安全，制定本规范。

1.0.2　本规范适用于新建、改建和扩建等各类建设工程施工现场的防火。

1.0.3　建设工程施工现场的防火必须遵循国家有关方针、政策，针对不同施工现场的火灾特点，立足自防自救，采取可靠防火措施，做到安全可靠、经济合理、方便适用。

1.0.4　建设工程施工现场的防火除应符合本规范外，尚应符合国家现行有关标准的规定。

2 术　　语

2.0.1　临时用房　　temporary construction

在施工现场建造的，为建设工程施工服务的各种非永久性建筑物，包括办公用房、宿舍、厨房操作间、食堂、锅炉房、发电机房、变配电房、库房等。

2.0.2　临时设施　　temporary facility

在施工现场建造的，为建设工程施工服务的各种非永久性设施，包括围墙、大门、临时道路、材料堆场及其加工场、固定动火作业场、作业棚、机具棚、贮水池及临时给排水、供电、供热管线等。

2.0.3　临时消防设施　　temporary fire control facility

设置在建设工程施工现场，用于扑救施工现场火灾、引导施工人员安全疏散等的各类消防设施，包括灭火器、临时消防给水系统、消防应急照明、疏散指示标识、临时疏散通道等。

2.0.4　临时疏散通道　　temporary evacuation route

施工现场发生火灾或意外事件时，供人员安全撤离危险区域并到达安全地点或安全地带所经的路径。

2.0.5　临时消防救援场地　　temporary fire fighting and rescue site

施工现场中供人员和设备实施灭火救援作业的场地。

3 总平面布局

3.1 一般规定

3.1.1　临时用房、临时设施的布置应满足现场防火、灭火及人员安全疏散的要求。

3.1.2　下列临时用房和临时设施应纳入施工现场总平面布局：

1　施工现场的出入口、围墙、围挡。

2　场内临时道路。

3　给水管网或管路和配电线路敷设或架设的走向、高度。

4　施工现场办公用房、宿舍、发电机房、变配电房、可燃材料库房、易燃易爆危险品库房、可燃材料堆场及其加工场、固定动火作业场等。

5　临时消防车道、消防救援场地和消防水源。

3.1.3　施工现场出入口的设置应满足消防车通行的要求，并宜布置在不同方向，其数量不宜少于2个。当确有困难只能设置1个出入口时，应在施工现场内设置满足消防车通行的环形道路。

3.1.4　施工现场临时办公、生活、生产、物料存贮等功能区宜相对独立布置，防火间距应符合本规范第3.2.1条和第3.2.2条的规定。

3.1.5　固定动火作业场应布置在可燃材料堆场及其加工场、易燃易爆危险品库房等全年最小频率风向的上风侧，并宜布置在临时办公用房、宿舍、可燃材料库房、在建工程等全年最小频率风向的上风侧。

3.1.6　易燃易爆危险品库房应远离明火作业区、人员密集区和建筑物相对集中区。

3.1.7　可燃材料堆场及其加工场、易燃易爆危险品库房不应布置在架空电力线下。

3.2 防火间距

3.2.1　易燃易爆危险品库房与在建工程的防火间距不应小于15m，可燃材料堆场及其加工场、固定动火作业场与在建工程的防火间距不应小于10m，其他临时用房、临时设施与在建工程的防火间距不应小于6m。

3.2.2　施工现场主要临时用房、临时设施的防火间距不应小于表3.2.2的规定，当办公用房、宿舍成组布置时，其防火间距可适当减小，但应符合下列规定：

1　每组临时用房的栋数不应超过10栋，组与组之间的防火间距不应小于8m。

2　组内临时用房之间的防火间距不应小于3.5m，当建筑构件燃烧性能等级为A级时，其防火间距可减少到3m。

表3.2.2　施工现场主要临时用房、临时设施的防火间距(m)

名称 间距 名称	办公用房、宿舍	发电机房、变配电房	可燃材料库房	厨房操作间、锅炉房	可燃材料堆场及其加工场	固定动火作业场	易燃易爆危险品库房
办公用房、宿舍	4	4	5	5	7	7	10
发电机房、变配电房	4	4	5	5	7	7	10
可燃材料库房	5	5	5	5	7	7	10
厨房操作间、锅炉房	5	5	5	5	7	7	10
可燃材料堆场及其加工场	7	7	7	7	7	10	10
固定动火作业场	7	7	7	7	10	10	12
易燃易爆危险品库房	10	10	10	10	10	12	12

注：1　临时用房、临时设施的防火间距应按临时用房外墙外边线或堆场、作业场、作业棚边线间的最小距离计算，当临时用房外墙有突出可燃构件时，应从其突出可燃构件的外缘算起；

2　两栋临时用房相邻较高一面的外墙为防火墙时，防火间距不限；

3　本表未规定的，可按同等火灾危险性的临时用房、临时设施的防火间距确定。

3.3 消防车道

3.3.1 施工现场内应设置临时消防车道，临时消防车道与在建工程、临时用房、可燃材料堆场及其加工场的距离不宜小于5m，且不宜大于40m；施工现场周边道路满足消防车通行及灭火救援要求时，施工现场内可不设置临时消防车道。

3.3.2 临时消防车道的设置应符合下列规定：

1 临时消防车道宜为环形，设置环形车道确有困难时，应在消防车道尽端设置尺寸不小于12m×12m的回车场。

2 临时消防车道的净宽度和净空高度均不应小于4m。

3 临时消防车道的右侧应设置消防车行进路线指示标识。

4 临时消防车道路基、路面及其下部设施应能承受消防车通行压力及工作荷载。

3.3.3 下列建筑应设置环形临时消防车道，设置环形临时消防车道确有困难时，除应按本规范第3.3.2条的规定设置回车场外，尚应按本规范第3.3.4条的规定设置临时消防救援场地：

1 建筑高度大于24m的在建工程。

2 建筑工程单体占地面积大于3000m² 的在建工程。

3 超过10栋，且成组布置的临时用房。

3.3.4 临时消防救援场地的设置应符合下列规定：

1 临时消防救援场地应在在建工程装饰装修阶段设置。

2 临时消防救援场地应设置在成组布置的临时用房场地的长边一侧及在建工程的长边一侧。

3 临时救援场地宽度应满足消防车正常操作要求，且不应小于6m，与在建工程外脚手架的净距不宜小于2m，且不宜超过6m。

4 建筑防火

4.1 一般规定

4.1.1 临时用房和在建工程应采取可靠的防火分隔和安全疏散等防火技术措施。

4.1.2 临时用房的防火设计应根据其使用性质及火灾危险性等情况进行确定。

4.1.3 在建工程防火设计应根据施工性质、建筑高度、建筑规模及结构特点等情况进行确定。

4.2 临时用房防火

4.2.1 宿舍、办公用房的防火设计应符合下列规定：

1 建筑构件的燃烧性能等级应为A级。当采用金属夹芯板材时，其芯材的燃烧性能等级应为A级。

2 建筑层数不应超过3层，每层建筑面积不应大于300m²。

3 层数为3层或每层建筑面积大于200m² 时，应设置至少2部疏散楼梯，房间疏散门至疏散楼梯的最大距离不应大于25m。

4 单面布置用房时，疏散走道的净宽度不应小于1.0m；双面布置用房时，疏散走道的净宽度不应小于1.5m。

5 疏散楼梯的净宽度不应小于疏散走道的净宽度。

6 宿舍房间的建筑面积不应大于30m²，其他房间的建筑面积不宜大于100m²。

7 房间内任一点至最近疏散门的距离不应大于15m，房门的净宽度不应小于0.8m；房间建筑面积超过50m² 时，房门的净宽度不应小于1.2m。

8 隔墙应从楼地面基层隔断至顶板基层底面。

4.2.2 发电机房、变配电房、厨房操作间、锅炉房、可燃材料库房及易燃易爆危险品库房的防火设计应符合下列规定：

1 建筑构件的燃烧性能等级应为A级。

2 层数应为1层，建筑面积不应大于200m²。

3 可燃材料库房单个房间的建筑面积不应超过30m²，易燃易爆危险品库房单个房间的建筑面积不应超过20m²。

4 房间内任一点至最近疏散门的距离不应大于10m，房门的净宽度不应小于0.8m。

4.2.3 其他防火设计应符合下列规定：

1 宿舍、办公用房不应与厨房操作间、锅炉房、变配电房等组合建造。

2 会议室、文化娱乐室等人员密集的房间应设置在临时用房的第一层，其疏散门应向疏散方向开启。

4.3 在建工程防火

4.3.1 在建工程作业场所的临时疏散通道应采用不燃、难燃材料建造，并应与在建工程结构施工同步设置，也可利用在建工程施工完毕的水平结构、楼梯。

4.3.2 在建工程作业场所临时疏散通道的设置应符合下列规定：

1 耐火极限不应低于0.5h。

2 设置在地面上的临时疏散通道，其净宽度不应小于1.5m；利用在建工程施工完毕的水平结构、楼梯作临时疏散通道时，其净宽度不宜小于1.0m；用于疏散的爬梯及设置在脚手架上的临时疏散通道，其净宽度不应小于0.6m。

3 临时疏散通道为坡道，且坡度大于25°时，应修建楼梯或台阶踏步或设置防滑条。

4 临时疏散通道不宜采用爬梯，确需采用时，应采取可靠固定措施。

5 临时疏散通道的侧面为临空面时，应沿临空面设置高度不小于1.2m的防护栏杆。

6 临时疏散通道设置在脚手架上时，脚手架应采用不燃材料搭设。

7 临时疏散通道应设置明显的疏散指示标识。

8 临时疏散通道应设置照明设施。

4.3.3 既有建筑进行扩建、改建施工时，必须明确划分施工区和非施工区。施工区不得营业、使用和居住；非施工区继续营业、使用和居住时，应符合下列规定：

1 施工区和非施工区之间应采用不开设门、窗、洞口的耐火极限不低于3.0h的不燃烧体隔墙进行防火分隔。

2 非施工区内的消防设施应完好和有效，疏散通道应保持畅通，并应落实日常值班及消防安全管理制度。

3 施工区的消防安全应配有专人值守，发生火情应能立即处置。

4 施工单位应向居住和使用者进行消防宣传教育，告知建筑消防设施、疏散通道的位置及使用方法，同时应组织疏散演练。

5 外脚手架搭设不应影响安全疏散、消防车正常通行及灭火救援操作，外脚手架搭设长度不应超过该建筑物外立面周长的1/2。

4.3.4 外脚手架、支模架的架体宜采用不燃或难燃材料搭设，下列工程的外脚手架、支模架的架体应采用不燃材料搭设：

1 高层建筑。

2 既有建筑改造工程。

4.3.5 下列安全防护网应采用阻燃型安全防护网：

1 高层建筑外脚手架的安全防护网。

2 既有建筑外墙改造时，其外脚手架的安全防护网。

3 临时疏散通道的安全防护网。

4.3.6 作业场所应设置明显的疏散指示标志，其指示方向应指向最近的临时疏散通道入口。

4.3.7 作业层的醒目位置应设置安全疏散示意图。

5 临时消防设施

5.1 一 般 规 定

5.1.1 施工现场应设置灭火器、临时消防给水系统和应急照明等临时消防设施。

5.1.2 临时消防设施应与在建工程的施工同步设置。房屋建筑工程中，临时消防设施的设置与在建工程主体结构施工进度的差距不应超过3层。

5.1.3 在建工程可利用已具备使用条件的永久性消防设施作为临时消防设施。当永久性消防设施无法满足使用要求时，应增设临时消防设施，并应符合本规范第5.2～5.4节的有关规定。

5.1.4 施工现场的消火栓泵应采用专用消防配电线路。专用消防配电线路应自施工现场总配电箱的总断路器上端接入，且应保持不间断供电。

5.1.5 地下工程的施工作业场所宜配备防毒面具。

5.1.6 临时消防给水系统的贮水池、消火栓泵、室内消防竖管及水泵接合器等应设置醒目标识。

5.2 灭 火 器

5.2.1 在建工程及临时用房的下列场所应配置灭火器：

1 易燃易爆危险品存放及使用场所。

2 动火作业场所。

3 可燃材料存放、加工及使用场所。

4 厨房操作间、锅炉房、发电机房、变配电房、设备用房、办公用房、宿舍等临时用房。

5 其他具有火灾危险的场所。

5.2.2 施工现场灭火器配置应符合下列规定：

1 灭火器的类型应与配备场所可能发生的火灾类型相匹配。

2 灭火器的最低配置标准应符合表5.2.2-1的规定。

表5.2.2-1 灭火器的最低配置标准

项目	固体物质火灾		液体或可熔化固体物质火灾、气体火灾	
	单具灭火器最小灭火级别	单位灭火级别最大保护面积（m²/A）	单具灭火器最小灭火级别	单位灭火级别最大保护面积（m²/B）
易燃易爆危险品存放及使用场所	3A	50	89B	0.5
固定动火作业场	3A	50	89B	0.5
临时动火作业点	2A	50	55B	0.5
可燃材料存放、加工及使用场所	2A	75	55B	1.0
厨房操作间、锅炉房	2A	75	55B	1.0
自备发电机房	2A	75	55B	1.0
变配电房	2A	75	55B	1.0
办公用房、宿舍	1A	100	—	—

3 灭火器的配置数量应按现行国家标准《建筑灭火器配置设计规范》GB 50140的有关规定经计算确定，且每个场所的灭火器数量不应少于2具。

4 灭火器的最大保护距离应符合表5.2.2-2的规定。

表5.2.2-2 灭火器的最大保护距离(m)

灭火器配置场所	固体物质火灾	液体或可熔化固体物质火灾、气体火灾
易燃易爆危险品存放及使用场所	15	9
固定动火作业场	15	9
临时动火作业点	10	6
可燃材料存放、加工及使用场所	20	12
厨房操作间、锅炉房	20	12
发电机房、变配电房	20	12
办公用房、宿舍等	25	—

5.3 临时消防给水系统

5.3.1 施工现场或其附近应设置稳定、可靠的水源，并应能满足施工现场临时消防用水的需要。

消防水源可采用市政给水管网或天然水源。当采用天然水源时，应采取确保冰冻季节、枯水期最低水位时顺利取水的措施，并应满足临时消防用水量的要求。

5.3.2 临时消防用水量应为临时室外消防用水量与临时室内消防用水量之和。

5.3.3 临时室外消防用水量应按临时用房和在建工程的临时室外消防用水量的较大者确定，施工现场火灾次数可按同时发生1次确定。

5.3.4 临时用房建筑面积之和大于1000m² 或在建工程单体体积大于10000m³ 时，应设置临时室外消防给水系统。当施工现场处于市政消火栓150m保护范围内，且市政消火栓的数量满足室外消防用水量要求时，可不设置临时室外消防给水系统。

5.3.5 临时用房的临时室外消防用水量不应小于表5.3.5的规定。

表5.3.5 临时用房的临时室外消防用水量

临时用房的建筑面积之和	火灾延续时间（h）	消火栓用水量（L/s）	每支水枪最小流量（L/s）
1000m²＜面积≤5000m²	1	10	5
面积＞5000m²		15	5

5.3.6 在建工程的临时室外消防用水量不应小于表5.3.6的规定。

表5.3.6 在建工程的临时室外消防用水量

在建工程（单体）体积	火灾延续时间（h）	消火栓用水量（L/s）	每支水枪最小流量（L/s）
10000m³＜体积≤30000m³	1	15	5
体积＞30000m³	2	20	5

5.3.7 施工现场临时室外消防给水系统的设置应符合下列规定：

1 给水管网宜布置成环状。

2 临时室外消防给水干管的管径，应根据施工现场临时消防用水量和干管内水流计算速度计算确定，且不应小于*DN*100。

3 室外消火栓应沿在建工程、临时用房和可燃材料堆场及其加工场均匀布置，与在建工程、临时用房和可燃材料堆场及其加工场的外边线的距离不应小于5m。

4 消火栓的间距不应大于120m。

5 消火栓的最大保护半径不应大于150m。

5.3.8 建筑高度大于24m或单体体积超过30000m³ 的在建工程，应设置临时室内消防给水系统。

5.3.9 在建工程的临时室内消防用水量不应小于表5.3.9的规定。

表5.3.9 在建工程的临时室内消防用水量

建筑高度、在建工程体积（单体）	火灾延续时间（h）	消火栓用水量（L/s）	每支水枪最小流量（L/s）
24m＜建筑高度≤50m 或30000m³＜体积≤50000m³	1	10	5
建筑高度＞50m 或体积＞50000m³	1	15	5

5.3.10 在建工程临时室内消防竖管的设置应符合下列规定：

1 消防竖管的设置位置应便于消防人员操作，其数量不应少于2根，当结构封顶时，应将消防竖管设置成环状。

2 消防竖管的管径应根据在建工程临时消防用水量、竖管内水流计算速度计算确定，且不应小于*DN*100。

5.3.11 设置室内消防给水系统的在建工程，应设置消防水泵接合器。消防水泵接合器应设置在室外便于消防车取水的部位，与室外消火栓或消防水池取水口的距离宜为15m～40m。

5.3.12 设置临时室内消防给水系统的在建工程，各结构层均应设置室内消火栓接口及消防软管接口，并应符合下列规定：

1 消火栓接口及软管接口应设置在位置明显且易于操作的部位。

2 消火栓接口的前端应设置截止阀。

3 消火栓接口或软管接口的间距，多层建筑不应大于50m，高层建筑不应大于30m。

5.3.13 在建工程结构施工完毕的每层楼梯处应设置消防水枪、水带及软管，且每个设置点不应少于2套。

5.3.14 高度超过100m的在建工程，应在适当楼层增设临时中转水池及加压水泵。中转水池的有效容积不应少于10m³，上、下两个中转水池的高差不宜超过100m。

5.3.15 临时消防给水系统的给水压力应满足消防水枪充实水柱长度不小于10m的要求；给水压力不能满足要求时，应设置消火栓泵，消火栓泵不应少于2台，且应互为备用；消火栓泵宜设置自动启动装置。

5.3.16 当外部消防水源不能满足施工现场的临时消防用水量要求时，应在施工现场设置临时贮水池。临时贮水池宜设置在便于消防车取水的部位，其有效容积不应小于施工现场火灾延续时间内一次灭火的全部消防用水量。

5.3.17 施工现场临时消防给水系统应与施工现场生产、生活给水系统合并设置，但应设置将生产、生活用水转为消防用水的应急阀门。应急阀门不应超过2个，且应设置在易于操作的场所，并应设置明显标识。

5.3.18 严寒和寒冷地区的现场临时消防给水系统应采取防冻措施。

5.4 应急照明

5.4.1 施工现场的下列场所应配备临时应急照明：

1 自备发电机房及变配电房。

2 水泵房。

3 无天然采光的作业场所及疏散通道。

4 高度超过100m的在建工程的室内疏散通道。

5 发生火灾时仍需坚持工作的其他场所。

5.4.2 作业场所应急照明的照度不应低于正常工作所需照度的90%，疏散通道的照度值不应小于0.5 lx。

5.4.3 临时消防应急照明灯具宜选用自备电源的应急照明灯具，自备电源的连续供电时间不应小于60min。

6 防火管理

6.1 一般规定

6.1.1 施工现场的消防安全管理应由施工单位负责。

实行施工总承包时，应由总承包单位负责。分包单位应向总承包单位负责，并应服从总承包单位的管理，同时应承担国家法律、法规规定的消防责任和义务。

6.1.2 监理单位应对施工现场的消防安全管理实施监理。

6.1.3 施工单位应根据建设项目规模、现场消防安全管理的重点，在施工现场建立消防安全管理组织机构及义务消防组织，并应确定消防安全负责人和消防安全管理人员，同时应落实相关人员的消防安全管理责任。

6.1.4 施工单位应针对施工现场可能导致火灾发生的施工作业及其他活动，制订消防安全管理制度。消防安全管理制度应包括下列主要内容：

1 消防安全教育与培训制度。

2 可燃及易燃易爆危险品管理制度。

3 用火、用电、用气管理制度。

4 消防安全检查制度。

5 应急预案演练制度。

6.1.5 施工单位应编制施工现场防火技术方案，并应根据现场情况变化及时对其修改、完善。防火技术方案应包括下列主要内容：

1 施工现场重大火灾危险源辨识。

2 施工现场防火技术措施。

3 临时消防设施、临时疏散设施配备。

4 临时消防设施和消防警示标识布置图。

6.1.6 施工单位应编制施工现场灭火及应急疏散预案。灭火及应急疏散预案应包括下列主要内容：

1 应急灭火处置机构及各级人员应急处置职责。

2 报警、接警处置的程序和通讯联络的方式。

3 扑救初起火灾的程序和措施。

4 应急疏散及救援的程序和措施。

6.1.7 施工人员进场时，施工现场的消防安全管理人员应向施工人员进行消防安全教育和培训。消防安全教育和培训应包括下列内容：

1 施工现场消防安全管理制度、防火技术方案、灭火及应急疏散预案的主要内容。

2 施工现场临时消防设施的性能及使用、维护方法。

3 扑灭初起火灾及自救逃生的知识和技能。

4 报警、接警的程序和方法。

6.1.8 施工作业前，施工现场的施工管理人员应向作业人员进行消防安全技术交底。消防安全技术交底应包括下列主要内容：

1 施工过程中可能发生火灾的部位或环节。

2 施工过程应采取的防火措施及应配备的临时消防设施。

3 初起火灾的扑救方法及注意事项。

4 逃生方法及路线。

6.1.9 施工过程中，施工现场的消防安全负责人应定期组织消防安全管理人员对施工现场的消防安全进行检查。消防安全检查应包括下列主要内容：

1 可燃物及易燃易爆危险品的管理是否落实。

2 动火作业的防火措施是否落实。

3 用火、用电、用气是否存在违章操作，电、气焊及保温防水施工是否执行操作规程。

4 临时消防设施是否完好有效。

5 临时消防车道及临时疏散设施是否畅通。

6.1.10 施工单位应依据灭火及应急疏散预案，定期开展灭火及应急疏散的演练。

6.1.11 施工单位应做好并保存施工现场消防安全管理的相关文件和记录，并应建立现场消防安全管理档案。

6.2 可燃物及易燃易爆危险品管理

6.2.1 用于在建工程的保温、防水、装饰及防腐等材料的燃烧性能等级应符合设计要求。

6.2.2 可燃材料及易燃易爆危险品应按计划限量进场。进场后，可燃材料宜存放于库房内，露天存放时，应分类成垛堆放，垛高不应超过2m，单垛体积不应超过$50m^3$，垛与垛之间的最小间距不应小于2m，且应采用不燃或难燃材料覆盖；易燃易爆危险品应分类专库储存，库房内应通风良好，并应设置严禁明火标志。

6.2.3 室内使用油漆及其有机溶剂、乙二胺、冷底子油等易挥发产生易燃气体的物资作业时，应保持良好通风，作业场所严禁明火，并应避免产生静电。

6.2.4 施工产生的可燃、易燃建筑垃圾或余料，应及时清理。

6.3 用火、用电、用气管理

6.3.1 施工现场用火应符合下列规定：

1 动火作业应办理动火许可证；动火许可证的签发人收到动火申请后，应前往现场查验并确认动火作业的防火措施落实后，再签发动火许可证。

2 动火操作人员应具有相应资格。

3 焊接、切割、烘烤或加热等动火作业前，应对作业现场的可燃物进行清理；作业现场及其附近无法移走的可燃物应采用不燃材料对其覆盖或隔离。

4 施工作业安排时，宜将动火作业安排在使用可燃建筑材料的施工作业前进行。确需在使用可燃建筑材料的施工作业之后进行动火作业时，应采取可靠的防火措施。

5 裸露的可燃材料上严禁直接进行动火作业。

6 焊接、切割、烘烤或加热等动火作业应配备灭火器材，并应设置动火监护人进行现场监护，每个动火作业点均应设置1个监护人。

7 五级(含五级)以上风力时，应停止焊接、切割等室外动火作业；确需动火作业时，应采取可靠的挡风措施。

8 动火作业后，应对现场进行检查，并应在确认无火灾危险后，动火操作人员再离开。

9 具有火灾、爆炸危险的场所严禁明火。

10 施工现场不应采用明火取暖。

11 厨房操作间炉灶使用完毕后，应将炉火熄灭，排油烟机及油烟管道应定期清理油垢。

6.3.2 施工现场用电应符合下列规定：

1 施工现场供用电设施的设计、施工、运行和维护应符合现行国家标准《建设工程施工现场供用电安全规范》GB 50194的有关规定。

2 电气线路应具有相应的绝缘强度和机械强度，严禁使用绝缘老化或失去绝缘性能的电气线路，严禁在电气线路上悬挂物品。破损、烧焦的插座、插头应及时更换。

3 电气设备与可燃、易燃易爆危险品和腐蚀性物品应保持一定的安全距离。

4 有爆炸和火灾危险的场所，应按危险场所等级选用相应的电气设备。

5 配电屏上每个电气回路应设置漏电保护器、过载保护器，距配电屏2m范围内不应堆放可燃物，5m范围内不应设置可能产生较多易燃、易爆气体、粉尘的作业区。

6 可燃材料库房不应使用高热灯具，易燃易爆危险品库房内应使用防爆灯具。

7 普通灯具与易燃物的距离不宜小于300mm，聚光灯、碘钨灯等高热灯具与易燃物的距离不宜小于500mm。

8 电气设备不应超负荷运行或带故障使用。

9 严禁私自改装现场供用电设施。

10 应定期对电气设备和线路的运行及维护情况进行检查。

6.3.3 施工现场用气应符合下列规定：

1 储装气体的罐瓶及其附件应合格、完好和有效；严禁使用减压器及其他附件缺损的氧气瓶，严禁使用乙炔专用减压器、回火防止器及其他附件缺损的乙炔瓶。

2 气瓶运输、存放、使用时，应符合下列规定：

1)气瓶应保持直立状态，并采取防倾倒措施，乙炔瓶严禁横躺卧放。

2)严禁碰撞、敲打、抛掷、滚动气瓶。

3)气瓶应远离火源，与火源的距离不应小于10m，并应采取避免高温和防止曝晒的措施。

4)燃气储装瓶罐应设置防静电装置。

3 气瓶应分类储存，库房内应通风良好；空瓶和实瓶同库存放时，应分开放置，空瓶和实瓶的间距不应小于1.5m。

4 气瓶使用时，应符合下列规定：

1)使用前，应检查气瓶及气瓶附件的完好性，检查连接气路的气密性，并采取避免气体泄漏的措施，严禁使用已老化的橡皮气管。

2)氧气瓶与乙炔瓶的工作间距不应小于5m，气瓶与明火作业点的距离不应小于10m。

3)冬季使用气瓶，气瓶的瓶阀、减压器等发生冻结时，严禁用火烘烤或用铁器敲击瓶阀，严禁猛拧减压器的调节螺丝。

4)氧气瓶内剩余气体的压力不应小于0.1MPa。

5)气瓶用后应及时归库。

6.4 其他防火管理

6.4.1 施工现场的重点防火部位或区域应设置防火警示标识。

6.4.2 施工单位应做好施工现场临时消防设施的日常维护工作，对已失效、损坏或丢失的消防设施应及时更换、修复或补充。

6.4.3 临时消防车道、临时疏散通道、安全出口应保持畅通，不得遮挡、挪动疏散指示标识，不得挪用消防设施。

6.4.4 施工期间，不应拆除临时消防设施及临时疏散设施。

6.4.5 施工现场严禁吸烟。

本规范用词说明

1 为便于在执行本规范条文时区别对待，对要求严格程度不同的用词说明如下：

1）表示很严格，非这样做不可的：

正面词采用“必须”，反面词采用“严禁”；

2）表示严格，在正常情况下均应这样做的：

正面词采用“应”，反面词采用“不应”或“不得”；

3）表示允许稍有选择，在条件许可时首先应这样做的：

正面词采用“宜”，反面词采用“不宜”；

4）表示有选择，在一定条件下可以这样做的，采用“可”。

2 条文中指明应按其他有关标准执行的写法为：“应符合……的规定”或“应按……执行”。

引用标准名录

《建筑灭火器配置设计规范》GB 50140

《建设工程施工现场供用电安全规范》GB 50194

7

中华人民共和国国家标准

建设工程施工现场消防安全技术规范

GB 50720－2011

条 文 说 明

7

制 订 说 明

《建设工程施工现场消防安全技术规范》GB 50720—2011，经住房和城乡建设部2011年6月6日以第1042号公告批准发布。

为便于广大设计、施工、科研、学校等单位有关人员在使用本规范时能正确理解和执行条文规定，《建设工程施工现场消防安全技术规范》编制组按章、节、条顺序编制了本规范的条文说明，对条文规定的目的、依据以及执行中需要注意的有关事项进行了说明，还着重对强制性条文的强制性理由作了解释。但是，本条文说明不具备与本规范正文同等的法律效力，仅供使用者作为理解和把握标准规定的参考。

目　次

1 总　　则

1.0.1 随着我国城镇建设规模的扩大和城镇化进程的加速，建设工程施工现场的火灾数量呈增多趋势，火灾危害呈增大的趋势。因此，为预防建设工程施工现场火灾，减少火灾危害，保护人身和财产安全，制定本规范。

1.0.2 本规范适用于新建、改建和扩建等各类建设工程的施工现场防火，包括土木工程、建筑工程、设备安装工程、装饰装修工程和既有建筑改造等施工现场，但不适用于线路管道工程、拆除工程、布展工程、临时工程等施工现场。

1.0.3 《中华人民共和国消防法》规定了消防工作的方针是"预防为主、防消结合"。"防"和"消"是不可分割的整体，两者相辅相成，互为补充。

建设工程施工现场一般具有以下特点，因而火灾风险多，危害大：

1 施工临时员工多，流动性强，素质参差不齐。

2 施工现场临建设施多，防火标准低。

3 施工现场易燃、可燃材料多。

4 动火作业多、露天作业多、立体交叉作业多、违章作业多。

5 现场管理及施工过程受外部环境影响大。

调查发现，施工现场火灾主要因用火、用电、用气不慎和初起火灾扑灭不及时所导致。

针对建设工程施工现场的特点及发生火灾的主要原因，施工现场的防火应针对"用火、用电、用气和扑灭初起火灾"等关键环节，遵循"以人为本、因地制宜、立足自救"的原则，制订并采取"安全可靠、经济适用、方便有效"的防火措施。

施工现场发生火灾时，应以"扑灭初期火灾和保护人身安全"为主要任务。当人身和财产安全均受到威胁时，应以保护人身安全为首要任务。

2 术　　语

2.0.1、2.0.2 施工现场的临时用房及临时设施常被合并简称为临建设施。有时，也将"在施工现场建造的，为建设工程施工服务的各类办公、生活、生产用非永久性建筑物、构筑物、设施"统称为临时设施，即临时设施包含临时用房。但为了本规范相关内容表述方便、所表达的意思明确，特将"临时用房、临时设施"分别定义。

2.0.3 施工现场的临时消防设施仅指设置在建设工程施工现场，用于扑救施工现场初起火灾的设施和设备。常见的有手提式及推车式灭火器、临时消防给水系统、消防应急照明、疏散指示标识等。

2.0.4 由于施工现场环境复杂、不安全因素多、疏散条件差，凡是能用于或满足人员安全撤离危险区域，到达安全地点或安全地带的路径、设施均可视为临时疏散通道。

3 总平面布局

3.1 一 般 规 定

3.1.1 防火、灭火及人员安全疏散是施工现场防火工作的主要内容，施工现场临时用房、临时设施的布置满足现场防火、灭火及人员安全疏散的要求是施工现场防火工作的基本条件。

施工现场临时用房、临时设施的布置常受现场客观条件[如气象，地形地貌及水文地质，地上、地下管线及周边建(构)筑物，场地大小及其"三通一平"，现场周边道路及消防设施等具体情况]的制约，而不同施工现场的客观条件又千差万别。因此，现场的总平面布局应综合考虑在建工程及现场情况，因地制宜，按照"临时用房及临时设施占地面积少、场内材料及构件二次运输少、施工生产及生活相互干扰少、临时用房及设施建造费用少，并满足施工、防火、节能、环保、安全、保卫、文明施工等需求"的基本原则进行。

燃烧应具备三个基本条件：可燃物、助燃物、火源。

施工现场存有大量的易燃、可燃材料，如竹(木)模板及架料，B2、B3 级装饰、保温、防水材料，树脂类防腐材料，油漆及其稀释剂，焊接或气割用的氢气、乙炔等。这些物质的存在，使施工现场具备了燃烧产生的一个必备条件——可燃物。

施工现场动火作业多，如焊接、气割、金属切割、生活用火等，使施工现场具备了燃烧产生的另一个必备条件——火源。

控制可燃物、隔绝助燃物以及消除着火源是防火工作的基本措施。

明确施工现场平面布局的主要内容，确定施工现场出入口的设置及现场办公、生活、生产、物料存贮区域的布置原则，规范可燃物、易燃易爆危险品存放场所及动火作业场所的布置要求，针对施工现场的火源和可燃物、易燃物实施重点管控，是落实现场防火工作基本措施的具体表现。

3.1.2 在建工程及现场办公用房、宿舍、发电机房、变配电房、可燃材料库房、易燃易爆危险品库房、可燃材料堆场及其加工场、固定动火作业场是施工现场防火的重点，给水及供配电线路和消防车道、临时消防救援场地、消防水源是现场灭火的基本条件，现场出入口和场内临时道路是人员安全疏散的基本设施。因此，施工现场总平面布局应明确与现场防火、灭火及人员疏散密切相关的临时用房及临时设施的具体位置，以满足现场防火、灭火及人员疏散的要求。

3.1.3 本条规定明确了施工现场设置出入口的基本原则和要求，当施工现场划分为不同的区域时，不同区域的出入口设置也要符合本条规定。

3.1.4 "施工现场临时办公、生活、生产、物料存贮等功能区宜相对独立布置"是对施工现场总平面布局的原则性要求。

宿舍、厨房操作间、锅炉房、变配电房、可燃材料堆场及其加工场、可燃材料及易燃易爆危险品库房等临时用房、临时设施不应设置于在建工程内。

3.1.5 本条对固定动火作业场的布置进行了规定。固定动火作业场属于散发火花的场所，布置时需要考虑风向以及火花对于可燃及易燃易爆危险品集中区域的影响。

3.1.7 本条对可燃材料堆场及其加工场、易燃易爆危险品存放库房的布置位置进行了规定。既要考虑架空电力线对可燃材料堆场及其加工场、易燃易爆危险品库房的影响，也要考虑可燃材料堆场及其加工场、易燃易爆危险品库房失火对架空电力线的影响。

3.2 防 火 间 距

3.2.1 本条规定明确了不同临时用房、临时设施与在建工程的最小防火间距。临时用房、临时设施与在建工程的防火间距采用

6m，主要是考虑临时用房层数不高、面积不大，故采用了现行国家标准《建筑设计防火规范》GB 50016—2006 中多层民用建筑之间的防火间距的数值。同时，由于可燃材料堆场及其加工场、固定动火作业场、易燃易爆危险品库房的火灾危险性较高，故提高了要求。本条为强制性条文。

3.2.2 本条规定明确了不同临时用房、临时设施之间的最小防火间距。

各省、市发布实施了建设工程施工现场消防安全管理的相关规定或地方标准，但对施工现场主要临时用房、临时设施间最小防火间距的规定存在较大差异。

2010 年上半年，编制组对我国东北、华北、西北、华东、华中、华南、西南七个区域共 112 个施工现场主要临时用房、临时设施布置及其最小防火间距进行了调研，调研结果表明：

1 不同施工现场的主要临时用房、临时设施间的最小防火间距离散性较大。

2 受施工现场条件制约，施工现场主要临时用房、临时设施间的防火间距符合当地地方标准的仅为 52.9%。

为此，编制组参照公安部《公安部关于建筑工地防火基本措施》，并综合考虑不同地区经济发展的不平衡及不同建设项目现场客观条件的差异，确定以不少于 75% 的调研对象能够达到或满足的防火间距作为本规范主要临时用房、临时设施间的最小防火间距。

相邻两栋临时用房成行布置时，其最小防火间距是指相邻两山墙外边线间的最小距离。相邻两栋临时用房成列布置时，其最小防火间距是指相邻两纵墙外边线间的最小距离。

按照本条规定，施工现场如需搭设多栋临时办公用房、宿舍时，办公用房之间、宿舍之间、办公用房与宿舍之间应保持不小于 4m 的防火间距。当办公用房或宿舍的栋数较多，可成组布置，此时，相邻两组临时用房彼此间应保持不小于 8m 的防火间距，组内临时用房相互间的防火间距可适当减小。

按照本条规定，如施工现场的发电机房和变配电房分开设置，发电机房与变配电房之间应保持不小于 4m 的防火间距。如发电机房与变配电房合建在同一临时用房内，两者之间应采用不燃材料进行防火分隔。如施工现场需设置两个或多个配电房（如同一建设项目，由多家施工总承包单位承包，各总承包单位均需设置一个配电房）时，相邻两个配电房之间应保持不小于 4m 的防火间距。

3.3 消防车道

3.3.1 本条规定了施工现场设置临时消防车道的基本要求。临时消防车道与在建工程、临时用房、可燃材料堆场及其加工场的距离不宜小于 5m，且不宜大于 40m，主要是考虑灭火救援的安全以及供水的可靠。

3.3.2 本条依据消防车顺利通行和正常工作的要求而制定。当无法设置环形临时消防车道的时候，应设置回车场。

3.3.3 本条基于建筑高度大于 24m 或单体工程占地面积大于 3000m² 的在建工程及栋数超过 10 栋，且为成组布置的临时用房的火灾扑救需求而制定。

3.3.4 本条规定明确了临时消防救援场地的设置要求。

许多位于城区，特别是城区繁华地段的建设工程，体量大、施工场地十分狭小，尤其是在基础工程、地下工程及建筑裙楼的结构施工阶段，因受场地限制而无法设置临时消防车道，也难以设置临时消防救援场地。基于此类实际情况，施工现场的临时消防车道或临时消防救援场地最迟应在基础工程、地下结构工程的土方回填完毕后，在建工程装饰装修工程施工前形成。因为在建工程装饰装修阶段，现场存放的可燃建筑材料多、立体交叉作业多、动火作业多，火灾事故主要发生在此阶段，且危害较大。

4 建筑防火

4.1 一般规定

4.1.1 在临时用房内部，即相邻两房间之间设置防火分隔，有利于延迟火灾蔓延，为临时用房使用人员赢得宝贵的疏散时间。在施工现场的动火作业区（点）与可燃物、易燃易爆危险品存放及使用场所之间设置临时防火分隔，以减少火灾发生。

施工现场的临时用房、作业场所是施工现场人员密集的场所，应设置安全疏散通道。

4.1.2 本条规定确定了临时用房防火设计的基本原则和要求。

4.1.3 本条规定确定了在建工程防火设计的基本原则及要求。

4.2 临时用房防火

4.2.1 由于施工现场临时用房火灾频发，为保护人员生命安全，故要求施工现场宿舍和办公室的建筑构件燃烧性能等级应为 A 级。材料的燃烧性能等级应由具有相应资质的检测机构按照现行国家标准《建筑材料及制品燃烧性能分级》GB 8624 检测确定。

近年来，施工工地临时用房采用金属夹芯板（俗称彩钢板）的情况比较普遍，此类材料在很多工地已发生火灾，造成了严重的人员伤亡。因此，要确保此类板材的芯材的燃烧性能等级达到 A 级。

依据相关文件规定，本规范提出的 A 级材料对应现行国家标准《建筑材料及制品燃烧性能分级》GB 8624 中的 A1、A2 级。本条第 1 款为强制性条款。

4.2.2 发电机房、变配电房、厨房操作间、锅炉房、可燃材料和易燃易爆危险品库房是施工现场火灾危险性较大的临时用房，因而对其进行较为严格的规定。本条第 1 款为强制性条款。

可燃材料、易燃易爆物品存放库房应分别布置在不同的临时用房内，每栋临时用房的面积均不应超过 200m²，且应采用不燃材料将其分隔成若干间库房。

采用不燃材料将存放可燃材料或易燃易爆危险品的临时用房分隔成相对独立的房间，有利于火灾风险的控制。施工现场某种易燃易爆危险品（如油漆），如需用量大，可分别存放于多间库房内。

4.2.3 施工现场的临时用房较多，且其布置受现场条件制约多，不同使用功能的临时用房可按以下规定组合建造。组合建造时，两种不同使用功能的临时用房之间应采用不燃材料进行防火分隔，其防火设计等级应以防火设计等级要求较高的临时用房为准。

1 现场办公用房、宿舍不应组合建造。如现场办公用房与宿舍的规模不大，两者的建筑面积之和不超过 300m²，可组合建造。

2 发电机房、变配电房可组合建造。

3 厨房操作间、锅炉房可组合建造。

4 会议室与办公用房可组合建造。

5 文化娱乐室、培训室与办公用房或宿舍可组合建造。

6 餐厅与办公用房或宿舍可组合建造。

7 餐厅与厨房操作间可组合建造。

施工现场人员较为密集的房间包括会议室、文化娱乐室、培训室、餐厅等，其房间门应朝疏散方向开启，以便于人员紧急疏散。

4.3 在建工程防火

4.3.1 在建工程火灾常发生在作业场所，因此，在建工程疏散通道应与在建工程结构施工保持同步，并与作业场所相连通，以满足人员疏散需要。同时基于经济、安全的考虑，疏散通道应尽可能利用在建工程结构已完的水平结构、楼梯。

4.3.2 本条规定是为了满足人员迅速、有序、安全撤离火场及避免疏散过程中发生人员拥挤、踩踏、疏散通道垮塌等次生灾害的要求而制定的。

疏散通道应具备与疏散要求相匹配的通行能力、承载能力和耐火性能。疏散通道如搭设在脚手架上，脚手架作为疏散通道的支撑结构，其承载力和耐火性能应满足相关要求。进行脚手架刚度、强度、稳定性验算时，应考虑人员疏散荷载。脚手架的耐火性能不应低于疏散通道。

4.3.3 本条明确了建筑确需在居住、营业、使用期间进行改建、扩建及改造施工时，应采取的防火措施。条文的具体要求都是从火灾教训中总结得出的。

作出这些规定是考虑到施工现场引发火灾的危险因素较多，在居住、营业、使用期间进行改建、扩建及改造施工时则具有更大的火灾风险，一旦发生火灾，容易造成群死群伤。因此，必须采取多种防火技术和管理措施，严防火灾发生。施工中还应结合具体工程及施工情况，采取切实有效的防范措施。本条为强制性条文。

4.3.4 外脚手架既是在建工程的外防护架，也是施工人员的外操作架。支模架既是混凝土模板的支撑架体，也是施工人员操作平台的支撑架体，为保护施工人员免受火灾伤害，制定本条规定。

4.3.5 阻燃安全网是指续燃、阴燃时间均不大于4s的安全网，安全网质量应符合现行国家标准《安全网》GB 5725的要求，阻燃安全网的检测见现行国家标准《纺织品　燃烧性能试验　垂直法》GB/T 5455。

本条规定是基于以下原因而制定：

1　动火作业产生的火焰、火花、火星引燃可燃安全网，并导致火灾事故的情形时有发生。

2　外脚手架的安全防护立网将整个在建工程包裹或封闭其中，可燃安全网一旦燃烧，火势蔓延迅速，难以控制，并可能蔓延至室内，且高层建筑作业人员逃生路径长，逃生难度相对较大。

3　既有建筑外立面改造时，既有建筑一般难以停止使用，室内可燃物品多、人员多，并有一定比例逃生能力相对较弱的人群，外脚手架安全网的燃烧极可能蔓延至室内，危害特别大。

4　临时疏散通道是施工人员应急疏散的安全设施，临时疏散通道的安全防护网一旦燃烧，施工人员将会走投无路，安全设施成为不安全的设施。

4.3.6 本条规定是为了让作业人员在紧急、慌乱时刻迅速找到疏散通道，便于人员有序疏散而制定。

4.3.7 在建工程施工期间，一般通视条件较差，因此要求在作业层的醒目位置设置安全疏散示意图。

5　临时消防设施

5.1　一般规定

5.1.1 灭火器、临时消防给水系统和应急照明是施工现场常用且最为有效的临时消防设施。

5.1.2 施工现场临时消防设施的设置应与在建工程施工保持同步。

对于房屋建筑工程，新近施工的楼层，因混凝土强度等原因，模板及支模架不能及时拆除，临时消防设施的设置难以及时跟进，与主体结构工程施工进度应存在3层左右的差距。

5.1.3 基于经济和务实考虑，可合理利用已具备使用条件的在建工程永久性消防设施兼作施工现场的临时消防设施。

5.1.4 火灾发生时，为避免施工现场消火栓泵因电力中断而无法运行，导致消防用水难以保证，故作本条规定。本条为强制性条文。

5.2　灭火器

5.2.1 本条规定了施工现场应配置灭火器的区域或场所。

5.2.2 现行国家标准《建筑灭火器配置设计规范》GB 50140难以明确规范施工现场灭火器的配置，因此编制组根据施工现场不同场所发生火灾的几率及其危害的大小，并参照现行国家标准《建筑灭火器配置设计规范》GB 50140制定本条规定。

施工现场的某些场所既可能发生固体火灾，也可能发生液体或气体或电气火灾，在选配灭火器时，应选用能扑灭多类火灾的灭火器。

5.3　临时消防给水系统

5.3.1 消防水源是设置临时消防给水系统的基本条件，本条对消防水源作出了基本要求。

5.3.2 本条对施工现场的临时消防用水量进行了规定。临时消防用水量应为临时室外消防用水量和临时室内消防用水量的总和，消防水源应满足临时消防用水量的要求。

5.3.3 本条对施工现场临时室外消防用水量进行了规定。

5.3.4 本条规定明确了施工现场设置室外临时消防给水系统的条件。由于临时用房单体一般不大，室外消防给水系统可满足消防要求，一般不考虑设置室内消防给水系统。

5.3.5、5.3.6 这两条为强制性条文，分别确定了临时用房、在建工程临时室外消防用水量的计取标准。

临时用房及在建工程临时消防用水量的计取标准是在借鉴了建筑行业施工现场临时消防用水经验取值，并参考了现行国家标准《建筑设计防火规范》GB 50016相关规定的基础上确定的。

调查发现，临时用房火灾常发生在生活区。因此，施工现场未布置临时生活用房时，也可不考虑临时用房的消防用水量。

施工现场发生火灾，最根本的原因是初期火灾未及时扑灭。而初期火灾未及时扑灭主要是由于现场人员不作为或初期火灾发生地点的附近既无灭火器，又无水。事实上，初期火灾扑灭的需水量并不大，施工现场防火首先应保证有水，其次是保证水量。因此，在确定临时消防用水量的计取标准时，以借鉴建筑行业施工现场临时消防用水经验取值为主。

5.3.7 本条明确了室外消防给水系统设置的基本要求。

在建工程、临时用房、可燃材料堆场及其加工场是施工现场的重点防火区域，室外消火栓的布置应以现场重点防火区域位于其保护范围为基本原则。

5.3.8 本条明确了在建工程设置临时室内消防给水系统的条件。

5.3.9 本条确定了在建工程临时室内消防用水量计取标准。

5.3.10 本条明确了室内临时消防竖管设置的基本要求。

消防竖管是在建工程室内消防给水的干管，消防竖管在检修或接长时，应按先后顺序依次进行，确保有一根消防竖管正常工作。当建筑封顶时，应将两条消防竖管连接成环状。

当单层建筑面积较大时，水平管网也应设置成环状。

5.3.11 本条明确了消防水泵结合器设置的基本要求。

5.3.12 本条明确了室内消火栓快速接口及消防软管设置的基本要求。

结合施工现场特点，每个室内消火栓处只设接口，不设水带、水枪，是综合考虑初起火灾的扑救及管理性和经济性要求而给出的规定。

5.3.13 本条明确了消防水带、水枪及软管的配置要求。消防水带、水枪及软管设置在结构施工完毕的楼梯处，一方面可以满足初起火灾的扑救要求，另一方面可以减少消防水带和水枪的配置，便于维护和管理。

5.3.14 消防水源的给水压力一般不能满足在建高层建筑的灭火要求，需要二次或多次加压。为实现在建高层建筑的临时消防给水，可在其底层或首层设置贮水池并配备加压水泵。对于建筑高度超过100m的在建工程，还需在楼层上增设楼层中转水池和加压水泵，进行分段加压，分段给水。

楼层中转水池的有效容积不应少于10m³，在该水池无补水的最不利情况下，其水量可满足两支(进水口径50mm，喷嘴口径19mm)水枪同时工作不少于15min。

"上、下两个中转水池的高差不宜超过100m"的规定是综合以下两方面的考虑而确定的：

1 上、下两个中转水池的高差越大，对水泵扬程、给水管的材质及接头质量等方面的要求越高。

2 上、下两个中转水池的高差过小，则需增多楼层中转水池及加压水泵的数量，经济上不合理，且设施越多，系统风险也越多。

5.3.15 临时室外消防给水系统的给水压力满足消防水枪充实水柱长度不小于10m，可满足施工现场临时用房及在建工程外围10m以下部位或区域的火灾扑救。

临时室内消防给水系统的给水压力满足消防水枪充实水柱长度不小于10m，可基本满足在建工程上部3层(室内消防给水系统的设置一般较在建工程主体结构施工滞后3层，尚未安装临时室内消防给水系统)所发生火灾的扑救。

对于建筑高度超过10m，不足24m，且体积不足30000m³的在建工程，按本规范要求，可不设置临时室内消防给水系统。在此情况下，应通过加压水泵，增大临时室外给水系统的给水压力，以满足在建工程火灾扑救的要求。

5.3.16 本条明确了施工现场设置临时贮水池的前提和贮水池的最小容积。

5.3.17 本条明确了现场临时消防给水系统与现场生产、生活给水系统合并设置的具体做法及相关要求，在满足现场临时消防用水的基础上兼顾了施工成本控制的需求。

5.4 应急照明

5.4.1、5.4.2 这两条规定了施工现场配备临时应急照明的场所及应急照明设置的基本要求。

6 防火管理

6.1 一般规定

6.1.1、6.1.2 这两条依据《中华人民共和国建筑法》、《中华人民共和国消防法》、《建设工程安全生产管理条例》及公安部《机关、团体、企业、事业单位消防安全管理规定》(第61号令)制定，主要明确建设工程施工单位、监理单位的消防责任。

施工现场一般有多个参与施工的单位，总承包单位对施工现场防火实施统一管理，对施工现场总平面布局、现场防火、临时消防设施、防火管理等进行总体规划、统筹安排，避免各自为政、管理缺失、责任不明等情形发生，确保施工现场防火管理落到实处。

6.1.3 施工单位在施工现场建立消防安全管理组织机构及义务消防组织，确定消防安全负责人和消防安全管理人员，落实相关人员的消防安全管理责任，是施工单位做好施工现场消防安全工作的基础。

义务消防组织是施工单位在施工现场临时建立的业余性、群众性，以自防、自救为目的的消防组织，其人员应由现场施工管理人员和作业人员组成。

6.1.4、6.1.5 我国的消防工作方针是"预防为主、防消结合"。这两条规定是按照"预防为主"的要求而制定的。

消防安全管理制度重点从管理方面实现施工现场的"火灾预防"。本规范第6.1.4条明确了施工现场五项主要消防安全管理制度。此外，施工单位尚应根据现场实际情况和需要制订其他消防安全管理制度，如临时消防设施管理制度、消防安全工作考评及奖惩制度等。

防火技术方案重点从技术方面实现施工现场的"火灾预防"，即通过技术措施实现防火目的。施工现场防火技术方案是施工单位依据本规范的规定，结合施工现场和各分部分项工程施工的实际情况编制的，用以具体安排并指导施工人员消除或控制火灾危险源、扑灭初起火灾，避免或减少火灾发生和危害的技术文件。施工现场防火技术方案应作为施工组织设计的一部分，也可单独编制。

消防安全管理制度、防火技术方案应针对施工现场的重大火灾危险源、可能导致火灾发生的施工作业及其他活动进行编制，以便做到"有的放矢"。

施工现场防火技术措施是指施工人员在具有火灾危险的场所进行施工作业或实施具有火灾危险的工序时，在"人、机、料、环、法"等方面应采取的防火技术措施。

施工现场临时消防设施及疏散设施是施工现场"火灾预防"的弥补，是现场火灾扑救和人员安全疏散的主要依靠。因此，防火技术方案中"临时消防设施、临时疏散设施配备"应具体明确以下相关内容：

1 明确配置灭火器的场所、选配灭火器的类型和数量及最小灭火级别。

2 确定消防水源，临时消防给水管网的管径、敷设线路、给水工作压力及消防水池、水泵、消火栓等设施的位置、规格、数量等。

3 明确设置应急照明的场所，应急照明灯具的类型、数量、安装位置等。

4 在建工程永久性消防设施临时投入使用的安排及说明。

5 明确安全疏散的线路(位置)、疏散设施搭设的方法及要求等。

6.1.6 本条明确了施工现场灭火及应急疏散预案编制的主要内容。

6.1.7 消防安全教育与培训应侧重于普遍提高施工人员的消防安全意识和扑灭初起火灾、自我防护的能力。消防安全教育、培训的对象为全体施工人员。

6.1.8 消防安全技术交底的对象为在具有火灾危险场所作业的

人员或实施具有火灾危险工序的人员。交底应针对具有火灾危险的具体作业场所或工序，向作业人员传授如何预防火灾、扑灭初起火灾、自救逃生等方面的知识、技能。

消防安全技术交底是安全技术交底的一部分，可与安全技术交底一并进行，也可单独进行。

6.1.9 本条明确了现场消防安全检查的责任人及主要内容。

在不同施工阶段或时段，现场消防安全检查应有所侧重，检查内容可依据当时当地的气候条件、社会环境和生产任务适当调整。如工程开工前，施工单位应对现场消防管理制度的制订，防火技术方案、现场灭火及应急疏散预案的编制，消防安全教育与培训，消防设施的设置与配备情况进行检查；施工过程中，施工单位按本条规定每月组织一次检查。此外，施工单位应在每年“五一”、“十一”、“春节”、冬季等节日或季节或风干物燥的特殊时段到来之际，根据实际情况组织相应的专项检查或季节性检查。

6.1.10 施工现场灭火及应急疏散预案演练，每半年应进行1次，每年不得少于1次。

6.1.11 施工现场消防安全管理档案包括以下文件和记录：

1 施工单位组建施工现场消防安全管理机构及聘任现场消防安全管理人员的文件。

2 施工现场消防安全管理制度及其审批记录。

3 施工现场防火技术方案及其审批记录。

4 施工现场灭火及应急疏散预案及其审批记录。

5 施工现场消防安全教育和培训记录。

6 施工现场消防安全技术交底记录。

7 施工现场消防设备、设施、器材验收记录。

8 施工现场消防设备、设施、器材台账及更换、增减记录。

9 施工现场灭火和应急疏散演练记录。

10 施工现场消防安全检查记录（含消防安全巡查记录、定期检查记录、专项检查记录、季节性检查记录、消防安全问题或隐患整改通知单、问题或隐患整改回复单、问题或隐患整改复查记录）。

11 施工现场火灾事故记录及火灾事故调查、处理报告。

12 施工现场消防工作考评和奖惩记录。

6.2 可燃物及易燃易爆危险品管理

6.2.1 在建工程所用保温、防水、装饰、防火、防腐材料的燃烧性能等级、耐火极限应符合设计要求，既是建设工程施工质量验收标准的要求，也是减少施工现场火灾风险的基本条件。本条为强制性条文。

6.2.2 控制并减少施工现场可燃材料、易燃易爆危险品的存量，规范可燃材料及易燃易爆危险品的存放管理，是预防火灾发生的主要措施。

6.2.3 油漆由油脂、树脂、颜料、催干剂、增塑剂和各种溶剂组成，除无机颜料外，绝大部分是可燃物。油漆的有机溶剂（又称稀料、稀释剂）由易燃液体如溶剂油、苯类、酮类、酯类、醇类等组成。油漆调配和喷刷过程中，会大量挥发出易燃气体，当易燃气体与空气混合达到5%的浓度时，会因动火作业火星、静电火花引起爆炸和火灾事故。乙二胺是一种挥发性很强的化学物质，常用作树脂类防腐蚀材料的固化剂，乙二胺挥发产生的易燃气体在空气中达到一定浓度时，遇明火有爆炸危险。冷底子油是由沥青和汽油或柴油配制而成的，挥发性强，闪点低，在配制、运输或施工时，遇明火即有起火或爆炸的危险。因此，室内使用油漆及其有机溶剂、乙二胺、冷底子油或其他可能产生可燃气体的物资，应保持室内良好通风，严禁动火作业、吸烟，并应避免其他可能产生静电的施工操作。本条为强制性条文。

6.3 用火、用电、用气管理

6.3.1 施工现场动火作业多，用(动)火管理缺失和动火作业不慎引燃可燃、易燃建筑材料是导致火灾事故发生的主要原因。为此，本条对施工现场动火审批、常见的动火作业、生活用火及用火各环节的防火管理作出相应规定。

动火作业是指在施工现场进行明火、爆破、焊接、气割或采用酒精炉、煤油炉、喷灯、砂轮、电钻等工具进行可能产生火焰、火花和赤热表面的临时性作业。

施工现场动火作业前，应由动火作业人提出动火作业申请。动火作业申请至少应包含动火作业的人员、内容、部位或场所、时间、作业环境及灭火救援措施等内容。

施工现场具有火灾、爆炸危险的场所是指存放和使用易燃易爆危险品的场所。

冬季风大物燥，施工现场采用明火取暖极易引起火灾，因此，予以禁止。

本条第3款、第5款、第9款为强制性条款。

6.3.2 本条针对施工现场发生供用电火灾的主要原因而制定。施工现场发生供用电火灾的主要原因有以下几类：

1 因电气线路短路、过载、接触电阻过大、漏电等原因，致使电气线路在极短时间内产生很大的热量或电火花、电弧，引燃导线绝缘层和周围的可燃物，造成火灾。

2 现场长时间使用高热灯具，且高热灯具距可燃、易燃物距离过小或室内散热条件太差，烤燃附近可燃、易燃物，造成火灾。

施工现场的供用电设施是指现场发电、变电、输电、配电、用电的设备、电器、线路及相应的保护装置。“施工现场供用电设施的设计、施工、运行、维护应符合现行国家标准《建设工程施工现场供用电安全规范》GB 50194的有关规定”是防止和减少施工现场供用电火灾的根本手段。

电气线路的绝缘强度和机械强度不符合要求、使用绝缘老化或失去绝缘性能的电气线路、电气线路长期处于腐蚀或高温环境、电气设备超负荷运行或带故障使用、私自改装现场供用电设施等是导致线路短路、过载、接触电阻过大、漏电的主要根源，应予以禁止。

选用节能型灯具，减少电能转化成热能的损耗，既可节约用电，又可减少火灾发生。施工现场常用照明灯具主要有白炽灯、荧光灯、碘钨灯、镝灯（聚光灯）。100W白炽灯，其灯泡表面温度可达170℃～216℃，1000W碘钨灯的石英玻璃管外表面温度可达500℃～800℃。碘钨灯不仅能在短时间内烤燃接触灯管外壁的可燃物，而且其高温热辐射还能将距灯管一定距离的可燃物烤燃。因此，本条对可燃、易燃易爆危险品存放库房所使用的照明灯具及照明灯具与可燃、易燃易爆物品的距离作出相应规定。

现场供用电设施的改装应经具有相应资质的电气工程师批准，并由具有相应资质的电工实施。

对现场电气设备运行及维护情况的检查，每月应进行一次。

6.3.3 本条规定主要针对施工现场用气常见的违规行为而制定。本条第1款为强制性条款。

施工现场常用气体有瓶装氧气、乙炔、液化气等，贮装气体的气瓶及其附件不合格和违规贮装、运输、存储、使用气体是导致火灾、爆炸的主要原因。

乙炔瓶严禁横躺卧放是为了防止丙酮流出而引起燃烧爆炸。

氧气瓶内剩余压力不应小于0.1MPa是为了防止乙炔倒灌引起爆炸。

6.4 其他防火管理

6.4.1 施工现场的重点防火部位主要指施工现场的临时发电机房、变配电房、易燃易爆危险品存放库房和使用场所、可燃材料堆场及其加工场、宿舍等场所。

6.4.2 施工现场的临时消防设施受外部环境、交叉作业影响，易失效或损坏或丢失，故作本条规定。

6.4.3 施工现场尤其是在建工程作业场所，人员相对较多、安全疏散条件差，逃生难度大，保持安全疏散通道、安全出口的畅通及疏散指示的正确至关重要。

中华人民共和国国家标准

建筑施工安全技术统一规范

Unified code for technique for constructional safety

GB 50870-2013

主编部门:中华人民共和国住房和城乡建设部
批准部门:中华人民共和国住房和城乡建设部
施行日期:2 0 1 4 年 3 月 1 日

8

中华人民共和国住房和城乡建设部公告

第36号

住房城乡建设部关于发布国家标准《建筑施工安全技术统一规范》的公告

现批准《建筑施工安全技术统一规范》为国家标准，编号为GB 50870—2013，自2014年3月1日起实施。其中，第5.2.1、7.2.2条为强制性条文，必须严格执行。

本规范由我部标准定额研究所组织中国计划出版社出版发行。

中华人民共和国住房和城乡建设部

2013年5月13日

前　言

本规范是根据住房和城乡建设部《关于印发〈2009年工程建设标准规范制订、修订计划〉的通知》(建标〔2009〕88号)的要求，由江苏省建筑工程管理局会同有关单位共同编制完成的。

本规范在编制过程中，编制组经广泛调查研究，认真总结实践经验，参考国内外有关先进标准，并在广泛征求意见的基础上，最后经审查定稿。

本规范共分8章和1个附录，主要技术内容包括：总则，术语，基本规定，建筑施工安全技术规划，建筑施工安全技术分析，建筑施工安全技术控制，建筑施工安全技术监测与预警及应急救援，建筑施工安全技术管理等。

本规范中以黑体字标志的条文为强制性条文，必须严格执行。

本规范由住房和城乡建设部负责管理和对强制性条文的解释，由江苏省建筑工程管理局负责具体技术内容的解释。在本规范执行过程中如有意见或建议，请寄送江苏省建筑工程管理局(地址：江苏省南京市草场门大街88号，邮政编码：210036)。

本规范主编单位、参编单位、主要起草人和主要审查人：

主编单位：江苏省建筑工程管理局

参编单位：北京市住房和城乡建设委员会
上海建设工程安全质量监督总站
山东建筑施工安全监督站
合肥市建筑质量安全监督站
南京工业大学
东南大学
江苏省建筑安全与设备管理协会
南京市建筑安全生产监督站
扬州市建筑安全监察站
常州市建筑业安全监督站
江苏省苏中建设集团股份有限公司
江苏省建工集团有限公司
江苏环盛建设工程有限公司
江苏扬建集团有限公司
江苏省聚峰建设集团有限公司

主要起草人：徐学军　李爱国　王群依　王鸣军　王晓峰　王先华　王剑波　成国华　刘朝晖　陈月贵　陈耀才　李钢强　邹厚存　张英明　金少军　陶为农　郭正兴　谈　睿　董　军　蒋　剑　蔡纪云　漆贯学　魏吉祥　魏邦仁

主要审查人：应惠清　任兆祥　王　平　王俊川　孙宗辅　吕恒林　李守林　李善志　吴胜兴　陈　浩　贾　洪　夏长春　瓢喜萍

目　　次

Contents

1 总 则

1.0.1 为加强建筑施工安全技术管理,统一建筑施工安全技术的基本原则、程序和内容,保障建筑施工安全,做到建筑施工安全技术措施先进可靠、经济适用,制定本规范。

1.0.2 本规范适用于建筑施工安全技术方案、措施的制订以及实施管理。

1.0.3 本规范是制订建筑施工各专业安全技术标准应遵循的统一准则,建筑施工各项专业安全技术标准尚应制订相应的具体规定。

1.0.4 建筑施工安全技术除应符合本规范外,尚应符合国家现行有关标准的规定。

2 术 语

2.0.1 建筑施工安全技术　technique for construction safety

消除或控制建筑施工过程中已知或潜在危险因素及其危害的工艺和方法。

2.0.2 建筑施工安全技术保证体系　assurance system of technology for construction safety

为了保证施工安全,消除或控制建筑施工过程中已知或潜在危险因素及其危害,由企业建立的安全技术管理组织机构及相应的管理制度。

2.0.3 建筑施工安全技术规划　technique planning for construction safety

为实现建筑施工安全总体目标制订的消除、控制或降低建筑施工过程中潜在危险因素和生产安全风险的专项技术计划。

2.0.4 建筑施工安全技术分析　technique analyzing for construction safety

分析建筑施工中可能导致生产安全事故的因素、危害程度及其消除或控制技术措施可靠性的技术活动。

2.0.5 危险源辨识　hazard source identification

识别危险源的存在、根源、状态,并确定其特性的过程。

2.0.6 建筑施工临时结构　temporary structures for construction

建筑施工现场使用的暂设性的、能承受作用并具有适当刚度,由连接部件有机组合而成的系统。

2.0.7 极限状态　limit state

建筑施工临时结构整体或局部超过某一特定状态,导致其不能满足规定功能的安全技术要求,此特定状态为该功能的极限状态。

2.0.8 作用　action

施加在建筑施工临时结构上的集中力或分布力,或引起结构外加变形或约束变形的原因。

2.0.9 作用效应　action effect

施加在建筑施工临时结构上的作用在结构或结构构件中产生的影响。

2.0.10 抗力　resistance

建筑施工临时结构或构件承受作用效应的能力。

2.0.11 建筑施工安全技术控制　technique control for construction safety

为确保安全技术措施及安全专项方案的实施,克服建筑施工过程中安全状态的不确定性所采取的安全技术和安全管理活动。

2.0.12 建筑施工安全技术监测　technique monitoring for construction safety

对建筑施工过程中现场安全信息、数据进行收集、汇总、分析和反馈的技术活动。

2.0.13 建筑施工安全技术预警　technique early warning for construction safety

在建筑施工中,通过仪器监测分析、数据计算等技术手段,针对可能引发生产安全事故的征兆所采取的预先报警和事前控制的技术措施。

2.0.14 建筑施工应急救援预案　pre-arranged planning of emergency rescue for construction

在建筑施工过程中,根据预测危险源、危险目标可能发生事故的类别、危害程度,结合现有物质、人员及危险源的具体条件,事先制订对生产安全事故发生时进行紧急救援的组织、程序、措施、责任以及协调等方面的方案和计划。

2.0.15 建筑施工安全技术管理　technique management for safety construction

为保证安全技术措施和专项安全技术施工方案有效实施所采取的组织、协调等活动。

2.0.16 安全技术文件　safety technique file

存档备查的建筑施工安全技术实施依据,以及记录建筑施工安全技术活动的资料。

2.0.17 安全技术交底　explaining in aspects of safety technique

交底方向被交底方对预防和控制生产安全事故发生及减少其危害的技术措施、施工方法进行说明的技术活动,用于指导建筑施工行为。

2.0.18 安全技术实施验收　acceptance of implement of safety technique

根据相关标准对涉及建筑施工安全技术的实施过程及结果进行确认的活动。

2.0.19 保证项目　dominant item

建筑施工安全技术措施实施中的对安全、卫生、环境保护和公众利益起决定性作用的检验项目。

2.0.20 一般项目　general item

除保证项目以外的检验项目。

3 基 本 规 定

3.0.1 建筑施工安全技术应包括安全技术规划、分析、控制、监测与预警、应急救援及其他安全技术等。

3.0.2 根据发生生产安全事故可能产生的后果，应将建筑施工危险等级划分为Ⅰ、Ⅱ、Ⅲ级；建筑施工安全技术量化分析中，建筑施工危险等级系数的取值应符合表3.0.2的规定。

表3.0.2 建筑施工危险等级系数

危险等级	事故后果	危险等级系数
Ⅰ	很严重	1.10
Ⅱ	严重	1.05
Ⅲ	不严重	1.00

3.0.3 在建筑施工过程中，应结合工程施工特点和所处环境，根据建筑施工危险等级实施分级管理，并应综合采用相应的安全技术。

4 建筑施工安全技术规划

4.0.1 建筑施工企业应建立健全建筑施工安全技术保证体系。

4.0.2 工程项目开工前应结合工程特点编制建筑施工安全技术规划，确定施工安全目标；规划内容应覆盖施工生产的全过程。

4.0.3 建筑施工安全技术规划编制应依据与工程建设有关的法律法规、国家现行有关标准、工程设计文件、工程施工合同或招标投标文件、工程场地条件和周边环境、与工程有关的资源供应情况、施工技术、施工工艺、材料、设备等。

4.0.4 建筑施工安全技术规划编制应包含工程概况、编制依据、安全目标、组织结构和人力资源、安全技术分析、安全技术控制、安全技术监测与预警、应急救援、安全技术管理、措施与实施方案等。

5 建筑施工安全技术分析

5.1 一 般 规 定

5.1.1 建筑施工安全技术分析应包括建筑施工危险源辨识、建筑施工安全风险评估和建筑施工安全技术方案分析，并应符合下列规定：

1 危险源辨识应覆盖与建筑施工相关的所有场所、环境、材料、设备、设施、方法、施工过程中的危险源；

2 建筑施工安全风险评估应确定危险源可能产生的生产安全事故的严重性及其影响，确定危险等级；

3 建筑施工安全技术方案应根据危险等级分析安全技术的可靠性，给出安全技术方案实施过程中的控制指标和控制要求。

5.1.2 危险源辨识应根据工程特点明确给出危险源存在的部位、根源、状态和特性。

5.1.3 建筑施工的安全技术分析应在危险源辨识和风险评估的基础上，对风险发生的概率及损失程度进行全面分析，评估发生风险的可能性及危害程度，与相关专业的安全指标相比较，以衡量风险的程度，并应采取相应的安全技术措施。

5.1.4 建筑施工安全技术分析应结合工程特点和生产安全事故教训进行。

5.1.5 建筑施工安全技术分析可以分部分项工程为基本单元进行。

5.1.6 建筑施工安全技术方案的制订应符合下列规定：

1 符合建筑施工危险等级的分级规定，并应有针对危险源及其特性的具体安全技术措施；

2 按照消除、隔离、减弱、控制危险源的顺序选择安全技术措施；

3 采用有可靠依据的方法分析确定安全技术方案的可靠性和有效性；

4 根据施工特点制订安全技术方案实施过程中的控制原则，并明确重点控制与监测部位及要求。

5.1.7 建筑施工安全技术分析应根据工程特点和施工活动情况，采用相应的定性分析和定量分析方法。

5.1.8 对于采用新结构、新材料、新工艺的建筑施工和特殊结构的建筑施工，相关单位的设计文件中应提出保障施工作业人员安全和预防生产安全事故的安全技术措施；制订和实施施工方案时，应有专项施工安全技术分析报告。

5.1.9 建筑施工起重机械、升降机械、高处作业设备、整体升降脚手架以及复杂的模板支撑架等设施的安全技术分析，应结合各自的特点、施工环境、工艺流程，进行安装前、安装过程中和使用后拆除的全过程安全技术分析，提出安全注意事项和安全措施。

5.1.10 建筑施工现场临时用电安全技术分析应对临时用电所采用的系统、设备、防护措施的可靠性和安全度进行全面分析，并宜包括现场勘测结果，拟进入施工现场的用电设备分析及平面布置，确定电源进线、配电室、配电装置的位置及线路走向，进行负荷计算，选择变压器，设计配电系统，设计防雷装置，确定防护措施，制订安全用电措施和电器防火措施，以及其他措施。

5.2 建筑施工临时结构安全技术分析

5.2.1 对建筑施工临时结构应做安全技术分析，并应保证在设计规定的使用工况下保持整体稳定性。

5.2.2 建筑施工临时结构安全技术分析应符合现行国家标准《建筑结构可靠度设计统一标准》GB 50068的有关规定，结合临时结构的种类和危险等级，合理确定相关技术参数。

5.2.3 建筑施工临时结构在设计使用期限内应可靠，并应符合下列规定：

1 在正常施工使用工况下应能承受可能出现的各种作用；

2 在正常施工使用工况下应具备良好的工作性能。

5.2.4 对于建筑施工临时结构的各种极限状态，均应规定明确的限值及标识。

5.2.5 按极限状态分析，建筑施工临时结构应按下式计算：

$$g(X_1, X_2, \cdots, X_i) \geqslant 0 \quad (5.2.5\text{-}1)$$

式中：$g(\cdot)$——施工临时结构的功能函数；

$X_i(i=1,2,\cdots,n)$——基本变量，指施工临时结构上的各种作用和材料性能、几何参数等。

当仅有作用效应和结构抗力两个基本变量时，按极限状态分析，建筑施工临时结构应按下式计算：

$$R - S \geqslant 0 \quad (5.2.5\text{-}2)$$

式中：R——施工临时结构的抗力；

S——施工临时结构的作用效应。

5.2.6 建筑施工临时结构安全技术分析时，荷载计算应符合现行国家标准《建筑结构荷载规范》GB 50009 的有关规定，并应符合下列规定：

1 建筑施工临时结构的自重标准值可按设计尺寸和材料重力密度计算，并应根据临时结构的变异性，结合统计分析和工程经验采用一定的增大系数；

2 可变荷载的标准值，应根据建筑施工临时结构使用全过程内最大荷载统计值确定；

3 风荷载应结合临时结构使用工况，采用不低于现行国家标准《建筑结构荷载规范》GB 50009 规定的10年一遇的风荷载标准值；对风敏感的临时结构，宜采用不低于30年一遇风荷载标准值；当采用不同重现期风荷载标准时，基本风压相对于50年一遇风荷载标准值的调整系数 μ 应按表5.2.6采用，且调整后基本风压不应小于0.20kN/m²。

表 5.2.6 基本风压相对于50年一遇风荷载标准值的调整系数(μ)

重现期(年)	100	50	40	30	20	10
μ	1.10	1.00	0.97	0.93	0.87	0.77

5.2.7 建筑施工临时结构安全技术分析时，对同时出现的不同的作用，其最不利组合影响，应符合下列要求：

1 进行承载能力极限状态分析时，应采用作用效应的基本组合和偶然组合；

2 进行正常使用极限状态分析时，应采用标准组合和频遇组合。

5.2.8 建筑施工临时结构材料的物理力学性能指标，应根据有关的试验方法和标准经试验确定；对多次周转使用的材料，应分析再次使用时材料性能衰变对结构安全的影响。

5.2.9 建筑施工临时结构安全技术分析应包括下列内容：

1 结构作用效应分析，以确定临时结构或构件的作用效应；

2 结构抗力及其他性能分析，以确定结构或构件的抗力及其他性能。

5.2.10 建筑施工临时结构分析可采用计算、模型试验或原型试验等方法。

5.2.11 在建筑施工临时结构分析中，应综合分析环境对材料、构件和结构性能的影响。

5.2.12 建筑施工临时结构承载能力极限状态的基本组合应按下列公式计算：

$$\gamma_d\left(\gamma_G S_{Gk} + \gamma_{Q1} S_{Q1k} + \sum_{i=2}^{n} \gamma_{Qi} \psi_{ci} S_{Qik}\right) \leqslant R(\gamma_R, f_k, a_k, \cdots) \quad (5.2.12\text{-}1)$$

$$\gamma_d\left(\gamma_G S_{Gk} + \sum_{i=2}^{n} \gamma_{Qi} \psi_{ci} S_{Qik}\right) \leqslant R(\gamma_R, f_k, a_k, \cdots) \quad (5.2.12\text{-}2)$$

式中：γ_d——建筑施工危险等级系数，按本规范第3.0.2条规定确定；

γ_G——自重荷载分项系数；

γ_{Q1}，γ_{Qi}——第1个和第 i 个可变荷载分项系数；

S_{Gk}——自重荷载标准值的效应；

S_{Q1k}——在基本组合中起控制作用的一个可变荷载的标准值效应；

S_{Qik}——第 i 个可变荷载的标准值效应；

ψ_{ci}——第 i 个可变荷载的组合值系数，其值不大于1；

$R(\cdot)$——结构构件抗力函数；

γ_R——结构构件抗力分项系数；

f_k——材料性能标准值；

a_k——几何参数标准值。

5.2.13 建筑施工临时结构承载能力极限状态的偶然组合，应按下列原则确定最不利值：

1 偶然荷载作用代表值不乘分项系数；

2 与偶然荷载同时出现的可变荷载，其代表值应根据观测资料和工程经验采用。

6 建筑施工安全技术控制

6.1 一般规定

6.1.1 安全技术措施实施前应审核作业过程的指导文件，实施过程中应进行检查、分析和评价，并应使人员、机械、材料、方法、环境等因素均处于受控状态。

6.1.2 建筑施工安全技术控制措施的实施应符合下列规定：

1 根据危险等级、安全规划制订安全技术控制措施；

2 安全技术控制措施符合安全技术分析的要求；

3 安全技术控制措施按施工工艺、工序实施，提高其有效性；

4 安全技术控制措施实施程序的更改应处于控制之中；

5 安全技术措施实施的过程控制应以数据分析、信息分析以及过程监测反馈为基础。

6.1.3 建筑施工安全技术措施应按危险等级分级控制，并应符合下列规定：

1 Ⅰ级：编制专项施工方案和应急救援预案，组织技术论证，履行审核、审批手续，对安全技术方案内容进行技术交底、组织验收，采取监测预警技术进行全过程监控。

2 Ⅱ级：编制专项施工方案和应急救援措施，履行审核、审批手续，进行技术交底、组织验收，采取监测预警技术进行局部或分段过程监控。

3 Ⅲ级：制订安全技术措施并履行审核、审批手续，进行技术交底。

6.1.4 建筑施工过程中，各分部分项工程、各工序应按相应专业技术标准进行安全技术控制；对关键环节、特殊环节、采用新技术或新工艺的环节，应提高一个危险等级进行安全技术控制。

6.1.5 建筑施工安全技术措施应在实施前进行预控，实施中进行过程控制，并应符合下列规定：

1 安全技术措施预控范围应包括材料质量及检验复验、设备和设施检验、作业人员应具备的资格及技术能力、作业人员的安全教育、安全技术交底；

2 安全技术措施过程控制范围应包括施工工艺和工序、安全操作规程、设备和设施、施工荷载、阶段验收、监测预警。

6.1.6 建筑施工现场的布置应保障疏散通道、安全出口、消防通道畅通，防火防烟分区、防火间距应符合有关消防技术标准。

6.1.7 施工现场存放易燃易爆危险品的场所不得与居住场所设置在同一建筑物内，并应与居住场所保持安全距离。

6.2 材料及设备的安全技术控制

6.2.1 主要材料、设备、构配件及防护用品应有质量证明文件、技术性能文件、使用说明文件，其物理、化学技术性能应符合进行技术分析的要求。

6.2.2 建筑构件、建筑材料和室内装修、装饰材料的防火性能应符合国家现行有关标准的规定。

6.2.3 对涉及建筑施工安全生产的主要材料、设备、构配件及防护用品，应进行进场验收，并应按各专业安全技术标准规定进行复验。

6.2.4 建筑施工机械和施工机具安全技术控制应符合下列规定：

1 建筑施工机械设备和施工机具及配件应具有产品合格证，属特种设备的还应具有生产(制造)许可证；

2 建筑机械和施工机具及配件的安全性能应通过检测，使用时应具有检测或检验合格证明；

3 施工机械和机具的防护要求、绝缘保护或接地接零要求应符合相关技术规定；

4 建筑施工机械设备的操作者应经过技术培训合格后方可上岗操作。

6.2.5 建筑施工机械设备和施工机具及配件安全技术控制中的性能检测应包括金属结构、工作机构、电器装置、液压系统、安全保护装置、吊索具等。

6.2.6 施工机械设备和施工机具使用前应进行安装调试和交接验收。

7 建筑施工安全技术监测与预警及应急救援

7.1 建筑施工安全技术监测与预警

7.1.1 建筑施工安全技术监测与预警应根据危险等级分级进行，并满足下列要求：

1 Ⅰ级：采用监测预警技术进行全过程监测控制；

2 Ⅱ级：采用监测预警技术进行局部或分段过程监测控制。

7.1.2 建筑施工安全技术监测方案应依据工程设计要求、地质条件、周边环境、施工方案等因素编制，并应满足下列要求：

1 为建筑施工过程控制及时提供监测信息；

2 能检查安全技术措施的正确性和有效性，监测与控制安全技术措施的实施；

3 为保护周围环境提供依据；

4 为改进安全技术措施提供依据。

7.1.3 监测方案应包括工程概况、监测依据和项目、监测人员配备、监测方法、主要仪器设备及精度、测点布置与保护、监测频率及监测报警值、数据处理和信息反馈、异常情况下的处理措施。

7.1.4 建筑施工安全技术监测可采用仪器监测与巡视检查相结合的方法。

7.1.5 建筑施工安全技术监测所使用的各类仪器设备应满足观测精度和量程的要求，并应符合国家现行有关标准的规定。

7.1.6 建筑施工安全技术监测现场测点布置应符合下列要求：

1 能反映监测对象的实际状态及其变化趋势，并应满足监测控制要求；

2 避开障碍物，便于观测，且标识稳固、明显、结构合理；

3 在监测对象内力和变形变化大的代表性部位及周边重点监护部位，监测点的数量和观测频度应适当加密；

4 对监测点应采取保护措施。

7.1.7 建筑施工安全技术监测预警应依据事前设置的限值确定；监测报警值宜以监测项目的累计变化量和变化速率值进行控制。

7.1.8 建筑施工中涉及安全生产的材料应进行适应性和状态变化监测；对现场抽检有疑问的材料和设备，应由法定专业检测机构进行检测。

7.2 建筑施工生产安全事故应急救援

7.2.1 建筑施工生产安全事故应急预案应根据施工现场安全管理、工程特点、环境特征和危险等级制订。

7.2.2 建筑施工安全应急救援预案应对安全事故的风险特征进行安全技术分析，对可能引发次生灾害的风险，应有预防技术措施。

7.2.3 建筑施工生产安全事故应急预案应包括下列内容：

1 建筑施工中潜在的风险及其类别、危险程度；

2 发生紧急情况时应急救援组织机构与人员职责分工、权限；

3 应急救援设备、器材、物资的配置、选择、使用方法和调用程序；为保持其持续的适用性，对应急救援设备、器材、物资进行维护和定期检测的要求；

4 应急救援技术措施的选择和采用；

5 与企业内部相关职能部门以及外部(政府、消防、救险、医疗等)相关单位或部门的信息报告、联系方法；

6 组织抢险急救、现场保护、人员撤离或疏散等活动的具体安排等。

7.2.4 根据建筑施工生产安全事故应急救援预案，应对全体从业人员进行针对性的培训和交底，并组织专项应急救援演练；根据演练的结果对建筑施工生产安全事故应急救援预案的适宜性和可操作性进行评价、修改和完善。

8 建筑施工安全技术管理

8.1 一 般 规 定

8.1.1 建筑施工安全技术管理制度的制订应依据有关法律、法规和国家现行标准要求，明确安全技术管理的权限、程序和时限。

8.1.2 建筑施工各有关单位应组织开展分级、分层次的安全技术交底和安全技术实施验收活动，并明确参与交底和验收的技术人员和管理人员。

8.2 建筑施工安全技术交底

8.2.1 安全技术交底应依据国家有关法律法规和有关标准、工程设计文件、施工组织设计和安全技术规划、专项施工方案和安全技术措施、安全技术管理文件等的要求进行。

8.2.2 安全技术交底应符合下列规定：

1 安全技术交底的内容应针对施工过程中潜在危险因素，明确安全技术措施内容和作业程序要求；

2 危险等级为Ⅰ级、Ⅱ级的分部分项工程、机械设备及设施安装拆卸的施工作业，应单独进行安全技术交底。

8.2.3 安全技术交底的内容应包括：工程项目和分部分项工程的概况、施工过程的危险部位和环节及可能导致生产安全事故的因素、针对危险因素采取的具体预防措施、作业中应遵守的安全操作规程以及应注意的安全事项、作业人员发现事故隐患应采取的措施、发生事故后应及时采取的避险和救援措施。

8.2.4 施工单位应建立分级、分层次的安全技术交底制度。安全技术交底应有书面记录，交底双方应履行签字手续，书面记录应在交底者、被交底者和安全管理者三方留存备查。

8.3 建筑施工安全技术措施实施验收

8.3.1 建筑施工安全技术措施实施应按规定组织验收。

8.3.2 安全技术措施实施的组织验收应符合下列规定：

1 应由施工单位组织安全技术措施的实施验收；

2 安全技术措施实施验收应根据危险等级由相应人员参加，并应符合下列规定：

1)对危险等级为Ⅰ级的安全技术措施实施验收，参加的人员应包括：施工单位技术和安全负责人、项目经理和项目技术负责人及项目安全负责人、项目总监理工程师和专业监理工程师、建设单位项目负责人和技术负责人、勘察设计单位项目技术负责人、涉及的相关参建单位技术负责人；

2)对危险等级为Ⅱ级的安全技术措施实施验收，参加的人员应包括：施工单位技术和安全负责人、项目经理和项目技术负责人及项目安全负责人、项目总监理工程师和专业监理工程师、建设单位项目技术负责人、勘察设计单位项目设计代表、涉及的相关参建单位技术负责人；

3)危险等级为Ⅲ级的安全技术措施实施验收，参加的人员应包括：施工单位项目经理和项目技术负责人、项目安全负责人、项目总监理工程师和专业监理工程师、涉及的相关参建单位的专业技术人员。

3 实行施工总承包的单位工程，应由总承包单位组织安全技术措施实施验收，相关专业工程的承包单位技术负责人和安全负责人应参加相关专业工程的安全技术措施实施验收。

8.3.3 施工现场安全技术措施实施验收应在实施责任主体单位自行检查评定合格的基础上进行，安全技术措施实施验收应有明确的验收结果意见；当安全技术措施实施验收不合格时，实施责任主体单位应进行整改，并应重新组织验收。

8.3.4 建筑施工安全技术措施实施验收应明确保证项目和一般项目，并应符合相关专业技术标准的规定。

8.3.5 建筑施工安全技术措施实施验收应符合工程勘察设计文件、专项施工方案、安全技术措施实施的要求。

8.3.6 对施工现场涉及建筑施工安全的材料、构配件、设备、设施、机具、吊索具、安全防护用品，应按国家现行有关标准的规定进行安全技术措施实施验收。

8.3.7 机械设备和施工机具使用前应进行交接验收。

8.3.8 施工起重、升降机械和整体提升脚手架、爬模等自升式架设设施安装完毕后，安装单位应自检，出具自检合格证明，并应向施工单位进行安全使用说明，办理交接验收手续。

8.4 建筑施工安全技术文件管理

8.4.1 安全技术文件应按建设单位、施工单位、监理单位以及其他单位进行分类，并应符合本规范附录A的规定。

8.4.2 安全技术文件的建档管理应符合下列规定：

1 安全技术文件建档起止时限，应从工程施工准备阶段到工程竣工验收合格止；

2 工程建设各参建单位应对安全技术文件进行建档、归档，并应及时向有关单位传递；

3 建档文件的内容应真实、准确、完整，并应与建设工程安全技术管理活动实际相符合，手续齐全。

8.4.3 安全技术归档文件应符合下列规定：

1 归档文件应按本规范附录A的范围及内容收集齐全、分类整理、规范装订后归档。

2 归档文件的立卷，卷内文件排列、案卷的编目、案卷装订宜符合现行国家标准《建设工程文件归档整理规范》GB/T 50328的有关规定。

3 归档文件采用电子文件载体形式的，宜符合现行国家标准《电子文件归档与管理规范》GB/T 18894的有关规定。

4 归档文件应为原件。因各种原因不能使用原件的，应在复印件上加盖原件存放单位的印章，并应有经办人签字及时间。

5 建设单位、施工单位、监理单位和其他各单位在工程竣工或有关安全技术活动结束后30天内，应将安全技术文件交本单位档案室归档，档案保存期不应少于1年。

附录A 安全技术归档文件范围及内容

表A 安全技术归档文件范围及内容

分类		归档文件名称及内容	文件提供单位	保存单位			
				建设单位	施工单位	监理单位	其他单位
建设单位安全技术文件		施工现场及毗邻区域内供水、排水、供电、供气、供热、通信、广播电视、地下管线、气象和水文观测资料、相邻建筑物和构筑物、地下工程有关施工的安全技术文件	建设单位	√	√	√	√
		施工前报送建设行政主管部门的危险等级为Ⅰ级、Ⅱ级的分部分项工程和其他施工作业危险源清单，以及有关工程施工安全技术(措施)文件		√	√	√	—
		施工中编制的有关施工的安全技术(措施)文件		√	√	√	—
施工单位安全技术文件	施工临时用电	用电组织设计或方案	施工单位	√	√	√	—
		修改用电组织设计的意见或文件		√	√	√	—
		用电技术交底单		—	√	—	—
		用电工程检查验收表		—	√	√	—
		电气设备试验单、检验单和调试记录		—	√	—	—
		接地电阻、绝缘电阻和漏电保护器漏电参数测定记录表		—	√	—	—

续表A

分类		归档文件名称及内容	文件提供单位	保存单位			
				建设单位	施工单位	监理单位	其他单位
施工单位安全技术文件	施工临时用电	定期检(复)查表	施工单位	—	√	—	—
		电工安装、巡检、维修、拆除记录		—	√	—	—
		应急救援预案		—	√	√	—
	建筑起重机械	建筑起重机械备案证明、使用登记证明	施工单位	—	√	√	√
		起重设备、自升式架设设施安装、拆卸工程专项施工方案		—	√	√	—
		安装、拆卸、使用安全技术交底单		—	√	—	—
		设备、设施安装工程自查与验收记录		—	√	√	—
		定期自行检查记录、定期维护保养记录、维修和技术改造记录		—	√	—	√
		运行故障记录		—	√	—	—
		累计运转记录		—	√	—	—
		应急救援预案		—	√	√	—
	安全防护	安全防护专项施工方案	施工单位	—	√	√	—
		修改、变更防护方案意见或文件		—	√	√	—
		防护技术交底单		—	√	—	—
		防护设施验收记录		—	√	√	—
		防护设施检查、巡查记录		—	√	—	—
		防护用品验收记录		—	√	√	√
		应急救援预案		—	√	√	—

续表A

分类		归档文件名称及内容	文件提供单位	保存单位			
				建设单位	施工单位	监理单位	其他单位
施工单位安全技术文件	消防安全	防火安全技术方案	施工单位	√	√	√	—
		消防设备、设施平面布置图		—	√	√	—
		消防设备、设施、器材、材料验收记录		—	√	√	√
		临时用房防火技术措施		—	√	√	—
		在建工程防火技术措施		—	√	√	—
		消防安全技术交底单		—	√	—	—
		消防设施、器材检查维修记录		—	√	—	—
		消防安全自行检查、巡查记录		—	√	—	—
		动火审批证		—	√	√	—
		应急救援预案		—	√	√	—
	危险等级为Ⅰ级、Ⅱ级的分部分项工程和其他施工作业	专项施工方案及审批意见	施工单位	√	√	√	—
		专项施工方案修改、变更意见或文件、专家论证审查意见书		√	√	√	—
		安全技术交底单		—	√	—	—
		自行检查、巡查记录		—	√	—	—
		安全技术措施实施验收记录		√	√	√	—
		应急救援预案		√	√	√	—

续表A

分类		归档文件名称及内容	文件提供单位	保存单位			
				建设单位	施工单位	监理单位	其他单位
施工单位安全技术文件	一般施工作业项目	安全技术措施	施工单位	—	√	√	—
		安全技术措施交底单		—	√	—	—
		自行检查、巡查记录		—	√	—	—
		安全技术措施实施验收记录		—	√	√	—
监理单位安全技术文件		安全技术监理方案	监理单位	√	√	√	—
		安全监理有关安全技术专题会议纪要		√	√	√	—
		事故隐患整改通知单		—	√	√	—
		事故隐患整改验收复工意见		—	√	√	—
		有关安全生产技术问题处理意见或文件		—	√	√	—
		自行检查记录		—	—	√	—
		施工中编制的有关施工安全技术(措施)文件		—	√	√	—
		施工组织设计中的安全技术措施或专项施工方案审查、验收意见		—	√	√	—
		采用新结构、新工艺、新设备、新材料的工程中安全技术措施的审查、验收意见		—	√	√	—

续表 A

分类	归档文件名称及内容	文件提供单位	保存单位			
			建设单位	施工单位	监理单位	其他单位
其他单位安全技术文件	勘察作业时保证各类管线、设施和周边建筑物、构筑物安全的技术(措施)文件	勘察单位	√	√	√	√
	涉及施工安全的重点部位和环节设计注明文件、预防生产安全事故的指导意见	设计单位	√	√	√	√
	采用新结构、新工艺、新材料和特殊结构的工程施工中设计单位提出的施工安全技术措施建议		√	√	√	√
	与施工安全有关的设计变更文件		√	√	√	√
	安全技术监测方案	监测单位	√	√	√	√
	阶段性安全技术监测记录与报告		√	√	√	√
	监测结果报告书		√	√	√	√
	器材、材料、构配件、防护用品、安全装置等产品生产许可证、产品合格证和技术性能说明书	产品供应单位	—	√	√	√
	起重机械设备制造许可证、产品合格证		—	√	√	√
	起重设备基础混凝土强度试验报告	检测单位	—	√	√	√
	起重设备、设施检验检测报告		—	√	√	√
	起重机械设备定期检验检测报告		—	√	√	√
	有关安全的材料、防护用品、安全装置等检验检测报告		—	√	√	√
	消防设备、设施、器材、材料检验检测报告		—	√	√	√

注:1 表中"√"表示需要做的。
2 表中"—"表示无内容。

本规范用词说明

1 为便于在执行本规范条文时区别对待,对要求严格程度不同的用词说明如下:

1)表示很严格,非这样做不可的:
正面词采用"必须",反面词采用"严禁";
2)表示严格,在正常情况下均应这样做的:
正面词采用"应",反面词采用"不应"或"不得";
3)表示允许稍有选择,在条件许可时首先应这样做的:
正面词采用"宜",反面词采用"不宜";
4)表示有选择,在一定条件下可以这样做的,采用"可"。

2 条文中指明应按其他有关标准执行的写法为:"应符合……的规定"或"应按……执行"。

引用标准名录

《建筑结构荷载规范》GB 50009
《建筑结构可靠度设计统一标准》GB 50068
《建设工程文件归档整理规范》GB/T 50328
《电子文件归档与管理规范》GB/T 18894

中华人民共和国国家标准

建筑施工安全技术统一规范

GB 50870-2013

条 文 说 明

8

制 订 说 明

《建筑施工安全技术统一规范》GB 50870—2013，经住房和城乡建设部2013年5月13日以第36号公告批准发布。

本规范制订过程中，编制组进行了建筑施工安全技术的调查研究，总结了我国建筑施工安全技术的实践经验，同时参考了国内外先进技术法规、技术标准。

为便于广大设计、施工、科研、学校等单位有关人员在使用本标准时能正确理解和执行条文规定，《建筑施工安全技术统一规范》编制组按章、节、条顺序编制了本标准的条文说明，对条文规定的目的、依据以及执行过程中需注意的有关事项进行了说明。但是，本条文说明不具备与标准正文同等的法律效力，仅供使用者作为理解和把握标准规定的参考。

目　次

8

1 总　　则

1.0.1～1.0.3　本规范明确了建筑施工安全技术方面的统一要求及建立一个建筑施工安全技术标准体系的总体要求，建筑施工安全技术规划、分析、控制、监测、预警的具体技术内容由相应的专业技术标准制订。

2 术　　语

2.0.1　建筑施工安全技术是研究建筑工程施工中可能存在的各种事故因素及其产生、发展和作用方式，采取相应的技术和管理措施，及时消除其存在，或者有效抑制、阻止其孕育和发动，并同时采取保险和保护措施，以避免伤害事故发生的技术。

2.0.4　本条界定了建筑施工安全技术分析的基本概念和内涵，有助于准确区分安全技术分析与结构分析、施工分析、质量分析等相关领域概念的差别，明确建筑施工安全技术分析的目的和任务。

3 基 本 规 定

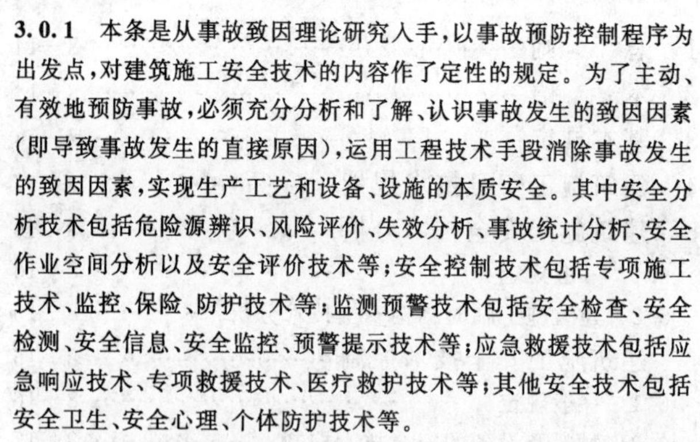

3.0.1　本条是从事故致因理论研究入手，以事故预防控制程序为出发点，对建筑施工安全技术的内容作了定性的规定。为了主动、有效地预防事故，必须充分分析和了解、认识事故发生的致因因素（即导致事故发生的直接原因），运用工程技术手段消除事故发生的致因因素，实现生产工艺和设备、设施的本质安全。其中安全分析技术包括危险源辨识、风险评价、失效分析、事故统计分析、安全作业空间分析以及安全评价技术等；安全控制技术包括专项施工技术、监控、保险、防护技术等；监测预警技术包括安全检查、安全检测、安全信息、安全监控、预警提示技术等；应急救援技术包括应急响应技术、专项救援技术、医疗救护技术等；其他安全技术包括安全卫生、安全心理、个体防护技术等。

3.0.2　建筑施工危险等级的划分与危险等级系数，是对建筑施工安全技术措施的重要性认识及计算参数的定量选择。危险等级的划分是一个难度很大的问题，很难定量说明，因此，采用了类似结构安全等级划分的基本方法。危险等级系数的选用与现行国家标准《建筑结构可靠度设计统一标准》GB 50068 重要性系数相协调。

目前，可按照住房和城乡建设部颁发的《危险性较大的分部分项工程安全管理办法》（建质〔2009〕87 号）的要求，根据发生生产安全事故可能产生的后果（危及人的生命、造成经济损失、产生不良社会影响），采用分部分项工程的概念。超过一定规模的、危险性较大的分部分项工程可对应于Ⅰ级危险等级的要求，危险性较大的分部分项工程可对应于Ⅱ级危险等级的要求，这样做可以较好地与现行管理制度衔接。具体划分内容见表 1。

表 1　危险等级划分表

危险等级	分部分项工程	工 程 内 容
Ⅰ级	一、人挖桩、深基坑及其他地下工程	1. 开挖深度超过 5m（含 5m）的基坑（槽）的土方开挖、支护、降水工程。 2. 开挖深度虽未超过 5m，但地质条件、周围环境和地下管线复杂，或影响毗邻建筑物、构筑物安全的基坑（槽）的土方开挖、支护、降水工程。 3. 开挖深度超过 16m 的人工挖孔桩工程。 4. 地下暗挖工程、顶管工程、水下作业工程
	二、模板工程及支撑体系	1. 工具式模板工程：包括滑模、爬模、飞模工程。 2. 混凝土模板支撑工程：搭设高度 8m 及以上；搭设跨度 18m 及以上；施工总荷载 15kN/m² 及以上；集中线荷载 20kN/m 及以上。 3. 承重支撑体系：用于钢结构安装等满堂支撑体系，承受单点集中荷载 700kg 以上
	三、起重吊装及安装拆卸工程	1. 采用非常规起重设备、方法，且单件起吊重量在 100kN 及以上的起重吊装工程。 2. 起重量 300kN 及以上的起重设备安装工程；高度 200m 及以上内爬起重设备的拆除工程。 3. 施工高度 50m 及以上的建筑幕墙安装工程。 4. 跨度大于 36m 及以上的钢结构安装工程；跨度大于 60m 及以上的网架和索膜结构安装工程
	四、脚手架工程	1. 搭设高度 50m 及以上落地式钢管脚手架工程。 2. 提升高度 150m 及以上附着式整体和分片提升脚手架工程。 3. 架体高度 20m 及以上悬挑式脚手架工程

续表 1

危险等级	分部分项工程	工程内容
Ⅰ级	五、拆除、爆破工程	1.采用爆破拆除的工程。 2.码头、桥梁、高架、烟囱、水塔或拆除中容易引起有毒有害气(液)体或粉尘扩散、易燃易爆事故发生的特殊建筑物、构筑物的拆除工程。 3.可能影响行人、交通、电力设施、通讯设施或其他建筑物、构筑物安全的拆除工程。 4.文物保护建筑、优秀历史建筑或历史文化风貌区控制范围的拆除工程
	六、其他	1.应划入危险等级Ⅰ级的采用新技术、新工艺、新材料、新设备及尚无相关技术标准的危险性较大的分部分项工程。 2.其他在建筑工程施工过程中存在的、应划入危险等级Ⅰ级的可能导致作业人员群死群伤或造成重大不良社会影响的分部分项工程
Ⅱ级	一、基坑支护、降水工程	开挖深度超过 3m(含 3m)或虽未超过 3m,但地质条件和周边环境复杂的基坑(槽)支护、降水工程
	二、土方开挖、人挖桩、地下及水下作业工程	1.开挖深度超过 3m(含 3m)的基坑(槽)的土方开挖工程。 2.人工挖扩孔桩工程。 3.地下暗挖、顶管及水下作业工程
	三、模板工程及支撑体系	1.各类工具式模板工程:包括大模板、滑模、爬模、飞模等工程。 2.混凝土模板支撑工程:搭设高度 5m 及以上;搭设跨度 10m 及以上;施工总荷载 $10kN/m^2$ 及以上;集中线荷载 15kN/m 及以上;高度大于支撑水平投影宽度且相对独立无联系构件的混凝土模板支撑工程。 3.承重支撑体系:用于钢结构安装等满堂支撑体系

续表 1

危险等级	分部分项工程	工程内容
Ⅱ级	四、起重吊装及安装拆卸工程	1.采用非常规起重设备、方法,且单件起吊重量在 10kN 及以上的起重吊装工程。 2.采用起重机械进行安装的工程。 3.起重机械设备自身的安装、拆卸。 4.建筑幕墙安装工程。 5.钢结构、网架和索膜结构安装工程。 6.预应力工程
	五、脚手架工程	1.搭设高度 24m 及以上的落地式钢管脚手架工程。 2.附着式整体和分片提升脚手架工程。 3.悬挑式脚手架工程。 4.吊篮脚手架工程。 5.自制卸料平台、移动操作平台工程。 6.新型及异型脚手架工程
	六、拆除、爆破工程	1.建筑物、构筑物拆除工程。 2.采用爆破拆除的工程
	七、其他	1.应划入危险等级Ⅱ级的采用新技术、新工艺、新材料、新设备及尚无相关技术标准的分部分项工程。 2.其他建筑工程在施工过程中存在的应划入危险等级Ⅱ级的,可能导致作业人员群死群伤或造成重大不良社会影响的分部分项工程
Ⅲ级		除Ⅰ级、Ⅱ级以外的其他工程施工内容

本条统一规定了不同危险等级的施工活动进行安全技术分析时的宏观差别,体现高危险、高安全度要求的基本原则,同时对量化差别提出了指导性意见。考虑到问题的复杂性,量化指标可由各类具体建筑施工安全技术规范确定。

3.0.3 本条规定安全技术的选择所考虑的因素应包括:工程的施工特点,结构形式,周边环境,施工工艺,毗邻建筑物和构筑物,地上、地下各类管线以及工程所处地的天气、水文等。应采取诸多方面的综合安全技术,从防止事故发生和减少事故损失两方面考虑,其中防止事故发生的安全技术有:辨识和消除危险源、限制能量或危险物质、隔离、故障-安全设计、减少故障和失误等;减少事故损失的安全技术有:隔离、个体防护、避难与救援等。

4 建筑施工安全技术规划

4.0.4 工程概况内容包括:工程特点,工程地点及环境特征,施工平面布置、施工要求、施工条件和技术保证条件,工程难点分析等。实施方案应包括:施工工艺、施工机械选择、环境保护等。

5 建筑施工安全技术分析

5.1 一 般 规 定

5.1.1 本条明确界定了建筑施工安全技术分析的基本内容，避免与一般施工技术分析要求混淆。这里提到的安全风险评估仅仅是安全技术层面的内容，非管理层面的行政许可内容。

1 本款强调危险源辨识应确保不遗漏危险源。建筑施工生产安全事故统计表明，未能事先发现，因此无法采取针对性措施的危险源是导致生产安全事故的直接原因。

2 确定建筑施工活动的危险等级是建筑施工安全工作的基础，不仅与危险源有关，还与危险源所处环境等众多因素有关。

3 为解决当前普遍存在建筑施工安全技术方案和措施缺乏针对性、可靠性不高、实施过程监控要求不明的问题，制订本款。

5.1.4 建筑施工安全技术分析应结合项目特点和以往安全事故统计分析资料进行，主要是为了保证安全技术分析的针对性，并与公司或项目部具体情况有效结合，使监控要点和安全技术措施落实到施工生产活动中。

5.1.5 安全技术分析以分部分项工程为基本单元进行便于组织。一般情况下，项目技术负责人和安全负责人为安全技术分析的基本执行人，公司技术和安全管理负责人为项目部提交的安全技术分析报告的审查人。

5.1.6 本条提出建筑施工安全技术方案应满足四个原则性要求，第1款强调要侧重安全技术的具体可操作性，第2款强调安全技术措施的选择应优先考虑从源头减少危险，第3款强调对安全技术方案的可靠性和有效性应给出明确可信的论证，第4款强调安全技术方案应考虑实施过程的可控性要求。

5.1.7 建筑施工安全技术分析涉及各种各样施工过程，应尽可能采用具体的定量分析方法，同时根据建筑施工安全标准和工作经验进行定性分析。

5.1.9 建筑施工涉及的施工机械或机具种类很多，安全技术分析的具体内容和要求应在各专项施工安全标准中规定。根据建筑施工生产安全事故统计分析，施工机械或机具导致的生产安全事故，经常发生于施工过程中或施工机械(机具)本身的装拆过程中，应充分重视。

5.2 建筑施工临时结构安全技术分析

5.2.1 本条是强制性条文，必须严格执行。对于建筑施工临时结构，许多施工单位经常不做安全技术分析，凭经验进行施工和使用，或者在施工和使用中随意违反设计规定，导致生产安全事故的发生。安全技术分析是设计建筑施工临时结构的技术基础，设计人员应当在设计文件中明确保持临时结构整体稳定性的使用工况和使用条件。在建筑施工临时结构施工前，应检查是否具有设计文件，是否对建筑施工临时结构进行了安全技术分析。施工中应严格按设计要求进行施工，临时结构的使用过程中应检查是否符合设计规定的使用工况。

5.2.2 考虑到现行国家标准《建筑结构可靠度设计统一标准》GB 50068已形成较为完整成熟的体系，建筑施工临时结构安全技术分析遵循其原则有利于提高分析的科学性、统一性。但现行国家标准《建筑结构可靠度设计统一标准》GB 50068规定的对象主要是建成后的建筑结构，并未具体包括建筑施工过程中为施工活动服务的临时结构，而施工用临时结构的作用、材料、抗力的离散性一般均比正式建筑结构大，必须根据具体情况研究确定相关参数。同时由于建筑施工临时结构的复杂性，现阶段某些情况下不具备条件采用可靠度方法，应允许采用安全系数法等有依据的方法。

5.2.3 本条参照现行国家标准《建筑结构可靠度设计统一标准》GB 50068提出施工临时结构的功能要求，其中第1款为安全性要求，第2款是适用性要求。

5.2.4 明确施工临时结构极限状态的标志和限值，不仅是分析设计阶段的要求，而且有利于施工安全技术控制抓住重点。

5.2.6 建筑施工临时结构与一般建筑结构相比存在较大的变异性，在计算临时结构的自重时应考虑一定的增大系数，此增大系数应由各专项建筑施工安全标准规定。当观测和试验数据不足时，荷载标准值可结合工程经验，经分析判断确定。施工临时结构风荷载目前普遍采用10年一遇的标准，对风敏感的临时结构标准偏低，宜采用不低于30年一遇风荷载标准，与我国上一轮规范对一般建筑结构的要求相同，但低于现行荷载规范对一般建筑结构50年一遇的标准。考虑到近年来极端气候多发，各有关专业标准宜适当提高建筑施工临时结构的风荷载标准。

5.2.8 多次周转使用的材料可能存在损伤累计和缺陷增大，除加强检验外，宜根据重复使用材料的特性、重复使用特征、临时结构的重要性等因素，采用材料参数重复使用调整系数。

5.2.11 环境的影响在安全技术分析中经常会被忽视，如湿度对木材强度的影响，高温对钢结构性能的影响等。

5.2.12 建筑施工临时结构承载能力极限状态基本组合表达式参照现行国家标准《建筑结构可靠度设计统一标准》GB 50068的规定，但用危险等级调整系数替代结构重要性系数，原永久荷载分项系数改称自重荷载分项系数，用于考虑临时结构本身的自重作用的影响，原永久荷载标准值的效应改称自重荷载标准值的效应。

5.2.13 本条参照现行国家标准《建筑结构可靠度设计统一标准》GB 50068的规定制订。

6 建筑施工安全技术控制

6.1 一 般 规 定

6.1.2 本条对建筑施工安全技术控制措施的实施提出五个方面的基本要求。第1款强调安全技术控制措施的编制依据；第2款强调安全技术控制措施应建立在安全分析基础之上，需充分辨识所控制对象可能存在的危险因素，结合相关法律、法规和典型事故案例，采取定性或者定量的评价方法，判断其危险等级，制订安全技术控制措施；第4款中安全技术控制措施实施过程中出现变更或者修改时，也应处于控制程序之中；第5款中在安全技术控制措施的实施过程中，应根据各种监测手段所采集到的具体数据和相关信息，验证安全技术控制措施的执行情况，如发现偏差应分析原因及时纠正或者调整。

6.1.4 对于施工过程中的关键环节和特殊环节应重点控制，避免生产安全事故的发生；对于新技术、新工艺在使用前应对其进行充分研究，要有充分的认识，掌握其存在的不安全因素，对其进行危险源辨识，制订安全防护措施，重点加以控制。

6.1.5 本条是对安全技术控制过程提出的要求。

预控阶段应对采取的安全技术措施所涉及的人员资格和操作技能熟练程度、设备设施的运转使用情况、施工方法和工艺、所需材料的质量、施工环境等五个方面进行分析和研究。

过程控制应涵盖安全技术措施实施的整个过程，应重点关注采取的施工工艺是否合理、施工流程是否正确、操作人员的操作规程执行情况、施工荷载的控制以及设备设施的运转使用情况是否良好、相关的监测预警手段是否到位、各道工序之间的衔接是否合理、是否上道工序检查验收合格后方才进行下道工序施工等。

6.2 材料及设备的安全技术控制

6.2.1 人的不安全行为和物的不安全状态是导致事故的直接原因,合格的材料、设备是保证建筑施工安全生产的前提。本条对所采购材料、设备、构配件及防护用品需提供相关证明文件作了规定。

6.2.3 对主要材料、设备及防护用品的进场验收,目的是为了防止假冒伪劣产品流入施工现场。

6.2.4 建筑施工机械和施工机具的质量应满足相应的安全技术要求,并应坚持"先验收后使用"的原则。现场使用的安全防护用具、机械设备、施工机具及配件的安全性能直接影响作业人员的人身安全,同时产品的质量和其使用寿命直接相关。施工企业对属于实行生产(制造)许可证或国家强制性认证的产品,应当查验其生产(制造)许可证或强制性认证证明、产品合格证、检验合格报告、产品说明书等技术资料。对不实行国家生产(制造)许可证或强制性认证的产品,应查验其产品合格证、产品使用说明书和安装维修等技术资料。

施工机械设备和施工机具等的安装质量、使用操作情况等直接影响施工机械设备和施工机具的正常运转和安全使用,施工企业应当组织产权单位、安装单位的安全、设备管理人员和其他技术人员按照国家、行业的安全技术标准、检验规则等规定的检验项目进行验收。

6.2.5 本条是建筑施工机械设备检测验收的必备内容,如有不合格项则该机械不得使用。

6.2.6 交接验收有利于明确出租单位和使用单位双方的安全责任,保障施工安全生产。

7 建筑施工安全技术监测与预警及应急救援

7.1 建筑施工安全技术监测与预警

7.1.4 仪器监测可取得定量的数据进行分析;以目测为主的巡视检查是预防事故发生的简便、经济和有效的方法,可以起到定性和补充的作用。多种观测方法相互验证,避免片面地分析和处理问题。

7.1.7 累计变化量可反映监测对象即时状态与限制状态的关系;变化速率值反映监测对象变化的快慢,过大的变化速率常常是突发事故的先兆。

7.1.8 涉及安全生产的材料可分为一次性材料(如钢筋、水泥)和周转材料(如钢管、扣件),其适应性和各种状态的变化对施工安全有着本质的影响。

7.2 建筑施工生产安全事故应急救援

7.2.2 本条是强制性条文,必须严格执行。建筑施工生产安全事故的类型很多,特征各异,事故发生的应对是一个动态发展过程,一般包括预防与应急准备、监测与预警、应急处置与救援、事后恢复与重建等环节,对其进行安全技术分析是预防生产安全事故发生的有效手段,避免盲目性。风险类型和特征的技术分析使得应急预案的应急处置与救援更具有针对性,与各项安全技术措施配套的人员、材料、设备等才能落到实处,在发生生产安全事故时的应急救援才能真正发挥作用。在以往生产安全事故的案例中,经常出现救援或预防不当导致次生灾害发生的情况,其对人民生命财产的损害甚至大于生产安全事故本身,因此应当提高对次生灾害的认识。建筑施工安全生产各有关单位应当在审核本单位应急救援预案时,检查是否有结合本工程特点的有关事故风险类型和特征的安全技术分析,有可能发生次生灾害的,是否有预防次生灾害的安全技术措施。

7.2.4 定期组织专项应急救援演练是优化专项应急预案的依据,也是提高全体从业人员应对生产安全事故反应能力的有效措施。应急救援预案的培训、演练、调整、再检验是一个不断完善的过程,应急救援预案的最终确定可能是多次修改的结果。

8 建筑施工安全技术管理

8.1 一 般 规 定

8.1.1 工程建设各责任主体单位对各自所从事的施工活动制订相应的安全技术管理制度,制度中应明确各岗位的安全技术管理职责和权限,各安全技术环节运行的程序和完成相关管理任务所规定的时间要求。

8.1.2 安全技术交底是保证安全技术措施和专项施工方案能够有效实施的重要事前控制措施。通过安全技术验收的方式对安全技术的实施结果进行确认,保证作业环境安全和下一道工序的施工安全是重要的事后控制措施。

8.2 建筑施工安全技术交底

8.2.4 本条规定安全技术交底应分级进行,交底人可分为总包、分包、作业班组三个层级。总承包施工项目应由总承包单位相关技术人员对分包进行安全技术交底;桩基础施工单位应向土建施工单位进行安全技术交底;土建施工单位应向设备安装、装饰装修、幕墙施工等单位进行安全技术交底。安全技术交底的最终对象是具体施工作业人员。同时明确了交底应有书面记录和签字留存。

8.3 建筑施工安全技术措施实施验收

8.3.1 验收是检验建筑施工安全技术措施实施过程与结果的重要手段,是建筑施工安全技术封闭管理的最后一个环节,必不可少。许多经验和案例表明,建筑施工安全技术措施实施与否及实施的好坏无人监管,安全技术措施变成一句空话,是导致生产安全事故发生的重要原因。

8.3.3 先自行检查评定后验收的程序着重强调自行检查和验收两个阶段的责任，促使施工、监理和其他参建各方落实安全生产技术管理责任。

8.3.5 本条明确了建筑施工安全技术措施进行验收的依据。

8.3.7 机械设备和施工机具使用前的交接验收应包括下列内容：①设备基础；②电气装置；③安全装置；④金属结构、连接件；⑤防护装置；⑥传动机构、动力设备、液压系统；⑦吊、索具。目前建筑施工现场大量存在机械设备和施工机具采用租赁的方式取得，使用单位在施工过程中也会发生变化。因此，对进入施工现场的机械设备、施工机具和使用单位发生变化的，应进行交接验收，以明确设备使用过程中的安全责任。

8.4 建筑施工安全技术文件管理

8.4.1 在工程建设中，由于参与工程建设的单位有多家，且各自有不同的管理模式，针对工程建设组织结构形式的多样性，将安全技术文件统一按参与工程建设的责任主体分为建设单位、施工单位、监理单位和其他单位四大类。这样分类的目的，主要考虑的是将安全技术文件管理责任落到实处，以改变安全技术文件管理不规范的现状。

本条中施工单位是指总承包企业、专业承包企业和劳务分包企业。其他单位是指在工程建设中与安全技术活动有关的单位，如勘察设计单位、监测单位，涉及电气、消防设备、器材、安全设施、材料、防护用品、中小型机具等有关涉及安全物资、设备、设施的供应商以及检测单位，提供起重机械设备、自升式架设设施的出租单位，对起重机械设备、自升式架设设施、器材、材料的检验检测等单位。

本条所指附录A中"保存单位"一栏，即标明了各单位应保存的文件名称和内容，同时也标明了有些文件需由两个及以上单位保存，其目的是明确要求参建单位之间应按施工安全的需要，及时传递安全技术文件，确保安全技术信息畅通。

本条所指附录A中的归档文件范围，是指与工程建设有关重要安全技术活动所涉及的归档文件范围，记载工程建设中主要的安全技术过程和现状的内容，具有保存价值的各种载体技术文件。

8.4.2 在建设工程施工中，安全技术文件的建档管理应使参与工程建设各单位的安全技术文件管理形成系统性，通过实施文件建档和统一管理要求，达到以下管理目的：

(1)明确文件建档起止时间和参与工程建设各责任主体单位文件建档管理的要求；

(2)有利于更好的总结安全技术管理经验，为准确地预测、预防生产安全事故提供技术依据；

(3)在处理事故中，能为分析事故原因提供依据；

(4)工程实行总承包施工的，能有效规范总包、分包单位安全技术文件管理的行为，确保安全技术文件不遗失。

中华人民共和国国家标准

小型水电站安全检测与评价规范

Code for safety detecting and evaluation of small hydropower station

GB/T 50876-2013

主编部门：中华人民共和国水利部
批准部门：中华人民共和国住房和城乡建设部
施行日期：2014年3月1日

9

中华人民共和国住房和城乡建设部公告

第108号

住房城乡建设部关于发布国家标准《小型水电站安全检测与评价规范》的公告

现批准《小型水电站安全检测与评价规范》为国家标准，编号为GB/T 50876—2013，自2014年3月1日起实施。

本规范由我部标准定额研究所组织中国计划出版社出版发行。

中华人民共和国住房和城乡建设部
2013年8月8日

前　言

本规范是根据住房和城乡建设部《关于印发〈2009年工程建设标准规范制订、修订计划〉的通知》(建标〔2009〕88号)的要求，由水利部农村水电及电气化发展局和水利部农村电气化研究所会同有关单位共同编制完成的。

本规范在编制过程中，编制组经广泛调查研究，认真总结实践经验，参考有关国际标准和国外先进标准，并在广泛征求意见的基础上，最后经审查定稿。

本规范共分8章和2个附录，主要技术内容包括：总则、基本规定、水库及水工建筑物、金属结构、水轮机及其附属设备和电站辅助设备、发电机及其附属设备和电气设备、安全运行管理、综合评价等。

本规范由住房和城乡建设部负责管理，由水利部农村电气化研究所负责日常管理和具体技术内容的解释。执行过程中如有意见或建议，请寄送水利部农村水电及电气化发展局(地址：北京市西城区白广路二条二号，邮政编码：100053，电子信箱：yqsun@mwr.gov.cn)。

本规范主编单位、参编单位、主要起草人和主要审查人：

主 编 单 位：水利部农村水电及电气化发展局
水利部农村电气化研究所

参 编 单 位：杭州思绿能源科技有限公司

主要起草人：陈生水　刘仲民　徐锦才　樊新中　林旭新　付自龙　沈满林　吕建平　董大富　徐　伟　张　巍　徐国君　舒　静　金华频　关　键　陈大治

主要审查人：袁　越　汪　毅　杜德进　吴铭江　黄民翔　周争鸣　孙从炎　杨铁荣　黄祖坤　邓长君　周佳立

目　次

Contents

9

1 总　　则

1.0.1 为规范小型水电站安全检测与评价工作，保障小型水电站安全运行，制定本规范。

1.0.2 本规范适用于总装机容量50MW及以下小型水电站的安全检测与评价。

1.0.3 小型水电站应定期开展安全检测，并应根据检测结果进行安全评价。

1.0.4 安全检测与评价工作应委托有相应资质的机构进行。

1.0.5 小型水电站安全检测与评价，除应执行本规范外，尚应符合国家现行有关标准的规定。

2 基本规定

2.0.1 小型水电站出现下列情况时，应对小型水电站进行安全检测与评价：

1 主要机电设备达到或超过设计使用年限拟继续使用。

2 改变设施、设备使用功能。

3 改变运行条件。

4 设施、设备出现影响安全运行的异常现象。

5 发生地震、台风等重大自然灾害或偶发事故，电站已受损。

6 其他情况。

2.0.2 水库及水工建筑物的评价以现场检查、测试和监测资料分析、复核计算为主，金属结构和机电设备的评价以现场检查和测试为主。

2.0.3 安全检测与评价前应进行初步调查，并应据此编写工作大纲。初步调查应包括下列内容：

1 原勘测设计资料和竣工资料。

2 历次检查、维护和检修资料。

3 历年监测资料成果和分析。

4 事故记录。

2.0.4 安全检测与评价应按下列规定划分评价单元，安全检测与评价单元划分表应符合本规范附录A的规定。

1 按电站主要构成和安全影响要素应划分为水库及水工建筑物、金属结构、机电设备、安全运行管理4个评价单元。

2 每个评价单元可划分为若干个子评价单元。

3 每个子评价单元可划分为若干个基本评价单元。

3 水库及水工建筑物

3.1 一般规定

3.1.1 水库大坝的安全评价应符合现行行业标准《水库大坝安全评价导则》SL 258的有关规定。

3.1.2 水工建筑物的安全评定应根据工程特点及水工建筑物不同部分的安全风险，确定重点基本评价单元和一般基本评价单元。

3.1.3 对于重点基本评价单元，应按工作条件、荷载及运行工况进行定性、定量复核与评价；对于一般基本评价单元，可根据现场情况定性评价。

3.1.4 洪水资料系列较短的电站应补充洪水资料系列，对设计洪水成果进行复核。

3.1.5 调洪计算应根据不同典型的设计和校核洪水，做好计算条件确定和有关资料核查等准备工作，包括下列内容：

1 核定起调水位。

2 复核设计规定的或经上级主管部门批准变更了的调洪运行方式的实用性和可操作性，了解有无新的限泄要求。

3 复核水位-库容曲线，对多泥沙河流上的水库，淤积较严重的采用淤积后实测成果，且相应缩短复核周期。

4 复核泄洪建筑物水位-泄量曲线。

5 复核洪水预报方案，包括预见期、预报合格率、预报精度，以及雨情、水情数据采集和传送的可靠性等。

3.1.6 水库及水工建筑物工程质量应以现场检查并结合历史资料对其进行分析评价，仅凭现场检查和历史资料无法满足分析评价要求时，可补充勘探、试验。

3.1.7 各子评价单元的安全等级应按本规范附录B第B.1节的规定评定。

3.2 水　　库

3.2.1 水库的安全检测与评价应包括下列内容：

1 库区淹没。

2 库区淤积。

3 库区渗漏。

4 对下游河道影响。

3.2.2 当沿库区有重要淹没对象时，应对淹没对象的防洪能力进行评价。

3.2.3 当水库泥沙淤积较严重时，应对库区淤积影响进行评价。

3.2.4 当水库存在潜在的不稳定岸坡时，应探明不稳定岸坡的分布及规模，并应对滑坡、崩岸可能造成的涌浪对挡水建筑物及上下游安全性的影响进行评价。

3.2.5 水库的安全等级应按本规范附录B第B.1.1条的规定评定。

3.3 挡水建筑物

3.3.1 挡水建筑物的安全检测与评价应包括下列内容：

1 防洪标准复核。

2 抗震复核。

3 结构安全性。

4 渗流稳定性。

5 质量分析。

3.3.2 防洪标准复核应包括下列内容：

1 设计洪水分析计算。

2 调洪演算。

3 坝顶高度复核。

4 泄洪能力复核。

3.3.3 抗震复核应包括下列内容：

1 复核设计地震烈度或动峰值加速度。

2 复核抗震设防类别及地震效应计算方法。

3 对挡水建筑物、地基及可能发生地震塌滑的近坝库岸等进行地震稳定性分析，核算抗滑安全系数或抗滑结构系数，并进行抗震强度分析计算，对土石坝液化可能性及抗震工程措施作出评价。

4 对抗震设施质量和运行现状作安全评价，包括坝基防渗、软弱层加固、结构整体性和刚度、施工接缝处理等。

5 复核抗震安全性等级。

3.3.4 挡水建筑物结构安全评价应包括应力、变形和稳定分析。

3.3.5 挡水建筑物结构安全评价应结合检测和监测资料进行，对已出现的问题或异常工况进行重点复核计算。

3.3.6 挡水建筑物渗流安全评价包括坝体渗流、坝基渗流、绕坝渗流的稳定安全评价，应包括下列内容：

1 复核工程的防渗与反滤排水设施，设计、施工（含基础处理）是否满足现行有关规范要求。

2 分析工程运行中发生的渗流异常现象。

3 分析工程现状条件下各防渗和反滤排水设施的工作性态，并预测在未来高水位运行时的渗流安全性。

3.3.7 挡水建筑物的安全等级应按本规范附录B第B.1.2条的规定评定。

3.4 泄水建筑物

3.4.1 泄水建筑物安全检测与评价应包括下列内容：

1 过水能力和防洪能力复核。

2 结构安全性。

3 泄洪安全性。

4 质量分析。

3.4.2 当泄水建筑物工程现状与原设计不一致或入库洪水情势发生显著变化时，应根据泄水建筑物工程现状复核水位-泄量曲线，并应根据调洪计算成果评价现状抗洪能力是否满足规范要求。

3.4.3 泄水建筑物结构安全评价应包括应力和稳定分析。

3.4.4 泄水建筑物泄洪安全评价应包括消能防冲安全评价及对挡水建筑物、发电厂房等其他水工建筑物的安全产生影响的评价，并应复核评估在设计和校核洪水泄流情况下，下游河道的泄流能力。

3.4.5 泄水建筑物的安全等级应按本规范附录B第B.1.3条的规定评定。

3.5 输水建筑物

3.5.1 输水建筑物安全检测与评价应包括下列内容：

1 结构安全性。

2 地质灾害危险性。

3 质量分析。

4 调节保证。

3.5.2 输水建筑物结构安全评价应包括应力、稳定、渗流稳定分析。

3.5.3 输水建筑物地质灾害危险性评估应以危害范围内有聚居区、成片耕地作为重点评估对象。

3.5.4 当输水系统运行水头或流量发生变化时，应根据电站输水系统的布置、机电特性和运行工况进行调节保证计算，对输水系统的安全性进行评价。

3.5.5 输水建筑物的安全等级应按本规范附录B第B.1.4条的规定评定。

3.6 厂房及升压站

3.6.1 发电厂房及升压站安全检测与评价应包括下列内容：

1 防洪标准复核。

2 结构安全性。

3 厂区地质灾害危险性。

4 质量分析。

3.6.2 防洪标准复核应包括设计洪水和水位-流量曲线复核，评价工程现状的防洪能力是否满足规范要求。

3.6.3 结构安全评价应包括应力和稳定分析。对已出现的问题或异常工况应进行重点复核计算。

3.6.4 发电厂房及升压站的安全等级应按本规范附录B第B.1.5条的规定评定。

4 金属结构

4.1 一般规定

4.1.1 金属结构安全检测与评价对象应包括下列内容：

1 闸门与拦污栅。

2 启闭机。

3 压力钢管。

4.1.2 金属结构安全检测应进行外观检查和腐蚀状况检测，仅凭外观检查和腐蚀状况检测不能满足安全评价要求时可进行材料检测、无损探伤、应力测试、闸门启闭力测试等。

4.1.3 金属结构现场测试应根据现场检查情况和实际运行情况有选择地进行，检测、评价项目的指标应符合国家现行标准《钢焊缝手工超声波探伤方法及探伤结果分级》GB/T 11345、《水利水电工程钢闸门制造、安装及验收规范》GB/T 14173、《水工金属结构防腐蚀规范》SL 105、《水电水利工程压力钢管制造安装及验收规范》DL/T 5017、《压力钢管安全检测技术规程》DL/T 709 和《水利水电工程钢闸门设计规范》DL/T 5039 的有关规定。

4.1.4 金属结构应根据检测与复核成果进行安全评价。

4.1.5 金属结构的安全等级应按本规范附录B第B.2节的规定评定。

4.2 闸门及启闭设备

4.2.1 闸门外观检查应包括下列内容：

1 闸门有无变形、裂纹、脱焊、锈蚀及损坏现象。

2 门槽有无卡堵、空蚀等情况。

3 开度指示器是否清晰、准确。

4　止水设施是否完好，吊点结构是否牢固。

5　拉杆、螺杆等有无锈蚀、裂缝、弯曲等现象。

6　钢丝绳或节链有无锈蚀、断丝等现象。

4.2.2　启闭设备外观检查应包括下列内容：

1　启闭机启闭是否灵活可靠。

2　制动、限位设备是否准确有效。

3　电源、传动、润滑等系统是否正常。

4　备用电源及手动启闭是否可靠。

4.2.3　闸门、启闭设备腐蚀状况检测应包括下列内容：

1　腐蚀部位及其分布状况，蚀坑（或蚀孔）的深度、大小、发生部位密度。

2　严重腐蚀面积占金属结构或构件表面积的百分比。

3　金属构件（包括闸门轨道）的蚀余截面尺寸。

4.2.4　当闸门、启闭设备材质有疑问时，应进行材料复核。

4.2.5　当闸门、启闭设备焊缝质量有疑问时，应进行焊缝无损探伤。

4.2.6　当闸门、启闭设备工作条件改变时，应进行复核计算，必要时可进行结构应力测试。

4.2.7　闸门、启闭设备宜进行闸门启闭力测试。

4.2.8　闸门及启闭设备的安全等级应按本规范附录B第B.2.1条的规定评定。

4.3　压力钢管

4.3.1　压力钢管的外观检查应包括下列内容：

1　明管的外壁和焊缝区渗漏情况，管体变形情况，支墩、镇墩的位移及沉陷情况，支座活动及润滑情况，支座活动件间隙，钢管振动，防腐涂层完好程度等。

2　埋管的四周混凝土及沿线渗水情况、变形和失稳情况、焊缝区渗漏情况、伸缩节渗水情况等。

4.3.2　压力钢管检测应包括对压力钢管腐蚀状况的检测。

4.3.3　当压力钢管材质有疑问时，应进行材料复核。

4.3.4　当压力钢管焊缝质量有疑问时，应进行焊缝无损探伤。

4.3.5　当压力钢管工作条件改变时，应进行结构应力复核；当计算边界条件过于复杂且计算精度无法保证时，应进行应力测试。

4.3.6　压力钢管的安全等级应按本规范附录B第B.2.2条的规定评定。

5　水轮机及其附属设备和电站辅助设备

5.1　水轮机

5.1.1　水轮机检测与评价对象应包括：转轮、主轴、导水机构、轴承、蜗壳、尾水管、接力器及受油器、补气阀、排气阀等。

5.1.2　水轮机检查应包括各部件的裂纹、变形、漏水、漏油、锈蚀、磨蚀、振动、噪声等情况。

5.1.3　水轮机现场测试应根据现场检查情况和实际运行情况有选择地进行，检测、评价项目的指标应符合国家现行标准《水轮发电机组安装技术规范》GB/T 8564、《水轮机、蓄能泵和水泵水轮机水力性能现场验收试验规程》GB/T 20043、《小型水轮机现场验收试验规程》GB/T 22140、《水轮机、蓄能泵和水泵水轮机空蚀评定　第1部分：反击式水轮机的空蚀评定》GB/T 15469.1、《水力机械（水轮机、蓄能泵和水泵水轮机）振动和脉动现场测试规程》GB/T 17189、《水轮发电机组启动试验规程》DL/T 507和《水轮机运行规程》DL/T 710的有关规定。水轮机的振动、摆度、噪声测试宜和发电机一起进行。

5.1.4　水轮机的安全等级应按本规范附录B第B.3.1条的规定评定。

5.2　主阀

5.2.1　主阀检测与评价对象应包括：阀本体、充水阀（旁通阀）、锁定装置、操作装置、油压装置等。

5.2.2　主阀检查应包括下列内容：

1　主阀外观和腐蚀情况。

2　主阀密封情况。

3　管路渗漏情况。

4　锁定装置动作情况。

5　电液控制装置工作状况。

5.2.3　主阀现场测试应根据现场检查情况和实际运行情况有选择地进行，检测评价项目的指标应符合现行行业标准《水轮机进水液动蝶阀选用、试验及验收导则》DL/T 1068和《电站阀门电动执行机构》DL/T 641的有关规定。

5.2.4　主阀的安全等级应按本规范附录B第B.3.2条的规定评定。

5.3　调速器

5.3.1　调速器的检测与评价对象应包括：调节控制装置、油压装置和操作机构等。

5.3.2　调速器检查应包括下列内容：

1　油压装置渗漏情况和测控元件配置情况、完好程度。

2　安全阀、启动阀（卸载阀）卸载工作压力情况。

3　油压型调速器的低压报警和停机动作是否正常。

4　接力器及推拉杆工作状况是否完好，调速轴有无裂纹变形，各部位连接是否可靠。

5.3.3　调速器现场测试应根据检查和运行情况有选择地进行，测试应符合国家现行标准《水轮机控制系统试验》GB/T 9652.2、《水轮机调速器及油压装置运行规程》DL/T 792和《水轮机电液调节系统及装置调整试验导则》DL/T 496的有关规定。

5.3.4　调速器的安全等级应按本规范附录B第B.3.3条的规定评定。

5.4　电站辅助设备

5.4.1　电站辅助设备应包括：油、气、水系统以及起重设备、压力容器、暖通与消防设备。

5.4.2 油、气、水系统检测与评价对象应包括：油系统的油泵、滤油机、油罐、油管和阀门；气系统的空压机、储气罐、输气管和阀门；水系统的水源、水泵、水位传感和示流装置。

5.4.3 油、气、水系统检查应包括下列内容：

1 油、气、水系统管路渗漏情况，着色是否符合要求。

2 测控元件工作是否正常。

3 油处理室环境是否整洁，防火措施是否到位。

4 技术供水是否可靠。

5 空压机工作是否正常，真空补气系统工作是否正常。

6 油泵、水泵、气泵及其控制箱工作是否正常。

5.4.4 油、气、水系统测试应包括：各类油泵、水泵、气泵的启、停压力和相应自动化元件性能的测试。

5.4.5 起重设备、压力容器、消防设备等属于特种设备，应定期由国家相关部门进行安全检测与评价，本规范仅从特种设备的安全运行管理上进行评价。

5.4.6 油、气、水系统的安全等级应按本规范附录B第B.3.4条的规定评定。

6 发电机及其附属设备和电气设备

6.1 发电机

6.1.1 发电机检测与评价对象应包括：定子、转子、推力轴承、导轴承、机架、制动系统、冷却系统及辅助设备。

6.1.2 发电机检查应包括下列内容：

1 定子和转子线圈、定子铁芯温度、轴承、瓦温、油温、冷却系统温度、振动、噪声等。

2 油槽的油位、油色，上、下(前、后)导轴承的甩油情况。

3 制动系统。

6.1.3 发电机现场测试应根据现场检查情况和实际运行情况有选择地进行，测试项目和指标应符合国家现行标准《水轮发电机基本技术条件》GB/T 7894、《三相同步电机试验方法》GB/T 1029、《水轮发电机组安装技术规范》GB/T 8564和《水轮发电机组启动试验规程》DL/T 507的有关规定。

6.1.4 发电机的安全等级应按本规范附录B第B.3.5条的规定评定。

6.2 励磁系统

6.2.1 励磁系统检测与评价对象应包括：励磁调节和功率柜、励磁变压器、灭磁开关、励磁电枢、励磁电缆等设备。

6.2.2 励磁系统检查应包括下列内容：

1 冷却系统是否正常。

2 励磁调节器性能是否良好。

3 灭磁开关是否可靠。

4 可控硅、自复励电感器、集电环、励磁电缆触头部位、外绝缘层是否良好。

5 励磁变压器外观是否良好，温度、油位是否正常。

6.2.3 励磁设备现场测试应根据现场检查情况和实际运行情况有选择地进行，现场测试应符合国家现行标准《电气装置安装工程　电气设备交接试验标准》GB 50150、《水轮发电机组安装技术规范》GB/T 8564和《电力设备预防性试验规程》DL/T 596的有关规定。

6.2.4 励磁设备的安全等级应按本规范附录B第B.3.6条的规定评定。

6.3 电气一次设备

6.3.1 电气一次设备检测与评价对象应包括：主变、厂用变、断路器、隔离开关、互感器、电力电缆、母线及架构、防雷、避雷、接地装置及安全设施等。

6.3.2 电气一次设备检查应包括下列内容：

1 设备与构架接地是否完好。

2 充油设备的油位、油色、油温。

3 充气设备气压、密度。

4 外包绝缘层或外壳、接头。

5 设备安全距离。

6 名称、相别、位置指示、安全标识。

6.3.3 电气一次设备现场测试应根据现场检查和运行情况进行，现场测试应符合国家现行标准《电气装置安装工程　电气设备交接试验标准》GB 50150和《电力设备预防性试验规程》DL/T 596的有关规定。

6.3.4 电气一次设备的安全等级应按本规范附录B第B.3.7条的规定评定。

6.4 电气二次设备

6.4.1 电气二次设备检测与评价对象应包括：测量、控制和保护设备及其他辅助设备。

6.4.2 电气二次设备检查应包括下列内容：

1 按钮、主令开关、测量表计。

2 自动和手动控制设备、声光报警系统。

3 电线、电缆。

4 继电保护试验报告、保护投退记录、整定值变更通知文件及变更记录。

5 上位机、LCU工作状态。

6 监控系统站内通信状态。

7 自动化元件工作状态。

6.4.3 电气二次设备现场测试应根据现场检查和运行情况进行，现场测试应符合现行国家标准《继电保护和安全自动装置技术规程》GB/T 14285的有关规定。

6.4.4 电气二次设备的安全等级应按本规范附录B第B.3.8条的规定评定。

7 安全运行管理

7.0.1 安全运行管理检查对象应包括：各项规章制度、人员配备、设施设备(包括特种设备)、安全监测等。

7.0.2 安全运行管理情况检查应包括下列内容：

1 各项规章制度是否齐全，人员配备是否合理。

2 防汛调度、水文预测预报、应急抢险预案等情况。

3 设施、设备检查与维护情况。

4 电站安全监测情况。

7.0.3 安全监测情况应包括仪器设备的完好性，监测的及时性、完整性和持续性，监测资料的整编分析等情况。

7.0.4 安全运行管理评价应以有关安全生产法规为依据，并综合考虑电站的规模、重要性等因素，对现有的安全管理体系进行评价。

7.0.5 运行管理的安全等级应按本规范附录B第B.4节的规定评定。

8 综 合 评 价

8.0.1 电站安全综合评价应依据各基本评价单元检测结果，按本规范附录B的规定进行综合评定。

8.0.2 电站安全综合评价可分三层逐层评定：

1 根据各基本评价单元的安全等级分类结果，综合评价其所属子评价单元的安全性。

2 根据各子评价单元的安全等级分类结果，综合评价其所属评价单元的安全性。

3 根据各评价单元的安全等级分类结果，综合评价该电站的安全性。

8.0.3 各子评价单元的安全性级别，应根据下一级基本评价单元的安全性级别评价分类。各评价单元及电站的安全性级别应逐级类推。

8.0.4 水电站安全分类应根据各评价单元安全性分类结果确定。水电站安全应分为三类：A类水电站，安全可靠；B类水电站，基本安全，存在缺陷；C类水电站，不安全。小型水电站安全评价分类及处理要求应符合表8.0.4的规定。

表8.0.4 小型水电站安全评价分类及处理要求

等级	分类标准	处理要求
A	安全性符合国家和行业有关标准要求，具有足够的承载能力或运行可靠性	日常检修维护

续表8.0.4

等级	分类标准	处理要求
B	安全性略低于国家和行业有关标准要求，尚不显著影响承载能力或运行可靠性	需采取措施，达到国家和行业有关标准要求
C	安全性不符合国家和行业有关标准要求，显著影响承载能力或运行可靠性	一定要在规定时限内进行除险加固，改造或报废

附录A 小型水电站安全检测与评价单元划分表

表A 小型水电站安全检测与评价单元划分表

评价单元	子评价单元	基础评价单元
水库及水工建筑物	水库	水库
	挡水建筑物	主坝
		副坝
	泄水建筑物	溢洪道(洞、孔)
	输水建筑物	进水口、隧洞
		渠道(包括渡槽)
		压力前池、调压室(井、塔)
		钢筋混凝土管道及基础
	厂房及升压站	厂房
		升压站
金属结构	闸门及启闭设备	闸门及拦污栅
		启闭设备
	压力钢管	压力钢管及基础
机电设备	水轮机	水轮机
	主阀系统	主阀系统
	调速器	调速器
	电站辅助设备	油、气、水系统
		起重设备、压力容器、暖通与消防设备
	发电机	发电机
	励磁设备	励磁设备
	电气一次设备	电力变压器
		断路器、隔离开关及互感器
		电缆、母线及构架
		防雷、避雷和接地装置
	电气二次设备	测量控制与保护装置

续表 A

评价单元	子评价单元	基础评价单元
安全运行管理	运行管理情况	规章制度及人员管理
		调度方案
		水文预测预报系统
		应急预案
		检查及维修
	安全监测情况	监测仪器设备完好性
		监测执行力度
		监测资料的整编分析

附录B 小型水电站安全等级评定标准

B.1 水库及水工建筑物

B.1.1 水库的安全等级评定应符合下列规定：

1 A类水库应满足下列全部条件，并应能正常安全运行：

1)对于不同的库区淹没对象，其淹没设计洪水符合现行行业标准《水电工程建设征地移民安置规划设计规范》DL/T 5064的有关规定。

2)库岸稳定，不存在潜在的泥石流、滑坡、崩岸等地质灾害。

3)库区水土保持良好，库内泥沙淤积较少或淤积正常。

2 出现或存在下列情况之一的应视为C类水库：

1)对于不同的库区淹没对象，其淹没设计洪水不满足现行行业标准《水电工程建设征地移民安置规划设计规范》DL/T 5064的有关规定。

2)库岸严重不稳定，有规模较大的潜在地质灾害存在，且一旦失稳落入库中，激起的瞬间涌浪可能危及大坝及库区重要淹没对象安全。

3)库区淤积严重，危及用水安全。

4)存在其他危及水库安全的因素。

3 不属于A类、C类的应视为B类水库。

B.1.2 挡水建筑物主要应包括土坝、混凝土坝或浆砌石坝、闸坝（橡胶坝、翻板坝）等，其安全等级应按基础评价单元分别进行评定。

1 土坝的安全等级评定应符合下列规定：

1)A类土坝应满足下列全部条件，并应能正常安全运行：

坝面无裂缝、散浸、塌坑、隆起等现象，坝顶路面平整，抢险通道畅通；

设于土、砂、砂砾石上的护坡完好，无砌块松动、塌陷、垫层流失、架空或草皮损坏现象；

两岸接头、下游坝脚及坝内涵管的出口附近等处无异常渗漏现象；

进行设计洪水的复核和调洪计算，满足防洪标准；

进行抗震复核计算，满足抗震要求；

进行结构安全复核，包括应力、变形和稳定分析，满足结构安全要求；

进行坝体渗流、坝基渗流、绕坝渗流和近坝岸坡地下水渗流的计算分析，满足渗流安全要求。

2)出现或存在下列情况之一的应视为C类土坝：

达不到防洪标准，达到或接近校核洪水位，已经出现影响坝体安全的异常；

达不到抗震要求；

达不到结构安全要求；

达不到防渗要求，或满足防渗要求但出现异常现象；

未按规定设置观测设施设备；

大坝存在严重裂缝或贯通性洞穴，曾出现过大面积滑坡仅做简单应急处理，大坝整体不稳定，不能正常蓄水；

坝坡表面为土、砂、砂砾石时无护坡，或护坡有严重损坏现象；

坝基已发生渗透变形，或大坝出现严重渗漏，渗漏量虽不大却在相同条件下呈逐年较大幅度增大，大坝下游坡有大面积散浸或湿润区；

大坝存在严重白蚁等生物危害，已影响正常蓄水；

有其他危及大坝安全的因素，确认大坝已不能安全运行。

3)不属于A类、C类的应视为B类土坝。

2 混凝土坝或砌石坝的安全等级评定应符合下列规定：

1)A类混凝土坝或砌石坝应满足下列全部条件，并应能正常安全运行：

坝体结构无老化现象；

混凝土坝或砌石坝无裂缝、错位等现象，坝顶路面平整，抢险通道畅通；

坝基无渗漏或渗漏微弱，基础状况良好；

坝肩连接良好，无损坏现象，无潜在地质灾害；

进行设计洪水的复核和调洪计算，满足防洪标准；

进行抗震复核计算，满足抗震要求；

进行结构安全复核，包括应力、变形和稳定分析，满足结构安全要求；

进行坝体渗流、坝基渗流、绕坝渗流和近坝岸坡地下水渗流的计算分析，满足渗流安全要求。

2)出现或存在下列情况之一者应视为C类混凝土坝或砌石坝：

达不到防洪标准；

达不到抗震要求；

达不到结构安全要求；

达不到防渗要求，或满足防渗要求但出现异常现象；

坝体出现严重老化现象；

坝体存在严重裂缝、错位，或出现整体较大位移，或存在贯通性洞穴，大坝整体不稳定，不能正常蓄水；

坝基出现严重渗漏，基础状况差，存在严重的安全隐患；

坝肩出现严重损坏、塌方等现象；

有其他危及大坝安全的因素，确认大坝已不能安全运行。

3)不属于A类、C类的应视为B类混泥土坝或砌石坝。

3 闸坝（橡胶坝、翻板坝）的安全等级评定应符合下列规定：

1)A类闸坝（橡胶坝、翻板坝）应满足下列全部条件，并应能正常安全运行：

闸坝的预留伸缩缝无杂物卡塞，填料无流失；
橡胶坝坝袋无损伤，充排水(气)系统正常运行；
闸坝表面无磨损、冲刷、老化、剥蚀或裂纹等现象；
基础、伸缩缝及建筑物本身无明显渗漏或绕坝渗流；
消能设施和两岸连接建筑物完好；
进行设计洪水的复核和调洪计算，满足防洪标准；
进行抗震复核计算，满足抗震要求；
进行结构安全复核，包括应力、变形和稳定分析，满足结构安全要求；
进行坝体渗流、坝基渗流、绕坝渗流和近坝岸坡地下水渗流的计算分析，满足渗流安全要求。

2)出现或存在下列情况之一的应视为C类闸坝(橡胶坝、翻板坝)：
达不到防洪标准；
达不到抗震要求；
达不到结构安全要求；
达不到防渗要求，或满足防渗要求但出现异常现象；
闸坝有严重的缺陷；
橡胶坝坝袋损伤严重，充排水(气)系统不能正常运行；
软基闸坝基础有较严重的渗透现象；
闸坝的预留伸缩缝内有杂物卡塞，填料流失严重；
闸坝表面磨损、冲刷、老化、剥蚀或裂缝严重；
软基闸坝消能设施或两岸连接建筑物出现较严重的冲毁，可能危及闸坝稳定；
存在其他危及闸坝安全运行的因素。

3)不属于A类、C类的应视为B类闸坝(橡胶坝、翻板坝)。

B.1.3 泄水建筑物主要应包括溢洪道、泄洪洞、泄洪孔等，泄水建筑物安全等级评定应符合下列规定：

1 A类泄水建筑物应满足下列全部条件，并应能正常安全运行：

1)满足防洪标准。
2)进行应力和稳定分析，建筑物结构稳定，无破损现象，流道表面平整光滑，并能满足抗冲要求。
3)泄洪洞围岩稳定，无坍塌现象。
4)混凝土无老化现象。
5)消能设施完好、可靠，无危及坝基和其他建筑物及下游安全的隐患。
6)建筑物进出口两岸山体稳定，无危及安全的滑坡、坍塌。

2 出现或存在下列情况之一的应视为C类泄水建筑物：

1)达不到防洪标准。
2)建筑物有大面积破损现象，且流道表面有较严重的冲蚀或磨损现象。
3)泄洪洞围岩有大面积坍塌现象，严重影响安全运行。
4)混凝土有严重老化现象。
5)消能防冲设施损毁严重，并危及枢纽建筑物和下游安全。
6)两岸山体不稳定，已发生严重滑坡、坍塌现象或存在危及安全的严重滑坡、坍塌隐患。
7)存在其他严重危及泄水建筑物安全的因素。

3 不属于A类、C类的应视为B类泄水建筑物。

B.1.4 输水建筑物主要应包括进水口、隧洞、引水渠道(包括渡槽)、压力前池、调压室(井、塔)、钢筋混凝土管及基础等，其安全等级应按基础评价单元分别进行评定。

1 进水口、隧洞的安全等级评定应符合下列规定：

1)A类进水口、隧洞应满足下列全部条件，并应能正常安全运行：
围岩稳定，无坍塌现象；
内流态稳定，未出现超压、负压等现象；
进水口无冲刷、冻融损坏现象，洞身衬砌无明显裂缝、剥落、渗漏、溶蚀、磨损等情况；
进出口人畜安全防护设施齐全。

2)出现或存在下列情况之一的应视为C类进水口、隧洞：
围岩稳定性差，出现较大规模的坍塌现象；
非恒定流情况下出现影响隧洞安全运行的严重超压、负压等现象；
进水口出现严重冲刷、冻融损坏现象；
洞身衬砌出现严重裂缝、剥落、渗漏、溶蚀、磨损等情况；
进出口缺少必要的人畜安全防护设施；
存在其他危及隧洞安全运行的因素。

3)不属于A类、C类的应视为B类进水口、隧洞。

2 引水渠道(包括渡槽)的安全等级评定应按下列规定：

1)A类引水渠道应满足下列全部条件，并应能正常安全运行：
沿渠无险工险段，渠系建筑物(桥、渡槽等)无安全隐患；
渠顶超高满足规范要求；
渠道无泥沙淤积情况，表面无冲蚀或出现轻微冲蚀；
明渠衬砌无损坏、漏水等情况，边坡稳定；
渠道有限流设施(进水闸、溢流堰)，能够正常运行使用。

2)出现或存在下列情况之一的应视为C类引水渠道：
沿渠出现险工险段，渠系建筑物(桥、渡槽等)存在严重安全隐患；
明渠缺少限流设施，或限流设施已完全失去作用；
渠顶超高不满足规范要求，并出现严重溢水现象；
明渠渠道泥沙严重淤积，表面冲蚀严重；
衬砌严重破损，渗漏严重；
边坡经常发生较大规模滑坡或坍塌现象；
存在危及明渠安全的其他因素。

3)不属于A类、C类的应视为B类引水渠道。

3 压力前池的安全等级评定应符合下列规定：

1)A类压力前池应满足下列全部条件，并应能正常安全运行：
边墙墙顶超高满足规范要求；
结构稳定，无破损、无异常变形、无漏水现象；
基础和上部边坡无威胁前池安全的潜在地质灾害。

2)出现下列情况之一的应视为C类压力前池：
边墙顶超高不满足规范要求，并出现严重溢水现象；
挡墙出现严重变形；
结构出现严重破损、漏水现象；
基础和上部边坡有近期发生的可能性较大、并威胁前池安全的潜在地质灾害。

3)不属于A类、C类的应视为B类压力前池。

4 调压室(井、塔)的安全等级评定应符合下列规定：

1)A类调压室(井、塔)应满足下列全部条件，并应能正常安全运行：
顶部布置能满足负荷突变时涌浪的要求，有顶盖的调压井通气良好；
结构稳定，无塌陷、变形、破损和漏水现象；
附属设施(栏杆、扶手、楼梯、爬梯)和必要的水位观测应完整、可靠。

2)出现或存在下列情况之一的应视为C类调压室(井、塔)：
顶部出现溢水现象，或有顶盖的调压室通气道严重堵塞；
结构出现严重塌陷或变形现象；
结构出现贯穿性裂缝和严重漏水现象；
大部分附属设施缺失或不可靠；
存在危及调压室安全的其他因素。

3)不属于A类、C类的应视为B类调压室(井、塔)。

5 钢筋混凝土管及基础的安全等级评定应符合下列规定：

1)A类钢筋混凝土管及基础应满足下列全部条件，并应能正常安全运行：

基础稳定，无沉陷和变形现象；

管身无裂纹，接缝处（承插口）完整、无变形；

管身和接缝处（承插口）无渗水；

管道混凝土无老化、剥蚀和钢筋外露现象。

2)出现或存在下列情况之一的应视为C类钢筋混凝土管及基础：

支墩、镇墩有严重沉陷、变形现象；

管身或接缝处严重破损；

管身或接缝处出现严重渗漏现象；

管道混凝土严重老化、剥蚀或钢筋外露；

存在危及钢筋混凝土管安全的其他因素。

3)不属于A类、C类的应视为B类钢筋混凝土管及基础。

B.1.5 厂房及升压站的安全等级应按基础评价单元分别进行评定。

1 厂房的安全等级评定应符合下列规定：

1)A类厂房应满足下列全部条件，并应能正常安全运行：

厂区、厂房符合防洪标准；

厂区边坡稳定，无威胁厂房安全的潜在地质灾害；

结构稳定，无破损、变形和漏水现象；

排水、通风、照明、消防和采光等设施齐全完好。

2)出现或存在下列情况之一的应视为C类厂房：

厂区、厂房未达到防洪标准；

厂区有近期发生的可能性较大并威胁厂房安全的潜在地质灾害；

厂房结构有严重变形现象；

结构存在严重破损和漏水现象；

存在危及厂房安全的其他因素。

3)不属于A类、C类的应视为B类厂房。

2 升压站的安全等级评定应符合下列规定：

1)A类升压站应满足下列全部条件，并应能正常安全运行：

符合防洪标准；

周围山体边坡稳定性好，无潜在地质灾害；

有围墙或围栏；

当变压器储油量超过1000kg时，有符合标准的储油池；

变压器与周围房屋的距离大于1.2m。

2)出现或存在下列情况之一的应视为C类升压站：

未达到防洪标准，且主变压器曾经被洪水浸泡；

周围山体边坡有近期发生的可能性较大并威胁升压站安全的潜在地质灾害；

无围墙或围栏；

应设储油池而未设；

变压器与周围房屋的距离小于1.2m；

存在危及升压站安全的其他因素。

3)不属于A类、C类的应视为B类升压站。

B.2 金属结构

B.2.1 闸门及启闭设备应包括闸门、拦污栅及清污设备、启闭设备等，其安全等级应按基础评价单元分别进行评定。

1 闸门、拦污栅及清污设备的安全等级评定应符合下列规定：

1)A类闸门、拦污栅及清污设备应满足下列全部条件，并应能正常安全运行：

闸门门体、主梁、支臂、纵梁等构件无明显变形、位置偏差，吊耳无明显变形、开裂，轴孔无明显磨损，主要受力构件的焊缝和热影响区现状良好；

拦污栅、清污设备工作可靠，拦污栅无堵塞，栅条完整，无变形；

闸门、拦污栅及清污设备保护涂料完整，无脱落现象；

闸门止水外观现状良好，且止水效果好，支铰、支撑行走装置的主轮（滑道）、侧向支撑、反向支撑满足闸门安全运行的需要，锁定装置可靠，平压设备（冲水阀或旁通阀）完整可靠；

闸门门槽混凝土无明显剥蚀，对闸门安全运行无影响。

2)出现或存在下列情况之一的应视为C类闸门、拦污栅及清污设备：

闸门门体、主梁、支臂、纵梁等构件出现明显变形、位置偏差，吊耳明显变形、开裂，轴孔明显磨损，主要受力构件的焊缝和热影响区现状存在严重问题；

污栅、清污设备部分出现严重变形，已失去作用；

闸门、拦污栅或清污设备出现严重锈蚀；

闸门止水外观老化，出现严重渗漏现象，支铰、支撑行走装置的主轮（滑道）、侧向支撑、反向支撑不能满足闸门安全运行的需要，锁定装置严重不可靠，平压设备（冲水阀或旁通阀）破损严重不可靠；

闸门门槽混凝土出现明显剥蚀，严重影响闸门安全运行；

存在危及闸门及拦污栅安全运行的其他因素。

3)不属于A类、C类的应视为B类闸门、拦污栅及清污设备。

2 启闭设备的安全等级评定应符合下列规定：

1)A类启闭设备应满足下列全部条件，并应能正常安全运行：

启闭机有可靠的电源，其受力结构、动力机构、传动机构、启闭机构、锁定机构及安全控制装置的功能完整可靠，操作电气柜整洁，开关、闸刀及继电器动作可靠，信号灯、表计指示正确，电线电缆、启闭电机绝缘良好；

螺杆和卷扬启闭机的各重要零件和机架等主要受力构件无影响安全的明显可见的变形和裂纹；液压启闭机的液压缸及液压传动系统无渗漏情况，液压缸和活塞杆无明显磨损、变形和裂纹状况；

启闭设备保护涂料完整，无脱落现象。

2)出现或存在下列情况之一的应视为C类启闭设备：

启闭机设备出现严重变形，启闭困难；

启闭机无可靠的电源，其受力结构、动力机构、传动机构、启闭机构、锁定机构及安全控制装置的功能严重不完整、不可靠，开关、闸刀及继电器动作严重不可靠，电线电缆、启闭电机绝缘严重破损；

螺杆和卷扬启闭机的各重要零件和机架等主要受力构件存在明显可见的变形和裂纹，严重影响运行安全；液压启闭机的液压缸及液压传动系统存在严重渗漏情况，液压缸和活塞杆出现严重磨损、变形和裂纹状况；

启闭设备出现严重锈蚀；

存在危及启闭机设备安全运行的其他因素。

3)不属于A类、C类的应视为B类启闭设备。

B.2.2 压力钢管及基础的安全等级评定应符合下列规定：

1 A类压力钢管及基础应满足下列全部条件，并应能正常安全使用：

1)支墩与镇墩混凝土无老化、开裂、位移、沉陷、破损或强度不足等现象，支座活动及润滑情况良好，支座活动件间隙满足安全要求。

2)钢管无受损，焊接质量良好，明管的外壁和焊缝区无裂纹、明显渗漏情况，埋管焊缝区无明显渗漏，伸缩节无渗水情况。

3)钢管内外壁维护良好，外壁定期进行防腐防锈处理。

4)明管运行无明显振动，埋管在外压下无明显变形、失稳情况或无外压失稳迹象。

5)钢管的应力测试、静态应力测试、机组甩负荷时的动态应力测试、腐蚀测试和蚀余厚度的测量结果均满足规范运行要求。

2 出现或存在下列情况之一的应视为C类压力钢管及基础：

1)支墩与镇墩混凝土结构不完整或不稳固，存在明显位移、沉陷、开裂或破损等现象，支座活动件间隙过大，不满足安全要求。

2)钢管受损严重，出现严重变形；钢管内外壁锈蚀严重，外壁出现较深蚀坑。

3)伸缩节功能异常，漏水严重。

4)明管运行时有明显振动，埋管存在外压失稳现象或明显变形情况。

5)使用年限超过25年的压力钢管，并从未对钢管的强度和稳定进行校核，钢管的应力测试、静态应力测试、机组甩负荷时的动态应力测试、腐蚀测试和蚀余厚度的测量结果均不满足规范运行要求。

6)存在危及压力钢管安全运行的其他因素。

3 不属于A类、C类的应视为B类压力钢管及基础。

B.3 机电设备

B.3.1 水轮机的安全等级评定应符合下列规定：

1 A类水轮机应满足下列全部条件，并应能正常安全运行：

1)设备外观基本完好，机组振动、摆度、噪声符合标准，稳定性良好。

2)各部轴承温度、油质等符合运行规范规定的标准，无漏油、甩油现象。

3)转轮、导叶无明显锈蚀、磨损、漏水现象。

4)主轴密封良好、顶盖排水良好。

5)飞轮防护罩牢固、稳定。

6)焊接件、铸件及锻件经检查，未发现表面或内部有裂纹超标的缺陷。

7)转动部分及操作机构无变形，运转灵活。

2 出现或存在下列情况之一的应视为C类水轮机：

1)机组振动、摆度、噪声严重超标，飞轮无防护罩。

2)轴承温度严重超过规定值，无温度监控装置或已损坏。

3)主机漏水、漏油、漏气、磨损严重。

4)仪表及自动化元件严重失效、失灵。

5)检修进人门被封堵。

6)转动部分及操作机构严重变形，运转困难，蜗壳存在有害变形。

7)导叶全关时漏水严重可以使机组转动，导叶套筒、主轴密封漏水严重，顶盖排水不畅。

3 不属于A类、C类的应视为B类水轮机。

B.3.2 主阀的安全等级评定应符合下列规定：

1 A类主阀应满足下列全部条件，并应能正常安全运行：

1)主阀关闭严密，转动灵活可靠，启闭阀门时间符合要求。

2)保护涂料完整，无锈蚀现象。

3)旁通阀门运行正常。

4)油压操作的主阀油压装置及各管路系统运行正常，无渗漏油现象。电动操作的主阀电气回路正常可靠。

5)自动控制回路工作正常，逻辑正确。

2 出现或存在下列情况之一的应视为C类主阀：

1)主阀漏水严重，阀板及转轴磨蚀严重威胁安全。

2)主阀静水启闭时有卡阻现象；动水运行时振动过大，启闭困难；关闭时间超过设计要求。

3)外表锈蚀严重、焊缝渗漏水威胁安全。

4)操作回路有重大缺陷，无自动启闭阀门功能。

5)无压力平衡装置或装置已失效，空气阀失效或漏水严重。

6)主阀坑排水受阻、严重积水。

7)主阀启闭后位置严重不稳定。

8)最低工作油压、最低工作电压远达不到设计要求。

9)保护阀门不能正常释放或卸载，未检验或已失效。

3 不属于A类、C类的应视为B类主阀。

B.3.3 调速器的安全等级评定应符合下列规定：

1 A类调速器应满足下列全部条件，并应能正常安全运行：

1)调速器参数符合设计要求，调节性能良好，工作状况能满足运行规程要求。

2)自动装置和信号装置完好，动作准确。

3)油压降低到油压下限时，紧急停机的压力信号器动作符合设计要求。

4)油压装置的自动补气设备及集油槽油位的自动化设备动作准确可靠。

5)紧急停机时能自动安全关闭，全关时间符合调保计算要求。

2 出现或存在下列情况之一的应视为C类调速器：

1)调速系统有严重摆动、跳动、卡涩、磨损、漏油等情况，不能正常投入运行。

2)伺服阀、步进电机、各电磁阀、可编程逻辑控制器(PLC)、可编程计算机控制器(PCC)、触摸屏等关键元器件存在严重损坏情况。

3)油质严重劣化，工作油压与油槽油压压差较大，无低油压报警和停机或已失效。

4)设备锈蚀严重，威胁安全运行。

5)油压装置、补油、补气系统或其他设备、部件损坏工作不正常，严重威胁安全。

6)保护阀门不能正常释放或卸载，未检验或已失效。

7)控制环、调速杆严重变形、断裂。

8)调速器关闭时间已超过设计值的±5%，不满足调保计算的要求。

9)手、自动切换时接力器存在明显摆动；电网有要求的电站一次调频、自动发电控制(AGC)调频失效。

3 不属于A类、C类的应视为B类调速器。

B.3.4 电站辅助设备主要包括油、气、水系统，起重设备、压力容器、暖通与消防设备等，其安全等级应按基础评价单元分别进行评定。

1 油、气、水系统的安全等级评定应符合下列规定：

1)A类油、气、水系统应满足下列全部条件，并应能正常安全运行：

各管道设置符合要求，按类着色，无振动和变形现象；

管道及阀门密封良好，转动灵活可靠，无裂损和严重锈蚀，焊缝和组合部位无泄漏现象；

各类管道测控元件正常可靠；

各类压力泵及控制回路工作正常；

储油罐、油处理室整洁，防火措施到位。

2)出现或存在下列情况之一的应视为C类油、气、水系统：

管道设置不符合要求，振动、噪声、变形严重超过规程规定；

管道的测控元件严重失常、表计不准；

管道、阀门、压力容器焊缝和组合面有严重渗漏、严重锈蚀，阀门启闭失灵；

轴承冷却用进出水管无测控，无绝缘处理；

系统内的主用压力泵及控制回路存在严重缺陷，继电器、接触器有跳火、控制失灵；

油处理室脏乱、照明不足，储油罐无标尺和呼吸器，无防火措施，事故油池内脏乱、有积水；

主滤水器工作不正常，两侧压差过大，排污阀不能启闭；

各类管道无着色或着色混乱；

安全阀、压力容器无验审报告或未验审合格。

3)不属于A类、C类的应视为B类油、气、水系统。

2 起重设备、压力容器、暖通与消防设备的安全等级评定应符合下列规定：

1)A类起重设备、压力容器、暖通与消防设备定期由国家相关部门进行安全检测且合格，能正常安全运行。

2)国家相关部门进行安全检测但不合格、不能正常安全运行的视为C类起重设备、压力容器、暖通与消防设备。

3)不属于A类、C类的应视为B类起重设备、压力容器、暖通与消防设备。

B.3.5 发电机的安全等级应按下列规定评定：

1 A类发电机应满足下列全部条件，并应能正常安全运行：

1)机组振动、摆度和噪声符合规程规定。

2)定子、转子绕组的绝缘电阻和直流电阻符合规范要求。

3)定、转子温度、温升符合规程要求。

4)主轴无裂纹和变形，制动系统性能良好。

5)轴承、绕组无过热，轴承无漏油等现象。

2 出现或存在下列情况之一的应视为C类发电机：

1)机组振动、摆度和噪声严重不符合规范规定。

2)定子、转子绕组绝缘等级不合格，老化严重。

3)三相定子绕组直流电阻值严重不平衡或与厂家数据有较大差异，威胁安全运行。

4)绕组、铁芯温度过高、温升过大。

5)各部轴承出现严重漏油、过热、火花等现象；轴电压、轴电流严重超过设计值。

6)存在其他危及发电机安全运行的重大缺陷。

3 不属于A类、C类的应视为B类发电机。

B.3.6 励磁设备的安全等级评定应符合下列规定：

1 A类励磁设备应满足下列全部条件，并应能正常安全运行：

1)励磁调节平顺，性能符合规程要求。

2)灭磁开关自动分、合闸性能良好。

3)励磁设备的重要元器件按检修规程规定做定期检查和测试，试验合格。

2 出现或存在下列情况之一的应视为C类励磁设备：

1)励磁设备性能严重不符合规程要求。

2)冷却系统工作不正常。

3)灭磁开关分、合闸不正常。

4)励磁调节严重失稳，调节时电压、电流跳动过大。

5)励磁电缆接头过热变化，存在熔焊现象，绝缘层严重老化开裂。

6)集电环磨损或电灼伤，碳刷跳火过大。

7)存在其他危及励磁设备安全运行的重大缺陷。

3 不属于A类、C类的应视为B类励磁设备。

B.3.7 电气一次设备主要包括电力变压器、断路器、隔离开关、互感器、电缆、母线及构架、防雷、避雷和接地装置等，其安全等级应按基础评价单元分别进行评定。

1 电力变压器的安全等级评定应符合下列规定：

1)A类电力变压器应满足下列全部条件，并应能正常安全运行：

变压器各部件应完整无缺，外壳无锈蚀，瓷瓶无损伤，标识正确、电力变压器的油枕油色、油位及吸湿剂色泽正常，无渗油、无过热现象；

变压器和护栏安装、安全距离等符合规范要求；

线圈、套管和绝缘油(包括套管油)的试验符合规程或有关规定的要求；

表计准确，无漏油现象；

接地线接触良好，连接牢固、可靠，符合规范要求；

变压器定期进行预防性试验，并有修试记录，试验结果符合规范要求。

2)出现或存在下列情况之一的应视为C类电力变压器：

线圈、套管及绝缘油(包括套管油)试验不合格，油位、油温、油色、气压、密度、湿度严重异常；

存在异常音响或轻瓦斯经常动作却未查明原因；

变压器安装位置、安全距离、警示标识不符合安全规定；

变压器及充油导管漏油严重；

仪表失准或严重损坏；

外壳未接地或接地严重不可靠；

存在其他危及电力变压器安全运行的重大缺陷。

3)不属于A类、C类的应视为B类电力变压器。

2 断路器、隔离开关及互感器的安全等级评定应符合下列规定：

1)A类断路器、隔离开关及互感器应满足下列全部条件，并应能正常安全运行：

开关及刀闸操作动作灵活，闭锁装置动作正确、可靠，无明显过热现象，能保证安全运行；

额定电压、额定电流、遮断容量均满足设计要求；

断路器、隔离开关及互感器外观完整，电气试验符合规程规定；

高压熔断器无电腐蚀现象。

2)出现或存在下列情况之一的应视为C类断路器、隔离开关及互感器：

操作机构分、合闸动作严重不可靠；

本体绝缘试验不合格，开关位置指示不正确；

断路器、隔离开关及互感器部件严重缺陷，电气试验不合格；

接头有严重过热、熔焊现象，闭锁装置不完善，设备锈蚀严重；

高压熔断器电腐蚀严重；

外壳无接地或接地严重不可靠；

存在其他危及断路器、隔离开关及互感器安全运行的重大缺陷。

3)不属于A类、C类的应视为B类断路器、隔离开关及互感器。

3 电缆、母线及构架的安全等级评定应符合下列规定：

1)A类电缆、母线及构架应满足下列全部条件，并应能正常安全运行：

电缆、母线及构架技术规格能满足安全运行要求，无过热现象；

安装敷设符合规程规定要求，出入地面保护措施、弯曲半径、穿管工艺、排列位置及高差、防火封堵措施均符合规程要求；

电缆头及接头密封良好，瓷套管完整无损；

进、出线和电缆绝缘层良好，无脱落、剥落、龟裂等现象；

母线支持瓷瓶固定牢固，瓷瓶无破裂，金属构件无锈蚀；

电缆的固定和支架完好。

2)出现或存在下列情况之一的应视为C类电缆、母线及构架：

电缆、母排的技术参数不符合规范要求，存在过热现象；

电缆外绝缘层受损、出现异常突起，无接地引线；

进、出线盒电缆绝缘层干枯、剥落，无保护措施；

母线支持瓷瓶固定不牢固，瓷瓶破裂金属构件锈蚀严重；电缆的固定和支架不可靠；

存在其他危及电缆、母线及构架安全运行的重大缺陷。

3)不属于A类、C类的应视为B类电缆、母线及构架。

4 防雷、避雷和接地装置的安全等级评定应符合下列规定：

1)A类防雷、避雷和接地装置应满足下列全部条件，并应能正常安全运行：

防雷设施的配置齐全、完整，安装、接地装置以及接地电阻符合现行行业标准《交流电气装置的过电压保护和绝缘配合》DL/T 620和安装规程要求；

防雷装置及接地装置定期试验，试验结果符合规程规定；标识标号齐全、正确。

2)出现或存在下列情况之一的应视为C类防雷、避雷和接地装置：

防雷设施的配置不符合要求，避雷器定期试验不合格；

接地电阻检验不合格；

接地线严重不可靠；

存在其他危及防雷、避雷和接地装置安全运行的重大缺陷。

3)不属于A类、C类的应视为B类防雷、避雷和接地装置。

说明：防雷、避雷和接地装置安全等级评定以现场检测为主，检测内容包括绝缘电阻、放电电压、接地电阻等，检测结果应符合《交流电气装置的过电压保护和绝缘配合》DL/T 620等标准的要求。

B.3.8 电气二次设备的安全等级评定应符合下列规定：

1 A类电气二次设备应满足下列全部条件，并应能正常安全运行：

1)信号装置、指示仪表动作可靠，指示正确，在正常及事故情况下能满足保护与监控要求。

2)设备无过热现象，外壳和二次侧的接地牢固可靠。

3)配线整齐，连接可靠，标识和编号齐全，并有符合实际的接线图。

4)保护定值、动作逻辑校验满足规程要求。

5)备用电源和备自投装置工作正常。

6)开停机操作流程、控制动作正常。

2 出现或存在下列情况之一的应视为C类电气二次设备：

1)设备不能满足运行要求，在正常及事故情况下，不能满足继电保护与监控的要求。

2)各种开关、组件安装不符合规程要求，接点接触差，存在过热现象。

3)各按钮、主令开关、声光报警设备、测量表计缺失或损坏严重。

4)各种保护、信号装置、指示仪表动作严重不可靠、指示不正确。

5)配线凌乱、标识不符合有关规程规定。

6)继保试验未测试或不合格，各整定值、动作逻辑的校验不满足技术要求。

7)存在其他危及防雷、避雷和接地装置安全运行的重大缺陷。

3 不属于A类、C类的应视为B类电气二次设备。

B.4 安全运行管理

B.4.1 运行管理情况主要应包括规章制度及人员管理、调度方案、水文预测预报系统、应急预案、检查及维修等，其安全等级应按基础评价单元分别进行评定。

1 规章制度及人员管理的安全等级评定应符合下列规定：

1)A类规章制度及人员管理应满足下列全部条件：

电站的运行规程、操作规程、检修规程、安全生产制度及巡回检查制度健全，运行操作人员经过有关部门培训，取得相应上岗资格，持证上岗率达到100%；

有完整的工作票、操作票制度及设备缺陷管理制度；

电站定期举办安全宣传活动，强化运行操作人员的安全意识；

特种设备办理了使用登记，并依法按时申报检验；特种设备作业人员经考核合格，取得证书，在作业中严格执行有关安全规章制度；

各项规章制度有效执行，近三年内无重大责任事故发生。

2)出现或存在下列情况之一的应视为C类规章制度及人员管理：

电站的运行规程、操作规程、检修规程、安全生产制度及巡回检查制度均严重缺失；运行操作人员未经过专业培训，无证上岗；

无完整的工作票、操作票制度及设备缺陷管理制度；

电站未对运行操作人员或检修人员进行严格培训，直接对设备操作或检修，运行操作人员的安全意识从未进行过强化；

特种设备未办理登记和申报检验，作业人员未进行或通过专业考核，检修记录和设备技术资料严重缺失或与实际运行情况严重不符；

各项规章制度均未有效执行。

3)不属于A类、C类的应视为B类规章制度及人员管理。

2 调度方案的安全等级评定应符合下列规定：

1)A类调度方案应满足下列全部条件：

调度方案服从防汛部门统一调度，调度方案、调度规程和调度制度齐全；

调度原则及调度权限清晰；

严格执行调度方案，并有调度记录；

及时进行洪水调度考评，有年度总结。

2)出现或存在下列情况之一的应视为C类调度方案：

调度方案、调度规程和调度制度等不健全，未服从防汛部门统一调度；

调度原则及调度权限不清；

调度方案执行不力，无调度记录或调度记录严重缺失；

无洪水调度考评记录和年度总结。

3)不属于A类、C类的应视为B类调度方案。

3 水文预测预报系统的安全等级评定应符合下列规定：

1)A类水文预测预报系统应满足下列全部条件：

有库区水文报讯系统，并实现自动测报，系统运转正常；

有洪水预报模型，进行洪水预报调度，并实施自动预报；

测报、预报合格率符合规范要求。

2)出现或存在下列情况之一的应视为C类水文预测预报系统：

库区无水文报讯系统，或水文报讯系统已失去作用；

无洪水预报模型，或无法实现自动预报；

测报、预报合格率不符合规范要求。

3)不属于A类、C类的应视为B类水文预测预报系统。

4 应急预案的安全等级评定应符合下列规定：

1)A类应急预案应满足下列全部条件：

应急预案完整，责任落实到人；

定期举办应急预案培训和演习。

2)出现或存在下列情况之一的应视为C类应急预案：

电站无全套的应急抢险预案，或电站的应急抢险预案名存实无，方案未按实际需要制定和落实；

未进行过应急预案的培训和演习；

无防汛预案，或防汛预案未落实，预警系统、通讯手段、抢险工具等设备严重缺失。

3)不属于A类、C类的应视为B类应急预案。

5 检查及维修的安全等级评定应符合下列规定：

1)A检查及维修应满足下列全部条件：

设备检修应贯彻"预防为主"的方针，坚持"应修必修，修必修好”的原则，按设备检测、数据分析，逐步过渡到状态检修；

根据设备的健康状况，制定检修计划，并严格按计划执行；

具备健全的事故、突发事件抢修机制、应急机制，事故、突发事件用的抢修工器具、照明设施齐全并有专人保管，定期进行检查和试验，处于完好的可用状态，能保证发电设备事故、突发事件出现时快速组织抢修与处理；

检修记录、设备技术资料保存齐全并符合规范要求。

2)出现或存在下列情况之一的应视为C类检查及维修：

未制定检修计划或未按检修计划严格执行；

无事故、突发事件抢修机制和应急机制，突发事件不能及时组织抢修与处理；

抢修工器具、照明设施严重缺失，摆放散乱，无人管理，未定期检查和试验，不能保证工器具的可用状态；

检修记录、设备技术资料保存严重缺失，不符合规范要求。

3)不属于A类、C类的应视为B类检查及维修。

B.4.2 安全监测情况主要包括监测仪器设备完好性、监测执行力度及监测资料的整编分析等，其安全等级应按基础评价单元分别进行评定。

1 仪器设备完好性的安全等级评定应符合下列规定：

1)A类仪器设备完好性应满足下列全部条件：

监测设备装置齐全、性能良好、操作可靠；

各种仪表指示准确，误差在允许范围内，仪表在有效校验期内；

各种线路标识明显，联接可靠；

设备外部防护罩、密封罩、挡板等完好无损，牢固可靠。

2)出现或存在下列情况之一的应视为C类仪器设备完好性：

监测设备落后、自动化程度低，性能不稳定；

仪表指示误差超出允许范围，或仪表已不在有效校验期内；

各种线路无标志或标志模糊，联接不安全；

设备外部无防护设施或防护设施损坏严重，影响设备安全运行。

3)不属于A类、C类的应视为B类仪器设备完好性。

2 执行力度的安全等级评定应符合下列规定：

1)A类执行力度应满足下列全部条件：

观测人员、制度落实到位；

监测项目、次数、频率、精度满足规范要求；

监测记录完整，有初步分析意见；

高水位或异常情况时能按实际需求及时加测。

2)出现或存在下列情况之一的应视为C类执行力度：

观测人员、制度落实不到位；

监测项目、次数、频率、精度等未满足规范要求；

监测无专门记录或记录严重缺失，无任何分析意见或说明；

高水位或异常情况时未及时增加相应监测内容。

3)不属于A类、C类的应视为B类执行力度。

3 资料整编分析的安全等级评定应符合下列规定：

1)A类资料整编分析应满足下列全部条件：

监测资料内容齐全，符合规范要求，可用计算机按时整编刊印；

监测记录清晰、完整，分类明确，管理规范；

监测资料、分析报告完整。

2)出现或存在下列情况之一的应视为C类资料整编分析：

监测资料内容缺失严重，不符合规范要求；

监测无相关记录或记录严重缺失，分类混乱，无统一管理；

监测资料无分析报告或分析报告严重不完整。

3)不属于A类、C类的应视为B类资料整编分析。

本规范用词说明

1 为便于在执行本规范条文时区别对待，对要求严格程度不同的用词说明如下：

1)表示很严格，非这样做不可的：

正面词采用“必须”，反面词采用“严禁”；

2)表示严格，在正常情况下均应这样做的：

正面词采用“应”，反面词采用“不应”或“不得”；

3)表示允许稍有选择，在条件许可时首先应这样做的：

正面词采用“宜”，反面词采用“不宜”；

4)表示有选择，在一定条件下可以这样做的，采用“可”。

2 条文中指明应按其他有关标准执行的写法为：“应符合……的规定”或“应按……执行”。

引用标准名录

《电气装置安装工程　电气设备交接试验标准》GB 50150

《三相同步电机试验方法》GB/T 1029

《水轮发电机基本技术条件》GB/T 7894

《水轮发电机组安装技术规范》GB/T 8564

《水轮机控制系统试验》GB/T 9652.2

《钢焊缝手工超声波探伤方法及探伤结果分级》GB/T 11345

《水利水电工程钢闸门制造、安装及验收规范》GB/T 14173

《继电保护和安全自动装置技术规程》GB/T 14285

《水轮机、蓄能泵和水泵水轮机空蚀评定　第1部分：反击式水轮机的空蚀评定》GB/T 15469.1

《水力机械（水轮机、蓄能泵和水泵水轮机）振动和脉动现场测试规程》GB/T 17189

《水轮机、蓄能泵和水泵水轮机水力性能现场验收试验规程》GB/T 20043

《小型水轮机现场验收试验规程》GB/T 22140

《水工金属结构防腐蚀规范》SL 105

《水库大坝安全评价导则》SL 258

《水轮机电液调节系统及装置调整试验导则》DL/T 496

《水轮发电机组启动试验规程》DL/T 507

《电力设备预防性试验规程》DL/T 596

《电站阀门电动执行机构》DL/T 641

《压力钢管安全检测技术规程》DL/T 709

《水轮机运行规程》DL/T 710

《水轮机调速器及油压装置运行规程》DL/T 792

《水轮机进水液动蝶阀选用、试验及验收导则》DL/T 1068

《水电工程建设征地移民安置规划设计规范》DL/T 5064

《水电水利工程压力钢管制造安装及验收规范》DL/T 5017

《水利水电工程钢闸门设计规范》DL/T 5039

《交流电气装置的过电压保护和绝缘配合》DL/T 620

中华人民共和国国家标准

小型水电站安全检测与评价规范

GB/T 50876-2013

条 文 说 明

9

制 订 说 明

《小型水电站安全检测与评价规范》GB/T 50876—2013，经住房和城乡建设部2013年8月8日以第108号公告批准发布。

本规范制订过程中，编制组进行了广泛的调查研究，总结了我国小型水电站安全检测的实践经验，同时参考了国外电站检测的先进技术法规、技术标准等。

为了便于广大小型水电站运行与管理等有关人员在使用本规范时能正确理解和执行条文规定，《小型水电站安全检测与评价规范》编制组按章、节、条顺序编制了本规范的条文说明，对条文规定的目的、依据以及执行中需注意的有关事项进行了说明。但是，本条文说明不具备与规范正文同等的法律效力，仅供使用者作为理解和把握规范规定的参考。

目　次

9

2 基 本 规 定

2.0.1 “其他情况”包括大汛来临前安全检查、定期检查、有关部门要求的安全检查等。

2.0.2 小型水电站规模小，安全检测与评价应注重实效。水库及水工建筑物应尽可能根据现场检查和监测资料分析，按目前的工作条件、荷载及运行工况进行复核与评价，当某些重要的计算参数或物理量难以从现有资料中得到时，可通过必要的现场测试获得。金属结构和机电设备的评价指标值宜通过测试获得，所以其安全评价依据应以现场检查和测试为主。

2.0.3 本条规定的初步调查内容，不要求全部调查，具体需要调查的内容可根据实际情况选定。现场考察包括对实际工程资料进行核对，调查工程项目的实际使用条件、内外环境及水文气象资料，查看已发现的问题等。

3 水库及水工建筑物

3.1 一 般 规 定

3.1.2 水工建筑物项目众多，使用功能、使用条件和风险各不相同，若对所有建筑物都进行相同深度的检测和评价太费时费力，也不现实。重点基础评价单元主要指水库、主坝、副坝、溢洪道(洞、孔)、渠道(包括渡槽)、钢筋混凝土管道及基础，一般基础评价单元主要指压力前池、调压室(井、塔)、厂房和升压站；详见本规范附录A。

3.1.4 大部分已建成电站的洪水资料系列较短，并且近年来极端气候现象增多、集中暴雨频繁，洪水情势发生显著变化，应延长和补充近年的洪水资料系列，直至洪水资料系列不少于30年，此后可不再延长此系列。

3.1.6 水工建筑物质量分析评价包括施工期和现状的质量分析评价。

3.3 挡水建筑物

3.3.1 挡水建筑物包括各种材料的重力坝、拱坝、土石坝(面板堆石坝)、支墩坝、拦河闸坝、橡胶坝、水力自控翻板坝等各类坝型。

3.3.3 对土石坝液化可能性及抗震工程措施作出评价时，包含坝基和近坝库岸。

3.3.4 土石坝应重点进行变形和稳定分析，混凝土坝应重点进行强度和稳定分析，近坝库岸及结合部位应重点进行变形和稳定分析。

3.3.5 水电站挡水建筑物的种类多，结构安全评价方法各不相同，具体复核内容和方法应按照相应的设计规范进行。当缺乏监测资料时，可采用计算分析结合现场检测进行评价。

3.3.6 对挡水建筑物现场检查，并结合其他方法对渗流状态隐患进一步评价其安全性。工程中发生的异常现象包括：相同条件下通过坝体、坝基及两坝端岸坡的渗流量不断增大；渗漏水出现浑浊或可疑物质；出水位置升高或移动等：土石坝上、下游坝坡湿软、塌陷、出水；坝趾区严重冒水翻砂、松软隆起或塌陷；库内出现旋涡漏水、铺盖产生严重塌坑或裂缝；坝体与两坝端岸坡、输水管(洞)壁等结合部严重漏水，并出现浑浊；渗流压力和渗流量同时增大，或突然改变其与库水位的既往关系。

3.4 泄水建筑物

3.4.2 应根据淤积、堵塞情况和过水断面实际尺寸进行水位-泄量曲线计算复核，并结合历次泄洪情况进行安全评价。

3.4.3 泄水建筑物的结构安全评价应在现场检查的基础上，分析复核结构荷载、工况的变化情况，对已出现的问题或异常工况应做重点复核计算。

3.4.4 泄水建筑物泄洪安全评价应在现场检查的基础上，对已出现的问题或异常工况做重点复核计算。

3.5 输水建筑物

3.5.2 输水建筑物结构安全评价应以失事后果较严重的险工险段建筑物作为评价重点。结构安全评价应以检查为主，对已出现的问题或异常工况进行重点复核计算。

3.5.3 输水建筑物地质灾害危险性评估应以检查为主，结合地质勘探资料和运行情况进行评价。必要时应补充勘探、试验和安全监测，进行专题研究论证。

4 金 属 结 构

4.1 一 般 规 定

4.1.2 金属结构的检测是了解金属结构现状的过程。外观检查目的是了解金属结构现行的外部运行条件；腐蚀状况检测目的是了解金属结构各受力构件的蚀余厚度和防腐措施是否恰当；材料检测目的是了解金属结构现行机械性能；无损探伤目的是了解各主要受力构件的焊缝是否达到设计要求；应力测试目的是了解闸门、启闭机及压力钢管的结构承载能力和校核设计是否合理；闸门启闭力测试目的是检验闸门的启闭力及启闭机启闭能力是否匹配。

5 水轮机及其附属设备和电站辅助设备

5.1 水 轮 机

5.1.2 应重点检查水轮机的主轴密封程度、蜗壳及尾水管现状，导叶、叶片、喷嘴等部件的磨损程度等。水轮机外观应有良好的防腐涂层，不得有空鼓、脱落；若存在明显裂纹、变形、漏水、漏油、锈蚀、磨蚀等情况，应进行测试；主轴密封工作应正常，不得有大量漏水情况，机坑不应积水，应设有排水管路，管路应通畅，主轴飞轮应有安全防护罩，轴承及油槽应有温度监视元件，运行时不应出现温度异常、甩油、漏油等现象；各进人检修门应可拆卸，不得封死，并保证密封良好；导叶或喷针在全关时，制动器复归后，漏水量不得使机组转动。

5.2 主 阀

5.2.2 主阀外观应良好，防腐措施应到位，无大面积锈蚀；主阀关闭应严密，开启关闭过程中应无卡涩，液动主阀全关时应有锁定装置；油压装置工作应正常，各压力管路、压力油槽应无渗漏，油压接力缸应无渗漏；主阀伸缩节应有一定调节余量，各连接处应无渗漏；主阀应设有平衡压力装置，旁通阀工作应良好，空气阀关闭后不应漏水；重锤式阀门在全开后不应有反复小幅开关动作现象；纯手动阀门开关操作不应失效，阀芯不应出现明显漏水；螺杆不应弯曲变形；电、液控制装置可正常工作，并能进行自动、手动切换。

5.3 调 速 器

5.3.2 油压装置工作应可靠，可在规定压力下启停油泵；接力器无明显摆动、跳动、卡涩等情况。电手动调速器还要重点检查行程开关和失电情况下的紧急关闭功能。

5.4 电站辅助设备

5.4.3 油、气、水系统各阀门应有运行编号，且能可靠地进行开关操作；各管路上的测控元件工作应正常，指示、显示应正确；油处理室环境应整洁，小型油筒、压滤油机应摆放整齐，地面不应大量积油，集油装置应有刻度指示和呼吸器，防火措施应满足消防要求，事故油池内不应出现积水和污物、杂物；技术供水应有滤水装置，滤水装置工作应正常，水系统工作时不应出现明显振动和异响，技术供水的进水管应有压力监控装置，出水管应有示流监控装置，轴承冷却水管必要时还应进行绝缘处理；储气罐不应严重积水；各部真空补气管路的阀门应打开，自动真空破坏阀应能正常动作；各类油泵、水泵、气泵及其控制箱应工作正常，应无明显跳动、打火。

油、气、水管路根据不同作用应进行颜色的区别：进油管红色，排油管黄色，进水管天蓝色，排水管墨绿色，气管白色，消防水管红色。

6 发电机及其附属设备和电气设备

6.1 发 电 机

6.1.2 制动系统应工作可靠，制动气压不应低于 0.4MPa。

6.2 励 磁 系 统

6.2.2 励磁调节时应能平稳增减，不得有明显阶跃跳动；灭磁开关应具有电动分合闸功能，灭弧罩应齐全、无破裂；可控硅、自复励电感器外观应良好、无变色，集电环应无电蚀痕迹，运行时应无跳火，励磁电缆触头部位应无过热或熔焊现象，快速熔断器熔断不应出现熔断情况；励磁变压器的容量应满足要求。

6.3 电气一次设备

6.3.2 设备与构架接地应设有符合热稳定的接地引线；充油的油位、油色、油温、湿度应正常；充气设备的气压、密度应正常；外包绝缘层或外壳应无明显破裂、变形、变色，接头部位应无明显过热变色、烧蚀、放电痕迹。

电气一次设备不得安装或放置在不稳定、高温、潮湿部位或浸泡在水里。安全距离应足够，应无碰触的危险；名称、相别、位置指示应明确、清晰，不得被异物覆盖、缠绕、包裹。

6.4 电气二次设备

6.4.2 按钮、主令开关、光字牌、测量表计应正常，不得缺失或损坏；元器件应无明显破裂、老化，触头无明显熔焊、粘连情况，安装应良好，接线应可靠，运行音响应无明显异响；电线、电缆应排列整齐，无明显老化，有编码、套管或挂牌。

7 安全运行管理

7.0.1 特种设备是指起重设备、压力容器、暖通与消防设备等，特种设备应按照《特种设备安全监察条例》(国务院令第 549 号)的要求定期进行安全鉴定，达到合格且有政府检测机构颁发的合格证，每年应进行审验。

8 综合评价

8.0.2 评价单元、子评价单元、基础评价单元的分类参照本规范附录A。

8.0.3 各子评价单元的安全性级别可根据以下方法进行评价：子评价单元内所有基本评价单元安全性级别均达到A类的，该子评价单元为A类；子评价单元内影响公共安全的基本评价单元安全性级别有1项及以上为C类的，该子评价单元为C类，子评价单元内其余对公共安全影响不显著的基本评价单元安全性级别有3项以上为C类的，该子评价单元为C类；其他情况下子评价单元为B类。

子评价单元内影响公共安全的基础评价单元包括：水库、主坝、副坝、溢洪道（洞、孔）、渠道（包括渡槽）、压力前池、调压室（井、塔）、钢筋混凝土管道及基础、压力钢管及基础等。

中华人民共和国国家标准

小水电电网安全运行技术规范

Technical code of safe operating for small hydropower grid

GB/T 50960-2014

主编部门：中 华 人 民 共 和 国 水 利 部
批准部门：中华人民共和国住房和城乡建设部
施行日期：2 0 1 4 年 1 0 月 1 日

10

中华人民共和国住房和城乡建设部公告

第318号

住房城乡建设部关于发布国家标准
《小水电电网安全运行技术规范》的公告

现批准《小水电电网安全运行技术规范》为国家标准，编号为GB/T 50960—2014，自2014年10月1日起实施。

本规范由我部标准定额研究所组织中国计划出版社出版发行。

中华人民共和国住房和城乡建设部
2014年1月29日

前　言

本规范是根据住房城乡建设部《关于印发〈2010年工程建设标准规范制订、修订计划〉的通知》(建标〔2010〕43号)的要求，由水利部农村水电及电气化发展局和水利部农村电气化研究所会同有关单位共同编制完成的。

在本规范编制过程中，编制组经过广泛调查研究，认真总结实践经验，参考有关国际标准和国外先进标准，并在广泛征求意见的基础上，最后经审查定稿。

本规范共分7章，主要技术内容包括：总则、术语、基本规定、安全运行、检修与维护、应急管理、事故处理等。

本规范由住房城乡建设部负责管理，由水利部负责日常管理，由水利部农村水电及电气化发展局负责具体技术内容的解释。执行过程中如有意见或建议，请寄送水利部农村水电及电气化发展局(地址：北京市西城区白广路二条二号，邮政编码：100053，电子信箱：yqsun@mwr.gov.cn)。

本规范主编单位、参编单位、主要起草人和主要审查人：

主编单位：水利部农村水电及电气化发展局
水利部农村电气化研究所

参编单位：杭州思绿能源科技有限公司

主要起草人：董大富　田中兴　孙亚芹　熊　杰　徐锦才
岳梦华　徐国君　王晓罡　金华频　陈烨兴
邓长君　姚岳来　方　华

主要审查人：袁　越　汪　毅　陆建宇　张百华　徐　洁
黄民翔　周争鸣　孙从炎　杨铁荣　黄祖坤
李俊杰　周佳立

目　次

Contents

1 总　则

1.0.1　为贯彻“安全第一、预防为主、综合治理”的方针，加强小水电电网的安全运行技术管理，规范小水电电网工作人员的岗位行为，保障人身、电网和设备安全，依据国家有关法律、法规，结合生产的实际，制定本规范。

1.0.2　本规范适用于以小水电供电为主的地方电网。

1.0.3　加强电网建设和改造，鼓励采用新技术、新装备、新工艺、新材料，不断改善技术性能，提高电网安全运行水平。

1.0.4　小水电电网安全运行技术管理除应执行本规范外，尚应符合国家现行有关标准的规定。

2 术　语

2.0.1　小水电　small hydropower stations

小水电系指装机容量50MW及以下的水电站。

2.0.2　小水电电网　small hydropower grid

小水电电网系指以小水电供电为主的地方电网。

2.0.3　自启动能力　self-starting ability

在没有外来电源供给的情况下，机组在规定时间内(2h内)从停机状态启动并具备向系统送电的能力。

2.0.4　黑启动　black start

电力系统因故障停运后，不依靠外部网络的帮助，通过系统内具有自启动能力的机组启动，带动无自启动能力的机组，逐渐扩大系统恢复范围，最终实现整个系统的运行。

2.0.5　孤网　stand-alone power system

孤立电网的简称，一般泛指脱离大电网的小容量电网。最大单机容量大于系统容量8%的电网，统称为小网；孤立运行的小网，称为孤网。

2.0.6　状态检修　condition based maintenance

在设备状态分析评价的基础上，安排检修时间和项目，并实施主动的检修方式。

3 基本规定

3.1 机构人员

3.1.1　小水电电网应建立健全安全生产保证体系和安全生产监督管理体系，落实安全生产责任制。

3.1.2　小水电电网运行管理单位应设置安全生产管理机构，配置相宜的人员。

3.1.3　小水电电网安全生产管理机构和人员应职责明确并承担相应的责任。

3.2 安全制度

3.2.1　小水电电网应符合现行国家标准《电力安全工作规程　发电厂和变电站电气部分》GB 26860和《电力安全工作规程　电力线路部分》GB 26859的有关规定，建立健全保证安全的组织措施制度，并应包括下列内容：

1　现场勘察制度；

2　工作票、操作票制度；

3　工作许可制度；

4　工作监护制度；

5　工作间断制度；

6　工作结束和恢复送电制度。

3.2.2　小水电电网应符合现行国家标准《电力安全工作规程　发电厂和变电站电气部分》GB 26860和《电力安全工作规程　电力线路部分》GB 26859的有关规定，建立健全保证安全的技术措施制度，应包括下列内容：

1　停电；

2　验电；

3　装设接地线；

4　使用个人保安线；

5　悬挂标示牌和装设遮栏(围栏)。

3.2.3　小水电电网应建立健全各级反事故措施、安全技术及劳动保护措施制度。

3.2.4　小水电电网应结合防洪调度，制定小水电电网应急预案和反事故演习方案。

3.2.5　各类作业人员应经过安全生产和岗位技能培训，持证上岗。

3.3 规划建设

3.3.1　小水电电网电力负荷规划应符合下列规定：

1　应根据农村水电供电区的实际情况，并宜按电力负荷增长和电力发展要求，综合平衡，满足五年到十年的发展需要，合理制定负荷规划；

2　电力负荷宜包括地方企业、乡镇企业、城镇和农村生活(含小水电代燃料)、电力排灌、农业生产、农副产品加工、畜牧饲养等用电负荷；

3　高耗能工业的负荷宜单列，并应符合国家产业政策和区域经济发展要求；

4　单项负荷计算应以一种方法为主，多种方法校核。

3.3.2　小水电电网电源规划应符合下列规定：

1　应根据电力资源和需求分布，优化电源电网结构布局，合理确定输电范围，实施电网分层分区运行和无功就近平衡；

2　电源建设应与区域电力需求相适应，合理布局，就近供电，分级接入电网；

3　电源规划应以农村水电资源开发为主，实行就地使用、就地电力电量平衡；

4　应加强分布式电站规划建设，提高就地供电能力和应急供电保障能力；

5　农村水电季节性电能较多时，宜根据当地需求设置季节性负荷；

6　电站及出线的电压等级应坚持尽量少的原则，不宜超过两个电压等级。

3.3.3　小水电电网发展规划应符合下列规定：

1　在负荷预测和电源点选定的基础上，确定电网电压等级及接线方式、合理布局变电站，并优化联网方式；

2　坚持"小容量、密布点、短半径"的原则，满足安全可靠经济灵活等要求；

3　网架结构既要满足近期电能输送和电能质量要求，又能与电网中长期发展相结合；

4　小水电电网运行应能适应丰枯期潮流变化；

5　对骨干电源输电线路、骨干网架及变电站、重要用户配电线路以及自然环境恶劣地区等重要电力设施，宜提高设防标准。

3.4　设备安全

3.4.1　小水电电网应使用合格产品和设备，优先选用性能可靠稳定、节能环保的产品和设备。

3.4.2　小水电电网应采用新型设备监测、试验技术，准确掌握设备的运行状态。

3.4.3　运行管理单位应对设备进行定期巡视、检查、试验与安全维护。

3.4.4　在多雷区，宜采用综合防雷保护措施。

4　安全运行

4.1　设备管理

4.1.1　小水电电网的设备、设施应符合并网技术要求后方可投入运行。

4.1.2　小水电电网的设备、设施应定期进行评级，并应根据设备、设施评级报告制定三类设备、设施整改计划，并按时完成。

4.1.3　国家限期淘汰的设备应在规定期限内完成更新改造。

4.1.4　小水电电网的设备、设施应有明确的标志。特殊的杆塔及拉线应按有关规定设置安全警示标志。

4.2　运行与操作

4.2.1　运行值班人员应履行岗位职责，完成当值运行、操作、维护和日常管理工作。

4.2.2　运行管理单位应执行现行国家标准《电力安全工作规程　发电厂和变电站电气部分》GB 26860 和《电力安全工作规程　电力线路部分》GB 26859 中与安全生产有关的规定。

4.2.3　运行管理单位宜采用"五防"措施。

4.2.4　运行管理单位应在变电站明显位置悬挂下列图表：

1　主接线模拟图板；

2　安全运行揭示板；

3　设备巡视路线图。

4.2.5　变电站应具备下列提示图表：

1　主要设备参数表；

2　有权签发工作票人员、工作负责人和工作许可人名单；

3　接地选择顺位表；

4　继电保护及自动装置定值表；

5　紧急情况电话表。

4.2.6　变电站应设置下列有关运行、巡视、动作、检修、试验、调试等各种记录：

1　值班记录；

2　设备缺陷记录；

3　断路器跳闸记录；

4　继电保护及自动装置调试记录；

5　设备检修、试验记录；

6　变压器分接开关调整记录；

7　避雷器动作记录；

8　运行分析记录；

9　事故、故障、异常记录；

10　反事故演习记录；

11　安全活动工作记录；

12　指令、指示记录；

13　上岗人员技术培训记录；

14　电气绝缘工具、安全用具检查试验记录；

15　蓄电池测试记录；

16　万用钥匙使用记录；

17　外来人员记录。

4.2.7　变电站应制定下列各种岗位责任制及管理制度：

1　变电站站长岗位责任制；

2　专责工程师(技术员)岗位责任制；

3　变电站安全监察员(安全员)岗位责任制；

4　变电站值班长岗位责任制；

5　变电站值班员岗位责任制；

6　安全保卫岗位责任制；

7　无人值班看守人员岗位责任制；

8　工作票制度；

9　操作票制度；

10　交接班制度；

11　设备巡回检查制度；

12　设备定期试验轮换制度；

13　设备、设施缺陷及处理管理制度；

14　设备、设施评级管理制度；

15　安全管理制度；

16　备品备件管理制度；

17　工器具管理制度；

18　消防管理制度。

4.2.8　线路运行单位应建立健全线路管理专责制，并应按下列要求执行：

1　运行维护人员应按有关要求巡线并做好记录，并经专责签字确认，发现缺陷应立即处理和报告。在天气恶劣和特殊情况下，应进行特殊性巡视。

2　应按有关规定对线路运行情况进行分析、判断，提出预防事故措施。

3　对影响线路安全运行的林木和高杆作物，应修剪。

4　应具备接地线管理制度，工作人员不得擅自移动或拆除接地线，装拆接地线应做好记录。

4.2.9　线路运行单位应具备下列提示图表：

1　电力系统接线图；

2　送电线路地理位置图。

4.2.10　线路运行单位应设置下列有关运行、巡视、动作、检修、试验、测量等各种记录：

1　送电线路设备一览表；

2　运行分析记录；

3　送电线路故障记录；

4　设备缺陷及处理记录；

5 送电线路巡视记录；

6 检修记录；

7 交叉跨越及对地距离测量记录；

8 导线、避雷线弧垂测量记录；

9 接地电阻测试记录；

10 绝缘子测试记录；

11 电气绝缘工具和安全用具检查试验记录；

12 工具及备品备件记录；

13 安全活动工作记录。

4.2.11 线路运行单位应具备下列各种岗位责任制及管理制度：

1 送电专责工程师(技术员)岗位责任制；

2 送电负责人岗位责任制；

3 安全员岗位责任制；

4 运行维护人员岗位责任制；

5 运行分析制度；

6 设备缺陷管理制度；

7 设备评级制度；

8 技术档案和技术资料管理制度；

9 工作票和操作票制度；

10 事故统计调查制度；

11 备品备件管理制度；

12 线路巡视检修制度；

13 安全管理制度；

14 工器具管理制度。

4.3 电网调度

4.3.1 小水电并网前应向电网经营企业提出申请，依法签订并网调度协议并应严格执行。新投运的小水电站和变电站在投入运行前，其二次系统应完成与调度机构的联合调试、定值和数据核对等工作，投入运行后应当根据调度要求向调度机构传输运行相关信息。

4.3.2 小水电站和变电站应严格执行电力调度的规定，任何单位和个人不得干预电网调度系统的值班人员发布的调度指令，不得无故不执行或延误执行调度员的调度指令。

4.3.3 电网调度应保证小水电站等可再生能源并网。

4.3.4 小水电电网调度运行应当充分利用水能资源，服从电源点所在流域的防洪总体安排。

4.3.5 电网运行中遇有危及人身及设备安全的情况时，运行值班人员可按照有关规定立即处理，事后立即报告。

4.3.6 电网调度应满足下列基本要求：

1 充分发挥本地区电网供电设备能力；

2 实现本地区电网安全运行和可靠供电；

3 供电质量应符合现行国家标准《电能质量 供电电压偏差》GB/T 12325和《电能质量 电力系统频率偏差》GB/T 15945的有关规定。

4.3.7 小水电电网应制定经济合理调度方案，实现各厂(站)间或机组间的最优负荷分配。实施联合运行的梯级水库群，小水电站应当向调度机构提出优化调度方案。

4.3.8 小水电电网应与上级电网签订并网调度协议，并应服从上级电网统一调度。

4.4 通信、继电保护与安全自动装置

4.4.1 各骨干电站、变电站、重要用户与调度中心之间应配置灵活可靠的通信设施，并应保证通信畅通。

4.4.2 调度通信应防雷击，采用以光缆通信为主，其他通信为辅的通信方式。

4.4.3 小水电电网应按现行国家标准《继电保护及安全自动装置技术规程》GB/T 14285的要求装设相应的继电保护与安全自动装置，配置和整定参数应与上级电网相协调。

5 检修与维护

5.1 检 修

5.1.1 小水电电网的设施、设备应定期检修。

5.1.2 小水电电网应根据设施、设备的检修周期编制检修计划。

5.1.3 设施、设备检修结束经验收合格后方可投入运行。

5.1.4 运行管理单位宜根据设备状态信息，对设备的运行工况和技术状态分析判断，进行状态检修。

5.2 预防性试验和安全检测

5.2.1 设施、设备的预防性试验工作应按现行行业标准《电力设备预防性试验规程》DL/T 596规定的试验周期和试验项目开展。

5.2.2 运行管理单位应开展电网设备的安全检测和评价工作。

5.2.3 运行管理单位宜将历次试验结果分析、比对，判断设备健康状况。

5.3 设备维护

5.3.1 运行管理单位应定期监督、检查设备维护工作，开展设备维护工作。

5.3.2 运行管理单位应按有关规定、设备维护使用说明书、技术标准、工作标准等制定设备维护计划。

6 应急管理

6.1 应急预案

6.1.1 小水电电网应按统一指挥、分工负责、预防为主、保证重点的原则，结合防洪调度，建立健全应急体系，做好灾害防范应对，制定小水电电网应急预案。

6.1.2 小水电电网运行管理单位应编制相应的应急预案。

6.1.3 小水电电网应急预案应结合安全生产及工作实际，符合有关法律法规和当地、上级应急管理及相关应急预案的规定。

6.1.4 每年应对应急预案作一次修订、补充和完善，并应进行演习。

6.2 抢险抢修

6.2.1 小水电电网应加强电力设施保护和执法力度。

6.2.2 小水电电网主管部门应成立电网事故应急领导小组，在当地政府突发公共事件应急指挥机构的指挥和协调下，组织开展应急处理工作。

6.2.3 小水电电网应按照分层分区、统一协调、各负其责的原则建立事故应急处理体系。

6.2.4 电网事故处理应坚持安全第一的原则，将事故控制在最小范围内，防止发生系统性崩溃。应先保证主干网架、重要输变电设备、重要用户的电力恢复和安全，尽快恢复社会正常秩序。

6.2.5 小水电电网应分级组织应急抢险抢修力量，接受应急领导小组的统一领导，组织抢修电力设施。

6.2.6 电力抢修抢险应做好应急临时电源、通信、设施设备、物资、交通运输、医疗卫生等相关保障工作。

6.3 孤网运行

6.3.1 小水电电网应具备孤网运行能力。

6.3.2 承担调频任务水电站(厂)的调速系统应符合静态特性、动态响应特性和稳定性等技术指标。孤网运行后,电网频率变化应满足有关要求。

6.3.3 小水电电网应构建合理可靠的电网结构,保持电压支撑能力,提高电网安全运行水平。

6.4 黑启动

6.4.1 小水电电网应制定科学可行的黑启动方案。黑启动方案应得到小水电电网主管部门的批准,并应报上一级主管机构备案。

6.4.2 小水电电网内应至少具有一个黑启动电源。黑启动电厂的选择应满足下列要求:

1 黑启动电源由小水电电网主管部门依据相关试验统一确定;

2 应选择调节性能好的、启动速度快、具备进相运行能力的机组;

3 应选择电网中接入较高电压等级的电厂;

4 应有利于快速恢复网内其他电源;

5 应距离负荷中心近。

6.4.3 黑启动电源应具备独立的黑启动手段和路径,具有较好的调频调压手段。黑启动电源应根据调度统一安排,按顺序并列电网。

6.4.4 负荷恢复应满足下列要求:

1 黑启动方案中应列出负荷恢复的优先顺序和数量;

2 在负荷恢复过程中,电力系统频率和电压应控制在允许范围内。

6.4.5 在设定的黑启动区域内,宜定期进行黑启动试验。根据测试结果,编制试验报告,提出优化、完善和改进建议。

6.4.6 小水电电网应根据黑启动研究方案和试验报告编制电网黑启动调度方案。各级调度、各厂站的方案应协调一致。

7 事故处理

7.0.1 小水电电网发生事故后,应按规定报告事故情况,开展应急处置工作,防止事故扩大,减轻事故损害。应尽快恢复电力生产、电网运行和正常供电。

7.0.2 小水电电网发生事故后,应按有关规定确定事故等级,规范事故管理和调查行为。

7.0.3 小水电电网发生事故后,应分析事故原因,吸取教训,完善应急预案、事故抢险与紧急处置体系。

本规范用词说明

1 为便于在执行本规范条文时区别对待,对要求严格程度不同的用词说明如下:

1)表示很严格,非这样做不可的:

正面词采用"必须",反面词采用"严禁";

2)表示严格,在正常情况下均应这样做的:

正面词采用"应",反面词采用"不应"或"不得";

3)表示允许稍有选择,在条件许可时首先应这样做的:

正面词采用"宜",反面词采用"不宜";

4)表示有选择,在一定条件下可以这样做的,采用"可"。

2 条文中指明应按其他有关标准执行的写法为:"应符合……的规定"或"应按……执行"。

引用标准名录

《电能质量　供电电压偏差》GB/T 12325

《继电保护及安全自动装置技术规程》GB/T 14285

《电能质量　电力系统频率偏差》GB/T 15945

《电力安全工作规程　电力线路部分》GB 26859

《电力安全工作规程　发电厂和变电站电气部分》GB 26860

《电力设备预防性试验规程》DL/T 596

中华人民共和国国家标准

小水电电网安全运行技术规范

GB/T 50960-2014

条 文 说 明

制 订 说 明

《小水电电网安全运行技术规范》GB/T 50960—2014 经住房城乡建设部 2014 年 1 月 29 日以第 318 号公告批准发布。

本规范制订过程中，编制组进行了深入的调查研究，认真总结实践经验，同时参考了国外先进技术标准和技术法规。

为便于广大设计、施工、科研、学校等单位有关人员在使用本规范时能正确理解和执行条文规定，《小水电电网安全运行技术规范》编制组按章、节、条顺序编制了本规范的条文说明，对条文规定的目的、依据以及执行中需注意的有关事项进行了说明。但是，本条文说明不具备与规范正文同等的法律效力，仅供使用者作为理解和把握规范规定的参考。

目　次

1 总　则

1.0.1　本条是对小水电电网安全运行目的的说明。小水电电网是农村电网的重要组成部分，既有农村电力网的基本特点，又有城市电力网的某些特点。小水电电网与大电网农网相比尚有其特殊性。

1.0.2　本条规定了本规范适用范围和地域。本规范是由住房城乡建设部发布，是国家标准，适用于以小水电供电为主的地方电网。

3 基本规定

3.1 机 构 人 员

3.1.3　各单位应对本单位的各级领导、各部门、各岗位制定明确的安全生产职责。各单位主要负责人对本单位安全生产工作全面负责，做到各司其职，各负其责，密切配合，相互协调。

3.2 安 全 制 度

3.2.4　小水电电网特点是小水电站多，各级小水电站水库都有防洪调度的要求。

3.2.5　各生产经营单位的员工应接受安全生产教育培训，掌握本岗位工作所需的安全生产知识，提高安全生产技能，增强事故预防和应急处理能力。

3.3 规 划 建 设

3.3.1　负荷计算目前主要有趋势分析法、回归分析法、单耗法以及弹性系数法，根据不同的负荷特性选择其中的一种方法，其他方法可用来复核。

3.3.2　在拟定电源开发方案时，需对现有水电工程、风能、太阳能、生物质能等电源和其他配套电源的装机容量、逐月出力过程、总发电量以及水电站调节性能等进行复核。新开发的农村水电工程与所在流域的水能开发规划一致。对水电、风能、太阳能、生物质能和其他配套电源的若干种开发方案中，任一拟建电站工程可能的分期建设方案，皆应进行技术经济论证。

3.3.3　科学合理确定电网设施设防标准。

3.4 设 备 安 全

3.4.2　开展状态检修工作，大量地采用新技术是必要的。要充分利用新型成熟的在线离线监测装置和试验技术，如红外热成像技术、变压器油气相色谱测试等，对设备进行测试，以便分析设备的状态，保证设备和系统的安全。

3.4.4　小水电电网大多分布在山区，落雷几率高，单独采用某一种防雷保护措施往往不能奏效，因此条文规定，宜采用综合防雷保护措施。

4 安全运行

4.1 设 备 管 理

4.1.1　本条规定了小水电电网的设备、设施投入运行前按规定进行试验、检测、调试，由相关部门组织技术人员进行验收，符合运行要求后方可投入运行。

4.1.2　本条规定了小水电电网定期进行设备、设施评级，检查单元划分是否符合设备、设施评级要求，完好率计算是否准确。本条还规定了小水电电网根据设备、设施评级报告，制定三类设备、设施整改计划，并按计划完成。一类设备：技术状况全面良好，外观整洁，技术资料齐全正确，能保证安全经济满供稳供，绝缘定级和继保二次设备均应为一级，重大的事故措施或完善化措施已完成，检修和预防性试验不超周期。二类设备：个别次要元件或次要试验结果不合格，但暂时尚不影响安全运行，外观尚可，主要技术资料具备且基本符合实际，检修或预试超周期不满三个月，绝缘定级和继保二次设备定级不低于二级。三类设备：有重大缺陷，不能保证安全运行，渗漏严重，外观很不整洁，主要技术资料残缺不全，检修或预防性试验超周期一季度以上，上级规定的重大反事故措施未完成。

4.1.3　本条规定了选用的设备符合规程要求，小水电电网使用的国家限期淘汰设备要制定更新改造计划，并按照规定时间完成。

4.1.4　标志牌的名称、编号及颜色应符合《农村水电配电线路、配电台区技术管理规程》SL 526、《农村水电送电线路技术管理规程》SL 527、《农村水电变电站技术管理规程》SL 528 的规定。

4.2 运行与操作

4.2.3　“五防”主要包括：防止误分、合断路器；防止带负荷分、合隔离开关；防止带电挂(合)接地线(接地开关)；防止带接地线(接地开关)合断路器(隔离开关)；防止误入带电间隔。

4.2.8 在天气变化较大时，如大风、特大雨雪天气、气温急剧升高或降低等情况，巡线人员按照有关规程的规定，对线路进行特殊巡视，以便及时掌握线路运行情况，及时发现问题及时维修，确保线路安全运行。

4.3 电网调度

4.3.2 严格电力调度是保证电网安全经济运行的需要。

4.3.3 小水电作为可再生能源，全额上网，优先调度。

4.3.7 使整个电网的能耗或运行费用最少，按汛期、丰水期、枯水期不同阶段，在不弃水或少弃水原则下，合理安排厂(站)间或机组间的负荷分配，使发电量最大。

4.4 通信、继电保护与安全自动装置

4.4.2 小水电电网处于山区和环境恶劣下，电网线路长，跨越区域复杂，雷电活动较强，落雷密度高，雷电流强度大，对输电线路安全运行及调度通信造成较大影响。

5 检修与维护

5.1 检修

5.1.1 本条规定了小水电电网的设施维护，设备检修、试验按照规程规定周期进行。

5.1.4 状态检修是根据设备的运行状况进行检修，是有目的的工作，状态检修的前提是要做好状态检测。状态检测有两个主要功能：一是及时发现设备缺陷，做到防患于未然；二是为主设备的运行管理提供方便，为检修提供依据，减少人力、物力的浪费。由此可见，状态检测是状态检修的必要手段。

状态检修就是设备在有可靠的保证措施(如在线监测设备的发热、运行参数、运行中测试绝缘油及气体分析数据)及依据(历次的检修、调试、试验情况良好)的情况下，适当延长或缩短(如果数据不良也可能缩短)检修周期，根据设备的运行工况和绝缘状态进行检修的一种做法。

5.2 预防性试验和安全检测

5.2.1 本条是按照现行行业标准《电力设备预防性试验规程》DL/T 596的规定定期开展预防性试验，及时发现设备隐患。

5.3 设备维护

5.3.1 设备维护是指为维持设备正常运行工况，对运行设备所采取的除检修、技术改造外的检查、维修、维护、试验、保养等工作。

6 应急管理

6.1 应急预案

6.1.1 小水电电网特点是小水电站多，各小水电站水库都有防洪调度的要求。为了应对农村小水电电网供电范围内突然发生或自然灾害发生的电网突发事件，造成或可能造成较大人员伤亡、财产损失、环境破坏、严重社会影响，危及地方电网系统安全与稳定并可能波及社会成为社会公共事件时，需要采取应急处置措施予以应对的紧急事件，应编制相应的应急预案。

6.1.2 针对电网安全、人身安全、设备设施安全、社会安全、网络与信息安全等各类事故或事件，明确事前、事发、事中、事后各个阶段相关部门和有关人员的职责，形成上下对应、相互衔接、完善健全的应急预案体系。应急预案编制过程中，对于机构设置、预案流程、职责划分等具体环节，应符合本单位实际情况和特点，保证预案的适应性、可操作性和有效性。

6.1.4 应根据法律法规和有关标准变化情况、小水电电网安全性评价和企业安全风险评估结果、应急处理经验教训等，及时评估、修改与更新应急预案，不断增强应急预案的科学性、针对性、实效性和可操作性，提高应急预案质量，完善应急预案体系。

6.2 抢险抢修

6.2.1 加强电力安全工作，突出事故预防和控制措施，有效防止重特大电力生产事故发生；加强电力设施保护、宣传工作和行政执法力度，提高公众保护电力设施的意识，维护电力设施安全。

6.2.2 当电力生产发生突发性重特大事故、电力设施大范围损坏、严重自然灾害、电力供应持续危机时，应急机制启动。各相关部门立即组织开展事故处理、事故抢险、电网恢复、应急救援、维护稳定、恢复生产等各项应急处理工作。

6.2.4 在电网事故处理和控制中，将保证电网的安全放在第一位，采取一切必要手段，将事故限制在最小范围内，防止发生系统性崩溃和瓦解。在电网恢复中，优先保证主干网架、重要输变电设备恢复，提高整个系统恢复速度。在供电恢复中，优先考虑对重要用户恢复供电，尽快恢复社会正常秩序。

6.2.5 应急小组可由电网调度室、客户服务中心、修试所、吊装队、各电力所相关人员组成。在接到报警后，按照事故预案、保电方案，结合当时电网实际情况，指挥各运行、维修、试验单位进行电力设施受损抢险，并确保应急救援与处理期间的指挥畅通。

6.3 孤网运行

6.3.1 孤网可分为以下几种情况：

(1)网中有几台机组并列运行，单机与电网容量之比超过8%；

(2)网中只有一台机组供电，成为单机带负荷；

(3)甩负荷带厂用电，称为孤岛运行工况，是单机带负荷的一种特例。

6.3.2 小水电电网孤网运行后，发电机由负荷控制转变为频率控制，承担调频调压的电站能够保证在用户负荷变化的情况下保持电网的稳定运行。

6.4 黑启动

6.4.1 为了有效预防和正确、快速地处置电网大面积停电事件，最大限度地减少大面积停电造成的影响和损失，保障经济安全、社会稳定和人民生命财产安全，开展大面积停电恢复控制研究，统筹考虑电网恢复方案和恢复策略，按照电网结构和调度管辖范围，制定科学有效的"黑启动"预案，不断提高电网安全运行水平。黑启动方案包括黑启动研究方案、黑启动试验方案和黑启动调度操作

方案。

6.4.3 应能在尽量短的时间内以最少的操作步骤恢复系统供电；尽量减少不同电压等级的变换；距离下一个电源点最近，以尽快恢复电网内的主力电厂，建立相对稳定的供电系统。

6.4.4 黑启动过程中，负荷应当在调度的统一指挥下按轮次有序恢复。

6.4.5 试验目的：验证黑启动研究方案的可行性，检验机组黑启动能力，检验仿真计算的结果，发现黑启动研究方案中未涉及的技术问题，提出为实施黑启动方案改造现有系统的建议。

试验的基本内容：选定黑启动机组→启动机组→给线路充电→给负荷送电→向外扩充启动其他电厂机组→与系统并列。

7 事故处理

7.0.2 按国务院颁发的《生产安全事故报告和调查处理条例》、《电力生产事故调查暂行规定(电监会4号令)》及人力资源和社会保障部现行的有关规定确定电力生产事故。事故根据其性质的严重程度及经济损失的大小，分为特别重大事故、重大事故、较大事故和一般事故。

中华人民共和国国家标准

煤矿安全生产智能监控系统设计规范

Code for design of intelligent monitoring and control system of coal mine safety production

GB 51024-2014

主编部门:中　国　煤　炭　建　设　协　会
批准部门:中华人民共和国住房和城乡建设部
施行日期:2　0　1　5　年　5　月　1　日

11

中华人民共和国住房和城乡建设部公告

第521号

住房城乡建设部关于发布国家标准《煤矿安全生产智能监控系统设计规范》的公告

现批准《煤矿安全生产智能监控系统设计规范》为国家标准，编号为GB 51024—2014，自2015年5月1日起实施。其中，第5.2.5条为强制性条文，必须严格执行。

本规范由我部标准定额研究所组织中国计划出版社出版发行。

中华人民共和国住房和城乡建设部
2014年8月27日

前　言

本规范是根据住房和城乡建设部《关于印发〈2010年工程建设标准规范制订、修订计划〉的通知》(建标〔2010〕43号)的要求，由中国煤炭建设协会勘察设计委员会、中国煤炭科工集团南京设计研究院有限公司会同有关单位共同编制完成的。

本规范在编制过程中，编制组经广泛调查研究，认真分析、总结和吸取了近年来矿井智能监控建设发展的实践经验，特别是近年来矿井智能监控的新技术、新工艺和新的科研成果，并注意与相关标准的衔接，同时经广泛征求意见，最后经审查定稿。

本规范共分5章，主要内容包括：总则，术语，系统设计，地面机房，供电、防雷与接地。

本规范中以黑体字标志的条文为强制性条文，必须严格执行。

本规范由住房和城乡建设部负责管理和对强制性条文的解释，中国煤炭建设协会负责日常管理工作，中国煤炭科工集团南京设计研究院有限公司负责具体技术内容的解释。本规范在执行过程中，请各单位结合工程实践，认真总结经验，如发现需要修改或补充之处，请将意见和建议寄至中国煤炭科工集团南京设计研究院有限公司(地址：江苏省南京市浦口区浦东路20号，邮政编码：210031)，以便今后修订时参考。

本规范主编单位、参编单位、主要起草人和主要审查人：

主编单位：中国煤炭建设协会勘察设计委员会
中国煤炭科工集团南京设计研究院有限公司

参编单位：煤炭工业合肥设计研究院
中国煤炭科工集团北京华宇工程有限公司
南京东大智能化系统有限公司
天津中煤电子信息工程有限公司
合肥工业大学高科信息技术有限责任公司

主要起草人：刘延杰　于为芹　李定明　张云禄　王向宏
向运平　帅仁俊　薛乃达　潘正云　管清宝
林　昕　胡腾蛟　郭光钧　夏乃兵　唐明光
刘杰峰

主要审查人：刘　毅　曾　涛　吕建红　冯　强　沈　涓
魏　臻　徐自军　王瑞明　鲜力岩　姚　义
胡家运　翟　炯

目　次

Contents

11

1 总　　则

1.0.1　为贯彻执行我国煤炭工业矿井安全生产的各项法律法规和方针政策，规范煤矿安全生产智能监控系统的工程设计，保证智能监控系统设备的合理配备，提高煤矿安全生产管理水平，实现煤矿管理现代化，制定本规范。

1.0.2　本规范适用于设计生产能力0.45Mt/a及以上的新建、改建和扩建的煤炭工业矿井安全生产智能监控系统的设计。

1.0.3　煤矿安全生产智能监控系统设计应从我国国情及矿井具体条件出发，因地制宜地采用新技术、新设备、新材料；淘汰落后设备，做到技术先进、节能环保、经济合理、安全适用。

1.0.4　煤矿安全生产智能监控系统的设计除应符合本规范外，尚应符合国家现行有关标准的规定。

2 术　　语

2.0.1　煤矿安全生产智能监控系统　intelligent monitoring and control system of coal mine safety production

由矿井监控及自动化子系统、矿井综合监控及自动化系统、矿井信息管理系统组成的，基于计算机网络技术、软件技术、信息管理技术等，用于煤矿安全生产管理的总体监控系统。

2.0.2　矿井监控及自动化子系统　subsystem of monitoring and automation for mine

用于矿井某一安全和生产设备、生产环节、环境或系统的监测、监控和自动化系统，实现对被控设备和环境的实时状态、数据（或图像）信息进行采集、传输、监测、控制、联锁、显示、报警、重要数据的存储、打印等功能，并能将信息实时传送至矿井的综合监控及自动化系统。

2.0.3　矿井综合监控及自动化系统　system of comprehensive monitoring and automation for mine

用于对全矿安全生产的综合管控平台；实现矿井各监控及自动化子系统的集成与融合，并能将安全生产信息传送至矿井信息管理系统。

2.0.4　矿井信息管理系统　mine information management system

由矿井安全生产信息和矿井办公信息构成的信息管理系统。

3 系统设计

3.1 一般规定

3.1.1　煤矿安全生产智能监控系统设计原则应符合下列规定：

1　应具有安全性和可靠性；

2　应具有容错性和冗余性；

3　应具有开放性和兼容性；

4　应具有互联性和可扩展性；

5　应具有实时性和可维护性。

3.1.2　煤矿安全生产智能监控系统的装备标准应根据矿井设计生产能力、开采技术条件、生产装备和信息与自动化技术发展水平等因素，经综合分析论证合理确定。

3.1.3　煤矿安全生产智能监控系统的功能划分与设备配置应根据系统集成与融合、系统功能、设备性能、机房布置、传输方式、供电方式、防雷与接地方式等因素确定。

3.1.4　煤矿安全生产智能监控系统总体结构，宜由矿井监控及自动化子系统、矿井综合监控及自动化系统、矿井信息管理系统组成。

3.1.5　煤矿安全生产智能监控系统设计除应符合本规范的规定外，尚应符合现行《煤矿安全规程》及现行国家标准《煤炭工业矿井设计规范》GB 50215等有关规定。

3.1.6　煤矿安全生产智能监控系统地面建筑设计除应符合本规范的规定外，尚应符合国家现行标准《智能建筑设计标准》GB/T 50314和《民用建筑电气设计规范》JGJ 16的有关规定。

3.1.7　煤矿安全生产智能监控系统地面建(构)筑物火灾自动报警系统设计，应符合现行国家标准《火灾自动报警系统设计规范》GB 50116和《建筑设计防火规范》GB 50016的有关规定。

3.2 监控及自动化子系统

3.2.1　矿井监控及自动化子系统的自动化水平和范围，应根据采煤、掘进、运输、提升、通风、压风、供电、排水、地面生产系统等矿井主要生产和辅助生产系统要求，因地制宜合理确定。

3.2.2　矿井主要生产和辅助生产系统的控制方式，应根据生产环节或系统要求确定，可采用自动化、半自动化、集中控制等方式。

3.2.3　矿井各监控及自动化子系统可包括下列系统：

1　安全监控系统；

2　井下作业人员管理系统；

3　瓦斯抽采(放)监控系统；

4　煤矿自然发火监测系统；

5　矿山压力监测系统；

6　地面火灾自动报警系统；

7　制氮站监控系统；

8　防火灌浆站监控系统；

9　井下带式输送机集中控制系统；

10　井下轨道运输及无轨胶轮车运输信号监控系统；

11　主井提升监控系统；

12　副井提升监控系统；

13　通风监控系统；

14　排水监控系统；

15　采煤工作面生产监控系统；

16　空气压缩机站监控系统；

17　矿井水处理站监控系统；

18　生活污水处理站监控系统；

19　日用消防泵房监控系统；

20　锅炉房监控系统；

21　地面生产集中控制系统；

22　供配电监控系统；

23　煤炭产量监测系统；

24　井下降温系统；

25　瓦斯综合利用系统；

26　矿井视频监控系统；

27　矿井调度室大屏幕显示系统；

28　地面建筑设备管理系统；

29　公共安全系统；

30　矿井能耗监控系统；

31　地面机房监控系统；

32　其他监控系统。

3.2.4　矿井安全监控系统应对紧急避险设施内的氧气，以及紧急避险设施内、外的甲烷、一氧化碳、二氧化碳及温度等环境参数进行实时监测。

3.2.5　矿井井下作业人员管理系统应在井下紧急避险设施出入口或应急逃生出口分别设置监测分站，并应对出入紧急避险设施的人员进行实时监测。

3.2.6　矿井视频监控系统应在井下紧急避险设施出入口或应急逃生出口以及避难硐室内设置本质安全型摄像机。

3.2.7　矿井监控及自动化子系统设计除应符合本规范的规定外，尚应符合国家现行标准《煤炭工业矿井监测监控系统装备配置标准》GB 50581、《煤矿安全监控系统及检测仪器使用管理规范》AQ 1029和《煤矿井下作业人员管理系统使用与管理规范》AQ 1048的有关规定。

3.3　综合监控及自动化系统

3.3.1　矿井综合监控及自动化系统功能应符合下列规定：

1　应具备对子系统信息的采集、传输、整合等功能；

2　应实现综合监控及自动化、综合显示、综合报警、数据存储、信息发布和信息上传等功能；

3　应实现对网络的管理、故障诊断和维护等功能。

3.3.2　矿井综合监控及自动化系统宜配置通用监控组态软件、数据采集软件、数据库软件、中间件软件、操作系统软件、安全管理软件等，并宜选用通用、标准、开放的模块化组件软件。有条件的矿井可冗余配置。

3.3.3　矿井综合监控及自动化系统应根据监控及自动化子系统参数的实时性要求，确定数据采集周期和控制指令反应时间。

3.3.4　矿井综合监控及自动化系统数据存储设备容量应满足重要安全生产数据、图像存储时间不小于1a的要求。

3.4　信息管理系统

3.4.1　矿井应根据具体情况确定矿井信息管理范围和信息管理水平。矿井信息管理系统宜由矿井安全生产信息系统和矿井办公信息系统组成。

3.4.2　矿井信息管理系统软件宜包括数据库软件、操作系统软件、安全管理软件、应用软件等，并宜选用通用、标准、开放的模块化组件软件。应用软件应具有可升级的能力。

3.4.3　矿井安全生产信息系统宜建立管控一体化软件平台，并宜形成集数据整合、处理、通信、监控、综合智能判断、显示和存储等综合数据应用软件系统。

3.4.4　矿井安全生产信息系统宜具有对矿井综合监控及自动化系统的信息处理、分析和故障诊断功能，并可实现对生产计划、安全状况、设备性能、系统能耗及运营水平等安全生产信息的管理。

3.4.5　矿井安全生产信息系统应建立矿井灾害应急预案处理系统。矿井灾害应急预案应包括避险设施位置和避险路线，并应具备与报警和监控系统的联动功能。

3.4.6　有条件的矿井安全生产信息系统宜建立支持决策的专家辅助系统和地理信息系统。

3.4.7　矿井办公信息系统应根据企业的部门设置、管理水平建立应用软件系统，宜建立与集团公司(或上级)信息系统信息交换。

3.4.8　矿井办公信息系统功能应符合下列规定：

1　应具有矿井运营所需的人、财、物、产、供、销、技术等办公信息综合管理功能；

2　应具有数据存储、信息发布、网络会议、综合查询等功能。

3.5　系统网络

3.5.1　煤矿安全生产智能监控系统网络应根据需求，统一构建网络结构。

3.5.2　矿井监控及自动化子系统网络传输方式，应根据各子系统的安全要求、功能要求、技术条件等因素确定，可采用现场总线、工业以太网或工业以太网＋现场总线等传输方式。

3.5.3　矿井各监控及自动化子系统网络宜采用转换接口接入基于TCP/IP协议标准的综合监控及自动化网络。

3.5.4　矿井综合监控及自动化网络宜基于TCP/IP协议标准和工业以太网技术。主干网络传输速率不宜低于1000Mb/s。

3.5.5　矿井综合监控及自动化网络干线宜采用光纤传输方式。拓扑结构宜符合下列规定：

1　有源光纤网络宜采用环形或双环形结构；

2　无源光纤网络宜采用双总线或双环形结构；

3　地面与井下宜分别构成环网；

4　地面与井下环网宜采用两条不同路径敷设的光缆连接。

3.5.6　矿井综合监控及自动化网络应采用工业级设备，应支持多种网络拓扑结构和冗余方式。网络故障重构自愈时间不应大于300ms。

3.5.7　矿井综合监控及自动化网络核心层宜配置不少于2台核心交换机，并应互为热备。

3.5.8　矿井综合监控及自动化系统应根据需求配置硬件，宜配置服务器或小型机、综合监控工作站、数据存储、安全管理、显示和打印等设备。有条件的矿井可冗余配置。

3.5.9　矿井综合监控及自动化有源网络和无源光纤网络应符合下列规定：

1　有源网络的最大传输距离应符合下列规定：

1)100Mbps光端口，多模光纤最大传输距离不应小于2km，单模光纤最大传输距离不应小于20km；

2)1000Mbps光端口，多模光纤最大传输距离不应小于500m，单模光纤最大传输距离不应小于10km；

3)电端口，矿用阻燃电缆最大传输距离不应小于100m。

2　无源光纤网络的最大传输距离应符合下列规定：

1)光线路终端和光网络单元之间的最大传输距离不应小于10km。支持的最大分路比不应低于1∶32。

2)光线路终端和光网络单元之间的最大传输距离不应小于20km。支持的最大分路比不应低于1∶16。

3.5.10　矿用无源分光器宜选用具有1∶2(均分、5％&95％、25％&75％、40％&60％)，1∶4(均分)，1∶8(均分)，1∶16(均分)，1∶32(均分)等规格。

3.5.11　矿用网络交换机应符合IEEE 802.3协议，并应符合下列规定：

1　应具备以太网光端口，并应支持全双工/半双工；宜具备以太网电端口。

2　宜具备CAN、PROFIBUS、LONWORKS、FF等工业现场总线接口，并宜具备RS-485和RS-232等数据接口。

3　宜支持环形等冗余网络结构。

4　应具备初始化参数设置和掉电保护功能，初始化参数可通过网络或编程接口输入和修改。

5　应具备VLAN功能。宜支持SNMP等管理功能。

6 宜具备流量控制、网络管理功能。

7 应具备电源、工作状态、通信状态、自诊断和故障指示功能。

3.5.12 矿井综合监控及自动化网络应与矿井信息管理网络联网，并应采取实现两个网络物理隔离的网络安全措施。

3.5.13 矿井信息管理网络宜采用基于TCP/IP协议标准和以太网技术的局域网，并宜支持多种网络拓扑结构。主干网络传输速率不宜低于1000Mb/s。

3.5.14 矿井信息管理网络干线宜采用光纤传输方式。其拓扑结构宜采用星形或双星形结构。核心层宜配置2台核心交换机或1台双引擎核心交换机，并宜互为热备。

3.5.15 矿井信息管理系统应根据需求配置硬件，宜配置服务器、PC工作站、数据存储、安全管理、显示和打印等设备。

3.5.16 矿井信息管理网络应根据矿区总体规划，实现与上级（矿区或集团公司）计算机中心网络联网，并应采用安全设施制定网络安全策略。

3.5.17 矿井信息管理网络应在矿井地面生产、行政和其他辅助办公及单身公寓等建筑建立综合布线系统和建筑群综合布线系统。

3.5.18 矿井综合布线系统信息点的数量宜符合下列规定：

1 主要建筑的办公用房面积宜按$5m^2$～$10m^2$设置不少于1个数据信息点；

2 单身公寓每个房间宜设置不少于1个数据信息点；

3 其他宜按需求设置数据信息点。

3.5.19 矿井综合布线系统设计除应符合本规范的规定外，尚应符合现行国家标准《综合布线系统工程设计规范》GB 50311的有关规定。

4 地面机房

4.0.1 矿井安全生产智能监控系统地面中心站机房，宜与矿井行政办公楼合建或独立建设。

4.0.2 矿井安全生产智能监控系统地面中心站机房宜包括安全生产智能监控系统、大屏幕显示系统、通信系统等设备机房及电源室、进线室等机房。

4.0.3 对于设置在多层或高层建筑物内的矿井安全生产智能监控系统地面中心站机房，在确定机房的位置时，应对设备运输、管线敷设、雷电感应和结构荷载等问题进行综合分析和经济比较。采用专用空调的机房应具备安装空调室外机的建筑条件。

4.0.4 矿井安全生产智能监控系统地面中心站机房的位置选择应远离强震源和强噪声源，并应避开强电磁场。当无法避开时，应采取电磁屏蔽措施。

4.0.5 矿井安全生产智能监控系统地面中心站机房建筑平面布置应符合下列规定：

1 机房平面宜布置进线和电源室、设备室、监控室、矿井调度室等合用的综合机房，并宜布置办公室、休息室、备件室、卫生间等辅助用房。机房面积宜留有设备增容和远期发展的余地。

2 机房的位置宜接近用户中心，并宜便于出/入户布线和机房间布线。电源室宜布置在与各系统中心站设备连接线最短的位置。

3 机房的建筑平面和空间布局应具有灵活性。各系统合用的综合机房主体宜采用大开间大跨度的柱网结构。内隔墙宜具有可变性。

4 机房不应与变配电室及电梯机房贴邻布置。

5 机房不应设在水泵房、厕所和浴室等潮湿场所的正下方或贴邻布置。当受条件限制无法满足要求时，应采取防潮措施。

6 机房不宜贴邻建筑物外墙。

7 与机房无关的管线不应穿越机房。

4.0.6 对于设置视频监视器墙和大屏幕显示系统的矿井调度室，在确定其使用面积和净高时，应符合下列规定：

1 矿井调度室使用面积应根据视频监视器墙和大屏幕显示设备的数量、外形尺寸和布置方式确定，并应预留今后发展需要的使用面积，且不宜小于$100m^2$；

2 矿井调度室净高应根据视频监视器墙和大屏幕显示设备高度及通风要求确定，且不宜低于3.0m。大屏幕与值班人员的视距宜根据大屏幕尺寸规格、安装结构形式和房间面积大小等因素确定。

4.0.7 矿井安全生产智能监控系统地面中心站机房除矿井调度室外，其他机房净高应根据机柜高度及通风要求确定，且不宜低于2.6m。

4.0.8 矿井安全生产智能监控系统地面中心站机房的楼面等效均布活荷载，应根据各机房设备的荷载要求确定。

4.0.9 矿井安全生产智能监控系统地面中心站机房宜装设防静电地板。采用活动地板时，地板的安装高度不宜低于250mm。

4.0.10 采用大屏幕显示屏时，图像质量指标宜符合下列规定：

1 PDP显示屏屏幕尺寸为106.68cm及以下的图像分辨率不宜低于1024×768，屏幕尺寸为106.68cm以上的图像分辨率不宜低于1366×768；

2 LCD显示屏屏幕尺寸为48.26cm及以下的图像分辨率不宜低于1280×1024，屏幕尺寸为48.26cm以上的图像分辨率不宜低于1600×1200；

3 DLP投影显示屏屏幕尺寸为127cm及以上的图像分辨率不宜低于1024×768。

4.0.11 矿井安全生产智能监控系统地面中心站机房设计除应符合本规范的规定外，尚应符合现行国家标准《电子信息系统机房设计规范》GB 50174的有关规定。

5 供电、防雷与接地

5.1 供 电

5.1.1 矿井安全生产智能监控系统地面中心站机房用电负荷应为二级负荷，并应由两回路电源供电。当一回路电源发生故障时，可实现自动切换。

5.1.2 地面中心站机房电源质量应符合下列规定：

1 额定电压应为220V/380V，允许偏差应为±10%；

2 频率应为50Hz，允许偏差应为±5%；

3 总谐波畸变率不应大于5%。

5.1.3 井下设备电源质量应符合下列规定：

1 额定电压应为36V/127V/220V/380V/660V/1140V，允许偏差应符合下列规定：

1)用于井底车场、主运输巷应为－20%～＋10%；

2)其他井下场所应为－25%～＋10%。

2 频率应为50Hz，允许偏差应为±5%。

3 总谐波畸变率不应大于10%。

5.1.4 矿井安全生产智能监控系统地面中心站机房应配置专用配电箱。专用配电箱应设在电源室，配电箱的配出回路应留有裕量。

5.1.5 矿井安全生产智能监控系统地面中心站机房供电电源容量应按各系统、空调和照明等设备额定功率总和的1.5倍确定。

5.1.6 单相负荷应均匀分配在三相线路上，三相负荷不平衡度应小于15%。

5.1.7 矿井安全生产智能监控系统地面中心站机房的备用电源，应根据系统的需要配备在线式不间断电源。在电网停电后，备用电源应能保证系统连续工作时间不小于2h。

5.1.8 矿井安全生产智能监控系统地面中心站机房备用电源，宜按各系统集中供电配备，也可按各系统分散供电配备，并应符合下列规定：

1 集中供电时，备用电源的容量应按各系统设备额定功率总和的1.2倍配备；

2 分散供电时，备用电源的容量应按各系统设备额定功率的1.2倍分别配备。

5.1.9 矿井安全生产智能监控系统井下设备供电电源，应采用变电所专用电源开关设备及专用供电线路，并应配备本安不间断备用电源。在电网停电后，备用电源应能保证系统连续工作时间不小于2h，高瓦斯、煤（岩）与瓦斯突出矿井宜保证系统连续工作时间不小于4h。

5.2 防雷与接地

5.2.1 矿井安全生产智能监控系统的电源线路、信号线路应采取防雷措施，并应设置适配的浪涌保护器。

5.2.2 矿井安全生产智能监控系统的下井电缆和光缆的铠装层、屏蔽层、光缆金属件，应在入井口处采取防雷接地措施。

5.2.3 装设在建筑物顶端或高于附近建筑物的室外摄像机，应设置防雷保护装置。

5.2.4 矿井安全生产智能监控系统地面中心站机房由TN交流配电系统供电时，接地形式应采用TN-S系统。

5.2.5 矿井安全生产智能监控系统地面中心站机房，必须采取等电位连接与接地保护措施。

5.2.6 矿井安全生产智能监控系统地面中心站机房的防雷与接地宜采用共用接地系统。当防雷接地与交流工作接地、安全保护接地、直流工作接地共用一组接地装置时，其接地电阻值应按接入设备中要求的最小值确定。

5.2.7 矿井安全生产智能监控系统防雷及接地设计除应符合本规范的规定外，尚应符合现行国家标准《建筑物防雷设计规范》GB 50057和《建筑物电子信息系统防雷技术规范》GB 50343的有关规定。

本规范用词说明

1 为便于在执行本规范条文时区别对待，对要求严格程度不同的用词说明如下：

1）表示很严格，非这样做不可的：
正面词采用“必须”，反面词采用“严禁”；

2）表示严格，在正常情况下均应这样做的：
正面词采用“应”，反面词采用“不应”或“不得”；

3）表示允许稍有选择，在条件许可时首先应这样做的：
正面词采用“宜”，反面词采用“不宜”；

4）表示有选择，在一定条件下可以这样做的，采用“可”。

2 条文中指明应按其他有关标准执行的写法为：“应符合……的规定”或“应按……执行”。

引用标准名录

《建筑设计防火规范》GB 50016
《建筑物防雷设计规范》GB 50057
《火灾自动报警系统设计规范》GB 50116
《电子信息系统机房设计规范》GB 50174
《煤炭工业矿井设计规范》GB 50215
《综合布线系统工程设计规范》GB 50311
《智能建筑设计标准》GB/T 50314
《建筑物电子信息系统防雷技术规范》GB 50343
《煤炭工业矿井监测监控系统装备配置标准》GB 50581
《民用建筑电气设计规范》JGJ 16
《煤矿安全监控系统及检测仪器使用管理规范》AQ 1029
《煤矿井下作业人员管理系统使用与管理规范》AQ 1048

中华人民共和国国家标准

煤矿安全生产智能监控系统设计规范

GB 51024-2014

条 文 说 明

制 订 说 明

《煤矿安全生产智能监控系统设计规范》GB 51024—2014，经住房和城乡建设部2014年8月27日以第521号公告批准、发布。

为了便于广大设计、生产、施工等单位有关人员在使用本规范时能正确理解和执行条文规定,《煤矿安全生产智能监控系统设计规范》编制组按章、节、条顺序编写了本规范的条文说明,对条文规定的目的、依据以及执行中需注意的有关事项进行了说明,并着重对强制性条文的强制性理由作了解释。但是,本条文说明不具备与规范正文同等的法律效力,仅供使用者作为理解和把握规范规定的参考。

目　次

1 总 则

1.0.1 本条阐明了制订本规范的依据和目的。

(1)国家颁发的一系列与煤矿安全生产有关的法律法规和方针政策,如《中华人民共和国煤炭法》、《中华人民共和国矿山安全法》等,是对煤矿安全生产进行宏观指导的根本法规,是制订本规范的基本原则和依据,必须认真贯彻执行;

(2)我国煤矿安全生产智能监控系统是在煤炭工业矿井监测监控的基础上,在网络技术和信息技术迅速发展的背景下,经过逐步摸索和不断发展,才有了现在的比较适合国情的智能监控系统。经过十多年的发展,其间一直缺少一部工程设计标准用以指导系统工程设计。因此,认真分析、总结十多年来煤矿安全生产智能监控系统发展的先进技术和实践经验,特别是近年来煤矿安全生产智能监控系统的新技术、新工艺和新的科研成果,编制一部煤矿安全生产智能监控方面的工程设计标准,促进我国煤矿安全生产智能监控持续发展,使煤矿安全生产水平不断提高,是制订本规范的目的。

1.0.2 本条明确了本规范的适用范围。

1.0.3 本条明确了煤矿安全生产智能监控系统设计应遵循的基本原则。

3 系统设计

3.1 一般规定

3.1.1～3.1.4 这几条是对煤矿安全生产智能监控系统设计的基本原则、基本要求和煤矿安全生产智能监控系统整体构成的基本规定。

3.2 监控及自动化子系统

3.2.1、3.2.2 这两条是对构成矿井监控及自动化系统各专业子系统的要求。

3.2.4～3.2.6 这几条根据国家安全监管总局、国家煤矿安监局《关于印发〈煤矿井下安全避险"六大系统"建设完善基本规范(试行)〉的通知》(安监总煤装〔2011〕33号)、《煤矿井下紧急避险系统建设管理暂行规定》(安监总煤装〔2011〕15号)、《关于煤矿井下紧急避险系统建设管理有关事项的通知》(安监总煤装〔2012〕15号)制订。

3.3 综合监控及自动化系统

3.3.1 本条规定了矿井综合监控及自动化系统的功能要求。在具备采集、传输、整合监控及自动化子系统的信息后,还要实现综合监控及自动化、综合显示、综合报警、数据存储、信息发布和信息上传,以及对网络的管理、故障诊断和维护等功能。

3.3.2 本条规定了矿井综合监控及自动化系统软件配置的要求。

3.3.3 本条规定了矿井综合监控及自动化系统的实时性要求。

3.3.4 矿井综合监控及自动化系统数据存储设备容量,是考虑从各监控及自动化子系统中选择重要安全生产数据、图像进行存储。

3.4 信息管理系统

3.4.1 信息管理系统属于矿井信息管理层面。除了综合监控及自动化网络和矿井信息管理网络硬件设施外,这里的矿井信息管理系统主要指软件部分。矿井安全生产信息系统是对矿井监控及自动化层面信息进行采集、处理,在矿井信息管理层面分析及诊断。矿井办公信息系统是包括矿井办公自动化和各种业务应用模块的矿井日常管理软件,主要在矿井信息管理层面运行。

3.4.3 本条除了对矿井安全生产信息系统的基本功能要求外,进一步要求建立综合监控一体化软件平台,提出集数据整合、处理、通信、监控、综合智能判断、图文显示和存储等为一体的更高功能要求。

3.4.4 本条是对矿井安全生产信息系统的基本功能要求。

3.4.5 建立矿井灾害应急预案处理系统是矿井及时、有效应对突发重大灾害的基本保证,需根据矿井具体条件,分析、确定可能产生的重大灾害种类,制订相应的应急救援措施预案。

3.4.6 建立矿井地理信息系统(GIS),为矿山资源的合理利用、开发和科学管理提供依据,还可以监测和分析预测灾害发生的可能性,为决策提供依据。矿井建立支持决策的专家辅助系统,有助于矿井安全生产出现重大问题时的应对和决策。

3.4.7、3.4.8 矿井办公信息系统包括了办公自动化和各种业务应用模块。一般矿区对所属矿井的办公自动化系统要求联网互通,因此在矿区关于信息化总体规划方案中应有所要求。

3.5 系统网络

3.5.1、3.5.2 采用TCP/IP协议标准和工业以太网作为网络核心技术的煤矿安全生产智能监控系统已成为当前的发展趋势。这两条要求在构成煤矿安全生产智能监控系统网络结构中,是矿井监控及自动化子系统、矿井综合监控及自动化和矿井信息管理的网络架构。这里主要指网络架构。

煤矿安全生产智能监控系统包括三个层面,信息管理层、综合监控及自动化层、监控及自动化子系统层。最底层的监控及自动化子系统层由各专业子系统组成,实现安全生产的现场运行,如安全、生产、视频、监控系统及井下作业人员管理子系统等。

综合监控及自动化层采用TCP/IP协议标准的工业以太网,是集数据通信、处理、采集、控制、协调、综合智能判断、图文显示为一体的集控系统,面向生产现场实现集中管理,分散控制的调度指挥模式。对生产现场全方位信息实时采集反馈及控制,及时处理、协调各生产系统工作,同时为矿井信息化管理层提供信息源,构建高灵敏度的生产联动指挥"神经系统"。

信息管理层为采用TCP/IP协议标准和以太网技术的局域网,是矿井日常安全生产过程管理的综合信息平台,集成与生产组织过程管理相关的各类专业信息,为矿井信息管理层的管理者提供信息支撑平台,为矿井各级管理人员提供信息共享平台,为矿井决策层构建矿井安全生产经营"驾驶舱"。

上述三个层面组成的系统是目前煤矿安全生产智能监控的发展趋势和方向,其技术也日趋成熟,代表了当前矿井安全生产管理的现代化水平。

3.5.3、3.5.4 这两条要求矿井各监控及自动化子系统需具备标准的以太网接口,支持TCP/IP传输协议标准,实现与矿井综合监控及自动化工业以太网的联网。尚不具备标准以太网接口的系统,可利用工业以太网交换机内置的接口转换装置,或配置专用的接口转换装置,实现与矿井综合监控及自动化工业以太网的联网。同时,矿井各监控及自动化子系统应尽量采用标准、开放的OPC软件接口协议,以达到便利、规范化的实现与矿井综合监控及自动化系统的数据通信。

3.5.5 综合监控及自动化系统的网络结构,采用双环形和双总线及井上、下两条不同路径敷设光缆连接环网,都是为了提高冗余度和可靠性。地面与井下分别构成环网是便于与地面、井下的监控及自动化子系统连接,同时也提高了冗余度和可靠性。内容参考了现行行业标准《矿用以太网》MT/T 1131。

3.5.6、3.5.7 商用级网络产品一般在性能、配置方面比工业级产品更先进,但商用级产品在系统的可靠性、稳定性、特别是对环境的适应性方面无法达到工业级产品的要求。为保证系统的可靠性、稳定性,本条对采用工业级产品的原则作了规定。对重要设备、重要线路采用冗余配置方式,能使系统在一台设备或一条线路故障时,迅速转接到另一台设备或另一条线路继续工作。

3.5.9、3.5.10 这两条是关于以太网有源网络和无源光纤网络的最大传输距离和无源分光器的选择,技术参数源于现行行业标准《矿用以太网》MT/T 1131。

3.5.11 本条是关于矿用以太网接入的矿用网络交换机的功能要求,技术参数源于现行行业标准《矿用网络交换机》MT/T 1081。

电气和电子工程师协会(IEEE)是一个国际性的电子技术与信息科学工程师的协会,是目前全球最大的非营利性专业技术学会。IEEE致力于电气、电子、计算机工程和与科学有关的领域的开发和研究,在太空、计算机、电信、生物医学、电力及消费性电子产品等领域已制定了900多个行业标准,现已发展成为具有较大影响力的国际学术组织。

IEEE 802.3通常指以太网,一种网络协议。描述物理层和数据链路层的MAC子层的实现方法。

现场总线系统(FCS)是全数字串行、双向通信系统。系统内测量和控制设备如探头、激励器和控制器可相互连接、监测和控制。在工厂网络的分级中,它既作为过程控制(如PLC、LC等)和应用智能仪表(如变频器、阀门、条码阅读器等)的局部网,又具有在网络上分布控制应用的内嵌功能。由于其广阔的应用前景,众多国外有实力的厂家竞相投入力量,进行产品开发。目前,国际上已知的现场总线类型有四十余种,比较典型的现场总线有:FF,PROFIBUS,LONWORKS,CAN,HART,CC-LINK等。

3.5.12 为保证网络的安全,本条规定了矿井综合监控及自动化网络与矿井信息管理网络联网时,应采取物理隔离措施。并应根据矿井具体情况制订网络安全性策略,确定网络安全设备及软件的配置方案。

3.5.13 同本规范第3.5.1、3.5.2条的说明。

3.5.14 矿井信息管理网络都是在地面,采用单星形没有冗余,双星形有高冗余,成本也较高。也可单星形中主干线配双线,提高冗余度。

3.5.16 一般矿区对所属矿井的信息管理网络系统要求联网互通,因此在矿区关于信息化总体规划方案中应有所要求。

3.5.17～3.5.19 矿井地面建筑内的计算机网络主要是矿井信息管理网络部分,要求按现行国家标准《综合布线系统工程设计规范》GB 50311的有关规定设计。

4 地面机房

4.0.1 以往由于各个煤矿管理分工的不同,矿井地面智能监控系统各中心站机房往往分设于不同的建筑或同一建筑的不同位置。如矿井行政电话交换机和计算机系统中心站机房分设于矿井办公楼的不同位置,矿井调度室、调度电话交换机和安全监控系统中心站机房分开设置。而且主管部门繁多,仅矿井通信系统就可能归属于机电科、通信科、调度室等。这样使设备设置位置分散,管理混乱,维护技术力量不足,机房环境条件不能保证,电源设备重复设置,增加了许多重复投资。所以本条要求矿井地面智能化系统各中心站机房宜集中设置在矿井办公楼内或独立建设,有利于系统的集中管理、维护、机房建设及可靠供电等。

4.0.2 由于矿井安全生产智能监控系统与有些系统实际工作中是有关联的,集中设置更有利于管理,所以本条规定了能够集中设置的矿井地面各智能化系统中心站机房。其中电源室、进线室可以是共用机房。

4.0.3 对于设置在多层或高层建筑物内的矿井安全生产智能监控系统地面中心站机房,为了提供更好的设备环境条件,并便于设备的运输、安装,节省出、入户线缆,降低结构设计的难度和建筑成本,在确定机房的位置时,应进行综合分析和经济比较。

4.0.4 本条规定了矿井地面机房位置选择对环境要求的原则。

4.0.5 本条主要规定了地面机房建筑平面布置的原则,中心站机房能够合用的尽量设综合机房,以及辅助用房设置的原则。

4.0.6 矿井调度室的使用面积和净高应根据实际设备布置需要确定。为便于调度人员指挥生产,矿井调度室宜设置矿井视频监控系统电视墙及大屏幕显示系统。目前一般矿井调度室选用监视器组成监视器墙,用DLP投影显示屏、LCD液晶显示屏或PDP等离子显示屏拼接大屏幕显示系统。设计时要满足屏后维护空间、调度人员与显示设备屏幕最小间距及必要的通道宽度的需求,因此调度室使用面积不宜小于100m^2。

调度室的净高不含防静电地板的高度,应考虑满足屏幕高度、吊顶安装高度的需求,不宜低于3.0m。

现行行业标准《煤矿图像监视系统通用技术条件》MT/T 1112等相关标准中规定"操作者与显示设备屏幕之间的距离宜为屏幕对角线的4倍～6倍",考虑矿井调度室一般采用拼接式大屏幕显示系统,屏幕总宽度比较宽,为取得较好的视觉效果,调度人员与显示设备屏幕之间的距离应考虑大屏幕尺寸规格、安装结构形式和房间面积大小等因素确定。有条件时,最好进行实地考察。

4.0.8 当电池室未设于建筑最底层时,电池室的楼面等效均布活荷载应根据实际设备重量配置情况计算确定,其他地面机房楼面等效均布活荷载也一样。计算结果考虑给结构专业提供资料。

4.0.9 本条技术参数依据现行国家标准《电子信息系统机房设计规范》GB 50174。

4.0.10 本条技术参数依据现行国家标准《工业电视系统工程设计规范》GB 50115。其中的屏幕尺寸为屏幕对角线。

5 供电、防雷与接地

5.1 供　电

5.1.1 由于矿井各智能监控系统会直接或间接涉及矿井的人员安全、生产安全和设备安全，所以本条规定集中设置的矿井地面智能监控系统中心站机房应由两回路电源供电。分散设置的矿井安全监控系统、井下作业人员管理系统、综合监控及自动化网络、矿井信息管理网、行政电话通信系统、调度电话通信系统、无线通信系统、通信传输系统等重要的地面设备机房也应由两回路电源线路供电，其他矿井地面智能监控系统设备机房有条件时也尽量由两回路电源线路供电。

5.1.2～5.1.6 这几条对矿井地面中心站机房供电电源作了相关规定。

5.1.7、5.1.8 这两条对矿井地面中心站机房备用电源的电池使用时间、容量作了相关规定。

5.1.9 对于井下智能监控系统，为了尽量不受其他各环节供配电、照明系统故障的影响，本条规定应采用变电所专用电源开关设备及专用供电线路进行供电。本条也对井下智能监控系统设备备用电源的电池使用时间、容量作了相关规定。其中，在现行行业标准《煤矿安全监控系统通用技术要求》AQ 6201、《煤矿井下作业人员管理系统通用技术条件》AQ 6210 等标准中对备用电源工作时间规定为：在电网停电后，应能保证系统连续监控时间不小于 2h。而高瓦斯、煤(岩)与瓦斯突出矿井发生的事故恢复起来较为复杂，电网停电时，很难保证在 2h 内把事故处理好。考虑目前产品的实际参数水平，在本条中提出了 4h 的规定。

5.2 防雷与接地

5.2.1～5.2.4 对矿井安全生产智能监控系统地面部分的防雷与接地作了相关规定。

5.2.5 矿井安全生产智能监控系统地面中心站机房采取等电位连接与接地保护以减小各种接地设备间、不同系统之间的电位差，并达到均压目的。本条依据现行国家标准《建筑物电子信息系统防雷技术规范》GB 50343，为强制性条文。

5.2.6 共用接地系统是由接地装置和等电位连接网络组成，采用共用接地系统的目的是达到均压、等电位以减小各种接地设备间、不同系统之间的电位差。其接地电阻因采取了电位连接措施，所以按接入设备中要求的最小值确定。本条依据现行国家标准《建筑物电子信息系统防雷技术规范》GB 50343。

中华人民共和国国家标准

工业企业干式煤气柜安全技术规范

Technical code for safety
of waterless gasholder in industrial enterprise

GB 51066 - 2014

主编部门：中　国　冶　金　建　设　协　会
批准部门：中华人民共和国住房和城乡建设部
施行日期：2　0　1　5　年　8　月　1　日

12

中华人民共和国住房和城乡建设部公告

第661号

住房城乡建设部关于发布国家标准《工业企业干式煤气柜安全技术规范》的公告

现批准《工业企业干式煤气柜安全技术规范》为国家标准，编号为GB 51066—2014，自2015年8月1日起实施。其中，第3.0.3、3.0.9、3.0.14(1)、3.0.15、4.1.6、4.5.2(4)、5.2.2、5.2.5(3)、6.1.13、6.1.24(1、3)条(款)为强制性条文，必须严格执行。

发行。

中华人民共和国住房和城乡建设部

2014年12月2日

前　言

12

本规范是根据住房城乡建设部《关于印发〈2009年工程建设标准规范制订、修订计划〉的通知》(建标〔2009〕88号)的要求，由中冶赛迪工程技术股份有限公司会同有关单位共同编制完成的。

本规范在编制过程中，编制组经广泛调查研究，认真总结实践经验，参考国外有关先进标准，并在广泛征求意见的基础上，最后经审查定稿。

本规范共分8章，主要技术内容包括：总则、术语、基本规定、设计、施工和验收、运行与维护、检修、安全与防护等。

本规范中以黑体字标志的条文为强制性条文，必须严格执行。

本规范由住房城乡建设部负责管理和对强制性条文的解释，由中冶赛迪工程技术股份有限公司负责具体技术内容的解释。在执行过程中，如有意见或建议，请寄送中冶赛迪工程技术股份有限公司(地址：重庆市渝中区双钢路1号；邮政编码：400013)。

本规范主编单位、参编单位、主要起草人和主要审查人：

主 编 单 位：中冶赛迪工程技术股份有限公司

参 编 单 位：中冶京诚工程技术有限公司
中国市政工程华北设计研究总院
中冶华天工程技术有限公司
云南建工安装股份有限公司
凯迪西北橡胶有限公司
中冶实久建设有限公司
山西太钢不锈钢股份有限公司
宝山钢铁股份有限公司

主要起草人：王苏林　高海平　包儒涵　徐庆余　李　伟　刘纳新　石爱平　黄瑞民　李　铁　华志宇　胡继明

主要审查人：郭启蛟　王　莉　初世安　徐斌华　程有林　刘志强　肖志军　钱　力　李新峰

目　次

Contents

12

1 总　　则

1.0.1 为防止和减少干式煤气柜建设和运行过程中的安全事故和职业危害，保障人民群众生命和财产安全并保护环境，推动干式煤气柜行业技术进步，制定本规范。

1.0.2 本规范适用于工业企业储存发生炉、高炉、焦炉、转炉、铁合金等人工煤气和主要可燃组分为甲烷的天然气、煤层气、矿井气等天然可燃气体，工作表压力小于20kPa，有效容积不大于600000m³的干式煤气柜工程设计、施工和运行管理中的安全要求。

1.0.3 工业企业干式煤气柜设计、施工和运行管理中的安全要求，除应符合本规范的规定外，尚应符合国家现行有关标准的规定。

2 术　　语

2.0.1 干式煤气柜　waterless gasholder(dry type gasholder)

干式煤气柜简称干式柜、干式储气柜或干式储气罐，是相对于采用水为密封介质的湿式煤气柜而言的，其密封形式为非水密封，为具有活塞密封结构的现场煤气储存设备，其储气压力是由活塞钢结构、密封装置、导轮和活塞配重等的自重产生的。目前国内主要分为三种柜型：多边形稀油密封煤气柜及圆筒形稀油密封煤气柜（本规范中统称为稀油柜）和橡胶膜密封煤气柜。本规范中干式煤气柜简称干式柜。

2.0.2 多边形稀油密封煤气柜　piston, oil seal, polygonal shell type gasholder(P.O.P. or polygonal gasholder)

一种采用稀油和钢质滑板密封装置的活塞密封方法，具有正多边形外形特征的干式柜，又称多边形稀油密封储气柜，本规范中简称为多边形柜。

2.0.3 圆筒形稀油密封煤气柜　piston, oil seal, cylindrical shell type gasholder(P.O.C. or cylindrical gasholder)

一种采用稀油和条形橡胶制品密封装置的活塞密封方法，具有圆筒形外形特征的干式柜；又称圆筒形稀油密封煤气柜，本规范中简称为圆筒形柜。

2.0.4 橡胶膜密封煤气柜　piston, rubber membrane seal, cylindrical shell type gasholder(P.R.C. or membrane seal gasholder)

以橡胶膜作为密封材料封闭煤气的干式柜，具有采用特制橡胶膜的活塞结构和圆筒形外形特征，也称布帘式柜、皮膜柜、卷帘柜或橡胶膜密封储气柜。本规范中简称为膜密封柜。

2.0.5 工作压力　gas pressure

由干式柜活塞结构自重（含配重）产生的储气压力，称为工作压力。对于二段式膜密封柜，应分别注明活塞一段升起和二段升起时的工作压力。

2.0.6 有效容积　effective capacity

干式柜活塞从落底达到紧急放散时可储气体的几何容积。

2.0.7 活塞倾斜量　piston inclination

活塞直径两端的相对高差的最大测量值，表示活塞运行中偏离其基准水平面的程度。

2.0.8 柜体　gasholder proper

由柜底板、底部油沟、立柱、侧板、回廊、活塞结构、密封装置、柜顶结构、柜位计和稀油柜的供油系统和外部电梯等干式柜筒体周边外约3m范围内的设施组成。

2.0.9 柜区　gasholder area

干式柜围墙（含栅栏）以内的区域，柜区内包含柜体、围墙、大门、消防车道及消防设施、公用介质管道及计量、配电室和控制室等干式柜附属设施。

2.0.10 立柱　column

柜体筒体的主要构件，采用型钢加工而成（与侧板焊接成干式柜筒体），起加强侧板、承担筒体内外荷载和自重、保持活塞垂直运动的作用。第一段立柱称基柱，在稀油柜直径对应位置设置用于安装防回转装置的立柱称防回转柱。

2.0.11 活塞　piston

在干式柜筒体内随气体增加或减少而上升或下降并起密封作用的装置。

2.0.12 回廊　gallery

为人员通行和操作设置在干式柜筒体外侧的环形平台。

2.0.13 密封装置　seal device

设在干式柜活塞周边，在活塞上下移动时可封闭煤气防止外泄的装置，也叫密封机构。

2.0.14 底部油沟　bottom oil trough

在稀油柜中，由柜体侧板和立柱组成的筒体下部、底板及挡板组成的收集密封油的环形沟，也称柜底油槽。

2.0.15 内部吊笼　internal lift(internal cage)

在稀油柜内部，实现柜顶与活塞之间人员和物资输送的防爆升降机。

2.0.16 紧急救助装置　emergency rescue device

在稀油柜中，当内部吊笼故障或停电时，对活塞上的人员进行紧急救助的机械设备，也称救助提升装置或手动救助装置。

2.0.17 油泵站（房）　oil pump station(room)

向稀油柜活塞油沟或预备油箱补充经油水分离后的密封油的循环供油装置，也称密封油站。室内布置的油泵站与房屋一起称为油泵房、油泵站房或密封油站。

2.0.18 预备油箱　reserve oil tank

储存在事故状态下（如停电、密封油无法通过油泵正常补充时）为保障稀油柜活塞密封安全运行一段时间所需备用油的油箱。

2.0.19 紧急放散管　emergency release pipe

设在稀油柜筒体上部，为防止活塞冲顶设置的最后一道过剩煤气自动放散装置。

2.0.20 安全放散管　safety release pipe

为防止稀油柜活塞冲顶，引出柜内过剩煤气并由阀门控制放散量的装置。正常生产时不允许使用。

2.0.21 防回转装置　tangential guide of piston(avoid turn device)

在稀油柜中，与柜筒体防回转柱一起防止活塞水平旋转的机械装置。

2.0.22 静置油槽　vessel for sediment

为保证多边形柜密封装置长期运行，设在活塞周边静置分离密封油中的残留水和杂质的油箱。

2.0.23 浮升法 piston up method

利用鸟形钩将活塞与柜顶结构连为一体且形成操作平台，在活塞下部鼓入空气使活塞和柜顶升起就位，分步安装焊接侧板和立柱等稀油柜筒体构件的一种施工方法。

2.0.24 鸟形钩 piston hanger

浮升法施工中用于上联柜顶下联活塞并将柜顶和活塞的重量传递到立柱上，形状像鸟嘴状的特殊工装。

2.0.25 挂钩板 piston hanger stopper

浮升法施工中用销钉固定在立柱上的组孔距精密的多孔钢板，用于将柜顶和活塞重量通过鸟形钩传递到立柱上。

2.0.26 侧板提升机 hoist on roof

浮升法施工中设于柜顶用于构件吊装的施工机械。

3 基本规定

3.0.1 干式柜工程抗震设计应符合表3.0.1的规定：

表3.0.1 干式柜工程抗震设计要求

抗震设防烈度	抗震设计要求
6度	可不作抗震计算
7度、8度	应进行抗震设计，宜提高1度采取抗震措施
9度	应进行抗震设计，适当加强抗震措施

3.0.2 送煤气操作或停煤气检修干式柜时，应采用氮气等惰化气体为置换介质。

3.0.3 干式柜外部电梯和内部吊笼必须采用防爆型。

3.0.4 外部电梯应按现行特种设备规范和国家现行防爆规范进行管理和维护。内部吊笼应执行生产厂家的使用维护说明书的要求。

3.0.5 柜区应设置围墙与外部环境隔离，并设置安全警示牌。围墙和安全警示牌的设置应符合下列要求：

1 外来人员未经许可不得进入柜区；

2 当建设场所临近海洋、河流、湖泊、山崖不便于设置围墙时，临近侧应设置安全警示牌；

3 当柜区毗邻民用区域时，宜采用实体围墙。

3.0.6 干式柜运行与维护岗位应选用身体健康人员，并宜每年进行一次体检予以确认。有人值班的干式柜运行与维护岗位值班人员不应少于2人。

3.0.7 干式柜应设现场控制室，干式柜的控制、监视和报警等信号应送至24h有人值守处。

3.0.8 干式柜运行与维护岗位应按储存气体特性配置便携式煤气浓度测定仪，并配备防爆型无线对讲机、呼吸器和防爆手电筒等设施。

3.0.9 干式柜活塞上部应设置固定式煤气浓度监测装置，其监测信号应送到干式柜的控制室并设置声、光报警的显示和记录，还应符合下列规定：

1 对储存无毒燃气的干式柜，在达到爆炸下限的20%时应有报警信号；

2 对储存有毒燃气的干式柜，在有毒燃气泄漏到活塞上方达到国家现行有关工作场所有害因素职业接触限值所规定的浓度限值时，应有报警信号。

3.0.10 进入投运后的干式柜活塞上部工作的人员应携带煤气浓度测定仪和防爆型无线对讲机，穿戴好劳动保护用品，不应穿易产生火花的鞋、袜，不得携带手机、火种及易燃、易爆物品，在活塞上宜使用不发火花的工具。

3.0.11 柜区内严禁烟火。干式柜侧板外侧6m范围内不应有障碍物、腐蚀性物质和易燃物。

3.0.12 运行中的干式柜柜体侧板外侧40m范围内的动火作业应执行动火审批制度。

3.0.13 下列干式柜作业应制定安全技术措施和应急预案：

1 柜体基础模板施工；

2 稀油柜浮升法安装、柜顶固定和活塞落底；

3 膜密封柜柜顶整体吊装；

4 柜体涂装；

5 调试；

6 柜体检修。

3.0.14 进入活塞下部维护和检修时应符合下列规定：

1 与干式柜检修无关的所有气体进出口管必须可靠切断；

2 经取样，活塞下部气体中一氧化碳浓度小于或等于200mg/m³(160ppm)时和可燃气体浓度降到其爆炸下限的20%以下后，停止置换，打开人孔和放散阀，加强干式柜内通风换气，直至活塞下方气体浓度检测合格为止；

3 在进入积灰厚的柜底板作业前应除去积灰中的煤气；

4 在活塞下部空间的沉淀物可能自燃的情况下，应配备灭火器材并安排专人监视；

5 在煤气防护人员监护下佩戴呼吸器和便携式煤气浓度检测仪，可初次进入活塞底部；

6 直到煤气防护人员确认活塞下部及死角部位空气中有害物质浓度符合现行国家标准《工业企业煤气安全规程》GB 6222的有关规定，且含氧量符合现行国家标准《缺氧危险作业安全规程》GB 8958的有关规定、通风良好后，才可不佩戴呼吸器；

7 每次进入活塞下部时应佩戴便携式煤气浓度检测仪，人员和工器具均应登记并确认返回，出入口处应有专人监护；

8 照明电压应符合现行国家标准《工业企业煤气安全规程》GB 6222的有关规定。

3.0.15 活塞下部严禁出现负压。

4 设　计

4.1 柜址选择和防火防爆要求

4.1.1 干式柜的柜址选择应遵循下列原则：

1 远离烟囱布置；

2 符合国家和当地政府的机场空域规划；

3 符合现行国家标准《工业企业煤气安全规程》GB 6222 的有关规定；

4 符合国家和当地政府对危险化学品的相关安全管理规定。

4.1.2 干式柜与其他建、构筑物的防火间距应符合下列规定：

1 干式柜与建筑物，可燃液体储罐，堆场和室外变、配电站之间的防火间距应符合下列规定：

1)干式柜与建筑物，可燃液体储罐，堆场和室外变、配电站之间的防火间距不应小于表 4.1.2 的规定。

2)当煤气的相对密度比空气大时，干式柜与建筑物、可燃液体储罐、堆场的防火间距，应按表 4.1.2 规定增加 25%；当煤气的相对密度比空气小时，应按表 4.1.2 的规定执行。

3)当一、二级耐火等级的厂区建筑物内无人值守时，可仍按表 4.1.2 的规定执行。

4)煤气进出口管地下室、油泵站房和外部电梯间等附属设施与干式柜的防火间距，可按工艺要求布置。

2 干式柜与电捕焦油器、电除尘器和加压机等露天燃气工艺装置的防火间距应符合下列规定：

表 4.1.2　干式柜与建筑物、可燃液体储罐、堆场和室外变、配电站的防火间距(m)

名称		干式柜的有效容积 V(m³)					
		V<1000	1000≤V<10000	10000≤V<50000	50000≤V<100000	100000≤V≤300000	300000<V≤600000
甲类物品仓库，明火地点或散发火花的地点，甲、乙、丙类液体储罐，可燃材料堆场，室外变、配电站		20.0	25.0	30.0	35.0	40.0	45.0
高层民用建筑		25.0	30.0	35.0	40.0	45.0	50.0
裙房，单层或多层民用建筑		18.0	20.0	25.0	30.0	35.0	40.0
其他建筑 耐火等级	一、二级	12.0	15.0	20.0	25.0	25.0	30.0
	三　级	15.0	20.0	25.0	30.0	35.0	40.0
	四　级	20.0	25.0	30.0	35.0	40.0	45.0

注：1　干式柜的有效容积(V)指单柜有效容积；

2　防火间距以干式柜的侧板外壁计；

3　明火地点是指室内外有外露火焰或赤热表面的固定地点。散发火花的地点是指有飞火的烟囱或室外的砂轮、电焊、气焊等固定地点。

1)在柜区围墙外与干式柜无关的露天燃气工艺装置可按一、二级耐火等级的建筑物确定其与干式柜的防火间距。

2)在柜区围墙内与干式柜配套运行的露天燃气工艺装置与该干式柜的防火间距不宜小于 6m。

3)在柜区围墙内不与干式柜配套运行的露天燃气工艺装置与干式柜的防火间距应按以下原则确定：燃气密度轻于空气时不宜小于 15m；燃气密度重于空气时不宜小于 18m。

4)确定防火间距时应方便施工。

注：在计算防火间距时，室外电捕焦油器、电除尘器和加压机等露天燃气工艺装置以设备本体水平投影的外缘为准。

3 干式柜与不燃气体储罐之间的防火间距不宜小于 6m，且不应妨碍消防作业。

4 干式柜与可燃气体储罐之间、助燃气体储罐之间或干式柜与铁路、道路的防火间距，干式柜与架空电力线的最近水平距离均应按现行国家标准《建筑设计防火规范》GB 50016 的有关规定执行。

5 干式柜侧板外壁与实体围墙的间距，应按现行国家标准《钢铁冶金企业设计防火规范》GB 50414 的有关规定执行。在采用栅栏围墙时，栅栏围墙与柜体侧板外壁的净距不宜小于 6m，且栅栏围墙与外部电梯机房或油泵站房等的净距不宜小于 5m。

4.1.3 干式柜的消防水设计应符合下列要求：

1 可采用生产消防给水管网系统供水；

2 干式柜不宜设固定喷水冷却灭火系统；

3 柜区的消防水量应按有效容积最大的 1 座干式柜的消防水量确定；

4 需设置环状消防给水管网的干式柜，当只有 1 条给水管道时，应设置消防水池及消防水泵房；

5 干式柜的消防水设计还应符合现行国家标准《建筑设计防火规范》GB 50016 的有关规定。

4.1.4 干式柜建筑灭火器的配置应符合现行国家标准《建筑灭火器配置设计规范》GB 50140 的有关规定。

4.1.5 柜区不宜种植高大乔木及油脂性植物。

4.1.6 干式柜防爆分区应符合下列规定：

1 干式柜活塞与柜顶间的空间和煤气进出口管地下室应为防爆 1 区；

2 干式柜侧板外 3.0m 范围内，柜顶上 4.5m 范围内和油泵站内应为防爆 2 区；

3 干式柜外部电梯机房和井道内的电气装置应按防爆 2 区配置。

4.2 有效容积的确定

4.2.1 干式柜有效容积的计算应包括气源突然减少或中断时的安全容量、煤气产供变动调节容量、突发增多安全容量和上下限保安容量四部分。

4.2.2 上、下限保安容量均不宜小于干式柜有效容积的 5%。

4.3 柜体基础

4.3.1 柜体基础埋深宜达到冻土层深度以下。

4.3.2 柜体基础顶面应高于周边场地 300mm 以上。

4.4 柜体钢结构

4.4.1 柜体钢结构设计应保证施工和正常使用时的安全。

4.4.2 柜体的安全等级应为二级，重要性系数不应小于 1.0，防腐设计寿命不宜小于 5a。

4.4.3 柜体外侧回廊平台板宜采用花纹钢板。

4.5 柜体工艺配置的其他要求

4.5.1 柜体通行和疏散设计应符合下列规定：

1 干式柜外部的钢平台、走梯和防护栏杆应符合现行国家标准《固定式钢梯及平台安全要求　第 1 部分：钢直梯》GB 4053.1、《固定式钢梯及平台安全要求　第 2 部分：钢斜梯》GB 4053.2 和《固定式钢梯及平台安全要求　第 3 部分：工业防护栏杆及钢平台》GB 4053.3 的有关规定；

2 干式柜应至少设置 1 处从地面到柜体顶部的外部走梯；

3 柜体外侧回廊平台宽度不宜小于700mm；

4 干式柜应设置检修人员进入活塞上部和下部区域的通道；

5 干式柜柜体上的门应向外开启；

6 稀油柜应设置紧急救助装置；

7 圆筒形柜柜顶内侧应设置回转平台，其进出口宜设在柜顶。

4.5.2 活塞走行系统设计应符合下列要求：

1 活塞走行系统应采取有利于保证活塞密封系统安全性的结构；

2 机械柜位计和调平装置的配重下方地面附近均宜设围栏或明显的警示标志；

3 活塞导轮应能适应柜体温差变形；

4 稀油柜必须设防回转装置，防回转装置的接触面应有防止撞击产生火花的措施；

5 膜密封柜的活塞限位导轮应采取适宜的缓冲措施；

6 膜密封柜应设调平装置，调平装置的配重应在全行程范围内设导轨。

4.5.3 活塞密封装置设计应符合下列要求：

1 密封装置的上方不应设置可能导致物品坠落的设施；

2 密封装置的所有部件应根据介质条件和工作状态采取适宜的防腐、耐化学浸泡和耐磨措施；

3 稀油柜活塞密封装置密封件的悬吊机构和压紧机构应能适应筒体的变形，且有防松动措施；

4 稀油柜的活塞密封装置分隔堰应采取防止堰部帆布倾翻的措施；

5 多边形柜静置油槽应能防止活塞倾斜或油面波动时密封油溢流到活塞上。

4.5.4 密封油系统设计应符合下列规定：

1 应根据储存介质和环境温度选择具有适宜的黏度、倾点、闪点和油水分离性能的密封油；

2 密封油供油系统应能够实现自动运行，工作泵输油量不能满足活塞密封的需要时备用泵应自动投入运行；

3 油泵站内的油水分离器应能自动排水、密封煤气并实现对活塞油沟油位的调节控制；

4 供油系统应设预备油箱，预备油箱的设置应符合下列规定：

1)预备油箱的总储油量不宜少于停电时稀油柜活塞密封安全运行5h的所需量；

2)预备油箱应有排除积水和防止密封油飞溅的措施。

4.5.5 气体进出口管道的设计应符合下列要求：

1 煤气进出口管道上应设可靠的隔断装置及与柜容联锁的快速开闭阀门；

2 煤气出入口管道最低点应设排水器；

3 煤气出入口管道设计应能适应柜体基础下沉所引起的管道变形；

4 煤气进出口管设水封时，应采取防止水封缺水的措施；

5 稀油柜应设检修风机口、置换放散管和紧急放散管等设施；

6 膜密封柜应设检修风机口和自动安全放散系统。

4.5.6 加热、通风和自然采光设计应符合下列要求：

1 稀油柜的加热应符合下列要求：

1)在严寒和寒冷地区，应在油泵站(房)及其储油箱和油上升管道采取适宜的加热或保温措施；

2)应根据防冻的需要设底部油沟加热装置和活塞油沟加热装置。

2 干式柜通风孔上应有防鸟措施。

3 外部电梯井道应设采光窗。

4 稀油柜柜顶应设采光窗，采光窗应采取防止人员坠落的措施。

5 膜密封柜应采取防止自然光直射柜内的措施。

4.5.7 供电、照明和防雷设计应符合下列规定：

1 柜区供电系统设计宜符合现行国家标准《供配电系统设计规范》GB 50052中一级负荷的规定，当用户允许干式柜短时脱离主管网运行时，可按二级负荷供电。

2 柜区消防用电应符合现行国家标准《建筑设计防火规范》GB 50016的有关规定。

3 照明设计应符合下列要求：

1)柜顶周边、巡检和疏散用走梯、需要操作的回廊、稀油柜的气楼和电梯通道照明、电梯机房和油泵站(房)以及站区煤气系统操作平台、站区内道路应设照明；

2)外部电梯的照明设计应符合现行国家标准《电梯制造与安装安全规范》GB 7588的有关规定；

3)柜体照明灯具应选用防爆节能型，航空障碍灯应采用自动通断电源的控制装置；

4)柜区的消防应急照明和消防疏散指示标志应符合现行国家标准《建筑设计防火规范》GB 50016的有关规定；

5)干式柜的照明设计还应符合现行国家标准《建筑照明设计标准》GB 50034的有关规定。

4 干式柜航空障碍灯的设置应符合现行行业标准《航空障碍灯》MH/T 6012和《民用机场飞行区技术标准》MH 5001的有关规定。

5 干式柜防雷设计应符合现行国家标准《建筑物防雷设计规范》GB 50057的有关规定。

4.5.8 检测和控制设计除应符合本规范第3.0.10条的规定外，还应符合下列规定：

1 柜体工作压力应有高、低压声光报警和联锁保护措施。

2 干式柜应设置机械柜位计和电子式柜位计各1套。应设柜位高、低位声光报警，并宜与进出口管道阀门联锁。

3 应有活塞超速声光报警信号。

4 稀油柜还应符合下列要求：

1)应设活塞倾斜量超限声光报警信号；

2)油泵站房应设置煤气浓度在线检测装置；

3)应设置油泵启动次数和持续时间的在线检测装置，并应具有时间累计功能；

4)应设置活塞油沟油位高度的在线检测装置，宜设置底部油沟油位及水位在线检测装置。

5 煤气进出口管地下室应设通风换气设施和煤气浓度检测报警装置。

4.5.9 通信设计应符合下列要求：

1 有人值守的控制室应设置行政电话、调度电话和防爆型无线对讲机；

2 外部电梯的紧急报警电话应符合现行国家标准《电梯制造与安装安全规范》GB 7588的有关规定；

3 控制室火灾自动报警系统的设计应符合现行国家标准《火灾自动报警系统设计规范》GB 50116的有关规定。

4.5.10 节能减排设计应符合下列要求：

1 柜区计量装置的设计应符合现行国家标准《用能单位能源计量器具配备和管理通则》GB 17167的有关规定；

2 柜区的机电设备应采用节能设备；

3 干式柜生产废水的外排，应符合现行国家环保标准和当地环保部门的规定。

5 施工和验收

5.1 一 般 规 定

5.1.1 干式柜的施工应按设计进行，当有修改应经原设计单位书面同意。工程的隐蔽部分，检查合格后才能封闭。干式柜施工完毕，应编制竣工说明书和竣工图，提交测量数据，交付使用单位存档。

5.1.2 在施工组织设计中应编写安全文明施工章节，并应明确高处及交叉等作业的安全技术措施。

5.1.3 施工中当发现安全技术措施有缺陷或隐患时，应修订；危及人身与设备安全时，应停止作业。

5.2 施 工

5.2.1 柜体施工过程中的周边安全措施应符合下列要求：

1 应设置柜体施工用的安全通道，安全通道的外缘与柜体侧板的净距不宜小于8m，并应设置明显的安全警示标牌；

2 应有防止高处作业的工器具及零部件等坠落的措施。

5.2.2 严禁在雷雨、雪天、浓雾、六级及以上大风等恶劣气候条件下进行露天构件吊装、浮升操作、柜顶固定和活塞落底、吊装柜顶作业。

5.2.3 柜体施工应符合下列规定：

1 在施工过程中，应设置避雷装置，且接地电阻不得大于10Ω；

2 严寒和寒冷地区的冬季施工，应有可靠的防滑、防冻和防寒措施；

3 应有应对风荷载对施工机具影响的措施。

5.2.4 柜体施工期间下列部位应设置建筑灭火器：

1 基础周边、活塞表面、柜顶和外部悬挂操作平台；

2 油漆储存间、氧气储存间、乙炔储存间和储存可燃物的库房；

3 密封装置的组装区域。

5.2.5 柜顶中央台架的架设和拆除应符合下列规定：

1 中央台架应满足稀油柜柜顶荷载以及设置于柜顶的侧板提升机等施工荷载的要求，其设计荷载应为工作荷载的2倍；

2 中央台架上应设置直爬梯及其他登高用拉攀件，并应制定中央台架安装拆除的顺序与方法；

3 在柜顶安装过程中，桁架就位后必须焊接完毕；

4 中央台架的拆除应符合下列要求：

1)应在柜顶梁和柜顶板焊接完成并检验合格，且柜顶中心环与中央台架脱开24h后进行；

2)拆除过程中应观察柜顶结构和中心环的变化状况及下降量。

5.2.6 活塞系统施工应符合下列规定：

1 活塞安装应按施工方案进行，就位的活塞桁架构件应焊接完毕。

2 在需要行走的活塞桁架、箱形梁等部位，应设置临时护栏。

3 应设置由活塞至地面、活塞至柜底板等部位的安全通道。

4 圆筒形柜活塞板仰焊作业的焊接操作平台应符合国家现行安全规范的要求。

5 在敷设圆筒形柜活塞板时，宜由外向柜中心敷设，且应沿活塞主径向梁设置生命绳。生命绳宜使用直径不小于8mm的钢丝绳。

6 膜密封柜活塞施工还应符合下列要求：

1)活塞首次提升及装拆活塞支柱，应采用鼓风方式进行；

2)活塞首次提升时的鼓风应缓慢进行；

3)装拆活塞支柱时应同步鼓风，不得断电。

5.2.7 柜体超重、超大构件吊装应编制专项吊装方案。

5.2.8 密封橡胶制品及兜底帆布等非金属件安装过程中应采取可靠的防火措施。

5.2.9 侧板提升机、外部悬挂操作平台、鸟形钩系统和柜顶整体吊装设备等特殊工装的使用应符合下列规定：

1 应编制侧板提升机和外部悬挂操作平台的安装、拆除专项方案和安全操作规程。

2 侧板提升机的使用应符合下列要求：

1)侧板提升机操作人员应培训合格上岗；

2)柜顶结构完工前，两台提升机不得在同一半周内进行吊装作业；

3)当用提升机进行双机抬吊作业时，应在柜顶结构完工后才能进行。

3 应每天检查外部悬挂操作平台焊缝及吊杆连接螺栓。

4 鸟形钩系统的使用应符合下列规定：

1)鸟形钩及挂钩板的设计强度不得小于浮升荷载的1.5倍；

2)销钉的数量和材质应经过计算确定，销钉材料应经过检验合格后才能使用；

3)应在统一指令下进行鸟形钩挂钩操作，在全部鸟形钩均受力后才能停风机；

4)每次浮升后均应检查销钉螺栓受力状态；

5)每日下班前应由两人检查销钉螺栓受力状态。

5 浮升用水泵能力应满足浮升安全需要。

6 膜密封柜柜顶整体吊装设备的使用应符合下列要求：

1)柜顶环梁在焊接完成后，应进行焊缝无损检测；

2)柜顶吊装支撑架、卷扬机、液压千斤顶、钢丝绳、绳夹、卸扣等整体吊装设备部件应检查确认；

3)吊装电动葫芦使用前应进行行走试验和负荷试验。

5.2.10 干式柜施工临时用电设施应符合下列规定：

1 柜内活塞、柜顶表面的电缆应架空敷设，不得于活塞柜顶表面拖拉。

2 柜顶侧板提升机使用的操作手柄电压不应超过24V。

3 柜体浮升电缆应预留浮升长度，搁置于地面的部分电缆应设置防护罩。浮升电缆应配置悬挂钢丝绳。

4 应符合现行行业标准《施工现场临时用电安全技术规范》JGJ 46的有关规定。

5.2.11 柜体油漆涂装应符合下列要求：

1 柜内涂装作业不应与柜内动火作业同时施工；

2 柜外涂装作业与动火作业交叉时，应采取隔离措施；

3 通风不良地点的涂装应采取强制通风措施；

4 在油漆涂装作业区应设有明显的禁止烟火标识；

5 油漆、稀释剂等的堆放应符合国家对危化品的相关管理规定。

5.3 调 试

5.3.1 调试的介质应为空气。

5.3.2 稀油柜开始注油或膜密封柜密封膜吊装开始后，柜内不得动火。

5.3.3 稀油柜不应进行紧急放散试验；膜密封柜则应进行自动放散试验。

5.3.4 活塞初次充气起步时，应符合下列规定：

1 稀油柜速度不宜超过0.2m/min；

2 膜密封柜应缓慢充气。

5.3.5 干式柜调试的安全考核指标除应按现行国家标准《工业企业煤气安全规程》GB 6222的有关规定执行外，还应符合表5.3.5的规定。

表 5.3.5 干式柜调试的安全考核指标

项　目	多边形柜	圆筒形柜	膜密封柜
工作压力(Pa)	符合设计要求		
活塞升降时柜内气体压力波动(Pa)	±200	±300	符合设计要求
活塞水平旋转量(mm)	符合设计要求		±50
活塞油沟油位高度	符合设计要求		—
活塞倾斜量(mm)	晴天：D/500；阴天：D/1000		符合设计要求
活塞快降速度	符合设计要求		
柜体报警和联锁功能	活塞位置高度的声光报警与各阀门的动作联锁应正常		

注：1 D为干式柜侧板内壁最大直径；

2 稀油柜活塞水平旋转量的检查方法：在每个防回转装置处测量其二侧滑块与防回转柱端面的间隙之和；膜密封柜水平旋转量的检查方法：检查T挡板或活塞升降过程中相对于筒体上垂直基准线的水平旋转量。

5.3.6 干式柜严密性试验应执行现行国家标准《工业企业煤气安全规程》GB 6222 的有关规定。

5.4 验收项目

5.4.1 柜体焊缝的检查应包括下列项目：

1 侧板的外侧焊缝；

2 柜顶板外侧和有气密性要求的角焊缝；

3 凡能够采用抽真空法进行气密性检查的底板和活塞板密封煤气的焊缝；

4 稀油柜立柱的对接焊缝；

5 设计文件要求检查的其他焊缝。

5.4.2 特殊设备的验收应包括下列项目：

1 外部电梯；

2 内部吊笼；

3 紧急救助装置。

5.4.3 安全设施的验收应包括下列项目：

1 防雷接地；

2 消防系统；

3 煤气浓度检测设施；

4 防爆设施；

5 防触电设施；

6 安全联锁和报警系统；

7 安全警示标志。

5.4.4 安全设施的验收资料应包括下列内容：

1 设计文件和设备资料；

2 柜体各分部分项施工验收记录；

3 单体和联动调试验收记录。

6 运行与维护

6.1 运　　行

Ⅰ 送煤气操作

6.1.1 首次送煤气作业应由使用单位的煤气操作人员进行，施工单位及设计单位配合。

6.1.2 置换空气前，应确认柜体及柜区的工艺和电气、仪表等附属设施处于正常工作状态。

6.1.3 置换介质管道宜与柜体管道软管连接，置换作业完成后应断开。

6.1.4 置换过程中，应控制阀门开度，保持干式柜内压力不低于500Pa。对于稀油柜，还应保持活塞油沟油位高度。

6.1.5 经取样化验，确认柜内气体含氧量小于或等于1%后，应缓慢打开干式柜进口管阀门送入煤气，并控制放散阀开度，保持柜内压力不低于500Pa。

6.1.6 化验和爆发试验取样位置应具有代表性并有足够数量的气体取样点。各取样点取样做爆发试验合格后，关闭吹扫阀和放散阀。

6.1.7 置换过程中，应始终保持吹扫介质的压力高于柜内气体压力1kPa以上。

6.1.8 置换过程中任何人员不得停留在干式柜的活塞上。

Ⅱ 运行监控

6.1.9 每小时宜记录一次干式柜运行参数并保存一段时间。运行参数宜包含下列内容：

1 稀油柜的柜容、柜内煤气压力、柜内煤气温度、活塞运行速度、煤气进出口管道内煤气压力、活塞上部煤气浓度、油泵启动次数和时间；

2 膜密封柜的柜容、柜内煤气压力、柜内煤气温度、活塞运行速度、活塞上部煤气浓度、煤气进出口管道内煤气压力、煤气进口管道内煤气温度。

6.1.10 干式柜运行参数报警后，应查找原因、采取应对措施，同时向相关部门汇报。

6.1.11 活塞的升降速度可通过操作煤气进出口阀门的开度进行控制。

6.1.12 当机械式柜位计和电子式柜位计显示的柜容偏差超过设定值时，应查找原因并校正。

6.1.13 正常运行时，不得通过稀油柜安全放散管或膜密封柜自动放散系统排放煤气。

6.1.14 底部油沟液位观察镜的阀门应处于常闭状态。

6.1.15 转炉煤气柜进口管的煤气含氧量不应超过2%。

6.1.16 未经管理者批准，不得修改干式柜及其附属设施的报警参数和保护设定值，不得关闭声光报警装置。

Ⅲ 停煤气操作

6.1.17 干式柜停止运行前，宜按以下规定控制活塞下降速度，直至活塞落底：

1 当活塞位置距干式柜底部10m以上时，活塞下降速度宜按正常速度控制；

2 当活塞位置距干式柜底部5m至10m范围内时，活塞下降速度不宜高于0.5m/min；

3 当活塞位置距干式柜底部2m至5m范围内时，活塞下降速度不宜高于0.3m/min；

4 当活塞位置距干式柜底部2m以下时，活塞下降速度不宜高于0.2m/min。

6.1.18 干式柜活塞落底后，应将柜体与外部煤气管道可靠切断。

Ⅳ 特殊操作

6.1.19 干式柜活塞倾斜量超标时，应查明原因并处理。

6.1.20 干式柜活塞导轮或限位导轮与筒体内壁接触发出异常响声，应综合分析判断后采取对应措施。

6.1.21 稀油柜每季度宜进行一次全行程运行操作。

6.1.22 当干式柜内壁有可能结冰或挂霜时，应增加活塞升降频次和范围。

6.1.23 在柜顶的监护人员发生意外时，内部吊笼内工作人员可操纵吊笼内部的操纵杆进行自救。

6.1.24 稀油柜柜区停电后的操作应符合下列要求：

1 **应启用预备油箱中的密封油；**

2 应落实恢复供电时间；

3 **除去预备油箱放油的操作人员外，其他人员应撤离柜体。**

6.1.25 当稀油柜活塞冲顶时应采取下列措施：

1 保持活塞油沟油位高度和降低柜位；

2 调节阀门开度控制活塞的下降速度；

3 活塞落底后，应查找冲顶原因，清理柜体四周散落的密封油。

6.1.26 当膜密封柜活塞冲顶时应采取下列措施：

1 关闭煤气进口阀门；

2 检查自动放散系统的复位状态。

6.2 维　　护

6.2.1 上干式柜检查前，应确认疏散通道畅通。

6.2.2 进入干式柜内检查时，应符合下列规定：

1 呼吸器气压应正常，气量充足；

2 活塞上方空气中的煤气浓度应在容许范围内；

3 外部电梯和内部吊笼动作应正常、限位开关应准确有效；

4 外部电梯和内部吊笼应由经专门培训后的人员操作；

5 稀油柜活塞上有人作业时，内部吊笼操作平台上应有专人监护；

6 紧急救助装置处于安全可用的状态；

7 当巡检人员进出膜密封柜内部时，活塞应处于静止状态，并应安排专人在侧板门口处监护。

6.2.3 进入可能引起一氧化碳职业危害的干式柜内活塞上巡检应至少2人同行，并应佩戴2个及以上一氧化碳检测仪和防爆型对讲机，每人均应佩戴呼吸器。

6.2.4 进入干式柜内部检查作业前或离开后应向控制室值班人员报告。

6.2.5 在雷电天气工作人员不得上干式柜或进入柜内。

6.2.6 进入油泵站房前，宜启动轴流风机，同时检测室内煤气浓度。

6.2.7 当工作人员携带的器具和工具放置在活塞密封装置上方或附近时，应采取措施固定。

6.2.8 运行及维护时，应检查稀油柜的下列项目并记录：

1 柜体是否泄漏煤气、渗油、腐蚀或变形；

2 底部油沟窥视镜是否完好，油水位是否在允许的范围之内；

3 声光报警装置是否正常投用；

4 阀门、法兰、人孔是否泄漏煤气；

5 平台、走梯、护栏有无开裂，是否牢固；

6 活塞导轮是否与立柱正常接触；

7 防回转装置的磨损程度；

8 活塞油沟的油位和活塞倾斜量；

9 检查预备油箱的储油量并排水；

10 机械柜位计的钢丝绳磨损及绳卡紧固情况；

11 内部吊笼工作是否正常；

12 中央底板排水水封高度是否正常；

13 油泵站水封高度及排水是否正常，是否应清洗油过滤网；

14 密封装置是否工作正常；

15 密封油的技术指标；

16 油泵站各室底部的污物；

17 其他需要检查的项目。

6.2.9 运行及维护时，应检查膜密封柜的下列项目并记录：

1 柜体是否泄漏煤气、腐蚀或变形；

2 底板排水器是否排水良好；

3 调平装置的配重导轨、配重块、导向轮、钢丝绳张力和磨损及绳卡紧固情况；

4 T档板与侧板间隙、活塞与T档板间隙是否在允许范围内；

5 自动放散系统是否泄漏；

6 活塞的倾斜量；

7 机械柜位计的钢丝绳磨损及绳卡紧固情况；

8 密封膜及波纹板的工作状态；

9 其他需要检查的项目。

6.2.10 干式柜所使用的钢丝绳宜按现行国家标准《起重机 钢丝绳 保养、维护、安装、检验和报废》GB/T 5972的有关规定进行保养、维护、检验和报废。

6.2.11 运行及维护人员应化验分析稀油柜密封油闪点和黏度，当密封油的开口闪点低于60℃或黏度低于规定值时应采取措施使其恢复到正常水平。

6.2.12 多边形柜和圆筒形柜的活塞防回转装置二侧间隙之和分别超过8mm和12mm时，应更换对应的防回转装置滑块。

6.2.13 运行及维护时，应检查稀油柜密封油油路系统是否存在结冰或堵塞现象。

6.2.14 新建膜密封柜在运行3个月至6个月后宜停柜对活塞密封系统构件进行全面检查。

6.2.15 膜密封柜活塞落地失压后，恢复运行前宜进行一次活塞全行程运行操作。

7 检　　修

7.0.1 检修准备工作应包含下列内容：

1 检修单位应对检修人员进行安全技术教育及交底，告知危险源，交代安全通道及紧急救护设施的布置位置；

2 应办理工作票及动火许可证。

7.0.2 检修作业中应执行下列规定：

1 柜内检修作业应2人以上同行，携带便携式煤气浓度检测仪、氧含量检测仪并有专人监护；

2 恶劣天气不得进行柜体外侧检修作业；

3 危及人身安全的情况发生时，应停止作业。

7.0.3 干式柜中修期限和修理内容应根据所储存煤气的成分、使用频度以及周围环境决定，宜在3a～5a范围内选取，大修周期宜根据中修的结果确定。

7.0.4 检修作业应符合下列要求：

1 检修作业开始前，应对人员通行区域的油污进行彻底清洗或采取可靠的防滑措施；动火作业开始前，应清除动火作业范围内的可燃物或采取可靠的保护措施；

2 带煤气的动火作业应在煤气防护人员的监护下进行；

3 带煤气的焊接作业应采用电弧焊；

4 检修柜顶设施时，应将全部工具、零部件进行可靠固定；

5 检修稀油柜活塞上部导轮的作业人员应佩戴安全带，使用可靠的悬挂平台操作，工具应可靠固定；

6 冬季检修时，应采取防止底部油沟和活塞油沟结冻的措施；

7 在膜密封柜橡胶膜与侧板连接处及其以上高度的筒体外

壳进行动火作业时，应采取可靠的安全措施；

8 对膜密封柜活塞进行旋转调整作业时，所有连接件的焊缝应达到设计强度，所使用的手拉葫芦、花篮螺栓等机具应具备合格证书并在使用前检查合格。施工机具、钢丝绳受力后，施工人员不得在作业半径内停留。

7.0.5 稀油柜工作压力的调整，应符合下列要求：

1 调整后的工作压力不应超过原设计的工作压力；

2 活塞油沟的密封油高度应满足工作压力调整后的需要。

7.0.6 检修后调试和验收应符合本规范第5.3节和第5.4节的规定。

8 安全与防护

8.0.1 干式柜发生事故后，处理方法和步骤应执行国家相关法律法规和现行国家标准《工业企业煤气安全规程》GB 6222的有关规定。

8.0.2 活塞结构件或密封装置发生煤气大量泄漏时，不得进入干式柜内，干式柜应停止运行。

8.0.3 干式柜人孔、管道阀门、法兰连接处等密封部位发生煤气着火时，宜采用干粉灭火器、消火栓和堵泥等方法灭火。

8.0.4 油泵站(房)密封油着火，应停止油泵运行，关闭进出油泵站的油管路阀门，切断油泵房电源，采用干粉灭火器或沙子等灭火。

8.0.5 干式柜内冷凝水从柜基础四周向外渗漏时，应实施临时封堵。

8.0.6 基础不均匀沉降量超过设计允许值时，应提高运行参数的监控频率。当不能保证安全运行时，干式柜应停止运行。

8.0.7 干式柜发生活塞冲顶或活塞落底事故时应停止运行。

8.0.8 稀油柜活塞密封装置或筒体大量泄漏密封油时，稀油柜应停止运行。

8.0.9 橡胶密封膜发生破损时，膜密封柜应停止运行。

本规范用词说明

1 为便于在执行本规范条文时区别对待，对要求严格程度不同的用词说明如下：

1)表示很严格，非这样做不可的：
正面词采用"必须"，反面词采用"严禁"；

2)表示严格，在正常情况下均应这样做的：
正面词采用"应"，反面词采用"不应"或"不得"；

3)表示允许稍有选择，在条件许可时首先应这样做的：
正面词采用"宜"，反面词采用"不宜"；

4)表示有选择，在一定条件下可以这样做的，采用"可"。

2 条文中指明应按其他有关标准执行的写法为："应符合……的规定"或"应按……执行"。

引用标准名录

《建筑设计防火规范》GB 50016
《建筑照明设计标准》GB 50034
《供配电系统设计规范》GB 50052
《建筑物防雷设计规范》GB 50057
《火灾自动报警系统设计规范》GB 50116
《建筑灭火器配置设计规范》GB 50140
《钢铁冶金企业设计防火规范》GB 50414
《固定式钢梯及平台安全要求 第1部分：钢直梯》GB 4053.1
《固定式钢梯及平台安全要求 第2部分：钢斜梯》GB 4053.2
《固定式钢梯及平台安全要求 第3部分：工业防护栏杆及钢平台》GB 4053.3
《起重机 钢丝绳 保养、维护、安装、检验和报废》GB/T 5972
《工业企业煤气安全规程》GB 6222
《电梯制造与安装安全规范》GB 7588
《缺氧危险作业安全规程》GB 8958
《用能单位能源计量器具配备和管理通则》GB 17167
《施工现场临时用电安全技术规范》JGJ 46
《航空障碍灯》MH/T 6012
《民用机场飞行区技术标准》MH 5001

中华人民共和国国家标准

工业企业干式煤气柜安全技术规范

GB 51066 - 2014

条文说明

12

制订说明

《工业企业干式煤气柜安全技术规范》GB 51066—2014，经住房城乡建设部2014年12月2日以第661号公告批准发布。

本规范制订过程中，编制组进行了广泛的调查研究，总结了我国工业企业干式煤气柜工程建设和运行管理的实践经验，同时参考了国外干式煤气柜的安全建议书。

为便于广大设计、施工、生产、科研、学校等单位有关人员在使用本规范时能正确理解和执行条文规定，《工业企业干式煤气柜安全技术规范》编制组按章、节、条顺序编制了本规范的条文说明，对条文规定的目的、依据以及执行中需注意的有关事项进行了说明，并对本规范中的强制性条文的强制性理由作了解释。但是，本条文说明不具备与规范正文同等的法律效力，仅供使用者作为理解和把握规范规定的参考。

目　次

12

1 总　　则

1.0.2 本条规定了本规范的适用范围。

干式柜是一种常温、低压、大型的现场焊接的特殊设备，用于平抑煤气发生和消耗的短期不平衡，故属一种常压的可变容积的可燃气体储罐（目前城市煤气行业称储气罐或储气柜，也称贮气罐），单座容积从数百立方米至数十万立方米。为区别于容积不变的钢制常压容器，突出其储存介质的易燃易爆性质和实际储气容积随活塞位置高度可变的设备特征，本规范沿用其习惯称谓——煤气柜。干式柜的储气压力是由结构的自重产生的，故生产过程中耗用能量极少，在工业企业煤气输配和利用领域及天然气利用方面，干式柜是一种节能环保设备。

从储存介质的特性来讲，工业企业干式柜储存的是多组分具有危化品特征的可燃混合气体，人工煤气还存在一氧化碳中毒这一职业危害，常见的人工煤气和天然气成分典型组成见表1。

表1　常见的人工煤气和天然气成分典型组成（体积%）

储存介质	CH_4	H_2	CO	C_mH_n	C_3H_8	C_4H_{10}	CO_2	N_2	O_2
烟煤发生炉煤气	3	14	27				5	51	
无烟煤发生炉煤气	1	15	24				6	54	
水煤气	1.2	52	34.4				8.2	4	0.2
半水煤气	～0.4	36～37	32～35				6～9	21～22	0.2
高炉煤气	0.5	1.5	25.5				14.5	58	
焦炉煤气	25.5	59	6	2.2			2.9	4	0.4
转炉煤气		1.5	59				18.5	20.6	0.4
COREX煤气	1.68	17.72	45.23				33.17	2.2	
铁合金煤气	0.2	0.68～3.25	55～65				15～19	19.8～32.2	0.3～1.5
天然气	98			0.4	0.3	0.3		1	
煤层气	～90								
矿井气	52.4						4.6	36	7

煤气柜按密封方式分为湿式煤气柜和干式煤气柜，湿式煤气柜采用水密封，存在基础荷载大、储气压力低且波动大、腐蚀严重、煤气增湿、自动化水平低和环境友好性差等缺点，已逐渐被具有活塞密封结构的干式柜所取代。20世纪的干式柜按活塞密封方法主要分为：采用润滑脂（或称干油）和橡胶密封的可隆（KLONNE）型干式柜、采用稀油和钢滑板密封的多边形柜以及采用橡胶膜密封的膜密封柜。可隆型干式柜虽然有储气压力较高、活塞速度快的优点，但密封性能不好，因此自20世纪80年代引进两座150000m³可隆型柜后国内未推广使用。20世纪末出现了集可隆型柜储气压力高和多边形柜稀油密封性能好的优点于一身的新型干式柜——圆筒形稀油密封煤气柜（俗称新型柜或POC型柜，以下简称圆筒形柜），密封方法采用稀油和橡胶条的密封形式，近十年来我国已建设40多座圆筒形柜，总储气容积超过60000000m³。

本规范主要针对工业企业内多边形柜、圆筒形柜和膜密封柜这三种干式柜进行编写。在适应场所和储存介质方面，本规范与《工业企业煤气安全规程》GB 6222的适用范围协调一致。由于国内新建成的干式柜设计工作压力已高达15kPa，实际运行压力达到14kPa；已建成的有效容积为300000m³的干式柜也已超过二十座，本规范将干式柜工作压力适用范围定为小于20kPa（表压），将有效容积适用范围定为不大于600000m³，以适应这种设备大型化和高压化的发展需要。

本规范涉及不同柜型的条文一般按干式柜、稀油柜（多边形柜和圆筒形柜）、膜密封柜的顺序编排，但第3章和第5.2节的条文顺序主要按建设步骤编排。

3 基 本 规 定

3.0.1 《室外给水排水和燃气热力工程抗震设计规范》GB 50032—2003第1.0.7条和第1.0.8条对室外燃气储气罐的抗震设计提出了要求，鉴于干式柜和湿式柜的危险性大致相同，发生事故时引起次生灾害的危险性也基本相同，故本规范参考该规范提出了干式柜的抗震设计要求。

3.0.2 《工业企业煤气安全规程》GB 6222—2005第10.1.2条规定"吹扫或置换煤气设施内部的煤气，应用蒸汽、氮气或烟气为置换介质"。考虑到蒸汽容易造成负压，而烟气的定义比较模糊，而从广义上来讲，高炉煤气和转炉煤气均属烟气，故作出本条规定。

3.0.3 本条为强制性条文，必须严格执行。内部吊笼在防爆1区，必须采用防爆型，外部电梯井道一般利用柜体作为支撑，与稀油柜柜体距离较近，机房通常在侧板外3m范围以内，产品成熟且投资增加也不多，国内习惯上也采用防爆型，故统一规定必须采用防爆型设备。

3.0.4 外部电梯目前应按现行特种设备规范《电梯使用管理与维护保养规则》TSG T5001—2009和防爆规范进行管理和维护；由于现在内部吊笼尚未纳入国家质监部门的监察范围，故在现阶段，规定干式柜内部吊笼由使用单位严格按生产厂家的使用维护说明书进行管理和维护。

3.0.5 干式柜区域应严禁无燃气专业知识的外人（尤其是小孩、残障人等）进入，防止发生意外事故。无论干式柜区域有人操作或无人操作，进入干式柜区域的人员必须取得干式柜管理部门的许可并登记备查。

围墙分为实体围墙和栅栏围墙，当干式柜建设场所临近海洋、河流、湖泊、山崖时，临近侧可以不设围墙，但要采取相应措施防止缺乏煤气知识的人员靠近干式柜。当干式柜毗邻农田、树林和厂区外道路等民用区域时，为防止小动物等进入柜区，宜采用实体围墙与外部环境隔离。

3.0.6 从事危化品作业与储存的职工应身体健康，配备2名值班人员有利于相互救助。

3.0.7 为调试和巡检方便，一般在现场设控制和监视干式柜的控制室（含电气室）。

3.0.8 干式柜运行维护岗位的危险性大，可能接触易燃易爆或有毒的危化品，必须提供本条规定的特殊的劳动保护用品和巡检工具。应根据储存介质成分来选择是配有毒气体浓度检测仪还是可燃气体浓度检测仪，本规范中的有毒或可燃气体浓度测定仪（装置）简称为煤气浓度测定仪（装置）。配备有毒气体检测仪后一般可不配可燃气体浓度检测仪。

3.0.9 本条为强制性条文，必须严格执行。干式柜内部活塞上通风条件较差、逃生不易，为保证操作人员的人身安全，参考《城镇燃气设计规范》GB 50028—2006第3.2.3条的规定和国家对煤气行业的要求，作出本条规定。

3.0.10 干式柜活塞与柜顶之间的空间通风条件较差，一旦燃气泄漏则可能达到爆炸限，遇火花即会爆炸。本条规定是参考《Low-pressure gasholders storing lighter-than-air gases》IGE/SR/4（1996）第7.1.3条规定："在危险的环境中，便携独立电气设备，例如无线电话，手电等，只有在证明安全时才可以使用"而作出的。

3.0.11 为防止车辆或火车撞坏干式柜、保证疏散方便和防火，《煤气柜安全建议书》IGE/SR/4（1973）第4.1.1条和《Low-pressure gasholders storing lighter-than-air gases》IGE/SR/4（1996）第5.1.3条和第6.1.2条均要求："干式柜周围6m范围内不应有障碍物、腐蚀性物质和易燃物"。

3.0.12 在干式柜工作状态下，干式柜附近的动火作业应受到严格控制，参考《工业企业煤气安全规程》GB 6222—2005 第 10.1.2 条作出本条规定。

3.0.13 干式柜施工中有不少重要工序或施工节点的安全性应引起参建各方的重视，例如稀油柜浮升操作、柜顶固定和活塞落底、膜密封柜吊装柜顶、涂装等作业均为露天高处作业；又如，稀油柜调试过程大致分为：收尾检查、活塞与底板等区间清扫、设备单机试车、柜体注水注油、油泵站联动调试、活塞调平、侧板挂油、活塞全行程升降试验、柜体严密性试验、活塞快降试验、干式柜联动试验等步骤顺序进行，每个阶段的安全措施和应急措施都有所差异。

煤气设施的检修属特殊作业，不少煤气柜发生事故都是在检修时违章操作或疏忽大意所致。我国现阶段许多干式柜的检修单位为钢结构制作或工业设备安装单位，缺乏煤气设施检修方面的安全防护知识、配套装备和相应的技能。检修前应对柜区实地考察、熟悉柜体各部位的安全通道、柜体及活塞的工作状态、工艺附属设施的运行状况及煤气管路系统的布置等。应根据设计施工图、竣工图、调试及运行指导书和干式柜运行记录等编制检修安全技术方案及检修安全应急预案。

3.0.14 干式柜活塞下部为封闭储存燃气的空间，在吹扫置换时打开的人孔和放散管无法覆盖整个圆周，通风条件很差，结合维护和检修操作实践作出本条规定。

本条第 1 款为强制性条款，必须严格执行。切断煤气和氮气、蒸汽等可能引起中毒、窒息和烫伤等意外事故的气体是检修安全所必需的，其中煤气还要求可靠切断。当然，如果冬天检修需要蒸汽，则蒸汽管不能切断，但应做到一旦不用蒸汽立即切断。

干式柜底板上积灰厚时，应先将灰尘中的煤气除去，例如：膜密封柜底板上的灰尘通常用水冲洗，将灰尘中的煤气挤出。

3.0.15 本条为强制性条文，必须严格执行。活塞下部负压会导致柜体密封煤气的钢板吸瘪，活塞密封装置无法正常工作，甚至焊缝拉裂造成煤气泄漏。在干式柜施工、调试、运行和检修等每个阶段，都应防止活塞下部出现负压，例如：浮升施工中，风机停机后由于昼夜温差变化可能形成柜内负压；联锁失效可能导致加压机将干式柜内抽为负压；干式柜停产检修期间，放散管和人孔全部关闭，温差变化形成负压等。

4 设　　计

4.1 柜址选择和防火防爆要求

4.1.2 根据《钢铁冶金企业防火设计规范》GB 50414—2007 等现行国家标准规范和行业实践，制定本条。

本规范所指的干式柜都是低压的可变容积的干式可燃气体储罐，是一种露天的高耸现场特殊设备。《建筑设计防火规范》GB 50016—2014 和《钢铁冶金企业防火设计规范》GB 50414—2007 的有关规定中，均没有明确对可变容积的煤气柜这种大型现场设备的容积的确定方法。一般干式柜活塞高度达到活塞行程的 90%时报警，达到 95%时为保证干式柜本体的安全自动切断煤气进口阀门，达到 100%（即达到额定的有效容积）时稀油柜的紧急放散管或膜密封柜的自动放散管自动放散煤气。由于煤气不点燃放散浪费能源且污染环境，因此干式柜活塞位置达到 100%行程时属放散煤气的事故状态，在正常操作情况下是不允许的，这是干式柜与球罐等其他可燃气体储罐的一大区别。为避免气温变化时活塞位置达到 100%行程放散煤气和适应煤气系统的产销波动，干式柜正常操作时所储存的煤气体积量约为有效容积的 30%～70%。在煤气系统或干式柜出现故障切断煤气进出口阀门时，以柜内所储气体容积为有效容积的 70%计，考虑在运行压力最大达到 20kPa 的情况下，以最大死空间比例为 10%计，在标准大气压的地区参考《建筑设计防火规范》GB 50016—2014 固定容积储罐总容积的计算原则计算出的总柜容为有效容积的 70%×(1.01325+0.2)×(1+10%)＝0.934 倍；考虑活塞在 80%的行程高度上时，按此方法计算出的总柜容为有效容积的 80%×(1.01325+0.2)×(1+10%)＝1.068 倍，这是大气压力、工作压力和死空间均为最不利的情况下的理想计算结果。可见，一般情况下活塞在 80%行程切断煤气时，柜内所储煤气体积量是不会超过干式柜的有效容积的。因此统一以有效容积作为确定干式柜消防间距的总柜容在工程上是可以接受的。从使用方面来讲，定义有效容积对应《建筑设计防火规范》GB 50016—2014 中干式柜的总容积，有利于不同专业的设计人员执行《建筑设计防火规范》GB 50016—2014，有效容积直接对应干式柜的缓冲或吞吐能力，便于用户理解和选用，对安全、消防等验收来讲，省去了压力校正和死空间等烦琐的计算，利于防止变相扩大建设规模，便于相关部门核实验收。因此，考虑到干式柜不同于具有固定容积的储气压力较高的可燃气体储罐，以及设计和使用方便，本规范将干式柜的有效容积作为干式柜确定防火间距的总柜容。

干式柜与建筑物，可燃液体储罐，堆场和室外变、配电站等之间的防火间距：本规范与《钢铁冶金企业设计防火规范》GB 50414—2007 中第 4.2.4 条的规定一致并参考国外规范，规定了有效容积不超过 300000m³ 的干式柜与建筑物，可燃液体储罐，堆场和室外变、配电站等建筑物的防火间距，并补充了有效容积超过 300000m³ 到不超过 600000m² 的干式柜与这些设施的防火间距，这与《建筑设计防火规范》GB 50016—2014 的规定不一致。日本规范中煤气柜与锅炉、加热炉、燃烧炉、焚烧炉、吸烟室等烟火设施的间距要求保持 8m 以上的距离，并在这些烟火设施附近设置煤气泄漏检测报警装置，在检测到煤气泄漏时，应能够立刻通过联动装置扑灭这些设施的烟火。故日本设计通常将煤气柜控制室（国外也叫电气室）与煤气柜的间距定为 10m。考虑到我国的具体情况，已建成的十几座有效容积为 300000m³ 的干式柜与一、二级耐火等级的工业建筑（如干式柜区控制室）的防火间距为 25m 或 25m 的 1.25 倍。故本规范将 25m 作为有效容积为 300000m³ 的大型干式柜与一、二级耐火等级的建筑物的基本安全间距，以节省土地资源；而对于民用建筑或三级、四级耐火等级的工业建筑，则要求较严。

厂区内无人值守的建筑物，一方面降低了建筑物人为火灾的发生率，另一方面干式柜火灾或少许泄漏不会造成工作人员伤亡，故规定当一、二级耐火等级的厂区建筑物无人值守时，可以不考虑可燃气体密度的影响。

煤气的相对密度＝煤气密度/空气密度，相对密度大于0.75则为比空气重，否则为比空气轻。

《建筑设计防火规范》GB 50016—2014 第3.4.6条规定："用不燃烧材料制作的室外设备，可按一、二级耐火等级建筑确定"，而在《城镇燃气设计规范》GB 50028—2006 第6.5.3条强制性规定："露天燃气工艺装置与储气罐的间距按工艺要求确定"。可见，城镇燃气行业中的干式柜一般设在一个储配站区内且封闭管理、燃气密度轻于空气，此时露天燃气工艺装置与干式柜的间距可以较小。而在工业企业干式柜柜区内，干式柜也经常与其他室外燃气工艺设备(如电捕焦油器、电除尘器和加压机等)一起布置，以便于统一管理，未经允许的人员也不能进入干式柜区域，故防火间距可以参考《城镇燃气设计规范》GB 50028—2006 的规定。本规范确定与干式柜配套运行的电捕焦油器、电除尘器和加压机等露天燃气工艺设备与该干式柜的间距不小于6m，这也与本规范第3.0.12条的规定相协调，但妨碍干式柜消防的大型不可燃气体储罐间应留出消防人员的操作空间。

参考本规范第3.0.12条之规定，确定干式柜与不可燃气体储罐间距离不小于6m，以保障消防、疏散和通风良好的需要。

本条第5款直接引用《钢铁冶金企业设计防火规范》GB 50414—2007 第4.2.5条的规定。

在采用栅栏围墙时，消防车道和消火栓可以利用围墙外公路布置，消防水带可以穿过栅栏围墙进行灭火。实践上，某钢铁公司引进的2座150000 m³可隆型高炉煤气柜和1座120000 m³多边形焦炉煤气柜在一个煤气柜区域内并排布置，所采用的围墙就为栅栏式，已安全运行二十多年；2007年2月投产的该公司300000 m³焦炉煤气柜和2007年10月建成的300000 m³COREX煤气柜均采用栅栏围墙，其300000 m³焦炉煤气柜为高/焦炉煤气二用柜，柜体侧板与柜区栅栏围墙的最近间距为11.2m，与栅栏外的消防公路的最近间距为12.9m；栅栏围墙与外部电梯机房的最近间距为4.4m。因此，参考《煤气柜安全建议书》IGE/SR/4(1973)第3.1.2条和《建筑设计防火规范》GB 50016—2014 第3.4.12条的规定：厂区围墙与厂内建筑之间的间距不宜小于5m，作出本款规定。

4.1.3 本条根据干式柜的具体特点规定了消防水设计原则。

工业企业中经常有生产水和消防水管网合并的情况，本条明确干式柜消防水可采用生产消防给水管网供给。

曾经有一些单位在干式柜上采用了固定式喷水冷却灭火系统。2006年，某钢铁公司2号焦炉煤气柜和COREX煤气柜同时开始建设，这两座干式柜均为圆筒形稀油密封煤气柜，有效容积均为300000 m³。设计单位请示"可否不设固定喷淋水冷却灭火系统?"，当地消防部门批示同意。因此，本规范规定干式柜不宜设固定式冷却灭火系统。

干式柜柜区的消防水量一般以最大的1座干式柜消防水量为准，即可满足柜区内其他设施的消防水量要求。

4.1.5 干式柜柜区内栽种不含油脂性植物的植物，可防止火情扩大化。

4.1.6 本条为强制性条文，必须严格执行。干式柜柜体的防爆分区必须执行《爆炸危险环境电力装置设计规范》GB 50058 的规定，在《钢铁冶金企业设计防火规范》GB 50414—2007 附录C中对煤气柜防爆分区也有具体规定。

4.2 有效容积的确定

4.2.1、4.2.2 干式柜的有效容积计算应考虑相关的安全容量，经常选用的干式柜有效容积系列见表2，但干式柜有效容积和直径的对应关系可能随设计而异。

表2 三种干式柜的常用有效容积系列

柜型	多边形柜		圆筒形柜		膜密封柜	
	有效容积(m³)	侧板内侧直径(mm)	有效容积(m³)	侧板内壁直径(mm)	有效容积(m³)	侧板内侧直径(mm)
	20000	26514	20000	—	10000	26960
	30000	33976	30000	—	20000	—
	50000	37251	50000	—	30000	38200
	70000	39122	70000	—	50000	47746
	100000	44747	100000	46900	80000	58000
	120000	44747	120000	46900	100000	58000
	150000	53629	150000	51200	120000	61800
	165000	53629	165000	51200	150000	66800
	200000	58073	200000	56524	—	—
	300000	67603	300000	64600	—	—
	400000	73206	400000	—	—	—

4.3 柜体基础

4.3.2 为防止柜体钢结构受涝腐蚀，干式柜基础上表面应高出柜区地坪300mm以上。

4.4 柜体钢结构

4.4.1 干式柜是一种露天的大型现场设备，在其施工过程中，采用了许多特殊安装方法和特殊工装，导致部分柜体钢结构的施工荷载超过正常运行荷载。如稀油柜采用浮升法施工，柜顶的施工荷载可能超过正常运行时的柜顶荷载；稀油柜活塞桁架在施工和正常生产时的受力状态不一样；膜密封柜柜顶吊装产生的施工荷载和正常运行工况不一样等。设计时必须充分考虑施工荷载，才能保证干式柜建设过程中的安全。

4.4.3 曾经有使用单位提出干式柜的回廊平台采用格栅板，目的是雪易漏下且防滑。本规范认为采用格栅板时发生高空坠物(如螺帽等)撞击产生火花的概率大幅提高，且对筒体的整体刚度不利，故在干式柜柜体上不推荐采用格栅板。

4.5 柜体工艺配置的其他要求

4.5.1 本条从有利于维护和人员尽快撤离煤气柜的角度，提出了柜体通行和疏散设计的安全要求。当稀油柜内部吊笼因停电或设备故障等原因停运时，应用紧急救助装置救援活塞上的人员。

4.5.2 本条对导轮、防回转装置、调平装置等活塞走行系统设施设计作出了规定。

稀油柜一般采用在活塞阳面布置弹簧导轮的方法来适应筒体的温差变形，使柜体活塞适应筒体的阴晴和昼夜温差变化。

本条第4款为强制性条款，必须严格执行。稀油柜活塞导轮受力位置对应活塞和筒体立柱部位，一旦活塞旋转后导轮压在筒体侧板部位将致筒体损坏和密封失效，因此活塞相对于筒体的水平旋转量必须控制。防回转装置安装在活塞上，按《钢铁冶金企业设计防火规范》GB 50414—2007 规定此处为防爆1区，故应采取措施防止运行中产生火花。

膜密封柜的活塞限位导轮平常不与筒体接触，在活塞偏心严重时起限位作用，此时限位导轮与筒体撞击。通常上部限位导轮与空气接触，为防止火花，导轮外表面材料一般采用氯丁橡胶；下部限位导轮与煤气接触，而且有可能撞击橡胶膜，故导轮外表面材料一般采用丁腈橡胶。

为保证膜密封柜活塞的安全运行并防止钢绳或其连接部位失效导致调平装置的配重脱落伤人，应设导轨引导配重升降。

4.5.3 活塞密封装置是干式柜的核心设备，设计上应采取有效措施保护密封装置，本条提出了原则性的要求。

4.5.4 稀油柜设有密封油系统，目的是自动向活塞密封装置提供合格的密封油，保证活塞密封安全。

某公司 120000m^3 多边形柜直径约 45m，配置 4 个油泵站和 4 个预备油箱，每个油泵站最长运转时间以 5h 计，每个泵流量约 26L/min，每个预备油箱储油量约为 2.17m^3，故预备油箱可供油时间为 6.68h；而直径约 58m 的 200000m^3 多边形柜也配置 4 个油泵站，预备油箱储油量与 120000m^3 多边形柜相同，此时预备油箱可供油时间为 5.2h。考虑到与不同有效容积的柜容对应的油泵站个数的适应性，统一规定预备油箱储油量宜满足停电 5h 活塞密封安全的需要。如果部分干式柜建成后油泵站运转时间过长，预备油箱储油量达不到停电 5h 的要求时，则宜采取加强监控和维护力度、完善停电应急预案，甚至采取设置备用电源等措施，保证停电时干式柜运行安全。

4.5.5 对于煤气输配管网规模较大、煤气用户较多的企业，为防止稀油柜活塞冲顶，一般在高炉煤气柜和焦炉煤气柜柜体上设安全放散管，将生产异常时的柜内过剩煤气引至高空放散；而在城市煤气行业，有些稀油柜未设安全放散管，故安全放散管的配置应由设计者根据干式柜的功能和管网规模确定。

4.5.6 本条针对干式柜加热、通风和自然采光设计制定。

焦炉煤气中的轻馏分溶入密封油中会导致黏度和闪点下降，降低干式柜的安全性。此时可采用对底部油沟密封油加热的方法使轻馏分逸出，改善密封油品质，延长其使用寿命。

干式柜外部电梯井道设采光窗不仅有利于维护工作和停电时外部电梯轿厢内被困人员逃生，而且采光窗还可兼作外部电梯机房和井道的泄爆区。

4.5.7 停电会对干式柜产生很大影响，主要表现为柜位失控、稀油柜外部电梯和内部吊笼停运、油泵站停运等，稀油柜的预备油箱一般仅能维持停电 5h 左右活塞密封的需要。在大多数工业企业中，提供二路电源并不算太困难；许多工业企业内干式柜区域还配有加压机，因此参考《工业企业煤气安全规程》GB 6222—2005 第 8.2.7 条的规定推荐采用二路电源，即《供配电系统设计规范》GB 50052—2009 中的“一级负荷”。本规定比《城镇燃气设计规范》GB 50028—2006 第 6.5.20 条强制性规定的储配站区域的供电系统设计不低于二级负荷稍严。

4.5.8 本条是总结多年来干式柜检测和控制方面设计和操作中的实践经验而制定的。

在活塞卡住的情况下，干式柜的工作压力波动较大，及时报警和联锁有利于防止事故进一步扩大。

煤气的生产调度人员必须了解柜位才能进行科学的生产调度，因此规定采用 2 套柜位计。机械式柜位计在停电时仍可用机械指示盘显示柜容，便于操作和维护人员停电应急操作，故规定其中 1 套为机械式柜位计。目前的电子式柜位计有雷达、激光和光纤等多种形式的料位计，但停电则无法工作。

稀油柜油泵站房为防爆 2 区，通风条件较差，且人员一般每天会到油泵站房内巡检，故应设固定式煤气浓度检测装置。南方地区不少油泵站采用户外型钢质箱式结构，通风条件较好，此种情况则油泵站箱体电气设计按防爆 2 区设计即可，可不设煤气浓度在线检测装置。

煤气进出口管地下室是含煤气阀门、水封、进出口管与底板的接口等的附属建构筑物，通风不畅，容易发生爆炸或中毒事故。

4.5.9 《电梯制造与安装安全规范》GB 7588—2003 中规定电梯应设紧急报警装置，干式柜外部防爆电梯通常设报警电话作为紧急报警装置，其设计、施工、验收和维护均应符合该规范的规定。

4.5.10 本条针对干式柜工程节能减排设计而制定。干式柜工程应符合国家产业政策，选用具有节能认证或符合现行国家节能环保政策、法规要求的产品。

干式柜正常生产时有煤气冷凝水排出，稀油柜煤气冷凝水中可能还含有油，需达到环保标准才能排放。

5 施工和验收

5.1 一般规定

5.1.2、5.1.3 干式柜的施工建设，必须防止如坍塌、滑坡、高处坠落、机械事故、物体打击等各类安全事故。干式柜安全施工作业涉及的工种较多，有关施工安全的范畴亦相当广泛。根据我国现阶段工程实践，提出了原则性要求。

干式柜施工过程中，攀登、悬空等高处作业及交叉作业均存在事故隐患，而且还使用了侧板提升机、鸟形钩挂钩板及销钉、外部及内部操作平台和柜顶整体吊装设备等特殊工装，相应的安全技术措施应在施工组织设计中明确。

5.2 施 工

5.2.2 本条为强制性条文，必须严格执行。露天构件吊装、浮升操作、柜顶固定和活塞落底、膜密封柜吊装柜顶等干式柜施工危险性较大的步骤均为露天高处作业，在气候条件恶劣，特别是柜顶人员不能清楚地看清地面人员时应停止施工。雷雨天，高处施工人员容易遭雷击；因干式柜的施工情况，浮升高度可能已经大于 100m，因此，雪天和浓雾天气的判断是指侧板提升机的操作人员于柜顶位置的能见度必须清楚地看清地面情况为标准。《建筑机械使用安全技术规程》JGJ 33—2001 第 4.1.7 条规定：“在露天有六级及以上大风或大雨、大雪、大雾等恶劣天气时，应停止起重吊装作业”。实际操作时，吊装高度处的风级可能已经超过六级，这就要求各级施工人员应充分认识其危险性。

5.2.4 本条根据干式柜结构特点和施工特点规定了施工期间建筑灭火器的设置地点。

5.2.5 本条对柜顶中央台架的架设和拆除进行了具体规定，本条第 3 款为强制性条款，必须严格执行。

中央台架是稀油柜柜顶施工必需的工装，其安全性能必须得到保证，后续施工的精度和安全性才有可靠保障。中心台架施工安全隐患也存在于台架安装后的柜顶安装过程，特别是大型柜、大跨度柜顶安装过程中。柜顶桁架采用散装法安装时，如不及时进行固定焊接，未形成柜顶平面内的整体结构，易发生失稳事故。

5.2.7 超重、超大构件主要指超过拟用的工装设备能力的部件，如外部电梯滑轮间、伸到柜中心的安全放散管、大尺寸的柜顶桁架和径向梁等。

5.2.9 侧板提升机、外部悬挂操作平台、鸟形钩系统和柜顶整体吊装设备等危险性较大的特殊工装可在不同干式柜上重复使用，为保证安全使用和拆除作出本条规定。

稀油柜浮升安装使用的侧板提升机必须设吊钩高位、副杆转动限位器等安全设施，外部悬挂操作平台应设栏杆、疏散通道等安全设施，以保证施工安全。侧板提升机和外部悬挂操作平台应严格按操作规程进行操作，防止柜体产生较大变形甚至破坏和威胁施工人员的人身安全。

稀油柜鸟形钩和挂钩板承担着将活塞和柜顶重量传递到立柱上的任务，其安全性必须得到保证。浮升荷载包括柜顶和活塞质量及施工荷载，为防止荷载分布不均匀，规定了鸟形钩、挂钩板及销钉的设计和使用要求。稀油柜浮升安装作业中，鸟形钩的挂钩操作需要统一指挥、协调动作，以使鸟形钩传来的柜顶和活塞的重量较均匀地传到立柱上，为保证安全，应确认鸟形钩全部受力后才可停止风机。销钉螺栓的检查应在每次浮升后和每日工作结束前进行。

浮升水泵一般应安装 2 台，每台的能力均应满足浮升施工的需要。

5.2.11 为防止柜体涂装中上下层作业面交叉施工引发事故，规定涂装作业与动火作业应采取隔离措施，隔离措施可根据干式柜直径和风向错开一定角度进行。

5.3 调 试

5.3.2 密封油属丙类可燃液体，膜密封柜的密封膜属可燃品，故作出本条规定。

5.3.3 稀油柜紧急放散试验将导致活塞油沟密封油喷出柜外，污染环境。膜密封柜自动放散系统应灵活有效，关闭时的密封性能需要调试确认。

5.3.4 初次充气活塞上升时，活塞密封装置和活塞走行系统的性能尚未确认，活塞质量很大，易产生事故，故活塞运行速度应低些。考虑到活塞速度测量精度受柜体振动和测量时间步长的选取等因素的影响，故规定活塞上升速度不宜超过0.2m/min。

膜密封柜活塞板与底板贴住，宜缓慢充气使气体有充分的时间进入活塞板与底板之间，防止密封膜受力过大。

5.3.5 本条针对干式柜检验的安全考核指标编制。参考了《工业企业煤气安全规程》GB 6222、《多边形稀油密封干式柜工程施工质量验收规范》CECS186:2005第8章和《橡胶膜密封干式柜工程施工质量验收规程》CECS 267:2009第9章的内容。

干式柜联动调试是采用空气进行的，柜体考核和验收的绝大部分指标都是在此状态下获得的。

5.3.6 干式柜严密性试验是对柜体质量的综合考核，干式柜投运后一旦停产维修，对正常生产影响很大且煤气放散量大、污染环境。参照《工业企业煤气安全规程》GB 6222—2005作出本条规定。

5.4 验收项目

5.4.2 干式柜的特殊设备中，外部电梯属特种设备，由当地质监部门验收；内部吊笼和紧急救助装置尚未纳入特种设备目录，但其安全性直接与巡检人员的生命息息相关，故统一归入特殊设备进行验收。

6 运行与维护

6.1 运 行

Ⅰ 送煤气操作

6.1.1 首次送煤气作业指干式柜调试合格后，使用单位开始置换柜内空气后的投运操作。

6.1.3 置换用介质管道与柜体通常用软管接，以防介质互窜。现在也有在两个阀中间加放空放散管的做法直连，故用宜。

6.1.4 保持干式柜内压力不低于500Pa是为了防止空气进入。稀油柜置换过程中应保持活塞油沟油位高度大于活塞下部气压，防止密封油吹到活塞板上。

Ⅱ 运行监控

6.1.9 干式柜运行记录存档有利于分析干式柜故障原因和总结运行经验。有人值守的干式柜，值班人员可以每小时记录干式柜的主要运行参数；无人值守的干式柜将一段时间内每小时的运行参数由计算机自动保存。

在严寒和寒冷地区稀油柜配置活塞油沟加热设备的情况下，尚需要监测活塞油沟的油温。

6.1.11 干式柜是为全厂煤气管网服务的，正常情况下阀门全开有利于稳定管网压力并保障煤气系统的安全性，譬如建有燃气轮机发电的煤气管网，管网压力波动要求严格，不宜调节煤气进出口管阀门开度。但在主管网压力波动要求不高的情况下，一旦活塞速度超过设计速度，可以关小阀门以保干式柜本体安全。

6.1.12 机械式柜位计有钢丝绳缠绕半径误差和钢丝绳伸长误差，故输出的柜位信号系统误差较大，但其机械式表盘显示的柜容具有直观、方便的优点，即使停电时操作人员也可观察到柜容。当机械式和电子式柜位计柜容显示数据相差较大时，应检查处理。在处理之前，应选用柜位最不利的柜位计信号参与阀门的联锁或报警，以保证干式柜运行安全。

由于有效容积的大小与底面积和柜位计测量的行程有关，相同柜容的稀油柜和膜密封柜的行程又不一样，故宜由设计者来确定两种柜位计的柜容读数偏差允许值。

6.1.13 本条为强制性条文，必须严格执行。稀油柜的安全放散管是为了防止柜内煤气温度升高体积膨胀或煤气进口阀故障等原因造成稀油柜活塞冲顶而设置的，一般设在干式柜边上，垂直上升到柜顶高空。安全放散管只在活塞将要冲顶时紧急放散煤气用，正常生产时是不允许使用的。膜密封柜的放散系统在活塞超过正常行程时，可机械动作自动放散柜内过剩煤气，但在正常生产时是不允许使用的。原因均在于煤气未燃烧放散、浪费能源且污染环境。

6.1.14 底部油沟液位观察镜一般采用有机玻璃，为防止玻璃破裂造成事故，规定在需要查看液位时打开阀门，查看完毕应关闭阀门。

Ⅲ 停煤气操作

6.1.17 停止干式柜运行时，活塞应缓慢落底，以减轻活塞支座所受的冲击力，达到保护干式柜的目的。由于活塞速度是由柜容计的读数演算得来的，其本身有读数误差，在活塞速度低于0.2m/min时误差可能较大，操作中可配合监视阀门开度等让活塞缓慢落底。

Ⅳ 特殊操作

6.1.21 适度的全行程运行操作有利于稀油柜侧板内侧防腐。

6.1.22 活塞升降频繁，柜内燃气更新速度快，使冰或霜易于被热燃气所软化从侧板内侧脱落。

6.1.23 当内部吊笼在活塞上或半空中而柜顶平台上操纵内部吊笼上下（外部操纵杆）的人员突然发生意外时，内部吊笼内人员可操纵吊笼内部上升装置(内部操纵杆)上升至柜顶平台进行自救。此机构一般情况下不用,但这是一项重要的安全设施。

6.1.24 稀油柜柜区停电时,煤气进出口阀门和油泵站停电,控制室的UPS一般可维持控制系统半小时工作,因此停电后的操作对防止活塞密封装置泄漏煤气、发生活塞冲顶或撞底等事故至关重要。本条第1款和第3款为强制性条款,必须严格执行。

预备油箱平常储有一定量的密封油,是专为停电时油泵站停运后人工打开预备油箱阀门保持活塞密封装置液位高度一段时间而设置的,此时应立即启用,防止密封装置停电后不久就泄漏煤气,为柜区恢复供电赢得时间。

预备油箱维持活塞油沟油位高度的时间应根据停电前油泵站的供油量来估算。根据恢复供电所需时间确定预备油箱油量是否足够来确定活塞是否应落底。如果预备油箱油量不能维持到来电,则活塞应落底以确保安全。

停电时除去预备油箱放油的操作人员外,其他人员应迅速从柜体撤离。如果有人受困,就应启动救助受困人员的特殊操作。如有人在活塞上,应立即用紧急救助吊袋进行救助;如有人在内部吊笼中,应通过手动盘车装置救助;如外部电梯内有乘员,应通过手动盘车将轿箱移至就近的井道安全门位置,乘员从安全门撤离。

6.1.25 稀油柜活塞冲顶后,如果活塞油沟油位高度足够,则可通过加大干式柜出口阀门开度甚至打开安全放散管阀门来降低柜位;如果活塞油位高度已不够或活塞上一氧化碳浓度已报警,则首先宜向活塞油沟注油,达到活塞油沟密封油位后再采取措施降低柜位。

6.2 维　　护

6.2.1 为防止人员上柜或进入活塞检查后停电等原因发生安全事故,此时巡检人员应迅速撤离现场,故要求保持疏散通道畅通。如外部走梯口设有门的干式柜,应将门锁打开。

6.2.8～6.2.9 这2条中的最后一款为其他需要检查的项目,内容包含电气、仪表方面的检查和需要较长时间才检查一次的项目,如基础沉降量、防雷接地电阻、涂漆和腐蚀方面的检查等。

膜密封柜的缺点之一是检修和维护困难。通常巡检人员只能定期检查柜内的上部限位导轮、倾斜量、调平装置和柜位计的钢丝绳系统等,而密封装置是难于由巡检人员维护的,故可只对站在走道上可以检查到的设施进行检查。

6.2.10 干式柜中的钢丝绳尚无专门的维护保养标准,鉴于干式柜上一般无人,钢丝绳多露天设置,对干式柜的安全运行具有重要作用,故推荐参考现行国家标准《起重机钢丝绳保养、维护、安装、检验和报废》GB/T 5972的规定进行管理和维护。

6.2.11 密封油开口闪点降到60℃以下时,密封油从丙类可燃液体变为乙类可燃液体,发生火灾的可能性增加。密封油黏度低于规定值时,油泵站启动次数过多,事故情况下维持活塞油沟密封油位高度的供油量安全系数太低,可能发生所有油泵全部启动仍然供油不足的事故。

6.2.12 稀油柜的防回转装置滑块是易损件,本条提出了更换标准。水平旋转量的测量方法同本规范表5.3.5。

6.2.14 膜密封柜活塞的T挡板和活塞支架是分区逐件安装在下部架台上的,由于体积大需调整安装尺寸,各支撑杆件受力不均。当活塞升降应力释放后,可调的支撑会出现受力和不受力状态,波纹板受力后也会出现固定螺丝松动现象等问题。因此,新建膜密封柜在运行3个月～6个月后宜停柜进行全面检查,重点检查波纹板紧固螺栓和由花篮螺栓及拉杆组成的垂直支撑受力状况,及时消除潜在隐患,保证煤气柜安全运行。

7 检　　修

7.0.1 干式柜检修过程中容易发生各类安全事故,如煤气中毒、火灾、爆炸等,为防止发生上述事故,作出本条规定。

7.0.3 中修和大修的检查宜包括表3的内容。

表3　柜体及附属设施的检查内容表

序号	检查内容		多边形柜	圆筒形柜	膜密封柜
1	柜体底板锈蚀度		√	√	√
2	底部油沟锈蚀度		√	√	—
3	柜体侧板锈蚀度		√	√	√
4	柜体回廊(抗风桁架)、斜梯和栏杆锈蚀度		√	√	√
5	柜顶板及柜顶桁架及其他结构锈蚀度		√	√	√
6	活塞板锈蚀度		√	√	√
7	活塞表面积油量		√	√	—
8	密封膜破损情况及不均匀延长量		—	—	√
9	密封装置	灵活、可靠性	√	√	—
		立柱滑块磨损度	√	√	—
		滑板或密封橡胶磨损度	√	√	—
		兜底帆布	√	√	—
		分隔堰帆布	√	√	—

续表3

序号	检查内容		多边形柜	圆筒形柜	膜密封柜
10	密封油变质程度		√	√	—
11	活塞导轮及其轴承磨损程度		√	√	√
12	防回转装置滑块磨损量		√	√	—
13	调平装置	钢丝绳及绳轮磨损程度	—	—	√
		配重导轨平直度	—	—	√
14	底板排水器的严密性		√	√	√
15	机械柜位计钢丝绳磨损程度		√	√	√
16	紧急放散管的锈蚀度及是否畅通		√	√	√
17	底部油沟液位显示镜		√	√	—
18	预备油箱清洁度		√	√	—
19	油泵站	液位计动作的准确性	√	√	—
		油泵的供油量确认	√	√	—
		油箱、滤网清洗	√	√	—
		油水分离器的锈蚀度	√	√	—
20	活塞运行倾斜量		√	√	√
21	活塞水平旋转量		√	√	√
22	活塞压力波动		√	√	√
23	柜体仪表读数校对		√	√	—
24	电器设施		√	√	√
25	工艺管路		√	√	√

注:膜密封柜的紧急放散管指自动放散系统;√表示要进行此项检查。另外,严密性检验应视柜体各部分的泄漏情况进行。

7.0.4 本条根据多个检修单位检修时已发生的事故教训编制。

一般有油场合是不允许动火的,密封油属丙类可燃液体,动火作业前应彻底清洗,如果焊接可能引燃焊接区附近或下方的密封油等可燃物，也应采取可靠的防护措施。

7.0.5 工业企业时常有调整干式柜工作压力的客观需要，调整工作压力时操作不当将影响干式柜的安全运行，故作出本条规定。

中华人民共和国行业标准

建筑机械使用安全技术规程

Technical specification for safety operation of constructional machinery

JGJ 33-2012

批准部门：中华人民共和国住房和城乡建设部

施行日期：2 0 1 2 年 1 1 月 1 日

13

中华人民共和国住房和城乡建设部
公　　告

第1364号

关于发布行业标准《建筑机械使用安全技术规程》的公告

现批准《建筑机械使用安全技术规程》为行业标准，编号为JGJ 33-2012，自2012年11月1日起实施。其中，第2.0.1、2.0.2、2.0.3、2.0.21、4.1.11、4.1.14、4.5.2、5.1.4、5.1.10、5.5.6、5.10.20、5.13.7、7.1.23、8.2.7、10.3.1、12.1.4、12.1.9条为强制性条文，必须严格执行。原行业标准《建筑机械使用安全技术规程》JGJ 33-2001同时废止。

本规程由我部标准定额研究所组织中国建筑工业出版社出版发行。

中华人民共和国住房和城乡建设部

2012年5月3日

13

前　　言

根据住房和城乡建设部《关于印发〈二〇〇八年工程建设标准规范制订、修订计划（第一批）〉的通知》（建标［2008］102号）的要求，规范编制组经深入调查研究，认真总结实践经验，并在广泛征求意见的基础上，修订本规程。

本规程的主要技术内容是：1. 总则；2. 基本规定；3. 动力与电气装置；4. 建筑起重机械；5. 土石方机械；6. 运输机械；7. 桩工机械；8. 混凝土机械；9. 钢筋加工机械；10. 木工机械；11. 地下施工机械；12. 焊接机械；13. 其他中小型机械。

本规程修订的主要技术内容是：1. 删除了装修机械、水工机械、钣金和管工机械，相关机械并入其他中小型机械；对建筑起重机械、运输机械进行了调整；增加了木工机械、地下施工机械；2. 删除了凿岩机械、油罐车、自立式起重架、混凝土搅拌站、液压滑升设备、预应力钢丝拉伸设备、冷镦机；新增了旋挖钻机、深层搅拌机、成槽机、冲孔桩机、混凝土布料机、钢筋螺纹成型机、钢筋除锈机、顶管机、盾构机。

本规程中以黑体字标志的条文为强制性条文，必须严格执行。

本规程由住房和城乡建设部负责管理和对强制性条文的解释，由江苏省华建建设股份有限公司负责具体技术内容的解释。执行过程中如有意见和建议，请寄送江苏省华建建设股份有限公司（地址：江苏省扬州市文昌中路468号，邮编：225002）。

本规程主编单位：江苏省华建建设股份有限公司
江苏邗建集团有限公司

本规程参编单位：南京工业大学
武汉理工大学
上海市建设机械检测中心
上海建工（集团）总公司
上海市基础公司
天津市建工集团（控股）有限公司
扬州市建筑安全监察站
扬州市建设局
江苏扬建集团有限公司
江苏扬安机电设备工程有限公司

本规程主要起草人员：严　训　施卫东　曹德雄　李耀良
吴启鹤　耿洁明　程　杰　徐永海
徐　国　汤坤林　王军武　成国华
吉劲松　唐朝文　蒋　剑　管盈铭
胡华兵　沈永安　汪万飞　陈　峰
冯志宏　朱炳忠　王宏军　施广月

本规程主要审查人员：郭正兴　潘延平　卓　新　阎　琪
王群依　郭寒竹　黄治郁　孙宗辅
刘新玉　姚晓东　葛兴杰

目　次

Contents

1 总 则

1.0.1 为贯彻国家安全生产法律法规，保障建筑机械的正确使用，发挥机械效能，确保安全生产，制定本规程。
1.0.2 本规程适用于建筑施工中各类建筑机械的使用与管理。
1.0.3 建筑机械的使用与管理，除应符合本规程外，尚应符合国家现行有关标准的规定。

2 基 本 规 定

2.0.1 特种设备操作人员应经过专业培训、考核合格取得建设行政主管部门颁发的操作证，并应经过安全技术交底后持证上岗。
2.0.2 机械必须按出厂使用说明书规定的技术性能、承载能力和使用条件，正确操作，合理使用，严禁超载、超速作业或任意扩大使用范围。
2.0.3 机械上的各种安全防护和保险装置及各种安全信息装置必须齐全有效。
2.0.4 机械作业前，施工技术人员应向操作人员进行安全技术交底。操作人员应熟悉作业环境和施工条件，并应听从指挥，遵守现场安全管理规定。
2.0.5 在工作中，应按规定使用劳动保护用品。高处作业时应系安全带。
2.0.6 机械使用前，应对机械进行检查、试运转。
2.0.7 操作人员在作业过程中，应集中精力，正确操作，并应检查机械工况，不得擅自离开工作岗位或将机械交给其他无证人员操作。无关人员不得进入作业区或操作室内。
2.0.8 操作人员应根据机械有关保养维修规定，认真及时做好机械保养维修工作，保持机械的完好状态，并应做好维修保养记录。
2.0.9 实行多班作业的机械，应执行交接班制度，填写交接班记录，接班人员上岗前应认真检查。
2.0.10 应为机械提供道路、水电、作业棚及停放场地等作业条件，并应消除各种安全隐患。夜间作业应提供充足的照明。
2.0.11 机械设备的地基基础承载力应满足安全使用要求。机械安装、试机、拆卸应按使用说明书的要求进行。使用前应经专业技术人员验收合格。
2.0.12 新机械、经过大修或技术改造的机械，应按出厂使用说明书的要求和现行行业标准《建筑机械技术试验规程》JGJ 34 的规定进行测试和试运转，并应符合本规程附录 A 的规定。
2.0.13 机械在寒冷季节使用，应符合本规程附录 B 的规定。
2.0.14 机械集中停放的场所、大型内燃机械，应有专人看管，并应按规定配备消防器材；机房及机械周边不得堆放易燃、易爆物品。
2.0.15 变配电所、乙炔站、氧气站、空气压缩机房、发电机房、锅炉房等易燃易爆场所，挖掘机、起重机、打桩机等易发生安全事故的施工现场，应设置警戒区域，悬挂警示标志，非工作人员不得入内。
2.0.16 在机械产生对人体有害的气体、液体、尘埃、渣滓、放射性射线、振动、噪声等场所，应配置相应的安全保护设施、监测设备（仪器）、废品处理装置；在隧道、沉井、管道等狭小空间施工时，应采取措施，使有害物控制在规定的限度内。
2.0.17 停用一个月以上或封存的机械，应做好停用或封存前的保养工作，并应采取预防风沙、雨淋、水泡、锈蚀等措施。
2.0.18 机械使用的润滑油（脂）的性能应符合出厂使用说明书的规定，并应按时更换。
2.0.19 当发生机械事故时，应立即组织抢救，并应保护事故现场，应按国家有关事故报告和调查处理规定执行。
2.0.20 违反本规程的作业指令，操作人员应拒绝执行。
2.0.21 清洁、保养、维修机械或电气装置前，必须先切断电源，等机械停稳后再进行操作。严禁带电或采用预约停送电时间的方式进行检修。
2.0.22 机械不得带病运转。检修前，应悬挂“禁止合闸，有人工作”的警示牌。

3 动力与电气装置

3.1 一 般 规 定

3.1.1 内燃机机房应有良好的通风、防雨措施，周围应有 1m 宽以上的通道，排气管应引出室外，并不得与可燃物接触。室外使用的动力机械应搭设防护棚。
3.1.2 冷却系统的水质应保持洁净，硬水应经软化处理后使用，并应按要求定期检查更换。
3.1.3 电气设备的金属外壳应进行保护接地或保护接零，并应符合现行行业标准《施工现场临时用电安全技术规范》JGJ46 的规定。
3.1.4 在同一供电系统中，不得将一部分电气设备作保护接地，而将另一部分电气设备作保护接零。不得将暖气管、煤气管、自来水管作为工作零线或接地线使用。
3.1.5 在保护接零的零线上不得装设开关或熔断器，保护零线应采用黄/绿双色线。
3.1.6 不得利用大地作工作零线，不得借用机械本身金属结构作工作零线。
3.1.7 电气设备的每个保护接地或保护接零点应采用单独的接地（零）线与接地干线（或保护零线）相连接。不得在一个接地（零）线中串接几个接地（零）点。大型设备应设置独立的保护接零，对高度超过 30m 的垂直运输设备应设置防雷接地保护装置。
3.1.8 电气设备的额定工作电压应与电源电压等级相符。
3.1.9 电气装置遇跳闸时，不得强行合闸。应查明原因，排除故障后再行合闸。
3.1.10 各种配电箱、开关箱应配锁，电箱门上应有编号和责任人标牌，电箱门内侧应有线路图，箱内不得存放任何其他物件并应保持清洁。非本岗位作业人员不得擅自开箱合闸。每班工作完毕后，应切断电源，锁好箱门。

3.1.11 发生人身触电时，应立即切断电源后对触电者作紧急救护。不得在未切断电源之前与触电者直接接触。

3.1.12 电气设备或线路发生火警时，应首先切断电源，在未切断电源之前，人员不得接触导线或电气设备，不得用水或泡沫灭火机进行灭火。

3.2 内 燃 机

3.2.1 内燃机作业前应重点检查下列项目，并符合相应要求：

1 曲轴箱内润滑油油面应在标尺规定范围内；

2 冷却水或防冻液量应充足、清洁、无渗漏，风扇三角胶带应松紧合适；

3 燃油箱油量应充足，各油管及接头处不应有漏油现象；

4 各总成连接件应安装牢固，附件应完整。

3.2.2 内燃机启动前，离合器应处于分离位置；有减压装置的柴油机，应先打开减压阀。

3.2.3 不得用牵引法强制启动内燃机；当用摇柄启动汽油机时，应由下向上提动，不得向下硬压或连续摇转，启动后应迅速拿出摇把。当用手拉绳启动时，不得将绳的一端缠在手上。

3.2.4 启动机每次启动时间应符合使用说明书的要求，当连续启动3次仍未能启动时，应检查原因，排除故障后再启动。

3.2.5 启动后，应怠速运转3min～5min，并应检查机油压力和排烟，各系统管路应无泄漏现象；应在温度和机油压力均正常后，开始作业。

3.2.6 作业中内燃机水温不得超过90℃，超过时，不应立即停机，应继续怠速运转降温。当冷却水沸腾需开启水箱盖时，操作人员应戴手套，面部应避开水箱盖口，并应先卸压，后拧开。不得用冷水注入水箱或泼浇内燃机体强制降温。

3.2.7 内燃机运行中出现异响、异味、水温急剧上升及机油压力急剧下降等情况时，应立即停机检查并排除故障。

3.2.8 停机前应卸去载荷，进行低速运转，待温度降低后再停止运转。装有涡轮增压器的内燃机，应怠速运转5min～10min后停机。

3.2.9 有减压装置的内燃机，不得使用减压杆进行熄火停机。

3.2.10 排气管向上的内燃机，停机后应在排气管口上加盖。

3.3 发 电 机

3.3.1 以内燃机为动力的发电机，其内燃机部分的操作应按本规程第3.2节的有关规定执行。

3.3.2 新装、大修或停用10d及以上的发电机，使用前应测量定子和励磁回路的绝缘电阻及吸收比，转子绕组的绝缘电阻不得小于0.5MΩ，吸收比不得小于1.3，并应做好测量记录。

3.3.3 作业前应检查内燃机与发电机传动部分，并应确保连接可靠，输出线路的导线绝缘应良好，各仪表应齐全、有效。

3.3.4 启动前应将励磁变阻器的阻值放在最大位置上，应断开供电输出总开关，并应接合中性点接地开关，有离合器的发电机组应脱开离合器。内燃机启动后应空载运转，并应待运转正常后再接合发电机。

3.3.5 启动后应检查并确认发电机无异响，滑环及整流子上电刷应接触良好，不得有跳动及产生火花现象。应在运转稳定，频率、电压达到额定值后，再向外供电。用电负荷应逐步加大，三相应保持平衡。

3.3.6 不得对旋转着的发电机进行维修、清理。运转中的发电机不得使用帆布等物体遮盖。

3.3.7 发电机组电源应与外电线路电源连锁，不得与外电并联运行。

3.3.8 发电机组并联运行应满足频率、电压、相位、相序相同的条件。

3.3.9 并联线路两组以上时，应在全部进入空载状态后逐一供电。准备并联运行的发电机应在全部已进入正常稳定运转，接到"准备并联"的信号后，调整柴油机转速，并应在同步瞬间合闸。

3.3.10 并联运行的发电机组如因负荷下降而需停车一台时，应先将需停车的一台发电机的负荷全部转移到继续运转的发电机上，然后按单台发电机停车的方法进行停机。如需全部停机则应先将负荷逐步切断，然后停机。

3.3.11 移动式发电机使用前应将底架停放在平稳的基础上，不得在运转时移动发电机。

3.3.12 发电机连续运行的允许电压值不得超过额定值的±10%。正常运行的电压变动范围应在额定值的±5%以内，功率因数为额定值时，发电机额定容量应恒定不变。

3.3.13 发电机在额定频率值运行时，发电机频率变动范围不得超过±0.5Hz。

3.3.14 发电机功率因数不宜超过迟相0.95。有自动励磁调节装置的，可允许短时间内在迟相0.95～1的范围内运行。

3.3.15 发电机运行中应经常检查仪表及运转部件，发现问题应及时调整。定子、转子电流不得超过允许值。

3.3.16 停机前应先切断各供电分路开关，然后切断发电机供电主开关，逐步减少载荷，将励磁变阻器复回到电阻最大值位置，使电压降至最低值，再切断励磁开关和中性点接地开关，最后停止内燃机运转。

3.3.17 发电机经检修后应进行检查，转子及定子槽间不得留有工具、材料及其他杂物。

3.4 电 动 机

3.4.1 长期停用或可能受潮的电动机，使用前应测量绕组间和绕组对地的绝缘电阻，绝缘电阻值应大于0.5MΩ，绕线转子电动机还应检查转子绕组及滑环对地绝缘电阻。

3.4.2 电动机应装设过载和短路保护装置，并应根据设备需要装设断、错相和失压保护装置。

3.4.3 电动机的熔丝额定电流应按下列条件选择：

1 单台电动机的熔丝额定电流为电动机额定电流的150%～250%；

2 多台电动机合用的总熔丝额定电流为其中最大一台电动机额定电流的150%～250%再加上其余电动机额定电流的总和。

3.4.4 采用热继电器作电动机过载保护时，其容量应选择电动机额定电流的100%～125%。

3.4.5 绕线式转子电动机的集电环与电刷的接触面不得小于满接触面的75%。电刷高度磨损超过原标准2/3时应更换。在使用过程中不应有跳动和产生火花现象，并应定期检查电刷簧的压力确保可靠。

3.4.6 直流电动机的换向器表面应光洁，当有机械损伤或火花灼伤时应修整。

3.4.7 电动机额定电压变动范围应控制在−5%～+10%之内。

3.4.8 电动机运行中不应异响、漏电，轴承温度应正常，电刷与滑环应接触良好。旋转中电动机滑动轴承的允许最高温度应为80℃，滚动轴承的允许最高温度应为95℃。

3.4.9 电动机在正常运行中，不得突然进行反向运转。

3.4.10 电动机械在工作中遇停电时，应立即切断电源，并应将启动开关置于停止位置。

3.4.11 电动机停止运行前，应首先将载荷卸去，或将转速降到最低，然后切断电源，启动开关应置于停止位置。

3.5 空气压缩机

3.5.1 空气压缩机的内燃机和电动机的使用应符合本规程第3.2节和第3.4节的规定。

3.5.2 空气压缩机作业区应保持清洁和干燥。贮气罐应放在通风良好处，距贮气罐15m以内不得进行焊接或热加工作业。

3.5.3 空气压缩机的进排气管较长时，应加以固定，管路不得有急弯，并应设伸缩变形装置。

3.5.4 贮气罐和输气管路每3年应作水压试验一次，试验压力应为额定压力的150%。压力表和安全阀应每年至少校验一次。

3.5.5 空气压缩机作业前应重点检查下列项目，并应符合相应要求：

1 内燃机燃油、润滑油应添加充足；电动机电源应正常；

2 各连接部位应紧固，各运动机构及各部阀门开闭应灵活，管路不得有漏气现象；

3 各防护装置应齐全良好，贮气罐内不得有存水；

4 电动空气压缩机的电动机及启动器外壳应接地良好，接地电阻不得大于4Ω。

3.5.6 空气压缩机应在无载状态下启动，启动后应低速空运转，检视各仪表指示值并应确保符合要求；空气压缩机应在运转正常后，逐步加载。

3.5.7 输气胶管应保持畅通，不得扭曲，开启送气阀前，应将输气管道连接好，并应通知现场有关人员后再送气。在出气口前方不得有人。

3.5.8 作业中贮气罐内压力不得超过铭牌额定压力，安全阀应灵敏有效。进气阀、排气阀、轴承及各部件不得有异响或过热现象。

3.5.9 每工作2h，应将液气分离器、中间冷却器、后冷却器内的油水排放一次。贮气罐内的油水每班应排放1次～2次。

3.5.10 正常运转后，应经常观察各种仪表读数，并应随时按使用说明书进行调整。

3.5.11 发现下列情况之一时应立即停机检查，并应在找出原因并排除故障后继续作业：

1 漏水、漏气、漏电或冷却水突然中断；

2 压力表、温度表、电流表、转速表指示值超过规定；

3 排气压力突然升高，排气阀、安全阀失效；

4 机械有异响或电动机电刷发生强烈火花；

5 安全防护、压力控制装置及电气绝缘装置失效。

3.5.12 运转中，因缺水而使气缸过热停机时，应待气缸自然降温至60℃以下时，再进行加水作业。

3.5.13 当电动空气压缩机运转中停电时，应立即切断电源，并应在无载荷状态下重新启动。

3.5.14 空气压缩机停机时，应先卸去载荷，再分离主离合器，最后停止内燃机或电动机的运转。

3.5.15 空气压缩机停机后，在离岗前应关闭冷却水阀门，打开放气阀，放出各级冷却器和贮气罐内的油水和存气。

3.5.16 在潮湿地区及隧道中施工时，对空气压缩机外露摩擦面应定期加注润滑油，对电动机和电气设备应做好防潮保护工作。

3.6 10kV以下配电装置

3.6.1 施工电源及高低压配电装置应设专职值班人员负责运行与维护，高压巡视检查工作不得少于2人，每半年应进行一次停电检修和清扫。

3.6.2 高压油开关的瓷套管应保证完好，油箱不得有渗漏，油位、油质应正常，合闸指示器位置应正确，传动机构应灵活可靠。应定期对触头的接触情况、油质、三相合闸的同步性进行检查。

3.6.3 停用或经修理后的高压油开关，在投入运行前应全面检查，应在额定电压下作合闸、跳闸操作各3次，其动作应正确可靠。

3.6.4 隔离开关应每季度检查一次，瓷件应无裂纹和放电现象；接线柱和螺栓不应松动；刀型开关不应变形、损伤，应接触严密。三相隔离开关各相动触头与静触头应同时接触，前后相差不得大于3mm，打开角不得小于60°。

3.6.5 避雷装置在雷雨季节之前应进行一次预防性试验，并应测量接地电阻。雷电后应检查阀型避雷器的瓷瓶、连接线和地线，应确保完好无损。

3.6.6 低压电气设备和器材的绝缘电阻不得小于0.5MΩ。

3.6.7 在易燃、易爆、有腐蚀性气体的场所应采用防爆型低压电器；在多尘和潮湿或易触及人体的场所应采用封闭型低压电器。

3.6.8 电箱及配电线路的布置应执行现行行业标准《施工现场临时用电安全技术规范》JGJ 46的规定。

4 建筑起重机械

4.1 一般规定

4.1.1 建筑起重机械进入施工现场应具备特种设备制造许可证、产品合格证、特种设备制造监督检验证明、备案证明、安装使用说明书和自检合格证明。

4.1.2 建筑起重机械有下列情形之一时，不得出租和使用：

1 属国家明令淘汰或禁止使用的品种、型号；

2 超过安全技术标准或制造厂规定的使用年限；

3 经检验达不到安全技术标准规定；

4 没有完整安全技术档案；

5 没有齐全有效的安全保护装置。

4.1.3 建筑起重机械的安全技术档案应包括下列内容：

1 购销合同、特种设备制造许可证、产品合格证、特种设备制造监督检验证明、安装使用说明书、备案证明等原始资料；

2 定期检验报告、定期自行检查记录、定期维护保养记录、维修和技术改造记录、运行故障和生产安全事故记录、累积运转记录等运行资料；

3 历次安装验收资料。

4.1.4 建筑起重机械装拆方案的编制、审批和建筑起重机械首次使用、升节、附墙等验收应按现行有关规定执行。

4.1.5 建筑起重机械的装拆应由具有起重设备安装工程承包资质的单位施工，操作和维修人员应持证上岗。

4.1.6 建筑起重机械的内燃机、电动机和电气、液压装置部分，应按本规程第3.2节、3.4节、3.6节和附录C的规定执行。

4.1.7 选用建筑起重机械时，其主要性能参数、利用等级、载荷状态、工作级别等应与建筑工程相匹配。

4.1.8 施工现场应提供符合起重机械作业要求的通道和电源等工作场地和作业环境。基础与地基承载能力应满足起重机械的安全使用要求。

4.1.9 操作人员在作业前应对行驶道路、架空电线、建（构）筑物等现场环境以及起吊重物进行全面了解。

4.1.10 建筑起重机械应装有音响清晰的信号装置。在起重臂、吊钩、平衡重等转动物体上应有鲜明的色彩标志。

4.1.11 建筑起重机械的变幅限位器、力矩限制器、起重量限制器、防坠安全器、钢丝绳防脱装置、防脱钩装置以及各种行程限位开关等安全保护装置，必须齐全有效，严禁随意调整或拆除。严禁利用限制器和限位装置代替操纵机构。

4.1.12 建筑起重机械安装工、司机、信号司索工作业时应密切配合，按规定的指挥信号执行。当信号不清或错误时，操作人员应拒绝执行。

4.1.13 施工现场应采用旗语、口哨、对讲机等有效的联络措施确保通信畅通。

4.1.14 在风速达到9.0m/s及以上或大雨、大雪、大雾等恶劣天气时，严禁进行建筑起重机械的安装拆卸作业。

4.1.15 在风速达到12.0m/s及以上或大雨、大雪、大雾等恶劣天气时，应停止露天的起重吊装作业。重新作业前，应先试吊，并应确认各种安全装置灵敏可靠后进行作业。

4.1.16 操作人员进行起重机械回转、变幅、行走和吊钩升降等动作前，应发出音响信号示意。

4.1.17 建筑起重机械作业时，应在臂长的水平投影覆盖范围外设置警戒区域，并应有监护措施；起重臂和重物下方不得有人停留、工作或通过。不得用吊车、物料提升机载运人员。

4.1.18 不得使用建筑起重机械进行斜拉、斜吊和起吊埋设在地下或凝固在地面上的重物以及其他不明重量的物体。

4.1.19 起吊重物应绑扎平稳、牢固，不得在重物上再堆放或悬挂零星物件。易散落物件应使用吊笼吊运。标有绑扎位置的物件，应按标记绑扎后吊运。吊索的水平夹角宜为45°～60°，不得小于30°，吊索与物件棱角之间应加保护垫料。

4.1.20 起吊载荷达到起重机械额定起重量的90%及以上时，应先将重物吊离地面不大于200mm，检查起重机械的稳定性和制动可靠性，并应在确认重物绑扎牢固平稳后再继续起吊。对大体积或易晃动的重物应拴拉绳。

4.1.21 重物的吊运速度应平稳、均匀，不得突然制动。回转未停稳前，不得反向操作。

4.1.22 建筑起重机械作业时，在遇突发故障或突然停电时，应立即把所有控制器拨到零位，并及时关闭发动机或断开电源总开关，然后进行检修。起吊物不得长时间悬挂在空中，应采取措施将重物降落到安全位置。

4.1.23 起重机械的任何部位与架空输电导线的安全距离应符合现行行业标准《施工现场临时用电安全技术规范》JGJ 46的规定。

4.1.24 建筑起重机械使用的钢丝绳，应有钢丝绳制造厂提供的质量合格证明文件。

4.1.25 建筑起重机械使用的钢丝绳，其结构形式、强度、规格等应符合起重机使用说明书的要求。钢丝绳与卷筒应连接牢固，放出钢丝绳时，卷筒上应至少保留三圈，收放钢丝绳时应防止钢丝绳损坏、扭结、弯折和乱绳。

4.1.26 钢丝绳采用编结固接时，编结部分的长度不得小于钢丝绳直径的20倍，并不应小于300mm，其编结部分应用细钢丝捆扎。当采用绳卡固接时，与钢丝绳直径匹配的绳卡数量应符合表4.1.26的规定，绳卡间距应是6倍～7倍钢丝绳直径，最后一个绳卡距绳头的长度不得小于140mm。绳卡滑鞍（夹板）应在钢丝绳承载时受力的一侧，U形螺栓应在钢丝绳的尾端，不得正反交错。绳卡初次固定后，应待钢丝绳受力后再次紧固，并宜拧紧到使尾端钢丝绳受压处直径高度压扁1/3。作业中应经常检查紧固情况。

表4.1.26 与绳径匹配的绳卡数

钢丝绳公称直径（mm）	≤18	>18～26	>26～36	>36～44	>44～60
最少绳卡数（个）	3	4	5	6	7

4.1.27 每班作业前，应检查钢丝绳及钢丝绳的连接部位。钢丝绳报废标准按现行国家标准《起重机 钢丝绳 保养、维护、安装、检验和报废》GB/T 5972的规定执行。

4.1.28 在转动的卷筒上缠绕钢丝绳时，不得用手拉或脚踩引导钢丝绳，不得给正在运转的钢丝绳涂抹润滑脂。

4.1.29 建筑起重机械报废及超龄使用应符合国家现行有关规定。

4.1.30 建筑起重机械的吊钩和吊环严禁补焊。当出现下列情况之一时应更换：

1 表面有裂纹、破口；

2 危险断面及钩颈永久变形；

3 挂绳处断面磨损超过高度10%；

4 吊钩衬套磨损超过原厚度50%；

5 销轴磨损超过其直径的5%。

4.1.31 建筑起重机械使用时，每班都应对制动器进行检查。当制动器的零件出现下列情况之一时，应作报废处理：

1 裂纹；

2 制动器摩擦片厚度磨损达原厚度50%；

3 弹簧出现塑性变形；

4 小轴或轴孔直径磨损达原直径的5%。

4.1.32 建筑起重机械制动轮的制动摩擦面不应有妨碍制动性能的缺陷或沾染油污。制动轮出现下列情况之一时，应作报废处理：

1 裂纹；

2 起升、变幅机构的制动轮，轮缘厚度磨损大于原厚度的40%；

3 其他机构的制动轮，轮缘厚度磨损大于原厚度的50%；

4 轮面凹凸不平度达1.5mm～2.0mm（小直径取小值，大直径取大值）。

4.2 履带式起重机

4.2.1 起重机械应在平坦坚实的地面上作业、行走和停放。作业时，坡度不得大于3°，起重机械应与沟渠、基坑保持安全距离。

4.2.2 起重机械启动前应重点检查下列项目，并应符合相应要求：

1 各安全防护装置及各指示仪表应齐全完好；

2 钢丝绳及连接部位应符合规定；

3 燃油、润滑油、液压油、冷却水等应添加充足；

4 各连接件不得松动；

5 在回转空间范围内不得有障碍物。

4.2.3 起重机械启动前应将主离合器分离，各操纵杆放在空挡位置。应按本规程第3.2节规定启动内燃机。

4.2.4 内燃机启动后，应检查各仪表指示值，应在运转正常后接合主离合器，空载运转时，应按顺序检查各工作机构及制动器，应在确认正常后作业。

4.2.5 作业时，起重臂的最大仰角不得超过使用说明书的规定。当无资料可查时，不得超过78°。

4.2.6 起重机械变幅应缓慢平稳，在起重臂未停稳前不得变换挡位。

4.2.7 起重机械工作时，在行走、起升、回转及变幅四种动作中，应只允许不超过两种动作的复合操作。当负荷超过该工况额定负荷的90%及以上时，应慢速升降重物，严禁超过两种动作的复合操作和下降起重臂。

4.2.8 在重物起升过程中，操作人员应把脚放在制动踏板上，控制起升高度，防止吊钩冒顶。当重物悬停空中时，即使制动踏板被固定，仍应脚踩在制动踏板上。

4.2.9 采用双机抬吊作业时，应选用起重性能相似的起重机进行。抬吊时应统一指挥，动作应配合协调，载荷应分配合理，起吊重量不得超过两台起重机在该工况下允许起重量总和的75%，单机的起吊载荷不得超过允许载荷的80%。在吊装过程中，两台起重机的吊钩滑轮组应保持垂直状态。

4.2.10 起重机械行走时，转弯不应过急；当转弯半径过小时，应分次转弯。

4.2.11 起重机械不宜长距离负载行驶。起重机械负载时应缓慢行驶，起重量不得超过相应工况额定起重量的70%，起重臂应位于行驶方向正前方，载荷离地面高度不得大于500mm，并应拴好拉绳。

4.2.12 起重机械上、下坡道时应无载行走，上坡时应将起重臂仰角适当放小，下坡时应将起重臂仰角适当放大。下坡严禁空挡滑行。在坡道上严禁带载回转。

4.2.13 作业结束后，起重臂应转至顺风方向，并应降至40°～60°之间，吊钩应提升到接近顶端的位置，关停内燃机，并应将各操纵杆放在空挡位置，各制动器应加保险固定，操作室和机棚应关门加锁。

4.2.14 起重机械转移工地，应采用火车或平板拖车运输，所用跳板的坡度不得大于15°；起重机械装上车后，应将回转、行走、变幅等机构制动，应采用木楔楔紧履带两端，并应绑扎牢固；吊钩不得悬空摆动。

4.2.15 起重机械自行转移时，应卸去配重，拆短起重臂，主动轮应在后面，机身、起重臂、吊钩等必须处于制动位置，并应加保险固定。

4.2.16 起重机械通过桥梁、水坝、排水沟等构筑物时，应先查明允许载荷后再通过，必要时应采取加固措施。通过铁路、地下水管、电缆等设施时，应铺设垫板保护，机械在上面行走时不得转弯。

4.3 汽车、轮胎式起重机

4.3.1 起重机械工作的场地应保持平坦坚实，符合起重时的受力要求；起重机械应与沟渠、基坑保持安全距离。

4.3.2 起重机械启动前应重点检查下列项目，并应符合相应要求：

1 各安全保护装置和指示仪表应齐全完好；

2 钢丝绳及连接部位应符合规定；

3 燃油、润滑油、液压油及冷却水应添加充足；

4 各连接件不得松动；

5 轮胎气压应符合规定；

6 起重臂应可靠搁置在支架上。

4.3.3 起重机械启动前，应将各操纵杆放在空挡位置，手制动器应锁死，应按本规程第3.2节有关规定启动内燃机。应在怠速运转3min～5min后进行中高速运转，并应在检查各仪表指示值，确认运转正常后接合液压泵，液压达到规定值，油温超过30℃时，方可作业。

4.3.4 作业前，应全部伸出支腿，调整机体使回转支撑面的倾斜度在无载荷时不大于1/1000（水准居中）。支腿的定位销必须插上。底盘为弹性悬挂的起重机，插支腿前应先收紧稳定器。

4.3.5 作业中不得扳动支腿操纵阀。调整支腿时应在无载荷时进行，应先将起重臂转至正前方或正后方之后，再调整支腿。

4.3.6 起重作业前，应根据所吊重物的重量和起升高度，并应按起重性能曲线，调整起重臂长度和仰角；应估计吊索长度和重物本身的高度，留出适当起吊空间。

4.3.7 起重臂顺序伸缩时，应按使用说明书进行，在伸臂的同时应下降吊钩。当制动器发出警报时，应立即停止伸臂。

4.3.8 汽车式起重机变幅角度不得小于各长度所规定的仰角。

4.3.9 汽车式起重机起吊作业时，汽车驾驶室内不得有人，重物不得超越汽车驾驶室上方，且不得在车的前方起吊。

4.3.10 起吊重物达到额定起重量的50%及以上时，应使用低速挡。

4.3.11 作业中发现起重机倾斜、支腿不稳等异常现象时，应在保证作业人员安全的情况下，将重物降至安全的位置。

4.3.12 当重物在空中需停留较长时间时，应将起升卷筒制动锁住，操作人员不得离开操作室。

4.3.13 起吊重物达到额定起重量的90%以上时，严禁向下变幅，同时严禁进行两种及以上的操作动作。

4.3.14 起重机械带载回转时，操作应平稳，应避免急剧回转或急停，换向应在停稳后进行。

4.3.15 起重机械带载行走时，道路应平坦坚实，载荷应符合使用说明书的规定，重物离地面不得超过500mm，并应拴好拉绳，缓慢行驶。

4.3.16 作业后，应先将起重臂全部缩回放在支架上，再收回支腿；吊钩应使用钢丝绳挂牢；车架尾部两撑杆应分别撑在尾部下方的支座内，并应采用螺母固定；阻止机身旋转的销式制动器应插入销孔，并应将取力器操纵手柄放在脱开位置，最后应锁住起重操作室门。

4.3.17 起重机械行驶前，应检查确认各支腿收存牢固，轮胎气压应符合规定。行驶时，发动机水温应在80℃～90℃范围内，当水温未达到80℃时，不得高速行驶。

4.3.18 起重机械应保持中速行驶，不得紧急制动，过铁道口或起伏路面时应减速，下坡时严禁空挡滑行，倒车时应有人监护指挥。

4.3.19 行驶时，底盘走台上不得有人员站立或蹲坐，不得堆放物件。

4.4 塔式起重机

4.4.1 行走式塔式起重机的轨道基础应符合下列要求：

1 路基承载能力应满足塔式起重机使用说明书要求；

2 每间隔6m应设轨距拉杆一个，轨距允许偏差应为公称值的1/1000，且不得超过±3mm；

3 在纵横方向上，钢轨顶面的倾斜度不得大于1/1000；塔机安装后，轨道顶面纵、横方向上的倾斜度，对上回转塔机不应大于3/1000；对下回转塔机不应大于5/1000。在轨道全程中，轨道顶面任意两点的高差应小于100mm；

4 钢轨接头间隙不得大于4mm，与另一侧轨道接头的错开距离不得小于1.5m，接头处应架在轨枕上，接头两端高度差不得大于2mm；

5 距轨道终端1m处应设置缓冲止挡器，其高度不应小于行走轮的半径。在轨道上应安装限位开关碰块，安装位置应保证塔机在与缓冲止挡器或与同一轨道上其他塔机相距大于1m处能完全停住，此时电缆线应有足够的富余长度；

6 鱼尾板连接螺栓应紧固，垫板应固定牢靠。

4.4.2 塔式起重机的混凝土基础应符合使用说明书和现行行业标准《塔式起重机混凝土基础工程技术规程》JGJ/T 187的规定。

4.4.3 塔式起重机的基础应排水通畅，并应按专项方案与基坑保持安全距离。

4.4.4 塔式起重机应在其基础验收合格后进行安装。

4.4.5 塔式起重机的金属结构、轨道应有可靠的接地装置，接地电阻不得大于4Ω。高位塔式起重机应设置防雷装置。

4.4.6 装拆作业前应进行检查，并应符合下列规定：

1 混凝土基础、路基和轨道铺设应符合技术要求；

2 应对所装拆塔式起重机的各机构、结构焊缝、重要部位螺栓、销轴、卷扬机构和钢丝绳、吊钩、吊具、电气设备、线路等进行检查，消除隐患；

3 应对自升塔式起重机顶升液压系统的液压缸和油管、顶升套架结构、导向轮、顶升支撑（爬爪）等进行检查，使其处于完好工况；

4　装拆人员应使用合格的工具、安全带、安全帽；

5　装拆作业中配备的起重机械等辅助机械应状况良好，技术性能应满足装拆作业的安全要求；

6　装拆现场的电源电压、运输道路、作业场地等应具备装拆作业条件；

7　安全监督岗的设置及安全技术措施的贯彻落实应符合要求。

4.4.7　指挥人员应熟悉装拆作业方案，遵守装拆工艺和操作规程，使用明确的指挥信号。参与装拆作业的人员，应听从指挥，如发现指挥信号不清或有错误时，应停止作业。

4.4.8　装拆人员应熟悉装拆工艺，遵守操作规程，当发现异常情况或疑难问题时，应及时向技术负责人汇报，不得自行处理。

4.4.9　装拆顺序、技术要求、安全注意事项应按批准的专项施工方案执行。

4.4.10　塔式起重机高强度螺栓应由专业厂家制造，并应有合格证明。高强度螺栓严禁焊接。安装高强螺栓时，应采用扭矩扳手或专用扳手，并应按装配技术要求预紧。

4.4.11　在装拆作业过程中，当遇天气剧变、突然停电、机械故障等意外情况时，应将已装拆的部件固定牢靠，并经检查确认无隐患后停止作业。

4.4.12　塔式起重机各部位的栏杆、平台、扶杆、护圈等安全防护装置应配置齐全。行走式塔式起重机的大车行走缓冲止挡器和限位开关碰块应安装牢固。

4.4.13　因损坏或其他原因而不能用正常方法拆卸塔式起重机时，应按照技术部门重新批准的拆卸方案执行。

4.4.14　塔式起重机安装过程中，应分阶段检查验收。各机构动作应正确、平稳，制动可靠，各安全装置应灵敏有效。在无载荷情况下，塔身的垂直度允许偏差应为4/1000。

4.4.15　塔式起重机升降作业时，应符合下列规定：

1　升降作业应有专人指挥，专人操作液压系统，专人拆装螺栓。非作业人员不得登上顶升套架的操作平台。操作室内应只准一人操作；

2　升降作业应在白天进行；

3　顶升前应预先放松电缆，电缆长度应大于顶升总高度，并应紧固好电缆。下降时应适时收紧电缆；

4　升降作业前，应对液压系统进行检查和试机，应在空载状态下将液压缸活塞杆伸缩3次～4次，检查无误后，再将液压缸活塞杆通过顶升梁借助顶升套架的支撑，顶起载荷100mm～150mm，停10min，观察液压缸载荷是否有下滑现象；

5　升降作业时，应调整好顶升套架滚轮与塔身标准节的间隙，并应按规定要求使起重臂和平衡臂处于平衡状态，将回转机构制动。当回转台与塔身标准节之间的最后一处连接螺栓（销轴）拆卸困难时，应将最后一处连接螺栓（销轴）对角方向的螺栓重新插入，再采取其他方法进行拆卸。不得用旋转起重臂的方法松动螺栓（销轴）；

6　顶升撑脚（爬爪）就位后，应及时插上安全销，才能继续升降作业；

7　升降作业完毕后，应按规定扭力紧固各连接螺栓，应将液压操纵杆扳到中间位置，并应切断液压升降机构电源。

4.4.16　塔式起重机的附着装置应符合下列规定：

1　附着建筑物的锚固点的承载能力应满足塔式起重机技术要求。附着装置的布置方式应按使用说明书的规定执行。当有变动时，应另行设计；

2　附着杆件与附着支座（锚固点）应采取销轴铰接；

3　安装附着框架和附着杆件时，应用经纬仪测量塔身垂直度，并应利用附着杆件进行调整，在最高锚固点以下垂直度允许偏差为2/1000；

4　安装附着框架和附着支座时，各道附着装置所在平面与水平面的夹角不得超过10°；

5　附着框架宜设置在塔身标准节连接处，并应箍紧塔身；

6　塔身顶升到规定附着间距时，应及时增设附着装置。塔身高出附着装置的自由端高度，应符合使用说明书的规定；

7　塔式起重机作业过程中，应经常检查附着装置，发现松动或异常情况时，应立即停止作业，故障未排除，不得继续作业；

8　拆卸塔式起重机时，应随着降落塔身的进程拆卸相应的附着装置。严禁在落塔之前先拆附着装置；

9　附着装置的安装、拆卸、检查和调整应有专人负责；

10　行走式塔式起重机作固定式塔式起重机使用时，应提高轨道基础的承载能力，切断行走机构的电源，并应设置阻挡行走轮移动的支座。

4.4.17　塔式起重机内爬升时应符合下列规定：

1　内爬升作业时，信号联络应通畅；

2　内爬升过程中，严禁进行塔式起重机的起升、回转、变幅等各项动作；

3　塔式起重机爬升到指定楼层后，应立即拔出塔身底座的支承梁或支腿，通过内爬升框架及时固定在结构上，并应顶紧导向装置或用楔块塞紧；

4　内爬升塔式起重机的塔身固定间距应符合使用说明书要求；

5　应对设置内爬升框架的建筑结构进行承载力复核，并应根据计算结果采取相应的加固措施。

4.4.18　雨天后，对行走式塔式起重机，应检查轨距偏差、钢轨顶面的倾斜度、钢轨的平直度、轨道基础的沉降及轨道的通过性能等；对固定式塔式起重机，应检查混凝土基础不均匀沉降。

4.4.19　根据使用说明书的要求，应定期对塔式起重机各工作机构、所有安全装置、制动器的性能及磨损情况、钢丝绳的磨损及绳端固定、液压系统、润滑系统、螺栓销轴连接处等进行检查。

4.4.20　**配电箱应设置在距塔式起重机3m范围内或轨道中部，且明显可见；电箱中应设置带熔断式断路器及塔式起重机电源总开关；电缆卷筒应灵活有效，不得拖缆。**

4.4.21　塔式起重机在无线电台、电视台或其他电磁波发射天线附近施工时，与吊钩接触的作业人员，应戴绝缘手套和穿绝缘鞋，并应在吊钩上挂接临时放电装置。

4.4.22　当同一施工地点有两台以上塔式起重机并可能互相干涉时，应制定群塔作业方案；两台塔式起重机之间的最小架设距离应保证处于低位塔式起重机的起重臂端部与另一台塔式起重机的塔身之间至少有2m的距离；处于高位塔式起重机的最低位置的部件（吊钩升至最高点或平衡重的最低部位）与低位塔式起重机中处于最高位置部件之间的垂直距离不应小于2m。

4.4.23　轨道式塔式起重机作业前，应检查轨道基础平直无沉陷，鱼尾板、连接螺栓及道钉不得松动，并应清除轨道上的障碍物，将夹轨器固定。

4.4.24　塔式起重机启动应符合下列要求：

1　金属结构和工作机构的外观情况应正常；

2　安全保护装置和指示仪表应齐全完好；

3　齿轮箱、液压油箱的油位应符合规定；

4　各部位连接螺栓不得松动；

5　钢丝绳磨损应在规定范围内，滑轮穿绕应正确；

6　供电电缆不得破损。

4.4.25　送电前，各控制器手柄应在零位。接通电源后，应检查并确认不得有漏电现象。

4.4.26　作业前，应进行空载运转，试验各工作机构并确认运转正常，不得有噪声及异响，各机构的制动器及安全保护装置应灵敏有效，确认正常后方可作业。

4.4.27　起吊重物时，重物和吊具的总重量不得超过塔式起重机相应幅度下规定的起重量。

4.4.28　应根据起吊重物和现场情况，选择适当的工作速度，操纵各控制器时应从停止点（零点）开始，依次逐级增加速度，不得越挡操作。在变换运转方向时，应将控制器手柄扳到零位，待电动机停止运转后再转向另一方向，不得直接变换运转方向突然变速或制动。

4.4.29 在提升吊钩、起重小车或行走大车运行到限位装置前，应减速缓行到停止位置，并应与限位装置保持一定距离。不得采用限位装置作为停止运行的控制开关。

4.4.30 动臂式塔式起重机的变幅动作应单独进行；允许带载变幅的动臂式塔式起重机，当载荷达到额定起重量的90%及以上时，不得增加幅度。

4.4.31 重物就位时，应采用慢就位工作机构。

4.4.32 重物水平移动时，重物底部应高出障碍物0.5m以上。

4.4.33 回转部分不设集电器的塔式起重机，应安装回转限位器，在作业时，不得顺一个方向连续回转1.5圈。

4.4.34 当停电或电压下降时，应立即将控制器扳到零位，并切断电源。如吊钩上挂有重物，应重复放松制动器，使重物缓慢地下降到安全位置。

4.4.35 采用涡流制动调速系统的塔式起重机，不得长时间使用低速挡或慢就位速度作业。

4.4.36 遇大风停止作业时，应锁紧夹轨器，将回转机构的制动器完全松开，起重臂应能随风转动。对轻型俯仰变幅塔式起重机，应将起重臂落下并与塔身结构锁紧在一起。

4.4.37 作业中，操作人员临时离开操作室时，应切断电源。

4.4.38 塔式起重机载人专用电梯不得超员，专用电梯断绳保护装置应灵敏有效。塔式起重机作业时，不得开动电梯。电梯停用时，应降至塔身底部位置，不得长时间悬在空中。

4.4.39 在非工作状态时，应松开回转制动器，回转部分应能自由旋转；行走式塔式起重机应停放在轨道中间位置，小车及平衡重应置于非工作状态，吊钩组顶部宜上升到距起重臂底面2m～3m处。

4.4.40 停机时，应将每个控制器拨回零位，依次断开各开关，关闭操作室门窗；下机后，应锁紧夹轨器，断开电源总开关，打开高空障碍灯。

4.4.41 检修人员对高空部位的塔身、起重臂、平衡臂等检修时，应系好安全带。

4.4.42 停用的塔式起重机的电动机、电气柜、变阻器箱及制动器等应遮盖严密。

4.4.43 动臂式和未附着塔式起重机及附着以上塔式起重机桁架上不得悬挂标语牌。

4.5 桅杆式起重机

4.5.1 桅杆式起重机应按现行国家标准《起重机设计规范》GB/T3811的规定进行设计，确定其使用范围及工作环境。

4.5.2 桅杆式起重机专项方案必须按规定程序审批，并应经专家论证后实施。施工单位必须指定安全技术人员对桅杆式起重机的安装、使用和拆卸进行现场监督和监测。

4.5.3 专项方案应包含下列主要内容：

1 工程概况、施工平面布置；
2 编制依据；
3 施工计划；
4 施工技术参数、工艺流程；
5 施工安全技术措施；
6 劳动力计划；
7 计算书及相关图纸。

4.5.4 桅杆式起重机的卷扬机应符合本规程第4.7节的有关规定。

4.5.5 桅杆式起重机的安装和拆卸应划出警戒区，清除周围的障碍物，在专人统一指挥下，应按使用说明书和装拆方案进行。

4.5.6 桅杆式起重机的基础应符合专项方案的要求。

4.5.7 缆风绳的规格、数量及地锚的拉力、埋设深度等应按照起重机性能经过计算确定，缆风绳与地面的夹角不得大于60°，缆绳与桅杆和地锚的连接应牢固。地锚不得使用膨胀螺栓、定滑轮。

4.5.8 缆风绳的架设应避开架空电线。在靠近电线的附近，应设置绝缘材料搭设的护线架。

4.5.9 桅杆式起重机安装后应进行试运转，使用前应组织验收。

4.5.10 提升重物时，吊钩钢丝绳应垂直，操作应平稳；当重物吊起离开支承面时，应检查并确认各机构工作正常后，继续起吊。

4.5.11 在起吊额定起重量的90%及以上重物前，应安排专人检查地锚的牢固程度。起吊时，缆风绳应受力均匀，主杆应保持直立状态。

4.5.12 作业时，桅杆式起重机的回转钢丝绳应处于拉紧状态。回转装置应有安全制动控制器。

4.5.13 桅杆式起重机移动时，应用满足承重要求的枕木排和滚杠垫在底座，并将起重臂收紧处于移动方向的前方。移动时，桅杆不得倾斜，缆风绳的松紧应配合一致。

4.5.14 缆风钢丝绳安全系数不应小于3.5，起升、锚固、吊索钢丝绳安全系数不应小于8。

4.6 门式、桥式起重机与电动葫芦

4.6.1 起重机路基和轨道的铺设应符合使用说明书的规定，轨道接地电阻不得大于4Ω。

4.6.2 门式起重机的电缆应设有电缆卷筒，配电箱应设置在轨道中部。

4.6.3 用滑线供电的起重机应在滑线的两端标有鲜明的颜色，滑线应设置防护装置，防止人员及吊具钢丝绳与滑线意外接触。

4.6.4 轨道应平直，鱼尾板连接螺栓不得松动，轨道和起重机运行范围内不得有障碍物。

4.6.5 门式、桥式起重机作业前应重点检查下列项目，并应符合相应要求：

1 机械结构外观应正常，各连接件不得松动；
2 钢丝绳外表情况应良好，绳卡应牢固；
3 各安全限位装置应齐全完好。

4.6.6 操作室内应垫木板或绝缘板，接通电源后应采用试电笔测试金属结构部分，并应确认无漏电现象；上、下操作室应使用专用扶梯。

4.6.7 作业前，应进行空载试运转，检查并确认各机构运转正常，制动可靠，各限位开关灵敏有效。

4.6.8 在提升大件时不得用快速，并应拴拉绳防止摆动。

4.6.9 吊运易燃、易爆、有害等危险品时，应经安全主管部门批准，并应有相应的安全措施。

4.6.10 吊运路线不得从人员、设备上面通过；空车行走时，吊钩应离地面2m以上。

4.6.11 吊运重物应平稳、慢速，行驶中不得突然变速或倒退。两台起重机同时作业时，应保持5m以上距离。不得用一台起重机顶推另一台起重机。

4.6.12 起重机行走时，两侧驱动轮应保持同步，发现偏移应及时停止作业，调整修理后继续使用。

4.6.13 作业中，人员不得从一台桥式起重机跨越到另一台桥式起重机。

4.6.14 操作人员进入桥架前应切断电源。

4.6.15 门式、桥式起重机的主梁挠度超过规定值时，应修复后使用。

4.6.16 作业后，门式起重机应停放在停机线上，用夹轨器锁紧；桥式起重机应将小车停放在两条轨道中间，吊钩提升到上部位置。吊钩上不得悬挂重物。

4.6.17 作业后，应将控制器拨到零位，切断电源，应关闭并锁好操作室门窗。

4.6.18 电动葫芦使用前应检查机械部分和电气部分，钢丝绳、

链条、吊钩、限位器等应完好，电气部分应无漏电，接地装置应良好。

4.6.19 电动葫芦应设缓冲器，轨道两端应设挡板。

4.6.20 第一次吊重物时，应在吊离地面100mm时停止上升，检查电动葫芦制动情况，确认完好后再正式作业。露天作业时，电动葫芦应设有防雨棚。

4.6.21 电动葫芦起吊时，手不得握在绳索与物体之间，吊物上升时应防止冲顶。

4.6.22 电动葫芦吊重物行走时，重物离地不宜超过1.5m高。工作间歇不得将重物悬挂在空中。

4.6.23 电动葫芦作业中发生异味、高温等异常情况时，应立即停机检查，排除故障后继续使用。

4.6.24 使用悬挂电缆电气控制开关时，绝缘应良好，滑动应自如，人站立位置的后方应有2m的空地，并应能正确操作电钮。

4.6.25 在起吊中，由于故障造成重物失控下滑时，应采取紧急措施，向无人处下放重物。

4.6.26 在起吊中不得急速升降。

4.6.27 电动葫芦在额定载荷制动时，下滑位移量不应大于80mm。

4.6.28 作业完毕后，电动葫芦应停放在指定位置，吊钩升起，并切断电源，锁好开关箱。

4.7 卷 扬 机

4.7.1 卷扬机地基与基础应平整、坚实，场地应排水畅通，地锚应设置可靠。卷扬机应搭设防护棚。

4.7.2 操作人员的位置应在安全区域，视线应良好。

4.7.3 卷扬机卷筒中心线与导向滑轮的轴线应垂直，且导向滑轮的轴线应在卷筒中心位置，钢丝绳的出绳偏角应符合表4.7.3的规定。

表4.7.3 卷扬机钢丝绳出绳偏角限值

排绳方式	槽面卷筒	光面卷筒	
		自然排绳	排绳器排绳
出绳偏角	≤4°	≤2°	≤4°

4.7.4 作业前，应检查卷扬机与地面的固定、弹性联轴器的连接应牢固，并应检查安全装置、防护设施、电气线路、接零或接地装置、制动装置和钢丝绳等并确认全部合格后再使用。

4.7.5 卷扬机至少应装有一个常闭式制动器。

4.7.6 卷扬机的传动部分及外露的运动件应设防护罩。

4.7.7 卷扬机应在司机操作方便的地方安装能迅速切断总控制电源的紧急断电开关，并不得使用倒顺开关。

4.7.8 钢丝绳卷绕在卷筒上的安全圈数不得少于3圈。钢丝绳末端应固定可靠。不得用手拉钢丝绳的方法卷绕钢丝绳。

4.7.9 钢丝绳不得与机架、地面摩擦，通过道路时，应设过路保护装置。

4.7.10 建筑施工现场不得使用摩擦式卷扬机。

4.7.11 卷筒上的钢丝绳应排列整齐，当重叠或斜绕时，应停机重新排列，不得在转动中用手拉脚踩钢丝绳。

4.7.12 作业中，操作人员不得离开卷扬机，物件或吊笼下面不得有人员停留或通过。休息时，应将物件或吊笼降至地面。

4.7.13 作业中如发现异响、制动失灵、制动带或轴承等温度剧烈上升等异常情况时，应立即停机检查，排除故障后再使用。

4.7.14 作业中停电时，应将控制手柄或按钮置于零位，并应切断电源，将物件或吊笼降至地面。

4.7.15 作业完毕，应将物件或吊笼降至地面，并应切断电源，锁好开关箱。

4.8 井架、龙门架物料提升机

4.8.1 进入施工现场的井架、龙门架必须具有下列安全装置：

1 上料口防护棚；

2 层楼安全门、吊篮安全门、首层防护门；

3 断绳保护装置或防坠装置；

4 安全停靠装置；

5 起重量限制器；

6 上、下限位器；

7 紧急断电开关、短路保护、过电流保护、漏电保护；

8 信号装置；

9 缓冲器。

4.8.2 卷扬机应符合本规程第4.7节的有关规定。

4.8.3 基础应符合使用说明书要求。缆风绳不得使用钢筋、钢管。

4.8.4 提升机的制动器应灵敏可靠。

4.8.5 运行中吊篮的四角与井架不得互相擦碰，吊篮各构件连接应牢固、可靠。

4.8.6 井架、龙门架物料提升机不得和脚手架连接。

4.8.7 不得使用吊篮载人，吊篮下方不得有人员停留或通过。

4.8.8 作业后，应检查钢丝绳、滑轮、滑轮轴和导轨等，发现异常磨损，应及时修理或更换。

4.8.9 下班前，应将吊篮降到最低位置，各控制开关置于零位，切断电源，锁好开关箱。

4.9 施工升降机

4.9.1 施工升降机基础应符合使用说明书要求，当使用说明书无要求时，应经专项设计计算，地基上表面平整度允许偏差为10mm，场地应排水通畅。

4.9.2 施工升降机导轨架的纵向中心线至建筑物外墙面的距离宜选用使用说明书中提供的较小的安装尺寸。

4.9.3 安装导轨架时，应采用经纬仪在两个方向进行测量校准。其垂直度允许偏差应符合表4.9.3的规定。

表4.9.3 施工升降机导轨架垂直度

架设高度 H（m）	$H\leqslant70$	$70<H\leqslant100$	$100<H\leqslant150$	$150<H\leqslant200$	$H>200$
垂直度偏差（mm）	≤1/1000H	≤70	≤90	≤110	≤130

4.9.4 导轨架自由高度、导轨架的附墙距离、导轨架的两附墙连接点间距离和最低附墙点高度不得超过使用说明书的规定。

4.9.5 施工升降机应设置专用开关箱，馈电容量应满足升降机直接启动的要求，生产厂家配置的电气箱内应装设短路、过载、错相、断相及零位保护装置。

4.9.6 施工升降机周围应设置稳固的防护围栏。楼层平台通道应平整牢固，出入口应设防护门。全行程不得有危害安全运行的障碍物。

4.9.7 施工升降机安装在建筑物内部井道中时，各楼层门应封闭并应有电气连锁装置。装设在阴暗处或夜班作业的施工升降机，在全行程上应有足够的照明，并应装设明亮的楼层编号标志灯。

4.9.8 施工升降机的防坠安全器应在标定期限内使用，标定期限不应超过一年。使用中不得任意拆检调整防坠安全器。

4.9.9 施工升降机使用前，应进行坠落试验。施工升降机在使用中每隔3个月，应进行一次额定载重量的坠落试验，试验程序应按使用说明书规定进行，吊笼坠落试验制动距离应符合现行行业标准《施工升降机齿轮锥鼓形渐进式防坠安全器》JG 121的规定。防坠安全器试验后及正常操作中，每发生一次防坠动作，应由专业人员进行复位。

4.9.10 作业前应重点检查下列项目，并应符合相应要求：

1 结构不得有变形，连接螺栓不得松动；

2 齿条与齿轮、导向轮与导轨应接合正常；

3 钢丝绳应固定良好，不得有异常磨损；

4 运行范围内不得有障碍；

5 安全保护装置应灵敏可靠。

4.9.11 启动前，应检查并确认供电系统、接地装置安全有效，控制开关应在零位。电源接通后，应检查并确认电压正常。应试验并确认各限位装置、吊笼、围护门等处的电气连锁装置良好可靠，电气仪表应灵敏有效。作业前应进行试运行，测定各机构制动器的效能。

4.9.12 施工升降机应按使用说明书要求，进行维护保养，并应定期检验制动器的可靠性，制动力矩应达到使用说明书要求。

4.9.13 吊笼内乘人或载物时，应使载荷均匀分布，不得偏重，不得超载运行。

4.9.14 操作人员应按指挥信号操作。作业前应鸣笛示警。在施工升降机未切断总电源开关前，操作人员不得离开操作岗位。

4.9.15 施工升降机运行中发现有异常情况时，应立即停机并采取有效措施将吊笼就近停靠楼层，排除故障后再继续运行。在运行中发现电气失控时，应立即按下急停按钮，在未排除故障前，不得打开急停按钮。

4.9.16 在风速达到 20m/s 及以上大风、大雨、大雾天气以及导轨架、电缆等结冰时，施工升降机应停止运行，并将吊笼降到底层，切断电源。暴风雨等恶劣天气后，应对施工升降机各有关安全装置等进行一次检查，确认正常后运行。

4.9.17 施工升降机运行到最上层或最下层时，不得用行程限位开关作为停止运行的控制开关。

4.9.18 当施工升降机在运行中由于断电或其他原因而中途停止时，可进行手动下降，将电动机尾端制动电磁铁手动释放拉手缓缓向外拉出，使吊笼缓慢地向下滑行。吊笼下滑时，不得超过额定运行速度，手动下降应由专业维修人员进行操纵。

4.9.19 当需在吊笼的外面进行检修时，另外一个吊笼应停机配合，检修时应切断电源，并应有专人监护。

4.9.20 作业后，应将吊笼降到底层，各控制开关拨到零位，切断电源，锁好开关箱，闭锁吊笼门和围护门。

5 土石方机械

5.1 一 般 规 定

5.1.1 土石方机械的内燃机、电动机和液压装置的使用，应符合本规程第 3.2 节、第 3.4 节和附录 C 的规定。

5.1.2 机械进入现场前，应查明行驶路线上的桥梁、涵洞的上部净空和下部承载能力，确保机械安全通过。

5.1.3 机械通过桥梁时，应采用低速挡慢行，在桥面上不得转向或制动。

5.1.4 作业前，必须查明施工场地内明、暗铺设的各类管线等设施，并应采用明显记号标识。严禁在离地下管线、承压管道 1m 距离以内进行大型机械作业。

5.1.5 作业中，应随时监视机械各部位的运转及仪表指示值，如发现异常，应立即停机检修。

5.1.6 机械运行中，不得接触转动部位。在修理工作装置时，应将工作装置降到最低位置，并应将悬空工作装置垫上垫木。

5.1.7 在电杆附近取土时，对不能取消的拉线、地垄和杆身，应留出土台，土台大小应根据电杆结构、掩埋深度和土质情况由技术人员确定。

5.1.8 机械与架空输电线路的安全距离应符合现行行业标准《施工现场临时用电安全技术规范》JGJ 46 的规定。

5.1.9 在施工中遇下列情况之一时应立即停工：

1 填挖区土体不稳定，土体有可能坍塌；

2 地面涌水冒浆，机械陷车，或因雨水机械在坡道打滑；

3 遇大雨、雷电、浓雾等恶劣天气；

4 施工标志及防护设施被损坏；

5 工作面安全净空不足。

5.1.10 机械回转作业时，配合人员必须在机械回转半径以外工作。当需在回转半径以内工作时，必须将机械停止回转并制动。

5.1.11 雨期施工时，机械应停放在地势较高的坚实位置。

5.1.12 机械作业不得破坏基坑支护系统。

5.1.13 行驶或作业中的机械，除驾驶室外的任何地方不得有乘员。

5.2 单斗挖掘机

5.2.1 单斗挖掘机的作业和行走场地应平整坚实，松软地面应用枕木或垫板垫实，沼泽或淤泥场地应进行路基处理，或更换专用湿地履带。

5.2.2 轮胎式挖掘机使用前应支好支腿，并应保持水平位置，支腿应置于作业面的方向，转向驱动桥应置于作业面的后方。履带式挖掘机的驱动轮应置于作业面的后方。采用液压悬挂装置的挖掘机，应锁住两个悬挂液压缸。

5.2.3 作业前应重点检查下列项目，并应符合相应要求：

1 照明、信号及报警装置等应齐全有效；

2 燃油、润滑油、液压油应符合规定；

3 各铰接部分应连接可靠；

4 液压系统不得有泄漏现象；

5 轮胎气压应符合规定。

5.2.4 启动前，应将主离合器分离，各操纵杆放在空挡位置，并应发出信号，确认安全后启动设备。

5.2.5 启动后，应先使液压系统从低速到高速空载循环 10min～20min，不得有吸空等不正常噪声，并应检查各仪表指示值，运转正常后再接合主离合器，再进行空载运转，顺序操纵各工作机构并测试各制动器，确认正常后开始作业。

5.2.6 作业时，挖掘机应保持水平位置，行走机构应制动，履带或轮胎应揳紧。

5.2.7 平整场地时，不得用铲斗进行横扫或用铲斗对地面进行夯实。

5.2.8 挖掘岩石时，应先进行爆破。挖掘冻土时，应采用破冰锤或爆破法使冻土层破碎。不得用铲斗破碎石块、冻土，或用单边斗齿硬啃。

5.2.9 挖掘机最大开挖高度和深度，不应超过机械本身性能规定。在拉铲或反铲作业时，履带式挖掘机的履带与工作面边缘距离应大于 1.0m，轮胎式挖掘机的轮胎与工作面边缘距离应大于 1.5m。

5.2.10 在坑边进行挖掘作业，当发现有塌方危险时，应立即处理险情，或将挖掘机撤至安全地带。坑边不得留有伞状边沿及松动的大块石。

5.2.11 挖掘机应停稳后再进行挖土作业。当铲斗未离开工作面时，不得作回转、行走等动作。应使用回转制动器进行回转制动，不得用转向离合器反转制动。

5.2.12 作业时，各操纵过程应平稳，不宜紧急制动。铲斗升降不得过猛，下降时，不得撞碰车架或履带。

5.2.13 斗臂在抬高及回转时，不得碰到坑、沟侧壁或其他物体。

5.2.14 挖掘机向运土车辆装车时，应降低卸落高度，不得偏装或砸坏车厢。回转时，铲斗不得从运输车辆驾驶室顶上越过。

5.2.15 作业中，当液压缸将伸缩到极限位置时，应动作平稳，不得冲撞极限块。

5.2.16 作业中，当需制动时，应将变速阀置于低速挡位置。

5.2.17 作业中，当发现挖掘力突然变化，应停机检查，不得在未查明原因前调整分配阀的压力。

5.2.18 作业中，不得打开压力表开关，且不得将工况选择阀的操纵手柄放在高速挡位置。

5.2.19 挖掘机应停稳后再反铲作业，斗柄伸出长度应符合规定要求，提斗应平稳。

5.2.20 作业中，履带式挖掘机短距离行走时，主动轮应在后面，斗臂应在正前方与履带平行，并应制动回转机构。坡道坡度不得超过机械允许的最大坡度。下坡时应慢速行驶。不得在坡道上变速和空挡滑行。

5.2.21 轮胎式挖掘机行驶前，应收回支腿并固定可靠，监控仪表和报警信号灯应处于正常显示状态。轮胎气压应符合规定，工作装置应处于行驶方向，铲斗宜离地面1m。长距离行驶时，应将回转制动板踩下，并应采用固定销锁定回转平台。

5.2.22 挖掘机在坡道上行走时熄火，应立即制动，并应揳住履带或轮胎，重新发动后，再继续行走。

5.2.23 作业后，挖掘机不得停放在高边坡附近或填方区，应停放在坚实、平坦、安全的位置，并应将铲斗收回平放在地面，所有操纵杆置于中位，关闭操作室和机棚。

5.2.24 履带式挖掘机转移工地应采用平板拖车装运。短距离自行转移时，应低速行走。

5.2.25 保养或检修挖掘机时，应将内燃机熄火，并将液压系统卸荷，铲斗落地。

5.2.26 利用铲斗将底盘顶起进行检修时，应使用垫木将抬起的履带或轮胎垫稳，用木楔将落地履带或轮胎揳牢，然后再将液压系统卸荷，否则不得进入底盘下工作。

5.3 挖掘装载机

5.3.1 挖掘装载机的挖掘及装载作业应符合本规程第5.2节及第5.10节的规定。

5.3.2 挖掘作业前应先将装载斗翻转，使斗口朝地，并使前轮稍离开地面，踏下并锁住制动踏板，然后伸出支腿，使后轮离地并保持水平位置。

5.3.3 挖掘装载机在边坡卸料时，应有专人指挥，挖掘装载机轮胎距边坡缘的距离应大于1.5m。

5.3.4 动臂后端的缓冲块应保持完好；损坏时，应修复后使用。

5.3.5 作业时，应平稳操纵手柄；支臂下降时不宜中途制动。挖掘时不得使用高速挡。

5.3.6 应平稳回转挖掘装载机，并不得用装载斗砸实沟槽的侧面。

5.3.7 挖掘装载机移位时，应将挖掘装置处于中间运输状态，收起支腿，提起提升臂。

5.3.8 装载作业前，应将挖掘装置的回转机构置于中间位置，并应采用拉板固定。

5.3.9 在装载过程中，应使用低速挡。

5.3.10 铲斗提升臂在举升时，不应使用阀的浮动位置。

5.3.11 前四阀用于支腿伸缩和装载的作业与后四阀用于回转和挖掘的作业不得同时进行。

5.3.12 行驶时，不应高速和急转弯。下坡时不得空挡滑行。

5.3.13 行驶时，支腿应完全收回，挖掘装置应固定牢靠，装载装置宜放低，铲斗和斗柄液压活塞杆应保持完全伸张位置。

5.3.14 挖掘装载机停放时间超过1h，应支起支腿，使后轮离地；停放时间超过1d时，应使后轮离地，并应在后悬架下面用垫块支撑。

5.4 推 土 机

5.4.1 推土机在坚硬土壤或多石土壤地带作业时，应先进行爆破或用松土器翻松。在沼泽地带作业时，应更换专用湿地履带板。

5.4.2 不得用推土机推石灰、烟灰等粉尘物料，不得进行碾碎石块的作业。

5.4.3 牵引其他机构设备时，应有专人负责指挥。钢丝绳的连接应牢固可靠。在坡道或长距离牵引时，应采用牵引杆连接。

5.4.4 作业前应重点检查下列项目，并应符合相应要求：

1 各部件不得松动，应连接良好；

2 燃油、润滑油、液压油等应符合规定；

3 各系统管路不得有裂纹或泄漏；

4 各操纵杆和制动踏板的行程、履带的松紧度或轮胎气压应符合要求。

5.4.5 启动前，应将主离合器分离，各操纵杆放在空挡位置，并应按照本规程第3.2节的规定启动内燃机，不得用拖、顶方式启动。

5.4.6 启动后应检查各仪表指示值、液压系统，并确认运转正常，当水温达到55℃、机油温度达到45℃时，全载荷作业。

5.4.7 推土机机械四周不得有障碍物，并确认安全后开动，工作时不得有人站在履带或刀片的支架上。

5.4.8 采用主离合器传动的推土机接合应平稳，起步不得过猛，不得使离合器处于半接合状态下运转；液力传动的推土机，应先解除变速杆的锁紧状态，踏下减速器踏板，变速杆应在低挡位，然后缓慢释放减速踏板。

5.4.9 在块石路面行驶时，应将履带张紧。当需要原地旋转或急转弯时，应采用低速挡。当行走机构夹入块石时，应采用正、反向往复行驶使块石排除。

5.4.10 在浅水地带行驶或作业时，应查明水深，冷却风扇叶不得接触水面。下水前和出水后，应对行走装置加注润滑脂。

5.4.11 推土机上、下坡或超过障碍物时应采用低速挡。推土机上坡坡度不得超过25°，下坡坡度不得大于35°，横向坡度不得大于10°。在25°以上的陡坡上不得横向行驶，并不得急转弯。上坡时不得换挡，下坡不得空挡滑行。当需要在陡坡上推土时，应先进行填挖，使机身保持平衡。

5.4.12 在上坡途中，当内燃机突然熄灭，应立即放下铲刀，并锁住制动踏板。在推土机停稳后，将主离合器脱开，把变速杆放到空挡位置，并应用木块将履带或轮胎揳死后，重新启动内燃机。

5.4.13 下坡时，当推土机下行速度大于内燃机传动速度时，转向操纵的方向应与平地行走时操纵的方向相反，并不得使用制动器。

5.4.14 填沟作业驶近边坡时，铲刀不得越出边缘。后退时，应先换挡，后提升铲刀进行倒车。

5.4.15 在深沟、基坑或陡坡地区作业时，应有专人指挥，垂直边坡高度应小于2m。当大于2m时，应放出安全边坡，同时禁止用推土刀侧面推土。

5.4.16 推土或松土作业时，不得超载，各项操作应缓慢平稳，不得损坏铲刀、推土架、松土器等装置；无液力变矩器装置的推土机，在作业中有超载趋势时，应稍微提升刀片或变换低速挡。

5.4.17 不得顶推与地基基础连接的钢筋混凝土桩等建筑物。顶推树木等物体不得倒向推土机及高空架设物。

5.4.18 两台以上推土机在同一地区作业时，前后距离应大于8.0m；左右距离应大于1.5m。在狭窄道路上行驶时，未得前机同意，后机不得超越。

5.4.19 作业完毕后，宜将推土机开到平坦安全的地方，并应将铲刀、松土器落到地面。在坡道上停机时，应将变速杆挂低速挡，接合主离合器，锁住制动踏板，并将履带或轮胎揳住。

5.4.20 停机时，应先降低内燃机转速，变速杆放在空挡，锁紧液力传动的变速杆，分开主离合器，踏下制动踏板并锁紧，在水温降到75℃以下、油温降到90℃以下后熄火。

5.4.21 推土机长途转移工地时，应采用平板拖车装运。短途行走转移距离不宜超过10km，铲刀距地面宜为400mm，不得用高速挡行驶和进行急转弯，不得长距离倒退行驶。

5.4.22 在推土机下面检修时，内燃机应熄火，铲刀应落到地面或垫稳。

5.5 拖式铲运机

5.5.1 拖式铲运机牵引使用时应符合本规程第5.4节的有关规定。

5.5.2 铲运机作业时，应先采用松土器翻松。铲运作业区内不得有树根、大石块和大量杂草等。

5.5.3 铲运机行驶道路应平整坚实，路面宽度应比铲运机宽度大2m。

5.5.4 启动前，应检查钢丝绳、轮胎气压、铲土斗及卸土板回缩弹簧、拖把万向接头、撑架以及各部滑轮等，并确认处于正常工作状态；液压式铲运机铲斗和拖拉机连接叉座与牵引连接块应锁定，各液压管路应连接可靠。

5.5.5 开动前，应使铲斗离开地面，机械周围不得有障碍物。

5.5.6 作业中，严禁人员上下机械，传递物件，以及在铲斗内、拖把或机架上坐立。

5.5.7 多台铲运机联合作业时，各机之间前后距离应大于10m(铲土时应大于5m)，左右距离应大于2m，并应遵守下坡让上坡、空载让重载、支线让干线的原则。

5.5.8 在狭窄地段运行时，未经前机同意，后机不得超越。两机交会或超车时应减速，两机左右间距应大于0.5m。

5.5.9 铲运机上、下坡道时，应低速行驶，不得中途换挡，下坡时不得空挡滑行，行驶的横向坡度不得超过6°，坡宽应大于铲运机宽度2m。

5.5.10 在新填筑的土堤上作业时，离堤坡边缘应大于1m。当需在斜坡横向作业时，应先将斜坡挖填平整，使机身保持平衡。

5.5.11 在坡道上不得进行检修作业。在陡坡上不得转弯、倒车或停车。在坡上熄火时，应将铲斗落地、制动牢靠后再启动。下陡坡时，应将铲斗触地行驶，辅助制动。

5.5.12 铲土时，铲土与机身应保持直线行驶。助铲时应有助铲装置，并应正确开启斗门，不得切土过深。两机动作应协调配合，平稳接触，等速助铲。

5.5.13 在下陡坡铲土时，铲斗装满后，在铲斗后轮未达到缓坡地段前，不得将铲斗提离地面，应防铲斗快速下滑冲击主机。

5.5.14 在不平地段行驶时，应放低铲斗，不得将铲斗提升到高位。

5.5.15 拖拉陷车时，应有专人指挥，前后操作人员应配合协调，确认安全后起步。

5.5.16 作业后，应将铲运机停放在平坦地面，并应将铲斗落在地面上。液压操纵的铲运机应将液压缸缩回，将操纵杆放在中间位置，进行清洁、润滑后，锁好门窗。

5.5.17 非作业行驶时，铲斗应用锁紧链条挂牢在运输行驶位置上；拖式铲运机不得载人或装载易燃、易爆物品。

5.5.18 修理斗门或在铲斗下检修作业时，应将铲斗提起后用销子或锁紧链条固定，再采用垫木将斗身顶住，并应采用木楔揳住轮胎。

5.6 自行式铲运机

5.6.1 自行式铲运机的行驶道路应平整坚实，单行道宽度不宜小于5.5m。

5.6.2 多台铲运机联合作业时，前后距离不得小于20m，左右距离不得小于2m。

5.6.3 作业前，应检查铲运机的转向和制动系统，并确认灵敏可靠。

5.6.4 铲土或在利用推土机助铲时，应随时微调转向盘，铲运机应始终保持直线前进。不得在转弯情况下铲土。

5.6.5 下坡时，不得空挡滑行，应踩下制动踏板辅助以内燃机制动，必要时可放下铲斗，以降低下滑速度。

5.6.6 转弯时，应采用较大回转半径低速转向，操纵转向盘不得过猛；当重载行驶或在弯道上、下坡时，应缓慢转向。

5.6.7 不得在大于15°的横坡上行驶，也不得在横坡上铲土。

5.6.8 沿沟边或填方边坡作业时，轮胎离路肩不得小于0.7m，并应放低铲斗，降速缓行。

5.6.9 在坡道上不得进行检修作业。遇在坡道上熄火时，应立即制动，下降铲斗，把变速杆放在空挡位置，然后启动内燃机。

5.6.10 穿越泥泞或松软地面时，铲运机应直线行驶，当一侧轮胎打滑时，可踏下差速器锁止踏板。当离开不良地面时，应停止使用差速器锁止踏板。不得在差速器锁止时转弯。

5.6.11 夜间作业时，前后照明应齐全完好，前大灯应能照至30m；非作业行驶时，应符合本规程第5.5.17条的规定。

5.7 静作用压路机

5.7.1 压路机碾压的工作面，应经过适当平整，对新填的松软土，应先用羊足碾或打夯机逐层碾压或夯实后，再用压路机碾压。

5.7.2 工作地段的纵坡不应超过压路机最大爬坡能力，横坡不应大于20°。

5.7.3 应根据碾压要求选择机种。当光轮压路机需要增加机重时，可在滚轮内加砂或水。当气温降至0℃及以下时，不得用水增重。

5.7.4 轮胎压路机不宜在大块石基层上作业。

5.7.5 作业前，应检查并确认滚轮的刮泥板应平整良好，各紧固件不得松动；轮胎压路机应检查轮胎气压，确认正常后启动。

5.7.6 启动后，应检查制动性能及转向功能并确认灵敏可靠。开动前，压路机周围不得有障碍物或人员。

5.7.7 不得用压路机拖拉任何机械或物件。

5.7.8 碾压时应低速行驶。速度宜控制在3km/h～4km/h范围内，在一个碾压行程中不得变速。碾压过程中应保持正确的行驶方向，碾压第二行时应与第一行重叠半个滚轮压痕。

5.7.9 变换压路机前进、后退方向应在滚轮停止运动后进行。不得将换向离合器当作制动器使用。

5.7.10 在新建场地上进行碾压时，应从中间向两侧碾压。碾压时，距场地边缘不应少于0.5m。

5.7.11 在坑边碾压施工时，应由里侧向外侧碾压，距坑边不应少于1m。

5.7.12 上下坡时，应事先选好挡位，不得在坡上换挡，下坡时不得空挡滑行。

5.7.13 两台以上压路机同时作业时，前后间距不得小于3m，在坡道上不得纵队行驶。

5.7.14 在行驶中，不得进行修理或加油。需要在机械底部进行修理时，应将内燃机熄火，刹车制动，并揳住滚轮。

5.7.15 对有差速器锁定装置的三轮压路机，当只有一只轮子打滑时，可使用差速器锁定装置，但不得转弯。

5.7.16 作业后，应将压路机停放在平坦坚实的场地，不得停放在软土路边缘及斜坡上，并不得妨碍交通，并应锁定制动。

5.7.17 严寒季节停机时，宜采用木板将滚轮垫离地面，应防止滚轮与地面冻结。

5.7.18 压路机转移距离较远时，应采用汽车或平板拖车装运。

5.8 振动压路机

5.8.1 作业时，压路机应先起步后起振，内燃机应先置于中速，然后再调至高速。

5.8.2 压路机换向时应先停机；压路机变速时应降低内燃机转速。

5.8.3 压路机不得在坚实的地面上进行振动。

5.8.4 压路机碾压松软路基时，应先碾压1遍～2遍后再振动碾压。

5.8.5 压路机碾压时，压路机振动频率应保持一致。

5.8.6 换向离合器、起振离合器和制动器的调整，应在主离合器脱开后进行。

5.8.7 上下坡时或急转弯时不得使用快速挡。铰接式振动压路机在转弯半径较小绕圈碾压时不得使用快速挡。

5.8.8 压路机在高速行驶时不得接合振动。

5.8.9 停机时应先停振，然后将换向机构置于中间位置，变速器置于空挡，最后拉起手制动操纵杆。

5.8.10 振动压路机的使用除应符合本节要求外，还应符合本规程第5.7节的有关规定。

5.9 平 地 机

5.9.1 起伏较大的地面宜先用推土机推平，再用平地机平整。

5.9.2 平地机作业区内不得有树根、大石块等障碍物。

5.9.3 作业前应按本规程第5.2.3条的规定进行检查。

5.9.4 平地机不得用于拖拉其他机械。

5.9.5 启动内燃机后，应检查各仪表指示值并应符合要求。

5.9.6 开动平地机时，应鸣笛示意，并确认机械周围不得有障碍物及行人，用低速挡起步后，应测试并确认制动器灵敏有效。

5.9.7 作业时，应先将刮刀下降到接近地面，起步后再下降刮刀铲土。铲土时，应根据铲土阻力大小，随时调整刮刀的切土深度。

5.9.8 刮刀的回转、铲土角的调整及向机外侧斜，应在停机时进行；刮刀左右端的升降动作，可在机械行驶中调整。

5.9.9 刮刀角铲土和齿耙松地时应采用一挡速度行驶；刮土和平整作业时应用二、三挡速度行驶。

5.9.10 土质坚实的地面应先用齿耙翻松，翻松时应缓慢下齿。

5.9.11 使用平地机清除积雪时，应在轮胎上安装防滑链，并应探明工作面的深坑、沟槽位置。

5.9.12 平地机在转弯或调头时，应使用低速挡；在正常行驶时，应使用前轮转向；当场地特别狭小时，可使用前后轮同时转向。

5.9.13 平地机行驶时，应将刮刀和齿耙升到最高位置，并将刮刀斜放，刮刀两端不得超出后轮外侧。行驶速度不得超过使用说明书规定。下坡时，不得空挡滑行。

5.9.14 平地机作业中变矩器的油温不得超过120℃。

5.9.15 作业后，平地机应停放在平坦、安全的场地，刮刀应落在地面上，手制动器应拉紧。

5.10 轮胎式装载机

5.10.1 装载机与汽车配合装运作业时，自卸汽车的车厢容积应与装载机铲斗容量相匹配。

5.10.2 装载机作业场地坡度应符合使用说明书的规定。作业区内不得有障碍物及无关人员。

5.10.3 轮胎式装载机作业场地和行驶道路应平坦坚实。在石块场地作业时，应在轮胎上加装保护链条。

5.10.4 作业前应按本规程第5.2.3条的规定进行检查。

5.10.5 装载机行驶前，应先鸣笛示意，铲斗宜提升离地0.5m。装载机行驶过程中应测试制动器的可靠性。装载机搭乘人员应符合规定。装载机铲斗不得载人。

5.10.6 装载机高速行驶时应采用前轮驱动；低速铲装时，应采用四轮驱动。铲斗装载后升起行驶时，不得急转弯或紧急制动。

5.10.7 装载机下坡时不得空挡滑行。

5.10.8 装载机的装载量应符合使用说明书的规定。装载机铲斗应从正面铲料，铲斗不得单边受力。装载机应低速缓慢举臂翻转铲斗卸料。

5.10.9 装载机操纵手柄换向应平稳。装载机满载时，铲臂应缓慢下降。

5.10.10 在松散不平的场地作业时，应把铲臂放在浮动位置，使铲斗平稳地推进；当推进阻力增大时，可稍微提升铲臂。

5.10.11 当铲臂运行到上下最大限度时，应立即将操纵杆回到空挡位置。

5.10.12 装载机运载物料时，铲臂下铰点宜保持离地面0.5m，并保持平稳行驶。铲斗提升到最高位置时，不得运输物料。

5.10.13 铲装或挖掘时，铲斗不应偏载。铲斗装满后，应先举臂，再行走、转向、卸料。铲斗行走过程中不得收斗或举臂。

5.10.14 当铲装阻力较大，出现轮胎打滑时，应立即停止铲装，排除过载后再铲装。

5.10.15 在向汽车装料时，铲斗不得在汽车驾驶室上方越过。如汽车驾驶室顶无防护，驾驶室内不得有人。

5.10.16 向汽车装料，宜降低铲斗高度，减小卸落冲击。汽车装料不得偏载、超载。

5.10.17 装载机在坡、沟边卸料时，轮胎离边缘应保留安全距离，安全距离宜大于1.5m；铲斗不宜伸出坡、沟边缘。在大于3°的坡面上，装载机不得朝下坡方向俯身卸料。

5.10.18 作业时，装载机变矩器油温不得超过110℃，超过时，应停机降温。

5.10.19 作业后，装载机应停放在安全场地，铲斗应平放在地面上，操纵杆应置于中位，制动应锁定。

5.10.20 装载机转向架未锁闭时，严禁站在前后车架之间进行检修保养。

5.10.21 装载机铲臂升起后，在进行润滑或检修等作业时，应先装好安全销，或先采取其他措施支住铲臂。

5.10.22 停车时，应使内燃机转速逐步降低，不得突然熄火，应防止液压油因惯性冲击而溢出油箱。

5.11 蛙式夯实机

5.11.1 蛙式夯实机宜适用于夯实灰土和素土。蛙式夯实机不得冒雨作业。

5.11.2 作业前应重点检查下列项目，并应符合相应要求：

1 漏电保护器应灵敏有效，接零或接地及电缆线接头应绝缘良好；

2 传动皮带应松紧合适，皮带轮与偏心块应安装牢固；

3 转动部分应安装防护装置，并应进行试运转，确认正常；

4 负荷线应采用耐气候型的四芯橡皮护套软电缆。电缆线长不应大于50m。

5.11.3 夯实机启动后，应检查电动机旋转方向，错误时应倒换相线。

5.11.4 作业时，夯实机扶手上的按钮开关和电动机的接线应绝缘良好。当发现有漏电现象时，应立即切断电源，进行检修。

5.11.5 夯实机作业时，应一人扶夯，一人传递电缆线，并应戴绝缘手套和穿绝缘鞋。递线人员应跟随夯机后或两侧调顺电缆线。电缆线不得扭结或缠绕，并应保持3m～4m的余量。

5.11.6 作业时，不得夯击电缆线。

5.11.7 作业时，应保持夯实机平衡，不得用力压扶手。转弯时应用力平稳，不得急转弯。

5.11.8 夯实填高松软土方时，应先在边缘以内100mm～150mm夯实2遍～3遍后，再夯实边缘。

5.11.9 不得在斜坡上夯行，以防夯头后折。

5.11.10 夯实房心土时，夯板应避开钢筋混凝土基础及地下管道等地下物。

5.11.11 在建筑物内部作业时，夯板或偏心块不得撞击墙壁。

5.11.12 多机作业时，其平行间距不得小于5m，前后间距不得小于10m。

5.11.13 夯实机作业时，夯实机四周2m范围内，不得有非夯实机操作人员。

5.11.14 夯实机电动机温升超过规定时，应停机降温。

5.11.15 作业时，当夯实机有异常响声时，应立即停机检查。

5.11.16 作业后，应切断电源，卷好电缆线，清理夯实机。夯实机保管应防水防潮。

5.12 振动冲击夯

5.12.1 振动冲击夯适用于压实黏性土、砂及砾石等散状物料，不得在水泥路面和其他坚硬地面作业。

5.12.2 内燃机冲击夯作业前，应检查并确认有足够的润滑油，油门控制器应转动灵活。

5.12.3 内燃机冲击夯启动后，应逐渐加大油门，夯机跳动稳定后开始作业。

5.12.4 振动冲击夯作业时，应正确掌握夯机，不得倾斜，手把不宜握得过紧，能控制夯机前进速度即可。

5.12.5 正常作业时，不得使劲往下压手把，以免影响夯机跳起高度。夯实松软土或上坡时，可将手把稍向下压，并应能增加夯机前进速度。

5.12.6 根据作业要求，内燃冲击夯应通过调整油门的大小，在一定范围内改变夯机振动频率。

5.12.7 内燃冲击夯不宜在高速下连续作业。

5.12.8 当短距离转移时，应先将冲击夯手把稍向上抬起，将运转轮装入冲击夯的挂钩内，再压下手把，使重心后倾，再推动手把转移冲击夯。

5.12.9 振动冲击夯除应符合本节的规定外，还应符合本规程第5.11节的规定。

5.13 强夯机械

5.13.1 担任强夯作业的主机，应按照强夯等级的要求经过计算选用。当选用履带式起重机作主机时，应符合本规程第4.2节的规定。

5.13.2 强夯机械的门架、横梁、脱钩器等主要结构和部件的材料及制作质量，应经过严格检查，对不符合设计要求的，不得使用。

5.13.3 夯机驾驶室挡风玻璃前应增设防护网。

5.13.4 夯机的作业场地应平整，门架底座与夯机着地部位的场地不平度不得超过100mm。

5.13.5 夯机在工作状态时，起重臂仰角应符合使用说明书的要求。

5.13.6 梯形门架支腿不得前后错位，门架支腿在未支稳垫实前，不得提锤。变换夯位后，应重新检查门架支腿，确认稳固可靠，然后再将锤提升100mm～300mm，检查整机的稳定性，确认可靠后作业。

5.13.7 夯锤下落后，在吊钩尚未降至夯锤吊环附近前，操作人员严禁提前下坑挂钩。从坑中提锤时，严禁挂钩人员站在锤上随锤提升。

5.13.8 夯锤起吊后，地面操作人员应迅速撤至安全距离以外，非强夯施工人员不得进入夯点30m范围内。

5.13.9 夯锤升起如超过脱钩高度仍不能自动脱钩时，起重指挥应立即发出停车信号，将夯锤落下，应查明原因并正确处理后继续施工。

5.13.10 当夯锤留有的通气孔在作业中出现堵塞现象时，应及时清理，并不得在锤下作业。

5.13.11 当夯坑内有积水或因黏土产生的锤底吸附力增大时，应采取措施排除，不得强行提锤。

5.13.12 转移夯点时，夯锤应由辅机协助转移，门架随夯机移动前，支腿离地面高度不得超过500mm。

5.13.13 作业后，应将夯锤下降，放在坚实稳固的地面上。在非作业时，不得将锤悬挂在空中。

6 运输机械

6.1 一般规定

6.1.1 各类运输机械应有完整的机械产品合格证以及相关的技术资料。

6.1.2 启动前应重点检查下列项目，并应符合相应要求：

1 车辆的各总成、零件、附件应按规定装配齐全，不得有脱焊、裂缝等缺陷。螺栓、铆钉连接紧固不得松动、缺损；

2 各润滑装置应齐全并应清洁有效；

3 离合器应结合平稳、工作可靠、操作灵活，踏板行程应符合规定；

4 制动系统各部件应连接可靠，管路畅通；

5 灯光、喇叭、指示仪表等应齐全完整；

6 轮胎气压应符合要求；

7 燃油、润滑油、冷却水等应添加充足；

8 燃油箱应加锁；

9 运输机械不得有漏水、漏油、漏气、漏电现象。

6.1.3 运输机械启动后，应观察各仪表指示值，检查内燃机运转情况，检查转向机构及制动器等性能，并确认正常，当水温达到40℃以上、制动气压达到安全压力以上时，应低挡起步。起步时应检查周边环境，并确认安全。

6.1.4 装载的物品应捆绑稳固牢靠，整车重心高度应控制在规定范围内，轮式机具和圆形物件装运时应采取防止滚动的措施。

6.1.5 运输机械不得人货混装，运输过程中，料斗内不得载人。

6.1.6 运输超限物件时，应事先勘察路线，了解空中、地面上、地下障碍以及道路、桥梁等通过能力，并应制定运输方案，应按规定办理通行手续。在规定时间内按规定路线行驶。超限部分白天应插警示旗，夜间应挂警示灯。装卸人员及电工携带工具随行，保证运行安全。

6.1.7 运输机械水温未达到70℃时，不得高速行驶。行驶中变速应逐级增减挡位，不得强推硬拉。前进和后退交替时，应在运输机械停稳后换挡。

6.1.8 运输机械行驶中，应随时观察仪表的指示情况，当发现机油压力低于规定值，水温过高，有异响、异味等情况时，应立即停车检查，并应排除故障后继续运行。

6.1.9 运输机械运行时不得超速行驶，并应保持安全距离。进入施工现场应沿规定的路线行进。

6.1.10 车辆上、下坡应提前换入低速挡，不得中途换挡。下坡时，应以内燃机变速箱阻力控制车速，必要时，可间歇轻踏制动器。严禁空挡滑行。

6.1.11 在泥泞、冰雪道路上行驶时，应降低车速，并应采取防滑措施。

6.1.12 车辆涉水过河时，应先探明水深、流速和水底情况，水深不得超过排气管或曲轴皮带盘，并应低速直线行驶，不得在中途停车或换挡。涉水后，应缓行一段路程，轻踏制动器使浸水的制动片上的水分蒸发掉。

6.1.13 通过危险地区时，应先停车检查，确认可以通过后，应由有经验人员指挥前进。

6.1.14 运载易燃易爆、剧毒、腐蚀性等危险品时，应使用专用车辆按相应的安全规定运输，并应有专业随车人员。

6.1.15 爆破器材的运输，应符合现行国家法规《爆破安全规程》GB 6722的要求。起爆器材与炸药、不同种类的炸药严禁同车运输。车箱底部应铺软垫层，并应有专业押运人员，按指定路线行驶。不得在人口稠密处、交叉路口和桥上（下）停留。车厢应用帆布覆盖并设置明显标志。

6.1.16 装运氧气瓶的车厢不得有油污，氧气瓶严禁与油料或乙炔气瓶混装。氧气瓶上防振胶圈应齐全，运行过程中，氧气瓶不得滚动及相互撞击。

6.1.17 车辆停放时，应将内燃机熄火，拉紧手制动器，关锁车门。在下坡道停放时应挂倒挡，在上坡道停放时应挂一挡，并应使用三角木楔等揳紧轮胎。

6.1.18 平头型驾驶室需前倾时，应清理驾驶室内物件，关紧车门后前倾并锁定。平头型驾驶室复位后，应检查并确认驾驶室已锁定。

6.1.19 在车底进行保养、检修时，应将内燃机熄火，拉紧手制动器并将车轮揳牢。

6.1.20 车辆经修理后需要试车时，应由专业人员驾驶，当需在道路上试车时，应事先报经公安、公路等有关部门的批准。

6.2 自卸汽车

6.2.1 自卸汽车应保持顶升液压系统完好，工作平稳。操纵应灵活，不得有卡阻现象。各节液压缸表面应保持清洁。

6.2.2 非顶升作业时，应将顶升操纵杆放在空挡位置。顶升前，应拔出车厢固定锁。作业后，应及时插入车厢固定锁。固定锁应无裂纹，插入或拔出应灵活、可靠。在行驶过程中车厢挡板不得自行打开。

6.2.3 自卸汽车配合挖掘机、装载机装料时，应符合本规程第5.10.15条规定，就位后应拉紧手制动器。

6.2.4 卸料时应听从现场专业人员指挥，车厢上方不得有障碍物，四周不得有人员来往，并应将车停稳。举升车厢时，应控制内燃机中速运转，当车厢升到顶点时，应降低内燃机转速，减少车厢振动。不得边卸边行驶。

6.2.5 向坑洼地区卸料时，应和坑边保持安全距离。在斜坡上不得侧向倾卸。

6.2.6 卸完料，车厢应及时复位，自卸汽车应在复位后行驶。

6.2.7 自卸汽车不得装运爆破器材。

6.2.8 车厢举升状态下，应将车厢支撑牢靠后，进入车厢下面进行检修、润滑等作业。

6.2.9 装运混凝土或黏性物料后，应将车厢清洗干净。

6.2.10 自卸汽车装运散料时，应有防止散落的措施。

6.3 平板拖车

6.3.1 拖车的制动器、制动灯、转向灯等应配备齐全，并应与牵引车的灯光信号同时起作用。

6.3.2 行车前，应检查并确认拖挂装置、制动装置、电缆接头等连接良好。

6.3.3 拖车装卸机械时，应停在平坦坚实处，拖车应制动并用三角木揳紧车胎。装车时应调整好机械在车厢上的位置，各轴负荷分配应合理。

6.3.4 平板拖车的跳板应坚实，在装卸履带式起重机、挖掘机、压路机时，跳板与地面夹角不宜大于15°；在装卸履带式推土机、拖拉机时，跳板与地面夹角不宜大于25°。装卸时应由熟练的驾驶人员操作，并应统一指挥。上、下车动作应平稳，不得在跳板上调整方向。

6.3.5 装运履带式起重机时，履带式起重机起重臂应拆短，起重臂向后，吊钩不得自由晃动。

6.3.6 推土机的铲刀宽度超过平板拖车宽度时，应先拆除铲刀后再装运。

6.3.7 机械装车后，机械的制动器应锁定，保险装置应锁牢，履带或车轮应揳紧，机械应绑扎牢固。

6.3.8 使用随车卷扬机装卸物件时，应有专人指挥，拖车应制动锁定，并应将车轮揳紧，防止在装卸时车辆移动。

6.3.9 拖车长期停放或重车停放时间较长时，应将平板支起，轮胎不应承压。

6.4 机动翻斗车

6.4.1 机动翻斗车驾驶员应经考试合格，持有机动翻斗车专用驾驶证上岗。

6.4.2 机动翻斗车行驶前，应检查锁紧装置，并应将料斗锁牢。

6.4.3 机动翻斗车行驶时，不得用离合器处于半结合状态来控制车速。

6.4.4 在路面不良状况下行驶时，应低速缓行。机动翻斗车不得靠近路边或沟旁行驶，并应防侧滑。

6.4.5 在坑沟边缘卸料时，应设置安全挡块。车辆接近坑边时，应减速行驶，不得冲撞挡块。

6.4.6 上坡时，应提前换人低挡行驶；下坡时，不得空挡滑行；转弯时，应先减速，急转弯时，应先换入低挡。机动翻斗车不宜紧急刹车，应防止向前倾覆。

6.4.7 机动翻斗车不得在卸料工况下行驶。

6.4.8 内燃机运转或料斗内有载荷时，不得在车底下进行作业。

6.4.9 多台机动翻斗车纵队行驶时，前后车之间应保持安全距离。

6.5 散装水泥车

6.5.1 在装料前应检查并清除散装水泥车的罐体及料管内积灰和结渣等杂物，管道不得有堵塞和漏气现象；阀门开闭应灵活，部件连接应牢固可靠，压力表工作应正常。

6.5.2 在打开装料口前，应先打开排气阀，排除罐内残余气压。

6.5.3 装料完毕，应将装料口边缘上堆积的水泥清扫干净，盖好进料口，并锁紧。

6.5.4 散装水泥车卸料时，应装好卸料管，关闭卸料管蝶阀和卸压管球阀，并应打开二次风管，接通压缩空气。空气压缩机应在无载情况下启动。

6.5.5 在确认卸料阀处于关闭状态后，向罐内加压，当达到卸料压力时，应先稍开二次风嘴阀后再打开卸料阀，并用二次风嘴阀调整空气与水泥比例。

6.5.6 卸料过程中，应注意观察压力表的变化情况，当发现压力突然上升，输气软管堵塞时，应停止送气，并应放出管内有压气体，及时排除故障。

6.5.7 卸料作业时，空气压缩机应有专人管理，其他人员不得擅自操作。在进行加压卸料时，不得增加内燃机转速。

6.5.8 卸料结束后，应打开放气阀，放尽罐内余气，并应关闭各部阀门。

6.5.9 雨雪天气，散装水泥车进料口应关闭严密，并不得在露天装卸作业。

6.6 皮带运输机

6.6.1 固定式皮带运输机应安装在坚固的基础上，移动式皮带运输机在开动前应将轮子揳紧。

6.6.2 皮带运输机在启动前，应调整好输送带的松紧度，带扣应牢固，各传动部件应灵活可靠，防护罩应齐全有效。电气系统应布置合理，绝缘及接零或接地应保护良好。

6.6.3 输送带启动时，应先空载运转，在运转正常后，再均匀装料。不得先装料后启动。

6.6.4 输送带上加料时，应对准中心，并宜降低加料高度，减少落料对输送带的冲击。

6.6.5 作业中，应随时观察输送带运输情况，当发现带有松动、走偏或跳动现象时，应停机进行调整。

6.6.6 作业时，人员不得从带上面跨越，或从带下面穿过。输送带打滑时，不得用手拉动。

6.6.7 输送带输送大块物料时，输送带两侧应加装挡板或栅栏。

6.6.8 多台皮带运输机串联作业时，应从卸料端按顺序启动；停机时，应从装料端开始按顺序停机。

6.6.9 作业时需要停机时，应先停止装料，将带上物料卸完后，再停机。

6.6.10 皮带运输机作业中突然停机时，应立即切断电源，清除运输带上的物料，检查并排除故障。

6.6.11 作业完毕后，应将电源断开，锁好电源开关箱，清除输送机上的砂土，应采用防雨护罩将电动机盖好。

7 桩工机械

7.1 一般规定

7.1.1 桩工机械类型应根据桩的类型、桩长、桩径、地质条件、施工工艺等综合考虑选择。

7.1.2 桩机上的起重部件应执行本规程第4章的有关规定。

7.1.3 施工现场应按桩机使用说明书的要求进行整平压实，地基承载力应满足桩机的使用要求。在基坑和围堰内打桩，应配置足够的排水设备。

7.1.4 桩机作业区内不得有妨碍作业的高压线路、地下管道和埋设电缆。作业区应有明显标志或围栏，非工作人员不得进入。

7.1.5 桩机电源供电距离宜在200m以内，工作电源电压的允许偏差为其公称值的±5%。电源容量与导线截面应符合设备施工技术要求。

7.1.6 作业前，应由项目负责人向作业人员作详细的安全技术交底。桩机的安装、试机、拆除应严格按设备使用说明书的要求进行。

7.1.7 安装桩锤时，应将桩锤运到立柱正前方2m以内，并不得斜吊。桩机的立柱导轨应按规定润滑。桩机的垂直度应符合使用说明书的规定。

7.1.8 作业前，应检查并确认桩机各部件连接牢靠，各传动机构、齿轮箱、防护罩、吊具、钢丝绳、制动器等应完好，起重机起升、变幅机构工作正常，润滑油、液压油的油位符合规定，液压系统无泄漏，液压缸动作灵敏，作业范围内不得有非工作人员或障碍物。电动机应按本规程第3.4节的要求执行。

7.1.9 水上打桩时，应选择排水量比桩机重量大4倍以上的作业船或安装牢固的排架，桩机与船体或排架应可靠固定，并应采取有效的锚固措施。当打桩船或排架的偏斜度超过3°时，应停止作业。

7.1.10 桩机吊桩、吊锤、回转、行走等动作不应同时进行。吊桩时，应在桩上拴好拉绳，避免桩与桩锤或机架碰撞。桩机吊锤（桩）时，锤（桩）的最高点离立柱顶部的最小距离应确保安全。轨道式桩机吊桩时应夹紧夹轨器。桩机在吊有桩和锤的情况下，操作人员不得离开岗位。

7.1.11 桩机不得侧面吊桩或远距离拖桩。桩机在正前方吊桩时，混凝土预制桩与桩机立柱的水平距离不应大于4m，钢桩不应大于7m，并应防止桩与立柱碰撞。

7.1.12 使用双向立柱时，应在立柱转向到位，并应采用锁销将立柱与基杆锁住后起吊。

7.1.13 施打斜桩时，应先将桩锤提升到预定位置，并将桩吊起，套入桩帽，桩尖插入桩位后再后仰立柱。履带三支点式桩架在后倾打斜桩时，后支撑杆应顶紧；轨道式桩架应在平台后增加支撑，并夹紧夹轨器。立柱后仰时，桩机不得回转及行走。

7.1.14 桩机回转时，制动应缓慢，轨道式和步履式桩架同向连续回转不应大于一周。

7.1.15 桩锤在施打过程中，监视人员应在距离桩锤中心5m以外。

7.1.16 插桩后，应及时校正桩的垂直度。桩入土3m以上时，不得用桩机行走或回转动作来纠正桩的倾斜度。

7.1.17 拔送桩时，不得超过桩机起重能力；拔送载荷应符合下列规定：

1 电动桩机拔送载荷不得超过电动机满载电流时的载荷；

2 内燃机桩机拔送桩时，发现内燃机明显降速，应立即停止作业。

7.1.18 作业过程中，应经常检查设备的运转情况，当发生异响、吊索具破损、紧固螺栓松动、漏气、漏油、停电以及其他不正常情况时，应立即停机检查，排除故障。

7.1.19 桩机作业或行走时，除本机操作人员外，不应搭载其他人员。

7.1.20 桩机行走时，地面的平整度与坚实度应符合要求，并应有专人指挥。走管式桩机横移时，桩机距滚管终端的距离不应小于1m。桩机带锤行走时，应将桩锤放至最低位。履带式桩机行走时，驱动轮应置于尾部位置。

7.1.21 在有坡度的场地上，坡度应符合桩机使用说明书的规定，并应将桩机重心置于斜坡上方，沿纵坡方向作业和行走。桩机在斜坡上不得回转。在场地的软硬边际，桩机不应横跨软硬边际。

7.1.22 遇风速12.0m/s及以上的大风和雷雨、大雾、大雪等恶劣气候时，应停止作业。当风速达到13.9m/s及以上时，应将桩机顺风向停置，并应按使用说明书的要求，增设缆风绳，或将桩架放倒。桩机应有防雷措施，遇雷电时，人员应远离桩机。冬期作业应清除桩机上积雪，工作平台应有防滑措施。

7.1.23 桩孔成型后，当暂不浇注混凝土时，孔口必须及时封盖。

7.1.24 作业中，当停机时间较长时，应将桩锤落下垫稳。检修时，不得悬吊桩锤。

7.1.25 桩机在安装、转移和拆运时，不得强行弯曲液压管路。

7.1.26 作业后，应将桩机停放在坚实平整的地面上，将桩锤落下垫实，并切断动力电源。轨道式桩架应夹紧夹轨器。

7.2 柴油打桩锤

7.2.1 作业前应检查导向板的固定与磨损情况，导向板不得有松动或缺件，导向面磨损不得大于7mm。

7.2.2 作业前应检查并确认起落架各工作机构安全可靠，启动钩与上活塞接触线距离应在5mm～10mm之间。

7.2.3 作业前应检查柴油锤与桩帽的连接，提起柴油锤，柴油锤脱出砧座后，柴油锤下滑长度不应超过使用说明书的规定值，超过时，应调整桩帽连接钢丝绳的长度。

7.2.4 作业前应检查缓冲胶垫，当砧座和橡胶垫的接触面小于原面积2/3时，或下汽缸法兰与砧座间隙小于使用说明书的规定值时，均应更换橡胶垫。

7.2.5 水冷式柴油锤应加满水箱，并应保证柴油锤连续工作时有足够的冷却水。冷却水应使用清洁的软水。冬期作业时应加温水。

7.2.6 桩帽上缓冲垫木的厚度应符合要求，垫木不得偏斜。金属桩的垫木厚度应为100mm～150mm；混凝土桩的垫木厚度应为200mm～250mm。

7.2.7 柴油锤启动前，柴油锤、桩帽和桩应在同一轴线上，不得偏心打桩。

7.2.8 在软土打桩时，应先关闭油门冷打，当每击贯人度小于100mm时，再启动柴油锤。

7.2.9 柴油锤运转时，冲击部分的跳起高度应符合使用说明书的要求，达到规定高度时，应减小油门，控制落距。

7.2.10 当上活塞下落而柴油锤未燃爆，上活塞发生短时间的起伏时，起落架不得落下，以防撞击碰块。

7.2.11 打桩过程中，应有专人负责拉好曲臂上的控制绳，在意外情况下，可使用控制绳紧急停锤。

7.2.12 柴油锤启动后，应提升起落架，在锤击过程中起落架与上汽缸顶部之间的距离不应小于2m。

7.2.13 筒式柴油锤上活塞跳起时，应观察是否有润滑油从泄油孔中流出。下活塞的润滑油应按使用说明书的要求加注。

7.2.14 柴油锤出现早燃时，应停止工作，并应按使用说明书的要求进行处理。

7.2.15 作业后，应将柴油锤放到最低位置，封盖上汽缸和吸排气孔，关闭燃料阀，将操作杆置于停机位置，起落架升至高于桩锤1m处，并应锁住安全限位装置。

7.2.16 长期停用的柴油锤，应从桩机上卸下，放掉冷却水、燃油及润滑油，将燃烧室及上、下活塞打击面清洗干净，并应做好防腐措施，盖上保护套，入库保存。

7.3 振动桩锤

7.3.1 作业前，应检查并确认振动桩锤各部位螺栓、销轴的连接牢靠，减振装置的弹簧、轴和导向套完好。

7.3.2 作业前，应检查各传动胶带的松紧度，松紧度不符合规定时应及时调整。

7.3.3 作业前，应检查夹持片的齿形。当齿形磨损超过4mm时，应更换或用堆焊修复。使用前，应在夹持片中间放一块10mm～15mm厚的钢板进行试夹。试夹中液压缸应无渗漏，系统压力应正常，夹持片之间无钢板时不得试夹。

7.3.4 作业前，应检查并确认振动桩锤的导向装置牢固可靠。导向装置与立柱导轨的配合间隙应符合使用说明书的规定。

7.3.5 悬挂振动桩锤的起重机吊钩应有防松脱的保护装置。振动桩锤悬挂钢架的耳环应加装保险钢丝绳。

7.3.6 振动桩锤启动时间不应超过使用说明书的规定。当启动困难时，应查明原因，排除故障后继续启动。启动时应监视电流和电压，当启动后的电流降到正常值时，开始作业。

7.3.7 夹桩时，夹紧装置和桩的头部之间不应有空隙。当液压系统工作压力稳定后，才能启动振动桩锤。

7.3.8 沉桩前，应以桩的前端定位，并按使用说明书的要求调整导轨与桩的垂直度。

7.3.9 沉桩时，应根据沉桩速度放松吊桩钢丝绳。沉桩速度、电机电流不得超过使用说明书的规定。沉桩速度过慢时，可在振动桩锤上按规定增加配重。当电流急剧上升时，应停机检查。

7.3.10 拔桩时，当桩身埋入部分被拔起1.0m～1.5m时，应停止拔桩，在拴好吊桩用钢丝绳后，再起振拔桩。当桩尖离地面只有1.0m～2.0m时，应停止振动拔桩，由起重机直接拔桩。桩拔出后，吊桩钢丝绳未吊紧前，不得松开夹紧装置。

7.3.11 拔桩应按沉桩的相反顺序起拔。夹紧装置在夹持板桩时，应靠近相邻一根。对工字桩应夹紧腹板的中央。当钢板桩和工字桩的头部有钻孔时，应将钻孔焊平或将钻孔以上割掉，或应在钻孔处焊接加强板，防止桩断裂。

7.3.12 振动桩锤在正常振幅下仍不能拔桩时，应停止作业，改用功率较大的振动桩锤。拔桩时，拔桩力不应大于桩架的负荷能力。

7.3.13 振动桩锤作业时，减振装置各摩擦部位应具有良好的润滑。减振器横梁的振幅超过规定时，应停机查明原因。

7.3.14 作业中，当遇液压软管破损、液压操纵失灵或停电时，应立即停机，并应采取安全措施，不得让桩从夹紧装置中脱落。

7.3.15 停止作业时，在振动桩锤完全停止运转前不得松开夹紧装置。

7.3.16 作业后，应将振动桩锤沿导杆放至低处，并采用木块垫实，带桩管的振动桩锤可将桩管沉入土中3m以上。

7.3.17 振动桩锤长期停用时，应卸下振动桩锤。

7.4 静力压桩机

7.4.1 桩机纵向行走时，不得单向操作一个手柄，应两个手柄一起动作。短船回转或横向行走时，不应碰触长船边缘。

7.4.2 桩机升降过程中，四个顶升缸中的两个一组，交替动作，每次行程不得超过100mm。当单个顶升缸动作时，行程不得超过50mm。压桩机在顶升过程中，船形轨道不宜压在已入土的单一桩顶上。

7.4.3 压桩作业时，应有统一指挥，压桩人员和吊桩人员应密切联系，相互配合。

7.4.4 起重机吊桩进入夹持机构，进行接桩或插桩作业后，操作人员在压桩前应确认吊钩已安全脱离桩体。

7.4.5 操作人员应按桩机技术性能作业，不得超载运行。操作时动作不应过猛，应避免冲击。

7.4.6 桩机发生浮机时，严禁起重机作业。如起重机已起吊物体，应立即将起吊物卸下，暂停压桩，在查明原因采取相应措施后，方可继续施工。

7.4.7 压桩时，非工作人员应离机10m。起重机的起重臂及桩机配重下方严禁站人。

7.4.8 压桩时，操作人员的身体不得进入压桩台与机身的间隙之中。

7.4.9 压桩过程中，桩产生倾斜时，不得采用桩机行走的方法强行纠正，应先将桩拔起，清除地下障碍物后，重新插桩。

7.4.10 在压桩过程中，当夹持的桩出现打滑现象时，应通过提高液压缸压力增加夹持力，不得损坏桩，并应及时找出打滑原因，排除故障。

7.4.11 桩机接桩时，上一节桩应提升350mm～400mm，并不得松开夹持板。

7.4.12 当桩的贯入阻力超过设计值时，增加配重应符合使用说明书的规定。

7.4.13 当桩压到设计要求时，不得用桩机行走的方式，将超过规定高度的桩顶部分强行推断。

7.4.14 作业完毕，桩机应停放在平整地面上，短船应运行至中间位置，其余液压缸应缩进回程，起重机吊钩应升至最高位置，各部制动器应制动，外露活塞杆应清理干净。

7.4.15 作业后，应将控制器放在“零位”，并依次切断各部电源，锁闭门窗，冬期应放尽各部积水。

7.4.16 转移工地时，应按规定程序拆卸桩机，所有油管接头处应加保护盖帽。

7.5 转盘钻孔机

7.5.1 钻架的吊重中心、钻机的卡孔和护进管中心应在同一垂直线上，钻杆中心偏差不应大于20mm。

7.5.2 钻头和钻杆连接螺纹应良好，滑扣的不得使用。钻头焊接应牢固可靠，不得有裂纹。钻杆连接处应安装便于拆卸的垫圈。

7.5.3 作业前，应先将各部操纵手柄置于空挡位置，人力盘动时不得有卡阻现象，然后空载运转，确认一切正常后方可作业。

7.5.4 开钻时，应先送浆后开钻；停机时，应先停钻后停浆。泥浆泵应有专人看管，对泥浆质量和浆面高度应随时测量和调整，随时清除沉淀池中杂物，出现漏浆现象时应及时补充。

7.5.5 开钻时，钻压应轻，转速应慢。在钻进过程中，应根据地质情况和钻进深度，选择合适的钻压和钻速，均匀给进。

7.5.6 换挡时，应先停钻，挂上挡后再开钻。

7.5.7 加接钻杆时，应使用特制的连接螺栓紧固，并应做好连接处的清洁工作。

7.5.8 钻机下和井孔周围2m以内及高压胶管下，不得站人。钻杆不应在旋转时提升。

7.5.9 发生提钻受阻时，应先设法使钻具活动后再慢慢提升，不得强行提升。当钻进受阻时，应采用缓冲击法解除，并查明原因，采取措施继续钻进。

7.5.10 钻架、钻台平车、封口平车等的承载部位不得超载。

7.5.11 使用空气反循环时，喷浆口应遮拦，管端应固定。

7.5.12 钻进结束时，应把钻头略为提起，降低转速，空转5min～20min后再停钻。停钻时，应先停钻后停风。

7.5.13 作业后，应对钻机进行清洗和润滑，并应将主要部位进行遮盖。

7.6 螺旋钻孔机

7.6.1 安装前，应检查并确认钻杆及各部件不得有变形；安装后，钻杆与动力头中心线的偏斜度不应超过全长的1%。

7.6.2 安装钻杆时，应从动力头开始，逐节往下安装。不得将所需长度的钻杆在地面上接好后一次起吊安装。

7.6.3 钻机安装后，电源的频率与钻机控制箱的内频率应相同，不同时，应采用频率转换开关予以转换。

7.6.4 钻机应放置在平稳、坚实的场地上。汽车式钻机应将轮胎支起，架好支腿，并应采用自动微调或线锤调整挺杆，使之保持垂直。

7.6.5 启动前应检查并确认钻机各部件连接应牢固，传动带的松紧度应适当，减速箱内油位应符合规定，钻深限位报警装置应有效。

7.6.6 启动前，应将操纵杆放在空挡位置。启动后，应进行空载运转试验，检查仪表、制动等各项，温度、声响应正常。

7.6.7 钻孔时，应将钻杆缓慢放下，使钻头对准孔位，当电流表指针偏向无负荷状态时即可下钻。在钻孔过程中，当电流表超过额定电流时，应放慢下钻速度。

7.6.8 钻机发出下钻限位报警信号时，应停钻，并将钻杆稍稍提升，在解除报警信号后，方可继续下钻。

7.6.9 卡钻时，应立即停止下钻。查明原因前，不得强行启动。

7.6.10 作业中，当需改变钻杆回转方向时，应在钻杆完全停转后再进行。

7.6.11 作业中，当发现阻力过大、钻进困难、钻头发出异响或机架出现摇晃、移动、偏斜时，应立即停钻，在排除故障后，继续施钻。

7.6.12 钻机运转时，应有专人看护，防止电缆线被缠入钻杆。

7.6.13 钻孔时，不得用手清除螺旋片中的泥土。

7.6.14 钻孔过程中，应经常检查钻头的磨损情况，当钻头磨损量超过使用说明书的允许值时，应予更换。

7.6.15 作业中停电时，应将各控制器放置零位，切断电源，并应及时采取措施，将钻杆从孔内拔出。

7.6.16 作业后，应将钻杆及钻头全部提升至孔外，先清除钻杆和螺旋叶片上的泥土，再将钻头放下接触地面，锁定各部制动，将操纵杆放到空挡位置，切断电源。

7.7 全套管钻机

7.7.1 作业前应检查并确认套管和浇注管内侧不得有损坏和明显变形，不得有混凝土粘结。

7.7.2 钻机内燃机启动后，应先怠速运转，再逐步加速至额定转速。钻机对位后，应进行试调，达到水平后，再进行作业。

7.7.3 第一节套管入土后，应随时调整套管的垂直度。当套管入土深度大于5m时，不得强行纠偏。

7.7.4 在套管内挖土碰到硬土层时，不得用锤式抓斗冲击硬土层，应采用十字凿锤将硬土层有效的破碎后，再继续挖掘。

7.7.5 用锤式抓斗挖掘管内土层时，应在套管上加装保护套管接头的喇叭口。

7.7.6 套管在对接时，接头螺栓应按出厂说明书规定的扭矩对称拧紧。接头螺栓拆下时，应立即洗净后浸入油中。

7.7.7 起吊套管时，不得用卡环直接吊在螺纹孔内，损坏套管螺纹，应使用专用工具吊装。

7.7.8 挖掘过程中，应保持套管的摆动。当发现套管不能摆动时，应拔出液压缸，将套管上提，再用起重机助拔，直至拔起部分套管能摆动为止。

7.7.9 浇注混凝土时，钻机操作应和灌注作业密切配合，应根据孔深、桩长适当配管，套管与浇注管保持同心，在浇注管埋入混凝土2m～4m之间时，应同步拔管和拆管。

7.7.10 上拔套管时，应左右摆动。套管分离时，下节套管头应用卡环保险，防止套管下滑。

7.7.11 作业后，应及时清除机体、锤式抓斗及套管等外表的混凝土和泥砂，将机架放回行走位置，将机组转移至安全场所。

7.8 旋 挖 钻 机

7.8.1 作业地面应坚实平整，作业过程中地面不得下陷，工作坡度不得大于2°。

7.8.2 钻机驾驶员进出驾驶室时，应利用阶梯和扶手上下。在作业过程中，不得将操纵杆当扶手使用。

7.8.3 钻机行驶时，应将上车转台和底盘车架销住，履带式钻机还应锁定履带伸缩油缸的保护装置。

7.8.4 钻孔作业前，应检查并确认固定上车转台和底盘车架的销轴已拔出。履带式钻机应将履带的轨距伸至最大。

7.8.5 在钻机转移工作点、装卸钻具钻杆、收臂放塔和检修调试时，应有专人指挥，并确认附近不得有非作业人员和障碍。

7.8.6 卷扬机提升钻杆、钻头和其他钻具时，重物应位于桅杆正前方。卷扬机钢丝绳与桅杆夹角应符合使用说明书的规定。

7.8.7 开始钻孔时，钻杆应保持垂直，位置应正确，并应慢速钻进，在钻头进入土层后，再加快钻进。当钻斗穿过软硬土层交界处时，应慢速钻进。提钻时，钻头不得转动。

7.8.8 作业中，发生浮机现象时，应立即停止作业，查明原因并正确处理后，继续作业。

7.8.9 钻机移位时，应将钻桅及钻具提升到规定高度，并应检查钻杆，防止钻杆脱落。

7.8.10 作业中，钻机作业范围内不得有非工作人员进入。

7.8.11 钻机短时停机，钻桅可不放下，动力头及钻具应下放，并宜尽量接近地面。长时间停机，钻桅应按使用说明书的要求放置。

7.8.12 钻机保养时，应按使用说明书的要求进行，并应将钻机支撑牢靠。

7.9 深层搅拌机

7.9.1 搅拌机就位后，应检查搅拌机的水平度和导向架的垂直度，并应符合使用说明书的要求。

7.9.2 作业前，应先空载试机，设备不得有异响，并应检查仪表、油泵等，确认正常后，正式开机运转。

7.9.3 吸浆、输浆管路或粉喷高压软管的各接头应连接紧固。泵送水泥浆前，管路应保持湿润。

7.9.4 作业中，应控制深层搅拌机的入土切削速度和提升搅拌的速度，并应检查电流表，电流不得超过规定。

7.9.5 发生卡钻、停钻或管路堵塞现象时，应立即停机，并应将搅拌头提离地面，查明原因，妥善处理后，重新开机施工。

7.9.6 作业中，搅拌机动力头的润滑应符合规定，动力头不得断油。

7.9.7 当喷浆式搅拌机停机超过3h，应及时拆卸输浆管路，排除灰浆，清洗管道。

7.9.8 作业后，应按使用说明书的要求，做好清洁保养工作。

7.10 成 槽 机

7.10.1 作业前，应检查各传动机构、安全装置、钢丝绳等，并应确认安全可靠后，空载试车，试车运行中，应检查油缸、油管、油马达等液压元件，不得有渗漏油现象，油压应正常，油管盘、电缆盘应运转灵活，不得有卡滞现象，并应与起升速度保持同步。

7.10.2 成槽机回转应平稳，不得突然制动。

7.10.3 成槽机作业中，不得同时进行两种及以上动作。

7.10.4 钢丝绳应排列整齐，不得松乱。

7.10.5 成槽机起重性能参数应符合主机起重性能参数，不得超载。

7.10.6 安装时，成槽抓斗应放置在把杆铅锤线下方的地面上，把杆角度应为75°～78°。起升把杆时，成槽抓斗应随着逐渐慢速提升，电缆与油管应同步卷起，以防油管与电缆损坏。接油管时应保持油管的清洁。

7.10.7 工作场地应平坦坚实，在松软地面作业时，应在履带下铺设厚度在30mm以上的钢板，钢板纵向间距不应大于30mm。起重臂最大仰角不得超过78°，并应经常检查钢丝绳、滑轮，不得有严重磨损及脱槽现象，传动部件、限位保险装置、油温等应正常。

7.10.8 成槽机行走履带应平行槽边，并应尽可能使主机远离槽边，以防槽段塌方。

7.10.9 成槽机工作时，把杆下不得有人员，人员不得用手触摸钢丝绳及滑轮。

7.10.10 成槽机工作时，应检查成槽的垂直度，并应及时纠偏。

7.10.11 成槽机工作完毕，应远离槽边，抓斗应着地，设备应及时清洁。

7.10.12 拆卸成槽机时，应将把杆置于75°～78°位置，放落成槽抓斗，逐渐变幅把杆，同步下放起升钢丝绳、电缆与油管，并应防止电缆、油管拉断。

7.10.13 运输时，电缆及油管应卷绕整齐，并应垫高油管盘和电缆盘。

7.11 冲孔桩机

7.11.1 冲孔桩机施工场地应平整坚实。

7.11.2 作业前应重点检查下列项目，并应符合相应要求：

1 连接应牢固，离合器、制动器、棘轮停止器、导向轮等传动应灵活可靠；

2 卷筒不得有裂纹，钢丝绳缠绕应正确，绳头应压紧，钢丝绳断丝、磨损不得超过规定；

3 安全信号和安全装置应齐全良好；

4 桩机应有可靠的接零或接地，电气部分应绝缘良好；

5 开关应灵敏可靠。

7.11.3 卷扬机启动、停止或到达终点时，速度应平缓。卷扬机使用应按本规范第4.7节的规定执行。

7.11.4 冲孔作业时，不得碰撞护筒、孔壁和钩挂护筒底缘；重锤提升时，应缓慢平稳。

7.11.5 卷扬机钢丝绳应按规定进行保养及更换。

7.11.6 卷扬机换向应在重锤停稳后进行，减少对钢丝绳的破坏。

7.11.7 钢丝绳上应设有标记，提升落锤高度应符合规定，防止提锤过高，击断锤齿。

7.11.8 停止作业时，冲锤应提出孔外，不得埋锤，并应及时切断电源；重锤落地前，司机不得离岗。

8 混凝土机械

8.1 一般规定

8.1.1 混凝土机械的内燃机、电动机、空气压缩机等应符合本规程第3章的有关规定。行驶部分应符合本规程第6章的有关规定。

8.1.2 液压系统的溢流阀、安全阀应齐全有效，调定压力应符合说明书要求。系统应无泄漏，工作应平稳，不得有异响。

8.1.3 混凝土机械的工作机构、制动器、离合器、各种仪表及安全装置应齐全完好。

8.1.4 电气设备作业应符合现行行业标准《施工现场临时用电安全技术规范》JGJ46的有关规定。插入式、平板式振捣器的漏电保护器应采用防溅型产品，其额定漏电动作电流不应大于15mA；额定漏电动作时间不应大于0.1s。

8.1.5 冬期施工，机械设备的管道、水泵及水冷却装置应采取防冻保温措施。

8.2 混凝土搅拌机

8.2.1 作业区应排水通畅，并应设置沉淀池及防尘设施。

8.2.2 操作人员视线应良好。操作台应铺设绝缘垫板。

8.2.3 作业前应重点检查下列项目，并应符合相应要求：

1 料斗上、下限位装置应灵敏有效，保险销、保险链应齐全完好。钢丝绳报废应按现行国家标准《起重机 钢丝绳 保养、维护、安装、检验和报废》GB/T 5972的规定执行；

2 制动器、离合器应灵敏可靠；

3 各传动机构、工作装置应正常。开式齿轮、皮带轮等传动装置的安全防护罩应齐全可靠。齿轮箱、液压油箱内的油质和油量应符合要求；

4 搅拌筒与托轮接触应良好，不得窜动、跑偏；

5 搅拌筒内叶片应紧固，不得松动，叶片与衬板间隙应符合说明书规定；

6 搅拌机开关箱应设置在距搅拌机5m的范围内。

8.2.4 作业前应进行空载运转，确认搅拌筒或叶片运转方向正确。反转出料的搅拌机应进行正、反转运转。空载运转时，不得有冲击现象和异常声响。

8.2.5 供水系统的仪表计量应准确，水泵、管道等部件应连接可靠，不得有泄漏。

8.2.6 搅拌机不宜带载启动，在达到正常转速后上料，上料量及上料程序应符合使用说明书的规定。

8.2.7 料斗提升时，人员严禁在料斗下停留或通过；当需在料斗下方进行清理或检修时，应将料斗提升至上止点，并必须用保险销锁牢或用保险链挂牢。

8.2.8 搅拌机运转时，不得进行维修、清理工作。当作业人员需进入搅拌筒内作业时，应先切断电源，锁好开关箱，悬挂“禁止合闸”的警示牌，并应派专人监护。

8.2.9 作业完毕，宜将料斗降到最低位置，并应切断电源。

8.3 混凝土搅拌运输车

8.3.1 混凝土搅拌运输车的内燃机和行驶部分应分别符合本规程第3章和第6章的有关规定。

8.3.2 液压系统和气动装置的安全阀、溢流阀的调整压力应符合使用说明书的要求。卸料槽锁扣及搅拌筒的安全锁定装置应齐全完好。

8.3.3 燃油、润滑油、液压油、制动液及冷却液应添加充足，质量应符合要求，不得有渗漏。

8.3.4 搅拌筒及机架缓冲件应无裂纹或损伤，筒体与托轮应接触良好。搅拌叶片、进料斗、主辅卸料槽不得有严重磨损和变形。

8.3.5 装料前应先启动内燃机空载运转，并低速旋转搅拌筒3min～5min，当各仪表指示正常、制动气压达到规定值时，并检查确认后装料。装载量不得超过规定值。

8.3.6 行驶前，应确认操作手柄处于“搅动”位置并锁定，卸料槽锁扣应扣牢。搅拌行驶时最高速度不得大于50km/h。

8.3.7 出料作业时，应将搅拌运输车停靠在地势平坦处，应与基坑及输电线路保持安全距离，并应锁定制动系统。

8.3.8 进入搅拌筒维修、清理混凝土前，应将发动机熄火，操作杆置于空挡，将发动机钥匙取出，并应设专人监护，悬挂安全警示牌。

8.4 混凝土输送泵

8.4.1 混凝土泵应安放在平整、坚实的地面上，周围不得有障碍物，支腿应支设牢靠，机身应保持水平和稳定，轮胎应揳紧。

8.4.2 混凝土输送管道的敷设应符合下列规定：

1 管道敷设前应检查并确认管壁的磨损量应符合使用说明书的要求，管道不得有裂纹、砂眼等缺陷。新管或磨损量较小的管道应敷设在泵出口处；

2 管道应使用支架或与建筑结构固定牢固。泵出口处的管道底部应依据泵送高度、混凝土排量等设置独立的基础，并能承受相应荷载；

3 敷设垂直向上的管道时，垂直管不得直接与泵的输出口连接，应在泵与垂直管之间敷设长度不小于15m的水平管，并加装逆止阀；

4 敷设向下倾斜的管道时，应在泵与斜管之间敷设长度不小于5倍落差的水平管。当倾斜度大于7°时，应加装排气阀。

8.4.3 作业前应检查并确认管道连接处管卡扣牢，不得泄漏。混凝土泵的安全防护装置应齐全可靠，各部位操纵开关、手柄等位置应正确，搅拌斗防护网应完好牢固。

8.4.4 砂石粒径、水泥强度等级及配合比应符合出厂规定，并应满足混凝土泵的泵送要求。

8.4.5 混凝土泵启动后，应空载运转，观察各仪表的指示值，检查泵和搅拌装置的运转情况，并确认一切正常后作业。泵送前应向料斗加入清水和水泥砂浆润滑泵及管道。

8.4.6 混凝土泵在开始或停止泵送混凝土前，作业人员应与出料软管保持安全距离，作业人员不得在出料口下方停留。出料软管不得埋在混凝土中。

8.4.7 泵送混凝土的排量、浇注顺序应符合混凝土浇筑施工方案的要求。施工荷载应控制在允许范围内。

8.4.8 混凝土泵工作时，料斗中混凝土应保持在搅拌轴线以上，不应吸空或无料泵送。

8.4.9 混凝土泵工作时，不得进行维修作业。

8.4.10 混凝土泵作业中，应对泵送设备和管路进行观察，发现隐患应及时处理。对磨损超过规定的管子、卡箍、密封圈等应及时更换。

8.4.11 混凝土泵作业后应将料斗和管道内的混凝土全部排出，并对泵、料斗、管道进行清洗。清洗作业应按说明书要求进行。不宜采用压缩空气进行清洗。

8.5 混凝土泵车

8.5.1 混凝土泵车应停放在平整坚实的地方，与沟槽和基坑的安全距离应符合使用说明书的要求。臂架回转范围内不得有障碍物，与输电线路的安全距离应符合现行行业标准《施工现场临时用电安全技术规范》JGJ46的有关规定。

8.5.2 混凝土泵车作业前，应将支腿打开，并应采用垫木垫平，车身的倾斜度不应大于3°。

8.5.3 作业前应重点检查下列项目，并应符合相应要求：

1 安全装置应齐全有效，仪表应指示正常；

2 液压系统、工作机构应运转正常；

3 料斗网格应完好牢固；

4 软管安全链与臂架连接应牢固。

8.5.4 伸展布料杆应按出厂说明书的顺序进行。布料杆在升离支架前不得回转。不得用布料杆起吊或拖拉物件。

8.5.5 当布料杆处于全伸状态时，不得移动车身。当需要移动车身时，应将上段布料杆折叠固定，移动速度不得超过10km/h。

8.5.6 不得接长布料配管和布料软管。

8.6 插入式振捣器

8.6.1 作业前应检查电动机、软管、电缆线、控制开关等，并应确认处于完好状态。电缆线连接应正确。

8.6.2 操作人员作业时应穿戴符合要求的绝缘鞋和绝缘手套。

8.6.3 电缆线应采用耐候型橡皮护套铜芯软电缆，并不得有接头。

8.6.4 电缆线长度不应大于30m。不得缠绕、扭结和挤压，并不得承受任何外力。

8.6.5 振捣器软管的弯曲半径不得小于500mm，操作时应将振捣器垂直插入混凝土，深度不宜超过600mm。

8.6.6 振捣器不得在初凝的混凝土、脚手板和干硬的地面上进行试振。在检修或作业间断时，应切断电源。

8.6.7 作业完毕，应切断电源，并应将电动机、软管及振动棒清理干净。

8.7 附着式、平板式振捣器

8.7.1 作业前应检查电动机、电源线、控制开关等，并确认完好无破损。附着式振捣器的安装位置应正确，连接应牢固，并应安装减振装置。

8.7.2 操作人员穿戴应符合本规程第8.6.2条的要求。

8.7.3 平板式振捣器应采用耐气候型橡皮护套铜芯软电缆，并不得有接头和承受任何外力，其长度不应超过30m。

8.7.4 附着式、平板式振捣器的轴承不应承受轴向力，振捣器使用时，应保持振捣器电动机轴线在水平状态。

8.7.5 附着式、平板式振捣器的使用应符合本规程第8.6.6条的规定。

8.7.6 平板式振捣器作业时应使用牵引绳控制移动速度，不得牵拉电缆。

8.7.7 在同一块混凝土模板上同时使用多台附着式振捣器时，各振动器的振频应一致，安装位置宜交错设置。

8.7.8 安装在混凝土模板上的附着式振捣器，每次作业时间应根据施工方案确定。

8.7.9 作业完毕，应切断电源，并应将振捣器清理干净。

8.8 混凝土振动台

8.8.1 作业前应检查电动机、传动及防护装置，并确认完好有效。轴承座、偏心块及机座螺栓应紧固牢靠。

8.8.2 振动台应设有可靠的锁紧夹，振动时应将混凝土槽锁紧，混凝土模板在振动台上不得无约束振动。

8.8.3 振动台电缆应穿在电管内，并预埋牢固。

8.8.4 作业前应检查并确认润滑油不得有泄漏，油温、传动装置应符合要求。

8.8.5 在作业过程中，不得调节预置拨码开关。

8.8.6 振动台应保持清洁。

8.9 混凝土喷射机

8.9.1 喷射机风源、电源、水源、加料设备等应配套齐全。

8.9.2 管道应安装正确，连接处应紧固密封。当管道通过道路时，管道应有保护措施。

8.9.3 喷射机内部应保持干燥和清洁。应按出厂说明书规定的配合比配料，不得使用结块的水泥和未经筛选的砂石。

8.9.4 作业前应重点检查下列项目，并应符合相应要求：

1 安全阀应灵敏可靠；

2 电源线应无破损现象，接线应牢靠；

3 各部密封件应密封良好，橡胶结合板和旋转板上出现的明显沟槽应及时修复；

4 压力表指针显示应正常。应根据输送距离，及时调整风压的上限值；

5 喷枪水环管应保持畅通。

8.9.5 启动时，应按顺序分别接通风、水、电。开启进气阀时，应逐步达到额定压力。启动电动机后，应空载试运转，确认一切正常后方可投料作业。

8.9.6 机械操作人员和喷射作业人员应有信号联系，送风、加料、停料、停风及发生堵塞时，应联系畅通，密切配合。

8.9.7 喷嘴前方不得有人员。

8.9.8 发生堵管时，应先停止喂料，敲击堵塞部位，使物料松散，然后用压缩空气吹通。操作人员作业时，应紧握喷嘴，不得甩动管道。

8.9.9 作业时，输送软管不得随地拖拉和折弯。

8.9.10 停机时，应先停止加料，再关闭电动机，然后停止供水，最后停送压缩空气，并应将仓内及输料管内的混合料全部喷出。

8.9.11 停机后，应将输料管、喷嘴拆下清洗干净，清除机身内外粘附的混凝土料及杂物，并应使密封件处于放松状态。

8.10 混凝土布料机

8.10.1 设置混凝土布料机前，应确认现场有足够的作业空间，混凝土布料机任一部位与其他设备及构筑物的安全距离不应小于0.6m。

8.10.2 混凝土布料机的支撑面应平整坚实。固定式混凝土布料机的支撑应符合使用说明书的要求，支撑结构应经设计计算，并应采取相应加固措施。

8.10.3 手动式混凝土布料机应有可靠的防倾覆措施。

8.10.4 混凝土布料机作业前应重点检查下列项目，并应符合相应要求：

1 支腿应打开垫实，并应锁紧；

2 塔架的垂直度应符合使用说明书要求；

3 配重块应与臂架安装长度匹配；

4 臂架回转机构润滑应充足，转动应灵活；

5 机动混凝土布料机的动力装置、传动装置、安全及制动装置应符合要求；

6 混凝土输送管道应连接牢固。

8.10.5 手动混凝土布料机回转速度应缓慢均匀，牵引绳长度应满足安全距离的要求。

8.10.6 输送管出料口与混凝土浇筑面宜保持1m的距离，不得被混凝土掩埋。

8.10.7 人员不得在臂架下方停留。

8.10.8 当风速达到10.8m/s及以上或大雨、大雾等恶劣天气应停止作业。

9 钢筋加工机械

9.1 一般规定

9.1.1 机械的安装应坚实稳固。固定式机械应有可靠的基础；移动式机械作业时应楔紧行走轮。

9.1.2 手持式钢筋加工机械作业时，应佩戴绝缘手套等防护用品。

9.1.3 加工较长的钢筋时，应有专人帮扶。帮扶人员应听从机械操作人员指挥，不得任意推拉。

9.2 钢筋调直切断机

9.2.1 料架、料槽应安装平直，并应与导向筒、调直筒和下切刀孔的中心线一致。

9.2.2 切断机安装后，应用手转动飞轮，检查传动机构和工作装置，并及时调整间隙，紧固螺栓。在检查并确认电气系统正常后，进行空运转。切断机空运转时，齿轮应啮合良好，并不得有异响，确认正常后开始作业。

9.2.3 作业时，应按钢筋的直径，选用适当的调直块、曳引轮槽及传动速度。调直块的孔径应比钢筋直径大2mm～5mm。曳引轮槽宽应和所需调直钢筋的直径相符合。大直径钢筋宜选用较慢的传动速度。

9.2.4 在调直块未固定或防护罩未盖好前，不得送料。作业中，不得打开防护罩。

9.2.5 送料前，应将弯曲的钢筋端头切除。导向筒前应安装一根长度宜为1m的钢管。

9.2.6 钢筋送入后，手应与曳轮保持安全距离。

9.2.7 当调直后的钢筋仍有慢弯时，可逐渐加大调直块的偏移量，直到调直为止。

9.2.8 切断3根～4根钢筋后，应停机检查钢筋长度，当超过允许偏差时，应及时调整限位开关或定尺板。

9.3 钢筋切断机

9.3.1 接送料的工作台面应和切刀下部保持水平，工作台的长度应根据加工材料长度确定。

9.3.2 启动前，应检查并确认切刀不得有裂纹，刀架螺栓应紧固，防护罩应牢靠。应用手转动皮带轮，检查齿轮啮合间隙，并及时调整。

9.3.3 启动后，应先空运转，检查并确认各传动部分及轴承运转正常后，开始作业。

9.3.4 机械未达到正常转速前，不得切料。操作人员应使用切刀的中、下部位切料，应紧握钢筋对准刃口迅速投入，并应站在固定刀片一侧用力压住钢筋，防止钢筋末端弹出伤人。不得用双手分在刀片两边握住钢筋切料。

9.3.5 操作人员不得剪切超过机械性能规定强度及直径的钢筋或烧红的钢筋。一次切断多根钢筋时，其总截面积应在规定范围内。

9.3.6 剪切低合金钢筋时，应更换高硬度切刀，剪切直径应符合机械性能的规定。

9.3.7 切断短料时，手和切刀之间的距离应大于150mm，并应采用套管或夹具将切断的短料压住或夹牢。

9.3.8 机械运转中，不得用手直接清除切刀附近的断头和杂物。在钢筋摆动范围和机械周围，非操作人员不得停留。

9.3.9 当发现机械有异常响声或切刀歪斜等不正常现象时，应立即停机检修。

9.3.10 液压式切断机启动前，应检查并确认液压油位符合规定。切断机启动后，应空载运转，检查并确认电动机旋转方向应符合规定，并应打开放油阀，在排净液压缸体内的空气后开始作业。

9.3.11 手动液压式切断机使用前，应将放油阀按顺时针方向旋紧，作业完毕后，应立即按逆时针方向旋松。

9.4 钢筋弯曲机

9.4.1 工作台和弯曲机台面应保持水平。

9.4.2 作业前应准备好各种芯轴及工具，并应按加工钢筋的直径和弯曲半径的要求，装好相应规格的芯轴和成型轴、挡铁轴。

9.4.3 芯轴直径应为钢筋直径的 2.5 倍。挡铁轴应有轴套。挡铁轴的直径和强度不得小于被弯钢筋的直径和强度。

9.4.4 启动前，应检查并确认芯轴、挡铁轴、转盘等不得有裂纹和损伤，防护罩应有效。在空载运转并确认正常后，开始作业。

9.4.5 作业时，应将需弯曲的一端钢筋插入在转盘固定销的间隙内，将另一端紧靠机身固定销，并用手压紧，在检查并确认机身固定销安放在挡住钢筋的一侧后，启动机械。

9.4.6 弯曲作业时，不得更换轴芯、销子和变换角度以及调速，不得进行清扫和加油。

9.4.7 对超过机械铭牌规定直径的钢筋不得进行弯曲。在弯曲未经冷拉或带有锈皮的钢筋时，应戴防护镜。

9.4.8 在弯曲高强度钢筋时，应进行钢筋直径换算，钢筋直径不得超过机械允许的最大弯曲能力，并应及时调换相应的芯轴。

9.4.9 操作人员应站在机身设有固定销的一侧。成品钢筋应堆放整齐，弯钩不得朝上。

9.4.10 转盘换向应在弯曲机停稳后进行。

9.5 钢筋冷拉机

9.5.1 应根据冷拉钢筋的直径，合理选用冷拉卷扬机。卷扬钢丝绳应经封闭式导向滑轮，并应和被拉钢筋成直角。操作人员应能见到全部冷拉场地。卷扬机与冷拉中心线距离不得小于 5m。

9.5.2 冷拉场地应设置警戒区，并应安装防护栏及警告标志。非操作人员不得进入警戒区。作业时，操作人员与受拉钢筋的距离应大于 2m。

9.5.3 采用配重控制的冷拉机应有指示起落的记号或专人指挥。冷拉机的滑轮、钢丝绳应相匹配。配重提起时，配重离地高度应小于 300mm。配重架四周应设置防护栏杆及警告标志。

9.5.4 作业前，应检查冷拉机，夹齿应完好；滑轮、拖拉小车应润滑灵活；拉钩、地锚及防护装置应齐全牢固。

9.5.5 采用延伸率控制的冷拉机，应设置明显的限位标志，并应有专人负责指挥。

9.5.6 照明设施宜设置在张拉警戒区外。当需设置在警戒区内时，照明设施安装高度应大于 5m，并应有防护罩。

9.5.7 作业后，应放松卷扬钢丝绳，落下配重，切断电源，并锁好开关箱。

9.6 钢筋冷拔机

9.6.1 启动机械前，应检查并确认机械各部连接应牢固，模具不得有裂纹，轧头与模具的规格应配套。

9.6.2 钢筋冷拔量应符合机械出厂说明书的规定。机械出厂说明书未作规定时，可按每次冷拔缩减模具孔径 0.5mm～1.0mm 进行。

9.6.3 轧头时，应先将钢筋的一端穿过模具，钢筋穿过的长度宜为 100mm～150mm，再用夹具夹牢。

9.6.4 作业时，操作人员的手与轧辊应保持 300mm～500mm 的距离。不得用手直接接触钢筋和滚筒。

9.6.5 冷拔模架中应随时加足润滑剂，润滑剂可采用石灰和肥皂水调和晒干后的粉末。

9.6.6 当钢筋的末端通过冷拔模后，应立即脱开离合器，同时用手闸挡住钢筋末端。

9.6.7 冷拔过程中，当出现断丝或钢筋打结乱盘时，应立即停机处理。

9.7 钢筋螺纹成型机

9.7.1 在机械使用前，应检查并确认刀具安装应正确，连接应牢固，运转部位润滑应良好，不得有漏电现象，空车试运转并确认正常后作业。

9.7.2 钢筋应先调直再下料。钢筋切口端面应与轴线垂直，不得用气割下料。

9.7.3 加工锥螺纹时，应采用水溶性切削润滑液。当气温低于 0℃时，可掺入 15%～20%亚硝酸钠。套丝作业时，不得用机油作润滑液或不加润滑液。

9.7.4 加工时，钢筋应夹持牢固。

9.7.5 机械在运转过程中，不得清扫刀片上面的积屑杂物和进行检修。

9.7.6 不得加工超过机械铭牌规定直径的钢筋。

9.8 钢筋除锈机

9.8.1 作业前应检查并确认钢丝刷应固定牢靠，传动部分应润滑充分，封闭式防护罩及排尘装置等应完好。

9.8.2 操作人员应束紧袖口，并应佩戴防尘口罩、手套和防护眼镜。

9.8.3 带弯钩的钢筋不得上机除锈。弯度较大的钢筋宜在调直后除锈。

9.8.4 操作时，应将钢筋放平，并侧身送料。不得在除锈机正面站人。较长钢筋除锈时，应有 2 人配合操作。

10 木工机械

10.1 一般规定

10.1.1 机械操作人员应穿紧口衣裤，并束紧长发，不得系领带和戴手套。

10.1.2 机械的电源安装和拆除及机械电气故障的排除，应由专业电工进行。机械应使用单向开关，不得使用倒顺双向开关。

10.1.3 机械安全装置应齐全有效，传动部位应安装防护罩，各部件应连接紧固。

10.1.4 机械作业场所应配备齐全可靠的消防器材。在工作场所，不得吸烟和动火，并不得混放其他易燃易爆物品。

10.1.5 工作场所的木料应堆放整齐，道路应畅通。

10.1.6 机械应保持清洁，工作台上不得放置杂物。

10.1.7 机械的皮带轮、锯轮、刀轴、锯片、砂轮等高速转动部件的安装应平衡。

10.1.8 各种刀具破损程度不得超过使用说明书的规定要求。

10.1.9 加工前，应清除木料中的铁钉、铁丝等金属物。

10.1.10 装设除尘装置的木工机械作业前，应先启动排尘装置，排尘管道不得变形、漏气。

10.1.11 机械运行中，不得测量工件尺寸和清理木屑、刨花和杂物。

10.1.12 机械运行中，不得跨越机械传动部分。排除故障、拆装刀具应在机械停止运转，并切断电源后进行。

10.1.13 操作时，应根据木材的材质、粗细、湿度等选择合适的切削和进给速度。操作人员与辅助人员应密切配合，并应同步匀速接送料。

10.1.14 使用多功能机械时，应只使用其中一种功能，其他功能的装置不得妨碍操作。

10.1.15 作业后，应切断电源，锁好闸箱，并应进行清理、润滑。

10.1.16 机械噪声不应超过建筑施工场界噪声限值；当机械噪声超过限值时，应采取降噪措施。机械操作人员应按规定佩戴个人防护用品。

10.2 带锯机

10.2.1 作业前，应对锯条及锯条安装质量进行检查。锯条齿侧或锯条接头处的裂纹长度超过10mm、连续缺齿两个和接头超过两处的锯条不得使用。当锯条裂纹长度在10mm以下时，应在裂纹终端冲一止裂孔。锯条松紧度应调整适当。带锯机启动后，应空载试运转，并应确认运转正常，无串条现象后，开始作业。

10.2.2 作业中，操作人员应站在带锯机的两侧，跑车开动后，行程范围内的轨道周围不应站人，不应在运行中跑车。

10.2.3 原木进锯前，应调好尺寸，进锯后不得调整。进锯速度应均匀。

10.2.4 倒车应在木材的尾端越过锯条500mm后进行，倒车速度不宜过快。

10.2.5 平台式带锯作业时，送接料应配合一致。送料、接料时不得将手送进台面。锯短料时，应采用推棍送料。回送木料时，应离开锯条50mm及以上。

10.2.6 带锯机运转中，当木屑堵塞吸尘管口时，不得清理管口。

10.2.7 作业中，应根据锯条的宽度与厚度及时调节档位或增减带锯机的压砣（重锤）。当发生锯条口松或串条等现象时，不得用增加压砣（重锤）重量的办法进行调整。

10.3 圆盘锯

10.3.1 木工圆锯机上的旋转锯片必须设置防护罩。

10.3.2 安装锯片时，锯片应与轴同心，夹持锯片的法兰盘直径应为锯片直径的1/4。

10.3.3 锯片不得有裂纹。锯片不得有连续2个及以上的缺齿。

10.3.4 被锯木料的长度不应小于500mm。作业时，锯片应露出木料10mm～20mm。

10.3.5 送料时，不得将木料左右晃动或抬高；遇木节时，应缓慢送料；接近端头时，应采用推棍送料。

10.3.6 当锯线走偏时，应逐渐纠正，不得猛扳，以防止损坏锯片。

10.3.7 作业时，操作人员应戴防护眼镜，手臂不得跨越锯片，人员不得站在锯片的旋转方向。

10.4 平面刨（手压刨）

10.4.1 刨料时，应保持身体平稳，用双手操作。刨大面时，手应按在木料上面；刨小料时，手指不得低于料高一半。不得手在料后推料。

10.4.2 当被刨木料的厚度小于30mm，或长度小于400mm时，应采用压板或推棍推进。厚度小于15mm，或长度小于250mm的木料，不得在平刨上加工。

10.4.3 刨旧料前，应将料上的钉子、泥砂清除干净。被刨木料如有破裂或硬节等缺陷时，应处理后再施刨。遇木槎、节疤应缓慢送料。不得将手按在节疤上强行送料。

10.4.4 刀片、刀片螺钉的厚度和重量应一致，刀架与夹板应吻合贴紧，刀片焊缝超出刀头或有裂缝的刀具不应使用。刀片紧固螺钉应嵌入刀片槽内，并离刀背不得小于10mm。刀片紧固力应符合使用说明书的规定。

10.4.5 机械运转时，不得将手伸进安全挡板里侧去移动挡板或拆除安全挡板。

10.5 压刨床（单面和多面）

10.5.1 作业时，不得一次刨削两块不同材质或规格的木料，被刨木料的厚度不得超过使用说明书的规定。

10.5.2 操作者应站在进料的一侧。送料时应先进大头。接料人员应在被刨料离开料辊后接料。

10.5.3 刨刀与刨床台面的水平间隙应在10mm～30mm之间。不得使用带开口槽的刨刀。

10.5.4 每次进刀量宜为2mm～5mm。遇硬木或节疤，应减小进刀量，降低送料速度。

10.5.5 刨料的长度不得小于前后压辊之间距离。厚度小于10mm的薄板应垫托板作业。

10.5.6 压刨床的逆止爪装置应灵敏有效。进料齿辊及托料光辊应调整水平，上下距离应保持一致，齿辊应低于工件表面1mm～2mm，光辊应高出台面0.3mm～0.8mm。工作台面不得歪斜和高低不平。

10.5.7 刨削过程中，遇木料走横或卡住时，应先停机，再放低台面，取出木料，排除故障。

10.5.8 安装刀片时，应按本规程第10.4.4条的规定执行。

10.6 木工车床

10.6.1 车削前，应对车床各部装置及工具、卡具进行检查，并确认安全可靠。工件应卡紧，并应采用顶针顶紧。应进行试运转，确认正常后，方可作业。应根据工件木质的硬度，选择适当的进刀量和转速。

10.6.2 车削过程中，不得用手摸的方法检查工件的光滑程度。当采用砂纸打磨时，应先将刀架移开。车床转动时，不得用手来制动。

10.6.3 方形木料应先加工成圆柱体，再上车床加工。不得切削有节疤或裂缝的木料。

10.7 木工铣床（裁口机）

10.7.1 作业前，应对铣床各部件及铣刀安装进行检查，铣刀不得有裂纹或缺损，防护装置及定位止动装置应齐全可靠。

10.7.2 当木料有硬节时，应低速送料。应在木料送过铣刀口150mm后，再进行接料。

10.7.3 当木料铣切到端头时，应在已铣切的一端接料。送短料时，应用推料棍。

10.7.4 铣切量应按使用说明书的规定执行。不得在木料中间插刀。

10.7.5 卧式铣床的操作人员作业时，应站在刀刃侧面，不得面对刀刃。

10.8 开榫机

10.8.1 作业前，应紧固好刨刀、锯片，并试运转3min～5min，确认正常后作业。

10.8.2 作业时，应侧身操作，不得面对刀具。

10.8.3 切削时，应用压料杆将木料压紧，在切削完毕前，不得松开压料杆。短料开榫时，应用垫板将木料夹牢，不得用手直接握料作业。

10.8.4 不得上机加工有节疤的木料。

10.9 打眼机

10.9.1 作业前，应调整好机架和卡具，台面应平稳，钻头应垂直，凿心应在凿套中心卡牢，并应与加工的钻孔垂直。

10.9.2 打眼时，应使用夹料器，不得用手直接扶料。遇节疤时，应缓慢压下，不得用力过猛。

10.9.3 作业中，当凿心卡阻或冒烟时，应立即抬起手柄。不得用手直接清理钻出的木屑。

10.9.4 更换凿心时，应先停车，切断电源，并应在平台上垫上木板后进行。

10.10 锉锯机

10.10.1 作业前，应检查并确认砂轮不得有裂缝和破损，并应安装牢固。

10.10.2 启动时，应先空运转，当有剧烈振动时，应找出偏重位置，调整平衡。

10.10.3 作业时，操作人员不得站在砂轮旋转时离心力方向一侧。

10.10.4 当撑齿钩遇到缺齿或撑钩妨碍锯条运动时，应及时处理。

10.10.5 锉磨锯齿的速度宜按下列规定执行：带锯应控制在40齿/min～70齿/min；圆锯应控制在26齿/min～30齿/min。

10.10.6 锯条焊接时应接合严密，平滑均匀，厚薄一致。

10.11 磨 光 机

10.11.1 作业前，应对下列项目进行检查，并符合相应要求：

1 盘式磨光机防护装置应齐全有效；

2 砂轮应无裂纹破损；

3 带式磨光机砂筒上砂带的张紧度应适当；

4 各部轴承应润滑良好，紧固连接件应连接可靠。

10.11.2 磨削小面积工件时，宜尽量在台面整个宽度内排满工件，磨削时，应渐次连续进给。

10.11.3 带式磨光机作业时，压垫的压力应均匀。砂带纵向移动时，砂带应和工作台横向移动互相配合。

10.11.4 盘式磨光机作业时，工件应放在向下旋转的半面进行磨光。手不得靠近磨盘。

11 地下施工机械

11.1 一 般 规 定

11.1.1 地下施工机械选型和功能应满足施工地质条件和环境安全要求。

11.1.2 地下施工机械及配套设施应在专业厂家制造，应符合设计要求，并应在总装调试合格后才能出厂。出厂时，应具有质量合格证书和产品使用说明书。

11.1.3 作业前，应充分了解施工作业周边环境，对邻近建（构）筑物、地下管网等应进行监测，并应制定对建（构）筑物、地下管线保护的专项安全技术方案。

11.1.4 作业中，应对有害气体及地下作业面通风量进行监测，并应符合职业健康安全标准的要求。

11.1.5 作业中，应随时监视机械各运转部位的状态及参数，发现异常时，应立即停机检修。

11.1.6 气动设备作业时，应按照相关设备使用说明书和气动设备的操作技术要求进行施工。

11.1.7 应根据现场作业条件，合理选择水平及垂直运输设备，并应按相关规范执行。

11.1.8 地下施工机械作业时，必须确保开挖土体稳定。

11.1.9 地下施工机械施工过程中，当停机时间较长时，应采取措施，维持开挖面稳定。

11.1.10 地下施工机械使用前，应确认其状态良好，满足作业要求。使用过程中，应按使用说明书的要求进行保养、维修，并应及时更换受损的零件。

11.1.11 掘进过程中，遇到施工偏差过大、设备故障、意外的地质变化等情况时，必须暂停施工，经处理后再继续。

11.1.12 地下大型施工机械设备的安装、拆卸应按使用说明书的规定进行，并应制定专项施工方案，由专业队伍进行施工，安装、拆卸过程中应有专业技术和安全人员监护。大型设备吊装应符合本规程第4章的有关规定。

11.2 顶 管 机

11.2.1 选择顶管机，应根据管道所处土层性质、管径、地下水位、附近地上与地下建（构）筑物和各种设施等因素，经技术经济比较后确定。

11.2.2 导轨应选用钢质材料制作，安装后应牢固，不得在使用中产生位移，并应经常检查校核。

11.2.3 千斤顶的安装应符合下列规定：

1 千斤顶宜固定在支撑架上，并应与管道中心线对称，其合力应作用在管道中心的垂面上；

2 当千斤顶多于一台时，宜取偶数，且其规格宜相同；当规格不同时，其行程应同步，并应将同规格的千斤顶对称布置；

3 千斤顶的油路应并联，每台千斤顶应有进油、回油的控制系统。

11.2.4 油泵和千斤顶的选型应相匹配，并应有备用油泵；油泵安装完毕，应进行试运转，并应在合格后使用。

11.2.5 顶进前，全部设备应经过检查并经过试运转确认合格。

11.2.6 顶进时，工作人员不得在顶铁上方及侧面停留，并应随时观察顶铁有无异常迹象。

11.2.7 顶进开始时，应先缓慢进行，在各接触部位密合后，再按正常顶进速度顶进。

11.2.8 千斤顶活塞退回时，油压不得过大，速度不得过快。

11.2.9 安装后的顶铁轴线应与管道轴线平行、对称。顶铁、导轨和顶铁之间的接触面不得有杂物。

11.2.10 顶铁与管口之间应采用缓冲材料衬垫。

11.2.11 管道顶进应连续作业。管道顶进过程中，遇下列情况之一时，应立即停止顶进，检查原因并经处理后继续顶进：

1 工具管前方遇到障碍；

2 后背墙变形严重；

3 顶铁发生扭曲现象；

4 管位偏差过大且校正无效；

5 顶力超过管端的允许顶力；

6 油泵、油路发生异常现象；

7 管节接缝、中继间渗漏泥水、泥浆；

8 地层、邻近建（构）筑物、管线等周围环境的变形量超出控制允许值。

11.2.12 使用中继间应符合下列规定：

1 中继间安装时应将凸头安装在工具管方向，凹头安装在工作井一端；

2 中继间应有专职人员进行操作，同时应随时观察有可能发生的问题；

3 中继间使用时，油压、顶力不宜超过设计油压顶力，应避免引起中继间变形；

4 中继间应安装行程限位装置，单次推进距离应控制在设计允许距离内；

5 穿越中继间的高压进水管、排泥管等软管应与中继间保持一定距离，应避免中继间往返时损坏管线。

11.3 盾 构 机

11.3.1 盾构机组装前，应对推进千斤顶、拼装机、调节千斤顶进行试验验收。

11.3.2 盾构机组装前，应将防止盾构机后退的推进系统平衡阀、调节拼装机的回转平衡阀的二次溢流压力调到设计压力值。

11.3.3 盾构机组装前，应将液压系统各非标制品的阀组按设计要求进行密闭性试验。

11.3.4 盾构机组装完成后，应先对各部件、各系统进行空载、负载调试及验收，最后应进行整机空载和负载调试及验收。

11.3.5 盾构机始发、接收前，应落实盾构基座稳定措施，确保牢固。

11.3.6 盾构机应在空载调试运转正常后，开始盾构始发施工。在盾构始发阶段，应检查各部位润滑并记录油脂消耗情况；初始推进过程中，应对推进情况进行监测，并对监测反馈资料进行分析，不断调整盾构掘进施工参数。

11.3.7 盾构掘进中，每环掘进结束及中途停止掘进时，应按规定程序操作各种机电设备。

11.3.8 盾构掘进中，当遇有下列情况之一时，应暂停施工，并应在排除险情后继续施工：

1 盾构位置偏离设计轴线过大；

2 管片严重碎裂和渗漏水；

3 开挖面发生坍塌或严重的地表隆起、沉降现象；

4 遭遇地下不明障碍物或意外的地质变化；

5 盾构旋转角度过大，影响正常施工；

6 盾构扭矩或顶力异常。

11.3.9 盾构暂停掘进时，应按程序采取稳定开挖面的措施，确保暂停施工后盾构姿态稳定不变。暂停掘进前，应检查并确认推进液压系统不得有渗漏现象。

11.3.10 双圆盾构掘进时，双圆盾构两刀盘应相向旋转，并保持转速一致，不得接触和碰撞。

11.3.11 盾构带压开仓更换刀具时，应确保工作面稳定，并应进行持续充分的通风及毒气测试合格后，进行作业。地下情况较复杂时，作业人员应戴防毒面具。更换刀具时，应按专项方案和安全规定执行。

11.3.12 盾构切口与到达接收井距离小于10m时，应控制盾构推进速度、开挖面压力、排土量。

11.3.13 盾构推进到冻结区域停止推进时，应每隔10min转动刀盘一次，每次转动时间不得少于5min。

11.3.14 当盾构全部进入接收井内基座上后，应及时做好管片与洞圈间的密封。

11.3.15 盾构调头时应专人指挥，应设专人观察设备转向状态，避免方向偏离或设备碰撞。

11.3.16 管片拼装时，应按下列规定执行：

1 管片拼装应落实专人负责指挥，拼装机操作人员应按照指挥人员的指令操作，不得擅自转动拼装机；

2 举重臂旋转时，应鸣号警示，严禁施工人员进入举重臂回转范围内。拼装工应在全部就位后开始作业。在施工人员未撤离施工区域时，严禁启动拼装机；

3 拼装管片时，拼装工必须站在安全可靠的位置，不得将手脚放在环缝和千斤顶的顶部；

4 举重臂应在管片固定就位后复位。封顶拼装就位未完毕时，施工人员不得进入封顶块的下方；

5 举重臂拼装头应拧紧到位，不得松动，发现有磨损情况时，应及时更换，不得冒险吊运；

6 管片在旋转上升之前，应用举重臂小脚将管片固定，管片在旋转过程中不得晃动；

7 当拼装头与管片预埋孔不能紧固连接时，应制作专用的拼装架。拼装架设计应经技术部门审批，并经过试验合格后开始使用；

8 拼装管片应使用专用的拼装销，拼装销应有限位装置；

9 装机回转时，在回转范围内，不得有人；

10 管片吊起或升降架旋回到上方时，放置时间不应超过3min。

11.3.17 盾构的保养与维修应坚持“预防为主、经常检测、强制保养、养修并重”的原则，并应由专业人员进行保养与维修。

11.3.18 盾构机拆除退场时，应按下列规定执行：

1 机械结构部分应先按液压、泥水、注浆、电气系统顺序拆卸，最后拆卸机械结构件；

2 吊装作业时，应仔细检查并确认盾构机各连接部件与盾构机已彻底拆开分离，千斤顶全部缩回到位，所有注浆、泥水系统的手动阀门已关闭；

3 大刀盘应按要求位置停放，在井下分解后，应及时吊上地面；

4 拼装机按规定位置停放，举重钳应缩到底；提升横梁应烧焊马脚固定，同时在拼装机横梁底部应加焊接支撑，防止下坠。

11.3.19 盾构机转场运输时，应按下列规定执行：

1 应根据设备的最大尺寸，对运输线路进行实地勘察；

2 设备应与运输车辆有可靠固定措施；

3 设备超宽、超高时，应按交通法规办理各类通行证。

12 焊接机械

12.1 一般规定

12.1.1 焊接（切割）前，应先进行动火审查，确认焊接（切割）现场防火措施符合要求，并应配备相应的消防器材和安全防护用品，落实监护人员后，开具动火证。

12.1.2 焊接设备应有完整的防护外壳，一、二次接线柱处应有保护罩。

12.1.3 现场使用的电焊机应设有防雨、防潮、防晒、防砸的措施。

12.1.4 焊割现场及高空焊割作业下方，严禁堆放油类、木材、氧气瓶、乙炔瓶、保温材料等易燃、易爆物品。

12.1.5 电焊机绝缘电阻不得小于0.5MΩ，电焊机导线绝缘电阻不得小于1MΩ，电焊机接地电阻不得大于4Ω。

12.1.6 电焊机导线和接地线不得搭在易燃、易爆、带有热源或有油的物品上；不得利用建（构）筑物的金属结构、管道、轨道或其他金属物体，搭接起来，形成焊接回路，并不得将电焊机和工件双重接地；严禁使用氧气、天然气等易燃易爆气体管道作为接地装置。

12.1.7 电焊机的一次侧电源线长度不应大于5m，二次线应采用防水橡皮护套铜芯软电缆，电缆长度不应大于30m，接头不得超过3个，并应双线到位。当需要加长导线时，应相应增加导线的截面积。当导线通过道路时，应架高，或穿入防护管内埋设在地下；当通过轨道时，应从轨道下面通过。当导线绝缘受损或断股时，应立即更换。

12.1.8 电焊钳应有良好的绝缘和隔热能力。电焊钳握柄应绝缘良好，握柄与导线连接应牢靠，连接处应采用绝缘布包好。操作人员不得用胳膊夹持电焊钳，并不得在水中冷却电焊钳。

12.1.9 对承压状态的压力容器和装有剧毒、易燃、易爆物品的容器，严禁进行焊接或切割作业。

12.1.10 当需焊割受压容器、密闭容器、粘有可燃气体和溶液的工件时，应先消除容器及管道内压力，清除可燃气体和溶液，并冲洗有毒、有害、易燃物质；对存有残余油脂的容器，宜用蒸汽、碱水冲洗，打开盖口，并确认容器清洗干净后，应灌满清水后进行焊割。

12.1.11 在容器内和管道内焊割时，应采取防止触电、中毒和窒息的措施。焊、割密闭容器时，应留出气孔，必要时应在进、出气口处装设通风设备；容器内照明电压不得超过12V；容器外应有专人监护。

12.1.12 焊割铜、铝、锌、锡等有色金属时，应通风良好，焊割人员应戴防毒面罩或采取其他防毒措施。

12.1.13 当预热焊件温度达150℃～700℃时，应设挡板隔离焊件发出的辐射热，焊接人员应穿戴隔热的石棉服装和鞋、帽等。

12.1.14 雨雪天不得在露天电焊。在潮湿地带作业时，应铺设绝缘物品，操作人员应穿绝缘鞋。

12.1.15 电焊机应按额定焊接电流和暂载率操作，并应控制电焊机的温升。

12.1.16 当清除焊渣时，应戴防护眼镜，头部应避开焊渣飞溅方向。

12.1.17 交流电焊机应安装防二次侧触电保护装置。

12.2 交（直）流焊机

12.2.1 使用前，应检查并确认初、次级线接线正确，输入电压符合电焊机的铭牌规定，接线螺母、螺栓及其他部件完好齐全，不得松动或损坏。直流焊机换向器与电刷接触应良好。

12.2.2 当多台焊机在同一场地作业时，相互间距不应小于600mm，应逐台启动，并应使三相负载保持平衡。多台焊机的接地装置不得串联。

12.2.3 移动电焊机或停电时，应切断电源，不得用拖拉电缆的方法移动焊机。

12.2.4 调节焊接电流和极性开关应在卸除负荷后进行。

12.2.5 硅整流直流电焊机主变压器的次级线圈和控制变压器的次级线圈不得用摇表测试。

12.2.6 长期停用的焊机启用时，应空载通电一定时间，进行干燥处理。

12.3 氩弧焊机

12.3.1 作业前，应检查并确认接地装置安全可靠，气管、水管应通畅，不得有外漏。工作场所应有良好的通风措施。

12.3.2 应先根据焊件的材质、尺寸、形状，确定极性，再选择焊机的电压、电流和氩气的流量。

12.3.3 安装氩气表、氩气减压阀、管接头等配件时，不得粘有油脂，并应拧紧丝扣（至少5扣）。开气时，严禁身体对准氩气表和气瓶节门，应防止氩气表和气瓶节门打开伤人。

12.3.4 水冷型焊机应保持冷却水清洁。在焊接过程中，冷却水的流量应正常，不得断水施焊。

12.3.5 焊机的高频防护装置应良好；振荡器电源线路中的连锁开关不得分接。

12.3.6 使用氩弧焊时，操作人员应戴防毒面罩。应根据焊接厚度确定钨极粗细，更换钨极时，必须切断电源。磨削钨极端头时，应设有通风装置，操作人员应佩戴手套和口罩，磨削下来的粉尘，应及时清除。钍、铈、钨极不得随身携带，应贮存在铅盒内。

12.3.7 焊机附近不宜有振动。焊机上及周围不得放置易燃、易爆或导电物品。

12.3.8 氮气瓶和氩气瓶与焊接地点应相距3m以上，并应直立固定放置。

12.3.9 作业后，应切断电源，关闭水源和气源。焊接人员应及时脱去工作服，清洗外露的皮肤。

12.4 点焊机

12.4.1 作业前，应清除上下两电极的油污。

12.4.2 作业前，应先接通控制线路的转向开关和焊接电流的开关，调整好极数，再接通水源、气源，最后接通电源。

12.4.3 焊机通电后，应检查并确认电气设备、操作机构、冷却系统、气路系统工作正常，不得有漏电现象。

12.4.4 作业时，气路、水冷系统应畅通。气体应保持干燥。排水温度不得超过40℃，排水量可根据水温调节。

12.4.5 严禁在引燃电路中加大熔断器。当负载过小，引燃管内电弧不能发生时，不得闭合控制箱的引燃电路。

12.4.6 正常工作的控制箱的预热时间不得少于5min。当控制箱长期停用时，每月应通电加热30min。更换闸流管前，应预热30min。

12.5 二氧化碳气体保护焊机

12.5.1 作业前，二氧化碳气体应按规定进行预热。开气时，操作人员必须站在瓶嘴的侧面。

12.5.2 作业前，应检查并确认焊丝的进给机构、电线的连接部分、二氧化碳气体的供应系统及冷却水循环系统符合要求，焊枪冷却水系统不得漏水。

12.5.3 二氧化碳气瓶宜存放在阴凉处，不得靠近热源，并应放置牢靠。

12.5.4 二氧化碳气体预热器端的电压，不得大于36V。

12.6 埋弧焊机

12.6.1 作业前，应检查并确认各导线连接应良好；控制箱的外壳和接线板上的罩壳应完好；送丝滚轮的沟槽及齿纹应完好；滚轮、导电嘴（块）不得有过度磨损，接触应良好；减速箱润滑油应正常。

12.6.2 软管式送丝机构的软管槽孔应保持清洁，并定期吹洗。

12.6.3 在焊接中，应保持焊剂连续覆盖，以免焊剂中断露出电弧。

12.6.4 在焊机工作时，手不得触及送丝机构的滚轮。

12.6.5 作业时，应及时排走焊接中产生的有害气体，在通风不良的室内或容器内作业时，应安装通风设备。

12.7 对焊机

12.7.1 对焊机应安置在室内或防雨的工棚内，并应有可靠的接地或接零。当多台对焊机并列安装时，相互间距不得小于3m，并应分别接在不同相位的电网上，分别设置各自的断路器。

12.7.2 焊接前，应检查并确认对焊机的压力机构应灵活，夹具应牢固，气压、液压系统不得有泄漏。

12.7.3 焊接前，应根据所焊接钢筋的截面，调整二次电压，不得焊接超过对焊机规定直径的钢筋。

12.7.4 断路器的接触点、电极应定期光磨，二次电路连接螺栓应定期紧固。冷却水温度不得超过40℃；排水量应根据温度调节。

12.7.5 焊接较长钢筋时，应设置托架。

12.7.6 闪光区应设挡板，与焊接无关的人员不得入内。

12.7.7 冬期施焊时，温度不应低于8℃。作业后，应放尽机内冷却水。

12.8 竖向钢筋电渣压力焊机

12.8.1 应根据施焊钢筋直径选择具有足够输出电流的电焊机。电源电缆和控制电缆连接应正确、牢固。焊机及控制箱的外壳应接地或接零。

12.8.2 作业前，应检查供电电压并确认正常，当一次电压降大于8%时，不宜焊接。焊接导线长度不得大于30m。

12.8.3 作业前，应检查并确认控制电路正常，定时应准确，误差不得大于5%，机具的传动系统、夹装系统及焊钳的转动部分应灵活自如，焊剂应已干燥，所需附件应齐全。

12.8.4 作业前，应按所焊钢筋的直径，根据参数表，标定好所需的电流和时间。

12.8.5 起弧前，上下钢筋应对齐，钢筋端头应接触良好。对锈蚀或粘有水泥等杂物的钢筋，应在焊接前用钢丝刷清除，并保证导电良好。

12.8.6 每个接头焊完后，应停留5min～6min保温，寒冷季节应适当延长保温时间。焊渣应在完全冷却后清除。

12.9 气焊（割）设备

12.9.1 气瓶每三年应检验一次，使用期不应超过20年。气瓶压力表应灵敏正常。

12.9.2 操作者不得正对气瓶阀门出气口，不得用明火检验是否漏气。

12.9.3 现场使用的不同种类气瓶应装有不同的减压器，未安装减压器的氧气瓶不得使用。

12.9.4 氧气瓶、压力表及其焊割机具上不得粘染油脂。氧气瓶安装减压器时，应先检查阀门接头，并略开氧气瓶阀门吹除污垢，然后安装减压器。

12.9.5 开启氧气瓶阀门时，应采用专用工具，动作应缓慢。氧气瓶中的氧气不得全部用尽，应留49kPa以上的剩余压力。关闭氧气瓶阀门时，应先松开减压器的活门螺栓。

12.9.6 乙炔钢瓶使用时，应设有防止回火的安全装置；同时使用两种气体作业时，不同气瓶都应安装单向阀，防止气体相互倒灌。

12.9.7 作业时，乙炔瓶与氧气瓶之间的距离不得少于5m，气瓶与明火之间的距离不得少于10m。

12.9.8 乙炔软管、氧气软管不得错装。乙炔气胶管、防止回火装置及气瓶冻结时，应用40℃以下热水加热解冻，不得用火烤。

12.9.9 点火时，焊枪口不得对人。正在燃烧的焊枪不得放在工件或地面上。焊枪带有乙炔和氧气时，不得放在金属容器内，以防止气体逸出，发生爆燃事故。

12.9.10 点燃焊（割）炬时，应先开乙炔阀点火，再开氧气阀调整火。关闭时，应先关闭乙炔阀，再关闭氧气阀。

氢氧并用时，应先开乙炔气，再开氢气，最后开氧气，再点燃。灭火时，应先关氧气，再关氢气，最后关乙炔气。

12.9.11 操作时，氢气瓶、乙炔瓶应直立放置，且应安放稳固。

12.9.12 作业中，发现氧气瓶阀门失灵或损坏不能关闭时，应让瓶内的氧气自动放尽后，再进行拆卸修理。

12.9.13 作业中，当氧气软管着火时，不得折弯软管断气，应迅速关闭氧气阀门，停止供氧。当乙炔软管着火时，应先关熄炬火，可弯折前面一段软管将火熄灭。

12.9.14 工作完毕，应将氧气瓶、乙炔瓶气阀关好，拧上安全罩，检查操作场地，确认无着火危险，方准离开。

12.9.15 氧气瓶应与其他气瓶、油脂等易燃、易爆物品分开存放，且不得同车运输。氧气瓶不得散装吊运。运输时，氧气瓶应装有防振圈和安全帽。

12.10 等离子切割机

12.10.1 作业前，应检查并确认不得有漏电、漏气、漏水现象，接地或接零应安全可靠。应将工作台与地面绝缘，或在电气控制系统安装空载断路继电器。

12.10.2 小车、工件位置应适当，工件应接通切割电路正极，切割工作面下应设有熔渣坑。

12.10.3 应根据工件材质、种类和厚度选定喷嘴孔径，调整切割电源、气体流量和电极的内缩量。

12.10.4 自动切割小车应经空车运转，并应选定合适的切割速度。

12.10.5 操作人员应戴好防护面罩、电焊手套、帽子、滤膜防尘口罩和隔声耳罩。

12.10.6 切割时，操作人员应站在上风处操作。可从工作台下部抽风，并宜缩小操作台上的敞开面积。

12.10.7 切割时，当空载电压过高时，应检查电器接地或接零、割炬把手绝缘情况。

12.10.8 高频发生器应设有屏蔽护罩，用高频引弧后，应立即切断高频电路。

12.10.9 作业后，应切断电源，关闭气源和水源。

12.11 仿形切割机

12.11.1 应按出厂使用说明书要求接通切割机的电源，并应做好保护接地或接零。

12.11.2 作业前，应先空运转，检查并确认氧、乙炔和加装的仿形样板配合无误后，开始切割作业。

12.11.3 作业后，应清理保养设备，整理并保管好氧气带、乙炔气带及电缆线。

13 其他中小型机械

13.1 一般规定

13.1.1 中小型机械应安装稳固，用电应符合现行行业标准《施工现场临时用电安全技术规范》JGJ 46的有关规定。

13.1.2 中小型机械上的外露传动部分和旋转部分应设有防护罩。室外使用的机械应搭设机械防护棚或采取其他防护措施。

13.2 咬口机

13.2.1 不得用手触碰转动中的辊轮，工件送到末端时，手指应离开工件。

13.2.2 工件长度、宽度不得超过机械允许加工的范围。

13.2.3 作业中如有异物进入辊中，应及时停车处理。

13.3 剪板机

13.3.1 启动前，应检查并确认各部润滑、紧固应完好，切刀不得有缺口。

13.3.2 剪切钢板的厚度不得超过剪板机规定的能力。切窄板材时，应在被剪板材上压一块较宽钢板，使垂直压紧装置下落时，能压牢被剪板材。

13.3.3 应根据剪切板材厚度，调整上下切刀间隙。正常切刀间隙不得大于板材厚度的5%，斜口剪时，不得大于7%。间隙调整后，应进行手转动及空车运转试验。

13.3.4 剪板机限位装置应齐全有效。制动装置应根据磨损情况，及时调整。

13.3.5 多人作业时，应有专人指挥。

13.3.6 应在上切刀停止运动后送料。送料时，应放正、放平、放稳，手指不得接近切刀和压板，并不得将手伸进垂直压紧装置的内侧。

13.4 折板机

13.4.1 作业前，应先校对模具，按被折板厚的1.5倍～2倍预留间隙，并进行试折，在检查并确认机械和模具装备正常后，再调整到折板规定的间隙，开始正式作业。

13.4.2 作业中，应经常检查上模具的紧固件和液压或气压系统，当发现有松动或泄漏等情况，应立即停机，并妥善处理后，继续作业。

13.4.3 批量生产时，应使用后标尺挡板进行对准和调整尺寸，并应空载运转，检查并确认其摆动应灵活可靠。

13.5 卷板机

13.5.1 作业中，操作人员应站在工件的两侧，并应防止人手和衣服被卷入轧辊内。工件上不得站人。

13.5.2 用样板检查圆度时，应在停机后进行。滚卷工件到末端时，应留一定的余量。

13.5.3 滚卷较厚、直径较大的筒体或材料强度较大的工件时，应少量下降动轧辊，并应经多次滚卷成型。

13.5.4 滚卷较窄的筒体时，应放在轧辊中间滚卷。

13.6 坡口机

13.6.1 刀排、刀具应稳定牢固。

13.6.2 当工件过长时，应加装辅助托架。

13.6.3 作业中，不得俯身近视工件。不得用手摸坡口及擦拭铁屑。

13.7 法兰卷圆机

13.7.1 加工型钢规格不应超过机具的允许范围。

13.7.2 当轧制的法兰不能进入第二道型辊时，不得用手直接推送，应使用专用工具送入。

13.7.3 当加工法兰直径超过1000mm时，应采取加装托架等安全措施。

13.7.4 作业时，人员不得靠近法兰尾端。

13.8 套丝切管机

13.8.1 应按加工管径选用板牙头和板牙，板牙应按顺序放入，板牙应充分润滑。

13.8.2 当工件伸出卡盘端面的长度较长时，后部应加装辅助托架，并调整好高度。

13.8.3 切断作业时，不得在旋转手柄上加长力臂。切平管端时，不得进刀过快。

13.8.4 当加工件的管径或椭圆度较大时，应两次进刀。

13.9 弯管机

13.9.1 弯管机作业场所应设置围栏。

13.9.2 应按加工管径选用管模，并应按顺序将管模放好。

13.9.3 不得在管子和管模之间加油。

13.9.4 作业时，应夹紧机件，导板支承机构应按弯管的方向及时进行换向。

13.10 小型台钻

13.10.1 多台钻床布置时，应保持合适安全距离。

13.10.2 操作人员应按规定穿戴防护用品，并应扎紧袖口。不得围围巾及戴手套。

13.10.3 启动前应检查下列各项，并应符合相应要求：

1 各部螺栓应紧固；

2 行程限位、信号等安全装置应齐全有效；

3 润滑系统应保持清洁，油量应充足；

4 电气开关、接地或接零应良好；

5 传动及电气部分的防护装置应完好牢固；

6 夹具、刀具不得有裂纹、破损。

13.10.4 钻小件时，应用工具夹持；钻薄板时，应用虎钳夹紧，并应在工件下垫好木板。

13.10.5 手动进钻退钻时，应逐渐增压或减压，不得用管子套在手柄上加压进钻。

13.10.6 排屑困难时，进钻、退钻应反复交替进行。

13.10.7 不得用手触摸旋转的刀具或将头部靠近机床旋转部分，不得在旋转着的刀具下翻转、卡压或测量工件。

13.11 喷浆机

13.11.1 开机时，应先打开料桶开关，让石灰浆流入泵体内部后，再开动电动机带泵旋转。

13.11.2 作业后，应往料斗注入清水，开泵清洗直到水清为止，再倒出泵内积水，清洗疏通喷头座及滤网，并将喷枪擦洗干净。

13.11.3 长期存放前，应清除前、后轴承座内的灰浆积料，堵塞进浆口，从出浆口注入机油约50mL，再堵塞出浆口，开机运转约30s，使泵体内润滑防锈。

13.12 柱塞式、隔膜式灰浆泵

13.12.1 输送管路应连接紧密，不得渗漏；垂直管道应固定牢固；管道上不得加压或悬挂重物。

13.12.2 作业前应检查并确认球阀完好，泵内无干硬灰浆等物，安全阀已调整到预定的安全压力。

13.12.3 泵送前，应先用水进行泵送试验，检查并确认各部位无渗漏。

13.12.4 被输送的灰浆应搅拌均匀，不得混入石子或其他杂物，灰浆稠度应为80mm～120mm。

13.12.5 泵送时，应先开机后加料，并应先用泵压送适量石灰膏润滑输送管道，然后再加入稀灰浆，最后调整到所需稠度。

13.12.6 泵送过程中，当泵送压力超过预定的1.5MPa时，应反向泵送；当反向泵送无效时，应停机卸压检查，不得强行泵送。

13.12.7 当短时间内不需泵送时，可打开回浆阀使灰浆在泵体内循环运行。当停泵时间较长时，应每隔3min～5min泵送一次，泵送时间宜为0.5min。

13.12.8 当因故障停机时，应先打开泄浆阀使压力下降，然后排除故障。灰浆泵压力未达到零时，不得拆卸空气室、安全阀和管道。

13.12.9 作业后，应先采用石灰膏或浓石灰水把输送管道里的灰浆全部泵出，再用清水将泵和输送管道清洗干净。

13.13 挤压式灰浆泵

13.13.1 使用前，应先接好输送管道，往料斗加注清水，启动灰浆泵，当输送胶管出水时，应折起胶管，在升到额定压力时，停泵、观察各部位，不得有渗漏现象。

13.13.2 作业前，应先用清水，再用白灰膏润滑输送管道后，再泵送灰浆。

13.13.3 泵送过程中，当压力迅速上升，有堵管现象时，应反转泵送2转～3转，使灰浆返回料斗，经搅拌后再泵送，当多次正反泵仍不能畅通时，应停机检查，排除堵塞。

13.13.4 工作间歇时，应先停止送灰，后停止送气，并应防止气嘴被灰浆堵塞。

13.13.5 作业后，应将泵机和管路系统全部清洗干净。

13.14 水磨石机

13.14.1 水磨石机宜在混凝土达到设计强度70%～80%时进行磨削作业。

13.14.2 作业前，应检查并确认各连接件应紧固，磨石不得有

裂纹、破损，冷却水管不得有渗漏现象。

13.14.3 电缆线不得破损，保护接零或接地应良好。

13.14.4 在接通电源、水源后，应先压扶把使磨盘离开地面，再启动电动机，然后应检查并确认磨盘旋转方向与箭头所示方向一致，在运转正常后，再缓慢放下磨盘，进行作业。

13.14.5 作业中，使用的冷却水不得间断，用水量宜调至工作面不发干。

13.14.6 作业中，当发现磨盘跳动或异响，应立即停机检修。停机时，应先提升磨盘后关机。

13.14.7 作业后，应切断电源，清洗各部位的泥浆，并应将水磨石机放置在干燥处。

13.15 混凝土切割机

13.15.1 使用前，应检查并确认电动机接线正确，接零或接地应良好，安全防护装置应有效，锯片选用应符合要求，并安装正确。

13.15.2 启动后，应先空载运转，检查并确认锯片运转方向应正确，升降机构应灵活，一切正常后，开始作业。

13.15.3 切割厚度应符合机械出厂铭牌的规定。切割时应匀速切割。

13.15.4 切割小块料时，应使用专用工具送料，不得直接用手推料。

13.15.5 作业中，当发生跳动及异响时，应立即停机检查，排除故障后，继续作业。

13.15.6 锯台上和构件锯缝中的碎屑应采用专用工具及时清除。

13.15.7 作业后，应清洗机身，擦干锯片，排放水箱余水，并存放在干燥处。

13.16 通 风 机

13.16.1 通风机应有防雨防潮措施。

13.16.2 通风机和管道安装应牢固。风管接头应严密，口径不同的风管不得混合连接。风管转角处应做成大圆角。风管安装不应妨碍人员行走及车辆通行，风管出风口距工作面宜为6m～10m。爆破工作面附近的管道应采取保护措施。

13.16.3 通风机及通风管应装有风压水柱表，并应随时检查通风情况。

13.16.4 启动前应检查并确认主机和管件的连接应符合要求、风扇转动应平稳、电流过载保护装置应齐全有效。

13.16.5 通风机应运行平稳，不得有异响。对无逆止装置的通风机，应在风道回风消失后进行检修。

13.16.6 当电动机温升超过铭牌规定等异常情况时，应停机降温。

13.16.7 不得在通风机和通风管上放置或悬挂任何物件。

13.17 离 心 水 泵

13.17.1 水泵安装应牢固、平稳，电气设备应有防雨防潮设施。高压软管接头连接应牢固可靠，并宜平直放置。数台水泵并列安装时，每台之间应有0.8m～1.0m的距离；串联安装时，应有相同的流量。

13.17.2 冬期运转时，应做好管路、泵房的防冻、保温工作。

13.17.3 启动前应进行检查，并应符合下列规定：

1 电动机与水泵的连接应同心，联轴节的螺栓应紧固，联轴节的转动部分应有防护装置；

2 管路支架应稳固。管路应密封可靠，不得有堵塞或漏水现象；

3 排气阀应畅通。

13.17.4 启动时，应加足引水，并应将出水阀关闭；当水泵达到额定转速时，旋开真空表和压力表的阀门，在指针位置正常后，逐步打开出水阀。

13.17.5 运转中发现下列现象之一时，应立即停机检修：

1 漏水、漏气及填料部分发热；

2 底阀滤网堵塞，运转声音异常；

3 电动机温升过高，电流突然增大；

4 机械零件松动。

13.17.6 水泵运转时，人员不得从机上跨越。

13.17.7 水泵停止作业时，应先关闭压力表，再关闭出水阀，然后切断电源。冬期停用时，应放净水泵和水管中积水。

13.18 潜 水 泵

13.18.1 潜水泵应直立于水中，水深不得小于0.5m，不宜在含大量泥砂的水中使用。

13.18.2 潜水泵放入水中或提出水面时，不得拉拽电缆或出水管，并应切断电源。

13.18.3 潜水泵应装设保护接零和漏电保护装置，工作时，泵周围30m以内水面，不得有人、畜进入。

13.18.4 启动前应进行检查，并应符合下列规定：

1 水管绑扎应牢固；

2 放气、放水、注油等螺塞应旋紧；

3 叶轮和进水节不得有杂物；

4 电气绝缘应良好。

13.18.5 接通电源后，应先试运转，检查并确认旋转方向应正确，无水运转时间不得超过使用说明书规定。

13.18.6 应经常观察水位变化，叶轮中心至水平面距离应在0.5m～3.0m之间，泵体不得陷入污泥或露出水面。电缆不得与井壁、池壁摩擦。

13.18.7 潜水泵的启动电压应符合使用说明书的规定，电动机电流超过铭牌规定的限值时，应停机检查，并不得频繁开关机。

13.18.8 潜水泵不用时，不得长期浸没于水中，应放置在干燥通风处。

13.18.9 电动机定子绕组的绝缘电阻不得低于0.5MΩ。

13.19 深 井 泵

13.19.1 深井泵应使用在含砂量低于0.01%的水中，泵房内设预润水箱。

13.19.2 深井泵的叶轮在运转中，不得与壳体摩擦。

13.19.3 深井泵在运转前，应将清水注入壳体内进行预润。

13.19.4 深井泵启动前，应检查并确认：

1 底座基础螺栓应紧固；

2 轴向间隙应符合要求，调节螺栓的保险螺母应装好；

3 填料压盖应旋紧，并应经过润滑；

4 电动机轴承应进行润滑；

5 用手旋转电动机转子和止退机构，应灵活有效。

13.19.5 深井泵不得在无水情况下空转。水泵的一、二级叶轮应浸入水位1m以下。运转中应经常观察井中水位的变化情况。

13.19.6 当水泵振动较大时，应检查水泵的轴承或电动机填料处磨损情况，并应及时更换零件。

13.19.7 停泵时，应先关闭出水阀，再切断电源，锁好开关箱。

13.20 泥 浆 泵

13.20.1 泥浆泵应安装在稳固的基础架或地基上，不得松动。

13.20.2 启动前应进行检查，并应符合下列规定：

1 各部位连接应牢固；

2 电动机旋转方向应正确；

3 离合器应灵活可靠；

4 管路连接应牢固，并应密封可靠，底阀应灵活有效。

13.20.3 启动前，吸水管、底阀及泵体内应注满引水，压力表缓冲器上端应注满油。

13.20.4 启动时，应先将活塞往复运动两次，并不得有阻梗，然后空载启动。

13.20.5 运转中，应经常测试泥浆含砂量。泥浆含砂量不得超过10%。

13.20.6 有多档速度的泥浆泵，在每班运转中，应将几档速度分别运转，运转时间不得少于30min。

13.20.7 泥浆泵换档变速应在停泵后进行。

13.20.8 运转中，当出现异响、电机明显温升或水量、压力不正常时，应停泵检查。

13.20.9 泥浆泵应在空载时停泵。停泵时间较长时，应全部打开放水孔，并松开缸盖，提起底阀放水杆，放尽泵体及管道中的全部泥浆。

13.20.10 当长期停用时，应清洗各部泥砂、油垢，放尽曲轴箱内的润滑油，并应采取防锈、防腐措施。

13.21 真空泵

13.21.1 真空室内过滤网应完整，集水室通向真空泵的回水管上的旋塞开启应灵活，指示仪表应正常，进出水管应按出厂说明书要求连接。

13.21.2 真空泵启动后，应检查并确认电机旋转方向与罩壳上箭头指向一致，然后应堵住进水口，检查泵机空载真空度，表值显示不应小于96kPa。当不符合上述要求时，应检查泵组、管道及工作装置的密封情况，有损坏时，应及时修理或更换。

13.21.3 作业时，应经常观察机组真空表，并应随时做好记录。

13.21.4 作业后，应冲洗水箱及滤网的泥砂，并应放尽水箱内存水。

13.21.5 冬期施工或存放不用时，应把真空泵内的冷却水放尽。

13.22 手持电动工具

13.22.1 使用手持电动工具时，应穿戴劳动防护用品。施工区域光线应充足。

13.22.2 刀具应保持锋利，并应完好无损；砂轮不得受潮、变形、破裂或接触过油、碱类，受潮的砂轮片不得自行烘干，应使用专用机具烘干。手持电动工具的砂轮和刀具的安装应稳固、配套，安装砂轮的螺母不得过紧。

13.22.3 在一般作业场所应使用Ⅰ类电动工具；在潮湿或金属构架等导电性能良好的作业场所应使用Ⅱ类电动工具；在锅炉、金属容器、管道内等作业场所应使用Ⅲ电动工具；Ⅱ、Ⅲ类电动工具开关箱、电源转换器应在作业场所外面；在狭窄作业场所操作时，应有专人监护。

13.22.4 使用Ⅰ类电动工具时，应安装额定漏电动作电流不大于15mA、额定漏电动作时间不大于0.1s的防溅型漏电保护器。

13.22.5 在雨期施工前或电动工具受潮后，必须采用500V兆欧表检测电动工具绝缘电阻，且每年不少于2次。绝缘电阻不应小于表13.22.5的规定。

表13.22.5 绝缘电阻

测量部位	绝缘电阻（MΩ）		
	Ⅰ类电动工具	Ⅱ类电动工具	Ⅲ类电动工具
带电零件与外壳之间	2	7	1

13.22.6 非金属壳体的电动机、电器，在存放和使用时不应受压、受潮，并不得接触汽油等溶剂。

13.22.7 手持电动工具的负荷线应采用耐气候型橡胶护套铜芯软电缆，并不得有接头，水平距离不宜大于3m，负荷线插头插座应具备专用的保护触头。

13.22.8 作业前应重点检查下列项目，并应符合相应要求：

1 外壳、手柄不得裂缝、破损；

2 电缆软线及插头等应完好无损，保护接零连接应牢固可靠，开关动作应正常；

3 各部防护罩装置应齐全牢固。

13.22.9 机具启动后，应空载运转，检查并确认机具转动应灵活无阻。

13.22.10 作业时，加力应平稳，不得超载使用。作业中应注意声响及温升，发现异常应立即停机检查。在作业时间过长，机具温升超过60℃时，应停机冷却。

13.22.11 作业中，不得用手触摸刃具、模具和砂轮，发现其有磨钝、破损情况时，应立即停机修整或更换。

13.22.12 停止作业时，应关闭电动工具，切断电源，并收好工具。

13.22.13 使用电钻、冲击钻或电锤时，应符合下列规定：

1 机具启动后，应空载运转，应检查并确认机具联动灵活无阻；

2 钻孔时，应先将钻头抵在工作表面，然后开动，用力应适度，不得晃动；转速急剧下降时，应减小用力，防止电机过载；不得用木杠加压钻孔；

3 电钻和冲击钻或电锤实行40%断续工作制，不得长时间连续使用。

13.22.14 使用角向磨光机时，应符合下列要求：

1 砂轮应选用增强纤维树脂型，其安全线速度不得小于80m/s。配用的电缆与插头应具有加强绝缘性能，并不得任意更换；

2 磨削作业时，应使砂轮与工件面保持15°～30°的倾斜位置；切削作业时，砂轮不得倾斜，并不得横向摆动。

13.22.15 使用电剪时，应符合下列规定：

1 作业前，应先根据钢板厚度调节刀头间隙量，最大剪切厚度不得大于铭牌标定值；

2 作业时，不得用力过猛，当遇阻力，轴往复次数急剧下降时，应立即减少推力；

3 使用电剪时，不得用手摸刀片和工件边缘。

13.22.16 使用射钉枪时，应符合下列规定：

1 不得用手掌推压钉管和将枪口对准人；

2 击发时，应将射钉枪垂直压紧在工作面上。当两次扣动扳机，子弹不击发时，应保持原射击位置数秒钟后，再退出射钉弹；

3 在更换零件或断开射钉枪之前，射枪内不得装有射钉弹。

13.22.17 使用拉铆枪时，应符合下列规定：

1 被铆接物体上的铆钉孔应与铆钉相配合，过盈量不得太大；

2 铆接时，可重复扣动扳机，直到铆钉被拉断为止，不得强行扭断或撬断；

3 作业中，当接铆头子或并帽有松动时，应立即拧紧。

13.22.18 使用云（切）石机时，应符合下列规定：

1 作业时应防止杂物、泥尘混入电动机内，并应随时观察机壳温度，当机壳温度过高及电刷产生火花时，应立即停机检查处理；

2 切割过程中用力应均匀适当，推进刀片时不得用力过猛。当发生刀片卡死时，应立即停机，慢慢退出刀片，重新对正后再切割。

附录A　建筑机械磨合期的使用

A.0.1　建筑机械操作人员应在生产厂家的培训指导下，了解机器的结构、性能，根据产品使用说明书的要求进行操作、保养。新机和大修后机械在初期使用时，应遵守磨合期规定。

A.0.2　机械设备的磨合期，除原制造厂有规定外，内燃机械宜为100h，电动机械宜为50h，汽车宜为1000km。

A.0.3　磨合期间，应采用符合其内燃机性能的燃料和润滑油料。

A.0.4　启动内燃机时，不得猛加油门，应在500r/min～600r/min下稳定运转数分钟，使内燃机内部运动机件得到良好的润滑，随着温度上升而逐渐增加转速。在严寒季节，应先对内燃机进行预热后再启动。

A.0.5　磨合期内，操作应平稳，不得骤然增加转速，并宜按下列规定减载使用：

1　起重机从额定起重量50%开始，逐步增加载荷，且不得超过额定起重量的80%；

2　挖掘机在工作30h内，应先挖掘松的土壤，每次装料应为斗容量的1/2；在以后70h内，装料可逐步增加，且不得超过斗容量的3/4；

3　推土机、铲运机和装载机，应控制刀片铲土和铲斗装料深度，减少推土、铲土量和铲斗装载量，从50%开始逐渐增加，不得超过额定载荷的80%；

4　汽车载重量应按规定标准减载20%～25%，并应避免在不良的道路上行驶和拖带挂车，最高车速不宜超过40km/h；

5　其他内燃机械和电动机械在磨合期内，在无具体规定时，应减速30%和减载荷20%～30%。

A.0.6　在磨合期内，应观察各仪表指示，检查润滑油、液压油、冷却液、制动液以及燃油品质和油（水）位，并注意检查整机的密封性，保持机器清洁，应及时调整、紧固松动的零部件；应观察各机构的运转情况，并应检查各轴承、齿轮箱、传动机构、液压装置以及各连接部分的温度，发现运转不正常、过热、异响等现象时，应及时查明原因并排除。

A.0.7　在磨合期，应在机械明显处悬挂“磨合期”的标志，在磨合期满后再取下。

A.0.8　磨合期间，应按规定更换内燃机曲轴箱机油和机油滤清器芯；同时应检查各齿轮箱润滑油清洁情况，并按规定及时更换润滑油，清洗润滑系统。

A.0.9　磨合期满，应由机械管理人员和驾驶员、修理工配合进行一次检查、调整以及紧固工作。内燃机的限速装置应在磨合期满后拆除。

A.0.10　磨合期应分工明确，责任到人。在磨合期前，应把磨合期各项要求和注意事项向操作人员交底；磨合期中，应随时检查机械使用运转情况，详细填写机械磨合期记录；磨合期满后，应由机械技术负责人审查签章，将磨合期记录归入技术档案。

附录B　建筑机械寒冷季节的使用

B.1　准备工作

B.1.1　在进入寒冷季节前，机械使用单位应制定寒冷季节施工安全技术措施，并对机械操作人员进行寒冷季节使用机械设备的安全教育，同时应做好防寒物资的供应工作。

B.1.2　在进入寒冷季节前，对在用机械设备应进行一次换季保养，换用适合寒冷季节的燃油、润滑油、液压油、防冻液、蓄电池液等。对停用机械设备，应放尽存水。

B.2　机械冷却系统防冻措施

B.2.1　当室外温度低于5℃时，水冷却的机械设备停止使用后，操作人员应及时放尽机体存水。放水时，应在水温降低到50℃～60℃时进行，机械应处于平坦位置，拧开水箱盖，并应打开缸体、水泵、水箱等所有放水阀。在存水没有放尽前，操作人员不得离开。存水放净后，各放水阀应保持开启状态，并将“无水”标志牌挂在机械的明显处。为了防止失误，应由专职人员按时进行检查。

B.2.2　使用防冻液的机械设备，在加入防冻液前，应对冷却系统进行清洗，并应根据气温要求，按比例配制防冻冷却液。在使用中应经常检查防冻液，不足时应及时增添。

B.2.3　在气温较低的地区，内燃机、水箱等都应有保温套。工作中如停车时间较长，冷却水有冻结可能时，应放水防冻。

B.3　燃料、润滑油、液压油、蓄电池液的选用

B.3.1　应根据气温按出厂要求选用燃料。汽油机在低温下应选用辛烷值较高标号的汽油。柴油机在最低气温4℃以上地区使用时，应采用0号柴油；在最低气温－5℃以上地区使用时，应采用－10号柴油；在最低气温－14℃以上地区使用时，应采用－20号柴油；在最低气温－29℃以上地区使用时，应采用－35号柴油；在最低气温－30℃以下地区使用时，应采用－50号柴油。在低温条件下缺乏低凝度柴油时，应采用预热措施。

B.3.2　寒冷季节，应按规定换用较低凝固温度的润滑油、机油及齿轮油。

B.3.3　液压油应随气温变化而换用。液压油应使用同一品种、标号。

B.3.4　使用蓄电池的机械，在寒冷季节，蓄电池液密度不得低于1.25，发电机电流应调整到15A以上。严寒地区，蓄电池应加装保温装置。

B.4　存放及启动

B.4.1　寒冷季节，机械设备宜在室内存放。露天存放的大型机械，应停放在避风处，并加盖篷布。

B.4.2　在没有保温设施情况下启动内燃机，应将水加热到60℃～80℃时，再加入内燃机冷却系统，并可用喷灯加热进气岐管。不得用机械拖顶的方法启动内燃机。

B.4.3　无预热装置的内燃机，在工作完毕后，可将曲轴箱内润滑油趁热放出，存放在清洁容器内；启动时，先将容器内的润滑油加温到70℃～80℃，再将油加入曲轴箱。不得用明火直接燃烤曲轴箱。

B.4.4　内燃机启动后，应先怠速空转10min～20min，再逐步增加转速。

附录C 液压装置的使用

C.1 液压元件的安装

C.1.1 液压元件在安装前应清洗干净，安装应在清洁的环境中进行。

C.1.2 液压泵、液压马达和液压阀的进、出油口不得反接。

C.1.3 连接螺钉应按规定扭力拧紧。

C.1.4 油管应用管夹与机器固定，不得与其他物体摩擦。软管不得有急弯或扭曲。

C.2 液压油的选择和清洁

C.2.1 应使用出厂说明书中所规定的牌号液压油。

C.2.2 应通过规定的滤油器向油箱注入液压油。应经常检查和清洗滤油器，发现损坏，应及时更换。

C.2.3 应定期检查液压油的清洁度，按规定应及时更换，并应认真填写检测及加油记录。

C.2.4 盛装液压油的容器应保持清洁，容器内壁不得涂刷油漆。

C.3 启动前的检查和启动、运转作业

C.3.1 液压油箱内的油面应在标尺规定的上、下限范围内。新机开机后，部分油进入各系统，应及时补充。

C.3.2 冷却器应有充足的冷却液，散热风扇应完好有效。

C.3.3 液压泵的出入口与旋转方向应与标牌标志一致。换新联轴器时，不得敲打泵轴。

C.3.4 各液压元件应安装牢固，油管及密封圈不得有渗漏。

C.3.5 液压泵启动时，所有操纵杆应处于中间位置。

C.3.6 在严寒地区启动液压泵时，可使用加热器提高油温。启动后，应按规定空载运转液压系统。

C.3.7 初次使用及停机时间较长时，液压系统启动后，应空载运行，并应打开空气阀，将系统内空气排除干净，检查并确认各部件工作正常后，再进行作业。

C.3.8 溢流阀的调定压力不得超过规定的最高压力。

C.3.9 运转中，应随时观察仪表读数，检查油温、油压、响声、振动等情况，发现问题，应立即停机检修。

C.3.10 液压油的工作温度宜保持在30℃～60℃范围内，最高油温不应超过80℃；当油温超规定时，应检查油量、油黏度、冷却器、过滤器等是否正常，在故障排除后，继续使用。

C.3.11 液压系统应密封良好，不得吸入空气。

C.3.12 高压系统发生泄漏时，不得用手去检查，应立即停机检修。

C.3.13 拆检蓄能器、液压油路等高压系统时，应在确保系统内无高压后拆除。泄压时，人员不得面对放气阀或高压系统喷射口。

C.3.14 液压系统在作业中，当出现下列情况之一时，应停机检查：

1 油温超过允许范围；

2 系统压力不足或完全无压力；

3 流量过大、过小或完全不流油；

4 压力或流量脉动；

5 不正常响声或振动；

6 换向阀动作失灵；

7 工作装置功能不良或卡死；

8 液压系统泄漏、内渗、串压、反馈严重。

C.3.15 作业完毕后，工作装置及控制阀等应回复原位，并应按规定进行保养。

本规程用词说明

1 为便于在执行本规程条文时区别对待，对要求严格程度不同的用词说明如下：

1） 表示很严格，非这样做不可的：
正面词采用"必须"，反面词采用"严禁"；

2） 表示严格，在正常情况均应这样做的：
正面词采用"应"，反面词采用"不应"或"不得"；

3） 表示允许稍有选择，在条件许可时首先应这样做的：
正面词采用"宜"，反面词采用"不宜"；

4） 表示有选择，在一定条件下可以这样做的，采用"可"。

2 本规程条文中指明应按其他有关标准执行的写法为："应执行……规定"，或"应符合……的规定"。

引用标准名录

1 《起重机设计规范》GB/T 3811

2 《爆破安全规程》GB 6722

3 《起重机　钢丝绳　保养、维护、安装、检验和报废》GB/T 5972

4 《建筑机械技术试验规程》JGJ 34

5 《施工现场临时用电安全技术规范》JGJ 46

6 《塔式起重机混凝土基础工程技术规程》JGJ/T 187

7 《施工升降机齿轮锥鼓形渐进式防坠安全器》JG 121

中华人民共和国行业标准

建筑机械使用安全技术规程

JGJ 33－2012

条 文 说 明

13

修订说明

《建筑机械使用安全技术规程》JGJ 33-2012经住房和城乡建设部2012年5月3日以第1364号公告批准、发布。

本规程是在《建筑机械使用安全技术规程》JGJ 33-2001的基础上修订而成，上一版的主编单位是甘肃省建筑工程总公司，参编单位是湖北省工业建筑工程总公司、四川省建筑工程总公司、江苏省建筑工程总公司、陕西省建筑工程总公司、山西省建筑工程总公司，主要起草人是：钱风、朱学敏、成诗言、陆裕基、金开愚、安世基。本次修订的主要技术内容是：1. 删除了装修机械、水工机械、钣金和管工机械，相关机械并入其他中小型机械；对建筑起重机械、运输机械进行了调整；增加了木工机械、地下施工机械；2. 删除了凿岩机械、油罐车、自立式起重架、混凝土搅拌站、液压滑升设备、预应力钢丝拉伸设备、冷镦机；新增了旋挖钻机、深层搅拌机、成槽机、冲孔桩机、混凝土布料机、钢筋螺纹成型机、钢筋除锈机、顶管机、盾构机。

本规程修订过程中，编制组进行了大量的调查研究，总结了我国建筑机械在使用安全方面的实践经验，同时参考借鉴了有关现行国家标准和行业标准。

为了便于广大建设施工单位、安全生产监督机构等单位的有关人员在使用本规程时能正确理解和执行条文规定，《建筑机械使用安全技术规程》编制组按章、节、条顺序编制了本规程的条文说明，对条文规定的目的、依据以及执行中需要注意的有关事项进行了说明，还着重对强制性条文强制性理由进行了解释。但是，本条文说明不具备与规程正文同等的法律效力，仅供使用者作为理解和把握规程规定的参考。

目　次

13

1 总　　则

1.0.1 本条规定说明制定本规程的目的。
1.0.2 本条规定说明本规程的适用范围。

2 基本规定

2.0.1 本条规定了操作人员所具备的条件和持证上岗的要求，这是保证安全操作的基本条件。

2.0.2 机械的作业能力和使用范围是有一定限度的，超过限度就会造成事故，本条说明需要遵照说明书的规定使用机械。

2.0.3 机械上的安全防护装置，能及时预报机械的安全状态，防止发生事故，保证机械设备的安全生产，因此，需要保持完好有效。

2.0.4 本条规定是促使施工和操作人员相互了解情况，密切配合，以达到安全生产的目的。

2.0.5 机械操作人员穿戴劳动保护用品、高处作业必须系安全带是安全生产保障。

2.0.6 本条规定了机械操作人员在使用设备前的安全检查和试运行工作，防止设备交接不清和设备带病运转带来的机械伤害。

2.0.7 根据事故分析资料，很多事故是由于操作人员思想不集中、麻痹、疏忽等因素及其他违规行为所造成的。本条突出了对操作人员工作纪律的要求。

2.0.8 保持机械完好状态，才能减少故障和防止事故发生，因此，操作人员要按照保养规定，做好保养作业。

2.0.9 交接班制度，是使操作人员在互相交接时不致发生差错，防止由于职责不清引发事故而制定的。

2.0.10 要为机械作业提供必要的安全条件和消除一切障碍，才能保证机械在安全的环境下作业。

2.0.11 本条规定了机械设备的基础承载能力要求，防止设备基础不符合要求，从源头上埋下安全隐患，造成设备倾覆等重大事故。

2.0.12 新机、经过大修或技术改造的机械，需要经过测试，验证性能和适用性；由于新装配的零部件表面配合程度较差，需要经过磨合，以达到装配表面的良好接触。防止在未经磨合前即满负荷使用，引起粘附磨损而造成事故。

2.0.13 寒冷季节的低温给机械的启动、运转、停置保管等带来不少困难，需要采取相应措施，以防止机械因低温运转而产生不正常损耗和冻裂汽缸体等重大事故。

2.0.14～2.0.16 这三条是对机械放置场所，特别是易发生危险的场所需要具备条件的要求，如消防器材、警示牌以及对危害人体及保护环境的具体保护措施所提出的要求。根据《安全标志》规定修改了警告牌的安全术语。

2.0.17 机械停置或封存期间，也会产生有形磨损，这是由于机件生锈、金属腐蚀、橡胶和塑料老化等原因造成的，要减少这类磨损，需要做好保养等预防措施。

2.0.19 本条规定发生机械事故后，处理机械伤害事故的工作程序。

2.0.20 本条规定明确了操作人员在工作中的安全生产权利和义务。

2.0.21 机械或电气装置切断电源，停稳后进行清洁、保养、维修是安全生产工作的保证。

3 动力与电气装置

3.1 一 般 规 定

3.1.2 硬水中含有大量矿物质，在高温作用下会产生水垢，附着于冷却系统的金属表面，堵塞水道，降低散热功能，所以需要作软化处理。

3.1.3 保护接地是在电器外壳与大地之间设置电阻小的金属接地极，当绝缘损坏时，电流经接地极入地，不会对人体造成危害。

保护接零是将接地的中性线（零线）与非带电的结构、外壳和设备相连接，当绝缘损坏时，由于中性线电阻很小，短路电流很大，会使电气线路中的保护开关、保险器和熔断器动作，切断电源，从而避免人身触电事故。

3.1.4 在保护接零系统中，如果个别设备接地未接零，且该设备相线碰壳，则该设备及所有接零设备的外壳都会出现危险电压。尤其是当接地线或接零保护的两个设备距离较近，一个人同时接触这两个设备时，其接触电压可达220V的数值，触电危险就更大。因此，在同一供电系统中，不能同时采用接零和接地两种保护方法。

3.1.5 如在保护接零的零线上串接熔断器或断路设备，将使零线失去保护功能。

3.1.9 当电器发生严重超载、短路及失压等故障时，通过自动开关的跳闸，切断故障电器，有效地保护串接在它后面的电气设备，如果在故障未排除前强行合闸，将失去保护作用而烧坏电气设备。

3.1.12 水是导电体，如果电气设备上有积水，将破坏绝缘性能。

3.2 内 燃 机

3.2.1 本条所列内燃机作业前重点检查项目，是保证内燃机正确启动和运转的必要条件。

3.2.3 用手摇柄和拉绳启动汽油机时，容易发生倒爆，造成曲轴反转，如果用手硬压或连续转动摇柄或将拉绳缠在手上时，曲轴反转时将使手、臂和面部和其他人身部位受到伤害。有的司机就是因摇把反弹撞掉了下巴、打断了胳膊。

3.2.4 用小发动机启动柴油机时，如时间过长，说明柴油机存在故障，要排除后再启动，以减少小发动机磨损。汽油机启动时间过长，容易损坏启动机和蓄电池。

3.2.5 内燃机启动后，机械和冷却水的温度都要通过内燃机运转而升温，冷凝的润滑油也要随温度上升逐步到达所有零件的摩擦面。因此内燃机启动后需要怠速运转达到水温和机油压力正常后，才能使用，否则将加剧零件的磨损。

3.2.6 当内燃机温度过高使冷却水沸腾时，开盖时要避免烫伤，如果用冷水注入水箱或泼浇机体，能使高温的水箱和机体因骤冷而产生裂缝。

3.2.7 异响、异味、水温骤升、油压骤降等都是反映内燃机发生故障的现象，需要检查排除后才能继续使用，否则将使故障加剧而造成事故。

3.2.8 停机前要中速空运转，目的是降低机温，以防高温机件因骤冷而受损。

3.2.9 对有减压装置的内燃机，如果采用减压杆熄火，则将使活塞顶部积存未经燃烧的柴油。

3.2.10 这是防止雨水和杂物通过排气管进入机体内的保护措施。

3.3 发 电 机

3.3.6 发电机在运转时，即使未加励磁，亦应认为带有电压。

3.3.12 发电机电压太低，将对负荷（如电动设备）的运行产生不良影响，对发电机本身运行也不利，还会影响并网运行的稳定性；如电压太高，除影响用电设备的安全运行外，还会影响发电机的使用寿命。因此，电压变动范围要在额定值±5%以内，超出规定值时，需要进行调整。

3.3.13 当发电机组在高频率运行时，容易损坏部件，甚至发生事故；当发电机在过低频率运转时，不但对用电设备的安全和效率产生不良影响，而且能使发电机转速降低，定子和转子线圈温度升高。所以规定频率变动范围不超过额定值的±0.5Hz。

3.4 电 动 机

3.4.4 热继电器作电动机过载保护时，其容量是电动机额定电流的100%～125%为好。如小于额定电流时，则电动机未过载时即发生作用；如容量过大时，就失去了保护作用。

3.4.5 电动机的集电环与电刷接触不良时，会发生火花，集电环和电刷磨损加剧，还会增加电能损耗，甚至影响正常运转。因此，需要及时修整或更换电刷。

3.4.6 直流电动机的换向器表面如有损伤，运转时会产生火花，加剧电刷和换向器的损伤，影响正常运转，需要及时修整，保持换向器表面的整洁。

3.4.8 本条规定引自《电气装置安装工程旋转电机施工及验收规范》GB 50170-2006。

3.5 空气压缩机

3.5.2 放置贮气罐处，要尽可能降低温度，以提高贮存压缩空气的质量。作为压力容器，要远离热源，以保证安全。

3.5.3 输气管路不要有急弯，以减少输气阻力。为防止金属管路因热胀冷缩而变形，对较长管路要每隔一定距离设置伸缩变形装置。

3.5.4 贮气罐作为压力容器要执行国家有关压力容器定期试验的规定。

3.5.7 输气管输送的压缩空气如直接吹向人体，会造成人身伤害事故，需要注意输气管路的连接，防止压缩空气外泄伤人。

3.5.8 贮气罐上的安全阀是限制贮气罐内的压力不超过规定值的安全保护装置，要求灵敏有效。

3.5.12 当缺水造成气缸过热时，如立即注入冷水，高温的气缸体因骤冷收缩，容易产生裂缝而导致损坏。

4 建筑起重机械

4.1 一 般 规 定

4.1.2 本条是按照《建筑起重机械安全监督管理规定》（第166号建设部令）中第七条制定的。

4.1.3 本条是按照《建筑起重机械安全监督管理规定》（第166号建设部令）中第八条制定的。

4.1.4 《建筑起重机械安全监督管理规定》（第166号建设部令）规定：

安装单位应当按照安全技术标准及建筑起重机械性能要求，编制建筑起重机械安装、拆卸工程专项施工方案，并由本单位技术负责人签字；专项施工方案，安装、拆卸人员名单，安装、拆卸时间等材料报施工总承包单位和监理单位审核后，告知工程所在地县级以上地方人民政府建设主管部门。

建筑起重机械安装完毕后，安装单位应当按照安全技术标准及安装使用说明书的有关要求对建筑起重机械进行自检、调试和试运转。自检合格的，应当出具自检合格证明，并向使用单位进行安全使用说明。使用单位应当组织出租、安装、监理等有关单位进行验收，或者委托具有相应资质的检验检测机构进行验收。建筑起重机械经验收合格后方可投入使用，未经验收或者验收不合格的不得使用。

4.1.8 基础承载能力不满足要求，容易引起起重机的倾翻。

4.1.11 本条规定的安全装置是起重机必备的，否则不能使用。利用限位装置或限制器代替操纵停车等动作，将造成失误而发生事故。建筑起重机械安全装置见表4-1。

表 4-1 建筑起重机械安全装置一览表

起重机械＼安全装置	变幅限位器	力矩限制器	起重量限制器	上限位器	下限位器	防坠安全器	钢丝绳防脱装置	防脱钩装置
塔式起重机	●	●	●	●	○	○	●	●
施工升降机	○	○	●	●	●	●	●	○
桅杆式起重机	●	●	●	○	○	○	●	●
桥（门）式起重机	○	○	●	●	○	○	○	●
电动葫芦	○	○	●	●	●	○	○	●
物料提升机	○	○	●	●	●	●	●	○

注：● 表示该起重机械有此安全装置；

○ 表示该起重机械无此安全装置。

4.1.12 本条规定了信号司索工的职责，要求操作人员要听从指挥，但对错误指挥要拒绝执行，这对防止失误十分必要。

4.1.14 风力等级和风速对照见表 4-2。

表 4-2 风力等级和风速对照表

风级	1	2	3	4	5	6	7	8	9	10	11	12
相当风速（m/s）	0.3～1.5	1.6～3.3	3.4～5.4	5.5～7.9	8.0～10.7	10.8～13.8	13.9～17.1	17.2～20.7	20.8～24.4	24.5～28.4	28.5～32.6	32.6以上

本规程风速指施工现场风速，包括地面和高耸设备高处风速。

恶劣天气能使露天作业的起重机部件受损、受潮，所以需要经过试吊无误后再使用。

4.1.18 起重机的额定起重量是以吊钩与重物在垂直情况下核定的。斜吊、斜拉其作用力在起重机的一侧，破坏了起重机的稳定性，会造成超载及钢丝绳出槽，还会使起重臂因侧向力而扭弯，甚至造成倾翻事故。对于地下埋设或凝固在地面上的重物，除本身重量外，还有不可估计的附着力（埋设深度和凝固强度决定附着力的大小），将造成严重超载而酿成事故。

4.1.19 吊索水平夹角越小，吊索受拉力就越大，同时，吊索对物体的水平压力也越大。因此，吊索水平夹角不得小于 30°，因为 30°时吊索所受拉力已增加一倍。

4.1.20 重物下降时突然制动，其冲击载荷将使起升机构损伤，严重时会破坏起重机稳定性而倾翻。如回转未停稳即反转，所吊重物因惯性而大幅度摆动，也会使起重臂扭弯或起重机倾翻。

4.1.22 使用起升制动器，可使起吊重物停留在空中，如遇操作人员疏忽或制动器失灵时，将使重物失控而快速下降，造成事故。因此，当吊装因故中断时，悬空重物需要设法降下。

4.1.28 转动的卷筒缠绕钢丝绳时，如用手拉或脚踩钢丝绳，容易将手或脚带入卷筒内造成伤亡事故。

4.1.29 建设部 2007 年第 659 号公告《建设部关于发布建设事业"十一五"推广应用和限用禁止使用技术（第一批）的公告》的规定，超过一定使用年限的塔式起重机：630kN·m（不含 630kN·m）、出厂年限超过 10 年（不含 10 年）的塔式起重机；630kN·m～1250kN·m（不含 1250kN·m）、出厂年限超过 15 年（不含 15 年）的塔式起重机；1250kN·m 以上、出厂年限超过 20 年（不含 20 年）的塔式起重机。由于使用年限过久，存在设备结构疲劳、锈蚀、变形等安全隐患。超过年限的由有资质评估机构评估合格后，可继续使用。超过一定使用年限的施工升降机：出厂年限超过 8 年（不含 8 年）的 SC 型施工升降机，传动系统磨损严重，钢结构疲劳、变形、腐蚀等较严重，存在安全隐患；出厂年限超过 5 年（不含 5 年）的 SS 型施工升降机，使用时间过长造成结构件疲劳、变形、腐蚀等较严重，运动件磨损严重，存在安全隐患。超过年限的由有资质评估机构评估合格后，可继续使用。

4.2 履带式起重机

4.2.1 履带式起重机自重大，对地面承载相对高，作业时重心变化大，对停放地面要有较高要求，以保证安全。

4.2.5 俯仰变幅的起重臂，其最大仰角要有一定限度，以防止起重臂后倾造成重大事故。

4.2.6 起重机的变幅机构一般采用蜗杆减速器和自动常闭带式制动器，这种制动器仅能起辅助作用，如果操作中在起重臂未停稳前即换挡，由于起重臂下降的惯性超过了辅助制动器的摩擦力，将造成起重臂失控摔坏的事故。

4.2.7 起吊载荷接近满负荷时，其安全系数相应降低，操作中稍有疏忽，就会发生超载，需要慢速操作，以保证安全。

4.2.8 起重吊装作业不能有丝毫差错，要求在起吊重物时先稍离地面试吊无误后再起吊，以便及时发现和消除不安全因素，保证吊装作业的安全可靠。起吊过程中，操作人员要脚踩在制动踏板上是为了在发生险情时，可及时控制。

4.2.9 双机抬吊是特殊的起重吊装作业，要慎重对待，关键是要做到载荷的合理分配和双机动作的同步。因此，需要统一指挥。降低起重量和保持吊钩滑轮组的垂直状态，这些要求都是防止超载。

4.2.10 起重机如在不平的地面上急转弯，容易造成倾翻事故。

4.2.11 起重机带载行走时，由于机身晃动，起重臂随之俯仰，幅度也不断变化，所吊重物因惯性而摆动，形成"斜吊"，因此，需要降低额定起重量，以防止超载。行走时重物要在起重机正前方，便于操作人员观察和控制。履带式行走机构不要作长距离行走，带载行走更不安全。

4.2.12 起重机上下坡时，起重机的重心和起重臂的幅度随坡度而变化，因此，不能再带载行驶。下坡空挡滑行，将会失去控制而造成事故。

4.2.13 作业后，起重臂要转到顺风方向，这是为了减少迎风面，降低起重机受到的风压。

4.2.14 当起重机转移时，需要按照本规定采取的各项保证安全的措施执行。

4.3 汽车、轮胎式起重机

4.3.4 轮胎式起重机完全依靠支腿来保持它的稳定性和机身的水平状态。因此，作业前需要按本条要求将支腿垫实和调整好。

4.3.5 如果在载荷情况下扳动支腿操纵阀，将使支腿失去作用而造成起重机倾翻事故。

4.3.6 起重臂的工作幅度是由起重臂长度和仰角决定的，不同幅度有不同的额定起重量，作业时要根据重物的重量和提升高度选择适当的幅度。

4.3.7 起重臂分顺序伸缩、同步伸缩两种。

起重机由双作用液压缸通过控制阀、选择阀和分配阀等液压控制装置使起重臂按规定程序伸出或缩回，以保证起重臂的结构强度符合额定起重量的需求。如果伸臂中出现前、后节长度不等时或其他原因制动器发生停顿时，说明液压系统存在故障，需要排除后才能使用。

4.3.8 各种长度的起重臂都有规定的仰角，如果仰角小于规定，对于桁架式起重臂将造成水平压力增大和变幅钢丝绳拉力增大；对于箱形伸缩式起重臂，由于其自重大，基本上属于悬臂结构，将增加起重臂的挠度，影响起重臂的安全性能。

4.3.9 汽车式起重机作业时，其液压系统通过取力器以获得内燃机的动力。其操纵杆一般设在汽车驾驶室内，因此，作业时汽车驾驶室要锁闭，以防误动操纵杆。

4.3.11 发现起重机不稳或倾斜等现象时，迅速放下重物能使起重机恢复稳定，否则将造成倾翻事故。采用紧急制动，会造成起重机倾翻事故。

4.3.13 起重机在满载或接近满载时，稳定性的安全系数相应降低，如果同时进行两种动作，容易造成超载而发生事故。

4.3.14 起重机带载回转时，重物因惯性造成偏离而大幅度晃动，使起重机处于不稳定状态，容易发生事故。

4.3.16 本条叙述了起重机作业后要做的各项工作，如挂牢吊钩、螺母固定撑杆、销式制动器插入销孔、脱开取力器等要求，都是为在再一次行驶时起重机的装置不移动、不旋转等稳定的安全措施。

4.3.17 内燃机水温在80℃～90℃时，润滑性能较好，温度过低使润滑油黏度增大，流动性能变差，如高速运转，将增加机件磨损。

4.4 塔式起重机

4.4.14 塔式起重机顶升属高处作业，安装过程使起重机回转台及以上结构与塔身处于分离状态，需要有严格的作业要求。本条所列各项均属于保证安全顶升的必要措施。

4.4.15 本条规定塔式起重机升降作业时安全技术要求。如果因连接螺栓拆卸困难而采用旋转起重臂来松动螺栓的错误做法，将破坏起重臂平衡而造成倾翻事故。

4.4.16 塔式起重机接高到一定高度需要与建筑物附着锚固，以保持其稳定性。本条所列各项均属于说明书规定的一般性要求，目的是保证锚固装置的牢固可靠，以保持接高后起重机的稳定性。

4.4.17 内爬升起重机是在建筑物内部爬升，作业范围小，要求高。本条所列各项均属于保证安全爬升的必要措施。其中第5款规定了起重机的最小固定间隔，尽可能减少爬升次数，第6款是为了保证支承起重机的楼层有足够的承载能力。

4.4.21 塔式起重机与大地之间是一个“C”形导体，当大量电磁波通过时，吊钩与大地之间存在着很高的电位差。如果作业人员站在道轨或地面上，接触吊钩时正好使“C”形导体形成一个“O”形导体，人体就会被电击或烧伤。这里所采取的绝缘措施是为了保护人身安全。

4.4.29 行程限位开关是防止超越有效行程的安全保护装置，如当作控制开关使用，将失去安全保护作用而易发生事故。

4.4.30 动臂式起重机的变幅机构要求动作平衡，变幅时起重量随幅度变化而增减。因此，当载荷接近额定起重量时，不能再向下变幅，以防超载造成起重机倾倒。

4.4.36 遇有风暴时，使起重臂能随风转动，以减少起重机迎风面积的风压，锁紧夹轨器是为了增加稳定性，防止造成倾翻。

4.4.43 主要为防止大风骤起时，塔身受风压面加大而发生事故。

4.5 桅杆式起重机

4.5.2 桅杆式起重机现场大量使用，本条针对专项方案提出具体要求，并强调专人对专项方案实施情况进行现场监督和按规定进行监测。

4.5.3 本条参考住房和城乡建设部《危险性较大的分部分项工程安全管理办法》中第七条的规定。

编制依据包括：相关法律、法规、规范性文件、标准、规范及图纸（国标图集）、施工组织设计等。

施工工艺流程包括：钢丝绳走向及固定方法、卷扬机的固定位置和方法、桅杆式起重机底座的安装及固定等。

施工安全技术措施包括：组织保障、技术措施、应急预案、监控检查验收等。

劳动力计划包括：专职安全管理人员、特种作业人员等。

4.5.7 桅杆式起重机缆风绳与地面的夹角关系到起重机的稳定性能。夹角小，缆风绳受力小，起重机稳定性好，但要增加缆风绳长度和占地面积。因此，缆风绳的水平夹角一般保持在30°～45°之间。因膨胀螺栓在使用中会松动，故严禁使用。所有的定滑轮用闭口滑轮，为确保安全。

4.5.11 桅杆式起重机结构简单，起重能力大，完全是依靠各根缆风绳均匀地拉牢主杆使之保持垂直，只要当一个地锚稍有松动，就能造成主杆倾斜而发生重大事故，因此，需要经常检查地锚的牢固程度。

4.5.13 起重作业在小范围移动时，可以采用调整缆风绳长度的方法使主杆在直立状况下稳步移动。如距离较远时，由于缆风绳的限制，只能采用拆卸转运后重新安装。

4.6 门式、桥式起重机与电动葫芦

4.6.2 门式起重机在轨道上行走需要较长的电缆，为了防止电缆拖在地面上受损，需要设置电缆卷筒。配电箱设置在轨道中部，能减少电缆长度。

4.7 卷扬机

4.7.3 钢丝绳的出绳偏角指钢丝绳与卷筒中心点垂直线的夹角。

4.7.11 卷筒上的钢丝绳如重叠或斜绕时，将挤压变形，需要停机重新排列。如果在卷筒转动中用手、脚去拉、踩，很容易被钢丝绳挤入卷筒，造成人身伤亡事故。

4.7.12 物体或吊笼提到上空停留时，要防止制动失灵或其他原因而失控下坠。因此，物体及吊笼下面不许有人，操作人员也不能离岗。

4.8 井架、龙门架物料提升机

4.8.1 这些安全装置对避免安全事故起到关键作用。

4.8.3 缆风绳和附墙装置与脚手架连接会产生安全隐患。

4.9 施工升降机

4.9.1 施工升降机基础的承载力和平整度有严格要求，基础的承载力应大于150kPa。

4.9.2 施工升降机附着于建筑物的距离越小，稳定性越好。

4.9.3 表4.9.3中的H代表施工升降机的安装高度。

4.9.16 本条采用《施工升降机》GB/T 10054－2005的有关规定；施工升降机在恶劣的天气情况下要停止使用，暴风雨后，雨水侵入各机构，尤其是安全装置，需要检查无误后才能使用。

4.9.17 如果以限位开关代替控制开关，将失去安全防护，容易出事故。

5 土石方机械

5.1 一 般 规 定

5.1.3 桥梁的承载能力有一定限度，履带式机械行走时振动大，通过桥梁要减速慢行，在桥上不要转向或制动，是为了防止由于冲击载荷超过桥梁的承载能力而造成事故。

5.1.4 土方机械作业对象是土壤，因此需要充分了解施工现场的地面及地下情况，查明施工场地明、暗设置物（电线、地下电缆、管道、坑道等）的地点及走向，以便采取安全和有效的作业方法，避免操作人员和机械以及地下重要设施遭受损害。

5.1.7 对于施工现场中不能取消的电杆等设施，要按本条要求采取防护措施。

5.1.9 本条所列各项归纳了土方施工中常见的危害安全生产的情况。当遇到这类情况，要求立即停工，必要时可将机械撤离至安全地带。

5.1.10 挖掘机械作业时，都要求有一定的配合人员，随机作业，本条规定了挖掘机械回转时的安全要求，以防止机械作业中发生伤人事故。

5.2 单斗挖掘机

5.2.2 本条规定了挖掘机在作业前状态的正确位置。

5.2.5 本条规定了机械启动后到作业前要进行空载运转的要求，目的是测试液压系统及各工作机构是否正常。同时也提高了水温和油温，为安全作业创造条件。

5.2.6 作业中，满载的铲斗要举高、升出并回转，机械将产生振动，重心也随之变化。因此，挖掘机要保持水平位置，履带或轮胎要与地面揳紧，以保持各种工况下的稳定性。

5.2.7 铲斗的结构只适用于挖土，如果用它来横扫或夯实地面，将使铲斗和动臂因受力不当而损伤变形。

5.2.8 铲斗不能挖掘五类以上岩石及冻土，所以需要采取爆破或破碎岩石、冻土的措施，否则将严重损伤机械和铲斗。

5.2.10 挖掘机的铲斗是按一定的圆弧运动的，在悬崖下挖土，如出现伞沿及松动的大石块时有塌方的危险，所以要求立即处理。

5.2.11 在机身未停稳时挖土，或铲斗未离开工作面就回转，都会造成斗臂侧向受力而扭坏；机械回转时采用反转来制动，就会因惯性造成的冲击力而使转向机构受损。

5.2.16 在低速情况下进行制动，能减少由于惯性引起的冲击力。

5.2.17 造成挖掘力突然变化有多种原因，如果不检查原因而依靠调整分配阀的压力来恢复挖掘力，不仅不能消除造成挖掘力突变的故障，反而会因增大液压泵的负荷而造成过热。

5.2.26 挖掘机检修时，可以利用斗杆升缩油缸使铲斗以地面为支点将挖掘机一端顶起，顶起后如不加以垫实，将存在因液压变化而下降的危险性。

5.3 挖掘装载机

5.3.2 挖掘装载机挖掘前要将装载斗的斗口和支腿与地面固定，使前后轮稍离地面，并保持机身的水平，以提高机械的稳定性。

5.3.3 在边坡、壕沟、凹坑卸料时，应留出安全距离，以防挖掘装载机出现倾翻事故。

5.3.5 动臂下降中途如突然制动，其惯性造成的冲击力将损坏挖掘装置，并能破坏机械的稳定性而造成倾翻事故。

5.3.11 液压操纵系统的分配阀有前四阀和后四阀之分，前四阀操纵支腿、提升臂和装载斗等，用于支腿伸缩和装载作业；后四阀操纵铲斗、回转、动臂及斗柄等，用于回转和挖掘作业。机械的动力性能和液压系统的能力都不允许也不可能同时进行装载和挖掘作业。

5.3.12 一般挖掘装载机系利用轮式拖拉机为主机，前后分别加装装载和挖掘装置，使机械长度和重量增加60%以上，因此，行驶中要避免高速或急转弯，以防止发生事故。

5.3.14 轮式拖拉机改装成挖掘装载机后，机重增大不少，为减少轮胎在重载情况下的损伤，停放时采取后轮离地的措施。

5.4 推 土 机

5.4.2 履带式推土机如推粉尘材料或碾碎石块时，这些物料很容易挤满行走机构，堵塞在驱动轮、引导轮和履带板之间，造成转动困难而损坏机件。

5.4.3 用推土机牵引其他机械时，前后两机的速度难以同步，易使钢丝绳拉断，尤其在坡道上更难控制。采用牵引杆后，使两机刚性连接达到同步运行，从而避免事故的发生。

5.4.4～5.4.7 这四条分别规定了作业前、启动前、启动后、行驶前的具体要求。遵守这些要求将会延长机械使用寿命，并消除许多不安全因素。

5.4.10 在浅水地带行驶时，如冷却风扇叶接触到水面，风扇叶的高速旋转能使水飞溅到高温的内燃机各个表面，容易损坏机件，并有可能进入进气管和润滑油中，使内燃机不能正常运转而熄火。

5.4.11 推土机上下坡时要根据坡度情况预先挂上相应的低速挡，以防止在上坡中出现力量不足再行换挡而挂不进挡造成空挡下滑。下坡时如空挡滑行，将使推土机失控而加速下滑，造成事故。推土机在坡上横向行驶或作业时，都要保持机身的横向平衡，以防倾翻。

5.4.12 推土机在斜坡上熄火时，因失去动力而下滑，依靠浮式制动带已难以保证推土机原地停住，此时放下铲刀，利用铲刀与地面的阻力可以弥补制动力的不足，达到停机目的。

5.4.13 推土机在下坡时快速下滑，其速度已超过内燃机传动速度时，动力的传递已由内燃机驱动行走机构改变为行走机构带动内燃机。在动力传递路线相反的情况下，转向离合器的操纵方向也要相反。

5.4.14 在填沟作业中，沟的边缘属于疏松的回填土，如果铲刀再越出边缘，会造成推土机滑落沟内的事故。后退时先换挡再提升铲刀。是为了推土机在提升铲刀时出现险情能迅速后退。

5.4.15 深沟、基坑和陡坡地区都存在土质不稳定的边坡，推土机作业时由于对土的压力和振动，容易使边坡塌方。对于超过2m深坑，要求放出安全距离，也是为了防止坑边下塌。采用专人指挥是为了预防事故。

5.4.16 推土机超载作业，容易造成工作装置和机械零部件的损坏。采用提升铲刀或更换低速挡，都是防止超载的操作方法。

5.4.21 推土机的履带行走装置不适合作长距离行走，短距离行走中也要加强对行走机构的润滑，以减少磨损。

5.4.22 在内燃机运转情况下，进入推土机下面检修时，有可能因机械振动或有人上机误操作，造成机械移动而发生重大人身伤害事故。

5.5 拖式铲运机

5.5.6 作业中人员上下机械，传递物件，以及在铲斗内、拖把或机架上坐立，极易造成事故，所以要禁止。

5.5.9 拖式铲运机本身无制动装置，依靠牵引拖拉机的制动是有限的，因而规定了上下坡时的操作要求。

5.5.10 新填筑的土堤比较疏松，铲运机在上作业时要与堤坡边缘保持一定距离，以保安全。

5.5.11 本条所列各项操作要求，也是针对拖式铲运机本身无制动装置而需要遵守的事项。

5.5.12 铲运机采用助铲时，后端将承受推土机的推力，因此，两机需要密切配合，平稳接触，等速助铲。防止因受力不均而使机械受损。

5.5.14 这是为防止铲运机由于铲斗过高摇摆使重心偏移而失去稳定性造成事故。

5.5.18 这是防止由于偶发因素可能使铲斗失控下降，造成严重事故而提出的要求。

5.6 自行式铲运机

5.6.1 自行式铲运机机身较长，接地面积小，行驶时对道路有较高要求。

5.6.4 在直线行驶下铲土，铲刀受力均匀。如转弯铲土，铲刀因侧向受力而易损坏。

5.6.5 铲运机重载下坡时，冲力很大，需要挂挡行驶，利用内燃机阻力来控制车速，起辅助制动的作用。

5.6.6、5.6.7 自行式铲运机机身长，重载时如快速转弯，或在横坡上行驶或铲土，都易造成因重心偏离而翻车。

5.6.8 沟边及填方边坡土质疏松，铲运机接近时要留出安全距离，以免压塌边坡而倾翻。

5.6.10 自行式铲运机差速器有防止轮胎打滑的锁止装置。但在使用锁止装置时只能直线行驶，如强行转弯，将损坏差速器。

5.7 静作用压路机

5.7.1 静作用压路的压实效能较差，对于松软路基，要先经过羊足碾或夯实机逐层碾压或夯实后，再用光面压路机碾压，以提高工效。

5.7.4 大块石基础层表面强度大，需要用线压力高的压轮，不要使用轮胎压路机。

5.7.8 压路机碾压速度越慢，压实效果越好，但速度太慢会影响生产率，最好控制在3km/h～4km/h以内。在一个碾压行程中不要变速，是为了避免影响路面平整度。作业时尽可能采取直线碾压，不但能提高生产率，还能降低动力消耗。

5.7.9 压路机变换前进后退方向时，传动机构将反向转动，如果滚轮不停就换向，将造成极大冲击而损坏机件。如用换向离合器作制动用，也将造成同样的后果。

5.7.10 新建道路路基松软，初次碾压时路面沉陷量较大，采用中间向两侧碾压的程序，可以防止边坡坍陷的危险。

5.7.11 碾压傍山道路采用由里侧向外侧的程序，可以保持道路的外侧略高于内侧的安全要求。

5.7.12 压路机行驶速度慢，惯性小，上坡换挡脱开动力时，就会下滑，难以挂挡。下坡时如空挡滑行，压路机将随坡度加速滑行，制动器难以控制，易发生事故。

5.7.13 多台压路机在坡道上不要纵队行驶，这是防止压路机制动失灵或溜坡而造成事故。

5.7.15 差速器锁止装置的作用是将两轮间差速装置锁止，可以防止单轮打滑，但不能防止双轮打滑。

5.7.17 严寒季节停机时，将滚轮用木板垫离地面，是防滚轮与地面冻结。

5.8 振动压路机

5.8.1 振动压路机如果在停放情况下起振，或在坚实的地面上振动，其反作用力能使机械受损。

5.8.4 振动轮在松软地基上施振时，由于缺乏作用力而振不起来。因此，要对松软地基先碾压1遍～2遍，在地基稍压实情况下再起振。

5.8.5 碾压时，振动频率要保持一致，以免由于频率变化而使压实效果不一致。

5.8.9 停机前要先停振。

5.9 平 地 机

5.9.7 刮刀要在起步后再下降刮土，如先下降后起步，将使起步阻力增大，容易损坏刮刀。

5.9.10 齿耙缓慢下齿，是防阻力太大而受损。对于石渣和混凝土路面的翻松，已超出齿耙的结构强度，不能使用。

5.9.12 平地机前后轮转向的结构是为了缩小回转半径，适用于狭小的场地。在正常行驶时，只需使用前轮转向，没有必要全轮转向而增加损耗。

5.9.13 平地机结构不同于汽车，机身长的特点决定了不便于快速行驶。下坡时如空挡滑行，失去控制的滑行速度使制动器难以将机械停住，而酿成事故。

5.10 轮胎式装载机

5.10.1 装载机主要功能是配合自卸汽车装卸物料，如果装载后远距离运送，不仅机械损耗大，且生产率降低，在经济上不合算。

5.10.2 装载作业时，满载的铲斗要起升并外送卸料，如在倾斜度超过规定的场地上作业，容易发生因重心偏离而倾翻的事故。

5.10.3 在石方施工场地作业时，轮胎容易被石块的棱角刮伤，需要采取保护措施。

5.10.6 铲斗装载后行驶时，机械的重心靠近前轮倾覆点，如急转弯或紧急制动，就容易造成失稳而倾翻。

5.10.9 操纵手柄换向时，如过急、过猛，容易造成机件损伤。满载的铲斗如快速下降，制动时会产生巨大的冲击载荷而损坏机件。

5.10.10 在不平场地作业时，铲臂放在浮动位置，可以缓解因机身晃动而造成铲斗在铲土时的摆动，保持相对的稳定。

5.10.13 铲斗偏载会造成铲臂因受力不均而扭弯；铲装后未举臂就前进，会使铲臂挠度大而变形。

5.10.17 卸料时，如铲斗伸出过多，或在大于3°的坡面上前倾卸料，都将使机械重心超过前轮倾覆点，因失稳而酿成事故。

5.10.18 水温过高，会使内燃机因过热而降低动力性能；变矩器油温过高，会降低使用的可靠性；加速工作液变质和橡胶密封件老化。

5.10.20 装载机转向架未锁闭时，站在前后车架之间进行检修保养极易造成人身伤害。

5.11 蛙式夯实机

5.11.1 蛙式夯实机能量较小，只能夯实一般土质地面，如在坚硬地面上夯击，其反作用力随坚硬程度而增加，能使夯实机遭受损伤。

5.11.2～5.11.6 蛙式夯实机需要工人手扶操作，并随机移动，因此，对电路的绝缘要求很高，对电缆的长度等也有要求。资料表明，蛙式夯实机由于漏电造成人身触电事故是多发的。这四条都是针对性的预防措施。

5.11.7 作业时，如将机身后压，将影响夯机的跳动。要求保持机身平衡，才能获得最大的夯击力。如过急转弯，会造成夯机倾翻。

5.11.8 填高的土方比较疏松，要先在边缘以内夯实后再夯实边缘，以防止夯机从边缘下滑。

5.12 振动冲击夯

5.12.4 作业时，操作人员不得将手把握得过紧，这是为了减少对人体的振动。

5.12.7 冲击夯的内燃机系风冷二冲程高速（4000r/min）汽油机，如在高速下作业时间过长，将因温度过高而损坏。

5.13 强 夯 机 械

5.13.3 本条规定是为了防止夯击过程中有砂石飞出，撞破驾驶室挡风玻璃，伤及操作人员。

5.13.5 起重臂仰角过小，将增加起重幅度而降低起重量和夯击高度；仰角过大，夯锤与起重臂距离过近，将影响起升高度。

5.13.6 夯机依靠门架支撑，以保持夯击时的稳定性。本条规定了对门架支腿的要求。

5.13.7 本条强调操作安全技术规程，确保操作人员安全。

5.13.10 夯锤上的通气孔，是防止快速下落的夯与地面接触时压缩空气使泥土飞溅，因此，需要保持通气孔的畅通。清理时，不应在锤下进行清理，是为了保证清理人员的人身安全。

6 运输机械

6.1 一般规定

6.1.5 运输机械人货混装、料斗内载人对人身安全危害极大，故应禁止。

6.1.7 水温未达到70℃，各部润滑尚未到良好状态，如高速行驶，将增加机件磨损。变速时逐级增减，避免冲击。前进和后退须待车停稳后换挡，否则将造成变速齿轮因转向不同而打坏。

6.1.10 下长陡坡时，车速随坡度而增加，依靠制动器减速，将使制动带和制动鼓长时间摩擦产生高温，甚至烧坏。因此，需要挂上与上坡相同的低速挡，利用内燃机的阻力来控制车速，以减少制动器使用时间。

6.1.12 车辆过河，如水深超过排气管或曲轴皮带盘，排气管进水将使废气阻塞，曲轴皮带盘转动使水甩向内燃机各部，容易进入润滑和燃料系统，并使电气系统失效。过河时中途停车或换挡，容易造成熄火后无法启动。

6.1.17 为防止车辆移动，造成车底下作业的人员被压伤亡的重大事故。

6.2 自卸汽车

6.2.3 本条为了防止铲斗或土石块等失控下坠砸坏驾驶室时，不致发生人身伤亡事故。

6.2.4 自卸汽车卸料时如边卸边行驶，顶高的车厢因汽车在高低不平的地面上摆动而剧烈晃动，将使顶升机构如车架受额外的扭力而受损变形。

6.2.5 自卸汽车在斜坡侧向倾卸或倾斜情况行驶，都易造成车辆重心外移，而发生翻车事故。

6.3 平板拖车

6.3.5 平板拖车装运的履带式起重机，如起重臂不拆短，将过多超越拖车后方，使拖车转弯困难。

6.3.7 平板拖车上的机械要承受拖车行驶中的摆动，尤其是紧急制动时所受惯性的作用。因此必须绑扎牢固，并将履带或车轮揳紧，防止机械移动而发生事故。

6.4 机动翻斗车

6.4.3 机动翻斗车在行驶中如长时间操纵离合器处于半结合状态，将使面片与压板摩擦而产生高温，严重时会烧坏。

6.4.6 机动翻斗车的料斗重心偏向前方，有自动向前倾翻的特点，因而降低了全车的稳定性。在行驶中下坡滑行，急转弯、紧急制动等操作，都容易发生翻车事故。

6.4.7 料斗依靠自重即能倾翻，因此料斗载人就存在很大的危险。料斗在倾翻情况下行驶或进行平地作业，都将造成料斗损坏或倾翻事故。

6.5 散装水泥车

6.5.4 散装水泥车卸料时，如车辆停放不平，将使罐内水泥卸不完而沉积在罐内。

6.5.7 卸料时罐内水泥随压缩空气输出罐外，需要保持压缩空气压力稳定。因此，空气压缩机要有专人负责管理，防止内燃机转速变化而影响卸料压力。

6.6 皮带运输机

6.6.3 皮带运输机先装料后启动，重载启动会增加电动机启动电流，影响电动机使用寿命和增加电耗。

6.6.8 多台皮带机串联送料时，从卸料端开始顺序启动，能使输送带上的存料有序地清理干净。

7 桩工机械

7.1 一般规定

7.1.1 选择合适的机型，是优质、高效完成桩工任务的先决条件。

7.1.5 电力驱动的桩机功率较大，对电源距离、容量以及导线截面等有较高要求。如达不到要求，会造成电动机启动困难。

7.1.8 作业前对桩机作全面检查是设备安全运转的基础，本条规定了桩机作业前的基本检查要求。

7.1.9 在水上打桩，固定桩机的作业船，当其排水量和偏斜度符合本条要求时，才能保证作业安全。

7.1.10 如吊桩、吊锤、回转、行走等四种动作同时进行，一方面起吊载荷增加，另一方面回转和行走使机械晃动，稳定性降低，容易发生事故。同时机械的动力性能也难以承担四种动作的负荷，而操作人员也难以正确无误地操作四种动作。

7.1.15 鉴于打桩作业中断桩、倒桩等事故时有发生，本条规定了操作人员和桩锤中心的安全距离。

7.1.16 如桩已人土3m时再用桩机回转或立柱移动来校正桩的垂直度，不仅难以纠正，还易使立柱变形或损坏，并可能使桩折断。

7.1.17 由于拔送桩时，桩机的起吊载荷难以计算，本条所列几种方法，都是施工中的实践经验，具有实用价值。

7.1.20 将桩锤放至最低位置，可以降低整机重心，从而提高桩机行走时的稳定性。

7.1.21 在斜坡上行走时，桩机重心置于斜坡上方，沿纵向作业或行走，可以抵消由于斜坡造成机械重心偏向下方的不稳定状态。如在斜坡上回转或作业及行走时横跨软硬边际，将使桩机重心偏离而容易造成倾翻事故。

7.1.23 桩孔成型后，如不及时封盖，人员会坠入桩孔。

7.1.24 停机时将桩锤落下和不得在悬吊的桩锤下面检修等，都是防止由于偶发因素，使桩锤失控下坠而造成事故。

7.2 柴油打桩锤

7.2.1 导向板用圆头螺栓、锥形螺母和垫圈固定在下汽缸上下连接板上，以使桩锤能在立柱导轨上滑动起导向作用，如导向板螺栓松动或磨损间隙过大，将使桩锤偏离导轨滑动而造成事故。

7.2.3 提起桩锤脱出砧座后，其下滑长度不应超过使用说明书的规定值，如绳扣太短，在打桩过程中容易拉断，如绳扣过长，则下活塞将会撞坏压环。

7.2.4 缓冲胶垫为缓和砧座（下活塞）在冲击作用下与下气缸发生冲撞而设置，如接触面或间隙过小时，将达不到缓冲要求。

7.2.5 加满冷却水，能防止汽缸和活塞过热；使用软水可以减少水垢；冬期使用温水，可以使缸体预热而易启动。

7.2.8 对软土层打桩时，由于贯入度过大，燃油不能爆发或爆发无力，使上活塞跳不起来，所以要先停止供油冷打，使贯入度缩小后再供油启动。

7.2.9 地质硬，桩锤爆发力大，上活塞跳得高，起跳高度不允许超过原厂规定，主要为了防止活塞环脱出气缸，造成事故。

7.2.11 桩锤供油是利用活塞上下推动曲臂向燃烧室供油，在桩机外设专人拉好曲臂控制绳，可以随时停止供油而停锤。

7.2.14 所谓早燃是指在火花塞跳火前混合气发生燃烧。发生早燃时，过早的炽热点火会破坏柴油锤的工作过程，使燃烧加快，气缸压力、温度增高和发动机工作粗暴。如不及时停机处理，可能会损坏气缸，引发事故。

7.3 振动桩锤

7.3.1～7.3.4 振动桩锤是依靠电能产生高频振动，以减少桩和土体间摩擦阻力而进行沉拔桩的机械，为了保证安全作业，需要执行这四条规定的检查项目。

7.3.5 本条规定是为了防止钢丝绳受振后松脱的双重保险措施。

7.4 静力压桩机

7.4.1 桩机纵向行走时，应两个手柄一起动作，使行走台车能同步前进。

7.4.2 如船形轨道压在已入土的单一桩顶上，由于受力不均，将使船行轨道变形。

7.4.3 进行压桩时，需有多人联合作业，包括压桩、吊桩等操作人员，需要统一指挥，以保证配合协调。

7.4.4 起重机吊桩就位后，如吊钩在压桩前仍未脱离桩体，将造成起重臂压弯折断或钢丝绳断绳的事故。

7.4.6 桩机发生浮机时，设备处于不稳定状态，如起重机继续吊物，或桩机继续进行压桩作业，将会加剧设备的失稳，造成设备倾翻事故。

7.4.12 本条规定是为了保护桩机液压元件和构件不受损坏。

7.5 转盘钻孔机

7.5.4 钻机通过泥浆泵使泥浆在钻孔中循环，携带出孔中的钻渣。作业时，要按本条要求，保持泥浆循环不中断，以防塌孔和埋钻。

7.5.11 使用空气反循环的钻机，其循环方式与正循环相反，钻渣由钻杆中吸出，在钻进过程中向孔中补充循环水或泥浆，由于它具有十分强大的排渣能力，需要按本条规定遮拦喷浆口和固定管端。

7.5.12 先停钻后停风的要求，是利用风压清除孔底的钻渣。

7.6 螺旋钻孔机

7.6.1 钻杆与动力头的中心线偏斜过大时，作业中将使钻杆产生弯曲，造成连接部分损坏。

7.6.2 钻杆如一次性接好后再装上动力头，不仅安装困难，还因为钻杆长度超过动力头高度而无法安装，且钻杆过长容易弯曲变形。

7.6.10 如在钻杆运转时变换方向，能使钻杆折断。

7.6.15 停钻时，如不及时将钻杆全部从孔内拔出，将因土体回缩的压力而造成钻机不能运转或钻杆拔不出来等事故。

7.7 全套管钻机

7.7.3 套管入土的垂直度将决定成孔后的垂直度，因此，在入土开始时就要调整好，待入土较深时就难以调整，强行调整会使纠偏机构及套管损坏。

7.7.4 锤式抓斗利用抓斗片插入上层抓土，它不具备破碎岩层的能力，如用以冲击岩层，将造成抓斗损坏。

7.7.8 进入土层的套管，需要保持能摆动的状态，防止被土层挤紧，以至在浇注混凝土过程中不能及时拔出。

7.8 旋挖钻机

7.8.3 本条规定是为了保证钻机行驶时的稳定性。

7.9 深层搅拌机

7.9.1 深层搅拌机的平整度和导向架的垂直度，是保证设备工作性能和成桩质量的重要条件。

7.9.6 保持动力头的润滑非常重要，如果断油，将会烧坏动力头。

7.10 成槽机

7.10.2 回转不平稳，突然制动会造成成槽机抓斗左右摇晃，容易失稳。

7.10.3～7.10.9 成槽机主机属于起重机械，所以应符合起重机械安全技术规范的要求。

7.10.10 成槽机成槽的垂直度不仅关系着质量，也关系安全，垂直度控制不好会发生成槽机在槽段的卡滞、无法提升等现象。

7.10.11 工作完毕，远离槽边，防止槽段由于成槽机自身重量发生坍方，抓斗落地是为防止抓斗在空中对成槽机和周边环境产生安全隐患。

7.10.13 该措施是为防止电缆及油管在运输过程中，由于道路交通状况发生颠簸、急停等，产生碰撞造成损坏。

7.11 冲孔桩机

7.11.1 场地不平整坚实，会造成冲孔桩机械在冲孔过程中的位移、摇晃、不稳定，严重的甚至会发生侧翻。

7.11.2 本条属于作业前需要检查的项目，目的是保证冲孔桩机械的安全使用。

7.11.3～7.11.6 冲孔桩机械的主动力设备为卷扬机，该部分内容应满足卷扬机安全操作规范的要求。

8 混凝土机械

8.1 一般规定

8.1.4 本条依照《施工现场临时用电安全技术规范》JGJ 46－2005第8.2.10条规定。

8.2 混凝土搅拌机

8.2.3 依照《施工现场机械设备检查技术规程》JGJ 160－2008第7.3节的规定，搅拌机在作业前，应检查并确认传动、搅拌系统工作正常及安全装置齐全有效，目的是确保搅拌机正常安全作业。

8.2.7 料斗提升时，其下方为危险区域。为防止料斗突然坠落伤人，规定严禁作业人员在料斗下停留或通过。当作业人员需要在料斗下方进行清理或检修时，应将料斗升至上止点并用保险锁锁牢。

8.3 混凝土搅拌运输车

8.3.2 卸料槽锁扣是防止卸料槽在行车时摆动的安全装置。搅拌筒安全锁定装置是防止搅拌筒误操作的安全装置，为保证混凝土搅拌运输车的作业安全，上述安全装置应齐全完好。

8.3.3～8.3.5 此条与《施工现场机械设备检查技术规程》JGJ 160－2008第7.7节规定协调。混凝土搅拌运输车作业前应对上述内容进行检查并确认无误，保证作业安全。

8.3.6 本规定明确了混凝土搅拌运输车行驶前，应确认搅拌筒安全锁定装置处于锁定位置及卸料槽锁扣的扣定状态，保证行驶安全。

8.4 混凝土输送泵

8.4.1 输送泵在作业时由于输送混凝土压力的作用，可产生较大的振动，安装泵时应达到本规定要求。

8.4.2 向上垂直输送混凝土时，应依据输送高度、排量等设置基础，并能承受该工况的最大荷载。为缓解泵的工作压力，应在泵的输出口端连接水平管。向下倾斜输送混凝土时，应依据落差敷设水平管，以缓解管内气体对输送作业的影响。

8.4.4 砂石粒径、水泥强度等级及配合比是保证混凝土质量和泵送作业正常的基本要求。

8.4.6 混凝土泵车开始或停止泵送混凝土时，出料软管在泵送混凝土的作用下会产生摆动，此时的安全距离一般为软管的长度。同时出料软管埋在混凝土中可使压力增大，易发生伤人事故。

8.4.7 泵送混凝土的排量、浇注顺序及集中荷载的允许值，均是影响模板支撑系统稳定性的重要因素，作业时必须按混凝土浇筑专项方案进行。

8.4.11 本条规定是为了保证混凝土泵的清洗作业安全。

8.5 混凝土泵车

8.5.1 本条规定明确了泵车停靠场地的要求，泵车的任何部位与输电线路的安全距离应符合《施工现场临时用电安全技术规范》JGJ 46的有关规定。

8.5.2 本条规定是为了保证泵车稳定性而制定的。

8.5.3 依据《施工现场机械设备检查技术规程》JGJ 160－2008第2.6节规定，泵车作业前应对本规定内容进行检查，并确认无误。

8.5.5、8.5.6 布料杆处于全伸状态时，泵车稳定性相对较小，此时移动车身或延长布料配管和布料软管均可增大泵车倾翻的危险性。

8.6 插入式振捣器

8.6.2、8.6.3 插入式振捣器属Ⅰ类手持电动工具。依据《施工现场临时用电安全技术规范》JGJ 46－2005的有关规定，操作人员作业时必须穿戴符合要求的绝缘鞋和绝缘手套。电缆线应采用耐气候型橡胶护套铜芯电缆，并不得有接头。

8.6.5 振捣器软管弯曲半径过小，会增大传动件的摩擦发热，影响使用寿命。

8.7 附着式、平板式振捣器

8.7.2、8.7.3 附着式、平板式振捣器属Ⅰ类手持电动工具。依据《施工现场临时用电安全技术规范》JGJ 46－2005的有关规定，操作人员作业时必须穿戴符合要求的绝缘鞋和绝缘手套。电缆线应采用耐气候型橡胶护套铜芯电缆，并不得有接头。

8.7.7 多台振捣器同时作业时，各振捣器的振动频率一致，主要是为了提高振捣效果。

8.8 混凝土振动台

8.8.1 作业前对本条内容进行检查，目的是确保振动台作业安全。

8.8.2 振动台作业时振动频率较高，要求设置可靠的锁紧夹，确保振动台安全作业。

8.9 混凝土喷射机

8.9.1 喷射机采用压缩空气将配合料通过喷射枪和水合成混凝土喷射到工作面。对空气压力、水的流量及配合料的配比要求较高，作业时参照说明书要求进行。

8.9.4 依照《施工现场机械设备检查技术规程》JGJ 160－2008第2.4节规定，作业前对本规定内容进行全面检查、确认。

8.9.7 混凝土从喷射机喷出时，压力大、喷射速度高，为预防作业人员受伤害制定本规定。

8.10 混凝土布料机

8.10.1 参照《塔式起重机安全规程》GB 5144－2006第10.3节规定，布料机任一部位与其他设施及构筑物的安全距离不应小于0.6m。

8.10.3 手动式混凝土布料机底盘防倾覆的措施可采用搭设长宽6m×6m、高0.5m的脚手架，并与混凝土布料机底盘固定牢固。

8.10.4 为保证布料机的作业安全，作业前应对本条规定的内容进行全面检查，确认无误方可作业。

8.10.6 输送管被埋在混凝土内，会使管内压力增大，易引发生产安全事故。

8.10.8 此条结合《混凝土布料机》JB/T 10704－2004标准及实际情况执行6级风不能作业的风速下限。

9　钢筋加工机械

9.2　钢筋调直切断机

9.2.5　导向筒前加装钢管，是为了使钢筋通过钢管后能保持水平状态进入调直机构。

9.2.7　调直筒内一般设有5个调直块，第1、5两个放在中心线上，中间3个偏离中心线，先有3mm左右的偏移量，经过试调直，如钢筋仍有慢弯，可逐渐加大偏移量直到调直为止。

9.3　钢筋切断机

9.3.4　钢筋切断时，其切断的一端会向切断一侧弹出，因此，手握钢筋要在固定刀片的一侧，以防钢筋弹出伤人。

9.4　钢筋弯曲机

9.4.7　弯曲超过规定直径的钢筋，将使机械超载而受损。弯曲未经冷拉或带有锈皮的钢筋，会有小片破裂锈皮弹出，要防止伤害眼睛。

9.5　钢筋冷拉机

9.5.1　冷拉机的主机是卷扬机，卷扬机的规格要符合能冷拉钢筋的拉力。卷扬钢丝绳通过导向滑轮与被拉钢筋成直角，当钢筋拉断或夹具失灵时不致危及卷扬机。卷扬机要与拉伸中线保持一定的安全距离。

9.5.5　本条规定装设限位标志和有专人指挥，都是为了防止钢筋拉伸失控而造成事故。

9.6　钢筋冷拔机

9.6.1　钢筋冷拔机主要适用于大型屋面板钢筋施工。

10　木工机械

10.1　一般规定

10.1.1　本条对操作人员的穿着和佩戴进行了规定，防止操作人员因穿着不当，在操作中被机械的传动部位缠绕或误碰触机械开关而引发生产安全事故。

10.1.2　本条规定木工机械不准使用倒顺双向开关，是为了防止作业过程中，工人身体或搬运物体时误碰触倒顺开关引发起生产安全事故。

10.1.3　本条规定是引用国家标准《机械加工设备一般安全要求》GB 12266－90中的规定。

10.1.14　多功能机械在施工现场使用时，在一项工作中只允许使用一种功能，是为了避免多动作引起的生产安全事故。

10.1.16　本条规定是从职业健康安全方面考虑，保护操作人员和周围人员的身心健康。国家标准《木工机床安全　平压两用刨床》GB 18956－2003中规定木工机械排放的最大噪声限值为90dB。

10.2　带锯机

10.2.1　锯条的裂纹长度超过10mm时，在锯木的过程中锯条容易断裂导致生产安全事故的发生。

10.3　圆盘锯

10.3.1　该条规定是针对施工现场因移动设备或加工大模板，操作工人为了方便，经常不使用防护罩的现象，而制定的强制性标准。

10.3.3　该条规定是依据国家标准《木工刀具安全　铣刀、圆锯片》GB 18955－2003中对圆锯片锯身有裂纹的圆锯片应剔除，不允许修理。

10.3.7　该条规定是考虑到加工旧方木和旧模板，如果旧方木和模板上有未清除的钉子时，锯木容易引起钉子、木屑等硬物飞溅造成人员伤害。

10.5　压刨床（单面和多面）

10.5.6　压刨必须要装有止逆器，这是为了避免刨床的工作台与刀轴或进给辊接触。

10.8　开榫机

10.8.1　该条规定中试运转的时间是指在施工现场经过验收后日常投入使用前所作的试运转，时间是参考《建筑机械技术试验规程》JGJ 34－86规定中对“电动机进行技术试验时空载试运转的时间为30min”而规定的。

11　地下施工机械

11.1　一般规定

11.1.1　地下施工机械的类型很多，每一种类型都有自己的特性，针对不同的地质情况和环境，选择合适的机械和功能对施工安全极为重要。每一类型的施工机械中应根据施工所处土层性质、管径、地下水位、附近地上与地下建筑物、构筑物和各种设施等因素，经技术经济比较后确定。

11.1.2　为了安全而有效地组织现场施工，要求地下施工机械在厂内制造完工后，必须进行整机调试，检查核实设备的供油系统、液压系统和电气系统的状况，调试机械运转状态和控制系统的性能，确保地下施工机械设备出厂就具备良好的性能，防止设备上的先天不足给工程带来不安全因素。

11.1.3　地下施工机械施工期间，应对邻近建（构）筑物、地下管网进行监测，对重要的有特殊要求的建筑物，应及时采取注浆、加固、支护等技术措施，保证邻近建筑物、地下管网的安全。

11.1.4　地下工程作业中必须进行通风，通风目的是保证施工生产正常安全和施工人员的身体健康；必须采用机械通风，一般选用压入式通风。对于预计将通过存在可燃性、爆炸性气体、有害气体地下施工地段，必须事先对这些地段及周围的地层、水文等采用钻探或其他方法进行预先的详细调查，查明这些气体存在的范围与状态。对存在燃烧和缺氧危险时，应禁止明火火源，防止火灾；当发生可燃气体和有害气体浓度超过容许值时，应立即撤出作业人员，加强通风、排气，只有当可燃气体、有害气体得到控制时，才能继续施工。

11.1.7　在确定垂直运输和水平运输方案及选择设备时必须根据

作业循环所需的运输量详细考虑，同时还应符合各种材料运输要求，所有的运输车辆、起重机械、吊具要按有关安全规程的规定定期进行检查、维修、保养与更换。

11.1.8、11.1.9 开挖面如果不稳定，会造成施工机械的安全隐患和地面沉降塌陷等。

11.1.11 如不暂停施工并进行处理，可能发生施工偏差超限、纠偏困难和危及施工机械与工程施工安全。

11.1.12 大型地下施工机械吊装属于大型构件吊装，必须编制专项方案，经审批同意后实施。

11.2 顶 管 机

11.2.1 顶管机的选择，应根据管道所处土层性质、管径、地下水位、附近地上与地下建筑物、构筑物和各种设施等因素，经技术经济比较后确定，要符合下列规定：

1 在黏性土或砂性土层，且无地下水影响时，宜采用手掘式或机械挖掘式顶管法；当土质为砂砾土时，可采用具有支撑的工具管或注浆加固土层的措施；

2 在软土层且无障碍物的条件下，管顶以上土层较厚时，宜采用挤压式或网格式顶管法；

3 在黏性土层中必须控制地面隆陷时，宜采用土压平衡顶管法；

4 在粉砂土层中且需要控制地面隆陷时，宜采用加泥式土压平衡或泥水平衡顶管法；

5 在顶进长度较短、管径小的金属管时，宜采用一次顶进的挤密土层顶管法。

11.2.2 导轨产生位移，对机械和工程安全产生影响。

11.2.3 千斤顶是顶管施工主要的动力系统，后座千斤顶应联动并同时受力，合力作用点应在管道中心的垂直线上。

11.2.4～11.2.8 油泵安装和运转的注意事项，以确保油泵和千斤顶的安全运转。

11.2.11 发生该条情况如不暂停施工，查明原因并进行处理，可能危及施工机械与工程施工安全。

11.2.12 中继间安装将凹头安装在工具管方向，凸头安装在工作井一端，是为了避免在顶进过程中会导致泥砂进入中继间，损坏密封橡胶，止水失效，严重的会引起中继间变形损坏。不控制单次推进距离，则会导致中继间密封橡胶拉出中继间，止水系统损坏，止水失效。

11.3 盾 构 机

11.3.1～11.3.4 这几条是对盾构机在下井组装之前进行的各项试验，以确保组装后的盾构机机械性能正常，安全有效地工作。

11.3.5 始发基座主要作用是用于稳妥、准确地放置盾构，并在基座上进行盾构安装与试掘进，所以基座必须有足够的承载力、刚度和安装精度，并且考虑盾构安装调试作业方便。接收井内的盾构基座应保证安全接收盾构机，并能进行检修盾构机、解体盾构机的作业或整体移位。

11.3.6 推进过程中，调整施工参数如下：

1 土压平衡盾构掘进速度应与进出土量、开挖面土压值及同步注浆等相协调；

2 泥水平衡盾构掘进速度应与进排浆流量、开挖面泥水压力、进排泥浆、泥土量及同步注浆等相协调。

11.3.8 发生该条出现的情况，如不分析原因并及时解决，会对盾构机械本身及工程安全产生影响。

11.3.9 盾构暂停推进施工应按停顿时间长短、环境要求、地质条件作好盾构正面、盾尾密封以及盾构防后退措施，一般盾构停止3d以上，开挖面应加设密闭封板、盾尾与管片间的空隙作嵌缝密封处理，并在支承环的环板与已建成的隧道管片环面之间加适当支撑，以防止盾构在停顿期间的后退。当地层很软弱、流动性较大时，则盾构中途停顿时须及时采取防止泥土流失的措施。

11.3.11 刀具更换是一项较复杂的工序。首先除去压力舱中的泥水、残土，清除刀头上粘附的泥沙，确认要更换的刀头，运入工具，设置脚手架，然后拆去旧刀具，换上新刀具。更换刀具停机时间比较长，容易造成盾构整体沉降，引起地层及地表沉降，损坏地表及地下建（构）筑物。要求：

1 更换前做好准备工作，尽量减少停机时间；

2 更换作业尽量选择在中间竖井或地层条件较好、较稳定地段进行；

3 在地层条件较差的地段进行更换作业时，须带压更换或对地层进行预加固，确保开挖面及基底的稳定。

更换刀具的人员要系安全带，刀具的吊装和定位要使用吊装工具。在更换滚刀时要使用抓紧钳和吊装工具。所有用于吊装刀具的吊具和工具都要经过严格检查，以确保人员和设备的安全。带压作业人员要身体健康，并经过带压作业专业培训，制定并执行带压工作程序。

11.3.14 盾构停止推进后按计划方法与工艺拆除封门，盾构要尽快地连续推进和拼装管片，使盾构能在最短时间内全部进入接收井内的基座上。洞口与管片的间隙要及时处理，并确保不渗漏。

11.3.16 管片拼装是盾构法施工的一个重要工序，整个工序由盾构司机、管片拼装机操作工和拼装工等三个特殊工种配合完成。在整个施工过程中要由专人负责指挥，拼装前要全面检查拼装机械、工具、索具。施工前要根据所用管片形式、特点详细向施工人员作技术和安全交底。

12 焊接机械

12.1 一 般 规 定

12.1.2、12.1.3 焊割作业有许多不安全因素，如爆炸、火灾、触电、灼烫、急性中毒、高处坠落、物体打击等，对危险性失去控制或防范不周，就会发展为事故，造成人员伤亡和财产损失，这几条规定是为了抑制和清除危险性而制定的。

12.1.4 施工现场很多火灾事故都是由焊接（切割）作业引起的，严格控制易燃易爆品的堆放能有效防范火灾的发生。施工现场切割金属时冒出的火花温度很高，时间长聚集的温度会更高，如果没有隔离措施，就算切割工作面周围堆放保温板、塑料包装袋等阻燃材料也会发生火灾。因此焊接（切割）工作面四周要清理干净，方可进行动火作业。

12.1.5 长期停用的电焊机如绕组受潮、绝缘损坏，电焊机外壳将会漏电。在外壳缺乏良好的保护接地或接零时，人体碰及将会发生触电事故。

12.1.6 焊机导线要具有良好的绝缘，绝缘电阻不小于1MΩ，不要将焊机导线放在高温物体附近，以免烧坏绝缘；不许利用建筑物的金属结构、管道、轨道或其他金属物体搭接起来形成焊接回路，防止发生触电事故。

12.1.7 焊钳要有良好的绝缘和隔热能力，握柄与导线的连接要牢靠，接触良好，导线连接处不要外露，不要用胳膊夹持，这些规定是为了防止静电。

12.1.8 焊接导线要有适当的长度，一般以20m～30m为宜，过短不便于操作，过长会增大供电动力线路的压降；其他措施主要为了保护导线。

12.1.9 如在承压状态的压力容器及管道、装有易燃易爆物品的容器、带电设备和承载结构的受力部位上进行焊接和切割，将会发生爆炸、火灾、有毒气体和烟尘中毒、触电以及承载结构倒塌等重大事故。因此，要严格禁止。

12.1.10、12.1.11 主要是为了防止由于爆炸、火灾、触电、中毒而引起重大事故而规定的。一般情况下，对于存有残余油脂或可燃液体、可燃气体的容器，焊前要先用蒸汽和热碱水冲洗，并打开盖口，确定容器清洗干净后，再灌满水方可以进行焊接；在容器内焊接时要防止触电、中毒和窒息，因此通风要有保证，还要有专人监护；已喷涂过油漆和塑料的容器，在焊接时会产生氯化氢等有毒气体，在通风不畅的情况下将导致中毒或损害工人健康。

12.1.12 焊接青铜、铅等有色金属时会产生一些氧化物、烟尘等有毒物质，影响工人健康。因此，要有排烟、通风装置和防毒面罩。

12.1.13 预热焊件的温度达到700℃，形成一个比较强的热辐射源，可以引起作业人员大量出汗，导致体内水盐比例失调，出现不适症状，同时会增加触电危险，所以要设挡板、穿隔热服等，隔离预热焊件散发的辐射热。

12.1.14 在焊接过程中，焊工总要经常触及焊接回路中的焊钳、焊件、工作台及焊条等，而焊接设备的一次电压为220V或380V，空载电压也都在60V以上，因此，除焊接设备要有良好的保护接地或接零外，焊接时焊工要穿戴干燥的工作服和绝缘的胶鞋、手套，并采用干燥木板垫脚、下雨时不在露天焊接等防止触电的措施。

12.1.15 手工电弧焊要求按焊机的额定电流和暂载率来使用，既能合理地发挥焊机的负载能力，又不至于造成焊机过热而烧毁。在运行中当喷漆电焊机金属外壳温升超过35℃时，要停止运转并采取降温措施。

12.1.17 电焊机在焊接电弧引燃后二次侧电压正常为16V～35V，但是在空载带电的情况下二次侧的电压一般在50V～90V，远大于安全电压的最高等级42V，人体接触后容易发生触电事故，因此电焊机需要加装防二次侧触电装置。

12.2 交（直）流焊机

12.2.1 初、次级线不能接错，否则焊机将冒烟甚至被烧坏；或因将次级线错接到电网上而次级线路又无保护接地或接零，焊工触及次级线路的裸导体，将导致触电事故。

接线柱的螺母、螺栓、垫圈要完好齐全，不要松动或损坏，否则会使接触处过热，以致损坏接线板；或使松动的导线误碰机壳，使焊机外壳带电。

12.2.2 多台电焊机的接地装置均要分别将各个接地线并联到接地极上，绝不能用串联方法连接，以确保在任何情况下接地回路不致中断。

12.3 氩弧焊机

12.3.3 氩气是液态空气分馏制氧时获得的副产品，由于氩气的沸点介于氧气和氮气沸点之间，沸点温度差距较小，所以在制氩过程中不可避免地要含一定量的氧、氮和水分等杂质，而且有的氩气瓶是用经过清洗的氧气瓶代替的。因此，安装的氩气减压阀，管接头不要粘有油脂。

12.3.5 氩弧焊是用高频振荡器来引弧和稳弧的，但对焊工健康有不利影响，因此，要将焊机和焊接电缆用金属编织线屏蔽防护。也可以通过降低频率来进一步防护。

12.3.6 氩弧焊大都采用钨极、钍钨极、铈钨极，如在通风不畅的场所焊接，烟尘中的放射性微料可能过浓，因此要戴防毒面罩。钍钨棒的打磨要有抽风装置，贮存时最好放在铅盒内，更不许随身携带，防止放射线伤害。

12.3.9 氩弧焊工人作业时受到放射线和强紫外线的危害（约为普通电弧焊的5倍～10倍）。所以工作完了要及时脱去工作服，清洗手脸和外露皮肤，消除毒害。

12.4 点焊机

12.4.1 工作前要清除上下电极的油渍及污物，否则将降低电极使用期限，影响焊接质量。

12.4.2 这是规定的焊机启动程序，如违反操作程序，就会发生质量及生产安全事故。

12.4.3 焊机通电后，要检查电气设备、操作机构、冷却系统、气路系统及机体外壳有无漏电现象。

12.5 二氧化碳气体保护焊机

12.5.2 大电流粗丝的二氧化碳焊接时，要防止焊枪水冷却系统漏水，破坏绝缘，发生触电事故。

12.5.3 装有液态二氧化碳的气瓶，不能在阳光下曝晒或用火烤，以免造成瓶内压力增大而发生爆炸。

12.5.4 二氧化碳气体预热器要采用36V以下的安全电压供电。

12.6 埋弧焊机

12.6.1 埋弧焊机在操作盘上一般都是安全电压，但在控制箱上有380V或220V电源，所以焊接要有安全接地（零）线。盖好控制箱的外壳和接线板上的罩壳是为防止导线扭转及被熔渣烧坏。

12.7 对焊机

12.7.1 对焊机铜芯导线参考表12-1选择。

表12-1 对焊机导线截面

对焊机的额定功率（kV·A）	25	50	75	100	150	200	500
一次电压为220V时导线截面（mm^2）	10	25	35	45	—	—	—
一次电压为380V时导线截面（mm^2）	6	16	25	35	50	70	150

12.7.4 由于超载过热及冷却水堵塞、停供，使冷却作用失效等有可能造成一次线圈的绝缘破坏。

12.7.6 在进行闪光对焊时，大的电流密度使接触点及其周围的金属瞬间熔化，甚至形成汽化状态，会引起接触点的爆裂和液体金属的飞溅，造成焊工的灼伤和引起火灾，所以闪光区要设挡板。

12.8 竖向钢筋电渣压力焊机

12.8.4 参照现行行业标准《钢筋焊接及验收规程》JGJ 18的电渣压力焊焊接参数表选取。一般情况下，时间（s）可为钢筋的直径数（mm），电流（A）可为钢筋直径的20倍（mm）。

12.9 气焊（割）设备

12.9.4 氧气是一种活泼的助燃气体，是强氧化剂，空气中氧气含量为20.9%，增加氧的纯度和压力会使氧化反应显著加剧。当压缩氧气与矿物油、油脂或细微分散的可燃粉尘等接触时，由于剧烈的氧化升温、积热而发生自燃，构成火灾或爆炸。因此，氧气瓶及其附件、胶管、工具等不能粘染油污。

12.10 等离子切割机

12.10.1 等离子切割机的空载电压较高（用氩气作为离子气时为65V～80V，用氩氢混合气体作为离子气时为110V～120V），所以设备要有良好的保护接地。

12.10.5 等离子弧温度高达16000K～33000K，由于高温和强烈的弧光辐射作用而产生的臭氧、氮氧化物等有害气体及金属粉尘的浓度均比氩弧焊高得多。波长2600埃～2900埃的紫外线辐射强度，弧焊为1.0，等离子弧焊为2.2。等离子弧焊流速度很高，当它以1000m/min的速度从喷嘴喷射出来时，则产生噪声。此外，还有高频电磁场、热辐射、放射线等有害因素，操作人员要按本规程第12.3节氩弧焊机一样，搞好安全防护和卫生要求。

13 其他中小型机械

13.11 喷 浆 机

13.11.1 密度过小，喷浆效果差；密度过大，会使机械振动，喷不成雾状。

13.11.2 本条主要是防止喷嘴孔堵塞和叶片磨损的加快。

13.14 水 磨 石 机

13.14.1 强度增大将使磨盘寿命降低。

13.14.2 磨石如有裂纹，在使用中受高转速离心力影响，将造成磨石飞出磨盘伤人事故。

13.14.5 冷却水既起到冷却作用，也是磨石作业中的润滑剂，起到磨石面要求光滑的质量保证作用。

13.15 混凝土切割机

13.15.3～13.15.6 这几条都是要求在操作中遵守的防止伤害人手的安全措施。

13.17 离 心 水 泵

13.17.1 数台水泵并列安装时，如扬程不同，就不能向同一高度送水，达不到增加流量的目的；串联安装时，如串联的水泵流量不同，只能保持小泵的流量，如果小泵在下，大泵会产生气蚀。

13.18 潜 水 泵

13.18.5 潜水泵的电动机和泵都安装在密封的泵体内，高速运转的热量需要水冷却。因此，不能在无水状态下运转时间过长。

13.18.9 潜水泵长时间在水中作业，对电动机的绝缘要求较高，除安装漏电保护装置外，还要定期测定绝缘电阻。

13.22 手持电动工具

13.22.2 砂轮机转速一般在10000r/min以上，因此，对砂轮等刀具质量和安装有严格要求，以保证安全。

13.22.5 手持电动工具转速高、振动大，作业时直接与人体接触，并处在导电良好的环境中作业。因此，要求采用双重绝缘或加强绝缘结构的电动机和导线。

13.22.6 采用工程塑料为机壳的手持电动工具，要防止受压和汽油等溶剂的腐蚀。

13.22.10 手持电动机具温升超过60℃时，要停机降温后再使用，这是防止机具故障、延长使用寿命的必要措施。

13.22.11 手持电动机具依靠操作人员的手来控制，如要在转动时撒手，机具失去控制，会破坏工件，损坏机具，甚至伤害人身。

13.22.13 40％的断续工作制是电动机负载持续率为40％的定额为基准确定的。负载持续率就是电动机工作时间与一个工作周期的比值，其中工作时间包括启动、工作和制动时间；一个工作周期包括工作时间和停机及断电时间。

13.22.14 角向磨光机空载转速达10000r/min，要求选用安全线速不小于80m/s的增强树脂型砂轮。其最佳的磨削角度为15°～30°的位置。角度太小，增加砂轮与工件的接触面，加大磨削阻力；角度大，磨光效果不好。

13.22.16 本条第1款所列事项，都是为了防止射钉误发射而造成人身伤害事故。

13.22.17 本条第1款所列事项，如铆钉和铆钉孔的配合过盈量大，将影响铆接质量；如因铆钉轴未断而强行扭撬，会造成机件损伤；铆钉头子或并帽松动，会失去调节精度，影响操作。

中华人民共和国行业标准

建筑施工安全检查标准

Standard for construction safety inspection

JGJ 59－2011

批准部门：中华人民共和国住房和城乡建设部
施行日期：2 0 1 2 年 7 月 1 日

14

中华人民共和国住房和城乡建设部
公　告

第1204号

关于发布行业标准《建筑施工安全检查标准》的公告

现批准《建筑施工安全检查标准》为行业标准，编号为JGJ 59-2011，自2012年7月1日起实施。其中，第4.0.1、5.0.3条为强制性条文，必须严格执行。原行业标准《建筑施工安全检查标准》JGJ 59-99同时废止。

本标准由我部标准定额研究所组织中国建筑工业出版社出版发行。

中华人民共和国住房和城乡建设部

2011年12月7日

前　言

根据住房和城乡建设部《关于印发〈2009年工程建设标准规范制订、修订计划〉的通知》（建标［2009］88号）的要求，标准编制组经广泛调查研究，认真总结实践经验，参考有关国际标准和国外先进标准，并在广泛征求意见的基础上，修订本标准。

本标准的主要技术内容是：1. 总则；2. 术语；3. 检查评定项目；4. 检查评分方法；5. 检查评定等级。

本标准修订的主要技术内容是：1. 增设"术语"章节；2. 增设"检查评定项目"章节；3. 将原"检查分类及评分方法"一章调整为"检查评分方法"和"检查评定等级"两个章节，并对评定等级的划分标准进行了调整；4. 将原"检查评分表"一章调整为附录；5. 将"建筑施工安全检查评分汇总表"中的项目名称及分值进行了调整；6. 删除"挂脚手架检查评分表"、"吊篮脚手架检查评分表"；7. 将"'三宝'、'四口'防护检查评分表"改为"高处作业检查评分表"，并新增移动式操作平台和悬挑式钢平台的检查内容；8. 新增"碗扣式钢管脚手架检查评分表"、"承插型盘扣式钢管脚手架检查评分表"、"满堂脚手架检查评分表"、"高处作业吊篮检查评分表"；9. 依据现行法规和标准对检查评分表的内容进行了调整。

本标准中以黑体字标志的条文为强制性条文，必须严格执行。

本标准由住房和城乡建设部负责管理和对强制性条文的解释，由天津市建工工程总承包有限公司负责具体技术内容的解释。在执行过程中如有意见或建议，请寄送天津市建工工程总承包有限公司（地址：天津市新技术产业园区华苑产业区开华道1号，邮政编码：300384）。

本 标 准 主 编 单 位：天津市建工工程总承包有限公司
中启胶建集团有限公司

本 标 准 参 编 单 位：中国建筑业协会建筑安全分会
中国工程建设标准化协会施工安全专业委员会
天津市建设工程质量安全监督管理总队
天津一建建筑工程有限公司
天津二建建筑工程有限公司
天津三建建筑工程有限公司
上海市建设工程安全质量监督总站
陕西省建设工程质量安全监督总站
河南省建设安全监督总站
杭州市建设工程质量安全监督总站
北京建工集团有限责任公司
重庆建工集团有限责任公司
北京建科研软件技术有限公司

本标准主要起草人员：耿洁明　张宝利　郭道盛　陈　锟
秦春芳　戴贞洁　翟家常　王兰英
王明明　薛　涛　丁天强　孙汝西
左洪胜　张德光　倪树华　戴宝荣
刘　震　牛福增　熊　琰　丁守宽
任占厚　唐　伟　孙宗辅　李海涛
王玉恒　康电祥　李忠雨　张承亮

本标准主要审查人员：郭正兴　任兆祥　张有闻　祁忠华
陈高立　杨福波　汤坤林　刘新玉
施卫东　葛兴杰　张继承

目　次

14

Contents

1 总 则

1.0.1 为科学评价建筑施工现场安全生产，预防生产安全事故的发生，保障施工人员的安全和健康，提高施工管理水平，实现安全检查工作的标准化，制定本标准。

1.0.2 本标准适用于房屋建筑工程施工现场安全生产的检查评定。

1.0.3 建筑施工安全检查除应符合本标准外，尚应符合国家现行有关标准的规定。

2 术 语

2.0.1 保证项目 assuring items

检查评定项目中，对施工人员生命、设备设施及环境安全起关键性作用的项目。

2.0.2 一般项目 general items

检查评定项目中，除保证项目以外的其他项目。

2.0.3 公示标牌 public signs

在施工现场的进出口处设置的工程概况牌、管理人员名单及监督电话牌、消防保卫牌、安全生产牌、文明施工牌及施工现场总平面图等。

2.0.4 临边 temporary edges

施工现场内无围护设施或围护设施高度低于0.8m的楼层周边、楼梯侧边、平台或阳台边、屋面周边和沟、坑、槽、深基础周边等危及人身安全的边沿的简称。

3 检查评定项目

3.1 安 全 管 理

3.1.1 安全管理检查评定应符合国家现行有关安全生产的法律、法规、标准的规定。

3.1.2 安全管理检查评定保证项目应包括：安全生产责任制、施工组织设计及专项施工方案、安全技术交底、安全检查、安全教育、应急救援。一般项目应包括：分包单位安全管理、持证上岗、生产安全事故处理、安全标志。

3.1.3 安全管理保证项目的检查评定应符合下列规定：

1 安全生产责任制

1）工程项目部应建立以项目经理为第一责任人的各级管理人员安全生产责任制；

2）安全生产责任制应经责任人签字确认；

3）工程项目部应有各工种安全技术操作规程；

4）工程项目部应按规定配备专职安全员；

5）对实行经济承包的工程项目，承包合同中应有安全生产考核指标；

6）工程项目部应制定安全生产资金保障制度；

7）按安全生产资金保障制度，应编制安全资金使用计划，并应按计划实施；

8）工程项目部应制定以伤亡事故控制、现场安全达标、文明施工为主要内容的安全生产管理目标；

9）按安全生产管理目标和项目管理人员的安全生产责任制，应进行安全生产责任目标分解；

10）应建立对安全生产责任制和责任目标的考核制度；

11）按考核制度，应对项目管理人员定期进行考核。

2 施工组织设计及专项施工方案

1）工程项目部在施工前应编制施工组织设计，施工组织设计应针对工程特点、施工工艺制定安全技术措施；

2）危险性较大的分部分项工程应按规定编制安全专项施工方案，专项施工方案应有针对性，并按有关规定进行设计计算；

3）超过一定规模危险性较大的分部分项工程，施工单位应组织专家对专项施工方案进行论证；

4）施工组织设计、专项施工方案，应由有关部门审核，施工单位技术负责人、监理单位项目总监批准；

5）工程项目部应按施工组织设计、专项施工方案组织实施。

3 安全技术交底

1）施工负责人在分派生产任务时，应对相关管理人员、施工作业人员进行书面安全技术交底；

2）安全技术交底应按施工工序、施工部位、施工栋号分部分项进行；

3）安全技术交底应结合施工作业场所状况、特点、工序，对危险因素、施工方案、规范标准、操作规程和应急措施进行交底；

4）安全技术交底应由交底人、被交底人、专职安全员进行签字确认。

4 安全检查

1）工程项目部应建立安全检查制度；

2）安全检查应由项目负责人组织，专职安全员及相关专业人员参加，定期进行并填写检查记录；

3）对检查中发现的事故隐患应下达隐患整改通知单，定人、定时间、定措施进行整改。重大事故隐患整改后，应由相关部门组织复查。

5 安全教育

1）工程项目部应建立安全教育培训制度；

2）当施工人员入场时，工程项目部应组织进行以国家安全法律法规、企业安全制度、施工现场安全管理规定及各工种安全技术操作规程为主要内容的三级安全教育培训和考核；

3）当施工人员变换工种或采用新技术、新工艺、新设备、新材料施工时，应进行安全教育培训；

4）施工管理人员、专职安全员每年度应进行安全教育培训和考核。

6 应急救援

1）工程项目部应针对工程特点，进行重大危险源的辨识；应制定防触电、防坍塌、防高处坠落、防起重及机械伤害、防火灾、防物体打击等主要内容的专项应急救援预案，并对施工现场易发生重大安全事故的部位、环节进行监控；

2）施工现场应建立应急救援组织，培训、配备应急救援人员，定期组织员工进行应急救援演练；

3）按应急救援预案要求，应配备应急救援器材和设备。

3.1.4 安全管理一般项目的检查评定应符合下列规定：

1 分包单位安全管理

1）总包单位应对承揽分包工程的分包单位进行资质、安全生产许可证和相关人员安全生产资格的审查；

2）当总包单位与分包单位签订分包合同时，应签订安全生产协议书，明确双方的安全责任；

3）分包单位应按规定建立安全机构，配备专职安全员。

2 持证上岗

1）从事建筑施工的项目经理、专职安全员和特种作业人员，必须经行业主管部门培训考核合格，取得相应资格证书，方可上岗作业；

2）项目经理、专职安全员和特种作业人员应持证上岗。

3 生产安全事故处理

1）当施工现场发生生产安全事故时，施工单位应按规定及时报告；

2）施工单位应按规定对生产安全事故进行调查分析，制定防范措施；

3）应依法为施工作业人员办理保险。

4 安全标志

1）施工现场人口处及主要施工区域、危险部位应设置相应的安全警示标志牌；

2）施工现场应绘制安全标志布置图；

3）应根据工程部位和现场设施的变化，调整安全标志牌设置；

4）施工现场应设置重大危险源公示牌。

3.2 文明施工

3.2.1 文明施工检查评定应符合现行国家标准《建设工程施工现场消防安全技术规范》GB 50720和《建筑施工现场环境与卫生标准》JGJ 146、《施工现场临时建筑物技术规范》JGJ/T 188的规定。

3.2.2 文明施工检查评定保证项目应包括：现场围挡、封闭管理、施工场地、材料管理、现场办公与住宿、现场防火。一般项目应包括：综合治理、公示标牌、生活设施、社区服务。

3.2.3 文明施工保证项目的检查评定应符合下列规定：

1 现场围挡

1）市区主要路段的工地应设置高度不小于2.5m的封闭围挡；

2）一般路段的工地应设置高度不小于1.8m的封闭围挡；

3）围挡应坚固、稳定、整洁、美观。

2 封闭管理

1）施工现场进出口应设置大门，并应设置门卫值班室；

2）应建立门卫值守管理制度，并应配备门卫值守人员；

3）施工人员进入施工现场应佩戴工作卡；

4）施工现场出入口应标有企业名称或标识，并应设置车辆冲洗设施。

3 施工场地

1）施工现场的主要道路及材料加工区地面应进行硬化处理；

2）施工现场道路应畅通，路面应平整坚实；

3）施工现场应有防止扬尘措施；

4）施工现场应设置排水设施，且排水通畅无积水；

5）施工现场应有防止泥浆、污水、废水污染环境的措施；

6）施工现场应设置专门的吸烟处，严禁随意吸烟；

7）温暖季节应有绿化布置。

4 材料管理

1）建筑材料、构件、料具应按总平面布局进行码放；

2）材料应码放整齐，并应标明名称、规格等；

3）施工现场材料码放应采取防火、防锈蚀、防雨等措施；

4）建筑物内施工垃圾的清运，应采用器具或管道运输，严禁随意抛掷；

5）易燃易爆物品应分类储藏在专用库房内，并应制定防火措施。

5 现场办公与住宿

1）施工作业、材料存放区与办公、生活区应划分清晰，并应采取相应的隔离措施；

2）在建工程内、伙房、库房不得兼作宿舍；

3）宿舍、办公用房的防火等级应符合规范要求；

4）宿舍应设置可开启式窗户，床铺不得超过2层，通道宽度不应小于0.9m；

5）宿舍内住宿人员人均面积不应小于2.5m^2，且不得超过16人；

6）冬季宿舍内应有采暖和防一氧化碳中毒措施；

7）夏季宿舍内应有防暑降温和防蚊蝇措施；

8）生活用品应摆放整齐，环境卫生应良好。

6 现场防火

1）施工现场应建立消防安全管理制度，制定消防措施；

2）施工现场临时用房和作业场所的防火设计应符合规范要求；

3）施工现场应设置消防通道、消防水源，并应符合规范要求；

4）施工现场灭火器材应保证可靠有效，布局配置应符合规范要求；

5）明火作业应履行动火审批手续，配备动火监护人员。

3.2.4 文明施工一般项目的检查评定应符合下列规定：

1 综合治理

1）生活区内应设置供作业人员学习和娱乐的场所；

2）施工现场应建立治安保卫制度，责任分解落实到人；

3）施工现场应制定治安防范措施。

2 公示标牌

1）大门口处应设置公示标牌，主要内容应包括：工程概况牌、消防保卫牌、安全生产牌、文明施工牌、管理人员名单及监督电话牌、施工现场总平面图；

2）标牌应规范、整齐、统一；

3）施工现场应有安全标语；

4）应有宣传栏、读报栏、黑板报。

3 生活设施

1）应建立卫生责任制度并落实到人；

2）食堂与厕所、垃圾站、有毒有害场所等污染源的距离应符合规范要求；

3）食堂必须有卫生许可证，炊事人员必须持身体健康证上岗；

4）食堂使用的燃气罐应单独设置存放间，存放间应通风良好，并严禁存放其他物品；
5）食堂的卫生环境应良好，且应配备必要的排风、冷藏、消毒、防鼠、防蚊蝇等设施；
6）厕所内的设施数量和布局应符合规范要求；
7）厕所必须符合卫生要求；
8）必须保证现场人员卫生饮水；
9）应设置淋浴室，且能满足现场人员需求；
10）生活垃圾应装入密闭式容器内，并应及时清理。

4 社区服务
1）夜间施工前，必须经批准后方可进行施工；
2）施工现场严禁焚烧各类废弃物；
3）施工现场应制定防粉尘、防噪声、防光污染等措施；
4）应制定施工不扰民措施。

3.3 扣件式钢管脚手架

3.3.1 扣件式钢管脚手架检查评定应符合现行行业标准《建筑施工扣件式钢管脚手架安全技术规范》JGJ 130 的规定。

3.3.2 扣件式钢管脚手架检查评定保证项目应包括：施工方案、立杆基础、架体与建筑结构拉结、杆件间距与剪刀撑、脚手板与防护栏杆、交底与验收。一般项目应包括：横向水平杆设置、杆件连接、层间防护、构配件材质、通道。

3.3.3 扣件式钢管脚手架保证项目的检查评定应符合下列规定：

1 施工方案
1）架体搭设应编制专项施工方案，结构设计应进行计算，并按规定进行审核、审批；
2）当架体搭设超过规范允许高度时，应组织专家对专项施工方案进行论证。

2 立杆基础
1）立杆基础应按方案要求平整、夯实，并应采取排水措施，立杆底部设置的垫板、底座应符合规范要求；
2）架体应在距立杆底端高度不大于 200mm 处设置纵、横向扫地杆，并应用直角扣件固定在立杆上，横向扫地杆应设置在纵向扫地杆的下方。

3 架体与建筑结构拉结
1）架体与建筑结构拉结应符合规范要求；
2）连墙件应从架体底层第一步纵向水平杆处开始设置，当该处设置有困难时应采取其他可靠措施固定；
3）对搭设高度超过 24m 的双排脚手架，应采用刚性连墙件与建筑结构可靠拉结。

4 杆件间距与剪刀撑
1）架体立杆、纵向水平杆、横向水平杆间距应符合设计和规范要求；
2）纵向剪刀撑及横向斜撑的设置应符合规范要求；
3）剪刀撑杆件的接长、剪刀撑斜杆与架体杆件的固定应符合规范要求。

5 脚手板与防护栏杆
1）脚手板材质、规格应符合规范要求，铺板应严密、牢靠；
2）架体外侧应采用密目式安全网封闭，网间连接应严密；
3）作业层应按规范要求设置防护栏杆；
4）作业层外侧应设置高度不小于 180mm 的挡脚板。

6 交底与验收
1）架体搭设前应进行安全技术交底，并应有文字记录；
2）当架体分段搭设、分段使用时，应进行分段验收；
3）搭设完毕应办理验收手续，验收应有量化内容并经责任人签字确认。

3.3.4 扣件式钢管脚手架一般项目的检查评定应符合下列规定：

1 横向水平杆设置
1）横向水平杆应设置在纵向水平杆与立杆相交的主节点处，两端应与纵向水平杆固定；
2）作业层应按铺设脚手板的需要增加设置横向水平杆；
3）单排脚手架横向水平杆插入墙内不应小于 180mm。

2 杆件连接
1）纵向水平杆杆件宜采用对接，若采用搭接，其搭接长度不应小于 1m，且固定应符合规范要求；
2）立杆除顶层顶步外，不得采用搭接；
3）杆件对接扣件应交错布置，并符合规范要求；
4）扣件紧固力矩不应小于 40N·m，且不应大于 65N·m。

3 层间防护
1）作业层脚手板下应采用安全平网兜底，以下每隔 10m 应采用安全平网封闭；
2）作业层里排架体与建筑物之间应采用脚手板或安全平网封闭。

4 构配件材质
1）钢管直径、壁厚、材质应符合规范要求；
2）钢管弯曲、变形、锈蚀应在规范允许范围内；
3）扣件应进行复试且技术性能符合规范要求。

5 通道
1）架体应设置供人员上下的专用通道；
2）专用通道的设置应符合规范要求。

3.4 门式钢管脚手架

3.4.1 门式钢管脚手架检查评定应符合现行行业标准《建筑施工门式钢管脚手架安全技术规范》JGJ 128 的规定。

3.4.2 门式钢管脚手架检查评定保证项目应包括：施工方案、架体基础、架体稳定、杆件锁臂、脚手板、交底与验收。一般项目应包括：架体防护、构配件材质、荷载、通道。

3.4.3 门式钢管脚手架保证项目的检查评定应符合下列规定：

1 施工方案
1）架体搭设应编制专项施工方案，结构设计应进行计算，并按规定进行审核、审批；
2）当架体搭设超过规范允许高度时，应组织专家对专项施工方案进行论证。

2 架体基础
1）立杆基础应按方案要求平整、夯实，并应采取排水措施；
2）架体底部应设置垫板和立杆底座，并应符合规范要求；
3）架体扫地杆设置应符合规范要求。

3 架体稳定
1）架体与建筑物结构拉结应符合规范要求；
2）架体剪刀撑斜杆与地面夹角应在 45°～60°之间，应采用旋转扣件与立杆固定，剪刀撑设置应符合规范要求；
3）门架立杆的垂直偏差应符合规范要求；
4）交叉支撑的设置应符合规范要求。

4 杆件锁臂
1）架体杆件、锁臂应按规范要求进行组装；
2）应按规范要求设置纵向水平加固杆；
3）架体使用的扣件规格应与连接杆件相匹配。

5 脚手板
1）脚手板材质、规格应符合规范要求；
2）脚手板应铺设严密、平整、牢固；
3）挂扣式钢脚手板的挂扣必须完全挂扣在水平杆上，挂钩应处于锁住状态。

6 交底与验收
1）架体搭设前应进行安全技术交底，并应有文字记录；
2）当架体分段搭设、分段使用时，应进行分段验收；
3）搭设完毕应办理验收手续，验收应有量化内容并经责任人签字确认。

3.4.4 门式钢管脚手架一般项目的检查评定应符合下列规定：

1 架体防护

1）作业层应按规范要求设置防护栏杆；
2）作业层外侧应设置高度不小于180mm的挡脚板；
3）架体外侧应采用密目式安全网进行封闭，网间连接应严密；
4）架体作业层脚手板下应采用安全平网兜底，以下每隔10m应采用安全平网封闭。
2 构配件材质
1）门架不应有严重的弯曲、锈蚀和开焊；
2）门架及构配件的规格、型号、材质应符合规范要求。
3 荷载
1）架体上的施工荷载应符合设计和规范要求；
2）施工均布荷载、集中荷载应在设计允许范围内。
4 通道
1）架体应设置供人员上下的专用通道；
2）专用通道的设置应符合规范要求。

3.5 碗扣式钢管脚手架

3.5.1 碗扣式钢管脚手架检查评定应符合现行行业标准《建筑施工碗扣式钢管脚手架安全技术规范》JGJ 166的规定。
3.5.2 碗扣式钢管脚手架检查评定保证项目应包括：施工方案、架体基础、架体稳定、杆件锁件、脚手板、交底与验收。一般项目应包括：架体防护、构配件材质、荷载、通道。
3.5.3 碗扣式钢管脚手架保证项目的检查评定应符合下列规定：
1 施工方案
1）架体搭设应编制专项施工方案，结构设计应进行计算，并按规定进行审核、审批；
2）当架体搭设超过规范允许高度时，应组织专家对专项施工方案进行论证。
2 架体基础
1）立杆基础应按方案要求平整、夯实，并应采取排水措施，立杆底部设置的垫板和底座应符合规范要求；
2）架体纵横向扫地杆距立杆底端高度不应大于350mm。
3 架体稳定
1）架体与建筑结构拉结应符合规范要求，并应从架体底层第一步纵向水平杆处开始设置连墙件，当该处设置有困难时应采取其他可靠措施固定；
2）架体拉结点应牢固可靠；
3）连墙件应采用刚性杆件；
4）架体竖向应沿高度方向连续设置专用斜杆或八字撑；
5）专用斜杆两端应固定在纵横向水平杆的碗扣节点处；
6）专用斜杆或八字形斜撑的设置角度应符合规范要求。
4 杆件锁件
1）架体立杆间距、水平杆步距应符合设计和规范要求；
2）应按专项施工方案设计的步距在立杆连接碗扣节点处设置纵、横向水平杆；
3）当架体搭设高度超过24m时，顶部24m以下的连墙件应设置水平斜杆，并应符合规范要求；
4）架体组装及碗扣紧固应符合规范要求。
5 脚手板
1）脚手板材质、规格应符合规范要求；
2）脚手板应铺设严密、平整、牢固；
3）挂扣式钢脚手板的挂扣必须完全挂扣在水平杆上，挂钩应处于锁住状态。
6 交底与验收
1）架体搭设前应进行安全技术交底，并应有文字记录；
2）架体分段搭设、分段使用时，应进行分段验收；
3）搭设完毕应办理验收手续，验收应有量化内容并经责任人签字确认。
3.5.4 碗扣式钢管脚手架一般项目的检查评定应符合下列规定：
1 架体防护
1）架体外侧应采用密目式安全网进行封闭，网间连接应严密；
2）作业层应按规范要求设置防护栏杆；
3）作业层外侧应设置高度不小于180mm的挡脚板；
4）作业层脚手板下应采用安全平网兜底，以下每隔10m应采用安全平网封闭。
2 构配件材质
1）架体构配件的规格、型号、材质应符合规范要求；
2）钢管不应有严重的弯曲、变形、锈蚀。
3 荷载
1）架体上的施工荷载应符合设计和规范要求；
2）施工均布荷载、集中荷载应在设计允许范围内。
4 通道
1）架体应设置供人员上下的专用通道；
2）专用通道的设置应符合规范要求。

3.6 承插型盘扣式钢管脚手架

3.6.1 承插型盘扣式钢管脚手架检查评定应符合现行行业标准《建筑施工承插型盘扣式钢管支架安全技术规程》JGJ 231的规定。
3.6.2 承插型盘扣式钢管脚手架检查评定保证项目包括：施工方案、架体基础、架体稳定、杆件设置、脚手板、交底与验收。一般项目包括：架体防护、杆件连接、构配件材质、通道。
3.6.3 承插型盘扣式钢管脚手架保证项目的检查评定应符合下列规定：
1 施工方案
1）架体搭设应编制专项施工方案，结构设计应进行计算；
2）专项施工方案应按规定进行审核、审批。
2 架体基础
1）立杆基础应按方案要求平整、夯实，并应采取排水措施；
2）立杆底部应设置垫板和可调底座，并应符合规范要求；
3）架体纵、横向扫地杆设置应符合规范要求。
3 架体稳定
1）架体与建筑结构拉结应符合规范要求，并应从架体底层第一步水平杆处开始设置连墙件，当该处设置有困难时应采取其他可靠措施固定；
2）架体拉结点应牢固可靠；
3）连墙件应采用刚性杆件；
4）架体竖向斜杆、剪刀撑的设置应符合规范要求；
5）竖向斜杆的两端应固定在纵、横向水平杆与立杆汇交的盘扣节点处；
6）斜杆及剪刀撑应沿脚手架高度连续设置，角度应符合规范要求。
4 杆件设置
1）架体立杆间距、水平杆步距应符合设计和规范要求；
2）应按专项施工方案设计的步距在立杆连接插盘处设置纵、横向水平杆；
3）当双排脚手架的水平杆未设挂扣式钢脚手板时，应按规范要求设置水平斜杆。
5 脚手板
1）脚手板材质、规格应符合规范要求；
2）脚手板应铺设严密、平整、牢固；
3）挂扣式钢脚手板的挂扣必须完全挂扣在水平杆上，挂钩应处于锁住状态。
6 交底与验收
1）架体搭设前应进行安全技术交底，并应有文字记录；
2）架体分段搭设、分段使用时，应进行分段验收；
3）搭设完毕应办理验收手续，验收应有量化内容并经责任人签字确认。

3.6.4 承插型盘扣式钢管脚手架一般项目的检查评定应符合下列规定：

1 架体防护

1）架体外侧应采用密目式安全网进行封闭，网间连接应严密；

2）作业层应按规范要求设置防护栏杆；

3）作业层外侧应设置高度不小于180mm的挡脚板；

4）作业层脚手板下应采用安全平网兜底，以下每隔10m应采用安全平网封闭。

2 杆件连接

1）立杆的接长位置应符合规范要求；

2）剪刀撑的接长应符合规范要求。

3 构配件材质

1）架体构配件的规格、型号、材质应符合规范要求；

2）钢管不应有严重的弯曲、变形、锈蚀。

4 通道

1）架体应设置供人员上下的专用通道；

2）专用通道的设置应符合规范要求。

3.7 满堂脚手架

3.7.1 满堂脚手架检查评定应符合现行行业标准《建筑施工扣件式钢管脚手架安全技术规范》JGJ 130、《建筑施工门式钢管脚手架安全技术规范》JGJ 128、《建筑施工碗扣式钢管脚手架安全技术规程》JGJ 166和《建筑施工承插型盘扣式钢管支架安全技术规程》JGJ 231的规定。

3.7.2 满堂脚手架检查评定保证项目应包括：施工方案、架体基础、架体稳定、杆件锁件、脚手板、交底与验收。一般项目应包括：架体防护、构配件材质、荷载、通道。

3.7.3 满堂脚手架保证项目的检查评定应符合下列规定：

1 施工方案

1）架体搭设应编制专项施工方案，结构设计应进行计算；

2）专项施工方案应按规定进行审核、审批。

2 架体基础

1）架体基础应按方案要求平整、夯实，并应采取排水措施；

2）架体底部应按规范要求设置垫板和底座，垫板规格应符合规范要求；

3）架体扫地杆设置应符合规范要求。

3 架体稳定

1）架体四周与中部应按规范要求设置竖向剪刀撑或专用斜杆；

2）架体应按规范要求设置水平剪刀撑或水平斜杆；

3）当架体高宽比大于规范规定时，应按规范要求与建筑结构拉结或采取增加架体宽度、设置钢丝绳张拉固定等稳定措施。

4 杆件锁件

1）架体立杆件间距、水平杆步距应符合设计和规范要求；

2）杆件的接长应符合规范要求；

3）架体搭设应牢固，杆件节点应按规范要求进行紧固。

5 脚手板

1）作业层脚手板应满铺，铺稳、铺牢；

2）脚手板的材质、规格应符合规范要求；

3）挂扣式钢脚手板的挂扣应完全挂扣在水平杆上，挂钩处应处于锁住状态。

6 交底与验收

1）架体搭设前应进行安全技术交底，并应有文字记录；

2）架体分段搭设、分段使用时，应进行分段验收；

3）搭设完毕应办理验收手续，验收应有量化内容并经责任人签字确认。

3.7.4 满堂脚手架一般项目的检查评定应符合下列规定：

1 架体防护

1）作业层应按规范要求设置防护栏杆；

2）作业层外侧应设置高度不小于180mm的挡脚板；

3）作业层脚手板下应采用安全平网兜底，以下每隔10m应采用安全平网封闭。

2 构配件材质

1）架体构配件的规格、型号、材质应符合规范要求；

2）杆件的弯曲、变形和锈蚀应在规范允许范围内。

3 荷载

1）架体上的施工荷载应符合设计和规范要求；

2）施工均布荷载、集中荷载应在设计允许范围内。

4 通道

1）架体应设置供人员上下的专用通道；

2）专用通道的设置应符合规范要求。

3.8 悬挑式脚手架

3.8.1 悬挑式脚手架检查评定应符合现行行业标准《建筑施工扣件式钢管脚手架安全技术规范》JGJ 130、《建筑施工门式钢管脚手架安全技术规范》JGJ 128、《建筑施工碗扣式钢管脚手架安全技术规范》JGJ 166和《建筑施工承插型盘扣式钢管支架安全技术规程》JGJ 231的规定。

3.8.2 悬挑式脚手架检查评定保证项目应包括：施工方案、悬挑钢梁、架体稳定、脚手板、荷载、交底与验收。一般项目应包括：杆件间距、架体防护、层间防护、构配件材质。

3.8.3 悬挑式脚手架保证项目的检查评定应符合下列规定：

1 施工方案

1）架体搭设应编制专项施工方案，结构设计应进行计算；

2）架体搭设超过规范允许高度，专项施工方案应按规定组织专家论证；

3）专项施工方案应按规定进行审核、审批。

2 悬挑钢梁

1）钢梁截面尺寸应经设计计算确定，且截面形式应符合设计和规范要求；

2）钢梁锚固端长度不应小于悬挑长度的1.25倍；

3）钢梁锚固处结构强度、锚固措施应符合设计和规范要求；

4）钢梁外端应设置钢丝绳或钢拉杆与上层建筑结构拉结；

5）钢梁间距应按悬挑架体立杆纵距设置。

3 架体稳定

1）立杆底部应与钢梁连接柱固定；

2）承插式立杆接长应采用螺栓或销钉固定；

3）纵横向扫地杆的设置应符合规范要求；

4）剪刀撑应沿悬挑架体高度连续设置，角度应为45°～60°；

5）架体应按规定设置横向斜撑；

6）架体应采用刚性连墙件与建筑结构拉结，设置的位置、数量应符合设计和规范要求。

4 脚手板

1）脚手板材质、规格应符合规范要求；

2）脚手板铺设应严密、牢固，探出横向水平杆长度不应大于150mm。

5 荷载

架体上施工荷载应均匀，并不应超过设计和规范要求。

6 交底与验收

1）架体搭设前应进行安全技术交底，并应有文字记录；

2）架体分段搭设、分段使用时，应进行分段验收；

3）搭设完毕应办理验收手续，验收应有量化内容并经责任人签字确认。

3.8.4 悬挑式脚手架一般项目的检查评定应符合下列规定：

1 杆件间距

1）立杆纵、横向间距、纵向水平杆步距应符合设计和规范要求；

2）作业层应按脚手板铺设的需要增加横向水平杆。

2 架体防护

1）作业层应按规范要求设置防护栏杆；

2）作业层外侧应设置高度不小于180mm的挡脚板；

3）架体外侧应采用密目式安全网封闭，网间连接应严密。

3 层间防护

1）架体作业层脚手板下应采用安全平网兜底，以下每隔10m应采用安全平网封闭；

2）作业层里排架体与建筑物之间应采用脚手板或安全平网封闭；

3）架体底层沿建筑结构边缘在悬挑钢梁与悬挑钢梁之间应采取措施封闭；

4）架体底层应进行封闭。

4 构配件材质

1）型钢、钢管、构配件规格材质应符合规范要求；

2）型钢、钢管弯曲、变形、锈蚀应在规范允许范围内。

3.9 附着式升降脚手架

3.9.1 附着式升降脚手架检查评定应符合现行行业标准《建筑施工工具式脚手架安全技术规范》JGJ 202的规定。

3.9.2 附着式升降脚手架检查评定保证项目包括：施工方案、安全装置、架体构造、附着支座、架体安装、架体升降。一般项目包括：检查验收、脚手板、架体防护、安全作业。

3.9.3 附着式升降脚手架保证项目的检查评定应符合下列规定：

1 施工方案

1）附着式升降脚手架搭设作业应编制专项施工方案，结构设计应进行计算；

2）专项施工方案应按规定进行审核、审批；

3）脚手架提升超过规定允许高度，应组织专家对专项施工方案进行论证。

2 安全装置

1）附着式升降脚手架应安装防坠落装置，技术性能应符合规范要求；

2）防坠落装置与升降设备应分别独立固定在建筑结构上；

3）防坠落装置应设置在竖向主框架处，与建筑结构附着；

4）附着式升降脚手架应安装防倾覆装置，技术性能应符合规范要求；

5）升降和使用工况时，最上和最下两个防倾装置之间最小间距应符合规范要求；

6）附着式升降脚手架应安装同步控制装置，并应符合规范要求。

3 架体构造

1）架体高度不应大于5倍楼层高度，宽度不应大于1.2m；

2）直线布置的架体支承跨度不应大于7m，折线、曲线布置的架体支撑点处的架体外侧距离不应大于5.4m；

3）架体水平悬挑长度不应大于2m，且不应大于跨度的1/2；

4）架体悬臂高度不应大于架体高度的2/5，且不应大于6m；

5）架体高度与支承跨度的乘积不应大于110m²。

4 附着支座

1）附着支座数量、间距应符合规范要求；

2）使用工况应将竖向主框架与附着支座固定；

3）升降工况应将防倾、导向装置设置在附着支座上；

4）附着支座与建筑结构连接固定方式应符合规范要求。

5 架体安装

1）主框架和水平支承桁架的节点应采用焊接或螺栓连接，各杆件的轴线应汇交于节点；

2）内外两片水平支承桁架的上弦和下弦之间应设置水平支撑杆件，各节点应采用焊接或螺栓连接；

3）架体立杆底端应设在水平桁架上弦杆的节点处；

4）竖向主框架组装高度应与架体高度相等；

5）剪刀撑应沿架体高度连续设置，并应将竖向主框架、水平支承桁架和架体构架连成一体，剪刀撑斜杆水平夹角应为45°～60°。

6 架体升降

1）两跨以上架体同时升降应采用电动或液压动力装置，不得采用手动装置；

2）升降工况附着支座处建筑结构混凝土强度应符合设计和规范要求；

3）升降工况架体上不得有施工荷载，严禁人员在架体上停留。

3.9.4 附着式升降脚手架一般项目的检查评定应符合下列规定：

1 检查验收

1）动力装置、主要结构配件进场应按规定进行验收；

2）架体分区段安装、分区段使用时，应进行分区段验收；

3）架体安装完毕应按规定进行整体验收，验收应有量化内容并经责任人签字确认；

4）架体每次升、降前应按规定进行检查，并应填写检查记录。

2 脚手板

1）脚手板应铺设严密、平整、牢固；

2）作业层里排架体与建筑物之间应采用脚手板或安全平网封闭；

3）脚手板材质、规格应符合规范要求。

3 架体防护

1）架体外侧应采用密目式安全网封闭，网间连接应严密；

2）作业层应按规范要求设置防护栏杆；

3）作业层外侧应设置高度不小于180mm的挡脚板。

4 安全作业

1）操作前应对有关技术人员和作业人员进行安全技术交底，并应有文字记录；

2）作业人员应经培训并定岗作业；

3）安装拆除单位资质应符合要求，特种作业人员应持证上岗；

4）架体安装、升降、拆除时应设置安全警戒区，并应设置专人监护；

5）荷载分布应均匀，荷载最大值应在规范允许范围内。

3.10 高处作业吊篮

3.10.1 高处作业吊篮检查评定应符合现行行业标准《建筑施工工具式脚手架安全技术规范》JGJ 202的规定。

3.10.2 高处作业吊篮检查评定保证项目应包括：施工方案、安全装置、悬挂机构、钢丝绳、安装作业、升降作业。一般项目应包括：交底与验收、安全防护、吊篮稳定、荷载。

3.10.3 高处作业吊篮保证项目的检查评定应符合下列规定：

1 施工方案

1）吊篮安装作业应编制专项施工方案，吊篮支架支撑处的结构承载力应经过验算；

2）专项施工方案应按规定进行审核、审批。

2 安全装置

1）吊篮应安装防坠安全锁，并应灵敏有效；

2）防坠安全锁不应超过标定期限；

3）吊篮应设置为作业人员挂设安全带专用的安全绳和安全锁扣，安全绳应固定在建筑物可靠位置上，不得与吊篮上的任何部位连接；

4）吊篮应安装上限位装置，并应保证限位装置灵敏可靠。

3 悬挂机构

1）悬挂机构前支架不得支撑在女儿墙及建筑物外挑檐边缘等非承重结构上；

2）悬挂机构前梁外伸长度应符合产品说明书规定；

3）前支架应与支撑面垂直，且脚轮不应受力；

4）上支架应固定在前支架调节杆与悬挑梁连接的节点处；

5）严禁使用破损的配重块或其他替代物；

6）配重块应固定可靠，重量应符合设计规定。

4 钢丝绳

1）钢丝绳不应有断丝、断股、松股、锈蚀、硬弯及油污和附着物；

2）安全钢丝绳应单独设置，型号规格应与工作钢丝绳一致；

3）吊篮运行时安全钢丝绳应张紧悬垂；

4）电焊作业时应对钢丝绳采取保护措施。

5 安装作业

1）吊篮平台的组装长度应符合产品说明书和规范要求；

2）吊篮的构配件应为同一厂家的产品。

6 升降作业

1）必须由经过培训合格的人员操作吊篮升降；

2）吊篮内的作业人员不应超过2人；

3）吊篮内作业人员应将安全带用安全锁扣正确挂置在独立设置的专用安全绳上；

4）作业人员应从地面进出吊篮。

3.10.4 高处作业吊篮一般项目的检查评定应符合下列规定：

1 交底与验收

1）吊篮安装完毕，应按规范要求进行验收，验收表应由责任人签字确认；

2）班前、班后应按规定对吊篮进行检查；

3）吊篮安装、使用前对作业人员进行安全技术交底，并应有文字记录。

2 安全防护

1）吊篮平台周边的防护栏杆、挡脚板的设置应符合规范要求；

2）上下立体交叉作业时吊篮应设置顶部防护板。

3 吊篮稳定

1）吊篮作业时应采取防止摆动的措施；

2）吊篮与作业面距离应在规定要求范围内。

4 荷载

1）吊篮施工荷载应符合设计要求；

2）吊篮施工荷载应均匀分布。

3.11 基 坑 工 程

3.11.1 基坑工程安全检查评定应符合现行国家标准《建筑基坑工程监测技术规范》GB 50497和现行行业标准《建筑基坑支护技术规程》JGJ 120、《建筑施工土石方工程安全技术规范》JGJ 180的规定。

3.11.2 基坑工程检查评定保证项目应包括：施工方案、基坑支护、降排水、基坑开挖、坑边荷载、安全防护。一般项目应包括：基坑监测、支撑拆除、作业环境、应急预案。

3.11.3 基坑工程保证项目的检查评定应符合下列规定：

1 施工方案

1）基坑工程施工应编制专项施工方案，开挖深度超过3m或虽未超过3m但地质条件和周边环境复杂的基坑土方开挖、支护、降水工程，应单独编制专项施工方案；

2）专项施工方案应按规定进行审核、审批；

3）开挖深度超过5m的基坑土方开挖、支护、降水工程或开挖深度虽未超过5m但地质条件、周围环境复杂的基坑土方开挖、支护、降水工程专项施工方案，应组织专家进行论证；

4）当基坑周边环境或施工条件发生变化时，专项施工方案应重新进行审核、审批。

2 基坑支护

1）人工开挖的狭窄基槽，开挖深度较大并存在边坡塌方危险时，应采取支护措施；

2）地质条件良好、土质均匀且无地下水的自然放坡的坡率应符合规范要求；

3）基坑支护结构应符合设计要求；

4）基坑支护结构水平位移应在设计允许范围内。

3 降排水

1）当基坑开挖深度范围内有地下水时，应采取有效的降排水措施；

2）基坑边沿周围地面应设排水沟；放坡开挖时，应对坡顶、坡面、坡脚采取降排水措施；

3）基坑底四周应按专项施工方案设排水沟和集水井，并应及时排除积水。

4 基坑开挖

1）基坑支护结构必须在达到设计要求的强度后，方可开挖下层土方，严禁提前开挖和超挖；

2）基坑开挖应按设计和施工方案的要求，分层、分段、均衡开挖；

3）基坑开挖应采取措施防止碰撞支护结构、工程桩或扰动基底原状土土层；

4）当采用机械在软土场地作业时，应采取铺设渣土或砂石等硬化措施。

5 坑边荷载

1）基坑边堆置土、料具等荷载应在基坑支护设计允许范围内；

2）施工机械与基坑边沿的安全距离应符合设计要求。

6 安全防护

1）开挖深度超过2m及以上的基坑周边必须安装防护栏杆，防护栏杆的安装应符合规范要求；

2）基坑内应设置供施工人员上下的专用梯道；梯道应设置扶手栏杆，梯道的宽度不应小于1m，梯道搭设应符合规范要求；

3）降水井口应设置防护盖板或围栏，并应设置明显的警示标志。

3.11.4 基坑工程一般项目的检查评定应符合下列规定：

1 基坑监测

1）基坑开挖前应编制监测方案，并应明确监测项目、监测报警值、监测方法和监测点的布置、监测周期等内容；

2）监测的时间间隔应根据施工进度确定，当监测结果变化速率较大时，应加密观测次数；

3）基坑开挖监测工程中，应根据设计要求提交阶段性监测报告。

2 支撑拆除

1）基坑支撑结构的拆除方式、拆除顺序应符合专项施工方案的要求；

2）当采用机械拆除时，施工荷载应小于支撑结构承载能力；

3）人工拆除时，应按规定设置防护设施；

4）当采用爆破拆除、静力破碎等拆除方式时，必须符合国家现行相关规范的要求。

3 作业环境

1）基坑内土方机械、施工人员的安全距离应符合规范要求；

2）上下垂直作业应按规定采取有效的防护措施；

3）在电力、通信、燃气、上下水等管线2m范围内挖土时，应采取安全保护措施，并应设专人监护；

4）施工作业区域应采光良好，当光线较弱时应设置有足够照度的光源。

4 应急预案

1）基坑工程应按规范要求结合工程施工过程中可能出现的支护变形、漏水等影响基坑工程安全的不利因素制定应急预案；

2）应急组织机构应健全，应急的物资、材料、工具、机具等品种、规格、数量应满足应急的需要，并应符合应急预案的要求。

3.12 模板支架

3.12.1 模板支架安全检查评定应符合现行行业标准《建筑施工模板安全技术规范》JGJ 162、《建筑施工扣件式钢管脚手架安全技术规范》JGJ 130、《建筑施工门式钢管脚手架安全技术规范》JGJ 128、《建筑施工碗扣式钢管脚手架安全技术规范》JGJ 166 和《建筑施工承插型盘扣式钢管支架安全技术规程》JGJ 231 的规定。

3.12.2 模板支架检查评定保证项目应包括：施工方案、支架基础、支架构造、支架稳定、施工荷载、交底与验收。一般项目应包括：杆件连接、底座与托撑、构配件材质、支架拆除。

3.12.3 模板支架保证项目的检查评定应符合下列规定：

1 施工方案

1）模板支架搭设应编制专项施工方案，结构设计应进行计算，并应按规定进行审核、审批；

2）模板支架搭设高度 8m 及以上；跨度 18m 及以上，施工总荷载 $15kN/m^2$ 及以上；集中线荷载 20kN/m 及以上的专项施工方案，应按规定组织专家论证。

2 支架基础

1）基础应坚实、平整，承载力应符合设计要求，并应能承受支架上部全部荷载；

2）支架底部应按规范要求设置底座、垫板，垫板规格应符合规范要求；

3）支架底部纵、横向扫地杆的设置应符合规范要求；

4）基础应采取排水设施，并应排水畅通；

5）当支架设在楼面结构上时，应对楼面结构强度进行验算，必要时应对楼面结构采取加固措施。

3 支架构造

1）立杆间距应符合设计和规范要求；

2）水平杆步距应符合设计和规范要求，水平杆应按规范要求连续设置；

3）竖向、水平剪刀撑或专用斜杆、水平斜杆的设置应符合规范要求。

4 支架稳定

1）当支架高宽比大于规定值时，应按规定设置连墙杆或采用增加架体宽度的加强措施；

2）立杆伸出顶层水平杆中心线至支撑点的长度应符合规范要求；

3）浇筑混凝土时应对架体基础沉降、架体变形进行监控，基础沉降、架体变形应在规定允许范围内。

5 施工荷载

1）施工均布荷载、集中荷载应在设计允许范围内；

2）当浇筑混凝土时，应对混凝土堆积高度进行控制。

6 交底与验收

1）支架搭设、拆除前应进行交底，并应有交底记录；

2）支架搭设完毕，应按规定组织验收，验收应有量化内容并经责任人签字确认。

3.12.4 模板支架一般项目的检查评定应符合下列规定：

1 杆件连接

1）立杆应采用对接、套接或承插式连接方式，并应符合规范要求；

2）水平杆的连接应符合规范要求；

3）当剪刀撑斜杆采用搭接时，搭接长度不应小于 1m；

4）杆件各连接点的紧固应符合规范要求。

2 底座与托撑

1）可调底座、托撑螺杆直径应与立杆内径匹配，配合间隙应符合规范要求；

2）螺杆旋人螺母内长度不应少于 5 倍的螺距。

3 构配件材质

1）钢管壁厚应符合规范要求；

2）构配件规格、型号、材质应符合规范要求；

3）杆件弯曲、变形、锈蚀量应在规范允许范围内。

4 支架拆除

1）支架拆除前结构的混凝土强度应达到设计要求；

2）支架拆除前应设置警戒区，并应设专人监护。

3.13 高处作业

3.13.1 高处作业检查评定应符合现行国家标准《安全网》GB 5725、《安全帽》GB 2118、《安全带》GB 6095 和现行行业标准《建筑施工高处作业安全技术规范》JGJ 80 的规定。

3.13.2 高处作业检查评定项目应包括：安全帽、安全网、安全带、临边防护、洞口防护、通道口防护、攀登作业、悬空作业、移动式操作平台、悬挑式物料钢平台。

3.13.3 高处作业的检查评定应符合下列规定：

1 安全帽

1）进入施工现场的人员必须正确佩戴安全帽；

2）安全帽的质量应符合规范要求。

2 安全网

1）在建工程外脚手架的外侧应采用密目式安全网进行封闭；

2）安全网的质量应符合规范要求。

3 安全带

1）高处作业人员应按规定系挂安全带；

2）安全带的系挂应符合规范要求；

3）安全带的质量应符合规范要求。

4 临边防护

1）作业面边沿应设置连续的临边防护设施；

2）临边防护设施的构造、强度应符合规范要求；

3）临边防护设施宜定型化、工具式，杆件的规格及连接固定方式应符合规范要求。

5 洞口防护

1）在建工程的预留洞口、楼梯口、电梯井口等孔洞应采取防护措施；

2）防护措施、设施应符合规范要求；

3）防护设施宜定型化、工具式；

4）电梯井内每隔 2 层且不大于 10m 应设置安全平网防护。

6 通道口防护

1）通道口防护应严密、牢固；

2）防护棚两侧应采取封闭措施；

3）防护棚宽度应大于通道口宽度，长度应符合规范要求；

4）当建筑物高度超过 24m 时，通道口防护顶棚应采用双层防护；

5）防护棚的材质应符合规范要求。

7 攀登作业

1）梯脚底部应坚实，不得垫高使用；

2）折梯使用时上部夹角宜为 35°～45°，并应设有可靠的拉撑装置；

3）梯子的材质和制作质量应符合规范要求。

8 悬空作业

1）悬空作业处应设置防护栏杆或采取其他可靠的安全措施；

2）悬空作业所使用的索具、吊具等应经验收，合格后方可使用；

3）悬空作业人员应系挂安全带、佩带工具袋。

9 移动式操作平台

1）操作平台应按规定进行设计计算；

2）移动式操作平台轮子与平台连接应牢固、可靠，立柱底端距地面高度不得大于80mm；

3）操作平台应按设计和规范要求进行组装，铺板应严密；

4）操作平台四周应按规范要求设置防护栏杆，并应设置登高扶梯；

5）操作平台的材质应符合规范要求。

10 悬挑式物料钢平台

1）悬挑式物料钢平台的制作、安装应编制专项施工方案，并应进行设计计算；

2）悬挑式物料钢平台的下部支撑系统或上部拉结点，应设置在建筑结构上；

3）斜拉杆或钢丝绳应按规范要求在平台两侧各设置前后两道；

4）钢平台两侧必须安装固定的防护栏杆，并应在平台明显处设置荷载限定标牌；

5）钢平台台面、钢平台与建筑结构间铺板应严密、牢固。

3.14 施工用电

3.14.1 施工用电检查评定应符合现行国家标准《建设工程施工现场供用电安全规范》GB 50194和现行行业标准《施工现场临时用电安全技术规范》JGJ 46的规定。

3.14.2 施工用电检查评定的保证项目应包括：外电防护、接地与接零保护系统、配电线路、配电箱与开关箱。一般项目应包括：配电室与配电装置、现场照明、用电档案。

3.14.3 施工用电保证项目的检查评定应符合下列规定：

1 外电防护

1）外电线路与在建工程及脚手架、起重机械、场内机动车道的安全距离应符合规范要求；

2）当安全距离不符合规范要求时，必须采取隔离防护措施，并应悬挂明显的警示标志；

3）防护设施与外电线路的安全距离应符合规范要求，并应坚固、稳定；

4）外电架空线路正下方不得进行施工、建造临时设施或堆放材料物品。

2 接地与接零保护系统

1）施工现场专用的电源中性点直接接地的低压配电系统应采用TN-S接零保护系统；

2）施工现场配电系统不得同时采用两种保护系统；

3）保护零线应由工作接地线、总配电箱电源侧零线或总漏电保护器电源零线处引出，电气设备的金属外壳必须与保护零线连接；

4）保护零线应单独敷设，线路上严禁装设开关或熔断器，严禁通过工作电流；

5）保护零线应采用绝缘导线，规格和颜色标记应符合规范要求；

6）保护零线应在总配电箱处、配电系统的中间处和末端处作重复接地；

7）接地装置的接地线应采用2根及以上导体，在不同点与接地体做电气连接。接地体应采用角钢、钢管或光面圆钢；

8）工作接地电阻不得大于4Ω，重复接地电阻不得大于10Ω；

9）施工现场起重机、物料提升机、施工升降机、脚手架应按规范要求采取防雷措施，防雷装置的冲击接地电阻值不得大于30Ω；

10）做防雷接地机械上的电气设备，保护零线必须同时作重复接地。

3 配电线路

1）线路及接头应保证机械强度和绝缘强度；

2）线路应设短路、过载保护，导线截面应满足线路负荷电流；

3）线路的设施、材料及相序排列、档距、与邻近线路或固定物的距离应符合规范要求；

4）电缆应采用架空或埋地敷设并应符合规范要求，严禁沿地面明设或沿脚手架、树木等敷设；

5）电缆中必须包含全部工作芯线和用作保护零线的芯线，并应按规定接用；

6）室内明敷主干线距地面高度不得小于2.5m。

4 配电箱与开关箱

1）施工现场配电系统应采用三级配电、二级漏电保护系统，用电设备必须有各自专用的开关箱；

2）箱体结构、箱内电器设置及使用应符合规范要求；

3）配电箱必须分设工作零线端子板和保护零线端子板，保护零线、工作零线必须通过各自的端子板连接；

4）总配电箱与开关箱应安装漏电保护器，漏电保护器参数应匹配并灵敏可靠；

5）箱体应设置系统接线图和分路标记，并应有门、锁及防雨措施；

6）箱体安装位置、高度及周边通道应符合规范要求；

7）分配箱与开关箱间的距离不应超过30m，开关箱与用电设备间的距离不应超过3m。

3.14.4 施工用电一般项目的检查评定应符合下列规定：

1 配电室与配电装置

1）配电室的建筑耐火等级不应低于三级，配电室应配置适用于电气火灾的灭火器材；

2）配电室、配电装置的布设应符合规范要求；

3）配电装置中的仪表、电器元件设置应符合规范要求；

4）备用发电机组应与外电线路进行连锁；

5）配电室应采取防止风雨和小动物侵入的措施；

6）配电室应设置警示标志、工地供电平面图和系统图。

2 现场照明

1）照明用电应与动力用电分设；

2）特殊场所和手持照明灯应采用安全电压供电；

3）照明变压器应采用双绕组安全隔离变压器；

4）灯具金属外壳应接保护零线；

5）灯具与地面、易燃物间的距离应符合规范要求；

6）照明线路和安全电压线路的架设应符合规范要求；

7）施工现场应按规范要求配备应急照明。

3 用电档案

1）总包单位与分包单位应签订临时用电管理协议，明确各方相关责任；

2）施工现场应制定专项用电施工组织设计、外电防护专项方案；

3）专项用电施工组织设计、外电防护专项方案应履行审批程序，实施后应由相关部门组织验收；

4）用电各项记录应按规定填写，记录应真实有效；

5）用电档案资料应齐全，并应设专人管理。

3.15 物料提升机

3.15.1 物料提升机检查评定应符合现行行业标准《龙门架及井架物料提升机安全技术规范》JGJ 88的规定。

3.15.2 物料提升机检查评定保证项目应包括：安全装置、防护设施、附墙架与缆风绳、钢丝绳、安拆、验收与使用。一般项目应包括：基础与导轨架、动力与传动、通信装置、卷扬机操作棚、避雷装置。

3.15.3 物料提升机保证项目的检查评定应符合下列规定：

1 安全装置

1）应安装起重量限制器、防坠安全器，并应灵敏可靠；

2）安全停层装置应符合规范要求，并应定型化；

3）应安装上行程限位并灵敏可靠，安全越程不应小于3m；

4）安装高度超过30m的物料提升机应安装渐进式防坠安全器及自动停层、语音影像信号监控装置。

2 防护设施

1）应在地面进料口安装防护围栏和防护棚，防护围栏、防护棚的安装高度和强度应符合规范要求；

2）停层平台两侧应设置防护栏杆、挡脚板，平台脚手板应铺满、铺平；

3）平台门、吊笼门安装高度、强度应符合规范要求，并应定型化。

3 附墙架与缆风绳

1）附墙架结构、材质、间距应符合产品说明书要求；

2）附墙架应与建筑结构可靠连接；

3）缆风绳设置的数量、位置、角度应符合规范要求，并应与地锚可靠连接；

4）安装高度超过30m的物料提升机必须使用附墙架；

5）地锚设置应符合规范要求。

4 钢丝绳

1）钢丝绳磨损、断丝、变形、锈蚀量应在规范允许范围内；

2）钢丝绳夹设置应符合规范要求；

3）当吊笼处于最低位置时，卷筒上钢丝绳严禁少于3圈；

4）钢丝绳应设置过路保护措施。

5 安拆、验收与使用

1）安装、拆卸单位应具有起重设备安装工程专业承包资质和安全生产许可证；

2）安装、拆卸作业应制定专项施工方案，并应按规定进行审核、审批；

3）安装完毕应履行验收程序，验收表格应由责任人签字确认；

4）安装、拆卸作业人员及司机应持证上岗；

5）物料提升机作业前应按规定进行例行检查，并应填写检查记录；

6）实行多班作业，应按规定填写交接班记录。

3.15.4 物料提升机一般项目的检查评定应符合下列规定：

1 基础与导轨架

1）基础的承载力和平整度应符合规范要求；

2）基础周边应设置排水设施；

3）导轨架垂直度偏差不应大于导轨架高度0.15%；

4）井架停层平台通道处的结构应采取加强措施。

2 动力与传动

1）卷扬机、曳引机应安装牢固，当卷扬机卷筒与导轨架底部导向轮的距离小于20倍卷筒宽度时，应设置排绳器；

2）钢丝绳应在卷筒上排列整齐；

3）滑轮与导轨架、吊笼应采用刚性连接，滑轮应与钢丝绳相匹配；

4）卷筒、滑轮应设置防止钢丝绳脱出装置；

5）当曳引钢丝绳为2根及以上时，应设置曳引力平衡装置。

3 通信装置

1）应按规范要求设置通信装置；

2）通信装置应具有语音和影像显示功能。

4 卷扬机操作棚

1）应按规范要求设置卷扬机操作棚；

2）卷扬机操作棚强度、操作空间应符合规范要求。

5 避雷装置

1）当物料提升机未在其他防雷保护范围内时，应设置避雷装置；

2）避雷装置设置应符合现行行业标准《施工现场临时用电安全技术规范》JGJ 46的规定。

3.16 施工升降机

3.16.1 施工升降机检查评定应符合现行国家标准《施工升降机安全规程》GB 10055和现行行业标准《建筑施工升降机安装、使用、拆卸安全技术规程》JGJ 215的规定。

3.16.2 施工升降机检查评定保证项目应包括：安全装置、限位装置、防护设施、附墙架、钢丝绳、滑轮与对重、安拆、验收与使用。一般项目应包括：导轨架、基础、电气安全、通信装置。

3.16.3 施工升降机保证项目的检查评定应符合下列规定：

1 安全装置

1）应安装起重量限制器，并应灵敏可靠；

2）应安装渐进式防坠安全器并应灵敏可靠，防坠安全器应在有效的标定期内使用；

3）对重钢丝绳应安装防松绳装置，并应灵敏可靠；

4）吊笼的控制装置应安装非自动复位型的急停开关，任何时候均可切断控制电路停止吊笼运行；

5）底架应安装吊笼和对重缓冲器，缓冲器应符合规范要求；

6）SC型施工升降机应安装一对以上安全钩。

2 限位装置

1）应安装非自动复位型极限开关并应灵敏可靠；

2）应安装自动复位型上、下限位开关并应灵敏可靠，上、下限位开关安装位置应符合规范要求；

3）上极限开关与上限位开关之间的安全越程不应小于0.15m；

4）极限开关、限位开关应设置独立的触发元件；

5）吊笼门应安装机电连锁装置，并应灵敏可靠；

6）吊笼顶窗应安装电气安全开关，并应灵敏可靠。

3 防护设施

1）吊笼和对重升降通道周围应安装地面防护围栏，防护围栏的安装高度、强度应符合规范要求，围栏门应安装机电连锁装置并应灵敏可靠；

2）地面出入通道防护棚的搭设应符合规范要求；

3）停层平台两侧应设置防护栏杆、挡脚板，平台脚手板应铺满、铺平；

4）层门安装高度、强度应符合规范要求，并应定型化。

4 附墙架

1）附墙架应采用配套标准产品，当附墙架不能满足施工现场要求时，应对附墙架另行设计，附墙架的设计应满足构件刚度、强度、稳定性等要求，制作应满足设计要求；

2）附墙架与建筑结构连接方式、角度应符合产品说明书要求；

3）附墙架间距、最高附着点以上导轨架的自由高度应符合产品说明书要求。

5 钢丝绳、滑轮与对重

1）对重钢丝绳绳数不得少于2根且应相互独立；

2）钢丝绳磨损、变形、锈蚀应在规范允许范围内；

3）钢丝绳的规格、固定应符合产品说明书及规范要求；

4）滑轮应安装钢丝绳防脱装置，并应符合规范要求；

5）对重重量、固定应符合产品说明书要求；

6）对重除导向轮或滑靴外应设有防脱轨保护装置。

6 安拆、验收与使用

1）安装、拆卸单位应具有起重设备安装工程专业承包资质和安全生产许可证；

2）安装、拆卸应制定专项施工方案，并经过审核、审批；
3）安装完毕应履行验收程序，验收表格应由责任人签字确认；
4）安装、拆卸作业人员及司机应持证上岗；
5）施工升降机作业前应按规定进行例行检查，并应填写检查记录；
6）实行多班作业，应按规定填写交接班记录。

3.16.4 施工升降机一般项目的检查评定应符合下列规定：

1 导轨架

1）导轨架垂直度应符合规范要求；
2）标准节的质量应符合产品说明书及规范要求；
3）对重导轨应符合规范要求；
4）标准节连接螺栓使用应符合产品说明书及规范要求。

2 基础

1）基础制作、验收应符合说明书及规范要求；
2）基础设置在地下室顶板或楼面结构上时，应对其支承结构进行承载力验算；
3）基础应设有排水设施。

3 电气安全

1）施工升降机与架空线路的安全距离或防护措施应符合规范要求；
2）电缆导向架设置应符合说明书及规范要求；
3）施工升降机在其他避雷装置保护范围外应设置避雷装置，并应符合规范要求。

4 通信装置

施工升降机应安装楼层信号联络装置，并应清晰有效。

3.17 塔式起重机

3.17.1 塔式起重机检查评定应符合现行国家标准《塔式起重机安全规程》GB 5144和现行行业标准《建筑施工塔式起重机安装、使用、拆卸安全技术规程》JGJ 196的规定。

3.17.2 塔式起重机检查评定保证项目应包括：载荷限制装置、行程限位装置、保护装置、吊钩、滑轮、卷筒与钢丝绳、多塔作业、安拆、验收与使用。一般项目应包括：附着、基础与轨道、结构设施、电气安全。

3.17.3 塔式起重机保证项目的检查评定应符合下列规定：

1 载荷限制装置

1）应安装起重量限制器并应灵敏可靠。当起重量大于相应档位的额定值并小于该额定值的110%时，应切断上升方向的电源，但机构可作下降方向的运动；
2）应安装起重力矩限制器并应灵敏可靠。当起重力矩大于相应工况下的额定值并小于该额定值的110%，应切断上升和幅度增大方向的电源，但机构可作下降和减小幅度方向的运动。

2 行程限位装置

1）应安装起升高度限位器，起升高度限位器的安全越程应符合规范要求，并应灵敏可靠；
2）小车变幅的塔式起重机应安装小车行程开关，动臂变幅的塔式起重机应安装臂架幅度限制开关，并应灵敏可靠；
3）回转部分不设集电器的塔式起重机应安装回转限位器，并应灵敏可靠；
4）行走式塔式起重机应安装行走限位器，并应灵敏可靠。

3 保护装置

1）小车变幅的塔式起重机应安装断绳保护及断轴保护装置，并应符合规范要求；
2）行走及小车变幅的轨道行程末端应安装缓冲器及止挡装置，并应符合规范要求；
3）起重臂根部绞点高度大于50m的塔式起重机应安装风速仪，并应灵敏可靠；
4）当塔式起重机顶部高度大于30m且高于周围建筑物时，应安装障碍指示灯。

4 吊钩、滑轮、卷筒与钢丝绳

1）吊钩应安装钢丝绳防脱钩装置并应完好可靠，吊钩的磨损、变形应在规定允许范围内；
2）滑轮、卷筒应安装钢丝绳防脱装置并应完好可靠，滑轮、卷筒的磨损应在规定允许范围内；
3）钢丝绳的磨损、变形、锈蚀应在规定允许范围内，钢丝绳的规格、固定、缠绕应符合说明书及规范要求。

5 多塔作业

1）多塔作业应制定专项施工方案并经过审批；
2）任意两台塔式起重机之间的最小架设距离应符合规范要求。

6 安拆、验收与使用

1）安装、拆卸单位应具有起重设备安装工程专业承包资质和安全生产许可证；
2）安装、拆卸应制定专项施工方案，并经过审核、审批；
3）安装完毕应履行验收程序，验收表格应由责任人签字确认；
4）安装、拆卸作业人员及司机、指挥应持证上岗；
5）塔式起重机作业前应按规定进行例行检查，并应填写检查记录；
6）实行多班作业，应按规定填写交接班记录。

3.17.4 塔式起重机一般项目的检查评定应符合下列规定：

1 附着

1）当塔式起重机高度超过产品说明书规定时，应安装附着装置，附着装置安装应符合产品说明书及规范要求；
2）当附着装置的水平距离不能满足产品说明书要求时，应进行设计计算和审批；
3）安装内爬式塔式起重机的建筑承载结构应进行承载力验算；
4）附着前和附着后塔身垂直度应符合规范要求。

2 基础与轨道

1）塔式起重机基础应按产品说明书及有关规定进行设计、检测和验收；
2）基础应设置排水措施；
3）路基箱或枕木铺设应符合产品说明书及规范要求；
4）轨道铺设应符合产品说明书及规范要求。

3 结构设施

1）主要结构构件的变形、锈蚀应在规范允许范围内；
2）平台、走道、梯子、护栏的设置应符合规范要求；
3）高强螺栓、销轴、紧固件的紧固、连接应符合规范要求，高强螺栓应使用力矩扳手或专用工具紧固。

4 电气安全

1）塔式起重机应采用TN-S接零保护系统供电；
2）塔式起重机与架空线路的安全距离或防护措施应符合规范要求；
3）塔式起重机应安装避雷接地装置，并应符合规范要求；
4）电缆的使用及固定应符合规范要求。

3.18 起重吊装

3.18.1 起重吊装检查评定应符合现行国家标准《起重机械安全规程》GB 6067的规定。

3.18.2 起重吊装检查评定保证项目应包括：施工方案、起重机械、钢丝绳与地锚、索具、作业环境、作业人员。一般项目应包括：起重吊装、高处作业、构件码放、警戒监护。

3.18.3 起重吊装保证项目的检查评定应符合下列规定：

1 施工方案

1）起重吊装作业应编制专项施工方案，并按规定进行审核、审批；

2）超规模的起重吊装作业，应组织专家对专项施工方案进行论证。

2 起重机械

1）起重机械应按规定安装荷载限制器及行程限位装置；

2）荷载限制器、行程限位装置应灵敏可靠；

3）起重拔杆组装应符合设计要求；

4）起重拔杆组装后应进行验收，并应由责任人签字确认。

3 钢丝绳与地锚

1）钢丝绳磨损、断丝、变形、锈蚀应在规范允许范围内；

2）钢丝绳规格应符合起重机产品说明书要求；

3）吊钩、卷筒、滑轮磨损应在规范允许范围内；

4）吊钩、卷筒、滑轮应安装钢丝绳防脱装置；

5）起重拔杆的缆风绳、地锚设置应符合设计要求。

4 索具

1）当采用编结连接时，编结长度不应小于15倍的绳径，且不应小于300mm；

2）当采用绳夹连接时，绳夹规格应与钢丝绳相匹配，绳夹数量、间距应符合规范要求；

3）索具安全系数应符合规范要求；

4）吊索规格应互相匹配，机械性能应符合设计要求。

5 作业环境

1）起重机行走作业处地面承载能力应符合产品说明书要求；

2）起重机与架空线路安全距离应符合规范要求。

6 作业人员

1）起重机司机应持证上岗，操作证应与操作机型相符；

2）起重机作业应设专职信号指挥和司索人员，一人不得同时兼顾信号指挥和司索作业；

3）作业前应按规定进行安全技术交底，并应有交底记录。

3.18.4 起重吊装一般项目的检查评定应符合下列规定：

1 起重吊装

1）当多台起重机同时起吊一个构件时，单台起重机所承受的荷载应符合专项施工方案要求；

2）吊索系挂点应符合专项施工方案要求；

3）起重机作业时，任何人不应停留在起重臂下方，被吊物不应从人的正上方通过；

4）起重机不应采用吊具载运人员；

5）当吊运易散落物件时，应使用专用吊笼。

2 高处作业

1）应按规定设置高处作业平台；

2）平台强度、护栏高度应符合规范要求；

3）爬梯的强度、构造应符合规范要求；

4）应设置可靠的安全带悬挂点，并应高挂低用。

3 构件码放

1）构件码放荷载应在作业面承载能力允许范围内；

2）构件码放高度应在规定允许范围内；

3）大型构件码放应有保证稳定的措施。

4 警戒监护

1）应按规定设置作业警戒区；

2）警戒区应设专人监护。

3.19 施工机具

3.19.1 施工机具检查评定应符合现行行业标准《建筑机械使用安全技术规程》JGJ 33和《施工现场机械设备检查技术规程》JGJ 160的规定。

3.19.2 施工机具检查评定项目应包括：平刨、圆盘锯、手持电动工具、钢筋机械、电焊机、搅拌机、气瓶、翻斗车、潜水泵、振捣器、桩工机械。

3.19.3 施工机具的检查评定应符合下列规定：

1 平刨

1）平刨安装完毕应按规定履行验收程序，并应经责任人签字确认；

2）平刨应设置护手及防护罩等安全装置；

3）保护零线应单独设置，并应安装漏电保护装置；

4）平刨应按规定设置作业棚，并应具有防雨、防晒等功能；

5）不得使用同台电机驱动多种刃具、钻具的多功能木工机具。

2 圆盘锯

1）圆盘锯安装完毕应按规定履行验收程序，并应经责任人签字确认；

2）圆盘锯应设置防护罩、分料器、防护挡板等安全装置；

3）保护零线应单独设置，并应安装漏电保护装置；

4）圆盘锯应按规定设置作业棚，并应具有防雨、防晒等功能；

5）不得使用同台电机驱动多种刃具、钻具的多功能木工机具。

3 手持电动工具

1）Ⅰ类手持电动工具应单独设置保护零线，并应安装漏电保护装置；

2）使用Ⅰ类手持电动工具应按规定戴绝缘手套、穿绝缘鞋；

3）手持电动工具的电源线应保持出厂时的状态，不得接长使用。

4 钢筋机械

1）钢筋机械安装完毕应按规定履行验收程序，并应经责任人签字确认；

2）保护零线应单独设置，并应安装漏电保护装置；

3）钢筋加工区应搭设作业棚，并应具有防雨、防晒等功能；

4）对焊机作业应设置防火花飞溅的隔离设施；

5）钢筋冷拉作业应按规定设置防护栏；

6）机械传动部位应设置防护罩。

5 电焊机

1）电焊机安装完毕应按规定履行验收程序，并应经责任人签字确认；

2）保护零线应单独设置，并应安装漏电保护装置；

3）电焊机应设置二次空载降压保护装置；

4）电焊机一次线长度不得超过5m，并应穿管保护；

5）二次线应采用防水橡皮护套铜芯软电缆；

6）电焊机应设置防雨罩，接线柱应设置防护罩。

6 搅拌机

1）搅拌机安装完毕应按规定履行验收程序，并应经责任人签字确认；

2）保护零线应单独设置，并应安装漏电保护装置；

3）离合器、制动器应灵敏有效，料斗钢丝绳的磨损、锈蚀、变形量应在规定允许范围内；

4）料斗应设置安全挂钩或止挡装置，传动部位应设置防护罩；

5）搅拌机应按规定设置作业棚，并应具有防雨、防晒等功能。

7 气瓶

1）气瓶使用时必须安装减压器，乙炔瓶应安装回火防止器，并应灵敏可靠；

2）气瓶间安全距离不应小于5m，与明火安全距离不应小于10m；

3）气瓶应设置防振圈、防护帽，并应按规定存放。

8 翻斗车

1）翻斗车制动、转向装置应灵敏可靠；

2）司机应经专门培训，持证上岗，行车时车斗内不得载人。

9 潜水泵

1）保护零线应单独设置，并应安装漏电保护装置；

2）负荷线应采用专用防水橡皮电缆，不得有接头。

10 振捣器

1）振捣器作业时应使用移动配电箱，电缆线长度不应超过30m；

2）保护零线应单独设置，并应安装漏电保护装置；

3）操作人员应按规定戴绝缘手套、穿绝缘鞋。

11 桩工机械

1）桩工机械安装完毕应按规定履行验收程序，并应经责任人签字确认；

2）作业前应编制专项方案，并应对作业人员进行安全技术交底；

3）桩工机械应按规定安装安全装置，并应灵敏可靠；

4）机械作业区域地面承载力应符合机械说明书要求；

5）机械与输电线路安全距离应符合现行行业标准《施工现场临时用电安全技术规范》JGJ 46的规定。

4 检查评分方法

4.0.1 建筑施工安全检查评定中，保证项目应全数检查。

4.0.2 建筑施工安全检查评定应符合本标准第3章中各检查评定项目的有关规定，并应按本标准附录A、B的评分表进行评分。检查评分表应分为安全管理、文明施工、脚手架、基坑工程、模板支架、高处作业、施工用电、物料提升机与施工升降机、塔式起重机与起重吊装、施工机具分项检查评分表和检查评分汇总表。

4.0.3 各评分表的评分应符合下列规定：

1 分项检查评分表和检查评分汇总表的满分分值均应为100分，评分表的实得分值应为各检查项目所得分值之和；

2 评分应采用扣减分值的方法，扣减分值总和不得超过该检查项目的应得分值；

3 当按分项检查评分表评分时，保证项目中有一项未得分或保证项目小计得分不足40分，此分项检查评分表不应得分；

4 检查评分汇总表中各分项项目实得分值应按下式计算：

$$A_1 = \frac{B \times C}{100} \tag{4.0.3-1}$$

式中：A_1——汇总表各分项项目实得分值；

B——汇总表中该项应得满分值；

C——该项检查评分表实得分值。

5 当评分遇有缺项时，分项检查评分表或检查评分汇总表的总得分值应按下式计算：

$$A_2 = \frac{D}{E} \times 100 \tag{4.0.3-2}$$

式中：A_2——遇有缺项时总得分值；

D——实查项目在该表的实得分值之和；

E——实查项目在该表的应得满分值之和。

6 脚手架、物料提升机与施工升降机、塔式起重机与起重吊装项目的实得分值，应为所对应专业的分项检查评分表实得分值的算术平均值。

5 检查评定等级

5.0.1 应按汇总表的总得分和分项检查评分表的得分，对建筑施工安全检查评定划分为优良、合格、不合格三个等级。

5.0.2 建筑施工安全检查评定的等级划分应符合下列规定：

1 优良：

分项检查评分表无零分，汇总表得分值应在80分及以上。

2 合格：

分项检查评分表无零分，汇总表得分值应在80分以下，70分及以上。

3 不合格：

1）当汇总表得分值不足70分时；

2）当有一分项检查评分表为零时。

5.0.3 当建筑施工安全检查评定的等级为不合格时，必须限期整改达到合格。

附录A 建筑施工安全检查评分汇总表

表A 建筑施工安全检查评分汇总表

企业名称： 资质等级： 年 月 日

单位工程（施工现场）名称	建筑面积（m^2）	结构类型	总计得分（满分100分）	项目名称及分值									
				安全管理（满分10分）	文明施工（满分15分）	脚手架（满分10分）	基坑工程（满分10分）	模板支架（满分10分）	高处作业（满分10分）	施工用电（满分10分）	物料提升机与施工升降机（满分10分）	塔式起重机与起重吊装（满分10分）	施工机具（满分5分）
评语：													
检查单位		负责人		受检项目			项目经理						

附录B 建筑施工安全分项检查评分表

表B.1 安全管理检查评分表

序号	检查项目		扣分标准	应得分数	扣减分数	实得分数
1	保证项目	安全生产责任制	未建立安全生产责任制，扣10分 安全生产责任制未经责任人签字确认，扣3分 未备有各工种安全技术操作规程，扣2～10分 未按规定配备专职安全员，扣2～10分 工程项目部承包合同中未明确安全生产考核指标，扣5分 未制定安全生产资金保障制度，扣5分 未编制安全资金使用计划或未按计划实施，扣2～5分 未制定伤亡控制、安全达标、文明施工等管理目标，扣5分 未进行安全责任目标分解，扣5分 未建立对安全生产责任制和责任目标的考核制度，扣5分 未按考核制度对管理人员定期考核，扣2～5分	10		
2		施工组织设计及专项施工方案	施工组织设计中未制定安全技术措施，扣10分 危险性较大的分部分项工程未编制安全专项施工方案，扣10分 未按规定对超过一定规模危险性较大的分部分项工程专项施工方案进行专家论证，扣10分 施工组织设计、专项施工方案未经审批，扣10分 安全技术措施、专项施工方案无针对性或缺少设计计算，扣2～8分 未按施工组织设计、专项施工方案组织实施，扣2～10分	10		
3		安全技术交底	未进行书面安全技术交底，扣10分 未按分部分项进行交底，扣5分 交底内容不全面或针对性不强，扣2～5分 交底未履行签字手续，扣4分	10		
4		安全检查	未建立安全检查制度，扣10分 未有安全检查记录，扣5分 事故隐患的整改未做到定人、定时间、定措施，扣2～6分 对重大事故隐患整改通知书所列项目未按期整改和复查，扣5～10分	10		
5		安全教育	未建立安全教育培训制度，扣10分 施工人员入场未进行三级安全教育培训和考核，扣5分 未明确具体安全教育培训内容，扣2～8分 变换工种或采用新技术、新工艺、新设备、新材料施工时未进行安全教育，扣5分 施工管理人员、专职安全员未按规定进行年度教育培训和考核，每人扣2分	10		
6		应急救援	未制定安全生产应急救援预案，扣10分 未建立应急救援组织或未按规定配备救援人员，扣2～6分 未定期进行应急救援演练，扣5分 未配置应急救援器材和设备，扣5分	10		
		小计		60		
7	一般项目	分包单位安全管理	分包单位资质、资格、分包手续不全或失效，扣10分 未签订安全生产协议书，扣5分 分包合同、安全生产协议书，签字盖章手续不全，扣2～6分 分包单位未按规定建立安全机构或未配备专职安全员，扣2～6分	10		
8		持证上岗	未经培训从事施工、安全管理和特种作业，每人扣5分 项目经理、专职安全员和特种作业人员未持证上岗，每人扣2分	10		
9		生产安全事故处理	生产安全事故未按规定报告，扣10分 生产安全事故未按规定进行调查分析、制定防范措施，扣10分 未依法为施工作业人员办理保险，扣5分	10		
10		安全标志	主要施工区域、危险部位未按规定悬挂安全标志，扣2～6分 未绘制现场安全标志布置图，扣3分 未按部位和现场设施的变化调整安全标志设置，扣2～6分 未设置重大危险源公示牌，扣5分	10		
		小计		40		
检查项目合计				100		

表 B.2　文明施工检查评分表

序号	检查项目		扣分标准	应得分数	扣减分数	实得分数
1	保证项目	现场围挡	市区主要路段的工地未设置封闭围挡或围挡高度小于 2.5m，扣 5～10 分 一般路段的工地未设置封闭围挡或围挡高度小于 1.8m，扣 5～10 分 围挡未达到坚固、稳定、整洁、美观，扣 5～10 分	10		
2		封闭管理	施工现场进出口未设置大门，扣 10 分 未设置门卫室，扣 5 分 未建立门卫值守管理制度或未配备门卫值守人员，扣 2～6 分 施工人员进入施工现场未佩戴工作卡，扣 2 分 施工现场出入口未标有企业名称或标识，扣 2 分 未设置车辆冲洗设施，扣 3 分	10		
3		施工场地	施工现场主要道路及材料加工区地面未进行硬化处理，扣 5 分 施工现场道路不畅通、路面不平整坚实，扣 5 分 施工现场未采取防尘措施，扣 5 分 施工现场未设置排水设施或排水不通畅、有积水，扣 5 分 未采取防止泥浆、污水、废水污染环境措施，扣 2～10 分 未设置吸烟处、随意吸烟，扣 5 分 温暖季节未进行绿化布置，扣 3 分	10		

续表 B.2

序号	检查项目		扣分标准	应得分数	扣减分数	实得分数
4	保证项目	材料管理	建筑材料、构件、料具未按总平面布局码放，扣 4 分 材料码放不整齐，未标明名称、规格，扣 2 分 施工现场材料存放未采取防火、防锈蚀、防雨措施，扣 3～10 分 建筑物内施工垃圾的清运未使用器具或管道运输，扣 5 分 易燃易爆物品未分类储藏在专用库房、未采取防火措施，扣 5～10 分	10		
5		现场办公与住宿	施工作业区、材料存放区与办公、生活区未采取隔离措施，扣 6 分 宿舍、办公用房防火等级不符合有关消防安全技术规范要求，扣 10 分 在施工程、伙房、库房兼作住宿，扣 10 分 宿舍未设置可开启式窗户，扣 4 分 宿舍未设置床铺、床铺超过 2 层或通道宽度小于 0.9m，扣 2～6 分 宿舍人均面积或人员数量不符合规范要求，扣 5 分 冬季宿舍内未采取采暖和防一氧化碳中毒措施，扣 5 分 夏季宿舍内未采取防暑降温和防蚊蝇措施，扣 5 分 生活用品摆放混乱、环境卫生不符合要求，扣 3 分	10		
6		现场防火	施工现场未制定消防安全管理制度、消防措施，扣 10 分 施工现场的临时用房和作业场所的防火设计不符合规范要求，扣 10 分 施工现场消防通道、消防水源的设置不符合规范要求，扣 5～10 分 施工现场灭火器材布局、配置不合理或灭火器材失效，扣 5 分 未办理动火审批手续或未指定动火监护人员，扣 5～10 分	10		
		小计		60		

续表 B.2

序号	检查项目		扣分标准	应得分数	扣减分数	实得分数
7	一般项目	综合治理	生活区未设置供作业人员学习和娱乐场所，扣 2 分 施工现场未建立治安保卫制度或责任未分解到人，扣 3～5 分 施工现场未制定治安防范措施，扣 5 分	10		
8		公示标牌	大门口处设置的公示标牌内容不齐全，扣 2～8 分 标牌不规范、不整齐，扣 3 分 未设置安全标语，扣 3 分 未设置宣传栏、读报栏、黑板报，扣 2～4 分	10		
9		生活设施	未建立卫生责任制度，扣 5 分 食堂与厕所、垃圾站、有毒有害场所的距离不符合规范要求，扣 2～6 分 食堂未办理卫生许可证或未办理炊事人员健康证，扣 5 分 食堂使用的燃气罐未单独设置存放间或存放间通风条件不良，扣 2～4 分 食堂未配备排风、冷藏、消毒、防鼠、防蚊蝇等设施，扣 4 分 厕所内的设施数量和布局不符合规范要求，扣 2～6 分 厕所卫生未达到规定要求，扣 4 分 不能保证现场人员卫生饮水，扣 5 分 未设置淋浴室或淋浴室不能满足现场人员需求，扣 4 分 生活垃圾未装容器或未及时清理，扣 3～5 分	10		
10		社区服务	夜间未经许可施工，扣 8 分 施工现场焚烧各类废弃物，扣 8 分 施工现场未制定防粉尘、防噪声、防光污染等措施，扣 5 分 未制定施工不扰民措施，扣 5 分	10		
		小计		40		
检查项目合计				100		

表 B.3　扣件式钢管脚手架检查评分表

序号	检查项目		扣分标准	应得分数	扣减分数	实得分数
1	保证项目	施工方案	架体搭设未编制专项施工方案或未按规定审核、审批，扣 10 分 架体结构设计未进行设计计算，扣 10 分 架体搭设超过规范允许高度，专项施工方案未按规定组织专家论证，扣 10 分	10		
2		立杆基础	立杆基础不平、不实，不符合专项施工方案要求，扣 5～10 分 立杆底部缺少底座、垫板或垫板的规格不符合规范要求，每处扣 2～5 分 未按规范要求设置纵、横向扫地杆，扣 5～10 分 扫地杆的设置和固定不符合规范要求，扣 5 分 未采取排水措施，扣 8 分	10		
3		架体与建筑结构拉结	架体与建筑结构拉结方式或间距不符合规范要求，每处扣 2 分 架体底层第一步纵向水平杆处未按规定设置连墙件或未采用其他可靠措施固定，每处扣 2 分 搭设高度超过 24m 的双排脚手架，未采用刚性连墙件与建筑结构可靠连接，扣 10 分	10		

续表 B.3

序号	检查项目		扣分标准	应得分数	扣减分数	实得分数
4	保证项目	杆件间距与剪刀撑	立杆、纵向水平杆、横向水平杆间距超过设计或规范要求，每处扣2分 未按规定设置纵向剪刀撑或横向斜撑，每处扣5分 剪刀撑未沿脚手架高度连续设置或角度不符合规范要求，扣5分 剪刀撑斜杆的接长或剪刀撑斜杆与架体杆件固定不符合规范要求，每处扣2分	10		
5	保证项目	脚手板与防护栏杆	脚手板未满铺或铺设不牢、不稳，扣5~10分 脚手板规格或材质不符合规范要求，扣5~10分 架体外侧未设置密目式安全网封闭或网间连接不严，扣5~10分 作业层防护栏杆不符合规范要求，扣5分 作业层未设置高度不小于180mm的挡脚板，扣3分	10		
6	保证项目	交底与验收	架体搭设前未进行交底或交底未有文字记录，扣5~10分 架体分段搭设、分段使用未进行分段验收，扣5分 架体搭设完毕未办理验收手续，扣10分 验收内容未进行量化，或未经责任人签字确认，扣5分	10		
	保证项目	小计		60		

续表 B.3

序号	检查项目		扣分标准	应得分数	扣减分数	实得分数
7	一般项目	横向水平杆设置	未在立杆与纵向水平杆交点处设置横向水平杆，每处扣2分 未按脚手板铺设的需要增加设置横向水平杆，每处扣2分 双排脚手架横向水平杆只固定一端，每处扣2分 单排脚手架横向水平杆插入墙内小于180mm，每处扣2分	10		
8	一般项目	杆件连接	纵向水平杆搭接长度小于1m或固定不符合要求，每处扣2分 立杆除顶层顶步外采用搭接，每处扣4分 杆件对接扣件的布置不符合规范要求，扣2分 扣件紧固力矩小于40N·m或大于65N·m，每处扣2分	10		
9	一般项目	层间防护	作业层脚手板下未采用安全平网兜底或作业层以下每隔10m未采用安全平网封闭，扣5分 作业层与建筑物之间未按规定进行封闭，扣5分	10		
10	一般项目	构配件材质	钢管直径、壁厚、材质不符合要求，扣5分 钢管弯曲、变形、锈蚀严重，扣5分 扣件未进行复试或技术性能不符合标准，扣5分	5		
11	一般项目	通道	未设置人员上下专用通道，扣5分 通道设置不符合要求，扣2分	5		
	一般项目	小计		40		
检查项目合计				100		

表 B.4 门式钢管脚手架检查评分表

序号	检查项目		扣分标准	应得分数	扣减分数	实得分数
1	保证项目	施工方案	未编制专项施工方案或未进行设计计算，扣10分 专项施工方案未按规定审核、审批，扣10分 架体搭设超过规范允许高度，专项施工方案未组织专家论证，扣10分	10		
2	保证项目	架体基础	架体基础不平、不实，不符合专项施工方案要求，扣5~10分 架体底部未设置垫板或垫板的规格不符合要求，扣2~5分 架体底部未按规范要求设置底座，每处扣2分 架体底部未按规范要求设置扫地杆，扣5分 未采取排水措施，扣8分	10		
3	保证项目	架体稳定	架体与建筑物结构拉结方式或间距不符合规范要求，每处扣2分 未按规范要求设置剪刀撑，扣10分 门架立杆垂直偏差超过规范要求，扣5分 交叉支撑的设置不符合规范要求，每处扣2分	10		
4	保证项目	杆件锁臂	未按规定组装或漏装杆件、锁臂，扣2~6分 未按规范要求设置纵向水平加固杆，扣10分 扣件与连接的杆件参数不匹配，每处扣2分	10		
5	保证项目	脚手板	脚手板未满铺或铺设不牢、不稳，扣5~10分 脚手板规格或材质不符合要求，扣5~10分 采用挂扣式钢脚手板时挂钩未挂扣在横向水平杆上或挂钩未处于锁住状态，每处扣2分	10		

续表 B.4

序号	检查项目		扣分标准	应得分数	扣减分数	实得分数
6	保证项目	交底与验收	架体搭设前未进行交底或交底未有文字记录，扣5~10分 架体分段搭设、分段使用未办理分段验收，扣6分 架体搭设完毕未办理验收手续，扣10分 验收内容未进行量化，或未经责任人签字确认，扣5分	10		
	保证项目	小计		60		
7	一般项目	架体防护	作业层防护栏杆不符合规范要求，扣5分 作业层未设置高度不小于180mm的挡脚板，扣3分 架体外侧未设置密目式安全网封闭或网间连接不严，扣5~10分 作业层脚手板下未采用安全平网兜底或作业层以下每隔10m未采用安全平网封闭，扣5分	10		
8	一般项目	构配件材质	杆件变形、锈蚀严重，扣10分 门架局部开焊，扣10分 构配件的规格、型号、材质或产品质量不符合规范要求，扣5~10分	10		
9	一般项目	荷载	施工荷载超过设计规定，扣10分 荷载堆放不均匀，每处扣5分	10		
10	一般项目	通道	未设置人员上下专用通道，扣10分 通道设置不符合要求，扣5分	10		
	一般项目	小计		40		
检查项目合计				100		

表 B.5　碗扣式钢管脚手架检查评分表

序号	检查项目		扣分标准	应得分数	扣减分数	实得分数
1	保证项目	施工方案	未编制专项施工方案或未进行设计计算，扣10分 专项施工方案未按规定审核、审批，扣10分 架体搭设超过规范允许高度，专项施工方案未组织专家论证，扣10分	10		
2		架体基础	基础不平、不实，不符合专项施工方案要求，扣5～10分 架体底部未设置垫板或垫板的规格不符合要求，扣2～5分 架体底部未按规范要求设置底座，每处扣2分 架体底部未按规范要求设置扫地杆，扣5分 未采取排水措施，扣8分	10		
3		架体稳定	架体与建筑结构未按规范要求拉结，每处扣2分 架体底层第一步水平杆处未按规范要求设置连墙件或未采用其他可靠措施固定，每处扣2分 连墙件未采用刚性杆件，扣10分 未按规范要求设置专用斜杆或八字形斜撑，扣5分 专用斜杆两端未固定在纵、横向水平杆与立杆汇交的碗扣节点处，每处扣2分 专用斜杆或八字形斜撑未沿脚手架高度连续设置或角度不符合要求，扣5分	10		

续表 B.5

序号	检查项目		扣分标准	应得分数	扣减分数	实得分数
4	保证项目	杆件锁件	立杆间距、水平杆步距超过设计或规范要求，每处扣2分 未按专项施工方案设计的步距在立杆连接碗扣节点处设置纵、横向水平杆，每处扣2分 架体搭设高度超过24 m时，顶部24m以下的连墙件层未按规定设置水平斜杆，扣10分 架体组装不牢或上碗扣紧固不符合要求，每处扣2分	10		
5		脚手板	脚手板未满铺或铺设不牢、不稳，扣5～10分 脚手板规格或材质不符合要求，扣5～10分 采用挂扣式钢脚手板时挂钩未挂扣在横向水平杆上或挂钩未处于锁住状态，每处扣2分	10		
6		交底与验收	架体搭设前未进行交底或交底未有文字记录，扣5～10分 架体分段搭设、分段使用未进行分段验收，扣5分 架体搭设完毕未办理验收手续，扣10分 验收内容未进行量化，或未经责任人签字确认，扣5分	10		
		小计		60		

续表 B.5

序号	检查项目		扣分标准	应得分数	扣减分数	实得分数
7	一般项目	架体防护	架体外侧未采用密目式安全网封闭或网间连接不严，扣5～10分 作业层防护栏杆不符合规范要求，扣5分 作业层外侧未设置高度不小于180mm的挡脚板，扣3分 作业层脚手板下未采用安全平网兜底或作业层以下每隔10m未采用安全平网封闭，扣5分	10		
8		构配件材质	杆件弯曲、变形、锈蚀严重，扣10分 钢管、构配件的规格、型号、材质或产品质量不符合规范要求，扣5～10分	10		
9		荷载	施工荷载超过设计规定，扣10分 荷载堆放不均匀，每处扣5分	10		
10		通道	未设置人员上下专用通道，扣10分 通道设置不符合要求，扣5分	10		
		小计		40		
检查项目合计				100		

表 B.6　承插型盘扣式钢管脚手架检查评分表

序号	检查项目		扣分标准	应得分数	扣减分数	实得分数
1	保证项目	施工方案	未编制专项施工方案或未进行设计计算，扣10分 专项施工方案未按规定审核、审批，扣10分	10		
2		架体基础	架体基础不平、不实，不符合专项施工方案要求，扣5～10分 架体立杆底部缺少垫板或垫板的规格不符合规范要求，每处扣2分 架体立杆底部未按要求设置可调底座，每处扣2分 未按规范要求设置纵、横向扫地杆，扣5～10分 未采取排水措施，扣8分	10		
3		架体稳定	架体与建筑结构未按规范要求拉结，每处扣2分 架体底层第一步水平杆处未按规范要求设置连墙件或未采用其他可靠措施固定，每处扣2分 连墙件未采用刚性杆件，扣10分 未按规范要求设置竖向斜杆或剪刀撑，扣5分 竖向斜杆两端未固定在纵、横向水平杆与立杆汇交的盘扣节点处，每处扣2分 斜杆或剪刀撑未沿脚手架高度连续设置或角度不符合规范要求，扣5分	10		

续表 B.6

序号	检查项目		扣分标准	应得分数	扣减分数	实得分数
4	保证项目	杆件设置	架体立杆间距、水平杆步距超过设计或规范要求，每处扣2分 未按专项施工方案设计的步距在立杆连接插盘处设置纵、横向水平杆，每处扣2分 双排脚手架的每步水平杆，当无挂扣钢脚手板时未按规范要求设置水平斜杆，扣5～10分	10		
5		脚手板	脚手板不满铺或铺设不牢、不稳，扣5～10分 脚手板规格或材质不符合要求，扣5～10分 采用挂扣式钢脚手板时挂钩未挂扣在水平杆上或挂钩未处于锁住状态，每处扣2分	10		
6		交底与验收	架体搭设前未进行交底或交底未有文字记录，扣5～10分 架体分段搭设、分段使用未进行分段验收，扣5分 架体搭设完毕未办理验收手续，扣10分 验收内容未进行量化，或未经责任人签字确认，扣5分	10		
		小计		60		

续表 B.6

序号	检查项目		扣分标准	应得分数	扣减分数	实得分数
7	一般项目	架体防护	架体外侧未采用密目式安全网封闭或网间连接不严，扣5～10分 作业层防护栏杆不符合规范要求，扣5分 作业层外侧未设置高度不小于180mm的挡脚板，扣3分 作业层脚手板下未采用安全平网兜底或作业层以下每隔10m未采用安全平网封闭，扣5分	10		
8		杆件连接	立杆竖向接长位置不符合要求，每处扣2分 剪刀撑的斜杆接长不符合要求，扣8分	10		
9		构配件材质	钢管、构配件的规格、型号、材质或产品质量不符合规范要求，扣5分 钢管弯曲、变形、锈蚀严重，扣10分	10		
10		通道	未设置人员上下专用通道，扣10分 通道设置不符合要求，扣5分	10		
		小计		40		
检查项目合计				100		

表 B.7　满堂脚手架检查评分表

序号	检查项目		扣分标准	应得分数	扣减分数	实得分数
1	保证项目	施工方案	未编制专项施工方案或未进行设计计算，扣10分 专项施工方案未按规定审核、审批，扣10分	10		
2		架体基础	架体基础不平、不实，不符合专项施工方案要求，扣5～10分 架体底部未设置垫板或垫板的规格不符合规范要求，每处扣2～5分 架体底部未按规范要求设置底座，每处扣2分 架体底部未按规范要求设置扫地杆，扣5分 未采取排水措施，扣8分	10		
3		架体稳定	架体四周与中间未按规范要求设置竖向剪刀撑或专用斜杆，扣10分 未按规范要求设置水平剪刀撑或专用水平斜杆，扣10分 架体高宽比超过规范要求时未采取与结构拉结或其他可靠的稳定措施，扣10分	10		
4		杆件锁件	架体立杆间距、水平杆步距超过设计和规范要求，每处扣2分 杆件接长不符合要求，每处扣2分 架体搭设不牢或杆件节点紧固不符合要求，每处扣2分	10		
5		脚手板	脚手板不满铺或铺设不牢、不稳，扣5～10分 脚手板规格或材质不符合要求，扣5～10分 采用挂扣式钢脚手板时挂钩未挂扣在水平杆上或挂钩未处于锁住状态，每处扣2分	10		

续表 B.7

序号	检查项目		扣分标准	应得分数	扣减分数	实得分数
6	保证项目	交底与验收	架体搭设前未进行交底或交底未有文字记录，扣5～10分 架体分段搭设、分段使用未进行分段验收，扣5分 架体搭设完毕未办理验收手续，扣10分 验收内容未进行量化，或未经责任人签字确认，扣5分	10		
		小计		60		
7	一般项目	架体防护	作业层防护栏杆不符合规范要求，扣5分 作业层外侧未设置高度不小于180mm挡脚板，扣3分 作业层脚手板下未采用安全平网兜底或作业层以下每隔10m未采用安全平网封闭，扣5分	10		
8		构配件材质	钢管、构配件的规格、型号、材质或产品质量不符合规范要求，扣5～10分 杆件弯曲、变形、锈蚀严重，扣10分	10		
9		荷载	架体的施工荷载超过设计和规范要求，扣10分 荷载堆放不均匀，每处扣5分	10		
10		通道	未设置人员上下专用通道，扣10分 通道设置不符合要求，扣5分	10		
		小计		40		
检查项目合计				100		

表 B.8　悬挑式脚手架检查评分表

序号	检查项目		扣分标准	应得分数	扣减分数	实得分数
1	保证项目	施工方案	未编制专项施工方案或未进行设计计算，扣10分 专项施工方案未按规定审核、审批，扣10分 架体搭设超过规范允许高度，专项施工方案未按规定组织专家论证，扣10分	10		
2		悬挑钢梁	钢梁截面高度未按设计确定或截面形式不符合设计和规范要求，扣10分 钢梁固定段长度小于悬挑段长度的1.25倍，扣5分 钢梁外端未设置钢丝绳或钢拉杆与上一层建筑结构拉结，每处扣2分 钢梁与建筑结构锚固处结构强度、锚固措施不符合设计和规范要求，扣5～10分 钢梁间距未按悬挑架体立杆纵距设置，扣5分	10		
3		架体稳定	立杆底部与悬挑钢梁连接处未采取可靠固定措施，每处扣2分 承插式立杆接长未采取螺栓或销钉固定，每处扣2分 纵横向扫地杆的设置不符合规范要求，扣5～10分 未在架体外侧设置连续式剪刀撑，扣10分 未按规定设置横向斜撑，扣5分 架体未按规定与建筑结构拉结，每处扣5分	10		
4		脚手板	脚手板规格、材质不符合要求，扣5～10分 脚手板未满铺或铺设不严、不牢、不稳，扣5～10分	10		
5		荷载	脚手架施工荷载超过设计规定，扣10分 施工荷载堆放不均匀，每处扣5分	10		

续表 B.8

序号	检查项目		扣分标准	应得分数	扣减分数	实得分数
6	保证项目	交底与验收	架体搭设前未进行交底或交底未有文字记录，扣5～10分 架体分段搭设、分段使用未进行分段验收，扣6分 架体搭设完毕未办理验收手续，扣10分 验收内容未进行量化，或未经责任人签字确认，扣5分	10		
		小计		60		
7	一般项目	杆件间距	立杆间距、纵向水平杆步距超过设计或规范要求，每处扣2分 未在立杆与纵向水平杆交点处设置横向水平杆，每处扣2分 未按脚手板铺设的需要增加设置横向水平杆，每处扣2分	10		
8		架体防护	作业层防护栏杆不符合规范要求，扣5分 作业层架体外侧未设置高度不小于180mm的挡脚板，扣3分 架体外侧未采用密目式安全网封闭或网间不严，扣5～10分	10		
9		层间防护	作业层脚手板下未采用安全平网兜底或作业层以下每隔10m未采用安全平网封闭，扣5分 作业层与建筑物之间未进行封闭，扣5分 架体底层沿建筑结构边缘，悬挑钢梁与悬挑钢梁之间未采取封闭措施或封闭不严，扣2～8分 架体底层未进行封闭或封闭不严，扣2～10分	10		
10		构配件材质	型钢、钢管、构配件规格及材质不符合规范要求，扣5～10分 型钢、钢管、构配件弯曲、变形、锈蚀严重，扣10分	10		
		小计		40		
检查项目合计				100		

表 B.9　附着式升降脚手架检查评分表

序号	检查项目		扣分标准	应得分数	扣减分数	实得分数
1	保证项目	施工方案	未编制专项施工方案或未进行设计计算，扣10分 专项施工方案未按规定审核、审批，扣10分 脚手架提升超过规定允许高度，专项施工方案未按规定组织专家论证，扣10分	10		
2		安全装置	未采用防坠落装置或技术性能不符合规范要求，扣10分 防坠落装置与升降设备未分别独立固定在建筑结构上，扣10分 防坠落装置未设置在竖向主框架处并与建筑结构附着，扣10分 未安装防倾覆装置或防倾覆装置不符合规范要求，扣5～10分 升降或使用工况，最上和最下两个防倾装置之间的最小间距不符合规范要求，扣8分 未安装同步控制装置或技术性能不符合规范要求，扣5～8分	10		
3		架体构造	架体高度大于5倍楼层高，扣10分 架体宽度大于1.2m，扣5分 直线布置的架体支承跨度大于7m或折线、曲线布置的架体支承跨度大于5.4m，扣8分 架体的水平悬挑长度大于2m或大于跨度1/2，扣10分 架体悬臂高度大于架体高度2/5或大于6m，扣10分 架体全高与支撑跨度的乘积大于$110m^2$，扣10分	10		

续表 B.9

序号	检查项目		扣分标准	应得分数	扣减分数	实得分数
4	保证项目	附着支座	未按竖向主框架所覆盖的每个楼层设置一道附着支座，扣10分 使用工况未将竖向主框架与附着支座固定，扣10分 升降工况未将防倾、导向装置设置在附着支座上，扣10分 附着支座与建筑结构连接固定方式不符合规范要求，扣5～10分	10		
5		架体安装	主框架及水平支承桁架的节点未采用焊接或螺栓连接，扣10分 各杆件轴线未汇交于节点，扣3分 水平支承桁架的上弦及下弦之间设置的水平支撑杆件未采用焊接或螺栓连接，扣5分 架体立杆底端未设置在水平支承桁架上弦杆件节点处，扣10分 竖向主框架组装高度低于架体高度，扣5分 架体外立面设置的连续剪刀撑未将竖向主框架、水平支承桁架和架体构架连成一体，扣8分	10		
6		架体升降	两跨以上架体升降采用手动升降设备，扣10分 升降工况附着支座与建筑结构连接处混凝土强度未达到设计和规范要求，扣10分 升降工况架体上有施工荷载或有人员停留，扣10分	10		
		小计		60		

续表 B.9

序号	检查项目		扣分标准	应得分数	扣减分数	实得分数
7	一般项目	检查验收	主要构配件进场未进行验收，扣6分 分区段安装、分区段使用未进行分区段验收，扣8分 架体搭设完毕未办理验收手续，扣10分 验收内容未进行量化，或未经责任人签字确认，扣5分 架体提升前未有检查记录，扣6分 架体提升后、使用前未履行验收手续或资料不全，扣2～8分	10		
8		脚手板	脚手板未满铺或铺设不严、不牢，扣3～5分 作业层与建筑结构之间空隙封闭不严，扣3～5分 脚手板规格、材质不符合要求，扣5～10分	10		
9		架体防护	脚手架外侧未采用密目式安全网封闭或网间连接不严，扣5～10分 作业层防护栏杆不符合规范要求，扣5分 作业层未设置高度不小于180mm的挡脚板，扣3分	10		
10		安全作业	操作前未向有关技术人员和作业人员进行安全技术交底或交底未有文字记录，扣5～10分 作业人员未经培训或未定岗定责，扣5～10分 安装拆除单位资质不符合要求或特种作业人员未持证上岗，扣5～10分 安装、升降、拆除时未设置安全警戒区及专人监护，扣10分 荷载不均匀或超载，扣5～10分	10		
		小计		40		
检查项目合计				100		

表 B.10 高处作业吊篮检查评分表

序号	检查项目		扣分标准	应得分数	扣减分数	实得分数
1	保证项目	施工方案	未编制专项施工方案或未对吊篮支架支撑处结构的承载力进行验算，扣10分 专项施工方案未按规定审核、审批，扣10分	10		
2		安全装置	未安装防坠安全锁或安全锁失灵，扣10分 防坠安全锁超过标定期限仍在使用，扣10分 未设置挂设安全带专用安全绳及安全锁扣或安全绳未固定在建筑物可靠位置，扣10分 吊篮未安装上限位装置或限位装置失灵，扣10分	10		
3		悬挂机构	悬挂机构前支架支撑在建筑物女儿墙上或挑檐边缘，扣10分 前梁外伸长度不符合产品说明书规定，扣10分 前支架与支撑面不垂直或脚轮受力，扣10分 上支架未固定在前支架调节杆与悬挑梁连接的节点处，扣5分 使用破损的配重块或采用其他替代物，扣10分 配重块未固定或重量不符合设计规定，扣10分	10		

续表 B.10

序号	检查项目		扣分标准	应得分数	扣减分数	实得分数
4	保证项目	钢丝绳	钢丝绳有断丝、松股、硬弯、锈蚀或有油污附着物，扣10分 安全钢丝绳规格、型号与工作钢丝绳不相同或未独立悬挂，扣10分 安全钢丝绳不悬垂，扣5分 电焊作业时未对钢丝绳采取保护措施，扣5～10分	10		
5		安装作业	吊篮平台组装长度不符合产品说明书和规范要求，扣10分 吊篮组装的构配件不是同一生产厂家的产品，扣5～10分	10		
6		升降作业	操作升降人员未经培训合格，扣10分 吊篮内作业人员数量超过2人，扣10分 吊篮内作业人员未将安全带用安全锁扣挂置在独立设置的专用安全绳上，扣10分 作业人员未从地面进出吊篮，扣5分	10		
		小计		60		

续表 B.10

序号	检查项目		扣分标准	应得分数	扣减分数	实得分数
7	一般项目	交底与验收	未履行验收程序，验收表未经责任人签字确认，扣5～10分 验收内容未进行量化，扣5分 每天班前班后未进行检查，扣5分 吊篮安装使用前未进行交底或交底未留有文字记录，扣5～10分	10		
8		安全防护	吊篮平台周边的防护栏杆或挡脚板的设置不符合规范要求，扣5～10分 多层或立体交叉作业未设置防护顶板，扣8分	10		
9		吊篮稳定	吊篮作业未采取防摆动措施，扣5分 吊篮钢丝绳不垂直或吊篮距建筑物空隙过大，扣5分	10		
10		荷载	施工荷载超过设计规定，扣10分 荷载堆放不均匀，扣5分	10		
		小计		40		
检查项目合计				100		

表 B.11　基坑工程检查评分表

序号	检查项目		扣分标准	应得分数	扣减分数	实得分数
1	保证项目	施工方案	基坑工程未编制专项施工方案，扣10分 专项施工方案未按规定审核、审批，扣10分 超过一定规模条件的基坑工程专项施工方案未按规定组织专家论证，扣10分 基坑周边环境或施工条件发生变化，专项施工方案未重新进行审核、审批，扣10分	10		
2		基坑支护	人工开挖的狭窄基槽，开挖深度较大或存在边坡塌方危险未采取支护措施，扣10分 自然放坡的坡率不符合专项施工方案和规范要求，扣10分 基坑支护结构不符合设计要求，扣10分 支护结构水平位移达到设计报警值未采取有效控制措施，扣10分	10		
3		降排水	基坑开挖深度范围内有地下水未采取有效的降排水措施，扣10分 基坑边沿周围地面未设排水沟或排水沟设置不符合规范要求，扣5分 放坡开挖对坡顶、坡面、坡脚未采取降排水措施，扣5～10分 基坑底四周未设排水沟和集水井或排除积水不及时，扣5～8分	10		

14

续表 B.11

序号	检查项目		扣分标准	应得分数	扣减分数	实得分数
4	保证项目	基坑开挖	支护结构未达到设计要求的强度提前开挖下层土方，扣10分 未按设计和施工方案的要求分层、分段开挖或开挖不均衡，扣10分 基坑开挖过程中未采取防止碰撞支护结构或工程桩的有效措施，扣10分 机械在软土场地作业，未采取铺设渣土、砂石等硬化措施，扣10分	10		
5		坑边荷载	基坑边堆置土、料具等荷载超过基坑支护设计允许要求，扣10分 施工机械与基坑边沿的安全距离不符合设计要求，扣10分	10		
6		安全防护	开挖深度2m及以上的基坑周边未按规范要求设置防护栏杆或栏杆设置不符合规范要求，扣5～10分 基坑内未设置供施工人员上下的专用梯道或梯道设置不符合规范要求，扣5～10分 降水井口未设置防护盖板或围栏，扣10分	10		
小计				60		

续表 B.11

序号	检查项目		扣分标准	应得分数	扣减分数	实得分数
7	一般项目	基坑监测	未按要求进行基坑工程监测，扣10分 基坑监测项目不符合设计和规范要求，扣5～10分 监测的时间间隔不符合监测方案要求或监测结果变化速率较大未加密观测次数，扣5～8分 未按设计要求提交监测报告或监测报告内容不完整，扣5～8分	10		
8		支撑拆除	基坑支撑结构的拆除方式、拆除顺序不符合专项施工方案要求，扣5～10分 机械拆除作业时，施工荷载大于支撑结构承载能力，扣10分 人工拆除作业时，未按规定设置防护设施，扣8分 采用非常规拆除方式不符合国家现行相关规范要求，扣10分	10		
9		作业环境	基坑内土方机械、施工人员的安全距离不符合规范要求，扣10分 上下垂直作业未采取防护措施，扣5分 在各种管线范围内挖土作业未设专人监护，扣5分 作业区光线不良，扣5分	10		
10		应急预案	未按要求编制基坑工程应急预案或应急预案内容不完整，扣5～10分 应急组织机构不健全或应急物资、材料、工具机具储备不符合应急预案要求，扣2～6分	10		
		小计		40		
检查项目合计				100		

表 B.12　模板支架检查评分表

序号	检查项目		扣分标准	应得分数	扣减分数	实得分数
1	保证项目	施工方案	未编制专项施工方案或结构设计未经计算，扣10分 专项施工方案未经审核、审批，扣10分 超规模模板支架专项施工方案未按规定组织专家论证，扣10分	10		
2		支架基础	基础不坚实平整，承载力不符合专项施工方案要求，扣5～10分 支架底部未设置垫板或垫板的规格不符合规范要求，扣5～10分 支架底部未按规范要求设置底座，每处扣2分 未按规范要求设置扫地杆，扣5分 未采取排水设施，扣5分 支架设在楼面结构上时，未对楼面结构的承载力进行验算或楼面结构下方未采取加固措施，扣10分	10		
3		支架构造	立杆纵、横间距大于设计和规范要求，每处扣2分 水平杆步距大于设计和规范要求，每处扣2分 水平杆未连续设置，扣5分 未按规范要求设置竖向剪刀撑或专用斜杆，扣10分 未按规范要求设置水平剪刀撑或专用水平斜杆，扣10分 剪刀撑或斜杆设置不符合规范要求，扣5分	10		
4		支架稳定	支架高宽比超过规范要求未采取与建筑结构刚性连接或增加架体宽度等措施，扣10分 立杆伸出顶层水平杆的长度超过规范要求，每处扣2分 浇筑混凝土未对支架的基础沉降、架体变形采取监测措施，扣8分	10		

续表 B.12

序号	检查项目		扣分标准	应得分数	扣减分数	实得分数
5	保证项目	施工荷载	荷载堆放不均匀，每处扣5分 施工荷载超过设计规定，扣10分 浇筑混凝土未对混凝土堆积高度进行控制，扣8分	10		
6		交底与验收	支架搭设、拆除前未进行交底或无文字记录，扣5～10分 架体搭设完毕未办理验收手续，扣10分 验收内容未进行量化，或未经责任人签字确认，扣5分	10		
		小计		60		
7	一般项目	杆件连接	立杆连接不符合规范要求，扣3分 水平杆连接不符合规范要求，扣3分 剪刀撑斜杆接长不符合规范要求，每处扣3分 杆件各连接点的紧固不符合规范要求，每处扣2分	10		
8		底座与托撑	螺杆直径与立杆内径不匹配，每处扣3分 螺杆旋入螺母内的长度或外伸长度不符合规范要求，每处扣3分	10		
9		构配件材质	钢管、构配件的规格、型号、材质不符合规范要求，扣5～10分 杆件弯曲、变形、锈蚀严重，扣10分	10		
10		支架拆除	支架拆除前未确认混凝土强度达到设计要求，扣10分 未按规定设置警戒区或未设置专人监护，扣5～10分	10		
		小计		40		
检查项目合计				100		

表B.13 高处作业检查评分表

序号	检查项目	扣分标准	应得分数	扣减分数	实得分数
1	安全帽	施工现场人员未佩戴安全帽，每人扣5分 未按标准佩戴安全帽，每人扣2分 安全帽质量不符合现行国家相关标准的要求，扣5分	10		
2	安全网	在建工程外脚手架架体外侧未采用密目式安全网封闭或网间连接不严，扣2～10分 安全网质量不符合现行国家相关标准的要求，扣10分	10		
3	安全带	高处作业人员未按规定系挂安全带，每人扣5分 安全带系挂不符合要求，每人扣5分 安全带质量不符合现行国家相关标准的要求，扣10分	10		
4	临边防护	工作面边沿无临边防护，扣10分 临边防护设施的构造、强度不符合规范要求，扣5分 防护设施未形成定型化、工具式，扣3分	10		
5	洞口防护	在建工程的孔、洞未采取防护措施，每处扣5分 防护措施、设施不符合要求或不严密，每处扣3分 防护设施未形成定型化、工具式，扣3分 电梯井内未按每隔两层且不大于10m设置安全平网，扣5分	10		
6	通道口防护	未搭设防护棚或防护不严、不牢固，扣5～10分 防护棚两侧未进行封闭，扣4分 防护棚宽度小于通道口宽度，扣4分 防护棚长度不符合要求，扣4分 建筑物高度超过24m，防护棚顶未采用双层防护，扣4分 防护棚的材质不符合规范要求，扣5分	10		

续表 B.13

序号	检查项目	扣分标准	应得分数	扣减分数	实得分数
7	攀登作业	移动式梯子的梯脚底部垫高使用，扣3分 折梯未使用可靠拉撑装置，扣5分 梯子的材质或制作质量不符合规范要求，扣10分	10		
8	悬空作业	悬空作业处未设置防护栏杆或其他可靠的安全设施，扣5～10分 悬空作业所用的索具、吊具等未经验收，扣5分 悬空作业人员未系挂安全带或佩带工具袋，扣2～10分	10		
9	移动式操作平台	操作平台未按规定进行设计计算，扣8分 移动式操作平台，轮子与平台的连接不牢固可靠或立柱底端距离地面超过80mm，扣5分 操作平台的组装不符合设计和规范要求，扣10分 平台台面铺板不严，扣5分 操作平台四周未按规定设置防护栏杆或未设置登高扶梯，扣10分 操作平台的材质不符合规范要求，扣10分	10		
10	悬挑式物料钢平台	未编制专项施工方案或未经设计计算，扣10分 悬挑式钢平台的下部支撑系统或上部拉结点，未设置在建筑结构上，扣10分 斜拉杆或钢丝绳未按要求在平台两侧各设置两道，扣10分 钢平台未按要求设置固定的防护栏杆或挡脚板，扣3～10分 钢平台台面铺板不严或钢平台与建筑结构之间铺板不严，扣5分 未在平台明显处设置荷载限定标牌，扣5分	10		
检查项目合计			100		

表B.14 施工用电检查评分表

序号	检查项目		扣分标准	应得分数	扣减分数	实得分数
1	保证项目	外电防护	外电线路与在建工程及脚手架、起重机械、场内机动车道之间的安全距离不符合规范要求且未采取防护措施，扣10分 防护设施未设置明显的警示标志，扣5分 防护设施与外电线路的安全距离及搭设方式不符合规范要求，扣5～10分 在外电架空线路正下方施工、建造临时设施或堆放材料物品，扣10分	10		
2		接地与接零保护系统	施工现场专用的电源中性点直接接地的低压配电系统未采用TN-S接零保护系统，扣20分 配电系统未采用同一保护系统，扣20分 保护零线引出位置不符合规范要求，扣5～10分 电气设备未接保护零线，每处扣2分 保护零线装设开关、熔断器或通过工作电流，扣20分 保护零线材质、规格及颜色标记不符合规范要求，每处扣2分 工作接地与重复接地的设置、安装及接地装置的材料不符合规范要求，扣10～20分 工作接地电阻大于4Ω，重复接地电阻大于10Ω，扣20分 施工现场起重机、物料提升机、施工升降机、脚手架防雷措施不符合规范要求，扣5～10分 做防雷接地机械上的电气设备，保护零线未做重复接地，扣10分	20		

续表 B.14

序号	检查项目		扣 分 标 准	应得分数	扣减分数	实得分数
3	保证项目	配电线路	线路及接头不能保证机械强度和绝缘强度，扣5～10分 线路未设短路、过载保护，扣5～10分 线路截面不能满足负荷电流，每处扣2分 线路的设施、材料及相序排列、档距、与邻近线路或固定物的距离不符合规范要求，扣5～10分 电缆沿地面明设，沿脚手架、树木等敷设或敷设不符合规范要求，扣5～10分 线路敷设的电缆不符合规范要求，扣5～10分 室内明敷主干线距地面高度小于2.5m，每处扣2分	10		
4		配电箱与开关箱	配电系统未采用三级配电、二级漏电保护系统，扣10～20分 用电设备未有各自专用的开关箱，每处扣2分 箱体结构、箱内电器设置不符合规范要求，扣10～20分 配电箱零线端子板的设置、连接不符合规范要求，扣5～10分 漏电保护器参数不匹配或检测不灵敏，每处扣2分 配电箱与开关箱电器损坏或进出线混乱，每处扣2分 箱体未设置系统接线图和分路标记，每处扣2分 箱体未设门、锁，未采取防雨措施，每处扣2分 箱体安装位置、高度及周边通道不符合规范要求，每处扣2分 分配电箱与开关箱、开关箱与用电设备的距离不符合规范要求，每处扣2分	20		
		小计		60		

续表 B.14

序号	检查项目		扣 分 标 准	应得分数	扣减分数	实得分数
5	一般项目	配电室与配电装置	配电室建筑耐火等级未达到三级，扣15分 未配置适用于电气火灾的灭火器材，扣3分 配电室、配电装置布设不符合规范要求，扣5～10分 配电装置中的仪表、电气元件设置不符合规范要求或仪表、电气元件损坏，扣5～10分 备用发电机组未与外电线路进行连锁，扣15分 配电室未采取防雨雪和小动物侵入的措施，扣10分 配电室未设警示标志、工地供电平面图和系统图，扣3～5分	15		
6		现场照明	照明用电与动力用电混用，每处扣2分 特殊场所未使用36V及以下安全电压，扣15分 手持照明灯未使用36V以下电源供电，扣10分 照明变压器未使用双绕组安全隔离变压器，扣15分 灯具金属外壳未接保护零线，每处扣2分 灯具与地面、易燃物之间小于安全距离，每处扣2分 照明线路和安全电压线路的架设不符合规范要求，扣10分 施工现场未按规范要求配备应急照明，每处扣2分	15		

续表 B.14

序号	检查项目		扣 分 标 准	应得分数	扣减分数	实得分数
7	一般项目	用电档案	总包单位与分包单位未订立临时用电管理协议，扣10分 未制定专项用电施工组织设计、外电防护专项方案或设计、方案缺乏针对性，扣5～10分 专项用电施工组织设计、外电防护专项方案未履行审批程序，实施后相关部门未组织验收，扣5～10分 接地电阻、绝缘电阻和漏电保护器检测记录未填写或填写不真实，扣3分 安全技术交底、设备设施验收记录未填写或填写不真实，扣3分 定期巡视检查、隐患整改记录未填写或填写不真实，扣3分 档案资料不齐全，未设专人管理，扣3分	10		
		小计		40		
检查项目合计				100		

表 B.15　物料提升机检查评分表

序号	检查项目		扣 分 标 准	应得分数	扣减分数	实得分数
1	保证项目	安全装置	未安装起重量限制器、防坠安全器，扣15分 起重量限制器、防坠安全器不灵敏，扣15分 安全停层装置不符合规范要求或未达到定型化，扣5～10分 未安装上行程限位，扣15分 上行程限位不灵敏，安全越程不符合规范要求，扣10分 物料提升机安装高度超过30m，未安装渐进式防坠安全器、自动停层、语音及影像信号监控装置，每项扣5分	15		
2		防护设施	未设置防护围栏或设置不符合规范要求，扣5～15分 未设置进料口防护棚或设置不符合规范要求，扣5～15分 停层平台两侧未设置防护栏杆、挡脚板，每处扣2分 停层平台脚手板铺设不严、不牢，每处扣2分 未安装平台门或平台门不起作用，扣5～15分 平台门未达到定型化，每处扣2分 吊笼门不符合规范要求，扣10分	15		
3		附墙架与缆风绳	附墙架结构、材质、间距不符合产品说明书要求，扣10分 附墙架未与建筑结构可靠连接，扣10分 缆风绳设置数量、位置不符合规范要求，扣5分 缆风绳未使用钢丝绳或未与地锚连接，扣10分 钢丝绳直径小于8mm或角度不符合45°～60°要求，扣5～10分 安装高度超过30m的物料提升机使用缆风绳，扣10分 地锚设置不符合规范要求，每处扣5分	10		

续表 B.15

序号	检查项目		扣分标准	应得分数	扣减分数	实得分数
4	保证项目	钢丝绳	钢丝绳磨损、变形、锈蚀达到报废标准，扣10分 钢丝绳绳夹设置不符合规范要求，每处扣2分 吊笼处于最低位置，卷筒上钢丝绳少于3圈，扣10分 未设置钢丝绳过路保护措施或钢丝绳拖地，扣5分	10		
5		安拆、验收与使用	安装、拆卸单位未取得专业承包资质和安全生产许可证，扣10分 未制定专项施工方案或未经审核、审批，扣10分 未履行验收程序或验收表未经责任人签字，扣5～10分 安装、拆除人员及司机未持证上岗，扣10分 物料提升机作业前未按规定进行例行检查或未填写检查记录，扣4分 实行多班作业未按规定填写交接班记录，扣3分	10		
		小计		60		
6	一般项目	基础与导轨架	基础的承载力、平整度不符合规范要求，扣5～10分 基础周边未设排水设施，扣5分 导轨架垂直度偏差大于导轨架高度0.15%，扣5分 井架停层平台通道处的结构未采取加强措施，扣8分	10		

续表 B.15

序号	检查项目		扣分标准	应得分数	扣减分数	实得分数
7	一般项目	动力与传动	卷扬机、曳引机安装不牢固，扣10分 卷筒与导轨架底部导向轮的距离小于20倍卷筒宽度未设置排绳器，扣5分 钢丝绳在卷筒上排列不整齐，扣5分 滑轮与导轨架、吊笼未采用刚性连接，扣10分 滑轮与钢丝绳不匹配，扣10分 卷筒、滑轮未设置防止钢丝绳脱出装置，扣5分 曳引钢丝绳为2根及以上时，未设置曳引力平衡装置，扣5分	10		
8		通信装置	未按规范要求设置通信装置，扣5分 通信装置信号显示不清晰，扣3分	5		
9		卷扬机操作棚	未设置卷扬机操作棚，扣10分 操作棚搭设不符合规范要求，扣5～10分	10		
10		避雷装置	物料提升机在其他防雷保护范围以外未设置避雷装置，扣5分 避雷装置不符合规范要求，扣3分	5		
		小计		40		
检查项目合计				100		

表 B.16 施工升降机检查评分表

序号	检查项目		扣分标准	应得分数	扣减分数	实得分数
1	保证项目	安全装置	未安装起重量限制器或起重量限制器不灵敏，扣10分 未安装渐进式防坠安全器或防坠安全器不灵敏，扣10分 防坠安全器超过有效标定期限，扣10分 对重钢丝绳未安装防松绳装置或防松绳装置不灵敏，扣5分 未安装急停开关或急停开关不符合规范要求，扣5分 未安装吊笼和对重缓冲器或缓冲器不符合规范要求，扣5分 SC型施工升降机未安装安全钩，扣10分	10		
2		限位装置	未安装极限开关或极限开关不灵敏，扣10分 未安装上限位开关或上限位开关不灵敏，扣10分 未安装下限位开关或下限位开关不灵敏，扣5分 极限开关与上限位开关安全越程不符合规范要求，扣5分 极限开关与上、下限位开关共用一个触发元件，扣5分 未安装吊笼门机电连锁装置或不灵敏，扣10分 未安装吊笼顶窗电气安全开关或不灵敏，扣5分	10		

续表 B.16

序号	检查项目		扣分标准	应得分数	扣减分数	实得分数
3	保证项目	防护设施	未设置地面防护围栏或设置不符合规范要求，扣5～10分 未安装地面防护围栏门连锁保护装置或连锁保护装置不灵敏，扣5～8分 未设置出入口防护棚或设置不符合规范要求，扣5～10分 停层平台搭设不符合规范要求，扣5～8分 未安装层门或层门不起作用，扣5～10分 层门不符合规范要求、未达到定型化，每处扣2分	10		
4		附墙架	附墙架采用非配套标准产品未进行设计计算，扣10分 附墙架与建筑结构连接方式、角度不符合产品说明书要求，扣5～10分 附墙架间距、最高附着点以上导轨架的自由高度超过产品说明书要求，扣10分	10		
5		钢丝绳、滑轮与对重	对重钢丝绳绳数少于2根或未相对独立，扣5分 钢丝绳磨损、变形、锈蚀达到报废标准，扣10分 钢丝绳的规格、固定不符合产品说明书及规范要求，扣10分 滑轮未安装钢丝绳防脱装置或不符合规范要求，扣4分 对重重量、固定不符合产品说明书及规范要求，扣10分 对重未安装防脱轨保护装置，扣5分	10		

续表 B.16

序号	检查项目		扣 分 标 准	应得分数	扣减分数	实得分数
6	保证项目	安拆、验收与使用	安装、拆卸单位未取得专业承包资质和安全生产许可证，扣10分 未编制安装、拆卸专项方案或专项方案未经审核、审批，扣10分 未履行验收程序或验收表未经责任人签字，扣5～10分 安装、拆除人员及司机未持证上岗，扣10分 施工升降机作业前未按规定进行例行检查，未填写检查记录，扣4分 实行多班作业未按规定填写交接班记录，扣3分	10		
		小计		60		
7	一般项目	导轨架	导轨架垂直度不符合规范要求，扣10分 标准节质量不符合产品说明书及规范要求，扣10分 对重导轨不符合规范要求，扣5分 标准节连接螺栓使用不符合产品说明书及规范要求，扣5～8分	10		
8		基础	基础制作、验收不符合产品说明书及规范要求，扣5～10分 基础设置在地下室顶板或楼面结构上，未对其支承结构进行承载力验算，扣10分 基础未设置排水设施，扣4分	10		

续表 B.16

序号	检查项目		扣 分 标 准	应得分数	扣减分数	实得分数
9	一般项目	电气安全	施工升降机与架空线路距离不符合规范要求，未采取防护措施，扣10分 防护措施不符合规范要求，扣5分 未设置电缆导向架或设置不符合规范要求，扣5分 施工升降机在防雷保护范围以外未设置避雷装置，扣10分 避雷装置不符合规范要求，扣5分	10		
10		通信装置	未安装楼层信号联络装置，扣10分 楼层联络信号不清晰，扣5分	10		
		小计		40		
检查项目合计				100		

表 B.17　塔式起重机检查评分表

序号	检查项目		扣 分 标 准	应得分数	扣减分数	实得分数
1	保证项目	载荷限制装置	未安装起重量限制器或不灵敏，扣10分 未安装力矩限制器或不灵敏，扣10分	10		
2		行程限位装置	未安装起升高度限位器或不灵敏，扣10分 起升高度限位器的安全越程不符合规范要求，扣6分 未安装幅度限位器或不灵敏，扣10分 回转不设集电器的塔式起重机未安装回转限位器或不灵敏，扣6分 行走式塔式起重机未安装行走限位器或不灵敏，扣10分	10		

续表 B.17

序号	检查项目		扣 分 标 准	应得分数	扣减分数	实得分数
3	保证项目	保护装置	小车变幅的塔式起重机未安装断绳保护及断轴保护装置，扣8分 行走及小车变幅的轨道行程末端未安装缓冲器及止挡装置或不符合规范要求，扣4～8分 起重臂根部绞点高度大于50m的塔式起重机未安装风速仪或不灵敏，扣4分 塔式起重机顶部高度大于30m且高于周围建筑物未安装障碍指示灯，扣4分	10		
4		吊钩、滑轮、卷筒与钢丝绳	吊钩未安装钢丝绳防脱钩装置或不符合规范要求，扣10分 吊钩磨损、变形达到报废标准，扣10分 滑轮、卷筒未安装钢丝绳防脱装置或不符合规范要求，扣4分 滑轮及卷筒磨损达到报废标准，扣10分 钢丝绳磨损、变形、锈蚀达到报废标准，扣10分 钢丝绳的规格、固定、缠绕不符合产品说明书及规范要求，扣5～10分	10		
5		多塔作业	多塔作业未制定专项施工方案或施工方案未经审批，扣10分 任意两台塔式起重机之间的最小架设距离不符合规范要求，扣10分	10		

续表 B.17

序号	检查项目		扣 分 标 准	应得分数	扣减分数	实得分数
6	保证项目	安拆、验收与使用	安装、拆卸单位未取得专业承包资质和安全生产许可证，扣10分 未制定安装、拆卸专项方案，扣10分 方案未经审核、审批，扣10分 未履行验收程序或验收表未经责任人签字，扣5～10分 安装、拆除人员及司机、指挥未持证上岗，扣10分 塔式起重机作业前未按规定进行例行检查，未填写检查记录，扣4分 实行多班作业未按规定填写交接班记录，扣3分	10		
		小计		60		
7	一般项目	附着	塔式起重机高度超过规定未安装附着装置，扣10分 附着装置水平距离不满足产品说明书要求，未进行设计计算和审批，扣8分 安装内爬式塔式起重机的建筑承载结构未进行承载力验算，扣8分 附着装置安装不符合产品说明书及规范要求，扣5～10分 附着前和附着后塔身垂直度不符合规范要求，扣10分	10		
8		基础与轨道	塔式起重机基础未按产品说明书及有关规定设计、检测、验收，扣5～10分 基础未设置排水措施，扣4分 路基箱或枕木铺设不符合产品说明书及规范要求，扣6分 轨道铺设不符合产品说明书及规范要求，扣6分	10		

续表 B.17

序号	检查项目		扣分标准	应得分数	扣减分数	实得分数
9	一般项目	结构设施	主要结构件的变形、锈蚀不符合规范要求，扣10分 平台、走道、梯子、护栏的设置不符合规范要求，扣4～8分 高强螺栓、销轴、紧固件的紧固、连接不符合规范要求，扣5～10分	10		
10		电气安全	未采用TN-S接零保护系统供电，扣10分 塔式起重机与架空线路安全距离不符合规范要求，未采取防护措施，扣10分 防护措施不符合规范要求，扣5分 未安装避雷接地装置，扣10分 避雷接地装置不符合规范要求，扣5分 电缆使用及固定不符合规范要求，扣5分	10		
		小计		40		
检查项目合计				100		

表 B.18　起重吊装检查评分表

序号	检查项目		扣分标准	应得分数	扣减分数	实得分数
1	保证项目	施工方案	未编制专项施工方案或专项施工方案未经审核、审批，扣10分 超规模的起重吊装专项施工方案未按规定组织专家论证，扣10分	10		

续表 B.18

序号	检查项目		扣分标准	应得分数	扣减分数	实得分数
2	保证项目	起重机械	未安装荷载限制装置或不灵敏，扣10分 未安装行程限位装置或不灵敏，扣10分 起重拔杆组装不符合设计要求，扣10分 起重拔杆组装后未履行验收程序或验收表无责任人签字，扣5～10分	10		
3		钢丝绳与地锚	钢丝绳磨损、断丝、变形、锈蚀达到报废标准，扣10分 钢丝绳规格不符合起重机产品说明书要求，扣10分 吊钩、卷筒、滑轮磨损达到报废标准，扣10分 吊钩、卷筒、滑轮未安装钢丝绳防脱装置，扣5～10分 起重拔杆的缆风绳、地锚设置不符合设计要求，扣8分	10		
4		索具	索具采用编结连接时，编结部分的长度不符合规范要求，扣10分 索具采用绳夹连接时，绳夹的规格、数量及绳夹间距不符合规范要求，扣5～10分 索具安全系数不符合规范要求，扣10分 吊索规格不匹配或机械性能不符合设计要求，扣5～10分	10		

续表 B.18

序号	检查项目		扣分标准	应得分数	扣减分数	实得分数
5	保证项目	作业环境	起重机行走作业处地面承载能力不符合产品说明书要求或未采用有效加固措施，扣10分 起重机与架空线路安全距离不符合规范要求，扣10分	10		
6		作业人员	起重机司机无证操作或操作证与操作机型不符，扣5～10分 未设置专职信号指挥和司索人员，扣10分 作业前未按规定进行安全技术交底或交底未形成文字记录，扣5～10分	10		
		小计		60		
7	一般项目	起重吊装	多台起重机同时起吊一个构件时，单台起重机所承受的荷载不符合专项施工方案要求，扣10分 吊索系挂点不符合专项施工方案要求，扣5分 起重机作业时起重臂下有人停留或吊运重物从人的正上方通过，扣10分 起重机吊具载运人员，扣10分 吊运易散落物件不使用吊笼，扣6分	10		
8		高处作业	未按规定设置高处作业平台，扣10分 高处作业平台设置不符合规范要求，扣5～10分 未按规定设置爬梯或爬梯的强度、构造不符合规范要求，扣5～8分 未按规定设置安全带悬挂点，扣8分	10		

续表 B.18

序号	检查项目		扣分标准	应得分数	扣减分数	实得分数
9	一般项目	构件码放	构件码放荷载超过作业面承载能力，扣10分 构件码放高度超过规定要求，扣4分 大型构件码放无稳定措施，扣8分	10		
10		警戒监护	未按规定设置作业警戒区，扣10分 警戒区未设专人监护，扣5分	10		
		小计		40		
检查项目合计				100		

表 B.19　施工机具检查评分表

序号	检查项目	扣分标准	应得分数	扣减分数	实得分数
1	平刨	平刨安装后未履行验收程序，扣5分 未设置护手安全装置，扣5分 传动部位未设置防护罩，扣5分 未作保护接零或未设置漏电保护器，扣10分 未设置安全作业棚，扣6分 使用多功能木工机具，扣10分	10		
2	圆盘锯	圆盘锯安装后未履行验收程序，扣5分 未设置锯盘护罩、分料器、防护挡板安全装置和传动部位未设置防护罩，每处扣3分 未作保护接零或未设置漏电保护器，扣10分 未设置安全作业棚，扣6分 使用多功能木工机具，扣10分	10		

续表 B.19

序号	检查项目	扣分标准	应得分数	扣减分数	实得分数
3	手持电动工具	Ⅰ类手持电动工具未采取保护接零或未设置漏电保护器，扣8分 使用Ⅰ类手持电动工具不按规定穿戴绝缘用品，扣6分 手持电动工具随意接长电源线，扣4分	8		
4	钢筋机械	机械安装后未履行验收程序，扣5分 未作保护接零或未设置漏电保护器，扣10分 钢筋加工区未设置作业棚，钢筋对焊作业区未采取防止火花飞溅措施或冷拉作业区未设置防护栏板，每处扣5分 传动部位未设置防护罩，扣5分	10		
5	电焊机	电焊机安装后未履行验收程序，扣5分 未作保护接零或未设置漏电保护器，扣10分 未设置二次空载降压保护器，扣10分 一次线长度超过规定或未进行穿管保护，扣3分 二次线未采用防水橡皮护套铜芯软电缆，扣10分 二次线长度超过规定或绝缘层老化，扣3分 电焊机未设置防雨罩或接线柱未设置防护罩，扣5分	10		
6	搅拌机	搅拌机安装后未履行验收程序，扣5分 未作保护接零或未设置漏电保护器，扣10分 离合器、制动器、钢丝绳达不到规定要求，每项扣5分 上料斗未设置安全挂钩或止挡装置，扣5分 传动部位未设置防护罩，扣4分 未设置安全作业棚，扣6分	10		

续表 B.19

序号	检查项目	扣分标准	应得分数	扣减分数	实得分数
7	气瓶	气瓶未安装减压器，扣8分 乙炔瓶未安装回火防止器，扣8分 气瓶间距小于5m或与明火距离小于10m未采取隔离措施，扣8分 气瓶未设置防振圈和防护帽，扣2分 气瓶存放不符合要求，扣4分	8		
8	翻斗车	翻斗车制动、转向装置不灵敏，扣5分 驾驶员无证操作，扣8分 行车载人或违章行车，扣8分	8		
9	潜水泵	未作保护接零或未设置漏电保护器，扣6分 负荷线未使用专用防水橡皮电缆，扣6分 负荷线有接头，扣3分	6		
10	振捣器	未作保护接零或未设置漏电保护器，扣8分 未使用移动式配电箱，扣4分 电缆线长度超过30m，扣4分 操作人员未穿戴绝缘防护用品，扣8分	8		
11	桩工机械	机械安装后未履行验收程序，扣10分 作业前未编制专项施工方案或未按规定进行安全技术交底，扣10分 安全装置不齐全或不灵敏，扣10分 机械作业区域地面承载力不符合规定要求或未采取有效硬化措施，扣12分 机械与输电线路安全距离不符合规范要求，扣12分	12		
检查项目合计			100		

本标准用词说明

1 为便于在执行本标准条文时区别对待，对要求严格程度不同的用词说明如下：

1）表示很严格，非这样做不可的：
正面词采用“必须”，反面词采用“严禁”；

2）表示严格，在正常情况下均应这样做的：
正面词采用“应”，反面词采用“不应”或“不得”；

3）表示允许稍有选择，在条件许可时首先应这样做的：
正面词采用“宜”，反面词采用“不宜”；

4）表示有选择，在一定条件下可以这样做的，采用“可”。

2 条文中指明应按其他有关标准执行的，写法为“应符合……的规定”或“应按……执行”。

引用标准名录

1 《建设工程施工现场供用电安全规范》GB 50194
2 《建筑基坑工程监测技术规范》GB 50497
3 《建设工程施工现场消防安全技术规范》GB 50720
4 《安全帽》GB 2118
5 《塔式起重机安全规程》GB 5144
6 《安全网》GB 5725
7 《起重机械安全规程》GB 6067
8 《安全带》GB 6095
9 《施工升降机》GB/T 10054
10 《施工升降机安全规程》GB 10055
11 《建筑机械使用安全技术规程》JGJ 33
12 《施工现场临时用电安全技术规范》JGJ 46
13 《建筑施工高处作业安全技术规范》JGJ 80
14 《龙门架及井架物料提升机安全技术规范》JGJ 88
15 《建筑基坑支护技术规程》JGJ 120
16 《建筑施工门式钢管脚手架安全技术规范》JGJ 128
17 《建筑施工扣件式钢管脚手架安全技术规范》JGJ 130
18 《建筑施工现场环境和卫生标准》JGJ 146
19 《施工现场机械设备检查技术规程》JGJ 160
20 《建筑施工模板安全技术规范》JGJ 162
21 《建筑施工碗扣式钢管脚手架安全技术规范》JGJ 166
22 《建筑施工土石方工程安全技术规范》JGJ 180
23 《施工现场临时建筑物技术规范》JGJ/T 188
24 《建筑施工塔式起重机安装、使用、拆卸安全技术规程》JGJ 196

25 《建筑施工工具式脚手架安全技术规范》JGJ 202

26 《建筑施工升降机安装、使用、拆卸安全技术规程》JGJ 215

27 《建筑施工承插型盘扣式钢管支架安全技术规程》JGJ 231

中华人民共和国行业标准

建筑施工安全检查标准

JGJ 59-2011

条文说明

修 订 说 明

《建筑施工安全检查标准》JGJ 59－2011，经住房和城乡建设部2011年12月7日以第1204号公告批准、发布。

本标准是在《建筑施工安全检查标准》JGJ 59－99的基础上修订而成，上一版的主编单位是天津建工集团总公司，参编单位是中国工程标准化协会施工安全专业委员会、上海市建设工程安全监督站、哈尔滨市建设工程安全监察站、嘉兴市建筑安全监督站、杭州市建筑工程安全监督站、深圳市施工安全监督站、北京建工集团、山西省建筑安全监督站，主要起草人是秦春芳、刘嘉福、戴贞洁。本次修订的主要技术内容是：1. 增设"术语"章节；2. 增设"检查评定项目"章节；3. 将原"检查分类及评分方法"一章调整为"检查评分方法"和"检查评定等级"两个章节，并对评定等级的划分标准进行了调整；4. 将原"检查评分表"一章调整为附录；5. 将"建筑施工安全检查评分汇总表"中的项目名称及分值进行了调整；6. 删除"挂脚手架检查评分表"、"吊篮脚手架检查评分表"；7. 将"'三宝'、'四口'防护检查评分表"改为"高处作业检查评分表"，并新增移动式操作平台和悬挑式钢平台的检查内容；8. 新增"碗扣式钢管脚手架检查评分表"、"承插型盘扣式钢管脚手架检查评分表"、"满堂脚手架检查评分表"、"高处作业吊篮检查评分表"；9. 依据现行法规和标准对检查评分表的内容进行了调整。

本标准修订过程中，编制组进行了大量的调查研究，总结了我国房屋建筑工程施工现场安全检查的实践经验。

为便于广大设计、施工、科研、学校等单位有关人员在使用本标准时能正确理解和执行条文规定，《建筑施工安全检查标准》编制组按章、节、条顺序编制了本标准的条文说明，对条文规定的目的、依据以及执行中需注意的有关事项进行了说明，还着重对强制性条文的强制性理由作了解释。但是，本条文说明不具备与标准正文同等的法律效力，仅供使用者作为理解和把握标准的参考。

目　次

1 总　　则

1.0.1 本标准编制的目的。

1.0.2 本标准适用于建筑施工企业或其他方对房屋建筑施工现场的安全检查评定。

1.0.3 建筑施工安全检查除应符合本标准规定外，针对施工现场的实际情况尚应符合国家现行有关标准中的要求。

3 检查评定项目

3.1 安 全 管 理

3.1.3 对安全管理保证项目说明如下：

1 安全生产责任制

安全生产责任制主要是指工程项目部各级管理人员，包括：项目经理、工长、安全员、生产、技术、机械、器材、后勤、分包单位负责人等管理人员，均应建立安全责任制。根据《建筑施工安全检查标准》和项目制定的安全管理目标，进行责任目标分解。建立考核制度，定期（每月）考核。

工程的主要施工工种，包括：砌筑、抹灰、混凝土、木工、电工、钢筋、机械、起重司索、信号指挥、脚手架、水暖、油漆、塔吊、电梯、电气焊等工种均应制定安全技术操作规程，并在相对固定的作业区域悬挂。

工程项目部专职安全人员的配备应按住建部的规定，1万m^2以下工程1人；1万m^2～5万m^2的工程不少于2人；5万m^2以上的工程不少于3人。

制定安全生产资金保障制度，就是要确保购置、制作各种安全防护设施、设备、工具、材料及文明施工设施和工程抢险等需要的资金，做到专款专用。同时还应提前编制计划并严格按计划实施，保证安全生产资金的投入。

2 施工组织设计与专项施工方案

施工组织设计中的安全技术措施应包括安全生产管理措施。

危险性较大的分部分项工程专项方案，经专家论证后提出修改完善意见的，施工单位应按论证报告进行修改，并经施工单位技术负责人、项目总监理工程师、建设单位项目负责人签字后，方可组织实施。专项方案经论证后需做重大修改的，应重新组织专家进行论证。

3 安全技术交底

安全技术交底主要包括三个方面：一是按工程部位分部分项进行交底；二是对施工作业相对固定，与工程施工部位没有直接关系的工种，如起重机械、钢筋加工等，应单独进行交底；三是对工程项目的各级管理人员，应进行以安全施工方案为主要内容的交底。

4 安全检查

安全检查应包括定期安全检查和季节性安全检查。

定期安全检查以每周一次为宜。

季节性安全检查，应在雨期、冬期之前和雨期、冬期施工中分别进行。

对重大事故隐患的整改复查，应按照谁检查谁复查的原则进行。

5 安全教育

施工人员人场安全教育应按照先培训后上岗的原则进行，培训教育应进行试卷考核。施工人员变换工种或采用新技术、新工艺、新设备、新材料施工时，必须进行安全教育培训，保证施工人员熟悉作业环境，掌握相应的安全知识技能。

现场应填写三级安全教育台账记录和安全教育人员考核登记表。

施工管理人员、专职安全员每年应进行一次安全培训考核。

6 应急救援

重大危险源的辨识应根据工程特点和施工工艺，将施工中可能造成重大人身伤害的危险因素、危险部位、危险作业列为重大危险源并进行公示，并以此为基础编制应急救援预案和控制措施。

项目应定期组织综合或专项的应急救援演练。对难以进行现场演练的预案，可按演练程序和内容采取室内桌牌式模拟演练。

按照工程的不同情况和应急救援预案要求，应配备相应的应急救援器材，包括：急救箱、氧气袋、担架、应急照明灯具、消防器材、通信器材、机械、设备、材料、工具、车辆、备用电源等。

3.1.4 对安全管理一般项目说明如下：

1 分包单位安全管理

分包单位安全员的配备应按住建部的规定，专业分包至少1人；劳务分包的工程50人以下的至少1人；50～200人的至少2人；200人以上的至少3人。

分包单位应根据每天工作任务的不同特点，对施工作业人员进行班前安全交底。

2 持证上岗

项目经理、安全员、特种作业人员应进行登记造册，资格证书复印留查，并按规定年限进行延期审核。

3 生产安全事故处理

工程项目发生的各种安全事故应进行登记报告，并按规定进行调查、处理、制定预防措施，建立事故档案。重伤以上事故，按国家有关调查处理规定进行登记建档。

4 安全标志

施工现场安全标志的设置应根据工程部位进行调整。主要包括：基础施工、主体施工、装修施工三个阶段。

对夜间施工或人员经常通行的危险区域、设施，应安装灯光警示标志。

按照危险源辨识的情况，施工现场应设置重大危险源公示牌。

3.2 文 明 施 工

3.2.3 对文明施工保证项目说明如下：

1 现场围挡

工地必须沿四周连续设置封闭围挡，围挡材料应选用砌体、金属板材等硬性材料，并做到坚固、稳定、整洁和美观。

2 封闭管理

现场进出口应设置大门、门卫室、企业名称或标识、车辆冲洗设施等，并严格执行门卫制度，持工作卡进出现场。

3 施工场地

现场主要道路必须采用混凝土、碎石或其他硬质材料进行硬化处理，做到畅通、平整，其宽度应能满足施工及消防等要求。

对现场易产生扬尘污染的路面、裸露地面及存放的土方等，应采取合理、严密的防尘措施。

4 材料管理

应根据施工现场实际面积及安全消防要求，合理布置材料的存放位置，并码放整齐。

现场存放的材料（如：钢筋、水泥等），为了达到质量和环境保护的要求，应有防雨水浸泡、防锈蚀和防止扬尘等措施。

建筑物内施工垃圾的清运，为防止造成人员伤亡和环境污染，必须要采用合理容器或管道运输，严禁凌空抛掷。

现场易燃易爆物品必须严格管理，在使用和储藏过程中，必须有防暴晒、防火等保护措施，并应间距合理、分类存放。

5 现场办公与住宿

为了保证住宿人员的人身安全，在建工程内、伙房、库房严禁兼做员工宿舍。

施工现场应做到作业区、材料区与办公区、生活区进行明显的划分，并应有隔离措施；如因现场狭小，不能达到安全距离的要求，必须对办公区、生活区采取可靠的防护措施。

宿舍内严禁使用通铺，床铺不应超过2层，为了达到安全和消防的要求，宿舍内应有必要的生活空间，居住人员不得超过16人，通道宽度不应小于0.9m，人均使用面积不应小于2.5m²。

6 现场防火

现场临时用房和设施，包括：办公用房、宿舍、厨房操作间、食堂、锅炉房、库房、变配电房、围挡、大门、材料堆场及其加工场、固定动火作业场、作业棚、机具棚等设施，在防火设计上，必须达到有关消防安全技术规范的要求。

现场木料、保温材料、安全网等易燃材料必须实行入库、合理存放，并配备相应、有效、足够的消防器材。

为了保证现场防火安全，动火作业前必须履行动火审批程序，经监护和主管人员确认、同意，消防设施到位后，方可施工。

3.2.4 对文明施工一般项目说明如下：

2 公示标牌

施工现场的进口处应有明显的公示标牌，如果认为内容还应增加，可结合本地区、本企业及本工程特点进行要求。

3 生活设施

食堂与厕所、垃圾站等污染及有毒有害场所的间距必须大于15m，并应设置在上述场所的上风侧（地区主导风向）。

食堂必须经相关部门审批，颁发卫生许可证和炊事人员的身体健康证。

食堂使用的煤气罐应进行单独存放，不能与其他物品混放，且存放间有良好的通风条件。

食堂应设专人进行管理和消毒，门扇下方设防鼠挡板，操作间设清洗池、消毒池、隔油池、排风、防蚊蝇等设施，储藏间应配有冰柜等冷藏设施，防止食物变质。

厕所的蹲位和小便槽应满足现场人员数量的需求，高层建筑或作业面积大的场地应设置临时性厕所，并由专人及时进行清理。

现场的淋浴室应能满足作业人员的需求，淋浴室与人员的比例宜大于1：20。

现场应针对生活垃圾建立卫生责任制，使用合理、密封的容器，指定专人负责生活垃圾的清运工作。

4 社区服务

为了保护环境，施工现场严禁焚烧各类废弃物（包括：生活垃圾、废旧的建筑材料等），应进行及时的清运。

施工活动泛指施工、拆除、清理、运输及装卸等动态作业活动，在动态作业活动中，应有防粉尘、防噪声和防光污染等措施。

3.3 扣件式钢管脚手架

3.3.3 对扣件式钢管脚手架保证项目说明如下：

1 施工方案

搭设高度超过规范要求的脚手架应编制专项施工方案，基础、连墙件应经设计计算，专项施工方案经审批后实施；搭设高度超过50m的架体，必须采取加强措施，专项施工方案必须经专家论证。

2 立杆基础

基础土层、排水设施、扫地杆设置对脚手架基础稳定性有着重要影响；脚手架基础应采取防止积水浸泡的措施，减少或消除在搭设和使用过程中由于地基不均匀沉降导致的架体变形。

3 架体与建筑结构拉结

脚手架拉结形式、拉结部位对架体整体刚度有重要影响；脚手架与建筑物进行拉结可以防止因风荷载而发生的架体倾翻事故，减小立杆的计算长度，提高承载能力，保证脚手架的整体稳定性；连墙杆应靠近节点位置从架体底部第一步横向水平杆开始设置。

4 杆件间距与剪刀撑

纵向水平杆设在立杆内侧，可以减少横向水平杆跨度，接长立杆和安装剪刀撑时比较方便，对高处作业更为安全。

5 脚手板与防护栏杆

架体使用的脚手板宽度、厚度以及材质类型应符合规范要求，通过限定脚手板的对接和搭接尺寸，控制探头板长度，以防止脚手板倾翻或滑脱。

6 交底与验收

脚手架在搭设前，施工负责人应按照方案结合现场作业条件进行细致的安全技术交底；脚手架搭设完毕或分段搭设完毕，应由施工负责人组织有关人员进行检查验收，验收内容应包括用数据衡量合格与否的项目，确认符合要求后，才可投入使用或进入下一阶段作业。

3.3.4 对扣件式钢管脚手架一般项目说明如下：

1 横向水平杆设置

横向水平杆应紧靠立杆用十字扣件与纵向水平杆扣牢；主要作用是承受脚手板传来的荷载，增强脚手架横向刚度，约束双排脚手架里外两侧立杆的侧向变形，缩小立杆长细比，提高立杆的承载能力。

3.4 门式钢管脚手架

3.4.3 对门式钢管脚手架保证项目说明如下：

1 施工方案

搭设高度超过规范要求的脚手架应编制专项施工方案，基础、连墙件应经设计计算，专项施工方案经审批后实施；搭设超过规范允许高度的架体，必须采取加强措施，所以专项方案必须经专家论证。

2 架体基础

基础土层、排水设施、扫地杆设置对脚手架基础稳定性有着重要影响；脚手架基础应采取防止积水浸泡的措施，减少或消除在搭设和使用过程中由于地基不均匀沉降导致的架体变形。

3 架体稳定

连墙件、剪刀撑、加固杆件、立杆偏差对架体整体刚度有着重要影响；连墙件的设置应按规范要求间距从底层第一步架开始，随脚手架搭设同步进行不得漏设；剪刀撑、加固杆件位置应准确，角度应合理，连接应可靠，并连续设置形成闭合圈，以提高架体的纵向刚度。

4 杆件锁臂

门架杆件与配件的规格应配套统一，并应符合标准，杆件、构配件尺寸误差在允许的范围之内；搭设时各种组合情况下，门架与配件均能处于良好的连接、锁紧状态。

5 脚手板

当使用与门架配套的挂扣式脚手板时，应有防止脚手板松动或脱落的措施。

6 交底与验收

脚手架在搭设前，施工负责人应按照方案结合现场作业条件进行细致的安全技术交底；脚手架搭设完毕或分段搭设完毕，应由施工负责人组织有关人员进行检查验收，验收内容应包括用数据衡量合格与否的项目，确认符合要求后，才可投入使用或进入下一阶段作业。

3.4.4 对门式钢管脚手架一般项目说明如下：

1 架体防护

作业层的防护栏杆、挡脚板、安全网应按规范要求正确设置，以防止作业人员坠落和作业面上的物料滚落。

3.5 碗扣式钢管脚手架

3.5.3 对碗扣式钢管脚手架保证项目说明如下：

1 施工方案

搭设高度超过规范要求的脚手架应编制专项施工方案，基础、连墙件应经设计计算，专项施工方案经审批后实施；搭设超过规范允许高度的架体，必须采取加强措施，所以专项方案必须经专家论证。

2 架体基础

基础土层、排水设施、扫地杆设置对脚手架基础稳定性有着重要影响；脚手架基础应采取防止积水浸泡的措施，减少或消除在搭设和使用过程中由于地基不均匀沉降导致的架体变形。

3 架体稳定

连墙件、斜杆、八字撑对架体整体刚度有着重要影响；当采用旋转扣件作斜杆连接时应尽量靠近有横杆、立杆的碗扣节点，斜杆采用八字形布置的目的是为了避免钢管重叠，斜杆角度应与横杆、立杆对角线角度一致。

4 杆件锁件

杆件间距、碗扣紧固、水平斜杆对架体稳定性有着重要影响；当架体高度超过24m时，在各连墙件层应增加水平斜杆，使纵横杆与斜杆形成水平桁架，使无连墙立杆构成支撑点，以保证立杆承载力及稳定性。

5 脚手板

使用的工具式钢脚手板必须有挂钩，并带有自锁装置与廊道横杆锁紧，防止松动脱落。

6 交底与验收

脚手架在搭设前，施工负责人应按照方案结合现场作业条件进行细致的安全技术交底；脚手架搭设完毕或分段搭设完毕，应由施工负责人组织有关人员进行检查验收，验收内容应包括用数据衡量合格与否的项目，确认符合要求后，才可投入使用或进入下一阶段作业。

3.5.4 对碗扣式钢管脚手架一般项目说明如下：

1 架体防护

作业层的防护栏杆、挡脚板、安全网应按规范要求正确设置，以防止作业人员坠落和作业面上的物料滚落。

3.6 承插型盘扣式钢管脚手架

3.6.3 对承插型盘扣式钢管脚手架保证项目说明如下：

1 施工方案

搭设高度超过规范要求的脚手架应编制专项施工方案，基础、连墙件应经设计计算，专项施工方案经审批后实施；搭设超过规范允许高度的架体，必须采取加强措施，所以专项方案必须经专家论证。

2 架体基础

基础土层、排水设施、扫地杆设置对脚手架基础稳定性有着重要影响；脚手架基础应采取防止积水浸泡的措施，减少或消除在搭设和使用过程中由于地基不均匀沉降导致的架体变形。

3 架体稳定

拉结点、剪刀撑、竖向斜杆的设置对脚手架整体稳定有着重要影响；当脚手架下部暂时不能设置连墙件时，宜外扩搭设多排脚手架并设置斜杆形成外侧斜面状附加梯形架，以保证架体稳定。

4 杆件设置

承插型盘扣式钢管脚手架各杆件、构配件应按规范要求设置；盘扣插销外表面应与水平杆和斜杆端扣接内表面吻合，使用不小于0.5kg锤子击紧插销，保证插销尾部外露不小于15mm；作业面无挂扣钢脚手板时，应设置水平斜杆以保证平面刚度。

5 脚手板

使用的挂扣式钢脚手板必须有挂钩，并带有自锁装置，防止松动脱落。

6 交底与验收

脚手架在搭设前，施工负责人应按照方案结合现场作业条件进行细致的安全技术交底；脚手架搭设完毕或分段搭设完毕，应由施工负责人组织有关人员进行检查验收，验收内容应包括用数据衡量合格与否的项目，确认符合要求后，才可投入使用或进入下一阶段作业。

3.6.4 对承插型盘扣式钢管脚手架一般项目说明如下：

1 架体防护

作业层的防护栏杆、挡脚板、安全网应按规范要求正确设置，以防止作业人员坠落和作业面上的物料滚落。

2 杆件连接

当搭设悬挑式脚手架时，由于同一步架体立杆的接头部位全部位于同一水平面内，为增强架体刚度，立杆的接长部位必须采用专用的螺栓配件进行固定。

3.7 满堂脚手架

3.7.3 对满堂脚手架保证项目说明如下：

1 施工方案

搭设、拆除满堂式脚手架应编制专项施工方案，方案经审批后实施；搭设超过规范允许高度的满堂脚手架，必须采取加强措施，所以专项方案必须经专家论证。

2 架体基础

基础土层、排水设施、扫地杆设置对脚手架基础稳定性有着重要影响；脚手架基础应采取防止积水浸泡的措施，减少或消除在搭设和使用过程中由于地基不均匀沉降导致的架体变形。

3 架体稳定

架体中剪刀撑、斜杆、连墙件等加强杆件的设置对整体刚度有着重要影响；增加竖向、水平剪刀撑，可增加架体刚度，提高脚手架承载力，在竖向剪刀撑顶部交点平面设置一道水平连续剪刀撑，可使架体结构稳固；增加连墙件也可以提高架体承载力；在有空间部位，也可超出顶部加载区域投影范围向外延伸布置2～3跨，以提高架体高宽比，达到提升架体强度的目的。

4 杆件锁件

满堂式脚手架的搭设应符合施工方案及相关规范的要求，各杆件的连接节点应紧固应可靠，保证架体的有效传力。

5 脚手板

使用的挂扣式钢脚手板必须有挂钩，并带有自锁装置，防止松动脱落。

6 交底与验收

脚手架在搭设前，施工负责人应按照方案结合现场作业条件进行细致的安全技术交底；脚手架搭设完毕或分段搭设完毕，应由施工负责人组织有关人员进行检查验收，验收内容应包括用数据衡量合格与否的项目，确认符合要求后，才可投入使用或进入下一阶段作业。

3.7.4 对满堂脚手架一般项目说明如下：

1 架体防护

作业层的防护栏杆、挡脚板、安全网应按规范要求正确设置，以防止作业人员坠落和作业面上的物料滚落。

3.8 悬挑式脚手架

3.8.3 对悬挑式脚手架保证项目说明如下：

1 施工方案

搭设、拆除悬挑式脚手架应编制专项施工方案，悬挑钢梁、连墙件应经设计计算，专项施工方案经审批后实施；搭设高度超过规范要求的悬挑架体，必须采取加强措施，所以专项方案必须经专家论证。

2 悬挑钢梁

悬挑钢梁的选型计算、锚固长度、设置间距、斜拉措施等对悬挑架体稳定有着重要影响；型钢悬挑梁宜采用双轴对称截面的型钢，现场多使用工字钢；悬挑钢梁前端应采用吊拉卸荷，结构预埋吊环应使用 HPB235 级钢筋制作，但钢丝绳、钢拉杆卸荷不参与悬挑钢梁受力计算。

3 架体稳定

立杆在悬挑钢梁上的定位点可采取竖直焊接长 0.2m、直径 25mm～30mm 的钢筋或短管等方式；在架体内侧及两端设置横向斜杆并与主体结构加强连接；连墙件偏离主节点的距离不能超过 300mm，目的在于增强对架体横向变形的约束能力。

4 脚手板

架体使用的脚手板宽度、厚度以及材质类型应符合规范要求，通过限定脚手板的对接和搭接尺寸，控制探头板长度，以防止脚手板倾翻或滑脱。

5 荷载

架体上的荷载应均匀布置，均布荷载、集中荷载应在设计允许范围内。

6 交底与验收

脚手架在搭设前，施工负责人应按照方案结合现场作业条件进行细致的安全技术交底；脚手架搭设完毕或分段搭设完毕，应由施工负责人组织有关人员进行检查验收，验收内容应包括用数据衡量合格与否的项目，确认符合要求后，才可投入使用或进入下一阶段作业。

3.8.4 对悬挑式脚手架一般项目说明如下：

2 架体防护

作业层的防护栏杆、挡脚板、安全网应按规范要求正确设置，以防止作业人员坠落和作业面上的物料滚落。

3.9 附着式升降脚手架

3.9.3 对附着式升降脚手架保证项目说明如下：

1 施工方案

搭设、拆除附着式升降脚手架应编制专项施工方案，竖向主框架、水平支撑桁架、附着支撑结构应经设计计算，专项施工方案经审批后实施；提升高度超过规定要求的附着架体，必须采取相应强化措施，所以专项方案必须经专家论证。

2 安全装置

在使用、升降工况下必须配置可靠的防倾覆、防坠落和同步升降控制等安全防护装置；防倾覆装置必须有可靠的刚度和足够的强度，其导向件应通过螺栓连接固定在附墙支座上，不能前后左右移动；为了保证防坠落装置的高度可靠性，因此必须使用机械式的全自动装置，严禁使用手动装置；同步控制装置是用来控制多个升降设备在同时升降时，出现不同步状态的设施，防止升降设备因荷载不均衡而造成超载事故。

3 架体构造

附着式升降脚手架架体的整体性能要求较高，既要符合不倾斜、不坠落的安全要求，又要满足施工作业的需要；架体高度主要考虑了 3 层未拆模的层高和顶部 1.8m 防护栏杆的高度，以满足底层模板拆除作业时的外防护要求；限制支撑跨度是为了有效控制升降动力设备提升力的超载现象；安装附着式升降脚手架时，应同时控制高度和跨度，确保控制荷载和安全使用。

4 附着支座

附着支座是承受架体所有荷载并将其传递给建筑结构的构件，应于竖向主框架所覆盖的每一楼层处设置一道支座；使用工况时主要是保证主框架的荷载能直接有效的传递各附墙支座；附墙支座还应具有防倾覆和升降导向功能；附墙支座与建筑物连接，要考虑受拉端的螺母止退要求。

5 架体安装

强调附着式升降脚手架的安装质量对后期的使用安全特别重要。

6 架体升降

升降操作是附着式脚手架使用安全的关键环节；仅当采用单跨式架体提升时，允许采用手动升降设备。

3.9.4 对附着式升降脚手架一般项目说明如下：

1 检查验收

附着式提升脚手架在组装前，施工负责人应按规范要求对各种构配件及动力装置、安全装置进行验收；组装搭设完毕或分段搭设完毕，应由施工负责人组织有关人员进行检查验收，验收内容应包括用数据衡量合格与否的项目，确认符合要求后，才可投入使用或进入下一阶段作业。

3.10 高处作业吊篮

3.10.3 对高处作业吊篮保证项目说明如下：

1 施工方案

安装、拆除高处作业吊篮应编制专项施工方案，吊篮的支撑悬挂机构应经设计计算，专项施工方案经审批后实施。

2 安全装置

安全装置包括防坠安全锁、安全绳、上限位装置；安全锁扣的配件应完整、齐全，规格和标识应清晰可辨；安全绳不得有松散、断股、打结现象，与建筑物固定位置应牢靠；安装上限位装置是为了防止吊篮在上升过程出现冒顶现象。

3 悬挂机构

悬挂机构应按规范要求正确安装；女儿墙或建筑物挑檐边承受不了吊篮的荷载，因此不能作为悬挂机构的支撑点；悬挂机构的安装是吊篮的重点环节，应在专业人员的带领、指导下进行，以保证安装正确；悬挂机构上的脚轮是方便吊篮作平行位移而设置的，其本身承载能力有限，如吊篮荷载传递到脚轮就会产生集中荷载，易对建筑物产生局部破坏。

4 钢丝绳

钢丝绳的型号、规格应符合规范要求；在吊篮内施焊前，应提前采用石棉布将电焊火花迸溅范围进行遮挡，防止烧毁钢丝绳，同时防止发生触电事故。

5 安装作业

安装前对提升机的检验以及吊篮构配件规格的统一对吊篮组装后安全使用有着重要影响。

6 升降作业

考虑吊篮作业面小，出现坠落事故时尽量减少人员伤亡，将上人数量控制在 2 人以内。

3.10.4 对高处作业吊篮一般项目说明如下：

2 安全防护

安装防护棚的目的是为了防止高处坠物对吊篮内作业人员的伤害。

4 荷载

禁止吊篮作为垂直运输设备，是因为吊篮运送物料易超载，造成吊篮翻转或坠落事故。

3.11 基坑工程

3.11.3 对基坑工程保证项目说明如下：

1 施工方案

在基坑支护土方作业施工前，应编制专项施工方案，并按有关程序进行审批后实施。危险性较大的基坑工程应编制安全专项方案，施工单位技术、质量、安全等专业部门进行审核，施工单位技术负责人签字，超过一定规模的必须经专家论证。

2 基坑支护

人工开挖的狭窄基槽，深度较大或土质条件较差，可能存在边坡塌方危险时，必须采取支护措施，支护结构应有足够的稳定性。

基坑支护结构必须经设计计算确定，支护结构产生的变形应在设计允许范围内。变形达到预警值时，应立即采取有效的控制措施。

3 降排水

在基坑施工过程中，必须设置有效的降排水措施以确保正常施工，深基坑边界上部必须设有排水沟，以防止雨水进入基坑，深基坑降水施工应分层降水，随时观测支护外观测井水位，防止邻近建筑物等变形。

4 基坑开挖

基坑开挖必须按专项施工方案进行，并应遵循分层、分段、均衡挖土，保证土体受力均衡和稳定。

机械在软土场地作业应采用铺设砂石、铺垫钢板等硬化措施，防止机械发生倾覆事故。

5 坑边荷载

基坑边沿堆置土、料具等荷载应在基坑支护设计允许范围内，施工机械与基坑边沿应保持安全距离，防止基坑支护结构超载。

6 安全防护

基坑开挖深度达到2m及以上时，按高处作业安全技术规范要求，应在其边沿设置防护栏杆并设置专用梯道，防护栏杆及专用梯道的强度应符合规范要求，确保作业人员安全。

3.12 模板支架

3.12.3 对模板支架保证项目说明如下：

1 施工方案

模板支架搭设、拆除前应编制专项施工方案，对支架结构进行设计计算，并按程序进行审核、审批。

按照住房和城乡建设部建质［2009］38号文件要求，模板支架搭设高度8m及以上；跨度18m及以上，施工荷载$15kN/m^2$及以上；集中线荷载20kN/m及以上的专项施工方案，必须经专家论证。

2 支架基础

支架基础承载力必须符合设计要求，应能承受支架上部全部荷载，必要时应进行夯实处理，并应设置排水沟、槽等设施。

支架底部应设置底座和垫板，垫板长度不小于2倍立杆纵距，宽度不小于200mm，厚度不小于50mm。

支架在楼面结构上应对楼面结构强度进行验算，必要时应对楼面结构采取加固措施。

3 支架构造

采用对接连接，立杆伸出顶层水平杆中心线至支撑点的长度：碗扣式支架不应大于700mm；承插型盘扣式支架不应大于680mm；扣件式支架不应大于500mm。

支架高宽比大于2时，为保证支架的稳定，必须按规定设置连墙件或采用其他加强构造的措施。

连墙件应采用刚性构件，同时应能承受拉、压荷载。连墙件的强度、间距应符合设计要求。

4 支架稳定

立杆间距、水平杆步距应符合设计要求，竖向、水平剪刀撑或专用斜杆、水平斜杆的设置应符合规范要求。

5 施工荷载

支架上部荷载应均匀布置，均布荷载、集中荷载应在设计允许范围内。

6 交底与验收

支架搭设前，应按专项施工方案及有关规定，对施工人员进行安全技术交底，交底应有文字记录。

支架搭设完毕，应组织相关人员对支架搭设质量进行全面验收，验收应有量化内容及文字记录，并应有责任人签字确认。

3.13 高处作业

3.13.3 对高处作业检查项目说明如下：

1 安全帽

安全帽是防冲击的主要防护用品，每顶安全帽上都应有制造厂名称、商标、型号、许可证号、检验部门批量验证及工厂检验合格证；佩戴安全帽时必须系紧下颚帽带，防止安全帽掉落。

2 安全网

应重点检查安全网的材质及使用情况；每张安全网出厂前，必须有国家制定的监督检验部门批量验证和工厂检验合格证。

3 安全带

安全带用于防止人体坠落发生，从事高处作业人员必须按规定正确佩戴使用；安全带的带体上缝有永久字样的商标、合格证和检验证，合格证上注有产品名称、生产年月、拉力试验、冲击试验、制造厂名、检验员姓名等信息。

4 临边防护

临边防护栏杆应定型化、工具化、连续性；护栏的任何部位应能承受任何方向的1000N的外力。

5 洞口防护

洞口的防护设施应定型化、工具化、严密性；不能出现作业人员随意找材料盖在预留洞口上的临时做法，防止发生坠落事故；楼梯口、电梯井口应设防护栏杆，井内每隔两层（不大于10m）设置一道安全平网或其他形式的水平防护，并不得留有杂物。

6 通道口防护

通道口防护应具有严密性、牢固性的特点；为防止在进出施工区域的通道处发生物体打击事故，在出入口的物体坠落半径内搭设防护棚，顶部采用50mm木脚手板铺设，两侧封闭密目式安全网；建筑物高度大于24m或使用竹笆脚手板等低强度材料时，应采用双层防护棚，以提高防砸能力。

7 攀登作业

使用梯子进行高处作业前，必须保证地面坚实平整，不得使用其他材料对梯脚进行加高处理。

8 悬空作业

悬空作业应保证使用索具、吊具、料具等设备的合格可靠；悬空作业部位应有牢靠的立足点，并视具体环境配备相应的防护栏杆、防护网等安全措施。

9 移动式操作平台

移动式操作平台应按方案设计要求进行组装使用，作业面的四周必须按临边作业要求设置防护栏杆，并应布置登高扶梯。

10 悬挑式物料钢平台

悬挑式钢平台应按照方案设计要求进行组装使用，其结构应稳固，严禁将悬挑钢平台放置在外防护架体上；平台边缘必须按临边作业设置防护栏杆及挡脚板，防止出现物料滚落伤人事故。

3.14 施工用电

3.14.3 对施工用电保证项目说明如下：

1 外电防护

施工现场所遇到的外电线路一般为10kV以上或220/380V的架空线路。因为防护措施不当，造成重大人身伤亡和巨额财产损失的事故屡有发生，所以做好外电线路的防护是确保用电安全的重要保证。外电线路与在建工程（含脚手架）、高大施工设备、场内机动车道必须满足规定的安全距离。对达不到安全距离的架空线路，要采取符合规范要求的绝缘隔离防护措施或者与有关部门协商对线路采取停电、迁移等方式，确保用电安全。外电防护架体材料应选用木、竹等绝缘材料，不宜采用钢管等金属材料搭设。

目前场地狭窄的施工现场越来越多，许多工地经常在外电架空线路下方搭建宿舍、作业棚、材料区等违章设施，对电力运行安全和人身安全构成严重威胁，因此对施工现场架空线路下方区域的安全检查也是极为关键的环节。

2 接地与接零保护系统

施工现场配电系统的保护方式正确与否是保证用电安全的基础。按照现行行业标准《施工现场临时用电安全技术规范》JGJ 46（以下简称《临电规范》）的规定，施工现场专用的电源中性点直接接地的220/380V三相四线制低压电力系统必须采用TN-S接零保护系统，同时规定同一配电系统不允许采用两种保护系统。保护零线、工作接地、重复接地以及防雷接地在《临电规范》中都明确了具体的做法和要求，这些都是安全检查的重点。

3 配电线路

施工现场内所有线路必须严格按照规范的要求进行架设和埋设。由于施工的特殊性，供电线路、设施经常由于各种原因而改动，但工地往往忽视线路的安装质量，其安全性大大降低，极易诱发触电事故。因此，对施工现场配电线路的种类、规格和安装必须严格检查。

4 配电箱与开关箱

施工现场的配电箱是电源与用电设备之间的中枢环节，而开关箱是配电系统的末端，是用电设备的直接控制装置，它们的设置和使用直接影响施工现场的用电安全，因此必须严格执行《临电规范》中“三级配电，二级漏电保护”和“一机、一闸、一漏、一箱”的规定，并且在设计、施工、验收和使用阶段，都要作为检查监督的重点。

近些年，很多省市在执行规范过程中，研发使用了符合规范要求的标准化电闸箱，对降低施工现场触电事故几率起到了积极的作用。施工现场应该坚决杜绝各类私自制造、改造的违规电闸箱，大力推广使用国家认证的标准化电闸箱，逐步实现施工用电的本质安全。

3.14.4 对施工用电一般项目说明如下：

1 配电室与配电装置

随着大型施工设备的增加，施工现场用电负荷不断增长，对电气设备的管理提出了更高的要求。在工地，以往简单设置一个总配电箱逐步为配电室、配电柜替代。在施工用电上有必要制定相应的规定措施，进一步加强对配电室及配电装置的监督管理，保证供电源头的安全。

2 现场照明

目前很多工程都要进行夜间施工和地下施工，对施工照明的要求更加严格。因此施工现场必须提供科学合理的照明，根据不同场所设置一般照明、局部照明、混合照明和应急照明，保证施工的照明符合规范要求。在设计和施工阶段，要严格执行规范的规定，做到动力和照明用电分设，对特殊场所和手持照明采用符合要求的安全电压供电。尤其是安全电压的线路和电器装置，必须按照规范进行架设安装，不得随意降低作业标准。

3 用电档案

用电档案是施工现场用电管理的基础资料，每项资料都非常重要。工地要设专人负责资料的整理归档。总包分包安全协议、施工用电组织设计、外电防护专项方案、安全技术交底、安全检测记录等资料的内容都要符合有关规定，保证真实有效。

3.15 物料提升机

3.15.3 对物料提升机保证项目说明如下：

1 安全装置

安全装置主要有起重量限制器、防坠安全器、上限位开关等。

起重量限制器：当荷载达到额定起重量的90%时，限制器应发出警示信号；当荷载达到额定起重量的110%时，限制器应切断上升主电路电源，使吊笼制停。

防坠安全器：吊笼可采用瞬时动作式防坠安全器，当吊笼提升钢丝绳意外断绳时，防坠安全器应制停带有额定起重量的吊笼，且不应造成结构破坏。

上限位开关：当吊笼上升至限定位置时，触发限位开关，吊笼被制停，此时，上部越程不应小于3m。

2 防护设施

安全防护设施主要有防护围栏、防护棚、停层平台、平台门等。

防护围栏高度不应小于1.8m，围栏立面可采用网板结构，强度应符合规范要求。

防护棚长度不应小于3m，宽度应大于吊笼宽度，顶部可采用厚度不小于50mm的木板搭设。

停层平台应能承受3kN/m^{2}的荷载，其搭设应符合规范要求。

平台门的高度不宜低于1.8m，宽度与吊笼门宽度差不应大于200mm，并应安装在平台外边缘处。

3 附墙架与缆风绳

附墙架宜使用制造商提供的标准产品，当标准附墙架结构尺寸不能满足要求时，可经设计计算采用非标附墙架。

附墙架是保证提升机整体刚度、稳定性的重要设施，其间距和连接方式必须符合产品说明书要求。

缆风绳的设置应符合设计要求，每一组缆风绳与导轨架的连接点应在同一水平高度，并应对称设置，缆风绳与导轨架连接处应采取防止钢丝绳受剪的措施，缆风绳必须与地锚可靠连接。

4 钢丝绳

钢丝绳的维修、检验和报废应符合现行国家标准《起重机钢丝绳保养、维护、安装、检验和报废》GB/T 5972的规定。

钢丝绳固定采用绳夹时，绳夹规格应与钢丝绳匹配，数量不少于3个，绳夹夹座应安放在长绳一侧。

吊笼处于最低位置时，卷筒上钢丝绳必须保证不少于3圈，本条款依照行业标准《龙门架及井架物料提升机安全技术规程》JGJ 88规定。

5 安拆、验收与使用

物料提升机属建筑起重机械，依据《建设工程安全生产管理条例》、《特种设备安全监察条例》规定，其安装、拆除单位应具有相应的资质。安装、拆除等作业人员必须经专门培训，取得特种作业资格，持证上岗。

安装、拆除作业前应依据相关规定及施工实际编制安全施工专项方案，并应经单位技术负责人审批后实施。

物料提升机安装完毕，应由工程负责人组织安装、使用、租赁、监理单位对安装质量进行验收，验收必须有文字记录，并有责任人签字确认。

3.15.4 对物料提升机一般项目说明如下：

1 基础与导轨架

基础应能承受最不利工作条件下的全部荷载，一般要求基础土层的承载力不应小于80kPa。

基础混凝土强度等级不应低于C20，厚度不应小于300mm。

井架停层平台通道处的结构应在设计制作过程中采取加强措施。

3.16 施工升降机

3.16.3 对施工升降机保证项目说明如下：

1 安全装置

为了限制施工升降机超载使用，施工升降机应安装超载保护装置，该装置应对吊笼内载荷、吊笼顶部载荷均有效。超载保护装置应在荷载达到额定载重量的90%时，发出明确报警信号，载荷达到额定载重量的110%前终止吊笼启动。

施工升降机每个吊笼上应安装渐进式防坠安全器，不允许采用瞬时安全器。根据现行行业标准规定：防坠安全器只能在有效的标定期限内使用，有效标定期限不应超过1年。防坠安全器无论使用与否，在有效检验期满后都必须重新进行检验标定。施工升降机防坠安全器的寿命为5年。

施工升降机对重钢丝绳组的一端应设张力均衡装置，并装有由相对伸长量控制的非自动复位型的防松绳开关。当其中一条钢丝绳出现相对伸长量超过允许值或断绳时，该开关将切断控制电路，制动器动作。

齿轮齿条式施工升降机吊笼应安装一对以上安全钩，防止吊笼脱离导轨架或防坠安全器输出端齿轮脱离齿条。

2 限位装置

施工升降机每个吊笼均应安装上、下限位开关和极限开关。上、下限位开关可用自动复位型，切断的是控制回路。极限开关不允许使用自动复位型，切断的是主电路电源。

极限开关与上、下限位开关不应使用同一触发元件，防止触发元件失效致使极限开关与上、下限位开关同时失效。

3 防护设施

吊笼和对重升降通道周围应安装地面防护围栏。地面防护围栏高度不应低于1.8m，强度应符合规范要求。围栏登机门应装有机械锁止装置和电气安全开关，使吊笼只有位于底部规定位置时围栏登机门才能开启，且在开门后吊笼不能启动。

各停层平台应设置层门，层门安装和开启不得突出到吊笼的升降通道上。层门高度和强度应符合规范要求。

4 附墙架

当附墙架不能满足施工现场要求时，应对附墙架另行设计，严禁随意代替。

5 钢丝绳、滑轮与对重

钢丝绳的维修、检验和报废应符合现行国家有关标准的规定。

钢丝绳式人货两用施工升降机的对重钢丝绳不得少于2根，且相互独立。每根钢丝绳的安全系数不应小于12，直径不应小于9mm。

对重两端应有滑靴或滚轮导向，并设有防脱轨保护装置。若对重使用填充物，应采取措施防止其窜动，并标明重量。对重应按有关规定涂成警告色。

6 安拆、验收与使用

施工升降机安装（拆卸）作业前，安装单位应编制施工升降机安装、拆除工程专项施工方案，由安装单位技术负责人批准后方可实施。

验收应符合规范要求，严禁使用未经验收或验收不合格的施工升降机。

3.16.4 对施工升降机一般项目说明如下：

1 导轨架

垂直安装的施工升降机的导轨架垂直度偏差应符合表1规定。

表1 施工升降机安装垂直度偏差

导轨架架设高度 h（m）	$h\leqslant70$	$70<h\leqslant100$	$100<h\leqslant150$	$150<h\leqslant200$	$h>200$
垂直度偏差（mm）	不大于导轨架架设高度的0.1%	≤70	≤90	≤110	≤130

对重导轨接头应平直，阶差不大于0.5mm，严禁使用柔性物体作为对重导轨。

标准节连接螺栓使用应符合说明书及规范要求，安装时应螺杆在下、螺母在上，一旦螺母脱落后，容易及时发现安全隐患。

2 基础

施工升降机基础应能承受最不利工作条件下的全部载荷，基础周围应有排水设施。

3 电气安全

施工升降机与架空线路的安全距离是指施工升降机最外侧边缘与架空线路边线的最小距离，见表2。当安全距离小于表2规定时必须按规定采取有效的防护措施。

表2 施工升降机与架空线路边线的安全距离

外电线路电压（kV）	<1	1～10	35～110	220	330～500
安全距离（m）	4	6	8	10	15

3.17 塔式起重机

3.17.3 对塔式起重机保证项目说明如下：

1 载荷限制装置

塔式起重机应安装起重力矩限制器。力矩限制器控制定码变幅的触点或控制定幅变码的触点应分别设置，且能分别调整；对小车变幅的塔式起重机，其最大变幅速度超过40m/min，在小车向外运行，且起重力矩达到额定值的80%时，变幅速度应自动转换为不大于40m/min。

2 行程限位装置

回转部分不设集电器的塔式起重机应安装回转限位器，防止电缆绞损。回转限位器正反两个方向动作时，臂架旋转角度应不大于±540°。

3 保护装置

对小车变幅的塔式起重机应设置双向小车变幅断绳保护装置，保证在小车前后牵引钢丝绳断绳时小车在起重臂上不移动；断轴保护装置必须保证即使车轮失效，小车也不能脱离起重臂。

对轨道运行的塔式起重机，每个运行方向应设置限位装置，其中包括限位开关、缓冲器和终端止挡装置。限位开关应保证开关动作后塔式起重机停车时其端部距缓冲器最小距离大于1m。

4 吊钩、滑轮、卷筒与钢丝绳

滑轮、起升和动臂变幅塔式起重机的卷筒均应设有钢丝绳防脱装置，该装置表面与滑轮或卷筒侧板外缘的间隙不应超过钢丝绳直径的20%，装置与钢丝绳接触的表面不应有棱角。

钢丝绳的维修、检验和报废应符合现行国家有关标准的规定。

5 多塔作业

任意两台塔式起重机之间的最小架设距离应符合以下规定：

1）低位塔式起重机的起重臂端部与另一台塔式起重机的塔身之间的距离不得小于2m；

2）高位塔式起重机的最低位置的部件（或吊钩升至最高点或平衡重的最低部位）与低位塔式起重机中处于最高位置部件之间的垂直距离不得小于2m。

两台相邻塔式起重机的安全距离如果控制不当，很可能会造成重大安全事故。当相邻工地发生多台塔式起重机交错作业时，应在协调相互作业关系的基础上，编制各自的专项使用方案，确保任意两台塔式起重机不发生触碰。

6 安拆、验收与使用

塔式起重机安装（拆卸）作业前，安装单位应编制塔式起重机安装、拆除工程专项施工方案，由安装单位技术负责人批准后实施。

验收程序应符合规范要求，严禁使用未经验收或验收不合格的塔式起重机。

3.17.4 对塔式起重机一般项目说明如下：

1 附着

塔式起重机附着的布置不符合说明书规定时，应对附着进行设计计算，并经过审批程序，以确保安全。设计计算要适应现场实际条件，还要确保安全。

附着前、后塔身垂直度应符合规范要求，在空载、风速不大于3m/s状态下：

1）独立状态塔身（或附着状态下最高附着点以上塔身）对支承面的垂直度≤0.4%；

2）附着状态下最高附着点以下塔身对支承面的垂直度≤0.2%。

2 基础与轨道

塔式起重机说明书提供的设计基础如不能满足现场地基承载力要求时，应进行塔式起重机基础变更设计，并履行审批、检测、验收手续后方可实施。

3 结构设施

连接件被代用后，会失去固有的连接作用，可能会造成结构松脱、散架，发生安全事故，所以实际使用中严禁连接件代用。高强螺栓只有在扭力达到规定值时才能确保不松脱。

4 电气安全

塔式起重机与架空线路的安全距离是指塔式起重机的任何部位与架空线路边线的最小距离，见表3。当安全距离小于表3规定时必须按规定采取有效的防护措施。

表3 塔式起重机与架空线路边线的安全距离

安全距离（m）	电压（kV）				
	<1	1～15	20～40	60～110	220
沿垂直方向	1.5	3.0	4.0	5.0	6.0
沿水平方向	1.0	1.5	2.0	4.0	6.0

为避免雷击，塔式起重机的主体结构应做防雷接地，其接地电阻应不大于4Ω。采取多处重复接地时，其接地电阻应不大于10Ω。接地装置的选择和安装应符合有关规范要求。

3.18 起重吊装

3.18.3 对起重吊装保证项目说明如下：

1 施工方案

起重吊装作业前应结合施工实际，编制专项施工方案，并应由单位技术负责人进行审核。采用起重拔杆等非常规起重设备且单件起重量超过10t时，专项施工方案应经专家论证。

2 起重机械

荷载限制器：当荷载达到额定起重量的95%时，限制器宜发出警报；当荷载达到额定起重量的100%～110%时，限制器应切断起升动力主电路。

行程限位装置：当吊钩、起重小车、起重臂等运行至限定位置时，触发限位开关制停。安全越程应符合现行国家标准《起重机械安全规程》GB 6067的规定。

起重拔杆按设计要求组装后，应按程序及设计要求进行验收，验收合格应有文字记录，并有责任人签字确认。

3 钢丝绳与地锚

钢丝绳的维护、检验和报废应符合现行国家有关标准的规定。

4 索具

索具采用编结或绳夹连接时，连接紧固方式应符合现行国家标准《起重机械安全规程》GB 6067的规定。

5 作业环境

起重机作业现场地面承载能力应符合起重机说明书规定，当现场地面承载能力不满足规定时，可采用铺设路基箱等方式提高承载力。

起重机与架空线路的安全距离应符合国家现行标准《起重机安全规程》GB 6067的规定。

6 作业人员

起重吊装作业单位应具有相应资质，作业人员必须经专门培训，取得特种作业资格，持证上岗。

作业前，应按规定对所有作业人员进行安全技术交底，并应有交底记录。

3.18.4 对起重吊装一般项目说明如下：

2 高处作业

高处作业必须按规定设置作业平台，作业平台防护栏杆不应少于两道，其高度和强度应符合规范要求。攀登用爬梯的构造、强度应符合规范要求。

安全带应悬挂在牢固的结构或专用固定构件上，并应高挂低用。

3.19 施工机具

3.19.3 对施工机具检查项目说明如下：

1 平刨

平刨的安全装置主要有护手和防护罩，安全护手装置应能在操作人员刨料发生意外时，不会造成手部伤害事故。

明露的转动轴、轮及皮带等部位应安装防护罩，防止人身伤害事故。

不得使用同台电机驱动多种刃具、钻具的多功能木工机具，由于该机具运转时，多种刃具、钻具同时旋转，极易造成人身伤害事故。

2 圆盘锯

圆盘锯的安全装置主要有分料器、防护挡板、防护罩等，分料器应能具有避免木料夹锯的功能。防护挡板应能具有防止木料向外倒退的功能。

3 手持电动工具

Ⅰ类手持电动工具为金属外壳，按规定必须作保护接零，同时安装漏电保护器，使用人员应戴绝缘手套和穿绝缘鞋。

手持电动工具的软电缆不允许接长使用，必要时应使用移动配电箱。

4 钢筋机械

钢筋加工区应按规定搭设作业棚，作业棚应具有防雨、防晒功能，并应达到标准化。

对焊机作业区应设置防止火花飞溅的挡板等隔离设施，冷拉作业应设置防护栏，将冷拉区与操作区隔离。

5 电焊机

电焊机除应做保护接零、安装漏电保护器外，还应设置二次空载降压保护装置，防止触电事故发生。

电焊机一次线长度不应超过5m，并应穿管保护，二次线必须使用防水橡皮护套铜芯电缆，严禁使用其他导线代替。

6 搅拌机

搅拌机离合器、制动器运转时不能有异响，离合制动灵敏可靠。料斗钢丝绳的磨损、锈蚀、变形量应在规定允许范围内。

料斗应设置安全挂钩或止挡，在维修或运输过程中必须用安全挂钩或止挡将料斗固定牢固。

7 气瓶

气瓶的减压器是气瓶重要安全装置之一，安装前应严格进行检查，确保灵敏可靠。

作业时，气瓶间安全距离不应小于5m，与明火安全距离不应小于10m，不能满足安全距离要求时，应采取可靠的隔离防护措施。

8 翻斗车

翻斗车行驶前应检查制动器及转向装置确保灵敏可靠，驾驶人员应经专门培训，持证上岗。为保证行驶安全，车斗内严禁载人。

9 潜水泵

水泵的外壳必须作保护接零，开关箱中应安装动作电流不大于15mA、动作时间小于0.1s的漏电保护器，负荷线应采用专用防水橡皮软线，不得有接头。

10 振捣器

振捣器作业时应使用移动式配电箱，电缆线长度不应超过30m，其外壳应做保护接零，并应安装动作电流不大于15mA、动作时间小于0.1s的漏电保护器，作业人员必须戴绝缘手套、穿绝缘鞋。

11 桩工机械

桩工机械安装完毕应按规定进行验收，并应经责任人签字确认，作业前应依据现场实际，编制专项施工方案，并对作业人员进行安全技术交底。

桩工机械应按规定安装行程限位等安全装置，确保齐全有效。作业区地面承载力应符合说明书要求，必要时应采取措施提高承载力。机械与输电线路的安全距离必须符合规范要求。

4 检查评分方法

4.0.1 保证项目是各级各部门在安全检查监督中必须严格检查的项目，对查出的隐患必须按照“三定”原则立即落实整改。

4.0.2 在建筑施工安全检查评定时，应依照本标准第3章中各检查评定项目的有关规定进行检查，并按本标准附录A、B的评分表进行评分。分项检查评分表共分为10项19张表格，其中的脚手架项目对应扣件式钢管脚手架、门式钢管脚手架、碗扣式钢管脚手架、承插型盘扣式钢管脚手架、满堂脚手架、悬挑式脚手架、附着式升降脚手架、高处作业吊篮8张分项检查评分表；物料提升机与施工升降机项目对应物料提升机、施工升降机2张分项检查评分表；塔式起重机与起重吊装项目对应塔式起重机、起重吊装2张分项检查评分表。

4.0.3 本条规定了各评分表的评分原则和方法。重点强调了在分项检查评分表评分时，保证项目出现零分或保证项目实得分值不足40分时，此分项检查评分表不得分，突出了对重大安全隐患“一票否决”的原则。

5 检查评定等级

5.0.1、5.0.2 规定了检查评定等级分为优良、合格、不合格三个等级，并明确了等级之间的划分标准。基于目前施工现场的安全生产状况，为切实提高施工现场对安全工作的认识，有效防止重大生产安全事故的发生，在等级划分上实行了更加严格的标准。

5.0.3 建筑施工现场经过检查评定确定为不合格，说明在工地的安全管理上存在着重大安全隐患，这些隐患如果不及时整改，可能诱发重大事故，直接威胁员工和企业的生命、财产等安全。因此，本条列为强制性条文就是要求评定为不合格的工地必须立即限期整改，达到合格标准后方可继续施工。

中华人民共和国行业标准

液压滑动模板施工安全技术规程

Technical specification for safety of the hydraulic slipform in construction

JGJ 65-2013

批准部门：中华人民共和国住房和城乡建设部

施行日期：2 0 1 4 年 1 月 1 日

15

中华人民共和国住房和城乡建设部
公　告

第61号

住房城乡建设部关于发布行业标准《液压滑动模板施工安全技术规程》的公告

现批准《液压滑动模板施工安全技术规程》为行业标准，编号为JGJ 65－2013，自2014年1月1日起实施。其中，第5.0.5、12.0.7条为强制性条文，必须严格执行。原行业标准《液压滑动模板施工安全技术规程》JGJ 65－89同时废止。

本规程由我部标准定额研究所组织中国建筑工业出版社出版发行。

中华人民共和国住房和城乡建设部

2013年6月24日

前　言

根据住房和城乡建设部《关于印发〈2008年工程建设标准规范制订、修订计划（第一批）〉的通知》（建标［2008］102号文）的要求，规程修订编制组在深入调查研究，认真总结实践经验，在广泛征求意见的基础上，制定本规程。

本规程的主要内容是：1. 总则；2. 术语；3. 基本规定；4. 施工现场；5. 滑模装置制作与安装；6. 垂直运输设备及装置；7. 动力及照明用电；8. 通信与信号；9. 防雷；10. 消防；11. 滑模施工；12. 滑模装置拆除。

本规程中以黑体字标志的条文为强制性条文，必须严格执行。

本规程由住房和城乡建设部负责管理和对强制性条文的解释，由中冶建筑研究总院有限公司负责具体技术内容的解释。执行过程中如有意见和建议，请寄送中冶建筑研究总院有限公司（地址：北京海淀区西土城路33号，邮政编码：100088）。

本规程主编单位：中冶建筑研究总院有限公司
江苏江都建设集团有限公司

本规程参编单位：中国模板脚手架协会
中国京冶工程技术有限公司
广州市建筑集团有限公司
江苏揽月机械有限公司
云南建工第四建设有限公司
中国五冶集团有限公司
北京建工一建工程建设有限公司
东北电业管理局烟塔工程公司
北京奥宇模板有限公司
青建集团股份公司
青岛新华友建工集团股份有限公司

本规程主要起草人员：彭宣常　王　健　朱雪峰　赵雅军
张良杰　牟宏远　谢庆华　吴祥威
张志明　吕小林　王天峰　唐世荣
刘小虞　杨崇俭　朱远江　郭红旗
刘国恩　褚　勤　张宗建　王　胜
张　骏

本规程主要审查人员：毛凤林　张良予　朱　嫵　孙宗辅
耿洁明　高俊峰　汤坤林　李俊友
施卫东　肖　剑　徐玉顺

目　次

Contents

1 总 则

1.0.1 为贯彻执行国家有关法规，保证液压滑动模板施工安全，做到技术先进、经济合理、安全适用、保障质量，制定本规程。
1.0.2 本规程适用于混凝土结构工程中采用液压滑动模板施工的安全技术与管理。
1.0.3 液压滑动模板施工安全技术与管理除应符合本规程外，尚应符合国家现行有关标准的规定。

2 术 语

2.0.1 液压滑动模板 hydraulic slipform
以液压千斤顶为提升动力，带动模板沿着混凝土表面滑动而成型的现浇混凝土工艺专用模板，简称滑模。
2.0.2 滑模装置 slipform device
为滑模配制的模板系统、操作平台系统、提升系统、施工精度控制系统、水电配套系统的总称。
2.0.3 提升架 lift yoke
滑模装置主要受力构件，用以固定千斤顶、围圈和保持模板的几何形状，并直接承受模板、围圈和操作平台的全部垂直荷载和混凝土对模板的侧压力。
2.0.4 操作平台 working-deck
滑模施工的主要工作面，用以完成钢筋绑扎、混凝土浇灌等项操作及堆放部分施工机具和材料。也是扒杆、随升井架等随升垂直运输机具及料台的支承结构。其构造形式应与所施工结构相适应，直接或通过围圈支承于提升架上。
2.0.5 支承杆 jack rode or climbing rode
滑模千斤顶运动的轨道，又是滑模系统的承重支杆，施工中滑模装置的自重、混凝土对模板的摩阻力及操作平台上的全部施工荷载，均由千斤顶传至支承杆承担。
2.0.6 液压控制台 hydraulic control unit
液压系统的动力源，由电动机、油泵、油箱、控制阀及电控系统（各种指示仪表、信号等）组成。用以完成液压千斤顶的给油、排油、提升或下降控制等项操作。
2.0.7 混凝土出模强度 concrete strength of the construction initial setting
结构混凝土从滑动模板下口露出时所具有的抗压强度。
2.0.8 滑模托带施工 lifting construction with slipforming
大面积或大重量横向结构（网架、整体桁架、井字梁等）的支承结构采用滑模施工时，可在地面组装好，利用滑模施工的提升能力将其随滑模施工托带到设计标高就位的一种施工方法。
2.0.9 吊脚手架 hanging scaffolding
吊挂在提升架上的脚手架，分内吊脚手架和外吊脚手架，烟囱等筒体结构在结构内外设置，有楼板的高层建筑在结构外侧设置，用于进行操作平台下部的后续施工操作。
2.0.10 随升井架 shaft frame with slipform working-deck
由井架、钢梁、斜拉杆、导索钢丝绳、导索转向轮、导索天轮、吊笼等组成，安装在操作平台上，随操作平台上升的一种垂直运输装置。

3 基本规定

3.0.1 滑模施工应编制滑模专项施工方案。
3.0.2 滑模专项施工方案应包括下列主要内容：
1 工程概况和编制依据；
2 施工计划和劳动力计划；
3 滑模装置设计、计算及相关图纸；
4 滑模装置安装与拆除；
5 滑模施工技术设计；
6 施工精度控制与防偏、纠偏技术措施；
7 危险源辨识与不利环境因素评价；
8 施工安全技术措施、管理措施；
9 季节性施工措施；
10 消防设施与管理；
11 滑模施工临时用电安全措施；
12 通信与信号技术设计和管理制度；
13 应急预案。
3.0.3 滑模专项施工方案应经施工单位、监理单位和建设单位负责人签字。施工单位应按审批后的滑模专项方案组织施工。
3.0.4 滑模工程施工前，施工单位负责人应按滑模专项施工方案的要求向参加滑模工程施工的现场管理人员和操作人员进行安全技术交底。参加滑模工程施工的人员，应通过专业培训考核合格后方能上岗工作。
3.0.5 滑模装置的设计、制作及滑模施工应符合国家现行标准《滑动模板工程技术规范》GB 50113、《建筑施工高处作业安全技术规范》JGJ 80和《建筑施工模板安全技术规范》JGJ 162的规定。

3.0.6 滑模施工中遇到雷雨、大雾、风速10.8m/s以上大风时，必须停止施工。停工前应先采取停滑措施，对设备、工具、零散材料、可移动的铺板等进行整理、固定并作好防护，切断操作平台电源。恢复施工时应对安全设施进行检查，发现有松动、变形、损坏或脱落现象，应立即修理完善。

3.0.7 滑模操作平台上的施工人员应能适应高处作业环境。

3.0.8 当冬期采用滑模施工时，其安全技术措施应纳入滑模专项施工方案中，并应按现行行业标准《建筑工程冬期施工规程》JGJ/T 104的有关规定执行。

3.0.9 塔式起重机安装、使用及拆卸应符合国家现行标准《塔式起重机安全规程》GB 5144、《建筑施工塔式起重机安装、使用、拆卸安全技术规程》JGJ 196的规定。

3.0.10 施工升降机安装、使用及拆卸应符合国家现行标准《施工升降机安全规程》GB 10055及《建筑施工升降机安装、使用、拆卸安全技术规程》JGJ 215的规定。

3.0.11 滑模施工现场的防雷装置应符合国家现行标准《建筑物防雷设计规范》GB 50057的规定。

3.0.12 滑模施工现场的动力、照明用电应符合现行行业标准《施工现场临时用电安全技术规范》JGJ 46的规定。

3.0.13 对烟囱类构筑物宜在顶端设置安全行走平台。

4 施 工 现 场

4.0.1 滑模施工现场应具备场地平整、道路通畅、排水顺畅等条件，现场布置应按批准的总平面图进行。

4.0.2 在施工建（构）筑物的周围应设立危险警戒区，拉警戒线，设警示标志。警戒线至建（构）筑物边缘的距离不应小于高度的1/10，且不应小于10m。对烟囱等变截面构筑物，警戒线距离应增大至其高度的1/5，且不应小于25m。

4.0.3 滑模施工现场应与其他施工区、办公和生活区划分清晰，并应采取相应的警戒隔离措施。

4.0.4 滑模操作平台上应设专人负责消防工作，不得存放易燃易爆物品，平台上不得超载存放建筑材料、构件等。

4.0.5 警戒区内的建筑物出入口、地面通道及机械操作场所，应搭设高度不低于2.5m的安全防护棚；当滑模工程进行立体交叉作业时，上下工作面之间应搭设隔离防护棚，防护棚应定期清理坠落物。

4.0.6 防护棚的构造应符合下列规定：

1 防护棚结构应通过设计计算确定；

2 棚顶可采用不少于2层纵横交错的木跳板、竹笆或竹木胶合板组成，重要场所应增加1层2mm～3mm厚的钢板；

3 建（构）筑物内部的防护棚，坡向应从中间向四周，外防护棚的坡向应外高内低，其坡度均不应小于1∶5；

4 当垂直运输设备穿过防护棚时，防护棚所留洞口周围应设置围栏和挡板，其高度不应小于1200mm；

5 对烟囱类构筑物，当利用平台、灰斗底板代替防护棚时，在其板面上应采取缓冲措施。

4.0.7 施工现场楼板洞口、内外墙门窗洞口、漏斗口等各类洞口，应按下列规定设置防护设施：

1 楼板的洞口和墙体的洞口应设置牢固的盖板、防护栏杆、安全网或其他防坠落的防护设施；

2 电梯井口应设防护栏杆或固定栅门；

3 施工现场通道附近的各类洞口与坑槽等处，除设置防护设施与安全示警标志外，夜间应设红色示警灯；

4 各类洞口的防护设施均应通过设计计算确定。

4.0.8 施工用楼梯、爬梯等处应设扶手或安全栏杆。采用脚手架搭设的人行斜道和连墙件应符合现行行业标准《建筑施工扣件式钢管脚手架安全技术规范》JGJ 130的规定。独立施工电梯通道口及地面落罐处等人员上下处应设围栏。

4.0.9 各种牵拉钢丝绳、滑轮装置、管道、电缆及设备等均应采取防护措施。

4.0.10 现场垂直运输机械的布置应符合下列规定：

1 垂直运输用的卷扬机，应布置在危险警戒区以外；

2 当采用多台塔机同场作业存在交叉时，应有防止互相碰撞的措施。

4.0.11 当地面施工作业人员在警戒区内防护棚外进行短时间作业时，应与操作平台上作业人员取得联系，并应指定专人负责警戒。

5 滑模装置制作与安装

5.0.1 滑模装置的制作应具有完整的加工图、施工安装图、设计计算书及技术说明，并应报设计单位审核。

5.0.2 滑模装置的制作应按设计图纸加工；当有变动时，应有相应的设计变更文件。

5.0.3 制作滑模装置的材料应有质量合格文件，其品种、规格等应符合设计要求。材料的代用，应经设计人员同意。机具、器具应有产品合格证。

5.0.4 滑模装置各部件的制作、焊接及安装质量应经检验合格，并应进行荷载试验，其结果应符合设计要求。滑模装置如经过改装，改装后的质量应重新验收。

5.0.5 液压系统千斤顶和支承杆应符合下列规定：

1 千斤顶的工作荷载不应大于额定荷载；

2 支承杆应满足强度和稳定性要求；

3 千斤顶应具有防滑移自锁装置。

5.0.6 操作平台及吊脚手架上走道宽度不宜小于800mm，安装的铺板应严密、平整、防滑、固定可靠。操作平台上的洞口应有封闭措施。

5.0.7 操作平台的外侧应按设计安装钢管防护栏杆，其高度不应小于1800mm；内外吊脚手架周边的防护栏杆，其高度不应小于1200mm；栏杆的水平杆间距应小于400mm，底部应设高度不小于180mm的挡脚板。在防护栏杆外侧应采用钢板网或密目安全网封闭，并应与防护栏杆绑扎牢固。在扒杆部位下方的栏杆应加固。内外吊脚手架操作面一侧的栏杆与操作面的距离不应大于100mm。

5.0.8 操作平台的底部及内外吊脚手架底部应设兜底安全平网，

并应符合下列规定：

1 应采用阻燃安全网，并应符合现行国家标准《安全网》GB 5725 的规定。安全网的网纲应与吊脚手架的立杆和横杆连接，连接点间距不应大于 500mm；

2 在靠近行人较多的地段施工时，操作平台的吊脚手架外侧应采取加强防护措施；

3 安全网间应严密，连接点间距与网结间距应相同；

4 当吊脚手架的吊杆与横杆采用钢管扣件连接时，应采取双扣件等防滑措施；

5 在电梯井内的吊脚手架应连成整体，其底部应满挂一道安全平网；

6 采用滑框倒模工艺施工的内外吊脚手架，对靠结构面一侧的底部活动挡板应设有防坠落措施。

5.0.9 当滑模装置设有随升井架时，在出入口应安装防护栅栏门；在其他侧面栏杆上应采用钢板网封闭。防护栅栏、防护栏杆和封闭用的钢板网高度不应低于 1200mm。随升井架的顶部应设有防止吊笼冲顶的限位开关。

5.0.10 当滑模装置结构平面或截面变化时，与其相连的外挑操作平台应按专项施工方案要求及时改装，并应拆除多余部分。

5.0.11 当滑模托带钢结构施工时，滑模托带施工的千斤顶，安全系数不应小于 2.5，支承杆的承载能力应与其相适应。滑模托带钢结构施工过程中应有确保同步上升措施，支承点之间的高差不应大于钢结构的设计要求。

6 垂直运输设备及装置

6.0.1 滑模施工中所使用的垂直运输设备应根据滑模施工特点、建筑物的形状、高度及周边地形与环境等条件确定，并宜选择标准的垂直运输设备通用产品。

6.0.2 滑模施工使用的垂直运输装置，应由专业工程设计人员设计，设计单位技术负责人审核；并应附有安全技术规范要求的设计文件、产品质量合格证明、安装及使用维修说明等文件。

6.0.3 垂直运输装置应由设计单位提出检测项目、检测指标与检测条件，使用前应由使用单位组织有关设计、制作、安装、使用、监理等单位共同检测验收。安全检测验收应包括下列主要内容：

1 垂直运输装置的使用功能；

2 金属结构件安全技术性能；

3 各机构及主要零、部件安全技术性能；

4 电气及控制系统安全技术性能；

5 安全保护装置；

6 操作人员的安全防护设施；

7 空载和载荷的运行试验结果。

6.0.4 垂直运输装置应按设计的各技术性能参数设置标牌，应标明额定起重量、最大提升速度、最大架设高度、制作单位、制作日期及设备编号等。设备标牌应永久性地固定在设备的醒目处。

6.0.5 对垂直运输设备及装置应建立定期检修和保养的责任制。

6.0.6 操作垂直运输设备及装置的司机，应通过专业培训、考核合格后持证上岗，严禁无证人员操作。

6.0.7 操作垂直运输设备及装置的司机，在有下列情况之一时，不得操作设备：

1 司机与起重物之间视线不清、夜间照明不足、无可靠的信号和自动停车、限位等安全装置；

2 设备的传动机构、制动机构、安全保护装置有故障；

3 电气设备无接地或接地不良，电气线路有漏电；

4 超负荷或超定员；

5 无明确统一信号和操作规程。

6.0.8 当采用随升井架作滑模垂直运输时，应验算在最大起重量、最大起重高度、井架自重、风载、柔性滑道（稳绳）张紧力、吊笼制动力等最不利情况下结构的强度和稳定性。

6.0.9 在高耸构筑物滑模施工中，当采用随升井架平台及柔性滑道与吊笼作为垂直运输时，应做详细的安全及防坠落设计，并应符合下列规定：

1 安全卡钳中楔块工作面上的允许压强应小于 150MPa；

2 吊笼运行时安全卡钳的楔块与柔性滑道工作面的间隙，不应小于 2mm；

3 安全卡钳安装后应按最不利情况进行负荷试验，合格后方可使用。

6.0.10 吊笼的柔性滑道应按设计安装测力装置，并应有专人操作和检查。每副导轨中两根柔性滑道的张紧力差宜为 15%～20%。当采用双吊笼时，张紧力相同的柔性滑道应按中心对称设置。

6.0.11 柔性滑道导向的吊笼应采用拉伸门，其他侧面应采用钢板或带加劲肋的钢板网密封，与地面接触处应设置缓冲器。

7 动力及照明用电

7.0.1 滑模施工的动力及照明用电电源应使用 220V/380V 的 TN-S 接零保护系统，并应设有备用电源。对没有备用电源的现场，必须设有停电时操作平台上施工人员撤离的安全通道。

7.0.2 滑模操作平台上应设总配电箱，当滑模分区管理时，每个分区应设一个分区配电箱，所有配电箱应由专人管理；总配电箱应安装在便于操作、调整和维修的地方，其分路开关数量应大于或等于各分区配电箱总数之和。开关及插座应安装在配电箱内，配电箱及开关箱设置应符合现行行业标准《施工现场临时用电安全技术规范》JGJ 46 的规定。

7.0.3 滑模施工现场的地面和操作平台上应分别设置配电装置，地面设置的配电装置内应设有保护线路和设备的漏电保护器，操作平台上设置的配电装置内应设有保护人身安全的漏电保护器。附着在操作平台上的垂直运输装置应分别有上下紧急断电装置。总开关和集中控制开关应有明显的标志。

7.0.4 当滑模操作平台上采用 380V 电压供电的设备时，应安装漏电保护器和失压保护装置。对移动的用电设备和机具的电源线，应采用五芯橡套电缆线，并不得在操作平台上随意牵拉，钢筋、支承杆和移动设备的摆放不得压迫电源线。

7.0.5 敷设于滑模操作平台上的各种固定的电气线路，应安装在人员不易接触到的隐蔽处，对无法隐蔽的电线，应有保护措施。操作平台上的各种电气线路宜按强电、弱电分别敷设，电源线不得随地拖拉敷设。

7.0.6 滑模操作平台上的用电设备的保护接零线应与操作平台的保护接零干线有良好的电气通路。

7.0.7 从地面向滑模操作平台供电的电缆应和卸荷拉索连接固

定，其固定点应加绝缘护套保护，电缆与拉索不得直接接触，电缆与拉索固定点的间距不应大于2000mm，电缆应有明显的卸荷弧度。电缆和拉索的长度应大于操作平台最大滑升高度10m以上，其上端应通过绝缘子固定在操作平台的钢结构上，其下端应盘圆理顺，并应采取防护措施。

7.0.8 滑模施工现场的夜间照明，应保证工作面照明充足，其照明设施应符合下列规定：

1 滑模操作平台上的便携式照明灯具应采用安全电压电源，其电压不应高于36V；潮湿场所电压不应高于24V；

2 当操作平台上有高于36V的固定照明灯具时，应在其线路上设置漏电保护器。

7.0.9 当施工中停止作业1h及以上时，应切断操作平台上的电源。

8 通信与信号

8.0.1 在滑模专项施工方案中，应根据施工的要求，对滑模操作平台、工地办公室、垂直及水平运输的控制室、供电、供水、供料等部位的通信联络制定相应的技术措施和管理制度，应包括下列主要内容：

1 应对通信联络方式、通信联络装置的技术要求及联络信号等做明确规定；

2 应制定相应的通信联络制度；

3 应确定在滑模施工过程中通信联络设备的使用人；

4 各类信号应设专人管理、使用和维护，并应制定岗位责任制；

5 应制定各类通信联络信号装置的应急抢修和正常维修制度。

8.0.2 在施工中所采用的通信联络方式应简便直接、指挥方便。

8.0.3 通信联络装置安装好后，应在试滑前进行检验和试用，合格后方可正式使用。

8.0.4 当采用吊笼等作垂直运输装置时，应设置限载、限位报警自动控制系统；各平层停靠处及地面卷扬机室，应设置通信联络装置及声光指示信号。各处信号应统一规定，并应挂牌标明。

8.0.5 垂直运输设备和混凝土布料机的启动信号，应由重物、吊笼停靠处或混凝土出口处发出。司机接到指令信号后，在启动前应发出动作回铃，提示各处施工人员做好准备。当联络不清、信号不明时，司机不得擅自启动垂直运输设备及装置。

8.0.6 当滑模操作平台最高部位的高度超过50m时，应根据航空部门的要求设置航空指示信号。当在机场附近进行滑模施工时，航空指示信号及设置高度，应符合当地航空部门的规定。

9 防　　雷

9.0.1 滑模施工过程中的防雷措施，应符合下列规定：

1 滑模操作平台的最高点应安装临时接闪器，当邻近防雷装置接闪器的保护范围覆盖滑模操作平台时，可不安装临时接闪器；

2 临时接闪器的设置高度，应使整个滑模操作平台在其保护范围内；

3 防雷装置应具有良好的电气通路，并应与接地体相连；

4 接闪器的引下线和接地体应设置在隐蔽处，接地电阻应与所施工的建（构）筑物防雷设计匹配。

9.0.2 滑模操作平台上的防雷装置应设专用的引下线。当采用结构钢筋做引下线时，钢筋连接处应焊接成电气通路，结构钢筋底部应与接地体连接。

9.0.3 防雷装置的引下线，在整个施工过程中应保证其电气通路。

9.0.4 安装避雷针的机械设备，所有固定的动力、控制、照明、信号及通信线路，宜采用钢管敷设。钢管与该机械设备的金属结构体应电气连接。

9.0.5 机械上的电气设备所连接的PE线应同时重复接地，同一台机械电气设备的重复接地和机械的防雷接地可共用同一接地体，但接地电阻应符合重复接地电阻值的要求。

9.0.6 当遇到雷雨时，所有高处作业人员应撤出作业区，人体不得接触防雷装置。

9.0.7 当因天气等原因停工后，在下次开工前和雷雨季节之前，应对防雷装置进行全面检查，检查合格后方可继续施工。在施工期间，应定期对防雷装置进行检查，发现问题应及时维修，并应向有关负责人报告。

10 消　　防

10.0.1 滑模施工前，应做好消防设施安全管理交底工作。

10.0.2 滑模施工现场和操作平台上应根据消防工作的要求，配置适当种类和数量的消防器材设备，并应布置在明显和便于取用的地点；消防器材设备附近，不得堆放其他物品。

10.0.3 高层建筑和高耸构筑物的滑模工程，应设计、安装施工消防供水系统，并应逐层或分段设置施工消防接口和阀门。

10.0.4 在操作平台上进行电气焊时应采取可靠的防火措施，并应经专职安全人员确认安全后再进行作业，作业时现场应设专人实施监护。

10.0.5 施工消防设施及疏散通道的施工应与工程结构施工同步进行。

10.0.6 消防器材设施应有专人负责管理，并应定期检查维修。寒冷季节应对消防栓、灭火器等采取防冻措施。

10.0.7 在建工程结构的保湿养护材料和冬期施工的保温材料不得采用易燃品。操作平台上严禁存放易燃物品，使用过的油布、棉纱等应妥善处理。

11 滑模施工

11.0.1 滑模施工开始前，应对滑模装置进行技术安全检查，并应符合下列规定：

1 操作平台系统、模板系统及其连接应符合设计要求；

2 液压系统调试、检验及支承杆选用、检验应符合现行国家标准《滑动模板工程技术规范》GB 50113中的规定；

3 垂直运输设备及其安全保护装置应试车合格；

4 动力及照明用电线路的检查与设备保护接零装置应合格；

5 通信联络与信号装置应试用合格；

6 安全防护设施应符合施工安全的技术要求；

7 消防、防雷等设施的配置应符合专项施工方案的要求；

8 应完成员工上岗前的安全教育及有关人员的考核工作、技术交底；

9 各项管理制度应健全。

11.0.2 操作平台上材料堆放的位置及数量应符合滑模专项施工方案的限载要求，应在规定位置标明允许荷载值。设备、材料及人员等荷载应均匀分布。操作平台中部空位应布满平网，其上不得存放材料和杂物。

11.0.3 滑模施工应统一指挥、人员定岗和协作配合。滑模装置的滑升应在施工指挥人员的统一指挥下进行，施工指挥人员应经常检查操作平台结构、支承杆的工作状态及混凝土的凝结状态，在确认无滑升障碍的情况下，方可发布滑升指令。

11.0.4 滑模施工过程中，应设专人检查滑模装置，当发现有变形、松动及滑升障碍等问题时，应及时暂停作业，向施工指挥人员反映，并采取纠正措施。应定期对安全网、栏杆和滑模装置中的挑架、吊脚手架、跳板、螺栓等关键部位检查，并应做好检查记录。

11.0.5 每个作业班组应设专人负责检查混凝土的出模强度，混凝土的出模强度应控制在0.2MPa～0.4MPa。当出模混凝土发生流淌或局部坍落现象时，应立即停滑处理。当发现混凝土的出模强度偏高时，应增加中间滑升次数。

11.0.6 混凝土施工应均匀布料、分层浇筑、分层振捣，并应根据气温变化和日照情况，调整每层的浇筑起点、走向和施工速度，每个区段上下层的混凝土强度宜均衡，每次浇灌的厚度不宜大于200mm。

11.0.7 每个作业班组的施工指挥人员应按滑模专项施工方案的要求控制滑升速度，液压控制台应由经培训合格的专职人员操作。

11.0.8 滑升过程中操作平台应保持水平，各千斤顶的相对高差不得大于40mm。相邻两个提升架上千斤顶的相对标高差不得大于20mm。液压操作人员应对千斤顶进行编号，建立使用和维修记录，并应定期对千斤顶进行检查、保养、更换和维修。

11.0.9 滑升过程中应控制结构的偏移和扭转。纠偏、纠扭操作应在当班施工指挥人员的统一指挥下，按滑模专项施工方案预定的方法并徐缓进行。当高耸构筑物等平面面积较小的工程采用倾斜操作平台纠偏方法时，操作平台的倾斜度不应大于1%。当圆形筒壁结构发生扭转时，任意3m高度上的相对扭转值不应大于30mm。高层建筑及平面面积较大的构筑物工程不得采用倾斜操作平台的纠偏方法。

滑模平台垂直、水平、纠偏、纠扭的相关观测记录应按现行国家标准《滑动模板工程技术规范》GB 50113执行。

11.0.10 施工中支承杆的接头应符合下列规定：

1 结构层同一平面内，相邻支承杆接头的竖向间距应大于1m；支承杆接头的数量不应大于总数量的25%，其位置应均匀分布；

2 工具式支承杆的螺纹接头应拧紧到位；

3 榫接或作为结构钢筋使用的非工具式支承杆接头，在其通过千斤顶后，应进行等强度焊接。

11.0.11 当支承杆设在结构体外时应有相应的加固措施，支承杆穿过楼板时应采取传力措施。当支承杆空滑施工时，根据对支承杆的验算结果，应进行加固处理。滑升过程中，应随时检查支承杆工作状态。当个别出现弯曲、倾斜等现象时，应及时查明原因，并应采取加固措施。

11.0.12 滑模施工过程中，操作平台上应保持整洁，混凝土浇筑完成后应及时清理平台上的碎渣及积灰，铲除模板上口和板面的结垢，并应根据施工情况及时清除吊脚手架、防护棚等上的坠落物。

11.0.13 滑模施工中，应定期对滑模装置进行检查、保养、维护，还应经常组织对垂直运输设备、吊具、吊索等进行检查。

11.0.14 构筑物工程外爬梯应随筒壁结构的升高及时安装，爬梯安装后的洞口处应及时采用安全网封严。

12 滑模装置拆除

12.0.1 滑模装置拆除前，应确定拆除的内容、方法、程序和使用的机械设备、采取的安全措施等；当施工中因结构变化需局部拆除或改装滑模装置时，应采取相关措施，并应重新进行安全技术检查；当滑模装置采取分段整体拆除时应进行相应计算，并应满足所使用机械设备的起重能力。

12.0.2 滑模装置拆除应指定专人负责统一指挥。拆除作业前应对作业人员进行技术培训和技术交底，不宜中途更换作业人员。

12.0.3 拆除中使用的垂直运输设备和机具，应经检查，合格后方准使用。

12.0.4 拆除滑模装置时，在建（构）筑物周围和塔吊运行范围周围应划出警戒区，拉警戒线，应设置明显的警戒标志，并应设专人监护。

12.0.5 进入警戒线内参加拆除作业的人员应佩戴安全帽，系好安全带，服从现场安全管理规定。非拆除人员未经允许不得进入拆除危险警戒线内。

12.0.6 应保护好电线，确保操作平台上拆除用照明和动力线的安全。当拆除操作平台的电气系统时，应切断电源。

12.0.7 **滑模装置分段安装或拆除时，各分段必须采取固定措施；滑模装置中的支承杆安装或拆除过程必须采取防坠措施。**

12.0.8 拆除作业应在白天进行，分段滑模装置应在起重吊索绷紧后割除支承杆或解除与体外支承杆的连接，并应在地面解体。拆除的部件、支承杆和剩余材料等应捆扎牢固、集中吊运，严禁凌空抛掷。

12.0.9 当遇到雷、雨、雾、雪、风速8.0m/s以上大风天气时，不得进行滑模装置的拆除作业。

本规程用词说明

1 为便于在执行本规程条文时区别对待，对要求严格程度不同的用词说明如下：

1）表示很严格，非这样做不可的：
正面词采用“必须”；反面词采用“严禁”；

2）表示严格，在正常情况下均应这样做的：
正面词采用“应”；反面词采用“不应”或“不得”；

3）表示允许稍有选择，在条件许可时首先这样做的：
正面词采用“宜”；反面词采用“不宜”；

4）表示有选择，在一定条件下可以这样做的，采用“可”。

2 条文中指明应按其他有关标准执行的写法为：“应符合……的规定”或“应按……执行”。

引用标准名录

1 《建筑物防雷设计规范》GB 50057
2 《滑动模板工程技术规范》GB 50113
3 《塔式起重机安全规程》GB 5144
4 《施工升降机安全规程》GB 10055
5 《施工现场临时用电安全技术规范》JGJ 46
6 《建筑施工高处作业安全技术规范》JGJ 80
7 《建筑工程冬期施工规程》JGJ/T 104
8 《建筑施工扣件式钢管脚手架安全技术规范》JGJ 130
9 《建筑施工模板安全技术规范》JGJ 162
10 《建筑施工塔式起重机安装、使用、拆卸安全技术规程》JGJ 196
11 《建筑施工升降机安装、使用、拆卸安全技术规程》JGJ 215
12 《安全网》GB 5725

中华人民共和国行业标准

液压滑动模板施工安全技术规程

JGJ 65 - 2013

条文说明

修 订 说 明

《液压滑动模板施工安全技术规程》JGJ 65－2013，经住房和城乡建设部2013年6月24日以第61号公告批准、发布。

本规程是在《液压滑动模板施工安全技术规程》JGJ 65－89的基础上修订而成，上一版的主编单位是冶金部建筑研究总院，参编单位是冶金部安全环保研究院、冶金部第三冶金建设公司、冶金部第十七冶金建设公司、首钢第一建筑工程公司，主要起草人员是罗竞宁、牟宏远、李崇直、毛永宽、张义裕、李子明。本次修订的主要技术内容是：1. 总则；2. 术语；3. 基本规定；4. 施工现场；5. 滑模装置制作与安装；6. 垂直运输设备及装置；7. 动力及照明用电；8. 通信与信号；9. 防雷；10. 消防；11. 滑模施工；12. 滑模装置拆除。

本规程在修订过程中，编制组进行了滑模安全施工技术北京及广州专题研讨会、典型滑模施工现场安全管理现状调查研究，总结了我国滑模施工安全技术及管理的实践经验，同时参考了国外先进技术法规、技术标准，通过试验取得了一些重要技术参数。

为便于广大设计、施工、监理、科研、教学等单位有关人员在使用本规程时能正确理解和执行条文规定，《液压滑动模板施工安全技术规程》修订编制组按章、节、条顺序编制了本规程的条文说明，对条文规定的目的、依据以及执行中需要注意的有关事项进行了说明，还着重对强制性条文的强制理由做了解释。但是，本条文说明不具备与标准正文同等的法律效力，仅供使用者作为理解和把握标准规定的参考。

目　次

1 总 则

1.0.1 液压滑动模板施工技术是我国现浇混凝土结构工程中施工速度快、地面场地占用少、机械化程度高、绿色环保与经济综合效益显著的一种施工方法，尤其在特种构筑物、超高层建筑物和异形建筑等施工中优势明显。它与普通的模板工程施工有重大区别，除专用模板系统外，主要还包括滑模操作平台系统、提升系统、施工精度控制系统、水电配套系统等组成，集建筑材料、机械、电气、结构、监测等多学科于一体，所有施工工序都在靠自身动力移动的临时结构—滑模操作平台系统上完成，而混凝土是在动态下成型，整个施工操作平台支承于一组单根刚度相对较小的支承杆上，施工中的安全问题具有其特殊性，应引起高度重视。

在早期液压滑动模板施工技术大力推广应用的过程中曾发生过重大安全事故，有过深刻教训。为在施工中贯彻国家“安全第一、预防为主、综合治理”的安全生产方针，保障人民生命财产安全，防止事故发生，根据液压滑动模板施工技术的特点和安全技术管理工作的规律编制了本规程。

1.0.3 本规程是针对液压滑动模板施工安全方面提出的，在施工中不仅要遵守本规程，而且还应遵守现行国家标准《滑动模板工程技术规范》GB 50113 和现行行业标准《建筑施工高处作业安全技术规范》JGJ 80、《建筑施工模板安全技术规范》JGJ 162 等的有关规定。

2 术 语

本规程给出了 10 个有关液压滑动模板和施工安全技术与管理方面的专用术语，并从液压滑动模板工程的角度赋予了其特定的涵义，所给出的推荐性英文术语，是参考国外某些标准拟定的。

3 基本规定

3.0.1 滑模是一项专项技术含量较高的先进施工工艺，滑模装置既是模板也是脚手架的施工作业平台，其自重、施工荷载和风荷载都比较大，属独立高处作业，施工安全问题较为突出。

根据《建设工程安全生产管理条例》（中华人民共和国国务院令第 393 号）第十七条、第二十六条及《危险性较大的分部分项工程安全管理办法》（建质［2009］87 号）的有关规定，滑模施工属于超过一定规模的危险性较大的分部分项工程范围，应编制滑模专项施工方案。

3.0.2 滑模专项施工方案应包括的主要内容是根据现行国家标准《滑动模板工程技术规范》GB 50113 和《危险性较大的分部分项工程安全管理办法》（建质［2009］87 号）第七条的规定综合编制。

3.0.3、3.0.4 是按《危险性较大的分部分项工程安全管理办法》第十二条、第十五条的规定编制。

3.0.5 滑模装置的形式可因地制宜，常见的烟囱和高层建筑滑模装置见图 1、图 2。

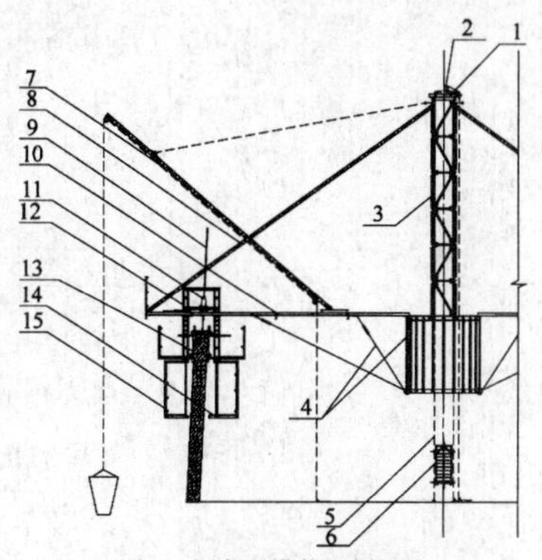

图 1 烟囱滑模装置剖面图

1—天轮梁；2—天轮；3—井架；4—操作平台钢结构；5—导索；6—吊笼；7—扒杆；8—井架斜杆；9—支承杆；10—操作平台；11—千斤顶；12—提升架；13—模板；14—内吊脚手架；15—外吊脚手架

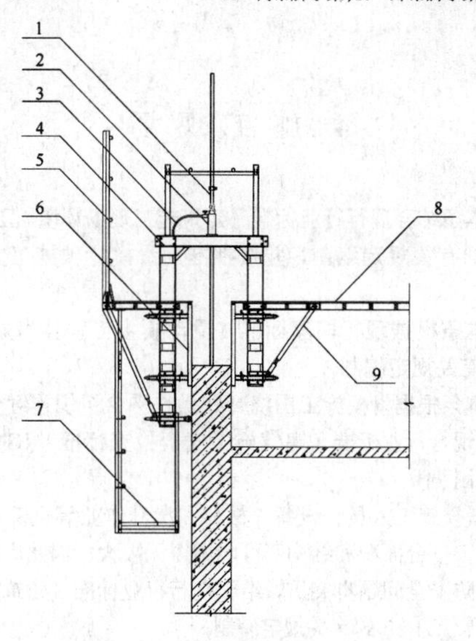

图 2 高层建筑滑模装置剖面图

1—支承杆；2—千斤顶；3—液压油路系统；4—提升架；5—栏杆；6—模板；7—外吊脚手架；8—操作平台；9—挑架

3.0.6 滑模施工属于高处作业。因此，规定了因恶劣天气原因必须停止施工，并规定了停工措施和恢复施工的措施。风速 10.8m/s 相当于六级风。

3.0.7 滑模平台上的操作人员都属于高处作业，因此要求滑模操作平台上的施工人员应身体健康，能适应高处作业环境，否则，不得上操作平台工作。

3.0.8 冬期气温低大大延缓了混凝土的凝结速度，对模板的滑升速度有很大的影响，当滑升速度与混凝土凝结速度不匹配时，就会影响工程质量以致引起安全事故。若采用保温或加热措施提高混凝土的凝结速度以适应滑升速度的需要，就会大大增加施工费用，在施工上还带来其他许多困难，增加了很多不安全因素。因此，当由于各种原因需要进行冬期施工时，应认真对待，采取有效的安全技术措施以保证施工安全。

3.0.12 施工现场应有临时用电组织设计、审批及验收程序，滑模施工安全用电应严格执行临时用电组织设计。施工单位技术负责人应组织有关设计、使用和监理单位共同验收，合格后方可投入使用。

3.0.13 烟囱类高耸构筑物，由于顶部面积狭窄，滑模装置的拆除比较危险，故本条规定设计时，在烟囱类结构的顶端设置安全行走平台，以使拆除人员在进行滑模装置拆除时有较安全的活动场地。另外也便于投产使用后，避雷装置及航空标志的维修。

4 施 工 现 场

4.0.1 本条结合现行行业标准《建筑施工现场环境与卫生标准》JGJ 146的有关规定编制，并按批准的滑模专项施工方案布置现场。

4.0.2 本条根据现行国家标准《滑动模板工程技术规范》GB 50113的有关规定编制。

4.0.3 本条根据滑模施工围绕高处操作平台组织连续生产的特点，结合现行行业标准《建筑施工安全检查标准》JGJ 59的有关规定编制。

4.0.4 滑模施工人员、设备、材料和滑升作业等全部在操作平台上完成，平台面积和结构不可能做得无限大，因此应限载，高空作业消防安全问题也突出，结合现行行业标准《建筑施工安全检查标准》JGJ 59的有关规定编制。

4.0.5 本条规定了对危险警戒区内的重要场所搭设安全或隔离防护棚的要求。

4.0.6 本条给出了防护棚的构造要求，其中第4款考虑到人体身高和安全防护的要求，将原来的防护高度800mm提高到1200mm。

4.0.7 本条给出了在各类洞口进行作业时，防护设施的设置要求。

4.0.8 本条结合现行行业标准《建筑施工扣件式钢管脚手架安全技术规范》JGJ 130的有关规定编制。编制组到几个典型滑模施工现场调研中发现，由于滑模施工速度快，施工用楼梯、爬梯安全栏杆设置不重视，其中独立的施工马道与原结构连接普遍存在滞后和不完整现象，需要加强。

4.0.9 本条规定了应采取防护措施的部位。

4.0.10 本条规定了现场垂直运输机械的布置要求。

5 滑模装置制作与安装

5.0.1 由于滑模装置是一种使用时间长、所承受的荷载可变性大的临时结构，应认真设计。所以本条对滑模装置的设计提出了要求，对其设计的审核作了规定，以防止盲目施工。

5.0.2 本条规定滑模装置应按已批准的设计施工图施工，设计变更应经设计人员同意，并出具设计变更文件，防止施工过程中不经设计验算，擅自变动随意施工的现象发生。

5.0.3 本条对制作滑模装置的材质及材料代用作出明确规定，以保证操作平台的结构安全可靠。同时对使用的机具、器具作出了规定。

5.0.4 滑模是先进的施工工艺，滑模装置的质量关系到工程项目的施工安全、工程实体质量等，因此本条规定滑模装置各部件的制作、焊接及安装质量应经检验合格。滑模施工操作平台的骨架一般为钢结构，其构件连接大部分是采用焊接，所以，焊接质量是保证操作平台结构安全使用的重要环节。同时，滑模装置安装完成后要进行载荷试验，其目的是进一步检验制作、焊接及安装质量，把施工中可能发生的问题解决在滑模施工之前。

5.0.5 本条为强制性条文。工作荷载包括：滑模装置自重、施工荷载、垂直运输系统附加荷载及制动力、混凝土与模板之间的摩阻力和风荷载。在实际施工中，由于千斤顶不同步、操作平台施工荷载不均匀、出模强度增长影响摩阻力变大等原因，会产生不确定的附加荷载，为保证滑模装置及施工人员的安全，千斤顶的工作荷载不应大于其额定荷载；同时千斤顶应具有可靠的自锁装置，在工作荷载作用下不下滑。

5.0.6 本条对操作平台及吊脚手架上的铺板作了规定，明确了操作平台上各种洞口，如：上下层操作平台的通道口、爬梯口、梁模滑空部位等，应有封闭措施，以保证操作平台上施工人员的安全。同时对操作平台及吊脚手架的走道宽度作出了规定。

5.0.7 本条对操作平台外边缘的防护栏杆提出的要求，是以我国滑模施工的经验，从安全和施工方便的角度作出的规定。

5.0.8 本条是对操作平台及内外吊脚手架安全网的挂法及所使用安全网的质量及固定方法作出规定。在行人较多地段的吊脚手架外侧应采取全封闭或多层密网等加强防护措施；吊脚手架的吊杆与横杆采用钢管扣件连接时，为防止扣件松动，对吊杆作出了防滑落规定；同时对采用滑框倒模工艺施工的内外吊架作出了防坠落规定。

5.0.9 本条针对滑模装置上设有随升井架时，对出入口处的防护措施及其护栏处的防护作出了要求，规定随升井架的顶部设限位开关的主要目的在于防止吊笼冲顶，以确保施工安全。

5.0.10 本条特别对连续变截面结构滑模施工时，操作平台随着模板的提升，操作平台支承面积减少，应按施工技术设计的要求及时改造、拆除超长部分，在尚未拆除前应及时缩小外挑平台的使用宽度，以防止增加施工操作平台的倾覆力矩。

5.0.11 滑模托带钢结构施工时，应考虑到钢结构在托带滑升时产生的应力变化和对滑模装置产生的附加荷载，因此要求千斤顶和支承杆的承载能力应有较大的安全储备和确保同步上升的措施。

6 垂直运输设备及装置

6.0.1 建筑施工使用的垂直运输设备种类繁多，技术性能参数各异，而滑模施工技术又不同于其他常规施工方法，故本条规定滑模所用的垂直运输设备应根据滑模施工工艺的特点，建（构）筑物的形状及施工工况合理地选择，在保证滑模施工安全的前提下优先选择标准的垂直运输设备通用产品，如：塔式起重机、施工升降机和物料提升机等标准的通用产品。

6.0.2 滑模施工是一种特殊施工工艺，在构筑物滑模施工中往往会使用如随升井架等垂直运输装置，它是指利用部分标准产品设计制作的为滑模专用的垂直运输装置，因此，本条文规定应有符合安全技术规范的完整的设计文件（包括签字盖章的图纸、计算书、工艺文件）、产品质量合格证明和设备安装使用说明书等。

6.0.3 本条文提出滑模垂直运输装置的检测项目、检测指标与检测条件由设计单位提出，使用前由使用单位组织有关设计、制作、安装、使用、监理等单位共同检测验收，并规定了安全检测验收的主要内容。

6.0.4 本条文对垂直运输装置的标牌制作内容及固定作了相应的规定。

6.0.5 使垂直运输设备及装置经常处于完好状态是防止发生事故的重要技术管理环节，故本条规定了应建立定期检修和保养制度。

6.0.6 本条对操作垂直运输设备及装置的司机人员素质作了规定。该工作是一技术性较高、责任心较强的岗位，司机应熟知所使用设备的构造、原理、性能、操作方法和安全技术知识，否则不能胜任本岗位的工作。禁止非司机人员上岗操作。

6.0.7 本条赋予司机有拒绝使用不符合垂直运输设备及装置运转操作条件的职权。

6.0.8 本条规定了在滑模施工中使用随升井架等装置时应进行验算的内容，以确保其受力性能满足施工的需要。

6.0.9 本条规定了高耸构筑物施工中垂直运输装置应做详细的安全及防坠落设计，并规定安全卡钳设计和检验时采用的主要技术参数。

6.0.10 吊笼采用柔性导轨时，为防导轨在吊笼运行过程中发生共振而造成安全事故，本条对柔性滑道的张紧力作出了规定。为防止张紧力过大造成操作平台结构破坏，柔性滑道应设计与安装测力装置。

6.0.11 在本条中对吊笼规定了应配置的安全措施。

7 动力及照明用电

7.0.1 滑模施工连续性强，又属于高处作业，当发生停电时是无法连续施工的。为此本条规定了滑模施工现场应设备用电源。当没有备用电源时，应利用在建工程的楼梯或爬梯或随构造物高度上升搭设的脚手架马道等作安全通道。

7.0.2 本条规定了滑模操作平台上配电箱的设置、管理和滑模操作平台供电的一般做法，以避免“一闸多用”和“私拉乱接”等违章用电。

7.0.3 为保证滑模操作平台上施工用电安全或意外紧急状态下切断电源的需要，故在本条文中规定垂直操作平台用电应有独立的配电装置。而且对附着在操作平台上的垂直运输设备应有上、下两套紧急断电装置，以备紧急情况下的断电操作。

7.0.4 本条规定了380V用电设备和电缆线的安全保护措施。

7.0.5 滑模操作平台上各种动力、照明及控制用电气线路，一般都敷设在操作平台的铺板以下的隐蔽处，以防止操作平台的人员或设备意外损坏而发生触电事故或影响使用。对敷设在操作平台铺板面上的电气线路应采取保护措施。强调强弱电应分开布设，电源线应避免随地拖拉敷设。

7.0.6 为保证滑模操作平台上用电，本条对操作平台上用电设备接零提出了要求，防止因用电设备漏电和漏电开关失灵而发生人身伤亡事故。

7.0.7 本条规定了由地面至滑模操作平台间供电电缆架设的技术要求。

7.0.8 本条规定主要是从防止触电、漏电击人的情况出发，对固定照明灯具、低压便携灯的使用、触电保护器的设置等做了相应的规定。条文中所提的照明充足，是要保证照明均匀不留死角，其照度满足施工操作要求。

7.0.9 本条规定了停工应断电，防止意外事故发生的安全措施。

8 通信与信号

8.0.1 滑模施工中通信联络与联络信号对保证安全生产至关重要，在滑模专项施工方案中应根据施工的需要对通信与信号作出相应的技术设计，以保证施工中联络畅通，信号可靠。本条对通信联络设备的使用人、应急抢修和正常维修制度、各类信号的专人管理及其岗位责任制作了具体规定。

8.0.2 滑模施工中所采用的联络方式及通信联络装置应认真考虑和选择，从工程实践看联络的方式应简便直接，如对讲机、直通电话、小功率喇叭等。但选用的通信联络设备应灵敏可靠，这样才能保证施工中的正常的通信联络。

8.0.3 本条提出对滑模施工中通信联络装置的安装及试验的要求。

8.0.4 本条对采用吊笼等垂直运输装置规定了通信联络、显示信号及限载、限位报警自动控制系统的要求，以保证施工安全。

8.0.5 本条对垂直运输机械和混凝土布料机的启动信号、信号传递及司机操作规定了要求。

8.0.6 当滑模操作平台最高点超过50m时应根据当地航空部门的要求来设置航空信号。在机场附近施工时，应根据机场航空管理的要求来设置航空信号，以保证飞行和安全。

9 防　雷

9.0.1 本条规定的防雷措施的技术要求是基于以下情况考虑的：

1 邻近的防雷装置的接闪器对周围地面有一定的保护范围，详见《建筑物防雷设计规范》GB 50057的有关规定。因此，在施工期间，滑模操作平台的最高点，当在邻近防雷装置接闪器保护范围内，可不安装临时接闪器，否则，应安装临时接闪器。

2 为了有效地保护滑模操作平台，临时接闪器的保护范围，应按《建筑物防雷设计规范》GB 50057计算确定，其设置高度应随施工进展而保持最高点，确保不断升高的操作平台始终处于接闪器的保护范围之内。

3 接闪器可将雷电流通过引下线和接地体传入大地，以防操作平台遭受雷击。所以防雷装置应构成良好的电气通路。

4 为防雷电反击和跨步电压，接闪器的引下线和接地体，应设置在隐蔽的地方。

9.0.2 为保证施工安全和便于施工，滑模施工中的防雷装置宜设专用的引下线。当所施工工程采用结构钢筋做引下线时，施工用的接闪器可以与此相连。但应按照所施工工程批准的设计图，随时将结构钢筋焊接成电气通路，并与接地体相连。

9.0.3 在施工过程中，防雷装置的引下线应始终保持电气通路。因为接闪器对高空的雷云有"吸引作用"，如果引下线不能保持电气通路，一旦雷击，雷电流得不到良好的入地通路，反而有害。因此，防雷装置的引下线应在施工中保证不被折断。由于施工中需要（如挖沟等）将引下线拆除时，应待另一条引下线安装好后，方准拆除原引下线。

9.0.4 机械设备的动力、控制、照明、信号及通信线路采用钢管敷设，并与设备金属结构体做电气连接是基于通过屏蔽和等电位连接，以防止雷电侧击的危害。

9.0.5 本条根据现行国家标准《建筑物防雷设计规范》GB 50057和《塔式起重机安全规程》GB 5144有关接地电阻的要求编制。

9.0.6 雷雨时，露天作业应停止。所以高处作业人员应下到地面，人体应避免接触防雷装置，以防雷电感应和反击。

9.0.7 当因天气等原因停工后，在下次开工前和雷雨季节到来之前，应对防雷装置进行全面检查，检查焊点是否牢固，引下线的断接卡子接触是否良好，接地电阻是否符合要求。检查若发现问题，应及时进行维修并达到原设计要求，并向有关负责人报告。

10 消　防

10.0.1 滑模施工贯彻"预防为主、防消结合"的方针，应做好消防安全管理交底工作，并加强日常看护和安全检查。

10.0.2 滑模施工场地应配备适当种类的消防器材，以便火灾时及时扑救，从而减少损失。由于滑模所施工的建（构）筑物不同，其滑模操作平台的大小也不同，故消防器材的数量由各施工单位根据实际情况设计确定。

10.0.3 高层建筑和高耸构筑物滑模施工安装临时消防供水系统，不仅是为了施工时混凝土养护用水，更重要的是发生火灾时可以立即进行消防扑救，由于滑模在不断地升高，因此高层建筑应逐层、高耸构筑物应分段设置施工消防接口和阀门，发生火灾时随时连接消防水管并打开阀门。施工消防供水系统应根据建筑物或构筑物的高度、面积、结构形式按有关标准进行设计。

10.0.4 控制火源是防止火灾最根本的途径，滑模施工属高处作业，一旦发生火灾危险性更大，也不易扑救。我国有过这种火灾的教训，所以应严格执行电（气）焊动火审批制度，在采取如设置接火斗、灭火器等防火措施基础上，经专职安全人员确认后再进行工作，作业时现场应设专人实施监护。

10.0.5 本条施工消防设施指消防用水管，疏散通道指在建工程的楼梯、爬梯和脚手架马道等，这些设施施工应保持同步，以供消防及施工人员紧急疏散使用。

10.0.6 消防器材设备专人管理是保证能进行定期检查维修、保持完好的先决条件。消防栓冬季要防冻，水溶型泡沫灭火器也应防冻，消防器材的及时补充等都需有专人负责，才能使以"预防为主"的措施有效。

10.0.7 施工现场，特别是高空的操作平台上不使用、不存放易燃材料有利于减少施工现场火灾发生的几率。

11 滑模施工

11.0.1 滑模施工前应对滑模装置进行全面的安全大检查。本条规定了安全检查的主要内容及应达到的要求。其中液压系统调试、检验及支承杆选用、检验应符合现行国家标准《滑动模板工程技术规范》GB 50113中的有关规定。

11.0.2 为防止滑模施工操作平台超载，要严格管理操作平台上施工材料的堆放。操作平台上所堆放的材料应在保证施工需要的情况下，随用随吊，严格控制在滑模专项施工方案所规定的允许荷载值内，暂时不用的材料、物件应及时清理运至地面，以减小操作平台的荷载，保证操作安全。

11.0.3 滑模施工时，模板的滑升应在施工指挥人员的统一指挥下进行，按滑升制度操作，不允许随意提升。要加强施工管理人员的责任心，经常检查操作平台结构、支承杆的工作状态及混凝土的凝结状态，在确认无滑升障碍、具备滑升条件的情况下方可发布滑升指令，否则易发生质量和安全事故。

11.0.4 滑模施工过程中，设专人对滑模装置进行检查，是确保施工安全和工程质量的重要措施。滑模施工是在动态中进行的，由于混凝土浇筑方向、混凝土振捣、操作平台荷载的不均匀性等原因，滑模装置会产生变形、松动，而变形大小是与检查、维护相关的。因此要对关键部位按照《滑动模板工程技术规范》GB 50113滑模装置组装的允许偏差表的规定定期检查，做好检查记录。每次滑升要认真检查和总结滑升障碍问题，及时向施工指挥人员反映，迅速采取纠正措施。

11.0.5 混凝土的出模强度检查，首先是工程开始进行初次提升（即初滑阶段）的混凝土外露部分；其次是每次正常滑升开始的混凝土外露部分，主要应注意两点：

1 既要考虑混凝土的自重能克服模板与混凝土之间的摩阻力，又要使下端混凝土达到必要的出模强度，而混凝土强度过高又将产生粘模现象，影响滑模装置的正常滑升，因此应对刚出模的混凝土凝结状态进行强度检验，使其控制在规范允许的范围内。

2 初滑一般是指模板结构在组装后初次经受提升荷载的考验，因此，在进行混凝土强度检验的同时，检查滑模装置是否工作正常，如发现问题应立即处理，这对以后施工中保证平台结构的安全十分重要。

11.0.6 本条规定的做法是为确保每个区段上下层的混凝土强度相对均衡，才能确保滑模装置的平稳和滑模施工的安全。

11.0.7 在滑模施工过程中，控制滑升速度是保证施工安全的重要条件之一，应严格控制模板的滑升速度，按预定的滑升速度施工。如果混凝土的凝结速度与滑升速度不相适应时，应根据实际情况和会商变更方案，适时调整滑升速度。超速滑升易造成滑模操作平台整体失稳的严重安全事故，应严格禁止。

液压控制台是滑模提升系统的“心脏”，因而应由有经验的人员操作，这样在滑升过程中才能全面掌握操作平台的工作状态，控制滑升速度。避免有的操作人员因缺乏操作知识和经验，不掌握现场情况就任意提升的现象。

11.0.8 本条对千斤顶的规定是为了确保滑模同步施工，操作平台保持水平。

11.0.9 本条规定了滑升过程中控制结构偏移和扭转的操作要求，强调高层建筑及平面面积较大的构筑物工程不得采用倾斜操作平台的纠偏方法，是因为有些操作人员把平面面积较小的构筑物的纠偏方法照搬到这类工程上，而这类工程平面刚度很大，采用倾斜操作平台的纠偏方法无济于事，反而会造成滑模装置变形，很不安全，应另采取其他有效措施。

有关记录表见现行国家标准《滑动模板工程技术规范》GB 50113－2005的附录。

11.0.10 本条是对支承杆接头的有关规定，由于支承杆是滑模装置的承载体，支承杆的接头处理一定要拧紧到位、稳固可靠。

11.0.11 滑模的支承杆一般设在混凝土体内，为了节省支承杆的用量，采用$\phi48\times3.5$钢管支承杆可设在结构体外，此时应有相应的加固措施。钢管支承杆穿过楼板时应采取传力措施，将支承杆所承担的荷载分散到更多面积的楼板共同承担。当支承杆设在结构体外和支承杆空滑施工时，都应对支承杆进行验算，并采取可靠的加固措施。

11.0.12 实践证明，滑模施工管理不到位，滑模操作平台上会出现脏、乱、差现象，不但安全难以保证，工程质量也很难达标。因此要养成良好的习惯，始终保持平台整洁，及时清理平台上及其以下各部位散落的碎渣及积灰，铲除模板上口和板面的结垢。

11.0.13 滑模施工过程中，除对滑模装置进行常规安全检查外，还应定期对垂直运输机械、吊具、吊索进行检查，目的是防止出现机械事故、撞击事故、坠落事故等安全事故的发生。

11.0.14 本条规定的目的是当停电或发生机械故障时垂直运输设备停运，人员上下通行的应急措施。

12 滑模装置拆除

12.0.1 滑模装置拆除是滑模施工最后一道工序，也是安全风险较大的一个环节。为确保拆除工作安全完成，本条规定了滑模装置拆除方案中对拆除的具体内容、拆除方法、拆除程序、所使用的机械设备、安全措施等都要有详细计划和具体要求；施工中改变滑模装置结构，如平面变化、截面变化所涉及的拆除或改装也包括在其中。滑模装置分段整体拆除时，应进行相应的计算，所使用机械设备的起重能力应能满足分段整体拆除时的起重要求。

12.0.2 滑模装置的拆除作业应按照批准后的专项施工方案有序的进行，根据滑模施工的经验教训，在拆除工作中应加强组织管理，拆除全过程应指定专人负责统一指挥，有效组织拆除工作，防止事故发生；所有参加拆除作业的人员应经过技术交底、技术培训，了解拆除内容、拆除方法和拆除顺序，大家协同配合，共同遵守安全规定，对发现的不安全因素及时向总指挥反映。正因为拆除队伍是一个有机整体，因此，在拆除的全过程中，不宜随意更换作业人员，防止工作紊乱。

12.0.3 本条规定用于滑模装置拆除的垂直运输机械和机具，都要进行安全检查，以确保各种机械和机具在拆除作业中安全运行。

12.0.4 由于使用后的滑模装置有可能已发生潜在的磨损，有时甚至发生明显的废损，装置上的混凝土残渣时有存在，因此在拆除滑模装置时，应加倍注意安全，在建（构）筑物周围和塔吊运行范围周围应划出警戒区。警戒线应设置明显的警戒标志，应设专人监护和管理。

12.0.5 为防止装置上的混凝土残渣和零碎部件的掉落伤害人体，因此参加拆除作业的人员在进入警戒线内，应佩戴安全帽，高处作业时系好安全带，服从现场安全管理规定。非拆除人员未经允许不得进入拆除警戒线内。

12.0.7 本条为强制性条文。滑模装置通常采用分段安装或拆除，在实施过程中，由于体系不完整，各分段甚至整个滑模装置存在倾倒或坠落的潜在安全风险，因此，应对滑模装置采取搭脚手架、设斜支撑、钢丝绳拉结等固定措施，保证其稳固性。而支承杆由于自重或拆除时割断，存在从千斤顶中滑脱的危险，因此，对支承杆也应采取在千斤顶以上用限位卡或脚手架的扣件卡紧或焊接短钢筋头或支承杆割断后从千斤顶下部及时抽出等主要防坠落措施。

12.0.8 拆除作业应在白天光线充足、能见度良好、天气正常情况下进行，以确保安全操作，夜间施工人员的视力及现场照明条件都不如白天，遇有技术上的问题白天也较易处理，所以，夜间不应进行拆除作业。

滑模装置在平台上采用分段整体拆除、然后到地面解体的目的是为了减少高处作业，防止人和物的坠落事故发生。拆除的一切物品应捆扎牢固、集中吊运，防止坠落伤人，严禁高空抛物。

12.0.9 滑模拆除工作系高处作业，施工人员的工作环境相对较差，所以本条规定在气候条件不好时，不允许进行拆除作业。风速8.0m/s相当于五级风。

中华人民共和国行业标准

建筑施工高处作业安全技术规范

JGJ 80-91

主编单位：上海市建筑施工技术研究所
批准部门：中 华 人 民 共 和 国 建 设 部
施行日期：1 9 9 2 年 8 月 1 日

16

关于发布行业标准《建筑施工高处作业安全技术规范》的通知

建标［1992］5号

根据原城乡建设环境保护部(86)城科字第263号文的要求，由上海市建筑施工技术研究所主编的《建筑施工高处作业安全技术规范》，业经审查，现批准为行业标准，编号JGJ 80—91，自1992年8月1日施行。

本标准由建设部建筑安全标准技术归口单位中国建筑第一工程局建筑科学研究所归口管理，由上海市建筑施工技术研究所负责解释，由建设部标准定额研究所组织出版。

中华人民共和国建设部

1992年1月8日

目　次

第一章 总 则

第 1.0.1 条 为了在建筑施工高处作业中，贯彻安全生产的方针，做到防护要求明确，技术合理和经济适用，制订本规范。

第 1.0.2 条 本规范适用于工业与民用房屋建筑及一般构筑物施工时，高处作业中临边、洞口、攀登、悬空、操作平台及交叉等项作业。

本规范亦适用于其他高处作业的各类洞、坑、沟、槽等工程的施工。

第 1.0.3 条 本规范所称的高处作业，应符合国家标准《高处作业分级》GB3608—83 规定的“凡在坠落高度基准面 2m 以上（含 2m）有可能坠落的高处进行的作业”。

第 1.0.4 条 进行高处作业时，除执行本规范外，尚应符合国家现行的有关高处作业及安全技术标准的规定。

第二章 基本规定

第 2.0.1 条 高处作业的安全技术措施及其所需料具，必须列入工程的施工组织设计。

第 2.0.2 条 单位工程施工负责人应对工程的高处作业安全技术负责并建立相应的责任制。

施工前，应逐级进行安全技术教育及交底，落实所有安全技术措施和人身防护用品，未经落实时不得进行施工。

第 2.0.3 条 高处作业中的安全标志、工具、仪表、电气设施和各种设备，必须在施工前加以检查，确认其完好，方能投入使用。

第 2.0.4 条 攀登和悬空高处作业人员以及搭设高处作业安全设施的人员，必须经过专业技术培训及专业考试合格，持证上岗，并必须定期进行体格检查。

第 2.0.5 条 施工中对高处作业的安全技术设施，发现有缺陷和隐患时，必须及时解决；危及人身安全时，必须停止作业。

第 2.0.6 条 施工作业场所有坠落可能的物件，应一律先行撤除或加以固定。

高处作业中所用的物料，均应堆放平稳，不妨碍通行和装卸。工具应随手放入工具袋；作业中的走道、通道板和登高用具，应随时清扫干净；拆卸下的物件及余料和废料均应及时清理运走，不得任意乱置或向下丢弃。传递物件禁止抛掷。

第 2.0.7 条 雨天和雪天进行高处作业时，必须采取可靠的防滑、防寒和防冻措施。凡水、冰、霜、雪均应及时清除。

对进行高处作业的高耸建筑物，应事先设置避雷设施。遇有六级以上强风、浓雾等恶劣气候，不得进行露天攀登与悬空高处作业。暴风雪及台风暴雨后，应对高处作业安全设施逐一加以检查，发现有松动、变形、损坏或脱落等现象，应立即修理完善。

第 2.0.8 条 因作业必需，临时拆除或变动安全防护设施时，必须经施工负责人同意，并采取相应的可靠措施，作业后应立即恢复。

第 2.0.9 条 防护棚搭设与拆除时，应设警戒区，并应派专人监护。严禁上下同时拆除。

第 2.0.10 条 高处作业安全设施的主要受力杆件，力学计算按一般结构力学公式，强度及挠度计算按现行有关规范进行，但钢受弯构件的强度计算不考虑塑性影响，构造上应符合现行的相应规范的要求。

第三章 临边与洞口作业的安全防护

第一节 临边作业

第 3.1.1 条 对临边高处作业，必须设置防护措施，并符合下列规定：

一、基坑周边，尚未安装栏杆或栏板的阳台、料台与挑平台周边，雨蓬与挑檐边，无外脚手的屋面与楼层周边及水箱与水塔周边等处，都必须设置防护栏杆。

二、头层墙高度超过 3.2m 的二层楼面周边，以及无外脚手的高度超过 3.2m 的楼层周边，必须在外围架设安全平网一道。

三、分层施工的楼梯口和梯段边，必须安装临时护栏。顶层楼梯口应随工程结构进度安装正式防护栏杆。

四、井架与施工用电梯和脚手架等与建筑物通道的两侧边，必须设防护栏杆。地面通道上部应装设安全防护棚。双笼井架通道中间，应予分隔封闭。

五、各种垂直运输接料平台，除两侧设防护栏杆外，平台口还应设置安全门或活动防护栏杆。

第 3.1.2 条 临边防护栏杆杆件的规格及连接要求，应符合下列规定：

一、毛竹横杆小头有效直径不应小于 70mm，栏杆柱小头直径不应小于 80mm，并须用不小于 16 号的镀锌钢丝绑扎，不应少于 3 圈，并无泻滑。

二、原木横杆上杆梢径不应小于 70mm，下杆梢径不应小于 60mm，栏杆柱梢径不应小于 75mm。并须用相应长度的圆钉钉紧，或用不小于 12 号的镀锌钢丝绑扎，要求表面平顺和稳固无动摇。

三、钢筋横杆上杆直径不应小于16mm，下杆直径不应小于14mm，栏杆柱直径不应小于18mm，采用电焊或镀锌钢丝绑扎固定。

四、钢管横杆及栏杆柱均采用Φ48×（2.75～3.5）mm的管材，以扣件或电焊固定。

五、以其他钢材如角钢等作防护栏杆杆件时，应选用强度相当的规格，以电焊固定。

第3.1.3条 搭设临边防护栏杆时，必须符合下列要求：

一、防护栏杆应由上、下两道横杆及栏杆柱组成，上杆离地高度为1.0～1.2m，下杆离地高度为0.5～0.6m。坡度大于1：2.2的屋面，防护栏杆应高1.5m，并加挂安全立网。除经设计计算外，横杆长度大于2m时，必须加设栏杆柱。

二、栏杆柱的固定应符合下列要求：

1. 当在基坑四周固定时，可采用钢管并打入地面50～70cm深。钢管离边口的距离，不应小于50cm。当基坑周边采用板桩时，钢管可打在板桩外侧。

2. 当在混凝土楼面、屋面或墙面固定时，可用预埋件与钢管或钢筋焊牢。采用竹、木栏杆时，可在预埋件上焊接30cm长的∟50×5角钢，其上下各钻一孔，然后用10mm螺栓与竹、木杆件栓牢。

3. 当在砖或砌块等砌体上固定时，可预先砌入规格相适应的80×6弯转扁钢作预埋铁的混凝土块，然后用上项方法固定。

三、栏杆柱的固定及其与横杆的连接，其整体构造应使防护栏杆在上杆任何处，能经受任何方向的1000N外力。当栏杆所处位置有发生人群拥挤、车辆冲击或物件碰撞等可能时，应加大横杆截面或加密柱距。

四、防护栏杆必须自上而下用安全立网封闭，或在栏杆下边设置严密固定的高度不低于18cm的挡脚板或40cm的挡脚笆。挡脚板与挡脚笆上如有孔眼，不应大于25mm。板与笆下边距离底面的空隙不应大于10mm。

接料平台两侧的栏杆，必须自上而下加挂安全立网或满扎竹笆。

五、当临边的外侧面临街道时，除防护栏杆外，敞口立面必须采取满挂安全网或其他可靠措施作全封闭处理。

第3.1.4条 临边防护栏杆的力学计算及构造型式见附录二。

第二节 洞口作业

第3.2.1条 进行洞口作业以及在因工程和工序需要而产生的，使人与物有坠落危险或危及人身安全的其他洞口进行高处作业时，必须按下列规定设置防护设施：

一、板与墙的洞口，必须设置牢固的盖板、防护栏杆、安全网或其他防坠落的防护设施。

二、电梯井口必须设防护栏杆或固定栅门；电梯井内应每隔两层并最多隔10m设一道安全网。

三、钢管桩、钻孔桩等桩孔上口，杯形、条形基础上口，未填土的坑槽，以及人孔、天窗、地板门等处，均应按洞口防护设置稳固的盖件。

四、施工现场通道附近的各类洞口与坑槽等处，除设置防护设施与安全标志外，夜间还应设红灯示警。

第3.2.2条 洞口根据具体情况采取设防护栏杆、加盖件、张挂安全网与装栅门等措施时，必须符合下列要求：

一、楼板、屋面和平台等面上短边尺寸小于25cm但大于2.5cm的孔口，必须用坚实的盖板盖没。盖板应能防止挪动移位。

二、楼板面等处边长为25～50cm的洞口、安装预制构件时的洞口以及缺件临时形成的洞口，可用竹、木等作盖板，盖住洞口。盖板须能保持四周搁置均衡，并有固定其位置的措施。

三、边长为50～150cm的洞口，必须设置以扣件扣接钢管而成的网格，并在其上满铺竹笆或脚手板。也可采用贯穿于混凝土板内的钢筋构成防护网，钢筋网格间距不得大于20cm。

四、边长在150cm以上的洞口，四周设防护栏杆，洞口下张设安全平网。

五、垃圾井道和烟道，应随楼层的砌筑或安装而消除洞口，或参照预留洞口作防护。管道井施工时，除按上款办理外，还应加设明显的标志。如有临时性拆移，需经施工负责人核准，工作完毕后必须恢复防护设施。

六、位于车辆行驶道旁的洞口、深沟与管道坑、槽，所加盖板应能承受不小于当地额定卡车后轮有效承载力2倍的荷载。

七、墙面等处的竖向洞口，凡落地的洞口应加装开关式、工具式或固定式的防护门，门栅网格的间距不应大于15cm，也可采用防护栏杆，下设挡脚板（笆）。

八、下边沿至楼板或底面低于80cm的窗台等竖向洞口，如侧边落差大于2m时，应加设1.2m高的临时护栏。

九、对邻近的人与物有坠落危险性的其他竖向的孔、洞口，均应予以盖设或加以防护，并有固定其位置的措施。

第3.2.3条 洞口防护栏杆的杆件及其搭设应符合本规范第3.1.2条、第3.1.3条的规定。防护栏杆的力学计算见附录二之(一)，防护设施的构造型式见附录三。

第四章 攀登与悬空作业的安全防护

第一节 攀登作业

第4.1.1条 在施工组织设计中应确定用于现场施工的登高和攀登设施。现场登高应借助建筑结构或脚手架上的登高设施，也可采用载人的垂直运输设备。进行攀登作业时可使用梯子或采用其他攀登设施。

第4.1.2条 柱、梁和行车梁等构件吊装所需的直爬梯及其他登高用拉攀件，应在构件施工图或说明内作出规定。

第4.1.3条 攀登的用具，结构构造上必须牢固可靠。供人上下的踏板其使用荷载不应大于1100N。当梯面上有特殊作业，重量超过上述荷载时，应按实际情况加以验算。

第4.1.4条 移动式梯子，均应按现行的国家标准验收其质量。

第4.1.5条 梯脚底部应坚实，不得垫高使用。梯子的上端应有固定措施。立梯工作角度以75°±5°为宜，踏板上下间距以30cm为宜，不得有缺档。

第4.1.6条 梯子如需接长使用，必须有可靠的连接措施，且接头不得超过1处。连接后梯梁的强度，不应低于单梯梯梁的强度。

第4.1.7条 折梯使用时上部夹角以35°～45°为宜，铰链必须牢固，并应有可靠的拉撑措施。

第4.1.8条 固定式直爬梯应用金属材料制成。梯宽不应大于50cm，支撑应采用不小于∟70×6的角钢，埋设与焊接均必须牢固。梯子顶端的踏棍应与攀登的顶面齐平，并加设1～1.5m高的扶手。

使用直爬梯进行攀登作业时，攀登高度以5m为宜。超过2m时，宜加设护笼，超过8m时，必须设置梯间平台。

第4.1.9条 作业人员应从规定的通道上下，不得在阳台之间等非规定通道进行攀登，也不得任意利用吊车臂架等施工设备进行攀登。

上下梯子时，必须面向梯子，且不得手持器物。

第4.1.10条 钢柱安装登高时，应使用钢挂梯或设置在钢柱上的爬梯。挂梯构造见附录四附图4.1。

钢柱的接柱应使用梯子或操作台。操作台横杆高度，当无电焊防风要求时，其高度不宜小于1m，有电焊防风要求时，其高度不宜小于1.8m，见附录四附图4.2。

第4.1.11条 登高安装钢梁时，应视钢梁高度，在两端设置挂梯或搭设钢管脚手架，构造形式参见附录四附图4.3。

梁面上需行走时，其一侧的临时护栏横杆可采用钢索，当改用扶手绳时，绳的自然下垂度不应大于$l/20$，并应控制在10cm以内，见附录四附图4.4。l为绳的长度。

第4.1.12条 钢屋架的安装，应遵守下列规定：

一、在屋架上下弦登高操作时，对于三角形屋架应在屋脊处，梯形屋架应在两端，设置攀登时上下的梯架。材料可选用毛竹或原木，踏步间距不应大于40cm，毛竹梢径不应小于70mm。

二、屋架吊装以前，应在上弦设置防护栏杆。

三、屋架吊装以前，应预先在下弦挂设安全网；吊装完毕后，即将安全网铺设固定。

第二节 悬空作业

第4.2.1条 悬空作业处应有牢靠的立足处，并必须视具体情况，配置防护栏网、栏杆或其他安全设施。

第4.2.2条 悬空作业所用的索具、脚手板、吊篮、吊笼、平台等设备，均需经过技术鉴定或检证方可使用。

第4.2.3条 构件吊装和管道安装时的悬空作业，必须遵守下列规定：

一、钢结构的吊装，构件应尽可能在地面组装，并应搭设进行临时固定、电焊、高强螺栓连接等工序的高空安全设施，随构件同时上吊就位。拆卸时的安全措施，亦应一并考虑和落实。高空吊装预应力钢筋混凝土屋架、桁架等大型构件前，也应搭设悬空作业中所需的安全设施。

二、悬空安装大模板、吊装第一块预制构件、吊装单独的大中型预制构件时，必须站在操作平台上操作。吊装中的大模板和预制构件以及石棉水泥板等屋面板上，严禁站人和行走。

三、安装管道时必须有已完结构或操作平台为立足点，严禁在安装中的管道上站立和行走。

第4.2.4条 模板支撑和拆卸时的悬空作业，必须遵守下列规定：

一、支模应按规定的作业程序进行，模板未固定前不得进行下一道工序。严禁在连接件和支撑件上攀登上下，并严禁在上下同一垂直面上装、拆模板。结构复杂的模板，装、拆应严格按照施工组织设计的措施进行。

二、支设高度在3m以上的柱模板，四周应设斜撑，并应设立操作平台。低于3m的可使用马凳操作。

三、支设悬挑形式的模板时，应有稳固的立足点。支设临空构筑物模板时，应搭设支架或脚手架。模板上有预留洞时，应在安装后将洞盖没。混凝土板上拆模后形成的临边或洞口，应按本规范有关章节进行防护。

拆模高处作业，应配置登高用具或搭设支架。

第4.2.5条 钢筋绑扎时的悬空作业，必须遵守下列规定：

一、绑扎钢筋和安装钢筋骨架时，必须搭设脚手架和马道。

二、绑扎圈梁、挑梁、挑檐、外墙和边柱等钢筋时，应搭设操作台架和张挂安全网。

悬空大梁钢筋的绑扎，必须在满铺脚手板的支架或操作平台上操作。

三、绑扎立柱和墙体钢筋时，不得站在钢筋骨架上或攀登骨架上下。3m以内的柱钢筋，可在地面或楼面上绑扎，整体竖立。绑扎3m以上的柱钢筋，必须搭设操作平台。

第4.2.6条 混凝土浇筑时的悬空作业，必须遵守下列规定：

一、浇筑离地2m以上框架、过梁、雨篷和小平台时，应设操作平台，不得直接站在模板或支撑件上操作。

二、浇筑拱形结构，应自两边拱脚对称地相向进行。浇筑储仓，下口应先行封闭，并搭设脚手架以防人员坠落。

三、特殊情况下如无可靠的安全设施，必须系好安全带并扣好保险钩，或架设安全网。

第4.2.7条 进行预应力张拉的悬空作业时，必须遵守下列规定：

一、进行预应力张拉时，应搭设站立操作人员和设置张拉设备用的牢固可靠的脚手架或操作平台。

雨天张拉时，还应架设防雨棚。

二、预应力张拉区域应标示明显的安全标志，禁止非操作人员进入。张拉钢筋的两端必须设置档板。档板应距所张拉钢筋的端部1.5～2m，且应高出最上一组张拉钢筋0.5m，其宽度应距张拉钢筋两外侧各不小于1m。

三、孔道灌浆应按预应力张拉安全设施的有关规定进行。

第4.2.8条 悬空进行门窗作业时，必须遵守下列规定：

一、安装门、窗，油漆及安装玻璃时，严禁操作人员站在樘子、阳台栏板上操作。门、窗临时固定，封填材料未达到强度，以及电焊时，严禁手拉门、窗进行攀登。

二、在高处外墙安装门、窗，无外脚手时，应张挂安全网。无安全网时，操作人员应系好安全带，其保险钩应挂在操作人员上方的可靠物件上。

三、进行各项窗口作业时，操作人员的重心应位于室内，不得在窗台上站立，必要时应系好安全带进行操作。

第五章　操作平台与交叉作业的安全防护

第一节　操作平台

第 5.1.1 条　移动式操作平台，必须符合下列规定：

一、操作平台应由专业技术人员按现行的相应规范进行设计，计算书及图纸应编入施工组织设计。

二、操作平台的面积不应超过 10m²，高度不应超过 5m。还应进行稳定验算，并采取措施减少立柱的长细比。

三、装设轮子的移动式操作平台，轮子与平台的接合处应牢固可靠，立柱底端离地面不得超过 80mm。

四、操作平台可采用 Φ（48～51）×3.5mm 钢管以扣件连接，亦可采用门架式或承插式钢管脚手架部件，按产品使用要求进行组装。平台的次梁，间距不应大于 40cm；台面应满铺 3cm 厚的木板或竹笆。

五、操作平台四周必须按临边作业要求设置防护栏杆，并应布置登高扶梯。

第 5.1.2 条　悬挑式钢平台，必须符合下列规定：

一、悬挑式钢平台应按现行的相应规范进行设计，其结构构造应能防止左右晃动，计算书及图纸应编入施工组织设计。

二、悬挑式钢平台的搁支点与上部拉结点，必须位于建筑物上，不得设置在脚手架等施工设备上。

三、斜拉杆或钢丝绳，构造上宜两边各设前后两道，两道中的每一道均应作单道受力计算。

四、应设置 4 个经过验算的吊环。吊运平台时应使用卡环，不得使吊钩直接钩挂吊环。吊环应用甲类 3 号沸腾钢制作。

五、钢平台安装时，钢丝绳应采用专用的挂钩挂牢，采取其他方式时卡头的卡子不得少于 3 个。建筑物锐角利口围系钢丝绳处应加衬软垫物，钢平台外口应略高于内口。

六、钢平台左右两侧必须装置固定的防护栏杆。

七、钢平台吊装，需待横梁支撑点电焊固定，接好钢丝绳，调整完毕，经过检查验收，方可松卸起重吊钩，上下操作。

八、钢平台使用时，应有专人进行检查，发现钢丝绳有锈蚀损坏应及时调换，焊缝脱焊应及时修复。

第 5.1.3 条　操作平台上应显著地标明容许荷载值。操作平台上人员和物料的总重量，严禁超过设计的容许荷载。应配备专人加以监督。

第 5.1.4 条　操作平台的力学计算与构造型式见附录五之(一)、(二)。

第二节　交叉作业

第 5.2.1 条　支模、粉刷、砌墙等各工种进行上下立体交叉作业时，不得在同一垂直方向上操作。下层作业的位置，必须处于依上层高度确定的可能坠落范围半径之外。不符合以上条件时，应设置安全防护层。

第 5.2.2 条　钢模板、脚手架等拆除时，下方不得有其他操作人员。

第 5.2.3 条　钢模板部件拆除后，临时堆放处离楼层边沿不应小于 1m，堆放高度不得超过 1m。楼层边口、通道口、脚手架边缘等处，严禁堆放任何拆下物件。

第 5.2.4 条　结构施工自二层起，凡人员进出的通道口（包括井架、施工用电梯的进出通道口），均应搭设安全防护棚。高度超过 24m 的层次上的交叉作业，应设双层防护。

第 5.2.5 条　由于上方施工可能坠落物件或处于起重机把杆回转范围之内的通道，在其受影响的范围内，必须搭设顶部能防止穿透的双层防护廊。

第 5.2.6 条　交叉作业通道防护的构造型式见附录六。

第六章　高处作业安全防护设施的验收

第 6.0.1 条　建筑施工进行高处作业之前，应进行安全防护设施的逐项检查和验收。验收合格后，方可进行高处作业。验收也可分层进行，或分阶段进行。

第 6.0.2 条　安全防护设施，应由单位工程负责人验收，并组织有关人员参加。

第 6.0.3 条　安全防护设施的验收，应具备下列资料：

一、施工组织设计及有关验算数据；

二、安全防护设施验收记录；

三、安全防护设施变更记录及签证。

第 6.0.4 条　安全防护设施的验收，主要包括以下内容：

一、所有临边、洞口等各类技术措施的设置状况；

二、技术措施所用的配件、材料和工具的规格和材质；

三、技术措施的节点构造及其与建筑物的固定情况；

四、扣件和连接件的紧固程度；

五、安全防护设施的用品及设备的性能与质量是否合格的验证。

第 6.0.5 条　安全防护设施的验收应按类别逐项查验，并作出验收记录。凡不符合规定者，必须修整合格后再行查验。施工工期内还应定期进行抽查。

附录一　本规范名词解释

名　词	说　　明
临边作业	施工现场中，工作面边沿无围护设施或围护设施高度低于80cm时的高处作业
孔	楼板、屋面、平台等面上，短边尺寸小于25cm的；墙上，高度小于75cm的孔洞
洞	楼板、屋面、平台等面上，短边尺寸等于或大于25cm的孔洞；墙上，高度等于或大于75cm，宽度大于45cm的孔洞
洞口作业	孔与洞边口旁的高处作业，包括施工现场及通道旁深度在2m及2m以上的桩孔、人孔、沟槽与管道、孔洞等边沿上的作业
攀登作业	借助登高用具或登高设施，在攀登条件下进行的高处作业
悬空作业	在周边临空状态下进行的高处作业
操作平台	现场施工中用以站人、载料并可进行操作的平台
移动式操作平台	可以搬移的用于结构施工、室内装饰和水电安装等的操作平台
悬挑式钢平台	可以吊运和搁支于楼层边的用于接送物料和转运模板等的悬挑型式的操作平台，通常采用钢构件制作
交叉作业	在施工现场的上下不同层次，于空间贯通状态下同时进行的高处作业

附录二　临边作业防护栏杆的计算及构造实例

（一）杆件计算

防护栏杆横杆上杆的计算，应按本规范第3.1.3条第三款的规定，以外力为活荷载（可变荷载），取集中荷载作用于杆件中点，按公式（附2-1）计算弯矩，并按公式（附2-2）计算弯曲强度。需要控制变形时，尚应按公式（附2-3）计算挠度。荷载设计值的取用，应符合现行的《建筑结构荷载规范》GBJ9—87的有关规定。强度设计值的取用，应符合相应的结构设计规范的有关规定。

1. 弯矩：

$$M=\frac{Fl}{4} \qquad (附2\text{-}1)$$

式中 M——上杆承受的弯矩最大值（N·m）；

F——上杆承受的集中荷载设计值（N）；

l——上杆长度（m）。

2. 弯曲强度：

$$M\leqslant W_n f \qquad (附2\text{-}2)$$

式中 M——上杆的弯矩（N·m）；

W_n——上杆净截面抵抗矩（cm^3）；

f——上杆抗弯强度设计值（N/mm^2）。

3. 挠度：

$$\frac{Fl^3}{48EI}\leqslant 容许挠度 \qquad (附2\text{-}3)$$

式中 F——上杆承受的集中荷载标准值（N）；

l——上杆长度（m），计算中采用1×10^3mm；

E——杆件的弹性模量（N/mm^2），钢材可取$206\times10^3 N/mm^2$；

I——杆件截面惯性矩（mm^4）。

注：①计算中，集中荷载设计值F，应按可变荷载（活荷载）的标准值$Q_k=1000N$乘以可变荷载的分项系数$\gamma_Q=1.4$取用。

②抗弯强度设计值，采用钢材时可按$f=215N/mm^2$取用。

③挠度及容许挠度均以mm计。

（二）构造实例

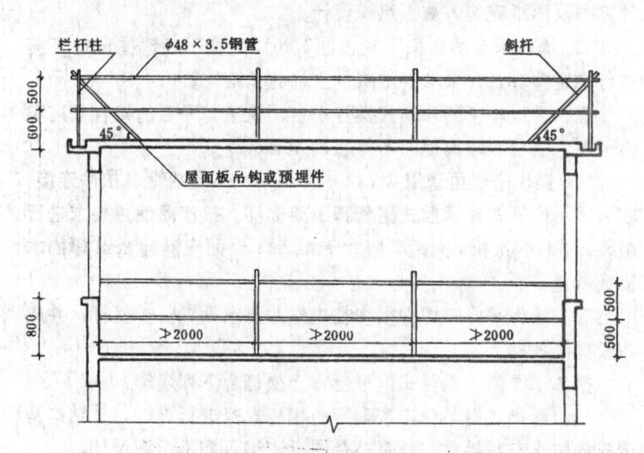

附图2.1　屋面和楼层临边防护栏杆（单位：mm）

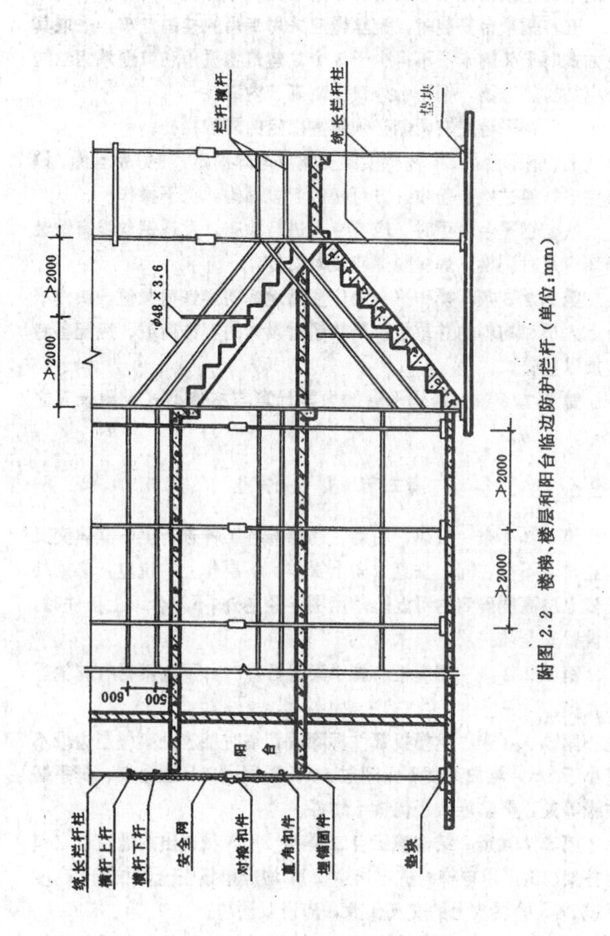

附图2.2　楼梯、楼层和阳台临边防护栏杆（单位：mm）

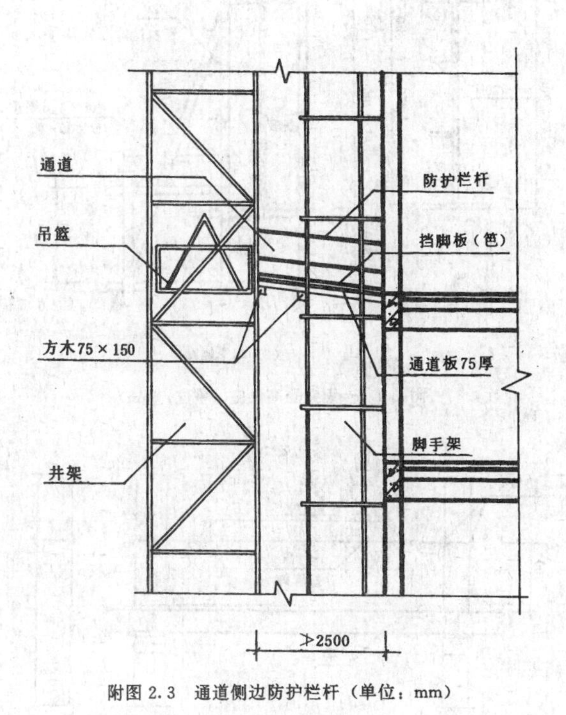

附图 2.3　通道侧边防护栏杆（单位：mm）

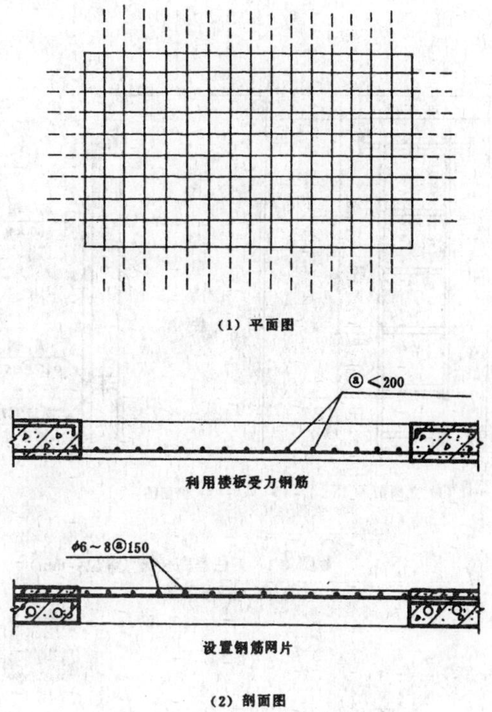

（1）平面图

ⓐ<200

利用楼板受力钢筋

φ6～8ⓐ150

设置钢筋网片

（2）剖面图

附图 3.2　洞口钢筋防护网（单位：mm）

附录三　洞口作业安全设施实例

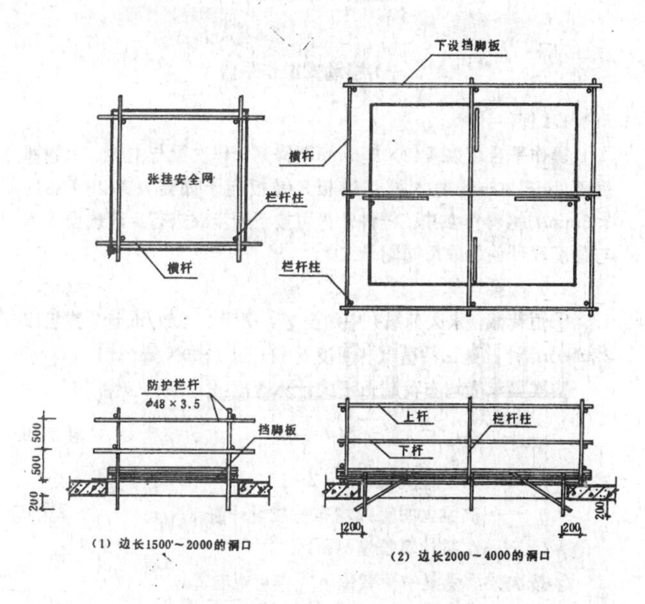

附图 3.1　洞口防护栏杆（单位：mm）

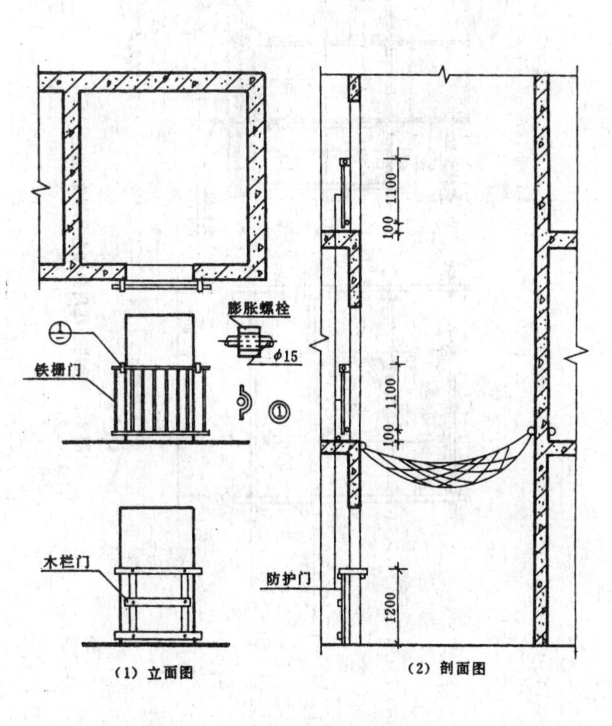

附图 3.3　电梯井口防护门（单位：mm）

附录四　攀登作业安全设施实例

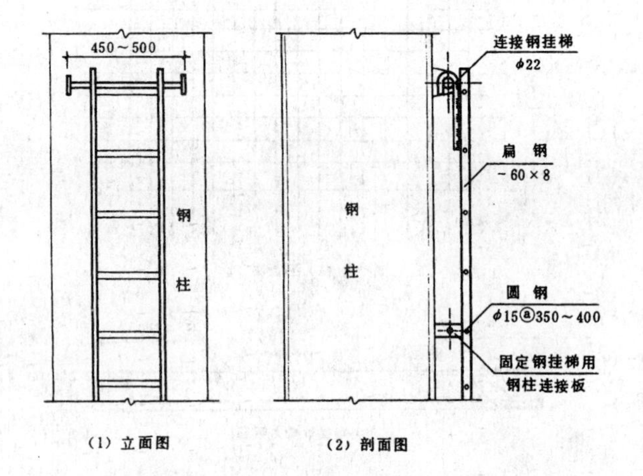

附图 4.1　钢柱登高挂梯（单位：mm）

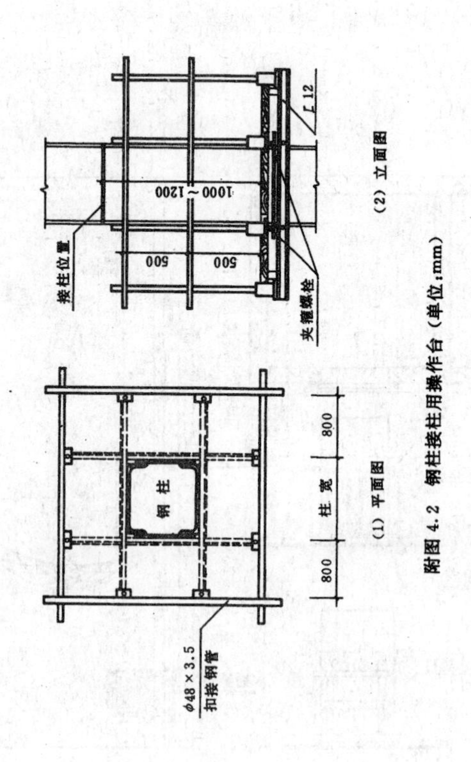

附图 4.2　钢柱接柱用操作台（单位,mm）

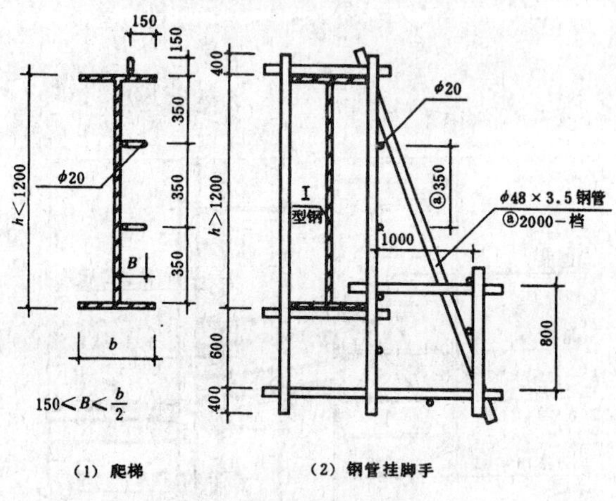

附图 4.3　钢梁登高设施（单位：mm）

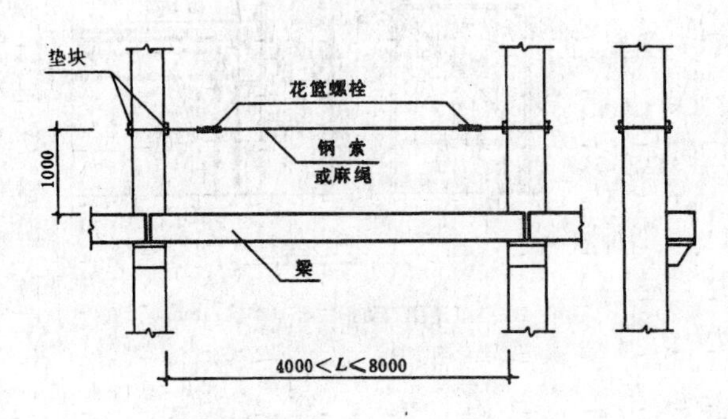

附图 4.4　梁面临时护栏（单位：mm）

附录五　操作平台的计算及构造实例

(一) 移动式操作平台

1. 杆件计算：

操作平台可以Φ48×3.5mm镀锌钢管作次梁与主梁，上铺厚度不小于 30mm 的木板作铺板。铺板应予固定，并以 Φ48×3.5mm的钢管作立柱。杆件计算可按下列步骤进行。荷载设计值与强度设计值的取用同附录二。

(1) 次梁计算：

①恒荷载（永久荷载）中的自重，钢管以 40N/m 计，铺板以 220N/m² 计；施工活荷载（可变荷载）以 1500N/m² 计。

按次梁承受均布荷载依下式计算弯矩：

$$M=\frac{1}{8}ql^2 \tag{附 5-1}$$

式中　M ——弯矩最大值（N·m）；

q ——次梁上的等效均布荷载设计值（N/m）；

l ——次梁计算长度（m）。

②按次梁承受集中荷载依下式作弯矩验算：

$$M=\frac{1}{8}ql^2+\frac{1}{4}Fl \tag{附 5-2}$$

式中　q——次梁上仅依恒荷载计算的均布荷载设计值（N/m）；

F——次梁上的集中荷载设计值，可按可变荷载以标准值为 1000N 计。

③取以上两项弯矩值中的较大值按公式（附 2-2）计算次梁弯曲强度。

(2) 主梁计算：

①主梁以立柱为支承点。将次梁传递的恒荷载和施工活荷载，加上主梁自重的恒荷载，按等效均布荷载计算最大弯矩。

立柱为 3 根时，可按下式计算位于中间立柱上部的主梁负弯矩：

$$M=-0.125ql^2 \tag{附 5-3}$$

式中 q ——主梁上的等效均布荷载设计值（N/m）；

l ——主梁计算长度（m）。

②以上项弯矩值按公式（附 2-2）计算主梁弯曲强度。

(3) 立柱计算：

①立柱以中间立柱为准，按轴心受压依下式计算强度：

$$\sigma=\frac{N}{A_n}\leqslant f \tag{附 5-4}$$

式中 σ ——受压正应力（N/mm²）；

N ——轴心压力（N）；

A_n ——立柱净截面面积（mm²）；

f ——抗压强度设计值（N/mm²）。

②立柱尚应按下式计算其稳定性：

$$\frac{N}{\varphi A}\leqslant f \tag{附 5-5}$$

式中 φ ——受压构件的稳定系数，按立柱最大长细比 $\lambda=\frac{l}{i}$ 采用；

A ——立柱的毛截面面积（mm²）。

注：①计算中的荷载设计值，恒荷载应按标准值乘以永久荷载分项系数 $\gamma_Q=1.2$ 取用，活荷载应按标准值乘以可变荷载分项系数 $\gamma_Q=1.4$ 取用。

②钢管的抗弯、抗压强度设计值可按 $f=215\text{N/mm}^2$ 取用。

2. 结构构造：

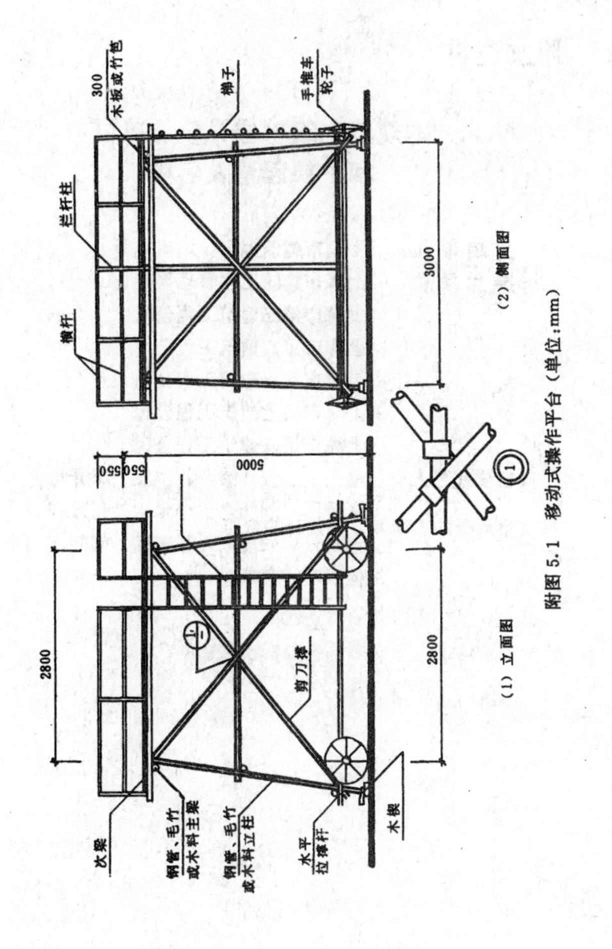

附图 5.1 移动式操作平台（单位：mm）

（二）悬挑式钢平台

1. 杆件计算：

悬挑式钢平台可以槽钢作次梁与主梁，上铺厚度不小于 50mm 的木板，并以螺栓与槽钢相固定。杆件计算可按下列步骤进行。荷载设计值与强度设计值的取用同本附录（一）。钢丝绳的取用应按现行的《结构安装工程施工操作规程》YSJ404—89 的规定执行。

(1) 次梁计算：

①恒荷载（永久荷载）中的自重，采用[10cm 槽钢时以 100N/m 计，铺板以 400N/m² 计；施工活荷载（可变荷载）以 1500N/m² 计。按次梁承受均布荷载考虑，依公式（附 5-1）计算弯矩。当次梁带悬臂时，依下式计算弯矩：

$$M=\frac{1}{8}ql^2(1-\lambda^2)^2 \tag{附 5-6}$$

式中 λ ——悬臂比值，$\lambda=\frac{m}{l}$；

m ——悬臂长度（m）；

l ——次梁两端搁支点间的长度（m）。

②以上项弯矩值按公式（附 2-2）计算次梁弯曲强度。

(2) 主梁计算：

①按外侧主梁以钢丝绳吊点作支承点计算。为安全计，按里侧第二道钢丝绳不起作用，里侧槽钢亦不起作用计算。将次梁传递的恒荷载和施工活荷载，加上主梁自重的恒荷载，按公式（附 5-1）计算外侧主梁弯矩值。主梁采用[20cm 槽钢时，自重以 260N/m 计。当次梁带悬臂时，先按公式（附 5-7）计算次梁所传递的荷载；再将此荷载化算为等效均布荷载设计值，加上主梁自重的荷载设计值，按公式（附 5-1）计算外侧主梁弯矩值：

$$R_{外}=\frac{1}{2}ql(1+\lambda)^2 \tag{附 5-7}$$

式中 $R_{外}$ ——次梁搁支于外侧主梁上的支座反力，即传递于主梁的荷载（N）。

②将上项弯矩按公式（附 2-2）计算外侧主梁弯曲强度。

(3) 钢丝绳验算：

①为安全计，钢平台每侧两道钢丝绳均以一道受力作验算。钢丝绳按下式计算其所受拉力：

$$T=\frac{ql}{2\sin\alpha} \tag{附 5-8}$$

式中 T ——钢丝绳所受拉力（N）；

q ——主梁上的均布荷载标准值（N/m）；

l ——主梁计算长度（m）；

α ——钢丝绳与平台面的夹角；当夹角为 45°时，$\sin\alpha=0.707$；为 60°时，$\sin\alpha=0.866$。

②以钢丝绳拉力按下式验算钢丝绳的安全系数 K：

$$K=\frac{F}{T}\leqslant[K] \tag{附 5-9}$$

式中 F ——钢丝绳的破断拉力，取钢丝绳的破断拉力总和乘以换算系数（N）；

$[K]$ ——作吊索用钢丝绳的法定安全系数，定为 10。

2. 结构构造：

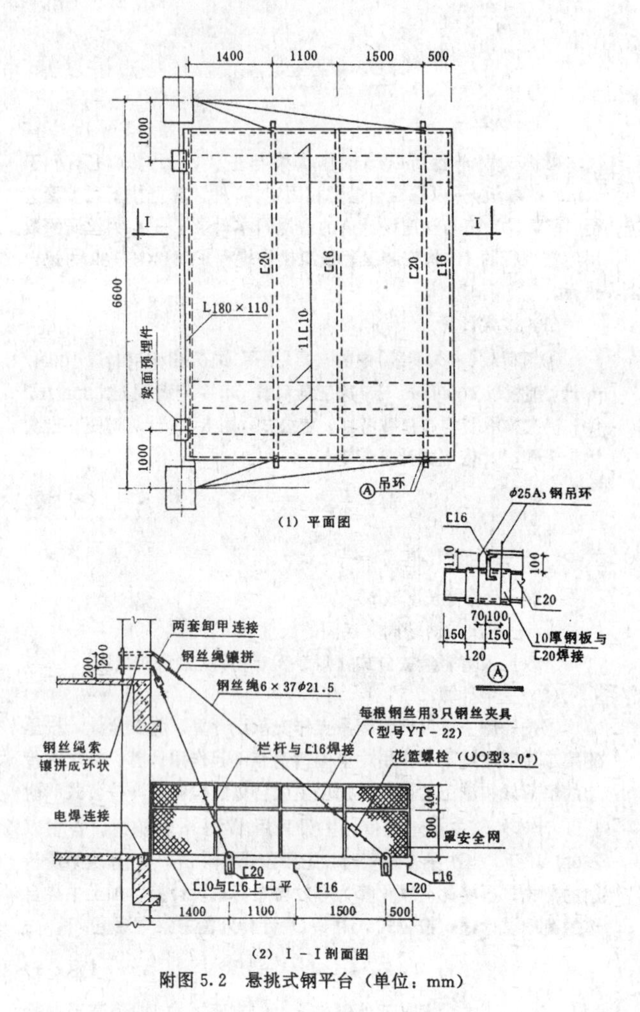

附图 5.2 悬挑式钢平台（单位：mm）

附录六 交叉作业通道防护实例

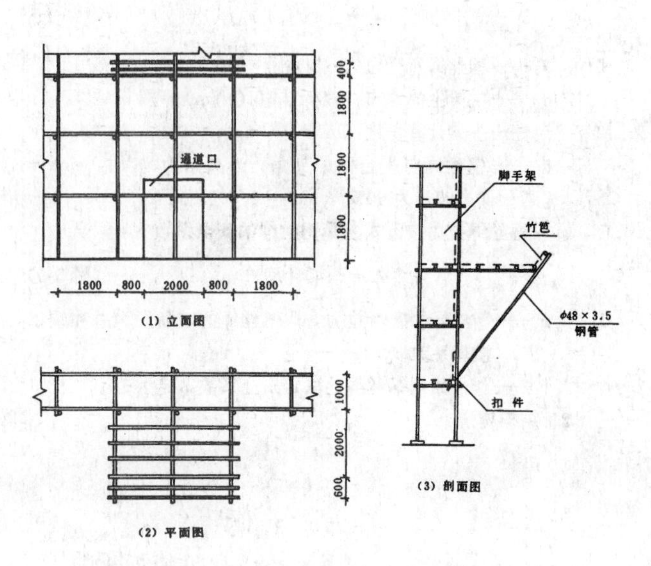

附图 6.1 交叉作业通道防护（单位：mm）

附录七 本规范用词说明

一、为便于在执行本规范条文时区别对待，对要求严格程度不同的用词说明如下：

1. 表示很严格，非这样做不可的用词：

正面词采用“必须”；

反面词采用“严禁”。

2. 表示严格，在正常情况下均应这样做的用词：

正面词采用“应”；

反面词采用“不应”或“不得”。

3. 对表示允许稍有选择，在条件许可时首先应这样做的用词：

正面词采用“宜”或“可”；

反面词采用“不宜”。

二、条文中指明必须按其他有关标准执行的写法为“应按……执行”或“应符合……的要求（或规定）。”非必须按所指定的标准执行的写法为“可参照……的要求（或规定）”。

附加说明

本规范主编单位、参加单位和主要起草人名单

主 编 单 位： 上海市建筑施工技术研究所

参 加 单 位： 上海市建筑工程管理局

上海市第三建筑工程公司

上海市第四建筑工程公司

上海市第五建筑工程公司

上海市第七建筑工程公司

上海市第八建筑工程公司

主要起草人： 潘 鼐 张锡荣 林木发 邱光培 夏爱国 刘长富 李雅生 赵敖齐 董松根 朱凌兴 张国琮 邬鹤庆 何 晔 秦燕燕

中华人民共和国行业标准

建筑施工高处作业安全技术规范

JGJ 80—91

条 文 说 明

主编单位：上海市建筑施工技术研究所

前　言

根据原城乡建设环境保护部（86）城科字第263号文的要求，由上海市建筑施工技术研究所主编，上海市建筑工程管理局和上海市第三、四、五、七、八建筑工程公司等单位参加共同编制的《建筑施工高处作业安全技术规范》(JGJ 80—91)，经建设部1992年1月8日以建标［1992］5号文标准，业已发布。

为便于广大设计、施工、科研、学校等单位的有关人员在使用本规范时能正确理解和执行条文规定，《建筑施工高处作业安全技术规范》编制组按章、节、条顺序编制了本规范的条文说明，供国内使用者参考。在使用中如发现本条文说明有欠妥之处，请将意见函寄上海市建筑施工技术研究所。

本条文说明由建设部标准定额研究所组织出版发行，仅供国内使用，不得外传和翻印。

1992年1月8日

目　次

16

第一章　总　　则

第1.0.1条　本条说明制订本规范的目的，在于防止高处作业中发生高处坠落及产生其他危及人身安全的各种事故。

第1.0.2条　本规范的适用范围，原定仅限于工业与民用房屋和一般构筑物施工中在整体结构范围以内的特定的高处作业，包括临边、洞口、攀登、悬空、操作平台与交叉作业等6个范畴。其他机械装置和施工设备诸如各种塔式起重机、各类脚手架以及室外电气设施等的安全技术均在各专业技术规范内分别制订。因室外的施工作业，亦有各种洞、坑、沟、槽等工程，可形成高处作业，1988年12月松江评审会议上，故决定也将其包括在内。1988年4月北京会议上建议加入市政设施的管道沟槽，松江评审会议上鉴于市政设施范围较广，决定适用范围以建筑施工现场为限。

第1.0.3条　本规范所称高处作业，其基本定义包括专业名词解释、级别、高处作业的种类、特殊高处作业的类别，以及高处作业的标记等项，概以国家标准《高处作业分级》(GB3608—83)为依据，本规范各条不再加以附述。

第1.0.4条　涉及高处作业的工种相当多，有关施工安全的范畴亦相当广，关于人身安全的各种安全措施，各类工具和设备的安全技术标准和安全规定等，业已有不少国家标准、规范和规定，陆续明令公布，均必须遵照执行，本规范不予重复。

多年来，我国政府业已颁布许多有关安全的国家法令、条例、规定和通知等文件，其中也有涉及高处作业的安全部分，必须同时贯彻执行，特予强调，不可疏忽。

第二章　基本规定

第2.0.1条　在作为纲领性文件的施工组织设计中，高处作业的安全技术措施，往往会被忽略。故现作出明确规定，必须予以列入。

第2.0.2条　高处作业的安全技术措施范围较广。既有一般措施如高处作业安全标志的设置，各种安全网的张挂等；亦有专项设施，如本规范各节所定。本条首先明确高处作业安全技术的总负责者，同时还着重指明了负责人的几项主要任务，以谋重视。

第2.0.4条　悬空高处作业属特种高处作业，攀登作业以及在临空状态下装设高处作业安全设施的操作人员，危险性均较大，对作业人员除应加强培训外，规定还必须进行考试、发证和体检等，以昭慎重。

第2.0.5条　对高处作业中所使用的工具、设备等器物的检查，以及对安全设施的经常性检查，是施工期间保障人身安全的重要环节，故予强调说明。

第2.0.6条　高处作业中，除安全技术设施及人身防护用品外，操作时处处需要使用各种料具设备，偶一疏忽，随时会发生因坠落而造成伤亡事故，故对相应的安全防范措施亦都作出规定。

第2.0.7条　对雨、雪、强风、雷电等特殊高处作业，由于我国幅员广大，各地情况和条件不同，目前还难以定出更具体的统一措施；1988年4月初审会议上决定暂作原则规定，待取得较多经验后再修订补充。

第2.0.8条　安全技术设施，施工期间原则上应严禁变动和拆除。若因作业必须临时暂拆，为慎重计，规定必须取得施工现场的负责人同意。

第2.0.9条　防护棚的结构构造，经松江评审会议决定，按国家标准《龙门架(井架)安全技术规范》的规定执行，本规范不另作规定。

第2.0.10条　高处作业安全设施受力杆件的计算如何列入规范，在1987年11月重庆讨论会议及1988年4月北京初审会议上，各方意见均不一致。一种意见认为，为保证安全并有章可循，应按不同的受力状态列出各种可应用于直接计算的表达式，并举例加以说明。另一种意见则认为，要施工工地上作出这样的计算，在目前是难以办到的。经过反复讨论，决定暂在本规范正文中作一原则性的规定，在附录中以较简单的方式列出计算与构造的实例，作为试行。最后，在1988年12月松江评审会议上，决定按国家标准《工程建设标准编写的基本规定》的规定，取消计算例题，改为列出计算步骤。同时决定，为适应施工单位的具体情况，计算采用容许应力方法进行。各有关计算程序均列入附录。在报批稿报建设部审批过程中，有关主管部门审核后，最终定为不采用容许应力方法，改为按修订后新发布的规范所规定的方式进行计算，但不考虑塑性所产生的可减小选用截面的影响，因此，附录中的计算，依照《建筑结构荷载规范》GBJ9—87及《钢结构设计规范》GBJ17—88有关章节的规定执行；按正常使用极限状态，并按弹性理论进行计算，不考虑塑性的影响。条文为依此原则而重新规定。

第三章　临边与洞口作业的安全防护

第一节　临边作业

第3.1.1条　第一、二款指出了设防护栏杆和安全网的临边范围。高度超过3.2m张挂安全网，系参照上海市1987年所作的规定4m，经北京会议讨论而酌改。

第三款规定，施工过程中的楼梯口和梯段边，都必须设防护栏杆，即使梯段边上无敞口，亦应设至少一道扶手作临时护栏。顶层楼梯口，由于结构施工已完，故应即装设建筑物的正式防护栏杆。

第四、五款，因提升装置的进出口与旁边的通道，都是容易出安全事故的场所，故作了较严密的规定。

第3.1.2条　对不同材质的防护栏杆杆件的规格要求，曾经过多次讨论，并向上海、北京、广州、西安、兰州、昆明、成都等市的建筑施工单位征求了意见。根据我国目前施工现场的具体情况，并参考国际劳工署(ILO)《安全规则法典》"Model code of safety regulations for industrial establishments for the guidance of governments and industry"第二章第一节第12条的规定，作了此项规定。

第二款指木材，其强度与上述法典第12条规定采用的枋子相差不大，考虑到我国主要采用圆木，故规定以圆木梢径为准。

第三款钢筋直径，取其强度大致与上述法典第12条规定的木材相近。

第四款钢管的规格相对地说较大了。上述法典规定横杆上杆与栏杆柱不小于32mm，横杆下杆不小于25mm。美国国家标准ANS A10.18—1977附录参考表A1 "stress analysis of wood and metal railings”要求钢管直径不小于$1\frac{1}{2}$in，即38mm。由于我国施工现场普遍使用48mm钢管作设备材料，故按现成规格采用Φ48×（2.75～3.5）mm。

第五款对其他钢材的规格，是由于使用得很少而未作具体规定。上述法典规定横杆上杆与栏杆柱用角钢不小于∟38×38×5，下杆不小于∟32×32×3；美国ANS A10.18—1977附录参考表A1要求角钢不小于∟$2\times2\times\frac{3}{8}$(in)，即∟50×50×9.5；强度相差不大。故本款仅作原则规定。

第3.1.3条 第一款中防护栏杆的作用是防止人在各种可能情况下的坠落，故设上下两道横杆。有关的尺寸系参照美国国家标准局（ANSI）的美国国家标准ANS A10.18—1977“Safety Requirements for Temporary Floor and Wall Openings, Flat Roofs, Stairs, Railings, and Toeboards for Construction.”第七节与国际劳工署（ILO）的《安全规则法典》第二章第一节，并考虑到我国的习惯与材料的尺寸经数次讨论而定。防护栏杆高度与屋面坡度关系，原定坡度以25°为界，现换算成比例改为1∶2.2。

第二款栏杆的固定，本规范考虑了几种主要场合，以稳固坚牢为原则。栏杆不宜有悬臂部分，杆件周围均应有40mm以上的净空，藉以保证其安全作用。

第三款的规定亦系根据第一款内所引用的美国国家标准局（ANSI）与国际劳工署（ILO）两项资料的规定而制订。

第四款规定的挡脚板高度18cm系考虑多数地方的习惯，挡脚笆的高度40cm系按常用规格而定。对挡脚板的材料不作具体规定，只要结实及固定于栏杆柱即可。孔眼（或网眼）不大于25mm，系根据美国国家标准局ANS A10.18—1977第八节而定。板与笆下边离底面的空隙不大于10mm，系参考国际劳工署（ILO）《安全规则法典》第二章第一节第12条内规定的6mm而酌定。

第五款临街建筑的施工，必须作全封闭以处理安全防护问题。由松江评审会议根据目前城市建设日益发展、城市人口日益增多而增定。

有关安全网及其张挂方式等，应按现行的国家标准和规范办理，故本规范均略而不赘述。

第3.1.4条 防护栏杆的用料和构造型式，各地按传统习惯在设置上有所变动时，应以符合现行的设计规范及本规范所定的要求为准。

第二节 洞口作业

第3.2.1条 各款中的栏杆应按照本章第一节的规定处理。当无盖件时，必须装设临时护栏。

第3.2.2条 洞口分为平行于地面的，如楼板、人孔、梯道、天窗、管道沟槽、管井、地板门和斜通道等处，以及垂直于地面的，如墙壁和窗台墙等，可便于分别作出规定。

第六款内位于车辆行驶道旁各种洞口的盖板及其支件，应能承受不小于后车轮有效承载力2倍的荷载，系采用美国ANS A10.18—1977第3、9两节的规定。

第七款竖向洞口的防护，系参酌各地情况而制订。有的地区，在电梯井口采用砌筑高1.2m的临时矮墙作防护，北京会议决定暂不列入。

第八款的外侧落差大于2m应设临时护栏的窗台墙身，建议草案原定高度为90cm，系参酌国际劳工署《安全规则法典》而定，北京初审讨论后改为80mm。

第3.2.3条 附录提供的构造实例，各地按传统习惯有所变动时，以符合本规范各条所定的要求为准。

第四章 攀登与悬空作业的安全防护

第一节 攀登作业

第4.1.1条 对现场施工，必须事先考虑好登高设施并编入施工组织设计中，这在许多文件中已屡有规定。现据北京会议决定，先列述可资利用的三项主要设施，并对采用事先设置在构件上的攀登设施或各种梯子作出明确规定，以资强调。

第4.1.2条 这样规定是为了施工的安全和方便。并且，制作构件时一并制作攀登设施，亦较容易处理。

第4.1.3条 规定梯面上作业和上下时的总重量以1100N计算，是将人与衣着的重量750N，酌量乘以动荷载结合安全的系数1.5，同时参阅美国国家标准ANS A14.3—1984“American National Standard for Ladders—Fixed—Safety Requirements”第四节及A92.1—1977“American National Standard for Manually Propelled Mobile Ladder Stands and Scaffolds（Towers）”第三节的有关条文而定。

第4.1.4～4.1.8条 各种梯子的构造及有关要求均已有相应的国家标准，故本规范从略。梯子的形式甚多，除本节列举的四类外，尚有伸缩梯，支架梯、手推梯及竹梯等等多种，均应按有关标准检查和验算。

关于梯子使用的安全规定，本条列出几项重点措施，以求重视。梯子的梯脚不得垫高，系防止受荷后下沉或不稳定。上端应予固定及斜度不应过大，系防止作业时滑倒。梯脚的防滑措施，除配以防滑梯脚外，也可按各地习惯办理，或捆，或锚，或夹住，等等。梯子接长后，稳定性会降低，故作出一定的条件上的限制。折梯夹角的45°是依立梯斜度60°～70°的余角2倍而定。美国国家标准规定斜度为75°。直爬梯使用钢材制作时，应采用甲类3号沸腾钢。高度超过2m时应加设护笼，超过8m时必须设置梯间平台，系根据国家标准《固定式钢直梯》GB4653.1—83，并参酌美国国家标准ANS A14.3—1984第四节的规定而定。

第4.1.9条 对不得利用作攀登之处，这里列出了两项主要场合，此外，还应注意遵守原国家建筑工程总局所颁发的《建筑安装工人安全技术操作规程》第一章第一节与第三节的有关各项规定。

第4.1.10条、第4.1.11条 附录四系部分常见的关于攀登作业的安全技术措施。

第二节 悬空作业

第4.2.1条、第4.2.2条 由于悬空作业的条件往往并不相同，故这两条仅作原则上的规定，具体可由施工单位自行决定，用以保证施工安全。

第4.2.3条 第一款规定将钢结构构件尽量在地面安装，并装设进行高空作业的安全设施，是为了尽量避免或减少在悬空状态下的作业。

第三款，安装中的管道，特别是横向管道，并不具有承受操作人员重量的能力，故操作时严禁在其上面站立和行走。

第4.2.4条 第二款，高处作业对有可能坠落的高度规定为2m，支模时人手操作的高度一般在1m以上，故作出关于3m的规定。

第三款的内容与修订版的国家标准《组合钢模板技术规范》GBJ214—89相适应。

第4.2.5条、第4.2.6条 均系参酌《建筑安装工人安全技术操作规程》的有关规定而制订。

第4.2.8条 第一、二两款所指各项作业，均系指外墙作业。

第五章 操作平台与交叉作业的安全防护

第一节 操作平台

第5.1.1条 第一款所称现行的相应规范，系指木结构、钢结构等不同的结构设计规范。

第二款的移动式操作平台，其面积是从移动式的特点不宜过大出发，高度的控制是从防倾覆出发而制订。

第三款立柱底部离地面不得超过80mm，是为了工人在使用操作平台进行施工时，宜将立柱与地坪间垫实，避免轮子起传力作用。

第5.1.2条 在设计悬挑式钢平台时，一般两边各设两道斜拉杆或钢丝绳；如只各设一道时，斜拉杆或钢丝绳的安全系数比按常规设计还应适当提高，以策安全。

设计需拆下并上翻的悬挑式钢平台时，应注意使拆装容易。

第5.1.3条 指定专人负责监督检查，除应在管理条例中作出规定外，还应给予相应的职权，目的为了保证操作平台的安全施工。

第二节 交叉作业

第5.2.1条 本条要求施工单位在进行上、下立体交叉作业时，首先必须有一定的左右方向的安全间隔距离。在不能切实保证此符合可能坠落半径范围的安全间隔距离时，应设能防止坠物伤害下方人员的防护层。

关于安全网的设置也应按临边与洞口的安全防护规定办理。

第5.2.2～5.2.5条 这些条文都是根据施工现场容易出现的坠落物伤人现象而制订的。

第六章 高处作业安全防护设施的验收

第6.0.1条、第6.0.2条 高处作业的安全防护设施是否应作验收，各方意见尚不一致。经北京专题会议讨论及松江评审会议决定，为加强检查，保障安全，应进行验收，并规定由单位工程负责人负责验收工作。

第6.0.3条、第6.0.4条 安全防护设施验收所查验的资料与验收内容，既不宜繁琐，又必须确保安全。几经讨论，分别暂定所列三项与五项，俟试行取得经验后再作修订。

附录一 本规范名词解释

临边作业：临边作业中包括围护设施高度低于80cm者一项，系与本规范第3.2.2条第八款取得一致而定。

孔与洞：有坠落或踏入可能的楼面、地面和墙面的开口或敞口部分，按大小分为孔与洞。其尺度系参照美国ANS A10.18—1977第一、三、四各节和国际劳工署（ILO）《安全规则法典》第二章第一节第11、12两条以及我国各地具体情况，在北京初审会议上讨论决定。

悬空作业：现行的国家标准《高处作业分级》GB3608—83第3.2.7条对悬空高处作业定义为："在无立足点或无牢靠立足点的条件下，进行的高处作业，统称为悬空高处作业。"现根据本规范的适用范围，对其涵义作了进一步的规定。

操作平台：本规范对操作平台只列出有关的两类，即移动式操作平台和悬挑式钢平台，对于其他如支撑脚手架的平台和活动塔架等均不包括在内。

附录二 临边作业防护栏杆的计算及构造实例

本规范附录二（一）："杆件计算"中，采用的有关符号系参照现行的《钢结构设计规范》GBJ17—88的规定而定，如：集中荷载采用F，钢材的强度设计值采用f。

该规范第九章塑性设计第9.1.1条规定："本章规定适用于不直接承受动力荷载的固端梁、连续梁以及由实腹构件组成的单层和两层框架结构。"第9.1.2条又规定："按正常使用极限状态设计时，应采用荷载的标准值，并按弹性理论进行计算。"本规范第2.0.10条已作了原则规定，现附录二与附录五具体按此执行。公式（附2-2）系参照上述规范公式（9.2.1）而定。关于容许挠度值，由各地有关主管部门视不同材料和具体情况自行决定。

现行的《建筑结构荷载规范》GBJ9—87第2.1.3条规定："建筑结构设计时，应采用标准值作为荷载的基本代表值。""可变荷载标准值，应按本规范各章中的规定采用。"防护栏杆上承受的力为活荷载即可变荷载。参照该项规定及本规范第3.1.3条第三款的规定，现于注①内明确规定，集中荷载F可以1000N作为荷载的标准值取用。注②则系按《钢结构设计规范》GBJ17—88第9.1.3条的规定而定。

附录五　操作平台的计算及构造实例

规范附录五中（一）“移动式操作平台”采用的有关符号及公式（附 5-4）与（附 5-5），均系参照现行的《钢结构设计规范》GBJ17—88 的规定而定。

16

中华人民共和国行业标准

建筑拆除工程安全技术规范

Technical code for safety of demolishing and removing of buildings

JGJ 147-2004

J 376-2004

批准部门：中华人民共和国建设部
实施日期：2 0 0 5 年 3 月 1 日

中华人民共和国建设部
公　　告

第304号

建设部关于发布行业标准《建筑拆除工程安全技术规范》的公告

现批准《建筑拆除工程安全技术规范》为行业标准，编号为JGJ 147—2004，自2005年3月1日起实施。其中，第4.1.1、4.1.2、4.1.3、4.1.7、4.2.1、4.2.3、4.3.2、4.4.2、4.4.4、4.5.4、5.0.5条为强制性条文，必须严格执行。

本标准由建设部标准定额研究所组织中国建筑工业出版社出版发行。

中华人民共和国建设部
2005年1月13日

前　　言

根据建设部建标［2003］104号文件的要求，规范编制组在深入调查研究，认真总结国内外科研成果和大量实践经验，并广泛征求意见的基础上，制定了本规范。

本规范的主要内容是：

1. 一般规定；
2. 施工准备；
3. 安全施工管理；
4. 安全技术管理；
5. 文明施工管理。

本规范由建设部负责管理和对强制性条文的解释，由北京建工集团有限责任公司负责具体技术内容的解释。

主编单位：北京建工集团有限责任公司（地址：北京市宣武区广莲路1号；邮政编码：100055）。

参编单位：北京中科力爆炸技术工程公司
上海市房屋拆除工程施工安全管理办公室
辽宁省建设厅
湖南中人爆破工程有限公司
武汉理工大学土木工程与建筑学院
福建省六建集团公司
广东省宏大爆破工程公司

主要起草人员：张立元　王　钢　唐　伟　陈拥军　王　强
周家汉　孙宗辅　孙京燕　魏铁山　王维瑞
刘照源　阮景云　魏　鹏　李宗亮　冯世基
李　岱　胡　鹏　赵京生　李志成　蒋公宜
王世杰　李长凯　金雅静　杨　楠　郑炳旭
邢右孚　赵占英　贾云峰　徐德荣　蔡江勇

目 次

1 总 则

1.0.1 为了贯彻国家有关安全生产的法律和法规，确保建筑拆除工程施工安全，保障从业人员在拆除作业中的安全和健康及人民群众的生命、财产安全，根据建筑拆除工程特点，制定本规范。

1.0.2 本规范适用于工业与民用建筑、构筑物、市政基础设施、地下工程、房屋附属设施拆除的施工安全及管理。

1.0.3 本规范所称建设单位是指已取得房屋拆迁许可证或规划部门批文的单位；本规范所称施工单位是指已取得爆破与拆除工程资质，可承担拆除施工任务的单位。

1.0.4 建筑拆除工程必须由具备爆破或拆除专业承包资质的单位施工，严禁将工程非法转包。

1.0.5 建筑拆除工程安全除应符合本规范的要求外，尚应符合国家现行有关强制性标准的规定。

2 一 般 规 定

2.0.1 项目经理必须对拆除工程的安全生产负全面领导责任。项目经理部应按有关规定设专职安全员，检查落实各项安全技术措施。

2.0.2 施工单位应全面了解拆除工程的图纸和资料，进行现场勘察，编制施工组织设计或安全专项施工方案。

2.0.3 拆除工程施工区域应设置硬质封闭围挡及醒目警示标志，围挡高度不应低于1.8m，非施工人员不得进入施工区。当临街的被拆除建筑与交通道路的安全距离不能满足要求时，必须采取相应的安全隔离措施。

2.0.4 拆除工程必须制定生产安全事故应急救援预案。

2.0.5 施工单位应为从事拆除作业的人员办理意外伤害保险。

2.0.6 拆除施工严禁立体交叉作业。

2.0.7 作业人员使用手持机具时，严禁超负荷或带故障运转。

2.0.8 楼层内的施工垃圾，应采用封闭的垃圾道或垃圾袋运下，不得向下抛掷。

2.0.9 根据拆除工程施工现场作业环境，应制定相应的消防安全措施。施工现场应设置消防车通道，保证充足的消防水源，配备足够的灭火器材。

3 施 工 准 备

3.0.1 拆除工程的建设单位与施工单位在签订施工合同时，应签订安全生产管理协议，明确双方的安全管理责任。建设单位、监理单位应对拆除工程施工安全负检查督促责任；施工单位应对拆除工程的安全技术管理负直接责任。

3.0.2 建设单位应将拆除工程发包给具有相应资质等级的施工单位。建设单位应在拆除工程开工前15日，将下列资料报送建设工程所在地的县级以上地方人民政府建设行政主管部门备案：

1 施工单位资质登记证明；

2 拟拆除建筑物、构筑物及可能危及毗邻建筑的说明；

3 拆除施工组织方案或安全专项施工方案；

4 堆放、清除废弃物的措施。

3.0.3 建设单位应向施工单位提供下列资料：

1 拆除工程的有关图纸和资料；

2 拆除工程涉及区域的地上、地下建筑及设施分布情况资料。

3.0.4 建设单位应负责做好影响拆除工程安全施工的各种管线的切断、迁移工作。当建筑外侧有架空线路或电缆线路时，应与有关部门取得联系，采取防护措施，确认安全后方可施工。

3.0.5 当拆除工程对周围相邻建筑安全可能产生危险时，必须采取相应保护措施，对建筑内的人员进行撤离安置。

3.0.6 在拆除作业前，施工单位应检查建筑内各类管线情况，确认全部切断后方可施工。

3.0.7 在拆除工程作业中，发现不明物体，应停止施工，采取相应的应急措施，保护现场，及时向有关部门报告。

4 安全施工管理

4.1 人 工 拆 除

4.1.1 进行人工拆除作业时，楼板上严禁人员聚集或堆放材料，作业人员应站在稳定的结构或脚手架上操作，被拆除的构件应有安全的放置场所。

4.1.2 人工拆除施工应从上至下、逐层拆除分段进行，不得垂直交叉作业。作业面的孔洞应封闭。

4.1.3 人工拆除建筑墙体时，严禁采用掏掘或推倒的方法。

4.1.4 拆除建筑的栏杆、楼梯、楼板等构件，应与建筑结构整体拆除进度相配合，不得先行拆除。建筑的承重梁、柱，应在其所承载的全部构件拆除后，再进行拆除。

4.1.5 拆除梁或悬挑构件时，应采取有效的下落控制措施，方可切断两端的支撑。

4.1.6 拆除柱子时，应沿柱子底部剔凿出钢筋，使用手动倒链定向牵引，再采用气焊切割柱子三面钢筋，保留牵引方向正面的钢筋。

4.1.7 拆除管道及容器时，必须在查清残留物的性质，并采取相应措施确保安全后，方可进行拆除施工。

4.2 机 械 拆 除

4.2.1 当采用机械拆除建筑时，应从上至下、逐层分段进行；应先拆除非承重结构，再拆除承重结构。拆除框架结构建筑，必须按楼板、次梁、主梁、柱子的顺序进行施工。对只进行部分拆除的建筑，必须先将保留部分加固，再进行分离拆除。

4.2.2 施工中必须由专人负责监测被拆除建筑的结构状态，做好记录。当发现有不稳定状态的趋势时，必须停止作业，采取有效措施，消除隐患。

4.2.3 拆除施工时，应按照施工组织设计选定的机械设备及吊装方案进行施工，严禁超载作业或任意扩大使用范围。供机械设备使用的场地必须保证足够的承载力。作业中机械不得同时回转、行走。

4.2.4 进行高处拆除作业时，对较大尺寸的构件或沉重的材料，必须采用起重机具及时吊下。拆卸下来的各种材料应及时清理，分类堆放在指定场所，严禁向下抛掷。

4.2.5 采用双机抬吊作业时，每台起重机载荷不得超过允许载荷的80%，且应对第一吊进行试吊作业，施工中必须保持两台起重机同步作业。

4.2.6 拆除吊装作业的起重机司机，必须严格执行操作规程。信号指挥人员必须按照现行国家标准《起重吊运指挥信号》GB 5082的规定作业。

4.2.7 拆除钢屋架时，必须采用绳索将其拴牢，待起重机吊稳后，方可进行气焊切割作业。吊运过程中，应采用辅助措施使被吊物处于稳定状态。

4.2.8 拆除桥梁时应先拆除桥面的附属设施及挂件、护栏等。

4.3 爆破拆除

4.3.1 爆破拆除工程应根据周围环境作业条件、拆除对象、建筑类别、爆破规模，按照现行国家标准《爆破安全规程》GB 6722将工程分为A、B、C三级，并采取相应的安全技术措施。爆破拆除工程应做出安全评估并经当地有关部门审核批准后方可实施。

4.3.2 从事爆破拆除工程的施工单位，必须持有工程所在地法定部门核发的《爆炸物品使用许可证》，承担相应等级的爆破拆除工程。爆破拆除设计人员应具有承担爆破拆除作业范围和相应级别的爆破工程技术人员作业证。从事爆破拆除施工的作业人员应持证上岗。

4.3.3 爆破器材必须向工程所在地法定部门申请《爆炸物品购买许可证》，到指定的供应点购买。爆破器材严禁赠送、转让、转卖、转借。

4.3.4 运输爆破器材时，必须向工程所在地法定部门申请领取《爆炸物品运输许可证》，派专职押运员押送，按照规定路线运输。

4.3.5 爆破器材临时保管地点，必须经当地法定部门批准。严禁同室保管与爆破器材无关的物品。

4.3.6 爆破拆除的预拆除施工应确保建筑安全和稳定。预拆除施工可采用机械和人工方法拆除非承重的墙体或不影响结构稳定的构件。

4.3.7 对烟囱、水塔类构筑物采用定向爆破拆除工程时，爆破拆除设计应控制建筑倒塌时的触地振动。必要时应在倒塌范围铺设缓冲材料或开挖防振沟。

4.3.8 为保护临近建筑和设施的安全，爆破振动强度应符合现行国家标准《爆破安全规程》GB 6722的有关规定。建筑基础爆破拆除时，应限制一次同时使用的药量。

4.3.9 爆破拆除施工时，应对爆破部位进行覆盖和遮挡，覆盖材料和遮挡设施应牢固可靠。

4.3.10 爆破拆除应采用电力起爆网路和非电导爆管起爆网路。电力起爆网路的电阻和起爆电源功率，应满足设计要求；非电导爆管起爆应采用复式交叉封闭网路。爆破拆除不得采用导爆索网路或导火索起爆方法。

装药前，应对爆破器材进行性能检测。试验爆破和起爆网路模拟试验应在安全场所进行。

4.3.11 爆破拆除工程的实施应在工程所在地有关部门领导下成立爆破指挥部，应按照施工组织设计确定的安全距离设置警戒。

4.3.12 爆破拆除工程的实施除应符合本规范第4.3节的要求外，必须按照现行国家标准《爆破安全规程》GB 6722的规定执行。

4.4 静力破碎

4.4.1 进行建筑基础或局部块体拆除时，宜采用静力破碎的方法。

4.4.2 采用具有腐蚀性的静力破碎剂作业时，灌浆人员必须戴防护手套和防护眼镜。孔内注入破碎剂后，作业人员应保持安全距离，严禁在注孔区域行走。

4.4.3 静力破碎剂严禁与其他材料混放。

4.4.4 在相邻的两孔之间，严禁钻孔与注入破碎剂同步进行施工。

4.4.5 静力破碎时，发生异常情况，必须停止作业。查清原因并采取相应措施确保安全后，方可继续施工。

4.5 安全防护措施

4.5.1 拆除施工采用的脚手架、安全网，必须由专业人员按设计方案搭设，由有关人员验收合格后方可使用。水平作业时，操作人员应保持安全距离。

4.5.2 安全防护设施验收时，应按类别逐项查验，并有验收记录。

4.5.3 作业人员必须配备相应的劳动保护用品，并正确使用。

4.5.4 施工单位必须依据拆除工程安全施工组织设计或安全专项施工方案，在拆除施工现场划定危险区域，并设置警戒线和相关的安全标志，应派专人监管。

4.5.5 施工单位必须落实防火安全责任制，建立义务消防组织，明确责任人，负责施工现场的日常防火安全管理工作。

5 安全技术管理

5.0.1 拆除工程开工前，应根据工程特点、构造情况、工程量等编制施工组织设计或安全专项施工方案，应经技术负责人和总监理工程师签字批准后实施。施工过程中，如需变更，应经原审批人批准，方可实施。

5.0.2 在恶劣的气候条件下，严禁进行拆除作业。

5.0.3 当日拆除施工结束后，所有机械设备应远离被拆除建筑。施工期间的临时设施，应与被拆除建筑保持安全距离。

5.0.4 从业人员应办理相关手续，签订劳动合同，进行安全培训，考试合格后方可上岗作业。

5.0.5 拆除工程施工前，必须对施工作业人员进行书面安全技术交底。

5.0.6 拆除工程施工必须建立安全技术档案，并应包括下列内容：

1 拆除工程施工合同及安全管理协议书；

2 拆除工程安全施工组织设计或安全专项施工方案；

3 安全技术交底；

4 脚手架及安全防护设施检查验收记录；

5 劳务用工合同及安全管理协议书；

6 机械租赁合同及安全管理协议书。

5.0.7 施工现场临时用电必须按照国家现行标准《施工现场临时用电安全技术规范》JGJ 46的有关规定执行。

5.0.8 拆除工程施工过程中，当发生重大险情或生产安全事故时，应及时启动应急预案排除险情、组织抢救、保护事故现场，并向有关部门报告。

6 文明施工管理

6.0.1 清运渣土的车辆应封闭或覆盖，出入现场时应有专人指挥。清运渣土的作业时间应遵守工程所在地的有关规定。

6.0.2 对地下的各类管线，施工单位应在地面上设置明显标识。对水、电、气的检查井、污水井应采取相应的保护措施。

6.0.3 拆除工程施工时，应有防止扬尘和降低噪声的措施。

6.0.4 拆除工程完工后，应及时将渣土清运出场。

6.0.5 施工现场应建立健全动火管理制度。施工作业动火时，必须履行动火审批手续，领取动火证后，方可在指定时间、地点作业。作业时应配备专人监护，作业后必须确认无火源危险后方可离开作业地点。

6.0.6 拆除建筑时，当遇有易燃、可燃物及保温材料时，严禁明火作业。

本规范用词说明

1 为便于在执行本规范条文时区别对待，对要求严格程度不同的用词说明如下：

1）表示很严格，非这样做不可的：

正面词采用“必须”，反面词采用“严禁”；

2）表示严格，在正常情况下均应这样做的：

正面词采用“应”，反面词采用“不应”或“不得”；

3）表示允许稍有选择，在条件许可时首先应这样做的：

正面词采用“宜”，反面词采用“不宜”；

表示有选择，在一定条件下可以这样做的，采用“可”。

2 条文中指明应按其他有关标准执行的写法为“应符合……的规定”或“应按……执行”。

中华人民共和国行业标准

建筑拆除工程安全技术规范

JGJ 147—2004

条 文 说 明

前　言

《建筑拆除工程安全技术规范》JGJ 147—2004 经建设部2005年1月13日以建设部第304号公告批准，业已发布。

为便于广大设计、施工、科研、学校等单位有关人员在使用本规范时能正确理解和执行条文规定，《建筑拆除工程安全技术规范》编制组按章、节、条顺序编制了本规范的条文说明，供使用者参考。在使用中如发现本条文说明有不妥之处，请将意见函寄北京建工集团有限责任公司安全监管部（地址：北京市宣武区广莲路1号；邮政编码：100055）

目　次

1 总　　则

1.0.1 本条规定了制定本规范的目的。
1.0.2 本条规定了本规范适用范围。
1.0.3 本条规定了建设单位的资格、施工单位的资质，是安全生产的基本条件。
1.0.4 本条规定了从事拆除工程的施工单位应具备的条件，法定代表人是本单位安全生产第一责任人，应对拆除工程施工负全面责任。

2 一 般 规 定

2.0.1 本条规定了项目经理及安全员的职责。安全员的设置人数应按照《中华人民共和国安全生法》第二章第十九条或有关规定执行。
2.0.2 本条规定的施工单位所编写的施工组织设计或方案和安全技术措施应有针对性、安全性及可行性。
2.0.3 本条规定的安全距离对建筑而言一般为建筑的高度；安全隔离措施是指临时断路、交通管制、搭设防护棚等；硬质围挡是指使用铁板压制成型材料、轻质材料、砌筑材料等，保证围挡的稳固性，防止非施工人员进入施工现场。
2.0.4 本条规定依据《中华人民共和国安全生产法》制定。
2.0.5 本条规定依据《中华人民共和国建筑法》和国务院第 375 号令颁布的《工伤保险条例》制定。
2.0.7 本条规定的机具包括风镐、液压锯、水钻、冲击钻等。
2.0.9 本条规定的消防车道宽度应不小于 3.5m，充足的消防水源是指现场消火栓控制范围不宜大于 50m。配备足够的灭火器材是指每个设置点的灭火器数量 2～5 具为宜。

3 施 工 准 备

3.0.1 本条规定依据中华人民共和国国务院第 393 号令颁布的《建设工程安全生产管理条例》制定。明确了建设单位、监理单位、施工单位在拆除工程中的安全生产管理责任。
3.0.2 本条规定依据中华人民共和国国务院第 393 号令颁布的《建设工程安全生产管理条例》制定。
3.0.3 本条规定的建设单位应向施工单位提供有关图纸和资料是指地上建筑及各类管线、地下构筑物及各类管线的详细图纸和资料，并对其准确性负责。
3.0.4 本条规定了建设单位在拆除施工前需要做好的施工准备工作。
3.0.5 本条规定的拆除工程保护周围建筑及人员的措施，应以确保人员安全为前提。
3.0.6 本条规定的管线是指各类管道及线路，施工单位应在拆除作业前对进入建筑内的各类管道及线路的切断情况进行复检，确保拆除工程施工安全。
3.0.7 本条规定的不明物体是指施工单位无法判别该物体的危险性、文物价值，必须经过有关部门鉴定后，按照国家和政府有关法规妥善处理。

4 安全施工管理

4.1 人 工 拆 除

4.1.1 本条规定的人工拆除是指人工采用非动力性工具进行的作业。
4.1.2 本条规定了人工拆除的原则，孔洞是指在拆除过程中形成的孔洞，应按照《建筑施工高处作业安全技术规范》JGJ 80—91 执行。
4.1.3～4.1.6 本条规定了人工拆除建筑顺序应按板、非承重墙、梁、承重墙、柱依次进行或依照先非承重结构后承重结构的原则进行拆除。
4.1.7 本条规定的管道是指原用于有毒有害、可燃气体的管道，必须依据残留物的化学性能采取相应措施，确保拆除人员的安全。

4.2 机 械 拆 除

4.2.1 本条规定了机械拆除的原则，机械拆除是指以机械为主、人工为辅相配合的施工方法。
4.2.2 本条规定的监测是指专人在施工过程中，随时监测被拆建筑状态，消除隐患，确保施工安全。
4.2.3 本条规定的机械设备包括液压剪、液压锤等，应具备保证机械设备不发生塌陷、倾覆的工作面。
4.2.4 本条规定的较大尺寸构件和沉重材料是指楼板、屋架、梁、柱、混凝土构件等。
4.2.5 本条规定的双机抬吊依据《建筑机械使用安全技术规程》JGJ 33—2001 规定应选用起重性能相似的起重机，在吊装过程中，两台起重机的吊钩滑轮组应保持垂直状态。

4.2.6 操作规程（十不吊）是指：被吊物重量超过机械性能允许范围；指挥信号不清；被吊物下方有人；被吊物上站人；埋在地下的被吊物；斜拉、斜牵的被吊物；散物捆绑不牢的被吊物；立式构件不用卡环的被吊物；零碎物无容器的被吊物；重量不明的被吊物。

4.2.7 钢屋架与结构分离前要用起重机对屋架固定，在下落过程中要用绳索控制运行方向。

4.3 爆破拆除

4.3.1 本条规定依据《爆破安全规程》GB 6722—2003，爆破拆除工程分为A、B、C三级，分级条件为：

1 有下列情况之一者，属A级：

1）环境十分复杂，爆破可能危及国家一、二级文物保护对象，极重要的设施，极精密仪器和重要建（构）筑物。

2）拆除的楼房高度超过10层，烟囱的高度超过80m，塔高超过50m。

3）一次爆破的炸药量多于500kg。

2 有下列情况之一者，属B级：

1）环境复杂，爆破可能危及国家三级或省级文物保护对象，住宅楼和厂房。

2）拆除的楼房高度5～10层，烟囱的高度50～80m，塔高30～50m。

3）一次爆破的炸药量200～500kg。

3 符合下列情况之一者，属C级：

1）环境不复杂，爆破不会危及周围的建（构）筑物。

2）拆除的楼房高度低于5层，烟囱的高度低于50m，塔高低于30m。

3）一次爆破的炸药量少于200kg。

不同级别的爆破拆除工程有相应的设计施工难度，本条规定爆破拆除工程设计必须按级别进行安全评估和审查批准后方能实施。

4.3.6 本条规定的爆破拆除的预拆除是指爆破实施前有必要进行部分拆除的施工。预拆除施工可以减少钻孔和爆破装药量，清除下层障碍物（如非承重的墙体）有利建筑塌落破碎解体，烟囱定向爆破时开凿定向窗口有利于倒塌方向准确。

4.3.7 本条规定了烟囱、水塔类结构物定向爆破拆除时，集中质量塌落触地振动大，应采取减振措施，缓冲材料如采用砂土袋垒砌的条埂或碎煤渣堆。基础爆破应采用延期雷管分段起爆，减小和控制一次同时起爆的药量。《爆破安全规程》GB 6722—2003对应保护的不同类型建筑规定了不同的振动强度控制标准。

4.3.9 本条规定的覆盖材料和遮挡设施是指不易抛散和折断，并能防止碎块穿透的材料，用于建筑爆破拆除施工时，对爆破部位进行覆盖和遮挡，固定方便、固牢可靠的一项安全防护措施。

4.3.10 本条规定了爆破拆除工程药包个数多，药包布置分散，要确保所有雷管安全准爆。导爆索起爆网路有大量的炸药能量在空气中传播，易造成冲击波和噪声危害，导火索起爆不能实现多个药包的同时起爆。

为了确保爆破安全和效果，装药前应进行爆破器材的检验，确保起爆网路安全准爆；通过试验爆破效果确定耗药量。

4.3.11 本条规定了爆破设计确定的安全距离，爆破时要进行警戒，对警戒范围内的人员必须撤离疏散，对通往爆区的交通道口应在政府主管部门组织下实施交通管制。

4.3.12 本条规定的爆破作业是一项特种施工方法。爆破拆除作业是爆破技术在建筑工程施工中的具体应用，爆破拆除工程的设计和施工，必须按照《爆破安全规程》GB 6722—2003有关规定执行。

4.4 静力破碎

4.4.1 本条规定了静力破碎使用范围。静力破碎是使用静力破碎剂的水化反应体积膨胀对约束体的静压产生的破坏做功。

4.4.2 本条规定了静力破碎剂是弱碱性混合物，具有一定腐蚀作用，对人体会产生损害，一旦发生静力破碎剂与人体接触现象时，应立即使用清水清洗受浸蚀部位的皮肤。

4.4.3 本条规定的静力破碎剂具有腐蚀性，遇水后发生化学反应，导致材料膨胀、失效。静力破碎剂必须单独放置在防潮、防雨的库房内保存。

4.4.4 本条规定了为防止在相邻的两孔之间同时作业导致喷孔，对人员造成伤害。

4.5 安全防护措施

4.5.1 本条规定了脚手架和安全网的搭设应按照《建筑施工扣件式钢管脚手架安全技术规范》JGJ 130—2001执行。项目经理（工地负责人）组织技术、安全部门的有关人员验收合格后，方可投入使用。

4.5.3 本条规定的相应的劳动保护用品是指安全帽、安全带、防护眼镜、防护手套、防护工作服等。

4.5.4 本条规定了拆除工程有可能影响公共安全和周围居民的正常生活的情况时，应在施工前做好宣传工作，并采取可靠的安全防护措施。安全标志设定符合国家标准《安全标志》GB 2894—1996的规定。

4.5.5 本条规定依据《中华人民共和国消防法》制定。

5 安全技术管理

5.0.1 爆破拆除和被拆除建筑面积大于1000m^{2}的拆除工程，应编制安全施工组织设计；被拆除建筑面积小于1000m^{2}的拆除工程，应编制安全施工方案。

5.0.2 本条规定的恶劣气候条件是指大雨、大雪、六级（含）以上大风等严重影响安全施工时，必须按照《建筑高处作业安全技术规范》JGJ 80—91执行。

5.0.3 本条规定了防止被拆除建筑意外坍塌，对机械设备和临时设施造成损坏。

5.0.4 本条规定依据《中华人民共和国安全生产法》制定。

5.0.7 本条规定依据《施工现场临时用电安全技术规范》JGJ 46—88制定。

6 文明施工管理

6.0.3 本条规定防止扬尘措施可以采取向被拆除的部位洒水等措施，降低噪声可以采取选用低噪声设备、对设备进行封闭等措施。

6.0.5 本条规定依据公安部第61号令《机关、团体、企业、事业单位消防安全管理规定》制定。

6.0.6 本条规定的依据是建筑材料燃烧分级，易燃物即B3级为易燃性建筑材料，可燃物即B2级为可燃性建筑材料。

中华人民共和国行业标准

建筑施工起重吊装工程安全技术规范

Technical code for safety of lifting in construction

JGJ 276－2012

批准部门：中华人民共和国住房和城乡建设部
施行日期：2 0 1 2 年 6 月 1 日

中华人民共和国住房和城乡建设部
公　告

第1242号

关于发布行业标准《建筑施工起重吊装工程安全技术规范》的公告

现批准《建筑施工起重吊装工程安全技术规范》为行业标准，编号为JGJ 276－2012，自2012年6月1日起实施。其中，第3.0.1、3.0.19、3.0.23条为强制性条文，必须严格执行。

本规范由我部标准定额研究所组织中国建筑工业出版社出版发行。

中华人民共和国住房和城乡建设部

2012年1月11日

前　言

根据原建设部《一九八九年工程建设专业标准规范制订修订计划》（建标工字【89】第058号）的要求，编制组经广泛调查研究，认真总结实践经验，参考有关国际标准和国外先进标准，并在广泛征求意见的基础上，编制本规范。

本规范的主要技术内容是：1. 总则；2. 术语和符号；3. 基本规定；4. 起重机械和索具设备；5. 混凝土结构吊装；6. 钢结构吊装；7. 网架吊装。

本规范中以黑体字标志的条文为强制性条文，必须严格执行。

本规范由住房和城乡建设部负责管理和对强制性条文的解释，由沈阳建筑大学负责具体技术内容的解释。执行过程中如有意见或建议，请寄送沈阳建筑大学土木工程学院（地址：沈阳市浑南东路9号，邮编：110168）

本规范主编单位：沈阳建筑大学
东北金城建设股份有限公司

本规范参编单位：中建三局第二建设工程有限责任公司
中铁四局集团建筑工程有限公司
上海建工设计研究院
北京首钢建设集团有限公司
甘肃伊真建设工程有限公司
陕西省建设工程质量安全监督总站

本规范主要起草人员：魏忠泽　张　健　秦桂娟　卢伟然
罗　宏　陈新安　许　伟　焦　莉
吴长城　焦宁艳　张庆远　严　训
杨德洪　刘　兵　龙传尧　刘　波
张　坤　董燕囡　汤坤林　刘建国
胡　冲　葛文志　彭　杰

本规范主要审查人员：应惠清　耿洁明　孙宗辅　胡长明
施卫东　杨纯仪　郭洪君　肖华锋
张宝琚

目　次

Contents

1 总　则

1.0.1 为贯彻执行安全生产方针，确保建筑工程施工起重吊装作业的安全，制定本规范。

1.0.2 本规范适用于建筑工程施工中的起重吊装作业。

1.0.3 建筑工程施工中的起重吊装作业，除应符合本规范外，尚应符合国家现行有关标准的规定。

2 术语和符号

2.1 术　语

2.1.1 起重吊装作业　crane lifting operation

使用起重设备将被吊物提升或移动至指定位置，并按要求安装固定的施工过程。

2.1.2 吊具　hoist auxiliaries

拴挂和固定被吊物的工、机具和配件，如吊索、吊钩、吊梁和卡环等。

2.1.3 绑扎　tightening

吊装前，用吊索和卡环按起吊规定对被吊物吊点处的捆绑。

2.1.4 起吊　hoisting

被吊物的吊装和空中运输过程。

2.1.5 溜绳　anti-sway rope

在吊升的结构物上拴绳，由下面的人拉住，防止结构物在吊升过程中任意摆动。

2.1.6 超载　overload

超过或大于起重设备的额定起重量。

2.1.7 临时固定　temporary holding or fixation

对搁置就位的被吊物进行临时性拉结和支撑的措施。

2.1.8 永久固定　permanent holding or fixation

校正完成后，按设计要求进行的永久性的连接固定。

2.1.9 空载　no-load

起重机械没有负载的工作状态。

2.1.10 缆风绳 balance rope

用来保证安装的构件或设备在操作过程中保持稳定的钢丝绳，上端与安装对象拉结，下端与地锚固定。

2.1.11 破断拉力　tensile strength of rope

按规定的试验方法把绳索拉断所需要的力。

2.1.12 钢丝绳牵引力　tensile force of steel rope

重物起升后，卷筒上的钢丝绳所产生的拉力。

2.1.13 安全绳　safety rope

用于防止起重人员在高空作业时发生坠落事故的绳索的总称。

2.2 符　号

A——面积；
a——距离；
b——厚度、宽度；
D、d——直径；
f——承载力设计值；
F——拉力、阻力；
$[F]$——容许拉力；
H——高度；
i——传动比；
K——系数；
L——长度；
M——弯矩；
N——轴向力；
P——功率、水平反力；
Q——计算荷载、重量；
T——摩擦阻力；
v——速度；
W——截面抵抗矩；
γ——重力密度；
η——效率、降低系数；
μ——摩擦系数；
σ——正应力；
τ——剪应力；
φ——内摩擦角；
ω——转速。

3 基本规定

3.0.1 起重吊装作业前，必须编制吊装作业的专项施工方案，并应进行安全技术措施交底；作业中，未经技术负责人批准，不得随意更改。

3.0.2 起重机操作人员、起重信号工、司索工等特种作业人员必须持特种作业资格证书上岗。严禁非起重机驾驶人员驾驶、操作起重机。

3.0.3 起重吊装作业前，应检查所使用的机械、滑轮、吊具和地锚等，必须符合安全要求。

3.0.4 起重作业人员必须穿防滑鞋、戴安全帽，高处作业应佩挂安全带，并应系挂可靠，高挂低用。

3.0.5 起重设备的通行道路应平整，承载力应满足设备通行要求。吊装作业区域四周应设置明显标志，严禁非操作人员入内。夜间不宜作业，当确需夜间作业时，应有足够的照明。

3.0.6 登高梯子的上端应固定，高空用的吊篮和临时工作台应固定牢靠，并应设不低于1.2m的防护栏杆。吊篮和工作台的脚手板应铺平绑牢，严禁出现探头板。吊移操作平台时，平台上面严禁站人。当构件吊起时，所有人员不得站在吊物下方，并应保持一定的安全距离。

3.0.7 绑扎所用的吊索、卡环、绳扣等的规格应根据计算确定。起吊前，应对起重机钢丝绳及连接部位和吊具进行检查。

3.0.8 高空吊装屋架、梁和采用斜吊绑扎吊装柱时，应在构件两端绑扎溜绳，由操作人员控制构件的平衡和稳定。

3.0.9 构件的吊点应符合设计规定。对异形构件或当无设计规定时，应经计算确定，保证构件起吊平稳。

3.0.10 安装所使用的螺栓、钢楔、木楔、钢垫板和垫木等的材质应符合设计要求及国家现行标准的有关规定。

3.0.11 吊装大、重构件和采用新的吊装工艺时，应先进行试吊，确认无问题后，方可正式起吊。

3.0.12 大雨、雾、大雪及六级以上大风等恶劣天气应停止吊装作业。雨雪后进行吊装作业时，应及时清理冰雪并应采取防滑和防漏电措施，先试吊，确认制动器灵敏可靠后方可进行作业。

3.0.13 吊起的构件应确保在起重机吊杆顶的正下方，严禁采用斜拉、斜吊，严禁起吊埋于地下或粘结在地上的构件。

3.0.14 起重机靠近架空输电线路作业或在架空输电线路下行走时，与架空输电线的安全距离应符合现行行业标准《施工现场临时用电安全技术规范》JGJ 46和其他相关标准的规定。

3.0.15 当采用双机抬吊时，宜选用同类型或性能相近的起重机，负载分配应合理，单机载荷不得超过额定起重量的80%。两机应协调工作，起吊的速度应平稳缓慢。

3.0.16 起吊过程中，在起重机行走、回转、俯仰吊臂、起落吊钩等动作前，起重司机应鸣声示意。一次只宜进行一个动作，待前一动作结束后，再进行下一动作。

3.0.17 开始起吊时，应先将构件吊离地面200mm～300mm后暂停，检查起重机的稳定性、制动装置的可靠性、构件的平衡性和绑扎的牢固性等，确认无误后，方可继续起吊。已吊起的构件不得长久停滞在空中。严禁超载和吊装重量不明的重型构件和设备。

3.0.18 严禁在吊起的构件上行走或站立，不得用起重机载运人员，不得在构件上堆放或悬挂零星物件。严禁在已吊起的构件下面或起重臂下旋转范围内作业或行走。起吊时应匀速，不得突然制动。回转时动作应平稳，当回转未停稳前不得做反向动作。

3.0.19 暂停作业时，对吊装作业中未形成稳定体系的部分，必须采取临时固定措施。

3.0.20 高处作业所使用的工具和零配件等，应放在工具袋（盒）内，并严禁抛掷。

3.0.21 吊装中的焊接作业，应有严格的防火措施，并应设专人看护。在作业部位下面周围10m范围内不得有人。

3.0.22 已安装好的结构构件，未经有关设计和技术部门批准不得随意凿洞开孔。严禁在其上堆放超过设计荷载的施工荷载。

3.0.23 对临时固定的构件，必须在完成了永久固定，并经检查确认无误后，方可解除临时固定措施。

3.0.24 对起吊物进行移动、吊升、停止、安装时的全过程应采用旗语或通用手势信号进行指挥，信号不明不得启动，上下联系应相互协调，也可采用通信工具。

4 起重机械和索具设备

4.1 起重机械

4.1.1 凡新购、大修、改造、新安装及使用、停用时间超过规定的起重机械，均应按有关规定进行技术检验，合格后方可使用。

4.1.2 起重机在每班开始作业时，应先试吊，确认制动器灵敏可靠后，方可进行作业。作业时不得擅自离岗和保养机车。

4.1.3 起重机的选择应满足起重量、起重高度、工作半径的要求，同时起重臂的最小杆长应满足跨越障碍物进行起吊时的操作要求。

4.1.4 自行式起重机的使用应符合下列规定：

1 起重机工作时的停放位置应按施工方案与沟渠、基坑保持安全距离，且作业时不得停放在斜坡上。

2 作业前应将支腿全部伸出，并应支垫牢固。调整支腿应在无载荷时进行，并将起重臂全部缩回转至正前或正后，方可调整。作业过程中发现支腿沉陷或其他不正常情况时，应立即放下吊物，进行调整后，方可继续作业。

3 启动时应先将主离合器分离，待运转正常后再合上主离合器进行空载运转，确认正常后，方可开始作业。

4 工作时起重臂的仰角不得超过其额定值；当无相应资料时，最大仰角不得超过78°，最小仰角不得小于45°。

5 起重机变幅应缓慢平稳，严禁快速起落。起重臂未停稳前，严禁变换挡位和同时进行两种动作。

6 当起吊荷载达到或接近最大额定荷载时，严禁下落起重臂。

7 汽车式起重机进行吊装作业时，行走用的驾驶室内不得有人，吊物不得超越驾驶室上方，并严禁带载行驶。

8 伸缩式起重臂的伸缩，应符合下列规定：

1）起重臂的伸缩，应在起吊前进行。当起吊过程中需伸缩时，起吊荷载不得大于其额定值的50%。

2）起重臂伸出后的上节起重臂长度不得大于下节起重臂长度，且起重臂伸出后的仰角不得小于使用说明中柞应的规定值。

3）在伸起重臂同时下降吊钩时，应满足使用说明中动、定滑轮组间的最小安全距离规定。

9 起重机制动器的制动鼓表面磨损达到2.0mm或制动带磨损超过原厚度50%时，应予更换。

10 起重机的变幅指示器、力矩限制器和限位开关等安全保护装置，应齐全完整、灵活可靠，严禁随意调整、拆除，不得以限位装置代替操作机构。

11 作业完毕或下班前，应按规定将操作杆置于空挡位置，起重臂应全部缩回原位，转至顺风方向，并应降至40°～60°之间，收紧钢丝绳，挂好吊钩或将吊钩落地，然后将各制动器和保险装置固定，关闭发动机，驾驶室加锁后，方可离开。

4.1.5 塔式起重机的使用应符合国家现行标准《塔式起重机安全规程》GB 5144、《建筑施工塔式起重机安装、使用、拆卸安全技术规程》JGJ 196及《建筑机械使用安全技术规程》JGJ 33中的相关规定。

4.1.6 拔杆式起重机的制作安装应符合下列规定：

1 拔杆式起重机应进行专门设计和制作，经严格的测试、试运转和技术鉴定合格后，方可投人使用。

2 安装时的地基、基础、缆风绳和地锚等设施，应经计算确定。缆风绳与地面的夹角应在30°～45°之间。缆风绳不得与供电线路接触，在靠近电线处，应装设由绝缘材料制作的护线架。

4.1.7 拔杆式起重机的使用应符合下列规定：

1 在整个吊装过程中，应派专人看守地锚。每进行一段工作或大雨后，应对拔杆、缆风绳、索具、地锚和卷扬机等进行详细检查，发现有摆动、损坏等情况时，应立即处理解决。

2 拔杆式起重机移动时，其底座应垫以足够的承重枕木排和滚杠，并将起重臂收紧，处于移动方向的前方，倾斜不得超过10°，移动时拔杆不得向后倾斜，收放缆风绳应配合一致。

4.2 绳 索

4.2.1 吊装作业中使用的白棕绳应符合下列规定：

1 应由剑麻的茎纤维搓成，并不得涂油。其规格和破断拉力应符合产品说明书的规定。

2 只可用作受力不大的缆风绳和溜绳等。白棕绳的驱动力只能是人力，不得用机械动力驱动。

3 穿绕白棕绳的滑轮直径，应大于白棕绳直径的10倍。麻绳有结时，不得穿过滑车狭小之处。长期在滑车使用的白棕绳，应定期改变穿绳方向。

4 整卷白棕绳应根据需要长度切断绳头，切断前应用铁丝或麻绳将切断口扎紧。

5 使用中发生的扭结应立即抖直。当有局部损伤时，应切去损伤部分。

6 当绳长度不够时，应采用编接接长。

7 捆绑有棱角的物件时，应垫木板或麻袋等物。

8 使用中不得在粗糙的构件上或地下拖拉，并应防止砂、石屑嵌人。

9 编接绳头绳套时，编接前每股头上应用绳扎紧，编接后相互搭接长度：绳套不得小于白棕绳直径的15倍；绳头不得小于30倍。

10 白棕绳在使用时不得超过其容许拉力，容许拉力应按下式计算：

$$[F_z]=\frac{F_z}{K} \tag{4.2.1}$$

式中：$[F_z]$——白棕绳的容许拉力（kN）；

F_z——白棕绳的破断拉力（kN）；

K——白棕绳的安全系数，应按表4.2.1采用。

表4.2.1 白棕绳的安全系数

用 途	安全系数
一般小型构件（过梁、空心板及5kN重以下等构件）	≥6
5kN～10kN重吊装作业	10
作捆绑吊索	≥12
作缆风绳	≥6

4.2.2 采用纤维绳索、聚酯复丝绳索应符合现行国家标准《纤维绳索 通用要求》GB/T 21328、《聚酯复丝绳索》GB/T 11787和《绳索 有关物理和机械性能的测定》GB/T 8834的相关规定。

4.2.3 吊装作业中钢丝绳的使用、检验、破断拉力值和报废等应符合现行国家标准《重要用途钢丝绳》GB 8918、《一般用途钢丝绳》GB/T 20118和《起重机 钢丝绳保养、维护、安装、检验和报废》GB/T 5972中的相关规定。

4.3 吊 索

4.3.1 钢丝绳吊索应符合下列规定：

1 钢丝绳吊索应符合现行国家标准《一般用途钢丝绳吊索特性和技术条件》GB/T 16762、插编索扣应符合现行国家标准《钢丝绳吊索 插编索扣》GB/T 16271中所规定的一般用途钢丝绳吊索特性和技术条件等的规定。

2 吊索宜采用6×37型钢丝绳制作成环式或8股头式（图4.3.1），其长度和直径应根据吊物的几何尺寸、重量和所用的吊装工具、吊装方法确定。使用时可采用单根、双根、四根或多根悬吊形式。

3 吊索的绳环或两端的绳套可采用压接接头，压接接头的长度不应小于钢丝绳直径的20倍，且不应小于300mm。8股头吊索两端的绳套可根据工作需要装上桃形环、卡环或吊钩等吊索附件。

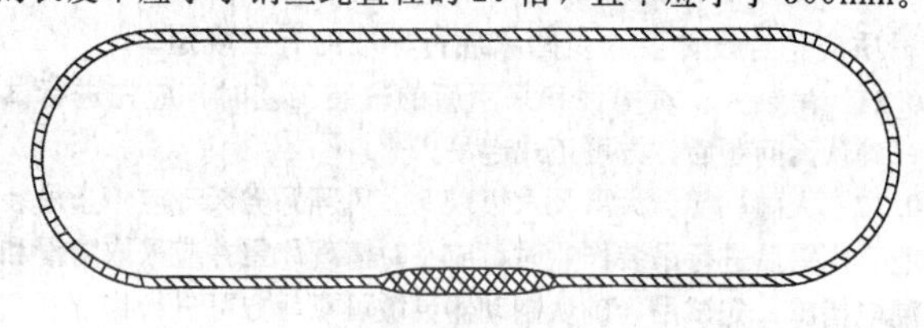

(a) 环状吊索

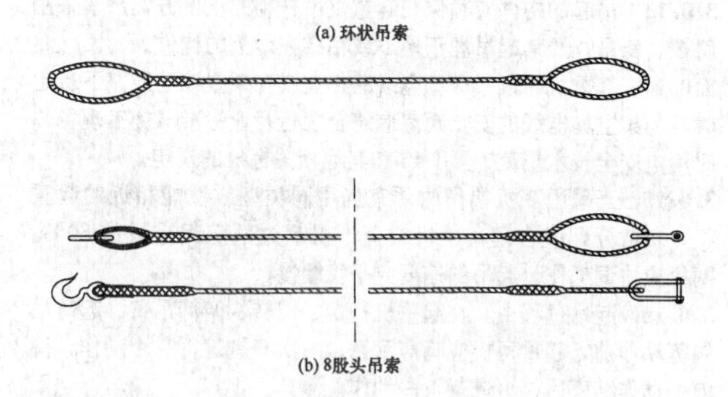

(b) 8股头吊索

图4.3.1 吊索

4 当利用吊索上的吊钩、卡环钩挂重物上的起重吊环时，吊索的安全系数不应小于6；当用吊索直接捆绑重物，且吊索与重物棱角间已采取妥善的保护措施时，吊索的安全系数应取6～8；当起吊重、大或精密的重物时，除应采取妥善保护措施外，吊索的安全系数应取10。

5 吊索与所吊构件间的水平夹角宜大于45°。计算拉力时可按本规范附录A表A.1、表A.2选用。

4.3.2 吊索附件应符合下列规定：

1 套环应符合现行国家标准《钢丝绳用普通套环》GB/T 5974.1和《钢丝绳用重型套环》GB/T 5974.2的规定。

2 使用套环时，其起吊的承载能力，应将套环的承载能力与表4.3.2中降低后的钢丝绳承载能力相比较，采用小值。

3 吊钩应有制造厂的合格证明书，表面应光滑，不得有裂纹、刻痕、剥裂、锐角等现象。吊钩每次使用前应检查一次，不合格者应停止使用。

4 活动卡环在绑扎时，起吊后销子的尾部应朝下，吊索在受力后应压紧销子，其容许荷载应按出厂说明书采用。

表4.3.2 使用套环时的钢丝绳强度降低率

钢丝绳直径（mm）	绕过套环后强度降低率（%）
10～16	5
19～28	15
32～38	20
42～50	25

4.3.3 横吊梁应采用Q235或Q345钢材，应经过设计计算，计算方法应按本规范附录B进行，并应按设计进行制作。

4.4 起重吊装设备

4.4.1 滑轮和滑轮组的使用应符合下列规定：

1 使用前，应检查滑轮的轮槽、轮轴、夹板、吊钩等各部件，不得有裂缝和损伤，滑轮转动应灵活，润滑良好。

2 滑轮应按本规范附录C表C.0.1中的容许荷载值使用。对起重量不明的滑轮，应先进行估算，并经负载试验合格后，方可使用。

3 滑轮组绳索宜采用顺穿法，由三对以上动、定滑轮组成的滑轮组应采用花穿法。滑轮组穿绕后，应开动卷扬机慢慢将钢丝绳收紧和试吊，检查有无卡绳、磨绳的地方，绳间摩擦及其他部分应运转良好，如有问题，应立即修正。

4 滑轮的吊钩或吊环应与起吊构件的重心在同一垂直线上。

5 滑轮使用前后应刷洗干净，擦油保养，轮轴应经常加油润滑，严禁锈蚀和磨损。

6 对重要的吊装作业、较高处作业或在起重作业量较大时，不宜用钩型滑轮，应使用吊环、链环或吊梁型滑轮。

7 滑轮组的上下定、动滑轮之间安全距离不应小于1.5m。

8 对暂不使用的滑轮，应存放在干燥少尘的库房内，下面垫以木板，并应每3个月检查保养一次。

9 滑轮和滑轮组的跑头拉力、牵引行程和速度应符合下列规定：

1）滑轮组的跑头拉力应按下式计算：

$$F = \alpha Q \tag{4.4.1-1}$$

式中：F——跑头拉力（kN）；

α——滑轮组的省力系数，其值可按本规范附录C表C.0.2选用；

Q——计算荷载（kN），等于吊重乘以动力系数1.5。

2）滑轮跑头牵引行程和速度应按下列公式计算：

$$u = mh \tag{4.4.1-2}$$

$$v = mv_1 \tag{4.4.1-3}$$

式中：u——跑头牵引行程（m）；

m——滑轮组工作绳数；

h——吊件的上升行程（m）；

v——跑头的牵引速度（m/s）；

v_1——吊件的上升速度（m/s）。

4.4.2 卷扬机的使用应符合下列规定：

1 手动卷扬机不得用于大型构件吊装，大型构件的吊装应采用电动卷扬机。

2 卷扬机的基础应平稳牢固，用于锚固的地锚应可靠，防止发生倾覆和滑动。

3 卷扬机使用前，应对各部分详细检查，确保棘轮装置和制动器完好，变速齿轮沿轴转动，啮合正确，无杂音和润滑良好，发现问题，严禁使用。

4 卷扬机应安装在吊装区外，水平距离应大于构件的安装高度，并搭设防护棚，保证操作人员能清楚地看见指挥人员的信号。当构件被吊到安装位置时，操作人员的视线仰角应小于30°。

5 导向滑轮严禁使用开口拉板式滑轮。滑轮到卷筒中心的距离，对带槽卷筒应大于卷筒宽度的15倍；对无槽卷筒应大于20倍，当钢丝绳处在卷筒中间位置时，应与卷筒的轴心线垂直。

6 钢丝绳在卷筒上应逐圈靠紧，排列整齐，严禁互相错叠、离缝和挤压。钢丝绳缠满后，卷筒凸缘应高出2倍及以上钢丝绳直径，钢丝绳全部放出时，钢丝绳在卷筒上保留的安全圈不应少于5圈。

7 在制动操纵杆的行程范围内不得有障碍物。作业过程中，操作人员不得离开卷扬机，严禁在运转中用手或脚去拉、踩钢丝绳，严禁跨越卷扬机钢丝绳。

8 卷扬机的电气线路应经常检查，电机应运转良好，电磁抱闸和接地应安全有效，不得有漏电现象。

4.4.3 电动卷扬机的牵引力和钢丝绳速度应符合下列规定：

1）卷筒上的钢丝绳牵引力应按下列公式计算：

$$F = 1.02 \times \frac{P_H \eta}{v} \tag{4.4.3-1}$$

$$\eta = \eta_0 \times \eta_1 \times \eta_2 \times \cdots \times \eta_n \tag{4.4.3-2}$$

式中：F——牵引力（kN）；

P_H——电动机的功率（kW）；

v——钢丝绳速度（m/s）；

η——总效率；

η_0——卷筒效率，当卷筒装在滑动轴承上时，取$\eta_0 = 0.94$；当装在滚动轴承上时，取$\eta_0 = 0.96$；

η_1，$\eta_2 \cdots \eta_n$——传动机构效率，按表4.4.3选用。

表4.4.3 传动机构的效率

传动机构			效率
卷筒	滑动轴承		0.94～0.96
	滚动轴承		0.96～0.98
一对圆柱齿轮传动	开式传动	滑动轴承	0.93～0.95
		滚动轴承	0.95～0.96
	闭式传动 稀油润滑	滑动轴承	0.95～0.96
		滚动轴承	0.96～0.98

2）钢丝绳速度应按下列公式计算：

$$v = \pi D \omega \tag{4.4.3-3}$$

$$\omega = \frac{\omega_H i}{60} \tag{4.4.3-4}$$

$$i = \frac{n_Z}{n_B} \tag{4.4.3-5}$$

式中：v——钢丝绳速度（m/s）；

D——卷筒直径（m）；

ω——卷筒转速（r/s）；

ω_H——电动机转速（r/s）；

i——传动比；

n_Z——所有主动轮齿数的乘积；

n_B——所有被动轮齿数的乘积。

4.4.4 捯链的使用应符合下列规定：

1 使用前应进行检查，捯链的吊钩、链条、轮轴、链盘等应无锈蚀、裂纹、损伤，传动部分应灵活正常。

2 起吊构件至起重链条受力后，应仔细检查，确保齿轮啮合良好，自锁装置有效后，方可继续作业。

3 应均匀和缓地拉动链条，并应与轮盘方向一致，不得斜向拽动。

4 捯链起重量或起吊构件的重量不明时，只可一人拉动链条，一人拉不动应查明原因，此时严禁两人或多人齐拉。

5 齿轮部分应经常加油润滑，棘爪、棘爪弹簧和棘轮应经常检查，防止制动失灵。

6 捯链使用完毕后应拆卸清洗干净，上好润滑油，装好后套上塑料罩挂好。

4.4.5 手扳葫芦应符合下列规定：

1 只可用于吊装中收紧缆风绳和升降吊篮使用。

2 使用前，应仔细检查确认自锁夹钳装置夹紧钢丝绳后能往复作直线运动，不满足要求，严禁使用。使用时，待其受力后应检查确认运转自如，无问题后，方可继续作业。

3 用于吊篮时，应在每根钢丝绳处拴一根保险绳，并将保险绳的另一端固定在可靠的结构上。

4 使用完毕后，应拆卸、清洗、上油、安装复原，妥善保管。

4.4.6 千斤顶的使用应符合下列规定：

1 使用前后应拆洗干净，损坏和不符合要求的零件应更换，安装好后应检查各部位配件运转的灵活性，对油压千斤顶应检查阀门、活塞、皮碗的完好程度，油液干净程度和稠度应符合要求，若在负温情况下使用，油液应不变稠、不结冻。

2 千斤顶的选择，应符合下列规定：

1）千斤顶的额定起重量应大于起重构件的重量，起升高度应满足要求，其最小高度应与安装净空相适应。

2）采用多台千斤顶联合顶升时，应选用同一型号的千斤顶，并应保持同步，每台的额定起重量不得小于所分担重量的1.2倍。

3 千斤顶应放在平整坚实的地面上，底座下应垫以枕木或钢板。与被顶升构件的光滑面接触时，应加垫硬木板防滑。

4 设顶处应传力可靠，载荷的传力中心应与千斤顶轴线一致，严禁载荷偏斜。

5 顶升时，应先轻微顶起后停住，检查千斤顶承力、地基、垫木、枕木垛有无异常或千斤顶歪斜，出现异常，应及时处理后方可继续工作。

6 顶升过程中，不得随意加长千斤顶手柄或强力硬压，每次顶升高度不得超过活塞上的标志，且顶升高度不得超过螺丝杆或活塞高度的3/4。

7 构件顶起后，应随起随搭枕木垛和加设临时短木块，其短木块与构件间的距离应随时保持在50mm以内。

4.5 地 锚

4.5.1 立式地锚的构造应符合下列规定：

1 应在枕木、圆木、方木地龙柱的下部后侧和中部前侧设置挡木，并贴紧土壁，坑内应回填土石并夯实，表面略高于自然地坪。

2 地坑深度应大于1.5m，地龙柱应露出地面0.4m～1.0m，并略向后倾斜。

3 使用枕木或方木做地龙柱时，应使截面的长边与受力方向一致，作用的荷载宜与地龙柱垂直。

4 单柱立式地锚承载力不够时，可在受力方向后侧增设一个或两个单柱立式地锚，并用绳索连接，使其共同受力。

5 各种立式地锚的构造参数及计算方法应符合本规范附录D的规定。

4.5.2 桩式地锚的构造应符合下列规定：

1 应采用直径180mm～330mm的松木或杉木做地锚桩，略向后倾斜打入地层中，并应在其前方距地面0.4m～0.9m深处，紧贴桩身埋置1m长的挡木一根。

2 桩人土深度不应小于1.5m，地锚的钢丝绳应拴在距地面不大于300mm处。

3 荷载较大时，可将两根或两根以上的桩用绳索与木板将其连在一起使用。

4 各种桩式地锚的构造参数及计算方法应符合本规范附录D的规定。

4.5.3 卧式地锚的构造应符合下列规定：

1 钢丝绳应根据作用荷载大小，系结在横置木中部或两侧，并应采用土石回填夯实。

2 木料尺寸和数量应根据作用荷载的大小和土壤的承载力经过计算确定。

3 木料横置埋入深度宜为1.5m～3.5m。当作用荷载超过75kN时，应在横置木料顶部加压板；当作用荷载超过150kN时，应在横置木料前增设挡板立柱和挡板。

4 当卧式地锚作用荷载较大时，地锚的钢丝绳应采用钢拉杆代替。

5 卧式地锚的构造参数及计算方法应符合本规范附录D的规定。

4.5.4 各式地锚的使用应符合下列规定：

1 地锚采用的木料应使用剥皮落叶松、杉木。严禁使用油松、杨木、柳木、桦木、椴木和腐朽、多节的木料。

2 绑扎地锚钢丝绳的绳环应牢固可靠，横卧木四角应采用长500mm的角钢加固，并应在角钢外再用长300mm的半圆钢管保护。

3 钢丝绳的方向应与地锚受力方向一致。

4 地锚使用前应进行试拉，合格后方可使用。埋设不明的地锚未经试拉不得使用。

5 地锚使用时应指定专人检查、看守，如发现变形应立即处理或加固。

5 混凝土结构吊装

5.1 一 般 规 定

5.1.1 构件的运输应符合下列规定：

1 构件运输应严格执行所制定的运输技术措施。

2 运输道路应平整，有足够的承载力、宽度和转弯半径。

3 高宽比较大的构件的运输，应采用支承框架、固定架、支撑或用捯链等予以固定，不得悬吊或堆放运输。支承架应进行设计计算，应稳定、可靠和装卸方便。

4 当大型构件采用半拖或平板车运输时，构件支承处应设转向装置。

5 运输时，各构件应拴牢于车厢上。

5.1.2 构件的堆放应符合下列规定：

1 构件堆放场地应压实平整，周围应设排水沟。

2 构件应按设计支承位置堆放平稳，底部应设置垫木。对不规则的柱、梁、板，应专门分析确定支承和加垫方法。

3 屋架、薄腹梁等重心较高的构件，应直立放置，除设支承垫木外，应在其两侧设置支撑使其稳定，支撑不得少于2道。

4 重叠堆放的构件应采用垫木隔开，上下垫木应在同一垂线上。堆放高度梁、柱不宜超过2层；大型屋面板不宜超过6层。堆垛间应留2m宽的通道。

5 装配式大板应采用插放法或背靠法堆放，堆放架应经设计计算确定。

5.1.3 构件翻身应符合下列规定：

1 柱翻身时，应确保本身能承受自重产生的正负弯矩值。其两端距端面1/5～1/6柱长处应垫方木或枕木垛。

2 屋架或薄腹梁翻身时应验算抗裂度，不够时应予加固。

当屋架或薄腹梁高度超过1.7m时，应在表面加绑木、竹或钢管横杆增加屋架平面刚度，并在屋架两端设置方木或枕木垛，其上表面应与屋架底面齐平，且屋架间不得有粘结现象。翻身时，应做到一次扶直或将屋架转到与地面夹角达到70°后，方可刹车。

5.1.4 构件拼装应符合下列规定：

1 当采用平拼时，应防止在翻身过程中发生损坏和变形；当采用立拼时，应采取可靠的稳定措施。当大跨度构件进行高空立拼时，应搭设带操作台的拼装支架。

2 当组合屋架采用立拼时，应在拼架上设置安全挡木。

5.1.5 吊点设置和构件绑扎应符合下列规定：

1 当构件无设计吊环（点）时，应通过计算确定绑扎点的位置。绑扎方法应可靠，且摘钩应简便安全。

2 当绑扎竖直吊升的构件时，应符合下列规定：

1）绑扎点位置应略高于构件重心。

2）在柱不翻身或吊升中不会产生裂缝时，可采用斜吊绑扎法。

3）天窗架宜采用四点绑扎。

3 当绑扎水平吊升的构件时，应符合下列规定：

1）绑扎点应按设计规定设置。无规定时，最外吊点应在距构件两端1/5～1/6构件全长处进行对称绑扎。

2）各支吊索内力的合力作用点应处在构件重心线上。

3）屋架绑扎点宜在节点上或靠近节点。

4 绑扎应平稳、牢固，绑扎钢丝绳与物体间的水平夹角应为：构件起吊时不得小于45°；构件扶直时不得小于60°。

5.1.6 构件起吊前，其强度应符合设计规定，并应将其上的模板、灰浆残渣、垃圾碎块等全部清除干净。

5.1.7 楼板、屋面板吊装后，对相互间或其上留有的空隙和洞口，应设置盖板或围护，并应符合现行行业标准《建筑施工高处作业安全技术规范》JGJ 80的规定。

5.1.8 多跨单层厂房宜先吊主跨，后吊辅助跨；先吊高跨，后吊低跨。多层厂房宜先吊中间，后吊两侧，再吊角部，且应对称进行。

5.1.9 作业前应清除吊装范围内的障碍物。

5.2 单层工业厂房结构吊装

5.2.1 柱的吊装应符合下列规定：

1 柱的起吊方法应符合施工组织设计规定。

2 柱就位后，应将柱底落实，每个柱面应采用不少于两个钢楔楔紧，但严禁将楔子重叠放置。初步校正垂直后，打紧楔子进行临时固定。对重型柱或细长柱以及多风或风大地区，在柱上部应采取稳妥的临时固定措施，确认牢固可靠后，方可指挥脱钩。

3 校正柱时，严禁将楔子拔出，在校正好一个方向后，应稍打紧两面相对的四个楔子，方可校正另一个方向。待完全校正好后，除将所有楔子按规定打紧外，还应采用石块将柱底脚与杯底四周全部楔紧。采用缆风或斜撑校正柱时，应在杯口第二次浇筑的混凝土强度达到设计强度的75%时，方可拆除缆风或斜撑。

4 杯口内应采用强度高一级的细石混凝土浇筑固定。采用木楔或钢楔作临时固定时，应分二次浇筑，第一次灌至楔子下端，待达到设计强度30%以上，方可拔出楔子，再二次浇筑至基础顶；当使用混凝土楔子时，可一次浇筑至基础顶面。混凝土强度应作试块检验，冬期施工时，应采取冬期施工措施。

5.2.2 梁的吊装应符合下列规定：

1 梁的吊装应在柱永久固定和柱间支撑安装后进行。吊车梁的吊装，应在基础杯口二次浇筑的混凝土达到设计强度50%以上，方可进行。

2 重型吊车梁应边吊边校，然后再进行统一校正。

3 梁高和底宽之比大于4时，应采用支撑撑牢或用8号钢丝将梁捆于稳定的构件上后，方可摘钩。

4 吊车梁的校正应在梁吊装完，也可在屋面构件校正并最后固定后进行。校正完毕后，应立即焊接固定。

5.2.3 屋架吊装应符合下列规定：

1 进行屋架或屋面梁垂直度校正时，在跨中，校正人员应沿屋架上弦绑设的栏杆行走，栏杆高度不得低于1.2m；在两端，应站在悬挂于柱顶上的吊篮上进行，严禁站在柱顶操作。垂直度校正完毕并进行可靠固定后，方可摘钩。

2 吊装第一榀屋架和天窗架时，应在其上弦杆拴缆风绳作临时固定。缆风绳应采用两侧布置，每边不得少于2根。当跨度大于18m时，宜增加缆风绳数，间距不得大于6m。

5.2.4 天窗架与屋面板分别吊装时，天窗架应在该榀屋架上的屋面板吊装完毕后进行，并经临时固定和校正后，方可脱钩焊接固定。

5.2.5 校正完毕后应按设计要求进行永久性的接头固定。

5.2.6 屋架和天窗架上的屋面板吊装，应从两边向屋脊对称进行，且不得用撬杠沿板的纵向撬动。就位后应采用铁片垫实脱钩，并应立即电焊固定，应至少保证3点焊牢。

5.2.7 托架吊装就位校正后，应立即支模浇灌接头混凝土进行固定。

5.2.8 支撑系统应先安装垂直支撑，后安装水平支撑；先安装中部支撑，后安装两端支撑，并与屋架、天窗架和屋面板的吊装交替进行。

5.3 多层框架结构吊装

5.3.1 框架柱吊装应符合下列规定：

1 上节柱的安装应在下节柱的梁和柱间支撑安装焊接完毕、下节柱接头混凝土达到设计强度的75%及以上后，方可进行。

2 多机抬吊多层H型框架柱时，递送作业的起重机应使用横吊梁起吊。

3 柱就位后应随即进行临时固定和校正。榫式接头的，应对称施焊四角钢筋接头后方可松钩；钢板接头的，应各边分层对称施焊2/3的长度后方可脱钩；H型柱则应对称焊好四角钢筋后方可脱钩。

4 重型或较长柱的临时固定，应在柱间加设水平管式支撑或设缆风绳。

5 吊装中用于保护接头钢筋的钢管或垫木应捆扎牢固。

5.3.2 楼层梁的吊装应符合下列规定：

1 吊装明牛腿式接头的楼层梁时，应在梁端和柱牛腿上预埋的钢板焊接后方可脱钩。

2 吊装齿槽式接头的楼层梁时，应将梁端的上部接头焊好两根后方可脱钩。

5.3.3 楼层板的吊装应符合下列规定：

1 吊装两块以上的双T形板时，应将每块的吊索直接挂在起重机吊钩上。

2 板重在5kN以下的小型空心板或槽形板，可采用平吊或兜吊，但板的两端应保证水平。

3 吊装楼层板时，严禁采用叠压式，并严禁在板上站人、放置小车等重物或工具。

5.4 墙板结构吊装

5.4.1 装配式大板结构吊装应符合下列规定：

1 吊装大板时，宜从中间开始向两端进行，并应按先横墙后纵墙，先内墙后外墙，最后隔断墙的顺序逐间封闭吊装。

2 吊装时应保证坐浆密实均匀。

3 当采用横吊梁或吊索时，起吊应垂直平稳，吊索与水平线的夹角不宜小于60°。

4 大板宜随吊随校正。就位后偏差过大时，应将大板重新吊起就位。

5 外墙板应在焊接固定后方可脱钩，内墙和隔墙板可在临时固定可靠后脱钩。

6 校正完后，应立即焊接预埋筋，待同一层墙板吊装和校正完后，应随即浇筑墙板之间立缝作最后固定。

7 圈梁混凝土强度应达到75%及以上，方可吊装楼层板。

5.4.2 框架挂板吊装应符合下列规定：

1 挂板的运输和吊装不得用钢丝绳兜吊，并严禁用钢丝捆扎。

2 挂板吊装就位后，应与主体结构临时或永久固定后方可脱钩。

5.4.3 工业建筑墙板吊装应符合下列规定：

1 各种规格墙板均应具有出厂合格证。

2 吊装时应预埋吊环，立吊时应有预留孔。无吊环和预留孔时，吊索捆绑点距板端不应大于1/5板长。吊索与水平面夹角不应小于60°。

3 就位和校正后应做可靠的临时固定或永久固定后方可脱钩。

6 钢结构吊装

6.1 一般规定

6.1.1 钢构件应按规定的吊装顺序配套供应，装卸时，装卸机械不得靠近基坑行走。

6.1.2 钢构件的堆放场地应平整，构件应放平、放稳，避免变形。

6.1.3 柱底灌浆应在柱校正完或底层第一节钢框架校正完，并紧固地脚螺栓后进行。

6.1.4 作业前应检查操作平台、脚手架和防风设施。

6.1.5 柱、梁安装完毕后，在未设置浇筑楼板用的压型钢板时，应在钢梁上铺设适量吊装和接头连接作业时用的带扶手的走道板。压型钢板应随铺随焊。

6.1.6 吊装程序应符合施工组织设计的规定。缆风绳或溜绳的设置应明确，对不规则构件的吊装，其吊点位置，捆绑、安装、校正和固定方法应明确。

6.2 钢结构厂房吊装

6.2.1 钢柱吊装应符合下列规定：

1 钢柱起吊至柱脚离地脚螺栓或杯口300mm～400mm后，应对准螺栓或杯口缓慢就位，经初校后，立即进行临时固定，然后方可脱钩。

2 柱校正后，应立即紧固地脚螺栓，将承重垫板点焊固定，并随即对柱脚进行永久固定。

6.2.2 吊车梁吊装应符合下列规定：

1 吊车梁吊装应在钢柱固定后、混凝土强度达到75%以上和柱间支撑安装完后进行。吊车梁的校正应在屋盖吊装完成并固定后方可进行。

2 吊车梁支承面下的空隙应采用楔形铁片塞紧，应确保支承贴面不小于70%。

6.2.3 钢屋架吊装应符合下列规定：

1 应根据确定的绑扎点对钢屋架的吊装进行验算，不满足时应进行临时加固。

2 屋架吊装就位后，应在校正和可靠的临时固定后方可摘钩，并按设计要求进行永久固定。

6.2.4 天窗架宜采用预先与屋架拼装的方法进行一次吊装。

6.3 高层钢结构吊装

6.3.1 钢柱吊装应符合下列规定：

1 安装前，应在钢柱上将登高扶梯和操作挂篮或平台等固定好。

2 起吊时，柱根部不得着地拖拉。

3 吊装时，柱应垂直，严禁碰撞已安装好的构件。

4 就位时，应待临时固定可靠后方可脱钩。

6.3.2 钢梁吊装应符合下列规定：

1 吊装前应按规定装好扶手杆和扶手安全绳。

2 吊装应采用两点吊。水平桁架的吊点位置，应保证起吊后桁架水平，并应加设安全绳。

3 梁校正完毕，应及时进行临时固定。

6.3.3 剪力墙板吊装应符合下列规定：

1 当先吊装框架后吊装墙板时，临时搁置应采取可靠的支撑措施。

2 墙板与上部框架梁组合后吊装时，就位后应立即进行侧面和底部的连接。

6.3.4 框架的整体校正，应在主要流水区段吊装完成后进行。

6.4 轻型钢结构和门式刚架吊装

6.4.1 轻型钢结构的吊装应符合下列规定：

1 轻型钢结构的组装应在坚实平整的拼装台上进行。组装接头的连接板应平整。

2 屋盖系统吊装应按屋架→屋架垂直支撑→檩条、檩条拉杆→屋架间水平支撑→轻型屋面板的顺序进行。

3 吊装时，檩条的拉杆应预先张紧，屋架上弦水平支撑应在屋架与檩条安装完毕后拉紧。

4 屋盖系统构件安装完后，应对全部焊缝接头进行检查，对点焊和漏焊的进行补焊或修正后，方可安装轻型屋面板。

6.4.2 门式刚架吊装应符合下列规定：

1 轻型门式刚架可采用一点绑扎，但吊点应通过构件重心，中型和重型门式刚架应采用两点或三点绑扎。

2 门式刚架就位后的临时固定，除在基础杯口打入8个楔子楔紧外，悬臂端应采用工具式支撑架在两面支撑牢固。在支撑架顶与悬臂端底部之间，应采用千斤顶或对角楔垫实，并在门式刚架间作可靠的临时固定后方可脱钩。

3 支撑架应经过设计计算，且应便于移动并有足够的操作平台。

4 第一榀门式刚架应采用缆风或支撑作临时固定，以后各榀可用缆风、支撑或屋架校正器作临时固定。

5 已校正好的门式刚架应及时装好柱间永久支撑。当柱间支撑设计少于两道时，应另增设两道以上的临时柱间支撑，并应沿纵向均匀分布。

6 基础杯口二次灌浆的混凝土强度应达到75%及以上方可吊装屋面板。

7 网架吊装

7.1 一般规定

7.1.1 吊装作业应按施工组织设计的规定执行。

7.1.2 施工现场的钢管焊接工，应经过焊接球节点与钢管连接的全位置焊接工艺评定和焊工考试合格后，方可上岗。

7.1.3 吊装方法应根据网架受力和构造特点，在保证质量、安全、进度的要求下，结合当地施工技术条件综合确定。

7.1.4 吊装的吊点位置和数量的选择，应符合下列规定：

1 应与网架结构使用时的受力状况一致或经过验算杆件满足受力要求；

2 吊点处的最大反力应小于起重设备的负荷能力；

3 各起重设备的负荷宜接近。

7.1.5 吊装方法选定后，应分别对网架施工阶段吊点的反力、杆件内力和挠度、支承柱的稳定性和风荷载作用下网架的水平推力等项进行验算，必要时应采取加固措施。

7.1.6 验算荷载应包括吊装阶段结构自重和各种施工荷载。吊装阶段的动力系数应为：提升或顶升时，取1.1；拔杆吊装时，取1.2；履带式或汽车式起重机吊装时，取1.3。

7.1.7 在施工前应进行试拼及试吊，确认无问题后方可正式吊装。

7.1.8 当网架采用在施工现场拼装时，小拼应先在专门的拼装架上进行。高空总拼应采用预拼装或其他保证精度措施，总拼的各个支承点应防止出现不均匀下沉。

7.2 高空散装法安装

7.2.1 当采用悬挑法施工时，应在拼成可承受自重的结构体系后，方可逐步扩展。

7.2.2 当搭设拼装支架时，支架上支撑点的位置应设在网架下弦的节点处。支架应验算其承载力和稳定性，必要时应试压，并应采取措施防止支柱下沉。

7.2.3 拼装应从建筑物一端以两个三角形同时进行，两个三角形相交后，按人字形逐榀向前推进，最后在另一端正中闭合（图7.2.3）。

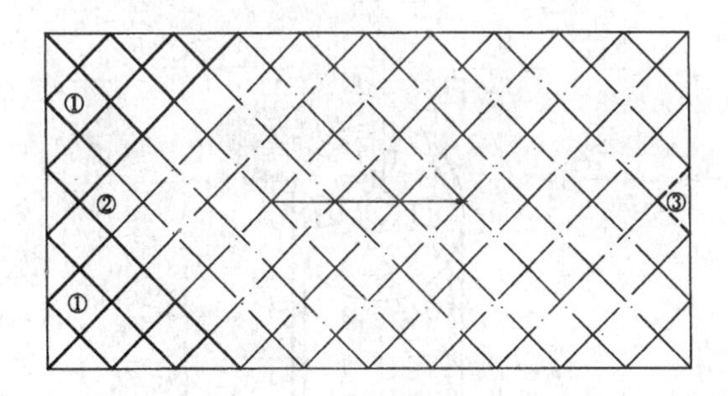

①～③——安装顺序

图7.2.3 网架的安装顺序

7.2.4 第一榀网架块体就位后，应在下弦中竖杆下方用方木上放千斤顶支顶，同时在上弦和相邻柱间应绑两根杉杆作临时固定。其他各块就位后应采用螺栓与已固定的网架块体固定，同时下弦应采用方木上放千斤顶顶住。

7.2.5 每榀网架块体应用经纬仪校正其轴线偏差；标高偏差应采用下弦节点处的千斤顶校正。

7.2.6 网架块体安装过程中，连接块体的高强度螺栓应随安装随紧固。

7.2.7 网架块体全部安装完毕并经全面质量检查合格后，方可拆除千斤顶和支杆。千斤顶应有组织地逐次下落，每次下落时，网架中央、中部和四周千斤顶的下降比例宜为2∶1.5∶1。

7.3 分条、分块安装

7.3.1 当网架分条或分块在高空连成整体时，其组成单元应具有足够刚度，并应能保证自身的几何不变性，否则应采取临时加固措施。

7.3.2 在条与条或块与块的合拢处，可采用临时螺栓等固定措施。

7.3.3 当设置独立的支撑点或拼装支架时，应符合本规范第7.2.2条的要求。

7.3.4 合拢时，应先采用千斤顶将网架单元顶到设计标高，方可连接。

7.3.5 网架单元应减少中间运输，运输时应采取措施防止变形。

7.4 高空滑移法安装

7.4.1 应利用已建结构作为高空拼装平台。当无建筑物可供利用时，应在滑移端设置宽度大于两个节间的拼装平台。滑移时应在两端滑轨外侧搭设走道。

7.4.2 当网架的平移跨度大于50m时，宜在跨中增设一条平移轨道。

7.4.3 网架平移用的轨道接头处应焊牢，轨道标高允许偏差应为10mm。网架上的导轮与导轨之间应预留10mm间隙。

7.4.4 网架两侧应采用相同的滑轮及滑轮组；两侧的卷扬机应选用同型号、同规格产品，并应采用同类型、同规格的钢丝绳，并在卷筒上预留同样的钢丝绳圈数。

7.4.5 网架滑移时，两侧应同步前进。当同步差达30mm时，应停机调整。

7.4.6 网架全部就位后，应采用千斤顶将网架支座抬起，抽去轨道后落下，并将网架支座与梁面预埋钢板焊接牢靠。

7.4.7 网架的滑移和拼装应进行下列验算：

1 当跨度中间无支点时的杆件内力和跨中挠度值；

2 当跨度中间有支点时的杆件内力、支点反力及挠度值。

7.5 整体吊装法

7.5.1 网架整体吊装可根据施工条件和要求，采用单根或多根拔杆起吊，也可采用一台或多台起重机起吊就位。

7.5.2 网架整体吊装时，应保证各吊点起升及下降的同步性。相邻两拔杆间或相邻两吊点组的合力点间的相对高差，不得大于其距离的1/400和100mm，亦可通过验算确定。

7.5.3 当采用多根拔杆或多台起重机吊装网架时，应将每根拔杆每台起重机额定负荷乘以0.75的折减系数。当采用四台起重机将吊点连通成两组或用三根拔杆吊装时，折减系数应取0.85。

7.5.4 网架拼装和就位时的任何部位离支承柱及柱上的牛腿等突出部位或拔杆的净距不得小于100mm。

7.5.5 由于网架错位需要，对个别杆件可暂不组装，但应取得设计单位的同意。

7.5.6 拔杆、缆风绳、索具、地锚、基础的选择及起重滑轮组的穿法等应进行验算，必要时应进行试验检验。

7.5.7 当采用多根拔杆吊装时，拔杆安装应垂直，缆风绳的初始拉力应为吊装时的60%，在拔杆起重平面内可采用单向铰接头。当采用单根拔杆吊装时，底座应采用球形万向接头。

7.5.8 拔杆在最不利荷载组合下，其支承基础对地基土的压力不得超过其允许承载力。

7.5.9 起吊时应根据现场实际情况设总指挥1人，分指挥数人，作业人员应听从指挥，操作步调应一致。应在网架上搭设脚手架通道锁扣摘扣。

7.5.10 网架吊装完毕，应经检查无误后方可摘钩，同时应立即进行焊接固定。

7.6 整体提升、顶升法安装

7.6.1 网架的整体提升法应符合下列规定：

1 应根据网架支座中心校正提升机安装位置。

2 网架支座设计标高相同时，各台提升装置吊挂横梁的顶面标高应一致；设计标高不同时，各台提升装置吊挂横梁的顶面标高差和各相应网架支座设计标高差应一致；其各点允许偏差应为5mm。

3 各台提升装置同顺序号吊杆的长度应一致，其允许偏差应为5mm。

4 提升设备应按其额定负荷能力乘以折减系数使用。穿心式液压千斤顶的折减系数取0.5；电动螺杆升板机的折减系数取0.7；其他设备应通过试验确定。

5 网架提升应同步。

6 整体提升法的下部支承柱应进行稳定性验算。

7.6.2 网架的整体顶升法应符合下列规定：

1 顶升用的支承柱或临时支架上的缀板间距应为千斤顶行程的整数倍，其标高允许偏差应为5mm，不满足时应采用钢板垫平。

2 千斤顶应按其额定负荷能力乘以折减系数使用。丝杆千斤顶的折减系数取0.6，液压千斤顶的折减系数取0.7。

3 顶升时各顶升点的允许升差为相邻两个顶升用的支承结构间距的1/1000，且不得大于30mm；若一个顶升用的支承结构上有两个或两个以上的千斤顶时，则取千斤顶间距的1/200，且不得大于10mm。

4 千斤顶或千斤顶的合力中心应与柱轴线对准。千斤顶本身应垂直。

5 顶升前和过程中，网架支座中心对柱基轴线的水平允许偏移为柱截面短边尺寸的1/50及柱高的1/500。

6 顶升用的支承柱或支承结构应进行稳定性验算。

表 A.2 吊索选择对应值表

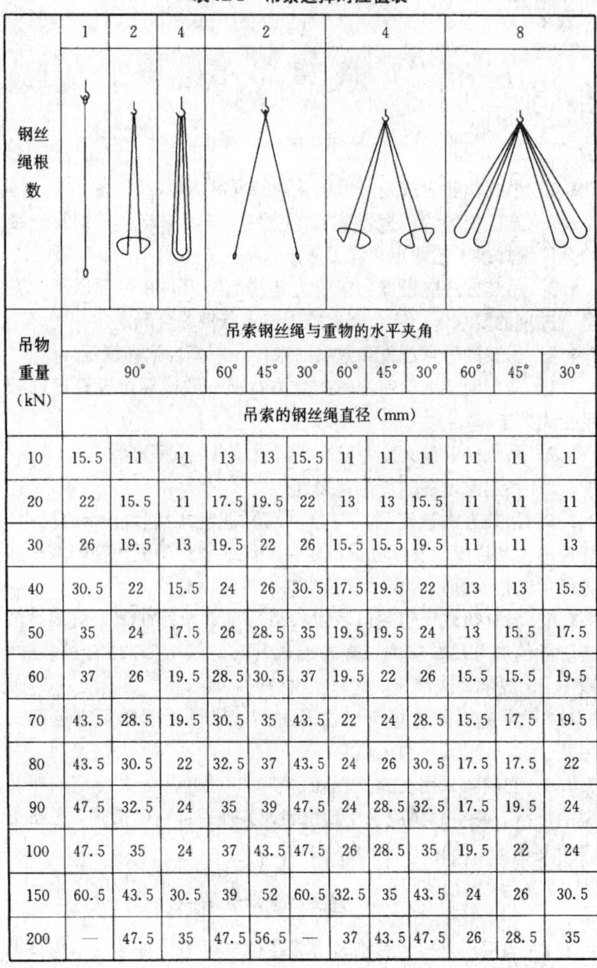

钢丝绳根数	1	2	4	2			4			8		
吊物重量（kN）	吊索钢丝绳与重物的水平夹角											
	90°			60°	45°	30°	60°	45°	30°	60°	45°	30°
	吊索的钢丝绳直径（mm）											
10	15.5	11	11	13	13	15.5	11	11	11	11	11	11
20	22	15.5	11	17.5	19.5	22	13	13	15.5	11	11	11
30	26	19.5	13	19.5	22	26	15.5	15.5	19.5	11	11	13
40	30.5	22	15.5	24	26	30.5	17.5	19.5	22	13	13	15.5
50	35	24	17.5	26	28.5	35	19.5	19.5	24	13	15.5	17.5
60	37	26	19.5	28.5	30.5	37	19.5	22	26	15.5	15.5	19.5
70	43.5	28.5	19.5	30.5	35	43.5	22	24	28.5	15.5	17.5	19.5
80	43.5	30.5	22	32.5	37	43.5	24	26	30.5	17.5	17.5	22
90	47.5	32.5	24	35	39	47.5	24	28.5	32.5	17.5	19.5	24
100	47.5	35	24	37	43.5	47.5	26	28.5	35	19.5	22	24
150	60.5	43.5	30.5	39	52	60.5	32.5	35	43.5	24	26	30.5
200	—	47.5	35	47.5	56.5	—	37	43.5	47.5	26	28.5	35

附录A 吊索拉力选用规定

表 A.1 吊索拉力简易计算值表

简图	夹角α	吊索拉力 F	水平压力 H
F α F H H G	30°	1.00G	0.87G
	35°	0.87G	0.71G
	40°	0.78G	0.60G
	45°	0.71G	0.50G
	50°	0.65G	0.42G
	55°	0.61G	0.35G
	60°	0.58G	0.29G
	65°	0.56G	0.24G
	70°	0.53G	0.18G
	75°	0.52G	0.13G
	80°	0.51G	0.09G

注：G——构件重力。

附录B 横吊梁的计算

B.0.1 滑轮横吊梁（图B.0.1）的轮轴直径、吊环直径和截面的大小应依起重量大小，按卡环的计算原则进行计算。

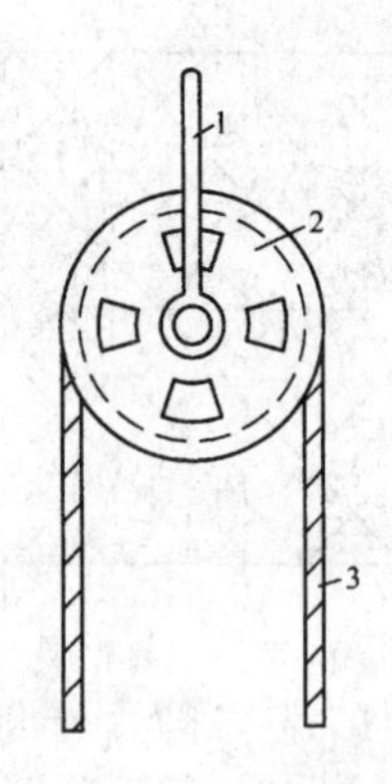

图 B.0.1 滑轮横吊梁

1—吊环；2—滑轮；3—吊索

B.0.2 钢板横吊梁（图B.0.2）的计算应符合下列规定：

1 根据经验初步确定截面尺寸。

2 挂钩孔上边缘强度验算，计算荷载取构件自重设计值乘以1.5的动力系数，应按下式计算：

$$\sqrt{\sigma^2+3\tau^2}\leqslant[f] \qquad (B.0.2\text{-}1)$$

式中：σ——AC截面受拉边缘的正应力（N/mm^2）；

τ——AC截面的剪应力（N/mm^2）；

$[f]$——钢材抗拉强度设计值，Q235钢取140N/mm^2。

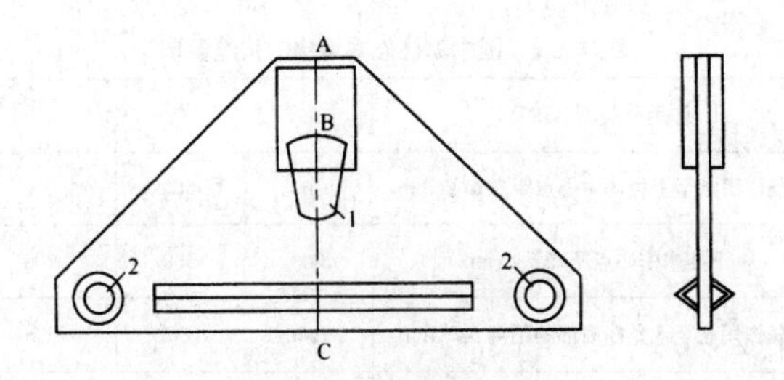

图 B.0.2 钢板横吊梁

1—挂钩孔；2—挂卡环孔

3 对挂钩孔壁、卡环孔壁局部承压验算应按下式计算：

$$\sigma_{ce}=\frac{KG}{b\Sigma\delta}\leqslant[f] \qquad (B.0.2\text{-}2)$$

式中：σ_{ce} ——孔壁计算承压应力（N/mm²）；

K ——动力系数，取 1.5；

G ——构件的自重设计值（kN）；

b ——吊钩的计算厚度（mm）；

$\Sigma\delta$ ——孔壁钢板宽度的总和（mm）；

$[f]$ ——钢材抗拉强度设计值，Q235 钢取 194N/mm²。

B.0.3 钢管横吊梁的计算（图 B.0.3）应符合下列规定：

1 计算钢管自重产生的轴力和弯矩，荷载应取构件自重设计值乘以 1.5 的动力系数。

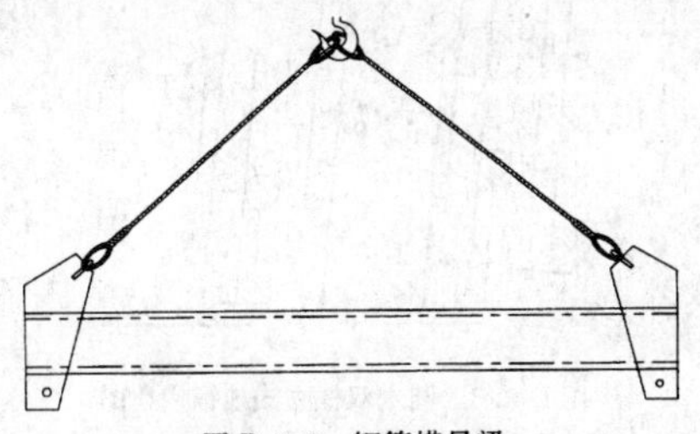

图 B.0.3 钢管横吊梁

2 应按 $[\lambda]=120$ 初选钢管截面。

3 应按压弯构件进行稳定验算，Q235 钢取抗拉强度设计值 $[f]=140\text{N/mm}^2$。

附录 C 滑轮的容许荷载和滑轮组省力系数

C.0.1 滑轮的容许荷载应符合表 C.0.1 的规定。

表 C.0.1 滑轮容许荷载

滑轮直径（mm）	容许荷载（kN）								钢丝绳直径（mm）	
	单门	双门	三门	四门	五门	六门	七门	八门	适用	最大
70	5	10	—	—	—	—	—	—	5.7	7.7
85	10	20	30	—	—	—	—	—	7.7	11
115	20	30	50	80	—	—	—	—	11	14
135	30	50	80	100	—	—	—	—	12.5	15.5
165	50	80	100	160	200	—	—	—	15.5	18.5
185	—	100	160	200	—	320	—	—	17	20
210	80	—	200	—	320	—	—	—	20	23.5
245	100	160	—	320	—	500	—	—	23.5	25
280	—	200	—	—	500	—	800	—	26.5	28
320	160	—	—	500	—	800	—	1000	30.5	32.5
360	200	—	—	—	800	1000	—	1400	32.5	35

C.0.2 省力系数应符合表 C.0.2 的规定。

表 C.0.2 省力系数（α）

工作绳索数	滑轮个数（定动滑轮之和）	导向滑轮数						
		0	1	2	3	4	5	6
1	0	1.000	1.040	1.082	1.125	1.170	1.217	1.265
2	1	0.507	0.527	0.549	0.571	0.594	0.617	0.642
3	2	0.346	0.360	0.375	0.390	0.405	0.421	0.438

续表 C.0.2

工作绳索数	滑轮个数（定动滑轮之和）	导向滑轮数						
		0	1	2	3	4	5	6
4	3	0.265	0.276	0.287	0.298	0.310	0.323	0.335
5	4	0.215	0.225	0.234	0.243	0.253	0.263	0.274
6	5	0.187	0.191	0.199	0.207	0.215	0.224	0.330
7	6	0.160	0.165	0.173	0.180	0.187	0.195	0.203
8	7	0.143	0.149	0.155	0.161	0.167	0.174	0.181
9	8	0.129	0.134	0.140	0.145	0.151	0.157	0.163
10	9	0.119	0.124	0.129	0.134	0.139	0.145	0.151
11	10	0.110	0.114	0.119	0.124	0.129	0.134	0.139
12	11	0.102	0.106	0.111	0.115	0.119	0.124	0.129
13	12	0.096	0.099	0.104	0.108	0.112	0.117	0.121
14	13	0.091	0.094	0.098	0.102	0.106	0.111	0.115
15	14	0.087	0.090	0.083	0.091	0.100	0.102	0.108
16	15	0.084	0.086	0.090	0.093	0.095	0.100	0.104

附录D　地锚的构造参数及受力计算

D.1　立式地锚的构造参数

D.1.1　枕木单柱立式地锚的构造应符合下列规定：

1　枕木单柱立式地锚（图D.1.1）的构造参数应符合表D.1.1的规定；

2　枕木应采用标准枕木，其尺寸为160mm×220mm×2500mm；

3　上下挡木应以截面长边贴靠地龙柱；

4　地龙柱截面长边应与作用荷载方向一致；

5　作用荷载宜与地龙柱垂直。

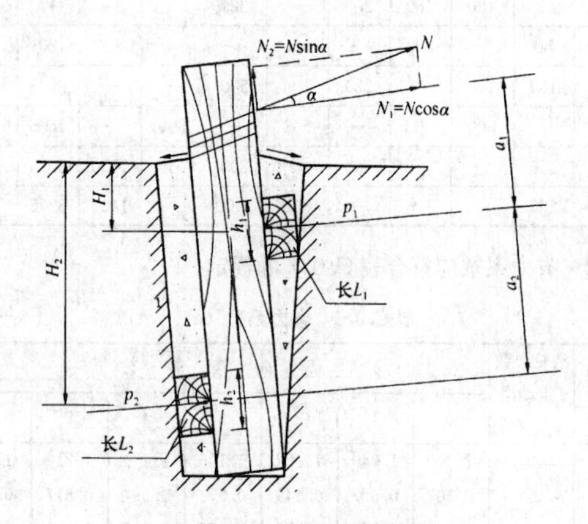

图D.1.1　枕木单柱立式地锚构造图

表D.1.1　枕木单柱立式地锚的构造参数

作用荷载 N（kN）	30	50	100
地龙柱根数	2	2	6
上挡木根数	2	3	5
下挡木根数	1	1	2
挡木长 L（mm）	1200	1400	1600
荷载作用点至上挡木中心点距离 a_1（mm）	500	500	600
上下挡木中心点距离 a_2（mm）	1200	1200	1200
土的承压力（N/mm^2）	0.2	0.2	0.23

D.1.2　圆木单柱立式地锚的构造应符合下列规定：

1　圆木单柱立式地锚（图D.1.2）的构造参数应符合表D.1.2的规定；

2　上下挡木应等长；

3　挡木直径应与地龙柱直径相同。

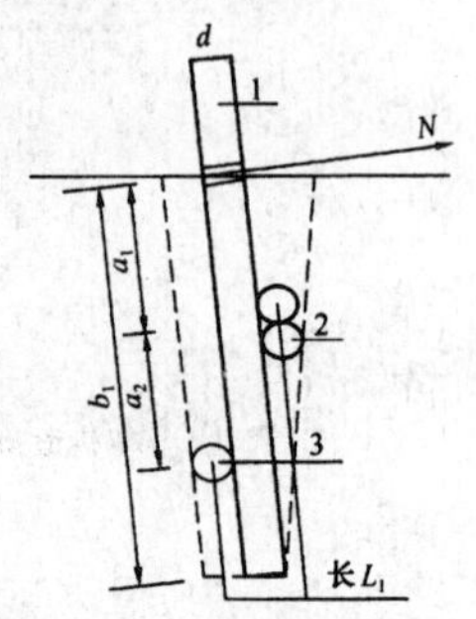

图D.1.2　圆木单柱立式地锚构造图

1—地龙柱；2—上挡木；3—下挡木

表D.1.2　圆木单柱立式地锚的构造参数

作用荷载 N（kN）	10	15	20
荷载作用点至上挡木中心点距离 a_1（mm）	500	500	500
上下挡木中心点距离 a_2（mm）	900	900	900
荷载作用点至地龙柱底部的距离 b_1（mm）	1600	1600	1600
挡木长 L_1（mm）	1000	1000	1200
地龙柱直径 d（mm）	180	200	220
土的承压力（N/mm^2）	0.25	0.25	0.25

D.1.3　圆木双柱立式地锚的构造应符合下列规定：

1　圆木双柱立式地锚（图D.1.3）的构造参数应符合表D.1.3的规定；

2　挡木直径应与地龙柱直径相同。

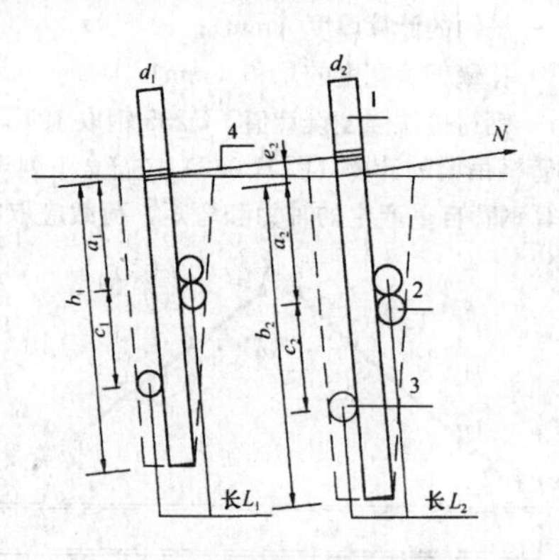

图D.1.3　圆木双柱立式地锚构造图

1—地龙柱；2—上挡木；3—下挡木；4—绳索

表D.1.3　圆木双柱立式地锚的构造参数

作用荷载 N（kN）	土层承压力（N/mm^2）	a_1	b_1	c_1	挡木长 L_1	地龙柱直径 d_1	a_2	b_2	c_2	e_2	挡木长 L_2	地龙柱直径 d_2
		(mm)										
30	0.25	500	1600	900	1000	180	500	1500	900	900	1000	220
40	0.25	500	1600	900	1000	200	500	1500	900	900	1000	250
50	0.25	500	1600	900	1200	220	500	1500	900	900	1000	260

D.1.4　圆木三柱立式地锚的构造应符合下列规定：

1　圆木三柱立式地锚（图D.1.4）的构造参数应符合表D.1.4的规定；

2　挡木直径应与地龙柱直径相同。

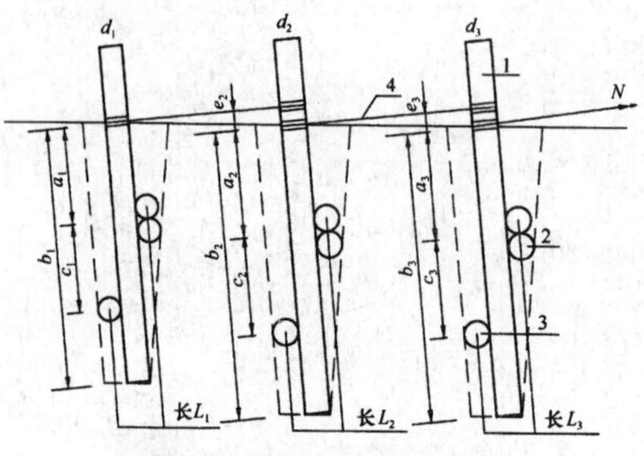

图D.1.4　圆木三柱立式地锚构造图

1—地龙柱；2—上挡木；3—下挡木；4—绳索

表 D.1.4　圆木三柱立式地锚的构造参数

作用荷载 N (kN)	土层承压力 (N/mm²)	a_1	b_1	c_1	挡木长 L_1	地龙柱直径 d_1	a_2	b_2	c_2	e_2	挡木长 L_2	地龙柱直径 d_2	a_3	b_3	c_3	e_3	挡木长 L_3	地龙柱直径 d_3
		(mm)																
60	0.25	500	1600	900	1000	180	500	1500	900	900	1000	220	500	1500	900	900	1200	280
80	0.25	500	1600	900	1000	180	500	1500	900	900	1000	220	500	1500	900	900	1400	300
100	0.25	500	1600	900	1000	200	500	1500	900	900	1000	250	500	1500	900	900	1600	330

D.2　立式地锚的计算

D.2.1　地锚的抗拔应按下列公式计算：

$$KN_2 \leqslant \mu(P_1 + P_2) \tag{D.2.1-1}$$

$$P_1 = \frac{N_1(a_1 + a_2)}{a_2} \tag{D.2.1-2}$$

$$P_2 = \frac{N_1 a_1}{a_2} \tag{D.2.1-3}$$

式中：P_1——上挡木处的水平反力（kN）；

P_2——下挡木处的水平反力（kN）；

μ——地龙柱与挡木间的摩擦系数，取 0.4；

K——地锚抗拔安全系数，取 $K \geqslant 2$；

N_2——地锚荷载 N 沿地锚轴向的分力（kN）；

N_1——地锚荷载 N 垂直地锚轴向的分力（kN）；

a_1——N_1 至 P_1 的轴向距离（mm）；

a_2——P_1 至 P_2 的轴向距离（mm）。

D.2.2　N_1 对土体产生的压力应按下式计算：

$$\frac{P_1}{h_1 L_1} \leqslant \eta f_{\mathrm{H1}} \tag{D.2.2-1}$$

$$\frac{P_2}{h_2 L_2} \leqslant \eta f_{\mathrm{H2}} \tag{D.2.2-2}$$

$$f_{\mathrm{H}} = \left[\tan^2\left(45° + \frac{\psi}{2}\right) + \tan^2\left(45° - \frac{\psi}{2}\right)\right]\gamma H \tag{D.2.2-3}$$

式中：f_{H1}、f_{H2}——深度 H_1、H_2 处土的承载力设计值；

γ——土的重力密度（kN/m³）；

ψ——土的内摩擦角，可采用 45°计算；

η——土的承载力降低系数，取 0.25～0.7；

h_1、h_2——为上、下挡木宽度（mm）；

L_1、L_2——为上、下挡木长度（mm）。

D.2.3　地锚强度应按下式计算：

$$\frac{N_2}{A_1} \pm \frac{N_1 a_1}{W_1} \leqslant f_{\mathrm{t}} \tag{D.2.3}$$

式中：A_1——地龙柱在 P_1 作用点处的横截面面积（mm²）；

W_1——地龙柱在 P_1 作用点处的截面抵抗矩（mm³）；

f_{t}——木材抗拉、抗弯强度设计值（N/mm²）。

D.3　桩式地锚的构造参数

D.3.1　单柱桩式地锚的构造参数应符合下列规定：

1　单柱桩式地锚（图 D.3.1）的构造参数应符合表 D.3.1 的规定；

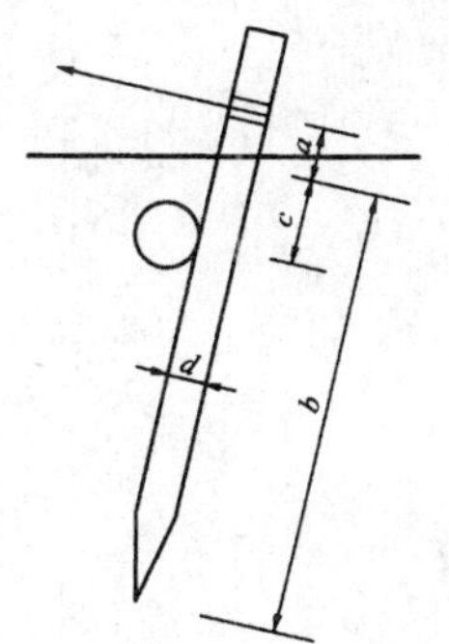

图 D.3.1　单柱桩式地锚构造图

2　挡木直径应与桩直径相同，挡木长不应小于 1m。

表 D.3.1　单柱桩式地锚的构造参数

作用荷载（kN）	10	15	20	30
荷载作用点至地面受力点的轴向距离 a（mm）	300	300	300	300
地面受力点至桩尖的距离 b（mm）	1500	1200	1200	1200
地面受力点至挡木中心点的距离 c（mm）	400	400	400	400
桩直径 d（mm）	180	200	220	260
土层承压力（N/mm²）	0.15	0.2	0.23	0.31

D.3.2　双柱桩式地锚的构造应符合下列规定：

1　双柱桩式地锚（图 D.3.2）的构造参数应符合表 D.3.2 的规定；

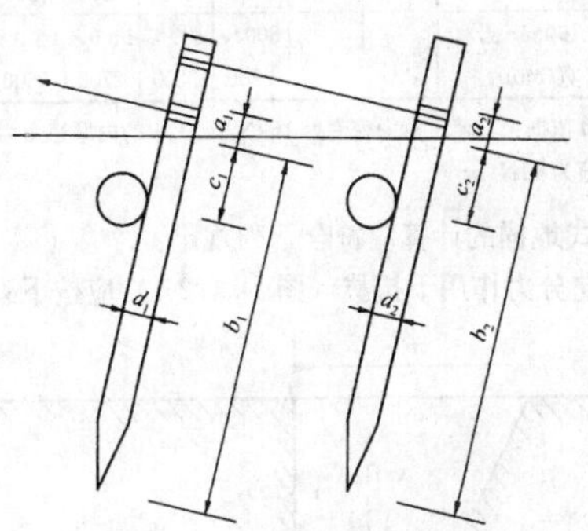

图 D.3.2　双柱桩式地锚构造图

2　挡木直径与桩直径相同，挡木长不应小于 1m。

表 D.3.2　双柱桩式地锚的构造参数

作用荷载 (kN)	土层承压力 (N/mm²)	a_1	b_1	c_1	桩径 d_1	a_2	b_2	c_2	桩径 d_2
		(mm)							
30	0.15	300	1200	900	220	300	1200	400	200
40	0.2	300	1200	900	250	300	1200	400	220
50	0.28	300	1200	900	260	300	1200	400	240

D.3.3　三柱桩式地锚的构造应符合下列规定：

1　三柱桩式地锚（图 D.3.3）的构造参数应符合表 D.3.3 的规定；

2　挡木直径与桩直径相同，挡木长不应小于 1m。

表 D.3.3　三柱桩式地锚的构造参数

作用荷载 (kN)	土层承压力 (N/mm²)	a_1	b_1	c_1	桩径 d_1	a_2	b_2	c_2	桩径 d_2	a_3	b_3	c_3	桩径 d_3
		(mm)											
60	0.15	300	1200	900	280	300	1200	900	220	300	1200	400	200
80	0.2	300	1200	900	300	300	1200	900	250	300	1200	400	220
100	0.28	300	1200	900	330	300	1200	900	260	300	1200	400	240

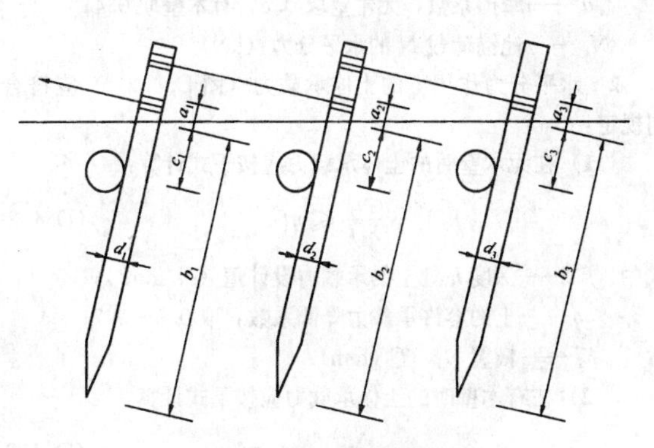

图 D.3.3　三柱桩式地锚构造图

D.3.4　桩式地锚的计算可参照立式地锚的计算。

D.4　卧式地锚的构造参数及计算

D.4.1　卧式地锚的构造参数应符合表 D.4.1 的规定。

表 D.4.1 卧式地锚的构造参数

作用荷载(kN)	28	50	76	100	150	200	300	400
α角	30°	30°	30°	30°	30°	30°	30°	30°
横置木(直径240mm) 根数×长度(mm)	1× 2500	3× 2500	3× 3200	3× 3200	3× 3500	3× 3500	4× 4000	4× 4000
埋设深度 H(m)	1.70	1.70	1.80	2.20	2.50	2.75	2.75	3.50
横置木上的系绳点	一点	一点	一点	一点	两点	两点	两点	两点
挡木板(直径200mm) 根数×长度(mm)	—	—	—	—	4× 2700	4× 2700	5× 4000	5× 4000
挡板立柱根数× 长度(mm)×直径(mm)	—	—	—	—	2× 1200× φ200	2× 1200× φ200	3× 1500× φ220	3× 1500× φ220
压板(密排直径100mm圆木) 长(mm)×宽(mm)	—	—	800× 3200	800× 3200	1400× 2700	1400× 3500	1500× 4000	1500× 4000

注：本表计算依据：夯填土重力密度为 $16kN/m^3$，土的内摩擦角为45°，木材的强度设计值为 $11N/mm^2$。

D.4.2 卧式地锚的计算应符合下列规定：

1 竖向分力作用下抗拔（图 D.4.2-1）应按下列公式计算：

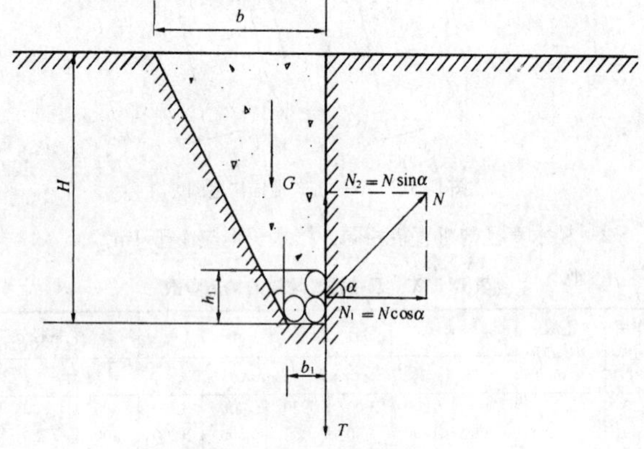

图 D.4.2-1 卧式地锚计算简图

$$KN_2 \leqslant G + T \tag{D.4.2-1}$$

$$G = \frac{b+b_1}{2}hL\gamma \times 0.9 \tag{D.4.2-2}$$

$$T = \mu N_1 \tag{D.4.2-3}$$

式中：K——安全系数，一般取 $K \geqslant 3$；

N_2——地锚荷载 N 的垂直分力（kN）；

G——土体重力标准值（kN）；

L——横置木料长度（mm）；

γ——回填土石的重力密度（kN/m^3）；

b——地坑上底尺寸（mm）；

b_1——地坑下底尺寸（mm）；

h——横木埋置深度（mm）；

T——摩擦阻力（kN）；

μ——摩擦系数，无木壁取0.5，有木壁取0.4；

N_1——地锚荷载 N 的水平分力（kN）。

2 水平分力作用下的土体承载力（图 D.4.2-1）应符合下列规定：

1） 在无木壁时的土体承载力应按下式计算：

$$\frac{N_1}{h_1 L} \leqslant \eta f_h \tag{D.4.2-4}$$

式中：f_h——深度 h 处土的承载力设计值（N/mm^2）；

η——土的容许承载力降低系数，取0.5～0.7；

h_1——横置木高度（mm）。

2） 在有木壁时的土体承载力应按下式计算：

$$\frac{N_1}{(h_1 + h')L} \leqslant \eta f_h \tag{D.4.2-5}$$

式中：h'——横置木顶至木壁顶的距离（mm）。

3 横置木的强度计算应符合下列规定（图 D.4.2-2）：

1） 当横木只系一根钢丝绳或拉杆时：

若为圆形截面，应按单向受弯构件计算：

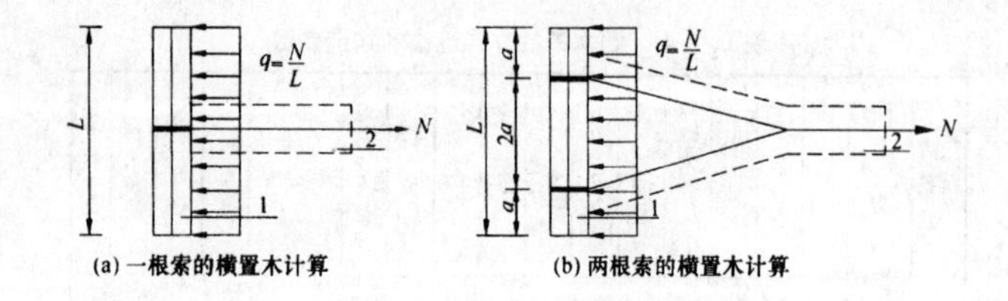

图 D.4.2-2 卧式地锚横置木强度计算

1—横置木；2—土槽

$$\frac{M}{W} \leqslant f_m \tag{D.4.2-6}$$

$$M = NL/8 \tag{D.4.2-7}$$

式中：f_m——木材抗弯强度设计值（N/mm^2）；

M——横木地锚荷载 N 引起的最大弯矩（N·m）；

W——中部圆形截面的抵抗矩（mm^3）。

若为矩形截面，应按双向受弯构件计算：

$$\frac{M_X}{W_X} \pm \frac{M_Y}{W_Y} \leqslant f_m \tag{D.4.2-8}$$

$$M_X = \frac{N_1 L}{8} \tag{D.4.2-9}$$

$$M_Y = \frac{N_2 L}{8} \tag{D.4.2-10}$$

式中：M_X、M_Y——横木水平和垂直分力 N_1 与 N_2 的弯矩（N·m）；

W_X、W_Y——横木水平和垂直方向横截面抵抗矩（mm^3）。

2） 当横木系两根钢丝绳或拉杆时：

若为圆形截面，应按偏心单向受压构件计算：

$$\frac{N_0}{A} \pm \frac{Mf_c}{Wf_m} \leqslant f_c \tag{D.4.2-11}$$

$$M = \frac{Na^2}{2L} \tag{D.4.2-12}$$

$$N_0 = \frac{N}{2}\tan\beta \tag{D.4.2-13}$$

式中：N_0——横木的轴向压力（kN）；

f_c——木材抗压强度设计值（N/mm^2）；

β——二绳索夹角的一半；

A——小头绑扎点处的圆截面的截面面积（mm^2）；

M——横木地锚荷载 N 在绑扎点处引起的弯矩（N·m）；

W——小头绑扎点处的圆截面的截面抵抗矩（mm^3）；

a——横木端部到绳索或拉杆绑扎处的距离（mm）。

若为矩形截面，应按偏心双向受压构件计算：

$$\frac{N_0}{A} \pm \frac{M_X f_c}{W_X f_m} \pm \frac{M_Y f_c}{W_Y f_m} \leqslant f_c \tag{D.4.2-14}$$

$$M_X = \frac{N_1 a^2}{2L} \tag{D.4.2-15}$$

$$M_Y = \frac{N_2 a^2}{2L} \tag{D.4.2-16}$$

式中：A——矩形截面横截面面积（mm^2）；

M_X、M_Y——横木地锚荷载 N 的水平和垂直分力 N_1 与 N_2 在绑扎点处所引起的弯矩（N·m）。

本规范用词说明

1 为便于在执行本规范条文时区别对待，对于要求严格程度不同的用词说明如下：

1）表示很严格，非这样做不可的：
正面词采用“必须”；反面词采用“严禁”。

2）表示严格，在正常情况下均应这样做的：
正面词采用“应”；反面词采用“不应”或“不得”。

3）表示允许稍有选择，在条件许可时首先应这样做的：
正面词采用“宜”；反面词采用“不宜”。

4）表示有选择，在一定条件下可以这样做的，采用“可”。

2 条文中指明应按其他有关标准执行的写法为：“应按……执行”或“应符合……的规定”。

引用标准名录

1 《塔式起重机安全规程》GB 5144

2 《起重机 钢丝绳保养、维护、安装、检验和报废》GB/T 5972

3 《钢丝绳用普通套环》GB/T 5974.1

4 《钢丝绳用重型套环》GB/T 5974.2

5 《绳索 有关物理和机械性能的测定》GB/T 8834

6 《重要用途钢丝绳》GB 8918

7 《聚酯复丝绳索》GB/T 11787

8 《钢丝绳吊索 插编索扣》GB/T 16271

9 《一般用途钢丝绳吊索特性和技术条件》GB/T 16762

10 《一般用途钢丝绳》GB/T 20118

11 《纤维绳索 通用要求》GB/T 21328

12 《建筑机械使用安全技术规程》JGJ 33

13 《施工现场临时用电安全技术规范》JGJ 46

14 《建筑施工高处作业安全技术规范》JGJ 80

15 《建筑施工塔式起重机安装、使用、拆卸安全技术规程》JGJ 196

中华人民共和国行业标准

建筑施工起重吊装工程安全技术规范

JGJ 276－2012

条 文 说 明

制 订 说 明

《建筑施工起重吊装工程安全技术规范》JGJ 276－2012，经住房和城乡建设部2012年1月11日以第1242号公告批准、发布。

本规范制订过程中，编制组进行了广泛的调查研究，总结了我国房屋建筑领域的起重吊装工程实践经验，同时参考了国外先进技术法规、技术标准。为便于广大设计、施工、科研、学校等单位有关人员在使用本规范时能正确理解和执行条文规定，《建筑施工起重吊装工程安全技术规范》编制组按章、节、条顺序编制了本规范的条文说明。但是，本条文说明不具备与规范正文同等的法律效力，仅供使用者作为理解和把握规范规定的参考。

目　次

1 总 则

1.0.1 我国党和政府历来重视安全生产和劳动保护工作，明确指出要认真搞好安全生产并保障职工身体健康，以安全生产、劳动保护为指导方针。多年来的实践中，我国在安全生产、劳动保护方面的方针概括起来有以下三个方面：

1 安全与生产统一的方针。1949～1983年是“生产必须安全，安全为了生产”，不能把生产与安全割裂开来，要把安全生产理解为辩证统一的关系。

2 “预防为主”的方针。1984～2004年提出了“安全第一，预防为主”的方针，“预防为主”就是要在生产施工过程中，积极采取各种预防措施，把伤亡事故、职业病消灭在萌芽状态之中，做到防患于未然，并杜绝各种伤亡事故的发生。这就是开展安全生产工作的立足点。

3 2004年以后，根据国家经济的发展状况，在原方针的基础上又提出了“安全第一，预防为主，综合治理”，也就是在发展生产的基础上，有计划地改善职工劳动条件，逐步实现变有害为无害，为职工创造一个安全、卫生的劳动条件。

1.0.3 本规范所列的各类结构吊装，除应遵守本规范中的规定外，还应遵守相关规范的专门规定。

未列入本规范专门章节的结构构件吊装，亦可参照已列的各类构件的吊装规定执行。

2 术语和符号

本章内容在条文中已经明确，此处不再重述。

3 基本规定

3.0.1 通过调查，有一些工程在吊装作业进行前，并没有专项作业方案，仅凭经验进行施工，造成监督检查无据可依，也无法发现存在的安全隐患，甚至导致了安全事故的发生，给了我们血的教训。因此，在吊装作业前编制好吊装作业方案，使吊装作业从准备至吊装完毕的全过程都能做到有据可依、有章可循，不能仅凭经验施工；通过对方案的审查把关，能发现存在的安全隐患，及时予以纠正；在作业前要向全体作业人员进行全面交底，使每个人都知道自己的岗位、职责和应遵守的各项安全措施规定，未经技术负责人许可，不能自行更改，这样才能保证吊装作业的安全，所以，将本条列为强制性条文。

3.0.2 安全教育是提高职工安全生产知识的重要方法。当前建筑队伍中很多为新人，安全知识比较缺乏。因此，根据实际情况，除有针对性地组织职工学习一般的安全知识外，还应按特殊工种（起重工）统一进行专业的安全教育和技术训练（特殊工种专门教育），并统一组织考试。合格者发证，并准许上岗操作，杜绝无证上岗的违章操作现象发生。

3.0.3 要安全顺利地进行吊装，就需要有符合要求和规定的索具设备，不符合要求和规定的严禁使用。

3.0.4 安全带一般应高挂低用，即将安全带的绳端钩环挂在高的地方，而人在较低处工作。这样，万一发生坠落时，操作人员不仅不会摔到地面，而且还可避免由于重力加速度产生的冲击力对人体的伤害。

3.0.5 设置吊装禁区，禁止与吊装作业无关人员入内，是防止高处物体落下伤人。起重设备通行的道路上遇有坑穴和松软土时，应清理填实和作换土处理。对松软土也可加石重夯。总之，必须保证处理后的路基平整坚实，道路坡度平缓，以避免翻车发生重大事故，并且道路还应经常维修。

3.0.6 登高用的梯子、吊篮必须牢固。使用时，上端必须用绳索与已固定的构件绑牢，而且攀登或工作时，应注意检查绳子是否解脱，或被电焊、气割等飞溅的火焰烧断。如发现有这些现象，应及时更换绳子绑牢。在吊篮和工作台上工作思想要集中，防止踏上探头板而从高空坠落。吊移操作平台时，在平台上站人、放物后随时有可能滑下，从高处坠落伤人。

3.0.7 吊索、卡环、绳扣强调计算的目的，一是防止事故，二是建立起科学的态度。同时在选用卡环时，一般宜选用自动或半自动的卡环作为脱钩装置。在起吊作业中，钢丝绳是对安全起决定性作用的一环。因此，必须坚持在每班作业前，按本条要求一丝不苟地进行严格检查，不符合要求者应及时更换。

3.0.8 溜绳可控制屋架、梁、柱等起升时的摆动，构件摆动的角度越大，起重机相应增加的负荷也越大，所以应尽量控制构件的摆动，以避免超负荷起吊。拉好溜绳，是控制构件摆动的有效措施，同时也便于构件的就位和找正。

3.0.10 钢筋混凝土结构构件安装工程所使用的电焊条、钢楔（或木楔、垫铁、垫木等材料），要求必须按设计规定的规格和材质采用，同时还应符合国家相应的有关技术标准的规定，其目的是为了禁止采用不符合要求的材料，以避免发生重大事故。

3.0.11 起吊是结构吊装作业中的关键工艺，起吊的方法又决定于起重机械的性能、结构物的特点，所以在吊装大、重构件和采用新的吊装工艺时，更应特别重视，必须先进行试吊、否则，后果会很严重。

3.0.12 遇本条规定的恶劣天气时，为保证安全，应停止吊装作业。另外，在雨期或冬期里，构件上常因潮湿或积有冰雪而容易使操作人员滑倒。因此，必须采取措施防滑。

3.0.13 严禁斜拉或斜吊是因为将捆绑重物的吊索挂上吊钩后，

吊钩滑车组不与地面垂直，就会造成超负荷及钢丝绳出槽，甚至造成拉断绳索和翻车事故；同时斜吊会使构件离开地面后发生快速摆动，可能会砸伤人或碰坏其他物体，被吊构件也可能会损坏。禁止起吊地下埋设件或粘结在地面上的构件，也是因为会产生超载或造成翻车事故。

3.0.14 施工用电大部分是380V以上的工业用电。有些高压电，其电压高达几千伏，甚至几万伏以上。如果在这种高压电附近工作，必须离开它一定的距离。即在线路下工作时要保持一定的垂直距离，在线路近旁工作时要保持一定的水平距离，以确保安全。

3.0.15 当柱子、屋架的重量较大，一台起重机吊不动时，则采用两台起重机抬吊，即双机抬吊法。选择同类型起重机是为了保证吊升速度快慢一致，同时起吊的速度应尽量平稳缓慢，为做到上述要求，必须对两机统一指挥，使两机互相配合，动作协调。若两吊点间高差过大，则此时两机的实际荷载与理想的载荷分配不同，尤其是采用递送法吊装时，如副机只起递送作用，此时应考虑主机满载。根据两台起重机的类型和吊装构件的特点，应选择好绑扎位置和方法，并对两台起重机进行合理的载荷分配。

3.0.16 起重机在行走、回转、俯仰吊臂、起落吊钩等动作前，司机鸣声示意是为了提醒大家注意，共同协同工作，防止发生其他意外事故，同时一次只进行一个动作。这一方面是为了防止发生事故，另一方面是为了在动作前使操作人员有思想准备。

3.0.17 绑扎完毕，对构件应缓慢起吊，当提升离地一段距离后，应暂停提升，经检查构件、绑扎点、吊钩、吊索、起重机稳定、制动装置的可靠性等，确认无误后再继续提升。对已吊升的构件，应一次吊装就位，不得长久在半空中停置，若因某种原因不能就位，则应重新落地固定。超载吊装不仅会加速机械零件的磨损，缩短机械使用年限，而且也容易造成起重机发生恶性事故。因此，严禁超载吊装。对重量不明的重大构件和设备不能冒险吊装，防止出现意外事故。

3.0.18 在吊起的构件上站立和行走，由于不能拴安全带是很危险的。起重机不能吊运人员，一方面是因没有装人的设备，另一方面是因晃动和摆动太大，同时也无限位装置，容易发生意外。不准悬挂零星物件，是为了防止高处坠落伤人。限制人员的活动范围，是防止起重机失灵和旋转时人受到撞击等。忽快、忽慢和突然制动都会让起重机产生严重摆动和冲击荷载，很易使起重机失稳，所以动作要平稳。当回转未停稳前马上就作反向动作，容易损伤臂杆和机器部件。

3.0.19 随着工程项目的大型化、复杂化，很多吊装作业的工期都相对比较长，不是当天或当班就能完成，这样就会出现吊装作业的暂停。当因天气、停电、下班等原因，作业出现暂停时，吊装作业未全部完成，安装的建筑结构尚未形成空间稳定体系，如不采取临时固定措施保证空间体系的稳定，很容易发生坍塌等严重的安全事故，所以，将本条列为强制性条文。

3.0.20 高处操作人员使用的工具、垫铁、焊条、螺栓等应放人随身佩带的工具袋内，不可随便向下或向上抛掷。

3.0.21 当吊装过程中有焊接作业时，火花下落，特别是切割时铁水下落很容易伤人，周围有易燃物时也容易引起火灾。因此，在作业部位下面周围10m范围内不得有人，并要有严格的防火措施。

3.0.22 因用已安装好的结构构件作受力点来进行搬运和吊装，以及堆放建筑材料、施工设备时，均应经过严格地科学计算才能决定，不得超过设计允许荷载，确保结构构件不会被压坏。凿洞开孔会对结构的受力性能造成损害。

3.0.23 在很多建筑结构中，有些构件在安装就位后，自身并不能保证在空间的稳定，需要依靠临时固定措施来保证其稳定。即便是永久固定后，也只有在安装的构件或屋面系统能够保证自身稳定或整体稳定时，才能解除临时固定措施，否则容易造成构件失稳倾覆或空间体系的坍塌，导致发生严重的安全事故，所以，将本条列为强制性条文。

3.0.24 指挥信号必须准确，以免发生事故。所以，信号不明不得启动，需要语言沟通时，可用对讲机等通信工具进行，确保互相之间的语言能听清楚。

4 起重机械和索具设备

4.1 起重机械

4.1.1 内燃机的检查和启动应按要求进行，还应符合国家现行规范的有关规定。

4.1.2 在雨雪天作业，制动器受雨水或冰雪影响，容易失灵。因此，为防万一，作业前应先进行试吊，确认无问题后才能进行作业。

4.1.3 起重机的选择是起重吊装的重要问题，因为它关系到构件的吊装方法、起重机械的开行路线与停机位置、构件的平面布置等许多问题，应认真对待，满足要求。

4.1.4 自行式起重机的优点是灵活性大，移动方便，起重机本身是安装好的一个整体，一到现场，就可投人使用。但这类起重机的缺点是稳定性较差。

1 起重机工作、行驶或停放时，应与沟渠、基坑保持最低的安全距离，不得停放于斜坡上，是为防止发生翻车事故。

2 起重机的四个支腿是保证起重机稳定性的关键。

3 启动前将主离合器分离，并将各操纵杆放在空挡位置。启动后应检查各仪表指示值，待运转正常后合上主离合器进行空运转，并以低速运转3min～5min，然后再逐渐增高转速。在低速运转时，机油压力、排气管排烟应正常，各系统管路应无泄漏现象，当温度和机油压力正常后，方可载荷作业。

4 起重机作业时的臂杆仰角，一般不超过78°，臂杆的仰角过大，易造成起重机后倾或发生将构件拉斜的现象。

5 起重机吊重物时，不能猛起猛落吊杆或起重臂。因猛起吊杆或起重臂，容易造成所吊重物严重摆动，撞击吊杆，甚至使吊杆折断。若猛落吊杆，则在重力加速度的作用下，使冲击力加大，对起重机的底座有很大的冲击，也很易发生事故。如果中途突然刹车，起重机在重力加速度的作用下失去稳定，会造成臂杆折断。因此吊重物下降时，应用动力下降才能保证起重机的安全作业。这时，若变换挡位或同时进行两种动作，很易使各个部位和零配件损坏，使操纵失灵而发生事故。

6 起重机的稳定性，随起吊方向的不同而不同，起重能力也随之不同。在稳定性较好的方向起吊的额定荷载，当转到稳定性较差的方向上就会出现超载，有倾翻的可能。有的起重机对各个不同起吊方向的起重量，作了特殊的规定。因此，要认真按照起重机说明书的规定执行。另外，在满负荷时，下落吊杆就会造成严重超载，易使吊杆折断。这里还要强调一点，旋转不要过快，因吊重物回转时将会产生离心力，荷载将有飞出的趋势，并使幅度增加，起重能力下降，稳定性降低，倾覆的危险增大。

7 吊重超越驾驶室上的，万一起重机失灵，容易砸坏机身的前半部，造成车毁人亡的恶性事故。

8 当臂杆由几节采用液压伸缩时，应按规定伸缩，按顺序进行。当限制器发出警报时，应立即停止伸臂。伸缩式臂杆伸出后，当前节臂杆大于后节伸出的长度时，臂杆受力就不合理。因此，应在消除这不正常的情况后，方可作业。作业中臂杆不应小于规定的仰角，亦是为保证臂杆和车身的安全。同时在伸臂伸出时，应相应下降吊钩并保持动、定滑轮间的安全距离，避免将起重钢丝绳崩断或损坏其他机件。

9 此款要求是避免产生刹车不灵，或制动带断裂刹车失灵而发生严重事故。

10 根据调查分析，起重机的事故绝大多数都是由于超载、违章作业及安装不当引起的。因设计及制作质量低劣引起的事故仅占很小的比例。为此，国家规定起重机械必须设有安全保护装置，否则，不得出厂和使用。同时安全保护装置要完整、齐备和灵活，不准随意调整和拆除，也不准用限位器代替各操纵机构。

11 本款规定之所以要求这样做，是为了保证起重机自身停止作业时的稳定和安全，同时也是防止下班后伤及他人。

4.1.6 拔杆式起重机一般是在独脚拔杆的基础上改装的，可用圆木、钢管或用格构式桅杆制造。它是在独脚拔杆的下端装上一根可以起伏和旋转的吊杆，拔杆的顶部与吊杆的头部之间由滑轮组钢丝绳的绕出绳穿过拔杆脚的导向轮引向卷扬机，开动卷扬机可以使吊杆上下变幅，也可以使吊杆回转。

拔杆式起重机是由拔杆、吊杆、起重滑轮组、卷扬机、缆风绳和地锚等几部分组成。木拔杆式起重机的起重量和起重高度较小；钢拔杆式起重机的起重量较大。一般的格构式起重机都制作成许多节，以便运输和按高度组装，它的起重量可达200多吨。木拔杆可由两根或三根圆木组合起来，捆在一起来加大截面面积。也可在拔杆的中部绑上钢管或型钢加固，以提高拔杆的强度和稳定性，增加承载力。捆绑拔杆时，可用钢丝绳或8号钢丝绑扎，空隙处用木楔塞紧。以上各种材质的拔杆式起重机均应经过设计计算，并在工地制作安装好后，通过了试验鉴定才可使用。

拔杆底座的作用，是把拔杆所承受的全部荷载传给地基。大型拔杆的支座为便于移动，在底座下设置滚筒，并用方木铺垫滑行道。底座下的地基必须平整坚实，以防在吊装中沉陷。

4.1.7 拔杆式起重机在吊装时将滚筒取掉，或用木楔垫实，并用8字吊索将拔杆锁住。

拔杆式起重机的缆风绳，是根据起重量、起重高度等因素来决定的，一般不少于6根，应按工作状态算出每根缆风绳的拉力，对于全回转的吊杆，每根缆风绳都有可能成为主要受力绳。因此，在选用钢丝绳和设置地锚时，要按最大拉力来选择和计算。

拔杆式起重机竖好后，使用前要试吊，将重物吊离地面200mm，检查各部位和吊物的情况，经检查确认无问题后再起吊。

吊物要垂直，避免增加拔杆和缆风绳的受力。提升和下降要平稳，避免产生较大的冲击力，使拔杆和缆风绳超过其容许负荷而出事故。

吊装过程中拔杆式起重机的地锚十分重要，地锚要经过计算，埋设后还须经过试拉。使用前要经过详细检查才能正式使用。使用时要指定专人负责看守，如发现变形，要立即采取措施。在收紧、松动缆风绳时，必须小心谨慎，并用卷扬机或装有制动器的绞磨来控制，以保证吊装过程中的安全。

如突遇停电，要立即切断电源，并将吊物立即用制动刹车降至地面，以便保证构件和作业人员的安全。

移动时，在后缆风绳慢慢放松的同时，要收紧前缆风绳，使拔杆向移动方向前倾不超过10°，移动时一定要保证拔杆不能后倾。

4.2 绳 索

4.2.1 白棕绳是由植物纤维搓成线，线绕成股，再将股拧成绳，全由机器加工，一般有三股、四股、九股三种。另外有浸油和不浸油之分。

1 浸油白棕绳不易腐烂，但质料变硬，不易弯曲，强度也比不浸油的绳低10%～20%，所以在吊装中一般都用不浸油的白棕绳。但未浸油的白棕绳受潮后容易腐烂，因而使用年限较短。白棕绳的破断拉力只有同直径钢丝绳的10%左右，且易磨损或受潮腐烂，新绳和旧绳强度相差甚大，就是新绳强度也互有出入。因此，必须严格按出厂说明规定的破断拉力使用。

2 如必须用来作重要吊装作业时，可预先作超载25%的静载试验，以及超载10%的动载试验，试验合格后方能使用。

3 和白棕绳配用的滑轮直径，要大于其直径的10倍，以免因受到较大的弯曲而降低强度。有结的白棕绳不应通过滑轮等狭窄的地方，以免绳子受到额外压力而降低强度。同时要定期改换穿绕方向，使绳的磨损均匀。

4 成卷白棕绳在拉开使用时，应先把绳卷平放在地上，将有绳头一面放在底下，从卷内拉出绳头。如从卷外拉出绳头，绳子就容易扭结。若需切断使用时，切断前应将切断口两侧扎紧，以防止切断后绳子松散。

5 使用中发生扭结应及时抖直的原因，是防止绳子受拉时折断。局部损伤应切去损伤部分，是为防止作业中受力容易拉断而发生事故。

6 绳子打结后，使用中强度要降低50%以上，故应尽量用编接法接长。

7 为的是避免物件的尖锐边缘割伤绳索。

8 在地面上或有棱角的物件上拖拉绳子，易使绳子被磨坏或因砂、石屑嵌入绳子内部，使其磨伤。

9 编接绳套时，应将绳端按绳股拆开约15倍绳直径的长度，按需要编接的绳套大小，将拆开的各股分别编入绳内即可。绳头编接，则是将两绳头各股松开30倍于原绳直径长度，然后将两个绳头各股交叉在一起，并互相顶紧将各绳股依次穿入不同的缝隙中拉紧。

10 白棕绳使用时，应按正文中容许拉力的规定使用。在工地上需要临时估算绳的破断拉力时，可采用下述经验公式：

$$F_z = d^2 K_1$$

式中：F_z——白棕绳的破断拉力（kN）；

d——白棕绳的直径；

K_1——白棕绳的破断强度系数，见表1。

表1 白棕绳的破断强度系数

白棕绳直径（mm）	K_1（kN/mm²）
10以下	0.046
10～20	0.038
21～30	0.031
31～50	0.023
51～60	0.019

注：使用浸油白棕绳K_1值降低15%；使用旧白棕绳降低30%；使用受潮白棕绳降低40%。

11 白棕绳应堆放在干燥、不热、通风的库房内，或很松（指已用过）地卷好挂在木架上。在水中洗干净的，一定要晾干，以防霉烂。另外堆放时，应避免与有腐蚀性的化学药品接触，以免损坏白棕绳。

4.2.2 我国部分地区在小型吊装作业中采用了纤维绳索或聚酯复丝绳索，本条针对此类绳索引入了相关标准。

4.2.3 因国家已经颁布了钢丝绳的相关标准，本条明确了吊装作业中钢丝绳的使用、检验、破断拉力值和报废的标准，应符合相关标准的规定。

4.3 吊 索

4.3.1 吊索主要用于悬挂重物到起重机的吊钩上，也常用于固定绞磨、卷扬机、起重滑车，或拴绑其他物体。而吊索端部，经常连接着各种吊索附件。吊索根据不同的使用要求，可以用白棕绳、起重链条或钢丝绳等做成。起重工作中使用的吊索，一般是用钢丝绳做成。

钢丝绳吊索，一般要能弯曲、耐磨，故用6×19或6×37型钢丝绳较合适。计算钢丝绳吊索的直径，除决定于所吊重物的重量、吊索的根数和安全系数、吊索钢丝绳的类型等因素外，还与吊索和所吊重物间的水平夹角有关，一般以45°～60°为宜。因此，应按构件的要求来选择角度，否则有可能导致构件的损坏。

4.3.2 常用的吊索附件有套环、吊钩和卡环等几种。吊索附件主要是指在吊索端部常与之连接的附件。吊索附件应该是结构简单，坚固耐用，使用安全，挂钩和脱钩方便，以保护吊索不被重物的棱角割伤。

1 套环一般用于固定在机械上的钢丝绳的8股头，为了防止钢丝绳受挤压而折断钢丝，编插时在8股头内嵌进一个套环。套环又分为白棕绳用（MT型）和钢丝绳用（GT型）两种。它的规格以号码表示，号码数即套环容许荷载的吨数。钢丝绳绕过套环后，虽避免了钢丝绳强度的过分降低，但由于套环直径较小，故钢丝绳的强度仍要降低一些，降低率应按本条规定采用。

2 吊钩有单钩和双钩两种，吊装工程一般用单钩，双钩多用在桥式和塔式起重机上。

吊钩一般都是用整块钢材锻造的（禁止采用铸造），锻成后要退火处理，以消除其残存的内应力，增加其韧性，要求硬度达到95～135（HB）。对磨损或有裂缝的吊钩不得进行补焊修理。因为补焊后吊钩会变脆，致使受力后断裂而发生事故。

吊钩在钩挂吊索时，要将吊索挂至钩底；直接钩在构件吊环中时，不能使吊钩硬别歪扭，以免吊钩产生变形或被拉直而使吊环脱钩。

3 卡环（材料为Q235钢）用于吊索和吊索或吊索和构件吊环之间的连接。它由弯环与销子（又叫芯子）两部分组成。按弯环形式有直形卡环和马蹄形卡环之分；按销子和弯环的连接形式有螺栓式卡环和活络式卡环之分。螺栓式卡环的销子和弯环采用螺纹连接。活络式卡环的销子端头和弯环孔眼均无螺纹，可以直接抽出，它的销子截面有圆形和椭圆形两种。活络式卡环目前常用于吊装柱子，它的优点是在柱子就位并临时固定后，可在地面用事先系在销子尾部的白棕绳将销子拉出，解开吊索，避免了高处作业。但应特别注意，若吊索没有压紧活络销子，滑到边上去，形成弯环受力，销子很可能会自动掉下来，将是很危险的。

在现场施工中，如需迅速知道直形卡环和活络式卡环的允许荷载，可根据销子直径用下列近似公式估算：

允许荷载≈(35～40)d^2 （d为卡环销子直径） 单位：N

4.3.3 横吊梁常用于柱子和屋架等构件的吊装。用横吊梁吊柱子，容易使柱子保持垂直，便于安装；用横吊梁吊屋架，可以降低起吊高度，降低吊索拉力和吊索对构件的压力。横吊梁的种类很多，在吊装中可根据构件的特点和吊装方法，自行设计和制造。

4.4 起重吊装设备

4.4.1 滑轮是一种结构简单、携带方便的起重工具。由滑轮联合成的滑轮组，配合卷扬机、起重桅杆和其他起重机械，广泛应用于起重吊装作业中。

2 使用前应查明滑轮允许荷载后方准使用，并严格按照滑轮的额定起重量使用，不得超载。

3 滑轮组的穿绳方法是十分重要的，可分为顺穿法（普通穿法）和花穿法两种。顺穿法是将绳索从一侧滑轮开始，依顺序穿过定滑轮和动滑轮，跑头最后从另一侧滑轮中穿出。由于在工作时有滑轮阻力的影响，所以，绳索受力是不相同的。死头受力最小，绕过滑轮越多，受力就越大，跑头受力是最大的，这样滑轮架就有可能歪斜，工作也不平稳，故“三三”以上的滑轮组，最好采取花穿法。花穿法则是先按滑轮的顺序穿绕滑轮的半数后，就穿绕最后一个滑轮，然后返回中间，最后跑头从中间一个滑轮穿出。注意绳索穿绕后，应使后穿绕的半数滑轮的转动方向与先穿绕的半数滑轮相反。穿绕好进行试用后，如有问题，应立即处理，不要勉强工作，以保证安全。

4 起吊重物与滑轮中心不在一条垂直线时，构件起吊后就不平稳；斜吊会造成超负荷及钢丝绳出槽，应避免。

5 本款要求的目的是为了工作时省力，减少磨损和防止锈蚀。

6 本款要求是为防止脱钩事故发生。

7 定滑轮和动滑轮保持一定的最小距离，是防止钢丝绳索互相摩擦或与滑轮缘摩擦。

8 本款要求是为防止受潮、污染、生锈，并可随拿随用。

9 在实际吊装作业中，由于钢丝绳有一定刚性，滑轮轴承也存在摩擦阻力。因此，滑轮组的跑头拉力与上述各因素有关，主要还是与轴承的类型有关。

4.4.2 卷扬机又名绞车，是一种主要的起重设备，可以独立使用，也可以和其他机构组合成较复杂的起重机械。一般在选择卷扬机时应考虑：牵引力的大小；钢丝绳牵引速度的快慢；卷扬筒的索容量，即所绕钢丝绳的总长度。

1 手动卷扬机多用在轻便的起重吊装工作中，或用在吊装作业中的辅助性工作。手动卷扬机的卷扬能力，一般为5kN～30kN，机上如有两对变速传动齿轮时，可以根据起重量大小而变动提升速度。使用手动卷扬机时，摇把要对称安装。松下重物时要用摇把松，不能用钢丝绳松，并要防止摇把滑掉，发生安全事故。摇动手柄需要施加的力一般为160N以下。手摇卷扬机构造简单，一般可以自制。

电动卷扬机比手动卷扬机牵引力大，速度快，操作安全方便，广泛用于吊装作业。它的卷扬速度有快速和慢速之分，吊装中常用慢速，并使传动机构啮合正确，无杂音，要勤加油润滑。

2 安装时，卷扬机基座须固定平稳，因此，应设置相应的地锚来固定，并应搭设工作棚。

3 卷扬机在使用前，应按本款要求对各部分详细检查，注意棘轮装置和制动器是否完好，对于发现的问题，应采取措施予以处理后，才可使用。

4 卷扬机安装在吊装区域以外，主要是为了保证卷扬机操作人员和机器本身的安全。至于要求要能看清指挥人员的信号和大于安装高度，则是为了防止误操作和看清所安装的构件。操作人员的视线仰角一般控制在30°内，使操作人员不至于仰头角度过大而产生疲劳。

5 导向滑轮若用开口拉板式滑轮，受力后易拉开而发生物毁人亡的重大事故，故严禁使用。导向轮至卷筒中心的距离不得小于本款的规定，否则，钢丝绳很难在卷筒上逐圈靠紧，且造成卷扬机受较大斜拉力而失稳，也使钢丝绳产生错叠、离缝和挤压。同时距离还应满足操作人员能看清指挥人员和拖动或起吊的物件。

6 卷筒上的钢丝绳应排列整齐，如发现重叠或斜绕时应停机重新排列。钢丝绳应成水平状，从卷筒下面卷入，并与卷筒的轴线方向垂直，必要时可在卷扬机正前方设置导向滑轮，一般导向滑轮与卷筒保持不小于18m的距离，或使钢丝绳的最大偏离角不超过6°，这样才能够使钢丝绳排列整齐，不致互相错叠、挤压。

吊装构件时卷筒上的钢丝绳最少保留5圈，塔式起重机等规定是3圈，本款规定5圈是考虑此处所指的卷扬机并没固定在起重机上，使用的环境不同，5圈可以切实防止钢丝绳受力后从卷筒上滑出，并可以使钢丝绳在收紧过程中能排列整齐，保证钢丝绳不致受弯折、磨损而折断钢丝。

7 作业中不允许操作人员离开卷扬机，是为了防止刹车失灵和非操作人员操纵而发生事故。作业中不准跨越钢丝绳是防止被钢丝绳绊倒而发生事故。这条要求是为保证吊装作业和卷扬机操作人员安全的必要措施，应严格执行。

4.4.3 本条中所计算出的钢丝绳牵引力应大于滑轮跑头拉力，再通过导向滑轮，才能保证钢丝绳的安全。

4.4.4 捯链又叫链式滑车、手拉葫芦、神仙葫芦等，是一种简易、携带方便的手动起重设备。使用时只要1～2人就可操作，因而，常在建筑工地使用。

1 检查时，先检查吊钩、轮轴、轮盘，再把吊钩挂好，反拉牵引链条，将起重链条捯松逐一检查。

2 为慎重计，此条要求负重后，仍须再检查一次，证明自锁装置等无误后，才能继续作业。

3 本款要求是为防止跳链、掉槽、卡链等现象发生。

4 若一人能拉动，说明所吊物件不重，也不会超过额定起重量。两人或多人一齐猛拉牵引链条，这就说明所吊物件已超过额定起重量，若坚持继续作业就易发生事故。

5 捯链的转动部分应经常上油加强润滑，棘爪的刹车部分应经常检查，防止其失灵而发生重大事故。

6 本款要求目的是为了防止各部件不受损伤、生锈。同时做到随拿就能用。

4.4.5 手扳葫芦又叫钢丝绳手扳滑车。它由挂钩、自锁夹钳装置、手柄、钢丝绳和吊钩等部件组成。当扳动手柄时，它的两对自锁夹钳便像两只钢爪一样交替夹紧钢丝绳，并沿钢丝绳爬行，从而达到牵引的目的。它的体积小，重量轻（自重一般为90N～160N），使用方便，可在水平、垂直、倾斜状态下工作。

1 一般在结构吊装中做辅助工作用。

2 在使用前和使用时，或使用过程中，都应按本款要求进行严格检查，消灭不安全因素。

3 作吊篮用，在每根钢丝绳处另绑一根保险绳，是在手扳葫芦失灵时保证工作人员不致发生危险。

4.4.6 在建筑工程中，千斤顶的应用范围很广，它既可以校正构件的安装偏差和矫正构件的变形，又可以顶升和提升大跨度屋盖等。

1 此款是千斤顶正常运行所必备的条件，事前应严格按此款要求进行。

2 选择千斤顶时，应严格按照构件的起重量、起重高度和临时支垫的材料种类，按本款要求进行具体的选择。

3 铺设垫板是为扩大地基土的承压面积，增大承压能力，防止千斤顶下陷或歪斜；顶部设硬垫板是防止千斤顶在顶升过程中产生滑动而发生危险。

4 重物设顶处应是坚实部位，是为了防止顶坏重物；荷载与千斤顶轴线一致，是为了防止地基偏沉或荷载偏移而发生千斤顶偏斜的危险。

5 操作时，应将重物稍微顶起停住，按本款要求进行检查，如发现不良情况，必须进行处理，未处理前不得继续顶升。

6 本款要求是防止螺杆和活塞全部升起，损坏千斤顶而造成事故，并且随意加长手柄或强力硬压也会损坏千斤顶。

7 本款要求是为了防止千斤顶突然回油或倾倒而造成重大事故。

4.5 地 锚

4.5.1～4.5.3 地锚又叫地龙或锚锭，它是固定缆风、导向滑轮、绞磨、卷扬机或溜绳等用的，并将力传给地基。在土法吊装中，地锚十分重要，地锚不牢将会发生重大的安全事故，故应予以足够的重视。重要的地锚正式使用前，应进行试拉，以确保安全。

1 立式地锚也叫立龙或站龙，是一种较简单的临时性地锚，是将枕木（方木）或圆木斜放在地坑中，在其下部后侧和中部前侧横放下挡木和上挡木，上下挡木紧贴土壁，将地龙柱卡住，上下挡木可使用枕木（方木）或圆木。

由枕木做成的立式地锚，若地龙柱和上下挡木均用两根枕木时，承受拉力可达30kN；若均用四根枕木时，承受拉力可达80kN。

2 桩式地锚通常采用长度1.5m～2.0m的松木或杉木略向后倾斜打入土中，还可在其前方距地面0.4m～0.9m深处紧贴桩木埋置长1m左右的挡木一根来提高锚固力，适合在有地面水或地下水位较高的地方采用。一般木桩埋入土中的深度，是根据作用力的大小而定的，但不小于1.5m；打桩时应使木桩与所固定的缆风绳相互垂直。

3 卧式地锚是将一根或几根圆木（废型钢也可），用钢丝绳捆绑在一起，横放在挖好的地锚坑内的底部，钢丝绳的一端从坑底前端的地坑中引出，绳与地面的坡度，应与缆风绳和地面的夹角一致，然后用土石回填夯实。卧式地锚可承受较大的拉力，一般应根据受力大小由计算确定，适合永久性地锚或在大型吊装作业中的地锚采用。

4.5.4 对本条各款说明如下：

1 地锚在吊装作业中十分重要，地锚损坏或有过大变形，都可能引起重大安全事故，故在埋设和使用时应特别重视，对材料的使用作出规定。

2 生根钢丝绳和锚栓的受力状态很复杂，往往被拉成极度弯曲的形状，因此，生根钢丝绳的绳环，无论是编接的还是卡接的，都应牢固可靠，不得有滑出或拉断的危险。

3 应做到生根钢丝绳与地锚的受力方向一致，这样，生根钢丝绳的受力才不致复杂化。

4 重要的地锚和埋设情况不明的地锚，一定要试拉，否则严禁使用，以防止出现不必要的重大事故。

5 使用前指定专人检查、看守，以防止万一发生变形而引起事故。

5 混凝土结构吊装

5.1 一 般 规 定

5.1.1 构件运输既要合理组织，提高运输效率，又要保证构件不损坏、不变形、不倾倒，确保质量和安全。构件运输时的混凝土强度，一定要符合设计规定，如设计无要求应遵守《混凝土结构工程施工质量验收规范》GB 50204 的规定。否则，运输中振动较大，构件容易损坏。构件的垫点和装卸车时的吊点，不论上车运输或卸车堆放都应按设计要求进行。"r" 形等形状的构件都属特型构件。叠放在车上或堆放在现场上的构件，构件之间的垫木应在同一条垂直线，且厚度相等。经核算需加固的必须加固。对于重心较高、支承面较窄的构件，应采用支架固定，严防在运输途中倾倒。大型构件因其不易调头，必须根据其安装方向确定装车方向，支承处需设转向装置的目的，是防止构件侧向扭转折断，并避免构件在运输时滑动、变形或互碰损坏。

5.1.2 为了给吊装作业创造有利条件，必须做到合理堆放，为此，应做到：

1 堆放构件的场地除需平整和压实外，还应排水良好，严防因地面下沉而使构件倾倒。

2 构件应严格按平面布置图堆放，并满足吊装方法和吊装方向的要求，同时还应按类型和吊装顺序做到配套堆放，目的是避免二次倒运。

3 垫点应接近设计支承位置，异形平面垫点应由计算确定，等截面构件垫点位置亦可设在离端部 0.207L（L 为构件长）处。柱子则应避免柱裂缝，一般易将垫点设在距牛腿 300mm～400mm 处。同时构件应堆放平稳，底部垫点处应设垫木，应避免搁空而引起翘棱。

4 对侧向刚度差、重心较高、支承面较窄的构件，如屋架、薄腹梁等，在直立堆放时，应设防倒撑木，或将几个构件用方木以铁丝连在一起，但相邻屋架的净距，要考虑捆绑吊索、安装支承连接件及张拉预应力筋等操作方便，一般可为 600mm。

5 成垛堆放的构件，各层垫木的位置应靠紧吊环的外侧，构件堆放应有一定的挂钩绑扎操作净距。相邻构件的净距一般不小于 2m。

6 插放的墙板，应用木楔子使墙板和架子固定牢靠，不得晃动。靠放的墙板应有一定的倾斜度（一般为 1：8），两侧的倾斜度应相等，堆放块数亦要相近，相差不应超过三块（包括结构吊装过程中形成的差数）。每侧靠放的块数视靠放架的结构而定。楼、屋面板重叠平放的构件，垫木应垫在吊点位置且与主筋方向垂直。

5.1.3 目前在现场预制的钢筋混凝土构件，一般都使用砖模或土模平卧（大面朝上）生产，为了便于清理和构件在起吊中不断裂，应先用起重机将构件翻转 90°，使小面朝上，并移到吊装的位置堆放。

1 柱本身翻身必须选择好吊点，应使其在翻身过程中能承受自身重量产生的正负弯矩，保证翻身时不裂缝。对已翻身或移至吊装位置搁置的柱子，应按设计要求布置支承点，无要求时，则按本款要求布置。

2 屋架都是平卧生产，运输或吊装均必须先翻身，由于屋架的平面刚度较差，翻身过程中往往容易损坏，故操作应注意：

1）如验算抗裂度不够时，可在屋架下弦中节点处设置垫点，使屋架在翻转过程中，下弦中部始终着实，以防悬空挠度过大而产生裂纹。屋架立直后，下弦的两端宜着实，而中部则应悬空，这样才符合设计要求而不会发生裂缝。但当屋架高度超过 1.7m 时，应按本款加固。

2）屋架一般是重叠生产，翻身时应在屋架两端用方木搭井字架（井字架的高度与下一榀屋架平面一样高），以便屋架由平卧翻转立直后搁置其上，以防止屋架在翻转中由高处滑落地面而损坏。

3）先将起重机吊钩基本上对准屋架平面中心，然后起升吊杆使屋架脱模，并松开转向滑车，让车身自由转动，接着起钩，同时配合起落吊杆，争取一次将屋架扶直，做不到一次扶直时，应将屋架转到与地面成 70°后再刹车。因为起重机的每一次刹车和启动，都对屋架产生一个比较大的冲击力，可能会使屋架产生裂纹。在屋架接近立直时，应调整吊钩，使其对准屋架下弦中点，以防屋架吊起后摆动太大。

5.1.4 构件跨度大于 30m 时，如采用整体预制，不但运输不方便，而且翻身时（扶直）也容易损坏，故常分成几个块体预制，然后将块体运到现场组合成一个整体。这种组合工作叫做构件拼装。

1 平拼，即将块体平卧于操作台上或地面上进行拼装，拼装完毕后再吊装。立拼，即将块体立着拼装，并直接在施工平面布置图中指定的位置上拼装。平拼不需要稳定措施，焊接大部分是平焊，拼装简便。立拼则需要稳定措施，尤其是高处立拼，必须搭设高质量的拼装架和工作台。所以在一般的情况下，小型构件用平拼，大型构件用立拼。立拼的程序一般为：做好各块体的支垫→竖立三脚架→块体就位→检查→焊接上、下弦拼接钢板。其中三脚架是稳定块体用的，必须牢固可靠。三脚架中的立柱可在屋架块体就位前埋入土中 1m 以上，梢径不宜小于 100mm，其位置应与构件上拼装节点、安装支撑连接件的预留孔眼或预埋件等错开。

2 "安全挡木"是为了防止组合屋架块体在校正中倾倒。

5.1.5 绑扎就是使用吊装索具、吊具绑扎构件，并做好吊升准备的操作。

1 绑扎构件一般采用钢丝绳吊索及配合使用的其他专用吊具。随着新型结构的不断推广，为了保证安全、迅速地吊起构件，并使摘钩工作简易，绑扎方法也不断进步。

2 绑扎吊升过程中，应使构件成垂直状态（如预制柱），并应做到以下几点：

1）绑扎点应稍高于构件重心，使起吊时构件不致翻转；有牛腿的柱应绑在牛腿以下；工字形断面应绑在矩形断面处，否则应用方木加固翼缘；双肢柱应绑在平腹杆上。

2）当柱平放起吊的抗弯强度满足要求时，可以采用斜吊绑扎法，由于吊起后成倾斜状态，吊索歪在柱的一边，起重钩可低于柱顶，因此，起重杆可以短些。当柱子平放起吊的抗弯强度不足，需将柱由平放转为侧立然后起吊时，可采用正吊（又称直吊）绑扎法，采用这种方法绑扎后，横吊梁必须超过柱顶，起吊后柱呈直立状态，所以需要较长的起重杆。

3）为保证天窗架不改变原设计受力情况，宜采用四点绑扎。

3 绑扎吊升过程中成水平状态的构件，如各种梁、板等应做到：

1）尽量利用构件上预埋的吊环和预留的吊孔，没有吊环和吊孔时，若设计图纸指定了绑扎点，应按照设计图纸规定绑扎起吊；若未指定绑扎点，应按本点要求绑扎。

2）为便于安装，应使梁、板在起吊后能基本保持水平，因此，其绑扎点应对称地设在构件两端，两根吊索要等长，吊钩应对准构件的中心。

3）屋架绑扎宜在节点上或靠近节点，其原因是避免上弦杆遭到破坏，具体绑扎方法应根据屋架的跨度、安装高度及起重机的臂杆长度确定。

4 吊点绑扎，必须做到安全可靠，便于脱钩。

5.1.6 此条要求是避免吊装时，构件上的杂物落下伤人。

5.1.7 此条要求是为了避免施工人员掉入孔洞或其他物体掉入伤人。

5.1.8 单层厂房吊装前应编制施工组织设计或作业设计（包括选择吊装机械、确定吊装程序、方法、进度、构件制作、堆放平面布置、构件的运输方法、劳动组织、构件和物资供应计划、质量标准、安全措施等），在吊装中应遵守这些施工组织设计。但对单层多跨厂房宜先主跨后辅跨；先高跨后低跨；先吊地下设施量大、施工期长的跨间，后吊地下设施量小或无地下设施、施工期短的跨间。多层厂房则应先吊中间，后吊两侧，再吊角部。对称进行的目的是为了防止柱梁产生偏心受压或受扭现象。

5.1.9 吊装前应对周围环境进行详细检查，尤其是起重机吊杆及尾部回转范围内的障碍物应拆除或采取妥善安全措施保护。

5.2 单层工业厂房结构吊装

5.2.1 钢筋混凝土柱子种类很多，轻重悬殊，因而绑扎方式和起重机的选择均差别较大。同时起吊前技术准备条件多，如杯口、柱身弹线、标高找平等，这些都需要认真做好准备。不仅如此，吊装中还应注意以下一些问题：

1 柱子的绑扎、吊装顺序、吊装方法、临时固定、校正方法等一定要符合施工组织设计规定。

2 柱子的临时固定，当柱高为 10m 以下时，可用木楔、钢楔或混凝土楔固定柱子根部；当柱高大于 10m 时，可用钢楔、千斤顶固定，也可用缆风绳或斜撑配合固定。用于临时固定的楔子，宜露出杯口 100mm～150mm，以便柱子校正时调整。

3 柱子经临时固定后，必须经过平面位置（就位时校正）和垂直度的校正方可作最后固定。垂直度校正在柱子的两个相互垂直的平面内同时进行，设两台经纬仪同时观测。就位位置如仍与设计位置有较大的偏差，应边吊边校，即应将柱再次吊起，重新对线就位。不得在牛腿上拖拉梁，也不得使用撬杠沿纵向撬动梁。

4 对校正完毕的柱子经有关部门检查合格后，应及时进行最后固定。即在柱子杯口内浇筑强度高一级的细石混凝土。浇筑混凝土前应清除杯口内的杂物和积水。

采用缆绳或斜撑校正的柱子，必须在第二次浇筑的混凝土达到设计强度的 75%后，方可拆除缆绳或斜撑。

5.2.2 钢筋混凝土吊车梁一般有“T”形截面、鱼腹式和组合式形式，为安全吊装，应注意以下事项：

1 吊车梁的安装为了稳定的需要，应在柱永久固定并达到强度要求、柱间永久支撑安装完毕后进行。吊索收紧后与梁的水平夹角不得小于 45°，是为保证梁的侧向稳定的需要。

2 重型吊车梁可待屋盖系统安装完毕后统一校正，检查梁纵轴线是否一致，两列吊车梁之间的跨距是否符合设计要求，梁的尺寸窄而高时，应采用支撑或用 8 号钢丝将梁捆于柱子上。

3 一般钢筋混凝土梁就位后校正完用垫铁垫平即可，不用采取特殊的临时固定措施。但当梁的高度与宽度之比大于 4 时，可用 8 号钢丝将梁捆于柱上，以防脱钩后倾倒。

4 吊车梁的校正工作，可在屋盖吊装前进行，也可在屋盖吊装后进行。但梁的垂直度和平面位置的校正，应同时进行，在校正完毕后，应立即将梁与柱上的预埋件进行焊接，并在接头处支模，浇灌细石混凝土。

5.2.3 屋架吊装前应将纵横轴线用经纬仪投于柱顶，并于柱顶弹屋架安装线。另外应在屋架上弦自中央向两边分别弹出天窗架、屋面板的安装位置线并在屋架下弦两端弹出安装用的纵横轴线，且在吊装时应注意下列事项：

1 将屋架提升至柱顶以上 300mm 处时，再缓慢降落，同时进行对线校正和垂直度校正。屋架平面位置的校正主要是对线。一次没有对好，需要进行第二次对线时，应将屋架提升起来，再慢慢落下，边落边对线。屋架的临时固定完成后，应及时用电焊与柱头焊接。当焊完全部焊缝 2/3 以上长度时，方可脱钩。

2 第一榀屋架的临时固定必须十分可靠。一般是在屋架或天窗架的上弦两侧各设两根钢丝缆风绳（当跨度超过 18m 时，应相应增加缆风绳的数量），有山墙抗风柱的厂房，亦可将屋架固定在抗风柱上。

第二榀屋架的校正和临时固定是以第一榀屋架为支承点，用屋架校正器（或其他自制的专用工具）进行，其余各榀屋架的校正调整和临时固定与第二榀屋架方法相同。

5.2.4 当该榀屋架的屋面板安装完后，这时屋架和屋面板已形成了空间体系，且刚度大，再安装天窗架时，屋架不会受什么影响，同时固定和操作过程也很安全。

5.2.5 用电焊作最后固定时，应避免同时在屋架两端的同一侧施焊，以免因焊缝收缩使屋架倾斜。另应待施焊完 2/3 焊缝长，即最后固定已得到基本的可靠保证时，才能摘钩。

5.2.6 两榀屋架吊装完毕后，即应从两端对称地向跨中吊装屋面板，否则易造成屋架受力的改变而发生严重的事故。另外在屋架或天窗架上吊装每一块屋面板时，宜对准安装线一次就位好，位置需要调整时，应将屋面板微微吊起，再次对线就位，不宜在板的纵向撬动，同时屋面板端在屋架或天窗架上的支承长度应符合设计要求，板的四角应用垫铁垫实，就位后应及时校正施焊，每块板的焊接角点不应少于 3 个。

5.2.7 吊装时，先将托架吊离地面 500mm，使其对中，吊至柱顶以上，拉溜绳旋转托架，用人力扶正就位，随即进行校正，使其支承平稳、两端长度相当、垂直度正确，如有偏差，在支承处垫铁片和砂浆调整。校正时避免用撬杠撬动，以防柱头偏移，校正好后卸钩。最后按柱列支接头模板，浇灌接头混凝土固定。

5.2.8 因垂直支撑是保证屋架稳定的，水平支撑是抗纵向水平力的，所以应先安装垂直支撑，后安水平支撑。先安中部后安两端的原因，是因中部的刚度和稳定性差。这样做才能保证屋盖体系的整体稳定。

5.3 多层框架结构吊装

5.3.1 多层装配式结构中的柱子有普通单根柱（截面矩形或正方形）和“T”形、“+”形、“r”形、“H”形等异形柱子，同时根据柱子接头的形式不同，柱的吊装应注意下列事项：

1 为使下节柱的垂直度不会在吊装上节柱时发生较大变化，一般都应在吊装上节柱前将下节柱上的连系梁和柱间支撑安装好，并焊接完毕。且底层柱应在杯口二次灌浆和非底层柱接头的细石混凝土强度达到设计强度的 75%以上后，方准吊装上节柱。

2 多机抬吊多层“H”形框架柱时，为使捆绑吊索不产生水平分力，递送作业的起重机应使用横吊梁，以防止吊索的水平分力使框架柱产生裂缝。采用多机抬吊时，在操作上还应注意下列几点：

1）各起重机都应将回转刹车打开，以便在吊钩滑轮组发生倾斜时，可自动调整一部分。

2）指挥人员应随时观察两机的起钩速度是否一致，当柱截面发生倾斜时，即说明两机起升速度有快慢，此时两机的实际负荷与理想的分配数值不同，应指挥升钩快者暂停，进行调整。

3）副机司机应注意使副机的起钩速度与主机的起钩速度保持一致。

3 重量较轻的上节柱，可采用方木和钢管支撑进行临时固定和校正。

4 对上节为重型或较高的柱，应在纵横向加带正反扣螺母能调整长短的管式水平支撑或用缆风绳进行临时固定和校正。缆风绳用钢丝绳制作，用捯链或手扳葫芦拉紧，每根柱子拉四根缆风绳，柱子校正后，每根都应拉紧。如果一面松一面紧，在焊接中柱子垂直度容易发生变化。

5 保护柱接头钢筋的钢管或木条一定要绑扎牢靠，防止空中散落伤及地面人员。

5.3.2 目前常见的多层装配式结构的梁柱接头形式，有明牛腿和齿槽式两种，其吊装时应注意以下事项：

1 明牛腿由于支座接触面积较大，故校正后，只要将柱和梁端底部的预埋件相互焊接即可保证安全。

2 齿槽式由于梁在临时牛腿上搁置面积较小，为确保安全，所以应等梁上部接头钢筋焊好两根后，才可以脱钩。

5.3.3 楼层板一般分双T板、空心板和槽形板等，根据其不同类型吊装时，应注意以下事项：

1 双T板一般都预埋吊环，每次吊装一块板时，钩住吊环即可。每次吊两块以上板时，每块板吊索直接挂在吊钩上，并将各板间距离适当加大些，其目的是减小吊索对板翼的压力，防止翼缘损坏。

2 用横吊梁和兜索一次叠层吊数块空心板或槽形板可大大提高吊装效率。用铁扁担的方法是将数块板平排，下用兜索平挂于铁扁担两端，并将板吊到梁上卸去兜索后，用撬杠将板撬至设计位置。用兜索的方法是将数块板加垫木重叠放置，靠近两端用兜索直接钩挂于吊钩上，并将板吊至梁端集中放置卸去兜索后，再将各板吊至设计位置。用上述两种方法，起吊后板两端必须保持水平或接近水平，严禁板两端高差过大，以防滑落掉下伤人。

3 楼层板吊装不得采用上层各板直接叠压于下层板上，这样最下层板容易断裂从高处坠落；另一方面吊于梁上后，不易分块穿拉兜索甚至产生危险。楼层板吊装时，禁止在板上站人、堆物、放工具和推车，其目的是防止这些人或物从高处坠落伤人。

5.4 墙板结构吊装

5.4.1 吊装一般有两种方式：一种是逐间闭合吊装，另一种是同类构件依次吊装。前者易于临时固定和组织流水作业，稳定性好，安全较有保证，应尽量采用此种方法吊装。

1 吊装顺序应从中间开始向两端进行，以便校正时易于调整误差。

2 坐浆的目的主要是保证墙板底部与基础部分能结合紧密，确保连接的整体性和传力的均匀性。

3 因大板的横向刚度较差，因此采用横吊梁和吊索与水平夹角不小于60°的规定，主要是防止产生过大的水平力而使侧向失去稳定，至于要求吊装要垂直平稳主要是从安全上考虑，便于就位和临时固定。

4 墙板就位时，要对准外边线，稍有偏差用撬杠拔正。偏差较大时，则应将墙板吊起重新就位。较重、较大的墙板应随吊随校正。

5 第一个安装节间的墙板，应用操作台或8号钢丝和花篮螺栓，或者钢管斜撑与底部楼板进行临时固定和校正，以后的横向墙板和纵向墙板，分别用工具式水平拉杆或转角固定器和钢管斜撑进行临时固定和校正。但外墙板一定要在焊接固定后才能脱钩。

6 校正完的墙板，应立即梳整预埋钢筋，并焊接。待同层墙板全部吊完，经总体校正完毕后，即应浇筑墙板主缝。随后在墙板上支模、绑扎钢筋、浇灌圈梁混凝土。

7 拆模后待圈梁混凝土强度达到规定强度后，随即吊装大板楼板，并灌缝。接着可用同法吊装第二层墙板。

5.4.2 框架挂板随着墙板装配化的发展，今后将愈来愈多，使外维护结构完全装配化，可大量缩短工期，很有发展前途。

1 挂板的运输和吊装不得用钢丝绳兜吊，主要是怕破坏板的棱角和装饰效果，故应用专用卡具或工具进行运输和吊装。禁止用钢丝捆绑亦是如此。

2 安装前应用水准仪检查墙板基底的标高，墙板的安装高度应用墨线弹在柱子上，作为安装挂板的控制线。因此挂板就位后应随即和柱、梁、墙等作临时固定或永久固定，防止其坠落发生事故。

5.4.3 工业建筑墙板一般包括肋形板、实腹板和空心板等的安装。

1 除应有出厂合格证外，还应按要求数量运至现场堆放就位。埋设件表面浮浆应清理干净。

2 有吊环时可用吊环起吊，立吊时可预留孔。吊点的位置应按设计规定或经过验算后确定。但吊索绑扎点距板端应不大于1/5板长。为减小吊索的水平分力，故其水平夹角不应小于60°。为防止撞击其他构件，应设溜绳控制。

3 按柱上已弹好的墙板位置线，调整好墙板横、竖位置，就位后随即用压条螺栓固定，待螺栓拧紧摘钩后，螺栓与螺母的焊接可在墙板吊装完毕后进行，但每安装完一根压条，即应向压条里的竖缝灌灰浆，并应捣实，不能安装完几根压条后再一并灌浆。

采用焊接固定时，可在焊缝焊完2/3后脱钩，但应在上一层板安装前焊完下层板的焊缝。

6 钢结构吊装

6.1 一般规定

6.1.1 构件的配套按吊装流水顺序进行。

以一个结构安装流水段（如单厂的综合法吊装、高层一节钢柱框架）为单元，集中配套齐全后，进行构件的复检和处理修复，然后按吊装顺序进行安装。配套中应特别注意附件（如连接板等）的配套，否则小小的零件将会影响到整个吊装进度，一般对零星附件是采用螺栓或钢丝直接临时绑扎固定在吊装节点上。但构件在装卸时，由于对基坑外侧地面荷载有所限制，故装卸机械不应靠近基坑行走。

6.1.3 灌浆前必须对柱基进行清理，立模板，用水冲洗并除去水渍，螺孔处必须用回丝擦干，然后用自流砂浆连续浇灌，一次完成。流出的砂浆应清洗干净，加盖草袋养护。砂浆必须做试块，到时试压，作为验收资料。

6.1.4 为便于接柱施工和焊工进行接头焊接操作，需在接头处搭设操作平台或脚手架等，以及为焊工在风速超过5m/s进行操作所设的防风设施等，均应在操作前进行详细检查，确属可靠后方可进行工作，确保使用安全。

6.1.5 为柱子、梁接头螺栓或焊接等施工和吊装时行走方便，应适量铺设带扶手的走道板，以确保安全。压型钢板必须随铺随焊，以防止滑落。

6.2 钢结构厂房吊装

6.2.1 钢柱的吊装方法与装配式钢筋混凝土柱相似，亦为旋转或滑行吊装法，对重型柱可采用双机或三机抬吊，但应注意下列事项：

1　初校时，垂直度偏差应控制在20mm以内。

2　钢柱校正时，垂直度用经纬仪检验，如有偏差，用螺旋千斤顶或油压千斤顶进行校正。在校正过程中，随时观察柱底部和标高控制块之间是否脱空，严防校正过程中造成水平标高的误差。校正好后，应立即将承重垫板上、下点焊牢固，防止滑动。并随即按规定灌浆进行永久固定。

6.2.2　单层厂房的钢构件吊车梁，根据起重设备的起重能力分为轻、中、重型三类。轻型者重量只有几吨，重型者有跨度大于30m，重量100t以上者，可用双机抬吊，个别情况下还可设置临时支架分段吊装。同时钢吊车梁均为简支梁形式，梁端之间留有10mm左右的空隙。梁搁置处与牛腿面之间留有空隙，设钢垫板。梁与牛腿用螺栓连接。但吊装时应注意以下事项：

1　钢柱吊装完成，并经调整校正固定于基础上之后，达到一定强度并安装完永久性柱间支撑后，才能进行钢吊车梁吊装。吊车梁的校正主要包括标高、垂直度、轴线和跨距等。标高的校正可在屋盖吊装前进行。其他项目的校正应在屋盖吊装完成后进行，因为屋盖的吊装可能引起钢柱在跨向有微小的变动。吊车梁的跨距检验，应用钢卷尺量测，跨度大的用弹簧秤拉测（拉力一般为100N～200N），为防止下垂，必要时对下垂度Δ应进行校正计算：

$$\Delta=\frac{e^2L^3}{24P^2}$$

式中：Δ——中央下垂度（m）；

e——钢卷尺每米垂度（N/m）；

L——钢卷尺长度（m）；

P——量距时的拉力（N）。

2　支承紧贴面不小于70%主要是为了承力和传力的需要。

6.2.3　由于屋架的跨度、重量和安装高度不同，适合的吊装机械和吊装方法亦随之而异。但屋架一般都采用悬空吊装，为吊起后不致发生摇摆和碰坏其他构件。起吊前应在支座附近的节间用麻绳系牢，随吊随放松，以保持其正确位置。同时应注意以下事项：

1　钢屋架吊装前应根据吊点位置验算起吊时的稳定性，若不足时应采取可靠的临时加固措施方准吊装。

2　屋架临时固定如需临时螺栓和冲钉，则每个节点处应穿入的数量必须由计算确定，并应符合下列规定：

1）不得少于安装孔总数的1/3，且不得少于两个；

2）冲钉穿入数量不宜多于临时螺栓的30%；

3）扩钻后的螺栓（A级、B级）的孔不得使用冲钉。

3　最后固定的电焊或高强度螺栓应符合有关标准、规定或设计的要求。

6.2.4　为减少高处作业，应优先采用天窗架预先拼装在屋架上的方法，若采用此法天窗架与屋架之间应绑两道竖向木杆加固，并将吊索两面绑扎，把天窗架夹在中间，以保证天窗架的稳定。

6.3　高层钢结构吊装

6.3.1　钢柱吊装前应确定整个吊装程序，若选用节间综合吊装法时，必须先选择一个节间作为标准间，由上而下逐间构成空间标准间，然后以此为依靠，逐步扩大框架，直至该层完成。若选用构件分类大流水吊装法时，应在标准节框架先吊钢柱，再吊装框架梁，然后安装其他构件，按层进行，从上到下，最终形成框架。但具体吊装柱时，第一节是安装在柱基临时标高支承块上，其他各节柱都安装在下节钢柱的柱顶（采用对接焊），钢柱两侧装有临时固定用的连接板，上节钢柱对准下节钢柱柱顶中心线后，即用螺栓固定连接板作临时固定。所以在具体吊装时，应按本条规定执行。

1　为保证柱与柱、柱与梁接头施工操作的安全，一般在吊装前在地面上把操作挂篮或平台和爬梯固定于拟吊装的柱子上。

2　单机吊装时需在柱子根部垫以垫木，以回转法起吊，要禁止柱根拖地。多机抬吊时，应用两台或两台以上起重机悬空吊装，柱根部不着地，待吊离地面后在空中回直。

3　由于钢柱柱脚与基础多用地脚螺栓连接，柱与柱多用对接连接，因此，为使钢柱在就位时能顺利地套入地脚螺栓或对准插入下柱，应采用垂直法吊装。吊点一般利用柱顶临时固定的连接板的上螺孔，也可在柱制作时，在吊点部位焊吊耳，吊装完毕后再割去。另外，钢柱在起吊回转过程中应注意避免同其他已吊好的构件相碰撞，以免发生重大事故。

4　钢柱就位后，先对钢柱的垂直度、轴线、牛腿面标高进行初校，然后安设临时固定螺栓再拆除吊索，钢柱上下接触面的间隙，一般不得大于1.5mm，如间隙在1.5mm～6.0mm之间，可用低碳钢的垫片垫实空隙。如超过6mm，应查清原因后进行处理。

6.3.2　安装前应对钢梁的型号、长度、截面尺寸和牛腿位置进行检查，并在距梁上翼缘处适当位置开孔作为吊点。当一节钢框架吊装完毕，即需对已吊装的柱梁进行误差检验和校正。对于控制柱网的基准柱，用激光仪观测，其他柱根据基准柱用钢卷尺量测。但在具体吊装时应注意下述问题：

1　主梁吊装前，应在梁上装好扶手杆和扶手用的安全绳，待主梁吊到位时，将扶手用安全绳与钢柱系住，以保证施工安全。

2　为保证梁起吊后两端水平，故应采用两点吊。吊点的位置取决于钢梁的跨度。水平桁架的吊点位置应根据桁架的形状而定，但须保证起吊后平直，目的是便于安装连接。

3　安装连接螺栓时，要禁止在情况不明的情况下任意扩孔，且连接板必须平整。当梁标高超过允许规定时必须校正。

6.3.3　装配式剪力墙板安装在钢柱和楼层框架梁之间，剪力墙板有钢制墙板和钢筋混凝土墙板两种，但吊装时应注意下列事项：

1　进行墙板安装时，先用索具吊到就位部位附近临时搁置，然后调换索具，在分离器两侧同时下放对称索具绑扎墙板，再起吊安装到位。

2　剪力墙板是四周与钢柱和框架梁用螺栓连接再用焊接固定的，安装前在地面先将墙板与上部框架梁组合，然后一并安装，定位后再连接其他部位。剪力支撑安装部位与剪力墙板吻合，安装时应采用剪力墙板的安装方法，尽量组合后再进行安装。

6.3.4　校正应包括轴线、标高、垂直度，但目前在我国高层钢结构工程安装中尚无明确的规范可循，现有的建筑施工规范只适用于一般钢结构工程。为此，目前只能针对具体工程由设计单位参照有关规定提出校正的质量标准和允许偏差，供高层钢结构安装实施。但校正时标准柱的选择，对正方形框架是取4根转角柱，对长方形框架当长边与短边之比大于2时取6根柱，对多边形框架取转角柱，标准柱应用激光经纬仪以基准点为依据进行竖直观测，并对钢柱顶部进行校正，其余柱校正采用量测的方法。但框架校正完后，要整理数据列表，并进行中间验收鉴定，然后才能开始高强螺栓紧固工作。

6.4　轻型钢结构和门式刚架吊装

6.4.1　组装时宜放样组装，并焊适当定位钢板（型钢）或用胎模，以保证构件的精度，组装中在构件表面的中心线偏差不得超过3mm，连接表面及沿焊缝位置每边30mm～50mm范围内的铁毛刺和污垢，油污必须清除干净。

当有多条焊缝焊接时，相同电流强度焊接的焊缝宜同时焊完，然后调整电流强度焊另一条焊缝。焊接次序宜由中央向两侧对称施焊，对焊缝不多的节点，应一次施焊完毕，并不得在焊缝以外的构件表面及焊缝的表面和焊缝的端部起弧、灭弧。对于檩条等小杆件，可使用一些辅助固定卡具或夹具，或辅助定位板，以保证结构的几何尺寸正确。同时也可采用反弯措施或刚性固定措施来预防焊接变形。

将檩条的拉杆先预张紧，主要是增加屋面刚度，并传递屋面荷载。但应避免过分张紧，而使檩条侧向变形。屋架水平支撑在屋架与檩条安装完后拉紧，目的是增强屋盖刚度。

吊装轻型屋面板时，一般由上而下铺设。

6.4.2 刚架起吊后，起重机吊钩通过重心，才能使刚架柱子保持垂直。如果找重心没有把握，可增加一根平衡吊索来保持刚架柱子垂直。平衡吊索的长度应经过估算，并在起吊第一个刚架柱子时，根据实际情况确定后，用夹头固定，也可用捯链进行调整。

门式刚架与基础的连接是铰接，杯口很浅，所以刚架的临时固定，除了在杯口打入八个楔子外，悬臂端应用架子支承。

支承井架为安全计必须经过设计计算，按设计制作或搭设。吊装量大应设计成移动式，吊装量小可用钢管脚手架搭设。

在纵向，第一个刚架必须用缆风或支撑作临时固定，以后各个刚架的临时固定，可用缆风或支撑，亦可用屋架校正器固定。

刚架在横轴线方向的倾斜，用架子上的千斤顶校正。刚架在纵轴线方向的倾斜，用缆风、支撑或屋架校正器校正。校正时应使柱脚面、柱顶面和悬臂端面的三点在同一个铅垂面上。已校正好的刚架，中部节点应立即焊接固定，柱间支撑亦应及时安装，并随即对柱脚进行二次灌浆。

这是为了刚架的整体稳定能有可靠的保证。

7 网架吊装

7.1 一般规定

7.1.3 网架应在专门的拼装模架上进行拼装，当跨度较大时，应按气温情况考虑温度修正。同时吊装方法的选择要注意下列事项：

1 施工组织设计中应着重考虑把焊接工作放在加工厂或预制拼装场内进行，尽量减少高空或现场的工作量。

2 网架的安装方法及适用范围可按如下参考：

1）高空散装法：适用于螺栓连接节点的各种类型网架；

2）分条或分块安装法：适用于分割后刚度和受力状况改变较小的网架，如两向正交、正放四角锥、正放抽空四角锥等网架，分条或分块的大小应根据起重能力而定；

3）高空滑移法：适用于两向正交正放、正放四角锥、正放抽空四角锥等网架；

4）整体吊装法：适用于各种类型的网架，吊装时可在高空平移或旋转就位；

5）整体提升法：适用于周边支承及多点支承网架，可用升板机、油压千斤顶等小型机具进行施工；

6）整体顶升法：适用于支点较少的多点支承网架。

7.1.4 吊点在选择时特别应防止与使用时的受力相反，同时其反力应控制在不大于起重设备负荷能力的80%，且各反力大小应接近，禁止反力差超过20%。

7.1.5 安装方法选定后，应按本条要求进行分项认真验算，严禁发生重大事故。

7.1.6 验算时施工荷载须按本条要求乘以规定的动力系数。

7.1.7 试拼的目的主要是控制好网架框架轴线支座的尺寸和起拱要求。试吊的目的主要是检查吊装所有设备和吊装方法的可靠性和安全性。

7.1.8 小拼的目的是保证小拼单元的形状及尺寸的准确性，其允许偏差应符合现行国家《钢结构工程施工质量验收规范》GB 50205和《空间网格结构技术规程》JGJ 7的有关规定。焊接球节点与钢管中心允许偏差应为±1.0mm。高空总拼前应采用预拼装来保证精度要求。

7.2 高空散装法安装

7.2.1 高空散装法是先在地面上搭设满堂红拼装支架或部分拼装支架，将网架小拼装单元或杆件吊至支架上，直接在高空按设计位置进行拼装。悬挑法适用于非焊接节点（如螺栓球节点、高强度螺栓节点等）的各网架的拼装，并宜采用少支架的悬挑施工方法，不宜用于焊接球网架的拼装，因焊接易引燃脚手架板，同时高空焊接易影响焊接质量和降低工效。

7.2.2 支架的作用是用起重机将单榀钢桁架吊至设计位置，利用支架直接进行拼装。

7.2.3 这里应特别注意每榀块体的安装顺序，开始的两个三角形部分，是由屋脊部分开始分别向两边安装；两三角形相交后，则由交点开始同时向两边安装。

7.2.4 当第一榀网架块体就位后，在中竖杆顶一方木和安放一个千斤顶主要是作调整标高用，在上弦绑杉杆是为稳定块体。其他各块体就位后，因已有螺栓与已固定的网架块体相连接。所以，只要用方木和千斤顶顶住下弦即可。不必再在上弦绑杉杆。

7.2.5 用经纬仪观测轴线偏差，如超过设计规定，可在块体上下弦挂捯链牵引校正。单个块体的标高偏差，用设置在下弦节点处的千斤顶校正。如果支架刚度不够，则已安装并已校正好的大面积网架的标高可能会发生下降，此时，只用某一个千斤顶顶不动，而需同时操作网架下面的许多个千斤顶进行校正。

7.2.6 这种一次成活的办法，不仅可提高工作效率，而且可防止网架产生过大的挠度。

7.2.7 拆除时，为避免因个别支点受力过大使网架杆件变形，应有组织地分几次下落千斤顶，且每次要使位于网架中央的千斤顶多下降一些，位于网架中央和周边之间的千斤顶次之，位于网架周边的千斤顶少降一些。位于网架中央的千斤顶一次下降量应控制在20mm～40mm范围内。

7.3 分条、分块安装

7.3.1 事先将网架分成若干段，先在地面上组装成条状或块状单元，再用起重机将单元体吊装就位拼成整体。

7.3.2 为保证顺利拼装，在条与条、块与块合拢处可先采用临时螺栓固定，待发现有偏差或误差时便于调整。全部拼装完成后，调整网架挠度和标高，焊接半圆球节点和安设下弦杆件，拧紧支座螺栓即可拆除支架或立柱。

7.3.5 网架运输中吊点及垫点应经计算确定，发现运输刚度不足应事前加固，防止发生变形。

7.4 高空滑移法安装

7.4.1 高空滑移法分单条滑移法和逐条滑移法两种，前者是将分条的网架单元在事先设置的滑轨上单条滑移到设计位置后拼接。后者是将分条的网架单元在滑轨上逐条积累拼接后滑移到设计位置。有条件时，应尽量在地面拼成条或块状单元吊至拼装平台上进行拼装。

7.4.2 采用滑移法安装网架时，平移单元在拼装和牵引过程中的挠度比较大，为减小挠度，故平移跨度大于50m的网架，宜在跨中增设一条平移轨道。

7.4.3 网架平移用的轨道，可用槽钢或扁钢焊在梁面预埋钢板上，轨道底面用水泥砂浆塞满，并在接头处焊牢，否则平移时，轨道会产生局部压陷，使平移阻力增大。轨道安装后要除锈并刷机油保养。另外，为了使网架沿直线平移，一般还在网架上安装导轮，在天沟梁上设置导轨。

7.4.4 为做到网架两端同步前进，应按本条要求选择滑轮和卷扬机，并应选用慢速卷扬机，且根据卷扬机的牵引能力和卷扬机速度确定牵引滑轮组的工作线数。钩挂滑轮组的动滑轮，应根据实际工程的需要采用几个单门滑轮，以便对网架进行多点挂钩。

7.4.5 为保证网架能平稳地滑移，滑移速度以不超过 1m/min 为宜。同时平移中两侧同步差达到 30mm 时，应停机调整同步。

7.4.6 抽去轨道前抬起网架支座时，应注意支座的均匀上升。

7.4.7 验算结果，当网架滑移单元由于增设中间滑轨引起杆件内力变化时，要采取临时加固措施，以防杆件失稳。

7.5 整体吊装法

7.5.1 整体安装就是先将网架在地面上拼装成整体，然后用起重设备将其整体提升到设计位置加以固定。这种方法不需高大的拼装支架，高空作业少，易保证质量，但需要起重量大的起重设备，技术较复杂。当采用多根拔杆方案时，可利用每根拔杆两侧起重机滑轮组中产生水平分力不等原理推动网架移动或转动进行就位，见图 1。

网架吊装设备可根据起重滑轮组的拉力进行受力分析，提升阶段和就位阶段，可分别按下式计算起重滑轮组的拉力：

提升阶段（图 1a）

$$F_{t1}=F_{t2}=\frac{G_1}{2\sin\alpha_1}$$

就位阶段（图 1c）

$$F_{t1}\sin\alpha_1+F_{t2}\sin\alpha_2=G_1$$

式中：G_1——每根拔杆所担负的网架、索具等荷载；

F_{t1}、F_{t2}——起重滑轮组的拉力；

α_1、α_2——起重滑轮组钢丝绳与水平面的夹角。

网架位移距离（或旋转角度）与网架下降高度之间的关系可

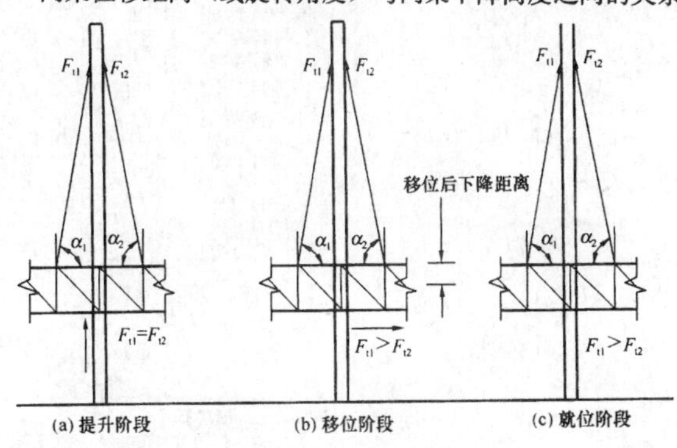

图 1 网架空中移位示意

用图解法或计算法确定。当采用单根拔杆方案时，对矩形网架，可通过调整缆风绳使拔杆吊着网架进行平移就位；对正多边形或圆形网架可通过旋转拔杆使网架转动就位。

7.5.2 提升中，若高差超过允许值即应停止起吊立即进行调整。

7.5.3 考虑起升及下降的不同步，使起重设备负荷不均，为保证其不超负荷，应乘以折减系数。

7.5.4 为防止网架整体提升与柱子相碰，错开的距离取决于网架提升过程中网架与柱子或突出柱子的牛腿等部位之间的净距，一般不得小于 100mm，同时要考虑网架拼装方便和空中移位时起重机工作的方便。

7.5.5 由于整体提升和拼装的需要，可征求设计单位的同意，将网架的部分边缘杆件留待网架提升后再焊接。或变更部分影响网架提升的柱子牛腿。

7.5.6 拔杆的选择取决于其所承受的荷载和吊点布置，网架安装时的计算荷载为：

$$Q=(\gamma_{G1}Q_1+Q_2+Q_3)K$$

式中：γ_{G1}——荷载分项系数 1.1；

Q_1——网架重量（kN）；

Q_2——附加设备（包括桁条、通风管、脚手架）的重量（kN）；

Q_3——吊具重量（kN）；

K——由提升差异引起的受力不均匀系数，如网架重量基本均匀，各点提升差异控制在 100mm 以下时，此系数取值 1.3。

应经过网架吊装验算来确定吊点的数量和位置。不过，在起重能力、吊装应力和网架刚度满足要求的前提下，应当尽量减少拔杆和吊点的数量。缆风绳的布置，应使多根拔杆相互连接。

7.5.7 因拔杆保持垂直状态受力最好，为使拔杆在网架吊装的全过程中不致发生较大的偏斜，应对缆风绳施加较大的初拉力。底座采用球形万向接头和单向铰接头，主要是为网架就位需要。

7.5.8 本条要求是为防止吊装过程中基础下沉产生歪斜。

7.5.9 本条要求主要是为了顺利提升和保证网架均衡上升。

7.5.10 本条要求主要是为保证网架结构和操作人员的安全而要求做到的。

7.6 整体提升、顶升法安装

7.6.1 整体提升法是用安于柱顶横梁上的多台提升设备，将在地面上原位拼装好的网架提升到设计位置进行落位固定的安装方法，此法提升平稳，劳动强度低，提升差异小。但要注意以下一些事项：

1 由于网架提升离地后下弦要伸长，所以，可将提升机中心校正到比网架支座中心偏外 5mm 的地方。并在试提升时，用经纬仪测量吊杆垂直度，如垂直偏差超过 5mm，应放下网架，复校提升机位置。为此，应将承力桁架与钢柱连接的螺孔做成椭圆形，以便于校正。

2 本款要求是为减小网架在拆除吊杆时的搁置差。

3 所有提升装置的第一节吊杆为同顺序号吊杆，所有提升装置的第二节吊杆亦为同顺序号吊杆，余类推。

4 因液压千斤顶对超负荷受力特别敏感，很容易坏，所以使用时较额定负荷折减得多。

5 相邻两提升点和最高与最低两个点的提升允许升差值应通过验算确定。相邻两个提升点允许升差值：当用升板机时，应为相邻点距离的 1/400，且不应大于 15mm；当采用穿心式液压千斤顶时，应为相邻距离的 1/250，且不应大于 25mm。最高点与最低点允许升差值：当采用升板机时，不应超过 35mm，采用穿心式液压千斤顶时不应超过 50mm。

6 提升网架时的一切荷载均由这些柱子承担。因此，保证结构在施工时的稳定性很重要。若经核算稳定性不够时，应设支撑加固。

7.6.2 网架采用整体顶升法，是利用千斤顶将在地面上拼装好的网架整体顶升至设计标高，此法的优点是不需要大型设备，施工简便。在施工中要注意以下事项：

1 支柱或支架上的缀板间距为使用行程的整倍数，主要便于倒换千斤顶。

2 本款说明同第 7.6.1 条第 4 款说明。但各千斤顶的行程和升起速度必须一致，千斤顶及其液压系统必须经过现场检验合格后方可使用。

3 控制各顶升点的允许值是为保证顶升过程达到同步。

4 千斤顶或千斤顶的合力中心与柱轴线对准，主要便于准确就位和使千斤顶均匀受力。千斤顶保持垂直是为防止千斤顶本身偏心受压而损坏。

5 避免网架结构对柱产生设计不允许出现的附加偏心荷载和对基础产生设计不允许出现的附加弯矩。

6 本款说明同第 7.6.1 条第 6 款说明。

中华人民共和国行业标准

建筑深基坑工程施工安全技术规范

Technical code for construction safety of
deep building foundation excavations

JGJ 311－2013

批准部门：中华人民共和国住房和城乡建设部
施行日期：2 0 1 4 年 4 月 1 日

中华人民共和国住房和城乡建设部
公　告

第174号

住房城乡建设部关于发布行业标准《建筑深基坑工程施工安全技术规范》的公告

现批准《建筑深基坑工程施工安全技术规范》为行业标准，编号为JGJ 311－2013，自2014年4月1日起实施。其中，第5.4.5条为强制性条文，必须严格执行。

本规范由我部标准定额研究所组织中国建筑工业出版社出版发行。

中华人民共和国住房和城乡建设部

2013年10月9日

前　言

根据住房和城乡建设部《关于印发〈2011年工程建设标准规范制订、修订计划〉的通知》建标［2011］17号的要求，规范编制组经过充分调查研究，认真总结实践经验，参考有关国际标准和国外先进标准，并在广泛征求意见的基础上，编制了本规范。

本规范的主要技术内容是：1　总则；2　术语；3　基本规定；4　施工环境调查；5　施工安全专项方案；6　支护结构施工；7　地下水与地表水控制；8　土石方开挖；9　特殊性土基坑工程；10　检查与监测；11　基坑安全使用与维护。

本规范中以黑体字标志的条文为强制性条文，必须严格执行。

本规范由住房和城乡建设部负责管理，由上海星宇建设集团有限公司负责具体技术内容的解释。执行过程中如有意见或建议，请寄送上海星宇建设集团有限公司（地址：上海市闸北区康宁路901号，邮政编码：200443）。

本规范主编单位：上海星宇建设集团有限公司
郑州大学

本规范参编单位：上海市基础工程有限公司
陕西省建设工程质量安全监督总站
中国建筑西南勘察设计研究院有限公司
中冶北方工程技术有限公司
浙江省建筑设计研究院
同济大学
上海市建工设计研究院有限公司
上海市建设安全协会
舜元建设集团有限公司
广州市恒盛建设工程有限公司
重庆市设计院
上海广大基础工程有限公司
广大建设集团有限公司
浙江暨阳建设集团有限公司

本规范主要起草人员：王自力　周同和　徐建标　郭院成
张成金　宋建学　马宏良　李耀良
康景文　刘兴旺　朱沈阳　胡群芳
栗　新　严　训　贾国瑜　邓小华
李　迥　黄欢仁　许建民　邓迎芳
顾辉军　吴国明　李　星　张哲彬

本规范主要审查人员：钱力航　应惠清　汪道金　潘延平
滕延京　刘小敏　武　威　袁内镇
郑　刚　朱　磊　唐建华　崔江余
杨纯仪　杨　杰

目　次

Contents

1 总　则

1.0.1 为在建筑深基坑工程的施工、使用与维护中保障基坑工程安全，做到技术先进、保护环境，制定本规范。

1.0.2 本规范适用于开挖深度大于或等于 5m 的建筑深基坑工程的施工、安全使用与维护管理。

1.0.3 建筑深基坑工程的施工、安全使用与维护，除应符合本规范外，尚应符合国家现行有关标准的规定。

2 术　语

2.0.1 建筑深基坑　deep building foundation excavation

为进行建（构）筑物地下部分施工及地下设施、设备埋设，由地面向下开挖，深度大于或等于 5m 的空间。

2.0.2 基坑工程施工安全等级　construction safety rank of excavation

根据工程地基基础设计等级，结合基坑本体安全、工程桩基与地基施工安全、基坑侧壁土层与荷载条件、环境安全等因素综合确定的基坑工程安全标准。是基坑施工安全技术与管理的基本依据。

2.0.3 动态设计法　information based design

根据施工反馈的岩土条件和现场监测资料，对地质结论、设计参数及设计方案进行验证，并在设计条件有较大变化时，及时补充、修改原设计的设计方法。

2.0.4 信息施工法　information based construction

根据施工现场的地质情况和监测资料，对地质结论、设计参数进行验证，对施工安全性进行判断并及时调整施工方案的施工方法。

2.0.5 安全预警　safety alerting

在基坑工程施工中，通过状态监测，对可能引发安全事故的征兆所采取的预先警示及事前控制，采取时机提示的技术措施。

2.0.6 应急预案　contingency plan

对基坑工程施工过程中可能发生的事故或灾害，为迅速、有序、有效地开展应急与救援行动、降低事故损失而预先制定的全面、具体的措施方案。

2.0.7 风险评估　risk assessment

对深基坑安全风险发生的可能性及其损害进行辨识、分析与评价的技术活动。

2.0.8 流土　soil flow

在渗流作用下，土体处于浮动或流动状态的现象。对黏土表现为较大土块的浮动，对无黏性土呈砂粒跳动和砂沸。

2.0.9 管涌　sand boiling

在渗流作用下，土体中的细颗粒在粗颗粒形成的孔隙中流失的现象。

2.0.10 盆式开挖　bermed excavation

基坑侧壁内侧预留土，挖除基坑其余土体后形成类似盆状的基坑，待支撑形成后再开挖基坑侧壁内侧预留土方的基坑开挖方式。

2.0.11 岛式开挖　island-style excavation

先开挖基坑周边土方，最后挖去中心土墩的开挖方式。施工中可以利用中心土墩作为临时结构的支点。

2.0.12 膨胀岩土　swelling soil and rock

在地质作用下形成的一种主要由亲水性强的黏土矿物组成的多裂隙并具有显著膨胀性的地质体。又叫胀缩土，是一种特殊土。

2.0.13 施工检查　construction inspection

基坑工程施工过程中，对原材料质量、施工机械、施工工艺、施工参数等进行的控制工作。

2.0.14 施工监测　construction monitoring

基坑工程施工过程中，对基坑及周边环境实施的量测、监视、巡查、预警等工作。

2.0.15 特殊性土基坑工程　foundation excavation in adverse soil

膨胀岩土中的基坑工程、受冻融影响的基坑工程及高灵敏度软土中的基坑工程等的统称。

3 基本规定

3.0.1 建筑深基坑工程施工应根据深基坑工程地质条件、水文地质条件、周边环境保护要求、支护结构类型及使用年限、施工季节等因素，注重地区经验、因地制宜、精心组织，确保安全。

建筑深基坑工程施工安全等级划分应根据现行国家标准《建筑地基基础设计规范》GB 50007 规定的地基基础设计等级，结合基坑本体安全、工程桩基与地基施工安全、基坑侧壁土层与荷载条件、环境安全等因素按表 3.0.1 确定。

表 3.0.1　建筑深基坑工程施工安全等级

施工安全等级	划分条件
一级	1　复杂地质条件及软土地区的二层及二层以上地下室的基坑工程； 2　开挖深度大于 15m 的基坑工程； 3　基坑支护结构与主体结构相结合的基坑工程； 4　设计使用年限超过 2 年的基坑工程； 5　侧壁为填土或软土，场地因开挖施工可能引起工程桩基发生倾斜、地基隆起变形等改变桩基、地铁隧道运营性能的工程； 6　基坑侧壁受水浸透可能性大或基坑工程降水深度大于 6m 或降水对周边环境有较大影响的工程； 7　地基施工对基坑侧壁土体状态及地基产生挤土效应较严重的工程； 8　在基坑影响范围内存在较大交通荷载，或大于 35kPa 短期作用荷载的基坑工程； 9　基坑周边环境条件复杂、对支护结构变形控制要求严格的工程； 10　采用型钢水泥土墙支护方式、需要拔除型钢对基坑安全可能产生较大影响的基坑工程； 11　采用逆作法上下同步施工的基坑工程； 12　需要进行爆破施工的基坑工程
二级	除一级以外的其他基坑工程

3.0.2 基坑工程施工前应具备下列资料：

1 基坑环境调查报告。明确基坑周边市政管线现状及渗漏情况，邻近建（构）筑物基础形式、埋深、结构类型、使用状况；相邻区域内正在施工和使用的基坑工程情况；相邻建筑工程打桩振动及重载车辆通行情况等。

2 基坑支护及降水设计施工图。对施工安全等级为一级的基坑工程，明确基坑变形控制设计指标，明确基坑变形、周围保护建筑、相关管线变形报警值。

3 基坑工程施工组织设计。开挖影响范围内的塔吊荷载、临建荷载、临时边坡稳定性等纳入设计验算范围，施工安全等级为一级的基坑工程应编制施工安全专项方案。

4 基坑安全监测方案。

3.0.3 基坑工程设计施工图必须按有关规定通过专家评审，基坑工程施工组织设计必须按有关规定通过专家论证；对施工安全等级为一级的基坑工程，应进行基坑安全监测方案的专家评审。

3.0.4 当基坑施工过程中发现地质情况或环境条件与原地质报告、环境调查报告不相符合，或环境条件发生变化时，应暂停施工，及时会同相关设计、勘察单位经过补充勘察、设计验算或设计修改后方可恢复施工。对涉及方案选型等重大设计修改的基坑工程，应重新组织评审和论证。

3.0.5 在支护结构未达到设计强度前进行基坑开挖时，严禁在设计预计的滑（破）裂面范围内堆载；临时土石方的堆放应进行包括自身稳定性、邻近建筑物地基承载力、变形、稳定性和基坑稳定性验算。

3.0.6 膨胀土、冻胀土、高灵敏土等场地深基坑工程的施工安全应符合本规范第9章的规定，湿陷性黄土基坑工程应符合现行行业标准《湿陷性黄土地区建筑基坑工程安全技术规程》JGJ 167的规定。

3.0.7 基坑工程应实施信息施工法，并应符合下列规定：

1 施工准备阶段应根据设计要求和相关规范要求建立基坑安全监测系统。

2 土方开挖、降水施工前，监测设备与元器件应安装、调试完成。

3 高压旋喷注浆帷幕、三轴搅拌帷幕、土钉、锚杆等注浆类施工时，应通过对孔隙水压力、深层土体位移等监测与分析，评估水下施工对基坑周边环境影响，必要时应调整施工速度、工艺或工法。

4 对同时进行土方开挖、降水、支护结构、截水帷幕、工程桩等施工的基坑工程，应根据现场施工和运行的具体情况，通过试验与实测，区分不同危险源对基坑周边环境造成的影响，并应采取相应的控制措施。

5 应对变形控制指标按实施阶段性和工况节点进行控制目标分解；当阶段性控制目标或工况节点控制目标超标时，应立即采取措施在下一阶段或工况节点时实现累加控制目标。

6 应建立基坑安全巡查制度，及时反馈，并应有专业技术人员参与。

3.0.8 对特殊条件下的施工安全等级为一级、超过设计使用年限的基坑工程应进行基坑安全评估。基坑安全评估原则应能确保不影响周边建（构）筑物及设施等的正常使用、不破坏景观、不造成环境污染。

4 施工环境调查

4.1 一 般 规 定

4.1.1 基坑工程现场勘查与环境调查应在已有勘察报告和基坑设计文件的基础上，根据工程条件及采用的施工方法、工艺，初步判定需补充查明的地下埋藏物及周边环境条件。

4.1.2 现场勘查与环境调查前应取得下列资料：

1 工程勘察报告和基坑工程设计文件。

2 附有坐标的基坑及周边既有建（构）筑物的总平面布置图。

3 基坑及周边地下管线、人防工程及其他地下构筑物、障碍物分布图。

4 拟建建（构）筑物室内地坪标高、场地自然地面标高、坑底设计标高及其变化情况；结构类型、荷载情况、基础埋深和地基基础形式、地下结构平面布置图及基坑平面尺寸。

5 工程所在地常用的施工方法和同类工程的施工资料、监测资料等。

4.1.3 现场勘查与环境调查结果应及时反馈设计和监理单位。

4.2 现场勘查及环境调查要求

4.2.1 基坑现场勘查和环境调查应符合下列规定：

1 勘查与调查范围应超过基坑开挖边线之外，且不得小于基坑深度的2倍。

2 应查明既有建（构）筑物的高度、结构类型、基础形式、尺寸、埋深、地基处理和建成时间、沉降变形、损坏和维修等情况。

3 应查明各类地下管线的类型、材质、分布、重要性、使用情况、对施工振动和变形的承受能力，地面和地下贮水、输水等用水设施的渗漏情况及其对基坑工程的影响程度。

4 应查明存在的旧建（构）物基础、人防工程、其他洞穴、地裂缝、河流水渠、人工填土、边坡、不良工程地质等的空间分布特征及其对基坑工程的影响。

5 应查明道路及运行车辆载重情况。

6 应查明地表水的汇集和排泄情况。

7 当邻近场地进行抽降地下水施工时，应查明降深、影响范围和可能的停抽时间，以及对基坑侧壁土性指标的影响。

8 当邻近场地有振动荷载时，应查明其影响范围和程度。

9 应查明邻近基坑与地下工程的支护方法、开挖和使用对本基坑工程安全的影响。

4.2.2 对施工安全等级为一级、分布有地下管网的基坑工程，宜采用物探为主、坑探为辅的勘查方法；对安全等级为二级的基坑工程，可采用坑探方法。

4.2.3 勘查孔和探井使用结束后，应及时回填，回填质量应满足相关规定。

4.2.4 基坑工程勘查与环境调查中的安全防护应按现行国家标准《岩土工程勘察安全规范》GB 50585的有关规定执行。

4.3 现场勘查与环境调查报告

4.3.1 现场勘查与环境调查报告应包括下列主要内容：

1 勘查与环境调查的目的、调查方法。

2 基坑轮廓线与周围既有建（构）筑物荷载、基础类型、埋深、地基处理深度等。

3 相关地下管线的分布现状、渗漏等情况。

4 周边道路的分布及车辆通行情况。

5 雨水汇流与排泄条件。

6 实验方法、检测方法及结论和建议。

4.3.2 现场勘查与环境调查报告应包括下列文件：

1 基坑周边环境条件图。

2 勘查点平面位置图。

3 拟采用的支护结构、降水方案设计相关文件。

4 基坑平面尺寸及深度，主体结构基础类型及平面布置图。

5 实验和检测文件。

4.3.3 现场勘查与环境调查报告应明确引用场地原有岩土工程勘察报告的内容、核查变化情况，对设计文件、施工组织设计的修改意见和建议，以及基坑工程施工和使用过程中的重要事项。

5 施工安全专项方案

5.1 一般规定

5.1.1 应根据施工、使用与维护过程的危险源分析结果编制基坑工程施工安全专项方案。

5.1.2 基坑工程施工安全专项方案应符合下列规定：

1 应针对危险源及其特征制定具体安全技术措施。

2 应按消除、隔离、减弱危险源的顺序选择基坑工程安全技术措施。

3 对重大危险源应论证安全技术方案的可靠性和可行性。

4 应根据工程施工特点，提出安全技术方案实施过程中的控制原则、明确重点监控部位和监控指标要求。

5 应包括基坑安全使用与维护全过程。

6 设计和施工发生变更或调整时，施工安全专项方案应进行相应的调整和补充。

5.1.3 应根据施工图设计文件、危险源识别结果、周边环境与地质条件、施工工艺设备、施工经验等进行安全分析，选择相应的安全控制、监测预警、应急处理技术，制定应急预案并确定应急响应措施。

5.1.4 施工安全专项方案应通过专家论证。

5.2 安全专项方案编制

5.2.1 基坑工程施工安全专项方案应与基坑工程施工组织设计同步编制。

5.2.2 基坑工程施工安全专项方案应包括下列主要内容：

1 工程概况，包含基坑所处位置、基坑规模、基坑安全等级及现场勘查及环境调查结果、支护结构形式及相应附图。

2 工程地质与水文地质条件，包含对基坑工程施工安全的不利因素分析。

3 危险源分析，包含基坑工程本体安全、周边环境安全、施工设备及人员生命财产安全的危险源分析。

4 各施工阶段与危险源控制相对应的安全技术措施，包含围护结构施工、支撑系统施工及拆除、土方开挖、降水等施工阶段危险源控制措施；各阶段施工用电、消防、防台风、防汛等安全技术措施。

5 信息施工法实施细则，包含对施工监测成果信息的发布、分析，决策与指挥系统。

6 安全控制技术措施、处理预案。

7 安全管理措施，包含安全管理组织及人员教育培训等措施。

8 对突发事件的应急响应机制，包含信息报告、先期处理、应急启动和应急终止。

5.3 危险源分析

5.3.1 危险源分析应根据基坑工程周边环境条件和控制要求、工程地质条件、支护设计与施工方案、地下水与地表水控制方案、施工能力与管理水平、工程经验等进行，并应根据危险程度和发生的频率，识别为重大危险源和一般危险源。

5.3.2 符合下列特征之一的必须列为重大危险源：

1 开挖施工对邻近建（构）筑物、设施必然造成安全影响或有特殊保护要求的。

2 达到设计使用年限拟继续使用的。

3 改变现行设计方案，进行加深、扩大及改变使用条件的。

4 邻近的工程建设，包括打桩、基坑开挖降水施工影响基坑支护安全的。

5 邻水的基坑。

5.3.3 下列情况应列为一般危险源：

1 存在影响基坑工程安全性、适用性的材料低劣、质量缺陷、构件损伤或其他不利状态。

2 支护结构、工程桩施工产生的振动、剪切等可能产生流土、土体液化、渗流破坏。

3 截水帷幕可能发生严重渗漏。

4 交通主干道位于基坑开挖影响范围内，或基坑周围建筑物管线、市政管线可能产生渗漏、管沟存水，或存在渗漏变形敏感性强的排水管等可能发生的水作用产生的危险源。

5 雨期施工，土钉墙、浅层设置的预应力锚杆可能失效或承载力严重下降。

6 侧壁为杂填土或特殊性岩土。

7 基坑开挖可能产生过大隆起。

8 基坑侧壁存在振动荷载。

9 内支撑因各种原因失效或发生连续破坏。

10 对支护结构可能产生横向冲击荷载。

11 台风、暴雨或强降雨降水致使施工用电中断，基坑降排水系统失效。

12 土钉、锚杆蠕变产生过大变形及地面裂缝。

5.3.4 危险源分析应采用动态分析方法，并应在施工安全专项方案中及时对危险源进行更新和补充。

5.4 应急预案

5.4.1 应通过组织演练检验和评价应急预案的适用性和可操作性。

5.4.2 基坑工程发生险情时，应采取下列应急措施：

1 基坑变形超过报警值时，应调整分层、分段土方开挖等施工方案，并宜采取坑内回填反压后增加临时支撑、锚杆等。

2 周围地表或建筑物变形速率急剧加大，基坑有失稳趋势时，宜采取卸载、局部或全部回填反压，待稳定后再进行加固处理。

3 坑底隆起变形过大时，应采取坑内加载反压、调整分区、分步开挖、及时浇筑快硬混凝土垫层等措施。

4 坑外地下水位下降速率过快引起周边建筑物与地下管线沉降速率超过警戒值，应调整抽水速度减缓地下水位下降速度或采用回灌措施。

5 围护结构渗水、流土，可采用坑内引流、封堵或坑外快速注浆的方式进行堵漏；情况严重时应立即回填，再进行处理。

6 开挖底面出现流砂、管涌时，应立即停止挖土施工，根据情况采取回填、降水法降低水头差、设置反滤层封堵流土点等方式进行处理。

5.4.3 基坑工程施工引起邻近建筑物开裂及倾斜事故时，应根据具体情况采取下列处置措施：

1 立即停止基坑开挖，回填反压。

2 增设锚杆或支撑。

3 采取回灌、降水等措施调整降深。

4 在建筑物基础周围采用注浆加固土体。

5 制订建筑物的纠偏方案并组织实施。

6 情况紧急时应及时疏散人员。

5.4.4 基坑工程引起邻近地下管线破裂，应采取下列应急措施：

1 立即关闭危险管道阀门，采取措施防止产生火灾、爆炸、冲刷、渗流破坏等安全事故。

2 停止基坑开挖，回填反压、基坑侧壁卸载。

3 及时加固、修复或更换破裂管线。

5.4.5 基坑工程变形监测数据超过报警值，或出现基坑、周边建（构）筑、管线失稳破坏征兆时，应立即停止施工作业，撤离人员，待险情排除后方可恢复施工。

5.5 应急响应

5.5.1 应急响应应根据应急预案采取抢险准备、信息报告、应急启动和应急终止四个程序统一执行。

5.5.2 应急响应前的抢险准备，应包括下列内容：

1 应急响应需要的人员、设备、物资准备。

2 增加基坑变形监测手段与频次的措施。

3 储备截水堵漏的必要器材。

4 清理应急通道。

5.5.3 当基坑工程发生险情时，应立即启动应急响应，并向上级和有关部门报告以下信息：

1 险情发生的时间、地点。

2 险情的基本情况及抢救措施。

3 险情的伤亡及抢救情况。

5.5.4 基坑工程施工与使用中，应针对下列情况启动安全应急响应：

1 基坑支护结构水平位移或周围建（构）筑物、周边道路（地面）出现裂缝、沉降、地下管线不均匀沉降或支护结构构件内力等指标超过限值时。

2 建筑物裂缝超过限值或土体分层竖向位移或地表裂缝宽度突然超过报警值时。

3 施工过程出现大量涌水、涌砂时。

4 基坑底部隆起变形超过报警值时。

5 基坑施工过程遭遇大雨或暴雨天气，出现大量积水时。

6 基坑降水设备发生突发性停电或设备损坏造成地下水位升高时。

7 基坑施工过程因各种原因导致人身伤亡事故出现时。

8 遭受自然灾害、事故或其他突发事件影响的基坑。

9 其他有特殊情况可能影响安全的基坑。

5.5.5 应急终止应满足下列要求：

1 引起事故的危险源已经消除或险情得到有效控制。

2 应急救援行动已完全转化为社会公共救援。

3 局面已无法控制和挽救，场内相关人员已全部撤离。

4 应急总指挥根据事故的发展状态认为终止的。

5 事故已经在上级主管部门结案。

5.5.6 应急终止后，应针对事故发生及抢险救援经过、事故原因分析、事故造成的后果、应急预案效果及评估情况提出书面报告，并应按有关程序上报。

5.6 安全技术交底

5.6.1 施工前应进行技术交底，并应作好交底记录。

5.6.2 施工过程中各工序开工前，施工技术管理人员必须向所有参加作业的人员进行施工组织与安全技术交底，如实告知危险源、防范措施、应急预案，形成文件并签署。

5.6.3 安全技术交底应包括下列内容：

1 现场勘查与环境调查报告；

2 施工组织设计；

3 主要施工技术、关键部位施工工艺工法、参数；

4 各阶段危险源分析结果与安全技术措施；

5 应急预案及应急响应等。

6 支护结构施工

6.1 一般规定

6.1.1 基坑工程施工前应根据设计文件，结合现场条件和周边环境保护要求、气候等情况，编制支护结构施工方案。临水基坑施工方案应根据波浪、潮位等对施工的影响进行编制，并应符合防汛主管部门的相关规定。

6.1.2 基坑支护结构施工应与降水、开挖相互协调，各工况和工序应符合设计要求。

6.1.3 基坑支护结构施工与拆除不应影响主体结构、邻近地下设施与周围建（构）筑物等的正常使用，必要时应采取减少不利影响的措施。

6.1.4 支护结构施工前应进行试验性施工，并应评估施工工艺和各项参数对基坑及周边环境的影响程度；应根据试验结果调整参数、工法或反馈修改设计方案。

6.1.5 支护结构施工和开挖过程中，应对支护结构自身、已施工的主体结构和邻近道路、市政管线、地下设施、周围建（构）筑物等进行施工监测，施工单位应采用信息施工法配合设计单位采用动态设计法，及时调整施工方法及预防风险措施，并可通过采用设置隔离桩、加固既有建筑地基基础、反压与配合降水纠偏等技术措施，控制邻近建（构）筑物产生过大的不均匀沉降。

6.1.6 施工现场道路布置、材料堆放、车辆行走路线等应符合设计荷载控制要求；当设置施工栈桥时，应按设计文件编制施工栈桥的施工、使用及保护方案。

6.1.7 当遇有可能产生相互影响的邻近工程进行桩基施工、基坑开挖、边坡工程、盾构顶进、爆破等施工作业时，应确定相互间合理的施工顺序和方法，必要时应采取措施减少相互影响。

6.1.8 遇有雷雨、6级以上大风等恶劣天气时，应暂停施工，并应对现场的人员、设备、材料等采取相应的保护措施。

6.2 土钉墙支护

6.2.1 土钉墙支护施工应配合土石方开挖和降水工程施工等进行，并应符合下列规定：

1 分层开挖厚度应与土钉竖向间距协调同步，逐层开挖并施工土钉，严禁超挖。

2 开挖后应及时封闭临空面，完成土钉墙支护；在易产生局部失稳的土层中，土钉上下排距较大时，宜将开挖分为二层并应控制开挖分层厚度，及时喷射混凝土底层。

3 上一层土钉墙施工完成后，应按设计要求或间隔不小于48h后开挖下一层土方。

4 施工期间坡顶应按超载值设计要求控制施工荷载。

5 严禁土方开挖设备碰撞上部已施工土钉，严禁振动源振动土钉侧壁。

6 对环境调查结果显示基坑侧壁地下管线存在渗漏或存在地表水补给的工程，应反馈修改设计，提高土钉墙设计安全度，必要时应调整支护结构方案。

6.2.2 土钉施工应符合下列规定：

1 干作业法施工时，应先降低地下水位，严禁在地下水位以下成孔施工。

2 当成孔过程中遇有障碍物或成孔困难需调整孔位及土钉长度时，应对土钉承载力及支护结构安全度进行复核计算，根据复核计算结果调整设计。

3 对灵敏度较高的粉土、粉质黏土及可能产生液化的土体，严禁采用振动法施工土钉。

4 设有水泥土截水帷幕的土钉支护结构，土钉成孔过程中应采取措施防止土体流失。

5 土钉应采用孔底注浆施工，严禁采用孔口重力式注浆。对空隙较大的土层，应采用较小的水灰比，并应采取二次注浆方法。

6 膨胀土土钉注浆材料宜采用水泥砂浆，并应采用水泥浆二次注浆技术。

6.2.3 喷射混凝土施工应符合下列规定：

1 作业人员应佩戴防尘口罩、防护眼镜等防护用具，并应避免直接接触液体速凝剂，接触后应立即用清水冲洗；非施工人员不得进入喷射混凝土的作业区，施工中喷嘴前严禁站人。

2 喷射混凝土施工中应检查输料管、接头的情况，当有磨损、击穿或松脱时应及时处理。

3 喷射混凝土作业中如发生输料管路堵塞或爆裂时，必须依次停止投料、送水和供风。

6.2.4 冬期在没有可靠保温措施条件时不得施工土钉墙。

6.2.5 施工过程中应对产生的地面裂缝进行观测和分析，及时反馈设计，并应采取相应措施控制裂缝的发展。

6.3 重力式水泥土墙

6.3.1 重力式水泥土墙应通过试验性施工，并应通过调整搅拌桩机的提升（下沉）速度、喷浆量以及喷浆、喷气压力等施工参数，减小对周边环境的影响。施工完成后应检测墙体连续性及强度。

6.3.2 水泥土搅拌桩机运行过程中，其下部严禁站立非工作人员；桩机移动过程中非工作人员不得在其周围活动，移动路线上不应有障碍物。

6.3.3 重力式水泥土墙施工遇有河塘、洼地时，应抽水和清淤，并应采用素土回填夯实。在暗浜区域水泥土搅拌桩应适当提高水泥掺量。

6.3.4 钢管、钢筋或竹筋的插入应在水泥土搅拌桩成桩后及时完成，插入位置和深度应符合设计要求。

6.3.5 施工时因故停浆，应在恢复喷浆前，将搅拌机头提升或下沉0.5m后喷浆搅拌施工。

6.3.6 水泥土搅拌桩搭接施工的间隔时间不宜大于24h；当超过24h时，搭接施工时应放慢搅拌速度。若无法搭接或搭接不良，应作冷缝记录，在搭接处采取补救措施。

6.4 地下连续墙

6.4.1 地下连续墙成槽施工应符合下列规定：

1 地下连续墙成槽前应设置钢筋混凝土导墙及施工道路。导墙养护期间，重型机械设备不应在导墙附近作业或停留。

2 地下连续墙成槽前应进行槽壁稳定性验算。

3 对位于暗河区、扰动土区、浅部砂性土中的槽段或邻近建筑物保护要求较高时，宜在连续墙施工前对槽壁进行加固。

4 地下连续墙单元槽段成槽施工宜采用跳幅间隔的施工顺序。

5 在保护设施不齐全、监管人不到位的情况下，严禁人员下槽、孔内清理障碍物。

6.4.2 地下连续墙成槽泥浆制备应符合下列规定：

1 护壁泥浆使用前应根据材料和地质条件进行试配，并进行室内性能试验，泥浆配合比宜按现场试验确定。

2 泥浆的供应及处理系统应满足泥浆使用量的要求，槽内泥浆面不应低于导墙面0.3m，同时槽内泥浆面应高于地下水位0.5m以上。

6.4.3 槽段接头施工应符合下列规定：

1 成槽结束后应对相邻槽段的混凝土端面进行清刷，刷至底部，清除接头处的泥沙，确保单元槽段接头部位的抗渗性能。

2 槽段接头应满足混凝土浇筑压力对其强度和刚度的要求，安放时，应紧贴槽段垂直缓慢沉放至槽底。遇到阻碍时，槽段接头应在清除障碍后入槽。

3 周边环境保护要求高时，宜在地下连续墙接头处增加防水措施。

6.4.4 地下连续墙钢筋笼吊装应符合下列规定：

1 吊装所选用的吊车应满足吊装高度及起重量的要求，主吊和副吊应根据计算确定。钢筋笼吊点布置应根据吊装工艺通过计算确定，并应进行整体起吊安全验算，按计算结果配置吊具、吊点加固钢筋、吊筋等。

2 吊装前必须对钢筋笼进行全面检查，防止有剩余的钢筋断头、焊接接头等遗留在钢筋笼上。

3 采用双机抬吊作业时，应统一指挥，动作应配合协调，载荷应分配合理。

4 起重机械起吊钢筋笼时应先稍离地面试吊，确认钢筋笼已挂牢，钢筋笼刚度、焊接强度等满足要求时，再继续起吊。

5 起重机械在吊钢筋笼行走时，载荷不得超过允许起重量的70%，钢筋笼离地不得大于500mm，并应拴好拉绳，缓慢行驶。

6.4.5 预制墙段的堆放和运输应符合下列规定：

1 预制墙段应达到设计强度100%后方可运输及吊放。

2 堆放场地应平整、坚实、排水通畅。垫块宜放置在吊点处，底层垫块面积应满足墙段自重对地基荷载的有效扩散。预制墙段叠放层数不宜超过3层，上下层垫块应放置在同一直线上。

3 运输叠放层数不宜超过2层。墙段装车后应采用紧绳器与车板固定，钢丝绳与墙段阳角接触处应有护角措施。异形截面墙段运输时应有可靠的支撑措施。

6.4.6 预制墙段的安放应符合下列规定：

1 预制墙段应验收合格，待槽段完成并验槽合格后方可安放入槽段内。

2 安放顺序为先转角槽段后直线槽段，安放闭合位置宜设置在直线槽段上。

3 相邻槽段应连续成槽，幅间接头宜采用现浇接头。

4 吊放时应在导墙上安装导向架；起吊吊点应按设计要求或经计算确定，起吊过程中所产生的内力应满足设计要求；起吊回直过程中应防止预制墙段根部拖行或着力过大。

6.4.7 起重机械及吊装机具进场前应进行检验，施工前应进行调试，施工中应定期检验和维护。

6.4.8 成槽机、履带吊应在平坦坚实的路面上作业、行走和停放。外露传动系统应有防护罩，转盘方向轴应设有安全警告牌。成槽机、起重机工作时，回转半径内不应有障碍物，吊臂下严禁站人。

6.5 灌注桩排桩围护墙

6.5.1 干作业挖孔桩施工可采用人工或机械洛阳铲等施工方案。当采用人工挖孔方法时应符合工程所在地关于人工挖孔桩安全规定，并应采取下列措施：

1 孔内必须设置应急软爬梯供人员上下，不得使用麻绳和尼龙绳吊挂或脚踏井壁凸缘上下；使用的电葫芦、吊笼等应安全可靠，并应配有自动卡紧保险装置；电葫芦宜采用按钮式开关，使用前必须检验其安全起吊能力。

2 每日开工前必须检测井下的有毒有害气体，并应有相应的安全防范措施；当桩孔开挖深度超过10m时，应有专门向井下送风的装备，风量不宜少于25L/s。

3 孔口周边必须设置护栏，护栏高度不应小于0.8m。

4 施工过程中孔中无作业和作业完毕后，应及时在孔口加盖盖板；

5 挖出的土石方应及时运离孔口，不得堆放在孔口周边1m范围内，机动车辆的通行不得对井壁的安全造成影响。

6 施工现场的一切电源、电路的安装和拆除必须符合现行行业标准《施工现场临时用电安全技术规范》JGJ 46的规定。

6.5.2 钻机施工应符合下列规定：

1 作业前应对钻机进行检查，各部件验收合格后方能使用。

2 钻头和钻杆连接螺纹应良好，钻头焊接应牢固，不得有裂纹。

3 钻机钻架基础应夯实、整平，地基承载力应满足，作业范围内地下应无管线及其他地下障碍物，作业现场与架空输电线路的安全距离应符合规定。

4 钻进中，应随时观察钻机的运转情况，当发生异响、吊索具破损、漏气、漏渣以及其他不正常情况时，应立即停机检查，排除故障后，方可继续施工。

5 当桩孔净间距过小或采用多台钻机同时施工时，相邻桩应间隔施工，当无特别措施时完成浇筑混凝土的桩与邻桩间距不应小于4倍桩径，或间隔施工时间宜大于36h。

6 泥浆护壁成孔时发生斜孔、塌孔或沿护筒周围冒浆以及地面沉陷等情况应停止钻进，采取措施处理后方可继续施工。

7 当采用空气吸泥时，其喷浆口应遮挡，并应固定管端。

6.5.3 冲击成孔施工前以及过程中应检查钢丝绳、卡扣及转向装置，冲击施工时应控制钢丝绳放松量。

6.5.4 当非均匀配筋的钢筋笼吊放安装时，应有方向辨别措施确保钢筋笼的安放方向与设计方向一致。

6.5.5 混凝土浇筑完毕后，应及时在桩孔位置回填土方或加盖盖板。

6.5.6 遇有湿陷性土层、地下水位较低、既有建筑物距离基坑较近时，不宜采用泥浆护壁的工艺施工灌注桩。当需采用泥浆护壁工艺时，应采用优质低失水量泥浆、控制孔内水位等措施减少和避免对相邻建（构）筑物产生影响。

6.5.7 基坑土方开挖过程中，宜采用喷射混凝土等方法对灌注排桩的桩间土体进行加固，防止土体掉落对人员、机具造成损害。

6.6 板 桩 围 护 墙

6.6.1 钢板桩堆放场地应平整坚实，组合钢板桩堆高不宜超过3层。板桩施工作业区内应无高压线路，作业区应有明显标志或围栏。桩锤在施打过程中，监视距离不宜小于5m。

6.6.2 桩机设备组装时，应对各紧固件进行检查，在紧固件未拧紧前不得进行配重安装。组装完毕后，应对整机进行试运转，确认各传动机构、齿轮箱、防护罩等良好，各部件连接牢靠。

6.6.3 桩机作业应符合下列规定：

1 严禁吊桩、吊锤、回转或行走等动作同时进行。

2 当打桩机带锤行走时，应将桩锤放至最低位。打桩机在吊有桩和锤的情况下，操作人员不得离开岗位。

3 当采用振动桩锤作业时，悬挂振动桩锤的起重机，其吊钩上必须有防松脱的保护装置，振动桩锤悬挂钢架的耳环上应加装保险钢丝绳。

4 插桩过程中，应及时校正桩的垂直度。后续桩与先打桩间的钢板桩锁扣使用前应进行套锁检查。当桩入土3m以上时，严禁用打桩机行走或回转动作来纠正桩的垂直度。

5 当停机时间较长时，应将桩锤落下垫好。

6 检修时不得悬吊桩锤。

7 作业后应将打桩机停放在坚实平整的地面上，将桩锤落下垫实，并应切断动力电源。

6.6.4 当板桩围护墙基坑有邻近建（构）筑物及地下管线时，应采用静力压桩法施工，并应根据环境状况控制压桩施工速率。当静力压桩作业时，应有统一指挥，压桩人员和吊装人员应密切联系，相互配合。

6.6.5 板桩围护施工过程中，应加强周边地下水位以及孔隙水压力的监测。

6.7 型钢水泥土搅拌墙

6.7.1 施工现场应先进行场地平整，清除搅拌桩施工区域的表层硬物和地下障碍物。现场道路的承载能力应满足桩机和起重机平稳行走的要求。

6.7.2 对于硬质土层成桩困难时，应调整施工速度或采取先行钻孔跳打方式。

6.7.3 对环境保护要求高的基坑工程，宜选择挤土量小的搅拌机头，并应通过试成桩及其监测结果调整施工参数。

6.7.4 型钢堆放场地应平整坚实、场地无积水，地基承载力应满足堆放要求。

6.7.5 型钢吊装过程中，型钢不得拖地；起重机械回转半径内不应有障碍物，吊臂下严禁站人。

6.7.6 型钢的插入应符合下列规定：

1 型钢宜依靠自重插入，当自重插入有困难时可采取辅助措施。严禁采用多次重复起吊型钢并松钩下落的插入方法。

2 前后插入的型钢应可靠连接。

3 当采用振动锤插入时，应通过环境监测检验其适用性。

6.7.7 型钢的拔除与回收应符合下列规定：

1 型钢拔除应采取跳拔方式，并宜采用液压千斤顶配以吊车进行，拔除前水泥土搅拌墙与主体结构地下室外墙之间的空隙必须回填密实，拔出时应对周边环境进行监测，拔出后应对型钢留下的空隙进行注浆填充。

2 当基坑内外水头不平衡时，不宜拔除型钢；如拔除型钢，应采取相应的截水措施。

3 周边环境条件复杂、环境保护要求高、拔除对环境影响较大时，型钢不应回收。

4 回收型钢施工，应编制包括浆液配比、注浆工艺、拔除顺序等内容的施工安全方案。

6.7.8 采用渠式切割水泥土连续墙技术施工型钢水泥土搅拌墙应符合下列规定：

1 成墙施工时，应保持不小于2.0m/h的搅拌推进速度。

2 成墙施工结束后，切割箱应及时进入挖掘养生作业区或拔出。

3 施工过程中，必须配置备用发电机组，保障连续作业。

4 应控制切割箱的拔出速度，拔出切割箱过程中，浆液注入量应与拔出切割箱的体积相等，混合泥浆液面不得下降。

5 水泥土未达到设计强度前，沟槽两侧应设置防护栏杆及警示标志。

6.8 沉 井

6.8.1 基坑周边存在既有建（构）筑物、管线或环境保护要求严格时，不宜采用沉井施工工法。

6.8.2 沉井的制作与施工应符合下列规定：

1 搭设外排脚手架应与模板脱开。

2 刃脚混凝土达到设计强度，方可进行后续施工。

3 沉井挖土下沉应分层、均匀、对称进行，并应根据现场施工情况采取止沉或助沉措施，沉井下沉应平稳。下沉过程中应采取信息施工法及时纠偏。

4 沉井不排水下沉时，井内水位不得低于井外水位；流动性土层开挖时，应保持井内水位高出井外水位不少于1m。

5 沉井施工中挖出的土方宜外运。当现场条件许可在附近堆放时，堆放地距井壁边的距离不应小于沉井下沉深度的2倍，且不应影响现场的交通、排水及后续施工。

6.8.3 当作业人员从常压环境进入高压环境或从高压环境回到常压环境时，均应符合相关程序与规定。

6.9 内 支 撑

6.9.1 支撑系统的施工与拆除，应按先撑后挖、先托后拆的顺序，拆除顺序应与支护结构的设计工况相一致，并应结合现场支护结构内力与变形的监测结果进行。

6.9.2 支撑体系上不应堆放材料或运行施工机械；当需利用支撑结构兼做施工平台或栈桥时，应进行专门设计。

6.9.3 基坑开挖过程中应对基坑开挖形成的立柱进行监测，并应根据监测数据调整施工方案。

6.9.4 支撑底模应具有一定的强度、刚度和稳定性，混凝土垫层不得用作底模。

6.9.5 钢支撑吊装就位时，吊车及钢支撑下方严禁人员入内，现场应做好防下坠措施。钢支撑吊装过程中应缓慢移动，操作人员应监视周围环境，避免钢支撑刮碰坑壁、冠梁、上部钢支撑等。起吊钢支撑应先进行试吊，检查起重机的稳定性、制动的可靠性、钢支撑的平衡性、绑扎的牢固性，确认无误后，方可起吊。当起重机出现倾覆迹象时，应快速使钢支撑落回基座。

6.9.6 钢支撑预应力施加应符合下列规定：

1 支撑安装完毕后，应及时检查各节点的连接状况，经确认符合要求后方可均匀、对称、分级施加预压力。

2 预应力施加过程中应检查支撑连接节点，必要时应对支撑节点进行加固；预应力施加完毕、额定压力稳定后应锁定。

3 钢支撑使用过程应定期进行预应力监测，必要时应对预应力损失进行补偿；在周边环境保护要求较高时，宜采用钢支撑预应力自动补偿系统。

6.9.7 立柱及立柱桩施工应符合下列规定：

1 立柱桩施工前应对其单桩承载力进行验算，竖向荷载应按最不利工况取值，立柱在基坑开挖阶段应计入支撑与立柱的自重、支撑构件上的施工荷载等。

2 立柱与支撑可采用铰接连接。在节点处应根据承受的荷载大小，通过计算设置抗剪钢筋或钢牛腿等抗剪措施。立柱穿过主体结构底板以及支撑结构穿越主体结构地下室外墙的部位应采取止水构造措施。

3 钢立柱周边的桩孔应采用砂石均匀回填密实。

6.9.8 支撑拆除施工应符合下列规定：

1 拆除支撑施工前，必须对施工作业人员进行安全技术交底，施工中应加强安全检查。

2 拆撑作业施工范围严禁非操作人员入内，切割焊和吊运过程中工作区严禁入内，拆除的零部件严禁随意抛落。当钢筋混凝土支撑采用爆破拆除施工时，现场应划定危险区域，并应设置警戒线和相关的安全标志，警戒范围内不得有人员逗留，并应派专人监管。

3 支撑拆除时应设置安全可靠的防护措施和作业空间，当需利用永久结构底板或楼板作为支撑拆除平台时，应采取有效的加固及保护措施，并应征得主体结构设计单位同意。

4 换撑工况应满足设计工况要求，支撑应在梁板柱结构及换撑结构达到设计要求的强度后对称拆除。

5 支撑拆除施工过程中应加强对支撑轴力和支护结构位移的监测，变化较大时，应加密监测，并应及时统计、分析上报，必要时应停止施工加强支撑。

6 栈桥拆除施工过程中，栈桥上严禁堆载，并应限制施工机械超载，合理制定拆除的顺序，应根据支护结构变形情况调整拆除长度，确保栈桥剩余部分结构的稳定性。

7 钢支撑可采用人工拆除和机械拆除。钢支撑拆除时应避免瞬间预加应力释放过大而导致支护结构局部变形、开裂，并应采用分步卸载钢支撑预应力的方法对其进行拆除。

6.9.9 爆破拆除施工应符合下列规定：

1 钢筋混凝土支撑爆破应根据周围环境作业条件、爆破规模，应按现行国家标准《爆破安全规程》GB 6722分级，采取相应的安全技术措施。

2 爆破拆除钢筋混凝土支撑应进行安全评估，并应经当地有关部门审核批准后实施。

3 应根据支撑结构特点制定爆破拆除顺序，爆破孔宜在钢筋混凝土支撑施工时预留。

4 支撑与围护结构或主体结构相连的区域应先行切断，在爆破支撑顶面和底部应加设防护层。

6.9.10 当采用人工拆除作业时，作业人员应站在稳定的结构或脚手架上操作，支撑构件应采取有效的防下坠控制措施，对切断两端的支撑拆除的构件应有安全的放置场所。

6.9.11 机械拆除施工应符合下列规定：

1 应按施工组织设计选定的机械设备及吊装方案进行施工，严禁超载作业或任意扩大拆除范围。

2 作业中机械不得同时回转、行走。

3 对尺寸或自重较大的构件或材料，必须采用起重机具及时下放。

4 拆卸下来的各种材料应及时清理，分类堆放在指定场所。

5 供机械设备使用和堆放拆卸下来的各种材料的场地地基承载力应满足要求。

6.10 土 层 锚 杆

6.10.1 当锚杆穿过的地层附近有地下管线或地下构筑物时，应查明其位置、尺寸、走向、类型、使用状况等情况后，方可进行锚杆施工。

6.10.2 锚杆施工前宜通过试验性施工，确定锚杆设计参数和施工工艺的合理性，并应评估对环境的影响。

6.10.3 锚孔钻进作业时，应保持钻机及作业平台稳定可靠，除钻机操作人员还应有不少于1人协助作业。高处作业时，作业平台应设置封闭防护设施，作业人员应佩戴防护用品。注浆施工时相关操作人员必须佩戴防护眼镜。

6.10.4 锚杆钻机应安设安全可靠的反力装置。在有地下承压水地层钻进时，孔口必须设置可靠的防喷装置，当发生漏水、涌砂时，应及时封闭孔口。

6.10.5 注浆管路连接应牢固可靠，保证畅通，防止塞泵、塞管。注浆施工过程中，应在现场加强巡视，对注浆管路应采取保护措施。

6.10.6 锚杆注浆时注浆罐内应保持一定数量的浆料防止罐体放空、伤人。处理管路堵塞前，应消除灌内压力。

6.10.7 预应力锚杆张拉施工应符合下列规定：

1 预应力锚杆张拉作业前应检查高压油泵与千斤顶之间的连接件，连接件必须完好、紧固。张拉设备应可靠，作业前必须在张拉端设置有效的防护措施。

2 锚杆钢筋或钢绞线应连接牢固，严禁在张拉时发生脱扣现象。

3 张拉过程中，孔口前方严禁站人，操作人员应站在千斤顶侧面操作。

4 张拉施工时，其下方严禁进行其他操作；严禁采用敲击方法调整施力装置，不得在锚杆端部悬挂重物或碰撞锚具。

6.10.8 锚杆试验时，计量仪表连接必须牢固可靠，前方和下方严禁站人。

6.10.9 锚杆锁定应控制相邻锚杆张拉锁定引起的预应力损失，当锚杆出现锚头松弛、脱落、锚具失效等情况时，应及时进行修复并对其进行再次张拉锁定。

6.10.10 当锚杆承载力检测结果不满足设计要求时，应将检测结果提交设计复核，并提出补救措施。

6.11 逆 作 法

6.11.1 逆作法施工应采取安全控制措施，应根据柱网轴线、环境及施工方案要求设置通风口及地下通风、换气、照明和用电设备。

6.11.2 逆作法通风排气应符合下列规定：

1 在浇筑地下室各层楼板时，挖土行进路线应预先留设通风口，随地下挖土工作面的推进，通风口露出部位应及时安装通风及排气设施。地下室空气成分应符合国家有关安全卫生标准。

2 在楼板结构水平构件上留设的临时施工洞口位置宜上下对齐，应满足施工及自然通风等要求。

3 风机表面应保持清洁，进出风口不得有杂物，应定期清除风机及管道内的灰尘等杂物。

4 风管应敷设牢固、平顺，接头应严密、不漏风，且不应妨碍运输、影响挖土及结构施工，并应配有专人负责检查、养护。

5 地下室施工时应采用送风作业，采用鼓风法从地面向地下送风到工作面，鼓风功率不应小于 1kW/1000m^3。

6.11.3 逆作法照明及电力设施应符合下列规定：

1 当逆作法施工中自然采光不满足施工要求时，应编制照明用电专项方案。

2 地下室应根据施工方案及相关规范要求装置足够的照明设备及电力插座。

3 逆作法地下室施工应设一般照明、局部照明和混合照明。在一个工作场所内，不得仅设局部照明。

6.11.4 逆作法施工应符合下列规定：

1 闲置取土口、楼梯孔洞及交通要道应搭设防护措施，且宜采取有效的防雨措施。

2 施工时应保护施工洞口结构的插筋、接驳器等预埋件。

3 宜采用专门的大型自动提土设备垂直运输土石方，当运输轨道设置在主体结构上时，应对结构承载力进行验算，并应征得设计单位同意。

4 当逆作梁板混凝土强度达到设计强度等级的 90%及以上，并经设计单位许可后，方可进行下层土石方的开挖，必要时应加入早强剂或提高混凝土强度等级。

5 主体结构施工未完成前，临时柱承载力应经计算确定。

6 梁板下土方开挖应在混凝土的强度达到设计要求后进行，土方开挖过程中不得破坏主体结构及围护结构。挖出的土方应及时运走，严禁堆放在楼板上及基坑周边。

6.11.5 施工栈桥的设置应符合下列规定：

1 施工栈桥及立柱桩应根据基坑周边环境条件、基坑形状、支撑布置、施工方法等进行专项设计，立柱桩的设计间距应满足坑内小型挖土机械的移动和操作的安全要求。

2 专项设计应提交设计单位进行复核。

3 使用中应按设计要求控制施工荷载。

6.11.6 地下水平结构施工模板、支架应符合下列规定：

1 主体结构水平构件宜采用木模或钢模，模板支撑地基承载力与变形应满足设计要求。

2 模板体系承载力、刚度和稳定性，应能可靠承受浇筑混凝土的重量、侧压力及施工荷载。

6.11.7 逆作法上下同步施工的工程必须采用信息施工法，并应对竖向支承桩、柱、转换梁等关键部位的内力和变形提出有针对性的施工监测方案、报警机制和应急预案。

6.12 坑内土体加固

6.12.1 当安全等级为一级的基坑工程进行坑内土体加固时，应先进行基坑围护施工，再进行坑内土体加固施工。

6.12.2 降水加固可适用于砂土、粉性土，降水加固不得对周边环境产生影响。降水期间应对坑内、坑外地下水位及邻近建筑物、地下管线进行监测。

6.12.3 当采用水泥土搅拌桩进行土体加固时，在加固深度范围以上的土层被扰动区应采用低掺量水泥回掺处理。

6.12.4 高压喷射注浆法进行坑内土体加固施工应符合下列规定：

1 施工前应对现场环境和地下埋设物的位置情况进行调查，确定高压喷射注浆的施工工艺并选择合理的机具。

2 可根据情况在水泥浆液中加入速凝剂、悬浮剂等，掺和料与外加剂的种类及掺量应通过试验确定。

3 应采用分区、分段、间隔施工，相邻两桩施工间隔时间不应小于 48h，先后施工的两桩间距应为 4m～6m。

4 可采用复喷施工技术措施保障加固效果，复喷施工应先喷一遍清水再喷一遍或两遍水泥浆。

5 当采用三重管或多重管施工工艺时，应对孔隙水压力进行监测，并应根据监测结果调整施工参数、施工位置和施工速度。

7 地下水与地表水控制

7.1 一 般 规 定

7.1.1 地下水和地表水控制应根据设计文件、基坑开挖场地工程地质、水文地质条件及基坑周边环境条件编制施工组织设计或施工方案。

7.1.2 降排水施工方案应包含各种泵的扬程、功率，排水管路尺寸、材料、路线，水箱位置、尺寸，电力配置等。降排水系统应保证水流排入市政管网或排水渠道，应采取措施防止抽排出的水倒灌流入基坑。

7.1.3 当采用设计的降水方法不满足设计要求时，或基坑内坡道或通道等无法按降水设计方案实施时，应反馈设计单位调整设计，制定补救措施。

7.1.4 当基坑内出现临时局部深挖时，可采取集水明排、盲沟等技术措施，并应与整体降水系统有效结合。

7.1.5 抽水应采取措施控制出水含砂量。含砂量控制，应满足设计要求，并应满足有关规范要求。

7.1.6 当支护结构或地基处理施工时，应采取措施防止打桩、注浆等施工行为造成管井、点井的失效。

7.1.7 当坑底下部的承压水影响到基坑安全时，应采取坑底土体加固或降低承压水头等治理措施。

7.1.8 应进行中长期天气预报资料收集，编制晴雨表，根据天气预报实时调整施工进度。降雨前应对已开挖未进行支护的侧壁采用覆盖措施，并应配备设备及时排除基坑内积水。

7.1.9 当因地下水或地表水控制原因引起基坑周边建（构）筑物或地下管线产生超限沉降时，应查找原因并采取有效控制措施。

7.1.10 基坑降水期间应根据施工组织设计配备发电机组，并应进行相应的供电切换演练。

7.1.11 井点的拔除或封井方案应满足设计要求，并应在施工组织设计中体现。

7.1.12 在粉性土及砂土中施工水泥土截水帷幕，宜采用适合的添加剂，降低截水帷幕渗透系数，并应对帷幕渗透系数进行检验，当检验结果不满足设计要求时，应进行设计复核。

7.1.13 截水帷幕与灌注桩间不应存在间隙，当环境保护设计要求较高时，应在灌注桩与截水帷幕之间采取注浆加固等措施。

7.1.14 所有运行系统的电力电缆的拆接必须由专业人员负责，井管、水泵的安装应采用起重设备。

7.2 排水与降水

7.2.1 排水沟和集水井宜布置于地下结构外侧，距坡脚不宜小于0.5m。单级放坡基坑的降水井宜设置在坡顶，多级放坡基坑的降水井宜设置于坡顶、放坡平台。

7.2.2 排水沟、集水井设计应符合下列规定：

1 排水沟深度、宽度、坡度应根据基坑涌水量计算确定，排水沟底宽不宜小于300mm。

2 集水井大小和数量应根据基坑涌水量和渗漏水量、积水水量确定，且直径（或宽度）不宜小于0.6m，底面应比排水沟沟底深0.5m，间距不宜大于30m。集水井壁应有防护结构，并应设置碎石滤水层、泵端纱网。

3 当基坑开挖深度超过地下水位后，排水沟与集水井的深度应随开挖深度加深，并应及时将集水井中的水排出基坑。

7.2.3 排水沟或集水井的排水量计算应满足下式要求：

$$V \geqslant 1.5Q \tag{7.2.3}$$

式中：V——排水量（m^3/d）；

Q——基坑涌水量（m^3/d），按降水设计计算或根据工程经验确定。

7.2.4 当降水管井采用钻、冲孔法施工时，应符合下列规定：

1 应采取措施防止机具突然倾倒或钻具下落造成人员伤亡或设备损坏。

2 施工前先查明井位附近地下构筑物及地下电缆、水、煤气管道的情况，并应采取相应防护措施。

3 钻机转动部分应有安全防护装置。

4 在架空输电线附近施工，应按安全操作规程的有关规定进行，钻架与高压线之间应有可靠的安全距离。

5 夜间施工应有足够的照明设备，对钻机操作台、传动及转盘等危险部位和主要通道不应留有黑影。

7.2.5 降水系统运行应符合下列规定：

1 降水系统应进行试运行，试运行之前应测定各井口和地面标高、静止水位，检查抽水设备、抽水与排水系统；试运行抽水控制时间为1d，并应检查出水质量和出水量。

2 轻型井点降水系统运行应符合下列规定：

1）总管与真空泵接好后应开动真空泵开始试抽水，检查泵的工作状态；

2）真空泵的真空度应达到0.08MPa及以上；

3）正式抽水宜在预抽水15d后进行；

4）应及时作好降水记录。

3 管井降水抽水运行应符合下列规定：

1）正式抽水宜在预抽水3d后进行；

2）坑内降水井宜在基坑开挖20d前开始运行；

3）应加盖保护深井井口；车辆行驶道路上的降水井，应加盖市政承重井盖，排水通道宜采用暗沟或暗管。

4 真空降水管井抽水运行应符合下列规定：

1）井点使用时抽水应连续，不得停泵，并应配备能自动切换的电源；

2）当降水过程中出现长时间抽浑水或出现清后又浑情况时，应立即检查纠正；

3）应采取措施防止漏气，真空度应控制在－0.03MPa～－0.06MPa；当真空度达不到要求时，应检查管道漏气情况并及时修复；

4）当井点管淤塞太多，严重影响降水效果时，应逐个用高压水反复冲洗井点管或拔出重新埋设；

5）应根据工程经验和运行条件、泵的质量情况等配备一定数量的备用射流泵；对使用的射流泵应进行日常保养与检查，发现不正常应及时更换。

7.2.6 降水运行阶段应有专人值班，应对降排水系统进行定期或不定期巡察，防止停电或其他因素影响降排水系统正常运行。

7.2.7 降水井随基坑开挖深度需切除时，对继续运行的降水井应去除井管四周地面下1m的滤料层，并应采用黏土封井后再运行。

7.3 截水帷幕

7.3.1 水泥土截水帷幕施工应符合下列规定：

1 应保证施工桩径，并确保相邻桩搭接要求，当采用高压喷射注浆法作为局部截水帷幕时，应采用复喷工艺，喷浆下沉或提升速度不应大于100mm/min。

2 应采取措施减少二重管、三重管高压喷射注浆施工对基坑周围建筑物及管线沉降变形的影响，必要时应调整帷幕桩墙设计。

7.3.2 注浆法帷幕施工应符合下列规定：

1 注浆帷幕施工前应进行现场注浆试验，试验孔的布置应选取具代表性的地段，并应在土层中采用钻孔取芯结合注水试验检验截水防渗效果。

2 注浆管上拔时宜采用拔管机。

3 当土层存在动水或土层较软弱时，可采用双液注浆法来控制浆液的渗流范围，两种浆液混合后在管内的时间应小于浆液的凝固时间。

7.3.3 三轴水泥土搅拌桩截水帷幕施工应符合下列规定：

1 应采用套接孔法施工，相邻桩的搭接时间间隔不宜大于24h。

2 当帷幕墙前设置混凝土排桩时，宜先施工截水帷幕，后施工灌注排桩。

3 当采用多排三轴水泥土搅拌桩内套挡土桩墙方案时，应控制三轴搅拌桩施工对基坑周边环境的影响。

7.3.4 钢板桩截水帷幕施工应符合下列规定：

1 应评估钢板桩施工对周围环境的影响。

2 在拔除钢板桩前应先用振动锤振动钢板桩，拔除后的桩孔应采用注浆回填。

3 钢板桩打入与拔除时应对周边环境进行监测。

7.3.5 兼作截水帷幕的钻孔咬合桩施工应符合下列规定：

1 宜采用软切割全套管钻机施工。

2 砂土中的全套管钻孔咬合桩施工，应根据产生管涌的不同情况，采取相应的克服砂土管涌的技术措施，并应随时观察孔内地下水和穿越砂层的动态，按少取土多压进的原则操作，确保套管超前。

3 套管底口应始终保持超前于开挖面2.5m以上；当遇套管底无法超前时，可向套管内注水来平衡第一序列桩混凝土的压力，阻止管涌发生。

7.3.6 冻结法截水帷幕施工应符合下列规定：

1 冻结孔施工应具备可靠稳定的电源和预备电源。

2 冻结管接头强度应满足拔管和冻结壁变形作用要求，冻结管下入地层后应进行试压。

3 冻结站安装应进行管路密封性试验，并应采取措施保证冻结站的冷却效率；正式运转后不得无故停止或减少供冷。

4 施工过程应采取措施减小成孔引起土层沉降，及时监测倾斜。

5 开挖前应对冻结壁的形成进行检测分析，并对冻结运转参数进行评估；检验合格以及施工准备工作就绪后应进行试开挖判定，具备开挖条件后可进行正式开挖。

6 开挖过程应维持地层的温度稳定，并应对冻结壁进行位移和温度监测。

7 冻结壁解冻过程中应对土层和周边环境进行连续监测，必要时应对地层采取补偿注浆等措施；冻结壁全部融化后应继续监测直到沉降达到控制要求。

8 冻结工作结束后，应对遗留在地层中的冻结管进行填充和封孔，并应保留记录。

9 冻结站拆除时应回收盐水，不得随意排放。

7.3.7 截水帷幕质量控制和保护应符合下列规定：

1 截水帷幕深度应满足设计要求。

2 截水帷幕的平面位置、垂直度偏差应符合设计要求。

3 截水帷幕水泥掺入量和桩体质量应满足设计要求。

4 帷幕的养护龄期应满足设计要求。

5 支护结构变形量应满足设计要求。

6 严禁土方开挖和运输破坏截水帷幕。

7.3.8 截水措施失效时，可采用下列处理措施：

1 设置导流水管。

2 采用遇水膨胀材料或压密注浆、聚氨酯注浆等方法堵漏。

3 快硬早强混凝土浇筑护墙。

4 在基坑外壁增设高压旋喷或水泥土搅拌桩截水帷幕。

5 增设坑内降水和排水设施。

7.4 回 灌

7.4.1 宜根据场地地质条件和降深控制要求，按表7.4.1选择回灌方法。

表7.4.1 地下水回灌方法

条件 / 回灌方法	土质类别	渗透系数 (m/d)	回灌方式
管井	填土、粉土、砂土、碎石土、裂隙基岩	0.1～20.0	异层回灌
砂井	砂土、碎石土	—	异层回灌
砂沟	砂土、碎石土	—	同层回灌
大口井	填土、粉土、砂土、碎石土	—	异层回灌
渗坑	砂土、碎石土	—	同层回灌

7.4.2 应根据降水布置、出水量、现场条件建立回灌系统，回灌点应布置在被保护建筑与降水井之间，并应通过现场试验确定回灌量和回灌工艺。

7.4.3 回灌注水量应保持稳定，在贮水箱进出口处应设置滤网，回灌水的水头高度可根据回灌水量进行调整，严禁超灌引起湿陷事故。

7.4.4 回灌砂井中的砂宜选用不均匀系数为3～5的纯净中粗砂，含泥量不宜大于3%，灌砂量不少于井孔体积的95%。

7.4.5 回灌水水质不得低于原地下水水质标准，回灌不应造成区域性地下水质污染。

7.4.6 回灌管路产生堵塞时，应根据产生堵塞的原因，采取连续反冲洗方法、间歇停泵反冲洗与压力灌水相结合的方法进行处理。

7.5 环境影响预测与预防

7.5.1 降水引起的基坑周边环境影响预测宜包括下列内容：

1 地面沉降、塌陷。

2 建（构）筑物、地下管线开裂、位移、沉降、变形。

3 产生流砂、流土、管涌、潜蚀等。

7.5.2 可根据调查或实测资料、工程经验预测和判断降水对基坑周边环境影响；可根据建筑物结构形式、荷载大小、地基条件采用现行国家标准《建筑地基基础设计规范》GB 50007规定的分层总和法，或采用单向固结法按下式估算降水引起的建筑物或地面沉降量：

$$S=\psi_{w}\sum_{i=1}^{n}\frac{\Delta\sigma'_{zi}\Delta h_{i}}{E_{si}} \tag{7.5.2}$$

式中：S——降水引起的建筑物基础或地面的沉降量（m）；

ψ_w——沉降计算经验系数，应根据地区工程经验取值；无经验时，对软土地层，宜取$\psi_w=1.0\sim1.2$，对一般地层可取0.6～1.0，对当量模量大于10MPa的土层、复合土层可取0.4～0.6，对密实砂层可取0.2～0.4；

$\Delta\sigma'_{zi}$——降水引起的地面下第i土层中点处的有效应力增量（kPa）；对黏性土，应取降水结束时土的有效应力增量；

Δh_i——第i层土的厚度（m）；

E_{si}——按实际应力段确定的第i层土的压缩模量（kPa）；对采用地基处理的复合土层应按现行行业标准《建筑地基处理技术规范》JGJ 79规定的方法取值。

7.5.3 减少基坑降水对周边环境影响的措施应符合下列规定：

1 应检测帷幕截水效果，对渗漏点进行处理。

2 滤水管外宜包两层60目井底布，外填砾料应保证设计厚度和质量，抽水含砂量应符合有关规范要求。

3 应通过调整降水井数量、间距或水泵设置深度，控制降水影响范围，在保证地下水位降深达到要求时减少抽水量。

4 应限定单井出水流量，防止地下水流速过快带动细砂涌入井内，造成地基土渗流破坏。

5 开始降水时水泵启动，应根据与保护对象的距离按先远后近的原则间隔进行；结束降水时关闭水泵，应按先近后远的顺序原则间隔进行。

8 土石方开挖

8.1 一般规定

8.1.1 土石方开挖前应对围护结构和降水效果进行检查，满足设计要求后方可开挖，开挖中应对临时开挖侧壁的稳定性进行验算。

8.1.2 基坑开挖除应满足设计工况要求按分层、分段、限时、限高和均衡、对称开挖的方法进行外，尚应符合下列规定：

1 当挖土机械、运输车辆等直接进入基坑进行施工作业时，应采取措施保证坡道稳定，坡道坡度不应大于1∶7，坡道宽度应满足行车要求。

2 基坑周边、放坡平台的施工荷载应按设计要求进行控制。

3 基坑开挖的土方不应在邻近建筑及基坑周边影响范围内堆放，当需堆放时应进行承载力和相关稳定性验算。

4 邻近基坑边的局部深坑宜在大面积垫层完成后开挖。

5 挖土机械不得碰撞工程桩、围护墙、支撑、立柱和立柱桩、降水井管、监测点等。

6 当基坑开挖深度范围内有地下水时，应采取有效的降水与排水措施，地下水宜在每层土方开挖面以下800mm～1000mm。

8.1.3 基坑开挖过程中，当基坑周边相邻工程进行桩基、基坑支护、土方开挖、爆破等施工作业时，应根据相互之间的施工影响，采取可靠的安全技术措施。

8.1.4 基坑开挖应采用信息施工法，根据基坑周边环境等监测数据，及时调整开挖的施工顺序和施工方法。

8.1.5 在土石方开挖施工过程中，当发现有毒有害液体、气体、固体时，应立即停止作业，进行现场保护，并应报有关部门处理后方可继续施工。

8.1.6 土石方爆破应符合现行行业标准《建筑施工土石方工程安全技术规范》JGJ 180 的规定。

8.2 无内支撑的基坑开挖

8.2.1 放坡开挖的基坑，边坡表面护坡应符合下列规定：

1 坡面可采用钢丝网水泥砂浆或现浇钢筋混凝土覆盖，现浇混凝土可采用钢板网喷射混凝土，护坡面层的厚度不应小于50mm、混凝土强度等级不宜低于 C20，配筋应根据计算确定，混凝土面层应采用短土钉固定。

2 护坡面层宜扩展至坡顶和坡脚一定的距离，坡顶可与施工道路相连，坡脚可与垫层相连。

3 护坡坡面应设置泄水孔，间距应根据设计确定。当无设计要求时，可采用 1.5m～3.0m。

4 当进行分级放坡开挖时，在上一级基坑坡面处理完成之前，严禁下一级基坑坡面土方开挖。

8.2.2 放坡开挖基坑的坡顶和坡脚应设置截水明沟、集水井。

8.2.3 采用土钉或复合土钉墙支护的基坑开挖施工应符合下列规定：

1 截水帷幕、微型桩的强度和龄期应达到设计要求后方可进行土方开挖。

2 基坑开挖应与土钉施工分层交替进行，并应缩短无支护暴露时间。

3 面积较大的基坑可采用岛式开挖方式，应先挖除距基坑边 8m～10m 的土方，再挖除基坑中部的土方。

4 采用分层分段方法进行土方开挖，每层土方开挖的底标高应低于相应土钉位置，距离宜为 200mm～500mm，每层分段长度不应大于 30m。

5 应在土钉承载力或龄期达到设计要求后开挖下一层土方。

8.2.4 采用锚杆支护的基坑开挖施工应符合下列规定：

1 面层或排桩、微型桩、截水帷幕的强度和龄期应达到设计要求后方可进行土方开挖。

2 基坑开挖应与锚杆施工分层交替进行，并应缩短无支护暴露时间。

3 锚杆承载力、龄期达到设计要求后方可进行下一层土方开挖。

4 预应力锚杆应经试验检测合格后方可进行下一层土方开挖，并应对预应力进行监测。

8.2.5 采用水泥土重力式围护墙的基坑开挖施工应符合下列规定：

1 水泥土重力式围护墙的强度、龄期应达到设计要求后方可进行土方开挖。

2 面积较大的基坑宜采用盆式开挖方式，盆边留土平台宽度不宜小于 8m。

3 土方开挖至坑底后应及时浇筑垫层，围护墙无垫层暴露长度不宜大于 25m。

8.3 有内支撑的基坑开挖

8.3.1 基坑开挖应按先撑后挖、限时、对称、分层、分区等的开挖的方法确定开挖顺序，严禁超挖，应减小基坑无支撑暴露开挖时间和空间。混凝土支撑应在达到设计要求的强度后。进行下层土方开挖；钢支撑应在质量验收并按设计要求施加预应力后。进行下层土方开挖。

8.3.2 挖土机械不应停留在水平支撑上方进行挖土作业，当在支撑上部行走时，应在支撑上方回填不少于 300mm 厚的土层，并应采取铺设路基箱等措施。

8.3.3 立柱桩周边 300mm 土层及塔吊基础下钢格构柱周边 300mm 土层应采用人工挖除，格构柱内土方宜采用人工清除。

8.3.4 采用逆作法、盖挖法进行暗挖施工应符合下列规定：

1 基坑土方开挖和结构工程施工的方法和顺序应满足设计工况要求。

2 基坑土方分层、分段、分块开挖后，应按施工方案的要求限时完成水平支护结构施工。

3 当狭长形基坑暗挖时，宜采用分层分段开挖方法，分段长度不宜大于 25m。

4 面积较大的基坑应采用盆式开挖方式，盆式开挖的取土口位置与基坑边的距离不宜小于 8m。

5 基坑暗挖作业应根据结构预留洞口的位置、间距、大小增设强制通风设施。

6 基坑暗挖作业应设置足够的照明设施，照明设施应根据挖土过程配置。

7 逆作法施工，梁板底模应采用模板支撑系统，模板支撑下的地基承载力应满足要求。

8.4 土石方开挖与爆破

8.4.1 岛式土方开挖应符合下列规定：

1 边部土方的开挖范围应根据支撑布置形式、围护墙变形控制等因素确定。边部土方应采用分段开挖的方法，应减小围护墙无支撑或无垫层暴露时间。

2 中部岛状土体的各级放坡和总放坡应验算稳定性。

3 中部岛状土体的开挖应均衡对称进行。

8.4.2 盆式土方开挖应符合下列规定：

1 中部土方的开挖范围应根据支撑形式、围护墙变形控制、坑边土体加固等因素确定；中部有支撑时应先完成中部支撑，再开挖盆边土方。

2 盆边开挖形成的临时放坡应进行稳定性验算。

3 盆边土体应分块对称开挖，分块大小应根据支撑平面布置确定，应限时完成支撑。

4 软土地基盆式开挖的坡面可采取降水、支护、土体加固等措施。

8.4.3 狭长形基坑的土方开挖应符合下列规定：

1 采用钢支撑的狭长形基坑可采用纵向斜面分层分段开挖的方法，斜面应设置多级放坡；各阶段形成的放坡和纵向总坡的稳定性应满足现行行业标准《建筑基坑支护技术规程》JGJ 120 的规定。

2 每层每段开挖和支撑形成的时间应符合设计要求。

3 分层分段开挖至坑底时，应限时施工垫层。

8.4.4 冻胀土基坑采用爆破法开挖时应符合下列规定：

1 当冻土爆破开挖深度大于 1.0m 时，应采取分层开挖，分层厚度可根据钻爆机具性能及人员操作难度确定。

2 为缩短基坑暴露时间，对浅小基坑，应根据施工机械、人员、钻爆机具的配置情况，采取一次全断面开挖，并及时进行基础施工；对深大基坑，应采取分段开挖、分段进行基础施工。

8.4.5 土石方开挖爆破工程应由具有相应爆破资质和安全生产许可证的企业承担。爆破作业人员应取得有关部门颁发的资格证书，并应持证上岗。爆破工程作业现场应由具有相应资格的技术人员负责指导施工。

8.4.6 爆破参数应根据工程类比法或通过现场试炮确定。

8.4.7 当采用爆破法施工时，应采取合理的爆破施工工艺以减小对周边环境的影响。当坡体顶部边缘有建筑物或岩体抗拉强度较低时，坡体的上部宜采用锚杆支护控制岩体开挖后的卸荷裂隙。有锚杆支护的爆破开挖，应采取防止锚杆应力松弛措施。

9　特殊性土基坑工程

9.1　一般规定

9.1.1　特殊性土深基坑工程施工应根据气候条件、地基的胀缩等级、场地的工程地质及水文地质条件以及支护结构类型，结合工程经验和施工条件，因地制宜采取安全技术措施。

9.1.2　土方开挖前，应完成地表水系导引措施，并应按设计要求完成基坑四周坡顶防渗层、截流沟施工；使用过程中，应对排水和防护措施进行定期检查和记录，排水应通畅，施工期间各类地表水不得进入工作面。

9.1.3　形成的开挖面符合设计要求后，应立即进行后续施工作业，并应采取措施避免开挖面长时间暴露。边开挖、边支护施工的膨胀土、冻胀土基坑工程，应对设计开挖面进行及时保护。气温降到0°C前，应对有可能冻裂的浅表水管采取保温措施。

9.1.4　特殊性土深基坑工程应按信息施工法要求进行设计、施工和监测。除采用仪器设备进行监测外，还应采用人工巡视重点检查膨胀土胀缩、冻胀土冻胀、软土侧壁挤出和地表裂缝、异常变形、渗漏等情况。

9.1.5　湿陷性黄土基坑工程，除符合本规范外，尚应符合现行行业标准《湿陷性黄土地区建筑基坑工程安全技术规程》JGJ 167的相关规定。

9.2　膨胀岩土基坑工程

9.2.1　膨胀岩土基坑工程施工阶段应根据现场情况的变化进行稳定性验算。稳定验算应根据岩土含水量变化和膨胀岩土的胀缩力对土的抗剪强度指标进行折减；有软弱夹层及层状膨胀岩土，应按最不利的滑动面验算稳定性；存在胀缩裂缝和地裂缝时，应进行沿裂缝滑动的稳定性验算。

9.2.2　膨胀土中维护结构施工宜选择干作业方法，支护锚杆注浆材料宜先采用水泥砂浆，后采用水泥浆二次注浆技术。

9.2.3　当施工过程中发现实际揭露的膨胀土分布情况、土体膨胀特性与勘察结果存在较大差别，或遇雨淋、泡水、失水干裂等情况时，应及时反馈设计，并应采取处理措施。

9.2.4　膨胀土基坑开挖应符合下列规定：

1　土方开挖应按从上到下分层分段依次进行，开挖应与坡面防护分级跟进作业，本级边坡开挖完成后，应及时进行边坡防护处理，在上一级边坡处理完成之前，严禁下一级边坡开挖。

2　开挖过程中，必须采取有效防护措施减少大气环境对侧壁土体含水量的影响。

3　应分层、分段开挖，分段长度不应大于30m。

4　土方开挖应按设计开挖轮廓线预留保护层，保护层厚度应根据不同基坑段的地质条件确定，弱膨胀土预留保护层厚度不应小于300mm，中强膨胀土预留保护层厚度不应小于500mm；中强膨胀土基坑底部坡脚处宜预留土墩。

9.2.5　基坑侧壁和底面的防护应符合下列规定：

1　完成保护层开挖后，应立即采取防雨淋、防土体蒸发失水的临时防护措施。

2　侧壁临时防护可采用防雨布覆盖，坑底防护宜选择迅速施工垫层等方式。

9.2.6　开挖施工过程中的地质编录与施工记录应符合下列规定：

1　开挖过程中，应对开挖揭露的地层情况、岩性、地下水、膨胀性等情况进行记录，发现与勘察报告差异较大时，应及时通知监理、勘察及设计人员，研究处置措施。

2　按设计要求开挖到设计轮廓后，应对开挖面进行地质编录。

3　当开挖过程中基坑发生局部变形超限或坍塌时，应对变形体或坍塌体进行专项记录。

9.2.7　膨胀土基坑工程地表水处理应符合下列规定：

1　开挖前，应根据现场地形及汇水条件、基坑四周地面水系情况，按设计要求做好地表水导引及坡顶截排水方案。

2　坡顶应设置硬化防渗层，保护范围应延伸到坡顶纵截水沟外侧，坡顶不得有积水。

3　坡顶截水沟应进行铺砌及防渗漏处理，截水沟应结合地形条件分段布置向坑外排放的排水通道，排水通道之间应排水通畅。

4　在分级开挖过程中，应采取措施减少地表水和地下水对开挖施工的影响。

9.3　受冻融影响的基坑工程

9.3.1　可能发生冻胀的基坑宜采用内支撑或逆作法施工。

9.3.2　可能发生冻胀的基坑工程，应对冻胀力进行设计验算。

9.3.3　对基坑侧壁为冻胀土、强冻胀土、特强冻胀土的基坑工程，应采用保温措施。冬期施工时宜搭设暖棚；冬期不施工的，可采取覆盖保温或局部搭设暖棚。

9.3.4　可能发生冻胀的基坑使用锚拉支护时，应增大锚杆截面面积，提高杆材抗拉能力，防止锚杆出现断裂破坏。

9.3.5　对相邻建（构）筑物有保护要求和支护结构有严格变形要求的工程，在冻土融化阶段，应加强土体沉降、结构变形和锚杆拉力的监测。当锚杆产生应力松弛、拉力下降时，应重新张拉至设计要求。

9.3.6　冰和冻土融化时，应防止渗漏水形成的冰柱、冰溜和冻土掉落伤人。

9.3.7　受冻融影响的基坑，应及时回填。

9.4　软土基坑工程

9.4.1　对高灵敏度软土基坑，施工和使用过程中，应采取措施减少临近交通道路或其他扰动源对土的扰动。

9.4.2　基坑开挖时应对软土的触变性和流动性采取措施，当采用排桩保护时，必须进行桩间土的保护，防止软土侧向挤出。当周边有建（构）筑物时，宜设置截水帷幕保护桩间土。

9.4.3　软土基坑围护结构施工，应采取合适的施工方法，减少对软土的扰动，控制地层位移对周边环境的影响。

9.4.4　紧邻建（构）筑物的软土基坑开挖前宜进行土体加固，并应进行加固效果检测，达到设计要求后方可开挖。

9.4.5　在基坑内进行工程桩施工应符合下列规定：

1　桩顶上部应预留一定厚度的土层，严禁在临近基坑底部形成空孔，必要时对被动区或坑脚土体进行预加固。

2　应减少对基坑底部土体的扰动。

3　应缩短临近基坑侧壁工程桩混凝土的凝固时间。

4　应采用分区隔排、间隔施工，减少对土的集中扰动。

5　应控制钻进和施工速度，防止剪切液化的发生。

10 检查与监测

10.1 一 般 规 定

10.1.1 基坑工程施工应对原材料质量、施工机械、施工工艺、施工参数等进行检查。

10.1.2 基坑土方开挖前，应复核设计条件，对已经施工的围护结构质量进行检查，检查合格后方可进行土方开挖。

10.1.3 基坑土方开挖及地下结构施工过程中，每个工序施工结束后，应对该工序的施工质量进行检查；检查发现的质量问题应进行整改，整改合格后方可进入下道施工工序。

10.1.4 施工现场平面、竖向布置应与支护设计要求一致，布置的变更应经设计认可。

10.1.5 基坑施工过程除应按现行国家标准《建筑基坑工程监测技术规范》GB 50497 的规定进行专业监测外，施工方应同时编制包括下列内容的施工监测方案并实施：

1 工程概况。
2 监测依据和项目。
3 监测人员配备。
4 监测方法、精度和主要仪器设备。
5 测点布置与保护。
6 监测频率、监测报警值。
7 异常情况下的处理措施。
8 数据处理和信息反馈。

10.1.6 应根据环境调查结果，分析评估基坑周边环境的变形敏感度，宜根据基坑支护设计单位提出的各个施工阶段变形设计值和报警值，在基坑工程施工前对周边敏感的建筑物及管线设施采取加固措施。

10.1.7 施工过程中，应根据第三方专业监测和施工监测结果，及时分析评估基坑的安全状况，对可能危及基坑安全的质量问题，应采取补救措施。

10.1.8 监测标志应稳固、明显，位置应避开障碍物，便于观测；对监测点应有专人负责保护，监测过程应有工作人员的安全保护措施。

10.1.9 当遇到连续降雨等不利天气状况时，监测工作不得中断；并应同时采取措施确保监测工作的安全。

10.2 检 查

10.2.1 基坑工程施工质量检查应包括下列内容：

1 原材料表观质量。
2 围护结构施工质量。
3 现场施工场地布置。
4 土方开挖及地下结构施工工况。
5 降水、排水质量。
6 回填土质量。
7 其他需要检查质量的内容。

10.2.2 围护结构施工质量检查应包括施工过程中原材料质量检查和施工过程检查、施工完成后的检查；施工过程应主要检查施工机械的性能、施工工艺及施工参数的合理性，施工完成后的质量检查应按相关技术标准及设计要求进行，主要内容及方法应符合表 10.2.2 的规定。

表 10.2.2 围护结构质量检查的主要内容及方法

质量项目与基坑安全等级			检查内容	检查方法
支护结构	一级	排桩	混凝土强度、桩位偏差、桩长、桩身完整性	1. 混凝土或水泥土强度可检查取芯报告； 2. 排桩完整性可查桩身低应变动测报告； 3. 地下连续墙墙身完整性可通过预埋声测管检查； 4. 锚杆和土钉的抗拔力查现场抗拔试验报告，锚杆与腰梁的连接节点可采用目测结合人工扭力扳手； 5. 几何参数，如桩径、桩距等用直尺量； 6. 标高由水准仪测量，桩长可通过取芯检查； 7. 坡度、中间平台宽度用直尺量测； 8. 其余可根据具体情况确定
		型钢水泥土搅拌墙	桩位偏差、桩长、水泥土强度、型钢长度及焊接质量	
		地下连续墙	墙深、混凝土强度、墙身完整性、接头渗水	
		锚杆	锚杆抗拔力、平面及竖向位置、锚杆与腰梁连接节点、腰梁与后靠结构之间的结合程度	
		土钉墙	放坡坡度、土钉抗拔力、土钉平面及竖向位置、土钉与喷射混凝土面层连接节点	
	二级	排桩	混凝土强度、桩身完整性	
		型钢水泥土搅拌墙	水泥土强度、型钢长度及焊接质量	
		地下连续墙	混凝土强度、接头渗水	
		锚杆	锚杆抗拔力、平面及竖向位置、锚杆与腰梁连接节点、腰梁与后靠结构之间的结合程度	
		土钉墙	放坡坡度、土钉抗拔力、土钉平面及竖向位置、土钉与喷射混凝土面层连接节点	
截水帷幕	一级	水泥搅拌墙	桩长、成桩状况、渗透性能	
		高压旋喷搅拌墙		
		咬合桩墙	桩长、桩径、桩间搭接量	
	二级	水泥搅拌墙	成桩状况、渗透性能	
		高压旋喷搅拌墙		
		咬合桩墙	桩间搭接量	
地基加固	一级	水泥土桩	顶标高、底标高、水泥土强度	
		压密注浆		
	二级	水泥土桩	顶标高、水泥土强度	
		压密注浆		
支撑	一级和二级	混凝土支撑	混凝土强度、截面尺寸、平直度等	
		钢支撑	支撑与腰梁连接节点、腰梁与后靠结构之间的密合程度等	
		竖向立柱	平面位置、顶标高、垂直度等	

10.2.3 安全等级为一级的基坑工程设置封闭的截水帷幕时，开挖前应通过坑内预降水措施检查帷幕截水效果。

10.2.4 施工现场平面、竖向布置检查应包括下列内容：

1 出土坡道、出土口位置。
2 堆载位置及堆载大小。
3 重车行驶区域。
4 大型施工机械停靠点。
5 塔吊位置。

10.2.5 土方开挖及支护结构施工工况检查应包括下列内容：

1 各工况的基坑开挖深度。
2 坑内各部位土方高差及过渡段坡率。
3 内支撑、土钉、锚杆等的施工及养护时间。
4 土方开挖的竖向分层及平面分块。
5 拆撑之前的换撑措施。

10.2.6 混凝土内支撑在混凝土浇筑前，应对支架、模板等进行检查。

10.2.7 降排水系统质量检查应包括下列内容：

1 地表排水沟、集水井、地面硬化情况。
2 坑内外井点位置。
3 降水系统运行状况。

4 坑内临时排水措施。

5 外排通道的可靠性。

10.2.8 基坑回填后应检查回填土密实度。

10.3 施工监测

10.3.1 施工监测应采用仪器监测与巡视相结合的方法。用于监测的仪器应按测量仪器有关要求定期标定。

10.3.2 基坑施工和使用中应采取多种方式进行安全监测，对有特殊要求或安全等级为一级的基坑工程，应根据基坑现场施工作业计划制定基坑施工安全监测应急预案。

10.3.3 施工监测应包括下列主要内容：

1 基坑周边地面沉降。

2 周边重要建筑沉降。

3 周边建筑物、地面裂缝。

4 支护结构裂缝。

5 坑内外地下水位。

6 地下管线渗漏情况。

7 安全等级为一级的基坑工程施工监测尚应包含下列主要内容：

1）围护墙或临时开挖边坡面顶部水平位移；

2）围护墙或临时开挖边坡面顶部竖向位移；

3）坑底隆起；

4）支护结构与主体结构相结合时，主体结构的相关监测。

10.3.4 基坑工程施工过程中每天应有专人进行巡视检查，巡视检查应符合下列规定：

1 支护结构，应包含下列内容：

1）冠梁、腰梁、支撑裂缝及开展情况；

2）围护墙、支撑、立柱变形情况；

3）截水帷幕开裂、渗漏情况；

4）墙后土体裂缝、沉陷或滑移情况；

5）基坑涌土、流砂、管涌情况。

2 施工工况，应包含下列内容：

1）土质条件与勘察报告的一致性情况；

2）基坑开挖分段长度、分层厚度、临时边坡、支锚设置与设计要求的符合情况；

3）场地地表水、地下水排放状况，基坑降水、回灌设施的运转情况；

4）基坑周边超载与设计要求的符合情况。

3 周边环境，应包含下列内容：

1）周边管道破损、渗漏情况；

2）周边建筑开裂、裂缝发展情况；

3）周边道路开裂、沉陷情况；

4）邻近基坑及建筑的施工状况；

5）周边公众反映。

4 监测设施，应包含下列内容：

1）基准点、监测点完好状况；

2）监测元件的完好和保护情况；

3）影响观测工作的障碍物情况。

10.3.5 巡视检查宜以目视为主，可辅以锤、钎、量尺、放大镜等工具以及摄像、摄影等手段进行，并应作好巡视记录。如发现异常情况和危险情况，应对照仪器监测数据进行综合分析。

11 基坑安全使用与维护

11.1 一 般 规 定

11.1.1 基坑开挖完毕后，应组织验收，经验收合格并进行安全使用与维护技术交底后，方可使用。基坑使用与维护过程中应按施工安全专项方案要求落实安全措施。

11.1.2 基坑使用与维护中进行工序移交时，应办理移交签字手续。

11.1.3 应进行基坑安全使用与维护技术培训，定期开展应急处置演练。

11.1.4 基坑使用中应针对暴雨、冰雹、台风等灾害天气，及时对基坑安全进行现场检查。

11.1.5 主体结构施工过程中，不应损坏基坑支护结构。当需改变支护结构工作状态时，应经设计单位复核。

11.2 使 用 安 全

11.2.1 基坑工程应按设计要求进行地面硬化，并在周边设置防水围挡和防护栏杆。对膨胀性土及冻土的坡面和坡顶 3m 以内应采取防水及防冻措施。

11.2.2 基坑周边使用荷载不应超过设计限值。

11.2.3 在基坑周边破裂面以内不宜建造临时设施；必须建造时应经设计复核，并应采取保护措施。

11.2.4 雨期施工时，应有防洪、防暴雨措施及排水备用材料和设备。

11.2.5 基坑临边、临空位置及周边危险部位，应设置明显的安全警示标识，并应安装可靠围挡和防护。

11.2.6 基坑内应设置作业人员上下坡道或爬梯，数量不应少于 2 个。作业位置的安全通道应畅通。

11.2.7 基坑使用过程中施工栈桥的设置应符合下列规定：

1 施工栈桥及立柱桩应根据基坑周边环境条件、基坑形状、支撑布置、施工方法等进行专项设计，立柱桩的设计间距应满足坑内小型挖土机械的移动和操作时的安全要求。

2 专项设计应提交设计单位进行复核。

3 使用中应按设计要求控制施工荷载。

11.2.8 当基坑周边地面产生裂缝时，应采取灌浆措施封闭裂缝。对于膨胀土基坑工程，应分析裂缝产生原因，及时反馈设计处理。

11.2.9 基坑使用中支撑的拆除应满足本规范第 6 章的规定。

11.3 维 护 安 全

11.3.1 使用单位应有专人对基坑安全进行定期巡查，雨期应增加巡查次数，并应作好记录；发现异常情况应立即报告建设、设计、监理等单位。

11.3.2 基坑工程使用与维护期间，对基坑影响范围内可能出现的交通荷载或大于 35kPa 的振动荷载，应评估其对基坑工程安全的影响。

11.3.3 降水系统维护应符合下列规定：

1 定时巡视降排水系统的运行情况，及时发现和处理系统运行的故障和隐患。

2 应采取措施保护降水系统，严禁损害降水井。

3 在更换水泵时应先量测井深，确定水泵埋置深度。

4 备用发电机应处于准备发动状态，并宜安装自动切换系统，当发生停电时，应及时切换电源，缩短停止抽水时间。

5 发现喷水、涌砂，应立即查明原因，采取措施及时处理。

6 冬期降水应采取防冻措施。

11.3.4 降水井点的拔除或封井除应满足设计要求外，应在基础及已施工部分结构的自重大于水浮力、已进行基坑回填的条件下进行，所留孔洞应用砂或土填塞，并可根据要求采用填砂注浆或混凝土封填；对地基有隔水要求时，地面下 2m 可用黏土填塞密实。

11.3.5 基坑围护结构出现损伤时，应编制加固修复方案并及时组织实施。

11.3.6 基坑使用与维护期间，遇有相邻基坑开挖施工时，应做好协调工作，防止相邻基坑开挖造成的安全损害。

11.3.7 邻近建（构）筑物、市政管线出现渗漏损伤时，应立即采取措施，阻止渗漏并应进行加固修复，排除危险源。

11.3.8 对预计超过设计使用年限的基坑工程应提前进行安全评估和设计复核，当设计复核不满足安全指标要求时，应及时进行加固处理。

11.3.9 基坑应及时按设计要求进行回填，当回填质量可能影响坑外建筑物或管线沉降、裂缝等发展变化时，应采用砂、砂石料回填并注浆处理，必要时可采用低强度等级混凝土回填密实。

本规范用词说明

1 为便于在执行本规范条文时区别对待，对要求严格程度不同的用词说明如下：

1）表示很严格，非这样做不可的：
正面词采用“必须”，反面词采用“严禁”；

2）表示严格，在正常情况下均应这样做的：
正面词采用“应”，反面词采用“不应”或“不得”；

3）表示允许稍有选择，在条件许可时首先应这样做的：
正面词采用“宜”，反面词采用“不宜”；

4）表示有选择，在一定条件下可以这么做的，采用“可”。

2 规范中指明应按其他有关标准、规范执行时的写法为：“应符合……的规定”或“应按……执行”。

引用标准名录

1 《建筑地基基础设计规范》GB 50007
2 《建筑基坑工程监测技术规范》GB 50497
3 《岩土工程勘察安全规范》GB 50585
4 《爆破安全规程》GB 6722
5 《施工现场临时用电安全技术规范》JGJ 46
6 《建筑地基处理技术规范》JGJ 79
7 《建筑基坑支护技术规程》JGJ 120
8 《湿陷性黄土地区建筑基坑工程安全技术规程》JGJ 167
9 《建筑施工土石方工程安全技术规范》JGJ 180

中华人民共和国行业标准

建筑深基坑工程施工安全技术规范

JGJ 311－2013

条 文 说 明

制 订 说 明

《建筑深基坑工程施工安全技术规范》JGJ 311－2013经住房和城乡建设部2013年10月9日以第174号公告批准、发布。

本规范编制过程中，编制组进行了大量的调查研究，总结了我国工程建设建筑深基坑工程施工、使用与维护安全方面的实践经验，同时参考了国外建筑深基坑工程施工安全技术的先进技术法规、技术标准、工程实践经验和科研成果。

为便于广大设计、施工、科研和学校等单位有关人员在使用本规范时能正确理解和执行条文规定，《建筑深基坑工程施工安全技术规范》编制组按章、节、条顺序编制了本规范的条文说明，对条文规定的目的、依据以及执行中需注意的有关事项进行了说明，还着重对强制性条文的强制性理由做了解释。但是，本条文说明不具备与规范正文同等的法律效力，仅供使用者作为理解和把握规范规定的参考。

目　次

1 总 则

1.0.1 随着城市化进程的逐步推进、城市建设快速发展，地下空间资源利用越来越受到重视，各类建筑物的地下部分所占空间越来越大，埋置深度越来越深，深度 20m 左右的基坑已属常见，国内基坑最大深度已超过 40m。基坑工程向更大、更深、条件更加复杂的方向发展，带来了更多的基坑工程安全与周边环境保护问题。基坑工程的安全技术至关重要，极需规范。

位于中心城区的大部分深基坑工程，基坑周边地面建（构）筑物较多，常存在历史保护建筑或老式居民住宅，基坑周边地下市政设施、管线密布，有的基坑紧邻地铁、隧道。基坑周边环境安全与基坑工程安全具有同等重要性。为保证深基坑及周边环境安全，要求对涉及深基坑工程的现场勘查与环境调查、施工组织设计、现场施工、安全监测、周边保护环境、基坑的使用与维护等各个方面的安全技术作出规定，以适应当前建筑深基坑工程施工安全的需要。

1.0.2 根据目前的习惯划分，本规范适用范围为基坑深度为大于或等于 5m 的基坑，对基坑深度虽不足 5m 但水文地质条件或周边环境复杂、可能发生安全事故的基坑工程可参照执行。

1.0.3 本规范涵盖了膨胀土、可冻胀土、高灵敏度土等基坑工程，在执行中除应符合现行国家标准《建筑地基基础设计规范》GB 50007、《建筑地基基础工程施工质量验收规范》GB 50202、《建筑基坑工程监测技术规范》GB 50497、现行行业标准《建筑基坑支护技术规程》JGJ 120 外，应与其他国家现行标准，如《湿陷性黄土地区建筑基坑工程安全技术规程》JGJ 167 等协调使用。

3 基 本 规 定

中国幅员辽阔，建筑工程基坑涉及的地质、水文条件差别较大，在深基坑工程的现场勘查、施工、安全监测、周边环境保护时应根据深基坑工程的安全等级和环境保护等级，相似工程施工安全技术、地方经验等，选择合适的支护、地下水控制、土石方开挖施工工艺与安全技术，使用与维护等的安全技术措施，确保深基坑工程和周边环境安全。

深基坑工程是复杂、变化的系统工程，需要依赖信息化施工和工程经验，因此深基坑工程的现场勘查、施工组织设计、现场施工、安全监测、周边保护环境应当充分重视以往的经验，做到施工方案合理，技术措施周密，检测和监测手段齐全，切实保障深基坑工程安全。

3.0.1 建筑深基坑工程安全等级的划分涉及基坑变形控制指标要求、基坑监测方案评审要求、基坑工程安全风险分析与评估要求等，本规范充分考虑了现行国家标准《建筑地基基础设计规范》GB 50007、《建筑地基基础工程施工质量验收规范》GB 50202，现行行业标准《建筑基坑支护技术规程》JGJ 120 等规范中有关"地基基础设计等级"、"支护结构安全等级"、"基坑变形控制等级"等划分原则和定义，考虑基坑施工安全的特点、重要性、安全技术要求等，将基坑安全等级划分为一级、二级两个等级。

3.0.2 本条理由如下：

1 建设单位应组织或委托相关单位进行基坑环境调查，查明基坑工程涉及的市政管线现状、特别是渗漏情况，邻近建筑物基础形式、埋深、结构类型、使用后的沉降、裂缝等状况及相邻区域内正在施工和使用的基坑工程情况等，以便设计单位和施工单位在设计文件、施工组织设计中制定合理有效的安全措施。环境调查质量事关基坑工程设计和施工安全。

2 明确了不同安全等级的基坑工程，在施工过程中对变形进行控制的指标要求。对基坑工程保证不出现正常使用极限状态、承载能力极限状态意义重大。需要强调的是这一规定显然与基坑工程的设计相关联。施工安全等级为二级的基坑工程可按现行国家标准《建筑地基基础工程施工质量验收规范》GB 50202 相应的规定要求执行。

3 施工安全专项方案是指在对施工过程及基坑工程使用与维护过程中可能出现的危险源进行分析、识别的基础上，制定相应的应急预案、应急响应、技术交底。施工安全专项方案的编制、演练等是确保基坑工程施工安全的主要文件。

4 基坑工程安全监测对于基坑工程安全的重要性众所周知，是信息施工法的保证。

3.0.3 根据各省市建设行政主管部门的有关规定或要求，组织专家评审或专家论证。充分发挥行业专家的作用，组织设计评审和施工方案审查在全国普遍得到落实以来，明显减少了基坑工程事故，应得到严格执行。

3.0.5 基坑开挖时，存在支护结构未达到设计强度进行开挖的现象，比如土钉、复合土钉支护结构，一般允许支护锚杆体强度达到 80%以上可以进行下一步开挖，工程实践表明，此时进行堆载，对支护结构承载力增长及变形均不利。为确保支护结构承载力及控制支护结构变形，在支护结构达到设计强度前，严禁在设计预计的滑裂面范围内堆载。

上海莲花河畔倒楼事件的教训表明，除按设计要求控制基坑滑裂面范围内堆载外，对需要进行临时土石方堆放的工程，必须进行包括自身稳定性、邻近建筑物地基稳定性、基坑稳定性的整体验算，稳定安全系数满足相关规范要求后才能确保基坑工程的安全。

3.0.6 膨胀土、湿陷性黄土、盐渍土、可能发生冻胀的土、高灵敏度土等场地深基坑工程的施工各有特点并有其地域性和季节性，其施工安全与水作用条件密不可分，应根据本规范第 9 章规定的要求进行。对湿陷性黄土、盐渍土基坑工程，国家现行标准有规定的从其规定，无规定的可以参照本规范执行。

3.0.7 信息施工是保证基坑工程施工安全的重要技术手段，但在实际工程中，由于基坑工程的监理、监测、施工单位水平参差不齐，建立与设计单位的反馈机制较为困难，基坑工程施工过程中如果不能真正实现信息施工，基坑工程施工安全很难得到保证。

变形控制指标分解应根据基坑工程使用、运行时间、软土流变、地下管线渗漏、雨季、超载状况等条件进行。

本条给出了进行信息施工的一些基本要求，希望通过广大工程技术人员和科技工作者的积极实践，逐步形成基坑工程信息施工的技术和管理体制。

3.0.8 本条明确对特殊条件下的基坑安全等级为一级的基坑工程进行风险评估作出规定。这里的"特殊条件"指基坑环境有需保护的文物、与生命线工程密切相关、需保护的建筑物、构筑物，重要的交通枢纽设施、指挥系统所在建筑，涉及重大人民生命财产安全的建筑物、构筑物等。

4 施工环境调查

4.1 一 般 规 定

4.1.1 本条规定了现场勘查和环境调查与原有工程勘察、设计文件的关系。基坑工程应进行专门勘察，但现状是，基坑工程勘察工作往往针对性不强，许多工程甚至没有进行专门勘察而直接参考建筑工程的勘察报告进行设计。对于地质及环境条件复杂的基坑很难满足设计与安全施工的需要，安全隐患也很大，环境调查和有针对性的施工勘察是对基坑工程勘察工作的补充完善。

此外，基坑工程设计阶段的工程勘察文件往往不重视浅部及建筑周边地质条件的岩土参数变化，特别是周边建（构）筑物及地下管网的荷载与分布，上部施工时的平面布置与动荷载等，而这些内容正是基坑工程施工前所需掌握的，特别是当场地存在挖、填方或地下水等水文地质条件及其发生变化时基坑岩土条件随之发生变化的情况。因此，在基坑工程施工前进行环境调查，发现已有勘察资料不能满足基坑工程设计和施工的要求时，应及时通知业主专门进行基坑工程的补充勘察。

4.1.2 本条规定了在进行基坑工程勘查与环境调查之前应取得或应搜集的一些与基坑有关的基本资料及工作内容。

4.2 现场勘查及环境调查要求

4.2.1 基坑周围环境调查的对象主要指会对基坑工程产生影响或受基坑工程影响的周围建（构）筑物、道路、地下管线、贮输水设施及相关活动等，以及上部结构施工时的荷载堆放（建材和塔吊等）、运输车辆的道路，这涉及原有基坑设计时荷载计算的变化情况，这对基坑的安全运营至关重要。

4.2.2 本条规定了对于不同安全等级基坑的勘查手段。由于归属于不同部门管理的地下管网（通信、电力、市政、军用等）造成各种地下管网分布的复杂性，业主单位也难以查清，近年来，由于基坑施工造成的各种管网损坏屡见不鲜，所以在此强调了勘查手段。

4.2.3 为防止地表水沿勘探孔下渗，规定勘探工作结束后，应及时回填夯实。

4.3 现场勘查与环境调查报告

4.3.1 本条规定了现场勘查和环境调查报告应包括的主要内容。

4.3.2 相对于一般岩土工程勘察报告所附图表而言，周边环境条件图应包括下列内容。

1 勘查点（也可使用原勘察报告的勘探点）平面位置图。

2 基坑周围已有建（构）筑物、管线、道路的分布情况。

3 基础边线、基坑开挖线、用地红线。

4 沿基坑开挖边线的地质剖面、必要时应绘制的垂直基坑边线的剖面图。

4.3.3 现场勘查与环境调查报告应在原勘察报告和设计文件的的基础上，对设计方案和施工需要的岩土参数，周边条件给出明确的结论，还需说明岩土参数取值或变化的依据，施工过程中对周边建（构）筑物采取的安全措施建议。

5 施工安全专项方案

5.1 一 般 规 定

5.1.4 根据各省市建设行政主管部门的有关规定或要求组织专家论证；无规定的，由总承包单位技术负责人组织不少于 3 名以上的专家进行论证。

5.2 安全专项方案编制

5.2.2 施工各阶段安全技术措施还应包括基坑施工各阶段的大型施工机械的安全技术。

5.3 危险源分析

5.3.2 特殊保护要求指：对临近地铁、历史保护建筑、危房、交通主干道、基坑边塔吊、给水管线、煤气管线等重要管线采取的安全保护要求。

5.4 应 急 预 案

5.4.2 险情一般是指：变形较大，超过报警值且采取相关措施后情况没有大的改善；周边建（构）筑物变形持续发展或已影响正常使用。

开挖底面出现流砂、管涌时，应立即停止基坑挖土，当判断为承压水突涌时应立即回填并采取降压措施；判断为坑内外水位高差大引起时，可根据环境条件采取截断坑内外水力联系、坑周降水法降低水头差、设置反滤层封堵流土点等方式进行处理。

坑底突涌时应查明突涌原因，对因勘察孔、监测孔封孔不当引起的单点突涌，宜采用坑内围堵平衡水位后，施工降水井降低水位，再进行快速注浆处理；对于不明原因的坑底突涌，应结合坑外水位孔的水位监测数据分析；对围护结构或帷幕渗漏引起的坑底突涌，应采用坑内回填平衡、坑底加固、坑外快速注浆或冻结方法进行处理。

基坑变形超过报警值时应调整分层、分段土方开挖等施工方案，或采取加大预留土墩，坑内堆砂袋、回填土、增设锚杆、支撑、坑外卸载、注浆加固、托换等措施。

5.4.5 本条为强制性条文，基坑工程坍塌事故会产生重大生命财产损失，应避免人员伤亡。基坑工程坍塌事故一般具有明显征兆，如支护结构局部破坏产生的异常声响、位移的快速变化、水土的大量涌出等。当预测到基坑坍塌、建筑物倒塌事故的发生不可逆转时，应立即撤离现场施工人员及临近建筑物内的所有人员。

5.6 安全技术交底

5.6.1 交底包括设计交底、施工各阶段安全交底。

6 支护结构施工

6.1 一 般 规 定

6.1.1 基坑工程施工前应学习和研究设计文件，充分了解设计意图；并根据设计文件、现场条件、周边环境、气候条件等编制施工组织设计或施工方案，以达到保证基坑工程、地下结构安全施工和减少对基坑周边环境影响的目的。

由于基坑工程的施工具有一定的风险性和不可预见性，编制施工组织设计或施工方案中应有针对性的应急预案，并建立相应的应急响应机制，配置足够的应急材料、机械、人力等资源。

江、河、湖、海等堤坝附近基坑工程应加强对堤坝的保护。直接临水基坑工程一般需要修筑临时性围堰，创造干作业条件。筑岛施工时施工平台应注意潮汐影响，施工平台应高出最高潮水位或最高水位。

6.1.2 根据工程实践，基坑支护结构变形与施工工况有很大关系。应根据工程场地实际和设计要求，确定合理的施工方案，明确支护结构施工与土方开挖、降水、地下结构施工各工序间的合理作业时间与工序控制，关键是在实际施工中严格按照施工方案组织施工，这对于保证基坑工程安全、减小基坑支护结构变形和环境影响意义重大。

6.1.3 支护结构在施工和拆除阶段对已施工的桩基、邻近建筑物、道路管线、地下设施等有不同影响。支护结构施工时应根据环境条件要求，采取合理的措施，如采用挤土效应较小的三轴水泥土搅拌桩隔水、地下连续墙施工时加强槽壁稳定性监测或采取槽壁加固、调整槽段宽度、选用优质泥浆，不允许进行混凝土支撑爆破的区域可采用钢支撑等。

此外，在基坑工程与保护对象之间设置隔断屏障，对需保护的管线应采取架空保护，邻近建筑物预先进行基础加固、托换等措施也可以有效减少基坑工程对环境的不利影响。

6.1.4 支护结构施工与场地的地质条件密切相关，具有一定的不可预见性。应进行试验性施工，可及时发现施工中可能存在的危险源及问题，并能获得相关的施工参数，对之后的正式施工进行指导。避免支护结构正式施工时发生类似事故，确保工程顺利进行。根据工程情况，对于环境保护要求较高的工程或地质条件较复杂的情况下，不应在原位进行试成槽；对于要求较低的工程可进行原位试成槽。

6.1.5 基坑工程施工必须采取信息施工法，对支护结构自身、已经完成的桩基、地下结构以及基坑影响范围内的建（构）筑物、地下管线、道路的沉降、位移等进行监测，并根据监测信息及时调整施工方案、施工工序或工艺。

随着近年来基坑工程规模日益扩大，基坑工程对周边环境影响不容忽视。一般情况下，若基坑开挖深度超过相邻建（构）筑物的基础底标高，或在原有桩基、地下管线附近进行开挖，或邻近有地铁、高架及老建筑、保护建筑等的，除进行监测外，还应采取针对性的环境保护措施。

基坑监测测点不仅设置在基坑区域之外，往往在基坑内和支护结构上也设置了一些水位、变形等观测点。这些测点容易受到土方开挖、周边重车行走等因素的影响，必须制定切实可行的措施予以保护，这是基坑工程信息施工法的基础和前提。

6.1.6 紧邻围护墙的地面超载和施工荷载对支护结构影响很大，往往引起围护墙变形的增大，其荷载大小应严格按照设计文件的要求予以控制。重型设备行走区域应与设计协商先行采取加固处理或按实际荷载大小、位置进行相关区域支护结构设计。地面超载包括坑外的临时施工堆载如零星的建筑材料、小型施工器材等，设计中通常按不大于20kN/m² 考虑。施工荷载指在基坑开挖期间，作用在坑边或围护墙附近荷载较大且时间较长或频繁出现的荷载，如挖土机、土方车等。

当基坑开挖深度深且设置多道支撑或基坑周边无施工场地和施工通道时，可考虑设置施工栈桥或施工平台供车辆行走与材料堆放。施工栈桥可与基坑支撑、立柱体系结合设置，也可独立设置。

6.1.7 基坑工程邻近正在进行桩基施工（主要指具有明显挤土效应的锤击式或压入式桩基施工）、基坑开挖、边坡开挖、盾构顶进时，相邻工程应通过调整施工流程，协调好各自的施工进度等，避免有害影响的产生。

6.2 土钉墙支护

6.2.1 土钉施工与其他工序，如降水、土方开挖相互交叉。各工序之间应密切协调、合理安排，不仅能提高施工效率，更能确保工程安全。

土钉墙施工应按顺序分层开挖，在完成上层作业面的土钉与喷射混凝土以前，不得进行下一层的开挖。开挖深度和作业顺序应保证裸露边坡能在规定的时间内保持自立。当用机械进行土方作业时，严禁边壁超挖或造成边壁土体松动。基坑的边壁宜采用小型机具或人工铲锹进行切削清坡，以保证坡面平整。

6.2.2 土钉施工中，存在一定的不可预见性，如成孔过程中遇有障碍物或成孔困难，此时可以经过调整孔位及土钉长度等工艺参数确保顺利施工，但必须对土钉承载力以及整个支护结构进行重新验算复核，确保支护结构的施工安全。

在可塑性的黏性土、含水量适中的粉土和砂土中进行土钉施工可采用洛阳铲人工成孔；在砂层中，慎用洛阳铲人工成孔，防止土钉角度为0°或向上倾斜。

在灵敏度较高的粉土、粉质黏土及可能产生液化的土体中进行土钉施工时，若采用振动法施工土钉，基坑侧壁土体可能发生液化现象，对支护结构产生破坏。在砂性较重的土体中进行土钉支护施工时，可能发生流土、流砂现象，应做好应急预案，采取相应的有效措施。

采取二次注浆方法能更好地保证土钉的承载力。

6.2.3 喷射混凝土施工中易产生大量的水泥粉尘，除采用综合防尘措施外，应佩戴个体防护用品，减少粉尘对人体健康的影响。喷射作业中，喷头极易伤人，未经培训人员不得进入施工范围。

喷射混凝土施工中发生堵管，极易发生安全事故，应经常检查维护，做到事半功倍，消除潜在危险源。喷射作业中，处理堵管是一项涉及安全的大事，绝不能草率行事。在处理堵管时应采取敲击法疏通。

6.3 重力式水泥土墙

6.3.3 施工中，当遇有河塘、池塘及洼地需回填时，往往就近挖土回填。如果回填土土性较差，可以掺入8%～10%水泥，并分层压实。

6.4 地下连续墙

6.4.1 地下连续墙成槽施工应符合下列要求：

1 导墙是保证地下连续墙轴线位置及成槽质量的关键。导墙周边应限载，防止导墙位移或开裂。

2 槽壁稳定性不满足要求时，宜采取槽壁土加固、降水、改善泥浆性能、限制周边荷载、选择合适的导墙等措施，确保槽壁稳定。

3 在暗河区或松散杂填土层中，可事先加固导墙两侧土体，并将导墙底加深至原状土中。加固方法宜采用三轴水泥土搅拌桩。

4 地下连续墙成槽阶段对周围土体扰动大，采取跳幅间隔施工不仅能减少对周边环境的影响，还能有效保证槽壁稳定性。

6.4.2 地下连续墙成槽泥浆制备应符合下列要求：

1 护壁泥浆试配、室内性能试验、现场试验是为了保证护壁泥浆满足特定条件下的工程施工需要。

2 泥浆质量和泥浆液面高低对槽壁稳定有很大的影响。泥浆液面愈高所需的泥浆相对密度愈小。地下连续墙施工时保持槽壁的稳定性防止槽壁塌方是十分重要的问题。如发生塌方，不仅可能造成挖槽机倾覆，对邻近的建筑物和地下管线也会造成破坏。

6.4.3 由于地下连续墙采用泥浆护壁成槽，接头混凝土面上必然附着有一定厚度的泥皮，如不清除，浇筑混凝土时在槽段接头面上会形成一层夹泥带，基坑开挖后，在水压作用下可能从这些地方渗漏水及冒砂。为了消除这种隐患，保证地下连续墙的防渗性能，施工时必须采用有效的方法进行清刷混凝土壁面，接头处必须刷洗干净，不留泥砂和污物。

6.4.4 地下连续墙钢筋笼吊装应符合下列要求：

1 吊具、吊点加固钢筋及确定钢筋笼吊放标高的吊筋，应进行起吊重量分析，通过乘以一定的安全系数进行强度验算以确定选用规格。确保钢筋笼起吊施工的安全性。成槽完成后吊放钢筋笼前，应实测当时导墙顶标高，计入卡住吊筋的搁置型钢横梁高度，根据设计标高换算出钢筋笼吊筋的长度，以保证结构和施工所需要的预埋件、插筋、保护铁块位置准确，方便后续施工。

2 钢筋笼吊装前清除钢筋笼上剩余的钢筋断头、焊接接头等遗留物，防止起吊时发生高空坠物伤人的事故。

3 起重机荷载越大，安全系数越小，越要认真对待。因此当起吊荷载接近满负荷时，要经过试吊检查无误后再起吊，这是预防事故的必要措施。起吊荷载接近满负荷时，其安全系数相应降低，操作中稍有疏忽，就会发生超载，需要慢速操作，以保证安全。

6.4.6 本条是对预制墙段安放顺序的规定，并对预制墙段安放闭合位置进行了规定。

1 由于墙缝接头桩混凝土施工可能造成预制墙段底端走动，除应采取措施防止走动外，对实际可能产生的走动和预制墙段位置变化，在闭合幅安放前进行实测，并作相应的调整，保证闭合幅顺畅安放。

2 预制地下连续墙直线幅是施工采用一幅接一幅的连续成槽施工顺序。

3 幅间接头采用现浇混凝土接头，易于保证工程质量。

4 预制墙段一般处于平面外位置起吊，而平面外墙段相对比较长细，故应对起吊过程墙段跨中弯矩进行计算，并校核起吊产生的内力和挠度产生的裂缝是否满足设计要求，若不能满足，应对吊装采取相应的加强措施；预制墙段由水平状回直时，起重机提升时，其起重吊钩应沿其回直方向移动（或行走、或起拔杆），避免根部拖行或着力。

6.5 灌注桩排桩围护墙

6.5.2 保证钻孔机械各部件合格、运转正常以及钻孔机架水平稳定，这是保证钻机工作性能和钻孔质量的重要条件。钻架立起后及施工过程中，要随时检查并调整钻机垂直度。

为了防止在混凝土凝固前，邻桩施工对其造成扰动，故采用隔桩跳打的方法，若无法调整桩位时，应停顿36h以后方可在邻桩侧进行施工。

6.5.5 混凝土浇注完毕后，应及时在桩孔位置回填土方或加盖盖板，避免施工人员误掉入孔内的危险。

6.5.6 遇有湿陷性土层，地下水位较低，既有建筑物距离基坑较近时，可采用干作业成孔工艺进行灌注桩施工。

6.6 板桩围护墙

6.6.1 鉴于打桩作业中可能发生断桩、倒桩等事故，本条规定了操作人员和桩锤中心的安全距离。

6.6.2 打桩机械是依靠振动，以减少桩和土间摩擦阻力而进行沉拔桩的机械，为了保证安全作业，需执行本条规定。

6.6.3 如吊桩、吊锤、回转、行走四种动作同时进行，一方面起吊载荷增加，另一方面回转和行走使机械晃动，稳定性降低，容易发生事故。同时机械的动力性能也难以承受四种动作的负荷，而操作人员也难以正确无误操作四种动作。

为了防止钢丝绳受振后松脱造成伤害，故应采取加装保险钢丝的双重保险措施。当桩入土已有一定深度时，再用外力来纠正桩的倾斜度，不仅难以纠正，反而会使桩折断。

6.6.4 由于振动沉桩和锤击沉桩施工引起的振动和挤土，不利于周边环境的保护，因此，作本条规定。

6.6.5 板桩围护的防渗水能力较弱，应加强对周边地下水位以及超孔隙水压力的监测，才能确保支护结构施工安全。

6.7 型钢水泥土搅拌墙

6.7.1 施工现场应先进行场地平整，清除搅拌桩施工区域的表层硬物和地下障碍物。现场道路的承载能力应满足桩机和起重机平稳行走的要求。

6.7.2 适用于N值30以上的硬质土层，在水泥土搅拌桩施工时，用装备有大功率减速机的钻孔机，先进行施工钻孔，局部松散硬土层；然后再用三轴搅拌机械施工完成水泥土搅拌桩，以减少对地层和环境的扰动。

6.7.3 螺旋式和螺旋叶片式搅拌桩机头在施工过程中能通过螺旋效应排土，因此挤土量较小。与双轴水泥土搅拌桩和高压旋喷桩相比，三轴水泥土搅拌桩施工过程中的挤土效应相对较小，对周边环境影响较小。

6.7.6 型钢的插入要求：

1 如水灰比控制适当，依靠自重型钢一般都能顺利插入。但在砂性较重的土层，搅拌桩底部易堆积较厚的砂土，宜采用在导向机械协助下将型钢插入到位。应避免自由落体式下插，这种方式不仅难以保证型钢的正确位置，还容易发生安全事故。

2 定位型钢设置应牢固，搅拌桩位置和型钢插入位置应标志清楚。

3 当采用振动锤下落工艺时，不应影响周边环境。

6.7.7 型钢回收过程中，不论采取何种方式减少对周边环境的影响，影响还是存在的。因此，对周边环境保护要求高以及特殊地质条件等工程，应不拔型钢。

6.7.8 型钢水泥土搅拌墙还可采用等厚度水泥土搅拌墙施工工艺（TRD工法）进行施工，其最大作业深度可达60m，可以适用于N值在100击以内的地层，还可以在粒径小于100mm的卵砾石层和极软基岩中施工。成墙品质好，水泥土搅拌均匀，强度提高，离散性小。等厚度水泥土搅拌墙的施工工艺包括：切割箱自行打入挖掘工序、水泥土搅拌墙建筑工序和切割箱拔除分解工序，应防止切割箱抱死事故的发生。

等厚度水泥土搅拌墙施工，基坑转角处或结束施工拔出切割箱时，应及时补充回灌固化液。在条件许可的情况下，宜配置大吨位吊车，优先在墙体外拔出切割箱。

6.8 沉　井

6.8.1 沉井施工会对周边的土质造成变形影响，当周边变形控制较严时，不宜采用沉井。

6.8.2 外排脚手架搭设时，不应使用沉井井壁制作时的模板，外排脚手架与模板应脱开，避免由于沉井下沉而引起脚手架倾斜，造成不必要的事故。

刃脚混凝土达到设计强度100%，方可进行后续施工。为了沉井能在土中顺利下沉，可采用触变泥浆套、空气幕、高压射水、压重下沉、抽水下沉、井壁外侧挖土下沉等措施配合施工。

6.9 内 支 撑

6.9.1 应根据设计要求，制定支撑的施工与拆除顺序，基坑开挖过程中应按照先撑后挖的顺序施工。当情况允许，为土方开挖方便，局部可适当采用先挖后撑，但应编制相关的专项方案和应急预案。

6.9.2 当必须利用支撑构件兼做施工平台或栈桥时，需要进行专门的设计，应满足施工平台或栈桥结构的强度和变形要求，确保安全施工。未经专门设计的支撑上不允许堆放施工材料和运行施工机械。

6.9.3 基坑回弹是开挖土方以后发生的弹性变形，一部分是由于开挖后的卸载引起的回弹量；另一部分是基坑周围土体在自重作用下使坑底土向上隆起。基坑的回弹是不可避免的，但较大的回弹变形会引起立柱桩上浮，施工单位在土方开挖过程中应加强监测，合理安排土方开挖顺序，优化施工工艺，以减小基坑回弹的影响。

6.9.4 土方开挖时，应清除支撑底模，避免底模附着在支撑底部。若采用混凝土垫层作底模，为了方便清除，应在支撑与混凝土垫层底模之间设置隔离措施，必须在支撑以下土方开挖时及时清理干净，否则附着的底模在基坑后续施工过程中一旦脱落，可能造成人员伤亡事故。

6.9.5 吊装钢支撑时，施工人员应站立于吊车作业范围外，避免不必要的伤害。吊钩上必须有防松脱的保护装置。

6.9.6 钢支撑的预应力施加要求：

1 应根据支撑平面布置、支撑安装精度、设计预应力值、土方开挖流程、周边环境保护要求等合理确定钢支撑预应力施加的流程。

2 由于设计与现场施工可能存在偏差，在分级施加预应力时，应随时检查支撑节点和基坑监测数据，并通过与支撑轴力数据的分析比较，判断设计与现场工况的相符性，并应采取合理的加固措施。

3 支撑杆件预应力施加后以及基坑开挖过程中，会产生一定的预应力损失，为保证预应力达到设计要求，当预应力损失达到一定程度后，应及时进行补充、复加预应力。

6.9.7 立柱桩桩孔直径应大于立柱截面尺寸，立柱周围与土体之间存在较大空隙，其悬臂高度（跨度）将大于设计计算跨度，为保证立柱在各种工况条件下的稳定，立柱周边空隙应采用砂石等材料均匀对称回填密实。

6.9.8 支撑拆除施工应符合下列规定：

1 支撑拆除前应设置可靠的换撑，且换撑及永久结构应达到设计要求的强度。

2 若基坑面积较大，混凝土支撑拆除除满足设计工况要求外，尚应根据地下结构分区施工的先后顺序确定分区拆除的顺序。在现场场地狭小条件下拆除基坑第一道支撑时，若地下室顶板尚未施工，该阶段的施工平面布置可能极为困难，故应结合实际情况，选择合理的分区拆除流程，以满足平面布置要求。

3 支撑拆除过程是利用已衬砌结构换撑的过程，拆除时要特别注意保证轴力的安全卸载，避免应力突变对围护结构产生负面影响。钢支撑施工安装时由于施加了预应力，在拆除过程中，应采用千斤顶支顶并适当加力顶紧，然后切开活络头钢管、补焊板的焊缝，千斤顶逐步卸载，停置一段时间后继续卸载，直至结束，防止预应力释放过大，对支护结构造成不利影响。

4 支撑拆除应信息化施工，根据监测数据指导施工，把对周边环境的影响减至最小。

6.9.9 钢筋混凝土支撑爆破拆除应满足设计工况要求，爆破孔可以采用钻孔的方式形成，但钻孔费时费工，且对环境保护不利。宜在混凝土支撑浇筑时预设爆破孔，用于后续爆破拆除施工。

为了对永久结构进行保护，减小对周边环境的影响，钢筋混凝土支撑爆破拆除时，应先切断支撑与围檩的连接，然后进行分区爆破拆除支撑和围檩，并应在支撑顶面和底部设置保护层，防止支撑爆破时混凝土碎块飞溅及坠落。

6.10 土 层 锚 杆

6.10.2 当锚杆施工经验不足，或采用新型锚杆的情况下，在锚杆施工前应进行锚杆的基本试验。锚杆基本试验是锚杆性能的全面试验，目的是确定锚杆的极限承载力和锚杆参数的合理性，为锚杆设计、施工提供依据。

6.10.5 锚杆施工过程中应在现场加强巡视，及时发现安全隐患，例如注浆软管破裂、接头断开等现象，导致浆液飞溅和软管甩出伤人，做好前期预防工作，避免不必要的事故发生。

6.10.7、6.10.8 锚杆施工及检验过程中，严禁任何人员在锚杆的轴线方向上站立。

6.10.9 工程实测表明，锚杆张拉锁定后一般预应力损失较大，造成预应力损失的主要因素有土体蠕变、锚头及连接的变形、相邻锚杆的影响等。锚杆锁定时预应力损失约为10%～15%。

6.11 逆 作 法

6.11.1 地下工程逆作法施工多在相对封闭的空间内作业，特别在大量机械进行土方开挖施工的情况下，地下空气污染相对严重，在自然通风难以满足要求的情况下，需要通过人工通风排气来保证作业环境满足施工要求。

逆作法工程废气的来源有施工机械排出的废气、施工人员的呼吸换气、有机土壤与淤泥质土壤释放的沼气、焊接或热切割作业产生不利人体健康的烟气，以及其他施工作业产生的粉尘、煤烟和废气等。

6.11.2 由于逆作法施工工艺，施工人员及机械设备必须在水平结构楼板下进行土方开挖，为保障施工人员的健康必须采用鼓风法，从地面向地下送风。

6.11.3 根据《施工现场临时用电安全技术规范》JGJ 46要求，无自然采光的地下室大空间施工场所，应编制专项照明用电方案。

逆作法地下室自然采光条件差，结构复杂。尤其是节点构造部位，需加强局部照明设施，但在一个工作场地内，局部照明难以满足施工及安全要求，必须和一般照明混合配制。

6.11.4 由于结构水平构件是永久构件，为保证施工质量，结构水平构件底模不宜采用混凝土垫层作为底模的方式进行施工，宜采用木模、钢模等支模方式进行施工。采用木模或钢模进行施工一般需要设置支撑系统，不论采用何种支撑方式，支撑底部的地基均应满足承载力和变形要求。

6.11.7 逆作法上下同步施工过程中临时构件的施工误差和缺陷不可避免，而施工阶段出现的动静荷载变化、温度效应、支承桩沉降、基坑变形均在不同程度上存在不确定性，单纯的计算分析肯定是不够的。所以，上下同步施工过程中应有针对性的施工监测方案，以便设计和施工管理人员及时掌握施工情况，从而更好地指导施工。

6.12 坑内土体加固

6.12.1 若坑内土体加固紧贴围护墙，宜先进行围护墙施工，后进行坑内土体加固。采用这种施工顺序，有利于围护墙垂直度控制。若坑内土体与围护墙保持有一定的距离，则先后施工顺序可不受限制。但从周边环境保护的角度出发，先施工围护墙，后施工坑内土体加固，则对周边环境保护有利，故作此规定。

6.12.3 当采用水泥土搅拌桩进行土体加固时，加固有效范围往往位于基坑坑底附近区域，而搅拌桩施工从地面开始搅拌至加固范围的底部，导致加固范围以上的土体因搅拌也被扰动，因此宜对加固范围以上部分土体进行低掺量加固（掺量约为8%～10%），这对控制基坑变形是有利的。

6.12.4 高压喷射注浆施工受孔位周边环境和地下障碍物的影响，孔位可根据现场实际情况进行确定。应根据实际需要，确定水泥浆液中掺合料和外加剂的种类和掺量。高压喷射注浆施工可以在地面进行，也可在基坑开挖一定深度后人坑进行施工。因此需要考虑加固施工期间对基坑周边环境的影响。

7 地下水与地表水控制

7.1 一般规定

7.1.1 地下水和地表水控制与基坑支护结构设计文件、施工组织设计、地下结构设计和施工密切相关，地下水和地表水控制的施工组织设计应与开挖施工密切配合，并应在施工或运行过程中根据现场状态及时进行调整。

7.1.5 出水含砂量是降水引起环境变化的主要因素之一，在满足设计要求的前提下，应严格监控含砂量。

7.1.6 由于降水井临近地基注浆将可能严重影响井管的出水效果，因此需控制注浆点位置以及与管井抽水的运行的交叉时间，避免注浆堵塞井管。

7.1.13 工程实践表明，截水帷幕与灌注桩间存在间隙时往往产生较大的环境变形，当环境保护设计要求较高时，在灌注桩与截水帷幕之间应采取注浆加固等措施，可以减少环境变形。

7.2 排水与降水

7.2.5 系统安装前应对泵体和控制系统作一次全面细致的检查；检查的内容包括检验电动机的旋转方向、各部位连接螺栓是否拧紧，润滑油是否充足、电缆接头的封口是否松动、电缆线有无破损等情况，然后试转1d左右，如无问题，方可投入使用。安装完毕应进行试抽水，满足要求后方可投入正常运行。

7.5 环境影响预测与预防

7.5.2 降水引起的建筑物或地面沉降量的计算方法较多，如数值方法等，最好能采取多种方法相互验证，并应按最不利情况编制对应预防措施。

8 土石方开挖

8.1 一般规定

8.1.2 大量工程实践证明，合理确定每个开挖空间的大小、开挖空间相对的位置关系、开挖空间的先后顺序，严格控制每个开挖步骤的时间，减少无支撑暴露时间，是控制基坑变形和保护周边环境的有效手段。深基坑土石方开挖在深度范围内进行合理分层，在平面上进行合理分块，并确定各分块开挖的先后顺序，可充分利用未开挖部分土体的抵抗能力，有效控制土体位移，以达到减缓基坑变形、保护周边环境的目的。基坑对称开挖一般指根据基坑挖土分块情况，采用对称、间隔开挖的一种方式；基坑限时开挖一般指根据基坑挖土分块情况，对无支撑暴露时间采取控制的一种方式；基坑平衡开挖是指根据开挖面积和开挖深度等情况，保持均衡开挖的一种方式。本条说明基坑开挖应符合的要求。

1 当机械设备需直接进入基坑进行施工作业时，其入坑坡道除了考虑其本身的稳定性外，还应考虑机械设备的外形尺寸及爬坡能力。根据目前常用施工机械所具备的爬坡能力，坡道坡度一般不应大于1∶7；对于特殊的机械，应根据机械爬坡性能满足合适的坡道坡度。

2 基坑周边及放坡平台的施工荷载将直接关系到基坑施工安全，合理控制相应的施工荷载，是保证基坑施工安全的关键。若现场存在不可避免的超过设计规定的荷载，则应根据实际情况重新进行计算并根据计算结果采取加固措施。

3 基坑开挖的土方应及时外运，若需在场地内进行部分堆土时，应经设计单位同意，并应采取相应的安全技术措施，合理确定堆土范围和高度，以免对基坑和周边环境产生不利影响。

4 基坑内的局部深坑可综合考虑各种因素确定开挖方法。一般软土地基，深度超过1.5m、距离围护墙或边坡坡脚不超过3m的局部深坑宜采用大面积垫层施工完成后，再开挖的方式。开挖较浅且地质条件较好的局部深坑可随大面积土方同步开挖。

5 为避免机械挖土造成工程桩位移和损伤，在工程桩区域挖土应设专人进行监护，挖土机械应避让工程桩，工程桩周边土体应采用人工挖除的方法。

6 对基坑开挖深度范围内的地下水进行降水与排水措施，是为了保证基坑内土体疏干，提高土体的抗剪强度以及便于挖土施工。若基坑土方采用分层开挖施工时，需在每层土方开挖的深度范围内将地下水降至每层土方开挖面以下800mm～1000mm。

8.1.4 基坑开挖阶段的信息化施工既是检验设计与施工合理性，也是动态指导设计与施工的有效方法。通过信息化施工技术的运用，及时了解基坑开挖期间的各种变化，及时比较勘察、设计所预期的状态与监测结果的差别，对设计成果和施工方案进行评价，预期可能出现的险情，对围护结构设计和施工方案进行针对性的调整，将险情抑制在萌芽状态，以确保基坑施工安全。

8.2 无内支撑的基坑开挖

8.2.1 对于土质条件较差，雨水较多，且放坡开挖的基坑边坡留置时间较长时，均应采取护坡的措施。护坡可根据工程实际，选用合适的方式。护坡在使用过程中若出现裂缝或破损现象，应及时加以修补，以防止雨水和地面渗水而影响基坑的稳定性。

8.2.3 土层锚杆支护、板式外拉锚支护的基坑开挖与复合土钉墙支护的基坑开挖方法相类似，其土石方开挖方法可参照执行。

1 截水帷幕一般采用水泥土搅拌桩，由于受力和抗渗要求的特殊性，本款强调水泥土搅拌桩采用强度和龄期双控的原则。

2 土钉或复合土钉墙支护的基坑土石方开挖应按照设计的要求进行，必须和土钉支护施工相协调，采用交替施工方法进行流水作业，缩短施工工期。每层每段开挖后应在规定的时间内完成支护。钻孔和注浆应根据不同土层确定不同的完成时间，一般情况下，应在土石方开挖后24h内完成土钉安设及注浆、面层混凝土喷射；若土质较差，宜在12h内完成土钉安设及注浆、面层混凝土喷射。

3 土钉或复合土钉墙支护的基坑由于先行完成基坑周边部分土方，基坑中部即形成了中心岛状土体，可按照中心岛式开挖的要求进行施工；基坑周边土石方开挖宽度控制在8m～10m，主要是考虑土钉横向施工作业面的要求。

4 土钉或复合土钉墙支护的基坑开挖分层厚度应与土钉竖向间距一致，分层底标高应低于相应土钉位置一定距离，主要是考虑土钉竖向施工作业面的要求，对于淤泥质土要求分层底标高应低于相应土钉位置不大于200mm，对于土质较好的土层可放宽至500mm。分段长度的控制是为了保证基坑安全，一般情况下挖土的速度要比钻孔及注浆的速度快，若钻孔和注浆跟不上挖土的进度，则临空面暴露时间可能过长，不利于基坑的稳定。

5 考虑到土钉支护结构应达到设计规定的强度，需要一定的养护时间，在土钉注浆完成后，应至少间隔48h后方可开挖下一层土方。

8.2.4 预应力锚杆的应力应进行试验，并对预应力进行长期监测。

8.3 有内支撑的基坑开挖

8.3.1 对一些软土地区基坑开挖及支撑施工过程中，选定科学合理的施工参数，对基坑的稳定和变形控制、周边环境保护均会产生重要的影响。施工参数主要是根据基坑规模、几何尺寸、支撑形式、开挖方式、地质条件和周边环境要求等确定，包括分层开挖层数、每层开挖深度、每层土体无支撑暴露的时间、每层土体无支撑暴露的平面尺寸及高度等。实践证明，每一个开挖步骤过程中，围护墙体暴露时间和空间越小，则控制基坑变形的效果越好，因此加快开挖和支撑速度的施工工艺，是提高软土地区基坑工程技术经济效果的重要环节。先撑后挖、限时支撑、分层开挖、严禁超挖就是基于上述理论经过长时间工程实践总结得出的。

8.3.2 挖土机械和运输车辆若直接在支撑上行走或作业，而支撑设计在未考虑相应的竖向荷载时，则支撑可能会下沉、变形，甚至断裂等情况，这种情况对基坑和周边环境的安全会造成严重后果。土方开挖过程中挖土机械和运输车辆应尽量避让支撑，若无法避让，一般情况下可采取在支撑上部覆土并铺设路基箱的方法，使荷载均匀传递至支撑下方土体。

8.3.4 逆作法是指利用先施工完成的地下连续墙等作为基坑施工时的围护体系，利用地下结构各层梁、板、柱等作为围护结构的支撑体系，地下结构由地面向下逐层施工，直至基础底板施工完成。盖挖法是先用地下连续墙、钻孔桩等形式作围护结构，然后施工钢筋混凝土盖板或临时型钢盖板，在盖板、围护墙、立柱桩保护下进行土石方开挖和结构施工。

1 由于逆作法和盖挖法的施工涉及永久水平和竖向结构与支护体系相结合，故施工期间的水平和垂直位移、受力情况等应满足主体结构和支护结构的设计要求。

2 面积较大的基坑宜采用盆式开挖，盆式开挖由于在基坑周边形成盆边土体，对基坑及结构安全较为有利。盆边宽度应按照设计要求或通过计算确定。盆边土体除了其自身稳定外，还应考虑其上部水平结构施工产生的荷载。盆边区域土石方的开挖涉及基坑和结构安全，若周边环境复杂，宜采取对称、限时开挖的方式，必要时，可设置临时斜撑以保证围护结构的稳定。

3 由于暗挖是在相对封闭的环境下进行挖土作业，暗挖区域受挖土机械尾气和地下有害气体影响，空气质量较差，一般情况下预留孔洞不能满足自然通风要求，故应设置专用的通风系统，采用强制通风的方式，以满足暗挖施工的安全要求。应按挖土行进路线预先留设通风口，随着地下挖土工作面的推进，当露出通风口后即应及时安装大功率涡流风机，并启动风机向地下施工操作面送风，送清新空气向各风口流入，经地下施工作业面再从取土孔中流出，形成空气流通循环，保证施工作业面的安全。通风管道可采用塑料波纹软管，软管固定在结构楼板和钢立柱上，并随挖土过程加设至各作业点，在作业点设风机进行送风，在出口处设风机进行抽风。

4 暗挖封闭作业区域光线较差，照明系统的及时设置对土石方开挖的安全施工非常重要，照明系统应随挖土过程及时设置。

5 由于逆作法施工的梁板结构支撑在临时开挖面的土体上，因此对于梁板结构的模板须有可靠的支撑系统，应对地基土采用垫层处理，支撑系统下方的地基承载力应满足支撑强度要求。

8.4 土石方开挖与爆破

8.4.1 中心岛式开挖可在较短时间内完成基坑周边土方开挖及支撑施工，这种开挖方式对基坑变形控制较为有利。而基坑中部大面积无支撑空间的土石方开挖较为方便，可在支撑系统养护阶段进行开挖。

中心岛式开挖适用于支撑系统沿基坑周边布置且中部留有较大空间的基坑。边桁架与角撑相结合的支撑体系、圆环形桁架支撑体系、圆形围檩体系的基坑采用中心岛式土石方开挖较为典型。土钉支护、土层锚杆支护的基坑也可采用中心岛式土石方开挖方式。中心岛式开挖宜适用于明挖法施工工程。

1 边部土方的开挖范围不应影响该区域整个支撑系统的形成，在满足该区域支撑系统施工的条件下，边部土方开挖宽度应尽可能减小，以加快挖土速度，使边坡支撑尽早形成，减小围护墙无支撑或无垫层暴露时间。

2 若挖土机械需要在二级放坡的放坡平台上作业，坡体稳定性验算还应考虑机械作业时的附加荷载因素；土石方运输、挖土机械等在中部岛状土体顶部进行作业时，中部岛状土体稳定也应考虑施工机械的荷载影响。

8.4.2 盆式开挖由于保留基坑周边的土方，减小了基坑围护暴露的时间，对控制围护墙的变形和减小周边环境的影响较为有利，而基坑中部的土方可在支撑系统养护阶段进行开挖。盆式开挖一般适用于基坑周边环境保护要求较高或支撑较为密集的大面积基坑。盆式土石方开挖适用于明挖法或暗挖法施工工程。

1 对于传统顺作法施工且中部采用对撑的基坑，盆边土体的开挖应结合支撑系统的平面布置，先行开挖与对撑相对应的盆边分块土体，尽快形成对撑。对于逆作法施工的基坑，盆边土体应根据分区大小，可采用分小块先后开挖的方法，尽量减小围护墙暴露时间。对于利用中部主体结构作为竖向斜撑支点的基坑，应在竖向斜撑形成后再开挖盆边土体。

2 若挖土机械需要在二级放坡的放坡平台上作业，坡体稳定性验算还应考虑机械作业时的附加荷载因素。

8.4.7 当坡体顶部的房屋位于卸荷裂隙范围内时，房屋会随之出现裂缝，将影响房屋的正常使用，对基坑安全不利，应采取预防或加固措施。

9 特殊性土基坑工程

9.1 一 般 规 定

9.1.1～9.1.5 特殊性土基坑工程的关键是保证施工过程中基坑侧壁土体含水率不发生变化或少变化，降排水工程变得非常重要和关键。本章讨论的特殊性土包括膨胀土、冻胀土、高灵敏度软土等，其中湿陷性黄土场地上的基坑工程，除符合本规程外，尚应符合现行行业标准《湿陷性黄土地区建筑基坑工程安全技术规程》JGJ 167 的相关规定。

9.2 膨胀岩土基坑工程

9.2.1 膨胀岩土基坑的稳定性不仅受到侧壁几何参数和土体土性指标的影响，更受到环境雨水入渗入量的影响，特别当存在胀缩裂缝和地裂缝时，可能产生沿裂缝的破坏。此外雨水会优先沿已有裂缝渗入，增加了稳定性破坏的可能，因此需要验算沿裂缝破坏的稳定性。

9.2.2 工程经验表明，在膨胀土中开挖基坑时，膨胀土会因浸水或失水产生胀缩裂缝，对基坑稳定性产生严重影响。因此，基坑开挖支护施工的每一环节都必须采取有效防护措施减少大气环境或各种水源对膨胀土含水量的影响，严禁长期暴露开挖面，以减少场地土胀缩性质的工程危害。

9.2.3 可以采取的处理措施包括：

1 当膨胀土分布区域界线发生变化时，应根据实际情况进行调整。

2 当膨胀土等级发生变化时，应调整方案，并调整相应保护措施。

3 当地层中存在连通性较好的缓倾坡角软弱结构面或裂隙

面时，应分析开挖期间可能的失稳区域和滑坡规模，并根据分析结果研究处理方案。

4 当开挖过程中揭露局部区域膨胀性发生变化时，应针对局部区域制定处理方案。

9.3 受冻融影响的基坑工程

9.3.1～9.3.3 对可能发生冻胀的基坑，宜采用保温措施和遮阳设施。当无保温防冻措施时，除正常设计计算外，应单独按冻胀力进行设计验算（按冻胀力计算时可不计土侧压力）。冻胀力的大小可根据土质、含水量、水位、水的补给、温度、冻结时间、约束条件等结合地区经验确定。

9.4 软土基坑工程

9.4.1 当需要在高灵敏度软土中开挖基坑时，振动控制是基坑安全最主要的环节，位于交通干道的基坑工程，对振动源控制比较困难，因此，应对土的强度指标进行折减、采用对土层扰动较小的施工工艺和工法，并主要以控制施工速度、孔隙水压力来减少对土体强度的影响。

9.4.3、9.4.4 软土中的基坑工程，开挖前应在勘察和实地调查的基础上确定土体加固项目、方法和要求，并宜采用地下连续墙等空间刚度较大的围护结构，以控制由围护结构施工所引起的地层位移对周边环境产生的影响。

主要的加固项目包括：地下连续墙墙底注浆加固，主动土压力区土体稳定加固，被动区加固，桩间土加固，基坑挡墙转角处外侧因斜撑作用而形成的大抗力被动区的土体加固，以及为槽壁稳定而在槽壁两侧进行的土体加固等；主要土体加固方法可采用水泥搅拌桩、旋喷注浆、注浆、振冲碎石桩等。

10 检查与监测

10.1 一 般 规 定

10.1.1 大量基坑工程事故的发生均与围护结构的施工质量有直接的关系，围护结构施工过程中对原材料质量、施工机械、施工工艺、施工参数等进行检查，可以从源头上保证围护结构的质量与安全，意义重大。工程检查中常见的问题有：

1 原材料质量不过关。如采用过期失效的水泥，SMW工法中重复利用的型钢性能指标不满足设计要求，混凝土没有掺加规定的外加剂或掺外加剂不当等。

2 施工机械不满足地质条件要求。如在厚度较大、强度较高的粉性土层施工三轴水泥土搅拌桩时，选用的机械动力及钻杆性能不足，致使施工困难、搅拌不均匀，截水效果难以保证。

3 施工工艺不合理。如在粉土地基中施工大口径深井时，采用水冲法的简易成孔方法，导致孔壁坍塌、井径及成井质量不满足设计要求。

4 施工参数控制不当。在环境条件比较恶劣的条件下，不注意控制围护体的施工顺序和速度，极易造成环境灾害。曾有工程因为地下连续墙成槽速度过快而致使周边浅基础建筑物严重下沉、开裂而成为危房的案例。

10.1.2 土方开挖前应复核的设计条件主要包括：

1 土方开挖前必须完成的围护措施是否全部到位，包括围护桩、地基加固、基坑降水、支撑或锚杆以及土钉等。

2 围护结构的强度及养护时间是否满足要求。

3 监测点是否已经布置，基准点是否已经设立。

10.1.3 基坑土方开挖过程中，一些围护结构的质量问题逐步显现出来，如降水不到位，围护桩露筋、混凝土强度不足、桩位偏差等；对土钉墙支护结构而言，土钉抗拔力不满足要求、喷射混凝土面层与侧壁土体脱开等，对这些问题应制定整改方案，并经设计复核和认可后实施，验收合格后才能进入下一道工序。

10.1.4 基坑围护设计过程中，一般情况下施工单位尚未确定，因此，对基坑周边的平面、竖向布置设计和超载取值只能根据规范或工程经验。施工单位进场后，根据项目的场地及基坑特点，在下列方面需要设计单位进一步确认：

1 基坑周边局部范围，如钢筋或其他材料堆场，其堆载超过设计要求。

2 出土后坑边重车行驶区域，除超载外，还需施加长期、反复的动载作用。

3 一些施工临时设施，如办公、宿舍楼等，紧邻基坑，其变形控制较原设计更为严格。

4 施工塔机设置在基坑边，设计时应计入与围护结构的相互作用。

5 场地紧张或地下室开挖较深时，第一道平面支撑系统常常兼作施工栈桥，应另进行计算分析。

10.1.5 第三方专业监测的内容及要求均应按设计图纸及相关规范执行。施工单位应对工程的重点及难点、整体施工部署、主要危险源等，开展一些更具有针对性和灵活性的施工监测。施工监测发现异常情况后，第三方专业监测单位进行进一步深入监测和分析，以供相关各方及时正确地掌控基坑及周边环境的安全状况。

10.1.6 对以变形控制为主的基坑工程，应合理控制基坑施工过程各工况的变形，提出阶段性的变形控制指标，使最终累计变形满足要求。不少工程因为忽视过程变形控制，在挖土至坑底之前就出现累计变形报警的情况，接下来的施工步履维艰，甚至对周边环境产生严重影响。

对周边环境复杂、变形控制要求高的基坑，应采取预先加固措施以利于有效实现环境保护目标。如对基坑主动区及被动区的地基土体进行加固，减少基坑开挖时的土体变形；对保护对象本身进行加固，提高其变形适应能力，从而可以放宽变形控制指标；或通过对保护对象的地基进行加固，减少其因开挖而产生的沉降或倾斜。

10.1.7 及时结合基坑施工状况对监测数据进行分析，总结基坑施工中存在的问题，评估基坑围护的安全度，动态调整设计方案，信息化施工，保证基坑及周边环境的安全。不少工程由于不重视监测工作对基坑施工的指导意义，盲目凭经验施工，最终造成工程事故的发生。

10.1.8 监测工作应自始至终连续、稳定，数据不能中断；监测点如被破坏应及时修复。对内支撑（包括钢筋混凝土内支撑和钢支撑）的轴力进行监测时，自坑外地面或坑内上下通道进入监测点的通道应有防护措施，并在监测点位置应具有足够的操作空间。一些项目曾发生过人员在没有防护的支撑表面测试而坠落的情况。

10.1.9 连续降雨时，基坑主动区土体的含水量加大，坑内积水也会导致被动区土体的强度降低，基坑的安全度明显降低；因此，应加强监测工作，及时掌握基坑的安全状态，确保基坑安全。在降雨条件下，特别是雨量较大、强度较高时，监测人员的行走和工作范围应有安全防护措施，避免雨天路滑，人员坠落。

10.2 检　查

10.2.1 原材料主要包括水泥、砂浆、混凝土、钢筋、钢绞线、型钢、混凝土外加剂等，各种材料的质量应满足相应的规范和设计要求。通过目测对原材料的表观质量进行检查，可以发现材料质量问题，如水泥受潮、型钢扭曲、钢筋锈蚀等，发现问题后，应采取必要的检测手段验证原材料质量是否满足要求。

10.2.2 施工过程的检查可在源头把握工程质量，避免事后救补的复杂性。对照设计条件，对已完成的围护体系施工质量进行检查，对发现的问题应及时整改，消除开挖过程由于围护结构质量问题而产生的安全隐患。在实际工程中，检查过程曾发现个别工程施工中存在偷工减料现象，围护桩长度或钢筋笼长度、钢筋数量严重不满足设计要求。通过预先提出的检查要求，也可以监督施工单位严格按照设计要求施工。

施工单位根据规范要求编制基坑安全施工专项方案，其中一项重要的内容是施工机具、施工工艺及施工参数的确定。在进行施工方案专家论证时，专家结合类似工程经验及当地的施工特点，根据基坑的规模、围护结构的深度、地质条件等因素，应对施工机具、施工工艺及施工参数的合理性进行论证，提出建议；对没有经验或重要的工程，应通过试验性施工确定施工机具、施工工艺及施工参数，这利于工程质量的控制。

我国地域辽阔，各地地质条件差异较大，表10.2.2包含目前工程中常见的围护结构所涉及的内容及方法，具体应用时应根据工程特点、实际采用的围护形式，提出针对性的检查要点。

10.2.3 基坑截水帷幕如存在质量问题，开挖过程中容易出现渗水、流砂现象，进而影响周边环境的安全。特别是在坑内外水头差大、土体透水性能强的情况下，尽管积极采取坑内封堵、坑外处理等措施，仍可能导致较大的环境灾害，这方面的工程教训很多。

帷幕施工完成后，通过坑内预降水措施可以检查帷幕截水效果，如坑内外水头没有异常变化，说明帷幕起到隔渗作用；如坑外某范围水位异常下降，说明坑内外存在较大的水力联系，帷幕存在缺陷，应预先处理。

10.2.4 通过施工场地布置的检查，对现场施工条件是否符合设计要求进行判断，发现问题应及时整改，消除安全隐患。出土口及重车行驶区域的超载大、荷载动力效应强；塔机基础在工作状态和非工作状态均增加了围护体系的侧向作用，且围护结构的变形也影响到塔机的安全使用。这些问题均应由围护设计统一考虑，施工单位不能随便改变场地布置，确需改变应经设计复核、处理后实施。

10.2.5 土方开挖及地下结构施工过程主要检查实际进行的施工工况是否与设计要求一致，实际工程中由于超挖、支撑设置不及时、支撑或锚索未达到强度即进行下一阶段开挖等引发的工程事故屡见不鲜。每一工况违规施工引起相应工况变形超标、安全度降低的程度可能不十分严重，但所有工况的结果累计起来将可能导致基坑变形失控、安全度降低明显，最终在某个中间工况出现基坑坍塌、建筑物开裂等严重后果，因此应加强过程控制。

10.2.6 在软土地基上施工混凝土支撑时，如底模或侧面模板没有有效固定，支撑梁的平直度较难保证。由于混凝土支撑一般为临时构件，一些施工单位重视不够，支撑梁容易出现施工缺陷，从而影响支撑体系的整体受力性能。因此，在浇筑混凝土之前应加强模板系统的检查。

10.2.7 地下水及地表水的正确处理是基坑工程成败的关键。坑外地坪硬化，使地表水流向排水沟及集水井，有组织排出，避免流入基坑和坑外土体内；轻型井点和真空深井的成孔孔径、滤层做法、真空度等均是检查的内容，其正确施工直接影响降水效率。地下水抽出后的外排通道应保持畅通，并经常检查，防止堵塞。坑内应有有效的临时排水措施，减少坑内的积水时间，避免软化土体。

10.2.8 地下结构施工完成后，在支护结构与地下室外墙之间需要采取回填措施，对放坡或土钉支护结构而言，回填量比较大。不少工程在投入使用后，因为回填土的不密实而出现地面下陷、管道断裂事故。此外，基坑回填有时还影响到基坑周边环境的变形，因此回填土的质量控制非常重要，应加强回填过程的检查。检查的内容主要包括回填土的种类、密实度、分层厚度等。

10.3 施工监测

10.3.3 施工监测的内容充分考虑了施工单位可能提供的技术力量、监测对施工安全的指导意义等因素，施工监测为第三方专业监测的补充，其手段简单、易于操作、灵活性强。

围护墙顶部的侧向及竖向位移的监测除用经纬仪和水准仪外，对围护墙平面原始状态为直线段，也可通过在围护墙顶部相邻两角点之间弹直线的方法来反映开挖过程中各部位的相对变位情况。

围护墙、混凝土支撑或地面的裂缝可通过设置石膏饼的方法了解裂缝的发展状态。

当利用主体结构作为支护体系的一部分时，应加强主体结构关键部位的变形和裂缝观测。

10.3.4 巡查工作应具有连贯性，由专人负责。巡查任务应落实到人，开挖前应就本工程的环境特征、围护形式、重大危险源、施工工况等进行详细的交底，明确巡查的重点；开挖过程中，通过巡查了解基坑及周边环境的状况，重要部位持续跟踪，前后对比分析发展状况，应定期汇报巡查成果，有异常情况应及时通知有关各方，研究对策，及时处置。

11 基坑安全使用与维护

11.1 一般规定

基坑工程具有以下特征：

其一是临时性工程，安全储备相对较小，周边环境往往较为复杂，一旦出现事故，处理十分困难，造成的经济损失和社会影响十分严重。

其二是基坑工程施工及使用周期相对较长，从开挖到完成地面以下的全部隐蔽工程，常需经历多次降雨，周边堆载、振动、施工失当、监测与维护失控等许多不利条件，其安全度的随机性变化较为复杂，事故的发生往往具有突发性。

长期以来，人们对基坑工程施工质量较为重视，对施工方法、工艺不当引发的环境变形问题也愈加重视，但对使用阶段的安全问题重视不够，许多基坑工程事故出现在使用阶段。因此，应特别重视使用期间基坑工程的安全和维护工作。

11.1.1 在基坑工程投入使用前，应按规定程序对各个施工阶段进行分步验收，判断基坑工程安全质量合格后才能投入使用。应重视基坑工程的验收交接及基坑工程使用过程中的安全管理，明确工程责任主体和安全管理职责，避免发生事故后互相推诿扯皮的现象。

基坑工程分包单位对承建的项目进行检验时，总包单位应参加，检验合格后，分包单位应将工程的有关资料报总包单位，建设单位组织单位工程验收时，分包单位应参加验收。

11.1.2 基坑工程施工单位在将工程移交下一道作业工序的接收单位时，应同时将相关的水文地质、工程地质、基坑支护、环境状况分析等安全技术资料和相关评估报告同时移交，并应办理移交手续。移交文件应由建设单位、设计单位、监测单位、监理单位、移交和接收单位等共同签章。

11.1.3 基坑工程使用单位应明确负责人和岗位职责，联系基坑设计、施工、使用和监测等相关单位，进行基坑安全使用与维护技术安全交底和培训，制定基坑工程安全使用的应急处置等处理程序，检查现场作业安全交底情况，并定期组织应急处置演练。

11.1.4 暴雨、冰雹、台风等灾害天气后基坑工程易发生事故，因此，应对基坑工程进行现场检查，检查的重点是基坑本身安全及周边建（构）筑物的安全状况。

11.1.5 基坑使用中应确保基坑支护结构的安全，主体结构施工不得对基坑支护造成损坏。现场如需要对支护结构工作状态进行改变时，应报告设计单位并进行复核，符合安全要求后方可进行施工。

11.2 使用安全

11.2.1 为了保证基坑使用安全，宜对基坑周围地面采取硬化处理，并定期检查基坑周围原有的排水管、沟，确保不得有渗水漏水迹象。当地表水、雨水渗入土坡或挡土结构外侧土层时，应立即采取截、排等处置措施。

基坑内发生积水时，应及时排出。基坑土方开挖或使用中，基坑侧壁和地表如出现裂缝，应及时采用灌缝封闭处理。

基坑工程应在四周设置防水围挡和设置防护栏杆。防护栏杆埋设牢固，高度宜为1.0m～1.2m，并增加两道间距均分的水平栏杆，应挂密目网封闭，栏杆柱距不得大于2.0m，距离坑边水平距离不得小于0.5m。

11.2.2 基坑工程的安全使用是基坑工程安全的重要环节，应确保使用过程中严格按照设计要求执行，基坑周边使用荷载不得超过设计值。同时，基坑周边1.5m范围内不宜堆载，3m以内限制堆载，坑边严禁重型车辆通行。当支护设计中已计入堆载和车辆运行的，基坑使用中也应严禁超载。

11.2.3 由于场地所限，在基坑周边破裂面范围内建造临时设施时，应符合基坑设计荷载规定要求，同时，对临时设施采用保护措施，应经施工负责人、工程项目总监批准后方可实施。

11.2.4 雨期施工时，基坑使用现场应备有防洪、防暴雨的排水措施及应急材料、设备，同时，设备的备用电源应处在良好的工作状态。

11.2.6 为了保证作业人员安全，应设置必要的紧急逃生通道，一般基坑单侧侧壁宜设置不少于1个人员上下坡道或爬梯，设置间隔不宜超过50m，且不得少于2个，不应在侧壁上掏坑攀登，设置的坡道或爬梯不应影响或破坏基坑支护系统安全。

11.2.8 对于膨胀土基坑工程，在使用中如发现基坑周边地面产生裂缝，应对裂缝产生的原因进行分析，判断可能产生的影响，并应及时反馈给设计单位共同商议处理方案。

11.2.9 基坑使用中支撑的拆除应满足基坑安全，具体要求应符合本规范第6章的规定。

11.3 维护安全

基坑工程是大面积的挖土卸荷过程，易引起周边环境的变化，特别是使用过程中水的渗入及周边的随意堆载、保护措施的设置及降水方案的合理性、监测工作质量等，直接影响着施工使用中的基坑维护安全、周边建（构）筑物安全以及作业人员安全。所以，基坑工程的维护安全，包括基坑本体的安全，同时还包括周边建（构）筑物及环境保护安全，这不仅涉及勘察、设计、施工单位的责任，还涉及使用单位（下道工序的施工单位）、监测单位、监理单位、降排水施工、回填土施工等多家单位的施工质量及安全管理责任。

11.3.1 基坑验收合格移交给使用单位后，基坑使用单位应对基坑工程安全负责。基坑使用单位应保护基坑安全，避免造成各种损坏。使用单位应对后续施工中存在的影响基坑安全的行为及时采取措施，消除可能发生的安全隐患。

为确保基坑使用安全，基坑使用单位宜每天早晚各1次进行巡查，雨期及灾害性天气时，应增加巡查次数，并应作好记录。

11.3.2 基坑使用和维护期内，周边如发生较大的交通荷载或大于35kPa的振动荷载影响，应经设计单位评估其安全影响。

11.3.3 基坑使用中，降水期间应对抽水设备和运行状况进行维护检查，每天检查不应少于2次，并应观测记录水泵的工作压力、真空泵、电动机、水泵温度、电流、电压、出水等情况，发现问题及时处理，使抽水设备和备用电源及设备始终处在正常状态。

对现场所有的井点要有明显的安全保护标识，避免发生井点破坏，影响降水效果。同时，注意保护井口，防止杂物掉入井内，检查排水管、沟，防止渗漏。北方地区冬期降水应采取防冻措施。

11.3.5 基坑使用中一旦围护结构出现缺陷，将可能直接影响基坑安全，应由基坑使用单位组织建设单位、设计单位、施工单位和监测单位等共同编制修复方案，并经评审后实施。

11.3.6 基坑使用中除应符合自身的稳定性和承载力等安全要求之外，应符合基坑周边环境对变形控制要求，根据基坑周围环境的状况及保护要求，做好相互协调工作，采取相应的变形控制措施，避免发生相互影响。必要时可对邻近建（构）筑物及管线采取土体加固、结构托换、架空管线的防范措施。

11.3.7 坑外地下管线沉降变形的产生原因比较复杂，后果影响范围可能较大，应综合采取处理措施。基坑使用中应采用信息法施工，施工中以数据分析、信息分析以及过程监测反馈设计为基础，实施必要的安全控制技术措施，同时，可结合现场情况和进展，适时调整安全技术措施。如发现邻近建（构）筑物、管线出现受损时，可采取锚杆静压桩、树根桩、隔离桩及注浆加固保护等修复措施。在实施修复中，应注意加强对保护对象和基坑变形的安全监测。

11.3.8 基坑工程可能超过设计使用期限，基坑工程施工单位不可能全过程派员参加，因此，使用单位在后续使用中应严格按设计文件和本规范规定的注意事项和规定等进行维护和使用。

基坑工程使用超过了设计使用年限，基坑工程安全评估应组织建设单位、设计单位、基坑施工单位、监测单位等共同参加。对需要进行加固的，应由原支护设计单位、施工单位对加固方案进行复核，并由建设单位或总包单位组织专家进行论证。

11.3.9 基坑使用后期阶段，支护结构的应力发生松弛，侧壁的稳定性较差，在安全管理上容易发生麻痹，大量事故案例表明人身伤亡多在此时发生，同时，由于现场作业面狭窄，事故抢救工作难以施展。因此应对基槽按设计要求及时回填，回填材料和施工工序应按设计要求进行。

另一方面，符合设计要求的回填材料质量也将影响主体结构质量，同时，对主体结构起到防护作用，尤其对防止地下水对地基的侵入及地基土的侧向位移变形至关重要（此原因诱发的高层建筑倾斜事故近几年屡见不鲜），这点也是与现行国家标准《建筑地基基础设计规范》GB 50007－2011和现行行业标准《建筑桩基技术规范》JGJ 94－2008等的规定是一致的。当回填质量可能影响坑外建筑物或管线沉降、裂缝等发展变化时，应采用砂、砂石料回填并注浆处理，必要时可采用低强度等级混凝土回填密实。

中国工程建设协会标准

建设工程施工现场安全资料管理规程

Management specification for construction engineering safety document on construction site

CECS 266：2009

主编单位：北京市建设工程安全质量监督总站
福建省九龙建设集团有限公司
批准单位：中国工程建设标准化协会
施行日期：2010年1月1日

中国工程建设标准化协会公告

第51号

关于发布《建设工程施工现场安全资料管理规程》的公告

根据中国工程建设标准化协会建标协字[2007]81号文《关于印发中国工程建设标准化协会2007年第二批标准制、修订项目计划的通知》的要求，由北京市建设工程安全质量监督总站、福建省九龙建设集团有限公司等单位编制的《建设工程施工现场安全资料管理规程》，经中国工程建设标准化协会建筑施工专业委员会组织审查，现批准发布，编号为CECS 266：2009，自2010年1月1日起施行。

中国工程建设标准化协会
二〇〇九年十一月十三日

前　言

根据中国工程建设标准化协会建标协字[2007]81号文《关于印发中国工程建设标准化协会2007年第二批标准制、修订项目计划的通知》的要求，制定本规程。

本规程编制的主要目的是统一、规范施工现场安全生产管理资料的管理，落实工程建设各参与方在施工现场安全管理资料的管理责任，加强施工过程安全生产管理，提高施工现场管理水平。

本规程编制贯彻了国家、行业关于施工现场安全生产、文明施工的管理规定和技术法规的规定，并在进行广泛调查研究的基础上，吸收了近年来各地所取得的施工安全生产及其资料管理的成熟经验。本规程经过初稿、讨论稿、征求意见稿及审定稿等阶段编制而成。

本规程涵盖了工程建设施工现场安全生产管理的各过程，明确了施工现场安全管理资料管理的各主要环节，适用于参与建设的建设、监理、施工等单位的安全资料管理，也便于各级建设行政主管部门、工程安全监督机构的监督检查。

本规程主要技术内容是：总则，术语，安全管理资料管理，安全管理资料分类与整理，建设单位、监理单位及施工单位施工现场安全管理资料，共计七章，及建设单位、监理单位和施工单位施工现场安全资料用表三个附录。

根据国家计委计标[1986]1649号文《关于请中国工程建设标准化委员会负责组织推荐性工程建设标准试点工作的通知》的要求，现推荐给工程建设、设计、施工等使用单位及工程技术人员采用。

本规程由中国工程建设标准化协会建筑施工专业委员会归口管理并负责解释。（北京市丰台区西三环南路甲17号北京市建设工程安全质量监督总站，邮编：100161）。请各单位将执行过程中遇到的问题和建议，径寄解释单位。

本规程主编单位、参编单位、主要起草人和主要审查人员名单：

主编单位：北京市建设工程安全质量监督总站
福建省九龙建设集团有限公司

参编单位：上海市建设工程安全质量监督总站
中国建筑一局（集团）有限公司
北京建工集团有限责任公司
北京市政建设集团有限责任公司
中国新兴建设开发总公司
海南省建设工程质量安全监督管理局
北京中集大房建设监理有限公司
浙江华煜建设集团有限公司

主要起草人：高新京　魏吉祥　林海洋　潘延平　赵虹齐　张树刚　吴　涛　罗建忠　孙宗辅　李艳涛　付长亭　徐建华　陈其木　邱敏华　林彧婷　杨　杰　沈　剑　陆根明　李伟黎　王凯辉

主要审查人：金德钧　陈卫东　丁传波　吴松勤　高秋利　胡耀辉　张元安

中国工程建设标准化协会
2009年11月13日

目　　次

Contents

1 总　　则

1.0.1 为加强施工现场安全管理资料的规范化管理，确保施工现场的生产安全、文明施工，防止生产安全事故，依据《建设工程安全生产管理条例》等生产安全法规制定本规程。

1.0.2 本规程适用于新建、扩建、改建的建设工程施工现场安全管理资料的管理。

1.0.3 施工现场安全管理资料应与工程施工进度同步形成。

1.0.4 施工现场安全管理资料的管理除应符合本规程外，尚应符合国家现行有关法律法规和标准规范的规定。

2 术　　语

2.0.1 建设工程　　construction engineering

房屋建筑和市政基础设施工程的总称。

2.0.2 房屋建筑工程　　building construction engineering

各类房屋建筑及其附属设施和与其配套的线路、管道、设备安装工程及室内外装修装饰工程。

2.0.3 市政基础设施工程　　municipal foundation establishment engineering

城市道路、桥梁、供水、排水、燃气、热力、园林、环卫、污水处理、垃圾处理、防洪、地下公共设施及附属设施的建筑、管道、设备安装工程等。

2.0.4 施工现场安全管理资料　　safety managemenet document on construction site

建设工程各参与方在工程建设过程中为加强生产安全和文明施工管理所形成的各种形式的信息，包括纸质和音像资料等。

3 安全管理资料管理

3.1 安全管理资料管理要求

3.1.1 施工现场安全管理资料的管理应为工程项目施工管理的重要组成部分，是预防安全生产事故和提高文明施工管理的有效措施。

3.1.2 建设单位、监理单位和施工单位应负责各自的安全管理资料管理工作，逐级建立健全施工现场安全资料管理岗位责任制，明确负责人，落实各岗位责任。

3.1.3 建设单位、监理单位和施工单位应建立安全管理资料的管理制度，规范安全管理资料的形成、收集、整理、组卷等工作，并应随施工现场安全管理工作同步形成，做到真实有效、及时完整。

3.1.4 施工现场安全管理资料应字迹清晰，签字、盖章等手续齐全，计算机形成的资料可打印、手写签名。

3.1.5 施工现场安全管理资料应为原件，因故不能为原件时，可为复印件。复印件上应注明原件存放处，加盖原件存放单位公章，有经办人签字并注明日期。

3.1.6 施工现场安全管理资料应分类整理和组卷，由各参与单位项目经理部保存备查至工程竣工。

3.2 建设单位的管理职责

3.2.1 建设单位应负责本单位施工现场安全管理资料的管理工作，并监督施工、监理单位施工现场安全管理资料的管理。

3.2.2 建设单位在申请领取施工许可证时，应提供该工程安全生产监管备案登记表。

3.2.3 建设单位在编制工程概算时，应将建设工程安全防护、文明施工措施等所需费用专项列出，按时支付并监督其使用情况。

3.2.4 建设单位应向施工单位提供施工现场供电、供水、排水、供气、供热、通信、广播电视等地上、地下管线资料，气象水文地质资料，毗邻建筑物、构筑物和相关的地下工程等资料。

3.3 监理单位的管理职责

3.3.1 监理单位应负责施工现场监理安全管理资料的管理工作，在工程项目监理规划、监理安全实施细则中，明确安全监理资料的项目及责任人。

3.3.2 监理安全管理资料应随监理工作同步形成，并及时进行整理组卷。

3.3.3 监理单位应对施工单位报送的施工现场安全生产专项措施资料进行重点审查认可。

3.4 施工单位的管理职责

3.4.1 施工单位应负责施工现场施工安全管理资料的管理工作，在施工组织设计中列出安全管理资料的管理方案，按规定列出各阶段安全管理资料的项目。

3.4.2 施工单位应指定施工现场安全管理资料责任人，负责安全管理资料的收集、整理和组卷。

3.4.3 施工现场安全管理资料应随工程建设进度形成，保证资料的真实性、有效性和完整性。

3.4.4 实行总承包施工的工程项目，总包单位应督促检查各分包单位施工现场安全管理资料的管理。分包单位应负责其分包范围内施工现场安全管理资料的形成、收集和整理。

3.4.5 施工单位的安全生产专项措施资料应遵循“先报审、后实施”的原则，实施前向建设单位和监理单位报送有关安全生产的计划、方案、措施等资料，得到审查认可后方可实施。

4 安全管理资料分类与整理

4.1 安全管理资料分类

4.1.1 安全管理资料分类应以形成资料的单位来划分。

4.1.2 安全管理资料的代号应为 SA。

1 建设单位形成的施工现场安全管理资料代号应为 SA-A。当有多种资料时，资料代号可按 SA-A-1、SA-A-2、SA-A-3……依次排列。

2 监理单位形成的施工现场安全管理资料代号应为 SA-B。监理单位自身形成的有关施工现场安全管理资料，资料代号为 SA-B1；监理单位对施工单位申报审核的有关施工现场安全管理资料，资料代号为 SA-B2。当一项中有多种资料时，资料代号可按 SA-B1-1、SA-B1-2、SA-B1-3……依次排列。

3 施工单位形成的施工现场安全管理资料代号应为 SA-C。施工单位形成的施工现场安全管理资料有多项，其资料代号可按项目依次分为 SA-C1、SA-C2……等。当一项中有多种资料时，资料代号可分别按 SA-C1-1、SA-C1-2、SA-C1-3……依次排列。

4.2 安全管理资料整理及组卷

4.2.1 施工现场安全管理资料整理应以单位工程分别进行整理和组卷。

4.2.2 施工现场安全管理资料组卷应按资料形成的参与单位组卷。一卷为建设单位形成的资料；二卷为监理单位形成的资料；三卷为施工单位形成的资料，各分包单位形成的资料单独组成为第三卷内的独立卷。

4.2.3 每卷资料排列顺序为封面、目录、资料及封底。封面应包括工程名称、案卷名称、编制单位、编制人员及编制日期。案卷页号应以独立卷为单位顺序编写。

4.2.4 施工现场安全管理资料整理应符合表 4.2.4 的规定。

表 4.2.4 建设工程施工现场安全管理资料分类整理及组卷表

编号	施工现场安全管理资料名称	资料表格编号或责任单位	工作相关及资料保存单位				
			建设单位	监理单位	施工单位	租赁单位	安装/拆卸单位
SA-A类	建设单位施工现场安全管理资料						
	施工现场安全生产监管备案登记表	表 SA-A-1	·	·	·		
	施工现场变配电站、变压器、地上、地下管线及毗邻建筑物、构筑物资料移交单(如有)	表 SA-A-2	·	·	·		
	建设工程施工许可证	建设单位	·	·	·		
	夜间施工审批手续(如有)	建设单位	·	·	·		
	施工合同	建设单位	·	·	·		
	施工现场安全生产防护、文明施工措施费用支付统计	建设单位	·	·	·		
	向当地住房和城乡建设主管部门报送的《危险性较大的分部分项工程清单》	建设单位	·	·	·		
	上级管理部门、政府主管部门检查记录	建设单位	·	·	·		
SA-B类	监理单位施工现场安全管理资料						
SA-B1	监理安全管理资料						
SA-B1	监理合同	监理单位	·	·	·		
SA-B1	监理规划、安全监理实施细则	监理单位	·	·	·		
SA-B1	安全监理专题会议纪要	监理单位	·	·	·		
SA-B2	监理安全审核工作记录						
SA-B2	工程技术文件报审表	表 SA-B2-1	·	·	·		
SA-B2	施工现场施工起重机械安装/拆卸报审表	表 SA-B2-2		·	·	·	·
SA-B2	施工现场施工起重机械验收核查表	表 SA-B2-3		·	·	·	·
SA-B2	施工现场安全隐患报告书	表 SA-B2-4	·	·	·		
SA-B2	工作联系单	表 SA-B2-5	·	·	·		
SA-B2	监理通知	表 SA-B2-6	·	·	·		
SA-B2	工程暂停令	表 SA-B2-7	·	·	·		
SA-B2	工程复工报审表	表 SA-B2-8	·	·	·		
SA-B2	安全生产防护、文明施工措施费用支付申请表	表 SA-B2-9	·	·	·		
SA-B2	安全生产防护、文明施工措施费用支付证书	表 SA-B2-10	·	·	·		
SA-B2	施工单位安全生产管理体系审核资料	监理单位		·	·		
SA-B2	施工单位专项安全施工方案及工程项目应急救援预案审核资料	监理单位		·	·		
SA-C类	施工单位施工现场安全管理资料						
SA-C1	安全控制管理资料						
SA-C1	施工现场安全生产管理概况表	SA-C1-1	·	·	·		
SA-C1	施工现场重大危险源识别汇总表	SA-C1-2	·	·	·		
SA-C1	施工现场重大危险源控制措施表	SA-C1-3	·	·	·		
SA-C1	施工现场危险性较大的分部分项工程专项施工方案表	SA-C1-4	·	·	·		
SA-C1	施工现场超过一定规模危险性较大的分部分项工程专家论证表	SA-C1-5	·	·	·		
SA-C1	施工现场安全生产检查汇总表	SA-C1-6		·	·		
SA-C1	施工现场安全生产管理检查评分表	SA-C1-7			·		
SA-C1	施工现场文明施工检查评分表	SA-C1-8			·		
SA-C1	施工现场落地式脚手架检查评分表	SA-C1-9-1			·		
SA-C1	施工现场悬挑式脚手架检查评分表	SA-C1-9-2			·		
SA-C1	施工现场门型脚手架检查评分表	SA-C1-9-3			·		
SA-C1	施工现场挂脚手架检查评分表	SA-C1-9-4			·		
SA-C1	施工现场吊篮脚手架检查评分表	SA-C1-9-5			·		
SA-C1	施工现场附着式升降脚手架提升架或爬架检查评分表	SA-C1-9-6			·		
SA-C1	施工现场基坑土方及支护安全检查评分表	SA-C1-10			·		
SA-C1	施工现场模板工程安全检查评分表	SA-C1-11			·		
SA-C1	施工现场"三宝"、"四口"及"临边"防护检查评分表	SA-C1-12			·		
SA-C1	施工现场施工用电检查评分表	SA-C1-13			·		
SA-C1	施工现场物料提升机(龙门架、井字架)检查评分表	SA-C1-14-1			·		
SA-C1	施工现场外用电梯(人货两用电梯)检查评分表	SA-C1-14-2			·		
SA-C1	施工现场塔吊检查评分表	SA-C1-15			·		
SA-C1	施工现场起重吊装安全检查评分表	SA-C1-16			·		
SA-C1	施工现场施工机具检查评分表	SA-C1-17			·		
SA-C1	施工现场安全技术交底汇总表	SA-C1-18		·	·		
SA-C1	施工现场安全技术交底表	SA-C1-19			·		
SA-C1	施工现场作业人员安全教育记录表	SA-C1-20			·		
SA-C1	施工现场安全事故原因调查表	SA-C1-21	·	·	·		
SA-C1	施工现场特种作业人员登记表	SA-C1-22		·	·		
SA-C1	施工现场地上、地下管线保护措施验收记录表	SA-C1-23		·	·		

续表 4.2.4

编号	施工现场安全管理资料名称	资料表格编号或责任单位	工作相关及资料保存单位				
			建设单位	监理单位	施工单位	租赁单位	安装/拆卸单位
SA-C1	施工现场安全防护用品合格证及检测资料登记表	SA-C1-24			·		
	施工现场施工安全日志表	SA-C1-25			·		
	施工现场班（组）班前讲话记录表	SA-C1-26			·		
	施工现场安全检查隐患整改记录表	SA-C1-27	·	·	·		
	监理通知回复单	SA-C1-28	·	·	·		
	施工现场安全生产责任制	施工单位		·	·		
	施工现场总分包安全管理协议书	施工单位		·	·		
	施工现场施工组织设计及专项安全技术措施	施工单位		·	·		
	施工现场冬雨风季施工方案	施工单位		·	·		
	施工现场安全资金投入记录	施工单位		·	·		
	施工现场生产安全事故应急预案	施工单位	·	·	·		
	施工现场安全标识	施工单位			·		
	施工现场自身检查违章处理记录	施工单位			·		
	本单位上级管理部门、政府主管部门检查记录	施工单位	·	·	·		
SA-C2	施工现场消防保卫安全管理资料						
	施工现场消防重点部位登记表	SA-C2-1	·	·	·		
	施工现场用火作业审批表	SA-C2-2			·		
	施工现场消防保卫定期检查表	SA-C2-3			·		
	施工现场居民来访记录	施工单位			·		
	施工现场消防设备平面图	施工单位		·	·		
	施工现场消防保卫制度及应急预案	施工单位		·	·		
	施工现场消防保卫协议	施工单位		·	·		

续表 4.2.4

编号	施工现场安全管理资料名称	资料表格编号或责任单位	工作相关及资料保存单位				
			建设单位	监理单位	施工单位	租赁单位	安装/拆卸单位
SA-C2	施工现场消防保卫组织机构及活动记录	施工单位		·	·		
	施工现场消防审批手续	施工单位		·	·		
	施工现场消防设施、器材维修记录	施工单位			·		
	施工现场防火等高温作业施工安全措施及交底	施工单位		·	·		
	施工现场警卫人员值班、巡查工作记录	施工单位			·		
SA-C3	脚手架安全管理资料						
	施工现场钢管扣件式脚手架支撑体系验收表	SA-C3-1		·	·		
	施工现场落地式（悬挑）脚手架搭设验收表	SA-C3-2		·	·		
	施工现场工具式脚手架安装验收表	SA-C3-3		·	·		
	施工现场脚手架、卸料平台及支撑体系设计及施工方案	施工单位		·	·		
SA-C4	基坑支护与模板工程安全管理资料						
	施工现场基坑支护验收表	SA-C4-1		·	·		
	施工现场基坑支护沉降观测记录表	SA-C4-2		·	·		
	施工现场基坑支护水平位移观测记录表	SA-C4-3		·	·		
	施工现场人工挖孔桩防护检查表	SA-C4-4		·	·		
	施工现场特殊部位气体检测记录表	SA-C4-5		·	·		
	施工现场模板工程验收表	SA-C4-6		·	·		
	施工现场基坑、土方、护坡及模板施工方案	施工单位		·	·		

续表 4.2.4

编号	施工现场安全管理资料名称	资料表格编号或责任单位	工作相关及资料保存单位				
			建设单位	监理单位	施工单位	租赁单位	安装/拆卸单位
SA-C5	"三宝"、"四口"及"临边"防护安全管理资料						
	施工现场"三宝"、"四口"及"临边"防护检查记录表	SA-C5-1		·	·		
	施工现场"三宝"、"四口"及"临边"防护措施方案	施工单位			·		
SA-C6	临时用电安全管理资料						
	施工现场施工临时用电验收表	SA-C6-1		·	·		
	施工现场电气线路绝缘强度测试记录表	SA-C6-2		·	·		
	施工现场临时用电接地电阻测试记录表	SA-C6-3		·	·		
	施工现场电工巡检维修记录表	SA-C6-4			·		
	施工现场临时用电施工组织设计及变更资料	施工单位		·	·		
	施工现场总、分包临时用电安全管理协议	施工单位		·	·		
	施工现场电气设备测试、调试技术资料	施工单位			·		
SA-C7	施工升降机安全管理资料						
	施工现场施工升降机安装/拆卸任务书	SA-C7-1			·	·	·
	施工现场施工升降机安装/拆卸安全和技术交底记录表	SA-C7-2			·	·	·
	施工现场施工升降机基础验收表	SA-C7-3			·	·	·
	施工现场施工升降机安装/拆卸过程记录表	SA-C7-4			·	·	·
	施工现场施工升降机安装验收记录表	SA-C7-5			·	·	·
	施工现场施工升降机接高验收记录表	SA-C7-6			·	·	·
	施工现场施工升降机运行记录	施工单位			·	·	

续表 4.2.4

编号	施工现场安全管理资料名称	资料表格编号或责任单位	工作相关及资料保存单位				
			建设单位	监理单位	施工单位	租赁单位	安装/拆卸单位
SA-C7	施工现场施工升降机维修保养记录	施工单位			·	·	
	施工现场机械租赁、使用、安装/拆卸安全管理协议书	施工单位		·	·	·	·
	施工现场施工升降机安装/拆卸方案	施工单位			·	·	·
	施工现场施工升降机安装/拆卸报审报告	施工单位		·	·	·	·
	施工现场施工升降机使用登记台帐	施工单位			·		
	施工现场施工升降机登记备案记录	施工单位			·		
SA-C8	塔吊及起重吊装安全管理资料						
	施工现场塔式起重机安装/拆卸任务书	SA-C8-1			·	·	·
	施工现场塔式起重机安装/拆卸安全和技术交底	SA-C8-2			·	·	·
	施工现场塔式起重机基础验收记录表	SA-C8-3			·		·
	施工现场塔式起重机轨道验收记录表	SA-C8-4			·		·
	施工现场塔式起重机安装/拆卸过程记录表	SA-C8-5			·	·	·
	施工现场塔式起重机附着检查记录表	SA-C8-6			·	·	·
	施工现场塔式起重机顶升检验记录表	SA-C8-7			·	·	·
	施工现场塔式起重机安装验收记录表	SA-C8-8			·	·	·
	施工现场塔式起重机安装垂直度测量记录表	SA-C8-9			·	·	·
	施工现场塔式起重机运行记录表	SA-C8-10			·		
	施工现场塔式起重机维修保养记录表	SA-C8-11			·		

续表 4.2.4

编号	施工现场安全管理资料名称	资料表格编号或责任单位	工作相关及资料保存单位				
			建设单位	监理单位	施工单位	租赁单位	安装/拆卸单位
SA-C8	施工现场塔式起重机检查记录表	SA-C8-12			·	·	·
	施工现场塔式起重机租赁、使用、安装/拆卸安全管理协议书	施工单位 租赁单位		·	·	·	·
	施工现场塔式起重机安装/拆卸方案及群塔作业方案、起重吊装作业专项施工方案	施工单位 租赁单位		·	·	·	·
	施工现场塔式起重机安装/拆卸报审报告	施工单位		·	·	·	·
	施工现场塔吊机组与信号工安全技术交底	施工单位			·		
SA-C9	施工机具安全管理资料						
	施工现场施工机具(物料提升机)检查验收记录表	SA-C9-1			·	·	·
	施工现场施工机具(电动吊篮)检查验收记录表	SA-C9-2			·	·	·
	施工现场施工机具(龙门吊)检查验收记录表	SA-C9-3			·	·	·
	施工现场施工机具(打桩、钻孔机械)检查验收记录表	SA-C9-4			·	·	·
	施工现场施工机具(装载机)检查验收记录表	SA-C9-5			·	·	
	施工现场施工机具(挖掘机)检查验收记录表	SA-C9-6			·	·	
	施工现场施工机具(混凝土泵)检查验收记录表	SA-C9-7			·	·	
	施工现场施工机具(混凝土搅拌机)检查验收记录表	SA-C9-8			·	·	
	施工现场施工机具(钢筋机械)检查验收记录表	SA-C9-9			·	·	
	施工现场施工机具(木工机械)检查验收记录表	SA-C9-10			·	·	
	施工现场施工机具安装验收记录表	SA-C9-11			·	·	

续表 4.2.4

编号	施工现场安全管理资料名称	资料表格编号或责任单位	工作相关及资料保存单位				
			建设单位	监理单位	施工单位	租赁单位	安装/拆卸单位
SA-C9	施工现场施工机具维修保养记录表	SA-C9-12			·	·	
	施工现场施工机具使用单位与租赁单位租赁、使用、安装/拆卸安全管理协议	施工单位 租赁单位		·	·	·	
	施工现场施工机具安装/拆卸方案	租赁单位			·	·	
SA-C10	施工现场文明生产(现场料具堆放、生活区)安全管理资料						
	施工现场施工噪声监测记录表	SA-C10-1		·	·		
	施工现场文明生产定期检查表	SA-C10-2			·		
	施工现场办公室、生活区、食堂等卫生管理制度	施工单位			·		
	施工现场应急药品、器材的登记及使用记录	施工单位			·		
	施工现场急性职业中毒应急预案	施工单位			·		
	施工现场食堂卫生许可证及炊事人员的卫生、培训、体检证件	施工单位			·		
	施工现场各阶段现场存放材料堆放平面图及责任区划分,材料保存、保管制度	施工单位		·	·		
	施工现场成品保护措施	施工单位		·	·		
	施工现场各种垃圾存放、消纳管理制度	施工单位		·	·		
	施工现场环境保护管理方案	施工单位		·	·		

5 建设单位施工现场安全管理资料 (SA-A)

5.0.1 施工现场安全生产监管备案登记表(表SA-A-1)。

应由建设单位形成报当地住房和城乡建设主管部门备案。

5.0.2 施工现场变配电站、变压器、地上、地下管线及毗邻建筑物、构筑物资料移交单(表SA-A-2)。

建设单位应在工程施工现场场地平整及槽、坑、沟土方开挖、打桩施工前,向施工单位提供施工现场及毗邻区域内变配电站、变压器、地上、地下管线资料,毗邻建筑物和构筑物的有关资料,交施工单位使用。

对一些资料不完整或有疑义时,建设单位应委托相关部门进行探查,并做好记录,经建设单位签字盖章认可后,交施工单位使用。

5.0.3 建设工程施工许可证。

建设单位应在工程开工前到当地住房和城乡建设主管部门办理领取建设工程施工许可证。

5.0.4 夜间施工审批手续。

如需夜间施工,建设单位应在夜间施工前到当地住房和城乡建设主管部门办理。

5.0.5 施工合同。

5.0.6 施工现场安全生产防护、文明施工措施费用支付统计。

建设单位应按施工合同约定,及时支付安全防护、文明施工措施费用,并应对其实施情况进行检查。

5.0.7 建设单位向当地住房和城乡建设主管部门报送的《危险性较大的分部分项工程清单》。

建设单位应督促施工单位提出危险性较大的分部分项工程专项施工方案,建设单位将工程项目填表报当地住房和城乡建设主管部门备案。

5.0.8 上级主管部门、政府主管部门检查记录

包括建设单位上级主管部门、当地住房和城乡建设主管部门或其委托的机构的检查记录。

6 监理单位施工现场安全管理资料 (SA-B)

6.1 监理安全管理资料

6.1.1 监理合同。

监理单位与建设单位签订监理合同时，应将安全监理工作作为一项重要内容，在合同中明确。

6.1.2 监理规划、安全监理实施细则。

项目监理部在制订监理规划时，应包括安全监理方案，并应编制专项安全监理实施细则。

6.1.3 安全监理专题会议纪要

项目监理部应定期召开安全监理例会及安全生产专题会议，并形成会议纪要。

6.2 监理安全审核工作记录

6.2.1 工程技术文件报审表(表 SA-B2-1)。

施工单位应填写《工程技术文件报审表》，报送施工组织设计、安全生产管理体系及有关人员执业资格证书、危险性较大的专项施工方案等，项目监理部应及时进行审核。

6.2.2 施工现场施工起重机械安装/拆卸报审表(表 SA-B2-2)。

项目监理部应对施工单位报送的塔式起重机、施工升降机、电动吊篮、物料提升机械等安装/拆卸方案、机械性能检测报告、安装/拆卸人员及操作人员上岗证书、安装/拆卸单位资质等进行复核。

6.2.3 施工现场施工起重机械验收核查表(表 SA-B2-3)。

项目监理部应对施工单位报送的施工现场施工起重机械验收表进行核查。其中：塔吊、物料提升机、升降机应有安装告知手续。

6.2.4 施工现场安全隐患报告书(表 SA-B2-4)。

监理人员在实施监理过程中，发现施工现场存在重大安全隐患，施工单位不及时进行有效整改的，项目监理部应填写表 SA-B2-4，向建设单位和工程所在地住房和城乡建设主管部门报告。

6.2.5 工作联系单(表 SA-B2-5)。

监理人员在施工监理过程中发现安全措施不到位，可能产生安全隐患，认为口头指令不足以引起施工单位重视时，可填写表 SA-B2-5，要求施工单位进行整改，凡发出工作联系单表 SA-B2-5 的监理人员应按时复查整改结果，并在监理日记中记录说明。施工单位整改后应及时书面回复。

6.2.6 监理通知(表 SA-B2-6)。

监理人员在施工监理过程中，发现安全隐患，及时签发《监理通知》表 SA-B2-6，要求施工单位限期整改，并抄报建设单位。施工单位整改后应有书面回复，监理人员应按时复查整改结果。

6.2.7 工程暂停令(表 SA-B2-7)。

监理人员在施工监理过程中，发现施工现场存在重大安全隐患，总监理工程师应及时签发《工程暂停令》表 SA-B2-7，暂停部分或全部在施工程的施工，责令限期整改，并抄报建设单位。施工单位整改后应书面回复，经监理人员复查合格，总监理工程师批准后，方可复工。

6.2.8 工程复工报审表(表 SA-B2-8)。

项目监理部发出《工程暂停令》表 SA-B2-7 后，施工单位应立即停止施工，组织人员查找原因制订措施，进行整改。自行检查合格后，填写《工程复工报审表》表 SA-B2-8，报项目监理部，经监理复查合格，总监理工程师批准后方可复工。

6.2.9 安全生产防护、文明施工措施费用支付申请表(表 SA-B2-9)。

施工单位应按合同约定向监理单位提出安全生产防护、文明施工措施费用支付申请。

6.2.10 安全生产防护、文明施工措施费用支付证书(表 SA-B2-10)。

项目监理部收到施工单位申请支付安全生产防护、文明施工措施费用表 SA-B2-9，审查后应填写表 SA-B2-10，向建设单位提出安全生产防护、文明施工措施费用支付证书。

6.2.11 施工单位安全生产管理体系审核资料。

项目监理部应审查施工单位报送的安全生产管理机构、安全生产责任制、安全管理规章制度等资料。

6.2.12 施工单位专项安全施工方案及工程项目应急救援预案审核资料。

项目监理部应及时进行审查。

7 施工单位施工现场安全管理资料 (SA-C)

7.1 安全控制管理资料 (SA-C1)

7.1.1 施工现场安全生产管理概况表(表 SA-C1-1)。

项目经理部应将工程基本信息、相关单位情况和施工现场安全管理组织及主要安全管理人员情况，填写表 SA-C1-1，向当地住房和城乡建设主管部门施工安全监督机构备案。并报建设单位、监理单位备案。

7.1.2 施工现场重大危险源识别汇总表(表 SA-C1-2)。

项目经理部应对施工现场存在的重大危险源进行识别汇总，并报项目监理部备案。

7.1.3 施工现场重大危险源控制措施表(表 SA-C1-3)。

项目经理部对施工过程中可能出现的重大危险源事前应进行评价，制定重大危险源控制措施，每张表格只记录一种危险源，按住房和城乡建设部建质〔2009〕87 号关于印发《危险性较大的分部分项工程安全管理办法》的通知，由项目经理批准实施，并报项目监理部备案。

7.1.4 施工现场危险性较大的分部分项工程专项施工方案表(表 SA-C1-4)。

危险性较大的分部分项工程应编制专项施工方案。专项施工方案经施工单位技术负责人批准，报项目监理部审查认可后，报项目所在地住房和城乡建设主管部门施工安全监督机构。

需编制专项安全施工方案的危险性较大的分部分项工程，应按当地住房和城乡建设主管部门的规定执行，当地住房和城乡建设主管部门没有规定时，应按下列项目进行：

1 基坑支护、降水工程。

开挖深度超过3m(含3m)或虽未超过3m但地质条件和周边环境复杂的基坑(槽)支护、降水工程。

2 土方开挖工程。开挖深度超过3m(含3m)的基坑(槽)的土方开挖工程。

3 模板工程及支撑体系。

1）各类工具式模板工程：包括大模板、滑模、爬模、飞模等工程。

2）混凝土模板支撑工程：搭设高度5m及以上；搭设跨度10m及以上；施工总荷载$10kN/m^2$及以上；集中线荷载$15kN/m^2$及以上；高度大于支撑水平投影宽度且相对独立无联系构件的混凝土模板支撑工程。

3）承重支撑体系：用于钢结构安装等满堂支撑体系。

4 起重吊装及安装拆卸工程。

1）采用非常规起重设备、方法，且单件起吊重量在10kN及以上的起重吊装工程。

2）采用起重机械进行安装的工程。

3）起重机械设备自身的安装、拆卸。

5 脚手架工程。搭设高度24m及以上的落地式钢管脚手架工程，附着式整体和分片提升脚手架工程，悬挑式脚手架工程，吊篮脚手架工程，自制卸料平台、移动操作平台工程，新型及异型脚手架工程。

6 拆除、爆破工程。建筑物、构筑物拆除工程，采用爆破拆除的工程。

7 其他。建筑幕墙安装工程，钢结构、网架和索膜结构安装工程，人工挖扩孔桩工程，地下暗挖、顶管及水下作业工程，预应力工程，采用新技术、新工艺、新材料、新设备及尚无相关技术标准的危险性较大的分部分项工程。

专项施工方案编制应包括的下列内容：

1 工程概况：危险性较大的分部分项工程概况、施工平面布置、施工要求和技术保证条件。

2 编制依据：有关法律、法规、规范性文件、标准、规范及图纸(图集)、施工组织设计。

3 施工计划：施工进度、人员进场、材料及设备计划。

4 施工工艺技术：技术参数、工艺流程、施工方法、检查验收等。

5 施工安全保证措施：组织保障、技术措施、应急预案、监测监控等。

6 劳力计划：专职安全生产管理人员、特种作业人员等。

7 计算书及相关图纸。

7.1.5 施工现场超过一定规模危险性较大的分部分项工程专家论证表(表SA-C1-5)。

危险性较大的分部分项工程专项安全施工方案应经专家论证。项目经理部应编制专项安全施工方案，组织专家组进行论证，并按表SA-C1-5进行记录。作为专项安全施工方案的附件，一并报项目监理部核查确认后，报项目所在地住房和城乡建设主管部门施工安全监督机构备案。

组织专家论证超过一定规模危险性较大的分部分项工程应按当地住房和城乡建设主管部门规定执行，当地住房和城乡建设主管部门没有规定时，应按下列项目进行：

1 深基坑工程。

1）开挖深度超过5m(含5m)的基坑(槽)的土方开挖、支护、降水工程。

2）开挖深度虽未超过5m，但地质条件、周围环境和地下管线复杂，或影响毗邻建筑(构筑)物安全的基坑(槽)的土方开挖、支护、降水工程。

2 模板工程及支撑体系。

1）工具式模板工程：包括滑模、爬模、飞模工程。

2）混凝土模板支撑工程：搭设高度8m及以上；搭设跨度18m及以上，施工总荷载$15kN/m^2$及以上；集中线荷载20kN/m及以上。

3）承重支撑体系：用于钢结构安装等满堂支撑体系，承受单点集中荷载700kg以上。

3 起重吊装及安装拆卸工程。

1）采用非常规起重设备、方法，且单件起吊重量在100kN及以上的起重吊装工程。

2）起重量300kN及以上的起重设备安装工程；高度200m及以上内爬起重设备的拆除工程。

4 脚手架工程。

1）搭设高度50m及以上落地式钢管脚手架工程。

2）提升高度150m及以上附着式整体和分片提升脚手架工程。

3）架体高度20m及以上悬挑式脚手架工程。

5 拆除、爆破工程。

1）采用爆破拆除的工程。

2）码头、桥梁、高架、烟囱、水塔或拆除中容易引起有毒有害气(液)体或粉尘扩散、易燃易爆事故发生的特殊建、构筑物的拆除工程。

3）可能影响行人、交通、电力设施、通讯设施或其他建、构筑物安全的拆除工程。

4）文物保护建筑、优秀历史建筑或历史文化风貌区控制范围的拆除工程。

6 其他。

1）施工高度50m及以上的建筑幕墙安装工程。

2）跨度大于36m及以上的钢结构安装工程；跨度大于60m及以上的网架和索膜结构安装工程。

3）开挖深度超过16m的人工挖孔桩工程。

4）地下暗挖工程、顶管工程、水下作业工程。

5）采用新技术、新工艺、新材料、新设备及尚无相关技术标准的危险性较大的分部分项工程。

专家论证应包括下列内容：

1 方案内容是否完整、可行；

2 方案计算书和验算依据是否符合有关标准；

3 安全施工的基本条件是否满足现场实际情况。

7.1.6 施工现场安全生产检查汇总表(表SA-C1-6，汇总的内容含表SA-C1-7至表SA-C1-17)。

项目经理部根据当地住房和城乡建设主管部门的规定，对施工现场的一些安顿措施、设施定期进行检查评价，并督促整改。用表SA-C1-6进行汇总。

各项检查内容按专项表格SA-C1-7至表SA-C1-17进行。专项检查评分表，保证项目为60分，一般项目为40分。当保证项目中有一项不得分或保证项目小计得分不足40分时，此项检查表不应得分。

表SA-C1-7至表SA-C1-17检查评分，实际得分填入表SA-C1-6各相应项目中，根据得分情况和保证项目达标情况分为优良、合格、不合格三个等级。

优良：保证项目达标，汇总表分值达80分及其以上；

合格：保证项目达标，汇总表分值达70分及其以上；

不合格：汇总表SA-C1-6得分不足70分；有一份表未得分，且汇总表得分在75分以下；当起重吊装或施工机具分表未得分，且汇总表得分在80分以下都为不合格。

7.1.7 施工现场安全技术交底汇总表(表SA-C1-18)。

项目经理部应将各项安全技术交底按照作业内容及施工先后顺序依次汇总，存放施工现场，以备查验。并报项目监理部备案。

7.1.8 施工现场安全技术交底表(表SA-C1-19)。

分部分项工程施工前及有特殊风险项目作业前，应由项目技术负责人对施工作业人员进行书面安全技术交底，并填写表SA-C1-19。存放施工现场，以备查验。

7.1.9 施工现场作业人员安全教育记录表（表SA-C1-20）。

项目经理部对新人场、转场及变换工种的施工人员必须进行安全教育，经考试合格后方准上岗作业；同时应对施工人员每年至少进行两次安全生产培训，并对被教育人员、教育内容、教育时间等基本情况按表SA-C1-20进行记录。

7.1.10 施工现场安全事故原因调查表（表SA-C1-21）。

施工现场凡发生生产安全事故的，应按照表SA-C1-21的要求进行原因调查与分析并记录。报项目监理部备案。

7.1.11 施工现场特种作业人员登记表（表SA-C1-22）。

电工、焊（割）工、架子工、起重机械作业工（包括司机、安装/拆卸、信号指挥等）、场内机动车驾驶等特种作业人员上岗前，项目经理部应审查特种作业人员的操作证，核对资格证原件后在复印件上盖章并由项目经理部存档，填入表SA-C1-22。并报项目监理部核查。

7.1.12 施工现场地上、地下管线保护措施验收记录表（表SA-C1-23）。

施工现场应在平整场地、槽、坑、沟土方开挖前，编制地上、地下管线保护措施，由项目技术负责人组织相关人员进行审查，填写表SA-C1-23。并报项目监理部审查。

7.1.13 施工现场安全防护用品合格证及检测资料登记表（表SA-C1-24）。

项目经理部对采购和租赁的安全防护用品和涉及施工现场安全的的重要物资应认真审核生产许可证、产品合格证、检测报告等相关文件，按表SA-C1-24予以登记存档。

7.1.14 施工现场施工安全日志表（表SA-C1-25）。

施工安全日志应由专职安全员按照日常安全活动和安全检查情况，逐日按表SA-C1-25记录。

施工安全日志应装订成册（防拆的），页次、日期应连续，不得缺页缺日，填写错可划"X"作废，但不能撕掉。工程项目部安全负责人应定期对安全日志进行检查，并签名示以负责。

7.1.15 施工现场班（组）班前讲话记录表（表SA-C1-26）。

各作业班（组）长于每班工作开始前必须对本班（组）全体人员进行班前安全交底，并填写表SA-C1-26。

本表可以班（组）为单位或工程项目为单位装订成册。由安全员将班（组）活动记录，以天装订，然后按日期顺序成册。定期对其内容、活动情况进行讲评。

7.1.16 施工现场安全检查隐患整改记录表（表SA-C1-27）。

项目安全负责人组织检查过程中，针对存在的安全隐患填写表SA-C1-27。其中应包括检查情况及安全隐患、整改要求、整改后复查情况等内容，并签字负责。

7.1.17 监理通知回复单（表SA-C1-28）。

项目负责人接到监理通知后应积极组织整改，整改自行检查符合要求后，填写此表，报项目监理部复查。

7.1.18 施工现场安全生产责任制。

项目经理部应将现场安全机构设置、制度、生产安全目标、管理责任书形成文字，并公布在施工现场。并报项目监理部备案。

7.1.19 施工现场总分包安全管理协议书。

总分包应签订安全管理协议书，落实有关安全事项，并形成文件。并报项目监理部备案。

7.1.20 施工现场施工组织设计及专项安全技术措施。

项目经理部应针对工程项目编制施工组织设计及专项安全技术措施。并报项目监理部备案。

7.1.21 施工现场冬雨风季施工方案。

项目经理部应对冬雨季、台风季节施工的项目，制订针对性的专项施工方案，即冬季施工方案、雨季防雨防涝方案、防台风方案等，并应有检查记录，以保证工程质量和施工正常进行。并报项目监理部备案。

7.1.22 施工现场安全资金投入记录。

项目经理部应在工程开工前编制安全资金投入计划，并取得项目监理部的认可，并以月为单位对项目安全资金使用情况进行小结，并报项目监理部备案。

7.1.23 施工现场生产安全事故应急预案。

项目经理部应编制生产安全事故应急预案，成立应急救援组织，配备必要的应急救援器材和物资。对全体施工人员进行培训，定期组织演练，并有相应的记录，并报建设单位、项目监理部备案。

7.1.24 施工现场安全标识。

施工现场各类安全标识发放、使用情况应进行登记；现场安全标识设置应与施工现场安全标识布置平面图相符，使安全标识起到应有的效果。

7.1.25 施工现场自身检查违章处理记录。

施工现场的违章作业、违章指挥及处理整改情况应及时进行记录，建立违章处理记录台帐。

7.1.26 本单位上级管理部门、政府主管部门检查记录。

本单位上级管理部门、政府主管部门来施工现场检查的有关情况，检查出的不足之处，整改建议等。

7.2 施工现场消防保卫安全管理资料（SA-C2）

7.2.1 施工现场消防重点部位登记表（表SA-C2-1）。

项目经理部应根据施工总平面图中消防设施布置将施工现场消防重点部位进行登记。如施工现场消防重点部位发生变化后，应重新进行登记，登记表应保持与现场实际情况一致。并报建设单位、项目监理部备案。

7.2.2 施工现场用火作业审批表（表SA-C2-2）。

作业人员每次用火作业前，必须到项目经理部办理用火申请，并填写表SA-C2-2，经项目经理部审批同意后，方可用火作业。

7.2.3 施工现场消防保卫定期检查表（表SA-C2-3）。

项目经理部安全负责人应根据施工消防的要求，定期组织有关人员对施工现场消防、保卫设施进行检查，并按表SA-C2-3进行记录。

7.2.4 施工现场居民来访记录。

施工现场应设置居民来访接待室，对居民来访内容进行登记，并记录处理结果。

7.2.5 施工现场消防设备平面图。

施工现场消防设施、器材平面图应明确现场各类消防设施、器材的布置位置和数量。并报项目监理部核查。

7.2.6 施工现场消防保卫制度及应急预案。

项目经理部应制定施工现场的保卫消防制度、现场消防保卫管理方案、重大事件、重大节日管理方案、现场火灾应急救援预案和消防安全操作规程等相关技术文件，并将文件向相关人员进行交底。并报项目监理部审查。

7.2.7 施工现场消防保卫协议。

建设单位与总包单位、总包单位与分包单位必须签订现场保卫消防协议，明确各方相关责任，协议必须履行签字、盖章手续。并报项目监理部备案。

7.2.8 施工现场消防保卫组织机构及活动记录。

施工现场应设立消防保卫组织机构，成立义务消防队，定期组织教育培训和消防演练，各项活动应有文字和图片记录。并报项目监理部备案。

7.2.9 施工现场消防审批手续。

项目经理部应在工程施工前，到当地消防部门进行申报登记，以便消防部门了解施工现场的消防布置，取得审批手续。并将消防安全许可证存档，以备查验。并报项目监理部核查。

7.2.10　施工现场消防设施、器材维修记录。

施工现场各类消防设施、器材，应经项目经理部验收合格，并应定期对消防设施、器材进行检查。以及按使用期限及时更换、补充、维修等。并应形成文字记录。

7.2.11　施工现场防火等高温作业施工安全措施及交底。

施工现场防火等高温作业施工时，应制定相关的防中暑、防火灾的安全防范技术措施，并对所有参与防火作业的施工人员进行书面交底，所有被交底人必须履行签字手续。并报项目监理部备案。

7.2.12　施工现场警卫人员值班、巡查工作记录。

施工现场警卫人员应在每班作业后填写警卫人员值班、巡查工作记录，对当班期间主要事项进行登记。

7.3 脚手架安全管理资料 (SA-C3)

7.3.1　施工现场钢管扣件式脚手架支撑体系验收表(表 SA-C3-1)。

钢管扣件式脚手架支撑体系应根据实际情况分段、分部位，由施工单位项目技术负责人组织相关单位人员验收。六级以上大风及大雨后、停用超过一个月均要进行相应的检查验收。并报项目监理部备案。

7.3.2　施工现场落地式(悬挑)脚手架搭设验收表(表 SA-C3-2)。

落地式或悬挑脚手架搭设完成，施工单位项目技术负责人应组织有关单位人员验收。六级以上大风及大雨后、停用超过一个月均要进行相应的检查。并报项目监理部备案。

7.3.3　施工现场工具式脚手架安装验收表(表 SA-C3-3)。

包括门式外挂脚手架、吊篮脚手架、附着式升降脚手架、卸料平台等。由施工单位项目技术负责人组织有关单位验收。并报项目监理部备案。

7.3.4　施工现场脚手架、卸料平台和支撑体系设计及施工方案。

落地式钢管扣件式脚手架、工具式脚手架、卸料平台及支撑体系等应在施工前编制相应专项施工方案。应按施工方案进行搭设、安装，保证脚手架安全。施工方案应存放施工现场备查。并报项目监理部备案。

7.4　基坑支护与模板工程安全管理资料 (SA-C4)

7.4.1　施工现场基坑支护验收表(表 SA-C4-1)。

基坑支护完成后施工单位应组织相关单位按照设计文件、施工组织设计、施工专项方案及相关规范进行验收。并报项目监理部审查。

7.4.2　施工现场基坑支护沉降观测记录表(表 SA-C4-2)。

7.4.3　施工现场基坑支护水平位移观测记录表(表 SA-C4-3)。

基坑支护沉降观测和水平位移观测，施工单位和专业承包单位应按规定指派专人对基坑、土方、护坡开挖及开挖后的支护结构进行监测，并按表 SA-C4-2 或表 SA-C4-3 进行数据记录。项目监理部对监测的程序进行审核。如发现监测数据异常，应立即采取必要的措施纠正。

7.4.4　施工现场人工挖孔桩防护检查表(表 SA-C4-4)。

人工挖孔桩工程应编制专项施工方案。超过 16m 时应进行专家论证。项目经理部应每天派专人对人工挖孔桩作业进行安全检查。项目监理部应定期对检查表及实物进行抽查。并用表 SA-C4-4 进行记录。

7.4.5　施工现场特殊部位气体检测记录表(表 SA-C4-5)。

对人工挖孔桩和密闭空间等施工中，可能存在有害气体的场所应有专项施工方案。应在每班作业前进行气体检测，按表 SA-C4-5 进行记录。并报项目监理部备案。

7.4.6　施工现场模板工程验收表(表 SA-C4-6)。

模板工程应按工程施工质量验收规范进行验收。对一些特殊的模板工程；高度大于 8m，如跨度 18m 以上梁的模板、施工总荷载 15kN/m² 及以上，集中荷载 20kN/m² 及以上；及大面积满堂红支模等，在施工组织设计、专项施工方案中应明确进行稳定性、强度等安全验收时，除按规范验收外，还应专门对安全性进行验收，按表 SA-C4-6 进行记录。并报项目监理部审查。

7.4.7　施工现场基坑、土方、护坡及模板施工方案。

基坑、土方、护坡、模板施工必须按有关规定做到有方案、有审批；模板工程还应有设计计算书。方案报项目监理部审查认可。

7.5　“三宝”、“四口”及“临边”防护安全管理资料 (SA-C5)

7.5.1　施工现场“三宝”、“四口” 及“临边”防护检查记录表(表 SA-C5-1)。

施工现场“三宝”、“四口”及“临边”防护应按当地住房和城乡建设主管部门的规定定期进行检查。当地没有具体规定的，每周至少应检查一次。凡出现风、雨天气过后及每升高一层施工时，都应及时进行检查。并报项目监理部备案。

每发现一个人、一处存在安全防护措施不到位的情况应及时做出处理，并责成立即改正。

7.5.2　施工现场“三宝”、“四口”及“临边”防护措施方案。

项目经理部应在施工组织设计或有关专项安全技术方案中对“三宝”、“四口”及“临边”防护做出详细规定，包括材料器具的品种、规格、数量、安装方式、质量要求及安装时间、责任人等。

7.6　临时用电安全管理资料 (SA-C6)

7.6.1　施工现场施工临时用电验收表(表 SA-C6-1)。

施工现场临时用电架设安装完成后必须由总包单位组织验收，合格后方可使用，验收时可根据施工进度分项、分回路进行。项目监理部对验收资料及实物进行核查。

7.6.2　施工现场电气线路绝缘强度测试记录表(表 SA-C6-2)。

电气线路绝缘测试包括临时用电动力、照明线路等绝缘强度测试，可按系统回路进行测试，测试结果报项目监理部备案。

7.6.3　施工现场临时用电接地电阻测试记录表(表 SA-C6-3)。

临时用电接地电阻测试包括临时用电系统、设备的重复接地、防雷接地、保护接地以及设计有要求的接地电阻测试。将测量结果报项目监理部备案。

7.6.4　施工现场电工巡检维修记录表(表 SA-C6-4)。

施工现场电工应按有关要求进行巡检维修，并由值班电工每日填写记录表。项目安全负责人要定期进行检查，以保证巡检维修的到位有效。

7.6.5　施工现场临时用电施工组织设计及变更资料。

临时用电设备在 5 台及以上或设备总容量在 50kW 及以上者，均应编制临时用电施工组织设计，并按《施工现场临时用电安全技术规范》JGJ46 的要求进行审批手续。如发生变更应重新办理审批手续。并报项目监理部备案。

7.6.6　施工现场总、分包临时用电安全管理协议。

总包单位、分包单位必须订立临时用电管理协议，明确各方相关责任，协议必须履行签字、盖章手续。并报项目监理部备案。

7.6.7　施工现场电气设备测试、调试技术资料。

电气设备的测试、检验单和精度记录应由设备生产者或专业维修者提供。

7.7　施工升降机安全管理资料 (SA-C7)

7.7.1　施工现场施工升降机安装/拆卸任务书(表 SA-C7-1)。

施工升降机械安装/拆卸均应有明确的任务书，以保证安装质量和落实安装/拆卸的安全责任。

7.7.2 施工现场施工升降机安装/拆卸安全和技术交底记录表(表 SA-C7-2)。

施工升降机安装/拆卸任务书下达后,安装/拆卸单位安全负责人、技术负责人应对升降机安装/拆卸的安全、技术措施进行详细的安全技术交底,以保证安装/拆卸质量和安全。

7.7.3 施工现场施工升降机基础验收表(表 SA-C7-3)。

施工升降机基础验收应根据升降机安装技术要求的承载力、强度、基础尺寸、底脚螺栓规格数量等进行。基础完工后达到一定强度,升降机安装前应进行全面验收。

7.7.4 施工现场施工升降机安装/拆卸过程记录表(表 SA-C7-4)。

施工升降机安装/拆卸施工中,应对各安装/拆卸环节情况进行记录,包括各项工作的分工,每个施工人员的工作内容以及周围环境安装/拆卸过程中的一些情况。以便验收时了解安装/拆卸全过程的情况。

7.7.5 施工现场施工升降机安装验收记录表(表 SA-C7-5)。

施工升降机安装验收是在升降机安装完毕,由安装单位组织有关单位负责人进行全面验收,判定是否符合标准。特别是试运行及坠落实验以及安全装置,应经过实地实验和检查。报项目监理部核查。日常和定期检查参照此表执行。

7.7.6 施工现场施工升降机接高验收记录表(表 SA-C7-6)。

施工升降机每次接高都应经过验收后才能运行使用。在接高过程中应按表 SA-C1-4 进行记录,接高完成后应按表 SA-C7-6 的内容检查验收记录。并报项目监理部核查。

7.7.7 施工现场施工升降机运行记录。

施工升降机在使用过程中,每日应对运行情况进行记录,并对发生的事项详细记录。每周使用单位的负责人应检查记录。

7.7.8 施工现场施工升降机维修保养记录。

施工升降机应由产权单位负责定期维修保养。

7.7.9 施工现场机械租赁、使用、安装/拆卸安全管理协议书。

出租和承租双方应签订租赁合同和安全管理协议书,明确双方安全责任和义务。并报项目监理部备案。

7.7.10 施工现场施工升降机安装/拆卸方案。

施工升降机安装前,应编制设备的安装/拆卸方案,经安装/拆卸单位技术负责人审核批准后方可进行作业。

7.7.11 施工现场施工升降机安装/拆卸报审报告。

施工升降机安装/拆卸报审报告,按当地住房和城乡建设主管部门规定执行。

7.7.12 施工现场施工升降机使用登记台帐。

施工单位应建立施工升降机使用台帐,每台机械使用情况应详细记录。

7.7.13 施工现场施工升降机登记备案记录。

内容有设备登记编号、使用情况登记资料、安装告知手续等。

7.8 塔吊及起重吊装安全管理资料 (SA-C8)

7.8.1 施工现场塔式起重机安装/拆卸任务书(表 SA-C8-1)。

塔式起重机安装/拆卸均应有专项任务书,以保证安装质量和落实安装/拆卸的安全责任。

7.8.2 施工现场塔式起重机安装/拆卸安全和技术交底(表 SA-C8-2)。

塔式起重机安装/拆卸任务下达后,安装/拆卸单位的安全负责人、技术负责人应对塔式起重机安装/拆卸的安全和技术措施进行详细交底。以确保安装/拆卸的质量和安全。

7.8.3 施工现场塔式起重机基础验收记录表(表 SA-C8-3)。

塔式起重机基础验收应根据塔式起重机安装技术要求的承载力、场地环境、固定支脚、基础的尺寸、平整度及预埋螺栓情况、接地电阻等,在塔式起重机安装前进行一次全面验收,以保证塔式起重机安装和使用期间的安全。

7.8.4 施工现场塔式起重机轨道验收记录表(表 SA-C8-4)。

轨道行走式塔式起重机轨道验收应根据安装技术要求进行全面检查验收。对其路基碎石厚度、钢轨接头、轨距、轨顶面倾斜度及接地装置等在钢轨铺设完成塔吊安装前进行全面检查验收。

7.8.5 施工现场塔式起重机安装/拆卸过程记录表(表 SA-C8-5)。

塔式起重机安装/拆卸过程中,应对安装/拆卸过程中的有关环节情况进行记录,包括各项工作的分工、每个人员的工作内容、重点环节的检查等一些情况,以便验收检查时了解安装/拆卸过程的情况。

7.8.6 施工现场塔式起重机附着检查记录表(表 SA-C8-6)。

塔式起重机安装过程或安装后,或每次提升后增加的附着都应进行全面检查合格。

7.8.7 施工现场塔式起重机顶升检验记录表(表 SA-C8-7)。

塔式起重机需要顶升的委托原安装单位或具有相应资质的安装单位按照专项施工方案实施。每次顶升完毕,使用单位组织有关人员进行检查验收,合格后才能投入使用。并报项目监理部备案。

7.8.8 施工现场塔式起重机安装验收记录表(表 SA-C8-8)。

塔式起重机安装完成后,安装/拆卸单位应先自行检查合格。总包单位应组织施工单位、有关分包单位等有关人员进行全面检查验收,须进行检测的应委托有相应资质的检测单位检测合格后才能投入使用。并报项目监理部审查。日常和定期检查参照此表执行。

7.8.9 施工现场塔式起重机安装垂直度测量记录表(表 SA-C8-9)。

由安装单位测量,按表 SA-C8-9 记录,报施工单位及租赁单位。

7.8.10 施工现场塔式起重机运行记录表(表 SA-C8-10)。

这是一张通用表格。施工现场使用的塔式起重机、施工电梯、移动式起重机、物料提升机等起重机械操作人员应在每班作业后填写,运行中如发现设备有异常情况,应立即停机检查报修,排除故障后方可继续运行。运行记录通常是装订成册,连续编页码,不得缺页数。起重机械运行记录每个台班都必须填写。产权单位安全负责人至少应每周审查一次,签字负责。运行记录由设备产权单位和使用单位存档。

7.8.11 施工现场塔式起重机维修保养记录表(表 SA-C8-11)。

塔式起重机在使用过程中,应按设备使用说明书要求定期请专业人员对设备进行维修保养。

维修保养工作应由设备租赁单位或产权单位负责按期进行。机械设备都应在维修保养的有效期内使用。

7.8.12 施工现场塔式起重机检查记录表(表 SA-C8-12)。

由施工单位组织有关人员定期或雨、风天、停用一周之后进行检查。

7.8.13 施工现场塔式起重机租赁、使用、安装/拆卸安全管理协议书。

租赁的塔式起重机等施工机具,出租和承租双方应签订租赁合同,并签订使用、安装/拆卸过程中的安全管理协议书,明确双方在租赁、使用期间、安装/拆卸过程中的安全责任和义务。委托安装/拆卸单位安装/拆卸塔式起重机时,还应签订安装/拆卸合同,也应明确安装/拆卸安全责任。塔式起重机的安装/拆卸单位资质、相关人员的资格证书,及设备统一编号存档备查。并报项目监理部备案。

7.8.14 施工现场塔式起重机安装/拆卸方案及群塔作业方案、起重吊装作业专项施工方案。

塔式起重机安装/拆卸、起重吊装作业等必须编制专项施工方案,涉及群塔(2 台及以上)作业时必须制定相应的方案和措施,确保每个相邻塔式起重机之间的安全距离。制定起重作业的安全措施,并绘制平面布置图。并报项目监理部核查。

7.8.15 施工现场塔式起重机安装/拆卸报审报告。

报审报告按当地住房和城乡建设主管部门规定执行。

7.8.16 施工现场塔吊机组与信号工安全技术交底

塔式起重机使用前，总承包单位与机械出租单位应共同对塔吊机组人员和信号工进行联合安全技术交底，并做好记录。

7.9 施工机具安全管理资料（SA-C9）

7.9.1 施工现场施工机具检查验收记录表（表 SA-C9-1～表 SA-C9-10）。

施工机具有物料提升机械、电动吊篮、龙门吊、打桩及钻孔机械、挖掘机、装载机、混凝土泵、混凝土搅拌机、钢筋机械、木工机械等中小型机械。

施工机具检查验收由租赁单位主动向施工单位提供有关资料，提供已经过检查的有关资料及必须现场检查的部位情况。并按表 SA-C9-1～SA-C9-10 进行记录，签字负责。报项目监理部。（其中 1～8 每台一验，9～10 可每棚、每房一验）

7.9.2 施工现场施工机具安装验收记录表（表 SA-C9-11）。

为保证施工机具正常运行和使用安全，凡进入施工现场需安装的机具都应根据实际情况进行安装验收。

7.9.3 施工现场施工机具维修保养记录表（表 SA-C9-12）。

施工单位自有施工机具，由项目经理部负责；租赁的由出租单位负责，建立机械设备的检查、维修和保养制度，编制设备保修计划。

7.9.4 施工现场施工机具使用单位与租赁单位租赁、使用、安装/拆卸安全管理协议。

施工机具凡是租赁来的，使用单位与租赁单位签订租赁、使用、安装/拆卸过程中的安全管理协议，明确双方责任和义务。

凡由租赁单位负责维修保养及责任安全管理的，由租赁单位建立施工机具检查、维修和保养制度，编制保修计划，保证施工机具的安全使用。

7.9.5 施工现场施工机具安装/拆卸方案。

施工机具凡需安装/拆卸的，都必须由安装单位编制安装/拆卸施工方案。并经技术负责人批准，按施工方案进行安装/拆卸。

7.10 施工现场文明生产（现场料具堆放、生活区）安全管理资料（SA-C10）

7.10.1 施工现场施工噪声监测记录表（表 SA-C10-1）。

施工现场作业过程中，各类设备产生的噪声在场界边缘应符合国家有关标准。项目经理部应定期在施工现场场地边界对噪音进行监测，将监测结果填入表 SA-C10-1，并报项目监理部备案。

7.10.2 施工现场文明生产定期检查表（表 SA-C10-2）。

项目经理部项目安全负责人应根据施工安全制度及施工现场文明施工的情况，组织有关人员定期对（第 7.10.1 条～第7.10.10 条）各项内容等进行检查。并按表 SA-C10-2 记录。

7.10.3 施工现场办公室、生活区、食堂等卫生管理制度。

办公区、生活区、食堂等各类场所应制定相应的卫生管理制度、卫生设施布置图，明确各区域负责人。

7.10.4 施工现场应急药品、器材的登记及使用记录。

施工现场应配备必要的急救药品和器材，并对药品、器材的配备品种、数量及使用情况进行登记。

7.10.5 施工现场急性职业中毒应急预案。

施工现场应编制急性中毒应急预案，发生中毒事故时，应定期演练，保证有效启动。

7.10.6 施工现场食堂卫生许可证及炊事人员的卫生、培训、体检证件。

施工现场设置食堂时，必须办理卫生许可证和炊事人员的健康合格证、培训证，并将相关证件在食堂明示，复印件存档备案。

7.10.7 施工现场各阶段现场存放材料堆放平面图及责任区划分，材料保存、保管制度。

施工现场应绘制材料堆放平面图，现场内各种材料应按照平面图进行堆放，并明确各责任区的划分，确定责任人。

各种材料建立材料保存、保管、领取、使用的各项制度。抄报项目监理部备案。

7.10.8 施工现场成品保护措施。

施工现场应制定各类成品、半成品的保护措施，并将措施落实到相关管理部门和作业人员。并报项目监理部审查。

7.10.9 施工现场各种垃圾存放、消纳管理制度。

项目经理部应对施工现场的垃圾、建筑渣土建立处理制度，并对处理结果进行检查，并及时对运输和处理情况进行记录。并报项目监理部审查。

7.10.10 施工现场环境保护管理方案。

项目经理部应识别和评价作业过程中可能出现的环境危害因素，制定环境污染控制措施，编制项目环境保护管理方案。成立由项目经理负责的环境保护管理机构，制定相关责任制度，明确控制对象及责任人。并报项目监理部审查。

附录 A 建设单位施工现场安全资料用表（SA-A 类）

施工现场安全生产监管备案登记表

表 SA-A-1

工程名称：　　　　　　　　　　　　　　编号：

<table>
<tr><td>工程地址</td><td></td><td>工程项目数</td><td colspan="3"></td></tr>
<tr><td>工程规模</td><td>m²(m)</td><td>结构类型</td><td></td><td>层数</td><td></td></tr>
<tr><td>工程总造价</td><td>万元</td><td>工程类别</td><td></td><td></td><td></td></tr>
<tr><td>计划开工日期</td><td></td><td>计划竣工日期</td><td></td><td></td><td></td></tr>
<tr><td>安全资料管理分区情况</td><td colspan="5"></td></tr>
<tr><td rowspan="3">建设单位
（盖章）</td><td rowspan="3"></td><td>法定代表人</td><td></td><td>电话</td><td></td></tr>
<tr><td>项目负责人</td><td></td><td>电话（手机）</td><td></td></tr>
<tr><td>经办人</td><td></td><td>电话（手机）</td><td></td></tr>
<tr><td rowspan="3">监理单位
（盖章）</td><td rowspan="3"></td><td>法定代表人</td><td></td><td>电话</td><td></td></tr>
<tr><td>总监理工程师</td><td></td><td>电话（手机）</td><td></td></tr>
<tr><td>资质等级</td><td></td><td>证书编号</td><td></td></tr>
<tr><td rowspan="5">施工单位
（盖章）</td><td rowspan="5"></td><td>法定代表人</td><td></td><td>电话</td><td></td></tr>
<tr><td>项目经理</td><td></td><td>电话（手机）</td><td></td></tr>
<tr><td>项目技术负责人</td><td></td><td>电话（手机）</td><td></td></tr>
<tr><td>项目安全负责人</td><td></td><td>电话（手机）</td><td></td></tr>
<tr><td>资质等级</td><td></td><td>证书编号</td><td></td></tr>
<tr><td>项目安全员</td><td colspan="2">岗位证书编号</td><td colspan="3">备　注</td></tr>
<tr><td></td><td colspan="2"></td><td colspan="3"></td></tr>
<tr><td></td><td colspan="2"></td><td colspan="3"></td></tr>
<tr><td></td><td colspan="2"></td><td colspan="3"></td></tr>
<tr><td colspan="3">建设单位（公章）

经办人：　　　　年　月　日</td><td colspan="3">住房和城乡建设主管部门
施工安全监督机构（公章）
经办人：　　　　年　月　日</td></tr>
</table>

注：本表由建设单位填写，采用 A4 纸打印，一式四份，经办人签字加盖公章，报当地住房和城乡建设主管部门，退回三份，建设单位、监理单位、施工单位各存一份。

施工现场变配电站、变压器及地上、地下管线及毗邻建筑物、构筑物资料移交单

表 SA-A-2

工程名称： 编号：

<table>
<tr><td>建设单位</td><td colspan="2"></td><td>工程地点</td><td colspan="2"></td></tr>
<tr><td>施工单位</td><td colspan="2"></td><td>监理单位</td><td colspan="2"></td></tr>
<tr><td colspan="3">资料名称</td><td>份数</td><td>页数</td><td>备　注</td></tr>
<tr><td>1</td><td colspan="2"></td><td></td><td></td><td></td></tr>
<tr><td>2</td><td colspan="2"></td><td></td><td></td><td></td></tr>
<tr><td>3</td><td colspan="2"></td><td></td><td></td><td></td></tr>
<tr><td>4</td><td colspan="2"></td><td></td><td></td><td></td></tr>
<tr><td>5</td><td colspan="2"></td><td></td><td></td><td></td></tr>
<tr><td>6</td><td colspan="2"></td><td></td><td></td><td></td></tr>
<tr><td>7</td><td colspan="2"></td><td></td><td></td><td></td></tr>
<tr><td>8</td><td colspan="2"></td><td></td><td></td><td></td></tr>
<tr><td>9</td><td colspan="2"></td><td></td><td></td><td></td></tr>
<tr><td></td><td colspan="2"></td><td></td><td></td><td></td></tr>
<tr><td></td><td colspan="2"></td><td></td><td></td><td></td></tr>
<tr><td></td><td colspan="2"></td><td></td><td></td><td></td></tr>
<tr><td></td><td colspan="2"></td><td></td><td></td><td></td></tr>
<tr><td colspan="3">建设单位（章）

移交人：　　　　年　月　日</td><td colspan="3">施工单位（章）

接收人：　　　　年　月　日</td></tr>
</table>

注：本表由建设单位填写，建设单位、监理单位、施工单位各存一份。

附录 B　监理单位施工现场安全资料用表（SA-B 类）

工程技术文件报审表

表 SA-B2-1

工程名称： 施工单位： 编号：

<table>
<tr><td colspan="5">现报上关于________________________工程技术文件，请审定。</td></tr>
<tr><td>序号</td><td>类　别</td><td>编制人</td><td>册　数</td><td>页　数</td></tr>
<tr><td>1</td><td></td><td></td><td></td><td></td></tr>
<tr><td>2</td><td></td><td></td><td></td><td></td></tr>
<tr><td>3</td><td></td><td></td><td></td><td></td></tr>
<tr><td>4</td><td></td><td></td><td></td><td></td></tr>
<tr><td>5</td><td></td><td></td><td></td><td></td></tr>
<tr><td colspan="5">编制单位：

技术负责人：　　　　申报人：　　　　年　月　日</td></tr>
<tr><td colspan="5">施工单位审查意见：

□有 / □无　附页
审核人：　　　　年　月　日</td></tr>
<tr><td colspan="5">监理单位审核意见：

审定结论：　□同意　□修改后再报　□重新编制
（总）监理工程师：　　　　年　月　日</td></tr>
</table>

注：本表由施工单位填写一式三份，（总）监理工程师签字认可，建设单位、监理单位、施工单位各存一份。

施工现场施工起重机械安装/拆卸报审表

表 SA-B2-2

工程名称： 施工单位： 编号：

<table>
<tr><td>工程地点</td><td></td><td>项目经理</td><td></td></tr>
<tr><td>租赁单位</td><td></td><td>安装/拆卸单位</td><td></td></tr>
<tr><td>起重机械名称及型号</td><td></td><td>起重机械登记编号</td><td></td></tr>
<tr><td colspan="4">致________________________（监理单位）：
我方已完成对______安装/拆卸方案及安装资质等资料的审核，请复核。

附：1. 专项安装/拆卸方案；有□　无□
2. 起重机械合格证及设备出场前自检合格证明；有□　无□
3. 操作人员及安装/拆卸人员上岗证书；有□　无□
4. 安装/拆卸单位资质；有□　无□
5. 群塔作业施工方案；有□　无□
6. 安装/拆卸应急预案；有□　无□
7. 其他资料。

项目机械设备管理负责人：
项目安全负责人：
项目经理：　　　　年　月　日</td></tr>
<tr><td colspan="4">监理单位复核意见：

（总）监理工程师：　　　　年　月　日</td></tr>
</table>

注：本表由施工单位填写，由（总）监理工程师复核签字，监理单位、施工单位、租赁单位、安装/拆卸单位各存一份。

施工现场施工起重机械验收核查表

表 SA-B2-3

工程名称： 施工单位： 编号：

<table>
<tr><td>工程地点</td><td></td><td>项目经理</td><td></td></tr>
<tr><td>租赁单位</td><td></td><td>安装/拆卸单位</td><td></td></tr>
<tr><td>起重机械名称及型号</td><td></td><td>起重机械登记编号</td><td></td></tr>
<tr><td colspan="4">致________________________（监理单位）：
根据建设工程安全监理工作要求________________________工程的________________________等施工起重机械已验收合格，验收手续已齐全，现将有关资料报送给你们，请核查。
附件：1. 起重机械安装验收表；
2. 塔式起重机检测报告；
3. 塔式起重机、物料提升机、施工升降机等应有安装告知手续；
4. 其他资料。

项目机械设备管理负责人：
施工单位项目安全负责人：
项目经理：　　　　年　月　日</td></tr>
<tr><td colspan="4">监理单位核查意见：

符合相关法规要求，验收手续齐全，同意使用　□
不符合相关法规要求，验收手续不齐全，整改后再报　□

（总）监理工程师：　　　　年　月　日</td></tr>
</table>

注：本表由施工单位填写，（总）监理工程师核查签字，监理单位、施工单位、租赁单位、安装/拆卸单位各存一份。

施工现场安全隐患报告书

表 SA-B2-4

工程名称： 施工单位： 编号：

致________________（建设行政主管部门）：

由____________单位施工的____________工程，存在下列严重安全事故隐患：

我单位已于 年 月 日发出《监理通知》/《工程暂停令》编号________，但施工单位拒不整改/停工。

特此报告！

总监理工程师： 年 月 日

签收人： 年 月 日

注：本表由监理单位填写，一式四份，报当地住房和城乡建设主管部门，退回三份，建设单位、监理单位、施工单位各存一份。

工作联系单

表 SA-B2-5

工程名称： 施工单位： 编号：

致________________（单位）：

事由：

内容：

（总）监理工程师：

年 月 日

注：本表由监理单位填写，建设单位、监理单位、施工单位各存一份。

监理通知

表 SA-B2-6

工程名称： 施工单位： 编号：

致________________（施工单位）：

事由：

内容：

（总）监理工程师：

年 月 日

注：本表由监理单位填写，建设单位、监理单位、施工单位各存一份。

工程暂停令

表 SA-B2-7

工程名称： 施工单位： 编号：

致________________（施工单位）：

由于________________原因，现通知你方必须于____年____月____日____时起，对本工程的____________部位（工序）实施暂停施工，并按下述要求做好整改工作：

总监理工程师： 年 月 日

注：本表由监理单位填写，建设单位、监理单位、施工单位各存一份。

工程复工报审表

表 SA-B2-8

工程名称：　　　　施工单位：　　　　编号：

<table>
<tr><td>致________________________(监理单位)：
________________工程，由总监理工程师签发的第(　　)号工程暂停令指出的安全问题已消除，经检查已具备了复工条件，请复查并准予复工。
附件：具备复工条件的详细说明。

项目经理：　　　　年　月　日</td></tr>
<tr><td>复查意见：

总监理工程师：　　　　年　月　日</td></tr>
</table>

注：本表由施工单位填写，建设单位、监理单位、施工单位各存一份。

安全生产防护、文明施工措施费用支付申请表

表 SA-B2-9

工程名称：　　　　施工单位：　　　　编号：

<table>
<tr><td>工程地点</td><td></td><td>在施部位</td><td></td></tr>
<tr><td colspan="4">致________________________(监理单位)：
我方已落实了________________安全防护、文明施工措施。按施工合同规定，建设单位应在____年____月____日前支付该项费用共计(大写)________________
(小写)________________，现报上安全防护、文明施工措施项目落实清单，请予以审查并开具费用支付证书。

附件：
安全防护、文明施工措施项目落实清单。

项目经理：　　　　年　月　日</td></tr>
</table>

注：本表由施工单位填写，建设单位、监理单位、施工单位各存一份。

安全生产防护、文明施工措施费用支付证书

表 SA-B2-10

工程名称：　　　　施工单位：　　　　编号：

<table>
<tr><td>工程地点</td><td></td><td>在施部位</td><td></td></tr>
<tr><td colspan="4">致________________________(建设单位)：
根据施工合同规定，经审核施工单位的支付申请表，同意本期支付安全防护、文明施工措施费用，共计
(大写)________________
(小写)________________
请按合同规定付款。

附件：
1.施工单位付款申请表及附件；
2.项目监理部审查记录。

总监理工程师：　　　　年　月　日</td></tr>
</table>

注：本表由监理单位填写，建设单位、监理单位、施工单位各存一份。

附录C　施工单位施工现场安全资料用表(SA-C类)

施工现场安全生产管理概况表

表 SA-C1-1

工程名称：　　　　施工单位：　　　　编号：

<table>
<tr><td>工程地点</td><td colspan="2"></td><td>建筑物总高(m)</td><td colspan="2"></td></tr>
<tr><td>建筑面积(m²)</td><td></td><td>层数/幢数</td><td></td><td>结构类型</td><td></td></tr>
<tr><td>工程总造价(万元)</td><td></td><td>施工许可证号及发证机关</td><td></td><td>施工企业安全生产许可证号</td><td></td></tr>
<tr><td>合同工期</td><td></td><td>实际开工日期</td><td></td><td colspan="2"></td></tr>
<tr><td colspan="3">主要承建单位名称</td><td colspan="2">主要负责人</td><td>联系电话(办公、手机)</td></tr>
<tr><td>建设单位</td><td colspan="2"></td><td colspan="2"></td><td></td></tr>
<tr><td>设计单位</td><td colspan="2"></td><td colspan="2"></td><td></td></tr>
<tr><td>施工单位</td><td colspan="2"></td><td colspan="2"></td><td></td></tr>
<tr><td>监理单位</td><td colspan="2"></td><td colspan="2"></td><td></td></tr>
<tr><td colspan="3">施工项目主要安全管理人员姓名</td><td colspan="2">证书号</td><td>联系电话</td></tr>
<tr><td>项目经理</td><td colspan="2"></td><td colspan="2"></td><td></td></tr>
<tr><td>项目技术负责人</td><td colspan="2"></td><td colspan="2"></td><td></td></tr>
<tr><td>项目安全负责人</td><td colspan="2"></td><td colspan="2"></td><td></td></tr>
<tr><td>总监理工程师</td><td colspan="2"></td><td colspan="2"></td><td></td></tr>
<tr><td colspan="3">项目经理部：
经办人：　　　　年　月　日</td><td colspan="3">住房和城乡建设主管部门：
施工安全监督机构：
经办人：　　　　年　月　日</td></tr>
</table>

注：本表由施工单位填写，一式四份，报施工安全监督机构备案后，退回三份，建设单位、监理单位、施工单位各存一份。

施工现场重大危险源识别汇总表

表 SA-C1-2

工程名称： 施工单位： 编号：

编 号	危险源名称、场所	风险等级	控制措施要点
制表人：	项目负责人：		年 月 日

注：本表由施工单位填写，建设单位、监理单位、施工单位各存一份。

施工现场重大危险源控制措施表

表 SA-C1-3

工程名称： 施工单位： 编号：

工程地点		危险源名称	
可能导致事故类别及危险程度		风险等级	
危险源出现的场所与部位			
危险源的控制措施			
制表人：	项目经理：		年 月 日

注：本表由施工单位填写，建设单位、监理单位、施工单位各存一份。

施工现场危险性较大的分部分项工程专项施工方案表

表 SA-C1-4

工程名称： 施工单位： 编号：

危险性较大的分部分项工程名称		总包项目经理	
分包单位		分包项目经理	
专项方案要点： 专项施工方案附在表后。			
编制人： 审核人： 批准人：			年 月 日

注：1 本表由施工单位填写，建设单位、监理单位、施工单位各存一份。

2 需要专家论证的专项施工方案应将专家论证表附在后边。

施工现场超过一定规模危险性较大的分部分项工程专家论证表

表 SA-C1-5

工程名称： 施工单位： 编号：

危险性较大的分部分项工程名称		总包项目经理	
分包单位		分包项目经理	

专家一览表

姓名	性别	年龄	工作单位	职务	职称	专业
专家论证意见： 专家(签字)： 年 月 日						
项目经理：						年 月 日

注：本表由施工单位填写，建设单位、监理单位、施工单位各存一份。

施工现场安全生产检查汇总表

表 SA-C1-6

工程名称： 施工单位： 编号：

资质等级		项目经理		工程地点	
结构类型		面 积		开工证号	
层数	在施部位		开工日期		年 月 日

表号	检查项目	标准分值	评定分值
1	安全管理	10	
2	文明施工(消防、保卫)	20	
3	脚手架	10	
4	基坑支护与模板工程	10	
5	"三宝"、"四口"、"临边"防护	10	
6	施工用电	10	
7	物料提升机与外用电梯	10	
8	塔吊	10	
9	施工机具、起重吊装	10	
总评分		应得分		实得分	

评语：

项目安全负责人：

项目经理： 年 月 日

注：1 文明施工为20分。

2 基坑支护与模板工程、物料提升与外用电梯、施工机具与起重吊装两项共同存在时各5分；只有一项时为10分。

3 脚手架为10分，只有一种脚手架时为10分；有多种形式脚手架时，按项目共同组成10分。

4 各项目的具体检查按表SA-C1-7至表SA-C1-17进行。然后将评分分别填入相应项目中。

5 本表由施工单位填写，监理单位、施工单位各存一份。

施工现场安全生产管理检查评分表

表 SA-C1-7

工程名称： 施工单位：

检查项目		扣分标准	标准分值	扣减分数	实得分数
保证项目	1.安全生产责任制	未建立安全责任制的扣10分 各部门未执行责任制的扣4～6分 经济承包中无安全生产指标的扣10分 未制定各工种安全技术操作规程的扣10分 未按规定配备专(兼)职安全员的扣10分 管理人员责任制考核不合格的扣5分	10		
	2.目标管理	未制定安全管理目标(伤亡控制指标和安全达标、文明施工目标)的扣10分 未进行安全责任目标分解的扣10分 无责任目标考核规定的扣8分 考核办法未落实或落实不好的扣5分	10		
	3.施工组织设计	施工组织设计中无安全措施的扣10分 施工组织设计未经审批的扣10分 专业性较强的项目，未单独编制专项安全施工组织设计的扣8分 安全措施不全面的扣2～4分 安全措施无针对性的扣6～8分 安全措施未落实的扣8分	10		
	4.分部分项工程安全技术交底	无书面安全技术交底的扣10分 交底针对性不强的扣4～6分 交底不全面的扣4分 交底未履行签字手续的扣2～4分	10		
	5.安全检查	无定期安全检查制度的扣5分 安全检查无记录的扣5分 检查出事故隐患整改做不到定人、定时间、定措施的扣2～6分 对重大事故隐患整改通知书所列项目未如期完成的扣5分	10		

续表 SA-C1-7

检查项目		扣分标准	标准分值	扣减分数	实得分数
保证项目	6.安全教育	无安全教育制度的扣10分 新入厂工人未进行三级安全教育的扣10分 无具体安全教育内容的扣6～8分 变换工种时未进行安全教育的扣10分 每有一人不懂本工种安全技术操作规程扣2分 施工管理人员未按规定进行年度培训的扣5分 专职安全员未按规定进行年度培训考核或考核不合格的扣5分	10		
	10	小 计	60		
一般项目	7.班前安全活动	未建立班前安全活动制度的扣10分 班前安全活动无记录的扣2分	10		
	8.特种作业持证上岗	一人未经培训从事特种作业的扣4分 一人未持操作证上岗的每次扣2分	10		
	9.工伤事故处理	工伤事故未按规定报告的扣3～5分 工伤事故未按事故调查分析规定处理的扣10分 未建立工伤事故档案的扣4分	10		
	10.安全标志	无现场安全标志布置总平面图的扣5分 现场未按安全标志总平面图设置安全标志的扣5分	10		
	小 计		40		
检查项目合计			100		

检查员签字： 年 月 日

施工现场文明施工检查评分表

表 SA-C1-8

工程名称： 施工单位：

检查项目		扣分标准	标准分值	扣减分数	实得分数
保证项目	1.现场围挡	在市区设双向车道的主要路段的工地周围未设置高于2.5m的围挡扣10分 在市区其他一般路段的工地周围未设置高于1.8m的围挡扣10分 围挡材料不坚固、不稳定、不整洁、不美观的扣5～7分 围挡没有沿工地四周连续设置的扣3～5分	10		
	2.封闭管理	施工现场进出口无大门的扣3分 无门卫、无门卫制度的扣3分 进入施工现场不佩戴工作卡的扣3分 门头未设置企业标志的扣3分	10		
	3.施工场地	工地地面未做硬化处理的扣5分 道路不畅通的扣5分 无排水设施、排水不通畅的扣4分 无防止泥浆、污水、废水外流或堵塞下水道和排水河道措施的扣3分 工地有积水的每处扣2分 工地未设置吸烟处、随意吸烟的扣2分 温暖季节无绿化布置的扣4分	10		
	4.材料堆放	建筑材料、构件、料具不按总平面布局堆放的扣4分 料堆未挂名称、品种、规格等标牌的扣2分 堆放不整齐的扣3分 未做到工完场地清的扣3分 建筑垃圾堆放不整齐、未标出名称、品种的扣3分 易燃易爆物品未分类存放的扣4分	10		
	5.现场住宿	在建工程兼作住宿的扣8分 施工作业区与办公、生活区不能明显划分的扣6分 宿舍无保暖和防煤气中毒措施的扣5分 宿舍无消暑和防蚊虫叮咬措施的扣3分 无床铺、生活用品放置不整齐的扣2分 宿舍周围环境不卫生、不安全的扣3分	10		

续表 SA-C1-8

检查项目		扣分标准	标准分值	扣减分数	实得分数
保证项目	6.现场防火	无消防措施、制度或无消防器材的扣10分 灭火器材配置不合理的扣5分 无消防水源(高层建筑)或不能满足要求的扣8分 无动火审批手续和动火监护的扣5分。	10		
	小 计		60		
一般项目	7.治安综合治理	生活区未给工人设置学习和娱乐场所的扣4分 未建立治安保卫制度的、责任未分解到人的扣3～5分 治安防范措施不利,常发生失盗事件的扣3～5分	8		
	8.施工现场标牌	大门口处挂的五牌一图、内容不全,缺一项扣2分 标牌不规范、不整齐的扣3分 无安全标语的扣5分 无宣传栏、读报栏、黑板报等的扣5分	8		
	9.生活设施	厕所不符合卫生要求的扣4分 无厕所,随地大小便的扣8分 食堂不符合卫生要求的扣8分 无卫生责任制的扣5分 不能保证供应卫生饮水的扣8分 无淋浴室或淋浴室不符合要求的扣5分 生活垃圾未及时清理,未装容器,无专人管理的扣3～5分	8		
	10.保健急救	无保健医药箱的扣5分 无急救措施、急救器材的扣8分 无经培训的急救人员的扣4分 未开展卫生防病宣传教育的扣4分	8		
	11.社区服务	无防粉尘、防噪音措施的扣5分 夜间未经许可施工的扣8分 现场焚烧有毒、有害物质的扣5分 未建立施工不扰民措施的扣5分	8		
	小 计		40		
检查项目合计			100		

检查员签字： 年 月 日

施工现场落地式脚手架检查评分表

表 SA-C1-9-1

工程名称： 施工单位：

检查项目		扣分标准	标准分值	扣减分数	实得分数
保证项目	1.施工方案	脚手架无施工方案的扣10分 高大型脚手架未进行专家论证的扣10分 脚手架高度超过规范规定无设计计算书或未经审批的扣10分 施工方案不符合规范要求的扣5～8分	10		
	2.立杆基础	每10延长米立杆基础不平、不实、不符合方案设计要求的扣5分 每10延长米立杆缺少底座、垫木的扣5分 每10延长米木脚手架立杆不埋地或无扫地杆的扣5分 每10延长米无排水措施的扣3分	10		
	3.架体与建筑结构拉结	脚手架高度在7m以上,架体与建筑结构拉结,按规定要求每少一处的扣2分 拉结不坚固的每一处扣1分	10		
	4.杆体间距与剪撑刀	每10延长米立杆、大横杆、小横杆间距超过规定要求的每一处扣2分 不按规定设置剪刀撑的每一处扣5分 剪刀撑未沿脚手架高度连续设置或角度不符合要求的扣5分	10		
	5.脚手板与防护栏杆	作业面脚手板不满铺或未按规定固定的扣7～10分 脚手板材质不符合要求,扣7～10分 每有一处探头板扣2分 脚手架外侧未设置密目式安全网的,或网间不严密,扣7～10分 施工层不设1.2m高防护栏杆和挡脚板,扣5分	10		
	6.交底与验收	脚手架搭设前无交底,扣5分 脚手架搭设完毕未办理验收手续,扣10分 无量化的验收内容,扣5分	10		
	小 计		60		

续表 SA-C1-9-1

检查项目		扣分标准	标准分值	扣减分数	实得分数
一般项目	7.小横杆设置	不按立杆与大横杆交点处设置小横杆的每有一处,扣2分 小横杆只固定一端的每有一处,扣1分 单排架子小横杆插入墙内小于24cm的每有一处,扣2分	10		
	8.杆件搭接	木立杆、大横杆每一处搭接小于1.5m,扣1分 钢管立杆除最上一步外,采用搭接的每一处扣2分	5		
	9.架体内封闭	施工层以下每隔10m未用平网或其他措施封闭的扣5分 施工层脚手架内立杆与建筑物之间未进行封闭的扣5分	5		
	10.脚手架材质	木杆直径、材质不符合要求的扣4～5分 钢管弯曲、锈蚀严重的扣4～5分	5		
	11.通道	架体不设上下通道的扣5分 通道设置不符合要求的扣1～3分	5		
	12.卸料平台	卸料平台未经设计计算扣10分 卸料平台搭设不符合设计要求扣10分 卸料平台支撑系统与脚手架连结的扣8分 卸料平台无限定荷载标牌的扣3分	10		
	小 计		40		
检查项目合计			100		

检查员签字： 年 月 日

施工现场悬挑式脚手架检查评分表

表 SA-C1-9-2

工程名称： 施工单位：

检查项目		扣分标准	标准分值	扣减分数	实得分数
保证项目	1.施工方案	脚手架无施工方案、设计计算书或未经上级审批的扣10分 施工方案不符合规范要求的扣6分	10		
	2.悬挑梁及架体稳定	外挑杆件与建筑结构连接不牢固的每有一处扣5分 悬挑梁安装不符合设计要求的每有一处扣5分 立杆底部固定不牢的每有一处扣3分 架体未按规定与建筑结构拉结的每有一处扣5分	20		
	3.脚手板	脚手板不满铺设、未按规定固定的扣7～10分 脚手板材质不符合要求,扣7～10分 每有一处探头板,扣2分	10		
	4.荷 载	脚手架荷载超过规定,扣10分 施工荷载堆放不均匀每有一处,扣5分	10		
	5.交底与验收	脚手架搭设不符合方案要求,扣7～10分 每段脚手架搭设后,无验收资料,扣5分 无交底记录,扣5分	10		
	小 计		60		
一般项目	6.杆件间距	每10延长米立杆间距超过规定,扣5分 大横杆间距超过规定,扣5分	10		
	7.架体防护	施工层外侧未设置1.2m高防护栏杆和未设18cm高的档脚板,扣5分 脚手架外侧不挂密目式安全网或网间不严密,扣7～10分	10		
	8.层间防护	作业层下无平网或其他措施防护的扣10分 防护不严密扣5分	10		
	9.脚手架材质	杆件直径、型钢规格及材质不符合要求扣7～10分	10		
	小 计		40		
检查项目合计			100		

检查员签字： 年 月 日

施工现场门型脚手架检查评分表

表 SA-C1-9-3

工程名称：　　　　　　施工单位：

检查项目		扣分标准	标准分值	扣减分数	实得分数
保证项目	1.施工方案	脚手架无施工方案，扣10分 施工方案不符合规范要求，扣5分 脚手架高度超过规范规定、无设计计算书或未经上级审批，扣10分	10		
	2.架体基础	脚手架基础不平、不实、无垫木，扣10分 脚手架底部不加扫地杆，扣5分	10		
	3.架体稳定	不按规定间距与墙体拉结的每有一处扣5分 拉结不牢固的每有一处扣5分 不按规定设置剪刀撑的扣5分 不按规定高度作整体加固的扣5分 门架立杆垂直偏差超过规定的扣5分	10		
	4.杆件、锁件	未按说明书规定组装，有漏装杆件和锁件的扣6分 脚手架组装不牢、每一处紧固不符合要求的扣1分	10		
	5.脚手板	脚手板不满铺，离墙大于10cm以上的扣5分 脚手板不牢、不稳、材质不符合要求的扣5分	10		
	6.交底与验收	脚手架搭设无交底，扣6分 未办理分段验收手续，扣4分 无交底记录，扣5分	10		
	小　计		60		
一般项目	7.架体防护	架体外侧未挂密目式安全网或网间不严密，扣7～10分	10		
	8.材　质	杆件变形严重的扣10分 局部开焊的扣10分 杆件锈蚀未刷防锈漆的扣5分	10		
	9.荷　载	施工荷载超过规定的扣10分 脚手架荷载堆放不均匀的每有一处扣5分	10		
	10.通　道	不设置上下专用通道的扣10分 通道设置不符合要求的扣5分	10		
	小　计		40		
检查项目合计			100		

检查员签字：　　　　　　　　　　　　年　月　日

施工现场挂脚手架检查评分表

表 SA-C1-9-4

工程名称：　　　　　　施工单位：

检查项目		扣分标准	标准分值	扣减分数	实得分数
保证项目	1.施工方案	脚手架无施工方案、设计计算书，施工方案未经审批，扣10分 施工方案不符合规范要求的，扣5分	10		
	2.制作组装	架体制作与组装不符合设计要求，扣17～20分 悬挂点无设计或设计不符合规范要求的，扣20分 悬挂点部件制作及埋设不合设计要求，扣15分 悬挂点间距超过2m，每有一处扣20分	20		
	3.材　质	材质不符合设计要求、杆件严重变形、局部开焊，扣10分 杆件、部件锈蚀未刷防锈漆，扣4～6分	10		
	4.脚手板	脚手板不满铺设、未按规定固定的扣8分 脚手板材质不符合要求的扣6分 每有一处探头板的扣8分	10		
	5.交底与验收	脚手架进场无验收手续，扣10分 第一次使用前未经荷载试验，扣8分 每次使用前未经检查验收或资料不全，扣6分 无交底记录，扣5分	10		
	小　计		60		
一般项目	6.荷　载	施工荷载超过1kN的扣5分 每跨(不大于2m)超过2人作业的扣10分	15		
	7.架体防护	施工层外侧未设置1.2m高防护栏杆和未作18cm高的挡脚板，扣5分 脚手架外侧未用密目式安全网封闭或封闭不严，扣12～15分 脚手架底部封闭不严密，扣10分	15		
	8.安装人员	安装脚手架人员未经专业培训，扣10分 安装人员未系安全带，扣10分	10		
	小　计		40		
检查项目合计			100		

检查员签字：　　　　　　　　　　　　年　月　日

施工现场吊篮脚手架检查评分表

表 SA-C1-9-5

工程名称：　　　　　　施工单位：

检查项目		扣分标准	标准分值	扣减分数	实得分数
保证项目	1.施工方案	无施工方案、无设计计算书或未经上级审批，扣10分 施工方案不具体、指导性差，扣5分	10		
	2.制作组装	挑梁锚固或配重等抗倾覆装置不合格，扣10分 吊篮组装不符合设计要求扣7～10分 电动(手扳)葫芦使用非合格产品，扣10分 吊篮使用前未经荷载试验，扣10分	10		
	3.安全装置	升降葫芦无保险卡或失效的扣20分 升降吊篮无保险绳或失效的扣20分 无吊钩保险的扣8分 作业人员未系安全带或安全带挂在吊篮升降用的钢丝绳上扣17～20分	20		
	4.脚手板	脚手板铺设不满铺、未按规定固定的，扣5分 脚手板材质不符合要求，扣5分 每有一处探头板，扣2分	5		
	5.升降操作	操作升降的人员不固定和未经培训，扣10分 升降作业时有其他人员在吊篮内停留，扣10分 两片吊篮连在一起同时升降无同步装置或虽有但达不到同步的，扣10分	10		
	6.交底与验收	每次提升后未经验收上人作业的扣5分 提升及作业未经交底的扣5分 每台安装后未单独验收的扣5分	5		
	小　计		60		
一般项目	7.防护	吊篮外侧防护不符合要求的扣7～10分 外侧立网封闭不整齐的扣4分 单片吊篮升降两端头无防护的扣10分	10		
	8.防护顶板	多层作业无防护顶板的扣10分 防护顶板设置不符合要求，扣5分	10		
	9.架体稳定	作业时吊篮未与建筑结构拉牢，扣10分 吊篮钢丝绳斜拉或吊篮离墙空隙过大，扣5分	10		
	10.荷载	施工荷载超过设计规定的扣10分 荷载堆放不均匀的扣5分	10		
	小　计		40		
检查项目合计			100		

检查员签字：　　　　　　　　　　　　年　月　日

施工现场附着式升降脚手架提升架或爬架检查评分表

表 SA-C1-9-6

工程名称：　　　　　　施工单位：

检查项目		扣分标准	标准分值	扣减分数	实得分数
保证项目	1.使用条件	使用无产品使用证的产品，扣10分 不具有当地建筑安全监督管理部门发放的准用证，扣10分 无专项施工组织设计方案，扣10分 专项施工组织设计方案未经上级技术部门审批的扣10分 各工种无操作规程的扣10分	10		
	2.设计计算	无设计计算书的扣10分 设计计算书未经上级技术部门审批的扣10分 设计荷载未按承重架3.0kN/m²，装饰架2.0kN/m²，升降状态0.5kN/m²取值的扣10分 压杆长细比大于150，受拉杆件的长细比大于300的扣10分 主框架、支撑框架(桁架)各节点的各杆件轴线不汇交于一点的扣6分 无完整的制作安装图的扣10分	10		
	3.架体构造	无定型(焊接或螺栓联接)的主框架的扣10分 相邻两主框架之间的架体无定型(焊接或螺栓联接)的支撑框架(桁架)的扣10分 主框架间脚手架的立杆不能将荷载直接传递到支撑框架上的扣10分 架体未按规定构造搭设的扣10分 架体上部悬臂部分大于架体高度的1/3，且超过4.5m的扣8分 支撑框架未将主框架作为支座的扣10分	10		
	4.附着支撑	主框架未与每个楼层设置连接点的扣10分 钢挑架与预埋钢筋环连接不严密的扣10分 钢挑架上的螺栓与墙体连接不牢固或不符合规定的扣10分 钢挑架焊接不符合要求的扣10分	10		
	5.升降装置	无同步升降装置或有同步升降装置但达不到同步升降的扣10分 索具、吊具达不到6倍安全系数的扣10分 有两个以上吊点升降时，使用手拉葫芦(导链)的扣10分 升降时架体只有一个附着支撑装置的扣10分 升降时架体上站人的扣10分	10		

续表 SA-C1-9-6

检查项目		扣分标准	标准分值	扣减分数	实得分数
	6.防坠落、导向防倾斜装置	无防坠落装置的扣10分 防坠落装置设在与架体升降的同一个附着支撑装置上，且无两处以上的扣10分 无垂直导向和防止左右、前后倾斜的防倾装置的扣10分 防坠落装置不起作用的扣7～10分	10		
	小　计		60		
一般项目	7.分段验收	每次提升前，无具体的检查记录的扣6分 每次提升后、使用前无验收手续或资料不全的扣7分	10		
	8.脚手板	脚手板铺设不满铺、未按规定固定的扣3～5分 离墙空隙未封严的扣3～5分 脚手板材质不符合要求的扣3～5分	10		
	9.防护	脚手架外侧使用的密目式安全网不合格的扣10分 操作层无防护栏杆的扣8分 外侧封闭不严的扣5分 作业层下方封闭不严的扣5～7分	10		
	10.操作	不按施工组织设计搭设的扣10分 操作前未向现场技术人员和工人进行安全交底的扣10分 作业人员未经培训，未持证上岗的扣7～10分 安装、升降、拆除时无安全警戒线的扣10分 荷载堆放不均匀的扣5分 升降时架体上有超过2kN重的设备的扣10分	10		
	小　计		40		
检查项目合计			100		

检查员签字：　　　　　　　　　　年　月　日

施工现场基坑土方及支护安全检查评分表

表 SA-C1-10

工程名称：　　　　　　　　施工单位：

检查项目		扣分标准	标准分值	扣减分数	实得分数
保证项目	1.施工方案	基础施工无支护方案的扣20分 施工方案针对性差的扣12～15分 基坑深度超过5m无专项支护设计的扣20分 支护设计及方案未经上级审批的扣15分	20		
	2.临边防护	深度超过2m的基坑施工无临边防护措施的扣10分 临边及其他防护不符合要求的扣5分	10		
	3.坑壁支护	坑槽开挖设置安全边坡不符合安全要求的扣10分 支护的作法不符合设计方案的扣5～8分 支护设施已产生局部变形又未采取措施调整的扣6分	10		
	4.排水措施	基坑施工未设置有效排水措施的扣10分 深基础施工采用坑外降水，无防止临近建筑危险沉降措施的扣10分	10		
	5.坑边荷载	积土、料具堆放距槽边距离小于设计规定的扣10分 机械设备施工与槽边距离不符合要求，又无措施的扣10分	10		
	小　计		60		
一般项目	6.上下通道	人员上下无专用通道的扣10分 设置的通道不符合要求的扣6分	10		
	7.土方开挖	施工机械进场未经验收的扣5分 挖土机作业时，有人员进入挖土机作业半径内的扣6分 挖土机作业位置不牢、不安全的扣10分 司机无证作业的扣10分 未按规定程序挖土或超挖的扣10分	10		
	8.基坑支护变形监测	未按规定进行基坑支护变形监测的扣10分 未按规定对毗邻建筑物、重要管线和道路进行沉降观测的扣10分	10		
	9.作业环境	基坑内作业人员无安全立足点的扣10分 垂直作业上下无隔离防护措施的扣10分 光线不足未设置足够照明的扣5分	10		
	小　计		40		
检查项目合计			100		

检查员签字：　　　　　　　　　　年　月　日

施工现场模板工程安全检查评分表

表 SA-C1-11

工程名称：　　　　　　　　施工单位：

检查项目		扣分标准	标准分值	扣减分数	实得分数
保证项目	1.施工方案	模板工程无施工方案或施工方案未经审批的扣10分 未根据混凝土输送方法制定有针对性安全措施的扣8分	10		
	2.支撑联系系统	现浇混凝土模板的支撑联系系统无设计计算的扣6分 支撑联系系统不符合设计要求的扣10分 不按规定设置纵横向支撑的扣4分	10		
	3.立柱	支撑模板的立柱材料不符合要求的扣6分 立柱底部无垫板或用砖（其他材料）垫高的扣6分 立柱间距不符合规定的扣10分	10		
	4.施工荷载	模板上施工荷载超过规定的扣10分 模板上堆料不均匀的扣5分	10		
	5.模板存放	大模板存放无防倾倒措施的扣5分 各种模板存放不整齐、过高等不符合安全要求的扣5分	10		
	6.支拆模板	2m以上高处作业无可靠立足点的扣8分 拆除区域未设置警戒线且无监护人的扣5分 留有未拆除的悬空模板的扣4分	10		
	小　计		60		
一般项目	7.模板验收	模板拆除前未经拆模申请批准的扣5分 模板工程无验收手续的扣6分 验收单无量化验收内容的扣4分 支拆模板未进行安全技术交底的扣5分	10		
	8.混凝土强度	模板拆除前无混凝土强度报告的扣5分 混凝土强度未达规定提前拆模的扣8分	10		
	9.运输道路	在模板上运输混凝土无走道垫板的扣7分 走道垫板不稳不牢的扣3分	10		
	10.作业环境	作业面孔洞及临边无防护措施的扣10分 垂直作业上下无隔离防护措施的扣10分	10		
	小　计		40		
检查项目合计			100		

检查员签字：　　　　　　　　　　年　月　日

施工现场“三宝”、“四口”及“临边”防护检查评分表

表 SA-C1-12

工程名称：　　　　　　　　施工单位：

检查项目	扣分标准	标准分值	扣减分数	实得分数
1.安全帽	有一人不戴安全帽的扣5分 安全帽不符合标准的每发现一顶扣1分 不按规定佩戴安全帽的有一人扣1分	20		
2.安全网	在建工程外侧未用密目安全网封闭的扣25分 安全网规格、材质不符合要求，安全网破损的扣25分 安全网未取得建筑安全监督管理部门准用证的扣25分	25		
3.安全带	高处作业每有一人未系安全带的扣5分 有一人安全带系挂不符合要求的扣3分 安全带不符合标准，每发现一条扣2分	10		
4.楼梯口、电梯井口防护	每一处无防护措施的扣6分 每一处防护措施不符合要求或不严密的扣3分 防护设施未形成定型化、工具化的扣6分 电梯井内每隔两层(不大于10m)少一道平网的扣6分	12		
5.预留洞口、坑井防护	每一处无防护措施扣7分 防护设施未形成定型化、工具化的扣6分 每一处防护措施不符合要求或不严密的扣3分	13		
6.通道口防护	每一处无防护棚，扣5分 每一处防护不严，扣2～3分 每一处防护棚不牢固、材质不符合要求，扣3分	10		
7.阳台、楼板、屋面等临边防护	每一处临边无防护的扣5分 每一处临边防护不严、不符合要求的扣3分	10		
检查项目合计		100		

检查员签字：　　　　　　　　　　年　月　日

施工现场施工用电检查评分表

表 SA-C1-13

工程名称：　　　　　　施工单位：

检查项目		扣分标准	标准分值	扣减分数	实得分数
保证项目	1.外电防护	小于安全距离又无防护措施的扣20分 防护措施不符合要求、封闭不严密的扣5～10分	20		
	2.接地与接零保护系统	工作接地与重复接地不符合要求的扣7～10分 未采用TN～S系统的扣10分 专用保护零线设置不符合要求的扣5～8分 保护零线与工作零线混接的扣10分	10		
	3.配电箱开关箱	不符合"三级配电两级保护"要求的扣10分 开关箱(末级)无漏电保护或保护器失灵，每一处扣5分 漏电保护装置参数不匹配，每发现一处扣2分 电箱内无隔离开关及相应设施每一处扣2分 违反"一机、一闸、一漏、一箱"的每一处扣5～7分 安装位置不当、周围杂物多等不便操作的每一处扣5分 闸具损坏、闸具不符合要求的每一处扣5分 配电箱内多路配电无标记的每一处扣5分 电箱下引出线混乱每一处扣2分 电箱无门、无锁、无防雨措施的每一处扣2分	20		
	4.现场照明	照明专用回路无漏电保护扣5分 灯具金属外壳未作接零保护的每1处扣2分 室内线路及灯具安全高度低于2.4m未使用安全电压供电的扣10分 潮湿作业未使用36V以下安全电压的扣10分 使用36V安全电压照明线路混乱和接头处未用绝缘布包扎扣5分 手持照明灯未使用36V及以下电源供电扣10分	10		
	小　计		60		

续表　SA-C1-13

检查项目		扣分标准	标准分值	扣减分数	实得分数
一般项目	5.配电线路	电线老化、破皮未包扎的每一处扣10分 线路过道无保护的每一处扣5分 电杆、横担不符合要求的扣5分 架空线路不符合要求的扣7～10分 未使用五芯线(电缆)的扣10分 使用四芯电缆外加一根线替代五芯电缆的扣10分 电缆架设或埋设不符合要求的扣7～10分	15		
	6.电器装置	闸具、熔断器参数与设备容量不匹配、安装不合要求的每一处扣3分 用其他金属丝代替熔丝的扣10分	10		
	7.变配电装置	不符合安全规定的扣3分	5		
	8.用电档案	无专项用电施工组织设计的扣10分 无接地电阻值摇测记录的扣4分 无电工巡视维修记录或填写不真实的扣4分 档案乱、内容不全、无专人管理的扣3分	10		
	小　计		40		
检查项目合计			100		

检查员签字：　　　　　　　　　　年　月　日

施工现场物料提升机(龙门架、井字架)检查评分表

表 SA-C1-14-1

工程名称：　　　　　　施工单位：

检查项目			扣分标准	标准分值	扣减分数	实得分数
保证项目	1.架体制作		无设计计算书或未经上级审批扣9分 架体制作不符合设计要求和规范要求的扣7～9分 使用厂家生产的产品，无建筑安全监督管理部门准用证的扣9分	9		
	2.限位保险装置		吊篮无停靠装置的扣9分 停靠装置未形成定型化的扣5分 无超高限位装置的扣9分 使用摩擦式卷扬机超高限位采用断电方式的扣9分 高架提升机无极限限位器、缓冲器或无超载限制器的每一项扣3分	9		
	3.架体稳定	缆风绳	架高20m以下时设一组，20～30m设二组，少一组扣9分 缆风绳不使用钢丝绳的扣9分 钢丝绳直径小于9.3mm或角度不符合45°～60°的扣4分 地锚不符合要求的扣4～7分	9		
		与建筑结构连接	连墙杆的位置不符合规范要求的扣5分 连墙杆连接不牢的扣5分 连墙杆与脚手架连接的扣9分 连墙杆材质或连接做法不符合要求的扣5分			
	4.钢丝绳		钢丝绳磨损已超过报废标准的扣8分 钢丝绳锈蚀、缺油的扣2～4分 绳卡不符合规定的扣2分 钢丝绳无过路保护的扣2分 钢丝绳拖地扣2分	8		
	5.楼层卸料平台防护		卸料平台两侧无防护栏杆或防护不严的扣2～4分 平台脚手板搭设不严、不牢的扣2～4分 平台无防护门或不起作用的每一处扣2分 防护门未形成定型化、工具化的扣4分 地面进料口无防护棚或不符合要求的扣2～4分	8		

续表　SA-C1-14-1

检查项目		扣分标准	标准分值	扣减分数	实得分数
	6.吊篮	吊篮无安全门的扣8分 安全门未形成定型化、工具化的扣4分 高架提升机不使用吊笼的扣4分 违章乘坐吊篮上下的扣8分 吊篮提升使用单根钢丝绳的扣5分	8		
	7.安装验收	无验收手续和责任人签字的扣9分 验收单无量化验收内容的扣5分	9		
	小　计		60		
一般项目	8.架体	架体安装拆除无施工方案的扣5分 架体基础不符合要求的扣2～4分 架体垂直偏差超过规定的扣5分 架体与吊篮间隙超过规定的扣3分 架体外侧无立网防护或防护不严的扣4分 摇臂把杆未经设计的或安装不符合要求或无保险绳的扣8分 井字架开口处未加固的扣2分	10		
	9.传动系统	卷扬机地锚不牢固，扣2分 卷筒钢丝绳缠绕不整齐，扣2分 第一个导向滑轮距离小于15倍卷筒宽度的扣2分 滑轮翼缘破损或与架体柔性连接，扣3分 卷筒上无防止钢丝绳滑脱保险装置，扣5分 滑轮与钢丝绳不匹配的扣2分	9		
	10.联络信号	无联络信号的扣7分 信号方式不合理、不准确的扣2～4分	7		
	11.卷扬机操作棚	卷扬机无操作棚的扣7分 操作棚不符合要求的扣3～5分	7		
	12.避雷	防雷保护范围以外无避雷装置的扣7分 避雷装置不符合要求的扣4分	7		
	小　计		40		
检查项目合计			100		

检查员签字：　　　　　　　　　　年　月　日

施工现场外用电梯(人货两用电梯)检查评分表

表 SA-C1-14-2

工程名称：　　　　施工单位：

检查项目		扣分标准	标准分值	扣减分数	实得分数
保证项目	1.安全装置	吊笼安全装置未经试验或不灵敏的扣10分 门连锁装置不起作用的扣10分	10		
	2.安全防护	地面吊笼出入口无防护棚的扣8分 防护棚材质搭设不符合要求的扣4分 每层卸料口无防护门的扣10分 有防护门不使用的扣6分 卸料台口搭设不符合要求的扣6分	10		
	3.司机	司机无证上岗作业的扣10分 每班作业前不按规定试车的扣5分 不按规定交接班或无交接记录的扣5分	10		
	4.荷载	超过规定承载人数无控制措施的扣10分 超过规定重量无控制措施的扣10分	10		
	5.安装与拆卸	未制定安装拆卸方案的扣10分 拆装队伍没有取得资格证书的扣10分	10		
	6.安装验收	电梯安装后无验收或拆装无交底的扣10分 验收单上无量化验收内容的扣5分	10		
	小　计		60		
一般项目	7.架体稳定	架体垂直度超过说明书规定的扣7～10分 架体与建筑结构附着不符合要求的扣7～10分 架体附着装置与脚手架连接的扣10分	10		
	8.联络信号	无联络信号，扣10分 信号不准确，扣6分	10		
	9.电气安全	电气安装不符合要求的扣10分 电气控制无漏电保护装置的扣10分	10		
	10.避雷	在避雷保护范围外无避雷装置的扣10分 避雷装置不符合要求的扣5分	10		
	小　计		40		
检查项目合计			100		

检查员签字：　　　　年　月　日

施工现场塔吊检查评分表

表 SA-C1-15

工程名称：　　　　施工单位：

检查项目		扣分标准	标准分值	扣减分数	实得分数
保证项目	1.力矩限制器	无力矩限制器，扣13分 力矩限制器不灵敏，扣13分	13		
	2.限位器	无超高、变幅、行走限位的每项扣5分 限位器不灵敏的每项扣5分	13		
	3.保险装置	吊钩无保险装置，扣5分 卷扬机滚筒无保险装置，扣5分 上人爬梯无护圈或护圈不符合要求，扣5分	7		
	4.附墙装置与夹轨钳	塔吊高度超过规定不安装附墙装置的扣10分 附墙装置安装不符合说明书要求的扣3～7分 无夹轨钳，扣10分 有夹轨钳不用每一处扣3分	10		
	5.安装与拆卸	未制定安装拆卸方案的扣10分 作业队伍没有取得资格证的扣10分	10		
	6.塔吊指挥	司机无证上岗，扣7分 指挥无证上岗，扣4分 高塔指挥不使用旗语或对讲机的扣7分	7		
	小　计		60		
一般项目	7.路基与轨道	路基不坚实、不平整、无排水措施，扣3分 枕木铺设不符合要求，扣3分 道钉与接头螺栓数量不足，扣3分 轨距偏差超过规定的，扣2分 轨道无极限位置阻挡器，扣5分 高塔基础不符合设计要求，扣10分	10		
	8.电气安全	行走塔吊无卷线器或失灵，扣6分 塔吊与架空线路小于安全距离又无防护措施，扣10分 防护措施不符合要求，扣2～5分 道轨无接地、接零，扣4分 接地、接零不符合要求，扣2分	10		
	9.多塔作业	两台以上塔吊作业、无防碰撞措施，扣10分 措施不可靠，扣3～7分	10		
	10.安装验收	安装完毕无验收资料或责任人签字的扣10分 验收单上无量化验收内容，扣5分	10		
	小　计		40		
检查项目合计			100		

检查员签字：　　　　年　月　日

施工现场起重吊装安全检查评分表

表 SA-C1-16

工程名称：　　　　施工单位：

检查项目			扣分标准	标准分值	扣减分数	实得分数
保证项目	1.施工方案		起重吊装作业无方案，扣10分 作业方案未经上级审批或方案针对性不强，扣5分	10		
	2.起重机械	起重机	起重机无超高和力矩限制器，扣10分 吊钩无保险装置，扣5分 起重机未取得准用证，扣20分 起重机安装后未经验收，扣15分	20		
		起重扒杆	起重扒杆无设计计算书或未经审批，扣20分 扒杆组装不符合设计要求，扣17～20分 扒杆使用前未经试吊，扣10分			
	3.钢丝绳与地锚		起重钢丝绳磨损、断丝超标的扣10分 滑轮不符合规定的扣4分 缆风绳安全系数小于3.5倍的扣8分 地锚埋设不符合设计要求，扣5分	10		
	4.吊点		不符合设计规定位置的扣5～10分 索具使用不合理、绳径倍数不够的扣5～10分	10		
	5.司机、指挥		司机无证上岗的扣10分 非本机型司机操作的扣5分 指挥无证上岗的扣5分 高处作业无信号传递的扣10分	10		
	小　计			60		
一般项目	6.地耐力		起重机作业路面地耐力不符合说明书要求的扣5分 地面铺垫措施达不到要求的扣3分	5		
	7.起重作业		被吊物体重量不明就吊装的扣3～6分 有超载作业情况的扣6分 每次作业前未经试吊检验的扣3分	6		
	8.高处作业		结构吊装未设置防坠落措施的扣9分 作业人员不系安全带或安全带无牢靠悬挂点的扣9分 人员上下无专设爬梯、斜道的扣5分	9		
	9.作业平台		起重吊装人员作业无可靠立足点的扣5分 作业平台临边防护不符合规定的扣2分 作业平台脚手板不满铺的扣3分	5		
	10.构件堆放		楼板堆放超过1.6m高度的扣2分 其他物件堆放高度不符合规定的扣2分 大型构件堆放无稳定措施的扣3分	5		
	11.警戒		起重吊装作业无警戒标志，扣3分 未设专人警戒，扣2分	5		
	12.操作工		起重工、电焊工无安全操作证上岗的每一人扣2分	5		
	小　计			40		
检查项目合计				100		

检查员签字：　　　　年　月　日

施工现场施工机具检查评分表

表 SA-C1-17

工程名称：　　　　　　施工单位：

检查项目	扣分标准	标准分值	扣减分数	实得分数
1.平刨	平刨安装后无验收合格手续，扣5分 无护手安全装置，扣5分 传动部位无防护罩扣5分 未做保护接零、无漏电保护器的，各扣5分 无人操作时未切断电源的扣3分 使用平刨和圆盘锯合用一台电机的多功能木工机具的，平刨和圆盘锯两项扣20分	10		
2.圆盘锯	电锯安装后无验收合格手续扣5分 无锯盘护罩、分料器、防护挡板安全装置和传动部位无防护每缺一项的扣5分 未做保护接零、无漏电保护器的，各扣5分 无人操作时未切断电源的扣3分	10		
3.手持电动工具	Ⅰ类手持电动工具无保护接零的扣10分 使用Ⅰ类手持电动工具不按规定穿戴绝缘用品的扣5分 使用手持电动工具随意接长电源线或更换插头的扣5分	10		
4.钢筋机械	机械安装后无验收合格手续的扣5分 未做保护接零、无漏电保护器的各扣5分 钢筋冷拉作业区及对焊作业区无防护措施的扣5分 传动部位无防护的扣3分	10		
5.电焊机	电焊机安装后无验收合格手续的扣5分 未做保护接零、无漏电保护器的各扣5分 无二次空载降压保护器或无触电保护器的扣5分 一次线长度超过规定或不穿管保护的扣3分 电源不使用自动开关的扣3分 焊把线接头超过3处或绝缘老化的扣5分 电焊机无防雨罩的扣4分	10		

续表　SA-C1-17

检查项目	扣分标准	标准分值	扣减分数	实得分数
6.搅拌机	搅拌机安装后无验收合格手续的扣5分 未做保护接零、无漏电保护器的各扣5分 离合器、制动器、钢丝绳达不到要求的每项扣3分 操作手柄无保险装置的扣3分 搅拌机无防雨棚和作业台不安全的扣4分 料斗无保险挂钩或挂钩不使用的扣3分 传动部位无防护罩的扣4分 作业平台不平稳的扣3分	10		
7.气瓶	各种气瓶无标准色标的扣5分 气瓶间距小于5m、距明火小于10m又无隔离措施的各扣5分 乙炔瓶使用或存放时平放的扣5分 气瓶存放不符合要求的扣5分 气瓶无防震圈和防护帽的每一个扣2分	10		
8.翻斗机	翻斗车未取得准用证的扣5分 翻斗车制动装置不灵敏的扣5分 无证司机驾车的扣5分 行车载人或违章行车的每发现一次扣5分	10		
9.潜水泵	未做保护接零、无漏电保护器的各扣5分 保护装置不灵敏、使用不合理的扣5分	10		
10.打桩机械	打桩机未取得准用证和安装后无验收合格手续的扣5分 打桩机无超高限位装置的扣5分 打桩机行走路线地耐力不符合说明书要求的扣5分 打桩作业无方案的扣5分 打桩操作违反操作规程的扣5分	10		
检查项目合计		100		

检查员签字：　　　　　　　　年　月　日

施工现场安全技术交底汇总表

表 SA-C1-18

工程名称：　　　　　　施工单位：　　　　　　编号：

序号	编号	安全技术交底名称	交底人	交底日期	备　注
填表人：				年　月　日	

注：本表由施工单位填写，监理单位、施工单位各存一份。

施工现场安全技术交底表

表 SA-C1-19

工程名称：　　　　　　施工单位：　　　　　　编号：

交底工种		工序部位		工种	
安全技术交底内容摘要（可将交底文件附后）：					
针对性交底： （附接受交底人名单）					
交底人签名		职务		交底时间：	年　月　日

注：1　工程项目对操作人员进行安全技术交底时填写此表。

2　接受交底人签到表附后。

施工现场作业人员安全教育记录表

表 SA-C1-20

工程名称：　　　　施工单位：　　　　编号：

培训主题			培训对象及人数		
培训部门或召集人		主讲人		记录整理人	
培训时间		地点		学时	
培训内容摘要： （附参加培训教育人员名单）					
记录整理人：　　　　年　月　日					

注：1　工程项目对操作人员进行培训教育时填写此表，应落实到是为哪些工程培训。

2　参加培训人员名单将签到表附后。

施工现场安全事故原因调查表

表 SA-C1-21

工程名称：　　　　施工单位：　　　　编号：

建设单位		负责人及电话	
施工单位		负责人及电话	
分包单位		负责人及电话	
监理单位		负责人及电话	
工程地址		结构类型(层数)	
施工许可证号		事故类别	
事故发生部位			
事故简要情况描述（包括事故经过、人员伤亡情况等）：			
事故原因及责任分析			
项目经理：　　　　项目安全负责人：　　　　年　月　日			

注：本表由施工单位填写，建设单位、监理单位、施工单位各存一份。

施工现场特种作业人员登记表

表 SA-C1-22

工程名称：　　　　施工单位(租赁单位)：　　　　编号：

序号	姓名	性别	身份证号	工种	证件编号	发证机关	发证日期	有效期至年月
项目经理部审查意见： 项目安全负责人：　　　　年　月　日								
监理单位复核意见： 经复核，符合要求，同意上岗(　　)；不符合要求，不同意上岗(　　)。 监理工程师：　　　　年　月　日								

注：本表由施工单位填写，监理单位、施工单位各存一份。

施工现场地上、地下管线保护措施验收记录表

表 SA-C1-23

工程名称：　　　　施工单位：

验收部位	
验收内容及结果： （有方案及图时附在后边）	
验收人员：　　　　年　月　日	

注：本表由施工单位填写，监理单位、施工单位各存一份。

施工现场安全防护用品合格证及检测资料登记表

表 SA-C1-24

工程名称：　　　　　　　　施工单位：

序号	安全防护用品合格证、名称、检测报告	代表用品数量	资料页数	登记时间

制表人：　　　　　　　　　　　　　　　　年　月　日

封面

施工现场安全日志表

表 SA-C1-25

页次：

年　月　日　　星期		天气：最高温度：　℃ 最低温度：　℃ 风　力：　级 晴雨雾雪：
检查情况		
检查部位及场所	存在问题	处理情况
专职安全员：		

注：本表由施工单位填写，每天填写一张，施工单位存。

封面

施工现场施工安全日志

（　年　月　日～　年　月　日）

表 SA-C1-25

工程名称：____________________

施工单位：____________________

安 全 员：____________________

施工现场班（组）班前讲话记录

（　年　月　日～　年　月　日）

表 SA-C1-26

工程名称：____________________

施工单位：____________________

作业单位：____________________

班组名称：____________________

施工现场班(组)班前讲话记录表

表 SA-C1-26

工程名称：　　　　　　施工单位：

当天作业部位		作业内容		作业人数	
安全防护用品配备、使用情况	年　月　日				
班前讲话内容摘要	班(组)长：　　　年　月　日				
参加活动作业人员名单(可以附表后)					

注：本表由施工单位填写，施工单位存。

施工现场安全检查隐患整改记录表

表 SA-C1-27

工程名称：　　　　　　施工单位：　　　　　　编号：

施工部位		作业单位	
检查项目内容：			
整改要求： 检查人员：　　　　　　年　月　日			
复查意见： 复查人(项目安全负责人)：　　　　　　年　月　日			

注：本表由施工单位填写，施工单位存。

监理通知回复单

表 SA-C1-28

工程名称：　　　　　　施工单位：　　　　　　编号：

致＿＿＿＿＿＿＿＿＿＿(监理单位)：

我方接到第(　　)号监理通知后，已按要求完成了＿＿＿＿＿＿＿＿整改工作，经检查合格，特此回复，请复查。

详细内容(可附件)：

项目经理：　　　　　　　　年　月　日

复查意见：

(总)监理工程师：　　　　　　年　月　日

注：本表由施工单位填写，建设单位、监理单位、施工单位各存一份。

施工现场消防重点部位登记表

表 SA-C2-1

工程名称：　　　　　　施工单位：　　　　　　编号：

序号	部位名称	消防器材配备情况	防火责任人	备　注
消防安全员：		项目安全负责人：		年　月　日

注：本表由施工单位填写，建设单位、监理单位、施工单位各存一份。

施工现场用火作业审批表

表 SA-C2-2

工程名称： 施工单位： 编号：

申请用火单位		用火班组	
用火部位		用火作业级别及种类(用火、气焊、电焊等)	
用火作业起止时间	由 年 月 日 时起 至 年 月 日 时止		
用火原因、防火的主要安全措施和配备的消防器材： 监控人员： 申请人： 年 月 日			
审批意见： 审批人： 年 月 日			

注：1 本表由施工单位填写，施工单位存。

2 用火证当日有效，更改日期及变换用火部位时应重新申请。

施工现场消防保卫定期检查表

表 SA-C2-3

工程名称： 施工单位： 编号：

序 号	检查内容	检查结果
1.消防设施平面布置保持情况		
2.消防设施的器具配置及完好情况		
3.经过培训消防人员组织及配备情况		
4.重点部位消防通道的畅通情况		
5.危险品消防防护管理情况		
6.保卫制度及保卫人员的配置管理情况		
7.检查结果		
检查人员： 项目安全负责人： 年 月 日		

注：1 本表由施工单位填写，施工单位存放。

2 按消防保卫制度定期检查，现场发生变动，大风、大雨之时应及时检查，保证消防设施处于有效状态。

施工现场钢管扣件式脚手架支撑体系验收表

表 SA-C3-1

工程名称： 施工单位： 编号：

安装搭设单位		负责人		安装日期	
验收部位		搭设高度	m	验收日期	
验收项目	检查内容与要求			验收结果	
1.安全施工方案	脚手架和模板支撑体系在一起时工程应有专项安全施工技术方案(或设计)，审批手续完备、有效				
	高度超过8m，或跨度超过18m，施工总荷载大于15kN/m²，或集中线荷载大于20kN/m的支撑体系，其专项方案应经过专家论证，并根据专家意见进行修改				
	支撑体系的材质应符合有关要求				
	施工前应有技术交底，交底应有针对性				
2.构造要求	立杆基础必须坚实，满足立柱承载力要求。立杆下部必须设置纵横向扫地杆。立杆与结构应有可靠拉接				
	立杆的构造应符合JGJ 130的有关规定				
	立杆、横杆的间距必须按安全施工技术方案(计算书)要求搭设				
	可调丝杆的伸出长度应符合要求				
	立杆最上端的自由端长度应符合方案的要求				
3.剪刀撑	采用满堂红支撑体系时，四边与中间每隔4排支架立杆应设置一道纵向剪刀撑，由底至顶连续设置；高于4m时，其两端与中间每隔4排立杆从顶层开始向下每隔2步设置一道水平剪刀撑				
	剪刀撑应按规范要求设置				
4.其他要求					
验收结论：					
项目安全负责人： 搭设单位负责人： 年 月 日					

注：本表由施工单位填写，监理单位、施工单位各存一份。

施工现场落地式(悬挑)脚手架搭设验收表

表 SA-C3-2

工程名称： 施工单位： 编号：

搭设单位		负责人		搭设日期	年 月 日
验收部位		搭设高度	m	验收日期	年 月 日
验收项目	检查内容与要求				验收结果
1.施工方案	符合JGJ130规范要求				
	悬挑式脚手架和高度24m以上的落地式脚手架搭设前必须编制安全专项施工方案，附设计计算书，审批手续齐全。搭设前需有技术交底。特殊脚手架应有专家论证				
2.立杆基础	脚手架基础必须平整坚实，有排水措施，架体必须支搭在底座(托)或通长脚手板上。纵、横向扫地杆应符合要求				
3.钢管、扣件要求	钢管、扣件有复试检测报告。应采用外径48～51mm，壁厚3mm～3.5mm的钢管				
	钢管无裂纹、弯曲、压扁、锈蚀				
4.架体与建筑结构拉结	脚手架必须按楼层与结构拉结牢固，拉结点垂直、水平距离符合要求，拉结必须使用刚性材料。卸荷措施必须符合方案要求				
5.剪刀撑设置	脚手架必须设置连续剪刀撑，宽度及角度符合要求。搭接方式应符合规范要求				
6.立杆、大横杆、小横杆的设置要求	立杆间距应符合要求；立杆对接必须符合要求				
	大横杆宜设置在立杆内侧，其间距及固定方式应符合要求；对接须符合有关规定				
	小横杆的间距、固定方式、搭接方式等应符合要求				
7.脚手板及密目网的设置	操作面脚手板铺设必须符合规范要求。操作面护身栏杆和挡脚板的设置符合要求。操作面下方净空超3m时须设一道水平网。架体须用密目网沿内侧进行封闭，并固定牢固				
8.悬挑设置情况	悬挑梁设置应符合设计要求；外挑杆件与建筑结构连接牢固；悬挑梁无变形；立杆底部应固定牢固				
9.其他	卸料平台、泵管、缆风绳等不能固定在脚手架上；脚手架与外电架空线之间的距离应符合规范要求，特殊情况须采取防护措施；马道搭设符合要求；门洞口的搭设符合要求				
10.其他增加的验收项目					
验收结论： 项目安全负责人： 搭设单位负责人： 年 月 日					

注：本表由施工单位填写，监理单位、施工单位各存一份。

施工现场工具式脚手架安装验收表

（门型、挂、吊篮、附着式升降等）

表 SA-C3-3

工程名称： 施工单位： 编号：

搭设单位		负责人		搭设日期	年 月 日
验收部位		搭设高度	m	验收日期	年 月 日
验收项目	检查内容与要求				验收结果
1.施工方案	应有安全专项施工方案及设计计算书，审批手续齐全				
2.外挂脚手架	架体制作与组装应符合设计要求；悬挂点部件材质和制作、埋设应符合设计要求；采用穿墙螺栓的，其材质、强度必须满足要求；悬挂点强度必须满足要求				
3.吊篮脚手架	吊篮组装应符合设计要求；挑架锚固或配重等抗倾覆装置应符合要求；锚固点建筑物强度必须满足要求；吊篮应设置独立的保险绳及锁绳器，绳径不小于12.5mm				
4.附着式升降脚手架	产品须通过省级以上建设行政主管部门组织的鉴定；产品应有详细的安装及使用说明书				
	须有防坠落、防外倾安全装置；穿墙螺栓的强度必须满足要求；悬挂点结构强度必须满足要求，吊具、索具符合要求				
	安装单位必须具备相应资质，安装应符合《说明书》要求				
5.卸料平台	卸料平台应有安全专项方案；应有最大载荷标志；其搭设应符合设计要求；卸料平台周边防护应符合要求；锚固点设置符合"一锚一绳"要求				
6.其他	脚手架外侧应使用密目网封闭；操作层应设防护栏杆及挡脚板；施工负荷符合《说明书》或设计书的要求；脚手板应符合有关要求				
7.其他增加的验收项目					
验收结论： 项目安全负责人： 搭设单位负责人： 年 月 日					

注：1 本表由施工单位填写，监理单位、施工单位各存一份。

2 有什么项目检查什么项目，按安装项目检查验收。

施工现场基坑支护验收表

表 SA-C4-1

工程名称： 施工单位： 编号：

基坑支护单位		负责人		工程地点	
验收项目	检查内容与要求				验收结果
1.各类管线保护	施工单位有地上、地下管线保护措施方案，措施符合管线保护符合措施方案要求。检查施工现场地上、地下管线保护措施验收记录				
2.基坑支护	开挖深度超过1.5m，应按规定放坡或加可靠支撑，边坡设置应符合要求；基坑深度超过5m，或不到5m但情况复杂的，必须编制安全专项施工方案，并组织专家进行论证，经企业技术负责人和总监理工程师签字后，方可施工。检查《基坑支护分项工程施工质量验收记录》分项工程验收应合格				
3.基坑支护变形	检查《基坑支护沉降观察记录法》、《基坑支护水平位移观察记录表》、基坑支护变形未超过报警值，基坑支护稳定				
4.临边防护及排水措施	开挖深度超过2m的，必须设立两道防护栏杆，用密目网封闭，夜间应设红色标志灯；雨季施工期间必须有良好的排水措施				
5.基坑边物料堆放	坑边堆物、堆料、停置机具等符合有关规定；马道或爬梯设置符合要求				
6.其 他					
验收结论： 项目技术负责人： 分包项目技术负责人： 年 月 日					
监理单位意见： 监理工程师： 年 月 日					

注：本表由施工单位填写，监理单位、施工单位各存一份。

施工现场基坑支护沉降观测记录表

表 SA-C4-2

工程名称： 施工单位： 编号：

工程地点					支护单位			负责人	
监测单位					监测项目			负责人	
日 期	年 月 日至 年 月 日				监测仪器及编号				
测 点	初测值	上次位移值	本次位移值	累计位移值(mm)	测 点	初测值	上次位移值	本次位移值	累计位移值(mm)
沉降报警值									
监测单位			监测人			项目技术负责人			
监理单位意见： 监理工程师： 年 月 日									

注：本表由施工单位填写，附监测点布置图，监理单位、施工单位各存一份。

施工现场基坑支护水平位移观测记录表

表 SA-C4-3

工程名称： 施工单位： 编号：

工程地点					支护单位			负责人	
监测单位					监测项目			负责人	
日 期	年 月 日至 年 月 日				监测仪器及编号				
测 点	初测值	上次位移值	本次位移值	累计位移值(mm)	测 点	初测值	上次位移值	本次位移值	累计位移值(mm)
报警值									
监测单位			监测人			项目技术负责人			
监理单位意见： 监理工程师： 年 月 日									

注：本表由施工单位填报，附监测点布置图，监理单位、施工单位各存一份。

施工现场人工挖孔桩防护检查表

表 SA-C4-4

工程名称：　　施工单位：　　编号：

分包单位		分包负责人	
检查项目	检查内容与要求		检查情况
1.资料	有专项分包单位人工挖孔桩施工资质		
	有经审批的专项施工组织设计，孔深超过16m应由专家论证		
	气体测试记录		
	有混凝土护壁强度检测记录		
2.井孔周边防护	第一护壁高出地面20cm及以上		
	井孔周边有防护栏并符合要求		
	夜间施工有指示灯		
	成孔后有盖孔板		
3.井内防护	井内有半圆平板(网)防护		
	井内有上下梯		
	上下联络信号明确		
4.送风	送风管、设备数量满足并性能完好		
	风管材料符合要求不破损		
	孔深超过5m施工过程坚持送风		
5.护壁拆模	护壁及时		
	护壁拆模应经工程技术人员同意		
6.井内作业	井内作业，井上有人监护		
	井内作业人员必须戴安全帽，系安全带或安全绳		
	井内抽水，作业人员必须脱离水面		
	作业人员连续作业不得超过2h		
7.现场照明	井孔内使用36V(含)以下安全电压照明		
	井孔内应使用防水电缆和防水灯泡		
8.配电箱	配电系统符合规范要求，漏电保护器动作电流不大于15mA		
9.垂直运输	料斗和吊索材质应具有轻、软性能，并应有防坠装置		
	机具符合规范要求		
	料斗装土、料不得过满		
检查意见： 项目安全负责人：　　分包项目安全负责人：　　年　月　日			

注：本表由施工单位填写，监理单位、施工单位各存一份。

施工现场特殊部位气体检测记录表

表 SA-C4-5

工程名称：　　施工单位：　　编号：

检测时间	部位	检测仪器			气体的种类和检测数值	是否超标	检测人
		名称	规格型号	编号			

注：本表由施工单位填写，监理单位、施工单位各存一份。　　年　月　日

施工现场模板工程验收表

表 SA-C4-6

工程名称：　　施工单位：　　编号：

检查项目	检查内容	检查结果
1.施工方案	施工方案中对特殊模板工程中的质量要求，有具体内容的要求	
2.立柱稳定性	按模板设计、施工方案内容检查立柱的断面、材料下部的垫板、立柱间距	
3.支撑系统	按施工方案检查，支撑系统完善	
4.施工荷载	按荷载计算书，检查是否超载	
5.作业环境	施工方案中应有环境要求，按要求检查	
验收结论： 工程项目技术负责人： 分包项目技术负责人： 年　月　日		
监理单位意见： 监理工程师：　　年　月　日		

注：1　本表由施工单位填写，监理单位、施工单位各存一份。

2　当用钢管扣件或支撑体系模板时，可参照表SA-C3-1内容检查。

施工现场"三宝"、"四口"及"临边"防护检查记录表

表 SA-C5-1

工程名称：　　检查日期：　　年　　月　　日　编号：

施工单位		项目经理	
分包施工单位		分包项目经理	
检查项目	检查内容与要求		检查情况
1.安全帽	进入施工现场的人员必须戴符合标准的安全帽		
2.安全带	进入施工现场高空作业人员必须带合格的安全带		
3.安全网	凡在建工程外侧都应用密目、合格及有证的安全网		
4.楼梯口、电梯井口防护	每一处都应及时采取防护措施		
5.预留门口、坑井防护	每一处都应及时采取防护措施		
6.通道口防护	每一处都应及时采取防护措施		
7.阳台、楼板、屋面等临边防护	每一处临边都应及时采取防护措施		
检查结果： 安全员签字：　　年　月　日			

注：本表由施工单位按当地住房和城乡建设主管部门规定定期检查记录，当地没有具体规定时，应每周不少于一次，凡风雨过后及每升高一层施工时，都应及时检查记录。监理单位、施工单位存档。

施工现场施工临时用电验收表

表 SA-C6-1

工程名称：　　　　施工单位：　　　　编号：

临时用电工程		作业电工		验收时间	年　月　日

检查项目	检查内容与要求	检查结论
1.施工组织方案	用电设备5台以上或设备总容量在50kW以上者，应编制临时用电施工组织设计	
2.外电防护	小于安全距离时应有安全防护措施；防护措施应符合要求	
3.接地与接零保护系统	应采用TN-S系统供电；重复接地符合要求，其电阻值应不大于10Ω；各种电气设备和施工机械的金属外壳、金属支架和底座必须按规定采取可靠的接零或接地保护	
4.三级配电	配电室的设置应符合要求；现场实行三级配电，总配电箱应装设电压表、总电流表、总电度表及其他仪表；总配电箱的电器应具备电源隔离，正常接通与分断电路，以及短路、过载、漏电保护功能。分配电箱应设总开关和分开关，总开关应采用自动空气开关（具有可见分断点），分开关可采用漏电开关或刀闸开关并配备熔断器。开关箱内须安装断路器（具有可见分断点）或熔断器，以及漏电保护器	
5.漏电保护器	须实行两级漏电保护；严格实行"一机、一闸、一漏、一箱"；漏电保护装置应灵敏、有效，参数应匹配。在总配电箱上安装的漏电保护开关的漏电动作电流应为50mA～100mA；开关箱安装的漏电保护器，其额定漏电动作电流≤30mA，额定漏电动作时间0.1s	

续表　SA-C6-1

检查项目	检查内容与要求	检查结论
6.配电箱设置	配电箱安装位置应符合要求，箱体应采用铁板或优质绝缘材料制作，不得使用木质材料制作，箱体应牢固、防雨；箱内电器安装板应为绝缘材料；金属箱体等不带电的金属体必须作保护接零；进线口和出线口应设在箱体的下面，并加护套保护；工作零线、保护零线应分设接线端子板，并通过端子板接线；箱内接线应采用绝缘导线，接头不得松动，不得有带电体明露；闸具、熔断器参数与设备容量应匹配，安装应符合要求；不得用其他导线替代熔丝；箱内应设有线路图	
7.配电线路	电缆架设或埋设符合规定要求；须使用五芯线电缆，电缆完好，无老化、破皮现象	
8.其他	照明灯具金属外壳须作保护接零，使用行灯和低压照明灯具，其电源电压不应超过36V；行灯和低压灯的变压器应装设在电箱内，符合户外电气安装要求；交流电焊机须装设专用防触电保护装置、电焊把线应双线到位、电缆线应绝缘无破损。	
9.其他增加的验收项目		
验收结论： 项目安全负责人：　　　电气负责人：　　　年　月　日		

注：本表由施工单位填写，监理单位、施工单位各存一份。

施工现场电气线路绝缘强度测试记录表

表 SA-C6-2

工程名称：　　　　施工单位：　　　　编号：

计量单位	MΩ（兆欧）		测试日期	年　月　日
仪表型号		电压	天气情况	晴阴雨雪： 气温：最高　℃ 最低　℃

测试项目	相　间			相 对 零			相 对 地			零对地
测试内容	A-B	B-C	C-A	A-N	B-N	C-N	A-E	B-E	C-E	N-E
测试结论： 项目安全负责人：　　　测试电工（二人）： 电气负责人：　　　年　月　日										

注：1　本表由施工单位填写，监理单位、施工单位各存一份。

2　本表适用于单相、单相三线、三相四线制、三相五线制的照明、动力线路及电缆线路、电机、设备电器等绝缘电阻的测试。

3　表中A代表第一相、B代表第二相、C代表第三相、N代表零线（中性线）、E代表接地线。

施工现场临时用电接地电阻测试记录表

表 SA-C6-3

工程名称：　　　　施工单位：　　　　编号：

仪表型号		测试日期	年　月　日
计量单位		天气情况	晴阴雨雪： 气温：最高　℃ 最低　℃

接地类型 测试内容	防雷接地	保护接地	重复接地	其他接地
设计要求	≤Ω	≤Ω	≤Ω	≤Ω
测试结论： 项目安全负责人：　　　电气负责人：　　　测试电工（二人）：				

注：本表由施工单位填写，监理单位、施工单位各存一份。

封面

施工现场电工巡检维修记录

（　　年　　月　　日～　　年　　月　　日）

表 SA-C6-4

工程名称：________________

施工单位：________________

施工现场电工巡检维修记录表

表 SA-C6-4

工程名称：　　　　施工单位：　　　　编号：

电工姓名		值班时间	时　分至　时　分
供电方式		额定容量	

巡视检查项目	巡视检查内容	发现隐患	维修结果
1. 高压线防护	按方案进行防护并做到严密，安全可靠		
2. 接地或接零保护系统	工作接地、重复接地牢固可靠。系统保护零线重复接地不少于3处。工作接地电阻≤4Ω，定期检测重复接地电阻，电阻值≤10Ω。保护零线正确，采用绿/黄双色线其截面与工作零线截面相同或不小于相线的1/2		
3. 配电箱开关箱	总配电箱中应在电源隔离开关(可视明显断开点)的负荷侧装置漏电保护器，并灵敏可靠。分配电箱设置正确并与开关箱距离不大于30m，固定开关箱(一机一闸一漏一箱)漏电保护装置在设备负荷侧，灵敏可靠，并距离设备不大于3m，固定配电箱、开关箱装位置正确，高度在1.4～1.6m。移动配电箱、开关箱安装高度在0.8m～1.6m。电箱底进出线，标识明确，并应加绝缘护套采用固定线夹成束卡固在箱体花栏架构上。箱内无杂物，有门、锁，编号、防触电标志及防雨措施。闸具、保护零线端子、工作零线端子齐全完好。箱门与箱体之间必须采用编制软铜线电气连接。电器用途明确标识。箱内不应有带电明露点。箱内应有本箱体的配电系统图		

续表　SA-C6-4

巡视检查项目	巡视检查内容	发现隐患	维修结果
4. 现场、生活区照明	现场照明回路有漏电保护器，动作灵敏可靠。灯具金属外壳应做保护接零。室内220V灯具安装高度大于2.5m，低于2.5m使用安全电压供电。手持照明灯具必须使用电压36V(含)以下照明，电源线必须采用橡套电缆线，不得使用塑绞线，手柄及外防护罩完好无损。低压安全变压器应放置在专用配电箱内。碘钨灯照明必须采用密闭式防雨灯具，金属灯具和金属支架应做好保护接零，架杆手持部位应采取绝缘措施，电源线必须采用橡套电缆线，电源侧应装设漏电保护器		
5. 配电线路	配电线路无老化、破损、断裂现象，与交通线路交叉的电源线应符合有关安装架设标准有线路过路保护。架空线路架符合有关规定，严禁架在树木、脚手架上		
6. 变配电装置	露天变压器设置符合规定要求，配电元器件间距符合规范要求，并有可靠安全的防护措施，及正确悬挂警告标志，门应朝外开，有锁。变配电室内不得堆放杂物，并设有消防器材。发电机组及其配电室内严禁存放贮油桶，发电机设有短路、过负荷保护。配电室必须有相应的配电制度、配电平面图、配电系统图、防火管理制度、值班制度、责任人；具有良好的照明及应急照明；具有防止小动物的措施；具有良好的绝缘操作措施；良好通风条件。易发热元件是否在正常工作范围内		
7. 其他	除以上内容发现的其他隐患		
维修巡查电工：			年　月　日

注：本表由施工单位填写，施工单位存放。

施工现场施工升降机安装/拆卸任务书

表 SA-C7-1

工程名称：　　　　施工单位：　　　　编号：

安装/拆卸单位		负责人	
施工地点		安装/拆卸日期	年　月　日
设备型号		安装高度	m
安装/拆卸任务内容及责任：			
安装/拆卸单位负责人： 任务接受负责人：　　　　年　月　日			

注：本表由安装/拆卸单位填写，施工单位、租赁单位和安装/拆卸单位各存一份。

施工现场施工升降机安装/拆卸安全和技术交底记录表

表 SA-C7-2

工程名称：　　施工单位：　　编号：

安装/拆卸单位		安装/拆卸单位负责人	
施工地点		安装/拆卸日期	年　月　日
设备型号		安装高度	m
一、安全交底： 安全交底人：　　年　月　日			
二、技术交底： 技术交底人：　　年　月　日			
接受交底人： 年　月　日			

注：本表由安装/拆卸单位填写，施工单位、租赁单位和安装/拆卸单位各存一份。

施工现场施工升降机基础验收表

表 SA-C7-3

工程名称：　　施工单位：　　编号：

基础施工单位		项目负责人	
安装单位		安装负责人	
施工地点		基础施工日期	年　月　日
型　号		安装最终高度	m

验收项目及标准要求	实测数据	验收结论
地基的承载能力≥ MPa		
基础混凝土强度（并附试验报告）		
基础周围有无排水设施		
基础地下有无暗沟、孔洞（附钎探资料）		
混凝土基础尺寸（预埋件尺寸）和地脚螺栓数量、规格是否符合图纸及说明书要求		
混凝土基础表面平整情况		
验收意见： 项目技术负责人： 施工升降机安装负责人：　　年　月　日		

注：本表由基础施工单位填写，施工单位、租赁单位、安装单位各存一份。

施工现场施工升降机安装/拆卸过程记录表

表 SA-C7-4

工程名称：　　施工单位：　　编号：

安装/拆卸单位			安装/拆卸单位负责人	
施工地点			安装/拆卸时间	年　月　日
型　号			安装高度	m
姓　名	工　种	证书号	工　作　内　容	
安装/拆卸过程有关情况： 安装/拆卸负责人：　　年　月　日				

注：本表由安装/拆卸单位填写，施工单位、租赁单位和安装/拆卸单位各存一份。

施工现场施工升降机安装验收记录表

表 SA-C7-5

工程名称：　　施工单位：　　编号：

安装单位		负责人	（盖章）
施工地点		安装高度	m
型　号		安装时间	年　月　日

	验收内容和标准要求	验收情况
金属结构	零部件应齐全，安装应符合产品说明书要求	
	结构无变形、开焊、裂纹、破损等问题	
	联结螺栓和拧紧力矩应符合产品说明书要求	
	相邻标准节的立管对接处的错位阶差应≤0.8mm的标准要求	
	对重安装应符合产品说明书要求	
	导轨架对底座水平基准面的垂直度偏差应符合国家标准	
电器及控制系统	电线、电缆应无破损，供电电压380V±5%	
	接地装置应符合技术要求，接地电阻应≤4Ω	
	电机及电气元件（电子元器件部分除外）的对地绝缘电阻值应≥0.5MΩ，电气线路的对地绝缘电阻值应≥1MΩ	
	仪表、照明、电笛应完好有效	
	操纵装置动作应灵敏可靠	
	应配备专门的供电电源箱	
绳轮系统	钢丝绳的规格及完好情况应符合标准要求	
	滑轮、滑轮组在运行中应无卡塞，润滑良好	
	滑轮、滑轮组的防绳脱槽装置应有效、可靠	
	钢丝绳的固定方式应符合国家标准	
导轨架附着	附着联接方式及紧固应符合产品说明书要求	
	最上一道附着架以上自由高度应符合说明书要求（说明书要求　m）	
	附着架的间距应符合说明书要求（说明书要求　m）	
安全装置	吊笼门的电气开关装置应灵敏可靠	
	吊笼顶部活板门电气安全开关应灵敏可靠	
	基础防护围栏门的机、电联锁装置应灵敏可靠	

续表 SA-C7-5

	验收内容和标准要求			验收情况
安全装置	防坠安全器(即限速器)的上次标定时间应符合国家标准			
	上、下限位开关应灵敏可靠			
	上、下极限开关应灵敏可靠			
	急停开关应灵敏可靠			
	防松(断)绳保护安全装置应灵敏可靠			
	安全标志(限载标志、危险警示、操作标识、应齐全)			
传动系统检查	各机构传动应平稳,无漏油等异常现象,润滑应良好			
	齿轮与齿条的啮合侧隙应为 0.2mm～0.5mm			
	相邻两齿条的对接处沿齿高方向的偏差≤0.3mm			
	滚轮与导轨架立管的间隙应符合产品说明书要求			
	齿轮齿的磨损应符合产品说明书要求			
	靠背轮与齿条背面的间隙应符合产品说明书要求			
试运行	空载荷	额定载荷	超载 25%动载	
	双笼升降机应该分别进行空载荷和额定载荷试运行,试验应符合启、制动正常,运行平稳,无异常现象			
坠落实验	吊笼制动停止后,结构及联接应无任何损坏及永久变形,制动距离应符合国家标准规定(0.25m～1.2m)			
验收结论: 安装负责人: 安装单位技术负责人: 租赁单位负责人: 施工升降机机长: 年 月 日				

注:1 施工升降机每次安装后必须做坠落试验,并填写实测数据。
2 购置后初次安装及大修后的施工升降机应做"超 25%动载"试运行。
3 本表由安装单位填写,安装单位、租赁单位、施工单位和监理单位各存一份。

施工现场施工升降机接高验收记录表

表 SA-C7-6

工程名称: 施工单位: 编号:

安装单位		安装单位负责人			
施工地点		接高时间	年 月 日		
型号		原高度	m	接高后高度	m
项目		检查内容与要求			验收结果
接高前检查	天轮及对重是否按要求拆下				
	附着件、标准节型号及数量是否正确、齐全				
	附着件、标准节是否有开焊、变形和裂纹等问题				
	吊杆是否灵活可靠、吊具是否齐全				
	吊笼启、制动是否正常,无异常响声				
	表 SA-C7-5 所列安全装置项目应灵敏、可靠				
	地线是否压接牢固				
	在使用控制盒操作时,其他操作装置应均不起作用,但吊笼的安全装置仍应起保护作用				
接高后检查	标准节联接应可靠,螺栓是否齐全				
	标准节联结螺栓拧紧力矩应符合技术要求				
	导轨架安装垂直度偏差应符合技术要求				
	天轮与对重安装应符合技术要求				
	限位开关、极限开关安装应符合技术要求,灵敏可靠				
	附着件的安装应符合设计要求				
	附着架的安装间距应符合要求(说明书要求 m)				
验收结论: 安装负责人: 安装单位技术负责人: 租赁单位负责人: 施工升降机机长: 年 月 日					

注:本表由安装单位填写,安装单位、施工单位和监理单位各存一份。

施工现场塔式起重机安装/拆卸任务书

表 SA-C8-1

工程名称: 施工单位: 编号:

安装/拆卸单位			安装/拆卸单位负责人				
施工地点			安全生产许可证编号				
塔式起重机	型号		统一编号		塔高	m	臂长 m
安装/拆卸期限	年 月 日至 年 月 日				任务下达者		
安装/拆卸任务要求及责任说明: 现场情况和建筑物平面示意图: 安装/拆卸单位负责人: 任务接受负责人: 年 月 日							

注:本表由安装/拆卸单位填写,施工单位、租赁单位和安装/拆卸单位各存一份。

施工现场塔式起重机安装/拆卸安全和技术交底

表 SA-C8-2

工程名称: 施工单位: 编号:

安装/拆卸单位		安装/拆卸单位负责人			
施工地点		塔吊型号规格			
登记编号		塔高	m	臂长	m
起重设备配备		运输设备配备			
一、安全交底内容: 交底人: 年 月 日					
二、技术交底内容: 交底人: 年 月 日					
接受交底人: 年 月 日					

注:1 常规装拆只需写明按说明书或按照装拆工艺,特殊情况安装/拆卸必须进行交底并附安装/拆卸方案。
2 本表由安装/拆卸单位填写,施工单位、租赁单位和安装/拆卸单位各存一份。

施工现场塔式起重机基础验收记录表

表 SA-C8-3

工程名称：　　　　施工单位：　　　　编号：

安装单位		负责人	
基础施工单位		负责人	
施工地点		塔吊规格型号	
安装高度	m	安装日期	年　月　日
检验项目		实测数据	验收结论
路基允许承载能力（N/m^2）			
土壤干容重（g/cm^3）			
基坑边坡坡度（°）			
路基距基坑边距离（m）			
暗沟、防空洞、坑（有、无）			
排水沟（有、无）			
高压线（有、无）			
场地平整情况			
混凝土强度			
固定支腿安装垂直度、平面度			
固定支腿接地电阻的设置			
基础尺寸及表面平整度及预埋螺栓情况			
其他			
验收意见： 基础施工负责人： 项目负责人： 塔式起重机安装负责人：　　　　年　月　日			

注：本表由基础施工单位填写，施工单位、安装单位和基础施工单位各存一份。

施工现场塔式起重机轨道验收记录表

表 SA-C8-4

工程名称：　　　　施工单位：　　　　编号：

安装单位			负责人				
施工地点			轨道铺设单位		负责人		
安装高度	m		安装日期	年　月　日			
塔机型号		钢轨型号		轨道长度	m	轨距	m
检验项目和标准				实测数据		结论	
碎石粒度　20mm～40mm							
路基碎石厚度　＞250mm							
枕木间距　≤600mm							
钢轨接头间隙　≤4mm							
钢轨接头高度差　≤2mm							
钢轨接头错开距离　≥1.5m							
拉杆距离　≤6m							
轨距误差　≤1‰							
钢轨顶面纵、横方向倾斜度≤5‰测量点距离≤10m							
接地装置组数（每隔20m设1组）和质量							
接地电阻　≤4Ω							
验收意见： 轨道铺设负责人： 项目负责人： 塔式起重机安装负责人：　　　　年　月　日							

注：本表由轨道铺设单位填写，轨道铺设单位、安装单位和施工单位各存一份。

施工现场塔式起重机安装/拆卸过程记录表

表 SA-C8-5

工程名称：　　　　施工单位：　　　　编号：

安装/拆卸单位				负责人			
施工地点				安装/拆卸日期			
塔式起重机型号		统一编号		塔高	m	臂长	m
起重设备配备				司机			
日期/风力							
人员/工种	工作内容						
姓名	工种	证书号					
安装/拆卸过程有关情况： 安装/拆卸单位负责人：　　　　年　月　日							

注：本表由安装/拆卸单位填写，施工单位、安装/拆卸单位和租赁单位各保存一份。

施工现场塔式起重机附着检查记录表

表 SA-C8-6

工程名称：　　　　施工单位：　　　　编号：

安装单位				负责人			
施工地点				附着负责人			
塔式起重机	型号		登记编号		塔高	m	附着后高 m
	附着道数		与下面一道附着间距	m	与建筑物水平距离	m	
附着之前检查项目	框架、锚杆、墙板等应无开焊、变形和裂纹						
	锚杆长度和结构形式应符合附着要求						
	建筑物上附着点布置和强度应符合要求						
	第一道附着以下高度不得大于说明书中规定						
	附着之间距离应符合要求						
附着之后检查项目	附着框架安装位置应符合规定要求						
	塔身与锚固框架应固定牢靠						
	框架、锚杆、墙板等各处螺栓、销轴应齐全、正确、可靠						
	垫铁、楔块等零、部件齐全可靠						
	最高附着点以下塔身轴线对支承面垂直度不得大于相应高度的2‰						
	最高附着点以上塔身轴线对支承面垂直度不得大于4‰						
	附着点以上塔机自由高度不得大于说明书要求						
验收结论： 安装单位技术负责人： 项目机械设备管理负责人：　　　　年　月　日							

注：本表由安装单位填写，安装单位、租赁单位和施工单位各存一份。

施工现场塔式起重机顶升检验记录表

表 SA-C8-7

工程名称： 施工单位： 编号：

安装单位			负责人		
施工地点			顶升负责人		
塔机型号		登记编号		原塔高 m	顶升后高 m
顶升之前检查	标准节数量和型号应正确				
	标准节套架、平台等应无开焊、变形和裂纹				
	套架滚轮转动应灵活，与塔身的间隙应合适				
	液压系统压力应达到要求，油路应畅通，无泄漏				
	钢轨顶面纵横方向倾斜度≤3‰(上回转)或5‰(下回转)，测量点距离≤10mm				
	电缆线应放松到足够长度				
	顶升套架和回转支承应可靠连接				
顶升过程检查	顶升安全装置是否就位				
	液压系统有无异常				
	回转支承与顶升套架是否可靠连接				
	套架滚轮转动应灵活，与塔身的间隙应合适				
顶升之后检查	塔身连接应可靠，螺栓和销子应齐全				
	塔身与回转平台连接应可靠，螺栓拧紧力矩应符合标准				
	塔身轴线对支承面侧向垂直度应＜4‰				
	顶升油缸应放置在规定位置				
验收结论： 安装单位技术负责人： 顶升作业负责人： 项目机械设备管理负责人： 年 月 日					

注：本表由安装单位填写，安装单位、租赁单位和施工单位各存一份。

施工现场塔式起重机安装验收记录表

表 SA-C8-8

工程名称： 施工单位： 编号：

安装单位			负责人			
施工地点			安装日期		年 月 日	
塔式起重机	型 号		登记编号		起升高度	m
	幅 度	m	起重力矩	t·m	最大起重量	t
	中心压重重量	t	平衡重重量	t	臂端起重量(2/4绳)	/t
项 目	检查内容与要求					结 果
塔吊结构	部件、附件、联结件安装应齐全，位置应正确					
	螺栓拧紧力矩应达到技术要求，开口销应安全撬开					
	结构不应有变形、开焊、裂纹					
	压重、配重重量、位置应达到说明书要求					
绳轮钩系统	钢丝绳在卷筒上面缠绕应整齐、润滑应良好					
	钢丝绳规格应正确、断丝和磨损应未达到报废标准					
	钢丝绳固定和编插是否符合国家标准					
	各部件滑轮转动是否灵活可靠，无卡塞现象					
	吊钩磨损应未达到报废标准、保险装置应可靠					
传动系统	各机构转动应平稳、无异常响声					
	各润滑点应润滑良好、润滑油牌号应正确					
	制动器、离合器动作应灵活可靠					
电气系统	电缆供电系统供电正常，电压380V±5%					
	碳刷、接触器、继电器触点应良好					
	仪表、照明、报警系统应完好可靠					
	控制、操纵装置动作应灵活可靠					
	电气各种安全保护装置应齐全可靠					
	电气系统的绝缘电阻≥0.5MΩ					
限位和保险装置	力矩限制器应灵活可靠，其综合误差不大于额定值的8%					
	重量限制器应灵活可靠，其误差不大于额定值的5%					
	回转限位器应灵活可靠					

续表 SA-C8-8

项 目	检查内容与要求							结 果
限位和保险装置	行走限位应灵活可靠							
	变幅限位器应灵活可靠							
	超高限位器应灵活可靠							
	吊钩保险应灵活可靠							
	卷筒保险应灵活可靠							
	应设置有效的小车断绳保护							
	应设置有效的小车断轴保护							
路基复验	复查路基资料应齐全、准确							
	钢轨顶面纵、横方向上的倾斜度3‰(上回转)或(下回转)≤5‰，测量点距离≤10m							
	在空载无风状态下塔身轴心线对支承面侧向垂直度应≤4‰							
	止挡装置距钢轨两端距离≥1m							
	行走限位装置保证塔机在与止挡装置相距≥1.5m能完全停止							
试运行	空载荷	额定载荷		超载10%动载		超载25%静载		
		幅度	重量	幅度	重量	幅度	重量	
	检查各传动机构工作应准确平稳，应无异常声音，液压系统应无渗漏，操作和控制系统应灵敏可靠，钢结构应无永久变形和开焊，制动应可靠。 调整安全装置并进行不少于3次的检测							
验收结论： 安装负责人： 安装单位技术负责人： 租赁单位负责人： 塔式起重机机长： 年 月 日								

注：1 购置后初次安装及大修后的塔式起重机应做“超25%动载”试运行，并填写实测数据。

2 本表由安装单位填写，有关单位参加验收，安装单位、租赁单位、施工单位各存一份。

施工现场塔式起重机安装垂直度测量记录表

表 SA-C8-9

工程名称： 施工单位： 编号：

安装/拆卸单位		负责人	
起重设备型号		起重设备编号	
安装日期	年 月 日	测量日期	年 月 日
高 度	m	臂 长	m
现场测量平面和立面示意图及数据标注 实际测量高度值　　在此状态下的偏差值　　在此状态下的偏差值			
测量结论：			
备注：			
测量人签字： 年 月 日			

注：本表由安装/拆卸单位填写，安装/拆卸单位、施工单位和租赁单位各存一份。

封面

施工现场塔式起重机运行记录

（表 SA-C8-10）

工程名称：____________

施工单位：____________

使用单位：____________

设备租赁单位：____________

设备名称及规格型号：____________

设备编号：____________

设备使用起止日期：____________

施工现场塔式起重机运行记录表

表 SA-C8-10

工程名称：　　　　　施工单位：　　　　　编号：

年　月	日　时	分	主要内容	司机(签名)
		起 止		
		起 止		
		起 止		
		起 止		
		起 止		
		起 止		
		起 止		
		起 止		
		起 止		
		起 止		

注：1　塔式起重机司机应按照规定认真填写记录并在机组存放。

2　工作记录主要内容：1）每班首次作业前试验情况；2）各安全装置、电气线路检查的情况；3）设备作业的情况。

3　运行中如发现设备有异常情况，应立即停机检查报修，排除故障后方可继续运行，同时将情况填入记录。

4　塔式起重机运行记录单独组卷，每本填写完后送交设备产权单位存档。

5　运行记录每周报使用单位存档。

施工现场塔式起重机维修保养记录表

表 SA-C8-11

工程名称：　　　　　施工单位：　　　　　编号：

工程地点				使用单位		
租赁单位				负责人		
设备名称	规格型号	设备编号	出厂日期	使用年限	上次维修时间	本次维修有效期
			年 月 日	年	年 月 日	年 月 日
检查维修保养记录						
更换主要零配件记录						

维修保养有效期限合格证的起止时间：

合格证有效期：
自　年　月　日至　年　月　日

维修检查人：
租赁单位负责人：
项目机械设备管理负责人：

年　月　日

注：本表由租赁单位或保养维修单位填写，租赁单位或维修单位、施工单位各存一份。

施工现场塔式起重机检查记录表

表 SA-C8-12

工程名称：　　　　　施工单位：　　　　　编号：

安装/拆卸单位		负责人	
施工地点		安装高度	m
m设备型号		安装/拆卸时间	年　月　日

验收项目		验收结果	验收项目		验收结果
管理	安装方案		吊盘	两侧防护	
	安全技术交底			导轨间隙	
基础	基础承载能力		安全装置	安全停靠装置	
	水平偏差			超高(低)限位装置	
架体	标准节连接			信号装置	
				断绳保护装置	
	垂直度			限重装置	
	架体防护			制动装置	
	缆风绳和拉接		防护门	进料门	
	自由高度			出料门	
	防雷装置			吊盘防护门	
卷扬机	锚　固		首层防护	护头棚	
	与定滑轮距离			周边防护	
	机棚及护栏			其　他	
钢丝绳	钢丝绳过路保护设施		持证上岗		
	钢丝绳应垂直绷紧				

检查结论：

安装负责人：
安装单位技术负责人：
租赁单位负责人：
塔式起重机机长：

注：1　本表由施工单位组织有关人员定期按表的内容检查验收，在雨、风天、停用一周之后必须检查，不能满足要求应停运维修后才能使用。

2　本表由施工单位填写，监理单位、施工单位、租赁单位、安装单位各存一份。

施工现场施工机具（物料提升机）检查验收记录表

表 SA-C9-1

工程名称： 施工单位： 编号：

使用单位					项目负责人	
安装单位					负责人	
租赁单位		负责人			额定载荷	
设备型号	编号		标定日期		验收日期	年 月 日

验收项目		检查内容及要求	验收结果
架体制作安装		架体设计计算经过审批，厂家生产产品应有准用证。架体安装、拆除有施工方案，架体基础、垂直度、外侧防护网、与吊篮间隙、开口处的加固、摇壁杆安装符合设计要求	
限位保险装置		吊篮停靠装置可靠	
		超高限位装置可靠	
		超高断电装置有效可靠	
		权限限位器、缓冲器、超载限制器有效可靠	
架体稳定	缆风绳	架高 20m 以下设一组；20m～30m 设二组；每组三根，均匀分布	
		缆风绳应为钢丝绳，直径不小于 9.3mm；（设置角度 45°～60°）	
		地锚应符合要求	
	与建筑物连接	与建筑结构连接杆材质及连接方法应符合设计要求	
		与建筑结构连接位置应符合要求，并连接牢靠	
		不得与脚手架连接	

续表 SA-C9-1

验收项目	检查内容及要求	验收结果
钢丝绳	钢丝绳品种、直径符合要求，磨损不超过报废标准	
	钢丝绳无锈蚀、缺油	
	绳卡符合要求，有过路保护措施，不拖地	
楼层卸料平台防护	卸料平台防护栏杆高度、严密符合要求	
	平台脚手板严密、牢固	
	平台防护门定型化、工具化，方便、有效	
	地面进料口设有防护棚	
吊篮	吊篮安全门、安全门定型化、工具化	
	吊篮提升不得使用单根钢丝绳	
传动系统	卷扬机地锚应牢固、卷筒钢丝绳缠线整齐，并有防滑脱装置	
	滑筋翼缘无破损与架体连接牢固，滑轮与钢丝绳应匹配	
	卷扬机有符合要求的操作棚	
避雷	有符合要求的避雷装置	
联络信号	联络方式合理、有效、可靠	

验收结论：

安装单位负责人：
租赁单位负责人：
项目机械设备管理负责人：
机长： 年 月 日

注：本表由安装单位填写，施工单位、租赁单位、安装单位各存一份。

施工现场施工机具（电动吊篮）检查验收记录表

表 SA-C9-2

工程名称： 施工单位： 编号：

使用单位					项目负责人	
安装单位					负责人	
租赁单位		负责人			额定载荷	
设备型号	编号		标定日期		验收日期	年 月 日

验收项目	检查内容及要求	验收结果
技术资料	经过审批合格的安装技术方案	
	出租单位营业执照、产品合格证齐全	
	吊篮安全锁的标定证书	
	安装、使用维护保养说明书齐全	
	安装人员的操作证件	
	产品标牌内容应齐全（产品名称、主要技术性能、制造日期、出厂编号、制造厂名称等）	
吊篮平台防护	吊篮结构件无开焊或明显腐蚀，螺栓无松动、缺损，外框无明显变形、锈蚀	
	吊篮平台使用所需的长度不能超过厂家使用说明书所规定长度	
	吊篮平台底板四周应有标准高度的踢脚板、吊篮平台底板应有防滑措施	
提升机构	提升机构的所有装置外露部分应装防护装置	
	提升机的连接螺母应紧固	
	电磁制动器和机械制动器应灵敏有效	
安全装置	上、下行程限位装置应灵敏可靠	
	超高限位器止挡安装在距顶端 80cm 处固定	
	安全锁灵敏可靠，在标定有效期内，离心触发式制动距离 100mm，摆臂防倾 3°～8°锁绳	
	独立设置保险绳，直径不小于 16mm 的保险绳，锁绳器符合要求	
钢丝绳	钢丝绳无断丝、磨损、扭结、变形、腐蚀，无沙砾、灰尘附着，符合吊篮安全使用要求	
	钢丝绳的固定应符合要求	
	钢丝绳坠重应距地 15cm 垂直绷紧	

续表 SA-C9-2

验收项目	检查内容及要求	验收结果
悬挂机构	配重应固定牢固，重量及块数 ________（是否符合要求）	
	悬挂机构挑梁外伸长度 ____ m，两根挑梁之间的距离是 ____ m，悬挂机构前高后低设置，纤绳张紧度为前端上翘 2cm～3cm，抗倾覆系数符合安全使用要求（>2）	
	行走轮用木方垫起脱离地面	
电气系统	电动吊篮必须设置专用电主控制箱	
	配电箱外壳的绝缘电阻≥0.5MΩ	
	电线、电缆无破损，供电电压 380V±5%	
	电气系统各种安全保护装置应齐全可靠	
	电气元件应灵敏可靠	

验收结论：

安装负责人：
安装单位负责人：
租赁单位负责人：
项目机械设备管理负责人：
机长： 年 月 日

注：本表由安装单位填写，施工单位、租赁单位、安装单位各存一份。

施工现场施工机具(龙门吊)检查验收记录表

表 SA-C9-3

工程名称：　　施工单位：　　编号：

使用单位		负责人		验收日期	年　月　日
租赁单位		负责人		额定荷载	
安装单位		负责人		设备名称型号	

验收项目	验收内容及要求	验收结果
安全管理	施工方案	
	安全使用技术交底	
	操作人员持证上岗	
	设备产品生产合格证	
轨道铺设	路基、固定基础承载能力符合要求，有排水、防雨设施，没有积水；道渣层厚度＞250mm；枕木间距＜600mm，道钉数量不得少于50%	
	钢轨接头间隙＜2mm～4mm，两轨顶高度差＜2mm。鱼尾板安装符合要求	
	纵横方向上钢轨顶面倾斜度≤1‰	
安全装置	起升超高限位器、小车行走限位器、大车行走限位器、操作室门连锁安全限位器、维修平台门连锁安全限位器	
	警示电铃完好有效	
	多机在同一轨道作业防碰撞限位器	
	吊钩保险装置齐全	
	大车夹轨器，轨道终端1m处必须设置缓冲止挡器	
钢丝绳	起重钢丝绳无断丝、断股，无乱绳，润滑良好，符合安全使用要求	
吊钩滑轮	吊钩、卷筒、滑轮无裂纹，符合安全使用要求	
架体	架体稳固，焊缝无开裂，符合安装技术要求	

续表　SA-C9-3

验收项目	验收内容及要求	验收结果
用电管理	设置专用配电箱，符合临电规范要求	
	卷线器、滑线器运转正常，电源线无破损，压接、固定牢固	
	地线设置符合规范要求，地线接地电阻≤4Ω	

验收结论：

安装负责人：
安装单位负责人：
租赁单位负责人：
项目机械设备管理负责人：
机长：　　　　年　月　日

注：本表由安装单位填写，施工单位、租赁单位、安装单位各存一份。

施工现场施工机具(打桩、钻孔机械)检查验收记录表

表 SA-C9-4

工程名称：　　施工单位：　　编号：

使用单位		负责人		设备型号	
安装单位		负责人		验收日期	年　月　日

验收项目	验收内容及要求	验收结果
外观验收	灯光、仪表齐全有效	
	全车各部位无变形，驱动轮、托链轮、支重轮无变形，行走链条磨损符合机械性能要求	
	配重安装符合要求	
	无漏油、漏气、漏水、机容机况整洁	
水、油位检查	水箱水位、电瓶水位正常	
	机油油位正常、液压油位正常	
	方向机油油位正常、刹车制动油正常	
	变速箱油位正常、各齿轮油位正常	
发动机部分	机油压力怠速时不少于1.5kg/cm²	
	水温正常	
	发动机运转正常无异响	
	各辅助机构工作正常	
传动液压部分	液压泵压力正常、液压油温无异常	
	支腿正常伸缩，无下滑拖滞现象、回转正常	
	变幅油缸无下滑现象、钻斗提升油缸正常	
底盘部分	变速箱正常	
	刹车系统正常、各操作控制机构正常	
	动力头运转正常、钻杆无弯扭变形	
安全防护部分	有产品质量合格证	
	起重钢丝绳无断丝、断股，无乱绳，润滑良好，符合安全使用要求	
	吊钩、卷筒、滑轮无裂纹，符合安全使用要求	
	起升高度限位器的报警切断动力功能正常	
	水平仪的指示正常	

续表　SA-C9-4

验收项目	验收内容及要求	验收结果
安全防护部分	防过放绳装置的功能正常	
	高压线附近作业，保证足够的安全距离	
	设置专用配电箱，符合临电规范要求，电源线按要求架设或有保护措施	
	操作工持证上岗，遵守操作规程	
	驾驶室内挂设安全技术性能表和操作规程	

验收结论：

安装单位负责人：
租赁单位负责人：
机械设备管理负责人：
机长：　　　　年　月　日

注：本表由安装单位填写，施工单位、租赁单位、安装单位各存一份。

施工现场施工机具(装载机)检查验收记录表

表 SA-C9-5

工程名称： 施工单位： 编号：

使用单位		负责人		设备型号	
租赁单位		负责人		验收日期	年 月 日
验收项目	验收内容及要求				验收结果
外观验收	灯光正常				
	仪表齐全有效				
	驱动轮、托链轮、支重轮无变形				
	行走链条磨损符合机械性能要求				
	配重安装正常				
	无漏油、漏气、漏水				
	全车各部位无变形				
油位水位检查	水箱水位正常、电瓶水位正常、机油油位正常、变速箱油位正常、液压油位正常、各齿轮油位正常				
发动机部分	机油压力怠速时≥$1.5kg/cm^2$				
	水温正常				
	发动机运转正常无异响				
	各辅助机构工作正常				
液压传动部分	液压泵压力正常，大臂、小臂油缸伸缩正常，转斗油缸伸缩正常回转正常，液压油温无异常				
底盘部分	变速箱正常、刹车系统正常、各操控正常、行走系统正常				
安全防护	具有产品质量合格证				
	操作人员持证上岗				
	驾驶室内挂设安全技术操作规程				

验收结论：

租赁单位负责人：

项目机械设备管理负责人：

机长： 年 月 日

注：本表由施工单位填写，施工单位、租赁单位各存一份。

施工现场施工机具(挖掘机)检查验收记录表

表 SA-C9-6

工程名称： 施工单位： 编号：

使用单位		负责人		设备型号	
租赁单位		负责人		验收日期	年 月 日
验收项目	验收内容及要求				验收结果
外观验收	灯光、仪表正常，齐全有效				
	轮胎螺丝紧固无缺少、传动螺丝紧固无缺少				
	方向机横竖杆无松动				
	无漏油、漏气、漏水				
	全车各部位无变形				
油位水位检查	水箱水位、机油油位正常，方向机油油位、刹车机动油正常，变速箱油位、电瓶水位正常，液压油位正常，各齿轮油位正常				
发动机部分	机油压力怠速时不少于$1.5kg/cm^2$、水温正常				
	发动机运转正常无异响、各辅助机构工作正常				
液压传动部分	液压泵压力正常、行走系统正常、液压油温无异常				
	举臂油缸、转斗油缸起升正常				
底盘部分	液压耦合器、变速箱正常，刹车系统、各操控、行走系统正常				
安全防护	具有产品质量合格证				
	操作人员持证上岗				
	驾驶室内挂设安全技术操作规程				

验收结论：

租赁单位负责人：

项目机械设备管理负责人：

机长： 年 月 日

注：本表由施工单位填写，施工单位、租赁单位各存一份。

施工现场施工机具(混凝土泵)检查验收记录表

表 SA-C9-7

工程名称： 施工单位： 编号：

使用单位		负责人		设备型号	
租赁单位		负责人		验收日期	年 月 日
验收项目	验收内容及要求				验收结果
外观验收	设备基础平整坚实，安装平稳，有足够的操作空间				
	仪表齐全有效				
	轮胎螺丝紧固无缺失，地泵支腿插销入位，安全可靠				
	料斗螺丝紧固无缺失，隔栅安装可靠				
	机容机况整洁，无漏油、漏气、漏水				
	泵体各部位无变形				
油位水位检查	水箱水位、电瓶水位正常				
	机油油位、液压油位正常				
发动机部分	机油压力怠速时≥$1.5kg/cm^2$、水温正常				
	发动机运转正常无异响、液压泵压力正常、各辅助机构工作正常				
底盘部分	变速箱正常，行走、刹车系统正常				
	各操控机构正常				
安全防护	具有产品质量合格证				
	泵管布设合理，壁厚和材质符合安全使用要求，卡箍安装到位，逆止阀工作可靠				
	搭设符合要求的防雨、防砸、防噪声的操作棚，棚内悬挂安全技术操作规程，操作人员持证上岗				

验收结论：

租赁单位负责人：

项目机械设备管理负责人：

机长： 年 月 日

注：本表由施工单位填写，施工单位、租赁单位各存一份。

施工现场施工机具(混凝土搅拌机)检查验收记录表

表 SA-C9-8

工程名称： 施工单位： 编号：

使用单位		负责人		设备型号	
租赁单位		负责人		验收日期	年 月 日
验收项目	验收内容及要求				验收结果
1	机体安装在有防雨、防砸、防噪音操作棚内				
2	设备周围排水通畅，严禁积水，必须设置沉淀池				
3	安装牢固平稳，轮胎离地并做保护				
4	搅拌机离合器、制动器、传动部位有防护罩				
5	操作手柄有保险装置				
6	料斗保险挂钩齐全完好				
7	钢丝绳使用符合规定要求				
8	开关箱距设备距离不大于3m且电源线穿管保护				
9	挂设安全操作规程牌				
10	操作人员持证上岗				
11	按要求设置喷淋降尘装置				

验收结论：

租赁单位负责人：

项目机械设备管理负责人： 年 月 日

注：本表由施工单位填写，施工单位、租赁单位各存一份。

施工现场施工机具(钢筋机械)检查验收记录表

表 SA-C9-9

工程名称：　　　　施工单位：　　　　编号：

使用单位		负责人		设备型号	
机具安装位置		负责人		验收日期	年　月　日

验收项目	验收内容及要求	验收结果
工作棚	钢筋机械必须安装在符合要求的防护棚内，基础平整坚实，周围排水畅通，安装平稳牢固，保持水平位置	
工作场地	调直机工作区域应设置警戒区，并且安装防护栏杆及警告标志；冷拉机防护棚前用钢管做防回弹隔挡；切断机旁应有存放材料、半成品的场地	
切断机	切断机设备完好，安全装置齐全有效，传动部位必须安装防护罩，传动箱齿轮油应清洁饱满，切断机切刀无裂痕、刀架螺栓紧固，防护罩牢固可靠	
弯曲机	弯曲机传动机构间隙符合要求，齿轮啮合和滑动部位润滑良好，运行无异响；芯轴和成型轴、挡铁轴及轴套符合工作要求并且无裂痕和损伤	
冷拉机	冷拉卷扬机连轴器的连接螺栓连接牢固、抱闸间隙符合1mm～1.5mm要求；钢丝绳应经滑轮并和被拉钢筋水平方向成直角，操作人员要能看见整个冷拉场地，卷扬机与冷拉中线不得小于5m；卷扬机必须使用封闭式导向滑轮，严禁使用开口拉板式滑轮，卷筒上的钢丝绳应排列整齐，至少保留3～5圈，夹板完好；卷扬机背后应设置稳固可靠的地锚并与卷扬机底座牢固连接	
电源	设置独立的开关箱必须达到"一机、一闸、一箱、一漏"，开关箱距设备距离不大于3m且电源线穿管保护。漏电保护开关灵敏、匹配正确、保护接零符合要求，严禁使用铁壳倒顺开关	
	电动机、电缆线绝缘电阻是否符合要求	
	机旁悬挂设安全操作规程牌，明确责任人，操作人员持证上岗	

验收结论：

租赁单位负责人：

项目机械设备管理负责人：　　　　年　月　日

注：1　以钢筋加工棚为单位进行验收。

2　本表由施工单位填写，施工单位、租赁单位各存一份。

施工现场施工机具(木工机械)检查验收记录表

表 SA-C9-10

工程名称：　　　　施工单位：　　　　编号：

使用单位		负责人		使用负责人	
机具安装位置		设备型号		验收日期	年　月　日

验收项目	验收内容及要求	验收结果
1	安装在符合降低噪声要求的防护棚内并有良好的通风	
2	安装平稳牢固、工作台平整光滑，床身工作时不得有明显震动，有足够宽敞场地保证操作	
3	平刨必须安装安全保护手装置，圆盘锯锯盘护罩、分料器(锯尾刀)、防护挡板安全装置齐全有效	
4	刀片和刀片螺丝的硬度、重量必须一致，刀片严禁有裂纹，刀架夹板必须平整贴紧，合金刀片焊缝的高度不得超出刀头，刀片紧固螺丝应按入刀片槽内，槽端离刀背不得小于10mm	
5	传动部位防护罩齐全牢固	
6	设置独立的开关箱必须达到"一机、一闸、一箱、一漏"，开关箱距设备距离不大于3m且电源线穿管保护。漏电保护开关灵敏、匹配正确、保护接零符合要求，严禁使用铁壳倒顺开关	
7	必须独立使用一台电动机，不得与其他机械用同一台电动机，多功能木工设备严禁两项(含)以上功能同时使用	
8	设备旁悬挂设安全操作规程牌，明确责任人，操作人员持证上岗	

验收结论：

租赁单位负责人：

项目机械设备管理负责人：　　　　年　月　日

注：1　以木工房为单位进行验收。

2　本表由施工单位填写，施工单位、租赁单位各存一份。

施工现场施工机具安装验收记录表

表 SA-C9-11

工程名称：　　　　施工单位：　　　　编号：

使用单位		负责人		设备名称型号	
租赁单位		负责人		验收日期	年　月　日

验收项目	验收内容及要求	验收结果
1.维护保养记录	检查有关证件	
2.状况	机架、机座	
	动力、传动部分	
	附件	
3.防护装置	防护罩	
	轴盖	
	刃口防护	
	挡板	
	阀	
4.电源部分(动力)	开关箱	
	一(二)次线长度	
	漏(触)电保护	
	接零保护	
	绝缘保护	

验收结论：

租赁单位负责人：

项目机械设备管理负责人：　　　　年　月　日

注：本表由施工单位填写，施工单位、租赁单位各存一份。

施工现场施工机械维修保养记录表

表 SA-C9-12

工程名称：　　　　施工单位：　　　　编号：

工程地点				使用单位		
租赁单位				负责人		
设备名称	规格型号	设备编号	出厂日期	使用年限	上次维修时间	本次维修有效期
			年 月 日	年	年 月 日	年 月 日
检查维修保养记录						
更换主要零配件记录						

维修保养有效期限合格证的起止时间：

合格证有效期：　自　年　月　日至　年　月　日

维修检查人：

租赁单位负责人：

项目机械设备管理负责人：　　　　年　月　日

注：本表由租赁单位或保养维修单位填写，租赁单位或维修单位、施工单位各存一份。

施工现场施工噪声监测记录表

表 SA-C10-1

工程名称：　　　　　　施工单位：　　　　　　编号：

监测仪器型号		监测日期	年　月　日
监　测　人		监测时间	时　分至　时　分
施工现场示意图 施工场地边界及测点位置			
检测结果分析：			
记录人：　　　　　　项目安全负责人：　　　　　　年　月　日			

注：本表由施工单位填写，监理单位、施工单位各存一份。

施工现场文明生产定期检查表

表 SA-C10-2

工程名称：　　　　　　施工单位：　　　　　　编号：

序　号	检查内容	检查结果
1. 施工现场料具堆放、分类堆放整齐、标牌齐全		
2. 现场围挡完善、封闭管理，场地硬化处理，排水、道路、绿化		
3. 现场设施与平面图保持一致，各种标牌、标识完整，工完场地清，卫生符合要求		
4. 生活区管理		
5. 检查结果		
检查人员：　　　　　　项目安全负责人：　　　　　　年　月　日		

注：本表由施工单位填写，施工单位存。

本规程用词说明

1　为便于在执行本规程条文时区别对待，对要求严格程度不同的用词说明如下：

1）表示很严格，非这样做不可的：

正面词采用“必须”，反面词采用“严禁”；

2）表示严格，在正常情况下均应这样做的：

正面词采用“应”，反面词采用“不应”或“不得”；

3）表示允许稍有选择，在条件许可时首先应这样做的：

正面词采用“宜”，反面词采用“不宜”；

4）表示有选择，在一定条件下可以这样做的，采用“可”。

2　条文中指定应按其他有关标准执行的写法为：“应符合……的规定”或“应按……执行”。